KUHMINSA

한 발 앞서나가는 출판사, 구민사
독자분들도 구민사와 함께 한 발 앞서나가길 바랍니다.

구민사 출간도서 中 수험서 분야

- 용접
- 자동차
- 조경/산림
- 품질경영
- 산업안전
- 전기
- 건축토목
- 실내건축

- 기술사
- 기계
- 금속
- 환경
- 보일러
- 가스
- 공조냉동
- 위험물

전문가를 위한 첫걸음, 구민사는 그 이상을 봅니다!

전국 도서판매처

· 일산남부서점 · 안산대동서적 · 대전계룡서점 · 대구북앤북스 · 대구하나도서
· 포항학원사 · 울산처용서림 · 창원그랜드문고 · 순천중앙서점 · 광주조은서림

자격증 시험 접수부터 자격증 수령까지!

1. 필기 원서 접수
큐넷(www.q-net.or.kr)
필기 시험은 회원 가입 후
인터넷 접수만 가능
(사진 파일, 접수비(인터넷 결제) 필요)
응시자격 요건 반드시 확인

2. 필기 시험
입실 시간 미준수 시 시험 **응시 불가**
준비물 : 수험표, 신분증, 필기구 지참

5. 실기 시험
필답형과 작업형으로 분류
원서 접수 시 선택한 장소와
시간에 맞게 시험을 봅니다.
준비물 : 수험표, 신분증,
필기구 지참!

6. 최종합격 확인
큐넷(www.q-net.or.kr)
사이트에서 확인

전문가를 위한 첫걸음, 주민사는 그 이상을 봅니다!

상시시험 12종목

미용사(일반) | 미용사(피부) | 한식 · 양식 · 일식 · 중식 조리기능사
굴착기 운전기능사 | 제과 · 제빵 기능사 | 정보처리기능사 | 정보기기운용기능사

필기 합격 확인
큐넷(www.q-net.or.kr) 사이트에서 확인

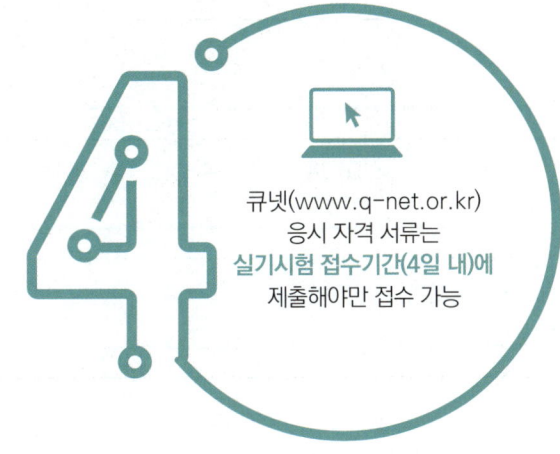

실기 원서 접수
큐넷(www.q-net.or.kr) 응시 자격 서류는 **실기시험 접수기간(4일 내)에** 제출해야만 접수 가능

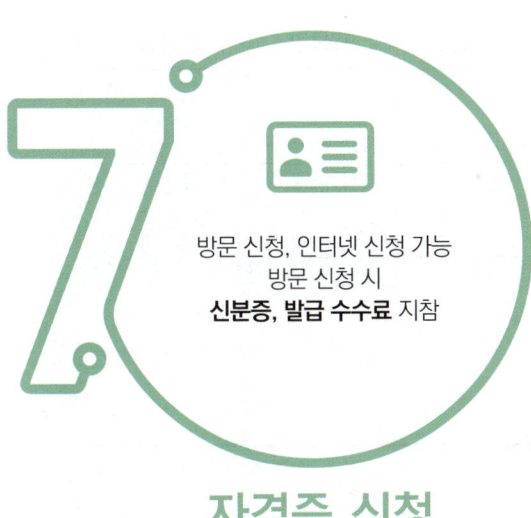

자격증 신청
방문 신청, 인터넷 신청 가능
방문 신청 시 **신분증, 발급 수수료** 지참

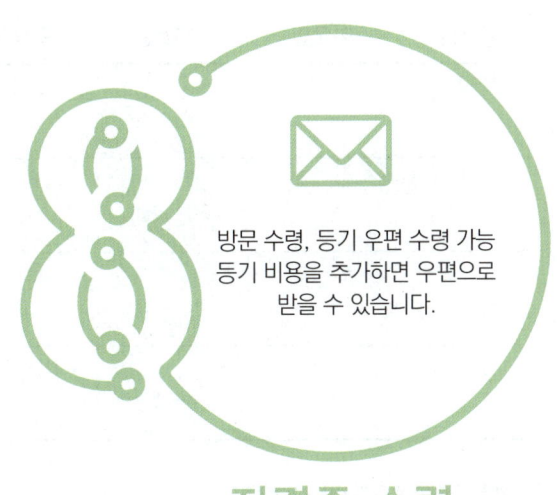

자격증 수령
방문 수령, 등기 우편 수령 가능
등기 비용을 추가하면 우편으로 받을 수 있습니다.

자동차정비기능장 합격 플랜 D-60일

(위의 플랜은 가장 이상적인 것이므로 참고하여 개인의 입장과 일정에 맞춰 준비하시기 바랍니다.)

월요일	화요일	수요일	목요일	금요일	토요일	일요일	
D-60	D-59	D-58	D-57	D-56	D-55	D-54	D-60
제 1편. 자동차엔진							
D-53	D-52	D-51	D-50	D-49	D-48	D-47	D-50
제 2편. 자동차섀시							
D-46	D-45	D-44	D-43	D-42	D-41	D-40	D-40
제 3편. 자동차전기 / 제 4편. 차체 수리 및 도장							
D-39	D-38	D-37	D-36	D-35	D-34	D-33	D-30
제 5편. 공업경영 / 제 6편. 친환경 자동차							
D-32	D-31	D-30	D-29	D-28	D-27	D-26	D-20
과년도 문제 및 CBT 복원문제							

놓친 부분 다시보기

월요일	화요일	수요일	목요일	금요일	토요일	일요일
D-25	D-24	D-23	D-22	D-21	D-20	D-19
		이론 복습 (O / X)				문제 풀이 (O / X)
D-18	D-17	D-16	D-15	D-14	D-13	D-12
		이론 복습 (O / X)				문제 풀이 (O / X)
D-11	D-10	D-9	D-8	D-7	D-6	D-5
		이론 복습 (O / X)				문제 풀이 (O / X)
D-4	D-3	D-2	D-1			
		이론 복습 (O / X)				

※ 시험장 가기 전에 TIP!

Q : 계산기를 따로 가져가야 하나요?
A : 시험을 치르는 PC에 설치된 계산기를 이용하실 수 있습니다.(개인 계산기 지참 가능)

Q : PC로 시험을 치르면 종이는 못쓰나요?
A : 시험장에서 필요한 사람에 한해 종이를 제공합니다. 시험장마다 상황이 다를 수 있으니 전화로 해당 시험장의 상황을 파악해보시길 권장합니다. 이 때, 시험이 끝나고 종이 반납은 필수입니다.

머리말

공부!
듣기만 해도 고개가 저절로 돌아가게 만드는 단어이다. "어떻게 하면 빠르게 핵심만 공부할까?"
이 책을 접한 독자는 최소한 12년 이상 공부에 혼을 쏟았을 거라 믿는다. 저자 역시 수많은 책과 씨름해본 경험이 이 책을 만들게 된 동기가 되었다.
일반 대입 수험서는 주변의 대학생에게 얼마든지 물어볼 수 있으나 특히 자동차 정비에 관한 내용은 정비공장이나 카센터 사장님께 여쭤보아도 사업에 바쁘셔서 충분한 대답을 얻을 수 없었다. 물론 질문하기도 용기가 없긴 하였다. 용기도 없고 궁금은 하니 독학은 해야겠고…
예전에는 혼자 독학한다는 것이 매우 어려웠던 시절이었다. 도서관에 가도 조금만 늦으면 자리가 없었고, 혹여 들어가도 책을 찾느라 많은 시간을 허비하였다. 그나마 찾을 수 있으면 횡재였다. 요즘은 네이버 형님과 다음 언니가 다 알려주질 않는가? 이 책은 그런 부분에서도 채울 수 없는 자동차 정비에 초점을 맞춰 자동차정비를 배우는 사람들이 혼자서도 빠르게 독학이 가능하도록 집필하였다.

본 자동차정비기능장 이론 교재의 특징은

> 첫째, 가능한 산업인력공단 출제기준에 맞춰 구성하도록 하였다.
> 둘째, 자동차정비기능장 이론내용과 과년도 기출문제를 엄선 분석하여 중요 핵심 내용을 알기 쉽게 정리하였다.
> 셋째, 앞으로 출제될 예상문제풀이를 각 단원별 학습 내용에 따라서 핵심요점 정리를 통하여 폭 넓고 알기 쉽게 기술하였다.
> 넷째, 과년도 문제는 가장 최근의 문제를 전부 해설을 첨부하여 궁금한 문제를 스스로 해결할 수 있도록 하였다.

끝으로 이 책의 출판을 위해 적극적으로 도움주신 도서출판 구민사 조규백 대표님과 직원 여러분께 깊은 감사를 드린다.

저자

CONTENTS

제1편   자동차엔진

제1장   기관의 개요   3
- 제1절   기관 기초사항   3
- 제2절   연료와 기관 성능   7
- 제1장   기관의 개요 출제예상문제   13

제2장   내연 기관의 본체   24
- 제1절   기관본체   24
- 제2장   내연 기관의 본체 출제예상문제   49

제3장   윤활 및 냉각장치   54
- 제1절   윤활장치(lubricating system)   54
- 제2절   냉각장치(cooling system)   60
- 제3장   윤활 및 냉각장치 출제예상문제   69

제4장   연료장치   73
- 제1절   전자제어 가솔린 연료장치   73
- 제2절   LPG, CNG 연료장치   95
- 제4장   연료장치 출제예상문제   110

제5장   디젤 기관   123
- 제1절   기계식 디젤 기관   123
- 제2절   CRDI 디젤기관   141
- 제5장   디젤 기관 출제예상문제   156

제6장   흡 · 배기장치   161
- 제1절   흡기 장치(inkake system)   161
- 제2절   배기 장치(exhaust system)   170
- 제3절   배출가스 저감 장치   170
- 제4절   친환경 제어시스템   181
- 제6장   흡 · 배기장치 출제예상문제   183

제2편   자동차섀시

제1장   동력전달장치   193
- 제1절   클러치(clutch)   193
- 제2절   수동 변속기   200
- 제3절   친환경 동력전달장치   230
- 제1장   동력전달장치 출제예상문제   232

제2장   현가 및 조향장치   243
- 제1절   현가장치   243
- 제2절   전자제어 현가장치 (E.C.S : Electronic Control Suspension)   254
- 제3절   조향장치   259
- 제4절   동력 조향장치 (power steering system)   265
- 제2장   현가 및 조향장치 출제예상문제   273

제3장   제동장치   287
- 제1절   일반 제동장치   287
- 제2절   전자제어 제동장치   302
- 제3장   제동장치 출제예상문제   318

제4장   주행 및 구동장치   328
- 제1절   휠 및 타이어   328
- 제2절   정속 주행장치   334
- 제3절   자동차의 성능   338
- 제4장   주행 및 구동장치 출제예상문제   345

제5장   자동차검사 및 법규   355
- 제1절   안전기준에 관한 규칙   355
- 제2절   안전기준 확인방법   358
- 제5장   자동차검사 및 법규 출제예상문제   345

제3편　자동차전기

제1장　전기전자　377
- 제1절　기초전기　377
- 제2절　기초전자　386
- 제3절　통신장치　394
- 제1장　전기전자 출제예상문제　414

제2장　시동, 점화 및 충전장치　419
- 제1절　축전지　419
- 제2절　시동장치　426
- 제3절　점화장치　435
- 제4절　충전장치　443
- 제5절　하이브리드 시스템　451
- 제2장　시동, 점화 및 충전장치 출제예상문제　451

제3장　계기, 등화 및 편의장치　465
- 제1절　계기 및 등화장치　465
- 제2절　안전 및 편의장치　479
- 제3장　계기, 등화 및 편의장치 출제예상문제　504

제4장　냉·난방장치　508
- 제1절　냉방장치　508
- 제2절　난방장치　527
- 제4장　냉·난방장치 출제예상문제　529

제4편　차체수리 및 도장

제1장　자동차 차체수리　535
- 제1절　자동차 차체구조　535
- 제2절　힘의 전달 및 차체강도　538
- 제3절　차체손상 진단 및 분석　547
- 제4절　판금 및 용접　549
- 제5절　차체 교정 및 수리　554
- 제1장　자동차 차체수리 출제예상문제　555

제2장　자동차 보수도장　565
- 제1절　자동차 도료　565
- 제2절　도색(도장)　567
- 제3절　보수도장　569
- 제4절　도장의 결함 및 대책　574
- 제2장　자동차 보수도장 출제예상문제　584

CONTENTS

제5편 공업경영

제1장 품질관리 597
　제1장　품질관리 출제예상문제　606
제2장 생산관리 618
　제2장　생산관리 출제예상문제　622
제3장 작업관리 및 기타사항 626
　제3장　작업관리 및 기타사항 출제예상문제　635

제6편 친환경 자동차

제1장 하이브리드 자동차 643
　제1절　하이브리드 개요　643
　제2절　하이브리드 시동 및 취급방법　650
　제3절　하이브리드 시스템 구성　652
　제1장　하이브리드 자동차 출제예상문제　655
제2장 전기자동차 660
　제1절　전기자동차 개요　660
　제2절　전기자동차 전지(Battery)　664
　제3절　전기자동차의 주요 부품　670
　제4절　전기자동차의 충전　672
　제5절　전기자동차의 냉·난방장치　673
　제2장　전기자동차 출제예상문제　679
제3장 수소연료전지 자동차(FCEV : Fuel Cell Electronic Vehicle) 684
　제1절　수소연료전지 자동차 일반　684
　제2절　수소 연료전지　686
　제3절　수소자동차 운전 시스템　688
　제4절　수소자동차의 전력 변환　696
　제3장　수소연료전지 자동차 출제예상문제　699

부록 최근 과년도 문제해설

연도	내용	페이지
2011년	자동차정비기능장 제49회 (2011.04.17 시행)	705
	자동차정비기능장 제50회 (2011.07.31 시행)	722
2012년	자동차정비기능장 제51회 (2012.04.08 시행)	737
	자동차정비기능장 제52회 (2012.07.22 시행)	753
2013년	자동차정비기능장 제53회 (2013.04.14 시행)	768
	자동차정비기능장 제54회 (2013.07.21 시행)	784
2014년	자동차정비기능장 제55회 (2014.04.06 시행)	800
	자동차정비기능장 제56회 (2014.07.20 시행)	814
2015년	자동차정비기능장 제57회 (2015.04.04 시행)	829
	자동차정비기능장 제58회 (2015.07.19 시행)	843
2016년	자동차정비기능장 제59회 (2016.04.02 시행)	859
	자동차정비기능장 제60회 (2016.07.10 시행)	874
2017년	자동차정비기능장 제61회 (2017.03.05 시행)	890
	자동차정비기능장 제62회 (2017.07.08 시행)	906
2018년	자동차정비기능장 제63회 (2018.03.31 시행)	921

기출복원문제란?
저자께서 수검자들의 도움으로 최대한 유형에 가깝게 복원한 문제입니다.
앞으로도 높은 적중률을 위해 노력하겠습니다.

회차	내용	페이지
제1회	자동차정비기능사 CBT 기출복원 문제	935
제2회	자동차정비기능사 CBT 기출복원 문제	945
제3회	자동차정비기능사 CBT 기출복원 문제	955
제4회	자동차정비기능사 CBT 기출복원 문제	965
제5회	자동차정비기능사 CBT 기출복원 문제	974
제6회	자동차정비기능사 CBT 기출복원 문제	984

이 책의 구성과 특징

01 체계적인 핵심 요약

각 단원마다 체계적인 핵심요약을 기반으로 탄탄하게 구성하였으며, 상세한 그림 설명을 통해 학습효과를 높일 수 있도록 하였습니다

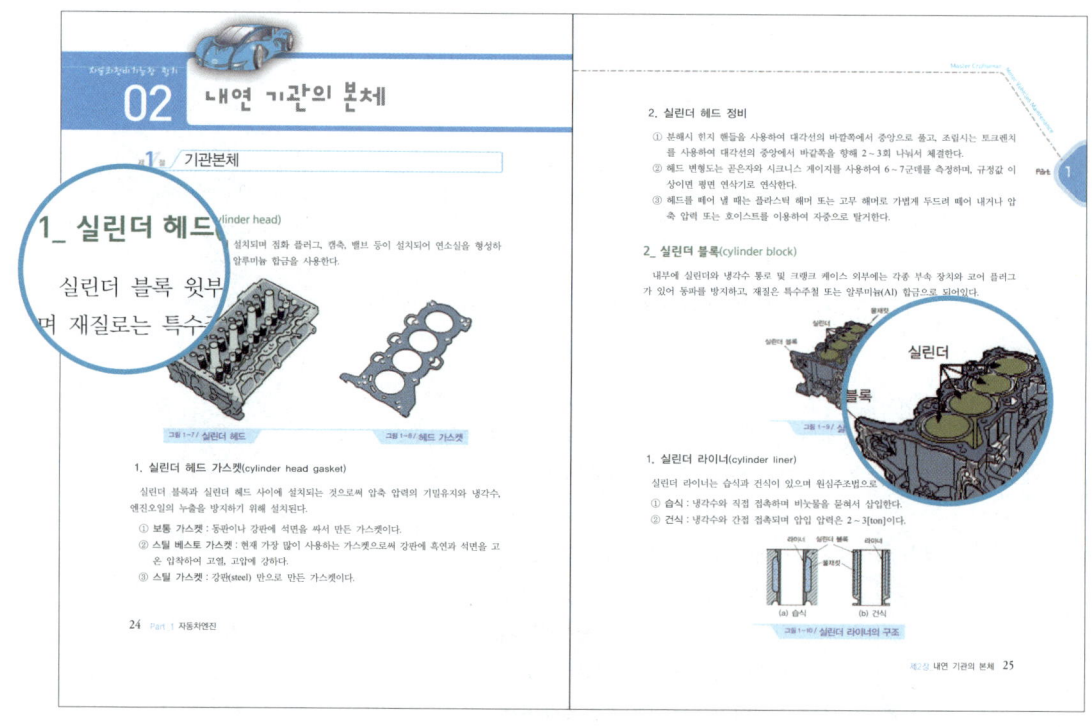

02 출제예상문제 수록

앞으로 출제될 예상문제풀이를 각 단원별 학습 내용에 따라서 수록해 개념을 다질 수 있도록 하였습니다.

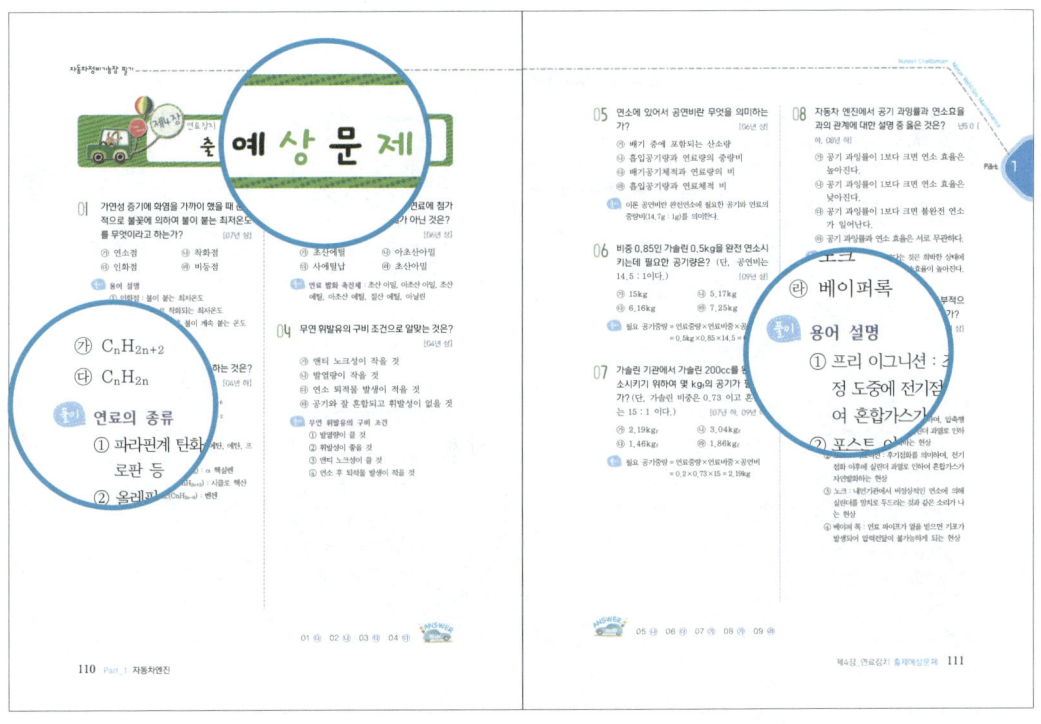

이 책의 구성과 특징

03 과년도문제 수록

최근 과년도 출제문제와 상세한 풀이를 수록해 실전시험에 대비하였습니다.
또한 시행일을 표기해 출제경향을 알 수 있도록 하였습니다.

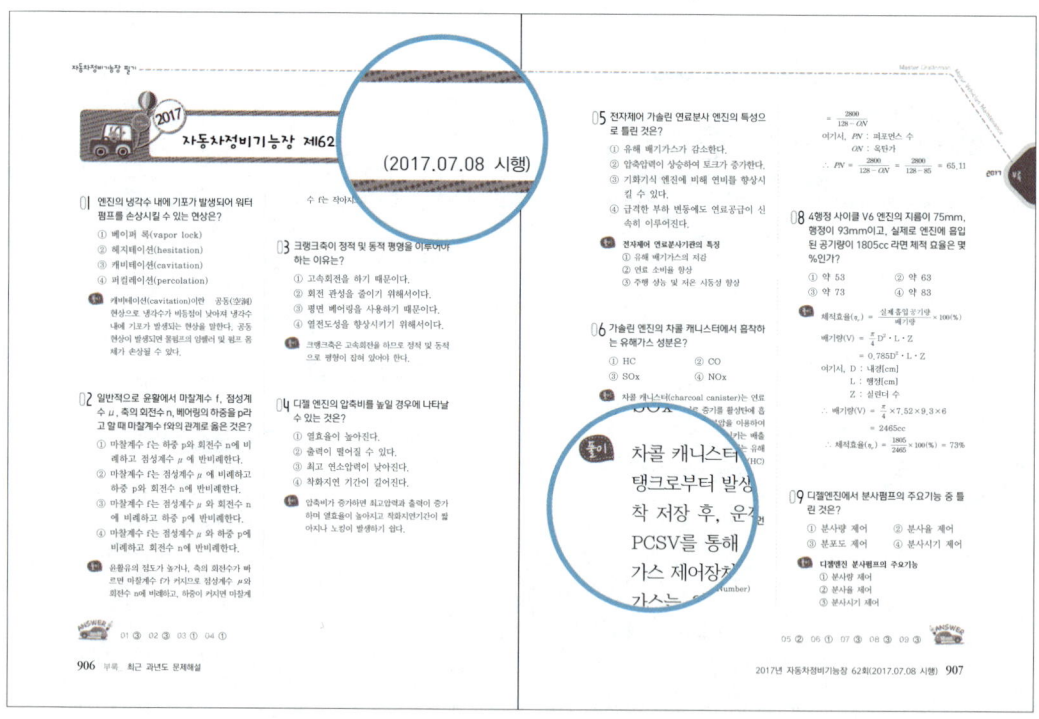

04 CBT 기출복원문제 수록

CBT 기출복원문제와 해설을 수록해 실전시험에 대비하였습니다.

기출복원문제란?
저자께서 수검자들의 도움으로 최대한 유형에 가깝게 복원한 문제입니다. 앞으로도 높은 적중률을 위해 노력하겠습니다.

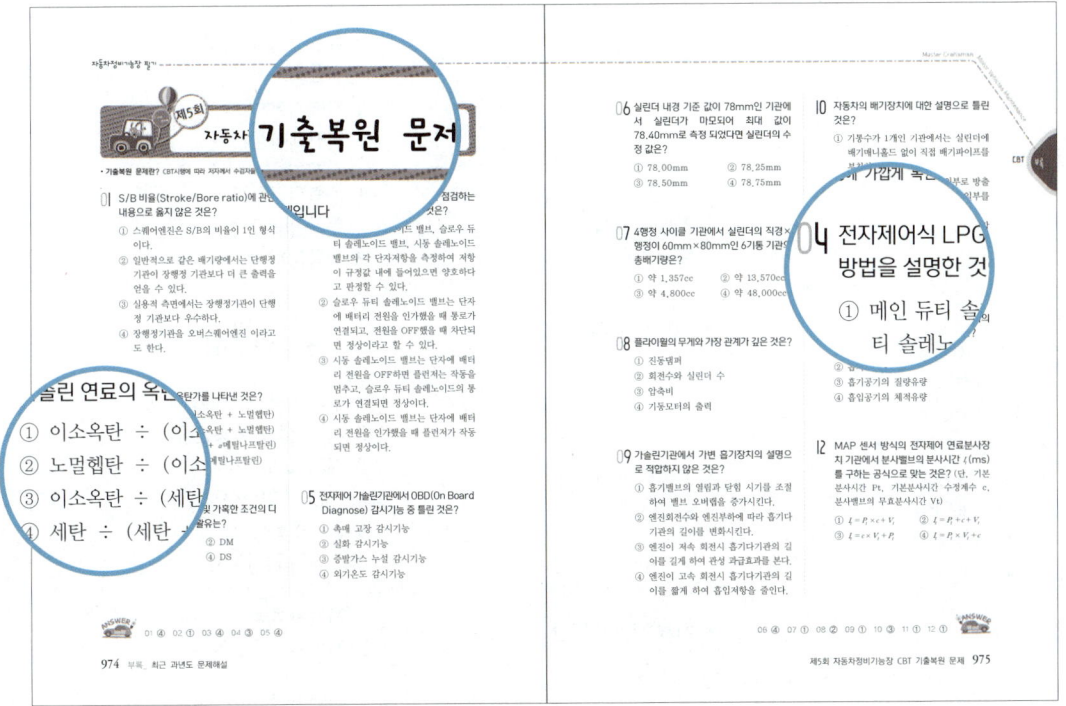

출제기준 - 자동차정비기능장 필기

| 직무분야 | 기계 | 중직무분야 | 자동차 | 자격종목 | 자동차정비기능장 | 적용기간 | 2025. 1. 1 ~ 2027. 12. 31 |

직무내용 : 자동차정비에 관한 최상급의 숙련기능을 가지고, 현장지도 및 감독을 수행하며, 경영층과 생산계층을 유기적으로 결합시켜주는 현장의 관리자로서의 역할에 대한 직무이다.

| 필기검정방법 | 객관식 | 문제수 | 60 | 시험시간 | 1시간 |

필기과목명	문제수	주요항목	세부항목
자동차공학, 자동차전기전자정비, 자동차섀시정비, 자동차엔진정비, 자동차차체정비, 공업경영에 관한 사항	60	1. 자동차 엔진	1. 엔진의 성능 및 효율 2. 엔진 본체 3. 윤활 및 냉각장치 4. 연료장치 5. 흡배기장치 6. 전자제어장치
		2. 자동차 섀시	1. 동력전달장치 2. 현가 및 조향장치 3. 제동장치
		3. 시험 및 검사	1. 자동차 검사 2. 안전 및 성능시험
		4. 자동차 전기전자	1. 전기전자 2. 시동, 점화 및 충전장치 3. 계기 및 보안장치 4. 안전 및 편의장치 5. 공기조화장치 6. 고전원 전기장치
		5. 차체수리 및 도장	1. 자동차 차체수리 2. 자동차 보수도장
		6. 안전관리	1. 산업안전일반 2. 기계 및 기기에 대한 안전 3. 공구에 대한 안전 4. 작업상의 안전
		7. 공업경영	1. 품질관리 2. 생산관리 3. 작업관리 4. 기타 공업경영에 관한 사항

시험정보 – 자동차정비기능장 필기

자격명 : 자동차정비기능장
관련부처 : 국토교통부
시행기관 : 한국산업인력공단

- **개요**

자동차의 제작 및 부품생산이 첨단기술화 되어감에 따라 자동차정비는 단순한 재생수리에서 종합정비 형태로 바뀌어가고 있으며, 시설장비의 현대화와 정비기술의 고도화가 추구되고 있다. 이에 따라 자동차정비의 효율성 및 안전성을 위한 제반 환경을 조성하고, 기능인력을 지도·감독할 최상급의 숙련기능인력을 양성하기 위하여 자격을 제정

- **수행직무**

자동차 정비에 관한 최상급 숙련기능을 가지고 산업현장에서 작업관리, 소속 기능자의 지도 및 감독, 현장훈련, 경영층과 생산계층을 유기적으로 결합시켜주는 현장의 중간관리 등의 업무 수행

- **출제경향**

자동차정비 및 검사에 관한 최상급의 숙련기능 및 지식을 가지고 현장의 지도 및 감독, 경영층과 생산계층을 유기적으로 결합시켜주는 현장의 관리자로서 각종 공구 및 기기와 점검장비를 이용하여 엔진, 섀시, 전기장치 등의 고장결함이나 진단을 통해 이상부위를 진단, 정비, 검사하며 안전사항 등을 준수하는 직무 수행능력을 평가

- **취득방법**

① 시 행 처 : 한국산업인력공단
② 관련학과 : 대학 및 전문대학의 자동차정비, 자동차공학, 자동차시스템 관련학과
③ 시험과목
  – 필기 : 1.자동차공학 2.자동차전기전자정비 3.자동차섀시정비 4.자동차엔진정비 5.자동차차체정비
     6.공업경영에 관한 사항
  – 실기 : 자동차정비 실무
④ 검정방법
  – 필기 : 객관식 4지 택일형 60문항(60분)
  – 실기 : 복합형[필답형(1시간30분, 50점) + 작업형(6시간 30분, 50점)]
⑤ 합격기준
  – 필기·실기 : 100점을 만점으로 하여 60점 이상

- **시험수수료**
  – 필기 : 34,400 원
  – 실기 : 101,600 원

자동차엔진

제1장 기관의 개요
제2장 내연기관의 본체
제3장 윤활 및 냉각장치
제4장 연료장치
제5장 디젤기관
제6장 흡·배기장치

01 기관의 개요

제1절 기관 기초사항

1_ 기관의 정의

연료를 연소시켜 발생되는 열에너지를 기계적인 운동 에너지로 변환하는 장치로, 내연기관과 외연기관으로 분류한다.

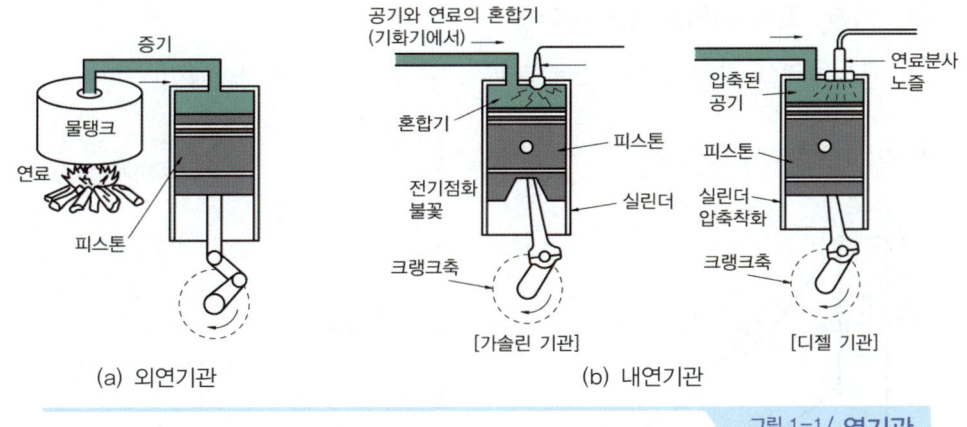

그림 1-1 / **열기관**

1. 외연기관

기관 밖에서 공기와 연료를 혼합하여 연소함으로써 기계적 에너지를 얻는 기관으로써, 증기 기관(왕복형), 증기 터빈(회전형) 등이 있다.

2. 내연기관

기관 안에서 공기와 연료를 혼합하여 연료를 연소시켜 기계적 에너지를 얻는 기관으로써, 가솔린 기관과 디젤 기관으로 분류한다.

2_ 기관의 분류

1. 사용 연료에 따른 분류

가솔린 기관, LPG 기관, CNG 기관, 에탄올 기관, 수소 기관, 디젤 기관 등이 있다.

2. 점화 방식의 분류

① 전기 점화 기관 : 혼합가스에 전기적인 불꽃으로 점화시키는 기관이다.
② 압축 착화 기관 : 공기를 먼저 압축 후 연료를 분사하면 압축열에 의하여 자기 착화되는 기관이다.

3. 열역학적 사이클의 분류

1) 가솔린 기관 : 정적 사이클(오토 사이클)

가솔린 기관은 2개의 정적 변화와 2개의 단열 변화로 구성된 사이클이다.

오토 사이클 열효율$(\eta_o) = 1 - \dfrac{1}{\epsilon^{k-1}} = 1 - \left(\dfrac{1}{\epsilon}\right)^{k-1}$

ε : 압축비
k : 비열비($k = 1.4$)

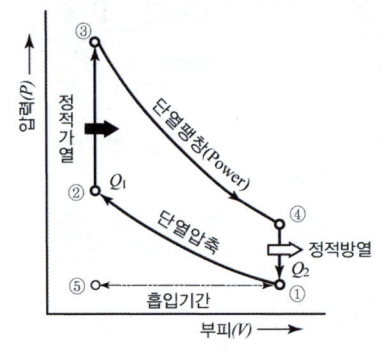

⑤-① 흡입행정
①-② 단열압축
②-③ 폭발(일정한 체적하에서 열량 Q_1을 공급)
③-④ 팽창행정(power 발생)
④-① 배기시작(열량 Q_2를 방출)
①-⑤ 배기행정

그림 1-2 / P-V 지압선도

오토 사이클의 이론 열효율을 η_o 라 하면

$$\eta_o = \dfrac{Q_1 - Q_2}{Q_1} = 1 - \dfrac{Q_2}{Q_1}$$

각 점(①, ②, ③, ④)에서의 온도를 각각 T_1, T_2, T_3, T_4라 하고 압축비를 ε라 하면

$$\eta_o = 1 - \dfrac{T_4 - T_1}{\varepsilon^{k-1}(T_4 - T_1)} = 1 - \left(\dfrac{1}{\epsilon}\right)^{k-1}$$

따라서, 오토 사이클의 이론 열효율은 ε와 K에 의해 결정된다.

2) 디젤 기관 : 정압 사이클(저속 디젤 기관)

디젤 사이클은 정압 사이클로써 일정한 압력하에서 연소하는 저속 디젤 기관의 기본 사이클이다. 정압 사이클의 이론 열효율은 단절비가 작을수록 열효율은 증가된다.

디젤 사이클 열효율$(\eta_d) = 1 - \left(\dfrac{1}{\epsilon}\right)^{k-1} \times \dfrac{\rho^k - 1}{k(\rho - 1)}$

ϵ : 압축비
k : 비열비($k = 1.4$)
ρ : 단절비

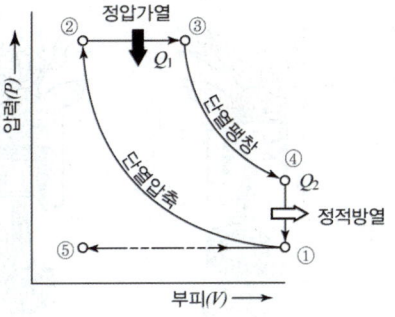

⑤-① 흡입행정
①-② 압축행정
②-③ 연료분사(정압)
③-④ 팽창행정
④-① 배기시작

그림 1-3 / P-V 지압선도

3) 고속 디젤 기관 : 복합 사이클(사바테 사이클)

사바테 사이클(Sabathe cycle)은 폭발비(ϕ)가 1이 되면 정압 사이클이 되며, 단절비(ρ)가 1이 되면 정적 사이클이 된다. 또한, 압축비가 증가하면 열효율은 상승하며, 공급 열량과 압축비가 일정할 때 열효율은 오토 사이클 > 사바테 사이클 > 디젤 사이클 순이며, 공급 압력과 최고 압력이 일정할 때 열효율은 디젤 사이클 > 사바테 사이클 > 오토 사이클 순이다.

복합 사이클 열효율$(\eta_s) = 1 - \left(\dfrac{1}{\epsilon}\right)^{k-1} \times \dfrac{\phi \cdot \rho^k - 1}{(\phi - 1) + k \cdot \phi(\rho - 1)}$

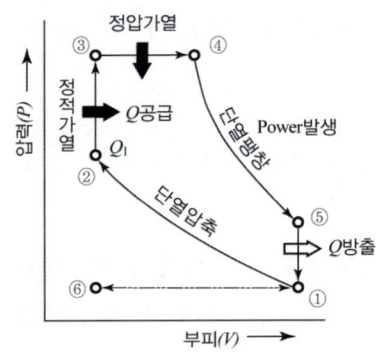

ϵ : 압축비
k : 비열비
ρ : 단절비(체적비)
ϕ : 폭발비(압력비)

그림 1-4 / P-V 지압선도

4. 기계학적 사이클의 분류

1) 4행정 사이클(cycle) 기관

사이클(cycle)이란 혼합기가 실린더 내에 유입된 후 배기가스가 되어 나올 때까지의 주기적인 변화를 말하며 흡입, 압축, 폭발, 배기의 순으로 4개의 행정을 크랭크축이 2회전하면 1사이클이다.

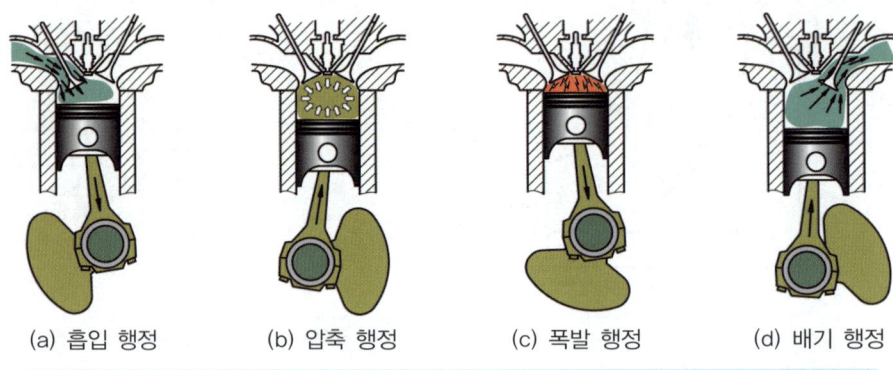

(a) 흡입 행정   (b) 압축 행정   (c) 폭발 행정   (d) 배기 행정

그림 1-5 / 행정 사이클 기관

① 흡입행정 : 피스톤이 하강하여 혼합기를 연소실로 흡입하며, 크랭크축은 180° 회전한다.
② 압축행정 : 피스톤이 상승하여 혼합기를 압축하며, 이 때 압축압력은 7~11[kg/cm^2] 정도이다. 크랭크축은 360°(1회전) 회전한다.
③ 동력행정 : 연소가스의 열이 일로 바뀌어 동력이 발생하는 과정으로, 최대 폭발 압력은 TDC 후 10~15° 지점에서 발생한다. 크랭크축은 540° 회전한다.
④ 배기행정 : 잔류 연소가스를 배출하는 행정으로, 배기가스 압력은 3~4[kg/cm^2], 배기가스의 대략 온도는 600~700[℃]이다. 크랭크축은 720°(2회전) 으로 마무리 된다.

2) 2행정 사이클 기관

흡입, 압축, 폭발, 배기 등 4개 작용을 피스톤 2행정에 마치고 크랭크 축 1회전에 1회 동력이 발생되는 기관이다.

① 흡입, 압축 및 폭발 행정 : 피스톤이 상승하면서 흡입 포트가 열려 크랭크 케이스 내에 혼합기를 흡입하고 피스톤 헤드부는 배기 구멍을 막은 다음 유입된 혼합기를 압축하여 점화 연소시킨다.
② 배기 및 소기 : 연소 가스가 피스톤을 밀어내려 배기공이 열리면 가스가 배출되며, 피스톤에 의해서 소기공이 열리면 흡입 행정에서 흡입된 혼합 가스가 피스톤 헤드부로 유입된다.

2행정 기관에서 디플렉터는 혼합기의 손실을 적게 하고, 와류를 증가시키기 위해 피스톤 헤드에 설치된 돌기부를 말한다.

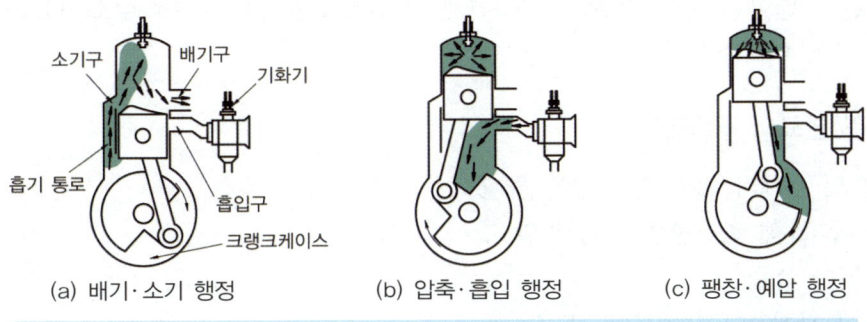

그림 1-6 / 2행정 사이클 기관의 작동

제2절 연료와 기관 성능

1_ 연료

1. 연료의 분류

내연기관의 연료로는 고체연료, 액체연료, 기체연료 등의 3종류가 있으나 현재 사용하고 있는 것은 액체 연료와 기체 연료이다.

1) 기체연료

기체연료로는 가장 많이 쓰이고 있는 액화석유가스(LPG : Liquefied Petroleum Gas)가 있으며 또한 최근에는 액화천연가스(LNG : Liquefied Natural Gas)와 압축천연가스(CNG : Compressed Natural Gas) 등도 많이 사용하고 있다.

2) 액체연료

액체연료로는 일반적으로 석유계 연료인 가솔린, 등유, 경유, 중유 등을 주로 사용하며, 가솔린은 불꽃점화기관의 연료이며 경유, 중유 등은 압축착화기관인 디젤기관의 가장 중요한 연료이기도 하다.

2. 석유계 연료

석유계 연료의 주성분은 탄소와 수소의 화합물인 탄화수소이며, 이 외에도 산소, 질소, 황

등의 불순물이 섞여 있다. 이 석유계 연료를 비점의 차이에 따라 분류하면 가솔린, 등유, 경유, 중유 등이 있으며, 내연기관 연료의 대부분은 이 석유계 연료에 속한다. 또한 석유계 연료는 주성분인 탄화수소를 기준으로 파라핀계 탄화수소, 올레핀계 탄화수소, 나프텐계 탄화수소, 방향족계 탄화수소로 나눌 수 있다.

1) 가솔린 연료의 구비조건

① 체적 및 무게가 적고, 발열량이 클 것.
② 연소 후 유해 화합물을 남기지 말 것.
③ 옥탄가가 높을 것.
④ 온도에 관계없이 유동성이 클 것.
⑤ 연소 속도가 빠를 것.

2) 가솔린 기관의 노킹

가솔린 기관의 노킹이란 연소실 내부의 이상연소에 의해 기관이 금속을 두드리는 것과 같은 금속성, 즉 노킹음이 나타나는 현상을 말하며, 연소실 내부에서의 매우 급격한 연소에 의해 발생하는 것으로 알려져 있다.

3) 노킹이 발생하면 나타나는 현상

① 이상연소하여 평균 유효압력은 낮아지고 순간 폭발압력이 증가한다.
② 이상 열전달로 냉각수가 끓어 넘친다.(over heat)
③ 이상 열전달로 인하여 실린더 헤드, 실린더 블록이 휘어지게 된다.
④ 실린더 헤드 가스켓이 찢어진다.
⑤ 엔진오일과 냉각수가 섞이게 되어 라디에이터에 기름이 뜨게 된다.
⑥ 실린더 헤드가 휘거나 가스켓이 찢어지므로 압축압력이 낮아지게 된다.
⑦ 출력이 낮아지므로 연료소비량이 증가한다.

4) 옥탄가(Octane Number, ON)

옥탄가란 가솔린 연료의 안티 노킹성(anti-knocking, 내폭성)을 나타내는 척도로, 노크를 일으키기 어려운 이소옥탄과 노크를 일으키기 쉬운 노멀 헵탄과의 혼합액 중에서 이소옥탄의 백분율[%]로 나타낸다. 즉 옥탄가 90인 연료라면, 그 연료는 이소옥탄 90[%], 노멀헵탄 10[%]의 혼합액과 동일한 안티 노크성을 갖는다는 것을 의미한다. 옥탄가가 높을수록 노킹이 억제된다.

또한 옥탄가 측정에는 CFR(Cooperative Fuel Research)기관을 사용하며, 이 기관은 단실린더 가변 압축비 기관이다.

$$옥탄가 = \frac{이소옥탄}{이소옥탄 + 노말헵탄} \times 100[\%]$$

5) 가솔린 기관의 노킹 방지책

① 적당한 혼합기
② 고옥탄가 연료를 사용
③ 엔진의 실린더벽 온도를 낮춘다.
④ 점화시기를 지각(지연)시킨다.
⑤ 흡입공기 온도와 압력을 낮춘다.
⑥ 연소실 압축비를 낮춘다.
⑦ 연소실 화염 전파거리를 짧게(빠르게) 한다.
⑧ 연소실 내의 퇴적 카본을 제거해 준다.
⑨ 기관의 회전수를 느리게 한다.

6) 농후한 혼합비가 기관에 미치는 영향

① 기관의 동력감소
② 불안전 연소
③ 기관 과열
④ 카본 생성

7) 희박한 혼합기가 기관에 미치는 영향

① 저속 및 고속회전이 어렵다.
② 기동이 어렵고, 동력이 감소된다.
③ 배기 가스온도 상승으로 노킹이 발생된다.

8) 경유의 구비조건

① 고형 미립이나 유해 성분이 적을 것
② 내폭성과 내한성이 클 것
③ 적당한 점도가 있을 것
④ 연소 후 카본 생성이 적을 것
⑤ 발열량이 클 것
⑥ 불순물이 섞이지 않을 것
⑦ 온도 변화에 따른 점도 변화가 적을 것
⑧ 인화점이 높고, 발화점이 낮을 것
⑨ 세탄가가 높을 것

9) 디젤 노크

① 착화늦음 기간 중에 분사된 다량의 연료가 화염전파 기간 중에 연소되어 실린더 내의 압력이 급격히 상승되어 피스톤 헤드가 실린더벽을 타격하는 현상
② 세탄가 : 디젤기관 연료의 착화성을 나타내는 척도이며, 높을수록 노킹이 억제된다.

$$세탄가 = \frac{세탄}{세탄 + \alpha메틸나프탈렌} \times 100[\%]$$

10) 디젤 기관 노크 방지책

① 연료의 착화온도를 높게 한다.
② 압축비 및 흡입공기온도와 압력을 높게 한다.
③ 연료 분사시 관통력이 크게 한다.
④ 분사 노즐 분사시기를 알맞게 조정해 준다.
⑤ 연소실 벽의 온도를 높게 한다.
⑥ 착화 지연 시간을 짧게 한다.
⑦ 고세탄가 연료(경유)를 사용한다.
⑧ 착화지연 기간동안에는 분사 노즐 초기 분사량을 작게하고, 자연발화 후에는 분사량을 증대시켜 준다.

2_ 기관의 성능

1. 마력(PS)

1) 지시(도시)마력(IHP : Indicated Horse Power)

실린더 내에 공급된 혼합기가 폭발하여 나타나는 압력과 피스톤 운동에 따른 체적의 변화 관계를 지압계로 측정하여 지압선도에서 계산한 마력으로 미국 자동차공학회(S.A.E)에서 임의로 제작되고 C.F.R 기관에서 직접 산출한 마력(PS)을 말한다.

$$IHP = \frac{P \times A \times L \times Z \times N}{75 \times 60}$$

P : 지시평균 유효압력[kg₁/cm²]
A : 실린더 단면적[cm²]
L : 행정[m]
Z : 실린더 수
N : ``엔진 회전수(rpm)(4행정기관 : N/2, 2행정기관 : N)

2) 제동(축, 정미) 마력(BHP : Brake Horse Power)

연소열 에너지 중에서 일로 변화된 에너지 중 동력손실(마찰력, 발전기, 물 펌프 등)을 제외하고 실제 크랭크축에서 동력으로 활용될 수 있는 동력을 말한다.

$$\text{BHP} = \frac{2\pi TN}{75 \times 60} = \frac{TN}{716}$$

T : 회전력[m-kg$_f$]
N : 엔진 회전수[rpm]

3) 마찰(손실)마력(FHP : Friction Horse Power)

$$\text{FHP} = \frac{f \times Z \times N \times V_s}{75} = \frac{P \times V_s}{75}$$

f : 피스톤 링 1개의 마찰력[kg$_f$]
Z : 실린더당 링의 수
N : 실린더 수
V_s : 피스톤 평균속도[m/s]
P : 총마찰마력

4) 공칭(과세)마력(SAE)

자동차공업학회(SAE)의 기관의 제원을 이용하여 간단히 계산되는 것으로, 자동차의 등록 및 과세 기준으로 사용되는 마력(PS)이다.

$$\text{SAE} = \frac{M^2 Z}{1{,}613} = \frac{D^2 Z}{2.5}$$

M : 내경[mm]
D : 내경[inch]
Z : 실린더 수

5) 연료마력(PHP : Petrol Horse Power)

$$\text{PHP} = \frac{H \times W}{632.3 \times t}$$

H : 연료의 저위발열량[kcal/kg$_f$]
W : 연료의 중량[kg$_f$]
t : 측정시간[hour]

6) 시간 마력당 연료소비율(F)

$$F = \frac{\text{시간당 연료소비량}}{PHP} \, [\text{kg}_f/\text{ps-h}]$$

2. 기관의 효율

1) 기계 효율(mechanical efficiency, η_m)

실린더 내에서 실제로 일로 변화된 지시마력 중 각부 마찰 및 기타 손실되는 일을 제외한 제동마력과 상호관계 효율을 나타낸다.

$$\text{기계효율}(\eta_m) = \frac{\text{제동마력}(BHP)}{\text{지시마력}(IHP)} \times 100 \, [\%]$$

2) 열효율(thermal efficiency, η_h)

연소실에 공급된 연료에서 발생한 열량이 기계적인 일로 변화시킬 수 있는 열의 백분율을 말한다. 즉, 일로 변화한 에너지와 엔진에 공급된 열에너지의 비율을 말한다.

$$\text{열효율}(\eta_h) = \frac{632.3 \times PS}{H \times F}$$

PS : 마력
H : 연료의 저위발열량[kcal/kg$_f$]
F : 시간당 연료소비율[kg$_f$/ps-h]

3) 체적 효율(volumetric efficiency, η_v)

체적 효율(용적효율)이란 피스톤의 행정체적과 흡입행정시 상온하에서 실제로 흡입된 공기 체적의 중량비를 말한다.

$$체적\ 효율(용적효율,\ \eta_v) = \frac{실제\ 흡입\ 공기량}{실린더용적이 차지하는\ 이론공기량} \times 100[\%]$$

제1장 기관의 개요 출제예상문제

01 다음 중 정적 사이클에 속하는 기관은?
[05년 하, 08년 상]

㉮ 디젤기관   ㉯ 가솔린기관
㉰ 소구기관   ㉱ 복합기관

풀이 열역학적 사이클에 의한 분류
① 오토 사이클(정적 사이클) : 가솔린기관
② 디젤 사이클(정압 사이클) : 저속 디젤기관
③ 사바테 사이클(복합, 합성 사이클) : 고속 디젤기관

02 다음의 소구기관 특징 중 관계가 없는 것은?
[04년 상]

㉮ 연료 소비율이 낮다.
㉯ 단위 마력당 중량이 크다.
㉰ 구조가 간단하고 제작이 용이하다.
㉱ 소형 화물선 등에 많이 쓰인다.

풀이 소구(열구 점화, hot bulb ignition) 기관
혼합기를 실린더 헤드에 설치한 열구(hot bulb)의 열과 피스톤의 압축열에 의해 점화시키는 기관으로, 정상 운전시는 압축점화가 행해지므로 세미 디젤기관이라고도 한다.

03 실린더 총 배기량이 1,500cm³, 연소실 체적이 200cm³ 인 단기통 기관의 압축비는 얼마인가?
[04년 상]

㉮ 6.5 : 1   ㉯ 7.5 : 1
㉰ 8.5 : 1   ㉱ 9.5 : 1

풀이 압축비$(\varepsilon) = \dfrac{V_t}{V_c} = 1 + \dfrac{V_s}{V_c}$

여기서, V_t : 실린더체적(cc)
V_s : 행정체적(cc)
V_c : 연소실체적(cc)

행정체적 = 배기량이므로,

압축비 $\varepsilon = 1 + \dfrac{V_s}{V_c} = 1 + \dfrac{1,500}{200} = 8.5$

04 총배기량 1,600cc 이고, 실린더수가 4개, 연소실 체적이 50cc 일때 이 기관의 압축비는?
[05년 하]

㉮ 7   ㉯ 8
㉰ 9   ㉱ 10

풀이 압축비$(\varepsilon) = \dfrac{V_t}{V_c} = 1 + \dfrac{V_s}{V_c}$

여기서, V_t : 실린더체적(cc)
V_s : 행정체적(cc)
V_c : 연소실체적(cc)

총배기량이 1,600cc이므로, 한개 실린더의 배기량은 400cc

∴ 압축비 $\varepsilon = 1 + \dfrac{400}{50} = 9$

ANSWER 01 ㉯   02 ㉮   03 ㉰   04 ㉰

05 실린더 체적이 450cm³, 압축비 8인 기관의 연소실 체적은? [08년 하]

㉮ 60cm³   ㉯ 64cm³
㉰ 70cm³   ㉱ 82cm³

풀이
압축비$(\varepsilon) = \dfrac{V_t}{V_c} = 1 + \dfrac{V_s}{V_c}$

여기서, V_t : 실린더체적(cc)
V_s : 행정체적(cc)
V_c : 연소실체적(cc)

∴ 연소실 체적$(V_c) = \dfrac{V_t}{\varepsilon} = \dfrac{450}{8} = 49cc$

"정답 없음"

[다른풀이]
① 실린더체적을 행정체적으로 보면,
연소실 체적$(V_c) = \dfrac{V_t}{\varepsilon - 1} = \dfrac{450}{8-1} = 64.28cc$

② 실린더체적을 450cm³가 아닌 512cm³로 한다면, 연소실 체적$(V_c) = \dfrac{V_t}{\varepsilon} = \dfrac{512}{8} = 64cc$

06 지름이 100mm, 행정이 95mm인 가솔린 기관에서 압축비가 13 : 1일 때 연소실 체적은? [09년 하]

㉮ 약 58cc   ㉯ 약 62cc
㉰ 약 67cc   ㉱ 약 86cc

풀이
압축비$(\varepsilon) = \dfrac{V_t}{V_c} = 1 + \dfrac{V_s}{V_c}$

여기서, V_t : 실린더체적(cc)
V_s : 행정체적(cc)
V_c : 연소실체적(cc)

∴ 연소실 체적(V_c)
$= \dfrac{V_s}{\varepsilon - 1} = \dfrac{0.785 \times 10^2 \times 9.5}{13 - 1} = 62.14cc$

07 실린더 간극체적(clearance volume)이 실린더 체적의 10%인 기관의 압축비는? [09년 상]

㉮ 10 : 1   ㉯ 8 : 1
㉰ 6 : 1   ㉱ 4 : 1

풀이
압축비$(\varepsilon) = \dfrac{V_t}{V_c} = 1 + \dfrac{V_s}{V_c}$

여기서, V_t : 실린더체적(cc)
V_s : 행정체적(cc)
V_c : 연소실체적(cc)

∴ 압축비 $\varepsilon = \dfrac{V_t}{V_c} = \dfrac{100}{10} = 10$

08 4행정 사이클 기관의 구조가 스퀘어 스트로크 엔진(square stroke engine)이며, 실제 흡입 공기량이 1,117.5cc일 때 체적효율은 몇 %인가? (단, 실린더의 수는 4개이며, 행정은 78mm 이다.)
[04년 하, 07년 상]

㉮ 80   ㉯ 75
㉰ 70   ㉱ 65

풀이
총배기량 $V = \dfrac{\pi}{4}D^2 LZN$
$= 0.785 D^2 LZN$

여기서, D : 내경(cm)
L : 행정(cm)
Z : 실린더수
N : 엔진 회전수(rpm)
(4사이클 : $N/2$, 2사이클 : N)

∴ 총배기량 $V = 0.785 \times 7.8^2 \times 7.8 \times 4$
$= 1,490cc$

체적효율$(\eta_v) = \dfrac{실제 흡기량}{총배기량} \times 100(\%)$

∴ 체적효율 $= \dfrac{1,117.5}{1,490} \times 100(\%) = 75\%$

05 ㉯   06 ㉯   07 ㉮   08 ㉯

09 실린더 내경이 78mm, 행정이 80mm인 4행정 사이클 4실린더 엔진의 회전수가 2,300rpm이다. 이때 체적효율이 82.4%이면 1분동안 실제로 흡입된 공기량은 얼마인가? [06년 하]

㉮ 1,084cc ㉯ 1,196cc
㉰ 1,248ℓ ㉱ 1,375ℓ

 총배기량 $V = \dfrac{\pi}{4}D^2 LZN$

$= 0.785 D^2 LZN$

여기서, D : 내경(cm)
L : 행정(cm)
Z : 실린더수
N : 엔진 회전수(rpm)
(4사이클 : $N/2$, 2사이클 : N)

∴ 총배기량 $V = 0.785 \times 7.8^2 \times 8 \times 4 \times 1,150$
$= 1,757,545.92cc$

체적효율$(\eta_v) = \dfrac{실제\ 흡기량}{총배기량} \times 100(\%)$

∴ 실제 흡기량 = 총배기량 × 체적효율
$= 1,757,545.92 \times 0.824$
$= 1,448,218cc = 1448ℓ$

[다른풀이]
실린더 내경을 78mm가 아닌 76mm로 한다면,
∴ 총배기량 $V = 0.785 \times 7.6^2 \times 8 \times 4 \times 1,150$
$= 1,668,570.88cc$

체적효율$(\eta_v) = \dfrac{실제\ 흡기량}{총배기량} \times 100(\%)$

∴ 실제 흡기량 = 총배기량 × 체적효율
$= 1,667,570.88 \times 0.824$
$= 1,374,902cc = 1,375ℓ$

10 압축비가 7인 가솔린기관에서 이론 열효율은? (단, 동작 가스의 단열 지수는 1.4이다.) [07년 하]

㉮ 38.6% ㉯ 54.1%
㉰ 62.4% ㉱ 67.6%

오토 사이클의 이론 열효율

이론 열효율$(\eta_o) = 1 - \dfrac{1}{\epsilon^{k-1}} = 1 - \left(\dfrac{1}{\epsilon}\right)^{k-1}$

∴ $\eta_o = 1 - \left(\dfrac{1}{7}\right)^{1.4-1} = 0.5408$ 즉, 54.1%

※ 압축비 6인 경우 : 51%
〃 7인 경우 : 54%
〃 8인 경우 : 56.5%
〃 9인 경우 : 58.5%

11 압축비가 9 : 1 인 오토사이클 기관의 열효율은? (단, k = 1.4 이다.) [06년 하]

㉮ 약 35% ㉯ 약 45%
㉰ 약 58% ㉱ 약 66%

오토 사이클의 이론 열효율

이론 열효율$(\eta_o) = 1 - \dfrac{1}{\epsilon^{k-1}} = 1 - \left(\dfrac{1}{\epsilon}\right)^{k-1}$

∴ $\eta_o = 1 - \left(\dfrac{1}{9}\right)^{1.4-1} = 0.5847$

즉, 58.5%

※ 압축비 6인 경우 : 51%
〃 7인 경우 : 54%
〃 8인 경우 : 56.5%
〃 9인 경우 : 58.5%

09 ㉱ 10 ㉯ 11 ㉰

12 압력비가 8.2 : 1인 가솔린 기관의 이론 열효율은? (단, 작동 유체의 비열비는 1.35이다.) [08년 하]

㉮ 48.2% ㉯ 52.1%
㉰ 54.6% ㉱ 56.5%

풀이 오토 사이클의 이론 열효율

이론 열효율(η_o) = $1 - \frac{1}{\epsilon^{k-1}} = 1 - \left(\frac{1}{\epsilon}\right)^{k-1}$

∴ $\eta_o = 1 - \left(\frac{1}{8.2}\right)^{1.35-1} = 0.5211$

즉, 52.1%

13 실린더의 간극체적(clearance volume)이 행정체적(stroke volume)의 20%인 오토 사이클의 열효율은 몇 %인가? (단, 비열비 k = 1.4이다.) [06년 상]

㉮ 35.23 ㉯ 46.23
㉰ 48.16 ㉱ 51.16

풀이 압축비(ϵ) = $\frac{V_t}{V_c} = 1 + \frac{V_s}{V_c}$

여기서, V_t : 실린더체적(cc)
　　　 V_s : 행정체적(cc)
　　　 V_c : 연소실체적(cc)

∴ 압축비 $\epsilon = 1 + \frac{V_s}{V_c} = 1 + \frac{100}{20} = 6$

이론 열효율 $\eta_o = 1 - \frac{1}{\epsilon^{k-1}} = 1 - \left(\frac{1}{\epsilon}\right)^{k-1}$ 이므로,

∴ $\eta_o = 1 - \left(\frac{1}{6}\right)^{1.4-1} = 0.5116$ 즉, 51.16%

14 압축비 16.5, 단절비 1.5인 디젤기관의 이론 열효율은 몇 %인가? (단, 비열비는 1.3이다.) [05년 상]

㉮ 51 ㉯ 54
㉰ 58 ㉱ 63

풀이 디젤 사이클의 이론 열효율

$\eta_d = 1 - \left(\frac{1}{\epsilon}\right)^{k-1} \times \frac{\rho^k - 1}{k(\rho - 1)}$

여기서, k : 비열비
　　　 ρ : 단절비(단, 열비, 정압팽창비)

∴ $\eta_d = 1 - \left(\frac{1}{16.5}\right)^{1.3-1} \times \frac{1.5^{1.3} - 1}{1.3(1.5-1)}$

= 0.5395

즉, 54%

15 내연기관의 기본 사이클 중 압축비가 일정하다고 가정할 경우 열효율을 비교한 것 중 옳은 것은? [09년 하]

㉮ 열효율은 정적(otto) 사이클이 가장 좋다.
㉯ 열효율은 정압(diesel) 사이클이 가장 좋다.
㉰ 열효율은 합성(sabathe) 사이클이 가장 좋다.
㉱ 압축비가 같으므로 열효율도 같다.

풀이 내연기관의 열효율 비교
① 압축비가 일정 : 오토 사이클＞사바테 사이클＞디젤 사이클
② 최고압력 일정 : 디젤 사이클＞사바테 사이클＞오토 사이클

12 ㉯ 13 ㉱ 14 ㉯ 15 ㉮

16 오버스퀘어 엔진의 장점이 아닌 것은?
[07년 하, 09년 상]

㉮ 피스톤 평균속도를 올리지 않고 회전속도를 높일 수 있다.
㉯ 흡·배기의 지름을 크게 할 수 있어 단위 실린더 체적당 흡입효율을 높일 수 있다.
㉰ 직렬형인 경우 엔진의 높이를 낮게 할 수 있다.
㉱ 엔진의 길이가 짧고 진동이 작다.

풀이 오버스퀘어(단,행정) 기관의 장점과 단점
① 피스톤 평균속도를 올리지 않고 회전속도를 높일 수 있어 출력을 크게 할 수 있다.
② 흡·배기의 지름을 크게 할 수 있어 단위 실린더 체적당 흡입효율을 높일 수 있다.
③ 내경에 비해 행정이 작으므로 기관의 높이를 낮게 할 수 있다.
④ 내경이 커서 피스톤이 과열되기 쉽고, 베어링 하중이 증가한다.
⑤ 기관의 높이는 낮아지나, 길이가 길어진다.

17 압축 또는 폭발 행정시 가스가 피스톤과 실린더 사이에서 누출되는 현상은? [04년 상]

㉮ 블로우 백(blow back)
㉯ 블로우 다운(blow down)
㉰ 블로우 바이(blow by)
㉱ 베이퍼 록(vapour lock)

풀이 블로우 바이(blow by)란 압축 또는 폭발 행정시 미연소 가스(HC)가 피스톤과 실린더 사이에서 누출되는 현상을 말한다.

18 기관에서 압축 및 폭발 행정시 피스톤과 실린더벽 사이로 탄화수소(HC)가 다량 포함된 미연소가스가 누출되는 현상을 무엇이라고 하는가? [05년 상]

㉮ 블로바이(blow – by) 현상
㉯ 블로백(blow – back) 현상
㉰ 블로다운(blow – down) 현상
㉱ 블로업(blow – up) 현상

풀이 블로우 바이(blow by)란 압축 또는 폭발 행정시 미연소 가스(HC)가 피스톤과 실린더 사이에서 누출되는 현상을 말한다.

19 4행정 싸이클 디젤기관의 지시평균 유효압력이 $7 kg_f/cm^2$, 실린더 직경이 100mm, 행정이 100mm인 4기통 기관이 1,200 rpm으로 회전할 때 지시마력은? [04년 하]

㉮ 14.7ps   ㉯ 29.3ps
㉰ 58.6ps   ㉱ 117.2ps

풀이 지시(도시)마력 $= \dfrac{PALZN}{75 \times 60} = \dfrac{PVZN}{75 \times 60 \times 100}$

여기서, P : 지시평균 유효압력(kg_f/cm^2)
A : 실린더 단면적(cm^2)
L : 행정(m)
Z : 실린더 수
N : 엔진 회전수(rpm)
  (2행정기관 : N, 4행정기관 : $N/2$)
V : 배기량(cm^3)

배기량 $V = \dfrac{\pi}{4}D^2L = \dfrac{3.14}{4} \times 10^2 \times 10 = 785cc$

∴ 지시마력 $= \dfrac{7 \times 785 \times 4 \times 600}{75 \times 60 \times 100} = 29.3PS$

ANSWER 16 ㉱   17 ㉰   18 ㉮   19 ㉯

20 4행정 사이클 기관의 총배기량 3,670cc, 회전수 3,600rpm, 도시평균 유효압력이 9.2kgf/cm²일 때 기관의 도시마력은 몇 PS인가? [06년 상]

㉮ 135 ㉯ 141
㉰ 147 ㉱ 152

 지시(도시)마력 = $\dfrac{PALZN}{75 \times 60}$ = $\dfrac{PVZN}{75 \times 60 \times 100}$

여기서, P : 지시평균 유효압력(kgf/cm²)
　　　　A : 실린더 단면적(cm²)
　　　　L : 행정(m)
　　　　Z : 실린더 수
　　　　N : 엔진 회전수(rpm)
　　　　　　(2행정기관 : N, 4행정기관 : $N/2$)
　　　　V : 배기량(cm³)
또한, 실린더 수가 없으면 1로 본다.

∴ 지시(도시)마력 = $\dfrac{9.2 \times 3,670 \times 1 \times 1,800}{75 \times 60 \times 100}$
　　　　　　　 = 135PS

21 2행정 1사이클 기관의 도시 평균 유효압력이 10kgf/cm², 총배기량 4,000cc, 회전수 3,375rpm일 경우 도시마력은? [05년 상]

㉮ 200PS ㉯ 250PS
㉰ 300PS ㉱ 350PS

 지시(도시)마력 = $\dfrac{PALZN}{75 \times 60}$ = $\dfrac{PVZN}{75 \times 60 \times 100}$

여기서, P : 지시평균 유효압력(kgf/cm²)
　　　　A : 실린더 단면적(cm²)
　　　　L : 행정(m)
　　　　Z : 실린더 수
　　　　N : 엔진 회전수(rpm)
　　　　　　(2행정기관 : N, 4행정기관 : $N/2$)
　　　　V : 배기량(cm³)
또한, 실린더 수가 없으면 1로 본다.

∴ 지시(도시)마력 = $\dfrac{10 \times 4,000 \times 1 \times 3,375}{75 \times 60 \times 100}$
　　　　　　　 = 300PS

22 어떤 동력계에 디젤기관을 직결하여 제동을 걸었다. 이때 비틀림 모멘트가 100kgf-m이며 회전수가 500rpm 이었다. 이때 디젤기관의 발생동력(ps)은? [06년 상]

㉮ 57.7 ㉯ 64.7
㉰ 69.8 ㉱ 75.4

출력(제동마력) = $\dfrac{2\pi TN}{75 \times 60}$ = $\dfrac{TN}{716}$

여기서, T : 엔진 회전력(kgf-m)
　　　　N : 엔진 회전수(rpm)

∴ 출력 = $\dfrac{100 \times 500}{716}$ = 69.83ps

23 암의 길이가 713mm인 프로니 동력계에서 제동하중이 170kgf이었다. 측정 축의 회전수가 1,500rpm일 경우 기관의 제동마력은 몇 PS인가? [08년 하]

㉮ 138PS ㉯ 200PS
㉰ 237PS ㉱ 254PS

출력(제동마력) = $\dfrac{2\pi TN}{75 \times 60}$ = $\dfrac{TN}{716}$

여기서, T : 엔진 회전력(kgf-m)
　　　　N : 엔진 회전수(rpm)
회전력 $T = F \times L$ = 170kgf × 0.713m
　　　　　　 = 121.21kgf-m

∴ 출력 = $\dfrac{121.21 \times 1,500}{716}$ = 253.9ps

20 ㉮　21 ㉰　22 ㉰　23 ㉱

24 동력계 암의 길이가 772mm, 기관의 회전수가 2,200rpm, 동력계 하중이 15kg$_f$일 경우 제동마력은? [07년 상]

㉮ 약 18.4PS ㉯ 약 24.5PS
㉰ 약 25.3PS ㉱ 약 35.6PS

풀이 출력(제동마력) = $\dfrac{2\pi TN}{75 \times 60} = \dfrac{TN}{716}$

여기서, T : 엔진 회전력(kg$_f$ - m)
  N : 엔진 회전수(rpm)

회전력 $T = F \times L$ = 15kg$_f \times$ 0.772m
  = 11.58kg$_f$ - m

∴ 출력 = $\dfrac{11.58 \times 2,200}{716}$ = 35.58ps

25 프로니 브레이크로 기관의 출력을 측정할 때 동력계의 하중이 2,200rpm에서 36kg$_f$ 이었다. 브레이크 암의 길이가 0.55m 라면 축마력은 몇 kW인가? [07년 하]

㉮ 44.7 ㉯ 50.3
㉰ 62.4 ㉱ 72.5

풀이 출력(제동마력) = $\dfrac{2\pi TN}{75 \times 60} = \dfrac{TN}{716}$

여기서, T : 엔진 회전력(kg$_f$ - m)
  N : 엔진 회전수(rpm)

회전력 $T = F \times L$ = 36kg$_f \times$ 0.55m
  = 19.8kg$_f$ - m

∴ 출력 = $\dfrac{19.8 \times 2,200}{716}$ = 60.84ps

1kW = 1.36ps 이므로,
60.84 ÷ 1.36 = 44.7kW

26 제동마력이 125PS, 기계효율 η_m = 0.85일 때 도시마력은 몇 PS인가? [06년 하]

㉮ 126 ㉯ 137
㉰ 142 ㉱ 147

풀이 기계효율(η_m) = $\dfrac{\text{제동마력}}{\text{지시마력}}$

∴ 지시마력 = $\dfrac{\text{제동마력}}{\text{기계효율}}$ = $\dfrac{125}{0.85}$ = 147PS

27 4행정 사이클 기관에서 행정 체적 Vs = 1,600cm^3, 제동마력 Ne = 70ps, 회전수 n = 4,500rpm일 경우 제동평균 유효압력 Pme 은 몇 kg$_f$/cm^2 인가? [07년 상]

㉮ 7.75kg$_f$/cm^2 ㉯ 8.75kg$_f$/cm^2
㉰ 9.75kg$_f$/cm^2 ㉱ 10.75kg$_f$/cm^2

풀이 지시(도시)마력 = $\dfrac{PALZN}{75 \times 60} = \dfrac{PVZN}{75 \times 60 \times 100}$

여기서, P : 지시평균 유효압력(kg$_f$/cm^2)
  A : 실린더 단면적(cm^2)
  L : 행정(m)
  Z : 실린더 수
  N : 엔진 회전수(rpm)
    (2행정기관 : N, 4행정기관 : $N/2$)
  V : 배기량(cm^3)

또한, 실린더 수가 주어지지 않으면 1로 본다.

∴ P_{me} = $\dfrac{ps \times 75 \times 60 \times 100}{V \times Z \times N}$

  = $\dfrac{70 \times 75 \times 60 \times 100}{1,600 \times 1 \times 2,250}$ = 8.75kg$_f$/cm^2

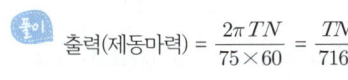

24 ㉱ 25 ㉮ 26 ㉱ 27 ㉯

28 내경 80mm, 행정 100mm인 2행정 사이클 2실린더 기관이 3,200rpm으로 회전할 때 축에 발생하는 회전력은? (단, 도시평균 유효압력은 6.5kgf/cm²이고, 기계효율 η_m은 90% 이다.) [09년 하]

㉮ 약 9.94kgf·m ㉯ 약 9.55kgf·m
㉰ 약 9.36kgf·m ㉱ 약 8.95kgf·m

 출력(제동마력) = $\dfrac{2\pi TN}{75\times 60}$ = $\dfrac{TN}{716}$

제동마력 = 지시마력×기계효율

∴ $\dfrac{2\pi TN}{75\times 60}$ = $\dfrac{PALZN}{75\times 60}\times \eta_m$

여기서, T : 엔진 회전력(kgf-m)
N : 엔진 회전수(rpm)
P : 지시평균 유효압력(kgf/cm²)
A : 실린더 단면적(cm²)
L : 행정(m)
Z : 실린더 수
N : 엔진 회전수(rpm)
 (2행정기관 : N, 4행정기관 : N/2)
η_m : 기계효율

∴ $2\pi T = PALZ \times \eta_m$

∴ 축 회전력 T = $\dfrac{P\times \frac{\pi}{4}D^2\times L\times Z\times \eta_m}{2\times \pi}$

∴ T = $\dfrac{6.5\times 8^2\times 0.1\times 2\times 0.9}{2\times 4}$ = 9.36kgf·m

29 흡기밸브를 통해서 흐르는 최대 공기량이 312kgf/h, 열효율이 28%, 공연비가 14.7 : 1, 저위발열량이 10,830kcal/kgf인 기관의 최대 제동마력은 약 얼마인가? [05년 하]

㉮ 95PS ㉯ 110PS
㉰ 97PS ㉱ 102PS

열효율(η) = $\dfrac{632.3\times ps}{F\times H_\ell}\times 100(\%)$

여기서, ps : 지시(제동)마력
F : 연료량(kgf)
$H\ell$: 연료의 저위발열량(kcal/kgf)

연료량 = $\dfrac{공기량}{공연비}$ 이므로

∴ 제동마력(ps) = $\dfrac{\eta\times F\times H_\ell}{632.3\times 100}$

= $\dfrac{28\times 312\times 10,830}{632.3\times 100\times 14.7}$

= 101.79ps

30 발열량 7,000kcal/kg인 연료를 시간당 40kg 연소시킬 때 발생되는 열을 동력으로 환산하면 약 몇 kW인가? (단, 연소 효율은 100%로 가정한다.) [08년 상]

㉮ 278kW ㉯ 301kW
㉰ 326kW ㉱ 443kW

총 발열량 = 7,000kcal/kg×40kg/h
= 280,000kcal/h

1J = 1Ws = 0.239cal 이므로 1kWh = 860kcal

∴ 280,000÷860 = 325.58kW

31 제동 연료소비율이 230g/psh이고, 사용 연료의 저위 발열량이 10,500kcal/kg인 가솔린 기관의 제동 열효율은 약 몇 %인가? [08년 상]

㉮ 19% ㉯ 26%
㉰ 30% ㉱ 33%

제동 열효율(η_b) = $\dfrac{632.3\times PS}{CW}\times 100(\%)$

여기서, C : 연료의 저위 발열량(kcal/kgf)
W : 연료 중량(kgf)
PS : 마력(주어지지 않으면 1마력)

∴ 제동 열효율(η_b) = $\dfrac{632.3\times 1}{10,500\times 0.23}\times 100$
= 26.18%

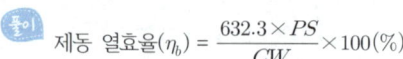

28 ㉰ 29 ㉱ 30 ㉰ 31 ㉯

32 연료 소비율이 250g/ps-h인 가솔린 기관의 열효율은? (단, 가솔린의 저위발열량은 10,500kcal/kg 이다.) [09년 상]
㉮ 약 12%　　㉯ 약 24%
㉰ 약 30%　　㉱ 약 34%

 제동 열효율(η_b) = $\dfrac{632.3 \times PS}{CW} \times 100(\%)$

여기서, C : 연료의 저위 발열량(kcal/kg$_f$)
　　　　W : 연료 중량(kg$_f$)
　　　　PS : 마력(주어지지 않으면 1마력)

∴ 제동 열효율(η_b) = $\dfrac{632.3 \times 1}{10,500 \times 0.25} \times 100$
　　　　　　　　＝ 24.08%

33 내연기관의 기계효율 향상을 위한 대책이 아닌 것은? [06년 상]
㉮ 베어링 면적이 작은 베어링 사용
㉯ 피스톤 측압 발생 증대
㉰ 운동부분 중량 감소
㉱ 배기저항 감소

기계효율을 향상시키기 위한 방법
① 플라이 휠 등 운동부분의 중량을 감소시킨다.
② 각 부의 윤활을 잘 시켜 저항을 작게 한다.
③ 연료펌프 등 각종 보조 장치의 구동저항을 줄인다.
④ 베어링 면적이 작은 베어링 사용
⑤ 피스톤 측압 발생을 감소시킨다.
⑥ 배기가스의 배출을 방해하는 저항을 줄인다.
※ 기계효율을 향상시키려면 운동부분의 중량을 줄이거나, 저항을 감소시키거나, 배압을 감소시켜야 한다.

34 기관의 기계효율에 직접적인 영향을 미치는 요소가 아닌 것은? [05년 하]
㉮ 실린더의 크기
㉯ 연료의 완전연소
㉰ 각종 펌프 압력
㉱ 기관 회전수

기계효율을 향상시키려면 운동부분의 중량을 줄이거나, 저항을 감소시키거나, 배압을 감소시켜야 한다.

35 2행정 사이클 기관과 4행정 사이클 기관의 비교이다. 이들 중 2행정 사이클 기관의 장점은? [07년 상]
㉮ 연료 소비량이 적다.
㉯ 흡, 배기 작용이 완전히 구분되어 있다.
㉰ 저속 운전에 적합하다.
㉱ 마력당 중량이 적다.

2행정 기관의 장점
① 밸브 개폐기구가 없어 간단하다.
② 1회전마다 동력이 발생하므로 회전력 변동이 적다.
③ 4행정 기관보다 출력이 1.6~1.7배 크다.
④ 마력당 중량이 적다.

32 ㉯　33 ㉯　34 ㉯　35 ㉱

36 로터리 기관을 왕복형 기관과 비교했을 때의 특징이 아닌 것은? [06년 하]

㉮ 부품수가 적다.
㉯ 출력이 같은 왕복형 기관에 비해 대형이고 무겁다.
㉰ 왕복운동 부분과 밸브 기구가 없으므로 진동과 소음이 적다.
㉱ 캠에 의한 밸브기구가 없으므로 고속시 출력이 저하되는 일이 적다.

풀이 로터리 기관의 특징
① 구조가 간단하고 소형 경량으로, 부품수가 적다.
② 단위 중량당 출력이 크다.
③ 왕복운동 부분이 없어 고속시 출력이 저하되는 일이 적다.
④ 밸브기구가 없고, 회전운동을 하므로 진동과 소음이 적다.
⑤ 질소산화물(NOx)의 생성이 적다.
⑥ 연료 소비율은 왕복형 기관에 비해 나쁘고, 로터의 수명이 짧다.

37 기관이 고속에서 회전력의 저하를 가져오는 이유는? [04년 상]

㉮ 관성에 의해서 점화시기가 너무 진각되기 때문이다.
㉯ 충전 효율이 너무 높기 때문이다.
㉰ 체적효율이 낮아지기 때문이다.
㉱ 혼합비가 너무 농후하기 때문이다.

풀이 기관이 고속에서 회전력이 저하하는 이유는 체적효율이 낮아지기 때문이다.

38 구동 벨트의 장력이 규정치보다 헐거울 경우 기관에 미치는 영향으로 가장 거리가 먼 것은? [05년 상]

㉮ 기관이 과열되기 쉽다.
㉯ 발전기의 출력이 저하된다.
㉰ 소음이 발생하며 구동벨트의 손상이 촉진된다.
㉱ 흡배기 밸브의 개폐시기가 변하여 기관 출력이 감소한다.

풀이 구동 벨트의 장력이 헐거우면 발전기와 물펌프에 영향을 주므로 기관 과열 및 발전기 출력이 저하하며, 벨트에서 소음이 발생되고 구동벨트가 손상된다.
※ 흡·배기밸브의 개폐시기는 타이밍벨트와 관련이 있다.

39 가솔린 기관에서 점화 계통을 차단하여도 기관의 점화가 계속 발생하는 현상을 무엇이라고 하는가? [05년 상]

㉮ 런온(run-on)
㉯ 스파크 이그니션(spark ignition)
㉰ 럼블(rumble)
㉱ 와일드핑(wild-ping)

풀이 이상(異常) 연소
① 스파크 이그니션(spark ignition) : 불꽃점화를 의미
② 런 온(run-on) : 점화계통을 차단하여도 기관의 점화가 계속 발생하는 현상
③ 와일드 핑(Wild-ping) : 표면점화에 의해 유발되는 노크로 불규칙한 금속음을 낸다.
④ 럼블(rumble) : 압축비가 높아지면(9.5 이상) 노크와는 다른 저주파의 둔한 천둥소리를 동반하며 운전이 거칠어지는 현상
⑤ 서드(thud) : 압축비가 더욱 높아지면(12 이상) 급격한 압력상승에 의한 럼블과 비슷한 저주파의 천둥소리가 발생. 크랭크축의 비틀림 진동에 기인

36 ㉯ 37 ㉰ 38 ㉱ 39 ㉮

40 기관의 비출력을 높이기 위한 방법 중의 하나로서 실린더 내에 흡입되는 공기량을 증가시키는 방법이 최근 많이 사용되고 있는데 다음 중에서 관계가 없는 것은? [04년 상]

㉮ 터보챠저 장착
㉯ 슈퍼챠저 장착
㉰ DOHC방식 채용
㉱ 다점분사방식 채용(MPI)

> 풀이) 기관의 출력을 높이려면 흡입공기량을 증가시켜야 하므로, 흡기밸브의 면적을 크게 하거나(DOHC방식) 과급기(수퍼챠저, 터보챠저)를 장착한다.

41 가솔린 연료의 옥탄가를 나타낸 것은? [06년 하]

㉮ 이소옥탄÷(이소옥탄+노멀헵탄)
㉯ 노멀헵탄÷(이소옥탄+노멀헵탄)
㉰ 이소옥탄÷(세탄+α메틸나프탈린)
㉱ 세탄÷(세탄+α메틸나프탈린)

> 풀이) 옥탄가 = $\dfrac{\text{이소옥탄}}{\text{이소옥탄} + \text{정(노말)헵탄}} \times 100(\%)$

42 어떤 연료의 옥탄가를 결정하기 위해서 운전 중에 압축비를 바꿀 수 있고, 또 노크가 발생했을 때 그 강도를 기록할 수 있는 장치를 갖춘 기관은? [09년 상]

㉮ F.B.C 기관   ㉯ C.F.R 기관
㉰ O.H.C 기관   ㉱ E.F.I 기관

> 풀이) C.F.R(Cooperative Fuel Research) 기관 : 옥탄가를 측정키 위하여 특별히 장치한 단행정 기관으로서 압축비를 임의로 변경시켜 노킹을 측정할 수 있는 기관

43 가솔린 기관의 노크 발생 원인이 아닌 것은? [08년 하]

㉮ 제동 평균 유효압력이 높을 때
㉯ 실린더의 온도가 높거나 배기밸브에 열점이 존재할 때
㉰ 화염전파가 늦어질 때
㉱ 점화시기가 늦어질 때

> 풀이) ㉮, ㉯, ㉰항이 노크 발생에 대한 옳은 설명이고, 점화시기가 늦어지면 출력이 감소한다.

44 디젤기관의 노크 방지법 중 가장 알맞는 방법은 어느 것인가? [05년 하]

㉮ 옥탄가를 높인다.
㉯ 착화지연 기간을 짧게 한다.
㉰ 제어연소기간을 길게 한다.
㉱ 폭발연소 기간의 최고압력을 높인다.

> 풀이) 디젤 노킹 방지법
> ① 세탄가가 높은 연료를 사용한다.
> ② 착화지연 기간을 짧게 한다.
> ③ 기관의 온도를 높인다.
> ④ 흡기온도를 높인다.
> ⑤ 압축비, 압축압력, 흡기압력을 높인다.

45 실린더 내 압력파형으로부터 얻어지는 정보가 아닌 것은? [05년 상]

㉮ 최고압력
㉯ 착화지연
㉰ 압축압력 및 온도
㉱ 배출가스 성분

> 풀이) 실린더 내 압력파형으로 압축압력 및 온도, 최고압력, 착화지연 등을 알 수 있다.
> ※ 배출가스 성분은 배기가스 분석에서 알 수 있다.

40 ㉱   41 ㉮   42 ㉯   43 ㉱   44 ㉯   45 ㉱

02 내연 기관의 본체

제1절 기관본체

1_ 실린더 헤드(cylinder head)

실린더 블록 윗부분에 설치되며 점화 플러그, 캠축, 밸브 등이 설치되어 연소실을 형성하며 재질로는 특수주철과 알루미늄 합금을 사용한다.

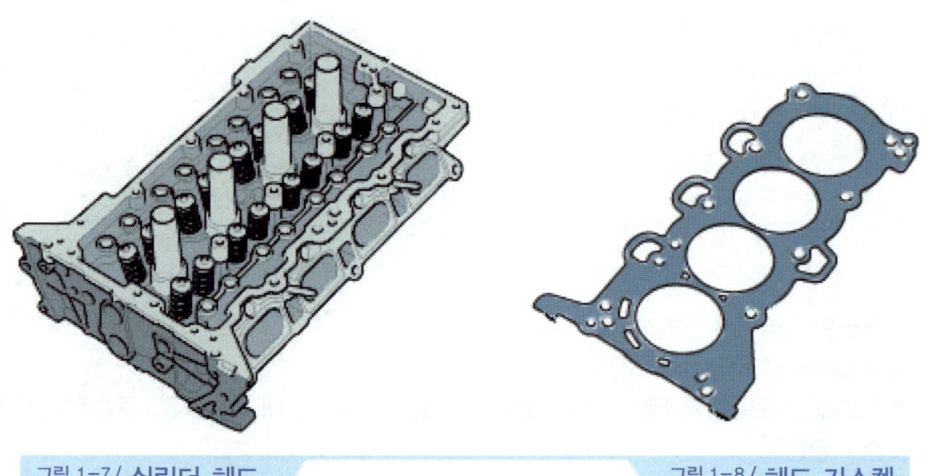

그림 1-7 / 실린더 헤드   그림 1-8 / 헤드 가스켓

1. 실린더 헤드 가스켓(cylinder head gasket)

실린더 블록과 실린더 헤드 사이에 설치되는 것으로써 압축 압력의 기밀유지와 냉각수, 엔진오일의 누출을 방지하기 위해 설치된다.

① **보통 가스켓** : 동판이나 강판에 석면을 싸서 만든 가스켓이다.
② **스틸 베스토 가스켓** : 현재 가장 많이 사용하는 가스켓으로써 강판에 흑연과 석면을 고온 압착하여 고열, 고압에 강하다.
③ **스틸 가스켓** : 강판(steel) 만으로 만든 가스켓이다.

2. 실린더 헤드 정비

① 분해시 힌지 핸들을 사용하여 대각선의 바깥쪽에서 중앙으로 풀고, 조립시는 토크렌치를 사용하여 대각선의 중앙에서 바깥쪽을 향해 2~3회 나눠서 체결한다.
② 헤드 변형도는 곧은자와 시크니스 게이지를 사용하여 6~7군데를 측정하며, 규정값 이상이면 평면 연삭기로 연삭한다.
③ 헤드를 떼어 낼 때는 플라스틱 해머 또는 고무 해머로 가볍게 두드려 떼어 내거나 압축 압력 또는 호이스트를 이용하여 자중으로 탈거한다.

2_ 실린더 블록(cylinder block)

내부에 실린더와 냉각수 통로 및 크랭크 케이스 외부에는 각종 부속 장치와 코어 플러그가 있어 동파를 방지하고, 재질은 특수주철 또는 알루미늄(Al) 합금으로 되어있다.

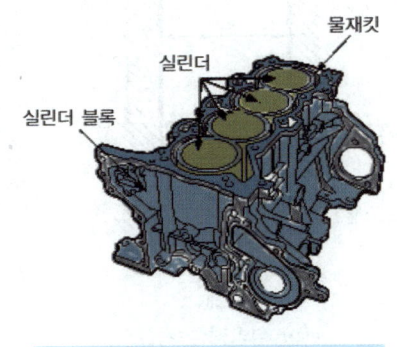

그림 1-9 / 실린더 블록

1. 실린더 라이너(cylinder liner)

실린더 라이너는 습식과 건식이 있으며 원심주조법으로 제작한다.

① 습식 : 냉각수와 직접 접촉하며 비눗물을 묻혀서 삽입한다.
② 건식 : 냉각수와 간접 접촉되며 압입 압력은 2~3[ton]이다.

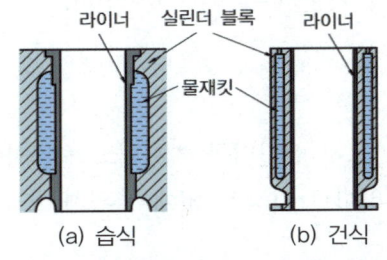

그림 1-10 / 실린더 라이너의 구조

2. 행정과 실린더 안지름비

1) 장행정 기관(under square engine)

① 피스톤의 행정이 안지름보다 크다.
② 기관의 회전속도가 느리고 회전력이 크다.
③ 실린더에 가해지는 측압발생이 적다.

2) 정방행정 기관(square engine)

① 피스톤의 행정과 실린더 안지름이 동일하다.
② 기관의 회전속도 및 회전력이 다른 기관에 비해 중간 정도이다.

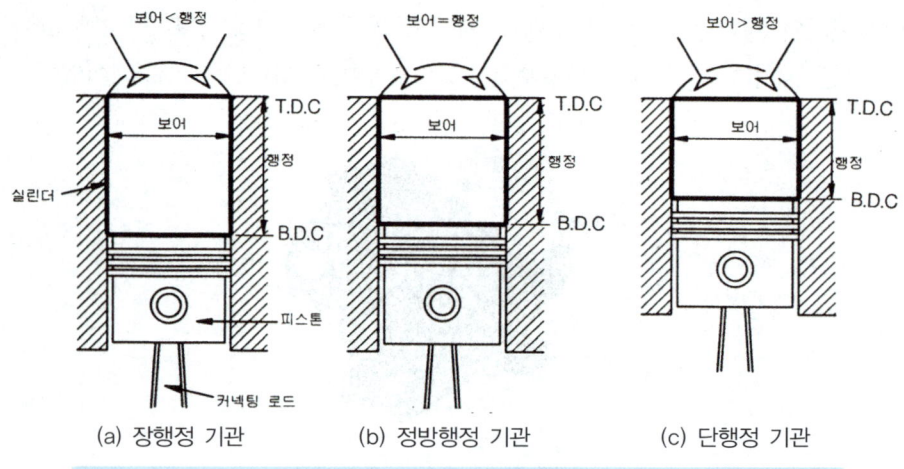

그림 1-11 / **실린더 행정의 종류**

3) 단행정 기관(over square engine)

① 피스톤의 행정이 실린더보다 작다.
② 기관의 회전속도가 빠르고 회전력이 적다.
③ 실린더에 가해지는 측압이 크다.
④ 기관의 높이가 낮아지지만 기관의 길이가 길어진다.

3. 실린더 보링

실린더가 규정값 이상으로 마모시 실린더를 깎아내고 오버사이즈 피스톤을 장착하는 작업을 말한다. 보링 작업 후에는 바이트 자국을 없애기 위해 호닝(horning)이라는 다듬질 작업을 한다.

예를 들어, 신품 실린더 내경이 75.00mm이고, 최대 마멸량이 75.38mm인 경우 보링값은

75.38mm + 0.2mm(진원 절삭량) = 75.58mm가 된다. 오버 사이즈 피스톤이 75.58mm가 없으므로 이보다 큰 75.75mm로 보링한다. 즉, 피스톤이 표준보다 0.75mm 더 큰 75.75mm 오버 사이즈 피스톤을 끼우는 것이다.

> 예) O/S 피스톤의 종류 : 0.25mm, 0.50mm, 0.75mm, 1.00mm, 1.25mm, 1.50mm

4. 실린더벽의 두께

실린더 안에서 혼합기의 폭발 압력은 기관의 압축비, 연료의 종류, 연료와 공기의 혼합 비율에 의하여 조금씩 다르지만 보통 25~30[kg/cm²] 정도이므로 실린더벽은 항상 그 압력에 견딜 수 있는 두께이어야 한다.

$$t = \frac{PD}{2\sigma_a}$$

t : 실린더 벽의 두께[mm]
P : 폭발압력[kg$_f$/cm^2]
D : 실린더 지름[mm]
σ_a : 실린더벽의 허용응력[kg$_f$/cm^2]

3_ 연소실(combustion chamber)

실린더 블록과 실린더 헤드, 피스톤 및 점화 플러그에 의해 형성이 되어 있으며 혼합기를 연소하는 곳이다.

1. 연소실의 종류

1) 반구형

반구형 연소실은 고출력을 기대할 수 있으나 옥탄가가 높은 연료를 사용하여야 하며, 점화 플러그의 위치 때문에 밸브 개폐 기구가 복잡해지고 압축상태에서 와류를 거의 얻을 수 없다.

2) 지붕형

지붕형 연소실은 밸브가 크랭크축의 방향으로 배열되어 밸브 기구가 간단하나 압축비를 높이기 위해 피스톤의 형상이 특수하여 피스톤의 무게가 늘어나야 하기 때문에 관성력이 커진다.(DOHC 멀티 밸브 기관)

3) 욕조형

욕조형 연소실은 압축와류를 얻을 수 있고 옥탄가도 보통인 것을 사용할 수 있으며, 점화 플러그의 배치가 용이하나 밸브의 크기가 제한 받고 고출력을 얻을 수 없다.(흡·배기 포트의 굽음으로 체적효율이 좋지 않다.)

4) 쐐기형

쐐기형 연소실은 강한 압축와류를 얻을 수 있고 압축비도 크게 할 수 있으며 혼합기 및 배기가스의 흐름이 좋고 점화 플러그의 배치가 용이하나 직렬 실린더에서는 밸브 개폐기구의 배치가 어렵다.

5) 다구형

혼합기에 와류를 일어나게 하며, 연소실 면적에 비해서 밸브를 크게 할 수 있는 잇점이 있다. 결점으로서는 지붕형에 비해 형상이 복잡하다.

6) 스월 연소실

흡입행정과 압축행정시 실린더(cylinder) 내에서 발생하는 수평방향의 회전와류를 스월(swirl)이라고 한다. 또한 와류에는 압축행정 말기에 피스톤이 상사점에 접근함에 따라 발생하는 스퀴시(squish)와 텀블(tumble)이 있는데 스퀴시는 쐐기형 연소실에서 피스톤이 상사점에 접근함에 따라 퀜칭 지역(quenching area)에서 실린더 안쪽을 향한 반경 방향의 운동을 뜻하며 텀블은 압축말기의 수직방향의 와류를 뜻한다.

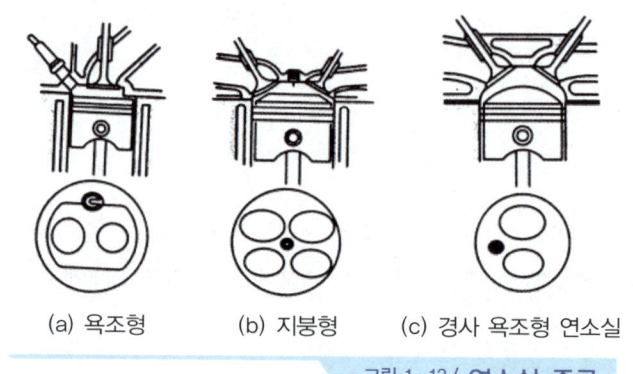

(a) 욕조형   (b) 지붕형   (c) 경사 욕조형 연소실

그림 1-12 / 연소실 종류

2. 연소실의 구비조건

① 화염전파 시간을 최소로 할 것(길면 노킹 발생)
② 밸브 면적을 크게 하여 충진효율을 높일 것
③ 혼합기가 연소실 내부에서 강한 와류가 일어나게 할 것
④ 가열되기 쉬운 돌출부를 두지말 것
⑤ 연소실 내의 표면적은 최소가 될 것
⑥ 연소실이 작고, 기계적 옥탄가가 높을 것

4_ 밸브 장치(valve system)

1. 밸브 개폐기구

1) 밸브 개폐기구의 종류

① L 헤드형 밸브 기구 : 캠 축, 밸브 리프트(태핏) 및 밸브로 구성되어 있다.
② F 헤드형 밸브 기구 : L헤드형과 I헤드형 밸브 기구를 조합한 형식이다.
③ T 헤드형 밸브 기구 : 피스톤 양단에 T자모양으로 밸브를 배열한 형식이다.
④ I 헤드형 밸브 기구 : 캠 축, 밸브 리프트, 밸브, 푸시로드, 로커암으로 구성되어 있으며, 현재 가장 많이 사용되는 밸브기구이다.
⑤ OHC(Over Head Cam shaft) 밸브 기구 : 캠 축이 실린더 헤드 위에 설치된 형식으로 캠 축이 1개인 SOHC와 캠 축이 2개인 DOHC가 있다.

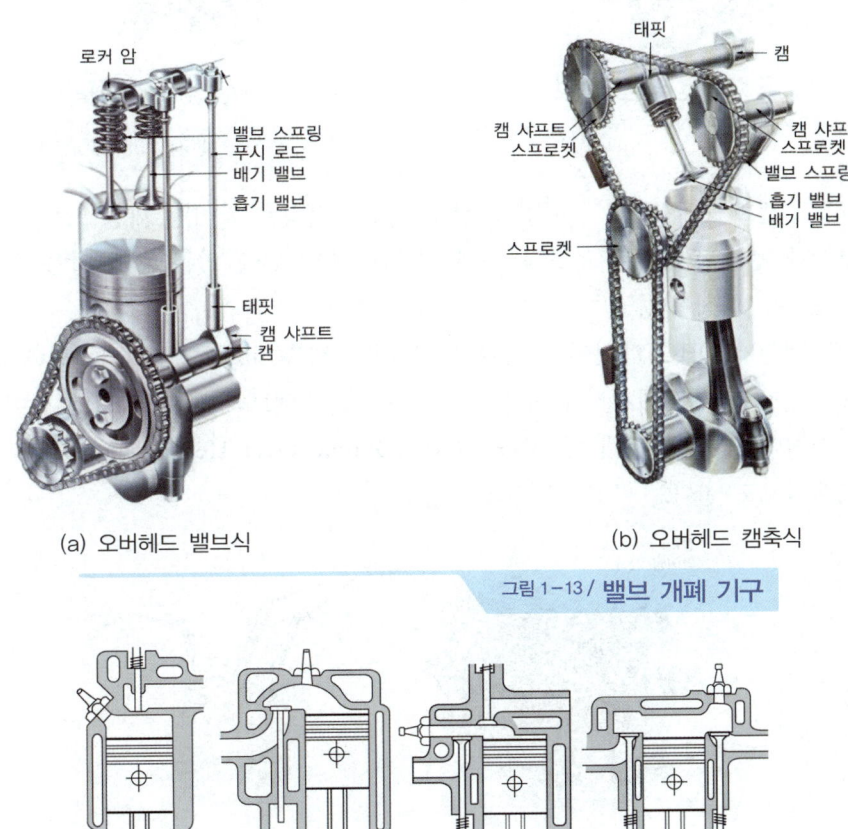

(a) 오버헤드 밸브식 (b) 오버헤드 캠축식

그림 1-13 / 밸브 개폐 기구

(a) I-헤드형 (b) L-헤드형 (c) F-헤드형 (d) T-헤드형

그림 1-14 / 밸브 배치에 의한 분류

2) I 헤드형 밸브 기구

흡·배기밸브 모두 실린더 헤드에 설치된 형식으로, 밸브만 헤드에 설치된 오버헤드 밸브식과 캠축까지 실린더 헤드에 설치한 형식 SOHC 방식과 DOHC 방식이 있다.

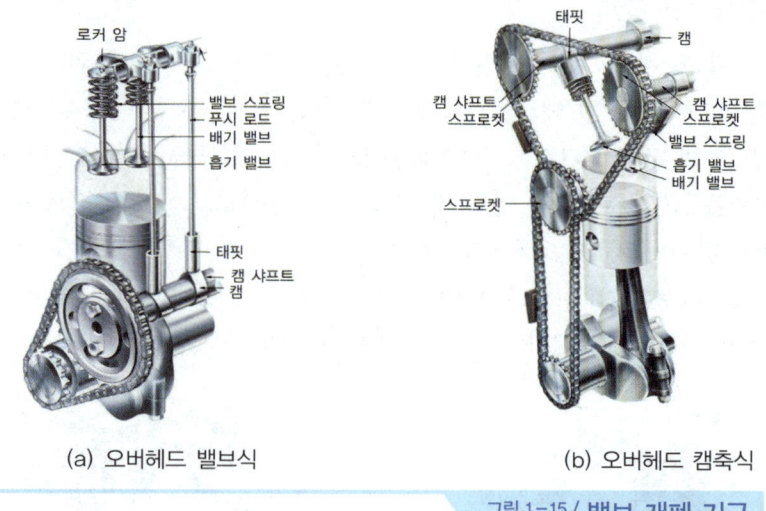

(a) 오버헤드 밸브식   (b) 오버헤드 캠축식

그림 1-15 / 밸브 개폐 기구

① **오버헤드 밸브 기구(OHV 기구)** : 크랭크축의 회전력은 타이밍 체인 또는 타이밍 기어로 캠축에 전달되며, 푸시로드를 통해 실린더 헤드 위에 있는 로커 암을 움직여 밸브를 열게하는 형식이다.

② **SOHC 엔진** : SOHC 엔진이란 싱글 오버 헤드 캠축(Single Over Head Cam shaft)의 약자로, 실린더 헤드에 한 개의 캠축을 두어 흡기 밸브와 배기 밸브를 같이 작용시키는 방식이다. 캠축이 두개 인 것을 DOHC(Double Over Head Cam shaft)라 하며, 트윈 캠이라고도 한다..

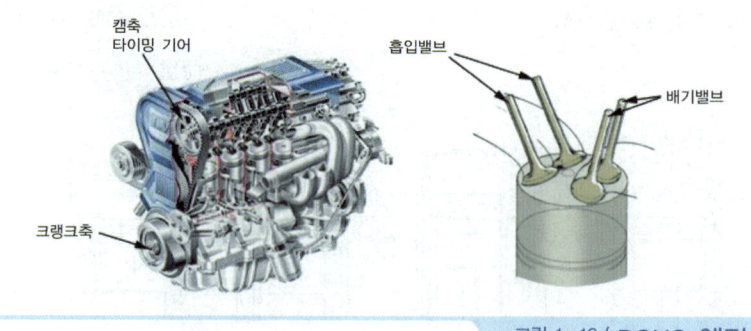

그림 1-16 / DOHC 엔진

3) 캠축(cam shaft)

크랭크축에서 동력을 받아 캠을 구동하고 밸브 수와 같은 수의 캠이 배열된 축이며 저널,

캠, 편심륜으로 구성된다. 재질은 특수주철, 저탄소강, 중탄소강, 크롬강이며, 표면 경화한 특수주철을 사용한다.

① **캠의 구성** : 캠의 용어는 다음과 같으며, 양정은 캠의 총 높이에서 기초원을 뺀 값으로, 다음 공식으로도 구한다.

$$양정\ H = \frac{D}{4}$$

D : 실린더 지름[mm]
H : 양정[mm]

㉠ 베이스 서클 : 기초원으로 단경을 의미한다.
㉡ 리프트(양정) : 기초원과 노스원과의 거리(캠의 장경과 단경의 차이의 수치)
㉢ 플랭크 : 밸브 리프터 또는 로커 암이 접촉되는 옆면
㉣ 로브 : 밸브가 열려서 닫힐 때까지의 거리

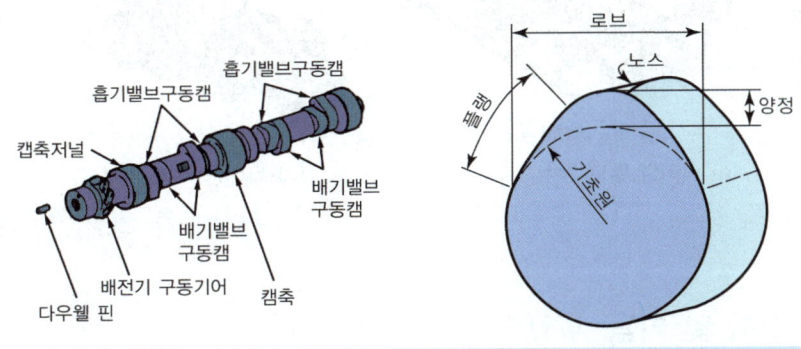

그림 1-17 / **캠축 및 캠의 구성**

② **캠의 종류**

㉠ 접선 캠 : 플랭크가 기초원과 노스와의 접선 밸브 개폐가 급격히 이루어져 장력이 큰 밸브 스프링에 사용한다. 고속기관용으로는 적합하지 않다.
㉡ 볼록 캠 : 플랭크가 원호로 되어 있고 고속기관에 많이 쓰인다.
㉢ 오목 캠 : 플랭크가 오목한 모양이며 태핏은 롤러를 사용해야 하고 밸브의 가속도를 일정하게 할 수 있는 캠이다.(자동차에 적합하지 않다.)
㉣ 비례 캠 : 캠의 가속도 변화가 원활하여 밸브 기구의 충격이 감소한다.

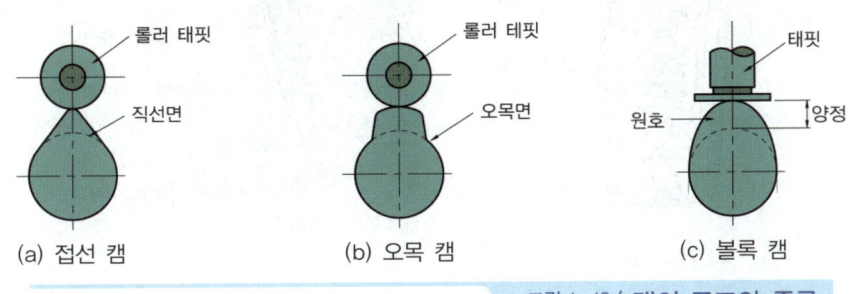

그림 1-18 / **캠의 구조와 종류**

③ 캠축의 구동 방식
   ㉠ 기어 구동식 : 헬리컬 기어를 사용한 방식이다.
   ㉡ 체인 구동식 : 자동차에는 사일런트 체인과 롤러 체인이 사용되고 있다.
   ㉢ 벨트 구동식 : 체인 대신 벨트로 캠축을 구동하며, 고무의 탄성에 의해 진동과 소음이 적다.

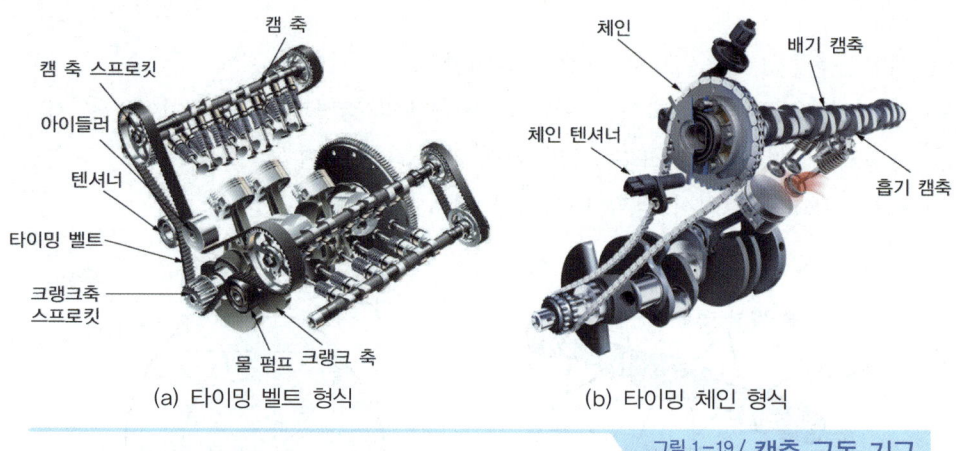

그림 1-19 / 캠축 구동 기구

2. 밸브의 구조 및 기능

1) 밸브의 구조

① 밸브 헤드(valve head) : 엔진 작동 중에 흡입 밸브는 450~500[℃], 배기 밸브는 700~815[℃]의 열적부하를 받으므로 오스테나이트계 내열강을 재료로 한다.
② 마진(margin) : 기밀유지와 충격흡수를 위해 두께로서 재사용 여부를 결정하며 헤드의 열팽창을 고려하여 마진 두께가 0.8mm 이상이어야 한다..

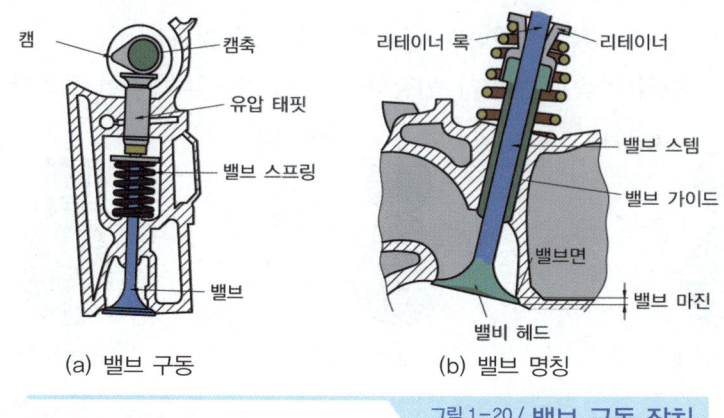

그림 1-20 / 밸브 구동 장치

③ 밸브 면(valve face) : 밸브 시트에 밀착되어 기밀유지 및 헤드의 열을 시트에 전달한다. 밸브 시트와 접속폭은 1.5~2.0mm이며 넓으면 열 전달면적이 커져 냉각이 양호하나 압력이 분산되어 기밀유지가 불량하다. 반대로 좁으면 냉각은 불량하나 기밀유지는 양호하다. 접촉각은 30°, 45°, 60°, 연삭각은 15°, 45°, 75°가 있다.

④ 스템 엔드(stem end) : 로커 암이 접촉되는 부분으로 평면으로 되어 있고 스텔라이트계 내열강을 사용하여 찌그러짐이 없다.

⑤ 밸브 스프링(valve spring) : 압축과 동력 행정에서 밸브 면과 시트를 밀착시켜 기밀을 유지하며 탄성이 큰 니켈강이나 규소-크롬(Si-Cr)강을 사용한다. 밸브 스프링의 장력이 너무 크면 밸브가 열릴 때 큰 힘이 필요하므로 엔진의 출력이 손실되고 닫힐 때는 시트에 충격이 가해져 밸브가 손상되고, 반대로 장력이 너무 작으면 밸브 밀착 불량으로 엔진 출력이 감소되고, 블로바이가스가 발생되며 밸브 스프링의 서징이 발생한다.

⑥ 밸브 가이드와 스템 실 : 밸브가 상하운동을 정숙하게 구동하기 위해서 밸브 스템 주위를 잡아주는 가이드와 기밀유지, 오일 누설방지를 하는 스템 실로 구성되어 있다.

2) 밸브 헤드의 형상

밸브 헤드부의 모양에는 버섯형, 튜립형, 플랫형, 개방 튜립형 등이 있다.

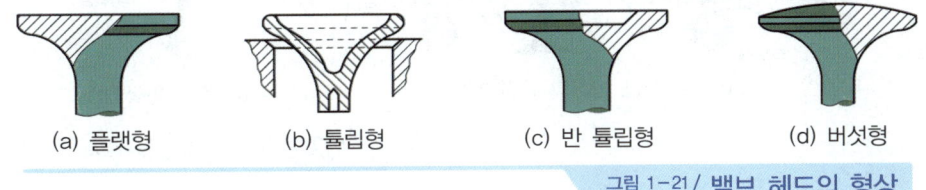

(a) 플랫형   (b) 튜립형   (c) 반 튜립형   (d) 버섯형

그림 1-21 / 밸브 헤드의 형상

3) 나트륨 밸브(natrium valve)

스템 내부를 중공으로 하고, 그속에 금속 나트륨을 40~60[%] 정도 봉입하여 냉각 효과를 높인 밸브이다.

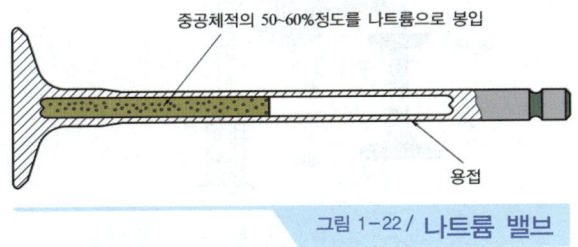

그림 1-22 / 나트륨 밸브

4) 밸브 리프터(valve lifter)

캠의 회전 운동을 상하 직선으로 바꾸어 푸시 로드 및 로커 암에 전달하는 일을 하며, 기계식과 유압식이 있다.

① 기계식 : 원통형으로 형성되어 리프터 밑면에는 편마멸 방지하기 위해 리프터 중심과 캠 중심을 겹치게 설치한다.

그림 1-23 / 오버헤드 밸브식

② 유압식 : 기관의 유압을 이용하여 밸브 간극을 작동온도에 관계없이 항상 "0"으로 유지하는 방식으로서, 작동이 안정되고 정숙하지만 고장시 정비가 곤란하다.

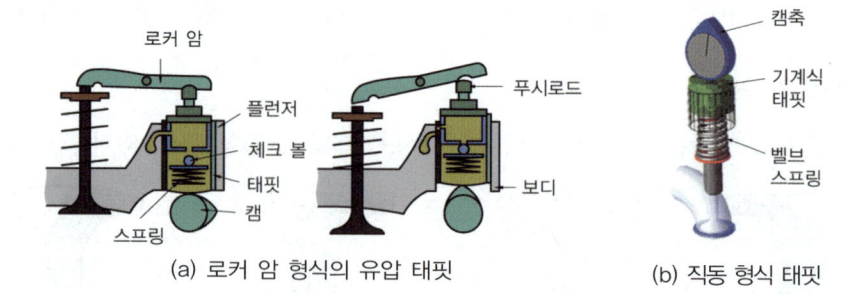

(a) 로커 암 형식의 유압 태핏 (b) 직동 형식 태핏

그림 1-24 / 밸브 구동 장치와 유압 태핏

5) 푸시 로드(push rod)

오버 헤드 밸브 기구에서 리프터와 로커 암을 연결하고 밀어주는 금속막대이다.

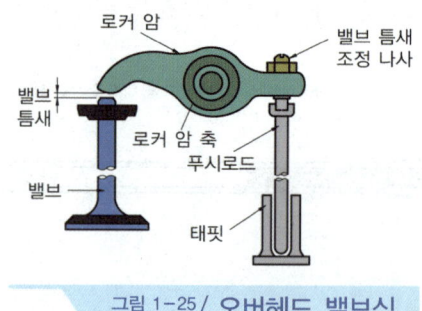

그림 1-25 / 오버헤드 밸브식

6) 밸브 회전기구

① 릴리스 형식 : 기관의 진동에 의해 밸브가 자연 회전하는 형식이다.

② 포지티브 형식 : 강제 회전기구를 두어 강제 회전하는 방식이다.

7) 밸브를 회전시키는 이유

① 밸브의 회전에 의해서 밸브 소손의 원인이 되는 카본을 제거한다.
② 밸브 스프링의 장력에 의해서 생기는 편마멸을 방지한다.
③ 밸브 회전에 의하여 밸브 헤드의 온도를 일정하게 한다.

8) 밸브간극

밸브는 엔진의 온도상승으로 팽창하여 간극(間隙)을 두지 않으면 밸브와 밸브 시트의 밀착 상태가 불량하여 정상적인 작동을 할 수 없게 된다. 이것을 방지하기 위해 냉간시에 간극을 두어 엔진이 정상운전온도에 이르렀을 때 알맞는 간극을 유지하도록 한다. 즉, 기관의 출력 향상 및 작동의 정숙을 위하여 간극을 둔다. 엔진이 작동 중 열팽창을 고려하여 흡입 밸브 0.2~0.35mm, 배기 밸브 0.3~0.4mm 정도의 여유 간극을 둔다.

① 밸브 간극이 너무 크면
  ㉠ 운전온도에서 밸브가 완전하게 열리지 못한다.(늦게 열리고 일찍 닫힌다.)
  ㉡ 흡입 밸브 간극이 크면 흡입량 부족을 초래한다.
  ㉢ 배기 밸브 간극이 크면 배기 불충분으로 엔진이 과열된다.
  ㉣ 심한 소음이 나고 밸브 기구에 충격을 준다.

② 밸브 간극이 작으면
  ㉠ 일찍 열리고 늦게 닫혀 밸브 열림 기간이 길어진다.
  ㉡ 블로바이 현상으로 인해 엔진의 출력이 감소한다.
  ㉢ 흡입 밸브 간극이 작으면 역화 및 실화가 발생한다.
  ㉣ 배기 밸브 간극이 작으면 후화가 일어나기 쉽다.

③ 밸브 지름(d)

$$d = D\sqrt{\frac{V}{V_g}}$$

D : 실린더 지름[mm]
V : 피스톤 속도[m/s]
V_g : 밸브 구멍을 통과하는 가스속도[m/s]

9) 밸브 오버 랩(valve over lap)

상사점 부근에서 흡입 밸브와 배기 밸브가 동시에 열려 있는데 이것을 밸브의 오버 랩이라고 하며, 오버 랩을 두는 이유는 혼합기가 관성을 가지고 있기 때문에 가스의 흐름 관성을 유효하게 이용하기 위함이다. 즉, 연소실의 충진 효율을 높이기 위함이다.

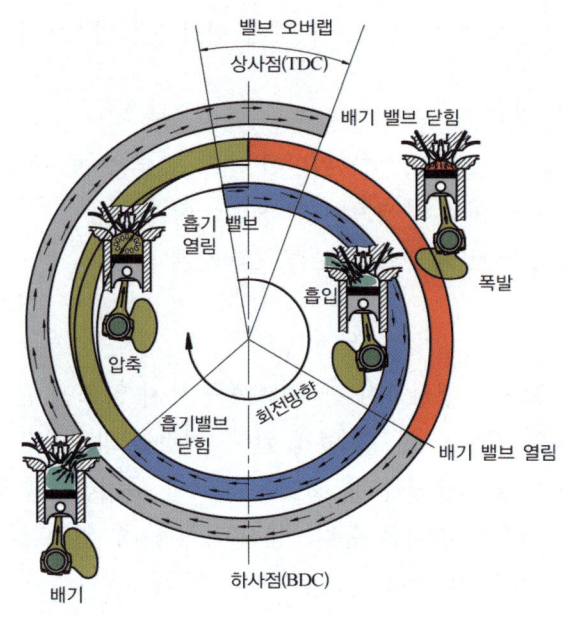

그림 1-26 / 밸브 개폐 시기 선도

5_ 피스톤 및 커넥팅 로드

1. 피스톤(piston)

피스톤은 실린더 내를 왕복운동하며, 고온고압의 가스로부터 동력을 받아 커넥팅 로드를 거쳐 크랭크축에 동력을 전달한다.

1) 피스톤의 구비조건

① 관성력을 적게하기 위해 가벼울 것
② 기계적 강도가 클 것
③ 열팽창이 적을 것
④ 열전도가 양호할 것
⑤ 폭발압력을 유용하게 이용할 것

2) 피스톤의 구조

① 피스톤 헤드(piston head) : 연소실의 일부가 되는 부분이 되며 내면에 리브를 설치하여 피스톤을 보강하여 강성을 증대 시킨다.
② 링홈 : 피스톤 링을 설치하기 위한 홈이다.
③ 랜드 : 링홈과 링홈 사이이다.

④ 보스부 : 커넥팅 로드와 연결되는 피스톤 핀이 설치되는 부분이다.
⑤ 히트댐 : 헤드부의 열(약 2,700 ~ 2,800[℃])이 스커트부로 전달되는 것을 방지하는 피스톤 링의 윗부분 이다.
⑥ 리브(rib) : 피스톤 헤드의 강성을 높여 준다.
⑦ 피스톤 평균 속도 : 13 ~ 25[m/sec] 정도로, 왕복 회전운동을 한다.

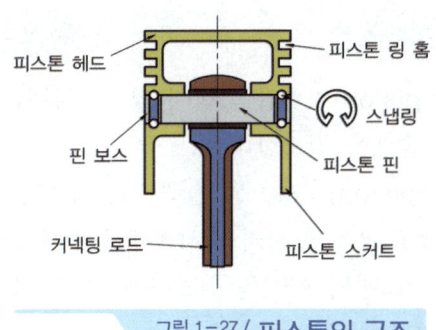

그림 1-27 / 피스톤의 구조

3) 피스톤의 종류

① 캠 연마 피스톤(cam ground piston) : 상온에서 피스톤 보스 부분을 짧은 지름(단경), 스커트 부분을 긴지름(장경) 으로 하는 타원형으로 하고, 온도 상승에 따라 보스 부분의 지름이 증대되어 엔진의 정상 온도에서 진원에 가깝게 되어 전면이 접촉하는 형식이다.

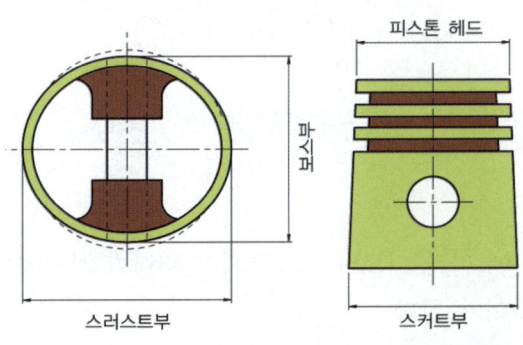

그림 1-28 / 캠 연마 피스톤

② 스플릿 피스톤(split piston) : 측압이 적은 부분의 스커트 위 부분에 세로로 홈을 두어 스커트 부로 열이 전달되는 것을 제한한 형식이다.
③ 인바 스트럿 피스톤(invar strut piston) : 열팽창률이 매우 적은 인바제의 링을 스커트 부에 넣고 일체 주조한 피스톤으로 엔진 작동 중 일정한 피스톤 간극을 유지한다.

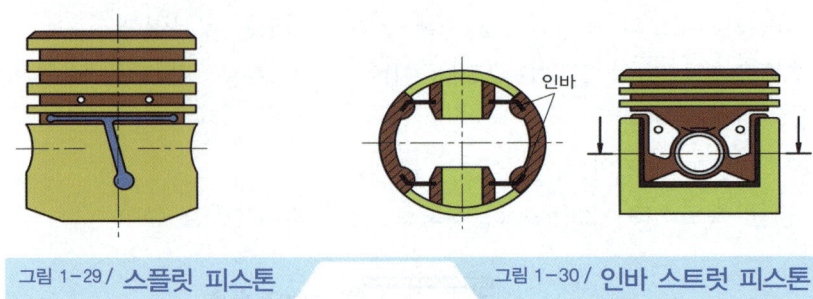

그림 1-29 / 스플릿 피스톤   그림 1-30 / 인바 스트럿 피스톤

④ 슬리퍼 피스톤(slipper piston) : 측압을 받지 않는 부분의 스커트 부분을 절단하여 피스톤 무게감소, 피스톤 슬랩을 감소한다.

⑤ 오프셋 피스톤(off-set piston) : 피스톤 슬랩을 방지하기 위하여 피스톤 핀의 위치를 중심으로부터 1.5mm 정도 오프셋 시켜 상사점에서 경사 변환시기를 늦어지게 한 형식으로 피스톤의 측압을 감소시켜 회전을 원활하게 하고, 진동을 방지하며, 실린더와 피스톤의 편 마모를 방지한다.

⑥ 솔리드 피스톤(solid piston) : 스커트 부분에 홈이 없고, 원통형으로 된 형식으로 기계적 강도가 높아 가혹한 운전조건의 디젤 엔진에서 주로 사용한다.

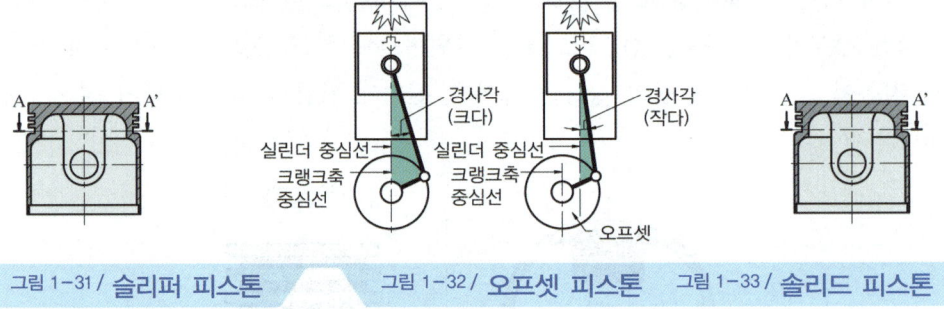

그림 1-31 / 슬리퍼 피스톤   그림 1-32 / 오프셋 피스톤   그림 1-33 / 솔리드 피스톤

3) 피스톤 간극

피스톤의 재질 및 형상에 따라 다르나 피스톤과 실린더벽 사이에는 피스톤의 열팽창을 고려하여 알맞는 간극이 있어야 한다.

① 간극이 클 때
  ㉠ 블로바이 가스에 의한 압축압력이 낮아진다.
  ㉡ 피스톤 링의 기능저하로 인하여 오일이 연소실에 유입되어 오일 소비가 많아진다.
  ㉢ 피스톤 슬랩(slap) 현상이 발생되며 기관 출력이 저하된다.

② 간극이 적을 때
  ㉠ 오일 간극의 저하로 유막이 파괴되어 마찰마멸이 증대된다.
  ㉡ 마찰열에 의해 소결(stick)되기 쉽다.

4) 피스톤 링(piston ring)

① 구비조건
   ㉠ 내열성, 내마멸성이 좋을 것
   ㉡ 열전도율이 높고, 탄성률이 양호할 것
   ㉢ 실린더 벽에 균일한 면압을 가할 것
   ㉣ 마찰저항이 작을 것

② 피스톤 링의 3대 작용
   ㉠ 기밀작용(압축가스 누출방지)
   ㉡ 오일 제어작용(연소실 내의 오일 유입방지 및 실린더벽 윤활작용)
   ㉢ 열전도작용(냉각작용)

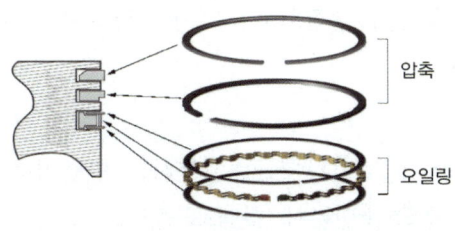

그림 1-34 / **피스톤 링의 구조**

③ **피스톤 링의 재질** : 조직이 치밀한 특수 주철을 사용하여 원심 주조법으로 제작하며, 실린더 벽의 재질보다 다소 경도가 낮은 재질로 제작하여 실린더 벽의 마멸을 감소한다.

④ 피스톤 링의 형상에 의한 분류
   ㉠ 동심형 링 : 제작은 쉬워 많이 사용되지만 실린더 벽에 가하는 면압이 전 둘레에 걸쳐 균일하지 못하다.
   ㉡ 편심형 : 링 이음부 쪽의 폭이 좁고 그 반대쪽의 폭은 넓으며, 실린더 벽에 가해지는 면압이 균일하지만 제작이 어렵다.

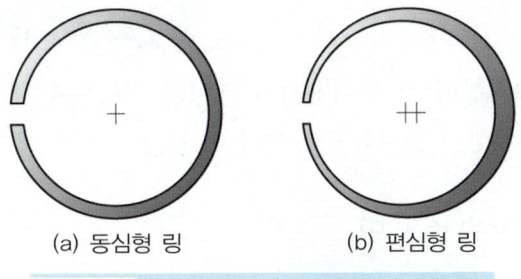

(a) 동심형 링   (b) 편심형 링

그림 1-35 / **피스톤 링의 분류**

⑤ **피스톤링 이음 방법** : 피스톤링 이음 방법에는 버트 이음, 각 이음, 랩 이음, 실 이음 등이 있다.

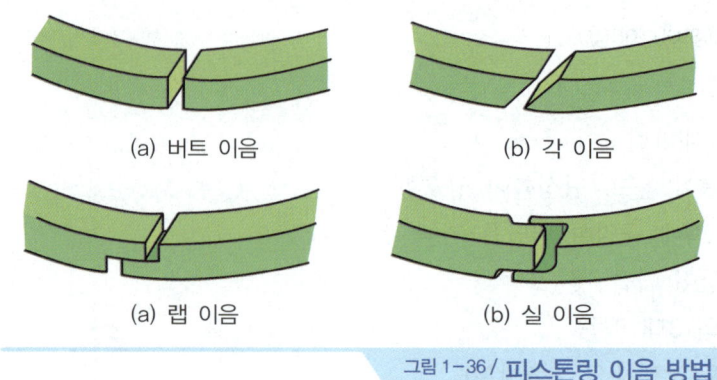

그림 1-36 / **피스톤링 이음 방법**

5) 피스톤 핀(piston pin)

피스톤과 커넥팅 로드를 연결하는 핀으로 피스톤 보스부에 끼워져 피스톤에서 받은 압력을 커넥팅 로드에 전달한다.

① 피스톤 핀 설치방법
  ㉠ 고정식 : 핀을 보스부에 고정 볼트로 고정하는 방법이다.
  ㉡ 반부동식 : 커넥팅 로드 소단부에 클램프 볼트로 고정하는 방식이다.
  ㉢ 전부동식 : 어느 부분에도 고정되지 않고 스냅링에 의해 빠져나오지 않도록 하는 방식이다.

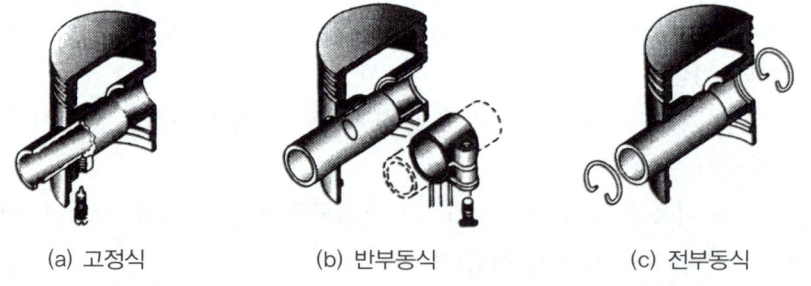

그림 1-37 / **피스톤 핀의 설치방법**

② 재질 : 저탄소강, 크롬강이 주로 사용되며 표면은 경화시켜 내마멸성을 높이고 내부는 그대로 두어 높은 인성을 유지하도록 한다.

2. 커넥팅 로드(connecting rod)

연소실 내에서 왕복운동을 하는 피스톤에 피스톤 핀과 연결되어 크랭크축에 동력을 전달하며, 관성을 줄이기 위해 경량이어야 하므로 일반적으로 I 및 H형 단조(forging) 면으로 제작한다.

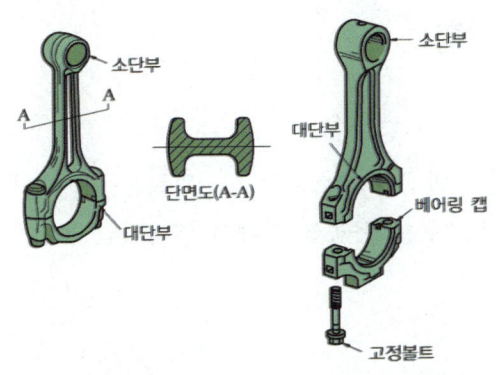

그림 1-38 / 피커넥팅 로드

1) 커넥팅 로드의 길이

① 길 때
  ㉠ 피스톤 측압이 적어지고, 실린더벽 마모도 감소한다.
  ㉡ 기관의 높이가 높아지고 강도나 무게면에서 불리하다.

② 짧을 때
  ㉠ 기관의 높이가 낮아지고 길이가 길어진다.
  ㉡ 무게를 가볍게 할 수 있다.
  ㉢ 피스톤 측압이 커지고 실린더벽 마모가 증가 한다

2) 재질

니켈(Ni)-크롬강(Cr), 크롬-몰리브덴강(Mo)을 사용하며, 커넥팅 로드의 길이는 소단부의 중심간의 거리이며 피스톤 행정의 1.5~2.3배이다.

3) 커넥팅 로드 베어링

강철 베이스에 화이트 알루미늄 메탈 또는 켈밋 메탈을 융착한 것이 많이 사용한다.

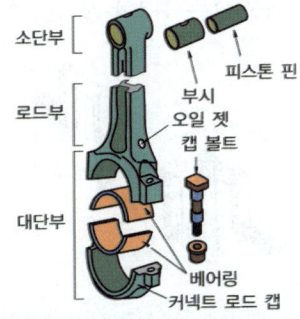

그림 1-39 / 커넥팅 로드 베어링

6_ 크랭크축 및 플라이휠

1. 크랭크축

각 실린더의 동력행정에서 발생한 피스톤의 직선왕복운동을 커넥팅 로드를 통해서 회전운동으로 바꾸어 주고 또한 피스톤에 운동을 가해서 연속적인 동력을 발생하고 평형을 유지시킨다.

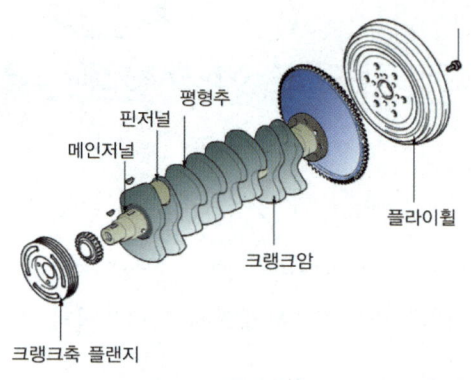

그림 1-40 / 크랭크축과 플라이휠

1) 구비조건

큰 하중을 받으면서 고속으로 회전하기 때문에 강도나 강성이 커야하며 내마모성이 있는 고탄소강, 크롬-몰리브덴, 니켈-크롬강으로 제작하며 정적 및 동적 평형이 잡혀있어 회전이 원활하여야 한다.

2) 크랭크축의 점화순서

① 4행정 사이클 기관에서는 4개의 실린더가 각각 크랭크축 회전 180°마다 점화가 이루어지며, 1번 실린더를 점화순서의 첫번째로 정하며 점화순서는 크랭크축 핀의 배열 위치와 순서에 따라서 정한다. 점화순서는 1-3-4-2, 1-2-4-3 이다.

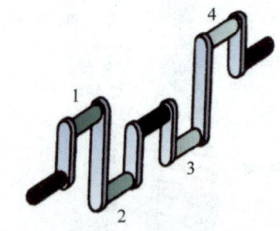

그림 1-41 / 4실린더용 크랭크축

② 6실린더 기관에는 점화순서가 1-5-3-6-2-4(우수식 : 제1번 피스톤을 압축 상사점으로 하였을 때 제3번과 제4번 피스톤이 오른쪽에 있는 것)와 1-4-2-6-3-5(좌수식 : 제3번과 제4번 피스톤이 왼쪽에 있는 것)가 있다.
이것은 인접한 실린더에서 연이어서 폭발되지 않도록 고안한 것이다.

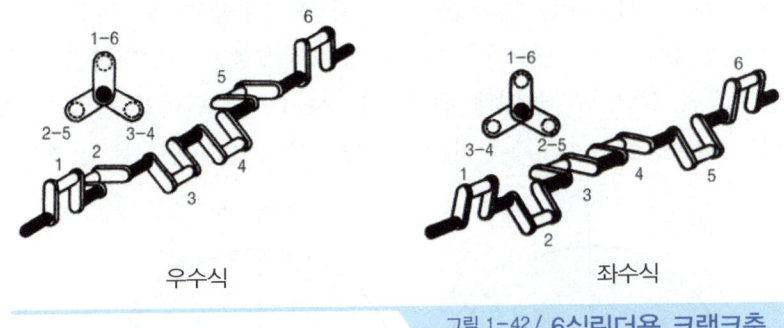

그림 1-42 / **6실린더용 크랭크축**

③ V형 8실린더 경우 좌우의 실린더 중심선이 90° 각도를 이룬 90° V형이 많고, 각 크랭크핀에는 2개의 커넥팅 로드가 결합되어 있다. 점화순서는 1-6-2-5-8-3-7-4(우수식), 1-5-7-3-8-4-2-6(좌수식)이 있다.

④ 점화시기 고려사항
 ㉠ 연소가 1사이클을 하는 동안 같은 간격으로 일어나야 한다.
 ㉡ 인접한 실린더에 연이어 점화되지 않도록 하여 크랭크축에 비틀림 진동이 일어나지 않게 한다.
 ㉢ 혼합기가 각 실린더에 균일하게 분배되도록 한다.

3) 행정 찾는 방법

4행정 기관의 행정을 찾는 방법은 4실린더 기관이나 6실린더 기관이나 몇가지 방법이 있다. 그러나 크랭크 핀저널의 움직임을 이해하는 것이 훨씬 좋은 방법이다.

① 4실린더 기관
 ㉠ 크랭크 핀저널의 위상차로 찾는다.
  4실린더의 경우 위상차가 180°이므로 1,4번과 2,3번 크랭크핀이 180° 차이로 같이 움직인다. 또한 위에서 내려오는 행정은 흡입행정과 폭발행정, 올라가는 행정은 압축행정과 배기행정이다. 따라서 1번 실린더가 폭발행정이면 4번 실린더는 같이 내려오는 행정이므로 흡입행정, 점화순서가 1-3-4-2라면 점화순서에 따라 1번 다음에 3번이 폭발하여야 하므로 현재는 올라가는 압축행정을, 나머지 2번은 역시 올라가는 배기행정을 하게 된다.

ⓛ 점화순서의 역순으로 찾는다.

위의 그림처럼 원을 그려놓고 오른쪽 위부터 시계방향으로 흡입, 압축, 폭발, 배기를 적은 다음, 지정된 실린더를 해당 실린더 앞에 놓고 반시계 방향으로 점화순서에 따라 기재한다. 즉 1번 실린더가 흡입행정일 때 나머지 행정을 묻는다면 1번을 흡입행정 앞에 적은 다음 점화순서에 따라 반시계방향으로 적으면 흡입행정 왼쪽 옆인 배기행정에 1번 실린더를, 그 밑 폭발행정에 4번 실린더를 오른 쪽 아래인 압축행정에 2번 실린더가 놓이게 된다. 따라서 1번 실린더가 흡입행정을 하면, 3번 실린더는 배기행정을 4번 실린더는 폭발행정을, 2번 실린더는 압축을 하게 된다.

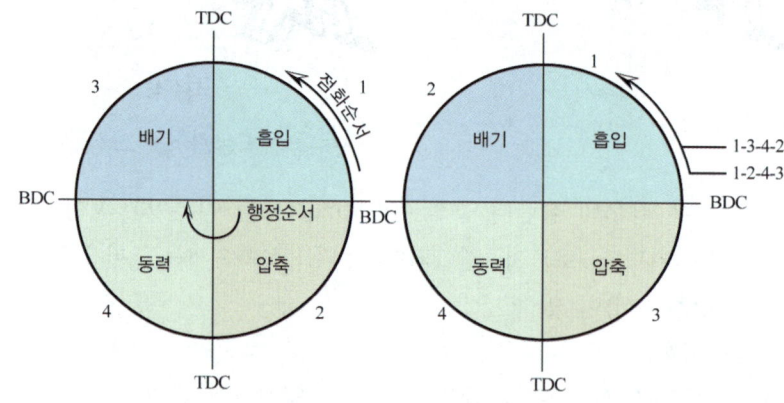

그림 1-43 / **4기통 점화순서와 각 실린더 작동**

② 6실린더 기관

㉠ 크랭크 핀저널의 위상차로 찾는다.

6실린더의 경우 위상차가 120°이므로 1,6번과 2,5번, 3,4번 크랭크핀이 120° 차이로 같이 움직인다. 또한 위에서 내려오는 행정은 흡입행정과 폭발행정, 올라가는 행정은 압축행정과 배기행정인 것은 모든 4행정 기관은 같다. 따라서 5번 실린더가 폭발행정 초라면 같이 움직이는 2번 실린더는 흡입행정 초, 점화순서가 1-5-3-6-2-4라면 점화순서에 따라 5번 다음에 3번이 폭발하여야 하므로 현재는 올라가는 압축행정 중을, 같이 올라가는 4번은 배기행정 중을 하게 된다. 1번은 점화순서에 의해 5번보다 먼저 폭발하였으므로 폭발행정 말을, 같이 움직이는 6번 실린더는 흡입행정 말을 하게 된다. 4행정 기관은 모두 해당되므로 몇 개의 실린더라도 같은 방법으로 찾을 수 있다.

ⓛ 점화순서의 역순으로 찾는다.

아래의 그림처럼 원을 그려놓고 오른쪽 위부터 시계방향으로 흡입, 압축, 폭발, 배기를 적은 다음, 한 행정을 3칸으로 나눈다. 왜냐하면 크랭크축의 위상차가 120°이고 한 행정(180°)을 60°로 나누기 위함이다. 그 다음 오른쪽 위에서부터 시계방향으로 초, 중, 말을 모든 행정에 기재한다. 이제 5번 실린더가 폭발 초라 한다면 5번 실린더를 해당 실린더 앞에 놓고 점화순서에 따라 반시계 방향으로 기재하되 2칸씩 띄워가며 적는다. 왜냐하면 아까 이야기 했듯이 위상차가 120°이기 때문이다. 점화순서가 1-5-3-6-2-4 라면 5번 다음이 3번 이므로 3번 실린더는 반시계 방향으로 두칸 옆인 압축 중에, 6번은 흡입 말에, 2번은 흡입 초에 4번은 배기 중에, 1번은 폭발 말에 각각 적으면 된다.

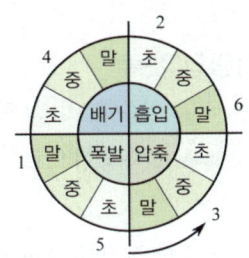

그림 1-44 / 6기통 점화순서와 각 실린더 작동

4) 엔진 베어링(engine bearing)

베어링의 역할은 기계의 마모를 막기위해 표면에 적당한 유막을 형성하여 회전부분이 받는 큰 하중이나 충격을 흡수하고 회전에 의해 생기는 고체마찰을 액체마찰로 바꾸어 눌러 붙는 것을 방지하여 출력의 손실을 적게 한다.

① 베어링의 구비조건
  ㉠ 눌러 붙지 않는 성질, 하중부담능력이 있을 것.
  ㉡ 크랭크축 회전중 이물질의 매몰성(매입성)이 있을 것.
  ㉢ 내부식성과 내피로성이 있을 것.
  ㉣ 추종유동성이 있을 것.
  ㉤ 강도가 크고, 마찰저항이 작을 것.
  ㉥ 고속회전에 견딜것.

② 베어링의 재질
  ㉠ 화이트 메탈(white metal)(배빗 메탈) : 승용차, 소형 트럭에 많이 사용되고 있다. 주석(Sn), 납(Pb), 안티몬(Sb), 아연(Zn), 구리(Cu) 등의 백색 합금이며 내부식성이 크고 무르기 때문에 길들임과 매몰성은 좋으나 고온강도가 낮고 피로강도, 열전도율이 좋지 않다.

ⓒ 켈밋 메탈(kelmet metal) : 자동차 엔진 베어링으로 가장 많이 사용되고 있다. 구리(Cu)와 납(Pb)의 합금이며 고속 고하중을 받는 베어링으로 적합하나 화이트 메탈보다 매몰성이 좋지 않다.

ⓒ 알루미늄 합금 메탈 : 알루미늄(Al)과 주석(Sn)의 합금이며 강판에 녹여 붙여서 사용한다. 길들임과 매몰성은 화이트 메탈과 켈밋의 중간 정도의 능력을 가지며, 내피로성은 켈밋보다 크다. 그리고 길들임과 매몰성은 주석으로 표면층을 만들면 개량된다. 따라서 화이트 메탈과 켈밋의 양쪽 장점을 갖춘 매우 좋은 베어링 재료이며, 최근에 많이 사용된다.

③ 하중의 작용 방향에 따른 베어링의 분류
  ㉠ 레이디얼 베어링(radial bearing) : 축에 직각 하중을 받는 베어링이다.
  ㉡ 스러스트 베어링(thrust bearing) : 축방향으로 하중을 받는 베어링이다.

④ 크랭크축 베어링의 구조
  ㉠ 베어링 크러시(bearing crush) : 베어링을 하우징 안에서 움직이지 않도록 하기 위하여 하우징 안둘레와 베어링 바깥둘레와의 차를 0.025 ~ 0.078[mm] 두어 고정하며 베어링을 설치하고 규정 토크로 죄었을 때 베어링이 하우징에 완전히 접촉되어 열전도가 잘되도록 한다.
  크러시가 작으면 엔진작동 온도변화로 헐겁게 되어 베어링이 움직이게 되고 크면 조립시에 찌그러져 오일 유막이 파괴되어 스틱 현상이 발생된다.

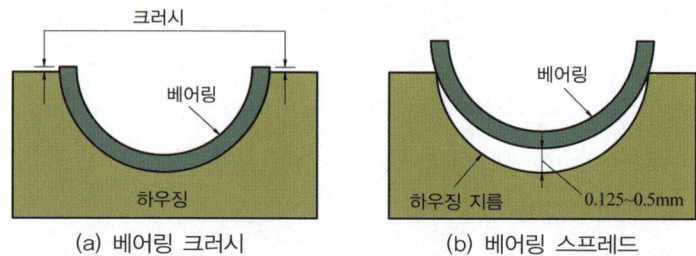

(a) 베어링 크러시   (b) 베어링 스프레드

  ㉡ 베어링 스프레드(bearing spread) : 베어링을 끼우지 않았을 때 베어링 바깥쪽 지름과 베어링 하우징의 안지름 차이를 스프레드라 하며 0.125 ~ 0.5[mm]이다. 스프레드를 두는 이유로는 작은 힘으로 눌러끼워 베어링이 제자리에 밀착되어 있게 할 수 있고 베어링을 조립할 때 베어링이 캡에 끼워진 채로 작업하기 편리하며 베어링 조립에서 크러시가 압축됨에 따라 안쪽으로 찌그러지는 것을 방지할 수 있다.

5) 크랭크축 점검 정비

① 휨 점검 : 크랭크축을 V 블록에 올려놓고 회전시킨 다음, 최대값과 최소값 차이의 1/2이 크랭크축 휨 값이다.

② 크랭크축 마멸 한계값
  ㉠ 진원 마멸 : 0.2[mm] 이내
  ㉡ 타원 마멸 및 테이퍼 마멸 : 0.03[mm]이내
  ㉢ 진원 마멸 상태가 한계값 이내일지라도 타원 또는 테이퍼 마멸이 한계값을 초과하면 크랭크 축을 수정한다.

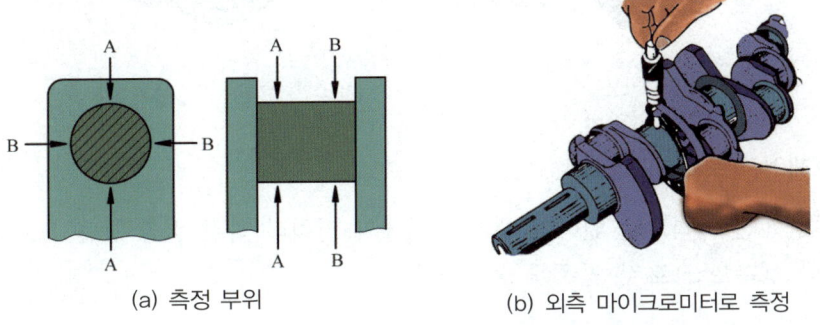

(a) 측정 부위   (b) 외측 마이크로미터로 측정

그림 1-45 / **크랭크축 저널 마멸량 측정**

③ 수정 방법(U / S)
  ㉠ 축의 최소 측정값을 구한다.
  ㉡ 최소 측정값에서 0.2[mm](진원 절삭량)를 뺀다.
  ㉢ 진원 절삭량을 뺀 값보다 작고 가장 가까운 값을 수정 기준값에서 택한다.
  ㉣ 언더 사이즈의 기준값은 0.25[mm], 0.50[mm], 0.75 [mm], 1.00[mm], 1.25[mm], 1.50[mm]로 6 단계로 되어 있다.
  ㉤ 언더 사이즈 수정의 한계값

크랭크 축의 지름	수정 한계값
50[mm] 이하	1.00[mm]
50[mm] 이상	1.50[mm]

2. 플라이 휠(fly wheel)

엔진에서는 동력행정만이 출력이 되고 흡입, 압축, 배기행정은 출력 감소가 된다. 따라서 회전력도 동력행정에서 크고 점차로 적어진다. 이에 따라 엔진 회전속도도 변동하므로 이것을 막기 위하여 크랭크축 플랜지부 끝에 플라이 휠을 설치한다. 즉 엔진의 맥동적인 회전을 원활히 하기 위해서 플라이 휠의 회전 관성력을 이용한 추로서 원활한 회전으로 바꾸어서 동력을 전달하게 된다.

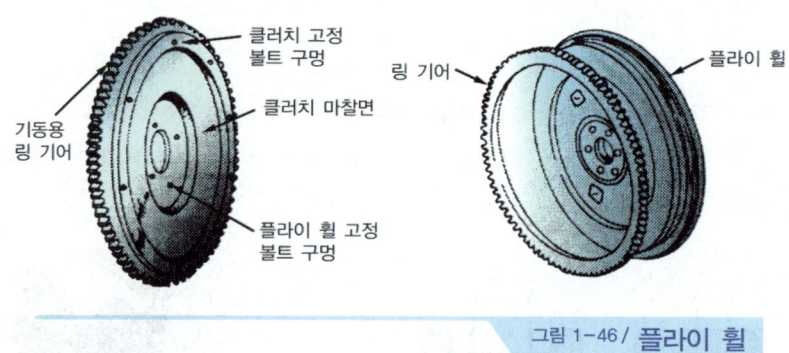

그림 1-46 / 플라이 휠

1) 바이브레이션(토셔널) 댐퍼

엔진의 맥동적인 출력으로 인하여 생기는 진동과 열처리 과정 결함 등을 보호하기 위하여 크랭크축이나 캠축 스프로킷 앞쪽에 설치한다.

2) 플라이 휠의 링 기어가 불량할 때 교환방법

플라이 휠을 오일통에 넣고 오일을 가열하여 플라이 휠 링 기어를 빼낸후 플라이 휠을 꺼내고 새로운 링 기어를 오일통에 넣고 가열후 링 기어를 플라이 휠에 프레스로 장착한다.

열박음 온도 ─ 링 기어 탈착시 온도 : 130 ~ 150[℃]
　　　　　　└ 링 기어 끼울때 온도 : 200 ~ 250[℃]

3) 기관의 토크 변동 억제 방법

① 실린더수를 많게 한다.
② 크랭크 배열을 점화순서에 맞도록 한다.
③ 플라이 휠을 붙인다.

제2장 내연 기관의 본체 출제예상문제

01 실린더 헤드의 구비조건이 아닌 것은? [08년 상]

㉮ 고온에서 강도가 커야 한다.
㉯ 고온에서 열팽창이 커야 한다.
㉰ 열전도가 좋아야 한다.
㉱ 주조나 가공이 쉬워야 한다.

풀이 실린더 헤드의 구비조건
① 열전도가 좋아야 한다.
② 고온에서 강도가 크고, 열팽창이 작아야 한다.
③ 주조나 가공이 쉬워야 한다.

02 헤드개스킷이 파손될 때 일어나는 현상 중 해당되지 않는 것은? [05년 하]

㉮ 냉각수에 기포가 생긴다.
㉯ 방열기의 상부에 기름이 뜬다.
㉰ 압축압력이 저하되어 시동이 잘 안된다.
㉱ 연소실에 카본이 잘 부착되지 않는다.

풀이 헤드개스킷이 파손되었을 때 나타나는 현상
① 압축압력이 저하되어 시동이 잘 안된다.
② 방열기의 상부에 기름이 뜬다.
③ 냉각수에 기포가 생긴다.

03 실린더 블럭이나 헤드의 변형도 측정 기구는? [04년 상]

㉮ 마이크로미터
㉯ 버어니어캘리퍼스
㉰ 다이얼 게이지
㉱ 직각자와 필러 게이지

풀이 실린더 블럭이나 헤드의 변형도 측정은 직각자와 필러 게이지(시그니스 게이지)로 측정한다.

04 4행정 사이클 엔진이 6실린더로 이루어져 있으며 3,840rpm으로 회전한다면 1번 기통의 흡입밸브는 1초에 몇 번 열리는가? [08년 상]

㉮ 12 ㉯ 22
㉰ 32 ㉱ 42

풀이 분당 회전수인 3,840rpm을 초당 회전수로 바꾸면, 3,840÷60 = 64rps
4행정 기관은 2회전에 1회 폭발하므로 64÷2 = 32번 열린다.

05 4행정 사이클 기관에서의 배기밸브는 크랭크축이 몇 회전하는 동안 한번 개폐하는가? [07년 하]

㉮ 1 ㉯ 2
㉰ 3 ㉱ 4

풀이 4행정 1사이클 기관은 크랭크축 2회전에 흡·배기 밸브가 각각 1회씩 개폐한다.

01 ㉯ 02 ㉱ 03 ㉱ 04 ㉰ 05 ㉯

06 밸브 스프링의 서징 현상을 방지하는 방법으로 틀린 것은? [06년 하, 07년 하]
㉮ 피치가 작은 스프링을 사용한다.
㉯ 피치가 서로 다른 이중 스프링을 사용한다.
㉰ 원추형 스프링을 사용한다.
㉱ 스프링의 고유 진동수를 높인다.

풀이 **밸브스프링 서징현상 방지법**
① 2중 스프링, 부등피치 스프링, 원뿔형 스프링을 사용한다.
② 스프링 정수를 크게 한다.
③ 스프링의 고유 진동수를 높게 한다.

07 피스톤 재료의 특성이 아닌 것은? [04년 하]
㉮ 열팽창계수가 작아야 한다.
㉯ 열전달이 양호해야 한다.
㉰ 비중량이 커야 한다.
㉱ 내마모성이 커야 한다.

풀이 **피스톤의 구비조건**
① 무게가 가벼울 것
② 내마모성이 클 것
③ 고온에서 강도와 경도가 크고 마찰계수가 적을 것
④ 열팽창율이 적고, 열전도율이 좋을 것

08 기관에서 피스톤의 구비조건으로 맞지 않는 것은? [07년 상]
㉮ 열전도율이 커서 방열작용이 좋으며, 열팽창이 적어야 한다.
㉯ 관성의 영향을 크게 하기 위하여 되도록 무거워야 한다.
㉰ 헤드 부분은 폭발압력에 견딜 수 있도록 충분한 강성을 가져야 한다.
㉱ 실린더의 마멸이 적으며 가스 누출을 막기 위한 기밀장치가 있어야 한다.

풀이 **피스톤의 구비조건**
① 무게가 가벼울 것
② 내마모성이 클 것
③ 고온에서 강도와 경도가 크고 마찰계수가 적을 것
④ 열팽창율이 적고, 열전도율이 좋을 것
※ 피스톤이 무거우면 관성이 크게 되어 고속형 엔진의 피스톤으로는 적합하지 않다.

09 피스톤의 열팽창에 대한 설명 중 틀린 것은? [08년 상]
㉮ 기관이 정상적인 온도로 운전할 때에는 피스톤이 진원 상태이다.
㉯ 피스톤의 스커트부는 길이가 길며 구조가 단순하고 전열량이 많으므로 열팽창이 크다.
㉰ 피스톤이 얻은 열의 일부는 피스톤 핀을 통해 커넥팅 로드에 전달된다.
㉱ 피스톤의 핀 방향은 열이 머물기 쉬워 열팽창이 크다.

풀이 ㉮, ㉰, ㉱항이 옳은 설명이고, 피스톤 헤드부는 전열량을 받으므로 단경, 스커트부는 장경으로 한 캠연마 피스톤이며, 스커트부는 측압을 받지 않는 부분을 절단한 슬리퍼 피스톤이다.

06 ㉮ 07 ㉰ 08 ㉯ 09 ㉯

10 기관의 피스톤 행정이 300mm이고 피스톤의 평균속도가 5m/s일 때 이 기관의 회전수는 몇 rpm인가? [06년 하]

㉮ 500rpm ㉯ 1,000rpm
㉰ 1,500rpm ㉱ 2,000rpm

풀이 피스톤 평균속도 $V = \dfrac{2 \cdot L \cdot n}{60} = \dfrac{L \cdot n}{30}$ (m/s)

여기서, V : 피스톤 평균속도(m/s)
L : 행정(m)
n : 회전수(rpm)

∴ 기관 회전수

$n = \dfrac{30 \times V}{L} = \dfrac{30 \times 5}{0.3} = 500\text{rpm}$

11 두께는 일정하나 폭과 절개부가 좁고 그 반대방향의 폭이 넓으며 실린더 벽에 고루 압력을 가할 수 있는 링은? [06년 상]

㉮ 원심형 링 ㉯ 팽창 링
㉰ 편심형 링 ㉱ 동심형 링

풀이 링의 분류
① 동심형 : 피스톤 링의 폭과 두께가 일정한 방식으로, 링의 제작이 쉬우나 실린더벽에 가하는 면압이 균일하지 못하다.
② 편심형 : 두께는 일정하나 링 이음부의 폭이 좁고 반대방향의 폭이 넓어 실린더 벽에 고루 압력을 가할 수 있는 방식

12 가솔린 엔진의 피스톤과 피스톤 링에 대한 설명 중 틀린 것은? [08년 하]

㉮ 피스톤의 위쪽에 설치되는 2개의 피스톤 링은 연소가스의 누출을 방지하는 압축링이다.
㉯ 피스톤의 톱 랜드(top land)는 가스의 누설을 방지하기 위해 세컨드 랜드보다 지름이 크다.
㉰ 윤활을 하는 오일 링을 피스톤의 가장 아래쪽에 설치한다.
㉱ 피스톤의 스커트부는 피스톤 자세를 안정시키는 역할을 한다.

풀이 ㉮, ㉰, ㉱항이 옳은 설명이고, 피스톤의 톱 랜드는 열 팽창을 고려하여 세컨드 랜드보다 지름이 작다.

13 기관 실린더 벽의 유막이 끊어져 피스톤이나 실린더 벽에 상처를 일으키는 현상을 무엇이라고 하는가? [06년 상]

㉮ 플러터(flutter) 현상
㉯ 스틱(stick) 현상
㉰ 프리 이그니션(pre ignition) 현상
㉱ 스카프(scuff) 현상

풀이 용어 설명
① 플러터 현상 : 킹핀축을 중심으로 움직이는 바퀴의 좌우운동
② 스틱 현상 : 가열되어 녹아 붙는 것을 의미
③ 프리 이그니션 현상 : 조기점화를 의미
④ 스카프 현상 : 실린더 벽의 유막이 끊어져 피스톤이나 실린더 벽에 상처를 일으키는 현상

ANSWER 10 ㉮ 11 ㉰ 12 ㉯ 13 ㉱

14. 크랭크축이 정적 및 동적으로 평형이 잡혀 있어야 하는 이유는? [07년 하]
㉮ 큰 부하가 작용되기 때문이다.
㉯ 윤활이 잘 되게 하기 위해서이다.
㉰ 고속 회전을 하기 때문이다.
㉱ 평면 베어링을 사용하기 때문이다.

풀이 크랭크축은 고속 회전을 하므로 정적 및 동적으로 평형이 잡혀 있어야 한다.

15. 내연기관의 크랭크축 평면 베어링 재료로 사용할 수 없는 금속은? [08년 상]
㉮ 화이트 메탈 ㉯ 두랄루민
㉰ 배빗 메탈   ㉱ 켈밋 메탈

풀이 엔진 베어링의 종류
① 배빗(화이트)메탈 : 안티몬+주석+구리 (배안주구)
② 켈밋메탈 : 구리+납 (켈구납)

16. 크랭크축 베어링과 저널 간극의 측정에 쓰이는 게이지로 가장 적합한 것은? [09년 하]
㉮ 필러 게이지   ㉯ 다이얼 게이지
㉰ 플라스틱 게이지 ㉱ V블럭

풀이 크랭크축 베어링과 저널 간극의 측정은 오일간극을 측정하는 것으로 플라스틱 게이지로 한다.

17. 플라스틱 게이지를 이용하여 크랭크축 베어링 오일 간극을 측정하는 방법으로 잘못된 것은? [06년 하]
㉮ 크랭크축과 베어링에 윤활유를 절대로 바르지 않는다.
㉯ 플라스틱 게이지 조각을 크랭크 저널에 크랭크축 회전방향으로 평행하게 설치한다.
㉰ 캡 볼트는 규정 토크로 조인 후 크랭크축은 절대 회전시키지 않는다.
㉱ 눌려 있는 플라스틱 게이지 폭을 게이지 봉투에 표시된 눈금으로 측정한다.

풀이 ㉮, ㉰, ㉱항이 옳은 설명이고, 플라스틱 게이지 조각을 크랭크 저널에 크랭크축 회전방향의 직각방향으로 설치한다.

18. 플라이휠에 관한 설명 중 옳은 것은? [05년 하]
㉮ 플라이휠의 무게는 회전속도와 크랭크축의 길이와 밀접한 관계가 있다.
㉯ 플라이휠은 밸브의 개폐시기와 기관의 회전속도를 증가시킨다.
㉰ 폭발행정 때 에너지를 저장하여 다른 행정 때 회전을 원활하게 바꾸어 준다.
㉱ 플라이휠의 구조는 중심부는 두껍게 하고 외부는 얇게 하여 전체적으로 가볍게 만든다.

풀이 플라이 휠(fly wheel)은 폭발행정 때 에너지를 저장하였다가 다른 행정 때 회전을 원활하게 바꾸어 주는 역할을 하며, 플라이 휠은 중심부는 얇고 바깥부분은 두껍게 하여 전체적으로는 가볍고 회전관성이 크게 만든다. 또한, 플라이 휠의 무게는 회전속도와 실린더 수에 밀접한 관계가 있다.

14 ㉰ 15 ㉯ 16 ㉰ 17 ㉯ 18 ㉰

19 플라이휠의 무게와 가장 관계가 깊은 것은?
[09년 상]

㉮ 진동댐퍼
㉯ 회전수와 실린더 수
㉰ 압축비
㉱ 기동모터의 출력

풀이 플라이 휠(fly wheel)은 폭발행정 때 에너지를 저장하였다가 다른 행정 때 회전을 원활하게 바꾸어 주는 역할을 하며, 플라이 휠은 중심부는 얇고 바깥부분은 두껍게 하여 전체적으로는 가볍고 회전 관성이 크게 만든다. 또한, 플라이 휠의 무게는 회전속도와 실린더 수에 밀접한 관계가 있다.

20 직렬 4행정 1사이클 8기통 엔진은 몇 도마다 폭발 행정이 일어나는가?
[04년 상]

㉮ 90°   ㉯ 120°
㉰ 180°   ㉱ 360°

풀이 크랭크축 위상차 = $\dfrac{720°}{실린더\ 수}$ = 90°

21 압축압력 측정시 규정값이 나오지 않아 오일을 넣고 측정하니 규정값이 나왔다. 그 원인은?
[04년 하]

㉮ 밸브 틈새 과다
㉯ 피스톤링 마모
㉰ 연소실 카본 누적
㉱ 밸브 틈새 과소

풀이 압축압력 측정 방법
① 기관을 정상 작동온도로 한다.
② 모든 점화플러그를 뺀다.
③ 압축압력 게이지를 측정할 실린더에 꼽고 기관을 크랭킹 한다.
④ 압축압력 게이지를 읽고, 결과에 따라 습식시험을 한다.
⑤ 엔진오일을 10cc 정도 넣고 습식시험을 한다.

• 압축압력 시험 판정
  ① 건식시험 결과
    • 압축압력이 규정보다 높으면 : 연소실내 카본 퇴적
    • 압축압력이 규정보다 낮으면 : 밸브 가이드 또는 피스톤
    • 링 마멸이므로 습식시험을 한다.
  ② 습식시험 결과
    순간적으로 압축압력이 상승하면 : 피스톤 링 마멸, 변화 없으면 : 밸브 가이드 불량

19 ㉯ 20 ㉮ 21 ㉯

03 윤활 및 냉각장치

제1절 윤활장치(lubricating system)

1_ 윤활장치의 개요

기관(engine) 내부에서 정화 및 회전운동을 하는 마찰부분은 금속끼리 직접 접촉하여 마찰열이 발생하고, 마찰면이 거칠어져 빨리 마모하거나 눌러 붙는 등의 고장이 발생하여 기관이 작동할 수 없게 된다. 이것을 방지하기 위해 금속의 마찰면에 오일을 주입하면 그 사이에 유막(oil film)이 형성되어 고체 마찰이 오일의 유체 마찰로 바뀐다. 따라서 마찰 저항이 작아져 마모가 적고 마찰열의 온도 상승을 방지하며 기계 효율을 향상시킨다.

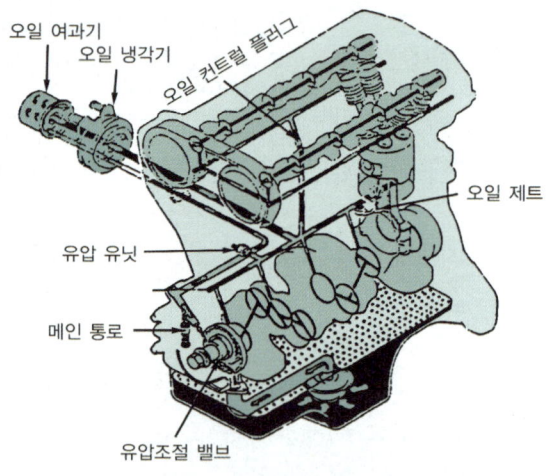

그림 1-47 / 오일 공급계통 흐름도

1. 윤활유의 작용과 구비조건

1) 윤활유의 작용
① 감마작용(마찰의 감소 및 마멸방지)
② 세척작용(미세한 먼지, 찌꺼기 여과)
③ 밀봉작용(기밀유지 작용)

④ 방청작용(산화부식 방지)
⑤ 냉각작용(약 10 ~ 15[%])
⑥ 응력분산작용(국부적인 압력을 피해서)

2) 윤활유의 구비조건

① 점도가 적당할 것
② 청정력이 클 것
③ 열과 산의 저항력이 클 것
④ 비중이 적당할 것
⑤ 인화점과 발화점이 높을 것
⑥ 응고점이 낮을 것
⑦ 기포 발생이 적을 것
⑧ 카본 생성이 적을 것

2. 윤활방식

1) 윤활방식의 종류

① **비산식** : 이 방식은 커넥팅 로드의 큰쪽(big end) 하단에 붙어 있는 주걱(oil dipper)으로 오일 팬에 있는 오일을 윤활한다.
② **압송식** : 압송식은 기관 오일을 오일 팬(oil pan)에 넣어 두고 여기서 오일 펌프로 기관의 각 윤활 부분에 오일을 강제적으로 압송하는 방식이다.
③ **비산 압송식** : 위의 비산식만으로 윤활의 신뢰성이 낮으므로, 비산식과 압송식을 복합한 방식이다.

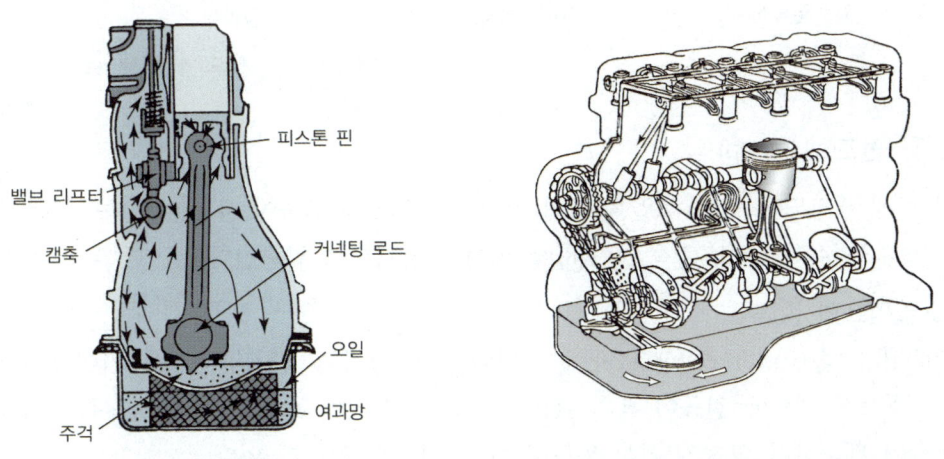

그림 1-48 / **비산식**   그림 1-49 / **압송식 윤활장치의 오일 순환**

3. 윤활장치의 구성

1) 오일 스트레이너(1차 여과기)

점프 내의 오일을 흡입시에 커다란 불순물을 여과하여 오일 펌프에 유도하여 주는 작용을 하며, 불순물에 의해 스크린이 막히면 바이패스 통로를 통하여 순환할 수 있도록 한다.

2) 오일 여과기(oil-filter)와 여과 방식

오일속의 수분, 연소 생성물, 금속분말, 슬러지 등의 미세한 불순물 0.01[mm] 이상을 제거하며 엘리먼트로는 여과지나 여과포로 사용한다. 오일여과 방식은 전류식, 분류식, 샨트식으로 구분한다.

① **전류식** : 전류식(full-flowfilter)은 오일 펌프에서 압송한 오일 전부를 오일 여과기에서 여과한 다음 각 부분으로 공급하는 방식이며, 오일의 청정작용은 좋으나 여과기가 막히면 윤활이 안될 염려가 있으므로 바이패스 밸브를 설치하여 여과기가 막혔을 때는 여과기를 통하지 않고 각 부로 공급하게 되어 있다.

② **분류식** : 분류식(by-pass filter)은 오일 펌프에서 압송된 오일을 각 윤활 부분에 직접 공급하고, 일부를 오일 여과기로 보내 여과한 다음 오일 팬으로 되돌아가는 방식

③ **복합식(샨트식)** : 전류식과 분류식을 합한 방식이다.

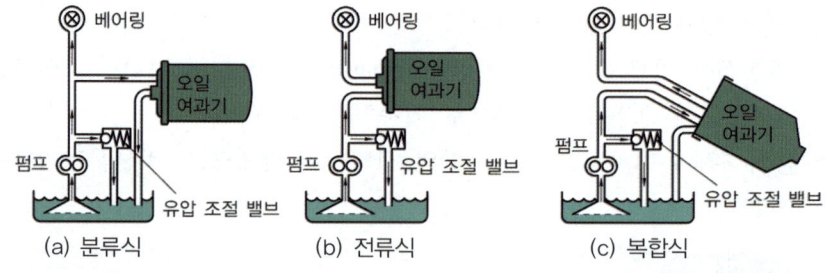

그림 1-50 / **윤활유 여과 방식**

3) 오일 펌프(oil pump)

오일 팬에 저장되어 있는 오일을 흡입 가압(2~3[kg/cm^2])하여 윤활부에 송출하는 작용을 하며 저속 : 3~4[kg/cm^2], 고속 : 6~8[kg/cm^2]의 압력으로 압송한다.

① 오일펌프의 종류

　㉠ 기어 펌프(gear pump) : 구동 기어와 피동 기어로 조립되어 구동 기어가 회전하면 펌프실 내면에 진공이 생겨 흡입되어 기어 사이에 오일이 실려 출구쪽으로 운반되어 배출하며 외접 기어식 펌프와 내접 기어식 펌프가 있다.

ⓛ 로터리 펌프(rotary pump) : 아웃 로우터와 인너 로우터로 구성되어 있으며 인너 로우터는 편심으로 설치되어 회전하며 부피가 넓은쪽에 진공이 생기면 흡입하여 부피를 점차로 좁게 하여 오일을 송출한다.

ⓒ 베인 펌프(vane pump) : 편심 설치된 로우터와 베인으로 구성되며 베인의 움직임에 따라 부피의 변화가 생겨 진공이 발생되면 흡입하여 다음에 오는 날개에 의해 출구쪽으로 운반되어 송출한다.

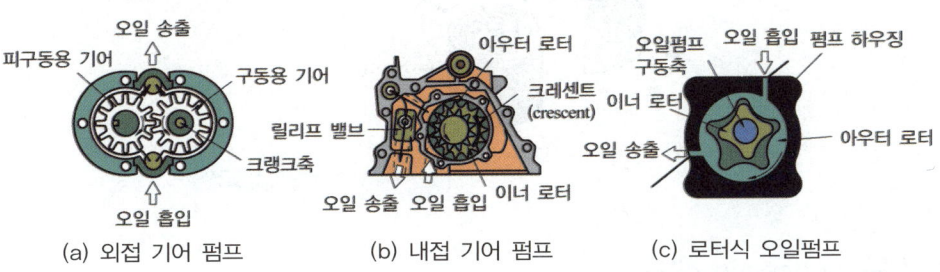

그림 1-51 / **오일펌프의 종류**

ⓔ 플런저 펌프(plunger pump) : 캠축에 의해 플런저를 상하 왕복운동시키고 플런저 스프링에 의해 플런저가 상승되면 진공이 생겨 오일을 흡입하고 플런저를 밀면 오일의 압력이 생겨 체크 볼을 밀고 통로를 열어 오일을 송출한다.

② 유압 조절 밸브(oil pressure relief valve) : 이 밸브는 윤활회로 내를 순환하는 유압이 과도하게 상승하는 것을 방지하여 유압이 일정하게 유지하도록 하는 작용을 한다.

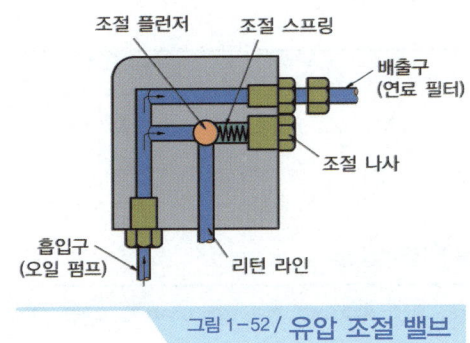

그림 1-52 / **유압 조절 밸브**

4) 오일 쿨러(oil cooler : 냉각기)

기관의 오일의 온도는 85[℃] 부근을 넘지 않는 것이 바람직하다. 약 125[℃] 이상되면 윤활성이 급격히 상실하기 때문에 일부 기관에서는 오일 냉각기를 설치하여 알맞는 오일 온도를 유지시켜 준다.

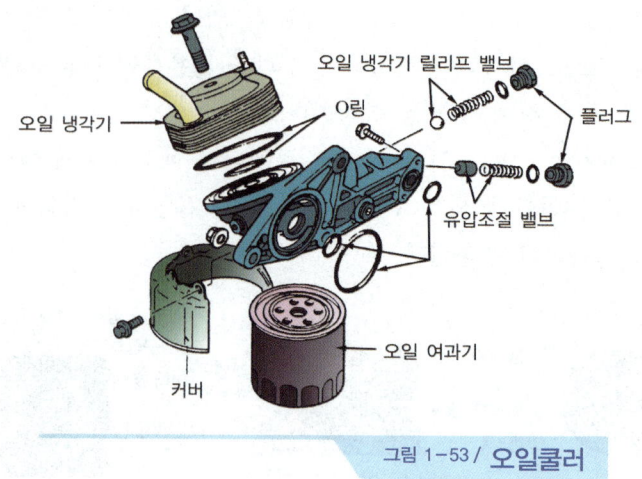

그림 1-53 / **오일쿨러**

4. 윤활유(lubricating oil)

1) 윤활유의 분류

① SAE 분류 : 미국자동차 기술협회에서 오일의 점도에 의해 분류한 것으로, SAE 번호로 표시하며 번호가 클수록 점도가 높다.

② API 분류 : 미국석유협회에서 엔진의 운전조건에 의해 분류한 방법으로, 가솔린 기관과 디젤 기관으로 분류하였다.

표 1-1 / **API 분류**

운전조건 기관	좋은 조건	중간 조건	가혹한 조건
가솔린 기관	ML	MM	MS
디젤 기관	DG	DM	DS

표 1-2 / **API 분류와 SAE 신분류의 비교**

구분	운전조건	API 분류	SAE 신분류
가솔린 기관	좋은 조건	ML	SA
	중간 조건	MM	SB
	가혹한 조건	MS	SC · SD
디젤 기관	좋은 조건	DG	CA
	중간 조건	DM	CB · CC
	가혹한 조건	DS	CD

③ SAE 신분류 : SAE 신분류는 SAE 분류방법과 API 분류방법이 달라 SAE, ASTM, API 등이 새로 제정한 오일 분류 방법으로, 가솔린은 SA, SB, SC,···, 디젤은 CA, CB, CC,···의 알파벳 순서로 분류하며 뒤로 갈수록 가혹한 조건에서 사용이 가능하다.

2) 점도

① 점도지수 : 온도 변화에 따른 오일의 끈끈한 정도를 말한다. 점도지수가 높다는 것은 온도 변화에 따른 오일의 점도 변화가 작다는 것을 의미한다.

② 점도지수 측정법
㉠ 세이볼트 초 : 오일의 온도를 0[°F], 100[°F], 130[°F], 210[°F] 등에 따라 오일의 점도가 변화되는 과정을 측정하는 방법으로, 오일이 작은 구멍(0.17[mm])을 흐르는 시간으로 그 점도를 측정하는 방법
㉡ 앵귤러 점도 : 오일의 유출시간을 물의 유출시간으로 나누어 구하는 방법
㉢ 레드우드 점도 : 60[°F], 50[cc] 유체가 유출되는 시간을 초로 나타내는 방법

2_ 유압 장치 정비

1) 유압이 상승하는 원인

① 엔진의 온도가 낮아 오일점도가 높다.
② 윤활회로의 일부가 막혔다.(특히, 오일 여과기가 막히면 유압이 상승하는 원인이 된다).
③ 유압조절 밸브 스프링의 장력이 과대하다.

2) 유압이 낮아지는 원인

① 크랭크축 베어링의 과대마멸로 오일간극이 크다.
② 오일 펌프의 마멸 또는 윤활회로에서 오일이 누출된다.
③ 오일 팬의 오일량이 부족하다.
④ 유압 조절 밸브 스프링 장력이 약하게 파손되었다.
⑤ 엔진 오일이 연료 등으로 현저하게 희석되었다.
⑥ 엔진 오일의 점도가 낮다.

3) 오일의 색깔에 의한 정비

① 검정 : 심한 오염 또는 과부하 운전
② 붉은색 : 자동변속기 오일 혼입
③ 노란색 : 무연 휘발유 혼입
④ 우유색(백색) : 냉각수 혼입

제2절 냉각장치(cooling system)

1_ 냉각장치 개요

냉각장치는 엔진 작동 중 발생되는 열(약 2,000[℃])을 냉각하여 과열을 방지하고 냉각수의 온도를 85~95[℃]로 유지하는 장치이다. 냉각수 온도는 물통로(jacket) 내의 냉각수의 온도로 정한다.

1. 엔진의 냉각 방식

1) 공랭식(air cooling type)

엔진을 대기와 직접 접촉시켜서 냉각하므로 냉각수의 보충, 누출, 동결 등의 염려가 없고 구조가 간단하나 기후, 운전상태 등에 따라 엔진의 온도가 변화하기 쉽고 냉각이 균일하지 못한 결점이 있다.

① **자연 통풍식** : 자동차가 주행할 때 받는 공기로 냉각하며, 실린더 블록과 같이 과열되기 쉬운 부분에 냉각핀을 설치하여 냉각한다.

② **강제 통풍식** : 냉각 팬을 사용하여 강제로 많은 양의 공기를 엔진으로 보내어 냉각하는 방식으로, 엔진 주위를 시라우드로 감싸서 냉각 효율을 높인다.

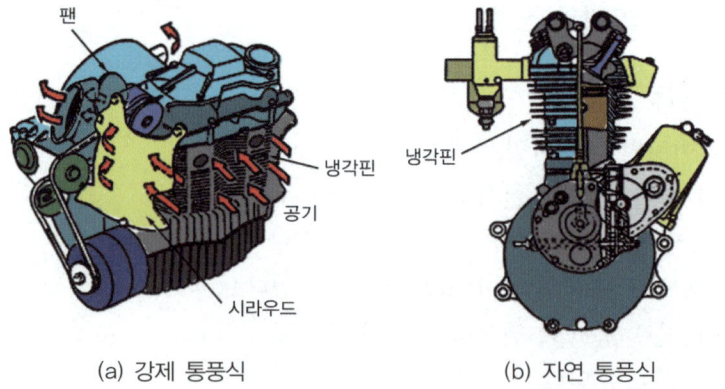

(a) 강제 통풍식　　　　(b) 자연 통풍식

2) 수냉식(water cooling type)

냉각수를 사용하여 엔진을 냉각시키는 방식으로, 자연 순환식, 강제 순환식, 압력 순환식, 밀봉 압력식 등이 있다.

① **자연 순환식** : 냉각수의 대류에 의해서 순환시키는 방식으로서 정치식 기관에 사용된다.
② **강제 순환식** : 물 펌프를 이용하여 강제적으로 냉각수를 순환시켜 기관을 냉각시키는 방

식이다.
③ **압력 순환식** : 강제 순환식에서 압력식 캡으로 냉각장치의 통로를 밀폐시켜 냉각수가 비등되지 않도록 하는 방식이다.
④ **밀봉 압력식** : 압력 순환식에서 라디에이터 캡을 밀봉하고 냉각수가 외부로 누출되지 않도록 하는 방식이며, 냉각수가 가열되어 팽창하면 냉각수를 보조 탱크로 보낸다.

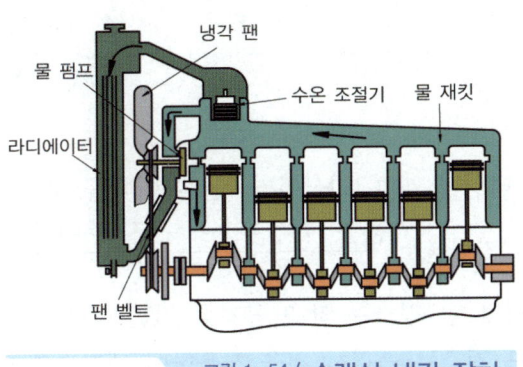

그림 1-54 / 수랭식 냉각 장치

2. 냉각 장치의 구성

라디에이터(방열기), 물 펌프, 냉각 팬, 수온조절기, 냉각수온 센서 등으로 구성되어 있다.

1) 라디에이터(radiator, 방열기)

엔진에서 뜨거워진 냉각수를 방열판을 통과시켜 공기와 접촉하여 냉각수를 식히는 장치이다.

① 구비조건
   ㉠ 단위면적당 방열량이 큰 것.
   ㉡ 공기의 흐름저항이 적은 것.
   ㉢ 가볍고 견고한 것.
   ㉣ 냉각수의 흐름 저항이 적은 것.
② 방열기 코어 형식
   ㉠ 플레이트 핀 : 평면으로 된 판을 일정한 간격으로 설치한 형식이다.
   ㉡ 코루게이트 핀 : 냉각 핀을 파도 모양으로 설치한 것으로 방열량이 크다.
   ㉢ 리본 셀룰러 핀 : 냉각 핀을 벌집 모양으로 배열된 형식이다.

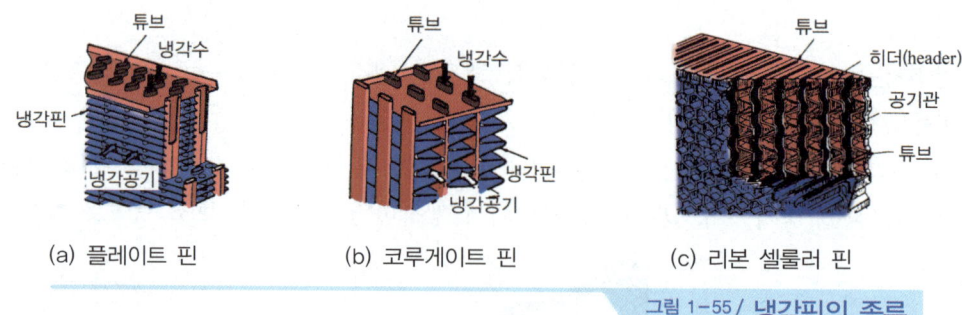

그림 1-55 / 냉각핀의 종류

③ 방열기 정비

㉠ 방열기 코어의 막힘이 20[%]이상이면 라디에이터를 교환한다.

$$\text{라디에이터 코어 막힘률} = \frac{\text{신품 주수량} - \text{구품 주수량}}{\text{신품 주수량}} \times 100[\%]$$

㉡ 라디에이터의 냉각 핀 청소는 압축 공기를 기관 쪽에서 밖으로 불어 낸다.

㉢ 라디에이터 튜브 청소는 플러시 건을 사용하여 냉각수를 아래 탱크에서 위 탱크로 흐르게 하여 청소하고, 세척제는 탄산나트륨, 중탄산나트륨을 사용한다.

2) 압력식 라디에이터 캡

라디에이터 캡은 내부 압력과 진공에 의하여 열리는 압력 밸브와 진공 밸브가 있다. 라디에이터 캡의 작동 압력은 일반적으로 0.2 ~ 0.9[kgf/cm²] 이며, 비점은 112~119[℃] 이다.

① 라디에이터 내부압력 상승시 냉각수는 보조 탱크로 배출된다.
② 라디에이터 내부압력 감소시 냉각수는 보조 탱크에서 흡입된다.

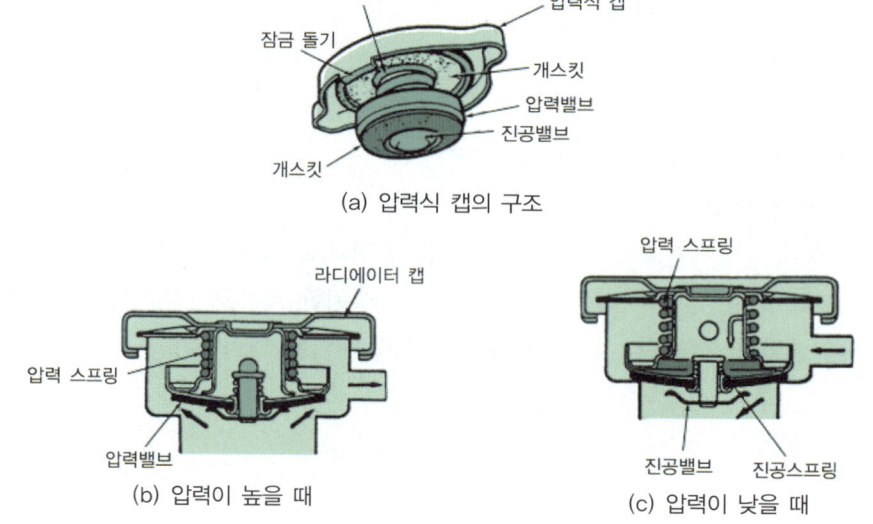

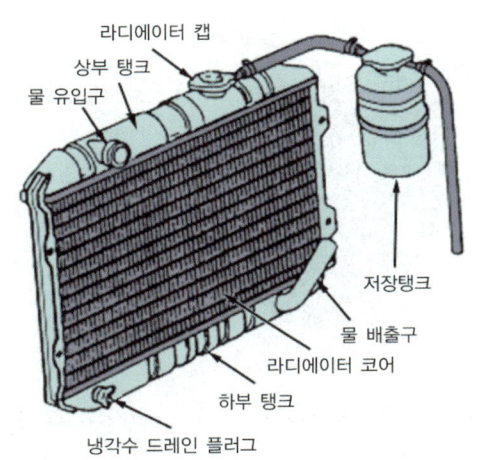

3) 시라우드(shroud)

라디에이터와 팬을 감싸고 있는 판으로써 냉각팬 작동시 공기의 와류를 방지하고 냉각 효율을 증대하기 위하여 설치한다.

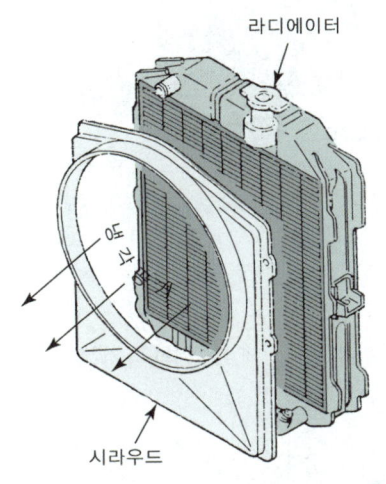

그림 1-56 / 라디에이터

4) 냉각 팬(cooling fan)

엔진과 라디에이터 사이에 설치되며 시라우드가 감싸고 있다. 공기를 강제로 빨아들여 엔진의 냉각효과를 증대 시킨다.

① **유체 커플링 팬** : 유체 마찰을 이용하여 구동하는 팬으로써 엔진 고회전시 물 펌프와 냉각 팬을 분리 회전시켜 고속 주행시 팬이 고속으로 회전되는 것을 방지하여 엔진 출력이 증가 및 소음을 감소한다.

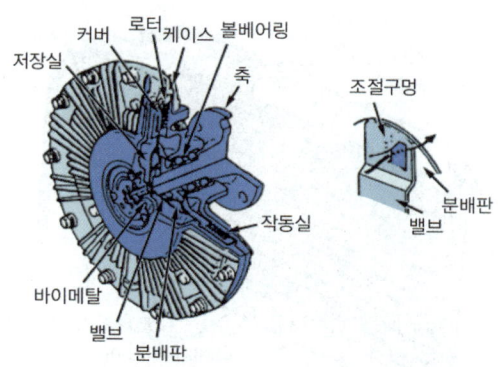

② 전동 팬 : 바이메탈 또는 수온 센서를 이용하여 냉각수 온도가 약 85~90°가 되면 팬이 작동하고, 냉각수 온도가 감소하면 자동으로 작동을 멈추어 소음 및 연비의 저감과 난기운전에 요하는 시간을 단축시킬 수 있다.

그림 1-57 / 전동 팬

5) 물펌프(water pump)

원심식 물 펌프를 사용하여 냉각수를 강제로 순환시키는 장치이며, 크랭크축 회전수의 1.2~1.6배로 회전한다.

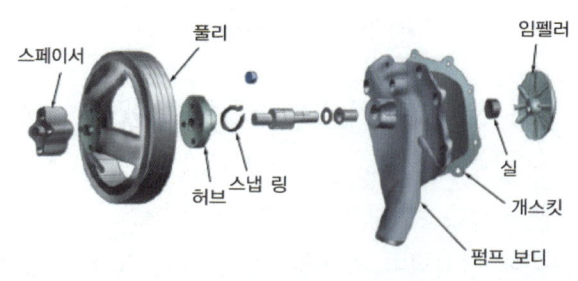

그림 1-58 / 물 펌프의 구조

6) 수온조절기(thermostat)

냉각수의 온도에 따라 통로를 자동적으로 개폐하여 냉각수 온도가 일정하도록 조절해주는 장치이며 벨로즈형과 왁스 펠릿형이 있다.

① 수온조절기의 종류
　㉠ 왁스 펠릿형 : 왁스 케이스에 왁스와 합성 고무를 봉입한 형식으로 냉각수의 온도가 상승하면 고체 상태의 왁스가 액체로 변화되어 밸브가 열리며 냉각수의 온도가 낮으면 액체 상태의 왁스가 고체로 변화되어 밸브가 닫힌다.
　㉡ 벨로즈형 : 황동의 벨로즈 내에 휘발성이 큰 에테르나 알코올을 봉입한 형식으로 냉각수의 온도에 의해서 벨로즈가 팽창 및 수축으로 냉각수의 통로가 개폐되며, 65[℃]에서 열리기 시작하여 85[℃]에서 완전히 열린다.
　㉢ 바이메탈형 : 코일 모양의 바이메탈이 수온에 의해 늘어날 때 밸브가 열리는 형식이다.

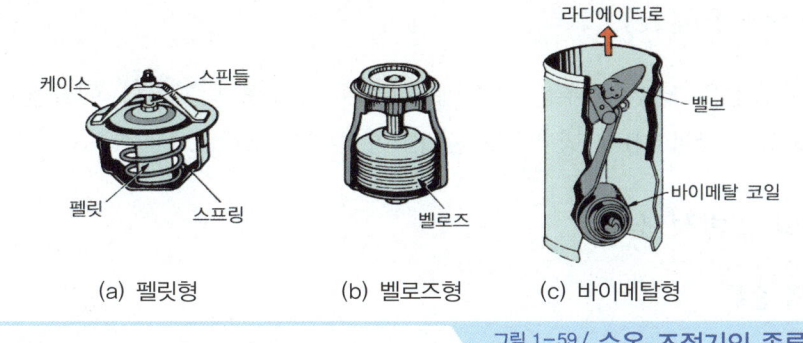

그림 1-59 / **수온 조절기의 종류**

② 왁스 펠릿형 수온조절기의 작동 : 아래 그림은 왁스 펠릿형 수온조절기의 구조와 작동을 나타내었다. 냉각수 온도가 낮으면 스프링 힘에 의해 밸브가 닫혀있다가 냉각수가 규정온도에 다다르면 왁스가 팽창하여 합성고무를 눌러 스프링 힘을 이기고 아래로 내려가 밸브가 열리게 된다.

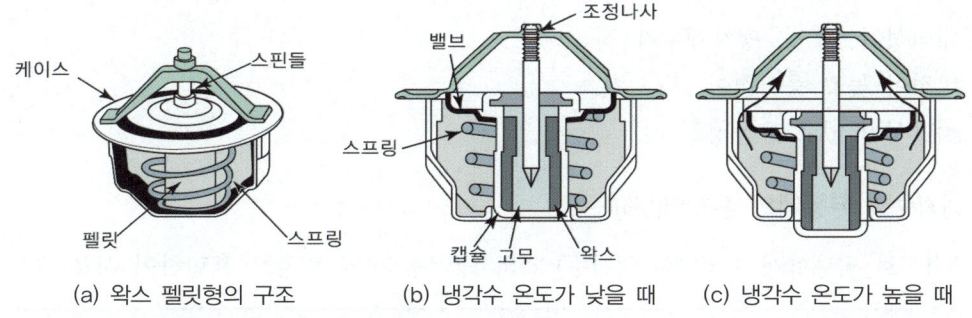

7) 냉각수온 센서(WTS : Water Temperature Sensor)

실린더 헤드부의 물 재킷 부분에 설치되어 있으며, 냉각수의 온도를 검출하여 ECU에 정보를 보내주면 연산 제어되어 인젝터 기본 분사량을 보정하는 부특성(NTC) 서미스터이다.

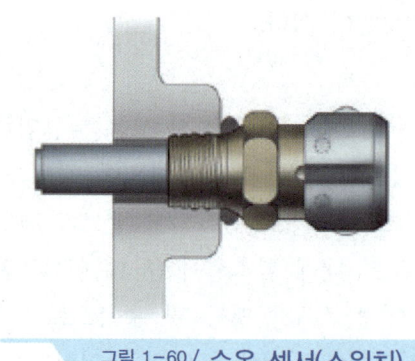

그림 1-60 / 수온 센서(스위치)

2_ 부동액(anti-freeze)

냉각수의 응고점을 낮추어 추운 겨울에 엔진의 동파를 막기위해 에틸렌 글리콜(비점 197.2[℃], 응고점 −50[℃])과 냉각수를 혼합하여 사용한다.

1. 부동액의 일반적 성질

1) 부동액의 종류

① 글리세린 : 산이 포함되면 금속을 부식시킨다.
② 메탄올 : 비등점이 82[℃] 이며, 응고점이 −30[℃]로 낮은 온도에 견딜수 있다.
③ 에틸렌 글리콜 : 영구 부동액이며, 응고점 −50[℃] 이다.
④ 알콜

2) 부동액의 구비조건

① 내식성이 클 것, 팽창계수가 적을 것.
② 비점이 높고 응고점이 낮을 것.
③ 휘발성이 없고 유동성일 것.

3) 냉각수와 부동액의 혼합비([%])

일반적으로 국내에서는 50[%](냉각수) : 50[%](부동액)의 비율로 혼합하여 사용한다.

온도 혼합비출	−4[℃]	−7[℃]	−11[℃]	−15[℃]	−20[℃]	−25[℃]	−31[℃]
부동액	20	25	30	35	40	45	50
냉각수	80	75	70	65	60	55	50

※ 해당 지방 최저온도 기준에 따른다.

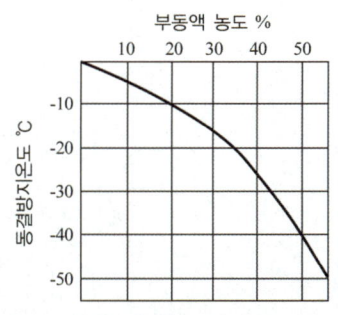

그림 1-61 / 부동액의 필요량과 동결 온도

3_ 냉각장치 정비

1. 라디에이터의 수압 시험

1) 압축공기에 의한 방법

0.5~2.0[kgf/cm^2] 정도의 압력을 가해 기포발생 여부를 확인한다.

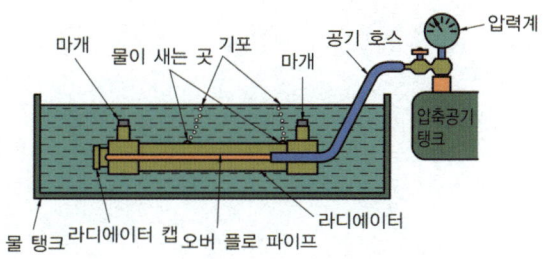

2) 테스터에 의한 방법

라디에이터의 냉각수 출, 입구를 모두 막고 물을 가득 담은 후 라디에이터 주입구에 테스터를 설치하고, 테스터의 펌프로 수압시험 압력까지 펌핑 후 라디에이터에 누출이 없으면 테스터의 지침이 내려가지 않으나, 누출이 있으면 지침이 상승하지 않거나 상승하더라도 곧 하강한다.

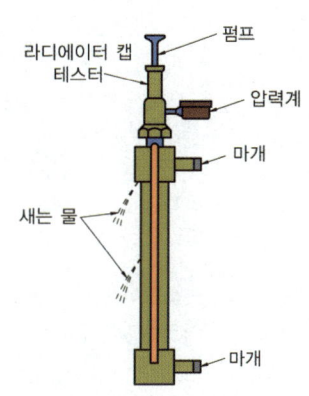

2. 냉각장치의 이상 현상

1) 기관 과열시 나타나는 현상

① 실린더 헤드 및 피스톤 손상
② 실린더 벽손상(유막파괴)

③ 기관출력 저하 원인
④ 노킹 및 조기점화 발생

2) 기관 과냉시 나타나는 현상
① 연료 소비량 증대
② 기관출력저하
③ 실린더 내에 카본 퇴적
④ 기관 각부 마멸 촉진

제3장 윤활 및 냉각장치 출제예상문제

01 윤활유의 구비조건으로 맞지 않는 것은?
[04년 상]

㉮ 알맞은 점성을 가질 것
㉯ 카본 생성이 적을 것
㉰ 열에 대한 저항력이 없을 것
㉱ 부식성이 없을 것

풀이 윤활유의 구비조건
① 비중이 적당할 것
② 적당한 점도를 가질 것
③ 응고점은 낮고, 인화점이 높을 것
④ 열과 산에 대하여 안정성이 있을 것
⑤ 카본 형성에 대한 저항력이 있을 것

02 윤활유의 특징을 열거한 것이 옳은 것은?
[08년 하]

㉮ 윤활유는 온도가 오르면 점도가 높아진다.
㉯ 윤활유 점도가 크면 동력 손실이 증대된다.
㉰ 윤활유의 점도가 높을수록 유막은 약하다.
㉱ 그리스 윤활은 오일 윤활에 비하여 마찰 저항이 적다.

풀이 윤활유의 점도가 크면 마찰저항이 커서 동력 손실이 증대되고 유막은 강하며, 온도가 오르면 점도는 낮아진다.

03 오일펌프에서 압송한 오일 전부를 오일 여과기에 여과한 다음 각 부분으로 공급하는 오일순환 방식은?
[05년 하, 09년 하]

㉮ 전류식   ㉯ 분류식
㉰ 일체식   ㉱ 복합식

풀이 윤활방식의 분류
① 전류식 : 윤활유 전부를 여과시켜 공급하는 방식, 막히면 바이패스 밸브로 통과
② 분류식 : 윤활유의 일부는 여과시키고, 여과하지 않은 오일은 공급하는 방식
③ 션트(shunt)식 : 오일의 일부는 여과시켜서 공급, 일부는 바로 공급되는 방식

04 어떤 내연기관의 윤활장치에서 오일여과기의 막힘에 의해 과열이 생겨 마찰부에 고장이 생겼다면 이 기관은 어떤 여과방식을 사용했는가?
[04년 하]

㉮ 분류식   ㉯ 샨트식
㉰ 합류식   ㉱ 전류식

풀이 윤활방식의 분류
① 전류식 : 윤활유 전부를 여과시켜 공급하는 방식, 막히면 바이패스 밸브로 통과
② 분류식 : 윤활유의 일부는 여과시키고, 여과하지 않은 오일은 공급하는 방식
③ 션트(shunt)식 : 오일의 일부는 여과시켜서 공급, 일부는 바로 공급되는 방식

01 ㉰   02 ㉯   03 ㉮   04 ㉱

05 API 분류에서 고부하 및 가혹한 조건의 디젤 기관에서 쓰는 윤활유는? [07년 하]

㉮ DL ㉯ DM
㉰ DC ㉱ DS

풀이 윤활유의 분류

구분	운전조건	API 분류	SAE 신분류
가솔린 기관	좋은 조건	ML	SA
	중간 조건	MM	SB
	가혹한 조건	MS	SC · SD
디젤 기관	좋은 조건	DG	CA
	중간 조건	DM	CB · CC
	가혹한 조건	DS	CD

06 기관오일에 유압이 높을 때의 원인과 관계 없는 것은? [09년 상]

㉮ 윤활유의 점도가 높을 때
㉯ 유압 조정밸브 스프링의 장력이 강할 때
㉰ 오일 파이프의 일부가 막혔을 때
㉱ 베어링과 축의 간격이 클 때

풀이 유압이 높아지는 원인
① 유압조절밸브 스프링 장력이 클 때
② 오일간극이 작을 때
③ 오일의 점도가 높을 때
④ 윤활회로의 일부가 막혔을 때

07 경계윤활 영역에서 접촉면 중앙의 최고압력 부분에서 경계층이 항복을 일으켜서 마찰계수가 급격히 증가하는 상태에 달하는 단계는? [05년 상]

㉮ 제1영역 ㉯ 천이영역
㉰ 부분적 접촉 ㉱ 완전접촉 융착

풀이 마찰면 사이에 유막이 존재하여 금속면이 완전하게 분리될 경우를 액상윤활 또는 완전윤활이라 하며, 경계윤활 영역에서 접촉면 중앙의 최고압력 부분에서 경계층이 항복을 일으켜서 마찰계수가 급격히 증가하는 상태에 달하는 단계를 천이영역 또는 불완전 윤활이라 한다.

08 중합 올레핀, 부틸 중합물, 섬유에스텔 등을 윤활유에 첨가하여 온도 변화에 따른 영향을 적게 하는 첨가제는? [06년 하]

㉮ 점도지수 향상제 ㉯ 유성 향상제
㉰ 유동점 강하제 ㉱ 소포제

풀이 윤활유 첨가제
① 산화 방지제 : 산화, 열화 등에 의한 슬러지 생성을 방지
② 청정 분산제 : 슬러지를 미세한 입자로 분산시키는 역할
③ 유성 향상제 : 경계윤활시 유막이 깨지지 않도록 유막을 형성하여 마찰계수를 감소
④ 부식 방지제 : 비철금속이 부식되지 않도록 금속 표면과 반응하여 보호막을 만듬
⑤ 방청제 : 금속표면에 방청막을 만들어 수분 또는 공기의 침입을 방지
⑥ 소포제 : 기포가 발생될 경우 기포를 신속히 없애는 작용
⑦ 점도지수 향상제 : 윤활유는 온도에 따라 점도가 변화하므로 점도지수를 높게 하여 점도변화를 작게 한다.
⑧ 유동점 강하제 : 저온에서 왁스 성분의 결합을 방해하여 유동성을 갖게 하는 작용

05 ㉱ 06 ㉱ 07 ㉯ 08 ㉮

09 수냉식 기관의 냉각장치 냉각의 역할과 거리가 먼 것은? [04년 하]
㉮ 배출가스의 온도를 낮추어 배기손실을 줄이기 위하여
㉯ 윤활유를 냉각시켜 열화 및 성능저하를 방지하기 위하여
㉰ 기관 각부의 과열을 방지하여 부품의 내구성을 확보하기 위하여
㉱ 연소실의 온도를 최적으로 유지하여 출력과 연비 성능을 향상시키기 위하여

풀이 ㉯, ㉰, ㉱항이 냉각장치의 역할이며, 배출가스 온도와 냉각장치와는 관련이 없다.

10 유체커플링 방식 냉각 팬에 가장 많이 사용하는 작동유는? [08년 하]
㉮ 실리콘 오일   ㉯ 냉동 오일
㉰ 기어 오일   ㉱ 자동변속기 오일

풀이 유체커플링 방식 냉각 팬은 냉각팬과 물펌프 사이에 실리콘 오일을 봉입하여 유체의 점도를 이용하여 동력을 전달한다. 고속시에는 유체 커플링에 미끄럼이 발생하여 냉각팬의 소음이나 구동손실을 감소시킨다.

11 어느 기관의 냉각수 규정량이 16ℓ 였다. 사용 중에 주입된 냉각수량이 12ℓ 였다면 라디에이터의 코어 막힘률은 몇 % 인가? [04년 상, 05년 하]
㉮ 40   ㉯ 12
㉰ 16   ㉱ 25

풀이 코어 막힘율 $= \dfrac{신품용량 - 구품용량}{신품용량} \times 100(\%)$
∴ 코어 막힘율 $= \dfrac{16-12}{16} \times 100 = 25(\%)$

12 방열기 캡에서 압력밸브와 부압밸브를 설치한 주요 목적이 아닌 것은? [06년 상]
㉮ 압력조정   ㉯ 냉각효과 증대
㉰ 동파방지   ㉱ 비점상승

풀이 라디에이터의 압력식 캡은 라디에이터 내부의 압력을 조정하며, 물의 끓는 온도를 높여 냉각효과 및 엔진의 효율을 증대시키는 역할을 한다.

13 라디에이터 압력캡의 진공밸브가 열리는 시점으로 옳은 것은? [09년 하]
㉮ 라디에이터 내의 압력이 대기압보다 높을 때
㉯ 라디에이터 내의 압력이 대기압보다 낮을 때
㉰ 라디에이터 내의 압력이 규정치보다 높을 때
㉱ 보조탱크 내의 압력이 규정치보다 낮을 때

풀이 라디에이터 압력캡의 진공밸브는 라디에이터 내의 압력이 대기압보다 낮을 때 열려 압력 순환식의 경우 대기가, 밀봉 압력식의 경우 냉각수가 유입되어 라디에이터의 파손을 방지한다.

14 자동차 기관용 부동액으로 적당하지 않은 것은? [07년 상]
㉮ 메탄올   ㉯ 글리세린
㉰ 에틸렌글리콜 ㉱ 수산화나트륨

풀이 **부동액의 종류** : 에틸렌 글리콜, 에틸 알콜, 메탄올, 글리세린

09 ㉮ 10 ㉮ 11 ㉱ 12 ㉰ 13 ㉯ 14 ㉱

15 기관의 부동액 구비조건으로 가장 옳지 않은 것은? [07년 하]

㉮ 비등점이 물보다 낮아야 한다.
㉯ 물과 혼합이 잘 되어야 한다.
㉰ 응고점이 물보다 낮아야 한다.
㉱ 내부식성이 크고 팽창계수가 적어야 한다.

> 풀이 **부동액의 구비조건**
> ① 물과 쉽게 혼합할 것
> ② 비등점이 높고, 응고점이 낮을 것
> ③ 내부식성이 크고 팽창계수가 적을 것
> ④ 침전물이 없을 것

16 기관의 과열 원인으로 틀린 것은? [06년 하]

㉮ 라디에이터 압력 캡의 스프링 장력 부족
㉯ 라디에이터 코어 막힘
㉰ 팬 벨트 장력 부족이나 끊어짐
㉱ 수온 조절기가 열린 상태로 고장

> 풀이 **기관 과열의 원인**
> ① 수온조절기가 닫힌 상태로 고장일 때
> ② 냉각수가 부족할 때
> ③ 팬 벨트 장력 부족이나 끊어짐
> ④ 라디에이터 코어 막힘
> ⑤ 라디에이터 압력 캡의 스프링 장력 부족

17 자동차 운행 중 냉각수 온도가 비정상적으로 높게 올라갔을 경우에 발생 가능한 고장 원인과 거리가 먼 것은? [09년 상]

㉮ 냉각수량이 부족하다.
㉯ 수온 조절기가 불량하다.
㉰ 냉각수 펌프의 구동벨트가 헐겁다.
㉱ 피스톤의 압축링이 심하게 마모되었다.

> 풀이 **기관 과열의 원인**
> ① 수온조절기가 닫힌 상태로 고장일 때
> ② 냉각수가 부족할 때
> ③ 팬 벨트 장력 부족이나 끊어짐
> ④ 라디에이터 코어 막힘
> ⑤ 라디에이터 압력 캡의 스프링 장력 부족

18 가솔린 기관이 과열되었을 때 기관에 미치는 영향으로 가장 적당하지 않은 것은? [08년 상]

㉮ 피스톤의 슬랩이 커져 소음이 증가한다.
㉯ 윤활 불충분으로 각 부품이 손상된다.
㉰ 조기점화 또는 노크가 발생한다.
㉱ 냉각수 순환이 불량해지고 금속산화가 촉진된다.

> 풀이 **기관 과열시 기관에 미치는 영향**
> ① 윤활 불충분으로 각 부품이 손상된다.
> ② 조기점화 또는 노크가 발생한다.
> ③ 냉각수 순환이 불량해지고 금속산화가 촉진된다.
> ④ 이상 열전달로 냉각수가 끓어 넘친다.
> ⑤ 실린더 블록 또는 실린더 헤드가 휘게 된다.

15 ㉮ 16 ㉱ 17 ㉱ 18 ㉮

04 연료장치

제1절 전자제어 가솔린 연료장치

1_ 전자제어 연료장치

1. 시스템 개요

각종 센서들의 전기적인 신호를 ECU가 종합 연산 제어하여 정밀하게 혼합기의 공급을 제어하기 때문에 엔진 효율의 향상, 연비의 향상, 배기가스 중의 유해 성분 감소, 저온 시동의 향상, 빠른 응답성 등의 장점을 가진 전자제어 기관이다.

2. 카뷰레터 방식과의 비교

1) **카뷰레터 방식**

엔진에 공급되는 연료의 양은 제트 지름과 부압에 의해 기본적으로 결정되고 벤튜리관을 통하여 흡입통로로 전달되며 또한 밸브, 에어블리드, 펌프 등을 사용하여 엔진의 작동조건에 맞는 적당한 공연비를 기계적으로 조절한다.

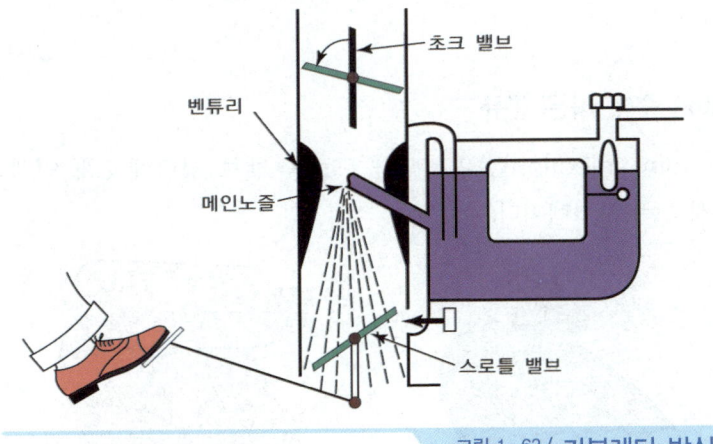

그림 1-62 / 카뷰레터 방식

2) 전자제어 방식

엔진에 공급되는 연료량은 인젝터가 열려있는 기간으로 결정되며 흡입공기량, 엔진속도 및 기타 상태를 기본으로 컨트롤 유닛(ECU)에 의해 조절된다. 컨트롤 유닛은 각종 센서의 작동 상태 변화를 감지하여 인젝터가 열려 있는 기간을 결정함으로써 공연비를 적당하게 유지한다.

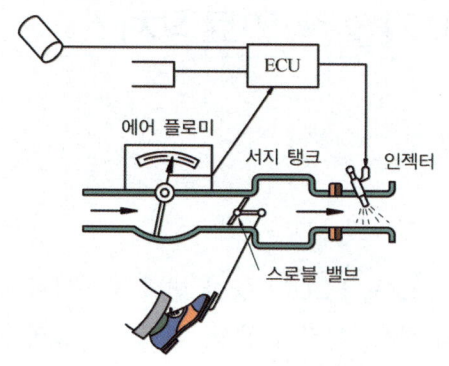

그림 1-63 / **전자제어 방식**

3. 가솔린 분사장치의 분류

1) 인젝터(injector) 설치 위치에 따른 분류

① 직접 분사방식(GDI : Gasoline Direct Injection) : 연소실 내부에 직접 고압으로 연료를 분사하는 방식이다.
② 간접 분사방식(indirect injection) : 흡기다기관 또는 흡입 밸브 상단에 저압으로 연료를 방식이다.

2) 인젝터(injector) 수에 따른 분류

① SPI(single point injection) : 인젝터가 드로틀 밸브 상단에 1개 인젝터로 연료를 저압 연속 분사하는 시스템이다.

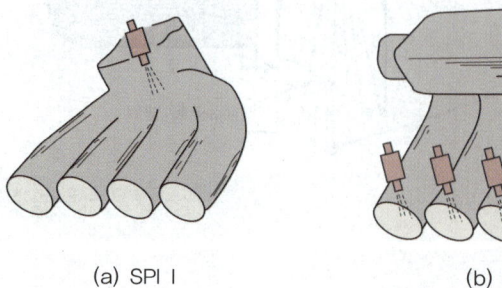

(a) SPI Ⅰ   (b) MPI

② MPI(multi point injection) : 인젝터가 흡기밸브 상단에 실린더 마다 각각 1개씩 따로 설치된 방식으로, SPI 방식에 비해서 혼합기가 각 실린더에 균일하게 분배된다.

3) 공기량 계량방식에 따른 분류

① 직접 계량방식 : 흡입공기 체적 또는 흡입공기 질량을 직접 계량하는 방식으로 K-제트로닉, L-제트로닉 등이 있다.

② 간접 계량방식 : 흡입 공기량을 직접 계량하지 않고 흡기다기관의 절대압력, 또는 스로틀 밸브의 개도와 기관의 회전속도로부터 공기량을 간접 계량하는 방식으로 D-제트로닉, TBI 등이 있다.

4. 기관 전자제어 센서

1) 공기유량 센서(AFS : Air Flow Sensor)

흡입 공기량을 계측하여 ECU에 보내어 인젝터의 기본 연료분사 시간을 결정하는 센서이다.

① 체적유량 검출방식

㉠ 에어플로우미터 방식(air flow meter type) : L-제트로닉 방식으로 흡입공기량을 베인에 연결된 포텐시오 미터에 의해서 전기적 신호로 바꾸어 ECU에 보내는 방식이다.

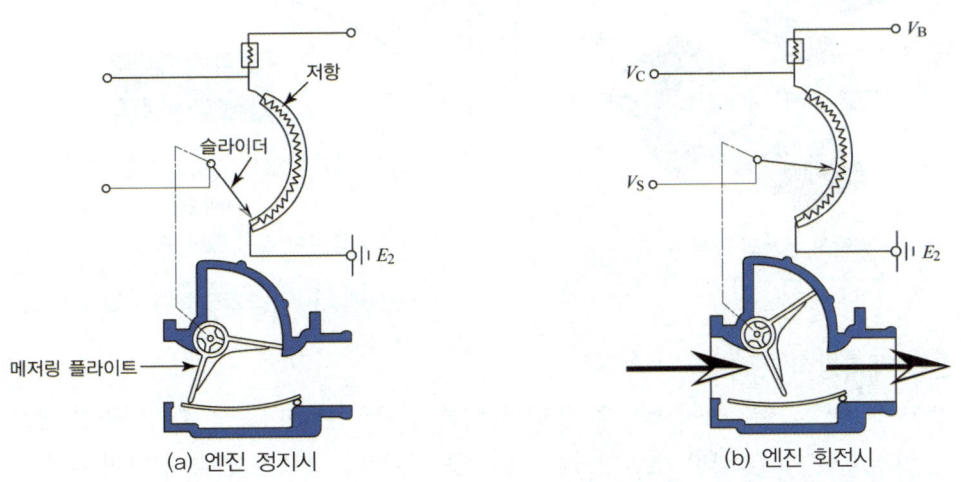

(a) 엔진 정지시 (b) 엔진 회전시

그림 1-64 / 포텐쇼미터의 작동

㉡ 칼만 와류식(Karman vortex) : 흡입공기가 와류발생 기둥에 의해 와류가 생성되면 발신기로부터 발생된 초음파가 칼만 와류에 의해서 분산될 때 칼만 와류수만큼 밀집되거나 분산된 후 수신기에서 수신된 초음파는 변조기에 의해 디지털 펄스 신호로 변환되어 ECU에 보내진다.

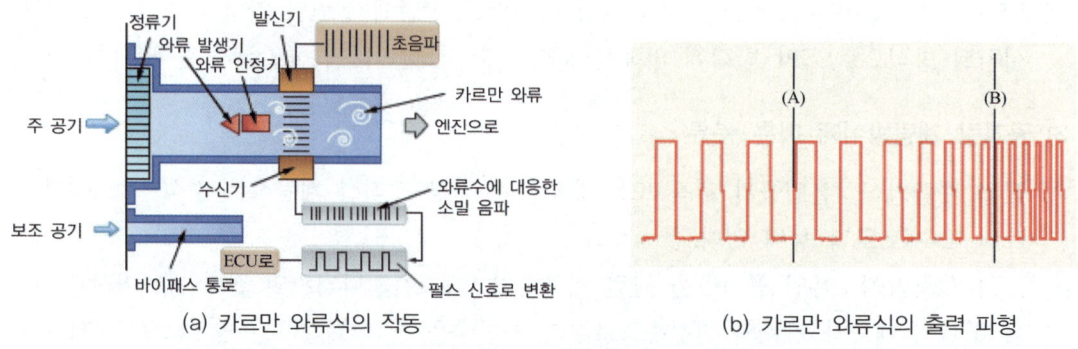

(a) 카르만 와류식의 작동   (b) 카르만 와류식의 출력 파형

그림 1-65 / **카르만 와류식의 작동과 출력 파형**

② **질량유량 검출방식**

    ㉠ 열막식(hot film type) : 흡입 통로에 열막을 설치하여 흐르는 공기량을 계측하는 방식으로, 흡입 공기량이 작으면 열막이 열을 조금 빼앗겨 흐르는 전류가 낮으며 흡입공기가 많으면 열막이 열을 많이 빼앗겨 전류가 많이 흐르게 된다. 직접 계측방식에 많이 사용한다.

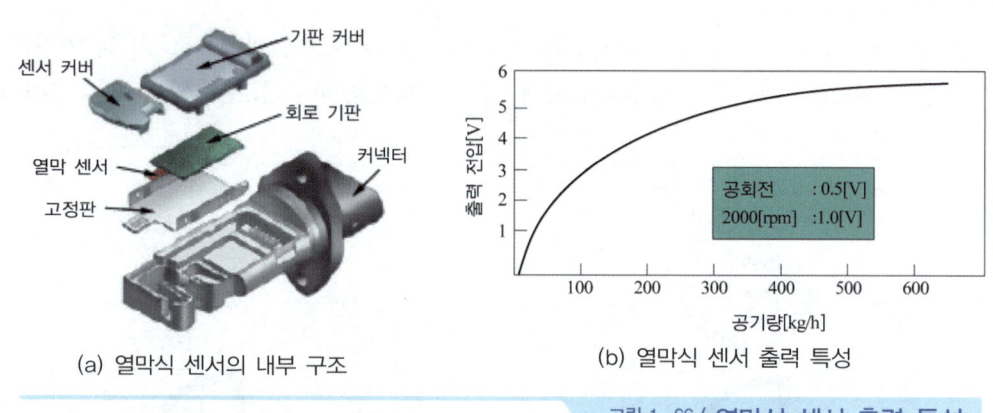

(a) 열막식 센서의 내부 구조   (b) 열막식 센서 출력 특성

그림 1-66 / **열막식 센서 출력 특성**

③ **간접 계측방식**

    ㉠ MAP센서 방식 : 서지 탱크의 절대 압력을 검출하는 센서로서 흡기압력이 높으면(흡입 공기량이 많으면) 전압이 증가하고 흡기압력이 낮으면 출력 전압이 감소하는 방식을 사용한 장치로 인젝터 기본 분사량과 점화시기 결정신호로 ECU에 보내진다.

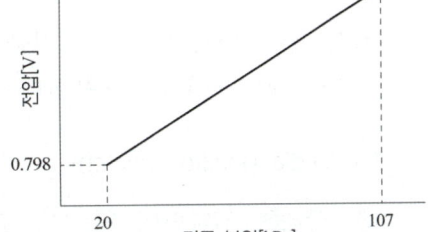

(a) 맵 센서의 구조   (b) 맵 센서의 출력 특성

그림 1-67 / **맵 센서의 구조와 출력 특성**

표 1-3 / **흡입 공기량 센서의 형식**

센서 형식	계측 방식	출력 신호와 형식		특성
		출력 신호	형식	
열막(Hot film)	전자식 직접 계측	아날로그	흡기 질량에 비례하는 전압	• 질량 유량 검출로 신뢰성 큼 • 오염에 의한 측정 오차 큼 • 설치에 제약이 따름
열선(Hot wire)	전자식 직접 계측	아날로그		
칼만 와류 (Karmann vortex)	전자식 직접 계측	디지털	흡기 체적에 비례하는 주파수	• 정밀성이 우수함 • 신호 처리가 쉬움 • 대기압 보정이 필요함
맵 센서 (Map sensor)	전자식 직접 계측	아날로그	흡기관 압력에 비례하는 전압	• 소형 저가이며 장착성 양호함 • 엔진 특성 변화에 대응 곤란함

2) 흡기온도 센서(ATS : Air Temperature Sensor)

흡입 공기온도를 검출하는 부특성 서미스터로 이 출력전압을 ECU에 보내면 ECU는 흡기 온도를 감지하여 흡입 공기에 대응하는 인젝터 기본연료 분사량 조정을 한다.

 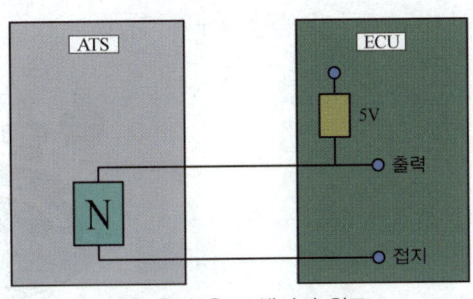

(a) 흡기 온도 센서   (b) 흡기 온도 센서의 회로

그림 1-68 / **흡기 온도 센서와 회로**

3) 대기압 센서(BPS : Barometric Pressure Sensor)

자동차의 고도에 따른 대기의 압력을 검출하는 피에조 저항형 센서로, 인젝터 기본연료 분사량과 점화시기를 보정데이터로 이용한다.

4) 아이들 스위치(idle position switch)

엔진의 공회전 상태를 검출하여 ECU에 보내어 주는 센서로서 운전자가 액셀러레이터(accelerator) 페달을 밟으면 OFF가 되고, 놓으면 스위치 접점에 의해 ON이 된다.

5) 스로틀 포지션 센서(TPS : Throttle Position Sensor)

스로틀 보디의 스로틀 밸브축과 같이 회전하는 가변저항기로 스로틀 밸브의 열림량을 검출한다. 스로틀 밸브의 개도를 감지하여 ECU에 보내주면 ECU는 이 출력 전압과 다른 센서들의 입력신호를 연산하여 연료 분사량을 제어한다.

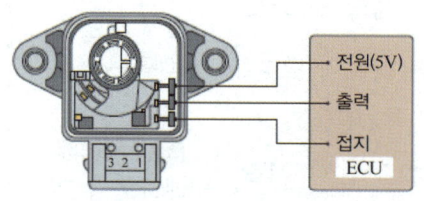

그림 1-69 / **TPS의 입·출력 회로**

6) 1번 실린더 TDC 센서 및 크랭크각 센서

① 광 센서 방식 : 배전기 내부에 설치되어 있으며 1번 실린더 TDC 센서는 원판 디스크 안쪽에 길게 구멍이 나있으며 실린더 내의 1번 피스톤의 압축상사점 위치를 검출하여 ECU에 보내어 초기분사시기를 결정한다. 크랭크각 센서의 불량시 기관의 부조현상이 발생하거나 시동이 불능상태가 된다.

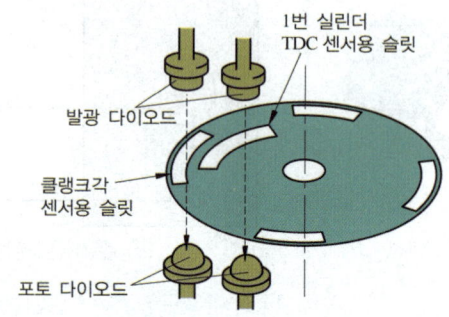

그림 1-70 / **디스크와 다이오드**

② 홀 센서(hall sensor) 방식 : 같은 거리에 두 개의 자석을 두고 홀효과를 발생하는 반도체를 움직이면 자장이 변화하면서 일정한 전압 신호가 발생한다. 이 현상을 홀 효과(hall effect)라고 한다. 홀 효과를 이용하여 출력 신호를 ECU에 입력하는 방식이다.

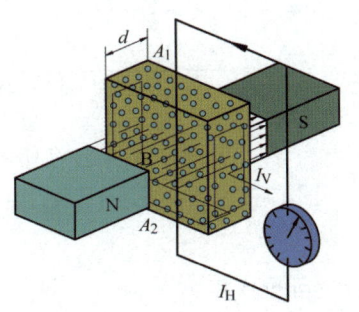

③ 전자 유도식 크랭크각(CAS : Crank Angle Sensor) 센서 : 전자 유도식 센서는 크랭크축에 장착된 톤 휠에 6° 간격으로 60개의 돌기가 설치되어 있고, 돌기 중 2개를 삭제하여 1번 실린더 상사점의 기준으로 정한다.

톤 휠이 회전하면 센서 내의 자속이 변화하면서 센서의 출력은 아날로그 신호를 발생한다. 이러한 전자 유도식 센서를 마그네틱 인덕티브 방식이라고도 한다

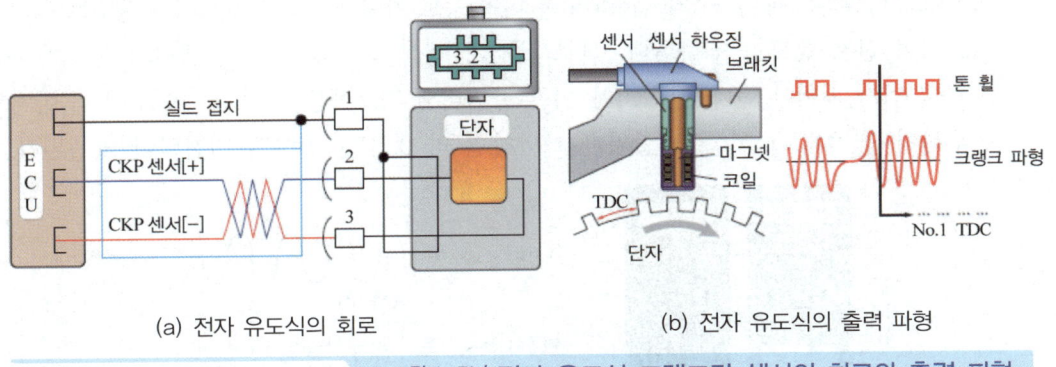

(a) 전자 유도식의 회로   (b) 전자 유도식의 출력 파형

그림 1-71 / 전자 유도식 크랭크각 센서의 회로와 출력 파형

7) 냉각수온 센서(WTS : Water Temperature Sensor)

실린더 헤드부의 물 재킷 부분에 설치되며, NTC 서미스터를 이용하여 냉각수의 온도를 검출하고 이를 ECU에 입력시킨다. 시동시 기본 연료량 및 점화시기 결정, 시동시 기본 아이들 듀티량 결정, 대시포트시 연료 보정, 냉각팬 제어, 트랙션 제어에 필요한 배기가스 온도 모델링에 사용한다.

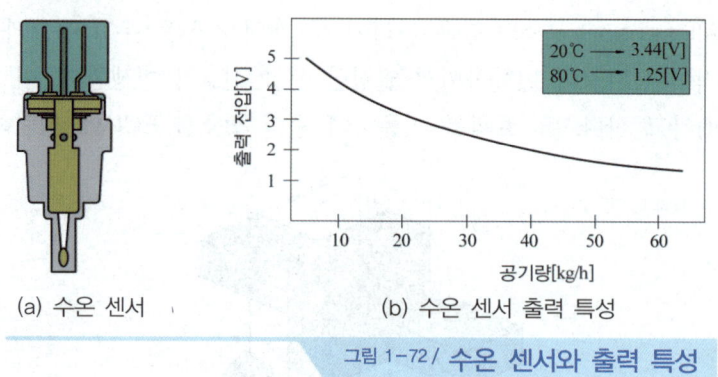

(a) 수온 센서 (b) 수온 센서 출력 특성

그림 1-72 / **수온 센서와 출력 특성**

8) 산소 센서(O_2 센서, oxygen sensor)

배기 다기관에 설치되며 배기가스 400[℃] 이상~800[℃] 이하에서 작동 중의 산소농도와 대기중의 산소농도를 비교 검출하여 ECU에 보내주면 이 정보를 입력받아 EGR 밸브를 작동시켜 배기가스의 일부를 피드백시키고 이론 공연비(14.7 : 1)가 되도록 연료 분사량을 보정한다.

① **지르코니아(Zr O_2 sensor) 산소 센서** : 고체 전해질인 지르코니아 양면에 백금 전극을 설치하고, 전극을 보호하기 위하여 외부를 세라믹으로 코팅한 것이다. 센서의 안쪽은 대기와 접촉되고 바깥쪽은 배기가스와 접촉되도록 하여 농도 차이가 크면 기전력이 발생되는 원리를 이용하여 산소 농도를 검출한다. 산소 센서가 정상 작동을 하려면 센서의 온도가 400 ~800[℃]가 되어야 한다. 혼합기가 이론 공연비일 경우에는 약 0.45~0.5[V], 혼합기가 농후하면 약 0.8[V] 이상, 혼합기가 희박하면 약 0.2[V] 이하의 기전력이 발생된다.

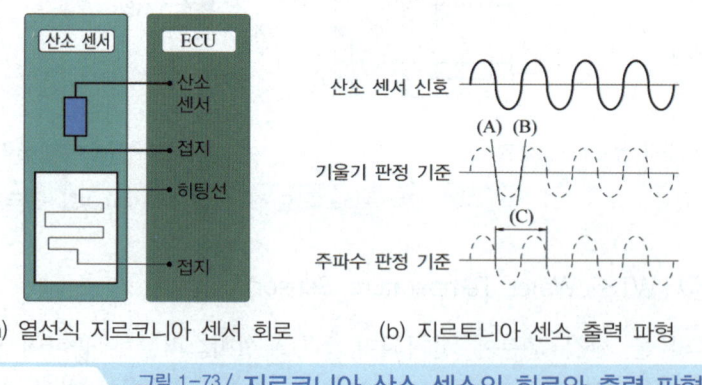

(a) 열선식 지르코니아 센서 회로 (b) 지르토니아 센서 출력 파형

그림 1-73 / **지르코니아 산소 센서의 회로와 출력 파형**

② **티타니아(titanic O_2 sensor) 산소 센서** : 산소 센서의 세라믹 팁에 전자 전도체인 티타니아(TiO_2)를 설치하여 티타니아가 주위의 산소분압에 따라 산화·환원되면서 전기저항의 변화를 일으키게 되고, 이때의 전압 변화를 이용하여 산소 농도를 검출한다. 티타니아 산소 센서는 센서 내부에 저항을 두고 배기가스 중에 티타니아 소자를 삽입하여 전자 전도성의 원리를 이용하여 출력값이 0.4~3.85[V]까지 변화된다.

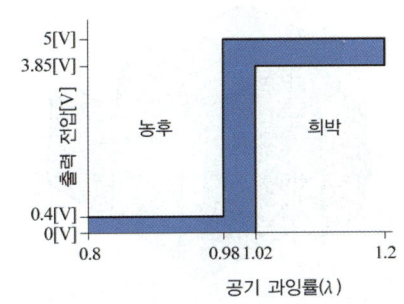

(a) 티타니아 산소 센서의 화학 반응   (b) 티타니아 산소 센서의 제어 영역

그림 1-74 / 티타니아 산소 센서 작동 원리

티타니아 산소 센서는 센서를 정상 온도로 작동시키기 위해 ECU에 히팅 제어 회로가 내장되어 있다. 농후할 때는 약 0.4[V], 희박할 때는 3.85[V]에 가까운 전압이 출력된다.

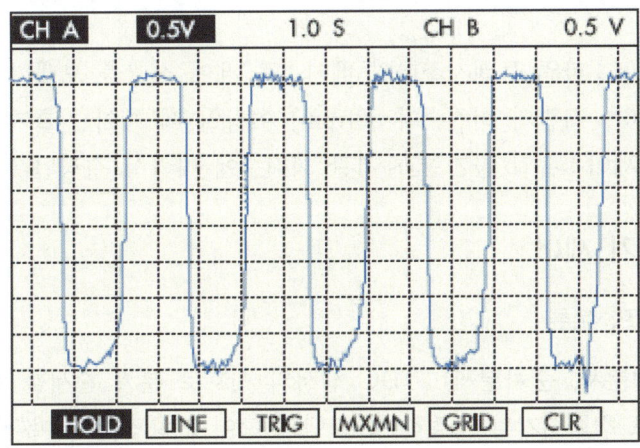

9) 폭발(노킹) 센서(detonation sensor)

실린더 블록에 설치되어 연소실 내의 노킹을 검출하는 센서로서 측정값을 ECU에 보내어 주면 ECU는 점화시기와 인젝터의 분사량을 보정하도록 하여 노킹을 지각시켜 억제시킨다.

10) 차속 센서(vehicle speed sensor)

차속 센서는 변속기 출력축에 설치한 홀센서와 함께 내장되어 변속기 출력축의 회전속도를 스피드 미터 기어의 회전으로 바꾸어 전기적 신호를 ECU에 보낸다.

11) 컨트롤 릴레이(control relay)

ECU, 연료펌프, 인젝터, AFS 등에 전원을 공급을 하는 장치이며 내부에 있는 솔레노이드의 ON, OFF로 컨트롤 릴레이를 제어한다.

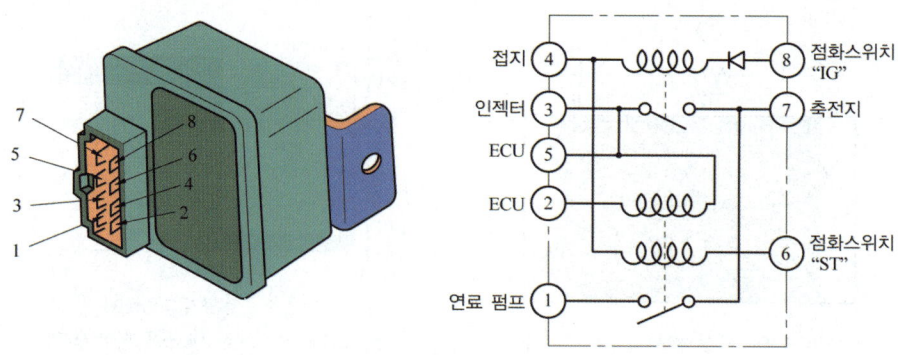

12) ECU(Electronic Control Unit)

ECU는 각종 센서들의 디지털 출력값을 받아 연산하여 각종 제어장치를 제어하며, 최적의 엔진 상태가 되도록 연료분사, 공전속도, 점화시기, 피드백, 연료 증발가스 등을 제어해주는 장치이다.

① 점화 시기 제어 : 파워 트랜지스터의 베이스로 제어 신호를 보내어 제어한다.
② 연료 펌프 제어 : 기관의 회전수가 50[rpm] 이상일 때 제어 신호가 공급된다.
③ 연료 분사량 제어 : 흡입 공기량과 기관 회전수에 따라서 결정된다.

5. 연료분사 시기 제어

1) 연료분사 시기의 분류

① 동기분사(독립분사, 순차분사) : TDC 센서의 신호로 분사 순서를 결정하고, 크랭크각 센서의 신호로 점화시기를 조절하며, 크랭크 축이 2 회전할 때마다 점화 순서에 의하여 배기 행정시에 연료를 분사시킨다.

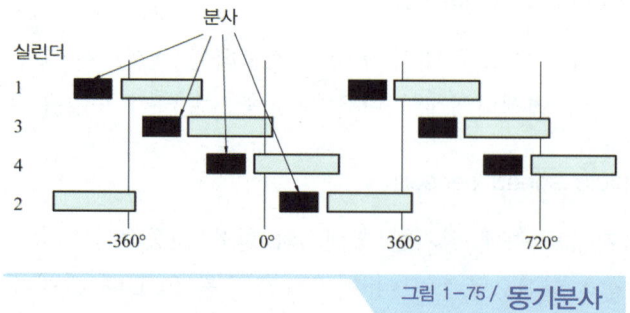

그림 1-75 / **동기분사**

② 그룹분사 : 인젝터 수의 ½씩 짝을 지어 분사하며, 연료분사를 2 개 그룹으로 나누어 시스템을 단순화시킬 수 있다.

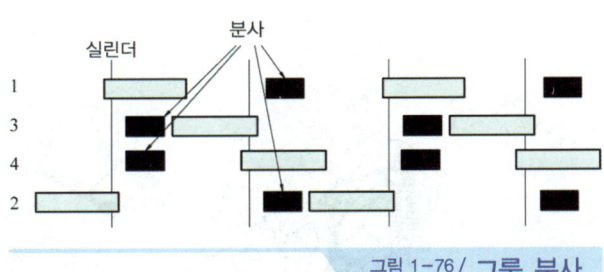

그림 1-76 / **그룹 분사**

③ **동시분사** : 모든 인젝터에 연료분사 신호를 동시에 공급하여 연료를 분사시키며 냉각수 온 센서, 흡기온도, 스로틀 위치 센서 등 각종 센서에 의해 제어되며 1 사이클 당 2 회씩(크랭크 축 1회전당 1회씩 분사) 연료를 분사시킨다.

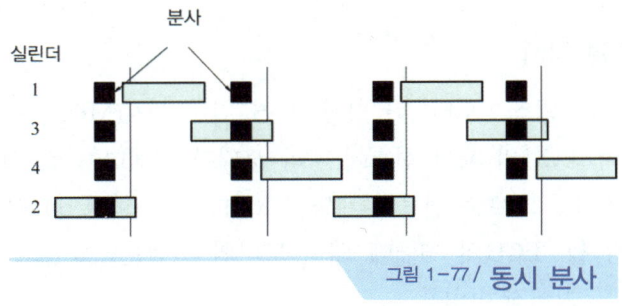

그림 1-77 / **동시 분사**

2) 피드백 제어

산소 센서의 출력이 낮으면 혼합비가 희박하므로 분사량을 증량시키고, 산소 센서의 출력이 높으면 혼합비가 농후하므로 분사량을 감량시킨다.

① 피드 백 제어 정지 조건
    ㉠ 기관을 시동 할 때
    ㉡ 기관 시동 후 분사량을 증량시킬 때
    ㉢ 기관의 출력을 증가시킬 때
    ㉣ 연료 공급을 차단할 때
    ㉤ 냉각수 온도가 낮을 때

6. 액추에이터

1) 스로틀 보디(throttle body)

흡입공기량을 제어하는 스로틀 밸브, 공전시 회전수를 제어하는 ISC—Servo 및 모터 위치 센서, 스로틀 밸브 개도를 검출하는 TPS가 조합되어 있다. 스로틀 밸브 하부에는 물통로가 설치되어 엔진의 냉각수가 순환하여 한랭시 빙결을 방지한다.

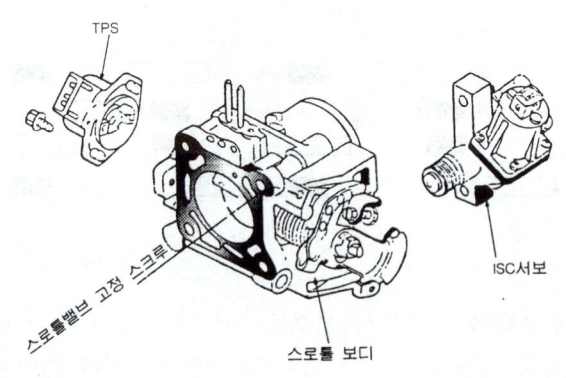

그림 1-78 / **스로틀 보디**

2) 공회전 속도 조절 장치

① ISC – 서보(servo) 방식 : 모터, 웜 기어, 모터 위치 센서(MPS), 아이들 스위치 등으로 구성되어 있으며, ECU의 제어 신호에 따라 모터가 회전하여 웜 기어가 회전하면서 플런저를 이동시키면서 스로틀 밸브의 개도를 조정하여 공회전 rpm을 조절하는 장치이다.

㉠ 웜 기어, 웜 휠 : ECU의 제어에 의해 모터의 회전운동을 플런저가 직선왕복을 할 수 있게 하는 기어장치이다.

㉡ 모터 포지션 센서(MPS) : ISC – 서보 내에서 공회전상태에서 직선 왕복운동을 하는 플런저의 상·하 위치를 검출하는 센서(가변저항식 센서)

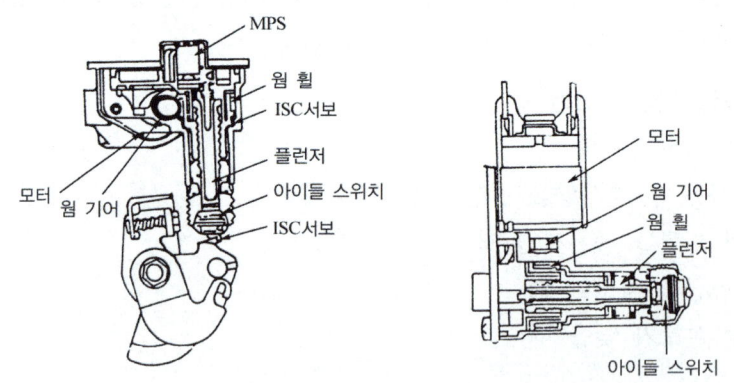

그림 1-79 / **ISC 서보의 구조**

② 로터리 액추에이터 방식 : 로터리 방식의 공회전 속도 액추에이터(ISA : Idle Speed Actuator)는 각종 부하에 따라 액추에이터의 에어 바이패스 통로를 개폐하여 엔진의 공회전 속도를 조절한다. ISA 내부의 코일에는 ECU가 공급하는 전류의 듀티율에 따라 바이패스되는 공기량이 변화된다.

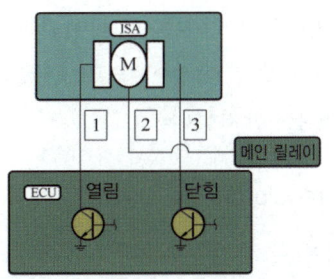

그림 1-80 / 액추에이터 제어 회로

③ 스텝 모터(step motor) 방식 : 스텝 모터 방식의 공회전 속도 액추에이터 역시 스로틀 보디에 바이패스 통로를 설치하고 엔진 부하에 따라 흡입되는 공기량을 증감시키는 밸브이다. 스텝모터는 ECU의 작동 신호에 의해 좌우 방향으로 15°씩 마그네틱 로터가 회전하면서 축의 길이를 변화시켜 바이패스되는 공기량을 증감시킨다.

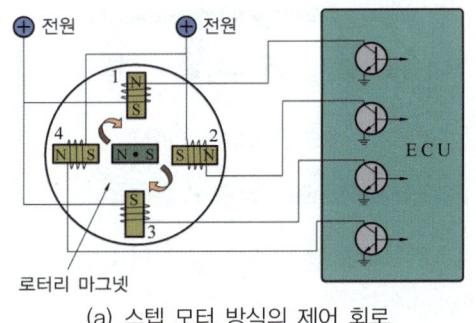

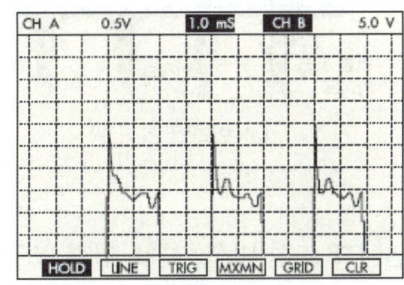

(a) 스텝 모터 방식의 제어 회로   (b) 스텝 모터 방식의 듀티 파형

그림 1-81 / 스텝 모터 방식의 제어 회로와 듀티 파형

3) 연료 펌프(fuel pump)

연료 펌프의 내부에는 D.C 모터가 내장되어 있으며 축전지 전원을 공급받아 구동된다. 연료 펌프는 연료 탱크 내에 설치된 내장형과 엔진 룸에 설치한 외장형이 있으나, 연료 펌프의 소음을 억제하고 베이퍼록 현상을 방지하는 내장형을 많이 사용한다. 연료 펌프에는 릴리프 밸브와 체크 밸브가 설치되어 있다.

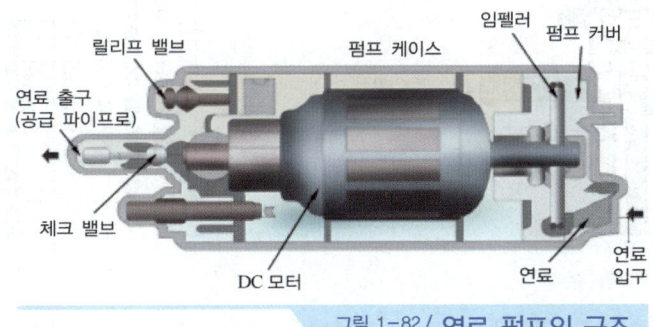

그림 1-82 / 연료 펌프의 구조

제4장_연료장치 **85**

① 체크 밸브 : 연료의 역류를 방지, 잔압 유지, 베이퍼록을 방지, 재시동성을 향상시킨다.
② 릴리프 밸브 : 송출압력이 규정압력 이상이 되면 연료를 탱크로 되돌려 보내어 상승압력에 의한 연료 라인의 파손을 방지한다.

4) 연료 압력 조절기(pressure regulator)

연료 압력 조절기는 흡입 매니폴드 부압 변화에 대응하여 연료 분사시간에 대한 연료 분사량을 항상 일정하게 하는 기구이다.

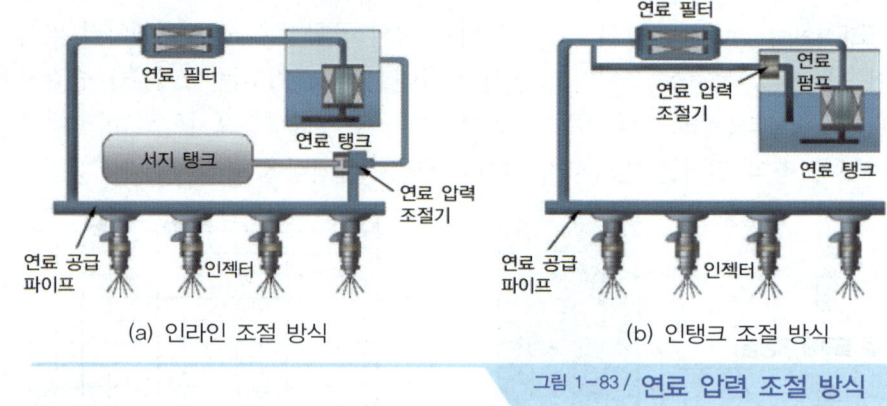

그림 1-83 / 연료 압력 조절 방식

① 인탱크 조절 방식 : 연료 압력 조절기를 연료 탱크내에 설치하여 일정 압력으로 연료를 공급하고, ECU가 인젝터 개변 시간으로 연료압을 보정한다.
② 인라인 조절 방식 : 연료 압력 조절기에 의해 인젝터의 분사압을 조절하는 방식이다. 일반적으로 스로틀 밸브가 닫혀 있는 공회전 때나 급감속 때는 진공 부압이 크고, 급가속하거나 정속 주행 중에는 진공 부압이 낮다. 이와 같이 인젝터 끝단에 걸리는 진공 부압의 크기는 실시간으로 변화되므로, 진공 호스가 서지 탱크에 연결되어 연료압력 조절기의 다이어프램을 구동시키는 구조로 되어 있다.

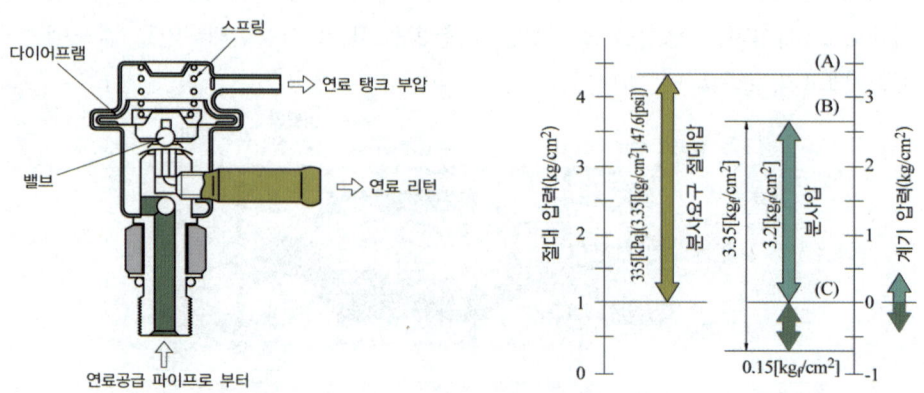

그림 1-84 / 연료 압력 조절기의 구조   그림 1-85 / 연료 압력 조절기의 구조와 작동 원리

흡기 다기관의 부압(c)이 얼마인지에 따라 연료 압력 조절기의 계기 압력(b)은 분사 요구 절대 압력(A) 만큼의 크기로 조절한다. 예를 들면, 분사 요구 절대 압력(A)이 3.35[kgf/cm²] 이고 서지 탱크의 부압(c)이 −0.15[kgf/cm²] 라면, 계기 압력(b)은 3.35 + (-0.15) = 3.2[kgf/cm²]로 조절된다.

5) 인젝터(injector)

흡입밸브 상단 흡기다기관에 설치되어 ECU의 분사신호에 의하여 연료를 분사하는 장치이며, 내부에 니들 밸브(needle valve), 플런저(plunger), 솔레노이드 코일(solenoid coil) 등으로 구성되며 분사량은 코일에 흐르는 전류의 통전 시간에 의해 조절된다.

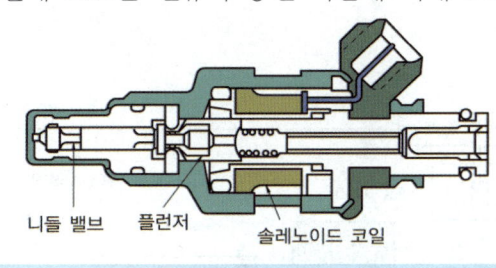

그림 1-86 / **인젝터의 구조**

6) 연료탱크

알루미늄 화성피막 처리된 강판이나 고강도 플라스틱을 사용하며, 다음과 같은 부품으로 구성되어 있다.

① 환기밸브 : 연료증기는 캐니스터에 포집되며 진공밸브가 열려 대기압을 공급한다.
② 중력밸브 : 과량의 연료가 주유되거나 차량 전복시 연료의 누출을 방지한다.
③ 셧-오프밸브 : 연료 증발가스가 캐니스터로 부터 대기중으로 유출되는 것을 방지한다.
④ 재생밸브 : 캐니스터에 포집된 유증기를 흡기다기관으로 유입하는 밸브이다.
⑤ 연료 잔량 경고 시스템 : NTC 서미스터를 사용하여 연료 잔량을 경고한다.
⑥ 유량계 : 가변저항을 이용하여 탱크내의 연료량을 표시한다.
⑦ 드레인 플러그 : 탱크 내에 모이는 물이나 침전물을 배출하기 위한 것이다.

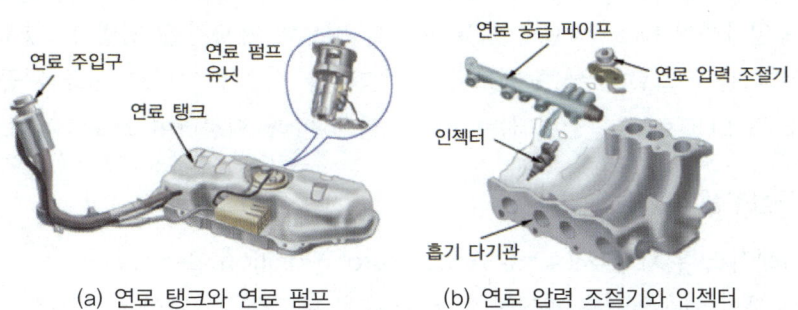

(a) 연료 탱크와 연료 펌프　　(b) 연료 압력 조절기와 인젝터

그림 1-87 / **가솔린 연료 장치의 구성**

7. 전자제어 스로틀(ETS : Electric Throttle System)

1) 개요

기존의 엑셀 페달과 스로틀 밸브를 케이블을 이용하여 기계적으로 연결시킨 구조와는 달리 운전자의 가속 의지 및 운전 조건 등에 따라 ECU가 스로틀 밸브를 구동시켜 흡입공기량을 정밀 제어함으로써 최적의 배출가스 저감을 실현하였으며 엔진 공회전 속도 제어, TCS 제어, 정속주행 등을 수행하고 시스템 간소화로 인한 고장률 저감 및 신뢰성을 확보할 수 있는 시스템이다.

2) ETS의 구성요소

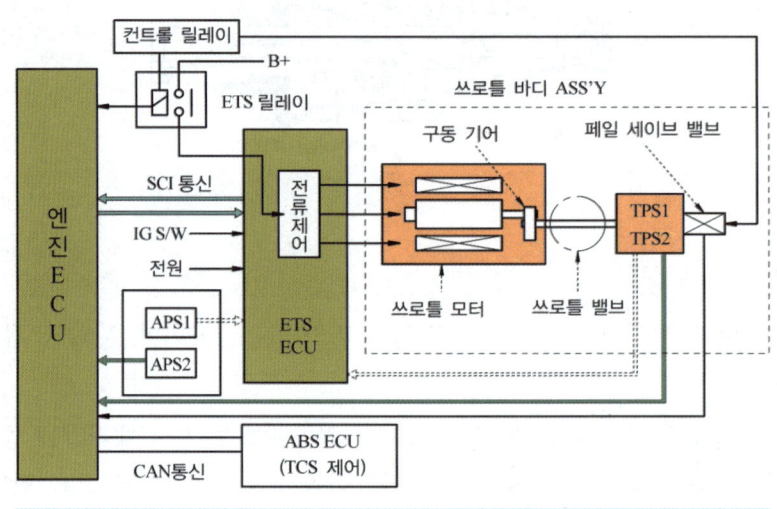

그림 1-88 / ETS 구성요소

3) 스로틀 밸브 제어의 개요

엔진 ECU는 ABS(TCS) ECU, APS, 엔진 회전수, A/CON 신호 등 각종 센서로부터 정보를 입력받아 TCS 작동유무, 엔진 부하, 운전자의 가속 의지 등을 판단함으로써 목표 스로틀 밸브 개도를 연산하여 ETS ECU로 목표 스로틀 밸브의 개도량을 명령하고 ETS ECU는 엔진 ECU로부터 목표 스로틀 밸브 개도량을 입력받아 스로틀 모터로 전류를 공급한다. 스로틀 모터는 ETS ECU로부터 입력되는 전류의 양에 따라 회전하여 스로틀 밸브를 구동한다.

4) 주요 구성부품의 기능

① 엑셀러레이터 위치 센서(APS, Accelerator Position Sensor)
  ㉠ 운전자의 가속의지를 판단하기 위해 엑셀 페달의 밟은 양을 감지한다.
  ㉡ ENG ECU용 APS(main)와 ETS ECU용 APS(sub) 2개로 구성되어 있으며, 내부에

Idle SW가 내장되어 있다.
ⓒ ENG ECU용 APS는 ETS 목표 개도 산출 및 ETS ECU용 APS의 고장을 검출하고, ETS ECU용 APS는 ENG ECU용 APS의 고장 검출 및 엔진 ECU와의 통신라인 이상시 ETS ECU가 목표 스로틀 개도를 연산할 수 있도록 보정신호로 사용한다.

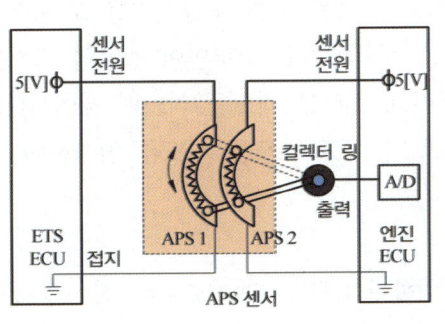
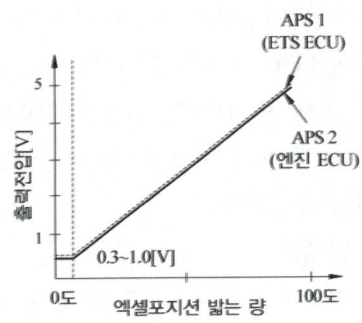

② 스로틀 위치 센서(TPS : Throttle Position Sensor)
  ㉠ 스로틀 밸브의 움직이는 양을 감지하며 스로틀 바디에 장착되어 있다.
  ㉡ ETS ECU용 TPS(main)와 ENG ECU용 TPS(sub)로 구성되어 있으며, 메인인 ETS ECU용 TPS는 목표 스로틀 개도 피드백 제어 및 ENG ECU용 TPS의 고장을 검출한다.
  ㉢ 서브인 ENG ECU용 TPS는 ETS ECU용 TPS의 고장을 검출하고, ETS ECU용 TPS 고장시 보정신호로 사용한다.
  ㉣ ENG ECU용 TPS와 ETS ECU용 TPS의 출력전압은 정 반대이며, TPS조정 및 교환시에는 필히 ETS 초기화를 실행하여야만 한다.

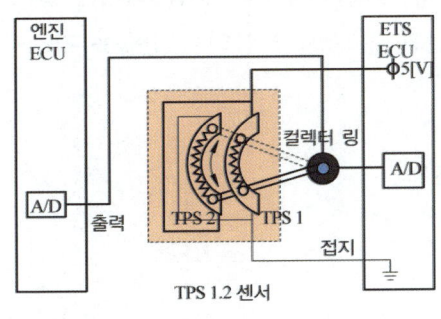
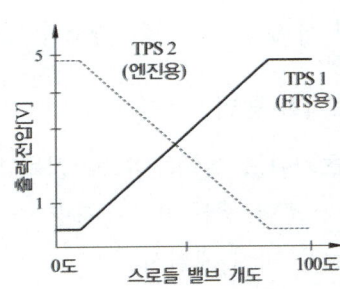

③ 스로틀 모터(throttle motor)
  ㉠ 3상 코일을 적용하여 정밀한 구동이 가능하며, ETS ECU로부터 작동 전류를 입력 받아 스로틀 밸브를 구동한다.
  ㉡ 스로틀 모터는 위치를 검출할 수 있는 Hall IC가 없으므로 스로틀 모터 교환시 또는 탈부착시에는 필히 ETS 초기화를 실행해 주어야 한다.

ⓒ ETS는 스로틀 바디에 카본이 누적되면 목표 스로틀 개도를 학습하여 보정하므로 스로틀 바디의 카본 누적에 의한 엔진 부조 등은 발생하지 않는다.

④ 엔진 ECU 및 ETS ECU

ⓐ 엔진 ECU는 APS, TCS ECU, 각종 모터 등 각 센서로부터 신호를 입력받아 목표 스로틀 개도량을 연산하여 ETS ECU로 스로틀 모터 구동신호를 보낸다.

ⓑ ETS ECU는 엔진 ECU로부터 목표 스로틀 위치를 입력받아 스로틀 모터를 구동하고 APS 및 TPS의 신호를 입력받아 목표 스로틀 개도를 피드백 제어한다. 또한 엔진 ECU와의 통신선 이상시 ETS ECU가 목표 스로틀 개도를 연산하여 스로틀 모터를 구동한다.

⑤ ETS 릴레이

ETS ECU는 스로틀 모터를 구동하기 위하여 ETS 릴레이로부터 전원을 공급받으며, 자기진단에서 "스로틀 모터 이상" 이라고 점등되면 스로틀 모터 자체 불량보다는 ETS 릴레이 관련 부품이 불량률이 높으므로 주의한다.

⑥ 페일 세이프 밸브(fail safe valve) 제어

ETS 시스템에 주요 결함이 발생되면 스로틀 모터가 구동하지 못함으로 인한 시동불가 및 주행 불가를 방지하기 위하여 엔진 ECU는 페일 세이프 밸브를 구동하여 최소한의 구동이 가능하도록 한다.

5) ECU간 통신방법

엔진 ECU와 ETS ECU 사이의 통신은 SCI(Serial Communication Interface) 방식으로 데이터 공유 및 신속한 데이터 송, 수신을 위하여 2개의 배선을 통한 데이터 통신을 행한다. 각종 배선의 삭제로 시스템의 간소화 및 배선의 접촉 불량 등의 고장율을 감소시켰다.

6) ETS 초기화 방법

① ETS 초기화를 실행해야 할 항목 및 조건
    ⓐ 차량 조립 생산 후 및 차량 출고시
    ⓑ 스로틀 바디 교환시
    ⓒ 스로틀 모터 교환 및 탈부착시
    ⓓ TPS 조정 및 교환시
    ⓔ 스로틀 밸브 스토퍼 조정시
    ⓕ ETS ECU 교환시

② ETS 초기화 실행 방법
    ⓐ IG. Key를 "ON"(1초 이하)으로 한다. 단, 엔진 시동은 걸지 말 것

ⓒ IG. Key를 "OFF"하고 컨트롤 릴레이가 "OFF"될 때까지(약 10초) 유지한다.

ⓒ 다시 IG. Key를 "ON"(1초 이상 지속)하면 ECU는 모터 학습값을 기억함으로써 ETS 초기화를 완료한다.

ⓔ IG. Key "ON" 상태에서 엑셀 페달을 밟았을 때 스로틀 밸브가 움직이면 ETS 초기화가 완료된 것이다.

★ 참조

- 최소화를 실행하기 전 ETS 시스템이 정상이어야 하며 필히 고장코드를 소거해야 한다.
- 주행 정지시 또는 공회전시 시동 꺼짐 및 부조 발생시에는 ETS 초기화를 필히 실행해야 한다.
- ETS ECU는 학습값을 계속 기억하고 있으므로 배터리를 탈거하여도 초기화를 실행시킬 필요는 없다.

2_ GDI(Gasoline Direct Injection) 연료장치

1. 시스템 개요

기존 MPI 엔진에서 흡기다기관에 연료를 분사했던 시스템과는 달리, 실린더 내에 연료를 고압으로 직접 분사하여 연소시킴으로써 성능 향상, 유해 배출가스 저감, 연비 개선을 동시에 실현한 엔진이다.

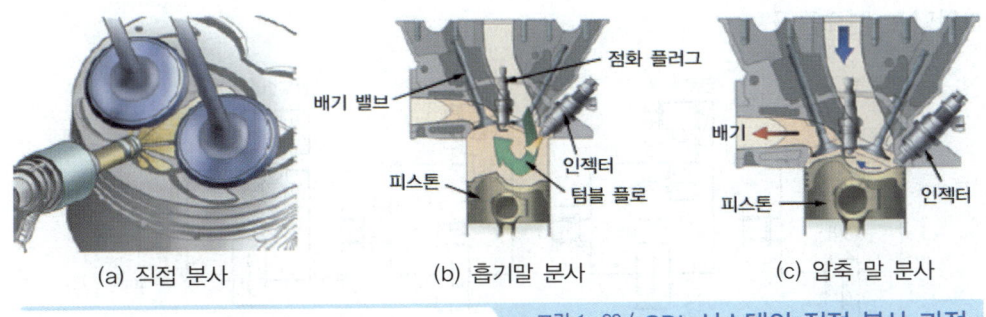

(a) 직접 분사   (b) 흡기말 분사   (c) 압축 말 분사

그림 1-89 / GDI 시스템의 직접 분사 과정

2. 연료 제어 장치

GDI 엔진의 연료공급은 연료탱크 → 저압펌프 → 고압펌프 → 연료레일 → 고압 인젝터 순으로 공급되며, 저압펌프의 공급 압력은 약 5[bar], 고압펌프 압력은 공회전시 30[bar], 최고 150[bar] 이다.

연료 레일에는 연료압력 센서가 장착되어 있어 연료압력 피드백 제어가 가능하다.

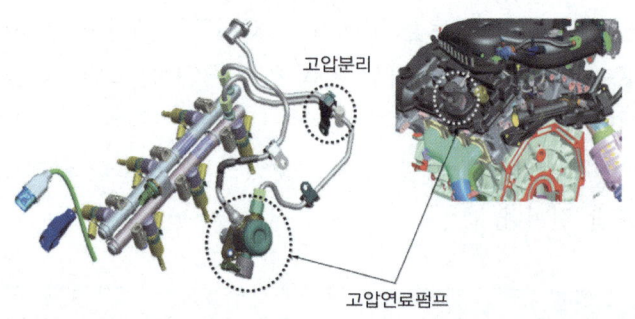

1) 고압펌프 작동

캠 샤프트가 회전하면 캠 샤프트에 있는 고압펌프 구동용 로브에 의해 롤러 태핏이 상하로 움직이고 롤러 태핏에 의해 고압펌프가 작동하게 된다.

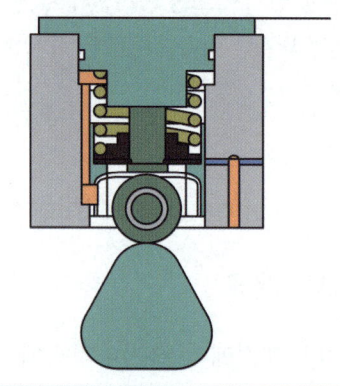

그림 1-90 / **고압연료펌프 구동용 로브**

2) 고압펌프 연료공급

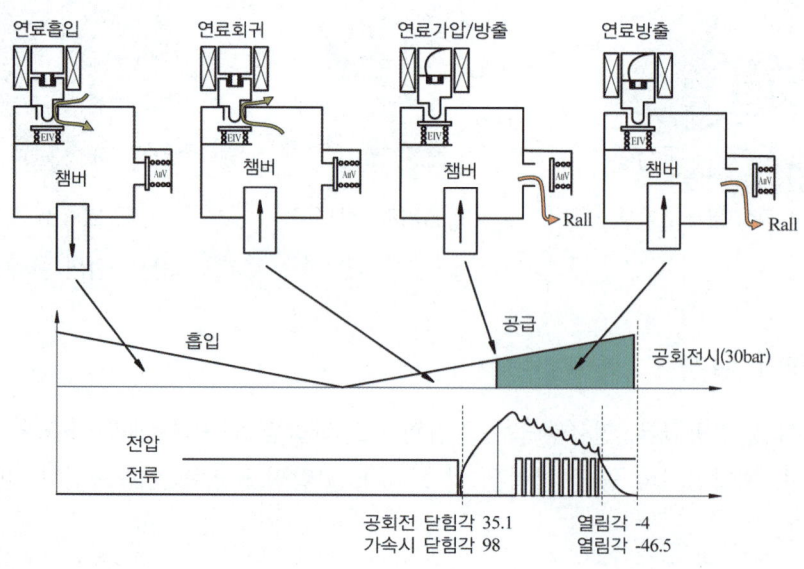

그림 1-91 / **고압펌프 작동방법**

① **연료 흡입 과정** : 캠 샤프트의 회전에 의해 피스톤이 하강하면 고압펌프 챔버와 저압연료의 공급압력의 차이로 연료가 공급된다.
② **연료 회귀 과정** : 피스톤은 상승되나 흡입구 측 유량제어 밸브의 개방으로 연료가 흡입구 쪽으로 다시 돌아 나간다.
③ **연료 가압 및 방출 과정** : 유량제어 밸브가 작동하면서 흡입구 측 밸브는 스프링에 의해 폐쇄되며, 챔버 내 잔류 유량이 피스톤에 의해 가압되어 고압측 체크밸브를 밀고 연료레일 쪽으로 방출된다.
④ **연료 방출 과정** : 유량제어 밸브의 작동이 중단(전류 차단)되나, 챔버 내 가압된 압력에 의해 흡입구 밸브는 지속적으로 닫히고 가압된 연료는 레일로 방출된다.

3) 연료압력 조절기(FPR : Fuel Pressure Reglator)

연료압력 조절기는 듀티를 증가하면 압력이 증가하는 구조로, 고압 연료펌프는 5bar의 압력으로 연료가 공급되어 압력 조절밸브 이후에는 아이들 rpm에서 30bar 정도 수준으로 제어가 되고 최대 압력은 150bar 이다. 고장시는 저압 연료 압력인 5bar로 공급한다.

4) 고압센서

고압 연료펌프에는 5bar의 압력으로 연료가 공급되어 압력 조절밸브 이후에는 아이들 rpm에서 30bar 정도 수준으로 제어가 되고 최대 압력은 150bar 이다. 연료압력 센서는 연료 레일에 장착되어 있으며 최고압력은 250bar 이고 사용전압은 5V이다. 고장시는 저압 연료압력인 5bar로 공급된다.

5) 인젝터

인젝터는 고압 연료펌프에서 공급되는 고압의 연료를 연소실에 직접 공급하는 기능을 한다. 연소실에 직접 연료를 분사하므로 흡입과정에서 흡입 공기 온도가 낮아지고 공기의 밀도가 높아지므로 출력이 향상된다. 인젝터는 ECU에 의해 코일이 자화되어 니들밸브와 볼이 함께 위로 올라가면서 연료가 분사된다.

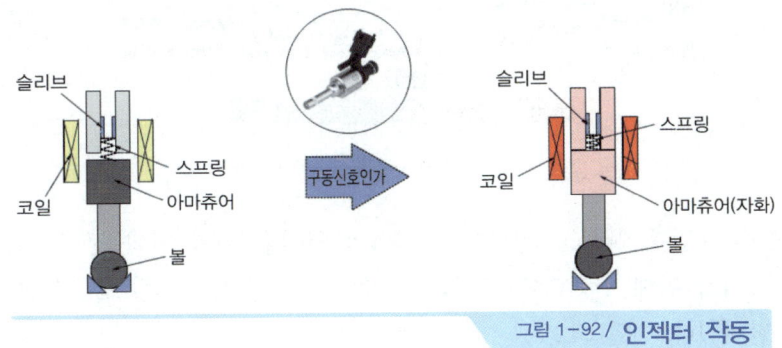

그림 1-92 / 인젝터 작동

시동직후 촉매의 활성화 온도인 350[℃] 까지 빠르게 상승시키기 위하여 분할분사를 11초간 실시한다. 따라서 CO, HC, NOx가 저감된다.

3. 연료분사 시기 제어

인젝터 연료분사는 MPI 엔진과는 차이가 매우 다르다. 분사시점은 일반 주행시는 흡입행정에서 분사하여 연료와 공기의 혼합을 좋게 한다. 시동시는 압축행정에 연료를 분사하여 공기와 연료의 성층화 현상에 의해 연료가 점화플러그 주변으로 모여 점화플러그 근처에만 농후하게 되어 시동성을 좋게 하고 연료를 절약할 수 있다. 촉매 히팅시는 흡입행정과 압축행정에서 분사한다. 분사량은 흡입행정에서 약 70[%], 압축행정에서 약 30[%]로 나누어 분사하며, 점화시기는 ATEC 10 ~ 15[℃]에서 점화한다. 이렇게 늦게 하면 배기밸브가 열릴 때까지 화염이 전파하여 배기온도 상승을 할 수 있다. 만약 고압펌프에 고장이 발생하여 연료압력이 낮을 경우는 분사시기를 당겨 준다.

	행정	폭발행정	배기행정	흡기행정	압축행정
GDI	일반주행			연료분사	
	시동시				연료분사
	촉매히팅			연료분사	연료분사
MPI 연료분사		연료분사			

1) 연료분사 제어방법

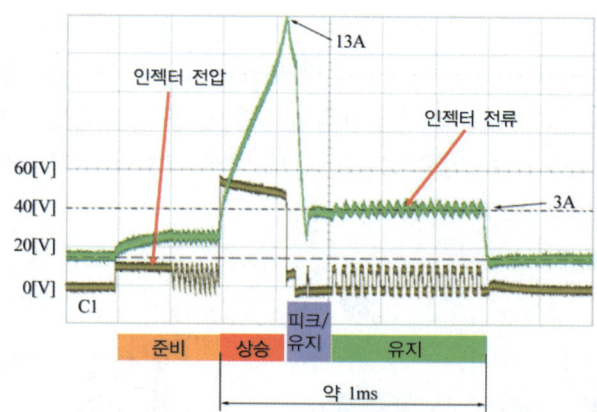

① 준비 : 준비 구간은 빠르고 정확한 인젝터의 열림을 위한 자화 구간으로 일정 수준의 전류를 흘리기 위해 인젝터에 배터리 전압으로 특정 듀티 펄스를 구동한다. 이 때 인젝터는 닫혀있다.(전압 : 12V)

② 상승 : 상승 구간은 인젝터를 빠른 시간 안에 열기 위하여 전류를 급격히 상승시키고 전압을 12V에서 55V로 공급하여 인젝터의 전류가 13A 까지 상승한다. 인젝터는 최고 전류 부근에서 열린다.

③ 피크/유지 : 피크/유지 구간은 인젝터의 열림 상태를 유지하기 위한 준비구간으로 전류는 급격히 감소시키기 위하여 전압을 해제하고 일정 전류 이하로 떨어지게 만든다. 인젝터는 피크지점에서 열린 이후로 계속 열려있다.

④ 유지 : 유지 구간은 인젝터의 열림 상태를 유지하기 위하여 일정 수준의 전류를 흘려주도록 특정 듀티로 구동한다. 인젝터는 유지 종료시점에서 즉, 전류가 급격히 감소하는 지점에서 빠르게 닫힌다.

제2절 LPG, CNG 연료장치

1_ LPG 연료장치

1. LPG 시스템 개요

LPG는 프로판과 부탄이 주성분으로 프로필렌과 부틸렌이 포함되어 있다. 액화석유가스는 가열이나 감압에 의해서 쉽게 기화되고 냉각이나 가압에 의해서 액화되는 특성을 가지고 있다. 자동차의 연료로 사용하는 경우 증기 압력이 저하되면 연료의 공급이 잘 이루어지지 않기 때문에 계절에 따라서 프로판과 부탄의 혼합 비율을 변경하여 필요한 증기 압력을 유지하며, 혼합 비율은 대략 프로판 47~50[%], 부탄 36~42[%], 올레핀 8[%] 정도이다.

1) LPG 가스의 특성

① 색과 냄새 : 액화석유가스는 위험을 방지하기 위하여 고압가스관리법으로 독특한 냄새가 나도록 의무화되어 있으며, 본래의 액화석유가스는 무색, 무취, 무미이다.

② 비중(specific gravity) : LPG의 액체 비중은 4[℃]의 물을 기준으로 하였을 때 0.5로 물보다 가볍고, 기체의 비중은 0[℃] 1기압의 공기를 기준으로 하였을 때 1.5~2.0으로 공기보다는 무겁다.

③ 착화점(ignition point) : 착화점은 경유가 350~450[℃] 이고 가솔린은 500~550[℃], 프로판은 450~550[℃], 부탄은 470~540[℃]이다. 따라서 가솔린과 LPG는 압축열에 의해서 착화하기가 어렵기 때문에 전기적인 점화 불꽃에 의해서 연소된다.

④ 증기 압력 : 밀봉한 용기 내에 LPG를 넣으면 기체와 액체의 경계면에는 기체로 되기도

하며 활발한 운동이 발생되어 기체의 압력이 어떤 압력이 되면 기화하는 양과 액화하는 양이 같게 되어 기화도 액화도 진행되지 않는 것처럼 보인다. 이때 기체 압력을 증기 압력이라 하며 증기압은 연료 통로에 작용하므로 LPG 차량은 연료 공급이 가능하다. LPG의 온도와 증기 압력과의 관계는 다음과 같다.

㉠ LPG는 온도가 높게 되면 증기압력도 높다.
㉡ 프로판 성분이 많으면 증기압력이 높아진다.
㉢ 액체량의 대소는 압력에 영향을 주지 않는다.

⑤ **팽창** : LPG는 온도가 상승하면 부피가 증가하지만 액체가 기체로 변화할 때는 부피가 약 250배로 된다. 즉, 250*l* 의 기체를 액화하면 약 1*l* 의 액체가 되므로 운반 및 저항을 하기에 편리하다. 그러므로 물과 비교하면 액체의 팽창이 아주 크기 때문에 용기에 충전하는 경우에도 일정한 공간을 두어야 한다.

⑥ **증발 잠열** : LPG는 기화할 때 주위로부터 많은 열을 흡수한다. LPG가 다량으로 기화하는 베이퍼라이저에는 증발 잠열에 의해 주위로부터 많은 열을 빼앗겨 동결될 우려가 있으므로 엔진의 냉각수를 베이퍼라이저에 순환시켜 가열하여야 동결을 방지하며 쉽게 기화할 수 있도록 한다.

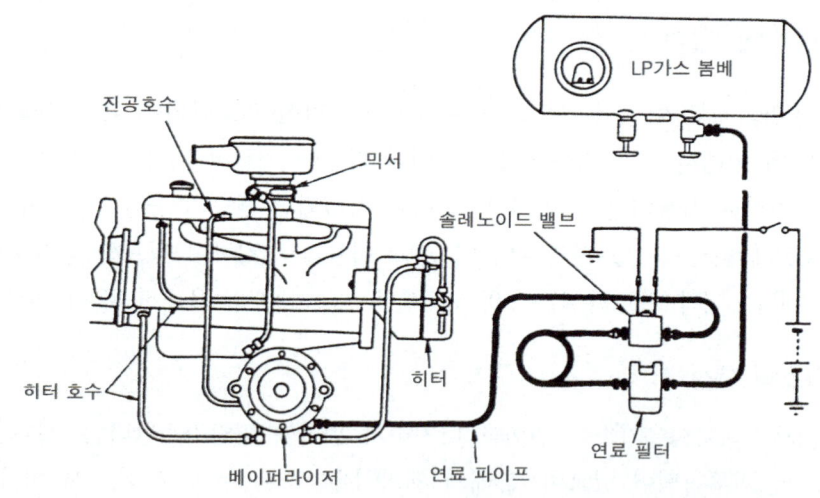

그림 1-93 / LPG 연료장치 계통도

⑦ **화학적인 성질** : 프로판이나 부탄은 천연 고무나 페인트를 용해시키는 성질이 있기 때문에 각 결합부의 실(seal)은 LPG용을 사용하며, 프로필렌, 부틸렌은 산소 또는 기타 화합물에 결합하기 쉬운 성질을 가지고 있기 때문에 금속을 침식시키거나 타르가 생성되어 고장의 원인이 발생된다. 따라서 베이퍼라이저는 주행 후 엔진 정지시 타르를 배출시키기 위한 코크를 설치하여야 한다.

2. LPG의 장점 및 단점

1) 장점

① 가솔린 연료보다 가격이 저렴하기 때문에 경제적이다.
② 혼합기가 가스 상태로 실린더에 공급되기 때문에 일산화탄소(CO)의 배출량이 적다.
③ 가솔린 연료보다 옥탄가가 높고 연소 속도가 느리기 때문에 노킹이 적다.
④ 가스 상태로 실린더에 공급되기 때문에 미연소가스에 의한 오일의 희석이 적다.
⑤ 황분의 함유량이 적기 때문에 오일의 오손이 적다.
⑥ 베이퍼록 현상이 일어나지 않는다.

2) 단점

① 연료의 보급이 불편하고 트렁크의 공간이 좁다.
② 한냉시 또는 장시간 정차시에 증발 잠열 때문에 시동이 어렵다.
③ LPG 연료 봄베 탱크를 고압 용기로 사용하기 때문에 차량의 중량이 무겁다.

3. 시스템 구성

1) 봄베(bombe)

① 주행에 필요한 LPG를 저장하는 탱크이며, 액체 상태로 유지하기 위한 압력은 7 ~ 10 [kg/cm^2] 이다.
② 기체 배출 밸브 : 봄베의 기체 LPG 배출쪽에 설치되어 있는 황색 핸들의 밸브이다.
③ 액체 배출 밸브 : 봄베의 액체 LPG 배출쪽에 설치되어 있는 적색 핸들의 밸브이다.
④ 충전 밸브 : 봄베의 기체 상태 부분에 설치되어 있는 녹색 핸들의 밸브이며, 충전 밸브 아래쪽에 안전 밸브가 설치되어 봄베내의 압력이 규정 이상으로 상승되는 것을 방지한다.
⑤ 용적 표시계 : 봄베에 LPG 충전시에 충전량을 나타내는 계기이며, LPG는 봄베 용적의 85[%] 까지만 충전하여야 한다.

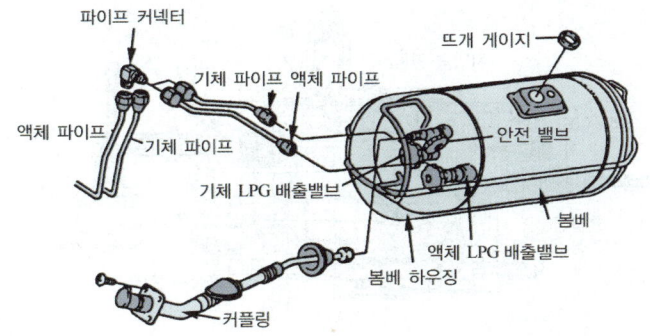

그림 1-94 / LPG 봄베의 구조

⑥ **안전 밸브** : 봄베 내의 압력이 상승하여 규정값 이상이 되면 이 밸브가 열려 대기 중으로 LPG가 방출된다.

⑦ **과류방지 밸브** : 배출 밸브의 안쪽에 설치되어 배관의 연결부 등이 파손되었을 때 LPG가 과도하게 흐르면 이 밸브가 닫혀 유출을 방지한다.

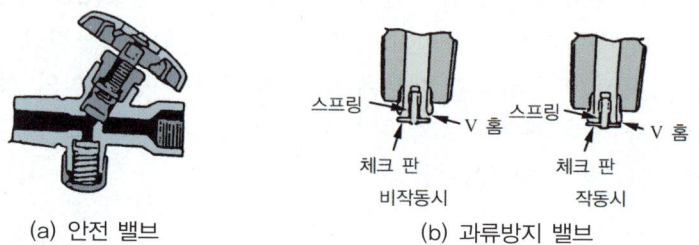

(a) 안전 밸브   (b) 과류방지 밸브

2) 연료차단 솔레노이드 밸브

운전석에서 조작하는 밸브이며, 기체 솔레노이드 밸브와 액체 솔레노이드 밸브로 구성되어 있다. 시동시 기체 LPG를 공급하고, 시동 후에는 액체 LPG를 공급해준다.

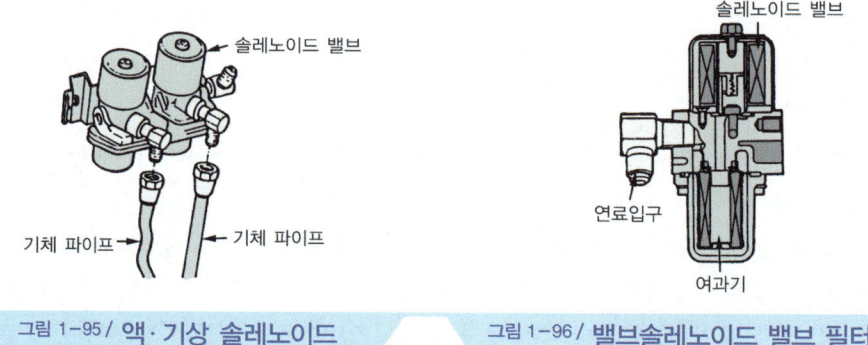

그림 1-95 / **액·기상 솔레노이드**   그림 1-96 / **밸브솔레노이드 밸브 필터**

3) 베이퍼라이저

① 봄베에서 공급된 LPG의 압력을 감압하여 기화시키는 작용을 한다.

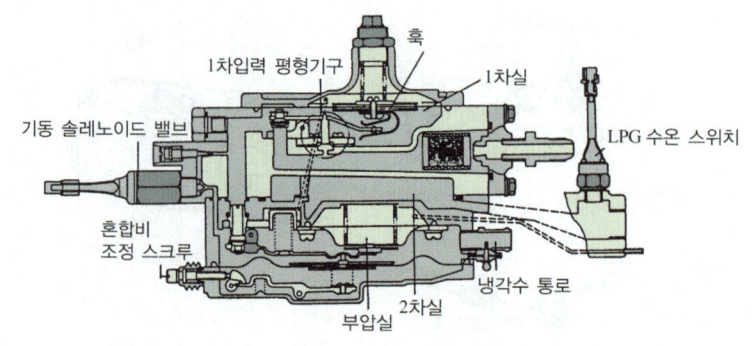

그림 1-97 / **베이퍼라이저의 구조**

② 수온 스위치 : 수온이 15[℃] 이하일 때는 기상, 15[℃] 이상일 때는 액상 솔레노이드 밸브 코일에 전류를 흐르게 한다.
③ 1차 감압실 : LPG 를 0.3[kg$_f$/cm^2] 로 감압시켜 기화시키는 역할을 한다.
④ 2차 감압실 : 1차 감압실에서 감압된 LPG를 대기압에 가깝게 감압하는 역할을 한다.
⑤ 기동 솔레노이드 밸브 : 한랭시 1차실에서 2차실로 통하는 별도의 통로를 열어 시동에 필요한 LPG를 확보해주고, 시동후에는 LPG 공급을 차단하는 일을 한다.
⑥ 부압실 : 기관의 시동을 정지하였을 때 부압 차단 다이어프램 스프링 장력이 부압실보다 커서 2차밸브를 시트에 밀착시켜 LPG 누출을 방지하는 일을 한다.

4) 프리히터(pre-heater)

베이퍼라이저 직전에 프리히터를 설치하여 LPG를 가열하여 LPG 일부 또는 전부를 기화시켜 베이퍼라이저에 공급하기 위해 설치하며, 또한 엔진의 냉각수가 프리히터 가스통로 아래에 벽을 사이에 두고 순환하여 가열된 증발잠열을 공급하기 위함이다.

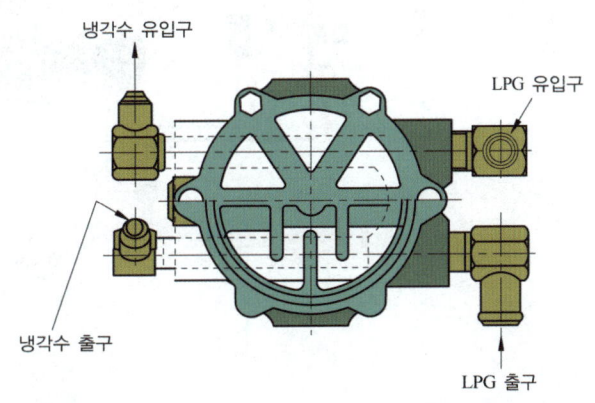

그림 1-98 / 프리히터

5) 가스 믹서(gas mixer)

믹서는 공기와 LPG를 15 : 3의 비율로 혼합하여 각 실린더에 공급하는 역할을 한다.

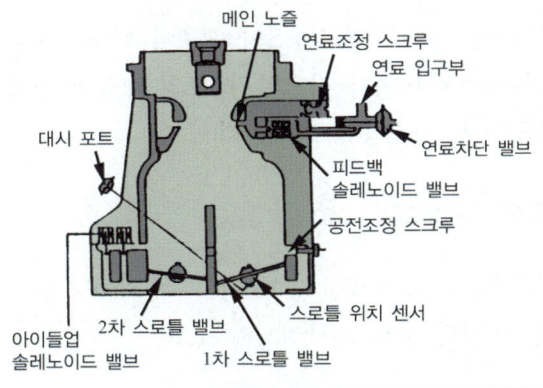

그림 1-99 / 가스 믹서의 구조

2_ LPI 연료장치

1. LPI 연료장치의 개요

LPI(Liquefied Petroleum Injection) 연료분사 시스템은 기존 LPG 자동차의 배출가스 규제 강화와 출력부족, 냉시동성 불량, 역화 등에 대한 개선방안으로, 봄베 내의 LPG 연료를 연료펌프를 이용하여 액상 연료를 인젝터를 통해 분사하는 방식이다. LPI 시스템은 엔진 작동 중 연료라인 내의 기체 발생을 억제할 수 있으며 기존 LPG 엔진에서 주요부품이었던 베이퍼라이져나 믹서 등의 부품이 사용되지 않는다.

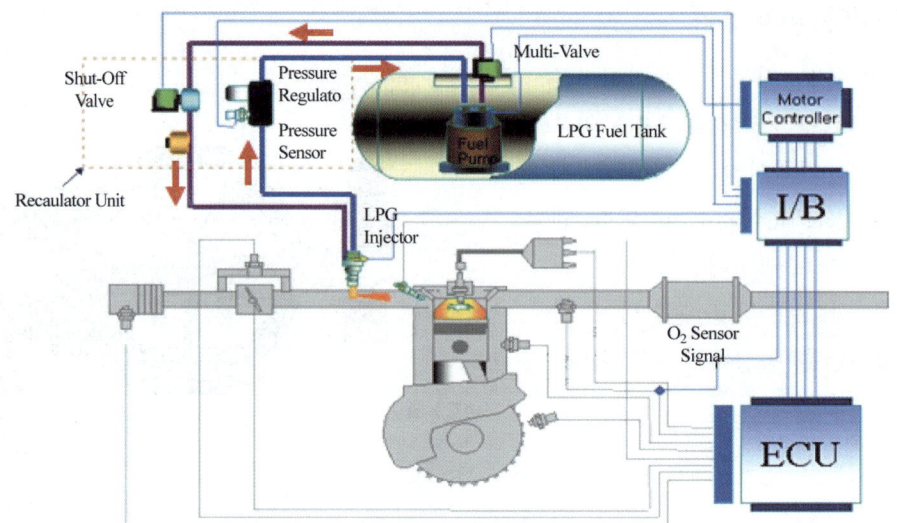

1) LPI 연료장치의 특징

① 겨울철 냉간 시동성이 향상된다.
② 정밀한 연료 제어에 의해 유해 배기가스의 배출이 적다.
③ 타르의 발생 및 역화(back fire)가 적으며, 타르의 배출이 필요 없다.
④ 가솔린 엔진과 동등한 동력 성능을 발휘한다.

2. LPI 연료장치 주요 구성품

LPI 연료장치는 봄베, 연료펌프, 연료압력 레귤레이터, 연료차단 솔레노이드 밸브, 연료압력 센서, 연료온도 센서, 인젝터 등으로 구성되어 있다.

1) 봄베

봄베는 LPG를 충전하기 위한 고압의 용기로 충전량은 안전을 위하여 봄베 체적의 85[%]만 충전하며, 연료펌프, 연료펌프 드라이버, 멀티밸브 어셈블리, 충전밸브, 유량계 등이 부착되어 있다.

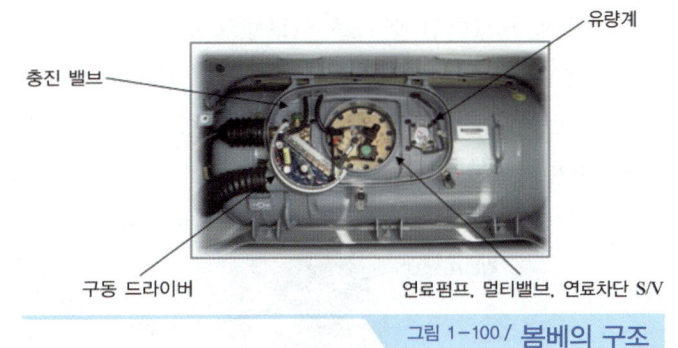

그림 1-100 / **봄베의 구조**

2) 연료펌프

연료펌프는 연료탱크에 내장되어 있으며 연료필터, BLDC(Brushless DC) 모터, 멀티밸브로 구성되어 있다. 또한 연료펌프는 봄베 내의 연료 속에 잠겨 있으므로 작동 소음 및 베이퍼 로크의 방지기능이 있다.

3) 펌프 드라이브 모듈

연료펌프 내의 BLDC 모터를 구동하기 위한 컨트롤러로, 인터페이스 박스(IFB, Interface Box))에서 연료펌프의 구동 rpm을 결정하여 펌프 드라이브 모듈로 PWM 신호를 보내면 펌프 드라이브 모듈에서 연료펌프로 구동전류를 출력하여 엔진의 운전조건에 따라 펌프를 5단계(500[rpm], 1,000[rpm], 1,500[rpm], 2,000[rpm], 2,800[rpm])로 속도를 제어한다.

① BLDC Motor(Brushless DC Motor) : 브러쉬와 정류자가 없는 모터로서, 디스크 타입(disk type)과 실린더 타입(cylinder type)의 두 종류가 있다. 이는 모두 슬롯이 없는 (slotless) 형태로 필름코일인 스테이터는 움직이지 않고 로터인 영구자석이 순환하는 구조이며, 내부의 센서와 콘트롤러가 정류자 역할을 하고 있다.

4) 멀티밸브 어셈블리

연료 차단 솔레노이드 밸브, 매뉴얼(수동) 밸브, 릴리프 밸브, 과류 방지 밸브 등으로 구성되어 있다.

① **연료 차단 솔레노이드 밸브** : 연료펌프에서 인젝터로 공급되는 연료라인을 전기적인 신호에 의해 개폐하는 역할을 한다. 즉 시동 Key를 ON하면 연료가 공급되고, OFF하면 연료가 차단된다.

② **매뉴얼(수동) 밸브** : 장시간 차량을 운행하지 않을 경우 수동으로 연료라인을 차단할 수 있는 밸브이다.

③ **릴리프 밸브** : 연료 공급라인의 압력을 액상으로 유지시켜 열간 재 시동성을 향상시키

는 역할을 한다. 개구부에 연결된 플레이트와 스프링의 힘에 의해 연료 압력이 20bar 부근에 도달하면 연료를 연료탱크로 재순환시킨다.

④ **과류 방지 밸브** : 차량 사고 등으로 연료라인이 파손되었을 때, 연료 탱크로부터의 연료 송출을 차단하여 LPG 방출로 인한 위험을 방지하는 역할을 하며, 첵 밸브(check valve)라고도 한다.

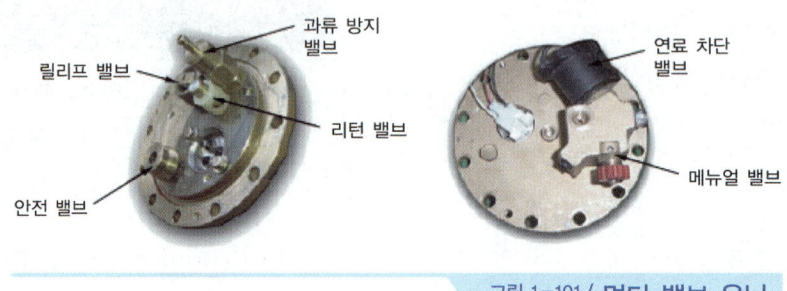

그림 1-101 / **멀티 밸브 유닛**

5) 연료압력 레귤레이터 유닛

연료 봄베에서 송출된 고압의 LPG 연료를 다이어프램과 스프링 장력의 균형을 이용하여 연료탱크에서 송출된 고압의 연료와 리턴되는 연료의 압력차를 항상 5bar로 유지하는 역할을 한다. 또한 연료 압력 레귤레이터 외에 연료 분사량을 보상하기 위한 연료 압력센서, 연료 온도센서, 연료차단 솔레노이드 밸브와 일체로 구성되어 있어 연료라인의 연료공급을 차단하는 기능을 한다.

① **연료 압력센서** : 가스 압력 변화에 따른 연료량 보정신호로 이용되며, 시동시 연료펌프 구동시간을 제어한다.

② **연료 온도센서** : 가스 온도에 따른 연료량 보정신호로 쓰이며, LPG 성분비율을 판정할 수 있는신호로 이용한다.

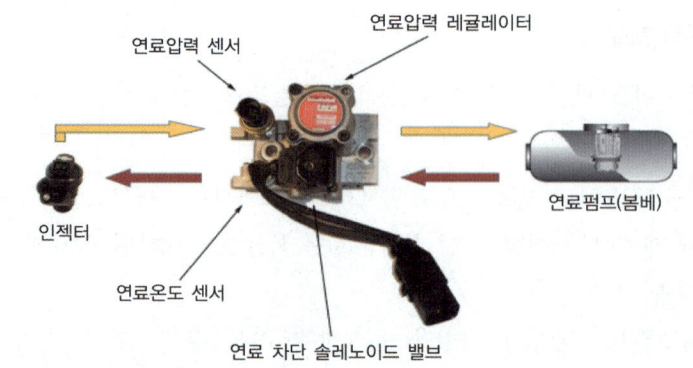

그림 1-102 / **연료압력 레귤레이터 유닛의 구조 및 연료 흐름도**

6) 인젝터

액체 상태의 LPG 연료를 분사하는 인젝터와 연료 분사 후 기화 잠열에 의한 수분의 빙결현상을 방지하는 아이싱 팁(icing tip)으로 구성되어 있다.

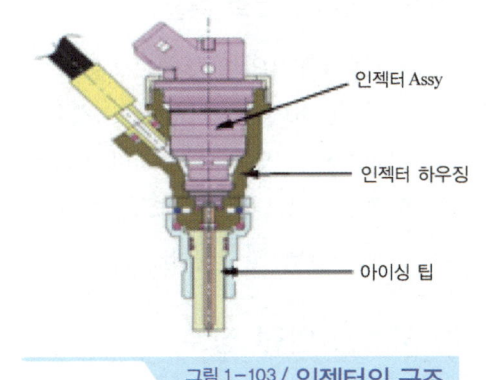

그림 1-103 / 인젝터의 구조

3_ CNG 연료장치

일반 기체 상태의 천연가스로서 메탄(CH_4)이 주성분인 가스이다.

1. CNG 시스템 개요

1) 가스의 종류

① CNG : 압축 천연 가스이며 상온에서 기체 상태로 가압 저장된 상태의 가스이다.
② LNG : 액화 천연 가스이며 CNG를 -162[℃]의 상태에서 약 600배로 압축 액화 시킨 상태로 순수 메탄 함량이 높고 수분이 없는 청정연료 이다.

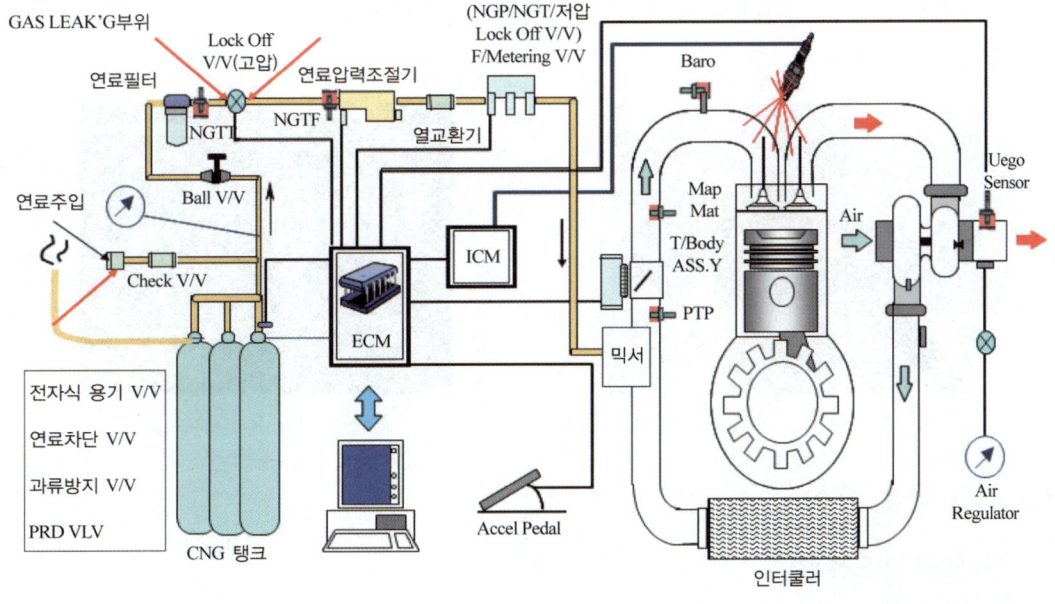

그림 1-104 / 시스템 구성도

2) 천연가스 연료의 특성

① 가볍다.(공기의 0.55배 / LPG는 1.6배)
② 옥탄가(130정도)가 높아 노킹이 일어나지 않는다.
③ 고압으로 가압하여 용기에 저장한다.(약 200기압)
④ 인화점이 높다.(천연가스 : 메탄→595[℃], LPG : 프로판→470[℃], 부탄 : →365[℃])
⑤ 무색, 무독, 무취이다.

2. 시스템 안전 장치

1) 시동 스위치 : KEY 2단 ON시에만 가스가 공급 된다.

2) 전자식 용기 VALVE

① 연료차단 : KEY ON상태 5초 이상 경과 시 연료를 차단한다.
② 과류 방지 : 충돌 등으로 GAS LEAK시 연료를 차단한다
③ PRD 밸브 : 화재 시 외부로 GAS를 배출 한다.
④ CNG 스위치 : 긴급 상황시 운전자가 가스를 차단하는 스위치이다.
⑤ 충전체크 밸브 : 충전 시 가스 역류를 방지한다.
⑥ 수동차단 밸브 : 엔진 정비 시 사용하는 중간 차단 밸브이다.
⑦ LOCK UP VALVE(고압/저압) : 엔진 정지 시 연료를 차단한다.
⑧ GIF 밸브 : 화재로 인한 온도 상승시 납성분이 녹아 대기중으로 가스를 방출하는 안전 장치이다.

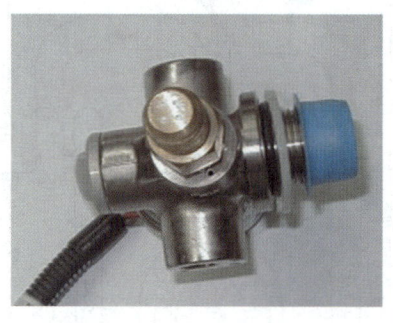

3. CNG 구성 부품

1) 가스탱크 온도센서

가스 탱크내 가스온도를 측정 ECU는 이 신호로 연료 분사량을 계산한다.

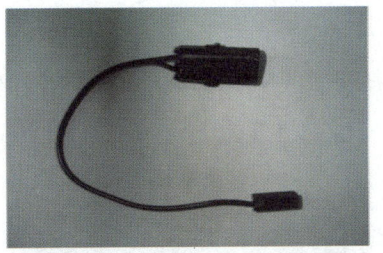

2) 고압 차단밸브

시동 off 시 고압 연료라인을 차단한다.

3) 탱크압력 센서

가스 압력 조정기에 조립 ECU는 이 신호를 계산하여 연료량을 계산한다.

4) 연료 압력조절기

고저압 Lock-Off Valve 사이에 장착되어 가스 압력을 감압한다.(25 ~ 200bar → 8 ~ 10bar)

5) 열 교환기

가스 레귤레이터와 연료량 조절밸브 사이에 장착되어 감압시 냉각된 가스를 엔진 냉각수로 가열한다.

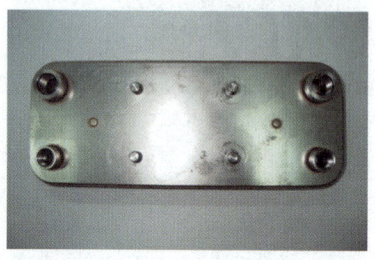

6) 연료온도 조절기

열 교환기와 연료량 조절밸브 사이에 장착되어 냉각수 흐름을 On/Off 하여 가스 온도를 제어한다.

7) 연료량 조절밸브 어셈블리

CNG 인젝터로 드로틀 바디 전단에 연료 분사하며 가스 압력센서, 가스 온도센서, 가스 차단 밸브로 구성되어 있다.

① 가스 압력센서 : 압력 변환기로 분사 직전의 조정된 가스압력을 ECU로 입력한다.

② 가스 온도센서 : 부특성 써미스터로 분사 직전의 조정된 가스온도를 검출하여 ECU로 입력한다.

8) 드로틀 바디

직류모터로 엑셀포지션 센서로 부터 신호를 받아 흡입 공기량을 제어한다.

9) 산소센서

배기파이프에 장착되어 산소농도를 측정하고 이를 ECU에 입력하여 공연비를 제어한다.

10) 냉각수온 센서

엔진 냉각수 온도를 측정하여 연료량을 보정한다.

11) 엑셀 페달 위치센서

엑셀 개도를 측정하여 드로틀 밸브를 제어한다.

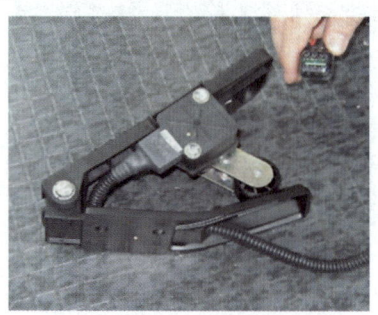

12) 흡기온도 & 압력센서

흡기 온도와 압력을 검출하여 연료 분사량을 보정한다.

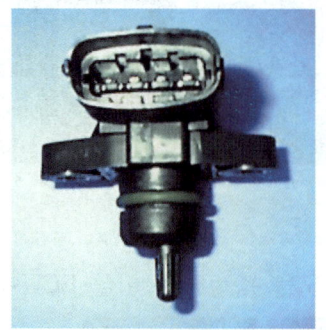

4. 점화 장치

1) ICM(Ignition Control Module)

엔진 ECU로부터 신호를 받아 파워 TR 기능을 수행하며 점화시기를 제어한다.

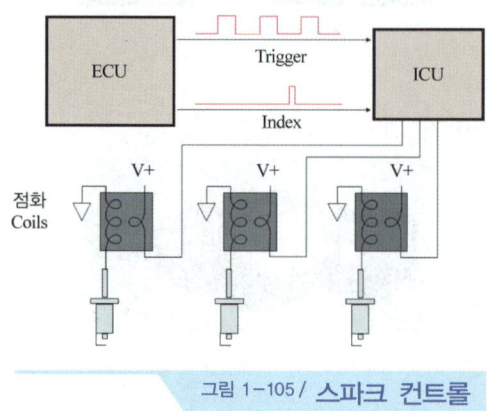

그림 1-105 / 스파크 컨트롤

2) 스파크 플러그 & 점화코일

실린더 헤드에 장착되며 플러그 일체형 코일을 사용한다.

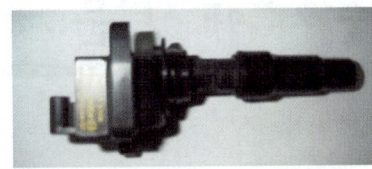

3) 크랭크각 센서

크랭크축 각도를 검출하여 ECU에 입력한다.

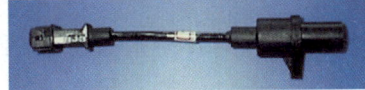

4) 컴퓨터(ECM)

각 센서로 부터 신호를 입력받아 점화시기 및 연료 분사량을 제어한다.

제4장 연료장치 출제예상문제

01 가연성 증기에 화염을 가까이 했을 때 순간적으로 불꽃에 의하여 불이 붙는 최저온도를 무엇이라고 하는가? [07년 상]

㉮ 연소점 ㉯ 착화점
㉰ 인화점 ㉱ 비등점

풀이) 용어 설명
① 인화점 : 불이 붙는 최저온도
② 착화점 : 스스로 착화되는 최저온도
③ 연소점 : 인화점 이후 불이 계속 붙는 온도
④ 비등점 : 끓는 점

02 연료에서 방향족의 일반식에 속하는 것은? [04년 하]

㉮ C_nH_{2n+2} ㉯ C_nH_{2n-6}
㉰ C_nH_{2n} ㉱ C_nH_{2n-2}

풀이) 연료의 종류
① 파라핀계 탄화수소(C_nH_{2n+2}) : 메탄, 에탄, 프로판 등
② 올레핀계 탄화수소(C_nH_{2n}) : α 헥실렌
③ 나프텐계 탄화수소(C_nH_{2n+2}) : 시클로 헥산
④ 방향계 탄화수소(C_nH_{2n-6}) : 벤젠

03 다음 물질 중에서 디젤기관의 연료에 첨가하는 항 노크성 발화 촉진제가 아닌 것은? [06년 상]

㉮ 초산에틸 ㉯ 아초산아밀
㉰ 사에틸납 ㉱ 초산아밀

풀이) 연료 발화 촉진제 : 초산 아밀, 아초산 아밀, 초산 에틸, 아초산 에틸, 질산 에틸, 아닐린

04 무연 휘발유의 구비 조건으로 알맞는 것은? [04년 상]

㉮ 앤티 노크성이 작을 것
㉯ 발열량이 작을 것
㉰ 연소 퇴적물 발생이 적을 것
㉱ 공기와 잘 혼합되고 휘발성이 없을 것

풀이) 무연 휘발유의 구비 조건
① 발열량이 클 것
② 휘발성이 좋을 것
③ 앤티 노크성이 클 것
④ 연소 후 퇴적물 발생이 적을 것

ANSWER 01 ㉰ 02 ㉯ 03 ㉰ 04 ㉰

05 연소에 있어서 공연비란 무엇을 의미하는가? [06년 상]

㉮ 배기 중에 포함되는 산소량
㉯ 흡입공기량과 연료량의 중량비
㉰ 배기공기체적과 연료량의 비
㉱ 흡입공기량과 연료체적 비

🔵풀이 이론 공연비란 완전연소에 필요한 공기와 연료의 중량비(14.7g : 1g)를 의미한다.

06 비중 0.85인 가솔린 0.5kg을 완전 연소시키는데 필요한 공기량은? (단, 공연비는 14.5 : 1이다.) [09년 상]

㉮ 15kg ㉯ 5.17kg
㉰ 6.16kg ㉱ 7.25kg

🔵풀이 필요 공기중량 = 연료중량×연료비중×공연비
= 0.5kg×0.85×14.5 = 6.16kg

07 가솔린 기관에서 가솔린 200cc를 완전 연소시키기 위하여 몇 kg_f의 공기가 필요한가? (단, 가솔린 비중은 0.73 이고 혼합비는 15 : 1 이다.) [07년 하, 09년 하]

㉮ 2.19kg_f ㉯ 3.04kg_f
㉰ 1.46kg_f ㉱ 1.86kg_f

🔵풀이 필요 공기중량 = 연료중량×연료비중×공연비
= 0.2×0.73×15 = 2.19kg

08 자동차 엔진에서 공기 과잉률과 연소효율과의 관계에 대한 설명 중 옳은 것은? [05년 하, 08년 하]

㉮ 공기 과잉률이 1보다 크면 연소 효율은 높아진다.
㉯ 공기 과잉률이 1보다 크면 연소 효율은 낮아진다.
㉰ 공기 과잉률이 1보다 크면 불완전 연소가 일어난다.
㉱ 공기 과잉률과 연소 효율은 서로 무관하다.

🔵풀이 공기 과잉률이 1보다 크다는 것은 희박한 상태에서 연소한다는 의미이므로 연소효율이 높아진다.

09 연료 파이프가 어떤 원인에 의해 국부적으로 열을 받으면 어떤 현상이 유발되는가? [05년 상]

㉮ 프리 이그니션
㉯ 포스트 이그니션
㉰ 노크
㉱ 베이퍼록

🔵풀이 용어 설명
① 프리 이그니션 : 조기점화를 의미하며, 압축행정 도중에 전기점화 이전에 실린더 과열로 인하여 혼합가스가 자연발화하는 현상
② 포스트 이그니션 : 후기점화를 의미하며, 전기점화 이후에 실린더 과열로 인하여 혼합가스가 자연발화하는 현상
③ 노크 : 내연기관에서 비정상적인 연소에 의해 실린더를 망치로 두드리는 것과 같은 소리가 나는 현상
④ 베이퍼 록 : 연료 파이프가 열을 받으면 기포가 발생되어 압력전달이 불가능하게 되는 현상

05 ㉯ 06 ㉰ 07 ㉮ 08 ㉮ 09 ㉱

10 전자제어 가솔린 분사의 연료 압력조절기에 대해 옳게 설명한 것은? [08년 하]

㉮ 연료 압력은 흡기관 부압에 대해 일정하게 작동하도록 한다.
㉯ 연료 압력은 공기유량에 대해 일정하게 작동하도록 한다.
㉰ 연료 압력은 분사시기에 대해 일장하게 작동하도록 한다.
㉱ 연료 압력은 감지기의 종류에 따라 일정하게 작동하도록 한다.

> 풀이) 연료압력조절기는 흡기다기관의 진공도(부압)에 연동하여 과잉의 연료를 연료탱크로 되돌려 보내 연료압력을 일정하게 유지하도록 조절한다.

11 전자제어 가솔린 연료 분사방식의 인젝터에서 연료 분사압력을 항상 일정하게 유지시키기 위한 장치는? [06년 하]

㉮ 릴리프 밸브 ㉯ 체크 밸브
㉰ 연료압력조절기 ㉱ 맥동 댐퍼

> 풀이) 연료압력조절기는 흡기다기관의 진공도(부압)에 연동하여 과잉의 연료를 연료탱크로 되돌려 보내 연료압력을 일정하게 유지하도록 조절한다.

12 전자제어 가솔린기관의 리턴방식에서 연료 압력조절기는 무엇과 연계하여 연료압력을 조절하는가? [04년 상, 09년 하]

㉮ 압축압력 ㉯ 흡기다기관 압력
㉰ 점화시기 ㉱ 냉각수 온도

> 풀이) 연료압력조절기는 흡기다기관의 진공도(부압)에 연동하여 과잉의 연료를 연료탱크로 되돌려 보내 연료압력을 일정하게 유지하도록 조절한다.

13 전자제어 가솔린 분사기관의 연료압력조정기는 연료의 압력을 항상 일정하게 조절하는데 일정압력의 기준 압력은? [08년 상]

㉮ 대기압과 비교하여 항상 일정하게 조절한다.
㉯ 흡기 매니폴드의 압력과 비교하여 일정하게 조절한다.
㉰ 흡기량에 따라 인젝터의 분사압력을 조절하여 라인압을 일정하게 조절한다.
㉱ 흡기량에 따라 연료펌프의 공급압력을 가감하여 분사압을 일정하게 조절한다.

> 풀이) 연료압력조절기는 흡기다기관의 진공도(부압)에 연동하여 과잉의 연료를 연료탱크로 되돌려 보내 연료압력을 일정하게 유지하도록 조절한다.

14 연료압력 조절기는 연료의 압력을 일정하게 유지시키는 역할을 한다. 연료압력 조절기내의 압력이 일정 압력 이상일 경우 어떻게 하는가? [09년 상]

㉮ 흡기다기관의 압력을 낮추어준다.
㉯ 연료를 연료탱크로 되돌려 보내 압력을 조정한다.
㉰ 연료펌프의 공급압력을 낮추어 공급시킨다.
㉱ 인젝터의 분사압을 높여준다.

> 풀이) 연료압력조절기는 흡기다기관의 진공도(부압)에 연동하여 과잉의 연료를 연료탱크로 되돌려 보내 연료압력을 일정하게 유지하도록 조절한다.

10 ㉮ 11 ㉰ 12 ㉯ 13 ㉯ 14 ㉯

15 전자제어 가솔린 분사기관의 연료펌프 내에 설치 된 밸브 중 연료압력이 일정압력 이상 상승하면 연료를 연료탱크로 바이패스 시켜 연료펌프와 라인의 손상을 방지하는 것은? [06년 상]

㉮ 첵 밸브
㉯ 진공 스위칭 밸브
㉰ 핫 스타트 밸브
㉱ 릴리프 밸브

🔹 릴리프 밸브(relief valve, safety valve)의 역할
① 연료 공급라인이 막혔을 경우 압력의 과다 상승을 방지
② 과압의 연료를 연료탱크로 보내준다.
③ 연료 모터의 과부하를 방지한다.

16 가솔린 기관에서 연료 분사장치를 사용할 때의 장점에 해당되지 않는 것은? [04년 하, 07년 상]

㉮ 체적효율이 증대된다.
㉯ 소기에 의한 연료 손실이 없다.
㉰ 역화의 염려가 없다.
㉱ 증기 폐쇄가 발생시 연료 분사량이 정확하다.

🔹 ㉮, ㉯, ㉰항이 옳은 설명이고, 증기 폐쇄(vapor lock)가 발생되면 연료 분사량이 부정확해 진다.

17 전자제어 연료분사장치의 장점이 아닌 것은? [08년 하]

㉮ 시동 분사량을 제어하여 시동할 때 매연 발생이 없다.
㉯ 에어컨 및 조향장치 등의 동력손실에 관계없이 안정된 공전속도를 유지한다.
㉰ EUC에 의해 분사량이 보정되어 동력전달시 헌팅 현상을 일으킬 수 있다.
㉱ 가속위치와 회전력의 특성이 ECU에 입력되어 주행상태에 따라 제어된다.

🔹 ㉮, ㉯, ㉱항이 옳은 설명이고, EUC에 의해 분사량이 보정되어 동력전달시 헌팅 현상을 방지할 수 있다.

18 흡입 공기량을 직접 검출하는 에어플로우 미터(AFM)에 속하는 것이 아닌 것은? [07년 상]

㉮ 칼만 볼텍스식(Karman Vortex Type)
㉯ 베인식(Vane Type)
㉰ 핫 와이어식(Hot Wire Type)
㉱ 맵 센서식(Map Sensor Type)

🔹 흡입공기량 계측방식
1) 직접 계측방식(mass flow type)
① 체적 검출방식 : 베인식, 칼만 와류식
② 질량 검출방식 : 열선(Hot wire)식, 열막(Hot film)식
2) 간접 계측방식(speed density type)
① MAP - n 방식 : 흡기다기관 절대압력과 엔진 회전수로 공기량을 간접 계측
② α - n 방식 : 드로틀밸브 개도와 엔진 회전수로 공기량을 간접 계측(Mono - Jetronic)

15 ㉱ 16 ㉱ 17 ㉰ 18 ㉱

19 전자제어 가솔린 분사기관의 에어플로우 미터 중 기관이 흡입하는 공기가 통과할 때 생기는 압력차에 의하여 메저링 플레이트가 밀려서 열리는 원리를 이용하여 흡입공기량을 계측하는 에어플로우 미터는?

[05년 상]

㉮ 베인식 에어플로우 미터
㉯ 칼만 와류식 에어플로우 미터
㉰ 핫 와이어식 에어플로우 미터
㉱ 핫 필름식 에어플로우 미터

풀이 베인식 에어플로우 미터는 기관이 흡입하는 공기가 통과할 때 생기는 압력차에 의하여 메저링 플레이트가 밀려서 열리는 원리를 이용하여 흡입공기량을 계측하는 방식

20 가솔린 분사장치의 공기량 계측방식에서 칼만와류식은 어느 계측방식에 속하는가?

[09년 하]

㉮ 기계적 체적 유량 계측 방식
㉯ 베인식 질량 유량 계측 방식
㉰ 초음파식 체적 유량 계측 방식
㉱ 열선식 질량 유량 계측방식

풀이 흡입공기량 계측방식
1) 직접 계측방식(mass flow type)
  ① 체적 검출방식 : 베인식, 칼만 와류식
  ② 질량 검출방식 : 열선(Hot wire)식, 열막(Hot film)식
2) 간접 계측방식(speed density type) : 흡기다기관 절대압력(MAP센서) 방식

21 흡입공기량 직접 검출방식이 아닌 장치는?

[05년 상]

㉮ L - 제트로닉   ㉯ LU - 제트로닉
㉰ D - 제트로닉   ㉱ LH - 제트로닉

풀이 흡입공기량 계측방식
1) 직접 계측방식(mass flow type) : L - Jetronic
  ① LU - Jetronic : L - Jetronic+U.S.A 방식
  ② LE - Jetronic : L - Jetronic+Europe 방식
  ③ LH - Jetronic : L - Jetronic+Hot wire, Hot film 식
2) 간접 계측방식(speed density type) : D - jetronic

22 간헐 분사방식으로 공기의 체적을 직접 계량하는 전자제어 연료분사방식을 사용하는 것은?

[05년 하]

㉮ L - Jetronic   ㉯ K - Jetronic
㉰ LH - Jetronic ㉱ KE - Jetronic

풀이 흡입공기량 계측방식
1) 직접 계측방식
  ① 연속 분사방식(K - Jetronic, KE - Jetronic)
  ② 간헐 분사방식(L - Jetronic)
    ㉠ 체적유량 검출방식(L - Jetronic) : 베인식, 칼만 와류식
    ㉡ 질량유량 검출방식(LH - Jetronic) : 열선(Hot wire)식, 열막(Hot film)식
2) 간접 계측방식(D - Jetronic) : MAP센서 방식

19 ㉮ 20 ㉰ 21 ㉰ 22 ㉮

23 전자식 연료 분사장치에서 L – 제트로닉의 장점 중 틀린 것은? [04년 하]

㉮ L – 제트로닉은 공기 흡입계통에 기화기와 같이 벤튜리를 설치할 필요가 없어 흡입저항이 적다.
㉯ 연료의 과잉공급이 억제되어 운전조건에 이상적인 혼합기 공급으로 동일 출력에 대한 연비가 절감된다.
㉰ 희박한 혼합기에서도 운전이 가능하나 유해 배출가스가 다량 발생된다.
㉱ 연료의 무화가 양호하기 때문에 시동성이 매우 좋다.

[풀이] ㉮, ㉯, ㉱항이 L – 제트로닉의 장점이며, 희박한 혼합기에서도 운전이 가능하여 유해 배출가스의 발생이 적다.

24 전자제어식 가솔린 분사장치에서 연료의 기본 분사량을 결정하는 가장 중요한 인자는? [07년 하]

㉮ 기관 회전수와 흡입공기량
㉯ 점화시기와 기관 회전수
㉰ 냉각수 온도와 흡입공기량
㉱ 점화시기와 냉각수 온도

[풀이] 기본 분사시간이란 연료의 기본 분사량을 의미하므로, 기관 회전수와 흡입 공기량으로 결정한다.

25 전자제어 가솔린 기관에서 연소시 1회에 필요한 연료의 질량을 결정하는 요소가 아닌 것은? [05년 하]

㉮ 기관 회전속도
㉯ 흡기공기의 질량
㉰ 목표 공연비
㉱ 기관의 압축압력

[풀이] 연료의 기본 분사량은 목표 공연비를 기준으로 기관 회전수와 흡입 공기량으로 결정한다.

26 다음은 전자제어 기관에 대한 설명이다. ( )안에 들어갈 내용으로 맞는 것은? [09년 하]

> 감속시는 스로틀 밸브가 (   ) 때문에 흡기관 내 압력은 (   )진다. 따라서 흡기 밸브 및 그 주위의 부착연료는 기화가 촉진되기 때문에 가속시와는 반대로 공연비는 (   )해지므로 그 분량만큼 연료의 (   )이 필요하다.

㉮ 열리기, 낮아, 농후, 감량
㉯ 열리기, 높아, 희박, 증량
㉰ 닫히기, 낮아, 농후, 감량
㉱ 굳히기, 높아, 희박, 증량

[풀이] 감속하면 스로틀 밸브가 닫히기 때문에 흡기관 내 압력은 낮아지고(부압은 커짐), 공연비는 농후하게 되므로 연료의 감량이 필요하게 된다.

23 ㉰ 24 ㉮ 25 ㉱ 26 ㉰

27 전자제어 가솔린기관의 인젝터에서 분사하는 분사시간의 결정요소에 들지 않는 것은?

[04년 하]

㉮ 기본 분사시간
㉯ 기본 분사시간의 보정계수
㉰ 인젝터의 무효 분사시간
㉱ 가솔린의 옥탄가

> **풀이** MAP센서 방식 분사밸브 분사시간
> $I_t = P_t \times c + V_t$
> (기본분사시간×보정계수+무효분사시간)
> 여기서, I_t : 분사밸브 분사시간
> P_t : 기본 분사시간
> c : 보정계수
> V_t : 무효 분사시간
> ※ 기본분사시간은 기관회전수와 흡입공기량으로부터 구해지는 목표 공연비를 실현하는 분사시간이고, 보정계수는 엔진의 각 센서로부터 입력된 신호에 의해 산출된다. 여기에 인젝터의 무효 분사시간을 더한 값이 분사시간이 된다.

28 MTIA(Main Throttle Idle Actuator) 장치의 점검내용과 거리가 먼 것은?

[08년 상]

㉮ 아이들 스위치가 ON = 0V이다.
㉯ MPS 출력이 높아지면 공기 바이패스량이 증가한다.
㉰ MPS 출력 전압의 변화는 DC모터가 작동중임을 알 수 있다.
㉱ 아이들 스위치가 ON 일 때 TPS 출력값의 변동은 모터의 움직임이다.

> **풀이** ㉮, ㉰, ㉱항이 옳은 설명이고, MPS 출력이 높아진다는 것은 운전자가 가속페달을 밟은 것이므로 공기 바이패스량은 감소하고 직접 공기량이 증가한다.

29 기관의 전자제어 연료장치에서 인젝터 주요 구성품이 아닌 것은?

[06년 상]

㉮ 플런저
㉯ 니들 밸브
㉰ 솔레노이드 코일
㉱ 압력조정 스프링

> **풀이** 인젝터 주요 구성품
> ① 솔레노이드 코일 ② 니들 밸브 ③ 플런저

30 가솔린 기관의 전자제어 연료 분사장치에서 인젝터의 연료 분사량은 무엇에 의해 결정되는가?

[06년 하]

㉮ 인젝터의 솔레노이드 밸브에 가해지는 전압에 따라
㉯ 인젝터의 솔레노이드 코일에 흐르는 통전 시간에 따라
㉰ 인젝터에 작용하는 연료 압력에 따라
㉱ 인젝터의 니들 밸브 행정에 따라

> **풀이** 인젝터의 연료 분사량은 인젝터의 솔레노이드 코일에 흐르는 통전시간(개방시간)으로 결정된다.

31 전자제어식 가솔린 분사장치의 크랭크각 위치센서의 역할은?

[06년 상]

㉮ 단위시간당의 기관 회전속도 검출
㉯ 단위시간당의 기관출력 검출
㉰ 매 사이클당의 흡입공기량 계산
㉱ 매 회전수당의 고압 송전횟수 검출

> **풀이** 크랭크각 위치 센서는 단위시간당 기관 회전속도를 검출하는 센서이다.

27 ㉱ 28 ㉯ 29 ㉱ 30 ㉯ 31 ㉮

32 크랭크 위치 센서를 점검할 때 가장 적합한 시험기는? [07년 하]

㉮ 디지털 볼트 시험기
㉯ 오실로스코프 시험기
㉰ 볼트, 저항 시험기
㉱ 아날로그 전류 시험기

[풀이] 크랭크축 위치 센서 점검은 파형으로 볼수 있는 오실로스코프로 한다.

33 전자제어 가솔린기관에서 엔진 컴퓨터(ECU)로 입력되는 센서가 아닌 것은? [06년 상]

㉮ 공기흐름 센서
㉯ 산소 센서
㉰ 스로틀 포지션 센서
㉱ 퍼지컨트롤 센서

[풀이] ㉮, ㉯, ㉰항이 ECU로 입력되는 센서이고, 퍼지컨트롤 센서는 없다.

34 다음 그림은 아이들(idle) 상태에서 급가속 후 나타난 MAP 센서 출력파형이다. 파형의 각 구간별 설명으로 틀린 것은? [09년 상]

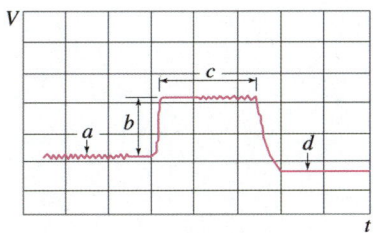

㉮ a : 아이들(idle) 상태에서 출력을 보여준다.
㉯ b : 급가속시 스로틀 밸브가 빠르게 열리고 있다.
㉰ c : 스로틀 밸브가 전개(WOT) 부근에 있다.
㉱ d : 급가속에 의한 흡입공기량 변화로 진공도가 높아지기 때문에 전압이 낮아짐을 보여준다.

[풀이] ㉮, ㉯, ㉰항이 옳은 설명이고, d 구간은 급가속에 의한 흡입공기량 변화로 진공도가 낮아지기 때문에 전압이 낮아짐을 보여준다.

35 전자제어 가솔린기관에서 공연비 피드백(Feed-Back) 제어에 대한 설명으로 틀린 것은? [09년 하]

㉮ 산소센서의 출력 신호를 이용한다.
㉯ 산소센서(지르코니아 방식)의 출력전압이 낮으면 연료분사량을 감량시킨다.
㉰ 배기가스의 정화능력이 향상되도록 이론공연비를 유지한다.
㉱ 연료 분사량을 중량 또는 감량시킨다.

[풀이] ㉮, ㉰, ㉱항이 옳은 설명이고, 산소센서의 출력전압이 낮으면 혼합기가 희박하다고 판단되어 연료분사량을 증량시킨다.

36 전자제어 가솔린 기관에서 피드백 제어가 해제되는 경우가 아닌 것은? [04년 상]

㉮ 전부하 출력시
㉯ 연료 차단시
㉰ 희박 신호가 길게 계속될 때
㉱ 냉각 수온이 높을 때

[풀이] **피드백 제어를 해제하는 경우**
① 냉각수 온도가 낮을 때
② 엔진 시동시
③ 엔진 시동후 분사량을 증가시킬 때
④ 전부하 출력시
⑤ 연료 차단시
⑥ 희박 또는 농후 신호가 길게 계속될 때

ANSWER 32 ㉯ 33 ㉱ 34 ㉱ 35 ㉯ 36 ㉱

37 커먼레일 기관에 장착된 가변용량 터보차저(VGT : variable geometry turbocharger)장치의 터보제어 솔레노이드 점검 요령과 거리가 먼 것은? [08년 하]

㉮ 터보제어 솔레노이드 듀티 변화를 관찰한다.
㉯ 엔진회전수와 부스터 압력센서의 변화를 관찰한다.
㉰ 연료 분사량과 부스터 압력센서 변화를 관찰한다.
㉱ 가속시 부스터 압력센서 출력 변화는 없어야 한다.

풀이) ㉮, ㉯, ㉰항이 옳은 설명이고, ECU는 각종 센서에서 입력되는 값과 흡입 공기량을 계산하여 솔레노이드 밸브를 PWM 방식으로 실제 제어값을 출력한다. 또한 가·감속시 부스터 압력센서의 출력값은 변화되어야 한다.

38 커먼레일 기관의 크랭킹시 레일압력조절밸브의 공급 전원이 0V일 때 나타나는 현상은? [05년 상, 07년 상, 09년 상]

㉮ 시동 안 됨
㉯ 가속 불량
㉰ 매연과다 발생
㉱ 아이들(idle) 부조

풀이)
• 레일압력 조절밸브 전원이 0V라면 고장으로 판단하여 안전상의 이유로 비상 정지시키므로 시동이 안걸린다.
• 레일압력 조절밸브 전원이 0V라면 밸브가 열리지 않으므로 시동이 안걸린다.

39 커먼레일 디젤 기관에서 디젤링 현상을 억제하기 위해 설치된 장치는? [07년 하]

㉮ EGR 밸브
㉯ 공기질량 센서
㉰ 부스트 압력 센서
㉱ 스로틀 액추에이터

풀이) 스로틀 액추에이터는 커먼레일 디젤 기관에서 시동 정지시 흡입되는 공기를 차단하여 디젤링 현상을 방지하는 장치이다.

40 가솔린 기관의 희박 연소(lean burn) 시스템의 정의와 연비 향상에 관한 설명으로 틀린 것은? [06년 하]

㉮ 이론 공연비보다 희박한 혼합기로 운전이 가능하다.
㉯ 린 센서(lean sensor)가 갖추어져 있으면 공연비의 피드백 제어가 가능하다.
㉰ 연소 온도가 높아 실린더 벽으로부터 열손실이 증가된다.
㉱ 공연비의 증대로 배기손실이 감소된다.

풀이) ㉮, ㉯, ㉱항이 옳은 설명이고, 희박연소 시스템은 연소실 온도가 낮아 실린더 벽 등으로부터 열손실이 감소된다.

37 ㉱ 38 ㉮ 39 ㉱ 40 ㉰

41 가솔린 기관의 희박연소 시스템 중 흡기에 강한 와류를 형성시켜 압축 말에 연소실 내에 난류 현상이 계속되도록 하여 점화와 연소의 도모를 촉진하는 시스템은? [07년 하]

㉮ 스월(SCV) 시스템
㉯ 연료 분사시기 선택방식
㉰ 가변밸브 타이밍 및 리프트 방식 (VTEC_E)
㉱ 2연 텀블 층상 흡기방식

풀이 스월(Swirl Control Valve) 시스템이란 흡기에 강한 와류를 형성시켜 압축 말에 연소실 내에 난류 현상이 계속되도록 하여 점화와 연소의 도모를 촉진하는 시스템

42 GDI 방식의 장점이 아닌 것은? [09년 상]

㉮ 내부 냉각효과를 이용할 수 있다.
㉯ 부분부하 영역에서는 혼합기의 질을 제어할 수 있어 평균 유효압력을 높일 수 있다.
㉰ 간접 분사방식에 비해 기관이 냉각된 상태에서 또는 가속할 때 혼합기를 더 농후하게 해야 된다.
㉱ 층상급기를 통해 EGR 비율을 높일 수 있다.

풀이 GDI 방식의 장점
① 연료를 직접 분사하여 증발잠열에 의해 흡기온도가 떨어져 내부 냉각효과를 이용할 수 있다.
② 시동시 압축행정에 연료를 분사하여 점화플러그 주변에서 성층화시켜 점화되므로 시동시 연료소모를 줄일수 있다.
③ 부분부하 영역에서는 혼합기의 질을 제어할 수 있어 평균 유효압력을 높일 수 있다.
④ 시동직후 분할분사 실시와 점화시기 지각 제어로 초기 배기온도를 높게 하여 촉매활성화시간(LOT : Light Of Time) 단축으로 유해 배기가스를 저감할 수 있다.
⑤ 층상급기를 통해 EGR 비율을 높일 수 있다.

43 자동차용 LPG가 갖추어야 할 조건으로 틀린 것은? [04년 상, 08년 상]

㉮ 적당한 증기압($1 \sim 20 kg_f/cm^2$)을 가져야 한다.
㉯ 불포화(올레핀계) 탄화수소를 함유하지 말아야 한다.
㉰ 가급적 불순물이 함유되지 말아야 한다.
㉱ 프로필렌, 부틸렌 등의 함유가 충분히 많아야 한다.

풀이 LPG가 갖추어야 할 조건
① 적당한 증기압($1 \sim 20 kg_f/cm^2$)을 가져야 한다.
② 불포화(올레핀계) 탄화수소를 함유하지 말아야 한다.
③ 가급적 불순물이 함유되지 말아야 한다.
④ 황화합물이 적을 것

44 LPG 기관의 장점에 대한 설명으로 적합한 것은? [09년 하]

㉮ 연료가격이 가솔린에 비해 저렴하기엔 유해 배기가스의 배출이 많다.
㉯ 연소가 균일하지 못하고 소음이 많이 발생한다.
㉰ 가스 저장용기로 인하여 차량 중량이 증가한다.
㉱ LPG의 옥탄가가 가솔린보다 높다.

풀이 LPG 기관의 특징
① 대기오염이 적고, 위생적이다.
② 연소효율이 좋고, 엔진이 정숙하다.
③ 오일의 오염이 적어 엔진 수명이 길다.
④ 이론 공연비에 가까운 값에서 완전 연소한다.
⑤ 가스상태이므로 증기폐쇄가 일어나지 않는다.
⑥ 옥탄가가 높고 노킹이 적어 점화시기를 앞당길 수 있다.
⑦ 연소실에 카본부착이 없어 점화플러그 수명이 길어진다.
⑧ 퍼컬레이션(percolation)이나 베이퍼 록(vapor lock) 현상이 없다.

41 ㉮ 42 ㉰ 43 ㉱ 44 ㉱

45 LPG 차량의 장점에 대한 설명으로 틀린 것은? [08년 하]

㉮ 연소실에 카본 퇴적이 적어 점화플러그의 수명이 연장된다.
㉯ 유황분이 많아 배기관이나 머플러의 손상이 적다.
㉰ 엔진 오일의 수명이 길다.
㉱ 퍼컬레이션(percolation)이나 베이퍼 록(vapor lock) 현상이 없다.

풀이 LPG 기관의 특징
① 대기오염이 적고, 위생적이다.
② 연소효율이 좋고, 엔진이 정숙하다.
③ 오일의 오염이 적어 엔진 수명이 길다.
④ 이론 공연비에 가까운 값에서 완전 연소한다.
⑤ 가스상태이므로 증기폐쇄가 일어나지 않는다.
⑥ 옥탄가가 높고 노킹이 적어 점화시기를 앞당길 수 있다.
⑦ 연소실에 카본부착이 없어 점화플러그 수명이 길어진다.
⑧ 퍼컬레이션(percolation)이나 베이퍼 록(vapor lock) 현상이 없다.

46 다음 중 LPG 차량의 봄베에 부착된 충진 밸브와 안전밸브의 작동에 대한 설명이다. 틀린 것은? [06년 하]

㉮ 충진 밸브는 충진시 사용하는 밸브로 내부에 안전밸브와 일체로 되어 있다.
㉯ 안전밸브는 봄베 주변 온도 상승으로 인하여 내압이 24kgf/cm² 이상이 되면 열려 외부로 방출시킨다.
㉰ 안전밸브는 내압이 높아져 열렸다가 내압이 16kgf/cm² 이하로 떨어지면 닫힌다.
㉱ 안전밸브는 충진시 뜨개가 일정 이상으로 높아지면 연료 유입을 차단하는 밸브이다.

풀이 ㉮, ㉯, ㉰항은 옳은 설명이고, 충진시 뜨개가 일정 이상으로 높아지면 연료 유입을 차단하는 밸브는 충진 밸브이다.

47 LPG 엔진의 연료장치에서 액상 또는 기상의 연료를 선택하여 공급하기 위해서는 어떤 신호를 받아야 하는가? [09년 하]

㉮ 엔진 회전수   ㉯ 냉각수 온도
㉰ 흡입 공기 온도 ㉱ 흡입 공기량

풀이 엔진 냉각수온이 15℃ 이하일 때는 기상 솔레노이드 밸브가 작동하여 연료탱크에서 기체 연료가 공급되고, 냉각수온이 15℃ 이상일 때는 액상 솔레노이드 밸브가 작동하여 액상 연료가 베이퍼라이저로 공급된다.

48 LPG 연료장치에서 베이퍼라이저에 대한 설명으로 틀린 것은? [09년 상]

㉮ 연료가 1차실로 들어가면 1차압 조절기구에 의해 가압된다.
㉯ 시동성을 좋게 하려고 슬로우컷 솔레노이드가 있다.
㉰ 동결방지를 위해 냉각수 통로가 있다.
㉱ 2차실 압력을 대기압에 가깝게 감압하는 작용을 한다.

풀이 ㉯, ㉰, ㉱항이 옳은 설명이고, 연료가 1차실로 들어가면 1차압 조절기구에 의해 감압된다.

45 ㉯ 46 ㉱ 47 ㉯ 48 ㉮

49 LPG 기관의 베이퍼라이저 2차실의 역할과 기능을 바르게 표현한 것은? [08년 하]

㉮ 믹서로 유출되는 것을 방지하기 위하여 거의 대기압 수준으로 감압한다.
㉯ 베이퍼라이저에서 믹서로 유출이 잘 될 수 있도록 하기 위하여 믹서의 압력보다 $0.3 kg_f/cm^2$ 이상 높게 조정한다.
㉰ 1차실에서 유입된 연료는 2차실로 들어올 때 압력이 떨어지는 것을 방지하기 위하여 약간 상승시킨다.
㉱ 엔진이 작동되면 베이퍼라이저의 압력이 떨어지므로 2차실에서는 이의 보충을 위한 예비공간이다.

풀이 베이퍼라이저의 1차실은 연료탱크에서 $2\sim 8 kg_f/cm^2$ 으로 공급된 연료를 $0.3 kg_f/cm^2$으로 1차 감압시키고, 2차실은 믹서로 유출되는 것을 방지하기 위하여 거의 대기압 수준으로 감압한다.

50 LPG 기관의 베이퍼라이저 압력이 규정에 맞지 않는 경우 어떻게 해야 하는가? [07년 하]

㉮ 봄베의 공급 압력을 조절한다.
㉯ 압력 조정 스크루를 돌려 조정한다.
㉰ 액·기상 솔레노이드 듀티로 조정한다.
㉱ 베이퍼라이저는 조정이 불가하므로 교환한다.

풀이 LPG 기관의 베이퍼라이저 압력이 규정에 맞지 않는 경우, 베이퍼라이저 1차실의 압력 조정 스크루를 돌려 조정한다.

51 다음은 LPG 연료 제어시스템의 공연비제어를 위해 사용되는 각종 액추에이터의 종류를 나열한 것이다. 해당 없는 것은? [05년 상]

㉮ 메인 듀티솔레노이드(믹서)
㉯ 시동 솔레노이드(믹서)
㉰ 슬로우 컷 솔레노이드(베이퍼라이저)
㉱ 고속 기상 솔레노이드 밸브(믹서)

풀이 LPG 솔레노이드 밸브의 역할

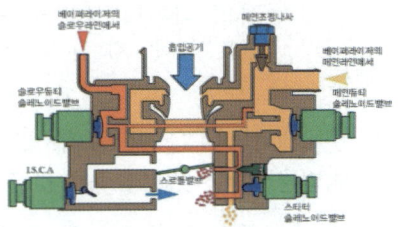

① 메인 듀티 솔레노이드 밸브 : 메인 연료 통로로 공급되는 연료는 운전상태에 따라 정확히 제어할 수 없으므로, 산소센서의 신호를 받아 엔진에서 요구하는 최적의 연료량을 ECU에서 메인 듀티 솔레노이드 밸브를 듀티 제어한다.
② 시동 솔레노이드 밸브(스타터 솔레노이드 밸브) : 냉간 시동시(냉각수온 15℃ 이하) 베이퍼라이저 1차실에서 연료를 공급받아 시동성을 좋게 한다.
③ 슬로우 컷 솔레노이드 밸브 : 엔진 정지시 또는 감속시 1차실과 2차실 사이의 바이패스 통로를 차단하여 연료를 차단한다.
※ 고속시에는 액상의 연료를 공급한다.

ANSWER 49 ㉮ 50 ㉯ 51 ㉱

52 LPG 연료 제어시스템의 공연비 제어 시스템 중 베이퍼라이저의 슬로우 컷 솔레노이드는 어떤 경우에 작동하는가? [08년 상]

㉮ 엔진 구동 중 재시동 시, 감속 시
㉯ 아이들(idle) 시, 시동 후 제어 시
㉰ 아이들(idle) 및 아이들 업(idle – up) 제어 시
㉱ 타행 주행 시, 고속 주행 시

[풀이] 베이퍼라이저의 슬로우 컷 솔레노이드 밸브는 엔진 정지시 또는 감속시 1차실과 2차실 사이의 바이패스 통로를 차단하여 연료를 차단한다.

53 전자제어식 LPG 엔진의 믹서를 점검하는 방법을 설명한 것이다. 틀린 것은? [07년 상]

㉮ 메인 듀티 솔레노이드 밸브, 슬로우 듀티 솔레노이드 밸브, 시동 솔레노이드 밸브의 각 단자저항을 측정하여 저항이 규정값 내에 들어있으면 양호하다고 판정할 수 있다.
㉯ 슬로우 듀티 솔레노이드 밸브는 단자에 배터리 전원을 인가했을 때 통로가 연결되고, 전원을 OFF 했을 때 차단되면 정상이라고 할 수 있다.
㉰ 시동 솔레노이드 밸브는 단자에 배터리 전원을 OFF하면 플런저는 작동을 멈추고, 슬로우 듀티 솔레노이드의 통로가 연결되면 정상이다.
㉱ 시동 솔레노이드 밸브는 단자에 배터리 전원을 인가했을 때 플런저가 작동되면 정상이다.

[풀이] ㉮, ㉯, ㉱항이 옳은 설명이고, 솔레노이드 밸브는 전원을 OFF하면 슬로우 듀티 솔레노이드의 통로가 연결되지 않아야 정상이다.

54 다음은 LPG 자동차의 엔진이 시동되지 않는 원인이다. 해당되지 않는 것은? [05년 하]

㉮ LPG 배출밸브가 닫혀 있다.
㉯ 솔레노이드 밸브(Solenoid Valve)의 작동이 불량하다.
㉰ 연료 필터가 막혀있다.
㉱ 봄베(Bombe)의 액면표시 장치가 불량하다.

[풀이] ㉮, ㉯, ㉰항이 LPG 엔진이 시동되지 않는 원인이고, 봄베 액면표시 장치가 불량하면 연료량이 다르게 지시된다.

52 ㉮ 53 ㉰ 54 ㉱

05 디젤 기관

제1절 기계식 디젤 기관

1_ 디젤 기관의 개요

자동차용 디젤 기관은 실린더 안에 공기(air) 만을 흡입, 압축하여 공기의 온도가 500~600[℃]에 이를 때, 연료를 안개 모양의 입자로 고압 분사하여 이 분사된 연료가 공기의 압축열에 의해 자기착화, 연소하게 된다. 이 때 발생한 연소 가스의 압력에 의해 동력을 얻는 기관이다.

1. 디젤기관 연소실

1) 구비 조건

고속 디젤 기관의 연소실은 와류를 생성시켜 공기와 연료를 짧은 연소 시간내에 잘 혼합 연소시킬 수 있는 구조이어야 한다. 연소실의 구비조건은 아래와 같다.

① 분사된 연료를 될 수 있는 대로 짧은 시간에 완전 연소시켜야 한다.
② 평균 유효 압력이 높아야 한다.
③ 연료 소비율이 적어야 한다.
④ 고속 회전시의 연소 상태가 좋아야 한다.
⑤ 시동이 용이해야 한다.

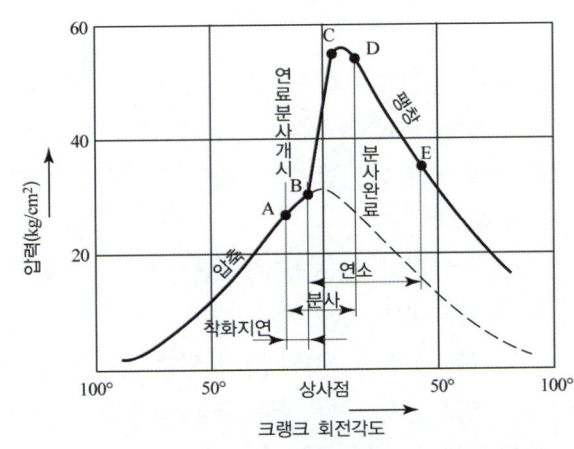

그림 1-106 / 디젤 기관의 연소과정

2) 디젤 기관의 연소과정

① 착화 지연기간(연소 준비기간, A ~ B) : 연소실에 연료가 분사되어 연소를 일으킬 때까지의 기간
② 화염 전파기간(폭발 연소기간 B ~ C) : 분사된 연료 모두가 동시에 착화되어 폭발적으로 연소하는 기간
③ 직접 연소기간(제어 연소기간, C ~ D) : 화염 전파기간에 생긴 화염 때문에 분사된 연료가 분사와 거의 동시에 연소하는 기간
④ 후기 연소기간(후 연소기간, D ~ E) : 연료 분사가 끝나는 D점에서 연소되지 않은 상태로 남은 약간의 연료가 E점까지 연소하는 기간

3) 디젤엔진의 노크

디젤엔진의 노크는 착화 지연기간 중에 분사된 연료가 착화하지 못하고 화염 전파기간에 한꺼번에 연소하여 실린더 내의 압력이 급격히 상승하는 현상을 말한다. 가솔린 엔진의 연소와는 반대로 분사된 연료는 분사 즉시 공기와 혼합하여 연소하여야 한다.

① 세탄가 : 디젤 연료의 착화성을 나타내는 척도를 말하며 착화 지연이 짧은 세탄($C_{16}H_{34}$)과 착화지연이 나쁜 α-메틸 나프탈렌($C_{11}H_{10}$)의 혼합 연료의 비를 [%]로 나타내는 것이다.

$$세탄가 = \frac{세탄}{세탄 + \alpha 메틸나프탈렌} \times 100(\%)$$

② 착화 촉진제 : 초산아밀($C_5H_{11}NO_3$), 아초산아밀($C_5H_{11}NO_2$), 초산에틸($C_2H_5NO_3$), 아초산에틸($C_2H_5NO_2$)을 1 ~ 5[%] 정도 첨가한다.
③ 디젤 노크 방지방법 : 착화 지연기간이 길면 노크가 발생한다. 노크 방지방법은 다음과 같다.
  ㉠ 착화성이 좋은 연료(세탄가가 높은 연료)를 사용한다.
  ㉡ 압축비를 높게 한다.
  ㉢ 분사초기(A ~ B지점)의 연료 분사량을 적게 한다.
  ㉣ 연소실에 강한 와류(소용돌이)를 형성한다.
④ 착화지연에 영향을 미치는 요인
  ㉠ 연료의 세탄가
  ㉡ 실린더 내의 온도와 압력
  ㉢ 연료의 분사상태
  ㉣ 공기의 와류

4) 디젤 기관 연소실의 분류

```
            ┌ 단실식 ── 직접분사식(direct injection type)
연소실 ┤
            │           ┌ 예연소실식(pre-combustion chamber type)
            └ 복실식 ┤ 와류실식(swirl chamber type)
                        └ 공기실식(air chamber type)
```

① **직접 분사실식** : 실린더 헤드와 피스톤 헤드의 요철에 의해 연소실이 하나로 형성되어 연료를 연소실에 직접 분사하는 것으로서 공기와 연료가 잘 혼합되도록 다공형 노즐을 사용한다.

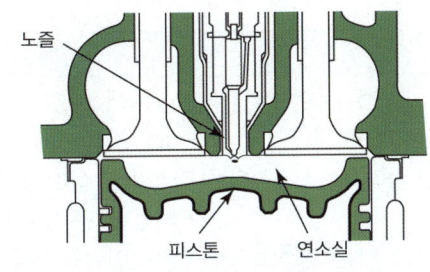

그림 1-107 / **직접 분사식 연소실**

㉠ 직접 분사실식의 장, 단점

장점	단점
• 연소실의 구조가 간단, 열의 손실이 적고 열효율이 높고 연료 소비가 적다. • 구조가 간단하므로 열에 의한 변형이 적다. • 냉각 손실이 적다. • 시동이 잘되고 예열 플러그가 필요치 않다.	• 연료의 착화성에 민감하다(노크를 일으키기 쉽다). • 연료 분사 개시 압력이 높다. • 복실식에 비하여 공기의 소용돌이가 약하므로 공기의 흡입율이 나쁘고 고속 회전에 적합하지 않다. • 분사 압력이 높아 분사 펌프와 노즐 등의 수명이 짧다.

② **예연소실식** : 실린더 헤드에 마련된 주연소실 윗쪽에 부연소실인 예연소실이 있고 그 끝에 분구가 있어 주연소실과 통해 있으며 압축행정에서 압축된 공기는 분구를 통하여 예연소실로 유입된다. 분사 노즐에서 예연소실에 분사된 연료는 그 일부가 연소하여 고온 고압가스가 발생하면, 그 압력에 의해 남은 연료가 분사 구멍을 통해 주연소실로 분출되어 소용돌이를 따라 공기와 잘 혼합하여 완전 연소하게 된다.

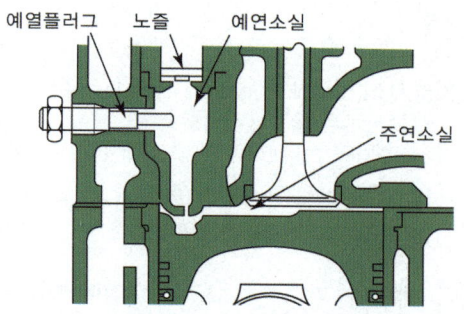

그림 1-108 / **예연소실의 구조**

㉠ 예연소실식의 장, 단점

장점	단점
• 연료의 분사 개시 압력이 비교적 낮으므로 연료 장치의 고장이 적고, 수명이 길다. • 사용 연료의 변화에 민감하지 않다.(노크가 적다) • 운전 상태가 조용하다. • 공기와 연료의 혼합이 잘되고 다른 형식보다 기관에 유연성이 있다.	• 실린더 헤드의 구조가 복잡하다. • 예연소실 용적에 대한 표면적이 크기 때문에 냉각 손실이 크다. • 시동이 곤란하며 예열장치가 필요하다. • 마력이 큰 기동 전동기가 필요하다. • 연료 소비량이 많다. • 엔진의 소음이 크고, 진동이 있다.

③ **와류실식** : 이 형식에서는 압축 행정시에 와류실로 공기를 유입시키면서 강한 소용돌이를 일으켜 여기에 연료를 분사하여 연소시킨다. 와류실에 분사된 연료는 강한 선회 운동을 하는 공기와 혼합하여 착화 연소하며, 예연소실식에서는 연료를 부분적으로 연소시키나 와류실 안에서는 전부를 완전히 연소하도록 되어 있다.

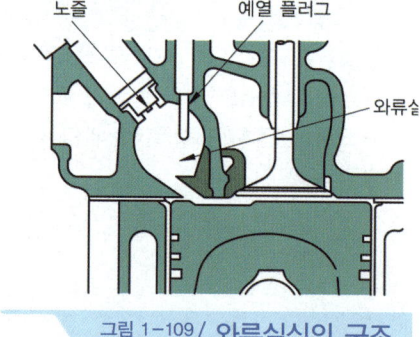

그림 1-109 / **와류실식의 구조**

㉠ 와류실식의 장, 단점

장점	단점
• 압축에 의해 생기는 와류를 이용하므로 공기와의 혼합이 잘되고 회전수 및 평균 유효압력을 높게 할 수 있다. • 분사 압력이 낮아도 된다. • 원활한 운전을 할 수 있다.	• 실린더 헤드의 구조가 복잡하다. • 분사 구멍의 억제 작용, 연소실 용적 및 단면적비가 크므로 직접 분사식보다, 열효율이 낮다. • 저속시에 디젤 노크를 일으키기 쉽다. • 시동에는 예열 플러그가 필요하다.

④ 공기실식 : 압축행정이 종료될 무렵, 연료분사가 개시되고 분사된 연료와 공기는 함께 공기실로 밀려 들어가 자기착화한다. 공기실에서 자기착화되어 연소중인 가스가 주연소실로 밀려 나오면서 주연소실에 와류를 일으켜 정숙한 연소가 진행되도록 한다.

㉠ 공기실식의 장, 단점

장점	단점
연소가 원만하기 때문에 최고 폭발 압력이 낮고, 작동이 조용하다.	• 연료의 분사시기가 민감하게 연료에 영향을 준다. • 후연소의 경향이 있으며 배기온도가 높고 열효율이 나쁘다. • 연료의 소비량이 비교적 많다.

㉡ 디젤기관 연소실 형식의 비교분석

내 용	직접 분사식	예연소실식	와류실식
표면적 대 체적비	아주 작다.	크다.	약간 크다.
열손실(냉각손실)	아주 적다.	많다.	약간 많다.
압축비	17~20	20~21	23
분사 노즐 형식	다공 노즐	스로틀, 핀틀 노즐	스로틀, 핀틀 노즐
냉시동보조장치	필요없음 (냉시동성 우수함)	필요함	필요함
와류	압축행정 말기에 발생한다. 강도 약간 크다. 주로 압입와류	거의 없다. 연소와류	압축행정 말기에 격렬하게 발생한다. 강도가 가장 크다.
연료 무화와 혼합	주로 분사 노즐에 의해 이루어진다.	주로 예연소실에서의 와류에 의해 이루어진다.	무화는 분사 노즐에 의해, 혼합은 주로 와류에 의한다.
연료소비율	가장 낮다.	가장 높다.	높다.
평균유효압력	가장 낮다.	약간 높다.	높다.
노크 발생 빈도	가장 높다.	아주 낮다.	낮다.
분사 압력	구멍형 : 150~300[kg_f/cm^2]	핀틀형 : 100~120[kg_f/cm^2]	스로틀형 : 100~140[kg_f/cm^2]

2. 디젤 기관의 연료장치

디젤기관의 연료 분사장치는 연료 탱크, 연료 공급펌프, 연료 여과기, 분사펌프, 분사노즐 및 이들 부품을 연결하는 파이프와 호스로 구성되어 있으며, 연료 공급 과정은 연료 탱크 →

연료 여과기 → 공급 펌프 → 연료 여과기 → 분사 펌프 → 분사 파이프 → 분사 노즐 → 연소실 순서로 연료가 공급된다.

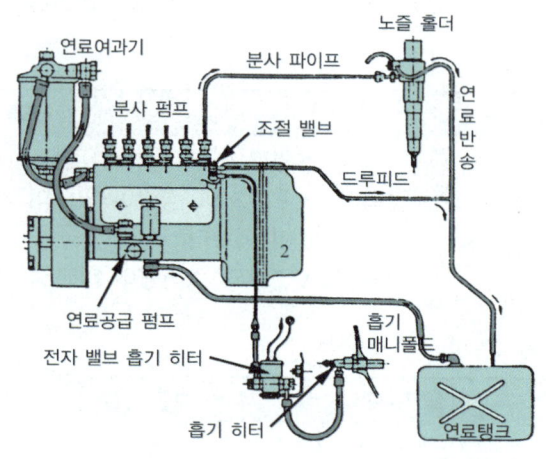

그림 1-110 / 디젤 기관의 연료장치

1) 연료 공급펌프(feed pump, priming pump)

엔진 작동시 분사펌프에서의 공급량이 부족하지 않도록 탱크 내의 연료를 일정한 압력으로 가압하여 분사펌프에 공급하는 것이다. 연료 분사펌프에 설치되어 펌프의 캠축에 의해 작동되고, 수동 조작도 할 수 있으며, 수동 펌프(플라이밍 펌프)는 엔진 정지시에 연료 공급 및 회로 내의 공기빼기 작업 등에 사용한다.

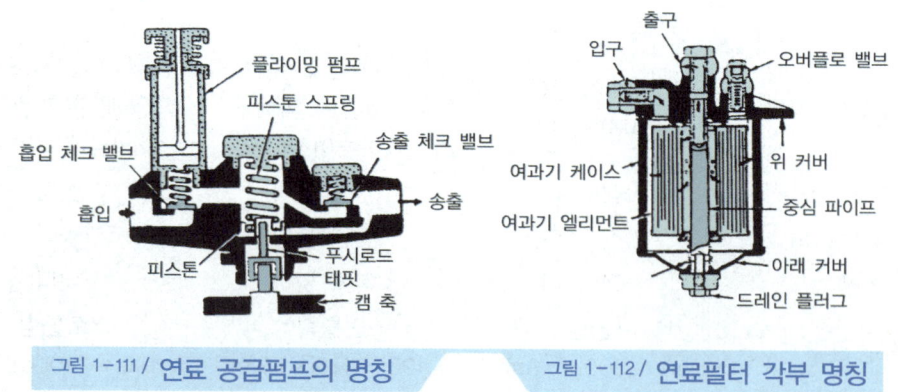

그림 1-111 / 연료 공급펌프의 명칭   그림 1-112 / 연료필터 각부 명칭

2) 연료 연과기(fuel filter)

연료 여과기는 연료 중에 포함된 불순물과 물을 분리하여 분사펌프와 분사노즐로부터 격리시키는 역할을 한다. 연료 여과기 내의 압력은 1.5[kg/cm^2] 이며, 규정 압력 이상으로 높아지면 오버플로 밸브가 작동하여 연료 탱크로 연료를 되돌아가게 한다.

3) 독립식 분사펌프(injection pump)

분사펌프는 연료 공급펌프와 여과기로부터 공급받은 연료를 고압으로 압축하여 폭발 순서에 따라서 각 실린더에 분사 노즐로 압송하는 펌프이다. 독립식 분사펌프는 엔진의 각 실린더마다 한 개씩 펌프를 설치한 것으로서, 구조가 복잡하나 현재 고속 디젤 기관에 주로 사용한다.

```
          ┌ 독립식(고속 디젤, 대형)
 ┌ 무기분사식 ─┤ 공동식
 │          └ 분배식(소형 디젤)
 └ 공기분사식 ── 선박
```

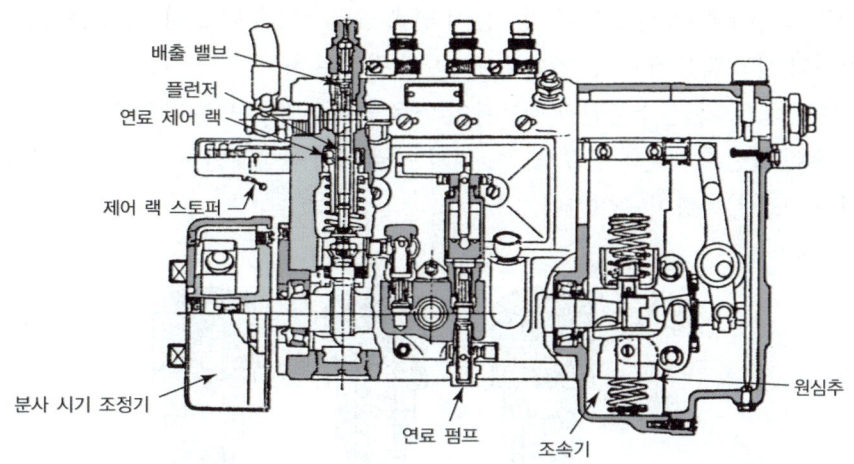

그림 1-113 / 독립식 분사펌프

① 플런저(plunger) : 플런저는 캠축 위에 놓여진 태핏을 통해 상하 왕복운동을 하며, 이 작용에 의해 연료를 압송한다. 플런저 상단 중심부에 바이패스 홈과 플런저 배럴 측면에 분사량을 가감하기 위한 바이패스 구멍이 서로 연결되어 있어 가속 페달을 밟는 양에 따라 플런저 배럴의 연료공급 구멍과 바이패스 구멍의 위치를 변화시켜 연료 분사량이 조절된다.

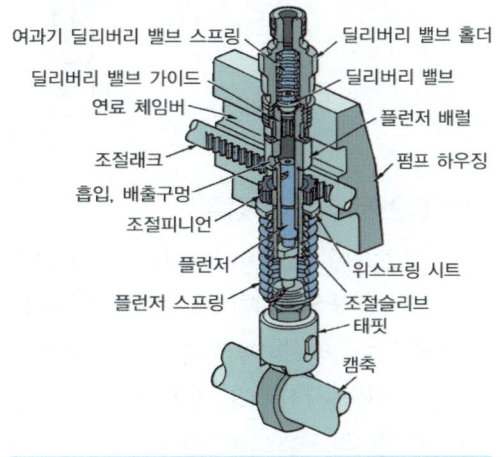

그림 1-114 / 분사펌프 캠축과 태핏

제5장_디젤 기관 129

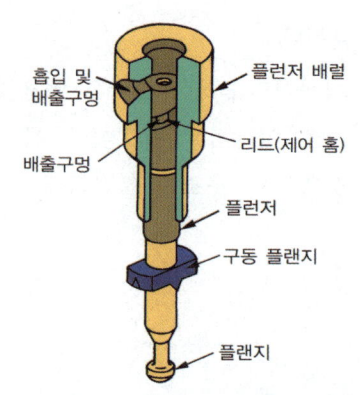

그림 1-115 / 플런저 배럴과 플런저

㉠ 플런저의 예행정 : 플런저의 윗부분이 연료 공급구멍을 막을 때 까지 움직인 거리로, 이 거리의 길고 짧음에 따라 연료 분사시간이 결정된다.

㉡ 플런저의 유효행정 : 플런저 윗부분이 연료 공급구멍을 막은 다음부터 플런저의 바이패스 홈이 플런저 배럴의 연료 공급구멍과 만날 때까지 움직인 거리로, 이 유효행정을 크게 하면 연료 분사량이 증가한다.

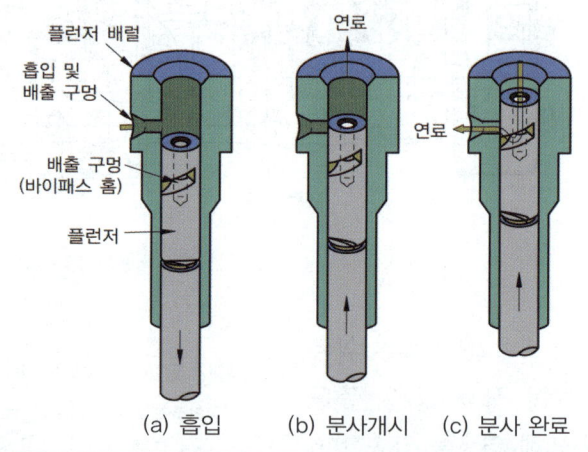

그림 1-116 / 연료의 압송 및 완료

② 플런저 리드의 종류
  ㉠ 정 리드형(normal lead type) : 분사개시 때의 분사시기가 일정하고, 분사 말기에는 분사시기가 변화하는 리드이다.
  ㉡ 역 리드형(reverse lead type) : 리드가 플런저 헤드에도 파져 있으며, 분사개시 때의 분사시기가 변화하고 분사 말기의 분사시기가 일정한 리드이다.
  ㉢ 양 리드형(combination lead type) : 위 아래로 리드를 파서 분사개시와 분사 말기의 분사시기가 모두 변화하는 리드이다.

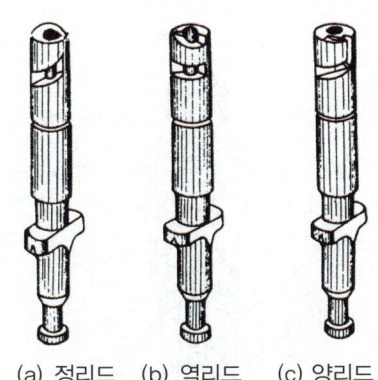

(a) 정리드 (b) 역리드 (c) 양리드

그림 1-117 / 플런저 리드의 형식

③ **제어 랙(rack)** : 랙의 한 끝은 링크나 핀으로 조속기의 막이나 레버에 연결되어 있고 조속기는 가속 페달의 모든 조작을 랙에 전달한다.

④ **제어 피니언(pinion)** : 제어 랙(rack)의 수평직선 운동을 회전(좌·우 제어 랙 이동량 : 21~25[mm]이다.) 운동으로 바꾸어 제어 슬리브를 회전시켜 피니언과 제어 랙의 상대 위치를 변화시킨다.

⑤ **제어 슬리브(sleeve)** : 제어 피니언의 회전 운동을 펌프 엘리먼트의 플런저 구동 플랜지에 전달하여 플런저가 상하운동하면서 송출량을 증감한다.

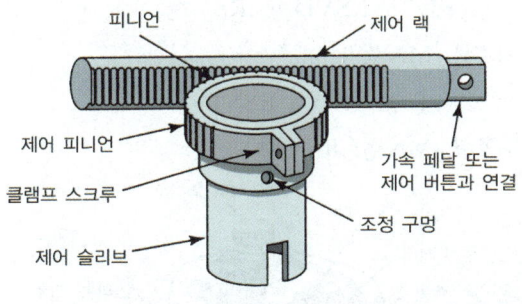

그림 1-118 / 제어 피니언과 제어 슬리브

⑥ **딜리버리 밸브(delivery valve)** : 플런저의 상승 행정으로 배럴 내의 압력이 $10 kg/cm^2$ 에 이르면 밸브가 열려 분사 파이프에 연료를 압송하며, 유효 행정이 종료되어 배럴 내의 압력이 낮아지면 스프링의 장력에 의해 급속히 닫혀 연료의 역류를 방지하고 노즐의 후적을 방지한다.

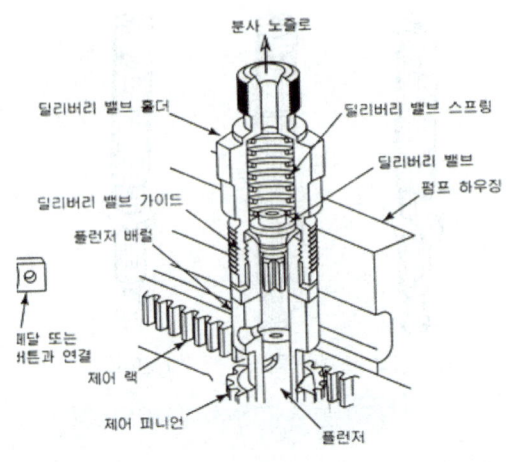

그림 1-119 / 딜리버리 밸브 어셈블리

⑦ **조속기(governor)** : 엔진의 회전속도나 부하변동에 따라 자동적으로 랙(rack)을 움직여 분사량을 조절하는 것으로서 최고 회전속도를 제어하고 동시에 저속 운전을 안정시키는 일을 한다. 조속기는 연료분사 펌프 캠축에 설치된 원심추의 원심력에 의해 작동하는 기계식과 흡기다기관의 진공부압에 의해 작동되는 공기식이 있다. 또한 기능적으로 최고·최저속도 조속기와 전속도 조속기로 분류하기도 한다.

- ㉠ 기계식 조속기 : R형, RQ형, RSVD형, RSV형
- ㉡ 공기식 조속기 : MZ형, MN형
- ㉢ 최고·최저속도 조속기 : R형, RQ형, RSVD형
- ㉣ 전속도 조속기 : MZ형, MN형, RSV형

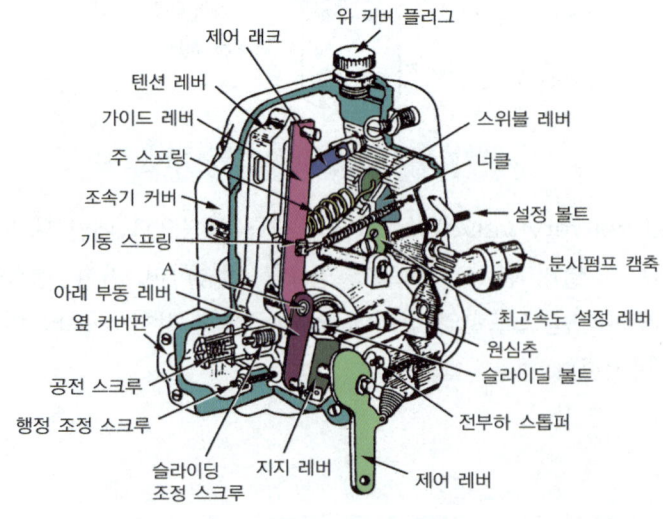

그림 1-120 / 기계식 조속기의 구조

⑧ **분사량 불균율** : 각 실린더마다 분사량의 차이가 생기면 폭발 압력의 차이가 발생하여 진동을 일으킨다. 불균율 허용 범위는 전부하 운전에서는 ±3[%], 무부하 운전에서는 10~15[%]이다. 분사량의 불균율은 다음의 공식으로 산출한다.

$$(+)불균율 = \frac{최대\ 분사량 - 평균\ 분사량}{평균\ 분사량} \times 100[\%]$$

$$(-)불균율 = \frac{평균\ 분사량 - 최소\ 분사량}{평균\ 분사량} \times 100[\%]$$

⑨ **타이머(timer)** : 엔진의 회전속도 및 부하에 따라 분사시기를 조정하는 장치이다.

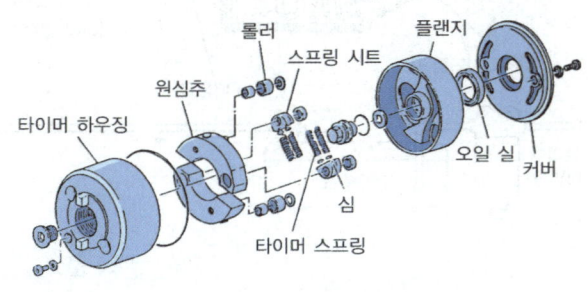

그림 1-121 / **타이머의 분해도**

엔진 회전속도가 상승하면 원심추에 작용하는 원심력이 커져 타이머 스프링이 압축하고, 이에 따라 펌프 캠축이 회전 반대방향으로 회전되어 분사시기를 빠르게 해 준다.

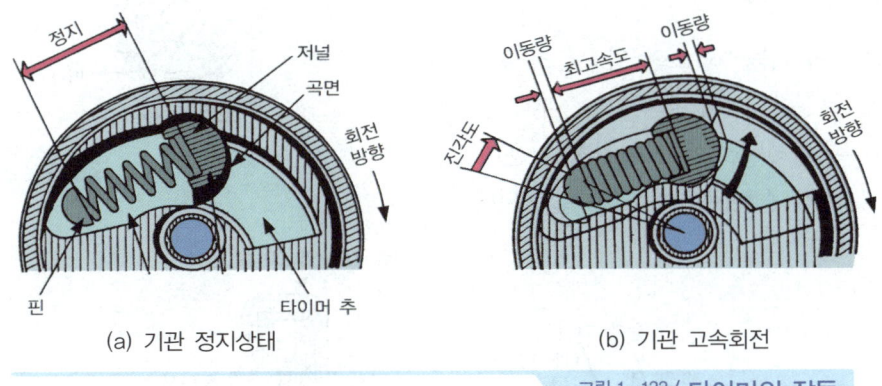

그림 1-122 / **타이머의 작동**

4) 분배식 분사펌프

엔진의 실린더 수에 관계없이 한 개의 펌프를 사용하며 여기에 분배 밸브를 조합하여 각 실린더에 고압의 연료를 분배하는 것으로서 소형 고속 디젤기관에 사용한다.

① **연료 탱크** : 연료 탱크의 연료는 연료 공급펌프(피드펌프)에 의해 끌어 올려져 물 분리기와 연료 필터를 거쳐 분사펌프로 공급된다.

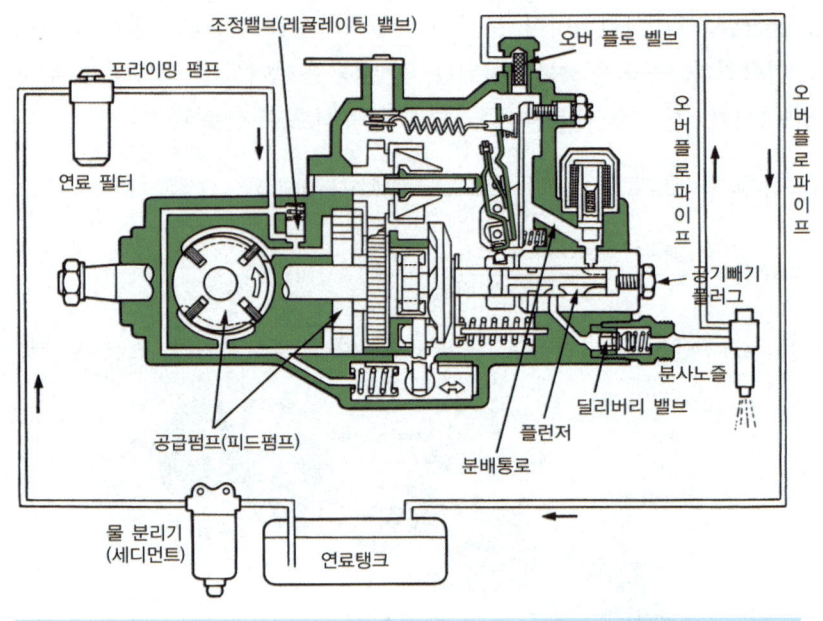

그림 1-123 / **연료 공급 경로**

② **공급펌프(feed pump)** : 펌프 하우징에 내장되어 있는 베인형 공급펌프로 연료를 탱크로부터 연료를 빨아올려 펌프실 내로 압송한다.

③ **플런저의 기능** : 연료의 압송은 플런저의 왕복 운동에 의해 실행되고, 분배는 각각의 분사 실린더에서 플런저 가운데 있는 분배기 슬릿(slit)에 의해 실행된다.

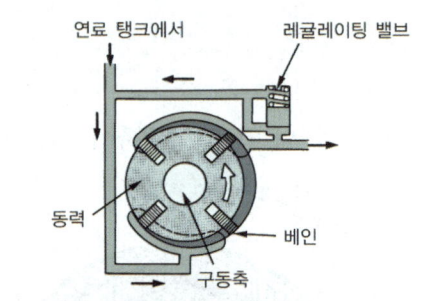

그림 1-124 / **연료 공급펌프의 작동**

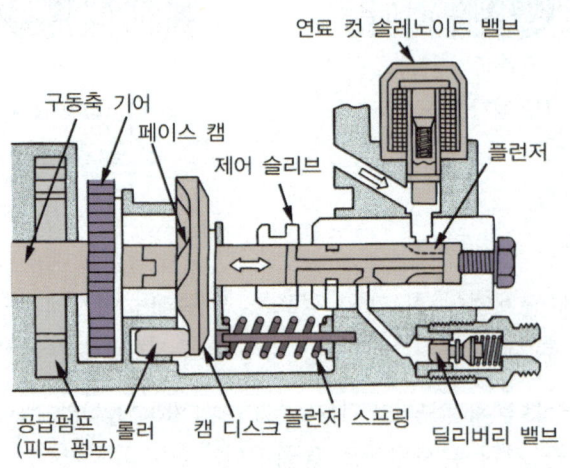

㉠ 흡입 행정 : 플런저가 하강하면 흡입 포트와 흡입 슬릿이 겹쳐지는 부분에 공급펌프에서 압력이 가해진 연료가 고압 플런저 체임버와 내부로 흡입된다.

㉡ 분사 행정 : 플런저는 캠 디스크에 의해 회전과 동시에 왕복 운동을 한다. 플런저가 계속 회전하면 먼저 흡입 포트가 닫히며, 압축을 시작한다. 이어서 플런저의 분배기 슬릿과 배출 통로가 서로 겹치게 되어 압축된 고압의 연료는 딜리버리 밸브 스프링을 밀어 올리고 분사 노즐을 거쳐 엔진의 연소실에 분사된다.

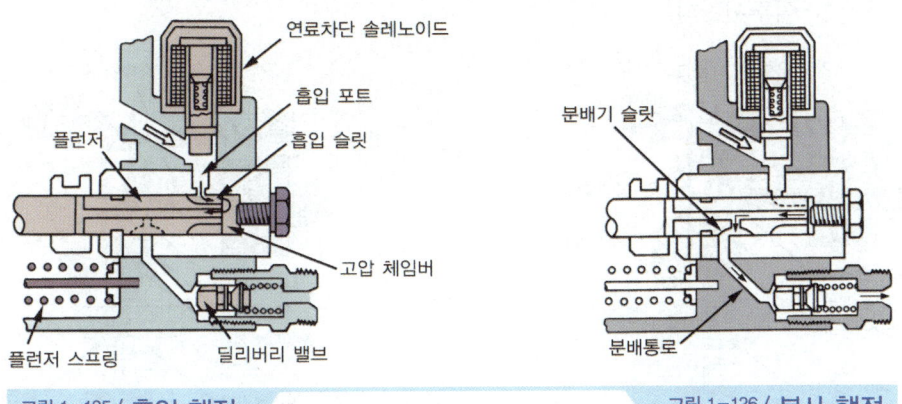

그림 1-125 / **흡입 행정**   그림 1-126 / **분사 행정**

④ **분사량 제어** : 연료 분사량의 증감은 제어 슬리브를 미끄럼 운동시켜 실행한다. 왼쪽으로 제어 슬리브를 이동시키면 유효 행정이 작아지고 분사량은 감소한다. 반대로 오른쪽으로 이동시키면 유효 행정이 커지며, 분사량은 증가한다.

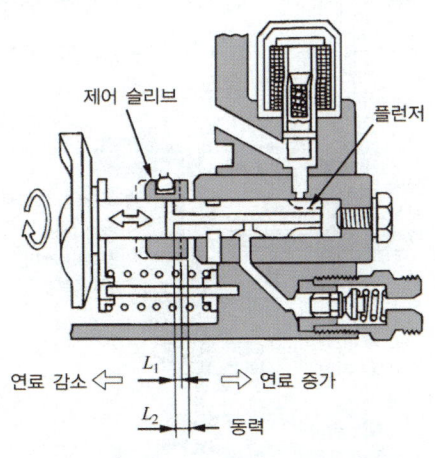

그림 1-127 / **플런저의 유효행정**

⑤ **조속기(governor, 거버너)** : 조속기는 원심추를 이용한 원심력식 조속기(기계식 조속기)이며, VE형 분사 펌프의 조속기는 전속도 조속기이며 조속기 스프링 장력에 의해 제어 회전속도가 결정된다.

㉠ 엔진을 시동할 때 : 엔진이 정지하고 있을 때 시동 레버는 시동 스프링에 의해 조속기 슬리브를 밀고 있다. 이 조속기 레버 결합체의 공통 축인 M_2를 지지점으로 하여 제어 슬리브는 오른쪽 즉, 최대 분사량 쪽으로 밀려나므로 엔진을 시동할 때 연료 증가가 쉽게 얻어진다.

㉡ 엔진이 공전할 때 : 엔진이 시동되면 제어 레버가 공전 위치까지 되돌아오며, 원심추의 원심력과 시동 스프링 및 공전 스프링의 장력이 평형을 이루는 위치에서 원활한 공전이 이루어진다.

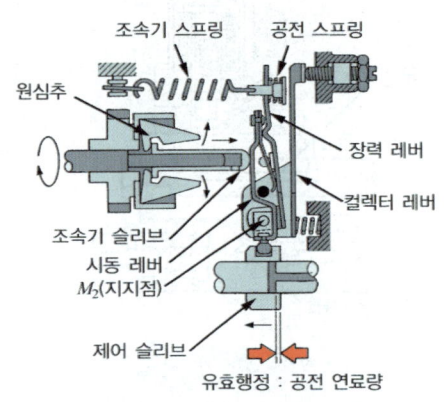
그림 1-128 / 엔진을 시동할 때 조속기의 작동

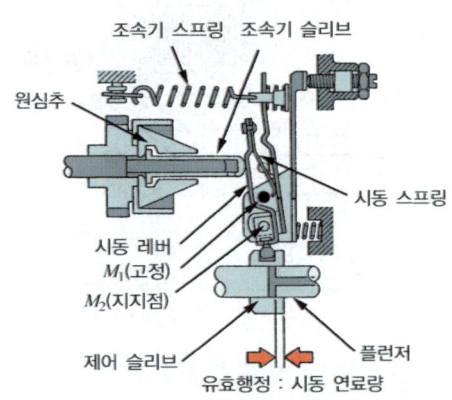
그림 1-129 / 엔진이 공전할 때 조속기의 작동

㉢ 전부하시 상태에서 최고 속도로 회전할 때 : 원심추의 원심력과 조속기 스프링의 장력이 균형을 이루는 위치까지 회전속도가 상승하여 전부하 최고 회전속도에 도달하며, 제어 슬리브를 오른쪽으로 이동시켜 연료를 증가시키는 결과가 된다.

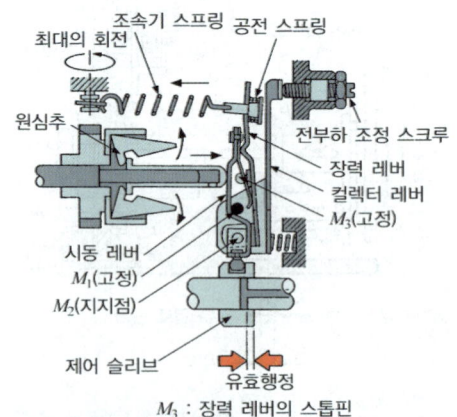
그림 1-130 / 전부하 최고 속도로 회전할 때 조속기의 작동

㉣ 무부하 상태에서 최고 속도로 회전할 때 : 엔진의 회전속도가 전부하 최고 회전속도보다 더욱 더 상승하면 원심추의 원심력도 증가하여 장력 레버를 잡아당기고 있는

조속기 스프링의 장력을 원심추가 이겨내고 장력 제어 슬리브를 왼쪽으로 이동시켜 분사량을 감소시키고 엔진의 회전속도 상승을 방지한다.

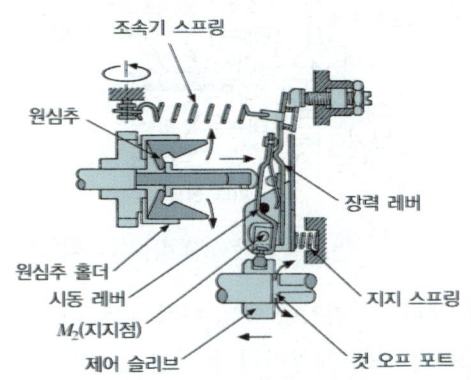

그림 1-131 / 무부하 최고 속도로 회전할 때 조속기의 작동

⑥ 타이머(auto timer)
  ㉠ 속도 타이머(speed timer) : 분사 펌프의 회전속도가 상승하면 공급 펌프의 송유 압력이 상승하고, 타이머 피스톤이 타이머 스프링의 장력을 이기면서 구동축과 직각 방향으로 이동하며, 이 작동은 타이머 피스톤을 거쳐 원통형 롤러 홀더를 구동축의 회전 방향과 반대 방향으로 회전시켜 분사시기를 빠르게 한다.

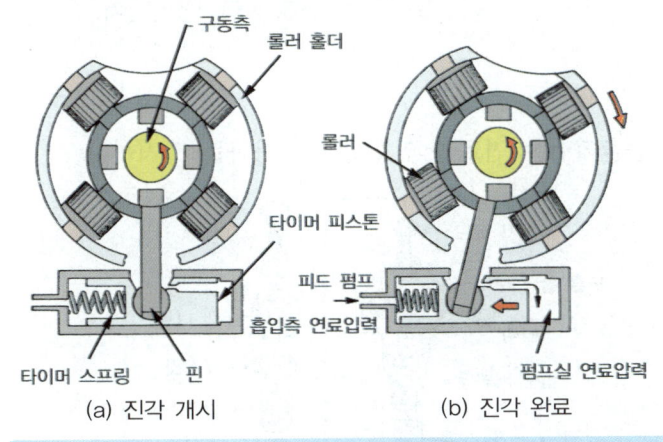

그림 1-132 / 자동 타이머의 작동

  ㉡ 부하 타이머(road timer) : 엔진의 회전속도가 상승하면 조속기 슬리브가 오른쪽으로 이동하여 조속기 축의 포트와 조속기 슬리브 포트가 일치하여 캠 실내의 압력은 저압 쪽으로 유출되어 낮아진다. 이 작용에 의해 타이머 피스톤은 스프링 장력에 의해 피스톤은 제자리로 되돌아온다.

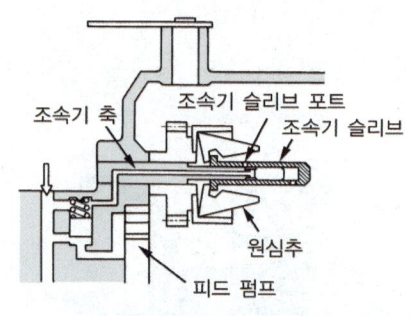

그림 1-133 / **부하 타이머의 작동**

⑦ **연료 공급 차단 장치** : 시동 스위치를 ON, OFF함에 따라 솔레노이드 밸브에 의해 흡입 포트로 통하는 연료 통로를 개방하거나 차단한다.

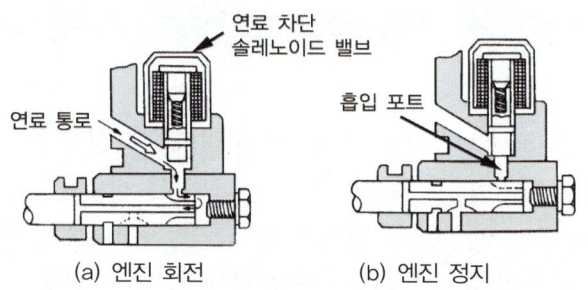

그림 1-134 / **연료 공급 차단 장치**

5) 분사 노즐

연료 펌프로부터 송출되어온 연료를 연소실에 분사하는 장치이다.

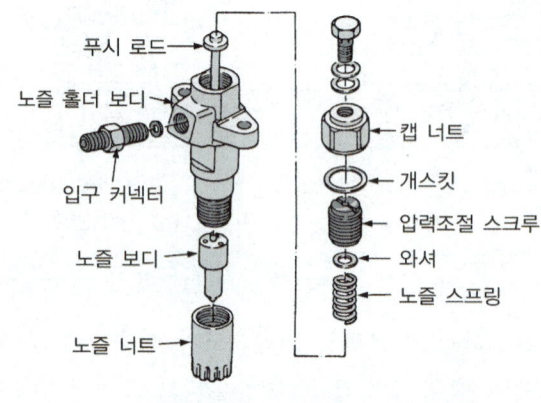

그림 1-135 / **분사노즐의 분해도**

① 분사 노즐의 구비조건
   ㉠ 무화가 좋을 것.
   ㉡ 관통도가 있을 것.
   ㉢ 분포가 좋을 것.
   ㉣ 후적이 일어나지 않을 것(시동불능 원인).
② 분사 노즐의 종류
   ㉠ 개방형 노즐 : 노즐 끝에 밸브 없이 항상 열려있는 노즐로서 연료분사가 완료되었을 때 연료가 조금씩 흘러나와 엔진 회전수에 약간의 변동을 일으키는 결점이 있으므로, 현재는 거의 사용하지 않는다.
   ㉡ 밀폐형(폐지형) 노즐 : 노즐에 니들 밸브가 스프링으로 밀착되어 있고, 연료의 압력이 높아지면 니들 밸브의 면에 작용하는 압력으로 밸브가 자동적으로 열려 연료가 분사된다. 종류로는 구멍형 노즐, 핀틀형 노즐, 스로틀형 노즐 등이 있다.
③ 구멍형 노즐
   ㉠ 구멍형 노즐 : 단공형 노즐과 다공형 노즐로 분류하며 단공형은 분공이 1개, 다공형은 분공이 2 ~ 10개 이다. 분사압력은 150 ~ 300[kg_f/cm^2], 단공형의 분사각도는 4 ~ 5°, 다공형의 분사각도는 90 ~ 120° 이다.
   ㉡ 구멍형 노즐의 장·단점

장점	단점
분사공의 지름이 작고 분사 압력이 높아 무화가 양호하여 기관 시동이 쉽고 연료 소비량이 적다.	분사압력이 높으므로 각 연결부에서 연료가 새기 쉽고 수명이 짧으며 분공이 작기 때문에 막힐 염려가 있다.

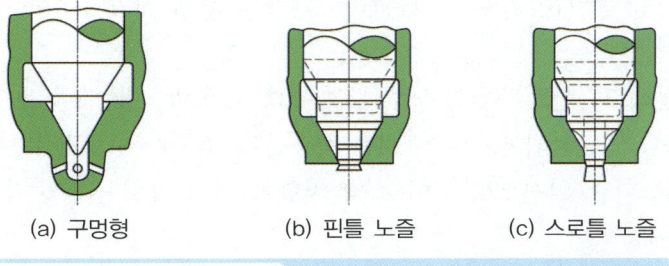

(a) 구멍형   (b) 핀틀 노즐   (c) 스로틀 노즐

그림 1-136 / 밀폐형 노즐의 종류

④ 핀틀형 노즐 : 니들 밸브의 끝이 니들 밸브 보디보다 약간 노출되어 있어서 밸브가 연료의 압력에 의하여 밀려 올라가서 열리면 그 틈새에서 연료가 분출된다. 따라서 분사 개시 압력이 낮아도 분무의 입자가 작아진다. 디젤기관의 예연소실식과 와류실식에서 사용하며, 분공의 지름이 1 ~ 2[mm] 정도, 분사각은 4 ~ 5°, 분사 개시압력은 100 ~ 120[kg_f/cm^2] 이다.

㉠ 핀틀형 노즐의 장·단점

장점	단점
분공의 지름이 비교적 크며 연료가 링 모양의 구멍으로부터 분사되므로 무화상태가 양호하다. 또한 분공이 작동중 니들 밸브의 앞끝의 핀에 의해 청소가 되기 때문에 막히는 일이 없으며 비교적 구조가 간단하고 고장도 적다.	다공식 노즐에 비해 분무상태가 나쁘며 연료소비량이 많다.

⑤ **스로틀형 노즐** : 핀틀형 노즐을 개량하여 노크 방지를 고려한 것이다. 핀틀형 노즐에 비하여 니들 밸브의 끝이 길고 2단으로 되어 있으며 끝이 나팔모양을 하고 있다. 분사 초기는 니들 밸브와 시트와의 틈새가 작고 분무가 교축되어 소량의 연료만이 분사 착화되므로 노크의 발생이 적고 착화후에는 다량의 연료가 분사된다. 분사각도는 45~60° 정도이며 분사개시 압력은 100~140[kg$_f$/cm^2] 이다.

3. 예열 장치

1) 예열플러그(pre-heater plug) 식

냉각상태의 디젤기관은 시동이 어렵게 된다. 그러므로 냉각상태의 디젤기관에서는 연소실 내의 공기를 추가적으로 가열하여 연료의 자기착화를 용이하게 하는 방법을 이용한다. 이와 같은 목적으로 설치된 장치를 예열 장치(pre-heater system)라 한다.

① **코일형 예열플러그** : 흡입공기 통로에 히트 코일이 노출되어 있기 때문에 예열 시간이 짧고, 코일 자체로 형상이 유지되어야 하므로 열선이 굵어 예열플러그 하나의 저항은 작게 되어 히트 코일은 직렬로 연결된다. 그래도 전체 저항이 작아 회로 내에 예열플러그 저항을 둔다.

② **실드형 예열플러그** : 히트 코일이 보호 금속 튜브 속에 있으며, 여러 개가 병렬로 연결되어 있어 어느 하나가 단선되어도 다른 것은 작용한다. 전류가 흐르면 튜브 전체가 적열되어 예열되며, 가느다란 열선으로 되어 자체 저항이 커서 예열플러그 저항이 필요없다.

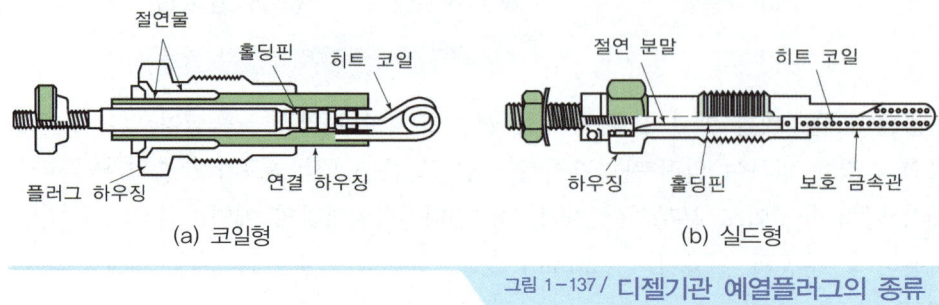

그림 1-137 / **디젤기관 예열플러그의 종류**

2) 흡기가열식

공기가 실린더에 흡입될 때 흡기 통로에서 가열하는 방식이며, 흡기 히터와 히터 레인지 등이 있다. 직접분사실식은 예열플러그를 설치할 곳이 없기 때문에 흡기다기관에 히터를 설치한다.

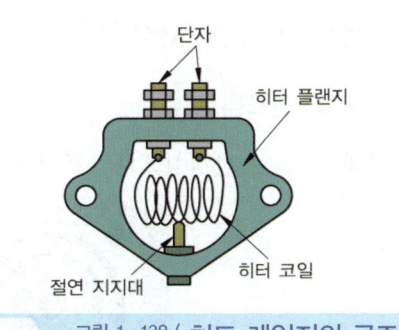

그림 1-138 / 히트 레인지의 구조

제2절 CRDI 디젤기관

1_ CRDI 연료 장치

커먼 레일식은 연료의 압력 발생이 커먼 레일 분사 시스템에서 분리되어 있으며, 연료의 분사 압력은 엔진의 회전속도와 분사되는 연료량에 독립적으로 생성된다. 연료의 분사량과 분사시기는 ECU에 의해 계산되어 분사 유닛을 경유하여 인젝터 솔레노이드 밸브를 통하여 각 실린더에 분사된다.

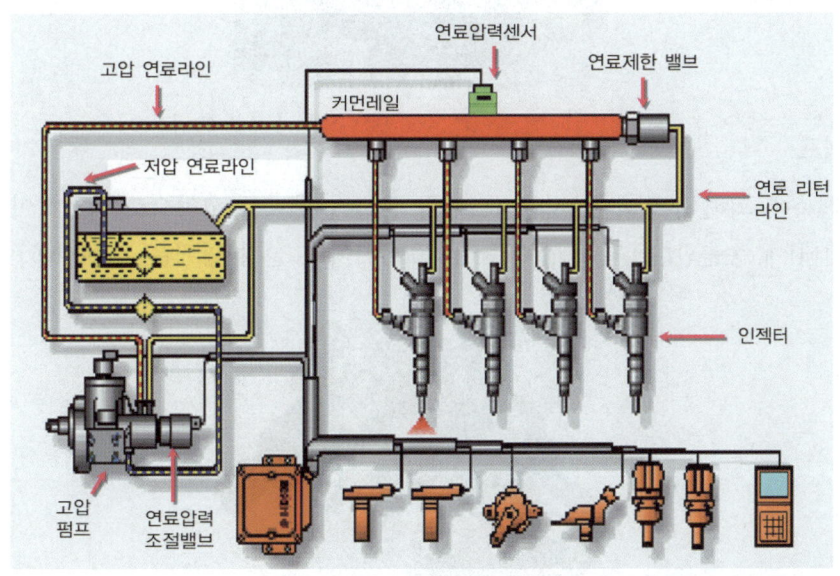

그림 1-139 / CRDI 연료 라인 시스템

1. 연료 시스템 구성요소

1) 저압 연료펌프

기계식 또는 전기식으로 고압펌프에 연료를 압송(6.5 ~ 8.5[bar])한다.

2) 연료필터

연료의 오염 물질을 여과한다.

3) 고압펌프

엔진의 캠축에 의해 구동되며, 저압펌프에서 공급된 연료를 고압으로 형성하여 커먼 레일(어큐뮬레이터)에 송출한다. 최고 압력은 1,420[bar]이고 설정 압력은 1,350[bar]이다.

그림 1-140 / **고압펌프**

4) 커먼레일(어큐뮬레이터)

고압펌프에서 공급된 연료가 축압·저장된다.

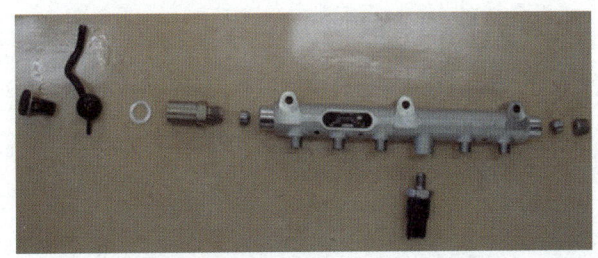

그림 1-141 / 커먼레일장치의 연료압력 제한밸브 분해도

5) 인젝터

엔진 ECU에 의해 제어되며, 고압의 연료를 연소실에 분사한다.

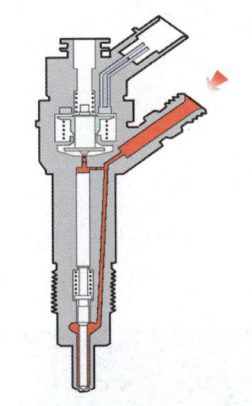

그림 1-142 / 인젝터

2. E.C.U 입력 요소

1) 레일 압력 센서(RPS)

피에조 압전 소자로 커먼 레일의 연료 압력을 측정하며, 연료량 및 분사시기를 조정하는 신호로 이용된다.

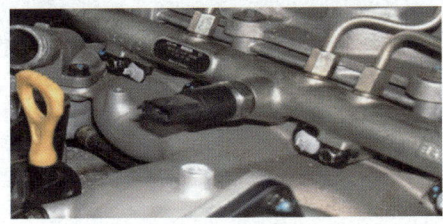

2) 에어플로 센서(AFS)

핫 필름방식으로 기능은 EGR 피드백 컨트롤 제어와 스모그 리밋 부스트(smog limit booster) 압력 컨트롤 제어용으로 사용된다.

3) 흡기온도 센서(ATS)

부특성 서미스터로 연료 분사량, 분사시기, 시동시 연료량 제어 등에 보정 신호로 사용된다.

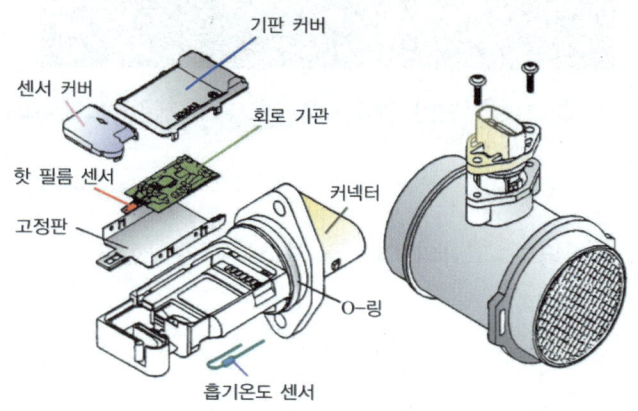

4) 액셀러레이터 포지션 센서(APS) 1, 2

센서 1은 주 센서로 연료 분사량과 분사시기를 결정하는 신호로 이용되며, 센서 2는 센서 1을 검사하는 센서로 차량의 급출발을 방지하기 위한 센서이다.

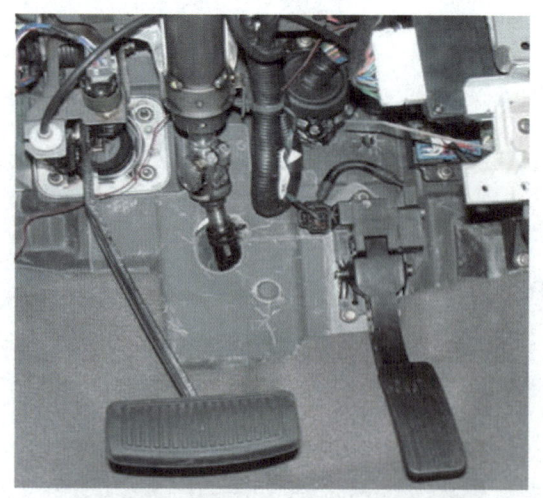

5) 연료 온도 센서(FTS)

부특성 서미스터로 연료 온도에 따른 연료 분사량의 보정 신호로 이용된다.

6) 냉각수온 센서(WTS)

냉각수온의 변화에 따라 연료량을 보정하는 신호로 이용되며, 열간시에는 냉각팬 제어 신호로 이용된다.

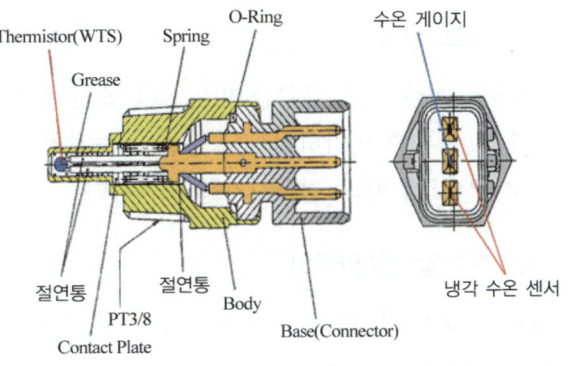

7) 크랭크 포지션 센서(CPS)

마그네틱 인덕티브 방식으로 크랭크축의 각도, 피스톤의 위치, 엔진 회전수 등을 검출하며, 피스톤의 위치는 연료 분사시기를 결정한다. 고장시 엔진을 정지시킨다.

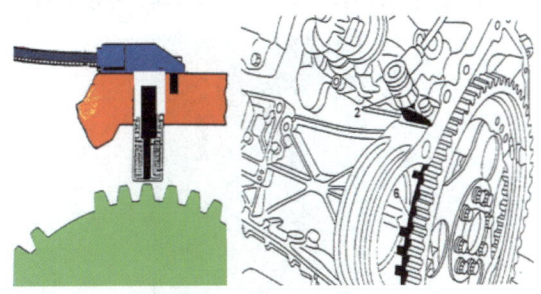

8) 캠 포지션 센서

홀 센서 방식으로 1번 실린더 압축 상사점을 검출하여 연료 분사순서를 결정한다. 고장시 엔진은 구동될 수 있다.

9) 차속 센서

타코미터 차속 표시용 신호, 공회전 보정 듀티 범위 제한, 냉각 팬 제어, 최대 차속 초과시 연료 분사 중지, 차량 울렁거림 제어, 트랙션 컨트롤 제어시에 이용된다.

10) 노크 센서

엔진의 이상 연소 유무를 파악하여 엔진의 진동을 감지한다. 아이들 안정성 제어 및 인젝터 손상 여부를 파악하여 경고등을 점등시키며, 센서 고장시 엔진회전수, 공기량, 냉각수온 등 MAP 값에 따라 점화시기를 보정한다.

11) 대기압 센서(BPS)

ECU 내에 설치되어 있으며, 대기압에 따라 분사시기 설정 및 연료 분사량을 보정하며, EGR 금지 등을 결정한다.

12) 기타 스위치

① **클러치 스위치 신호** : 접점식 스위치로 정속 해제시와 스모그 컨트롤시에 필요한 기어 단수의 인식에 사용되며, 충격 감소 보정용으로도 사용된다.

② **에어컨 스위치 신호** : 에어컨 작동시 엔진 회전수의 저하 방지를 위해 연료 분사량 보정 신호로 이용된다.

③ **블로워 모터 스위치** : 전기 부하에 따른 엔진 회전수의 저하를 방지하기 위해 연료 분사량을 보정하는 신호로 이용된다.

④ **에어컨 압력 스위치** : 로·하이 스위치 신호는 에어컨 라인에 냉매 유무 및 막힘 유무를 판단하여 에어컨 콤프레서를 작동시키는 신호로 이용되며, 미들 스위치 신호는 에어컨 라인에 15[kg_f/cm^2] 이상의 압력이 발생되면 냉각팬을 구동시키는 신호로 이용된다.

⑤ 이중 브레이크 스위치 신호 : 액셀러레이터 포지션 센서의 고장 여부를 판단하는 신호로 이용된다.

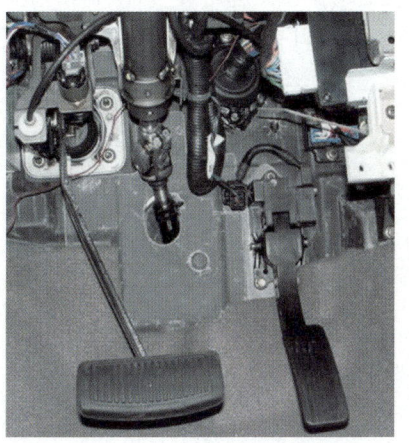

3. E.C.U 출력 요소

1) 인젝터

① **역할** : ECU의 신호를 받아 커먼 레일에서 공급되는 연료를 연소실에 분사시킨다. 연료 분사는 점화 분사와 주 분사의 2단계로 이루어지며, 연료의 압력과 연료의 온도에 따라 분사량과 분사시기가 보정된다.

㉠ 점화 분사(pilot injection) : 주 분사가 이루어지기 전에 연료를 분사하여 연소가 잘 이루어지도록 하기 위한 분사로서 엔진의 진동과 소음을 감소시키기 위한 목적을 두고 있다.

㉡ 주 분사(main injection) : 주 분사는 점화 분사가 실행되었는 지 고려하여 연료량을 계산하며, 엔진 출력에 해당한다. 주 분사는 엔진 토크량, 엔진 회전수, 냉각수온, 흡기온도, 대기압 등의 값을 기준으로 주 분사 연료량을 계산한다.

② **점화 분사가 중지되는 조건**

㉠ 점화 분사가 주 분사를 너무 앞지르는 경우

㉡ 엔진 회전수가 3200[rpm] 이상인 경우

㉢ 연료 분사량이 너무 적은 경우

㉣ 주 분사량이 충분하지 않은 경우

㉤ 연료 압력이 최소값(100[bar]) 이하인 경우

㉥ 엔진 중단에 오류가 발생한 경우

2) 커먼 레일 압력 조절밸브(DRV)

ECU의 제어 신호에 의해 엔진의 회전속도 및 부하에 따라 설정 압력에 맞게 연료 압력을 조절하며 솔레노이드 밸브를 작동시켜 듀티 제어한다. 연료 압력 조절 밸브 고장시 엔진을 비상 정지시킨다.

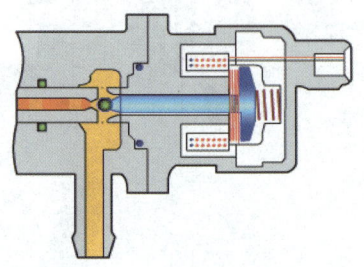

그림 1-143 / 압력 조절밸브 내부 구조

3) 유해 배출가스 재순환 장치

① EGR 밸브 : NOx의 배출을 저감시키기 위한 밸브이다.

② EGR 솔레노이드 밸브 : ECU에서 계산된 값을 PWM 방식으로 제어하며, EGR 작동 시간은 부하 감소를 위하여 엔진의 rpm을 제어한다.

③ EGR 작동 중지 조건
  ㉠ 엔진 공회전시(1000[rpm] 이하 52초 이상)
  ㉡ 에어플로 센서 고장시
  ㉢ EGR 밸브 고장시
  ㉣ 냉각수온이 15[℃] 이하 또는 100[℃] 이상인 경우
  ㉤ 배터리 전압이 8.9[V] 이하인 경우
  ㉥ 해발 1,000[m] 이상인 경우
  ㉦ 흡입 공기온도 60[℃] 이상인 경우

4) 예열 장치

냉시동시 시동이 원활히 되도록 하기 위한 장치로 배기가스와 관계가 있으며, 예열장치는 냉각수온과 엔진 rpm에 의해 제어된다.

① PRE GLOW : 시동 준비 글로우 동작 시간으로, PRE GLOW 종료 시까지 시동을 하지 않는 경우 16초간 작동한다.
② START GLOW : 수온 60[℃] 이하인 경우 매번 실시하며, 시동모드 해제 시까지 15초 내로 작동한다.
③ POST GLOW : 냉각수온(70[℃] 이하)에 따라 POST GLOW 시간이 결정되며, 시동 후 2,500rpm 이하이고 연료량 75[cc] 이하인 경우 단 1회만 실시한다.

5) 프리 히터

프리 히터란 냉각수 라인내에 설치되어 외기온도가 낮을 경우 일정시간 동안 작동시켜 히터로 유입되는 냉각수의 온도를 높여 히터의 난방 성능을 향상시키는 장치이다

① **가열플러그 방식** : 추운 날씨에 전류에 의한 발열로 냉각수를 가열하여 실내 히터 열교환기로 보내는 장치로, 냉각수 라인에 3개의 글로우 플러그가 직접 설치되며, 엔진 ECU는 냉각수온이 65[℃] 이상이 되면 자동으로 프리히터 전원을 OFF시킨다.

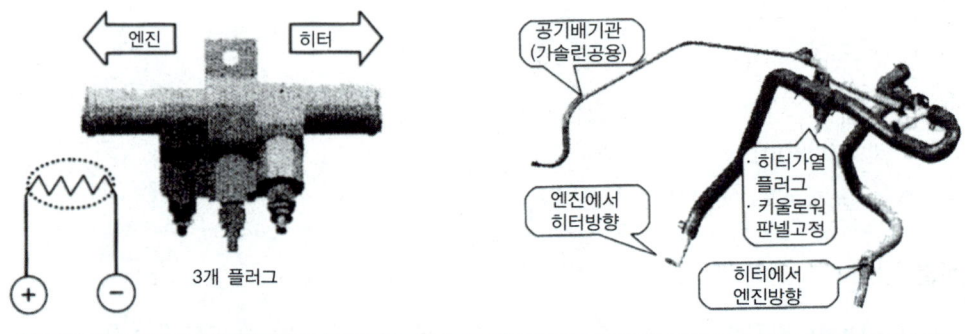

그림 1-144 / 글로 플러그

그림 1-145 / 글로 플러그 라인

② **연소식 프리히터 방식** : 별도의 연소식 히터로 냉각수 라인에 버너를 설치하여 디젤 연료의 연소에 의한 난방장치이다. 플러그 형식보다 난방성능이 우수하며 실내가 넓은 차량에 주로 쓰인다.

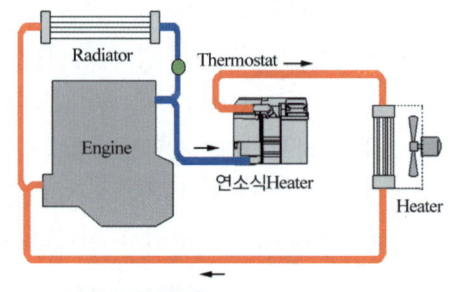

그림 1-146 / 온수 순환도

2_ 과급기

자연 흡입방식은 기관에 필요한 공기를 배기행정 후 배기밸브가 닫힌 다음, 흡입행정의 피스톤 하강시 내부 부압에 의해 흡입되나 과급기는 공기를 기계적으로 가압하여 실린더에 밀어 넣음으로서 배기량이 동일한 기관에서 많은 양의 공기를 공급할 수 있기 때문에 연료 분사량을 증가시켜 출력을 증대하는 장치이다.

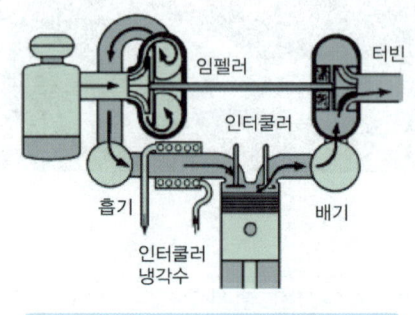

그림 1-147 / 터보 차저

1. 터보 차저

1) 터보 차저의 종류

터보 차저는 배기가스가 유입되는 터빈 하우징 내부의 유로가 고정형인 일반 터보와 유로를 조절하는 방법에 따른 가변형 터보로 나눌 수 있다.

① **일반터보(conventional turbo)** : 연소실에서 나온 배기가스가 터보의 터빈 휠에 공급되는 통로가 고정된 하나의 통로로 구성된 기본적인 기능만을 가진 터보로, 저속영역에서는 불리하지만 고속영역에서는 효율이 좋고 구조가 간단하며 내구성이 좋다.

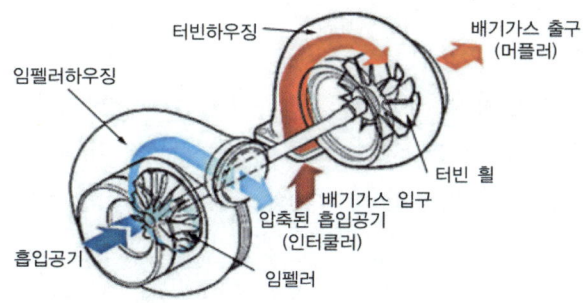

② **가변식 터보(Variable Geometry Turbo)** : 엔진이 회전하는 전 영역에서 최대의 터보 효과를 얻기 위하여 각종 센서와 액츄에이터를 이용하여 터빈 휠로 통하는 배기가스 유로의 단면적을 전자제어적으로 연속 제어하는 터보 시스템을 가변식 터보라고 한다.

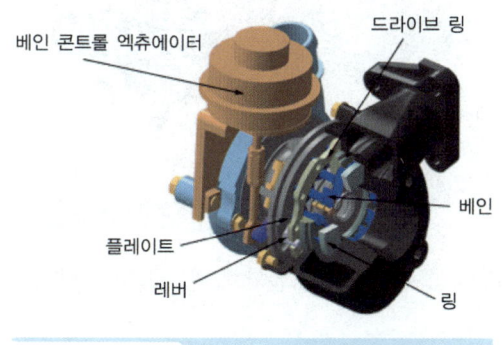

그림 1-148 / **가변식 터보**

㉠ 가변식 터보의 작동 : 엔진회전수가 낮아 배기가스량이 부족한 저속영역에서는 유로를 최대한 좁혀 배기압력을 높여 배기가스의 속도를 증가시켜 터보의 약점인 저속 토크부족과 터보랙을 감소시키고 고속영역에서는 엔진회전수가 증가할수록 유로를 넓혀 배기가스가 충분하게 터빈 휠에 도달할 수 있도록 한다.

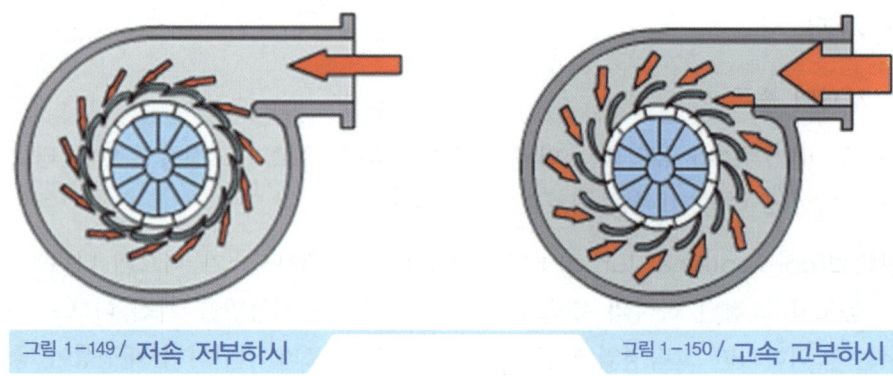

그림 1-149 / 저속 저부하시   그림 1-150 / 고속 고부하시

2) 터보 차저의 구성

터보차저는 배기가스의 압력에 의해서 고속으로 회전되어 공기에 압력을 가하는 임펠러(impeller), 배기가스의 열에너지를 회전력으로 변환시키는 터빈(turbine), 터빈축(tur bine shaft)을 지지하는 플로팅 베어링(floating bearing), 과급 압력이 규정 이상으로 상승되는 것을 방지하는 과급 압력조절기, 과급된 공기를 냉각시키는 인터쿨러(inter cooler) 등으로 구성되어 있다.

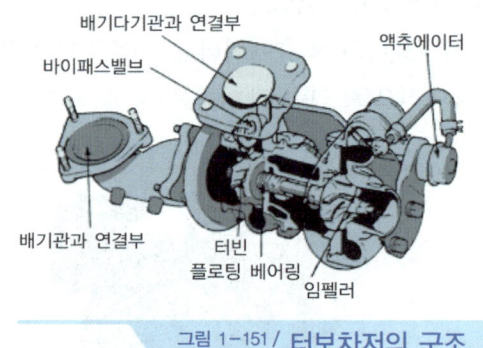

그림 1-151 / 터보차저의 구조

① 임펠러(impeller) : 흡입 쪽에 설치된 날개이며, 공기에 압력을 가하여 실린더로 보내는 역할을 한다.

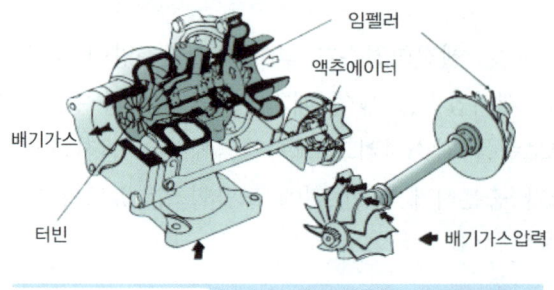

그림 1-152 / 과급기의 구조

② 터빈(turbine) : 터빈은 배기쪽에 설치된 날개이며, 배기가스의 압력에 의하여 배기가스의 열에너지를 회전력으로 변환시키는 역할을 한다

③ 플로팅 베어링(floating bearing) : 플로팅 베어링은 10,000 ~ 15,000rpm 정도로 회전하는 터빈축을 지지하는 베어링으로 기관으로부터 공급되는 윤활유로 충분히 윤활되므로 하우징과 축사이에서 자유롭게 회전할 수 있다.

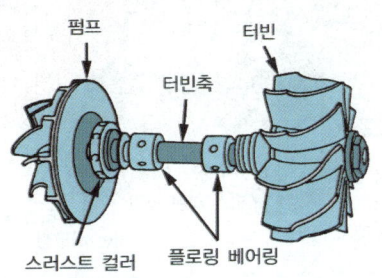

그림 1-153 / 플로팅 베어링

④ 과급 압력조절기(waste gate valve) : 과급 압력조절기는 과급압력이 규정값 이상으로 상승되는 것을 방지하는 역할을 한다. 고속 영역에서 터빈 휠의 회전수가 급격히 상승하면서 터빈실의 압력도 올라가고 배압이 증가하면서 펌핑 로스도 증가하여 터보 효율이 낮아지므로 높아진 터빈실의 압력을 낮추기 위하여 터빈 휠을 사이에 두고 터빈 휠 전 터빈실의 높은 압력을 터빈 휠 이후의 배기관 쪽으로 바이패스 시키는 압력 조절밸브를 사용하는데 이 압력 조절밸브를 웨스트게이트 밸브라고 한다.

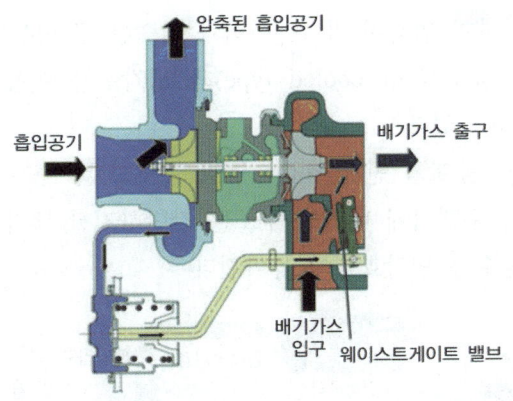

그림 1-154 / 웨이스트 게이트 밸브

㉠ 배기가스 바이패스 방식 : 터빈으로 유입되는 배기가스의 일부를 바이패스시켜 과급 압력이 규정값 이상으로 상승되지 않도록 하는 방식이다.

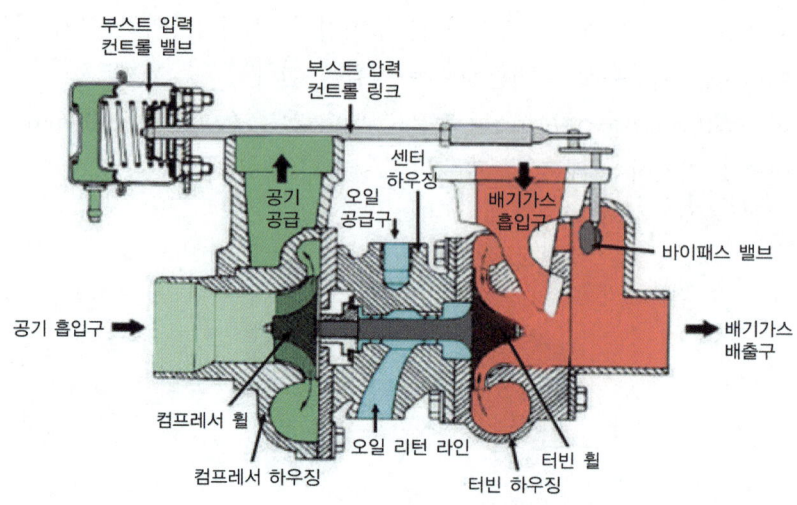

그림 1-155 / **터보차저의 단면도**

ⓒ 흡입되는 공기를 조절하는 방식 : 흡입쪽에 릴리프 밸브(relief valve)를 설치하여 임펠러에 의해서 과급된 흡입공기가 규정값 이상으로 상승하면 릴리프 밸브가 열려 과급 공기를 대기 중으로 배출시켜 과급 압력 자체를 조절하여 실린더로 공급하는 방식이다.

⑤ 인터쿨러(inter cooler) : 인터쿨러는 임펠러와 흡기다기관 사이에 설치되어 과급된 공기를 냉각시키는 역할을 한다. 임펠러에 의해서 과급된 공기는 온도가 상승함과 동시에 공기밀도의 증대 비율이 감소하여 노크를 일으키거나 충전효율이 저하된다. 따라서 이러한 현상을 방지하기 위하여 라디에이터와 비슷한 구조로 설계하여 주행 중에 받는 공기로 냉각시키는 공냉식(air cooled type)과 냉각수를 이용하여 냉각시키는 수냉식(water cooled type)이 있다.

㉠ 공냉식 인터쿨러 : 공랭식 인터쿨러는 주행 중에 받는 공기로서 과급 공기를 냉각시키는 방식으로서 수랭식에 비하여 구조는 간단하지만 냉각효율이 떨어진다. 따라서 주행속도가 빠를수록 냉각효율이 높아진다.

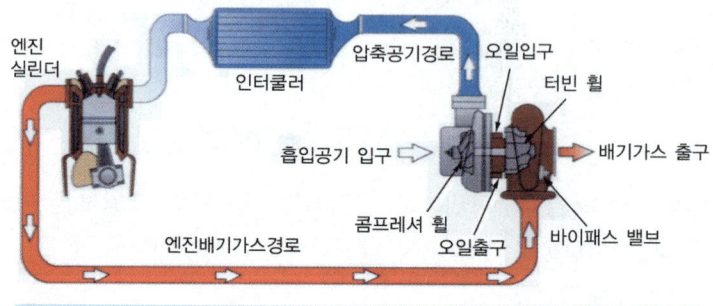

그림 1-156 / **공냉식 인터쿨러**

ⓒ 수냉식 인터쿨러 : 수랭식 인터쿨러는 기관의 냉각용 라디에이터 또는 전용의 라디에이터에 냉각수를 순환시켜 과급 공기를 냉각시키는 방식이다.

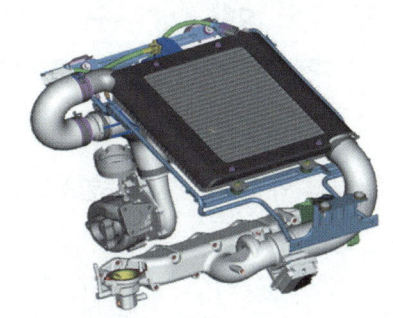

그림 1-157 / 수냉식 인터쿨러

2. 슈퍼 차저(super charger)

크랭크축과 벨트로 연결되어 있는 슈퍼 차저용 클러치를 거쳐 2개의 로터(rotor)를 회전시켜 과급하는 방식이며, 전자 클러치의 ON, OFF 작동으로 제어되며 엔진의 부하가 작을때는 전자 클러치를 OFF시켜서 저·중속 범위에서 엔진의 토크를 증대시켜 준다.

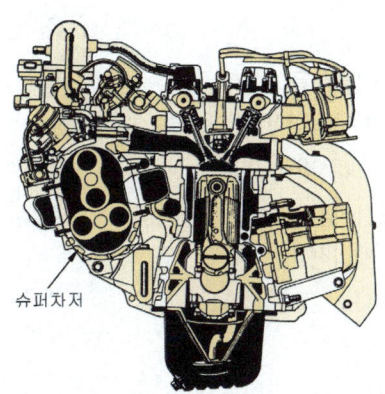

그림 1-158 / 슈퍼차저를 부착한 디젤기관

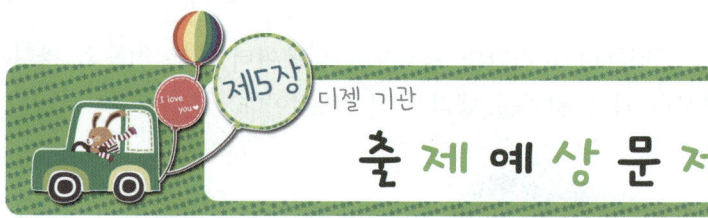

제5장 디젤 기관 출제예상문제

01 디젤 기관의 연소실에서 직접분사식의 장점이 아닌 것은? [08년 하]
㉮ 와류 손실이 없다.
㉯ 연소실의 모양이 간단하다.
㉰ 열효율이 높다.
㉱ 착화지연이 짧다.

풀이 **직접분사식 연소실의 장·단점**
① 실린더 헤드의 구조가 간단하다.
② 열효율이 높다.
③ 엔진의 시동이 쉽고, 연료 소비율이 적다.
④ 연소실 표면적이 작기 때문에 열손실이 적다.
⑤ 사용 연료에 매우 민감하여 노크 발생이 쉽다.

02 디젤기관의 연소실 형식에서 열효율이 높고, 연료소비율이 가장 적으며 시동이 비교적 용이한 연소실은? [07년 상]
㉮ 예 연소실식   ㉯ 직접 분사실식
㉰ 와류실식   ㉱ 공기실식

풀이 **직접분사식 연소실의 장·단점**
① 실린더 헤드의 구조가 간단하다.
② 열효율이 높다.
③ 엔진의 시동이 쉽고, 연료 소비율이 적다.
④ 연소실 표면적이 작기 때문에 열손실이 적다.
⑤ 사용 연료에 매우 민감하여 노크 발생이 쉽다.

03 연소실 중 복실식에 해당되지 않는 것은? [04년 하]
㉮ 예 연소실식   ㉯ 와류실식
㉰ 직접 분사실식   ㉱ 공기실식

풀이 **디젤 연소실의 분류**
① 단실식 : 직접 분사실식
② 복실식 : 예연소실식, 와류실식, 공기실식

04 디젤기관의 연소실 중 폭발압력이 가장 낮고 디젤 노크를 일으키기 어려운 연소실은 어느 것인가? [05년 상]
㉮ 직접 분사실식   ㉯ 와류실식
㉰ 공기실식   ㉱ 예연소실식

풀이 **예연소실식의 장·단점**
① 연료의 분사압력(100~120kg$_f$/cm^2)이 낮아 연료장치의 고장이 적고, 수명이 길다.
② 사용 연료의 변화에 둔감하므로 연료의 선택이 편리하다.
③ 운전상태가 정숙하고 노크가 적다.
④ 연소실 표면적 대 체적비가 크므로 냉각손실이 크다.
⑤ 예열플러그가 필요하다.
⑥ 연소실의 구조가 복잡하다.
⑦ 연료소비율(200~250g/ps-h)이 직접분사식에 비해 크다.

01 ㉱ 02 ㉯ 03 ㉰ 04 ㉱

05 디젤기관에서 와류실식 연소실의 장점으로 틀린 것은? [09년 상]

㉮ 무과급 디젤기관 중에서 평균유효압력이 가장 높다.
㉯ 기관 냉각시 시동이 용이하다.
㉰ 리터 마력이 크다.
㉱ 직접분사식에 비해 공기 이용률이 높다.

풀이) 와류실식 연소실의 특징
① 압축행정에서 생기는 강한 와류를 이용하기 때문에 회전 속도 및 평균유효 압력을 높일 수 있다.
② 분사 압력이 낮아도 된다.
③ 기관의 사용회전속도 범위가 넓고 운전이 원활하다.
④ 무과급 디젤기관 중에서 평균유효압력이 가장 높다.
⑤ 직접분사식에 비해 공기 이용률이 높다.
⑥ 리터 마력이 크다.
⑦ 주연소실과 부연소실이 있어 실린더 헤드가 복잡하다.
⑧ 연료 소비율이 나쁘다.

06 디젤기관의 와류실식 연소실을 직접분사실식과 비교할 때의 장점이 아닌 것은? [09년 하]

㉮ 실린더 헤드의 구조가 간단하다.
㉯ 압축행정에서 생기는 강한 와류를 이용하기 때문에 회전 속도 및 평균유효 압력을 높일 수 있다.
㉰ 분사 압력이 낮아도 된다.
㉱ 기관의 사용회전속도 범위가 넓고 운전이 원활하다.

풀이) 와류실식 연소실의 특징
① 압축행정에서 생기는 강한 와류를 이용하기 때문에 회전 속도 및 평균유효 압력을 높일 수 있다.
② 분사 압력이 낮아도 된다.
③ 기관의 사용회전속도 범위가 넓고 운전이 원활하다.
④ 무과급 디젤기관 중에서 평균유효압력이 가장 높다.
⑤ 직접분사식에 비해 공기 이용률이 높다.
⑥ 리터 마력이 크다.
⑦ 주연소실과 부연소실이 있어 실린더 헤드가 복잡하다.
⑧ 연료 소비율이 나쁘다.

07 디젤 기관의 연소 과정에 속하지 않는 것은? [06년 하]

㉮ 후 연소기간   ㉯ 직접 연소기간
㉰ 초기 연소기간   ㉱ 착화 지연기간

풀이) 디젤기관의 연소과정
착화지연 기간 → 화염전파 기간(폭발연소, 급격연소 기간) → 직접연소 기간(제어연소 기간) → 후연소 기간

08 디젤기관의 연소과정 중에서 디젤노크에 직접적인 영향을 미치는 기간은? [04년 하]

㉮ 착화 지연기간
㉯ 폭발적 연소기간
㉰ 제어 연소기간
㉱ 후기 연소기간

풀이) 착화지연 기간이 길어지면 분사된 연료에 착화늦음이 발생되어 디젤 노크를 발생시킨다.

ANSWER 05 ㉯ 06 ㉮ 07 ㉰ 08 ㉮

09 C.I Engine(Compression Ignition 기관)에서 압력 상승률이 가장 큰 연소 구간은? [07년 상]

㉮ 착화지연기간 ㉯ 급격연소기간
㉰ 제어연소기간 ㉱ 후연소기간

풀이 디젤기관(C.I Engine)에서 압력 상승률이 가장 높은 구간은 화염전파(폭발연소, 급격연소) 기간이다.

10 디젤기관에서 압력 상승률 $\dfrac{dp}{dt}$ 가 가장 높은 연소구간은? [07년 하]

㉮ 착화 지연 기간
㉯ 제어 연소 기간
㉰ 폭발 연소 기간
㉱ 주 연소 기간

풀이 디젤기관(C.I Engine)에서 압력 상승률이 가장 높은 구간은 화염전파(폭발연소, 급격연소) 기간이다.

11 디젤기관에 사용되는 분사펌프에서 플런저에 관계되는 설명 중 틀린 것은? [09년 하]

㉮ 보통의 플런저 스프링은 분사펌프의 회전속도가 2,000rpm 정도에서 서징 현상이 발생되므로 스프링 정수가 큰 스프링을 사용한다.
㉯ 고속 태핏은 조정 스크루를 두지 않으므로 태핏간극은 태핏과 아래 스프링 시트 사이에 시임을 넣어 조정한다.
㉰ 플런저의 유효행정이 길어지면 분사량이 감소하고 짧을수록 분사량이 증대된다.
㉱ 정리드 플런저는 분사펌프의 캠축에 대해 연료의 송출기간이 시작은 일정하고 종결이 변화된다.

풀이 ㉮, ㉯, ㉱항은 옳은 설명이고, 플런저의 유효행정이 길어지면 분사량이 증가하고, 짧을수록 분사량이 감소한다.

12 디젤기관에서 분사펌프의 딜리버리 밸브의 기능으로 틀린 것은? [04년 상]

㉮ 연료 잔압 유지
㉯ 연료분사량 증감
㉰ 역류방지
㉱ 후적방지

풀이 딜리버리(delivery valve)의 기능
① 역류방지 ② 잔압유지 ③ 후적방지

13 보쉬형 분사장치에서 노즐 분사압력을 조정하는 부위는? [04년 하]

㉮ 여과기 오버플로우 밸브 스프링
㉯ 노즐 홀더
㉰ 분사펌프의 딜리버리 밸브
㉱ 분사펌프의 플런져

풀이 분사 노즐의 압력 조정은 노즐 홀더 스프링의 장력을 가감하여 조정한다.

14 C.I.E(Compression Ignition Engine)의 연료 분무 형성의 3대 요건은? [09년 상]

㉮ 무화, 관통력, 분무압력
㉯ 무화, 분포, 분무입도
㉰ 무화, 관통력, 분포
㉱ 무화, 분포, 분무속도

풀이 연료 분무의 3대 조건 : 무화, 분포, 관통력

09 ㉯ 10 ㉰ 11 ㉰ 12 ㉯ 13 ㉯ 14 ㉰

15 디젤기관의 분사노즐에 요구되는 조건이 아닌 것은? [06년 상]
㉮ 후적이 일어나지 않게 할 것
㉯ 분무의 입자, 크기를 크게 할 것
㉰ 분무의 상태가 연소실의 구석구석까지 뿌려지게 할 것
㉱ 연료를 미세한 안개모양으로 하여 쉽게 착화되게 할 것

풀이 분사노즐의 요구조건
① 연료를 미세한 안개모양으로 하여 쉽게 착화되게 할 것
② 분무의 상태가 연소실의 구석구석까지 뿌려지게 할 것
③ 후적이 일어나지 않게 할 것
④ 고온·고압의 가혹한 조건에서 장시간 사용할 수 있을 것

16 기관의 각 실린더 연료 분사량을 측정한 결과 최대 분사량이 45cc, 최소 분사량이 41cc, 평균 분사량이 42cc 였다면 (+) 불균율은? [07년 하]
㉮ 5% ㉯ 7%
㉰ 12% ㉱ 15%

풀이 분사량의 불균율
$$불균율 = \frac{최대 - 평균}{평균} \times 100(\%)$$
$$= \frac{45 - 42}{42} \times 100(\%) = 7.14\%$$

17 디젤기관의 분사량이 부족 원인이 아닌 것은? [08년 상]
㉮ 기관의 회전속도가 낮다.
㉯ 분사펌프의 플런저가 마모되었다.
㉰ 딜리버리 밸브 시트가 손상되었다.
㉱ 딜리버리 밸브가 헐겁게 설치되었다.

풀이 ㉯, ㉰, ㉱항이 분사량 부족의 원인이며, 기관의 회전속도가 낮다고 연료 분사량이 적어지지는 않는다.

18 디젤 분사노즐 시험에 관한 설명으로 틀린 것은? [06년 하]
㉮ 분무되는 연료에 손을 대지 않도록 한다.
㉯ 시험연료는 가능한 한 20℃ 전후로 유지한다.
㉰ 시험 중에는 인화 물질이 없도록 한다.
㉱ 시험기의 핸들 작동은 가능한 한 천천히 한다.

풀이 ㉮, ㉯, ㉰항이 옳은 설명이고, 시험기의 핸들 작동은 빠르고 짧게 한다.

19 디젤기관의 분사펌프에서 조속기의 기능상 분류 중 가장 거리가 먼 것은? [08년 하]
㉮ 복합 최대속도 조속기
㉯ 최소/최대속도 조속기
㉰ 전속도 조속기
㉱ 기계식/전자식 조속기

풀이 조속기의 분류
1) 구조상 분류
 ① 원심식 조속기
 ② 유압식 조속기
 ③ 공기식 조속기
2) 기능상 분류
 ① 정속도식 조속기
 ② 과속도식 조속기
 ③ 전속도 조속기
※ 속도와 관련된 조속기는 기능상 분류이며, 기계식/전자식은 구조상 분류이다.

15 ㉯ 16 ㉯ 17 ㉮ 18 ㉱ 19 ㉱

20. 디젤기관에서 회전속도 오차검출 방식이 아닌 것은? [05년 상]

㉮ 원심 조속기 ㉯ 진공 조속기
㉰ 전기식 조속기 ㉱ 유압식 조속기

풀이 조속기의 구조상 분류
① 원심식 조속기
② 유압식 조속기
③ 공기식 조속기

21. 조속기를 설치한 기관에서 회전수 2,000 rpm으로 유지하려 한다. 무부하시 2,100 rpm 이고, 전 부하시 1,900rpm 이면, 조속기의 속도 처짐(속도 변화율)은 몇 %인가? [05년 상]

㉮ 10.5% ㉯ 11.5%
㉰ 12.5% ㉱ 13.5%

풀이 조속기의 속도 변동률

$$= \frac{\text{무부하 최고속도} - \text{전부하 최고속도}}{\text{전부하 최고속도}} \times 100(\%)$$

$$= \frac{2,100 - 1,900}{1,900} \times 100(\%) = 10.53\%$$

22. 디젤기관 연료 분사장치를 설명한 것 중 잘못 설명된 것은 어느 것인가? [07년 상]

㉮ 연료분사 요건은 적당한 무화, 분포, 관통력이다.
㉯ 딜리버리 밸브는 노즐의 분사 단절을 좋게 하여 후적을 방지한다.
㉰ 플런저의 길이 홈과 리드는 분사량을 조정한다.
㉱ 분사시기가 늦으면 역회전하며, 분사시기가 빠르면 기관 출력이 저하된다.

풀이 ㉮, ㉯, ㉰항이 옳은 설명이고, 분사시기가 늦으면 출력이 저하되고, 분사시기가 빠르면 역회전될 수 있다.

23. 노즐에서 분사되는 연료의 입자 크기에 관한 설명 중 알맞는 것은? [07년 상]

㉮ 노즐 오리피스의 지름이 크면 연료의 입자 크기는 작다.
㉯ 배압이 높으면 연료의 입자 크기는 커진다.
㉰ 분사압력이 높으면 연료의 입자 크기는 커진다.
㉱ 공기온도가 낮아지면 연료의 입자 크기는 커진다.

풀이 분사압력을 높게하면 연료의 입자를 가늘게 할 수 있으며, 노즐의 지름이 크면 연료의 입자가 커지며 배압과 연료입자와는 관련이 없다.

20 ㉱ 21 ㉮ 22 ㉱ 23 ㉱

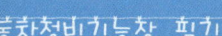

06 흡·배기장치

제1절 흡기 장치

1_ 자연 흡기 시스템

1. 개요

흡기장치(intake system)는 흡입하는 공기 속에 들어 있는 먼지 등을 제거하는 공기 청정기와 각 실린더에 혼합기를 분배하는 흡기 매니폴드로 구성되어 있다.

1) 구성

① 공기 청정기(air cleaner) : 공기 청정기(air cleaner)는 기관이 흡입하는 공기속에 들어 있는 먼지를 제거하고 흡기 계통에서 발생하는 흡기 소음을 없애는 역할을 한다.
공기 청정기는 건식과 습식이 있으며 건식은 종이나 천으로 된 엘리먼트를 사용하며 공기가 엘리먼트를 통과할 때 먼지 등이 제거되어 흡입된다. 습식공기 청정기는 흡입 시 먼저 공기가 유면에 접촉되어 흐름 방향을 바꿀 때 입자가 큰 모래나 먼지가 와류에 의해 오일에 떨어지고 작은 불순물은 오일이 묻어있는 엘리먼트 사이를 빠져나갈 때 여과하도록하여 여과성능이 좋다.

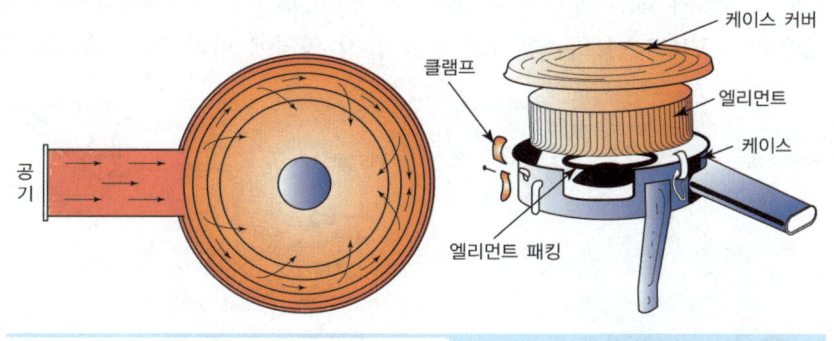

그림 1-159 / 건식 공기 청정기

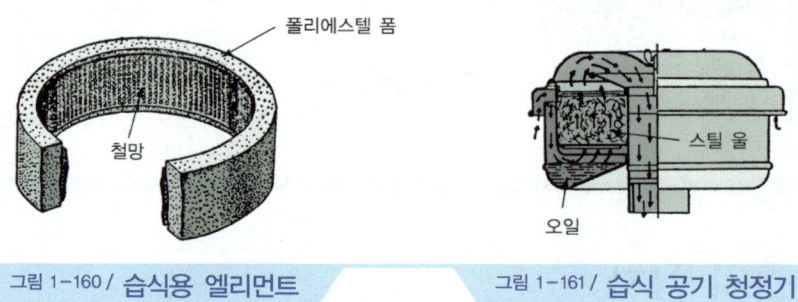

그림 1-160 / 습식용 엘리먼트   그림 1-161 / 습식 공기 청정기

② 흡기 매니폴드 : 흡기 매니폴드(intake manifold)는 혼합기의 흐름 저항을 적게하여 각각의 실린더로 균일한 혼합기를 분배하는 역할을 하며 혼합기에 와류를 형성시켜야 한다.

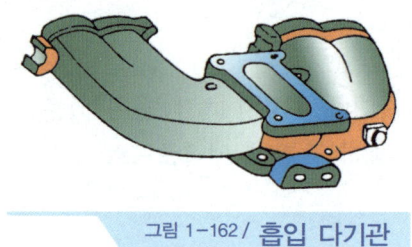

그림 1-162 / 흡입 다기관

2_ 가변 흡기 제어 장치(VICS : Variable Intake Control System)

가변 흡기 장치를 다른 말로 VIS(Variable Intake System) 라고도 하며, 엔진 회전수와 부하에 따라 흡기다기관의 길이를 변화시켜 전 운전 영역에서 엔진 성능을 향상시키는 시스템이다.

저속에서는 와류를 일으키는 긴 통로를 통해서, 고속에서는 흡기 부압이 걸리지 않도록 짧은 흡입 통로를 통하여 흡입 공기가 유입하도록 한다. ECU는 VICS 솔레노이드 밸브의 진공 부압을 제어하고, VICS 밸브는 엔진의 부하 운전 영역에 따라 엔진 출력을 향상시킨다.

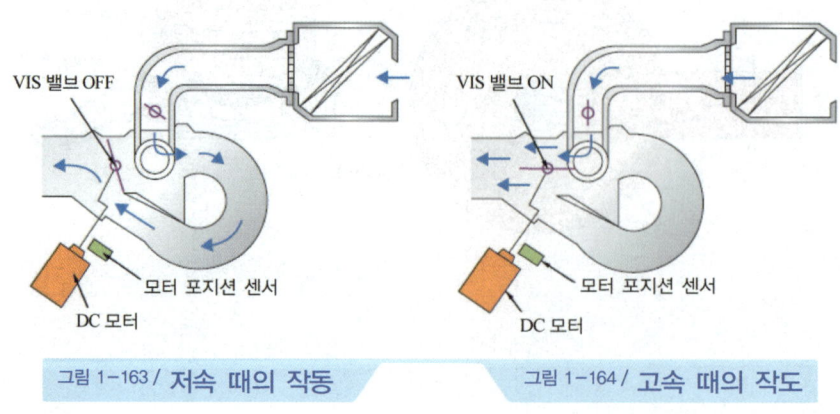

그림 1-163 / 저속 때의 작동   그림 1-164 / 고속 때의 작도

3_ CVVT(Continuously Variable Valve Timing) System

1. 개요

작동중인 흡기밸브는 공회전시 지각, 고속 저부하시 진각, 고속 고부하시 지각시켜야 유리하므로 엔진의 캠 샤프트에 장착되어 흡기 캠샤프트의 밸브 개폐시기를 엔진 회전수에 따라 최적화하여 엔진 성능을 향상시켜주는 장치이다.

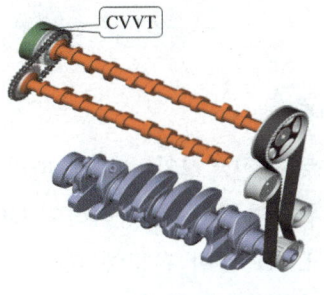

그림 1-165 / CVVT

2. 구성 부품

1) CVVT 플런저

OCV로 부터 유압을 받아 진각, 지각 방향으로 회전 작동한다.

그림 1-166 / CVVT 플런저

2) OCV(Oil-flow Control Valve)

ECU의 제어를 받아 CVVT로 공급되는 유체통로의 방향을 변경시켜주는 부품이다.

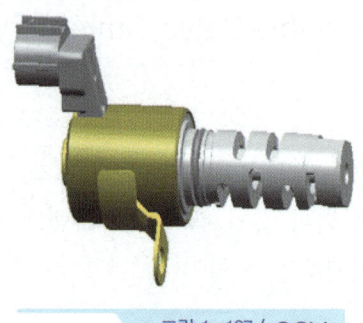

그림 1-167 / OCV

3) OTS(Oil Temperature Sensor)

CVVT의 작동유체는 엔진오일로 엔진오일의 온도에 따라 밀도의 변화가 생기는데 이러한 온도에 따른 변화량을 보상하기 위하여 OTS를 장착하여 OCV에 들어가기 전의 엔진오일의 온도를 측정하여 ECU에 보내면 ECU는 이 온도에 따라 OCV 구동을 보정한다.

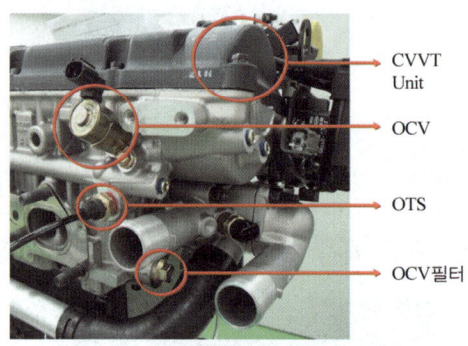

그림 1-168 / OTS 장착 위치

4) OCV 필터

OCV로 유입되는 이물질을 여과하여 오동작을 방지하며, 오염시 에어건 등으로 이물질을 제거하고, 에테르로 세척하여 오일 등을 깨끗이 제거한다.

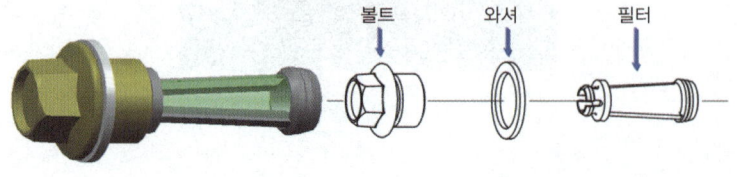

그림 1-169 / OCV 필터

3. CVVT 작동

시동 전 오일이 모두 빠져나간 상태이며 베인은 최대지각 상태로 있다가 시동을 걸면 CVVT 진각실과 지각실로 오일이 유입된다. 진각실에 유입된 오일 압력이 스톱퍼 핀을 이기면 베인이 움직이기 시작한다.

1) 진각시

CPU의 신호에 따라 OCV 스풀이 움직여 진각실로 오일이 유입되고 지각실로부터 오일이 빠져나가서 베인이 진각쪽으로 이동한다.

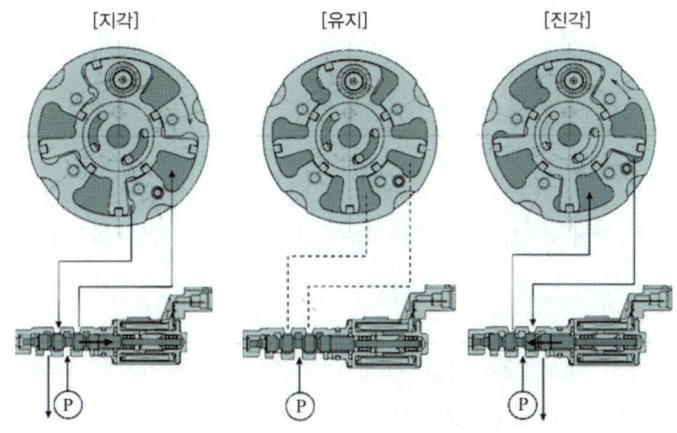

2) 지각시

지각실로 오일이 유입되고 진각실로 오일이 빠져나가서 베인이 지각쪽으로 이동한다.

3) 유지시

오일 누출량 만큼 오일을 보충하여 각도를 유지한다. 이때 OCV의 진각 유로를 조금씩 개구시키며 지각실은 거의 막은 상태가 된다.

4_CVVL(Continuously Variable Valve Lift) System

1. 개요

CVVL은 밸브 리프트의 움직임을 연속적으로 가변 제어하여 흡·배기 과정에서 발생하는 펌핑 손실을 줄여주고 엔진 전영역에서 성능을 향상시키는 가변밸브 리프트 장치이다. CVVT는 밸브의 개폐시기를 조절하지만 CVVL은 밸브의 열림 높이를 조절하여 엔진의 성능을 향상시킨다.

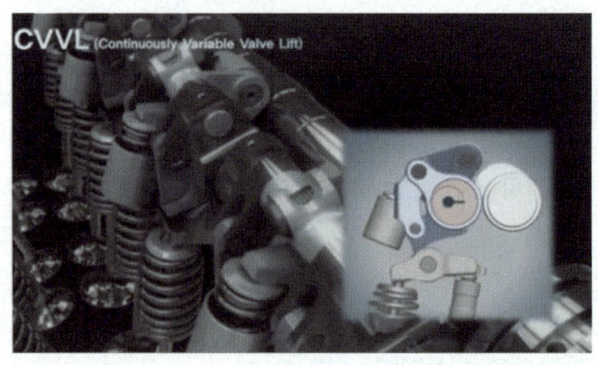

그림 1-170 / CVVL 장치

2. CVVL 효과

1) 엔진 출력 향상

엔진의 모든 운전 영역에서 최적의 밸브 타이밍이 되므로 엔진의 출력을 높일 수 있다

2) 유해 배기가스 저감

중속, 중부하 영역에서 밸브 오버랩을 크게 하면 약간의 배기가스가 흡기쪽으로 이동하여 (내부 EGR) 탄화수소(HC)와 질소산화물(NOx)을 저감할 수 있다.

3) 연비 향상 및 공회전 안정화

공회전에서 밸브 오버랩을 제로(O)로 하여 안정적인 연소로 더 낮은 회전수로 공회전을 유지할 수 있다. 즉, 엔진의 공전 rpm을 낮출 수 있어 연비를 향상시킬 수 있다.

3. 구성부품

① 모터 : DC 모터로 ECM 제어를 받아 좌, 우로 회전하여 웜 휠을 회전시킨다.
② 컨트롤 샤프트 : 모터의 구동에 의해 컨트롤 샤프트의 편심된 캠이 회전하여 CVVL 기구를 작동시킨다.
③ 위치 센서 : 컨트롤 샤프트의 현재 위치를 파악하여 ECM에 피드백 신호를 주어 제어 값이 정상인지 여부를 판단한다.
④ CVVL 기구 : 흡기 캠 샤프트와 링크된 구조로, 로커암의 윗부분을 누르고 있으며 컨트롤 샤프트의 편심 량에 따라 흡기밸브의 열림 량을 조절한다.

4. CVVL 작동

ECM에서 CVVL 모터를 구동하여 편심 캠이 장착된 컨트롤 샤프트를 회전시킨다. 컨트롤 샤프트가 회전하면 CVVL 링크를 회전시키고 CVVL 링크의 회전각에 의해 밸브 리프트가 결정된다. 밸브 리프트 량은 1mm~10.7mm 범위 내에서 연속적으로 가변하며, 저속에서는 리프트를 낮춰 흡입 공기량을 줄이고, 고속 고부하 영역에서는 리프트를 높여 흡입 공기량을 증가시킨다.

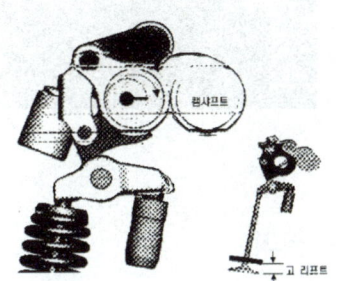

그림 1-171 / 저 리프트일 때

그림 1-172 / 고 리프트일 때

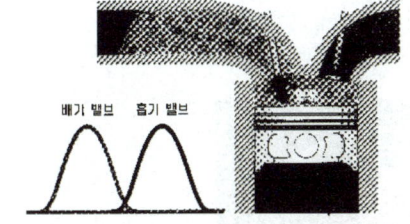

그림 1-173 / CVVL 작동 시 흡기밸브의 열림 량 변화

5_CVVD(Continuously Variable Valve Duration) System

1. 개요

예전의 밸브 작동은 밸브의 열리는 시기(Timing)를 앞뒤로 움직이거나 밸브의 열리는 높이(Lift)를 위아래로 조절할 수 있었으나 밸브가 열려있는 시간(Duration)은 조절할 수 없었다. 이에 반해 CVVD 시스템은 엔진의 상태에 따라 밸브가 열려있는 시간(Duration)을 엔진의 상태에 따라 최적으로 변화시켜 주는 최신 기술이다.

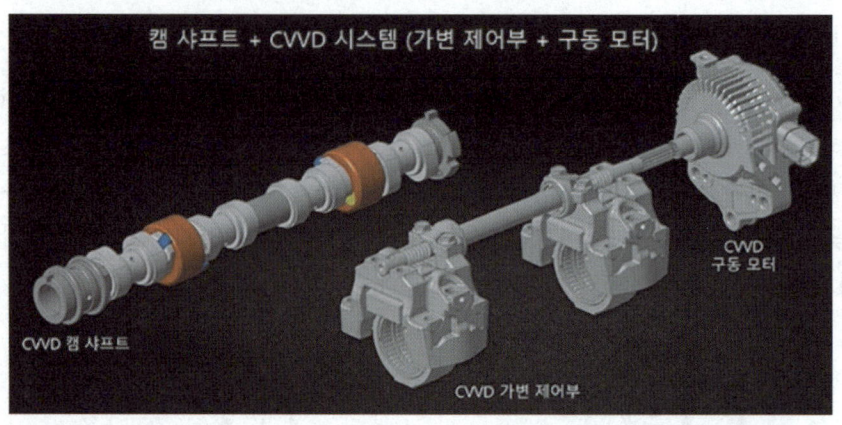

그림 1-174 / CVVD 구성

2. 작동 원리

엔진 컴퓨터(ECM)가 주행 상태에 따라 CVVD 구동모터를 최대 6,000rp으로 회전시켜 가변 제어부가 캠샤프트와 연결된 링크의 위치를 0.5초 만에 이동시켜 연결 링크의 중심이 변경(편심)됨으로써 캠 샤프트의 회전속도가 바뀌게 되는 것이다. 캠이 밸브를 누르는 속도가 바뀌면서 밸브의 열림 시간이 빨라졌다 느려졌다 하게 되는 것이다.

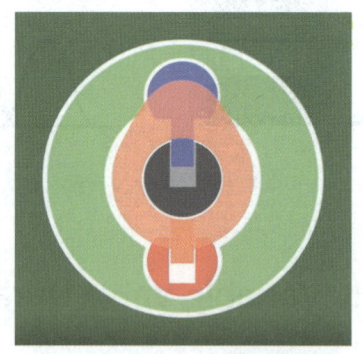

그림 1-175 / CVVD 축과 캠

회색으로 해놓은 축과 주황색 캠을 바로 연결시키는 것이 아니라, 어느 정도 위치를 움직여서 회전할 수 있는 연두색 브라켓을 따로 두고 회전과 슬라이딩이 가능한 파란색 슬라이더 핀으로 축과 브라켓을 연결시켜준다.

그리고 축에 걸려는 있지만 같이 돌지 않는 캠과 브라켓을 이어주는데, 빨간색 핀과 캠에 붙은 주황색 키를 이용한다. 그리고 녹색 하우징으로 브라켓의 위치를 제어한다. 그렇게 하면 구간에 따라 다른 각속도를 갖게 될 수 있다.

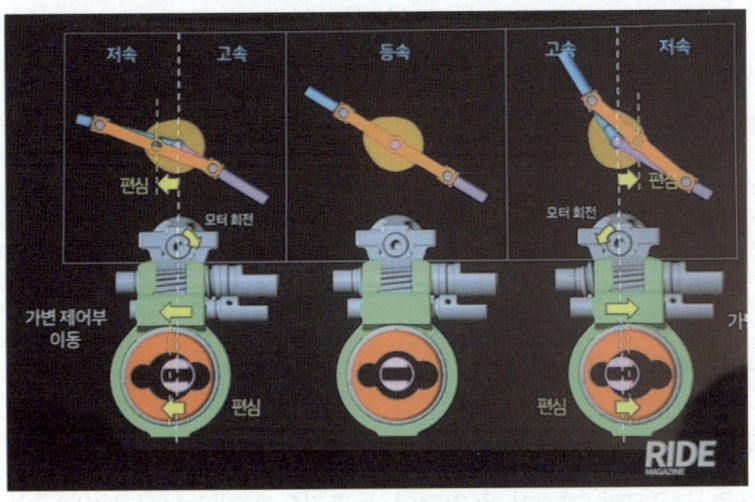

그림 1-176 / 편심을 이용한 캠의 회전속도 변경

따라서, 밸브를 먼저 열지만 늦게 닫히게 할 수 있고, 늦게 열지만 먼저 닫히게 할 수 있다. 이 방법을 CVVT 기술과 함께 사용하면, 같이 열리지만 늦게 닫히게 할 수도 있고 늦게 열리지만 같이 닫히게 하는 등 자유자재로 엔진 상황에 맞게 밸브 컨트롤이 가능하게 된다.

3. 밸브를 제어하는 3가지 요소(타이밍, 리프트, 듀레이션) 비교

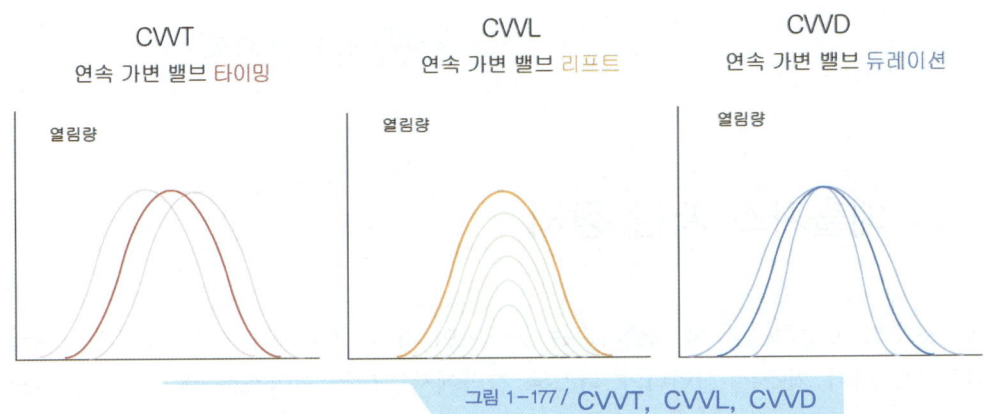

그림 1-177 / CVVT, CVVL, CVVD

제2절 배기 장치

배기장치(exhaust system)는 각 실린더의 연소가스를 모으는 배기 매니폴드와 연소가스가 외부로 나가는 배기 파이프 및 소음기 등으로 구성되어 있다.

1_ 배기 다기관

1. 개요

배기 연소가스 배출온도는 600[℃]~700[℃] 정도이고, 가스압력은 3~5[kg/cm^2]이다.

1) 배기 다기관

배기 다기관은 고온고압 가스가 끊임없이 통과되므로 내열성이 높은 주철 등을 이용하며 실린더에서 배출되는 배기가스를 모으는 곳이다.

2. 소음기(muffler)

소음기는 기관에서 배출되는 배기가스의 온도와 압력을 낮추어 배기 소음을 감소하는 장치이다.

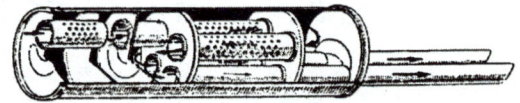

그림 1-178 / 소음기의 구조

제3절 배출가스 저감 장치

자동차로부터 배출되는 유해 배출가스는 블로바이 가스, 연료증발 가스, 배기가스 등을 들 수 있다. 블로바이 가스는 실린더와 피스톤 간극에서 크랭크케이스로 빠져 나오는 가스로, 70~90[%]가 미연소 가스인 탄화수소(HC)로 구성되며, 전체 배출가스의 약 25[%] 정도이다. 연료증발 가스는 연료탱크나 연료 계통 등에서 증발해서 대기 중으로 방출되는 가스로, 주성분은 블로바이 가스와 같이 미연소 가스인 탄화수소(HC)이다. 전체 배출가스의 약 15[%] 정도를 차지한다. 배기가스의 주성분은 수증기(H_2O)와 이산화탄소(CO_2)이어야 하나, 불완전 연소로 인해 CO, HC, NOx 등 유해가스가 배출되며 전체 배출가스의 약 60[%] 정도를 차지한다.

1_ 배출가스 제어장치

1. 블로바이 가스 제어장치

피스톤과 실린더 사이에서 발생되어 크랭크축과 로커암으로 유입된 블로바이 가스는 경, 중부하 시 PCV 밸브의 열림 정도에 따라 서지탱크로 들어가며, 급가속, 고부하 시 다량 발생된 블로바이 가스는 흡기다기관의 진공이 감소하므로 브리더 호스(breather hose)를 통해 서지탱크로 들어간다.

1) PCV(Positive Crankcase Ventilation) 밸브

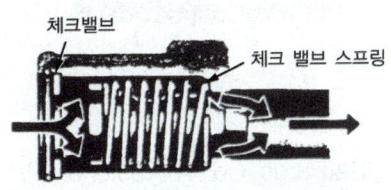

그림 1-179 / PVC 밸브

엔진 상태	정지	공회전, 감속	경·중부하	가속 및 고부하
흡기 다기관 진공도	없음	높음	중간	낮음
PCV 밸브 상태	닫힘	완전 열림	중간 열림	조금 열림
블로바이가스 유량	없음	많음	중간	적음
밸브 작동 상태				

2) 브리더(breather) 호스

엔진이 고속, 고부하로 작동 중 발생된 다량의 블로바이 가스는 흡기 다기관의 진공이 감소됨에 따라 PCV 밸브를 통해 제어되지 못하고, 브리더 호스를 통하여 직접 서지탱크로 유입된다.

2. 연료증발 가스 제어장치

1) 차콜 캐니스터(Charcoal Canister)

차콜 캐니스터는 연료 탱크 또는 기화기에서 발생한 증발가스를 대기 중으로 방출시키지 않고 활성탄을 이용하여 증발가스를 포집해 두었다가 가속 시나 등판 시와 같은 고부하 영역에서 퍼지 에어(purge air)와 함께 다시 증기상태로 되어 흡입 매니폴드에 공급해주는 장치이다.

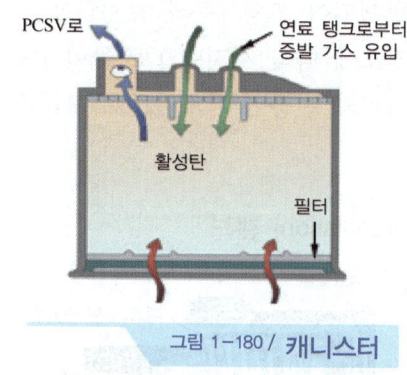

그림 1-180 / 캐니스터

2) 퍼지 컨트롤 솔레노이드 밸브(Purge Control Solenoid Valve)

퍼지 컨트롤 솔레노이드 밸브는 ECU의 제어에 의해 기관의 온도가 낮거나 공전 시에는 PCSV가 닫혀 캐니스터에 포집된 연료증발 가스는 유입되지 않으며, 기관이 정상온도에 도달하면 PCSV가 열려 연료증발 가스를 서지탱크로 유입시킨다.

3. 배기가스 제어장치

배기가스에서 발생되는 3대 유해가스로는 CO, HC, NOx가 있으며 이론 공연비(14.7 : 1)을 중심으로 농후하면 CO, HC가 많이 발생하고, 정상 연소상태인 이론 공연비 부근 고온에서 NOx가 많이 발생된다.

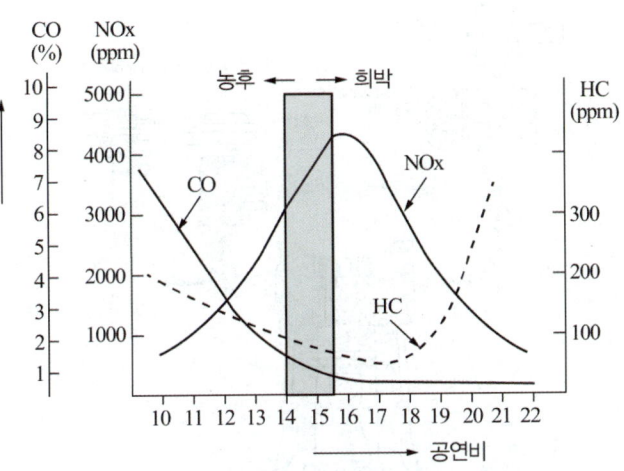

그림 1-181 / **배기가스 발생 곡선**

1) 산소센서(oxygen sensor, O_2 센서, λ 센서, 공기비 센서)

촉매 컨버터가 효율적으로 작동하기 위해서는 이론 공연비에서 연소가 일어날 수 있도록 제어하여야 한다. 이를 공연비 제어 또는 람다 제어(λ-control)라 한다. 산소센서는 배기가스 중의 산소 농도에 따라 전압을 발생하며, 연소가 이론 공연비에서 이루어 졌는지를 점검하는 기능을 한다. 즉, 람다를 이론공기량과 실제 흡입한 공기량과의 비로 정의한다.

$$\lambda = \frac{\text{실제 흡입 공기량}}{\text{이론 공기량}}$$

혼합비가 희박하면 이론 공기량보다 흡입 공기량이 많으므로 $\lambda > 1$, 농후하면 흡입 공기량이 적으므로 $\lambda < 1$, 이론공연비에서 $\lambda = 1$이 된다.

배기가스 중에 산소농도가 높으면($\lambda > 1$) 대기와의 산소농도 차이가 적어 발생전압이 낮고(0.1V), 산소농도가 낮으면($\lambda < 1$) 대기와의 산소농도 차이가 커서 발생전압이 높아진다(0.9V). 또한 산소센서는 이론 공연비를 중심으로 전압변화가 급격하게 나타나므로 공연비 제어에 매우 유리하다. 산소센서는 소자의 재료에 따라 산화 지르코니아 산소센서와 산화 티타니아 산소센서 2종류로 나누어지며, 산화 지르코니아 산소센서는 산소 농도에 따른 기전력의 변화를 이용하고 산화 티타니아 산소센서는 저항 값이 변화하는 것을 측정한다.

2) 배기가스 재순환(Exhaust Gas Recirculation, EGR) 장치

EGR 장치는 배기가스의 일부를 다시 흡입계통으로 재순환시켜 연소 시 기관의 출력을 최소화하면서 최고 온도를 낮추어 고온일 때 발생하는 질소산화물(NOx)을 저감시키는 장치이다.

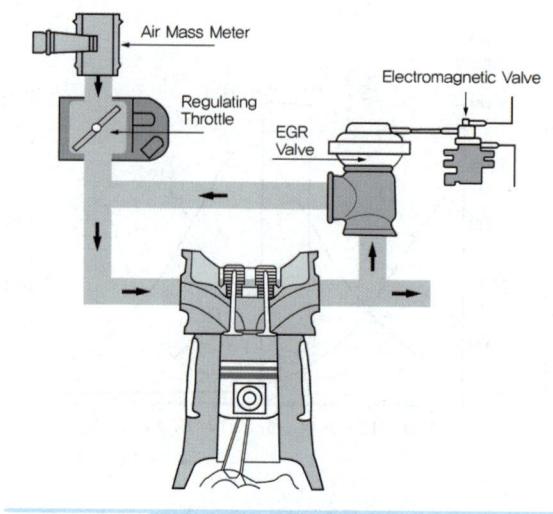

그림 1-182 / 배기가스 재순환 장치

EGR 시스템은 급 감속 시와 냉각수 온도가 낮을 때에는 작동하지 않으며 부분부하 영역, 냉각수 온도 65[℃] 이상, 1,450[rpm] 이상에서는 EGR 장치를 완전히 열어 NOx 발생을 저감 및 기관 출력에 영향을 받지 않도록 최소화가 가능하도록 한다.

① EGR 모듈레이터 밸브 : 배기가스의 압력과 흡입 매니폴드의 부압 신호에 의해 내부 다이어프램이 작동하여 EGR 컨트롤 밸브를 제어한다.
② EGR 솔레노이드 밸브 : 엔진과 라디에이터의 냉각수 온도와 rpm을 ECU가 입력 받아 전기적 신호로 EGR 밸브를 제어한다.
③ $EGR율 = \dfrac{EGR가스량}{흡입공기량 + EGR가스량} \times 100[\%]$

3) 삼원촉매장치(3 way catalytic converter)

연소실에서 이론적으로 완전 연소된 배기가스는 수증기(H_2O), 이산화탄소(CO_2), 질소(N_2) 등으로 구성되어 있지만 실제로는 완전연소가 되지 않기 때문에 유해가스인 일산화탄소(CO), 탄화수소(HC), 질소산화물(NOx)이 생성된다. 삼원촉매 장치는 백금(Pt), 팔라듐(Pd), 로듐(Rh) 3가지 촉매를 이용하여, 산소센서와 EGR 장치에서 정화되지 않는 나머지 CO, HC, NOx를 CO_2, H_2, O, N_2, O_2 등으로 산화 및 환원시키는 장치이다. 삼원촉매 장치를 사용하는 차량은 무연휘발유만을 사용하여야 한다.

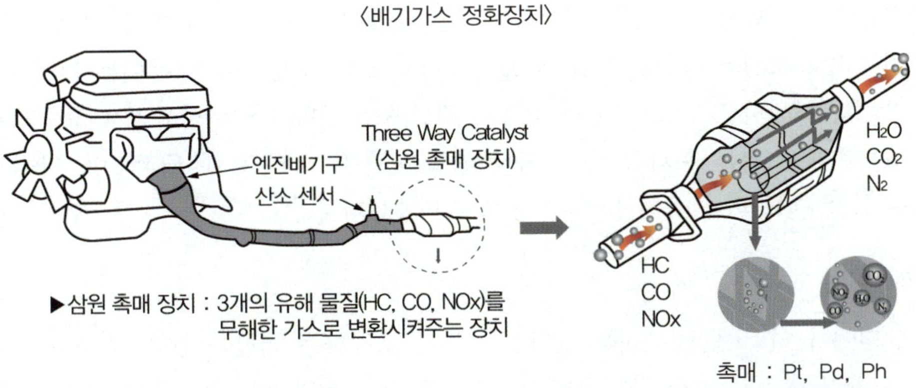
〈배기가스 정화장치〉
Three Way Catalyst
(삼원 촉매 장치)
엔진배기구
산소 센서
▶삼원 촉매 장치 : 3개의 유해 물질(HC, CO, NOx)를
무해한 가스로 변환시켜주는 장치
H2O
CO2
N2
HC
CO
NOx
촉매 : Pt, Pd, Ph

그림 1-183 / 삼원촉매 장치

삼원촉매 장치는 촉매의 온도가 250[°C] 이상이 되어야 활성화되어 유해 배출가스를 정화할 수 있으며, 엔진 시동 후 약 1분 정도가 소요된다. 또한 정화효율은 공연비가 14.7 : 1일 때 최대 효율을 발휘한다.

2_ 배기가스 후처리 장치

배기가스 규제가 강화됨에 따라 디젤 자동차 배기가스의 경우 저감 기술만으로는 강화된 규제를 만족할 수 없어 추가로 DPF, SCR 등 배기가스 후처리 기술이 적용되었다.

표 1-4 / EU Emission Standards for Passenger Cars

[단위 : g/km]

배기규제 기준	유로 1	유로 2	유로3	유로4	유로5	유로6
유럽 적용	1992.7	1996.1	2000.1	2005.1	2009.9	2014.9
국내 적용			2005	2008	2011	2015.9
CO	2.72	1.0	0.64	0.5	0.5	0.5
$HC+NO_x$	0.97	0.9	0.56	0.3	0.23	0.17
NO_x			0.5	0.25	0.18	0.08
PM	0.14	0.1	0.05	0.025	0.005	0.005
적용기술	전자제어 연료분사 기술 적용		CRDI	DOC DPF	LNT SCR	SDPF

1. DPF(Diesel Particulate Filter)

DPF(CPF)는 디젤엔진에서 배출되는 입자상 물질(PM)을 필터로 포집한 후 이것을 다시 태우고(재생) 다시 포집하는 것을 반복하는 기술로 PM을 약 70[%] 이상 저감할 수 있다. DPF 장치는 PM 포집(trapping)과 재생(regeneration)으로 구분되며, 구성에는 촉매필터 본체와 배기가스 온도센서 및 차압센서가 있으며 필터에는 산화촉매 어셈블리가 포함되어 있다. 배기가스가 촉매 필터를 통과할 때 입자상 물질은 촉매 필터 내에 퇴적되며, 나머지 물질(CO, HC 등)은 머플러를 통하여 대기 중으로 방출된다.

1) 촉매 필터

디젤 엔진에서 연소 중 발생하는 입자상 물질을 포집하는 역할을 한다. 입구로 유입된 배출 가스는 채널 출구가 막혀 있기 때문에 다공질 벽을 통과하여 옆 채널출구로 빠져나가게 된다.

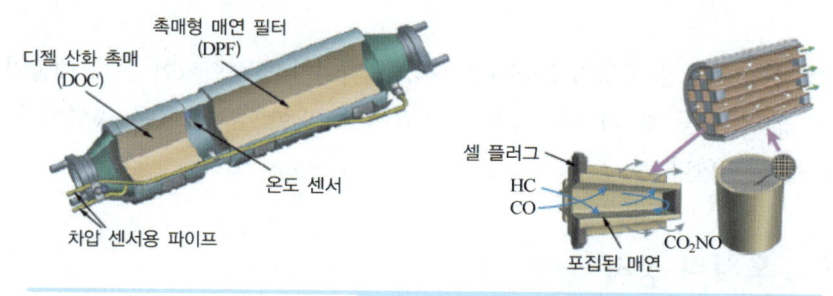

그림 1-184 / 촉매 필터의 구조 및 원리

2) 디젤 산화 촉매(DOC : Diesel Oxidation Catalyst)

디젤 산화 촉매는 백금(Pt), 팔라듐(Pd) 등의 촉매 효과로 배기 중의 산소를 이용하여 CO, HC를 산화시켜 제거하는 기능을 한다. 디젤 엔진에서 CO, HC의 배출은 그다지 문제가 되지 않지만, 산화 촉매에 의해 입자상 물질의 구성 성분인 HC를 감소시키면 입자상 물질을 10~20[%] 저감할 수 있다. 또, 배기가스 후처리 장치에서의 산화 촉매는 재생 모드에서 후분사를 실시하면 산화 작용에 의한 배기가스 온도를 상승시키는 역할을 하게 되며 배기가스 온도가 DPF 재생 목표 온도, 즉 입자상 물질의 발화 온도인 600~650[℃] 이상이 되면 DPF에 포집된 입자상 물질이 연소된다.

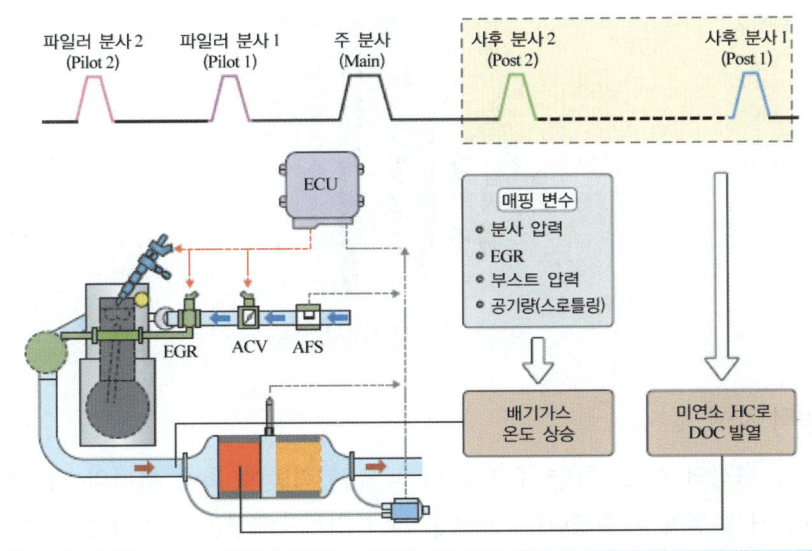

그림 1-185 / 디젤 산화 촉매의 역할

3) 차압 센서

차압 센서는 DPF 장치의 입구와 출구의 압력 차이를 측정한다. ECU는 이 센서의 측정값을 이용하여 DPF 안에 포집된 매연량을 측정하고 재생 여부를 결정한다.

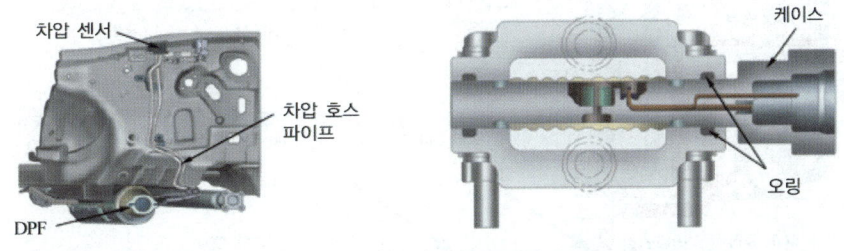

그림 1-186 / 차압센서의 장착 위치 및 구조

4) 배기가스 온도센서

배기가스 온도센서는 DPF의 산화 촉매와 촉매 필터 사이에 설치되어 배기가스의 온도를 검출하여 과도한 열에 의한 DPF 필터의 손상을 방지한다.

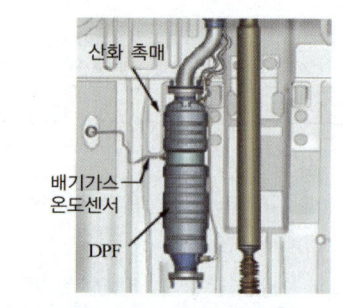

그림 1-187 / 배기가스 온도센서

5) 촉매 필터 재생

ECU는 차압 센서의 신호, 차량 주행 거리 등을 입력받아 촉매 필터의 재생이 필요한 경우, 촉매 필터 재생 절차를 수행한다. 재생할 때 ECU는 매연을 연소시키기 위해 배기 행정때 연료를 2회에 걸쳐 추가 후 분사 하여 배기가스 온도를 매연 연소 온도, 즉 입자상 물질의 발화 온도인 약600 ~ 650[℃] 이상으로 상승시킨다. 이때 매연은 연소되며, 촉매 필터 내에는 재(ash)만 축적된다.

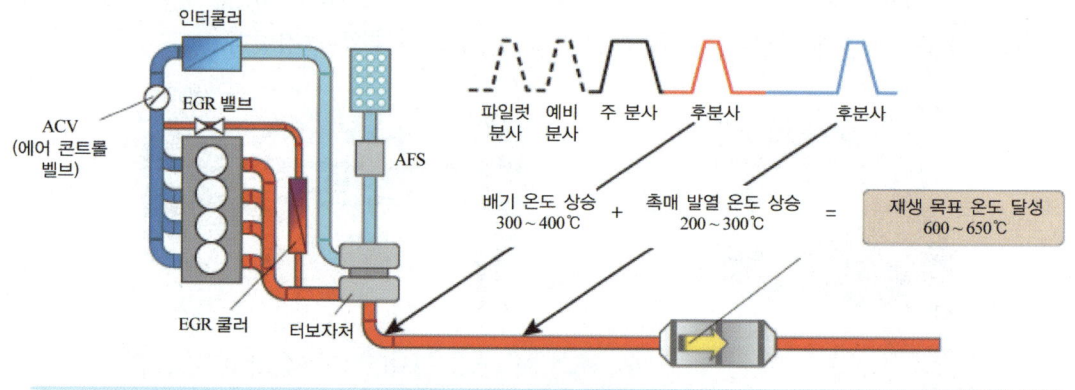

그림 1-188 / 디젤 후처리 장치 촉매 필터 재생온도 달성 방법

2. LNT, SCR, SDPF

1) LNT(Lean NOx Trap, 질소산화물 저장 트랩)

촉매 내에서 일시적으로 NOx를 저장한 후, 후 분사에 의한 Rich 연소 및 배기포트 및 파이프 내에 연료분사를 통해 탄산바륨($BaCO_3$)을 환원제로 사용하여 NOx를 제거하는 방법이다. 일반 주행($\lambda > 1$, Lean Mode) 시에 디젤 엔진은 대부분 희박연소로 진행되므로 CO, HC 보다 NOx가 많이 생성되며, 생성된 NOx는 촉매에 포집된다. NOx 정화($\lambda < 1$, Rich

Mode) 시에는 LNT 촉매에 흡장된 NOx를 환원시키기 위해 후 분사를 실시하여 농후한 연소 분위기에서 NOx를 다시 환원시킨다.

2) SCR(Selective Catalytic Reduction, 선택적 환원촉매)

촉매에서 NOx와 선택적으로 반응하는 환원제(암모니아, NH_3)를 사용하여 NOx를 질소로 환원시키는 방법으로, LNT와 같이 Euro-5에서 적용되었다.

연소반응 : $2NOx + 2NH_3 \rightarrow 2N_2 + 3H_2O$

3) SDPF(SCR+DPF)

디젤 입자상 물질(Soot)을 필터를 이용하여 포집한 후, 550[℃] 이상에서 연소시켜 제거함과 동시에 SCR 촉매(Cu-Zeolite SCR) 내에 요소수 수용액(요소 32.5[%] + 물 67.5[%])을 분사시켜 흡장시킨 뒤 NOx를 N_2와 H_2O로 환원시킨다. Euro-6부터 적용되었다.

연소반응 : $NH_2C(O)NH_2 + H_2O \rightarrow 2NH_3 + CO_2$
$2NH_3 + NO + NO_2 \rightarrow 2N_2 + 3H_2O$

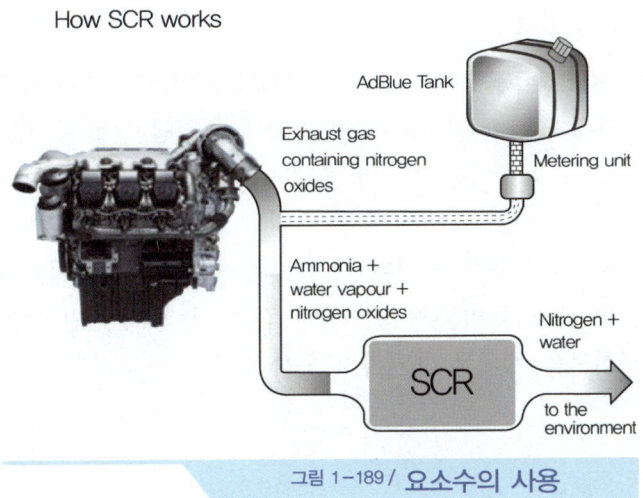

그림 1-189 / **요소수의 사용**

① 요소수(UREA)

SDPF 방식에 사용되는 요소수에는 AdBlue(유럽), DEF(미국) 등이 있으며, 요소수를 32.5[%] 첨가 시 어는점이 -11[℃]로 가장 낮게 되며, 엔진 가동 시 연료의 4~6[%] 정도가 사용된다. 또한, 요소수 1[L] 정도로 100[km] 정도 사용되며 대형 차량의 요소수 탱크 용량은 50~60[L]정도이다.

그림 1-190 / 경유 및 요소수의 주입구

② 촉매제(요소수) 주입 시 주의사항
　㉠ 촉매제는 촉매제 통에, 연료는 연료 통에 넣어야 한다.
　　ⓐ 연료 통에 촉매제를 넣으면 연료에 물이 섞인 것과 같아 꿀렁거리거나 시동이 자주 꺼질 수 있다.
　　ⓑ 촉매제 통에 경유를 넣은 채로 운행하게 되면 촉매제가 분사되는 고온의 배기 부분에, 경유가 함께 분사되어 차량 화재의 원인이 될 수 있으므로 잘못 주입하였을 경우, 즉시 주입된 경유와 촉매제를 제거하고 통을 청소한 후 새로 주입하여야 한다.
　㉡ 촉매제의 보관 및 사용은 지정된 탱크와 주입기를 사용하여야 한다.
　　촉매제는 금속(철, 알루미늄, 니켈 등)과 접촉 시 성분이 변질되어 촉매를 손상시키거나 질소산화물을 제대로 제거하지 못하게 된다.

제4절 친환경 제어시스템

1_ OBD-II 시스템

1. 주요 기능

1) 촉매 열화 감지

촉매는 배출가스의 영향이 매우 크므로 촉매의 앞, 뒤에 산소센서를 장착하여 촉매 정화 효율이 규제치의 1.75배를 넘으면 경고등(MIL)을 점등한다. 진단 원리는 촉매 앞쪽 센서에서 나오는 출력전압의 진폭은 배기가스가 정화되지 않았기 때문에 크고, 뒤쪽 센서의 진폭은 작으므로 그 진폭비를 비교하여 이상여부를 판정한다.

2) 실화 감지

연소실에서 실화가 발생하면 HC가 증가하고, 촉매도 손상을 입으므로 실화율이 일정 이상이 되면 경고등을 점등한다. 실화감지 방법에는 크랭크 각속도 센서 시그널, 연소실 압력 센서, 노크 센서 시그널을 이용하는 방법 등이 있으나 주로 크랭크 각속도를 측정하여 그 변화율을 실화 여부와 해당 기통을 판정하는 방법이 많이 적용되고 있다. 크랭크 각속도를 이용하는 방법은 실화가 발생하는 경우 피스톤의 속도가 다른 기통에 비해 늦어지게 되므로 크랭크 앵글 센서의 투스(tooth) 간격이 다른 곳에 비해 넓어지는 것을 이용하여 실화를 감지하게 된다. 또한 기통별로 실화가 발생하는 경우 투스 간격이 넓어지는 위치가 다르게 되기 때문에 투스 간격이 넓어지는 위치를 판단하여 실화가 발생하는 기통도 판별이 가능하게 된다.

3) 증발가스 누설 감지

차량에서 나오는 연료 가스량을 규제할 목적으로 연료 탱크에서부터 엔진에 이르기까지 연료 증발가스가 누설되면 점등한다. 증발가스의 누설을 감지하는 방법으로는 가압식과 부압식이 있으며, 가압식은 증발가스 계통을 막고 압력을 가하여 압력 변화를 측정하여 새는 것을 확인한다. 부압식은 증발가스 계통을 막고 서지탱크 내의 부압을 통하여 증발가스를 엔진에 공급하게 되면 증발가스 라인에 부압이 형성된다. 그 때 증발가스 라인에 압력(부압)센서를 설치하여 압력 시그널의 변화를 감지하여 증발가스의 누설을 확인한다. 부압이 어느 이하로 유지되지 않으면 누설로 감지된다.

4) 연료계통 감지

연료계통이란 공연비에 영향을 주는 모든 연료 공급 계통의 기계적인 부품과 입출력 센서나 액추에이터 장치의 이상으로 배출가스가 규제치 이상으로 나오면 경고등을 점등하게 된다. 이러한 연료계통의 이상은 결국 산소센서의 피드백에 의해 나타나므로 산소센서의 공연비 피드백 작용이 불량하면 촉매 정화효율이 떨어지게 되어 이를 감지하게 된다.

5) 산소(O_2)센서 감지

산소센서는 엔진에 공급되는 혼합기에 아주 큰 역할을 하므로 배출가스 발생에 큰 영향을 미치게 된다. 산소센서 감지는 촉매 전, 후에 설치되는 2개의 산소센서의 기능 이상을 출력전압의 크기를 비교하여 판정한다. 촉매 전 산소센서(업스트림 산소센서)의 이상은 농후·희박을 알려주는 주기와, 농후·희박이 스위칭 할 때의 반응시간, 산소센서 시그널의 전압 높이를 통해 배출가스를 과다하게 배출시킬 수 있는 현상을 감지하고, 촉매 후 산소센서(다운스트림 산소센서)의 고장 감지는 단순히 반응이 늦은 경우를 고장으로 감지를 한다.

6) EGR가스 제어장치 감지

EGR 밸브가 오작동하면 배출가스가 증가하는 것을 방지하기 위한 것으로 EGR 밸브의 고장은 물론 비정상적으로 열리거나 닫히는 것도 진단하도록 한다. 오작동 감지는 EGR 라인에 온도센서를 이용하거나 서지탱크 내의 MAP 센서를 이용한다. 온도센서 방식은 EGR 가스가 통과하는 라인에 온도센서를 부착하여 EGR 밸브의 작동상태에 따라 온도 변화를 보고 밸브 작동상태를 인식한다. MAP 센서 방식은 EGR 밸브를 감속 중에 작동시켜 서지탱크 내에 EGR 가스를 공급하여 서지탱크 내의 압력변화를 감지하여 작동상태를 감지한다. 이 경우 서지탱크에 부착된 대기압 센서를 주로 이용하므로 추가의 부품이 필요하지 않아 많이 적용되고 있다.

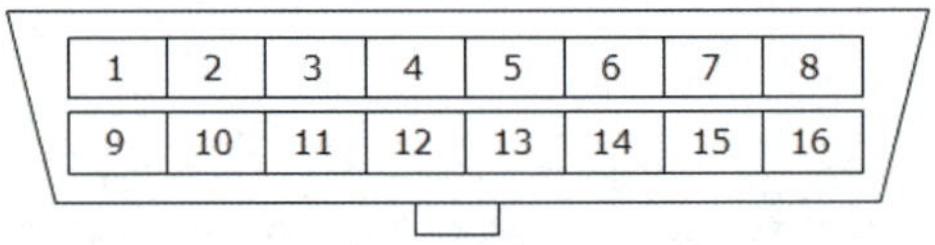

1.		9.
2.	Communication Bus Positive (+)	10. Communications Bus Negative (−)
3.		11.
4.	Chassis Ground (−)	12.
5.	Signal Ground	13.
6.		14.
7.	"K" Line ISO 9141−2	15. "L" Line ISO 9141−2
8.		16. Battery Positive (+)

그림 1−191 / OBD−II 커넥터 단자 번호

제6장 흡·배기장치 출제예상문제

01 기관의 효율을 향상시키기 위한 흡기다기관의 필요조건이 아닌 것은? [05년 상]

㉮ 흡입공기의 고온화
㉯ 혼합기의 균일화
㉰ 연료 기화성의 향상
㉱ 체적효율의 향상

풀이) 흡기다기관의 필요조건
① 체적효율의 향상
② 혼합기의 균일화
③ 연료 기화성의 향상

흡기다기관의 구비조건
① 혼합기가 각 실린더에 균일하게 분배될 것
② 흡입효율이 저하되지 않도록 굴곡이 없을 것
③ 와류를 일으킬 것
④ 흡기다기관의 지름이 적당할 것(실린더 내경의 25~35%)

02 흡기계통으로 유입되는 공기를 가열하는 방법이 아닌 것은? [09년 상]

㉮ 배기열의 일부를 이용하여 흡기 매니폴드의 온도를 상승시킨다.
㉯ 예열플러그를 사용하여 흡입공기를 가열한다.
㉰ 흡기 매니폴드 주위에 물재킷을 만들어 온수를 순환한다.
㉱ 배기가스를 직접 흡기 매니폴드의 일부로 유도하여 이용한다.

풀이) ㉮, ㉰, ㉱항이 흡입되는 공기를 가열하는 방법이고, 예열플러그는 흡기계통으로 유입되는 공기가 아닌 연소실 내부의 공기를 가열하여 착화를 돕는다.

03 자동차의 배기장치에 대한 설명으로 틀린 것은? [06년 상]

㉮ 기통수가 1개인 기관에서는 실린더에 배기 매니폴드 없이 직접 배기 파이프를 부착한다.
㉯ 배기 파이프는 배기가스를 외부로 방출하는 강관이며 배기가스 열의 일부를 발산하는 역할도 한다.
㉰ 소음기를 부착하면 기관의 배압이 감소하고 출력이 높아진다.
㉱ 배기관은 배기가스의 흐름에 저항을 주지 않아야 한다.

풀이) ㉮, ㉯, ㉱항이 옳은 설명이고, 소음기를 부착하면 기관의 배압이 증가하여 출력이 감소하게 된다.

04 기관에 과급기를 설치하는 가장 주된 목적은? [04년 하, 08년 상]

㉮ 압축압력을 높여 착화지연시간을 길게 하기 위하여
㉯ 기관회전수를 높이기 위해서
㉰ 연소 소비량을 많게 하기 위해서
㉱ 공기밀도를 증가시켜 출력을 향상시키기 위해서

풀이) 기관의 출력을 향상시키기 위해서는 단위시간당 실린더 내의 흡입공기량을 증가(밀도를 증가)시켜야 한다.

01 ㉮ 02 ㉯ 03 ㉰ 04 ㉱

05 다음 중 행정체적이나 회전속도에 변화를 주지 않고 기관의 흡기 효율을 높이기 위한 방법은? [08년 하]

㉮ 여과기 설치
㉯ 과급기 설치
㉰ 흡기관의 진공도 이용
㉱ EGR 밸브 설치

풀이 과급기(turbo charger)를 설치하면 행정체적이나 회전속도에 변화를 주지 않고 기관의 흡기 효율을 높일 수 있다.

06 터보차저 기관의 특징으로 틀린 것은? [05년 상]

㉮ 배기가스의 동력을 이용한다.
㉯ 충전효율의 증가로 연료소비율이 낮아진다.
㉰ 기관의 압축비를 늘릴 수 있어 유리하다.
㉱ 같은 배기량으로 높은 출력을 얻을 수 있다.

풀이 ㉮, ㉯, ㉱항이 터보차저 기관의 특징이며, 터보차저 기관은 연소실 내의 폭발압력이 증가하여 노킹이 발생하므로 이를 방지하기 위하여 압축비를 낮추어 주어야 한다.

07 과급기가 없는 디젤기관을 과급기관으로 바꿀 때 변형사항으로 맞는 것은? [05년 하]

㉮ 압축비 1.5 ~ 2 정도 낮추어 주어야 한다.
㉯ 연료분사 파이프 직경을 크게 한다.
㉰ 분사 노즐을 다공형으로 바꾸어 주어야 한다.
㉱ 플라이휠의 무게와 크기를 늘린다.

풀이 과급기관으로 바꾸면 공기의 밀도가 증가하여 연소실 내의 폭발압력이 증가하여 노킹이 발생되므로 이를 방지하기 위하여 압축비를 1.5 ~ 2 정도 낮추어 주어야 한다.

08 터보차저 과급기를 사용하는 기관의 설명으로 틀린 것은? [07년 하]

㉮ 고온 고압의 배기가스에 의해 터빈을 고속 회전시킨다.
㉯ 고속 주행 후 자동차를 정지시킬 경우는 엔진을 정지시키지 않고 1~2분간 아이들링을 계속한 후 엔진을 정지한다.
㉰ 공기를 압축하여 흡기온도가 상승하고 산소 밀도가 증가하여 노킹을 일으키기 쉽다.
㉱ 흡기 온도를 낮추기 위하여 인터쿨러를 사용한다.

풀이 터보차저 기관은 고온 고압의 배기가스의 동력을 이용하여 터빈을 고속 회전시켜 충진효율을 증가시켜 높은 출력을 얻을 수 있으며, 과급에 의해 공기밀도가 증가하여 폭발압력이 증가하여 노킹이 발생되므로 이를 방지하기 위하여 압축비를 낮추어 주어야 한다. 또한, 연소압력이 증가하면, 냉각수나 외부 공기로 냉각시킨 다음에 실린더에 공급하면 압력상승을 완화하여 충진효율을 개선시킬 수 있다.

09 터보차저 시스템에서 엔진을 급가속하면 펌핑된 다량의 공기는 배출가스의 양을 증가시키게 되고, 이 배출가스의 증가는 다시 흡입공기의 양을 증가시키는 일을 반복하게 되어 기관출력이 급속히 증가하여 통제가 안되는 상황에 이를 수도 있게 된다. 따라서, 배출가스의 양을 통제하는 기능이 필요하게 되어 밸브를 설치하는데 이 밸브를 무엇이라고 하는가? [07년 상, 09년 하]

㉮ 써모 밸브
㉯ 터보 밸브
㉰ 캐니스터 밸브
㉱ 웨스트게이트 밸브

ANSWER 05 ㉯ 06 ㉰ 07 ㉮ 08 ㉰ 09 ㉱

풀이 **웨스트 게이트 밸브(waste gate valve)**
터보차저 시스템에서 엔진을 급가속하면 펌핑된 다량의 공기는 배출가스의 양을 증가시키게 되고, 이 배출가스의 증가는 다시 흡입공기의 양을 증가시키는 일을 반복하게 되어 기관출력이 급속히 증가하여 통제가 안되는 상황에 이를 수도 있게 된다. 따라서, 일정한 회전수 이상이 되면 압력에 의해 밸브를 열어 배출가스의 양을 통제하여 터보차저의 기능을 유지시키는 역할을 한다.

10 자동차 배출가스는 그 배출원에 따라 3가지로 구분하는데 여기에 해당되지 않는 것은?
　　　　　　　　　　　　　　　　[08년 상]

㉮ 불활성 가스
㉯ 배기가스
㉰ 블로바이가스　㉱ 연료증발가스

풀이 **배출가스 제어장치의 종류**
① 블로바이가스 제어장치 : PCV 밸브, 브리더 호스
② 연료증발가스 제어장치 : PCSV, 차콜 캐니스터
③ 배기가스 제어장치 : O_2 센서, EGR 밸브, 삼원 촉매

11 현재까지의 공해방지 장치를 열거한 것 중 틀린 것은?　　　　　　　　　　　[06년 하]

㉮ 촉매 변환장치
㉯ 배기가스 재 순환장치
㉰ 2차 공기 공급장치
㉱ 쉴리렌 배기장치

풀이 ㉮, ㉯, ㉰항이 현재 사용되고 있는 공해방지 장치이며, 쉴리렌 배기장치란 없다.

12 내연기관의 공해방지 장치로서 배기관으로부터 배출되는 CO 및 HC를 높은 온도조건(900~1,000℃)과 산소를 공급하여 재연소시키는 장치는?　　　　[08년 상]

㉮ 열 반응장치(thermal reactor)
㉯ 촉매 변환장치(catalytic converter)
㉰ 층상 급기장치
㉱ 배기가스 재순환장치

풀이 열 반응장치란 배기관으로부터 배출되는 CO 및 HC를 높은 온도조건(900~1,000℃)과 산소를 공급하여 재연소시키는 장치이다.

13 기관의 배기가스 중 HC를 감소시키는 요인으로 틀린 것은?　　　　　　　[09년 하]

㉮ 점화전압 증가
㉯ 희박 연소
㉰ 실린더 벽면의 온도 상승
㉱ 압축비의 감소

풀이 ㉮, ㉯, ㉰항이 HC를 감소시키는 요인이며, 압축비가 감소하면 연소가 불량하여 HC가 증가한다.

14 자동차의 유해 배출가스와 원인에 대한 내용을 관계있는 것끼리 연결한 것 중 틀린 것은?　　　　　　　　　　　　　　[08년 하]

㉮ NOx의 배출량 증가 – 연소온도의 낮음
㉯ CO의 증가 – 불완전 연소
㉰ HC의 증가 – 증발가스의 과다배출
㉱ CO, HC, NOx의 증가 – 3원 촉매장치의 파손

풀이 ㉯, ㉰, ㉱항이 해당 유해 배출가스 발생원인이며, NOx는 연소온도가 높을 때 발생된다.

10 ㉮　11 ㉱　12 ㉮　13 ㉱　14 ㉮

15. 배기가스의 CO를 CO_2로, HC를 CO_2+H_2O로 변환시키는 방법으로 옳은 것은?
[07년 하]

㉮ 완전연소 시킨다.
㉯ 조기점화 시킨다.
㉰ 흡입 공기를 다습하게 만든다.
㉱ 착화지연 시킨다.

풀이 CO, HC+O_2 = CO_2+H_2O 이므로, 배기가스를 공기와 반응시켜 완전연소 시킨다.

16. 다음 중에서 일산화탄소(CO) 및 탄화수소(HC)의 배출을 감소시키기 위한 장치는?
[07년 상]

㉮ 2차 공기 공급장치
㉯ 블로바이 가스 환원장치
㉰ EGR 장치
㉱ 리드밸브 장치

풀이 2차공기 공급장치는 배기 다기관에 신선한 공기를 공급하여 배기 매니홀드 내의 CO 및 HC를 산화시켜 일산화탄소(CO)와 탄화수소(HC)의 배출을 감소시킨다.

17. 기관에서 산소센서를 설치하는 목적으로 가장 알맞은 것은?
[05년 하]

㉮ 정확한 공연비 제어를 위해서
㉯ 일시적인 인젝터의 작동 차단을 위해서
㉰ 연소실의 불완전 연소를 해소하기 위해서
㉱ 연료펌프의 작동압의 정확한 조정을 위해서

풀이 산소센서는 배기관에 장착되어 있으며 배기가스 중의 산소 농도차에 따라 전압이 발생되면 이를 피드백하여 이론 공연비로 제어하기 위한 센서이다. 센서의 온도가 300℃ 이상에서 안정되게 작동하며 이론공연비 14.7 : 1을 기준으로 공연비가 희박하면 100mV, 농후하면 900mV를 나타낸다.

18. 질코니아 소자를 이용하여 만든 O_2센서는 λ값 얼마를 경계로 출력이 급격하게 변하는가?
[06년 상]

㉮ 0.6 ㉯ 0.8
㉰ 1.0 ㉱ 1.2

풀이 공기과잉률(λ) = $\dfrac{실제 공기량}{이론 공기량}$

산소센서는 공기과잉률(λ) = 1인 이론공연비를 기준으로 배기가스 중의 산소 농도차에 따라 전압이 급격하게 변화하는 것을 이용하여 이론공연비로 정밀하게 제어한다.

19. 전자제어 연료 분사방식에 사용되는 지르코니아 방식의 산소센서에 대한 설명으로 맞지 않는 것은?
[04년 하]

㉮ 이론공연비 부근에서 센서의 전압변화가 급격하게 일어난다.
㉯ 산소센서에서 발생되는 전압은 0 ~ 1V 이다.
㉰ 농후한 혼합기로 연소시켰을 경우에 기전력은 0V에 가까워 진다.
㉱ 센서 표면의 산소 농도차이가 클수록 기전력의 발생이 커진다.

풀이 ㉮, ㉯, ㉱항이 옳은 설명이고, 혼합기가 농후하면 900mV(0.9V)를, 희박하면 100mV(0.1V)를 나타낸다.

15 ㉮ 16 ㉮ 17 ㉮ 18 ㉰ 19 ㉰

20 자동차용 센서 중에 지르코니아를 소재로 하는 O_2 센서의 설명으로 틀린 것은?

[04년 상]

㉮ 백금 전극을 보호하기 위해 전극 외측에 세라믹을 도포한다.
㉯ 센서 내측에는 배출가스를, 외측에는 대기를 도입한다.
㉰ 지르코니아 소자는 내외면의 산소 농도 차가 크면 기전력을 발생한다.
㉱ 산소 농도 차이가 클수록 기전력의 발생도 커진다.

[풀이] ㉮, ㉰, ㉱항이 옳은 설명이고, 센서 외측에는 배출가스를, 내측에는 대기를 도입한다.

21 그림은 엔진이 정상적인 난기 상태에서 정화장치(촉매) 앞, 뒤에 설치된 산소센서 출력이다. 설명 중 옳은 것은?

[04년 상, 08년 상]

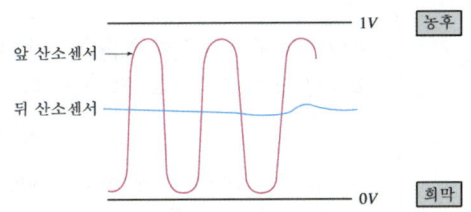

㉮ 정화장치(촉매) 고장이다.
㉯ 뒤쪽에 설치된 산소센서 고장이다.
㉰ 정화장치(촉매)가 정상적인 작용을 하고 있다.
㉱ 앞쪽 산소센서가 정상적으로 동작할 때 뒤쪽 산소센서는 동작을 멈춘다.

[풀이] 앞 산소센서가 이론 공연비(λ = 1)를 기준으로 1V와 0V 사이를 변화하며 공기 과잉률을 이론 공연비 1에 맞추고 있으므로, 뒤 산소센서의 출력값이 이론 공연비(0.45V)에 위치하면 정상이다.

22 산소 센서의 고장시 나타나는 결과가 아닌 것은?

[06년 하]

㉮ 가속력 출력이 부족하다.
㉯ 규정 이상의 CO 및 HC가 발생한다.
㉰ 연료소비율이 일정하다.
㉱ ECU에 고장 코드가 저장된다.

[풀이] 산소 센서가 고장이면 ㉮, ㉯, ㉱항의 증상이 발생되고, 연료소비율이 증가한다.

23 배기가스의 유해가스 저감장치 중 E.G.R 방식이란?

[05년 상]

㉮ 배기가스 정화방식
㉯ 배기가스 재순환방식
㉰ 촉매 재 연소방식
㉱ 배기가스 조절방식

[풀이] EGR(Exhaust Gas Recirculation) : 배기가스 재순환장치의 약자로, 배기가스의 일부를 흡기계로 재순환시켜 연소실의 최고온도를 낮추어 질소산화물(NOx)의 발생을 감소시키는 장치이다.

24 자동차의 EGR(Exhaust Gas Recirculation) 밸브는 유해 배출가스 중 주로 어떤 것을 줄이기 위한 것인가?

[04년 하]

㉮ CO   ㉯ HC
㉰ NOx   ㉱ 흑연

[풀이] 일산화탄소(CO)와 탄화수소(HC)는 농후한 혼합비에서 생성되며, 질소산화물(NOx)은 연소실 온도가 정상 작동되어 고온고압이 될 때 많이 생성된다. 배기가스 재순환장치는 EGR 밸브를 이용하여 배기가스의 일부를 흡기계로 재순환시켜 연소실의 최고온도를 낮추어 질소산화물(NOx)의 발생을 감소시킨다.

20 ㉯   21 ㉰   22 ㉰   23 ㉯   24 ㉰

25 배출가스 정화에 사용되는 촉매 물질의 종류가 아닌 것은? [06년 상]

㉮ 산화촉매   ㉯ 3원촉매
㉰ 흑연촉매   ㉱ 환원촉매

풀이 자동차용 촉매의 종류
① 산화촉매
② 환원촉매
③ 3원촉매

26 배기가스 정화장치인 촉매 변환기의 정화율은 촉매변환기 입구의 배기가스 온도에 관계되는데 약 몇 ℃ 이상에서 높은 정화율을 나타내는가? [05년 하]

㉮ 50   ㉯ 150
㉰ 250   ㉱ 350

풀이 촉매 변환기의 정화율은 촉매변환기 입구의 배기가스 온도 약 350℃ 이상에서 높은 정화율을 나타낸다.

27 배기 배출물의 정화에 사용되는 촉매의 설명 중 맞는 것은? [04년 상]

㉮ 산화촉매는 배기중의 NOx를 환원시켜 N_2와 CO_2로 만든다.
㉯ 산화촉매는 배기중의 CO와 HC를 산화시켜 CO_2와 H_2O로 만든다.
㉰ 3원 촉매는 배기중의 SOx, HC, NOx를 동시에 하나의 촉매로 처리한다.
㉱ 3원 촉매는 배기중의 SOx, CO, NOx를 동시에 하나의 촉매로 처리한다.

풀이 산소와 반응하면 산화, 떨어지면 환원이므로 N2는 환원되어 산화촉매의 설명이 아니고, 3원 촉매는 CO, HC, NOx를 동시에 하나의 촉매로 처리하는 촉매이다.

28 관로의 도중에 큰 실을 설치하여 배기가스를 급격히 팽창시켜 온도를 하강시킴과 동시에 소음작용을 하도록 한 소음기는? [05년 하]

㉮ 용적형   ㉯ 공명형
㉰ 흡수형   ㉱ 저항형

풀이 소음기의 종류
① 용적형 : 관로의 도중에 큰 실을 설치하여 배기가스를 급격히 팽창시켜 온도를 하강시킴과 동시에 소음작용을 하도록 한 방식
② 공명형 : 가는 관의 표면에 많은 구멍을 뚫어 배기가스를 넓은 공명실로 확산시켜 서로 음을 상쇄시키도록 한 방식
③ 흡수형 : 금속을 실 모양으로 만든 스틸울을 통 속에 넣어 음을 흡수시키는 방식

• 소음기의 소음 방법
① 압력의 감소와 배기가스를 냉각시키는 방법
② 음파를 간섭시키는 방법과 공명에 의한 방법
③ 흡음재를 사용하는 방법

29 1998년에 출고된 휘발유 승용차의 운행차 배출가스 허용 기준과 측정 방법은? [04년 하]

㉮ CO 1.4%이하 HC 260ppm이하, 무부하 급가속시 측정
㉯ CO 1.2%이하 HC 220ppm이하, 공전시 측정
㉰ CO 4.5%이하 HC 1,200ppm이하, 공전시 측정
㉱ CO 2.0%이하 HC 800ppm이하, 무부하 급가속시 측정

풀이 휘발유 승용차 배출가스 허용기준 : 1988년 이후부터 CO 1.2% 이하, HC 220ppm 이하이며, 공전시에 측정한다.

25 ㉰ 26 ㉱ 27 ㉯ 28 ㉮ 29 ㉯

30 OBD - Ⅱ 시스템의 주요 감시기능에 속하지 않는 것은? [09년 상]

㉮ 촉매기의 기능 감시
㉯ 2차공기 시스템의 기능 감시
㉰ 공기비 센서의 기능 감시
㉱ 고전압 분배 기능 감시

> **풀이** OBD - Ⅱ 진단 항목
> ① 촉매 열화 감지
> ② 실화 감지
> ③ 산소센서 오작동 감지
> ④ 연료계통 오작동 감지
> ⑤ 증발가스 누설 감지
> ⑥ 배기가스 재순환 장치 오작동 감지
> ⑦ 서모스타트 오작동 감지
> ⑧ 블로바이가스 오작동 감지
> ⑨ 에어컨 계통 냉매 누설 감지
> ⑩ 기타 부품 비정상 작동 감지

30 ㉱

PART 2

자동차섀시

제1장 동력전달장치
제2장 현가 및 조향장치
제3장 제동장치
제4장 주행 및 구동장치
제5장 자동차 검사 및 법규

01 동력전달장치

동력전달장치는 기관에서 발생한 동력을 구동륜(driving wheel)에 전달하는 장치로서 앞기관-후륜구동방식(Front engine-Rear drive : FR), 앞기관-전륜구동방식(Front engine-Front drive : FF), 후기관-후륜구동방식(Rear engine-Rear drive : RR), 4WD(4륜 구동식) 등이 있다.

제1절 클러치(clutch)

클러치는 엔진과 변속기 사이에 설치되어 엔진의 출력을 변속기에 전달하거나 차단하는 장치이다.

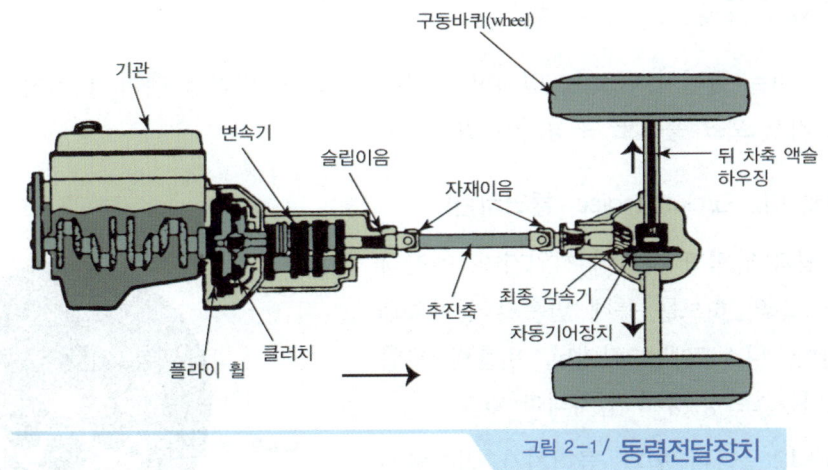

그림 2-1 / 동력전달장치

1_ 클러치 일반

1. 클러치의 개요

1) 클러치의 기능

① 기관의 회전력을 변속기에 전달하거나 차단한다.
② 자동차의 관성운전 또는 엔진기동시 기관과 변속기 사이의 동력흐름을 일시 차단한다.

③ 기관과 동력전달장치를 과부하로부터 보호한다.
④ 플라이 휠(fly wheel)과 함께 기관의 회전 진동을 감소시킨다.

2) 클러치의 필요성

① 기관을 무부하 상태로 하기 위해
② 변속기의 기어변속을 위해
③ 자동차의 관성 주행을 위해

3) 클러치의 종류

```
                    ┌ 단판 클러치 → 건식(dry type) → ┌ 코일 스프링식
                    │                               └ 다이어프램식
마찰 클러치의 종류 ─┤ 다판 클러치 → ┌ 건식(dry type)
                    │                └ 습식(wet type)
                    └ 전자 클러치
```

2. 클러치의 구성

마찰 클러치는 클러치 디스크, 압력판, 클러치 스프링, 릴리스 레버, 클러치 커버, 릴리스 베어링, 릴리스 포크 등으로 구성되어 있다.

1) 클러치 디스크(clutch disc, 클러치판)

플라이 휠과 압력판 사이에 끼워지며, 엔진의 동력을 디스크의 허브를 통해 변속기 입력축으로 전달한다. 디스크에는 라이닝, 비틀림 코일 스프링, 쿠션 스프링 등이 설치되어 있다.

① 라이닝 : 플라이 휠과 클러치가 직접닿는 곳으로서 리벳 이음으로 설치되어 있다. 라이닝은 마찰계수가 높고 온도 변화에 대하여 마찰계수의 변화가 없어야 하며 내마멸성이 우수하여야 한다.

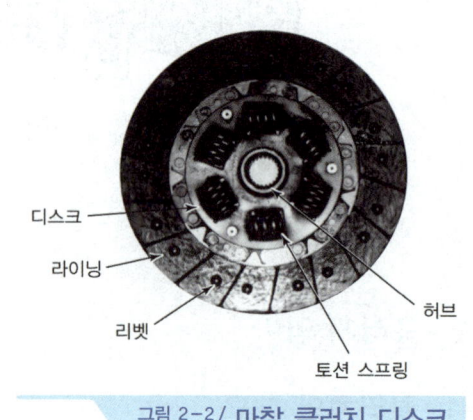

그림 2-2 / 마찰 클러치 디스크

② 토션 스프링(torsional coil spring) : 댐퍼 스프링(비틀림 코일 스프링) 클러치가 플라이 휠과 접속될 때 회전방향의 충격을 흡수한다.

③ 쿠션 스프링(cushion spring) : 클러치를 급격히 접속시켰을 때 스프링이 충격을 흡수하여 동력의 전달을 원활히 하며 클러치판의 변형, 편마멸, 파손 등을 방지한다.

2) 압력판(pressure plate)

클러치 커버에 설치되어 있으며 클러치 페달을 놓으면 클러치 스프링의 장력에 의해 클러치판을 플라이 휠에 밀어붙이게 하여 함께 회전하며 클러치를 접촉할 때 클러치판과 미끄럼이 생기기 때문에 내마멸성, 내열성, 열전도성이 좋은 특수 주철로 만들고 마찰면은 평면으로 가공되어 있다.

3) 클러치 스프링(clutch spring)

클러치 커버와 압력판 사이에 설치되어 클러치판에 압력을 가하는 스프링으로서 스프링강으로 되어 있다. 종류로는 코일 스프링 형식, 다이어프램 스프링 형식, 크라운 프레셔 스프링 형식 등이 있다.

① 코일 스프링 형식 : 이 형식은 몇 개의 코일 스프링을 클러치 압력판과 클러치 커버 사이에 설치한 것으로 클러치 용량에 따라 스프링의 수가 설정되어 있다.

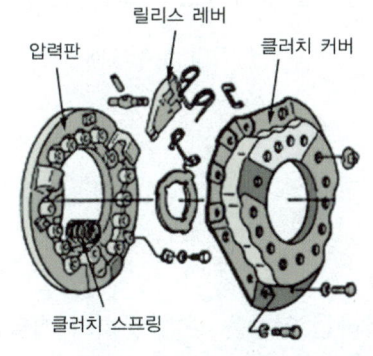

그림 2-3 / 코일 스프링 형식

② 다이어프램 스프링 형식 : 이 형식은 코일 스프링 형식에서의 릴리스 레버와 코일 스프링의 역할을 접시 모양의 다이어프램이 동시에 수행하는 형식을 말한다. 다이어프램 스프링의 특징은 다음과 같다.
  ㉠ 구조가 간단하다.
  ㉡ 압력판에 작용하는 힘이 일정하다.
  ㉢ 원판형으로 되어 있어 평형이 좋다.
  ㉣ 클러치 페달 조작력이 작아도 된다.
  ㉤ 라이닝이 어느 정도 마멸되어도 압력판에 가해지는 압력의 변화가 적다.
  ㉥ 고속 운전에서도 원심력을 받지 않으므로 스프링 장력이 감소하지 않는다.

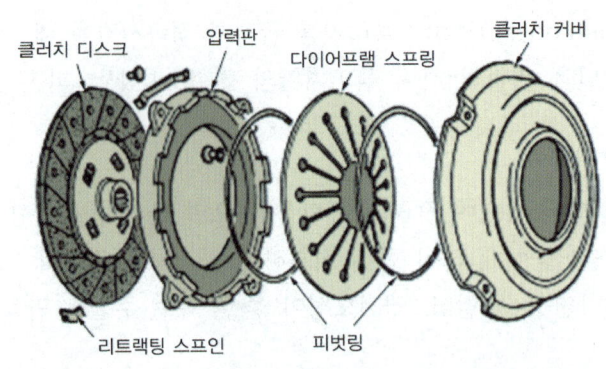

그림 2-4 / 다이어프램 스프링 형식

4) 릴리스 레버(release lever)

압력판을 클러치 디스크로부터 분리하는 장치이며 굽히는 힘이 반복적으로 작용하는 장치이다.

5) 릴리스 베어링(release bearing)

운전자가 클러치 페달을 밟았을 때 릴리스 포크에 의해 클러치의 축방향으로 움직여 회전하는 릴리스 레버를 눌러서 클러치를 개방하는 역할을 한다.

① 릴리스 베어링 종류
  ㉠ 앵귤러접촉 형
  ㉡ 볼베어링 형
  ㉢ 카본 형

6) 릴리스 포크(release fork)

릴리스 베어링에 압력을 전달하는 역할을 하며 클러치 페달을 놓으면 클러치 스프링에 의하여 신속하게 원래의 위치로 돌아온다.

2_ 클러치 작동 및 조작기구

1. 클러치의 작동

1) 동력을 전달할 때

운전자가 클러치 페달에서 발을 떼면 릴리스 베어링이 릴리스 레버를 누르는 힘이 해제되어 압력판이 플라이휠 쪽으로(엔진 방향) 전진하게 되어 클러치 디스크를 압착하므로 엔진의 플라이휠, 클러치 디스크, 압력판(클러치 커버)이 일체가 되어 회전하게 된다. 따라서 동력은 클러치 허브에 꼽혀있는 입력축을 통해 변속기로 전달된다.

2) 동력을 차단할 때

운전자가 클러치 페달을 밟으면 릴리스 베어링이 릴리스 레버를 누르게 되어 압력판은 클러치 커버 안쪽으로 들어오게 되므로 클러치 디스크를 압착하는 힘이 해제되어 엔진의 플라이휠, 클러치 커버, 릴리스 레버는 회전하고 입력축이 꼽혀있는 클러치 디스크가 회전하지 않으므로 동력은 변속기로 전달되지 않게 된다.

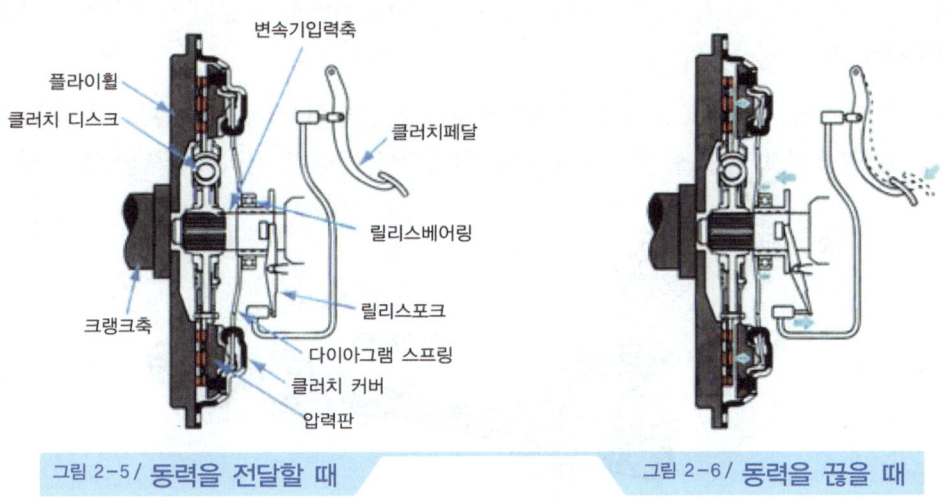

그림 2-5 / 동력을 전달할 때   그림 2-6 / 동력을 끊을 때

2. 클러치 조작기구

클러치 페달의 조작력을 전달하는 방식에는 기계식과 유압식이 있다.

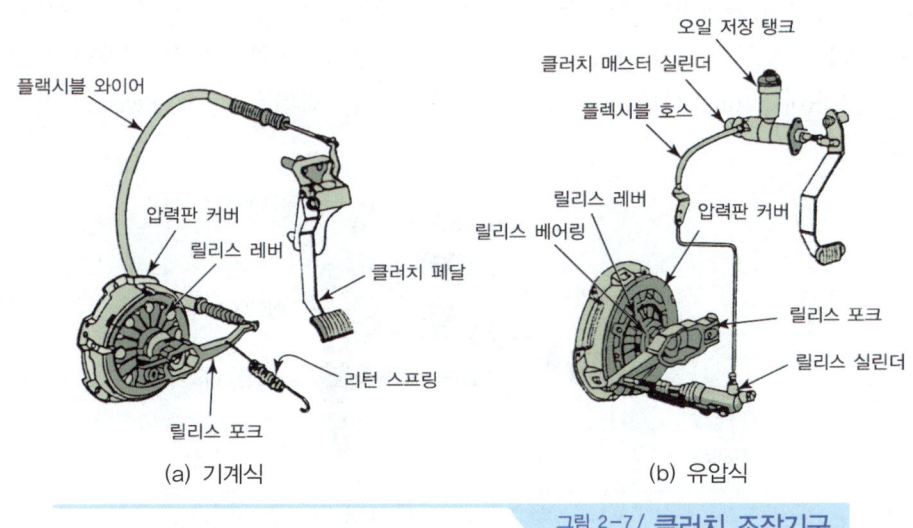

(a) 기계식   (b) 유압식

그림 2-7 / 클러치 조작기구

1) 기계식

페달과 릴리스 포크를 와이어로 연결하여 작동되는 방식으로 구조가 간단하고 작동이 확실하다.

2) 유압식

페달을 밟으면 푸시로드가 움직이면서 마스터 실린더 내에서 유압이 발생하여 릴리스 포크를 작동하게 하는 형식이다.

① **클러치 마스터 실린더** : 클러치 마스터 실린더는 클러치 작동시 유압을 발생시키는 부분으로, 브레이크 페달을 밟으면 유압이 발생되어 클러치 릴리스 실린더로 전달된다.

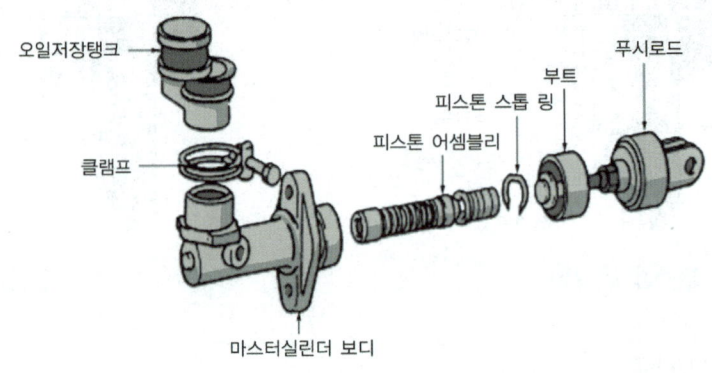

그림 2-8 / 클러치 마스터 실린더

② **릴리스 실린더(슬레이브 실린더, 오퍼레이팅 실린더)** : 클러치 릴리스 실린더는 긴 원통(slave) 모양으로 생겼으며, 클러치 마스터 실린더에서의 유압을 이용하여 릴리스 포크를 작동(operating)시켜 클러치 디스크를 누르는 압력을 해제(release)시키는 실린더이다.

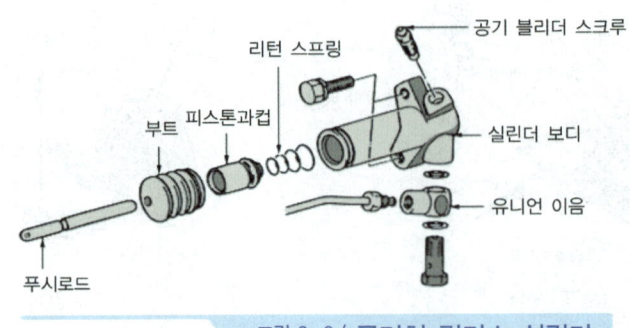

그림 2-9 / 클러치 릴리스 실린더

3_ 클러치 성능 및 이상 현상

1. 클러치의 성능

1) 클러치 자유 간극(자유 유격)

자유간극이란 릴리스 베어링이 레버에 닿을 때까지 페달이 움직인 거리로, 기계식은 20~30mm, 유압식은 6~13mm 정도이다. 자유 간극이 크면 클러치의 차단불량 현상으로 인해 기어의 변속불량 현상이, 간극이 작으면 클러치 디스크가 많이 마멸되어 미끄러짐 현상이 발생하고, 클러치 페달에서 발을 다 떼어야 출발하는 작동 늦음 현상이 발생된다.

2) 클러치 용량

클러치는 엔진의 회전력을 단속하는 장치이므로, 클러치가 전달할 수 있는 회전력을 클러치 용량이라 한다. 클러치 용량은 기관 최대 토크의 1.5~2.5배 정도를 두며 용량이 너무 크면 조작이 어렵고, 접속 충격이 커서 기관이 정지할 우려가 있으며 용량이 너무 작으면 접속은 부드러우나 미끄러짐이 커서 발열량이 크고, 페이싱의 마모가 빠르다.

3) 클러치 관련공식

① 클러치의 전달 토크

$$T = \mu \times F \times r \times N$$

μ : 마찰계수
F : 전달 마찰면의 힘
r : 평균 유효 반지름
N : 클러치의 유효 반지름[m]

② 클러치가 미끄러지지 않을 조건

$$Tfr \geqq C$$

T : 클러치 스프링 장력
f : 클러치 디스크의 평균 반지름
r : 클러치 판과 압력 사이의 마찰 계수
C : 엔진의 회전력

③ 클러치의 전달효율

$$전달효율(\eta_c) = \frac{클러치로 부터 얻은 출력}{클러치에 주어진 동력(엔진출력)} \times 100[\%]$$

$$= \frac{T_2 \times N_2}{T_1 \times N_1} \times 100[\%]$$

T_1 : 엔진 마력
T_2 : 클러치 출력 회전력
N_1 : 기관 회전수
N_2 : 클러치 출력 회전수

2. 클러치의 이상 현상

1) 클러치가 미끄러지는 원인

① 페달의 유격이 작다.
② 스프링 장력이 작다.
③ 클러치판에 오일이 묻었다.
④ 압력판의 마멸스프링이 자유로 감소

2) 클러치 차단이 불량한 이유

① 클러치 유격이 크다.
② 릴리스 포크가 마모되었다.
③ 유압장치에 공기가 유입(vapor lock)되었다.
④ 릴리스 실린더 컵이 손상되었다.

3) 클러치 이상시 나타나는 증상

① 등판능력이 저하된다.
② 가속력이 저하된다.
③ 연료 소비가 증대된다.
④ 등판시 클러치 디스크 손상으로 비누타는 냄새가 난다.
⑤ 엔진이 과열된다.

제2절 수동 변속기

수동식 변속기는 엔진과 추진축 사이 또는 엔진과 차동 기어 사이에 설치되어 엔진의 동력을 자동차의 주행상태에 따라 회전력과 속도로 바꾸어 구동바퀴에 전달하는 장치이며 슬라이딩 기어식, 상시물림식, 동기물림식이 있다.

1_ 변속기 일반

1. 변속기의 개요

1) 변속기의 필요성

① 회전력 증대
② 시동시 무부하로 하기 위해
③ 자동차를 후진하기 위해

2) 변속기의 구비조건

① 전달 효율이 좋을 것
② 단계없이 연속적으로 변속될 것

③ 조작하기 쉽고 신속·확실·정숙하게 변속될 것
④ 소형 경량이고 고장이 없으며 정비하기 쉬울 것

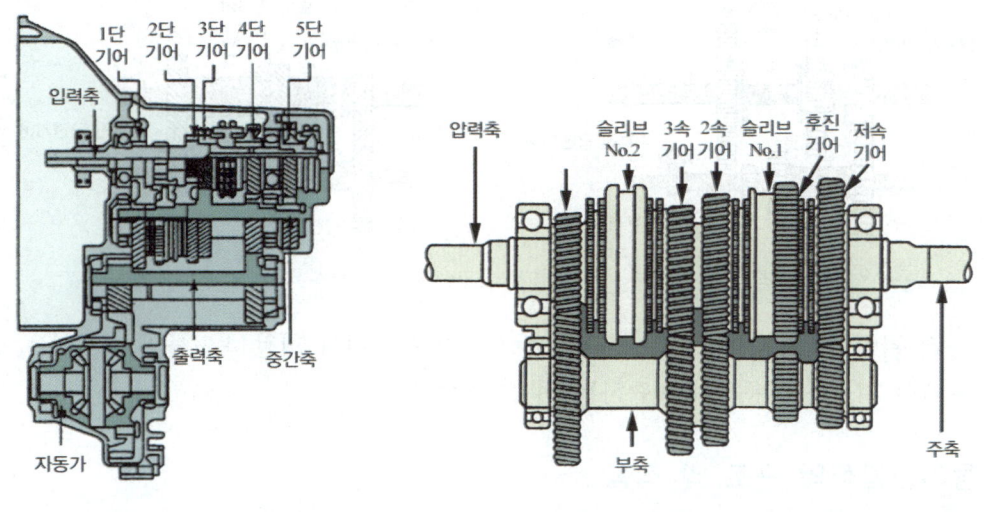

그림 2-10 / FF 수동변속기   그림 2-11 / 동변속기의 기어 치합

2. 수동변속기의 종류

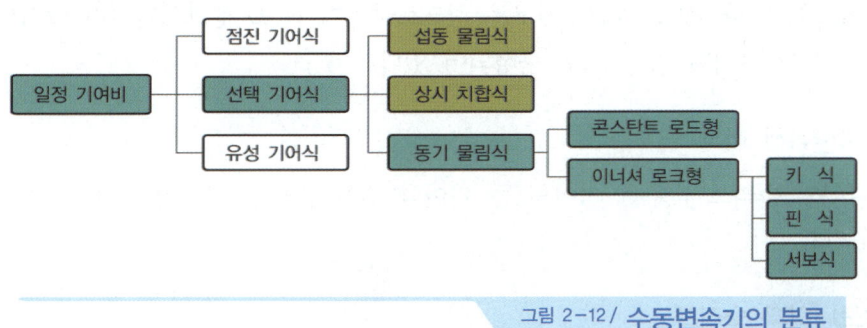

그림 2-12 / 수동변속기의 분류

1) 점진 기어식

1, 2, 3 각 변속 단을 순서대로 변속하는 변속기로서 2단에서 4단으로 3단을 거치지 않고 변속이 불가능한 변속기이다.

2) 선택 기어식

운전자가 각 단을 자유롭게 선택하여 변속이 가능한 변속기이다

① 활동 기어식 : 주축에 설치된 각단의 기어가 스플라인에 의해 축방향으로 움직여 변속한다.

② 상시 물림식 : 각 단의 기어가 항상 서로 물려 있으며, 동력 전달은 도그 클러치의 결합에 의해서 이루어진다.

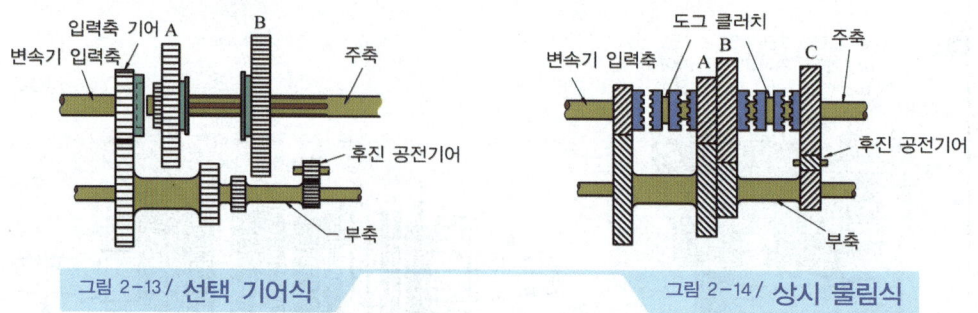

그림 2-13 / 선택 기어식   그림 2-14 / 상시 물림식

③ 동기 물림식 : 자동차에 주로 사용하며 입, 출력 기어의 회전 속도를 동기시키는 싱크로메시 기구를 이용하여 변속하는 변속기이다.

3. 동기물림식의 구조 및 작동

동기 물림식은 상시 물림식과 같이 각 단의 기어가 항상 서로 물려 있으며, 동력 전달은 싱크로메시 기구를 이용하여 변속이 이루어진다. 싱크로메시 기구는 기어 변속시 싱크로나이저 링의 원뿔 부분에서 마찰력이 작용하여 주축과 부축의 속도를 동기시켜 변속이 원활하게 이루어지도록 한다. 싱크로메시 기구는 싱크로나이저 허브, 싱크로나이저 슬리브, 싱크로나이저 링, 싱크로나이저 키 등으로 구성되어 있다.

1) 싱크로나이저 허브

싱크로나이저 슬리브가 주축 기어의 콘 기어와 결합되면 주축은 싱크로나이저 허브에 의해서 회전된다.

2) 싱크로나이저 슬리브

시프트 레버의 조작에 의해서 전후 방향으로 섭동하여 기어 클러치의 역할을 한다.

3) 싱크로나이저 링

기어의 콘에 설치되어 기어가 물릴 때 싱크로나이저 키에 의해서 접촉되는 순간 마찰력에 의해서 동기되어 싱크로나이저 슬리브가 각 기어에 설치된 콘 기어와 물리도록 하는 클러치 작용을 한다.

4) 싱크로나이저 키

싱크로나이저 허브 외주의 3개 홈에 설치되어 있으며, 배면에 돌기가 설치되어 싱크로나이저 슬리브의 안쪽 면에 설치된 싱크로나이저 키 스프링의 장력에 의해서 밀착되어 있다.

5) 싱크로나이저 키 스프링

싱크로나이저 슬리브를 고정하여 기어의 물림이 빠지지 않게 하는 역할을 한다.

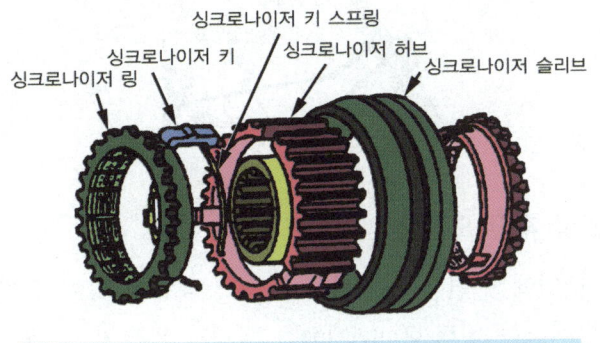

그림 2-15 / **싱크로메시 기구**

4. 변속기 조작기구

변속기 조작 방법에는 변속 레버가 변속기 위에서 직접 작용하는 직접 조작방식과 조향 핸들에 변속 레버를 설치하고 링크나 와이어로 연결하여 조작하는 원격 조작방식이 있다.

1) 변속 조작 기구

① **직접 조작 방식** : 변속선택 레버를 변속기에 직접 설치한 형식으로 주로 후륜구동 변속기에 사용한다.

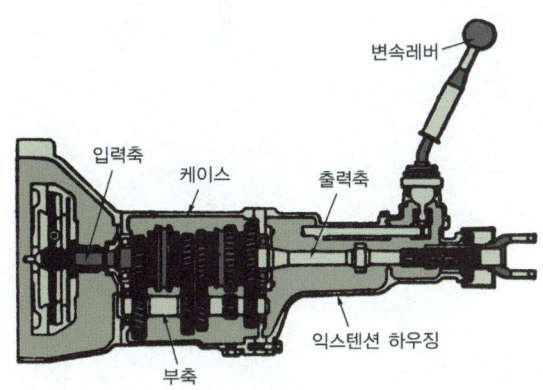

② **원격 조작 방식** : 변속 레버와 변속기 사이를 링크나 와이어 등으로 조작하는 방식으로 주로 전륜구동 방식에서 사용한다.

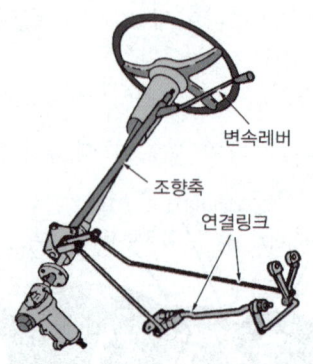

2) 인터록과 로킹볼 및 후진 오동작 방지기구

변속기를 변속하는 레일에는 변속시 인접한 변속기 레일이 같이 움직여 변속기 기어가 2중으로 물리는 것을 방지하는 인터록(inter lock) 장치가 있으며, 변속후에는 기어가 빠지는 것을 방지하기 위해 둔 로킹볼(locking ball) 장치가 있다. 그리고 후진 변속시 기어의 파손을 방지하기 위하여 변속 레버를 누르거나 들어 올려야 하는 후진 오동작 방지 기구가 있다.

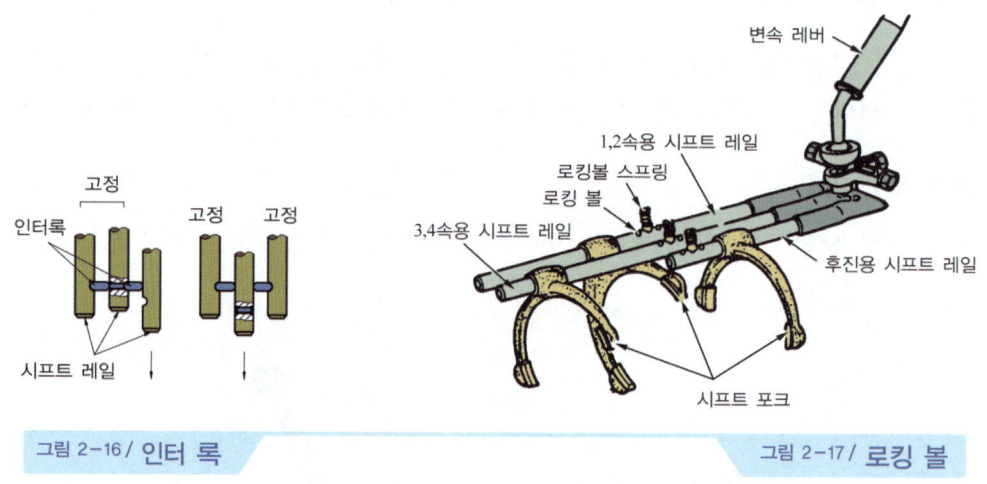

그림 2-16 / 인터 록 그림 2-17 / 로킹 볼

2_ 변속기 성능

1. 변속비

1) 변속비(gear ratio, 감속비)

변속비란 변속기에서 이루어지는 감속비로서 구동기어와 피동기어와의 잇수비를 의미한다. 자동차의 경우 기관의 회전수와 추진축 회전수와의 비를 말한다.

$$변속비 = \frac{엔진의\ 회전수}{추진축의\ 회전수} = \frac{피동기어\ 잇수}{구동기어\ 잇수} \times \frac{피동기어\ 잇수}{구동기어\ 잇수}$$

$$= \frac{부축\ 기어\ 잇수 \times 출력축\ 주축\ 기어\ 잇수}{입력축\ 주축\ 기어\ 잇수 \times 부축\ 기어\ 잇수}$$

2) 종감속비와 총감속비

종감속비란 종감속 기어에서 이루어지는 최종 감속비로 종감속기어의 구동 피니언 기어와 링기어와의 잇수비(감속비)이다. 총 감속비란 변속기와 종감속기에서 이루어지는 감속비로 총감속비 = 변속비×종감속비로 나타낼 수 있다.

3) 차속

① $V = \dfrac{\pi DN}{r_t \times r_f} \times \dfrac{60}{1000}$

② $V = \dfrac{\pi DN_w}{60} \times 3.6$

D : 바퀴의 직경[m]
N : 엔진회전수[rpm]
N_w : 바퀴회전수[mm]
r_t : 변속비
r_f : 종감속비

2. 변속기의 이상 현상

1) 변속기에서 소음발생 원인

① 기어오일 부족이나 변질
② 기어나 베어링 마모
③ 주축의 스플라인이나 부싱의 마모

2) 기어의 변속이 잘 안되는 원인

① 클러치의 차단 불량
② 기어가 마모
③ 싱크로나이저 마모
④ 기어 오일 응고

3) 기어가 잘 빠지는 경우

① 싱크로나이저 허브가 마모
② 록킹 볼 스프링의 장력이 작다.
③ 주축의 베어링 마모

3_ 자동 변속기

자동 변속기는 유성 기어를 이용하여 기어가 연속적으로 변속되고 조작하기 쉬우며, 신속, 확실, 정숙하게 동력을 전달하는 변속기를 말한다.

1. 자동변속기 일반

1) 자동변속기의 특징

① 기어의 변속조작을 하지 않아도 되므로 운전자의 피로가 줄고 안전운전을 할 수 있다.
② 유체 클러치를 사용하기 때문에 발진, 가속, 감속이 원활하여 승차감이 좋다.
③ 유체를 사용하여 작동하기 때문에 충격을 흡수하는 작용을 한다.
④ 구조가 복잡하여 정비가 난해하다.
⑤ 연료 소비율이 수동변속기에 비해 약 10[%] 정도 많다.
⑥ 차를 밀거나 끌어서 시동할 수 없다.
⑦ 주기적인 변속기 오일 교환과 오일 필터 교환으로 유지비가 많이 든다.

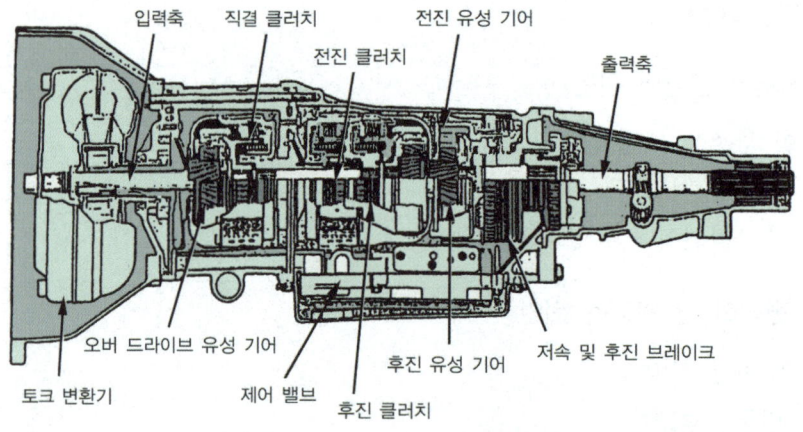

그림 2-18 / **자동변속기 구조**

2) 유체클러치와 토크 컨버터

① **유체 클러치(fluid clutch)** : 기관의 회전력을 유체의 운동에너지로 바꾸면 이 에너지를 다시 동력으로 바꾸어서 변속기에 전달하는 클러치로서, 구조가 간단하고 마멸되는 부분이 적으며 자동차가 받는 진동이나 충격 등을 엔진에 직접 전달하지 않고 구동륜에 큰 부하가 걸려도 미끄럼이 증가하여 엔진에 무리를 주지 않는다.

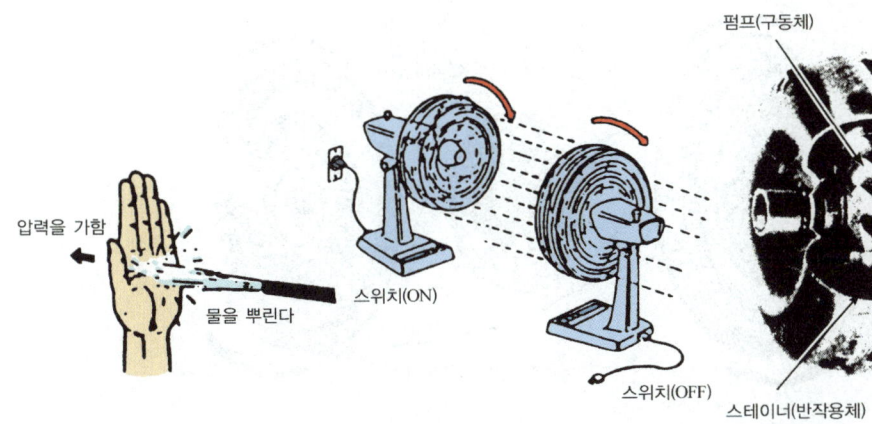

그림 2-19 / 유체 클러치의 원리

㉠ 유체 클러치의 작동원리 : 2대의 선풍기를 마주하게 놓고 한쪽 선풍기에만 스위치를 넣어 회전시키면 공기의 흐름에 의해 스위치를 넣지 않은 선풍기도 같이 회전한다. 이러한 원리를 이용한 것이 유체 클러치이다. 2개의 날개바퀴에 양간의 틈새를 두고 서로 마주하게 해서 1개의 케이스 안에 넣고 그속에 효율이 좋은 유체를 가득히 채운다. 이러한 상태에서 한 쪽의 날개바퀴를 회전시키면 액체의 흐름에 의해 날개바퀴가 회전하여 동력이 전달된다.

㉡ 유체 클러치의 구조
ⓐ 펌프 임펠러 : 크랭크축에 연결되어 있는 플라이 휠에 설치되어있다.
ⓑ 터빈 런너 : 변속기 입력축 스플라인에 연결되어 동력을 전달한다.
ⓒ 가이드링 : 오일의 와류를 방지하여 전달효율을 증가시킨다.

㉢ 유체 클러치의 특성 : 유체 클러치는 펌프와 터빈 사이의 미끄럼 때문에 전달효율은 최대 97~98[%] 정도이다. 2~3[%]는 유체에 의한 미끄럼 때문에 발생되고, 이런 이유로 자동변속기가 수동변속기보다 연료 소비가 약간 증가하는 원인이 된다.

㉣ 오일의 구비조건
ⓐ 점도가 낮고 비중이 클 것
ⓑ 착화점, 비등점이 높고 응고점이 낮을 것
ⓒ 윤활성이 좋을 것
ⓓ 유성이 좋을 것
ⓔ 내산성이 클 것

② 토크 컨버터(torque converter) : 자동변속기에서 기관의 출력을 받아서 유체를 이용하여 엔진의 동력을 자동변속기에 전달하는 클러치로 유체클러치에 비해 회전력을 증대시키는 기능이 있다.

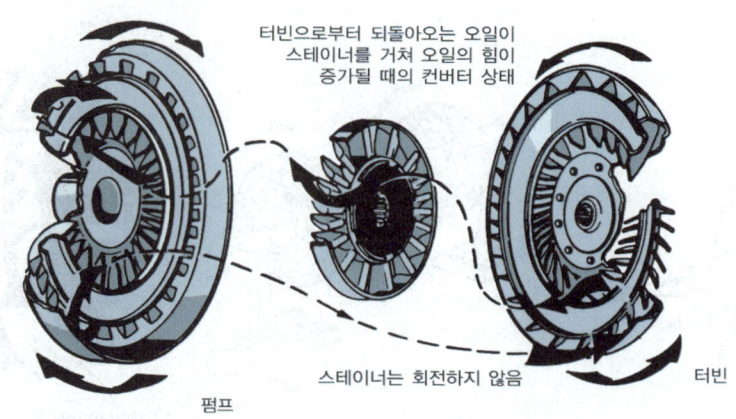

그림 2-20 / **토크 컨버터의 오일 흐름**

㉠ 구조
　ⓐ 펌프 임펠러 : 크랭크축에 연결되어 있는 플라이 휠에 설치되었다.
　ⓑ 터빈 런너 : 변속기 입력축 스플라인에 연결되어 동력을 전달한다.
　ⓒ 스테이터 : 오일의 흐름 방향을 바꾸어 회전력 증대
　ⓓ 가이드링 : 와류에 대한 클러치 효율 저하 방지
㉡ 토크 컨버터의 성능 곡선 : 속도비 n = 0 일 때 펌프는 회전하고 터빈은 정지되어 있는 상태이다. 이 점을 스톨 포인트(stall point), 이 때의 토크를 스톨 토크(stall torque)라 하며, 이 때 최대 토크가 발생한다.

속도비가 점점 n = 1에 가까워 C 점에 이르면 스테이터는 공전을 시작하고 이 때 C 점을 클러치점(clutch point)이라 한다. 이 때, 토크비는 1이 되어 이 이상의 속도비에서는 토크컨버터는 유체클러치처럼 작동한다. 즉, 토크비 = 1로 하여 효율이 저하하는 것을 방지한다.

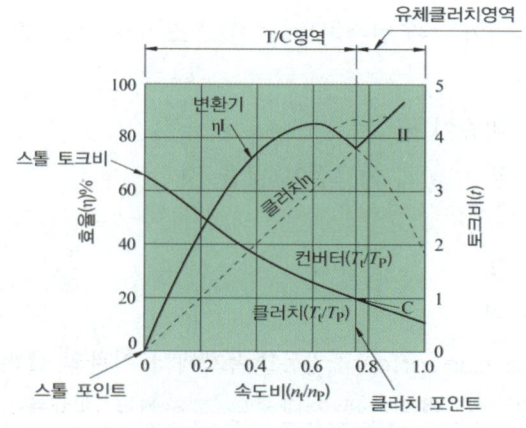

그림 2-21 / **토크컨버터 성능 곡선**

ⓒ 토크 컨버터의 전달효율
　ⓐ 속도비 : 펌프의 회전속도와 터빈의 회전속도와의 비

　　즉, 속도비(n) = $\dfrac{\text{터빈 회전수}(N_t)}{\text{펌프 회전수}(N_p)}$

　ⓑ 토크비 : 펌프의 회전력과 터빈의 회전력과의 비

　　즉, 토크비(t) = $\dfrac{\text{터빈 회전력}(T_t)}{\text{펌프 회전력}(T_p)}$

　ⓒ 전달효율 : 펌프에서 발생한 동력과 터빈에 전달된 동력과의 비
　　동력은 회전력×회전수 이므로,

　　전달효율(η) = t×n = $\dfrac{\text{터빈 회전력}(T_t)}{\text{펌프 회전력}(T_p)} \times \dfrac{\text{터빈 회전수}(N_t)}{\text{펌프 회전수}(N_p)}$

2. 자동변속기 구성

1) 유성기어의 원리

① **유성기어 장치** : 유성기어 장치는 선기어, 링기어, 유성기어, 유성기어 캐리어로 구성되어 있으며, 선기어, 링기어, 유성기어 캐리어 세가지 요소를 고정 및 해제시켜 자동으로 변속한다.

　㉠ 선 기어 : 변속기 출력축에 베어링을 두고 설치되어 있으며 보통때는 공회전을 한다.
　㉡ 유성 기어 캐리어 : 변속기 출력축의 스플라인에 설치되어 있으며, 선 기어와 물리는 3개의 유성 기어를 지지하고 변속기 주축과 같이 회전한다.
　㉢ 링 기어 : 링 기어는 내부에 유성 기어와 물려있고 뒤쪽은 추진축과 연결되어 있다.

그림 2-22 / 유성기어의 구조

② 유성 기어의 작동과 출력

(↑ : 증속, ↓ : 감속)

고정부분	회전부분	출력	변속비	
선 기어	유성 기어 캐리어	링 기어(↑)	$\dfrac{A}{A+D}$	A : 선 기어 잇수 C : 유성 기어 　　캐리어 잇수 D : 링 기어 잇수
	링 기어	유성 기어 캐리어(↓)	$\dfrac{A+D}{D}$	
유성 기어 캐리어	선 기어	링 기어 역전(↓)	$-\dfrac{D}{A}$	
	링 기어	유성 기어 캐리어 역전(↑)	$-\dfrac{A}{D}$	
링 기어	선 기어	유성 기어 캐리어(↓)	$\dfrac{A+D}{A}$	
	유성 기어 캐리어	선 기어(↑)	$\dfrac{A}{A+D}$	

선 기어, 유성 기어 캐리어, 링 기어의 3요소 중 2개요소를 고정하면 엔진의 회전수와 같다.(즉 등속이다.)

㉠ 증속의 경우 : 유성 기어 캐리어를 입력, 링 기어를 출력의 조건으로 하였을 경우로 선 기어를 고정하고 유성 기어 캐리어를 회전시키면 링 기어는 증속된다. 그림은 선 기어를 고정하고 유성 기어 캐리어를 회전시키는 경우를 나타낸 것으로 링 기어의 회전은 유성기어 캐리어의 회전에 선 기어의 잇수가 더해져 증속이 이루어진다.

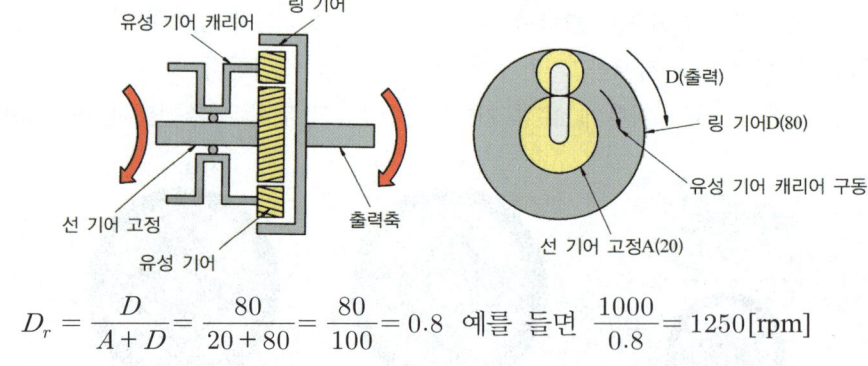

$D_r = \dfrac{D}{A+D} = \dfrac{80}{20+80} = \dfrac{80}{100} = 0.8$ 예를 들면 $\dfrac{1000}{0.8} = 1250[\text{rpm}]$

㉡ 감속의 경우 : 링 기어를 입력, 유성 기어 캐리어를 출력의 조건으로 하였을 경우로 선 기어를 고정하고 링 기어를 회전시키면 유성기어 캐리어는 감속된다. 선 기어를 고정하고 링 기어를 회전시키는 경우 유성기어 캐리어의 회전은 링 기어 잇수대 선 기어의 잇수에 의해서 감속 회전을 한다.

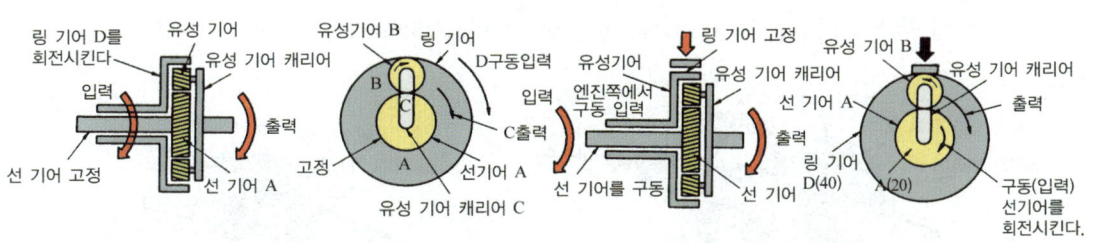

$$C_r = \frac{A+D}{D} = \frac{20+40}{40} = 1.5$$
(a) 선 기어 고정 후 감속할 경우

$$C_r = \frac{A+D}{A} = \frac{20+40}{20} = \frac{60}{20} = 3$$
(b) 링 기어 고정 후 감속할 경우

ⓒ 역전의 경우 : 역회전은 선 기어를 입력, 링 기어를 출력의 조건으로 하였을 경우로 유성기어 캐리어를 고정하고 선 기어를 회전시키면 링 기어는 역전 감속이 된다. 유성기어 캐리어를 고정하고 선 기어를 회전시키는 경우 링 기어의 회전은 선 기어에 대하여 역방향으로 회전하며, 선기어의 잇수대 링 기어의 잇수에 의해서 감속이 이루어진다.

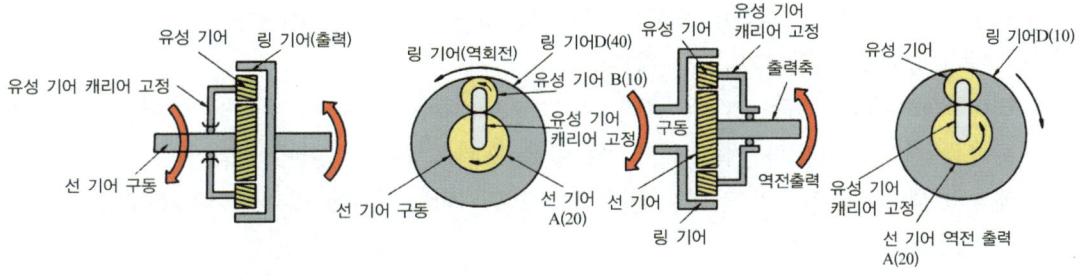

$$\frac{링기어\,(D)}{선기어\,(A)}(역전)\frac{40}{20} = -2$$
(a) 역전 감속시

$$변속비 = \frac{A}{D} = \frac{20}{40} = -0.5$$
(b) 역전 증속시

③ 유성기어의 종류

㉠ 단순 유성기어 : 싱글 피니언식, 더블 피니언식

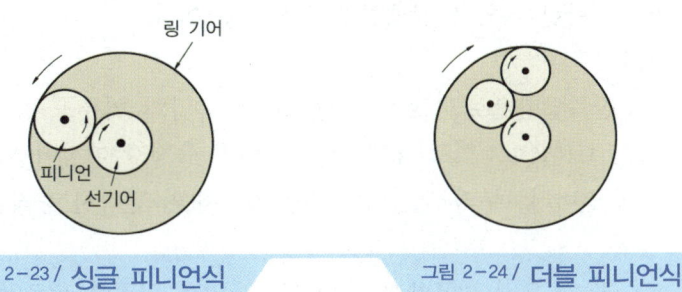

그림 2-23 / 싱글 피니언식   그림 2-24 / 더블 피니언식

ⓒ 복합 유성기어 : 심프슨(simpson) 형식, 라비뇨(ravineau) 형식

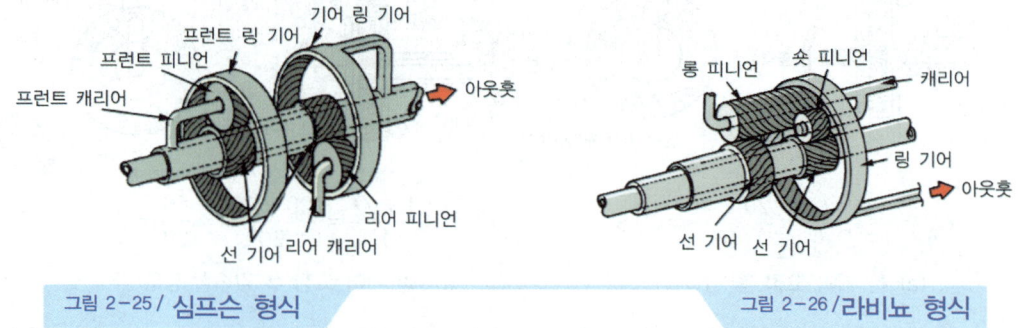

그림 2-25 / 심프슨 형식   그림 2-26 / 라비뇨 형식

2) 자동변속기 구성부품

① **오일 펌프** : 오일 펌프는 내접 기어를 사용하며 토크 컨버터 하부에 연결되어 유압을 발생하고 자동변속기가 필요로 하는 오일을 변속기 각부와 토크컨버터에 보내주어 각부의 윤활 및 유압제어 작동유압 등을 발생한다.

② **프론트 클러치(3 ~ 후진)** : 프론트 클러치는 3속 및 후진시 작동하며 유압을 받아 링기어에 동력을 전달하거나 차단한다.

③ **리어 클러치(1 ~ 3단)** : 리어 클러치는 1~3속시에 작동하며 유압을 받아 선 기어에 동력을 전달하거나 차단함으로서 구동력을 포워드 서브 기어에 전달한다.

④ **매뉴얼 밸브** : 운전자가 선택한 변속기의 선택 레버 위치에 맞추어 유압회로를 제어하는 밸브이다.

   ⓐ 시프트 밸브 : 자동차의 주행속도나 엔진의 부하에 따라 오일의 회로 압력을 이용하여 유성 기어 장치를 제어하여 자동변속을 할 수 있게 하는 밸브이다.

   ⓑ 거버너 밸브 : 변속기에 알맞은 유압을 얻기 위해 밸브의 오일 배출구가 열리는 정도를 제어하는 밸브이다.

⑤ **스로틀 밸브(기계식 자동변속기에만 장착)** : 엔진의 TPS(액셀러레이터의 밟는량)와 출력에 비례하여 적당한 유압을 발생하게 하는 밸브이다.

⑥ **각종 밸브 기구**

   ⓐ 체크 밸브 : 한쪽방향으로만 흐르는 밸브로서 유압의 역류를 방지한다.

   ⓑ 압력조절(릴리프) 밸브 : 회로 내의 오일 압력이 규정값 이상이 되는 것을 막고 엔진 정지시 토크 컨버터로부터 오일의 역류를 방지하며 변속시 충격을 방지하는 역할을 한다.

   ⓒ 레귤레이터 밸브 : 오일 펌프에서 발생하는 유압을 일정한 회로압으로 유지될 수 있도록 어저스팅 스크루 스프링 힘으로 모든 운전조건에 적응하도록 조정하는 역할을 한다.

⑦ 펄스 제너레이터A : 고속주행시 변속 레버 위치를 D위치에 선택하고 주행의 킥다운 드럼의 회전수를 검출하여 TCU 또는 ECU에 보내준다.
⑧ 펄스 제너레이터B : 자동변속기 선택 레버 위치에 따라서 자동차의 주행속도를 파악하기 위해 드라이브 기어의 출력축 회전수를 검출하여 TCU 입력시키는 것이다.
⑨ 인히비터 스위치 : N 또는 P 위치에서만 시동이 되게 하는 새프티(safety) 기능과 컨트롤 레버의 위치검출, R위치에서 후진등의 점등 역할을 한다.
⑩ 킥다운 서보 스위치 : 운전자가 액셀레이터를 급격히 많이 밟았을 때 킥다운 밴드의 작동시점을 검출하는 스위치이다.

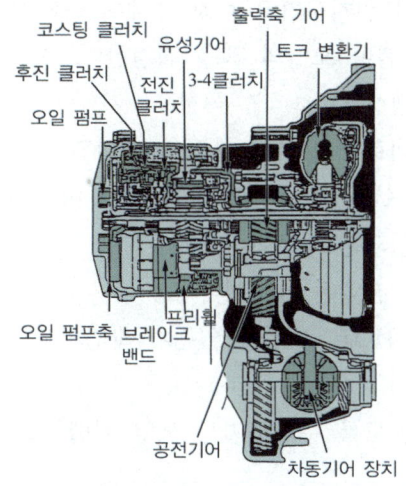

그림 2-27 / FF 차량의 자동 트랜스 액슬

3) 자동변속기 오일(ATF) 및 각종 점검

① 역할
  ㉠ 토크 컨버터 내의 작동 유체로서 동력을 전달하는 작용을 한다.
  ㉡ 기어 또는 베어링 등의 회전 부분에 공급되어 윤활 작용을 한다.
  ㉢ 밸브, 클러치, 브레이크 등을 작동시키는 작동을 한다.
  ㉣ 마찰 부분에 공급되어 냉각 작용을 한다.
  ㉤ 변속기에 충격을 흡수하는 완충 작용을 한다.

② 구비 조건
  ㉠ 점도가 낮을 것
  ㉡ 비중이 클 것
  ㉢ 착화점이 높을 것
  ㉣ 내산성이 클 것

ⓜ 유성이 좋을 것

ⓗ 비점이 높을 것

③ **자동변속기 오일(ATF)의 점검**

㉠ 유온이 60~70[℃](냉각수 온도 85~95[℃])에 이를 때까지 주행하거나 시프트 레버를 N레인에 위치시킨 상태에서 엔진을 공회전시켜 유온이 60~70[℃]가 되도록 한다.

㉡ 엔진을 공회전 상태로 자동차를 평탄한 장소에 정차시킨다.

㉢ 시프트 레버를 각 레인지에 2~3회 작동시켜 각 유로 및 토크 컨버터에 오일을 충만시킨 후 N레인지에 위치시키고 주차 브레이크를 작동시킨다.

㉣ 오일 레벨 게이지를 뽑아 오일의 색을 점검한다.

ⓐ 투명한 붉은색 : 정상

ⓑ 갈색 : 가혹한 상태로 사용하여 오일이 열화된 경우이다.

ⓒ 검정색 : 클러치, 브레이크, 부싱, 기어 등의 마멸에 의해 오염된 경우이다.

ⓓ 황색 : 오일이 파열되는 경우이다.

ⓔ 우유색 : 냉각수가 혼입된 경우이다.

㉤ 오일 레벨 게이지의 "HOT" 범위에 있는가 확인하고 부족시에는 "HOT" 범위가 되도록 ATF을 보충한다.

㉥ 이물질이 유입되지 않도록 주의하면서 오일 레벨 게이지를 확실하게 끼운다.

4) 자동변속기 성능 시험

자동변속기 성능 시험으로는 스톨 테스트, 유압 테스트, 타임래그 테스트 시험이 있다.

① **스톨 테스트(stall test)** : 스톨 테스트는 선택 레버를 D 또는 R에 위치시키고 스로틀을 완전히 개방시켰을 때 최대 엔진 속도를 측정하여 엔진 성능, 트랜스미션의 성능을 시험하기 위한 것으로 엔진의 구동력, 토크 컨버터의 동력전달 기능, 클러치의 미끄러짐, 브레이크 밴드의 미끄러짐 등을 점검한다.

㉠ 시험방법

ⓐ 엔진을 워밍업시킨다.

ⓑ 뒷바퀴 양쪽에 고임목을 받친다.

ⓒ 엔진 타코미터를 연결한다.

ⓓ 주차 브레이크를 당기고, 브레이크 페달을 완전히 밟는다.

ⓔ 선택 레버를 "D"에 위치시킨 다음 액셀레이터 페달을 완전히 밟고 엔진 rpm을 측정한다.(이 때, 주의할 사항은 이 테스트를 5초 이상하지 않는다.)

ⓕ D레인지에서의 테스트를 R에서도 동일하게 실시한다.

　　　　　ⓖ 규정값 : 2,000 ~ 2,400[rpm]
　　㉡ 판정
　　　　　ⓐ "D" 레인지에서 규정값 이상일 때 : 뒤 클러치나 오버 런닝 클러치의 슬립
　　　　　ⓑ "R" 레인지에서 규정값 이상일 때 : 앞 클러치나 로우 브레이크의 슬립
　　　　　ⓒ "D"와 "R"에서 규정값 이하일 때 : 엔진 출력 저하 및 토크 컨버터 고장
② 유압 테스트(라인 압력 시험)
　　㉠ 자동변속기 유온이 정상작동온도(80 ~ 90[℃])가 되도록 충분히 워밍업시킨다.
　　㉡ 잭으로 앞바퀴를 들어 올려 차량 고정용 스탠드를 설치한다.
　　㉢ 진단 장비(scan tool)를 설치하여 엔진 회전수를 선택한다.
　　㉣ 자동변속기 케이스에서 오일 압력 테스트 플러그를 탈거하고 오일 압력 게이지 30[kg$_f$/cm^2]를 설치한다.
　　㉤ 엔진을 시동하여 엔진 공회전속도를 점검한다.
　　㉥ 다양한 위치(N, D, R)와 조건에서 오일 압력을 점검하여 측정값이 규정범위 내에 있는가를 확인한다. 규정값을 벗어날 경우 유압 조정방법을 참고하여 수리한다.
③ 타임 래그 테스트(time lag test, 시간 지연 시험)
　　㉠ 공전 rpm에서 N→D, N→R로 변속한 순간부터 동력이 전달될 때 까지의 시간 (1.2초)을 측정하여 변속기의 유압 상태를 판정한다.
　　㉡ 지연시간이 길면 라인 압력이 너무 낮은 것을 의미하고, 지연시간이 짧으면 라인압력이 너무 높거나, 브레이크 밴드의 조임 토크가 크거나, 클러치 디스크 틈새가 너무 좁은 지를 점검한다.

5) 오버 드라이브(over drive) 장치

오버 드라이브란 평탄한 도로를 주행시 엔진의 여유출력을 이용하여 추진축의 회전속도를 엔진의 회전속도보다 더 빠르게 구동하는 장치이다.

① 오버 드라이브 장치의 장점
　　㉠ 속도가 30[%] 정도 증가한다.
　　㉡ 연료가 10 ~ 20[%]절감 된다.
　　㉢ 엔진의 수명이 연장 된다.
　　㉣ 주행 소음이 감소된다.
② 오버 드라이브의 종류
　　㉠ 기계식 : 변속기 내부에 증속 기어를 두고 변속 레버로 작동하는 형식이다.
　　㉡ 자동식 : 변속기 내부에 유성 기어 장치를 설치하여 자동차가 40[km/h] 이상이 되면 자동적으로 작동하는 형식이다.

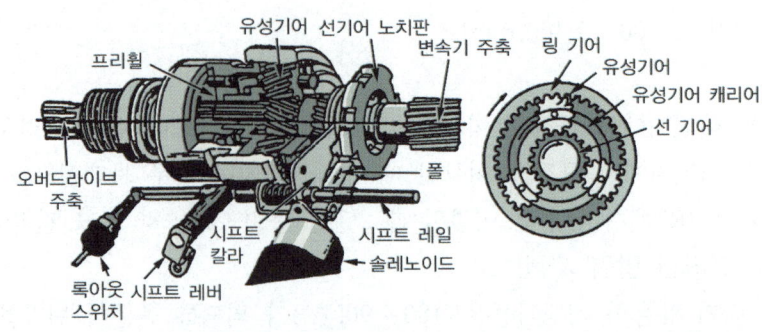

그림 2-28 / **자동변속기 오버 드라이브 장치의 구성**

4_ 무단변속기(CVT)

1. 무단변속기 일반

1) 무단 변속기 개요

무단 변속기(CVT : Continuously Variable Transmission)는 주행 중 변속을 연속적으로 가변 시키는 변속기로서 무단으로 변속을 실행하므로 변속기에서 발생할 수 있는 변속 충격 방지 및 연료 소비율 향상과 가속 성능이 우수하다.

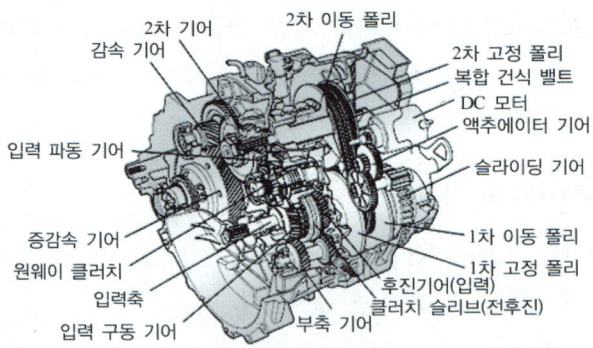

① 무단 변속기의 장점
  ㉠ 가속 성능의 향상 : CVT는 변속비가 무단계로 연속적으로 이루어지므로 엔진 회전 속도를 일정 한 구간으로 유지하여 변속할 수 있기 때문에 운전자의 성향에 따라 필요한 구동력의 영역으로 운전을 할 수 있어 가속성이 향상된다.
  ㉡ 연비 향상 : 무단 변속기는 중간에 동력이 차단되는 변속이 없으므로 댐퍼 클러치 영역을 기존 자동변속기보다 크게 할 수 있다. 또 최소 연비곡선을 따라 운전할 수 있기 때문에 연비가 향상된다.
  ㉢ 변속시 충격 감소 : 무단계로 변속되기 때문에 출력축 회전력의 변동에 의한 차이가

없어 변속시 충격이 없다.

ⓔ 무게 감소 : 기존의 자동변속기보다 무단변속기의 부품 수가 적어 중량이 가볍다.

2) 무단 변속기의 종류

① 동력 전달방식에 의한 분류

ⓐ 토크 컨버터 방식 : 기존의 자동변속기에서 사용하는 토크 컨버터와 동일한 방식을 사용하며 무단 변속기 특성상 댐퍼 클러치 제어 영역을 자동변속기에 비해 작동 영역을 크게 할 수 있어 연료 소비율이 향상 된다.

ⓑ 전자 분말 방식 : 전자 분말을 밀폐된 공간에 넣고 바깥쪽 구동축에 전자석을 설치하고 안쪽에는 변속기 입력축을 설치하여 코일에 전원을 가하면 전자 분말이 자화하여 입력축과 출력축이 연결된다.

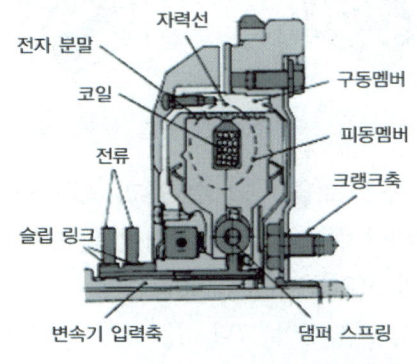

그림 2-29 / **전자 분말 방식**

② 변속벨트 방식에 의한 분류

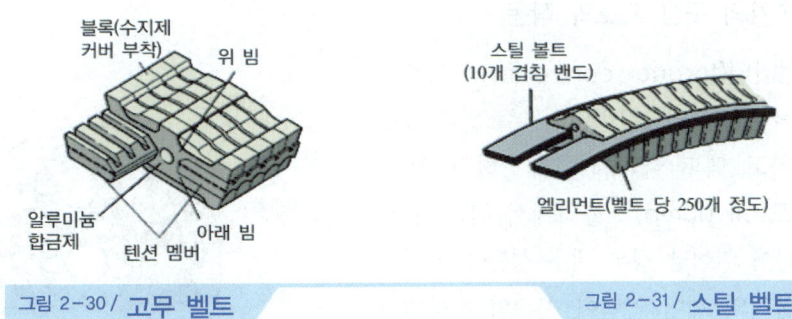

그림 2-30 / **고무 벨트**　　　　　　　　그림 2-31 / **스틸 벨트**

ⓐ 고무 벨트(rubber belt) 방식 : 알루미늄 합금 블록의 측면을 내열 수지로 성형한 고무 벨트는 높은 마찰 계수를 유지하는 효과를 얻을 수 있고, 벨트를 누르는 힘인 추력을 작게 할 수 있다.

ⓑ 스틸 벨트(steel belt) 방식 : 특수합금으로 정밀하게 가공된 두께 0.2mm의 금속 밴

드를 12장씩 겹친 밴드 사이에 끼워 넣은 상태로 되어 있으며, 고무 벨트 방식은 인장력으로 동력을 전달하지만 금속 벨트 방식은 금속 블록 사이의 압축력에 의해서 동력을 전달한다.

③ 트랙션 구동(traction drive 또는 트로이달, 익스트로이드) 방식 : 탄성의 오일 막을 이용하여 금속의 전동체로 사용하여 입력축과 출력축 원판에 하중 P를 작용시키고, 롤러(roller)가 A점을 중심으로 회전함에 따라 유효 접촉 반지름인 Ri 와 Ro가 변화한다. 마찰 바퀴는 토로이드(toroid)라 하며, 레이스(race)와 롤러는 직접 접촉하지 않고 그 사이에 존재하는 유막의 전단력에 의해 동력이 전달된다.

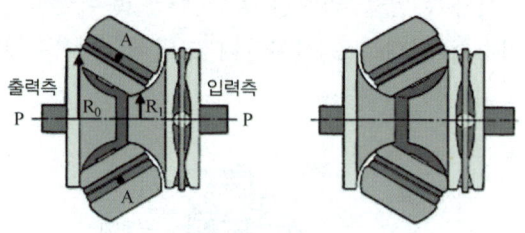

그림 2-32 / **트랙션 구동 방식의 특징**

㉠ 변속 범위가 넓으며, 높은 효율을 낼 수 있고, 작동 상태가 정숙하다.
㉡ 큰 추진력 및 회전면의 높은 정밀도와 강성이 필요하다.
㉢ 무게가 무겁고, 전용의 오일을 사용하여야 한다.
㉣ 마멸에 따른 출력 부족 가능성이 크다.

2. 무단변속기 작동 및 제어

1) 무단 변속기의 구성 요소와 작동

① 토크 컨버터(torque convertor) : 기존의 자동변속기의 토크 컨버터의 주요 부품을 공용화 하고 댐퍼 클러치를 내장하고 있다.
② 오일 펌프(oil pump) : 풀리에서 금속 벨트의 미끄럼이 일어날 경우 내구 성능에 치명적이므로 풀리의 제어 압력이 기존의 자동변속기 제어 압력보다 더욱 큰 압력이 요구된다.
③ 전후진 장치
   ㉠ P & N 레인지일 때 : P와 N 레인지에서는 전진 클러치와 후진 브레이크는 작동

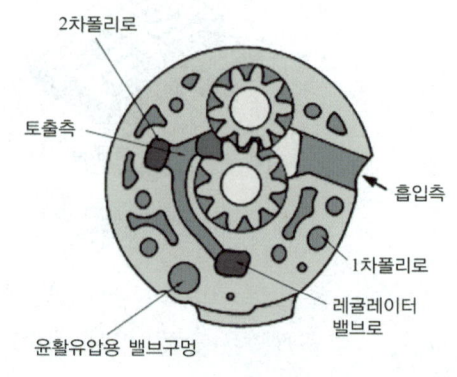

그림 2-33 / **오일펌프**

하지 않고, 입력축에서의 구동력은 1차 풀리로 전달되지 않는다.
    ⓒ 전진에서의 작동 : 엔진 → 토크 컨버터 → 입력축 → 전진 클러치 → 유성 캐리어 → 출력(1차 풀리)이다.
    ⓒ 후진에서의 작동 : 엔진 → 토크 컨버터 → 입력축 → 선 기어 → 피니언 → 피니언 → 유성 캐리어 → 출력(1차 풀리)이다.
④ **가변 풀리(variation pulley)** : 지름이 다른 풀리 2개가 벨트를 통하여 연결되어 있으며, 각 풀리는 벨트가 설치되어 지름을 변경할 수 있도록 되어 있다.

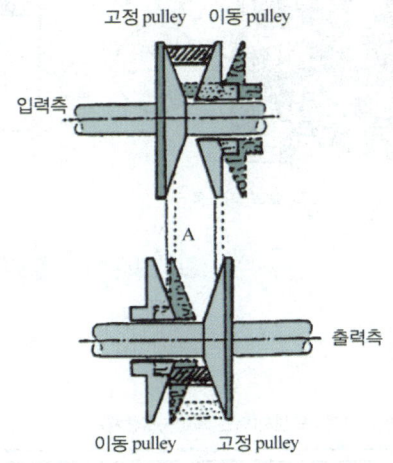

㉠ 저속에서의 작동
    ⓐ 1차 풀리 : 최대한 벌어져 금속 벨트가 제일 안쪽으로 들어가게 되어 1차 풀리 축의 중심에서 반지름이 가장 작아진다.
    ⓑ 2차 풀리 : 최대한 좁혀져 금속 벨트가 가장 바깥쪽으로 가게 되어 2차 풀리 중심에서 반지름이 가장 커진다. 따라서 구동력이 최대가 된다.

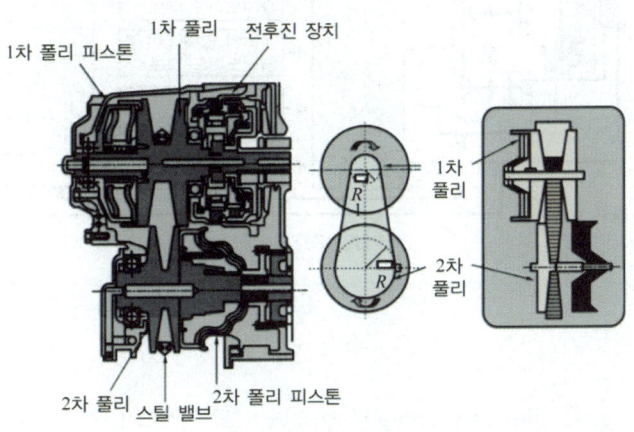

그림 2-34 / **저속에서 풀리의 작동**

ⓛ 고속에서의 작동 : 저속에서의 작동과는 완전히 반대로 1차 풀리는 최대한 좁혀져 반지름이 가장 커지며, 2차 풀리는 최대한 벌어져 1차 풀리 축의 중심에서 반지름이 가장 작아지게 되어 속도가 고속이 된다.

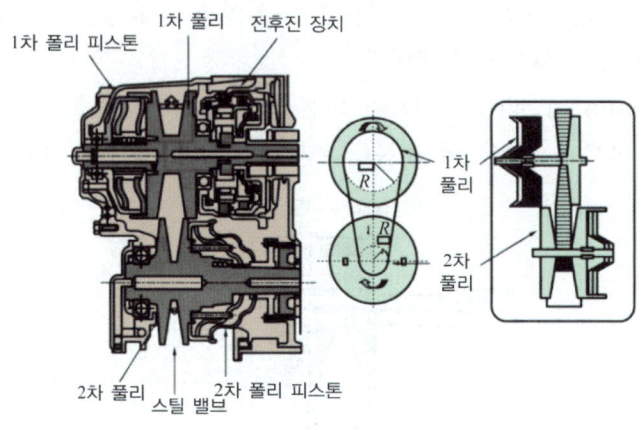

그림 2-35 / **고속에서 풀리의 작동**

2) 무단 변속기의 전자 제어

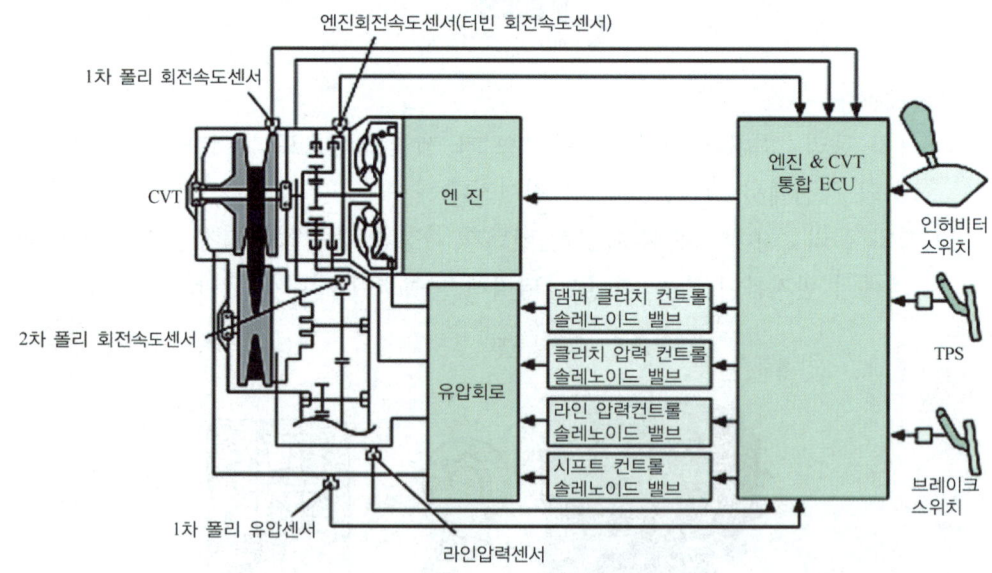

그림 2-36 / **센서의 구성 및 작동 원리**

① 구성 요소
  ㉠ 솔레노이드 밸브(solenoid valve) : 솔레노이드 밸브의 기준 유압을 낮추어 기존의 자동변속기용에 비해 작게 제작 할 수 있어 비용 절감과 소음을 감소한다.

ⓛ 오일 온도 센서(oil temperature sensor) : 변속기 오일의 온도를 서미스터로 검출하여 댐퍼 클러치 작동 및 미작동 영역을 검출하고 변속할 때 유압 제어 정보 등으로 사용

ⓒ 유압 센서(oil pressure sensor) : 라인 압력 또는 1차 풀리쪽의 압력 검출용과 2차 풀리쪽의 압력 검출용 2개가 설치되며 검출 압력의 범위는 0~80[kg$_f$/cm^2], 입력 범위는 0.5~4.5[V]이다.

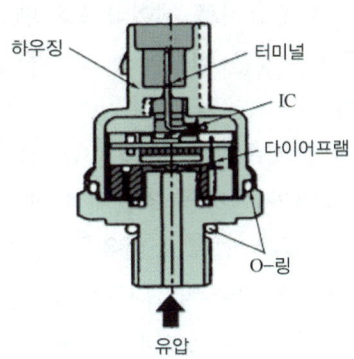

ⓔ 회전속도 센서 : 터빈 회전속도 센서, 1차 풀리 회전속도 센서, 2차 풀리 회전속도 센서로 구성되며 1, 2차 풀리의 회전속도 센서는 공용화가 가능한 홀 센서 형식을 사용한다.

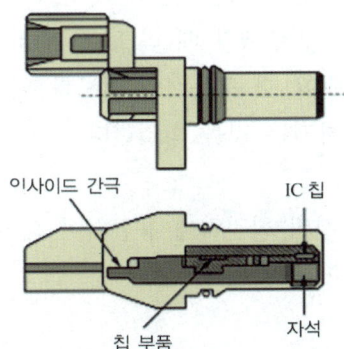

② 유압 제어 계통

㉠ 라인 압력 제어 : 20~30bar 정도로서 항상 높은 라인 압력을 유지하기 위해서는 오일 펌프의 구동력이 커지므로 효율을 높이기 위해서는 전달되는 회전력의 크기에 비례하여 적절한 라인 압력을 제어한다.

㉡ 제어 밸브의 기능

ⓐ 레귤레이터 밸브 : 라인 압력을 주행 조건에 따라 적절한 압력으로 조정한다.

ⓑ 변속 제어 밸브 : 1차 풀리의 유압을 조정한다.

ⓒ 클러치 압력 제어 밸브 : 전진 클러치 및 후진 브레이크의 작동을 조정한다.

ⓓ 댐퍼 클러치 제어 밸브 : 댐퍼 클러치의 작동을 조정한다.

③ 엔진 변속기 총합 제어(Ⅰ) : 엔진 회전력(입력 회전력)에 대응하여 풀리에 작동하는 유압을 조정한다.

㉠ 정확한 엔진 회전력 연산 : 엔진은 정밀한 회전력 제어가 가능, 이정보를 이용하여 벨트를 잡아주는 힘을 최소로 억제하고 유압을 필요 최소량으로 한다.

㉡ 높은 응답 제어 : 대용량의 컴퓨터로 제어하므로 엔진 제어와 무단 변속기 제어 사이의 통신 지연을 배제하고 높은 점도에서 응답성이 우수한 유압 센서를 부착하여 응답 지연을 최소화한다.

㉢ 엔진의 운전 영역 : 엔진의 저속회전 영역에서 개선 효과가 크며 변속비를 단계가 없이 제어하는 무단 변속기와 엔진의 조합에 의해 연료 소비량이 저속회전 영역에서도 운전 속도를 높이며 낮은 연료 소비율을 실현한다.

④ 엔진 변속기 총합 제어(Ⅱ) : 기존의 자동변속기용 인벡스(INVECS : Intelligence Vehicle Control System) Ⅱ를 기본으로 하여 무단 변속기의 무단 변속 특성에 따라 인벡스-Ⅱ보다 진화된 인벡스-Ⅲ를 사용하고 있다.

㉠ 내리막길 제어 : 여러 가지 주행 조건에 의한 엔진 브레이크를 얻을 수 있도록 변속비를 제어하며 가속 페달 또는 브레이크 페달 조작량에 의해서 엔진 브레이크의 과부족을 판정하고 학습 보정 제어를 실시한다.

㉡ 오르막길 제어 : 오르막길을 주행할 때 리프트 풋(lift foot)에 따른 불필요한 업 시프트를 방지하고 다시 가속할 때 구동력의 확보를 위해 1차 풀리 회전속도를 증대하여 엔진 회전속도가 저하되는 것을 방지한다.

⑤ 댐퍼 클러치 제어

㉠ 작동 시점의 저속화 : 엔진의 회전력에 응답하여 세밀하게 직결 작동 압력을 제어하여 저속에서도 충격 없이 직결한다.

㉡ 댐퍼 클러치 작동 영역

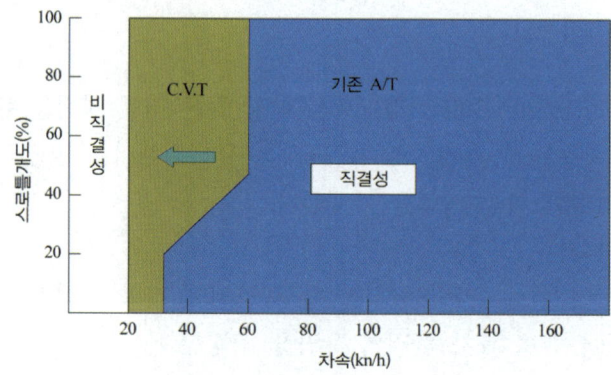

⑥ **6속 스포츠 모드 제어** : 인벡스-Ⅲ 제어에 의해 운전의 편리성을 실현한 D, Ds 모드에 추가로 스포츠 모드가 있다.

㉠ 스포츠 모드의 특성

ⓐ 변속 레버를 앞뒤로 이동시키는 것만으로 업, 다운 시프트가 가능

ⓑ 가속 페달을 밟은 상태에서 기어 변속이 가능하다. 이 때문에 출력의 감소없이 운전을 즐길 수 있다.

ⓒ 굴곡 도로 및 산악 도로에서도 양호한 변속의 패턴을 스스로 선택할 수 있어 곡선 도로 진입 직전이나 경사로 주행 직후의 경쾌한 다운 시프트가 가능하다.

ⓓ 현재의 변속 패턴을 시프트 표시등으로 점등 표시하여 스포츠 모드에서 변속 레버 조작을 도와준다. 또한 D 레인지의 주행 중에도 변속 패턴을 표시하여 스포츠 모드를 선택할 때의 의지 결정을 도와준다.

ⓔ 스킵 변속(skip shift)이 가능하다.

5_ 드라이브 라인 및 종감속 장치

드라이브 라인은 후륜구동 차량에서 엔진의 출력을 변속기를 통해 종감속 기어로 전달하는 부분으로 추진축(propeller shaft), 자재이음(universal joint), 슬립 조인트(slip joint) 등으로 구성되어 있다. 종감속 장치는 최종 감속장치로 하이포이드 기어를 주로 사용하고 있으며 종감속 장치 내부에는 차동기어가 같이 조립되어 있다.

1. 드라이브 라인

1) **추진축(propeller shaft)**

추진축은 강한 비틀림을 받으면서 고속으로 회전하기 때문에 이에 견디도록 속이 빈 강관으로 되어 있으며, 회전할 때 평형을 유지하기 위한 평형추와 길이 변화에 대응하기 위한 슬립 조인트가 설치되어 있다. 추진축의 재료는 탄소강, 니켈강, 니켈-크롬강 등을 사용한다.

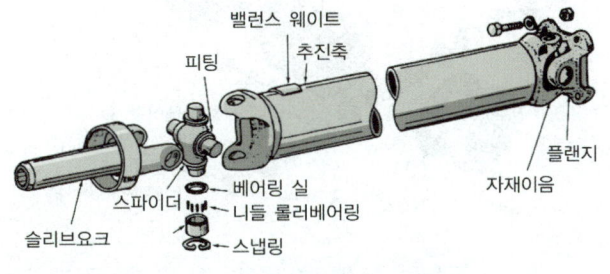

그림 2-37 / 추진축의 구조

① 추진축의 위험 회전수(N)

$$N = 0.121 \times 10^9 \cdot \frac{\sqrt{D_1^2 + D_2^2}}{l^2}$$

D_1 : 추진축의 바깥지름[mm]
D_2 : 추진축의 안지름[mm]
l : 추진축의 길이[mm]

2) 자재이음(universal joint)

자재이음은 각도를 가진 2개의 축사이에 동력을 전달할 때 사용하며 십자형 자재이음, 트러리언 자재이음, 플렉시블 이음, 등속도 자재이음 등이 있다.

① 십자형 자재이음(cross and roller universal joint) : 중심부의 십자축과 두 개의 요크로 되어 있으며 십자축과 요크는 롤러 베어링을 사이에 두고 설치되어 있고 엔진의 회전력이 추진축이 1회전마다 2회의 가속과 감속을 반복하며 구동바퀴에 전달되기 때문에 동력 전달장치 전체에 진동이 발생한다.

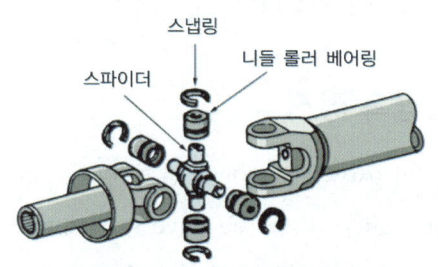

그림 2-38 / 십자형 자재이음의 구조

② 볼 앤드 트러니언 자재이음(trunion universal joint) : 자재이음과 슬립이음의 역할을 동시에 하는 형식으로 십자형 자재이음에 비하여 마찰이 크고 또한 전동 효율이 낮은 결점이 있어 현재는 별로 사용되지 않는다.

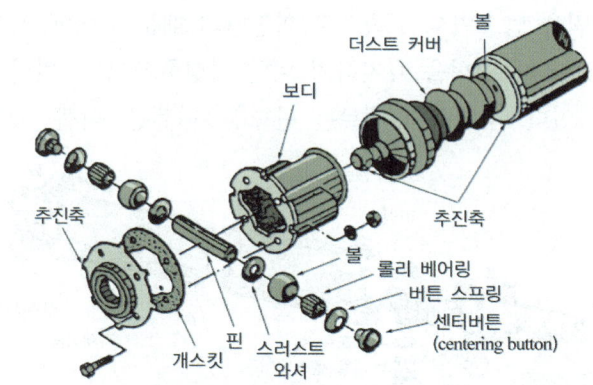

그림 2-39 / 볼 앤 트러니언 자재이음의 구조

③ 플렉시블 이음(flexible joint) : 세갈래로 된 2개의 요크 사이에 웜이나 원심력에 충분히 견딜 수 있는 강한 마직물 또는 가죽을 합쳐서 만든 것 또는 경질 고무로 만든 커플링을 끼우고 볼트로 조인 것인데 마찰부분이 없고 따라서 급유할 필요가 없으며 회전도 조용하나 양축의 경사각은 3 ~ 5° 이상으로 되면 회전이 불안전하여 전달효율이 낮고 양쪽의 중심이 잘 맞지 않아 진동을 일으키는 결점이 있다.

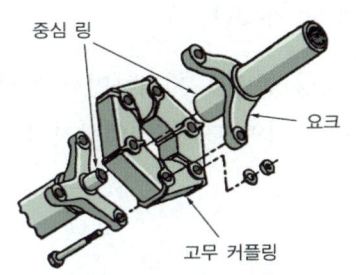

그림 2-40 / **플렉시블 이음**

④ 등속도 자재 이음(CV, constant velocity ratio universal joint) : 일반 자재이음은 그 각도 때문에 피동축의 회전 각도가 일정하지 않아 진동을 수반한다. 이것을 방지하기 위하여 만들어진 것이 등속도 자재이음이며 추진축은 경사각이 작을수록 좋으나 앞엔진 앞바퀴 구동, 뒤엔진 뒤바퀴 구동 등에서는 그 구조상 설치각이 커지므로 등속도 자재이음을 사용하며 설치각은 29 ~ 45°이다.

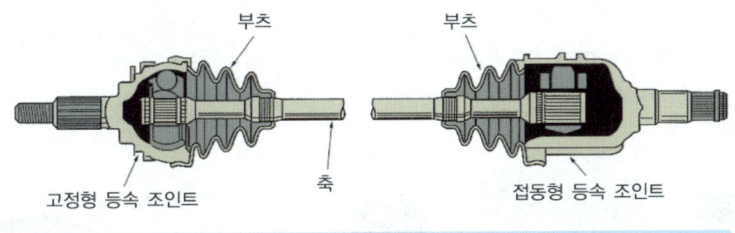

그림 2-41 / **등속 자재이음**

3) 슬립 이음(slip joint)

축의 길이 변화를 가능하게 하여, 스플라인을 통해 연결한다. 즉 뒤차축의 상하운동에 의한 길이 변화를 가능하게 해준다.

4) 추진축의 이상 현상

① 추진축 회전시에 소음이 발생되는 원인
    ㉠ 추진축이 휘었다.
    ㉡ 십자축 베어링의 마모이다.
    ㉢ 중간 베어링 마모다.

② 추진축의 진동원인
  ㉠ 밸런스 웨이트가 떨어졌다.
  ㉡ 중간 베어링이 마모되었다.
  ㉢ 요크의 방향이 다르게 조립되었다.

2. 종감속 장치(find reduction gear)

자동차의 뒤차축에 설치되어 차량 중량을 지지하면서 엔진의 회전력을 구동 바퀴에 전달하는 역할을 하는 것으로서 종감속 기어, 차동 기어장치 등으로 구성되어 있다.

1) 종감속 기어(find reduction gear)

추진축에서 받는 동력을 직각이나 또는 직각에 가까운 각도를 바꾸어 뒤차축에 전달함과 동시에, 자동차의 용도에 따른 회전력의 증대를 위하여 최종적인 감속을 하기 때문에 종감속 장치라 하며 그 감속비를 종감속비라 한다.

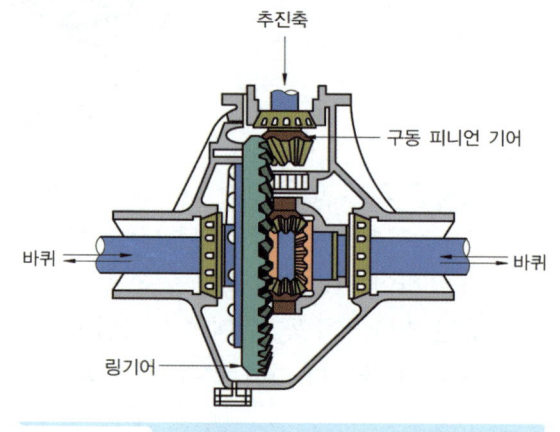

그림 2-42 / 종감속 기어의 구조

① 종감속 기어의 종류
  ㉠ 웜기어(worm gear)
  ㉡ 스파이럴 베벨기어(spiral bevel gear)
  ㉢ 하이포이드 기어(hypoid gear)

그림 2-43 / 웜기어   그림 2-44 / 스파이럴 베벨기어   그림 2-45 / 하이포이드 기어

② 종감속 기어의 특징
  ㉠ 웜 기어 : 감속비를 크게 할 수 있고 차고를 낮게할 수 있는 장점이 있으나 전달효율이 낮고, 역전이 어려우며, 발열되기 쉬워 현재는 사용하지 않는다.
  ㉡ 스파이럴 베벨기어 : 구동 피니언 기어와 링기어의 중심을 일치시킨 것이다. 스퍼 베벨기어보다 기어의 물림률이 크고, 회전이 원활하며 전달효율이 좋은 장점이 있다.

그러나 회전시 축방향으로 추력이 생기므로 테이퍼 롤러 베어링을 사용하여야 한다.
ⓒ 하이포이드 기어 : 현재 많이 사용되고 있는 형식으로 구동 피니언 기어의 축이 링 기어의 중심보다 약 10~20[%] 낮게 옵셋(off set)된 것으로, 옵셋에 의해 추진축의 높이를 낮게 할 수 있어 차고가 낮아져 안정성이 증대되며 스파이럴 베벨기어와 비교하여 감속비와 링 기어의 크기가 같은 경우 구동 피니언을 크게 할 수 있으므로 강도가 커진다. 또한 기어의 물림률이 커 회전이 정숙하나 기어가 축과 직각 방향으로 접촉하여 압력이 크기 때문에 특별한 윤활유를 사용해야 하고 제작이 어려운 단점이 있다.

③ 종감속비 : 종감속비는 링기어의 잇수와 구동 피니어 기어의 잇수비로 나타내며, 종감속비는 특정한 기어끼리 항상 맞물리는 것을 방지하여 일정하게 마멸되게 하기 위하여 나누어 떨어지지 않는 수로 한다. 또한 종감속비는 엔진의 출력, 가속성능, 등판성능 등에 중대한 영향을 미치므로 일반적인 종감속비는 승용차의 경우 4~6, 대형차의 경우 5~8 정도이다.

$$종감속비 = \frac{링기어의 잇수}{구동 피니언의 잇수}$$

④ 종감속 기어 접촉의 종류
   ㉠ 힐(heel) 접촉 : 이의 바깥쪽 접촉
   ㉡ 토우(toe) 접촉 : 이의 안쪽 접촉
   ㉢ 페이스(face) 접촉 : 이의 위쪽 접촉
   ㉣ 플랭크(flank) 접촉 : 이의 아래쪽 접촉

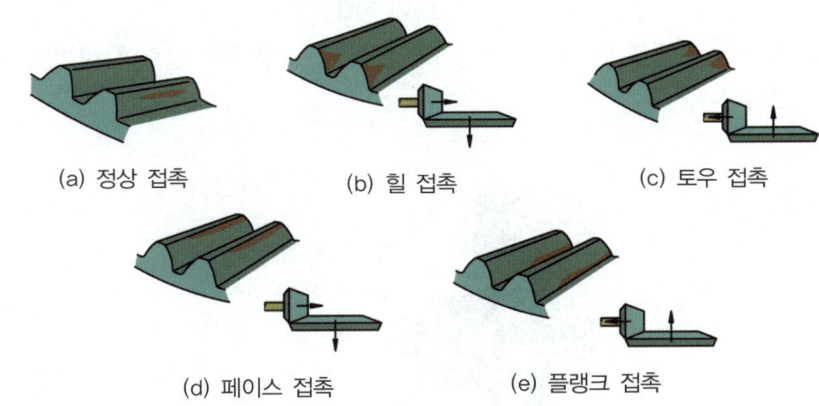

(a) 정상 접촉   (b) 힐 접촉   (c) 토우 접촉
(d) 페이스 접촉   (e) 플랭크 접촉

2) 차동장치(differential gear)

차량 회전 주행시 양쪽 바퀴가 미끄러지지 않고 원활히 회전되도록 바깥 바퀴를 안쪽 바퀴보다 더 많이 회전시키며, 요철 길을 통과할 때 양 바퀴의 회전수를 다르게 하여 원활한 회전을 가능하게 하는 장치이다.

① **차동장치의 원리** : 차동장치는 래크와 피니언의 원리를 이용한 것으로, 양 쪽의 무게가 동일할 때 잡아당기면 래크는 하중이 같으므로 어느 쪽으로도 회전하지 못하고 당긴 만큼 올라간다. 한 쪽을 고정시켜 놓고 당기면 가운데 피니언 기어가 회전하면서 다른 쪽 기어는 피니언의 자전만큼(A가 올라갈 거리만큼) 더 많이 올라가게 된다. 이 원리를 이용한 것이 차동기어이다.

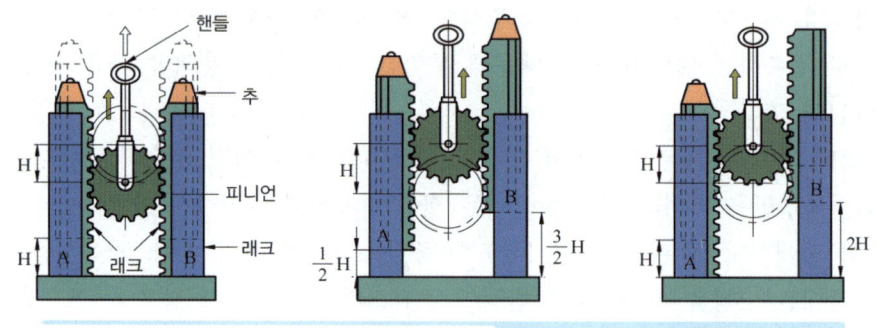

그림 2-46 / **차동장치의 원리**

② **차동기어의 구성**
　㉠ 차동 사이드 기어 : 차동 사이드 기어 허브는 스플라인으로 되어 있고, 양쪽에 액슬 축이 꼽혀 있다. 따라서 주행시 바퀴의 하중에 의해 차동 피니언 기어가 회전하면서 회전수 차이가 생기게 된다.
　㉡ 차동 피니언 기어 : 차동 사이드 기어 사이에 피니언 축을 중심으로 물려있으며 차동 사이드 기어의 회전을 변화시켜 준다.
　㉢ 차동 피니언 축 : 차동 피니언 기어를 지지해 준다.
　㉣ 차동기어 케이스 : 종감속기어 링기어와 볼트로 고정되어 있으며 링기어가 회전하면 같이 회전한다.

그림 2-47 / **차동기어의 구조**

③ 차동장치 동력전달 및 회전수
   ㉠ 동력 전달순서 : 구동 피니언축→구동 피니언→링 기어→차동 기어 케이스→(차동 피니언→사이드 기어)→차축 순이다.
   ㉡ 바퀴의 회전수 $= \dfrac{\text{기관 회전수}}{\text{총 감속비}} \times 2 - (\text{상대 바퀴의 회전수})$

   $= \dfrac{\text{추진축 회전수}}{\text{종 감속비}} \times 2 - (\text{상대 바퀴의 회전수})$

3) **차동제한장치**(LSD : Limited Slip Differential)

차동장치는 회전시 좌·우 바퀴의 회전수를 다르게 함으로써 회전을 가능하게 하지만, 눈길, 빗길 등 노면 상태가 나쁠 때에는 미끄러운 부분에만 회전력을 전달하기 때문에 미끄럼의 원인이 되기도 한다. 차동 제한 장치(LSD)는 이러한 현상을 방지하기 위해서 차동장치 내부에 마찰저항이 발생되는 기구를 설치하여 회전력의 전달을 회복 시킴으로서 바퀴의 공회전을 방지할 뿐만 아니라 반대쪽 바퀴의 구동력을 증대시켜 차량의 구동력을 최대화시켜 주는 장치이다.

① LSD(차동제한 차동장치)의 특징
   ㉠ 눈길 및 빗길 등에서 미끄러지지 않으며, 구동력이 증대된다.
   ㉡ 코너링 및 험로 주행 시에도 Wheel Spin을 방지하여 주행 안전성을 유지한다.
   ㉢ 진흙길이나 웅덩이에 빠졌을 때 탈출이 용이하다.
   ㉣ 경사로에서의 주·정차가 쉽다.
   ㉤ 급가속, 급발진 시에도 차량 안전성이 유지된다.
   ㉥ 어떠한 상황에서도 정확한 핸들 조작이 가능하다.
② 작동 메카니즘에 따른 분류 : 차동제한장치에서 토크를 발생시켜 저속 회전측의 전달 토크를 증대 시키는 것으로서, 다음과 같은 종류가 있다.
   ㉠ 토크 감응식 : 피니언 샤프트부의 캠기구에 의한 트러스트 힘으로 마찰 클러치를 밀어 압착하거나, 웜 기어가 물릴 때의 잇면 마찰력을 이용한다.
   ㉡ 마찰 클러치식 : 클러치 마찰 특성은 마찰 클러치의 압력판 사이에는 선회시나 전·후륜의 슬립 등에 의해 상대 슬립이 생기기 때문에 마찰 특성이 불안정하면, 고착 슬립이나 이음 발생의 원인이 되기 때문에 마찰 특성은 경 변화가 적은 안정된 특성이 얻어지도록 캠홈의 제작 정밀도 향상, 마찰판 표면의 윤활류 홈 형상이나 표면처리의 적정화, 윤활류에 마찰 계수 조정제를 첨가하는 것 등의 방법이 이용되기도 한다.
   ㉢ 웜 기어식 : 토션 디퍼런셜은 구성기어의 맞물림 잇면과 각 회전 접동부에 발생하는

마찰력을 이용하여 차동 제한 토크를 발생 시키는 것이며 기어 제원인 비틀림각, 압력각 등이나 접동부의 구성 부재를 선정하는 것으로 차동 제한 토크가 결정된다.
㉣ 회전 속도차 감응식 : 좌·우 또는 전·후륜 사이에 회전차가 생기면 차동 제한 토크가 회전차에 따라서 증감되는 형식으로 비스커스 커플링이나 유압식 커플링 등이 이용되고 있다.

제3절 / 친환경 동력전달장치

1_ 친환경 변속기

1. 듀얼 클러치 트랜스 밋션

① 개요 : 클러치를 2개를 이중으로 설치하여 수동 변속기를 자동 변속기처럼 작동시키는 변속기이다.
② 작동 원리

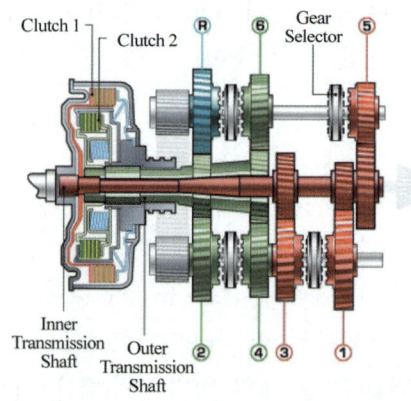

그림 2-48 / 듀얼 클러치 구성도

㉠ 정지시 : 클러치 1, 2 해제된 상태에서 클러치 1의 1단 기어와 클러치 2의 2단 기어 물려있고 대기 상태이다.
㉡ 1단 출발시 : 클러치 1 접속 되면서 1단 출발한다.
㉢ 2단 변속시 : 클러치 1 해제와 동시에 클러치 2를 접속 2단 변속하면서 클러치 1에 연결된 3단 기어를 미리 연결 한다.
㉣ 3단 변속시 : 클러치 2 해제와 동시에 클러치 1을 접속 3단 변속하면서 클러치 2에

연결된 4단 기어를 미리 연결 한다.
- ⓜ 후진 변속시 : 클러치 1, 2 해제된 상태에서 클러치 2의 후진 기어를 연결 후 클러치 2를 연결하여 후진한다.
- ⓑ 위와 같은 방법으로 변속이 매끄러우며 신속하게 변경되는 방식이다.

③ 작동 기구
- ㉠ 건식 클러치 : 대기에 노출된 단판 클러치를 사용하며 전기모터를 사용하여 클러치와 시프트 포크를 제어하는 방식이다.
- ㉡ 습식 다판 클러치 : 자동 변속기와 같이 습식 다판 클러치를 사용하며 클러치와 시프트 포크를 유압으로 제어하는 방식이다.

제1장 동력전달장치 출제예상문제

01 단판 마찰클러치 접속시 발생하는 회전충격을 흡수하는 스프링은? [05년 상]

㉮ 쿠션 스프링 ㉯ 토션 스프링
㉰ 클러치 스프링 ㉱ 막 스프링

[풀이] 클러치 스프링의 종류와 역할
① 비틀림 코일(torsional damper) 스프링 : 회전충격 흡수
② 쿠션(cushion) 스프링 : 직각방향의 충격 흡수 및 디스크의 변형 및 파손 방지

02 릴리스 레버의 상호간의 차이가 너무 심할 때 일어나는 현상은? [04년 하]

㉮ 클러치 판이 빨리 마모된다.
㉯ 클러치 페달 유격이 많아진다.
㉰ 클러치 단속이 잘 안된다.
㉱ 클러치가 미끄러진다.

[풀이] 릴리스 레버의 상호간의 차이가 너무 심하면 클러치 차단시 일부분만 차단되어 단속이 나빠지며, 연결시 또한 진동이 발생된다.

03 클러치 스프링의 총 장력이 150kgf 이고 레버비가 3 : 1일 때 페달을 조작하는 힘은 몇 kgf 인가? [07년 하]

㉮ 40 ㉯ 50
㉰ 75 ㉱ 450

[풀이] 3 : 1 = 150 : F 이므로
∴ 클러치 조작하는 힘 $F = \dfrac{150}{3} = 50 kg_f$

04 장력 300N인 코일 스프링이 6개 설치된 클러치가 있다. 이 클러치의 정지 마찰계수가 0.3이면, 페이싱 한 면에 작용하는 마찰력은? [04년 하, 09년 상]

㉮ 90N ㉯ 540N
㉰ 600N ㉱ 1,080N

[풀이] 마찰력 $P = \mu \cdot F \cdot n$
여기서, μ : 마찰계수
F : 장력(N)
n : 스프링 수
∴ 마찰력 $P = \mu \cdot F \cdot n = 0.3 \times 300 \times 6 = 540N$

05 기관의 회전력이 15.5kgf·m이고 3,200 rpm으로 회전하고 있다면 클러치에 전달되는 마력(PS)은? [06년 상]

㉮ 56.3 ㉯ 61.3
㉰ 66.3 ㉱ 69.3

[풀이] 전달 마력$(PS) = \dfrac{2\pi Tn}{75 \times 60}$
여기서, T : 회전력(kgf·m)
n : 회전수(rpm)
전달마력 $= \dfrac{2 \times 3.14 \times 15.5 \times 3,200}{75 \times 60} = 69.2PS$

ANSWER 01 ㉯ 02 ㉰ 03 ㉯ 04 ㉯ 05 ㉱

06 클러치가 미끄러지지 않기 위한 조건은?
(단, 클러치 압력스프링의 장력 t, 마찰 계수 μ, 평균반경 r, 회전력 T인 경우)
[04년 상]

㉮ $t \cdot \mu \cdot r \leqq T$
㉯ $T \cdot \mu \cdot r \geqq t$
㉰ $t \cdot \mu \cdot r \geqq T$
㉱ $T \cdot \mu \cdot r \leqq t$

풀이 클러치가 미끄러지지 않기 위한 조건
전달 회전력 $T \leqq t \cdot \mu \cdot r$

07 변속기가 하는 일이 아닌 것은? [05년 하]

㉮ 기관의 회전력을 변환시켜 전달한다.
㉯ 기관에서 발생한 회전속도를 변환시켜 전달한다.
㉰ 자동차의 후진을 가능하게 한다.
㉱ 차체의 진동을 완화시킨다.

풀이 변속기의 역할
① 엔진의 회전속도를 변환시켜 전달하기 위하여
② 엔진의 회전력을 변환시켜 전달하기 위하여
③ 자동차의 후진을 가능하게 하기 위하여

참고 변속기의 필요성
① 엔진을 무부하 상태로 있게 하기 위하여
② 엔진의 회전력을 증대시키기 위하여
③ 자동차의 후진을 위하여

08 수동 변속기의 종류에 해당하지 않는 것은?
[04년 하]

㉮ 섭동 기어식   ㉯ 상시 물림식
㉰ 위상 물림식   ㉱ 동기 물림식

풀이 변속기의 분류
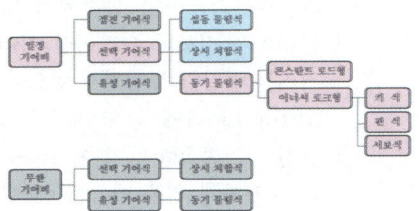

09 변속기 내의 록킹 볼이 하는 역할이 아닌 것은?
[04년 상]

㉮ 시프트 포크를 알맞은 위치에 고정한다.
㉯ 기어가 빠지는 것을 방지한다.
㉰ 시프트 레일을 알맞은 위치에 고정한다.
㉱ 기어가 2중으로 치합되는 것을 방지한다.

풀이 록킹 볼(locking ball)의 역할
① 기어의 빠짐을 방지
② 시프트 레일을 알맞은 위치에 고정
③ 시프트 포크를 알맞은 위치에 고정

10 수동변속기 차량에서 기어 변속된 후에 기어가 가끔 빠질 때 무엇을 점검하여야 하는가?
[08년 하]

㉮ 인터록 장치
㉯ 록킹 볼
㉰ 시프트 레일
㉱ 후진 오작동 방지 장치

풀이 록킹 볼이 마멸되면 기어가 헐거워져 빠지기 쉽다.

ANSWER 06 ㉰ 07 ㉱ 08 ㉰ 09 ㉱ 10 ㉯

11 수동변속기 오작동 방지 기구에 대한 필요성과 작동 설명 중 틀린 것은? [09년 하]

㉮ 시프트 레일에 각 기어를 고정시키기 위한 홈을 두고, 이 홈에는 기어가 빠지는 것을 방지하기 위해 로킹 볼 (locking ball)과 스프링이 설치되어 있다.
㉯ 클러치 슬리브나 슬라이딩 기어의 이동 거리는 정확하게 정해져 있으며 인터 록 (inter lock)에 의해 제한된다.
㉰ 후진으로 변속할 때 기어가 파손되는 것을 방지하기 위해 변속레버를 누르거나 들어 올려야만 변속되게 하는 후진 오조작 방지기구가 있다.
㉱ 하나의 기어가 물려 있을 때 다른 기어는 중립에서 이동하지 못하도록 하여 기어의 이중물림을 방지하는 장치를 인터 록(inter lock)이라 한다.

풀이 ㉮, ㉰, ㉱항이 옳은 설명이고 인터 록은 이중물림을 방지한다.

12 수동변속기에서 동기물림식의 장점이 아닌 것은? [06년 상, 09년 상]

㉮ 변속 소음이 거의 없고 변속이 용이하다.
㉯ 변속기 기어 수명이 길다.
㉰ 기어 치형이 헬리컬형이므로 하중 부담 능력이 크다.
㉱ 변속시 특별히 가속시키거나, 더블 클러치를 조작할 필요가 있다.

풀이 동기 물림식의 장점
① 변속시 소음이 적고 변속이 용이하다.
② 변속 조작시 더블 클러치 조작이 필요 없다.
③ 변속기 기어 수명이 길다.
④ 기어 치형이 헬리컬형이므로 하중 부담능력이 크다.
⑤ 각단 기어의 동기화가 쉽게 이루어 질 수 있다.
⑥ 원활한 변속을 위해 가속을 하거나 더블 (double) 클러치를 조작할 필요가 없다.

13 동기 치합식(synchro - mesh type) 변속기의 장·단점으로 맞는 것은? [07년 하]

㉮ 변속 소음이 크고 변속이 어렵다.
㉯ 구조가 간단할 뿐만 아니라 기어 이가 헬리컬(helical)형 이므로 하중 부담능력이 적다.
㉰ 원활한 변속을 위해 가속을 하거나 더블 (double) 클러치를 조작할 필요가 없다.
㉱ 변속시 도그(dog) 슬리브가 단기어 (shift gear)의 도그와 치합될 때 소음을 피할 수 없다.

풀이 동기 물림식의 장점
① 변속시 소음이 적고 변속이 용이하다.
② 변속 조작시 더블 클러치 조작이 필요 없다.
③ 변속기 기어 수명이 길다.
④ 기어 치형이 헬리컬형이므로 하중 부담능력이 크다.
⑤ 각단 기어의 동기화가 쉽게 이루어 질 수 있다.
⑥ 원활한 변속을 위해 가속을 하거나 더블 (double) 클러치를 조작할 필요가 없다.

14 동기 치합식(키식) 수동변속기에서 동기화란 주축상에 회전하는 단기어(shift gear)의 콘부와 (①)의 접촉마찰에 의해 (②)와 단기어의 원주 속도가 같아져 (③)가 쉽게 치합되는 것을 말한다. 다음 ( )안에 들어갈 명칭은? [06년 하]

㉮ ① 싱크로나이저링 ② 클러치 허브 ③ 클러치 슬리브
㉯ ① 클러치 허브 ② 클러치 슬리브 ③ 싱크로나이저링
㉰ ① 클러치 허브 ② 싱크로나이저링 ③ 클러치 슬리브
㉱ ① 싱크로나이저링 ② 클러치 슬리브 ③ 클러치 허브

11 ㉯ 12 ㉱ 13 ㉰ 14 ㉮

풀이 싱크로 메시 기구의 작동은 주축상에서 회전하는 단기어의 콘부와 싱크로나이저 링의 접촉마찰에 의해 클러치 허브와 단기어의 원주 속도가 같아져, 클러치 슬리브가 쉽게 치합되도록 동기화 시킨다.

15 기어 변속시 기어 크래시(crash)를 방지하는 변속기 내의 특수 장치 명칭은?
[05년 상]

㉮ 헬리컬 기어   ㉯ 카운터 기어
㉰ 싱크로나이저   ㉱ 시프트 포크

풀이 싱크로나이저(synchronizer)는 변속시 서로 다른 속도로 회전하는 기어의 속도를 동기화시켜 치합이 부드럽게 이루어지도록 하는 장치이다.

16 자동차 변속기 입력축 기어 잇수 20개, 입력축과 치합되는 카운터기어 잇수가 40개이며, 출력축 3단기어 잇수가 30개, 3단기어와 물리는 카운터기어 잇수가 50개인 수동변속기에서 기관의 회전수가 2,400rpm이고 3속으로 주행시 추진축의 회전수는 몇 rpm인가?
[07년 하]

㉮ 1,800   ㉯ 1,900
㉰ 2,000   ㉱ 2,100

풀이 변속비 = $\frac{피동기어 잇수}{구동기어 잇수} \times \frac{피동기어 잇수}{구동기어 잇수}$

∴ 변속비 = $\frac{40}{20} \times \frac{30}{50} = 1.2$

∴ 추진축 회전수 = $\frac{기관회전수}{변속비} = \frac{2,400}{1.2}$
= 2,000rpm

17 변속기 입력축의 토크가 4.6kgf·m이고, 변속비(감속)가 1.5이다. 이 때 변속기 출력축의 토크는?
[08년 하]

㉮ 3.45kgf·m   ㉯ 6.9kgf·m
㉰ 4.5kgf·m   ㉱ 7.9kgf·m

풀이 변속비 = $\frac{엔진 회전속도}{출력축 회전속도} = \frac{출력축 회전력}{입력축 회전력}$

∴ 출력축 회전력 = 입력축 회전력 × 변속비
= 4.6 × 1.5 = 6.9kgf·m

18 변속기의 기어물림은 톱(top)으로 하였을 때는?
[08년 상]

㉮ 구동바퀴의 회전력이 가장 크게 된다.
㉯ 구동바퀴의 회전력은 변함없다.
㉰ 구동바퀴의 회전력이 가장 작게 된다.
㉱ 총 감속비가 크게 된다.

풀이 변속기의 기어물림을 톱(top)으로 하면 구동바퀴의 회전력은 가장 작게 되고, 회전속도는 가장 빠르게 된다.

19 자동변속기의 유성기어 장치에서 선기어를 고정하고 링기어를 구동시키면 유성기어 캐리어의 회전속도는?
[05년 하]

㉮ 감속   ㉯ 증속
㉰ 역전증속   ㉱ 역전감속

풀이 선기어를 고정하고 캐리어를 구동하면 링기어는 증속한다.(선고캐구링증 – 매우 중요)
반대로, 링기어를 구동하면 캐리어는 감속한다.

15 ㉰   16 ㉰   17 ㉯   18 ㉰   19 ㉮

20 유성기어 장치를 이용하여 역전시키고자 한다. 적절한 조치는? [08년 하]

㉮ 유성 캐리어를 구동시킨다.
㉯ 선기어를 단속시킨다.
㉰ 유성 캐리어를 고정시킨다.
㉱ 링기어를 단속시킨다.

🔵 **유성기어의 구조**

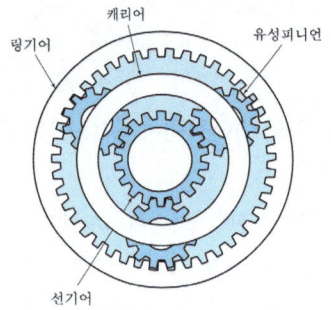

유성기어 캐리어를 고정하고 선기어를 회전시키면 링기어는 역전한다.

21 유성기어 장치에서 선기어 잇수가 20, 유성기어 잇수가 10, 링기어 잇수가 40일 때 선기어를 고정하고 캐리어를 100회전 하였을 때 링기어는 몇 회전하는가? [06년 하]

㉮ 150회전 증속 ㉯ 150회전 감속
㉰ 130회전 증속 ㉱ 130회전 감속

🔵 **유성기어 회전수 계산하는 방법**

① 캐리어 잇수 = 선기어 잇수 + 링기어 잇수
② 구동기어 잇수(Z_1) × 구동기어 회전수(N_1)
 = 피동기어 잇수(Z_2) × 피동기어 회전수(N_2)

∴ $N_2 = \dfrac{Z_1}{Z_2} \times N_1 = \dfrac{60}{40} \times 100 = 150$회전 증속

22 다음 그림과 같은 유성기어 장치에서 A = 5rpm 이며, 댐퍼 클러치 작동일 때 D와 B는 일체로 결합된다. 이 때 C의 회전속도는? [07년 하]

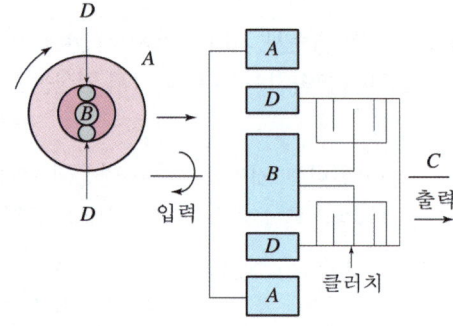

㉮ 회전하지 않는다. ㉯ 5rpm
㉰ 10rpm ㉱ 20rpm

🔵 유성기어 3요소인 선기어, 링기어, 유성기어 캐리어 중 2가지 요소를 일체로 결합시키면 직결된다.

23 유체클러치의 펌프와 터빈사이의 관계로 틀린 것은? [05년 하]

㉮ 펌프는 크랭크축에 연결되고 터빈은 변속기 입력축에 연결된다.
㉯ 전달효율은 최대 98% 정도이다.
㉰ 미끄럼 값은 약 2~3% 정도이다.
㉱ 회전력 변화율은 3 : 1 정도이다.

🔵 ㉮, ㉯, ㉰항은 유체클러치의 특징이며, 유체클러치는 토크 변환 기능이 없으므로 회전력 변화율은 1 : 1 이다.

20 ㉰ 21 ㉮ 22 ㉯ 23 ㉱

24 토크 컨버터의 성능곡선에서 알 수 없는 것은? [08년 상]

㉮ 속도비 ㉯ 전달효율
㉰ 토크비 ㉱ 마력

풀이 토크 컨버터 성능곡선

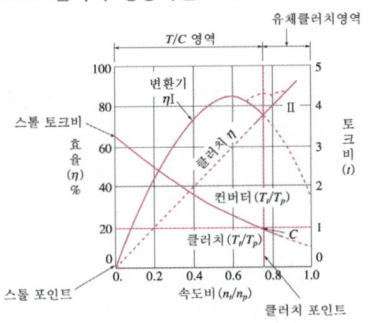

속도비, 토크비, 전달효율을 알 수 있고, 마력(출력)은 엔진 성능곡선도에서 알 수 있다.

25 토크 컨버터가 유체 클러치로서 작용할 때 가장 적당한 것은? [07년 상]

㉮ 터빈의 속도가 펌프 속도의 5/10에 도달했을 때
㉯ 펌프 속도가 터빈 속도의 5/10에 도달했을 때
㉰ 터빈의 속도가 펌프 속도의 8/10에 도달했을 때
㉱ 펌프 속도가 터빈 속도의 8/10에 도달했을 때

풀이 토크 컨버터 성능곡선

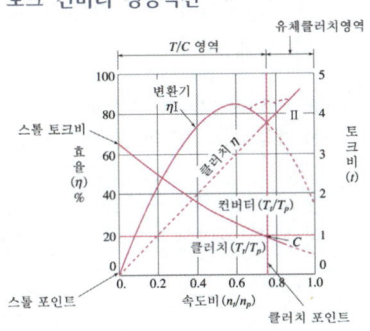

성능곡선에서 속도비 0.8인 지점, 즉 터빈의 속도가 펌프 속도의 8/10에 도달했을 때 토크 컨버터가 유체 클러치로 작동한다.

26 토크 컨버터의 성능곡선에서 토크비가 1 : 1이 되는 점은? [09년 하]

㉮ 클러치점 ㉯ 변속점
㉰ 슬립점 ㉱ 토크점

풀이 토크 컨버터 성능곡선

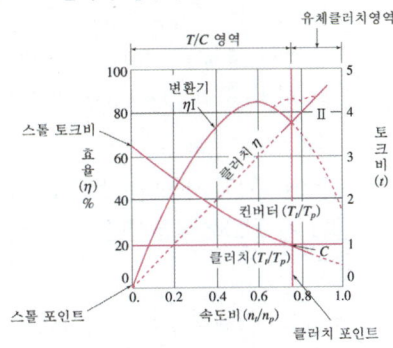

성능곡선에서 토크비가 1 : 1인 지점은 클러치 점이다.

27 토크 컨버터에서 전달효율을 바르게 나타낸 것은? [06년 하]

㉮ $\dfrac{\text{터빈축 토크} \times \text{펌프축 회전속도}}{\text{펌프축 토크} \times \text{터빈축 회전속도}}$

㉯ $\dfrac{\text{터빈축 토크} \times \text{터빈축 회전속도}}{\text{펌프축 토크} \times \text{펌프축 회전속도}}$

㉰ $\dfrac{\text{펌프축 토크} \times \text{펌프축 회전속도}}{\text{터빈축 토크} \times \text{터빈축 회전속도}}$

㉱ $\dfrac{\text{펌프축 토크} \times \text{터빈축 회전속도}}{\text{터빈축 토크} \times \text{펌프축 회전속도}}$

풀이 토크 컨버터의 전달효율(η)

전달효율(η) = $\dfrac{\text{터빈축 회전력} \times \text{터빈축 회전수}}{\text{펌프축 회전력} \times \text{펌프축 회전수}}$

ANSWER 24 ㉱ 25 ㉰ 26 ㉮ 27 ㉯

28 토크 컨버터에서 토크비가 3이고, 속도비가 0.3이다. 이때, 펌프가 5,000rpm으로 회전할 때 토크 효율은? [08년 하]

㉮ 0.3 ㉯ 0.6
㉰ 0.9 ㉱ 1.2

풀이 토크 컨버터의 전달효율

① 토크비(t) = $\dfrac{\text{터빈 회전력}(T_t)}{\text{펌프 회전력}(T_p)}$

② 속도비(n) = $\dfrac{\text{터빈 회전수}(N_t)}{\text{펌프 회전수}(N_p)}$

③ 전달효율(η) = 토크비(t) × 속도비(n)

∴ 전달효율(η) = 3 × 0.3 = 0.9, 즉 90%

29 자동변속기에 사용되는 토크컨버터에서 크랭크 샤프트와 직접 연결되어 구동하는 것은? [06년 상]

㉮ 펌프 임펠러 ㉯ 터빈 러너
㉰ 스테이터   ㉱ 원웨이 클러치

풀이 펌프 임펠러는 크랭크 샤프트와 직접 연결되어 있어 엔진 회전에 의해 구동된다.

30 수동변속기 차량과 비교할 때 자동변속기 차량의 장점이 될 수 없는 것은? [09년 상]

㉮ 조작 미숙으로 인해 시동이 꺼지는 경우가 적다.
㉯ 기어 변속조작을 하지 않기 때문에 운전이 편리하다.
㉰ 동력이 오일을 매개로 전달되기 때문에 출발 및 가·감속이 원활하다.
㉱ 각 부의 진동과 충격을 오일이 흡수해 주므로 최고 속도가 빠르고 연료소비량이 적다.

풀이 자동변속기 차량의 특징
① 기어 변속조작을 하지 않기 때문에 운전이 편리하다.
② 조작 미숙으로 인해 시동이 꺼지는 경우가 적다.
③ 동력이 오일을 매개로 전달되기 때문에 출발 및 가·감속이 원활하다.
④ 각 부의 진동과 충격을 오일이 흡수하여 승차감이 좋다.
⑤ 구조가 복잡하고 가격이 비싸다.
⑥ 수동변속기에 비해 연료소비량이 증가한다.

31 자동변속기 오일의 색깔이 흑색일 경우 예측되는 고장 원인은? [09년 하]

㉮ O 링의 열화 및 클러치 디스크의 마모
㉯ 불완전 연소에 의한 카본 분말
㉰ 연료 및 냉각수 혼입
㉱ 농후한 혼합기 공급

풀이 클러치 디스크가 마찰에 의해 마모되면 오일색깔이 흑(갈)색을 띄게 된다.

32 자동변속기 장착 차량의 경우 인히비터 스위치가 드라이브 모드(D 위치)에 있을 때는 시동이 되지 않는데 그 이유는 무엇 때문인가? [06년 하]

㉮ D 위치에서만 시동전동기 ST 단자와 회로가 연결되기 때문
㉯ D 위치에서는 시동전동기 ST 단자와 회로가 연결되지 않기 때문
㉰ D 위치에서는 엔진 ECU에 회로가 연결되지 않기 때문
㉱ D 위치에서만 엔진 ECU에 회로가 연결되기 때문

풀이 인히비터(inhibitor) 스위치는 "P" 또는 "N" 레인지 이외에서는 시동이 걸리지 않도록 하는 스위치이다.
D 위치에서는 시동전동기 ST 단자와 회로가 연결되지 않기 때문에 시동이 걸리지 않는다.

28 ㉰ 29 ㉮ 30 ㉱ 31 ㉮ 32 ㉯

33 자동 변속기에서 동력을 한쪽 방향으로 자유롭게 전달하지만 반대 방향으로는 전달하지 못하는 기구를 무엇이라고 하는가? [04년 상]

㉮ 다판 클러치　　㉯ 일방향 클러치
㉰ 브레이크 밴드　㉱ 토크 컨버터

풀이) 일방향 클러치(one way clutch, free wheeling)는 동력을 한쪽 방향으로는 자유롭게 전달하지만, 반대 방향으로는 동력을 전달하지 못하게 하는 기구이다.

34 자동변속기 제어장치에서 스로틀밸브가 설치되는 곳은? [05년 상]

㉮ 밸브보디　　㉯ 유성기어유닛
㉰ 액츄에이터　㉱ 흡기다기관

풀이) 스로틀 밸브는 밸브보디에 설치되어 있다.

35 자동변속기의 거버너 압력을 가장 잘 설명한 것은? [07년 하]

㉮ 자동차의 주행속도에 비례한다.
㉯ 자동차의 주행속도에 반비례한다.
㉰ 스로틀 밸브 열림각도에 비례한다.
㉱ 스로틀 밸브 열림각도에 반비례한다.

풀이) 거버너 밸브는 자동차의 주행속도(출력축 회전속도)에 비례하여 유압을 발생시키는 밸브이다.

36 자동변속기에서 출력축에 설치되어 출력축의 회전속도에 따른 유압을 발생시키는 밸브는? [06년 상]

㉮ 시프트 밸브　㉯ 거버너 밸브
㉰ 스로틀 밸브　㉱ 매뉴얼 밸브

풀이) 거버너 밸브는 자동차의 주행속도(출력축 회전속도)에 비례하여 유압을 발생시키는 밸브이다.

37 유압식 자동변속기에서 출력축에 부착되어 자동차의 속도에 따라 유압을 제어 하도록 하는 밸브는? [05년 상]

㉮ 거버너 밸브　㉯ 스로틀 밸브
㉰ 가속 밸브　　㉱ 시프트 밸브

풀이) 거버너 밸브는 자동차의 주행속도(출력축 회전속도)에 비례하여 유압을 발생시키는 밸브이다.

38 자동변속기에서 1차 스로틀 압력(모듈레이터 압력)은 기관 흡기다기관의 진공도에 따라 어떻게 변하는가? [04년 하]

㉮ 반비례한다.
㉯ 비례한다.
㉰ 제곱에 비례한다.
㉱ 제곱에 반비례한다.

풀이) 흡기다기관의 진공도가 커지면 압력은 낮아지므로 반비례한다.

39 자동변속기에서 규정 차속 이상이 되면 펌프 임펠러와 터빈 러너를 기계적으로 직결시켜 미끄럼에 의한 손실을 없게 하고 연비향상과 정숙성을 도모하는 장치는? [07년 상]

㉮ 킥다운(kick down) 장치
㉯ 히스테리시스 장치
㉰ 펄스 제너레이션 장치
㉱ 록업(Lock up) 장치

풀이) 댐퍼 클러치(damper clutch, lock-up clutch)는 자동변속기에서 규정차속 이상이 되면 펌프와 터빈을 기계적으로 직결시켜 미끄럼에 의한 손실을 방지하고 연비향상과 정숙성을 도모하는 역할을 한다.

33 ㉯　34 ㉮　35 ㉮　36 ㉯　37 ㉮　38 ㉮　39 ㉱

40 자동변속기에서 댐퍼 클러치(록업 클러치)의 기능이 아닌 것은? [04년 상, 08년 하]

㉮ 저속시나 급출발시 작용한다.
㉯ 펌프와 터빈을 기계적으로 직결시킨다.
㉰ 동력 전달시 미끄럼 손실을 최소화한다.
㉱ 연료 소비율 향상과 정숙성을 도모한다.

풀이 댐퍼 클러치(damper clutch, lock-up clutch)는 자동변속기에서 규정차속 이상이 되면 펌프와 터빈을 기계적으로 직결시켜 미끄럼에 의한 손실을 방지하고 연비향상과 정숙성을 도모하는 역할을 한다.

41 자동변속기의 킥다운에 대한 설명으로 잘못된 것은? [09년 하]

㉮ 주행 중의 급가속을 위해 둔다.
㉯ 스로틀 밸브를 급격히 전개 상태에 가깝게 밟을 때 작동한다.
㉰ 주행 중인 변속단에서 1~2단을 낮춘다.
㉱ 모든 조건에서 1단씩 낮춘다.

풀이 킥 다운(kick down)이란 주행 중 드로틀 밸브의 개도를 갑자기 증가시키면(85% 이상) down shift 되어 큰 구동력을 얻을 수 있는 장치

42 전자제어 자동변속기에서 파워(power) 모드를 선택했을 때 변속기의 작동을 바르게 설명한 것은? [05년 하]

㉮ 오버 드라이브를 조기 작동시킨다.
㉯ 출발시 2단 출발하도록 한다.
㉰ 변속시점이 고정되어 진다.
㉱ 변속시점을 지연시켜 바퀴의 구동력을 증대시킨다.

풀이 파워(power) 모드를 선택하면 자동변속기의 변속시점을 지연시켜 바퀴의 구동력을 오래 증대시킴으로서 가속성을 좋게 한다.

43 자동변속기 전자제어 시스템에서 컴퓨터는 변속패턴 제어를 위하여 스로틀 밸브 열림량 보정을 어떻게 하는가? [09년 상]

㉮ 스로틀 포지션 센서의 출력을 기초로 엔진 급가속시 회전속도 보정 및 에어컨 스위치 ON시 부하 보정을 한다.
㉯ 스로틀 포지션 센서의 출력을 기초로 엔진 공회전 때의 보정 및 에어컨 스위치 ON시 부하 보정을 한다.
㉰ 오버 드라이브 출력 보정 및 에어컨 스위치 ON시 부하 보정을 한다.
㉱ 점화코일의 펄스에 의하여 엔진의 각 회전상태를 기초로 하여 에어컨 스위치 ON시 부하 보정을 한다.

풀이 자동변속기 전자제어 시스템에서 컴퓨터는 스로틀 포지션 센서의 출력을 기초로 엔진 공회전 때의 보정 및 에어컨 스위치 ON시 부하 보정을 한다.

44 자동변속기 전자제어 시스템 중 퍼지(fuzzy)제어 시스템에서 퍼지 제어를 거부하는 조건을 설명한 것으로 틀린 것은? [08년 상]

㉮ 정상온도 작동 D 레인지의 경우
㉯ 홀드모드가 ON일 경우
㉰ 오일온도가 일정 이하인 경우
㉱ N에서 D로 제어 중일 경우

풀이 **퍼지(fuzzy)제어 거부 조건**
① "D" 이외의 레인지
② 홀드모드가 ON일 경우
③ 오일온도가 일정 이하인 경우
④ N에서 D로 제어 중일 경우
⑤ 3속 홀드인 경우
⑥ TPS fail인 경우

40 ㉮ 41 ㉱ 42 ㉱ 43 ㉯ 44 ㉮

45 전자제어 4단 자동변속기(4EC – AT)에서 TCU(Transaxle Control Unit)로 입력되는 요소 중 제너레이터(Pulse Generator)와 같은 기능을 가진 부품은?

[06년 상]

㉮ 엔진회전속도
㉯ 차속센서
㉰ 크랭크각 센서
㉱ 인히비터 스위치

> **풀이** 변속기 입출력 속도센서와 차속센서는 같은 홀센서 방식을 사용한다.

46 자동변속기의 스톨시험을 실시하는 이유로 볼 수 없는 것은?

[07년 하]

㉮ 밸브 바디의 라인압 이상유무 점검
㉯ 자동 변속기의 각종 클러치 및 브레이크 이상유무 점검
㉰ 펄스 발생기의 이상 유무 판단
㉱ 토크 컨버터의 이상 유무 점검

> **풀이** 스톨 시험(stall test)
> 자동변속기의 "D" 또는 "R" 레인지에서 엔진의 최대속도를 측정하여 엔진의 종합적인 상태를 측정하는 시험으로 엔진의 출력, 토크 컨버터의 동력전달 상태, 토크 컨버터의 미끄러짐 등을 알 수 있다.

47 자동변속기 고장점검을 위한 스톨 테스트(stall test)에 대한 설명 중 틀린 것은?

[08년 상]

㉮ 변속기 오일의 온도가 정상인 상태에서 실시하여야 한다.
㉯ 제동을 확실히 하는 등 안전사고에 주의해야 한다.
㉰ 시험시간은 5초를 초과하지 말아야 한다.
㉱ 완전 제동상태에서 스로틀 밸브를 50% 정도로 열고 한다.

> **풀이** 스톨 테스트 방법
> ① 변속기 오일의 온도가 정상인 상태에서 실시하여야 한다.
> ② 제동을 확실히 하는 등 안전사고에 주의해야 한다.
> ③ 시험 전 바퀴에 고임목을 설치하고 주차 브레이크를 당겨 놓는다.
> ④ 가속페달을 최대한 밟았을 때의 기관 회전속도를 판정한다.
> ⑤ 시험시간은 5초를 초과하지 말아야 한다.
> ⑥ 스톨속도의 제한 및 판정은 각 회사별 형식에 따라 다르므로 정비지침서를 참고한다.

48 자동변속기의 스톨시험으로 옳지 않은 것은?

[07년 상]

㉮ 시험 전 바퀴에 고임목을 설치하고 주차 브레이크를 당겨 놓는다.
㉯ 각 레인지마다 10초 이상씩 모두 측정시험을 실시한다.
㉰ 가속페달을 최대한 밟았을 때의 기관 회전속도를 판정한다.
㉱ 스톨속도의 제한 및 판정은 각 회사별 형식에 따라 다른 값을 나타낸다.

> **풀이** 스톨 테스트 시험 방법
> ① 변속기 오일의 온도가 정상인 상태에서 실시하여야 한다.
> ② 제동을 확실히 하는 등 안전사고에 주의해야 한다.
> ③ 시험 전 바퀴에 고임목을 설치하고 주차 브레이크를 당겨 놓는다.
> ④ 가속페달을 최대한 밟았을 때의 기관 회전속도를 판정한다.
> ⑤ 시험시간은 5초를 초과하지 말아야 한다.
> ⑥ 스톨속도의 제한 및 판정은 각 회사별 형식에 따라 다르므로 정비지침서를 참고한다.

45 ㉯ 46 ㉰ 47 ㉱ 48 ㉯

49 자동변속기 차량에서 스톨테스트(stall test) 결과 후 판단할 수 있는 내용으로 적당치 않은 것은? [06년 상]

㉮ 엔진 출력 부족 여부
㉯ 토크컨버터의 원웨이 클러치 작동 여부
㉰ 라인압력 저하 여부
㉱ 킥다운 여부

풀이 스톨 테스트(stall test, 정지 회전력 시험)
"D", "R" 위치에서 엔진의 최대 회전속도를 측정하여 엔진과 변속기의 총합 상태를 측정하는 것을 말한다.
① "D" 레인지에서 높으면 1단 작동요소 불량
② "R" 레인지에서 높으면 후진 작동요소 불량
③ "D" 나 "R" 레인지에서 모두 높으면 라인압력 불량
④ "D" 나 "R" 레인지에서 모두 낮으면 엔진출력 부족 및 원웨이 클러치 불량

49 ㉱

02 현가 및 조향장치

제1절 현가장치

현가장치는 차축과 프레임을 연결하고 주행중 노면에서 받는 진동이나 충격을 흡수하여 승차감과 안전성을 향상시키는 장치이다.

1_ 현가장치 일반

1. 현가장치의 종류

① 섀시 스프링(chassis spring) : 에너지를 흡수하고, 차체를 지지한다.
② 쇽 업소버(shock absorber) : 스프링의 자유진동을 억제하여 승차감을 향상시킨다.
③ 스태빌라이저(stabilizer) : 선회시 자동차의 기울어짐 및 자유진동을 억제한다.

2. 현가방식의 구분

1) 일체차축 현가장치

양쪽 바퀴를 하나의 차축에 고정하고 차체를 스프링으로 연결하여 움직임을 일체화한 형식이다.

① 특징
  ㉠ 구조가 간단하고 강도가 크다.
  ㉡ 선회 시 기울어짐은 적으나 시미(shimmy)가 일어나기 쉽다.
  ㉢ 주로 대형차에 많이 사용

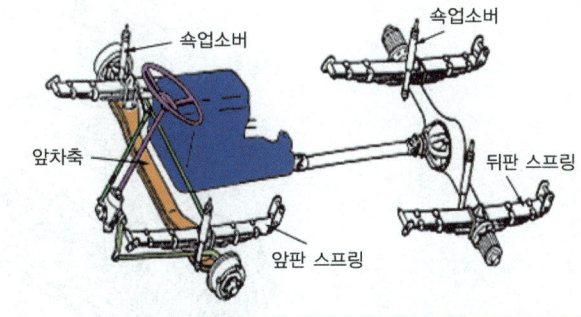

그림 2-49 / 일체차축 현가장치의 구조

2) 독립 현가장치

차축을 분할하여 양바퀴의 움직임이 따로 독립적으로 작동하는 형식이다.

① 특징
　㉠ 스프링 아래 중량이 적어 승차감이 좋다.
　㉡ 타이어와 노면과의 접지성(road holding)이 좋다.
　㉢ 연결부분이 많아 구조가 복잡하고, 앞바퀴 얼라이먼트가 변하기 쉽다.
② 독립현가의 종류
　㉠ 위시본 형식(wishbone type) : 위·아래 컨트롤 암으로 구성되어 있다.
　　ⓐ 평행사변형 형식 : 위·아래 컨트롤 암 길이가 같은 형식으로 상하운동을 할 때 윤거가 변하므로 타이어의 마모가 심하다.
　　ⓑ S.L.A 형식 : 위 컨트롤 암이 짧고 아래 컨트롤 암이 긴 것으로 바퀴의 상하운동 시 윤거는 변하지 않고 캠버가 변화한다.

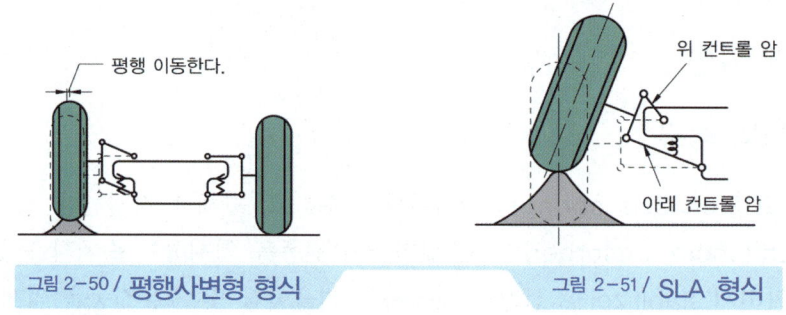

그림 2-50 / **평행사변형 형식**　　　그림 2-51 / **SLA 형식**

　㉡ 맥퍼슨 스트러트 형식(Macperson strut type) : 현가 장치와 조향 너클이 일체로 되어 있는 형식이며 스프링 및 질량이 작아 로드 홀딩이 우수하다.

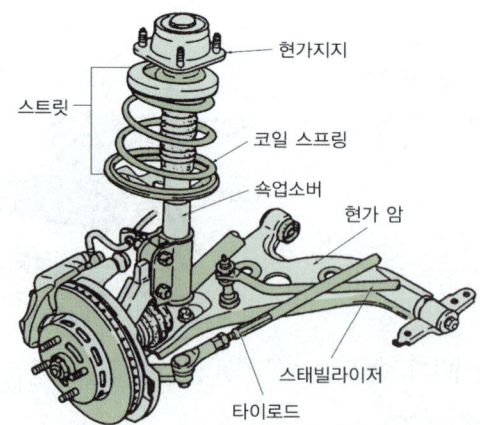

　㉢ 트레일링 링크 형식(trailing link type) : 자동차 차축의 뒤쪽으로 향한 1개 또는 2개의 암에 의해 바퀴를 지지하는 형식으로 타이어 마멸이 적은 특징이 있다.
　　ⓐ Full trailing link : pivot의 회전축이 차체 중심선에 대해 직각인 것
　　ⓑ Semi-trailing link : pivot의 회전축이 차체 중심선에 대해 비스듬한 것

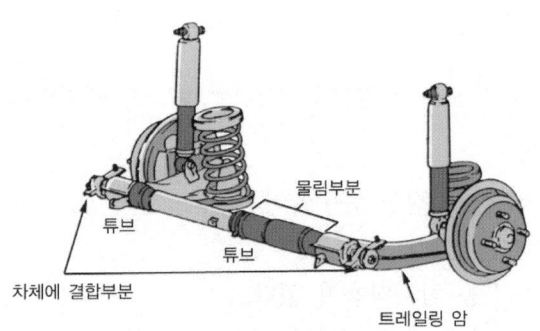

ㄹ) 스윙차축 형식(swing axle type) : 일체차축 형식을 양쪽을 분할하여 자재이음을 사용한 형식으로 타이어 마멸이 가장 크다.

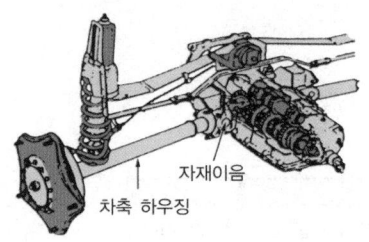

3. 현가 스프링의 종류

1) 판 스프링

판 스프링을 여러 장 겹쳐 놓으면 접합면 마찰에 의해 진동을 흡수한다. 이것을 판간마찰이라 하며 판 스프링의 중요한 특징이다.

① 판 스프링의 용어
  ㉠ 스팬 : 스프링의 아이와 아이의 중심거리이다.
  ㉡ 아이 : 스프링의 양 끝 설치 구멍을 말한다.
  ㉢ 캠버 : 스프링의 휨 양을 말한다.
  ㉣ 중심 볼트 : 스프링을 고정하는 볼트이다.
  ㉤ U 볼트 : 차축 하우징을 설치하기 위한 볼트이다.
  ㉥ 닙 : 스프링의 양끝이 휘어진 부분이다.
  ㉦ 섀클 : 스팬의 길이를 변화시키며, 차체에 설치한다.
  ㉧ 섀클 핀 : 아이가 지지되는 부분이다.

② 판 스프링의 특징
  ㉠ 스프링 자체의 강성에 의해 차체를 지지할 수 있고 구조가 간단하다.
  ㉡ 판간마찰에 의한 진동 감쇠작용이 있다.
  ㉢ 판간마찰이 있어 작은 진동의 흡수가 곤란하므로 승차감이 나쁘다.

2) 코일 스프링

코일 스프링은 스프링 강을 코일 모양으로 성형한 것으로, 독립현가 장치에 많이 사용된다.

① 코일 스프링의 특징
  ㉠ 판 스프링에 비해 작은 진동 흡수율이 크다.
  ㉡ 승차감이 우수하다.
  ㉢ 판간마찰이 없어 진동 감쇠작용이 없다.
  ㉣ 횡 방향에서 받는 힘에 대한 저항력이 없어 쇽업소버를 병용해야 한다.
  ㉤ 구조가 복잡하다.

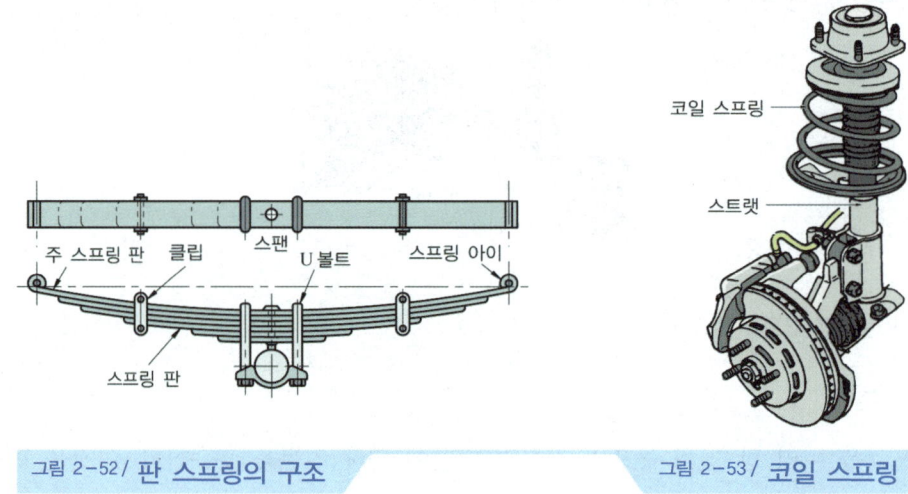

그림 2-52 / 판 스프링의 구조   그림 2-53 / 코일 스프링

3) 토션 바 스프링

막대가 지지하는 비틀림 탄성을 이용하여 완충 작용을 한다.

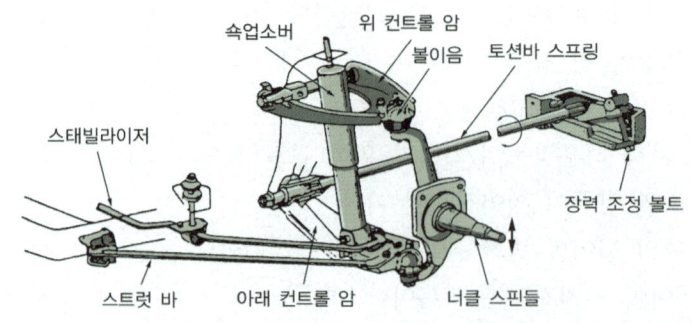

그림 2-54 / 토션 바 스프링의 구조

① 토션바 스프링의 특징
  ㉠ 스프링 장력은 막대의 길이와 단면적에 의해 정해진다.

ⓒ 구조가 간단하고 단위 중량당 에너지 흡수율이 크다.
　　ⓒ 좌·우의 것이 구분되어 있으며, 쇽업소버와 병용하여 사용하여야 한다.
　　ⓔ 현가 높이를 조절할 수 있다.

4) 고무 스프링

고무의 탄성을 이용한 스프링으로 여러가지 형태로 제작이 가능하며 내부 마찰에 의한 진동의 감쇠 능력이 있고 급유가 필요 없는 특징이 있다. 그러나 노화에 의해 내구성이 약해지고 큰 하중에는 파손 염려가 커 부적합하다.

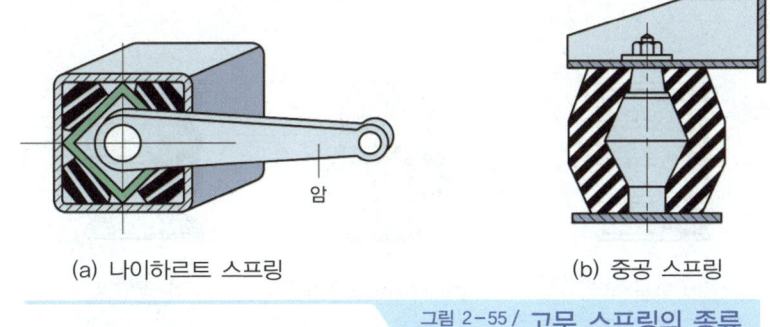

(a) 나이하르트 스프링　　　(b) 중공 스프링

그림 2-55 / 고무 스프링의 종류

5) 공기 스프링

공기 스프링은 공기의 압축 탄성을 이용한 것으로 하중에 따라 스프링 상수가 변화하므로 승차감이 좋은 특징이 있다.

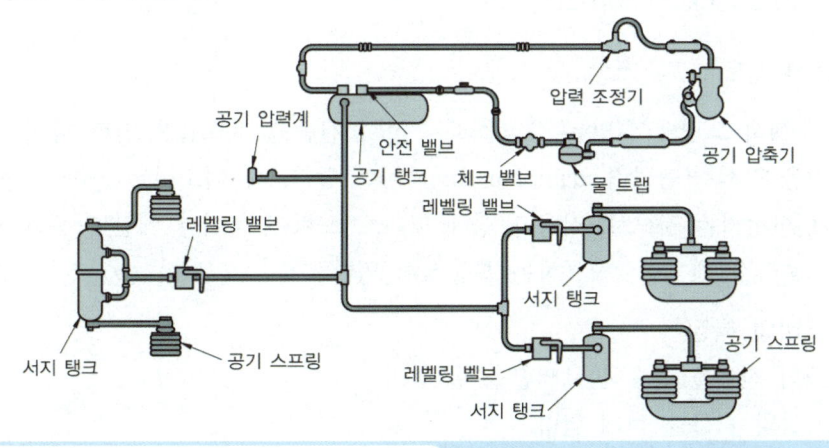

그림 2-56 / 공기 스프링의 구성

① 공기 스프링의 장점
　　㉠ 고유 진동을 낮게 할 수 있어 유연하다.
　　ⓒ 자체에 감쇠성이 있기 때문에 작은 진동을 흡수한다.

ⓒ 차체의 높이를 일정하게 유지한다.
ⓓ 스프링의 세기가 하중에 비례한다.
② 공기 스프링의 단점
ⓐ 구조가 복잡하다.
ⓑ 제작비가 비싸다.
③ 공기 스프링의 종류
ⓐ 벨로즈 형
ⓑ 다이어프램 형
ⓒ 조합형

(a) 벨로즈형　　(b) 다이어프램형　　(c) 조합형

그림 2-57 / **공기 스프링의 종류**

2_ 쇽 업소버와 스태빌라이저

1. 쇽 업소버(shock absorber)

1) 쇽 업소버 개요

자동차가 주행시 노면에서 받는 충격을 흡수하여 진동을 부드럽게 빨리 감쇠시키는 작용을 하며 이것을 감쇠력(댐핑력, damping force)이라 한다. 쇽 업소버는 상하 운동 에너지를 열에너지로 변환시키는 것으로, 작용 방향에 따라 스프링이 늘어날 때만 작용하는 단동식과 내려갈 때와 올라갈 때 모두 작용하는 복동식이 있다.

① 쇽 업소버의 특징
ⓐ 차체의 진동을 흡수하는 역할을 한다.
ⓑ 스프링의 피로를 적게 한다.
ⓒ 승차감을 향상시킨다.
ⓓ 로드 홀딩을 향상시킨다.

② 쇽 업소버의 종류
ⓐ 단동식 : 늘어날 때만 감쇠력 발생

ⓒ 부동식 : 늘어날 때 줄어들 때 모두 감쇠력 발생

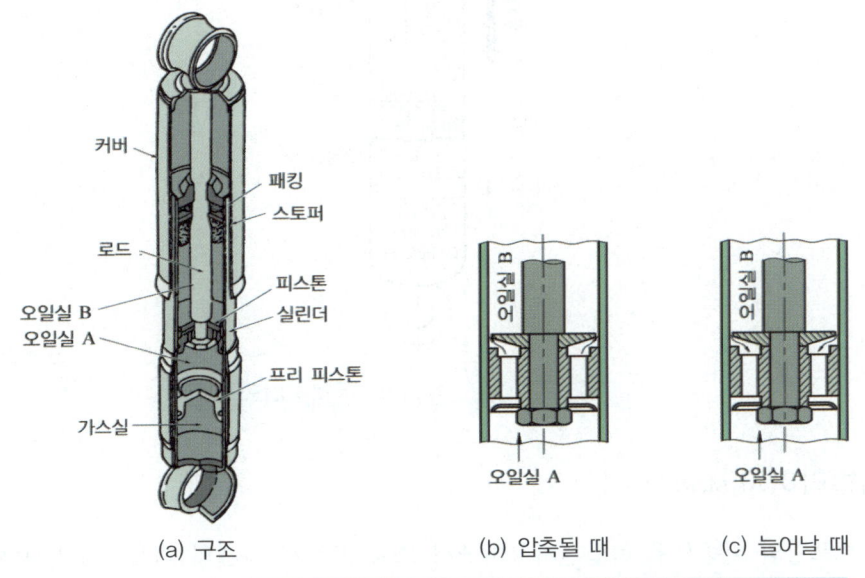

그림 2-58 / 쇽 업소버의 구조 및 작동

2) 가스 봉입식 쇽 업소버(드가르봉식)

가스 봉입식 쇽 업소버는 유압식으로 단통으로 되어 있고 내부에 질소가스가 봉입되어 승차감을 향상시킨 방식으로 프랑스 드 가르봉 사의 제품명을 이용하여 드가르봉식 쇽 업소버라고도 한다.

① 가스 봉입식 쇽 업소버의 특징
  ㉠ 단통으로 되어있어 구조가 간단하고 냉각효과가 좋다.
  ㉡ 가스를 압축하므로 승차감이 좋다.
  ㉢ 내부에 고압(20 ~ 30[kg_f/cm^2])이 걸려 있어 분해하는 것은 위험하다.

② 가스 봉입식 쇽 업소버의 작동 : 쇽 업소버가 압축시 피스톤이 압축되므로 오일실 A의 오일이 압축되며 밸브를 통해 오일실 B로 올라가고 압축된 오일이 프리 피스톤을 눌러 가스를 압축하므로 오일이 압축될 때의 충격을 흡수한다. 반대로 쇽 업소버가 늘어날 때는 피스톤의 압축이 없어지므로 압축된 가스가 팽창하여 프리 피스톤을 밀어올리고 피스톤도 올라가면서 오일실 B의 오일이 오일실 A로 들어오면서 쇽 업소버는 원상태로 돌아오게 된다.

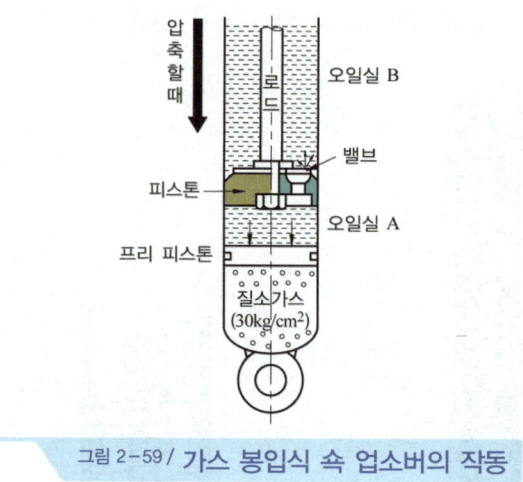

그림 2-59 / 가스 봉입식 쇽 업소버의 작동

2. 스태빌라이저(stabilizer)

토션바 스프링의 일종으로 독립현가장치에서 조향 조작시 차체의 기울기를 방지하는 장치로서 차의 좌·우 평형을 유지하고 롤링 방지의 역할을 한다.

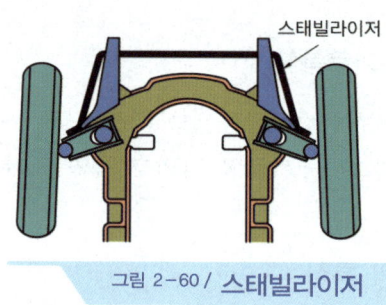

그림 2-60 / 스태빌라이저

3_ 뒤차축

1. 차축과 차축 하우징

종감속 기어에서 직각방향으로 전달된 동력을 뒷바퀴로 전달하며, 자동차의 중량과 노면으로부터 힘을 받는 바퀴를 지지하는 역할을 한다. 차축의 한 쪽은 스플라인으로 되어 차동 사이드 기어에 끼워지고 바깥쪽에는 구동바퀴가 설치된다.

1) 뒤차축의 종류

① 반 부동식(半 浮動式) : 허브 베어링을 사이에 두고 구동바퀴와 차축 하우징이 중량을 지지하는 방식이다. 구동 차축은 동력도 전달하고, 중량도 1/2 정도 지지하며 구동 차축에 하중이 적게 걸리는 승용차에 많이 사용한다.

② 3/4 부동식 : 구동 차축의 바깥 끝에 바퀴 휠 허브를 설치하고, 구동 차축 하우징에 한 개의 베어링을 사이에 두고 허브를 지지하는 방식으로 반부동식과 전부동식의 중간 구조이다.

③ 전 부동식(全 浮動式) : 구동 차축 하우징의 끝 부분에 휠 전체가 베어링을 사이에 두고 설치되어 모든 하중은 구동 차축 하우징이 받고 구동 차축은 동력만 전달한다. 따라서, 차축은 하중을 받지 않으므로 바퀴를 빼지 않고도 차축을 뗄 수 있다.

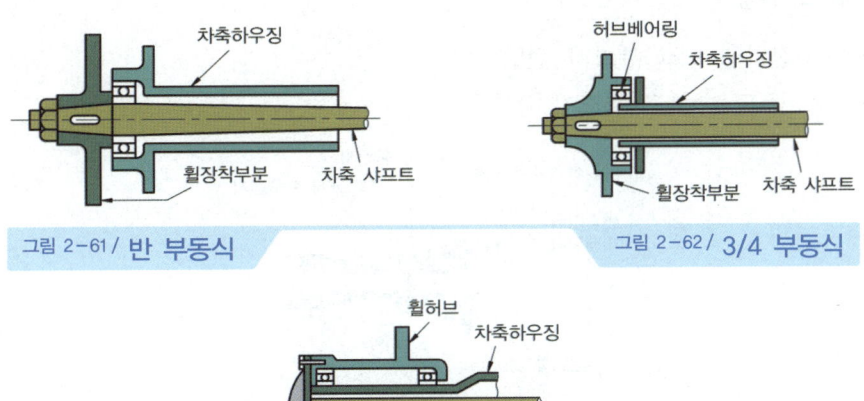

그림 2-61 / 반 부동식 그림 2-62 / 3/4 부동식

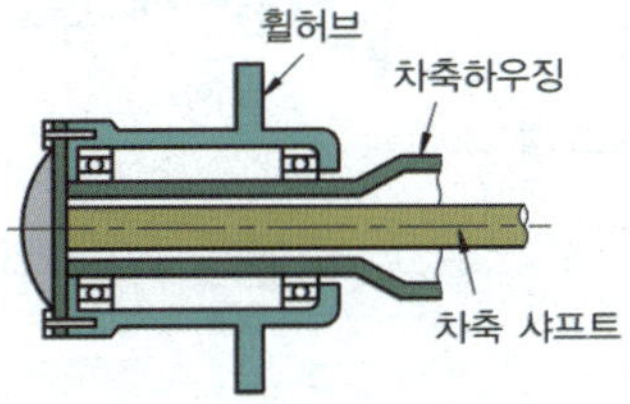

그림 2-63 / 전 부동식

2) 차축 하우징의 종류

① 밴조 형(banjo type) : 차축 하우징의 중간부분을 둥글게 만들고, 따로 결합된 차동장치를 설치하는 방식
② 스플릿 형(split type, 분할 형) : 차축 하우징을 구동축의 직각방향으로 2 또는 3으로 자르고, 그 속에 직접 차동장치를 결합하여 넣는 방식
③ 빌드업 형(build-up type) : 차축 하우징 중간부분에 차동장치를 설치한 하우징이 있고, 양 끝에 액슬축을 끼우는 형식

그림 2-64 / 밴조 형   그림 2-65 / 스플릿 형   그림 2-66 / 빌드업 형

2. 뒤차축 구동 방식

1) 호치키스 구동

① 판스프링을 사용할 때 이용되는 형식
② 리어 앤드 토크는 스프링이 흡수

2) 토크 튜브 구동

① 바퀴의 추진력은 토크 튜브가 전달한다.
② 리어 앤드 토크는 토크 튜브가 흡수한다.

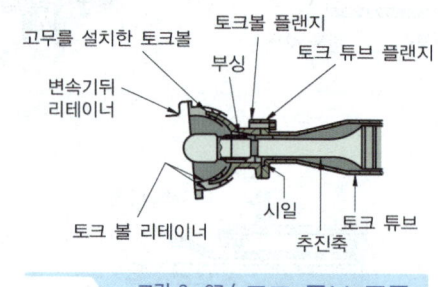

그림 2-67 / **토크 튜브 구동**

3) 레이디어스 암 구동

① 코일 스프링을 사용하는 경우에 사용하는 형식이다.
② 바퀴의 추진력은 구동축과 차체 또는 프레임에 연결된 레이디어스 암으로 전달한다.
③ 리어 앤드 토크는 레이디어스 암이 흡수한다.

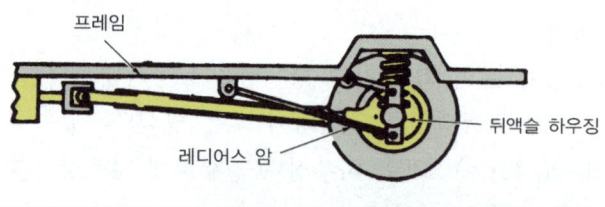

그림 2-68 / **레이디어스 암 구동**

4_ 자동차의 진동 및 승차감

1. 스프링 진동

1) 스프링 위 진동

스프링 윗질량 운동이라고도 하며, 차체의 진동으로 승차자에게 가장 영향을 주는 진동이다.

① 바운싱(bouncing) : Z축 방향으로 움직이는 상·하 진동
② 피칭(pitching) : Y축을 중심으로 회전하는 앞·뒤 진동
③ 롤링(rolling) : X축을 중심으로 회전하는 좌·우 진동
④ 요잉(yowing) : Z축을 중심으로 회전하는 수평 진동

2) 스프링 아래 진동

스프링 밑질량 운동이라고도 하며, 바퀴를 중심으로 한 진동을 말한다.

① 휠 홉(wheel hop) : Z축을 방향으로 움직이는 상·하 진동
② 휠 트램프(wheel tramp) : X축을 중심으로 회전하는 좌·우 진동
③ 와인드 업(wind up) : Y축을 중심으로 회전하는 앞·뒤 진동

(a) 스프링 위의 진동　　　　(b) 스프링 아래 진동

그림 2-69 / 스프링의 질량 진동

3) 시미(shimmy)

시미란 자동차 앞바퀴가 좌우로 흔들리는 현상으로 저속시미와 고속시미로 나눌 수 있다.

① 저속시미 : 주로 20~30[km/h] 정도의 저속에서 발생하는 현상으로 허브 베어링의 마멸 등 자동차의 부품의 근본적 고장에서 기인한다. 해당 부품을 교환해 주어야 저속시미 현상을 막을 수 있다.

② 고속시미 : 주로 50~60[km/h] 정도의 고속에서 발생하는 현상으로 자동차 부품은 정상이나 휠 밸런스 등의 불평형에서 기인한다.

2. 승차감

1) 스프링 정수

스프링의 세기를 나타내는 수치로, 후크의 법칙에 따라 가해지는 외력과 변형은 비례한다. 즉, 스프링 정수 $k = \dfrac{W}{a}$로 나타낼 수 있다. 스프링 정수가 크면 강한 스프링이고, 작으면 연한 스프링이라 할 수 있다. 승용차의 경우 3~5[kgf/mm], 트럭의 경우 20~30[kgf/mm] 정도이다.

2) 승차감

현가장치의 목적인 승차감을 좋게 하기 위해서는 차체의 상하진동이 인체에 가장 민감한 60~120[cycle/min] 범위에 있으면 좋다. 이보다 크면 딱딱하게 느껴지고, 작으면 멀미를 느끼게 된다.

제2절 전자제어 현가장치(E.C.S : Electronic Control Suspension)

1_ ECS 일반

1. ECS의 개요

자동차의 전자제어 현가장치는 각종 센서, ECU 액추에이터 등을 통해 노면의 상태, 주행 조건, 운전자의 선택기능에 따라 쇽 업소버 스프링의 감쇠력과 차고 조절을 전자제어 하는 시스템이다. 전자제어 현가장치의 특징은 다음과 같다.

① 고속주행시 차체 높이를 낮추어 공기저항을 적게하고 승차감을 향상시킨다.
② 하중이 변해도 차는 수평을 전자제어 유지한다.
③ 험한 도로 주행시 스프링을 강하게 하여 쇽 업소버 및 원심력에 대한 롤링을 없앤다.
④ 안정된 조향성능과 적재물량에 따른 안정된 차체의 균형을 유지시킨다.
⑤ 급제동시 노스다운을 방지해 준다.
⑥ 불규칙 노면주행할 때 감쇠력을 조절하여 자동차 피칭을 방지해 준다.
⑦ 도로의 조건에 따라서 바운싱을 방지해 준다.

2. ECS의 종류

1) 감쇠력 가변식

차량의 자세 변환에 따라 감쇠력의 강약을 변환시켜 승차감과 조정 안정성을 선택하는 방식으로, 감쇠력을 Soft, Medium, Hard의 3단계로 제어한다.

2) 복합식

주행 조건과 노면 상태에 따라 감쇠력 변환과 차고 조정의 기능을 모두 수행한다. 감쇠력을 Soft와 Hard의 2단계로, 차고는 Low, Normal, High의 3단계로 제어한다.

3) Semi-Active ECS

감쇠력 가변식의 경제성과 Active ECS의 성능을 보유한 우수한 현가 시스템이다. 감쇠력 가변 솔레노이드 밸브에 의해 연속적인 감쇠력 가변이 가능한 것이 특징이다.

4) Active ECS

감쇠력과 차고 조절기능은 물론 차량의 자세변화에 능동적으로 대처하는 첨단 방식이다.

2_ ECS의 구성 및 작동

1. ECS 주요 구성품

① **차속 센서** : 스프링 정수 및 감쇠력 제어에 이용하기 위해 주행속도를 검출한다.
② **차고 센서** : 차량의 높이를 조정하기 위하여 차체와 차축의 위치를 검출한다.(자동차 앞·뒤 설치)

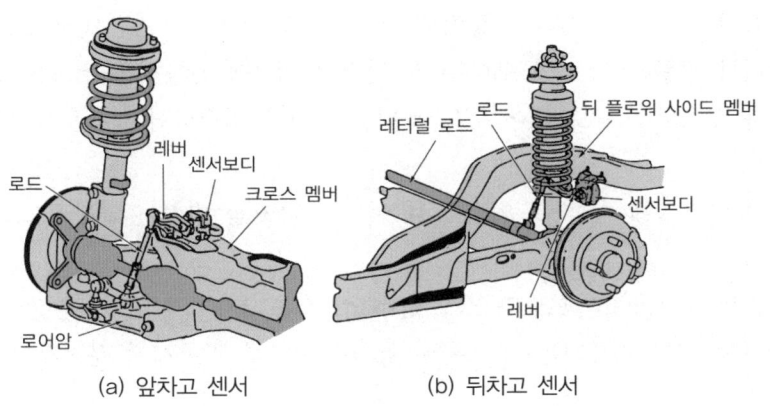

(a) 앞차고 센서   (b) 뒤차고 센서

③ 조향 휠 가속도 센서 : 차체의 기울기를 방지하기 위해 조향 휠의 작동속도를 검출한다.
④ 스로틀 위치 센서 : 스프링의 정수와 감쇠력 제어를 위해 급 가감속의 상태를 검출한다.
⑤ 중력 센서(G 센서) : 감쇠력 제어를 위해 차체의 바운싱을 검출한다.
⑥ 헤드라이트 릴레이 : 차고 조절을 위해 엔진의 시동 여부를 검출한다.
⑦ 발전기 L단자 : 차고 조절을 위해 엔진의 시동 여부를 검출한다.
⑧ 제동등 스위치 : 차고 조절을 위해 제동 여부를 검출한다.
⑨ 도어 스위치 : 차고 조절을 위해 도어의 열림 상태를 검출한다.
⑩ 액츄에이터 : 공기 스프링 상수와 쇽 업소버의 감쇠력을 조절한다.
⑪ 공기 압축기 및 릴레이

2. E.C.S의 기능

① 쇽 업소버의 감쇠력(damping force) 특성은 주행조건과 노면 상태에 따라 소프트(soft), 미디엄(medium), 하드(hard) 3단계로 제어된다.

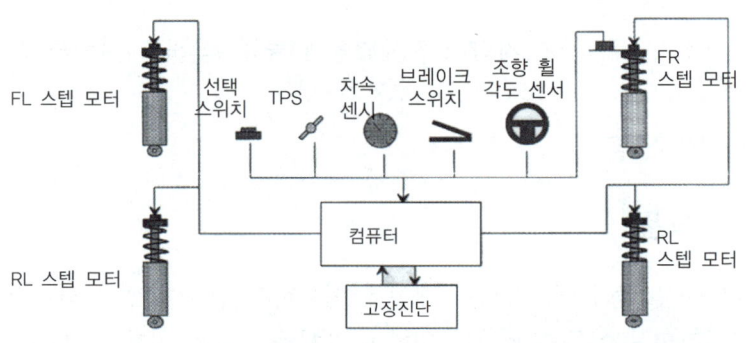

그림 2-70 / **시스템 구성도**

② 감쇠력은 제어 모드에 따라 자동적으로 마이크로 컴퓨터가 쇽 업소버 상단에 설치된 스텝 모터를 구동하고, 스텝 모터는 쇽 업소버 내부를 관통하는 컨트롤 로드를 회전시켜 컨트롤 로드와 일체로 되어 있는 로터리 밸브가 회전하면서 유로를 대·중·소로 개폐시킨다.
이때 유로의 크기에 따라 쇽 업소버 내부의 오일 흐름 저항이 달라지므로 감쇠력이 변하게 된다.

③ 제어 모드는 오토(auto) 모드와 스포츠(sport) 모드 2가지가 있다. 운전자가 sport 모드를 선택하게 되면 컴퓨터는 계기판에 'sport' 램프를 점등시켜 운전자에게 알려 준다.

3. E.C.S 제어

1) 선택 모드별 감쇠력 조절 기능

① 오토(auto) 모드 : 주행 조건 및 노면 상태에 따라 자동적으로 감쇠력을 3단계(소프트 ↔ 미디엄, 소프트 ↔ 하드, 미디엄 ↔ 하드)로 조절한다.

통상 주행 때는 승차감을 향상시키기 위해 가장 부드러운 소프트(soft) 상태로 유지한다. 또한 주행조건 및 노면 상태에 따라 자동적으로 소프트, 미디엄, 하드로 컴퓨터는 자동적으로 선택 변환한다.

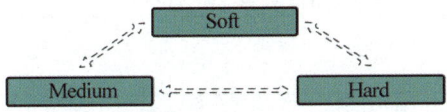

② 스포츠(sport) 모드 : 주행 조건 및 노면 상태에 따라 감쇠력을 2단계(미디엄↔하드)로만 조절한다.(소프트로는 변환되지 않는다.) 스포츠 한 운전을 즐길 때 사용하며 통상 주행 때 쇽 업소버의 감쇠력이 소프트(soft)가 아닌 미디엄(medium) 상태로 유지된다. 또한 주행조건 및 노면 상태에 따라 미디엄(medium)과 하드(hard)로만 선택 변환한다.

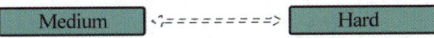

2) 자세제어 기능

① 앤티 스쿼트(anti-squat) 제어

기준 신호	감쇠력(damping force) 변환
차속 센서, 스로틀 위치 센서	소프트 → 미디엄(auto 모드)
	차가 정지 상태이거나 규정속도 이하에서 운전자가 액셀러레이터 페달을 급격히 밟게되면 차의 앞쪽은 업(up)되고 뒤쪽은 다운(down)되게 된다. 컴퓨터는 차속 센서 신호와 스로틀 위치 센서 신호를 이용해 급출발이나 급가속이라고 판단하게 되면 쇽 업소버의 감쇠력을 소프트(soft)에서 미디엄(medium) 또는 하드(hard)로 변환시켜 차의 자세변화를 최소화한다.

② 앤티 다이브(anti-dive) 제어

기준 신호	감쇠력(damping force) 변환
브레이크 스위치, 차속 센서	소프트 → 하드
	주행 중 브레이크 페달을 밟게 되면 차의 무게 중심이 앞으로 이동하면서 차체의 앞쪽은 다운(down)되고, 뒤쪽은 업(up)되는 현상이 발생한다. 컴퓨터는 일정한 차속 이상에서 브레이크 페달을 밟아 브레이크 스위치가 ON되면 차속 센서로 감속도를 계산해 앤티 다이브를 실행한다. 앤티 다이브 실행은 쇽 업소버의 감쇠력을 소프트에서 하드로 변환시켜 차의 자세변화를 최소화한다.

제2장_현가 및 조향장치 **257**

③ 앤티 롤(anti-roll) 제어

기준 신호	감쇠력(damping force) 변환
조향 휠 각도 센서, 차속 센서	소프트 → 하드
	주행 중 핸들을 조작해 선회하게 되면 차의 내륜측은 차체가 업(up)되고 외륜측은 차체가 다운(down)된다. 컴퓨터는 규정속도 이상에서 핸들을 조작하게 되면 조향 휠 각도 센서의 신호를 입력받아 조향 휠 조작 속도와 조향 각을 연산 앤티 롤 제어 조건이라 판단되면 실행한다. 쇽 업소버의 감쇠력은 소프트에서 하드로 변환시켜 차의 자세변화를 억제한다.

④ 앤티 바운스(anti-bounce) 제어

기준 신호	감쇠력(damping force) 변환
G센서	소프트 → 미디엄
	요철을 통과하거나 울퉁불퉁한 험로를 주행하게 되면 차체에 상하 진동이 발생하게 된다. 컴퓨터는 G센서 신호로 차체의 상하 움직임을 판단해 앤티 바운스 제어를 실행한다. 쇽 업소버의 감쇠력은 소프트에서 미디엄으로 변환한다.

⑤ 앤티 쉐이크(anti-shake) 제어

기준 신호	감쇠력(damping force) 변환
차속 센서	소프트 → 하드
	승객 승하차 때 차의 움직임을 최소화 하기 위해 차의 속도가 규정속도 이하로 감속되거나 정지하게 되면 컴퓨터는 앤티 쉐이크 제어를 실행한다. 쇽 업소버의 감쇠력은 소프트에서 하드로 변환시키며, 차가 출발해 규정속도 이상이 되면 다시 소프트로 복귀된다.

⑥ 고속 안정성 제어

기준 신호	감쇠력(damping force) 변환
차속 센서	소프트 → 미디엄
	차가 고속으로 주행하게 되면 주행 안정성을 높이기 위해 고속 안정성 제어를 실행한다. 쇽 업소버의 감쇠력은 소프트에서 미디엄으로 변환시키며, 차속이 일정속도 이하로 감속되면 해제된다.

제3절 조향장치

1_ 조향장치 일반

1. 조향 이론

애커먼 장토식의 원리를 이용한 것으로, 앞차축의 킹핀과 타이로드 엔드의 중심을 잇는 연장선이 뒤차축 상의 어느 한 점에서 만나도록 한 방식이다. 조향 핸들을 조향하였을 때 뒤차축 연장선의 한 점을 중심으로 모든 바퀴가 동심원을 그리며 선회를 하게 된다.

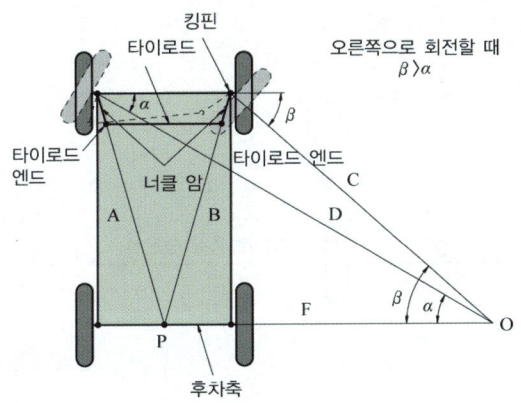

그림 2-71 / 애커먼 장토식 조향 원리

1) 앞차축 링크 형식

① 엘리옷 형
② 역 엘리옷 형
③ 마몬 형
④ 르모앙 형

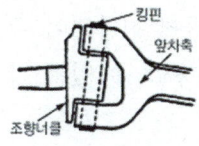 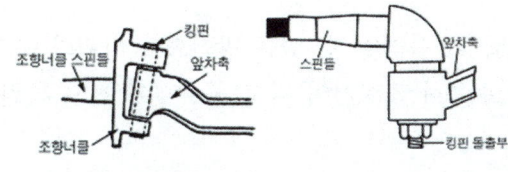 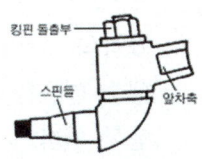

그림 2-72 / 엘리옷 형   그림 2-73 / 역 엘리옷 형   그림 2-74 / 마몬 형   그림 2-75 / 르모앙 형

2) 최소회전 반지름

최대로 조향하여 회전시 앞바퀴의 바깥쪽 바퀴가 그리는 원의 반지름을 말한다.

$$R = \frac{L(m)}{\sin \alpha} + r$$

R : 최소회전반지름
L : 축거[m]
α : 바깥쪽 바퀴의 조향각
r : 바깥쪽 바퀴의 접지면 중심과 킹핀과의 거리

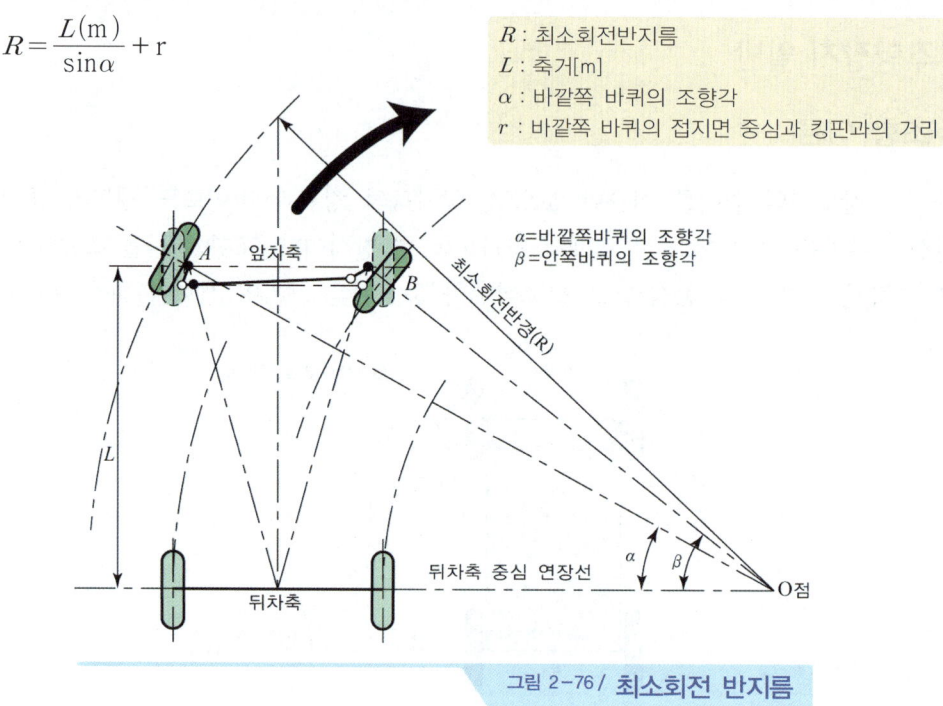

그림 2-76 / 최소회전 반지름

3) 조향 기어비

조향핸들이 회전한 각도와 피트먼 암이 회전한 각도와의 비를 말한다.

조향기어비가 작으면 핸들 조작이 빠르지만 큰 회전력이 필요하고, 조향 기어비가 크면 핸들 조작은 가벼우나 조향 조작이 너무 느려 위급시 대응이 늦게 된다.

$$\text{조향 기어비} = \frac{\text{조행 핸들이 회전한 각도}}{\text{피트먼 암이 회전한 각도}}$$

4) 조향 기어의 조건

① **가역식** : 앞바퀴로 핸들을 움직일 수 있는 방식으로 바퀴의 충격이 핸들에 전달되어 주행중 핸들을 놓치기 쉬우나 조향기어 각부의 마멸이 적고 복원성을 이용할 수 있는 장점이 있다.

② **반가역식** : 가역식과 비가역식의 중간 성질로 바퀴의 운동을 일부만 전달한다.

③ **비가역식** : 조향핸들의 움직임을 바퀴에 전달할 수는 있으나 바퀴의 운동을 핸들에 전달할 수 없는 방식으로 바퀴의 충격을 핸들에 전달하지 않으나 조향기어 각부의 마멸이 쉽고 복원성을 이용할 수 없는 단점이 있다.

2. 조향 기어의 종류

조향기어의 종류로는 웜 섹터 형식, 웜 섹터 롤러식, 볼 너트 형식, 웜 핀 형식, 볼 너트 웜 핀 형식, 랙과 피니언 형식 등이 있다.

1) 조향기어의 형식

① 랙크와 피니언 형식 : 피니언의 회진운동을 랙크의 직선운동으로 변환하는 방식으로 구조가 간단하여 승용차에 주로 사용한다.

② 볼 너트 형식 : 조향축의 회전을 볼의 구름접촉으로 너트에 전달하는 방식으로 핸들 조작이 가볍고 큰 하중에 견디며 마모도 적은 것이 특징이다. 주로 중형차 이상에서 많이 사용된다.

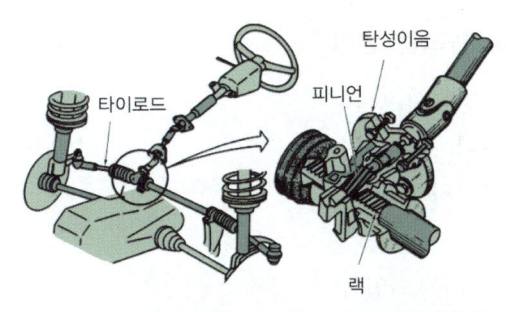

그림 2-77 / **랙크와 피니언 형식**

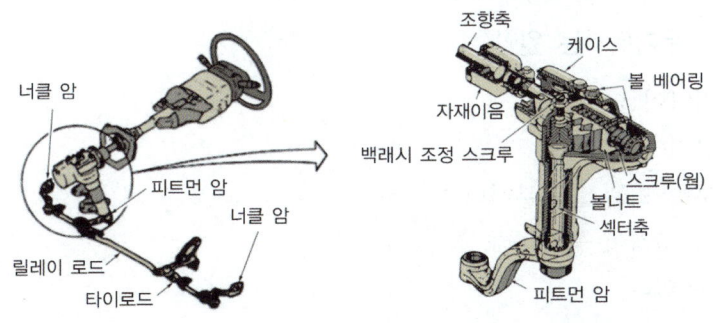

그림 2-78 / **볼 너트 형식**

2) 조향 기구의 명칭

① 피트먼 암 : 조향 기어와 조향 링크와의 연결 암(arm)이다.
② 드래그 링크 : 일체차축 조향장치에서 사용되며 피트먼 암과 너클을 연결하는 로드이다.
③ 타이로드 : 좌우의 너클과 연결되며, 타이로드 앤드는 토인을 조정하는 로드이다.

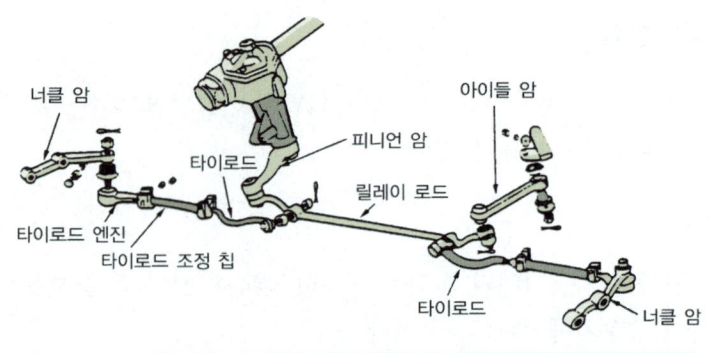

그림 2-79 / 독립 현가식 조향 기구

3. 조향장치의 이상 현상

1) 조향 핸들이 한쪽으로 쏠리는 원인

① 타이어의 압력이 불균일하다.
② 앞차축 한쪽의 스프링이 절손되었다.
③ 브레이크 간극이 불균일하다.
④ 앞바퀴 정렬이 불량하다.
⑤ 한쪽의 허브 베어링이 마모되었다.
⑥ 한쪽 쇽 업소버의 작동이 불량하다.

2) 조향 핸들이 무거워지는 원인

① 타이어 공기압이 낮다.
② 타이어의 규격이 크다.
③ 윤활유의 부족 또는 불충분하다.
④ 조향 기어의 조정이 불량하다.
⑤ 현가 암이 휘었다.
⑥ 조향 너클이 휘었다.
⑦ 프레임이 휘었다.
⑧ 정의 캐스터가 과도하다.

2_ 휠 얼라이먼트(앞바퀴 정렬)

1. 캠버(camber)

1) 캠버의 정의

바퀴를 정면에서 보았을 때 바퀴의 윗부분이 아래부분보다 더 넓은 상태로, 바퀴의 중심선과 노면에 대한 수직선이 이루는 각도를 캠버라 하고 일반적으로 0.5 ~ 1.5° 정도이다. 윗부분이 넓은 것을 정 (+)의 캠버, 아래부분이 넓은 것을 부 (-)의 캠버, 수직선과 같은 것을 영(0)의 캠버라 한다. 또한 타이어의 중심선과 킹핀 중심선이 노면에서 만나 이루는 거리를 캠버 옵셋(camber offset) 또는 스크러브 레이디어스(scrub radius)라 하며 이 거리가 작을수록 조향 조작이 가볍게 된다.

2) 캠버의 효과

① 수직 방향 하중에 의한 앞차축의 휨을 방지
② 조향축 경사각과 함께 조향핸들의 조작을 가볍게 한다.
③ 크라운 도로에서 수직으로 향하는 효과가 있다.

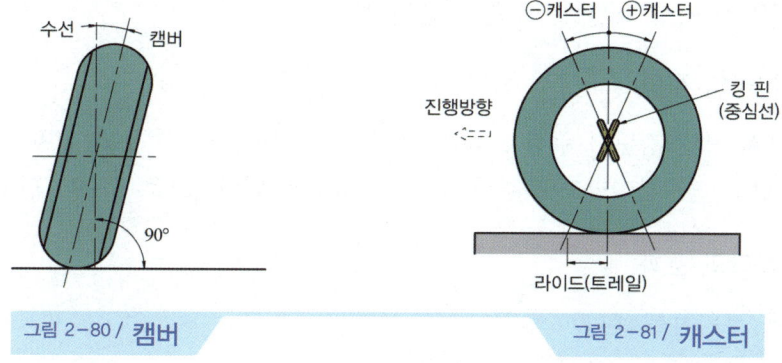

그림 2-80 / **캠버**   그림 2-81 / **캐스터**

2. 캐스터(caster)

1) 캐스터의 정의

앞바퀴를 옆에서 볼 때 앞바퀴를 차축에 설치하는 킹핀이 수선과 어떤 각도를 이룬 상태를 말하며, 이 각도는 일반적으로 1/2 ~ 3° 정도이다. 수직선과 킹핀 중심선의 연장선이 노면에서 만나 이루는 거리를 리드(lead) 또는 트레일(trail)이라 하며, 킹핀 중심선의 윗부분이 뒤쪽으로 기울어진 것을 정 (+)의 캐스터, 앞쪽으로 기울어진 것을 부 (-)의 캐스터, 수직선과 같은 것은 영(0)의 캐스터라 한다. 일반적으로 자동차에서는 정의 캐스터를 준다.

2) 캐스터의 효과

① 주행중 조향 바퀴에 방향성(가속성)을 준다.
② 조향시 직진 방향으로 돌아오는 복원성을 준다.
③ 부의 캐스터는 조향력을 증대시켜 준다.

3. 토 인(Toe-in)

1) 토 인의 정의

앞바퀴를 위에서 내려다 보았을 때 양쪽 바퀴의 중심선 거리가 앞쪽이 뒤쪽보다 작게 되어 있는 상태를 말하며, 일반적으로 뒤와 앞의 차이가 2~6[mm] 정도이다.

2) 토 인의 효과

① 앞바퀴를 평행하게 회전시킨다.
② 바퀴의 사이드 슬립과 타이어의 마멸을 방지한다.
③ 조향 링키지 마멸에 의해 토 아웃 되는 것을 방지한다.

4. 킹핀 각(king-pin angle, 조향축 경사각)

1) 킹핀 경사각의 정의

바퀴를 앞에서 보면 킹핀이 수선에 대해 안 쪽으로 어떤 각도를 두고 설치되어 있는 상태를 말하며 조향축 경사각이라고도 한다. 킹핀 경사각은 일반적으로 7~9° 정도를 준다.

2) 킹핀 경사각의 효과

① 앞바퀴에 복원성을 준다.
② 캠버와 함께 핸들의 조작력을 작게 한다.
③ 앞바퀴의 시미 현상을 방지한다.

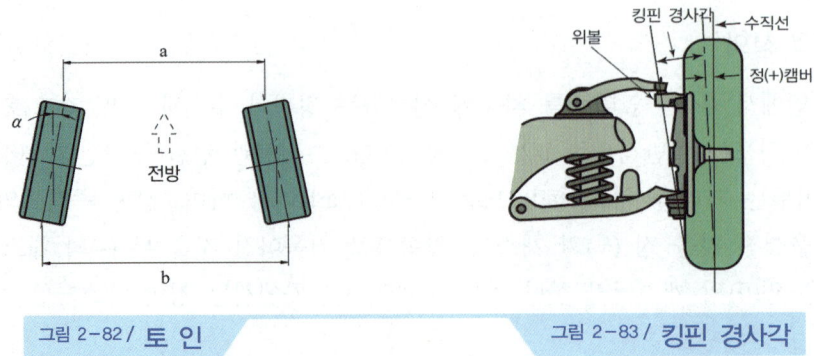

그림 2-82 / 토 인   그림 2-83 / 킹핀 경사각

3_ 셋백과 스러스트 각

1. 셋 백(set back)

왼쪽 축간거리와 오른쪽 축간거리와의 차이를 말하며, 제조상의 제조공차 또는 충돌로 인한 손상으로 발생된다. 휠 베이스가 짧은 쪽으로 차량이 쏠리는 경향이 나타난다.

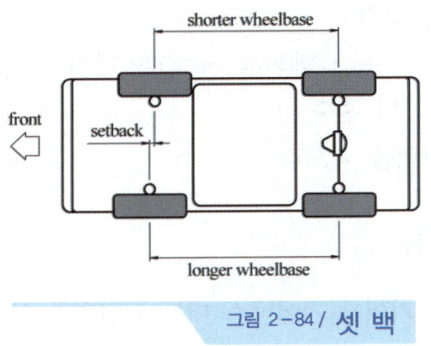

그림 2-84 / 셋 백

2. 스러스트 각(thrust angle, geometrical drive axis)

자동차의 진행방향과 자동차의 기하학적 중심선과의 각도의 차이를 말한다.

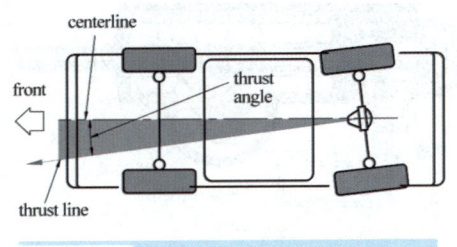

그림 2-85 / 스러스트 각

제4절 / 동력 조향장치(power steering system)

1_ 동력조향장치

1. 동력조향장치의 개요

차량의 대형화, 전륜 구동화, 타이어의 편평화 등에 의한 전륜 접지저항의 증가로 핸들 조작력이 증가되었다. 또한 여성 운전자의 증가 및 이지 드라이브 추세에 따라 조향핸들의 조작력을 경감시킬 필요가 대두되었다. 이를 위해 조향 조작을 가볍게 하기 위하여 조향 기어비를 크게 하면 가벼워지나 핸들을 여러 번 회전시켜야 한다. 따라서 조향 핸들에 배력장치를 두어 핸들의 조작력을 보조하여 조작력을 감소시키는 동력조향장치를 사용하게 되었다.

1) 동력 조향장치의 특징

① 작은 조작력으로 조향이 가능
② 조향기어비를 자유로이 선정
③ 노면에서의 충격을 흡수하여 킥백(kick back)을 방지
④ 스티어링계의 이음, 진동의 흡수
⑤ 조향에 따른 적절한 반력을 피드백

2. 동력 조향장치의 분류

동력 조향장치는 스티어링 기어를 기어박스 내부에 설치한 인티그럴(integral) 형과 동력실린더와 제어밸브의 분리 여부에 따라 링키지(linkage) 일체형과 링키지 조합형으로 나눈다.

① 인티그럴 형 : 스티어링 기어를 기어박스를 기어 내부에 설치

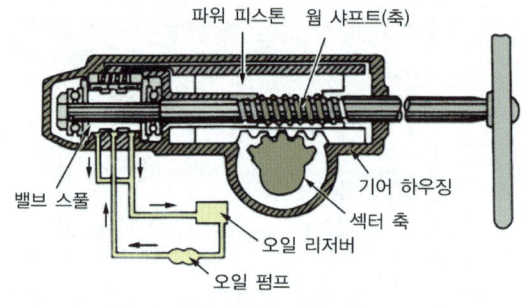

그림 2-86 / **인티그럴 형**

② 링키지 형 : 동력 실린더가 조향핸들과 분리된 형식
　㉠ 일체형 : 동력 실린더와 제어밸브가 일체
　㉡ 분리형 : 동력 실린더와 제어밸브가 분리

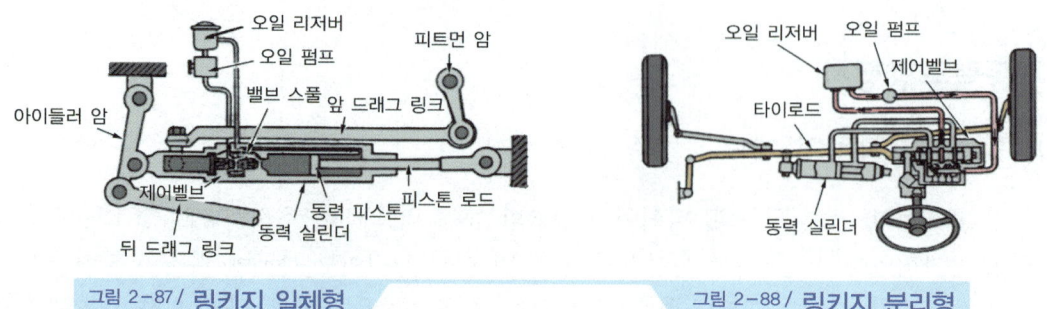

그림 2-87 / **링키지 일체형**　　　　　그림 2-88 / **링키지 분리형**

3. 동력 조향장치의 구조

1) 동력조향장치 주요부

① 동력부 : 오일펌프에 해당하며, 벨트로 구동되며 유압을 발생한다.
② 작동부 : 동력 실린더에 해당하며, 보조력(assist력)을 발생하는 부분이다.
③ 제어부 : 컨트롤(제어) 밸브에 해당하며, 동력부와 작동부 사이의 오일통로를 제어한다.

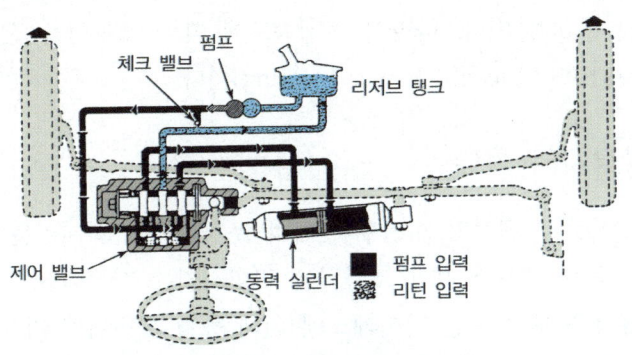

그림 2-89 / 링키지 분리형 동력실린더의 구조

2) 안전 첵 밸브(safety check valve)

파워 스티어링 고장시 수동으로 핸들조작이 가능하게 해주는 밸브로, 핸들을 조작하면 동력 실린더가 작용하여 한쪽에 압력을 가하면 반대쪽은 진공이 되어 첵 밸브가 열리게 되므로 수동조작이 가능하게 된다.

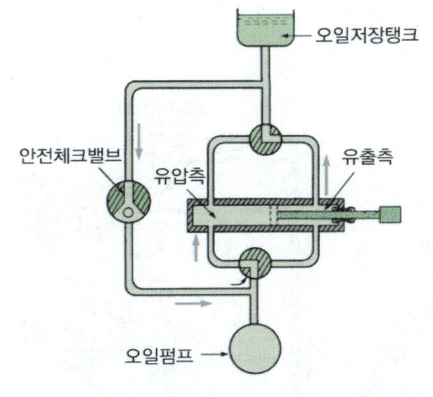

그림 2-90 / 안전 첵 밸브의 역할

2_ 전자제어 조향장치(EPS : Electric Power Steering)

1. 전자제어 조향장치의 개요

자동차 성능의 향상과 도로의 고속화로 자동차의 조향 안정성은 더욱 중요시 되었다. 동력 조향장치는 보조력을 이용하여 조향장치의 조작력을 경감시키는 장치로 고속 주행시에는 바퀴의 접지저항의 감소 및 양력에 의한 하중의 감소 등으로 더욱 가벼워 지므로 조향력을 속도에 따라 가변시킬 필요가 있다. 따라서 주행속도에 따라 조향력을 전자제어화 한 것이 전자제어 동력조향장치(EPS : Electric Power Steering)이다.

2. 전자제어 조향장치의 종류

① 회전수 감응식 : 자동차 엔진의 회전수에 따라 조향력을 변화시키는 형식이다.
② 차속 감응식 : 자동차 차속에 따라 조향력을 변화시키는 형식이다.
③ 유량 제어식 : 유량을 제어 또는 바이패스에 의해 동력 실린더에 가해지는 유압을 변화시키는 형식이다.
④ 반력 제어식 : 제어 밸브의 열림을 직접 조절하여 동력 실린더에 가해지는 유압을 변화시키는 형식이다.

3. 전자제어 조향장치의 작동

1) 차속 감응식

주행속도나 기타 조향력에 필요한 정보에 의해 솔레노이드 밸브나 전동기를 이용하여 필요한 유량을 제어하는 방식이다.

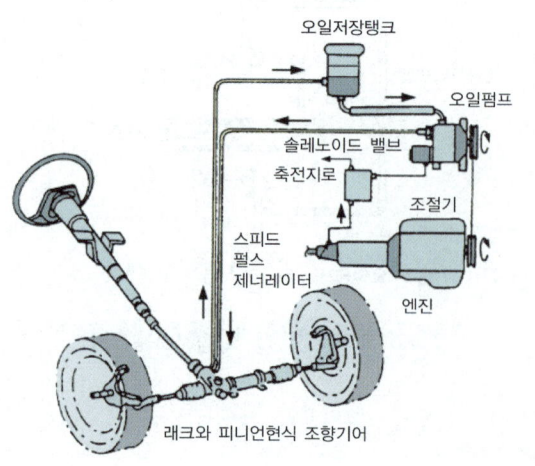

그림 2-91 / 속도감응식 EPS

2) 유량 제어식(실린더 바이패스 방식)

솔레노이드 밸브가 열리면 작동압이 걸린 고압쪽이 드레인에 연결되어 있는 저압쪽과 통하여 작동압이 저하하여 배력작용이 감소하여 조향력이 커진다.

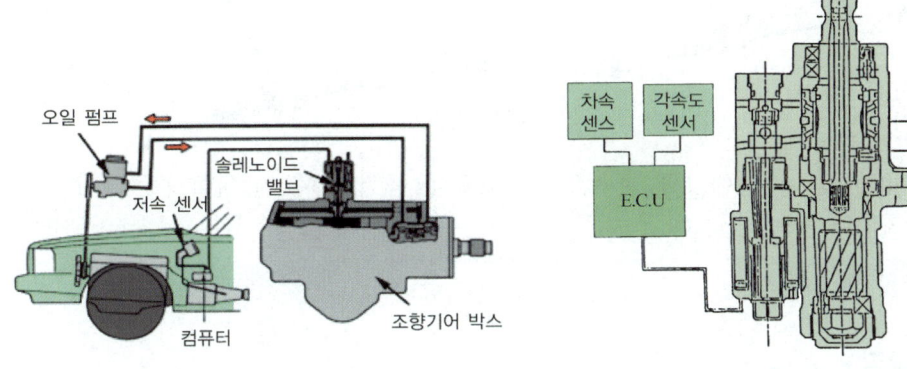

그림 2-92 / 유량제어식 EPS   그림 2-93 / 유량 제어식 EPS 시스템 구성도

4. 전자제어 조향장치의 특징

① 기관의 회전속도 감응형 파워 스티어링 시스템이다.
② 공전과 저속에서 핸들의 조작력이 작다.
③ 고속 주행시에는 핸들의 조작력이 무거워진다.
④ 중속 이상에는 차량의 속도에 감응하여 조작력을 변화시킨다.
⑤ 차속 센서는 홀 소자를 이용한 것으로 변속기에 장착되어 있으며, 디지털 펄스 신호로 출력된다.
⑥ ECU에 의해 제어되며, 솔레노이드 밸브로 스로틀 면적을 변화시켜 오일 탱크로 복귀되는 오일량을 제어한다.

3_ MDPS(Motor Driven Power Steering)

1. MDPS의 개요

MDPS 시스템은 ECU가 각종센서의 신호를 입력 받아 모터 전류를 제어함으로써 운전자의 조타력을 보조해서 운전자의 조향력을 향상시키는 시스템이다. 또한 조향시에만 에너지를 소모시켜 연비향상과 동시에 오일 및 펌프, 유압호스, 벨트 등을 삭제시킨 친환경적인 시스템이다. 종류로는 칼럼 구동식, 피니언 구동식, 랙 구동식 등이 있다.

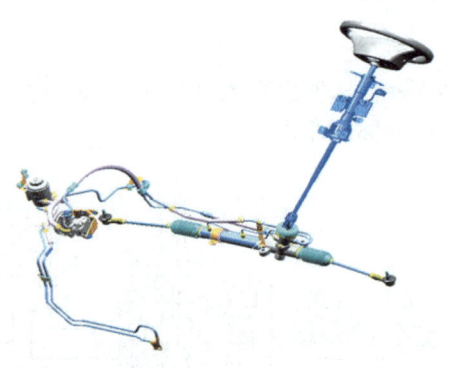

유압식 : 파워펌프 → 유압발생 → 조타력 발생

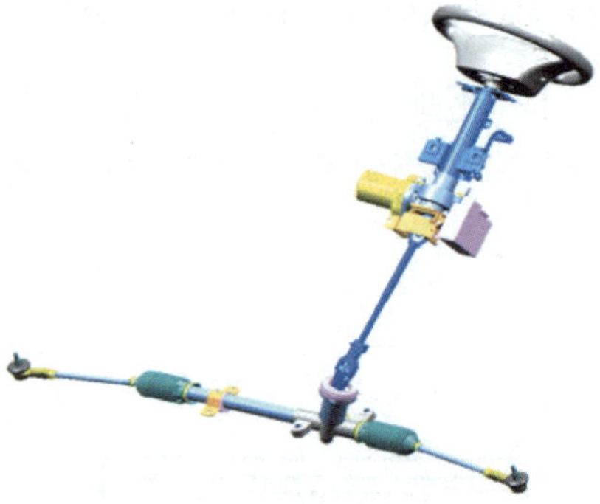

MDPS : 전기모터 → 토크발생 → 조타력 발생

그림 2-94 / **유압식**

그림 2-95 / **MDPS**

1) MDPS의 특징

① 조향 편의성 증대
② 오일을 사용하지 않아 오일 누유가 없으므로 친환경적이다.
③ 작동력이 속도와 연동되어 정지 및 저속은 가볍고 고속에서는 적절히 무겁다.
④ 엔진 부하가 감소하여 연비가 3[%] 정도 향상되고, CO_2 배출이 감소한다.
⑤ 기존 유압식에 비해 가볍다.
⑥ 조립 부품수가 감소되어 조립 시간이 단축되어 조립성이 향상되었다.

2) MDPS의 종류

분류	컬럼 구동식	피니언 구동식	랙 구동식
구조			
특징	컬럼에 모터를 설치 모터 소음이 불리 탑재 자유도 제한	피니언에 모터 설치 열에 대한 대책이 요구 탑재 자유도 제한	랙에 모터 설치 고출력 기어 직경 증대
모터	25 ~ 60[A]	30 ~ 60[A]	60 ~ 90[A]
출력	600[kg$_f$]	700[kg$_f$]	700 ~ 1,000[kg$_f$]

2. MDPS 구성 부품

1) 주요 구성 부품

① 모터 : 감속기가 내장된 직류 전동기 이다.
② 조향각 & 토크센서 : 핸들의 회전 토크를 측정하여 ECU에 입력한다.
③ ECU : 토크센서, 차속센서, 엔진 회전수 등의 신호를 받아서 모터의 전류를 제어한다.

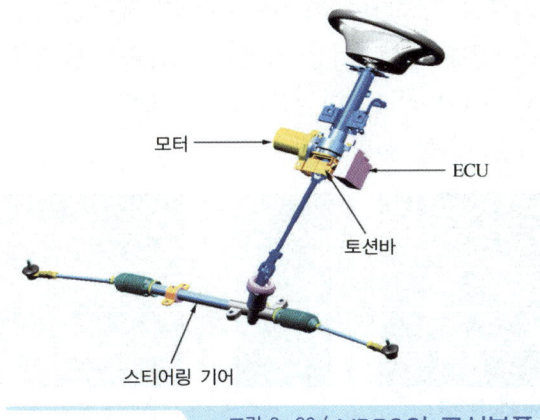

그림 2-96 / MDPS의 구성부품

2) MDPS 작동 순서

① 운전자가 조향
② 토션바 비틀림 발생
③ 조향각과 토크센서 출력으로 ECU는 조향 토크 및 조향각을 연산한다.
④ 모터 및 웜기어 회전
⑤ 웜 과 웜 휠 기구에 의해 모터의 회전을 20.5 : 1로 감속시킨다.
⑥ 출력축 회전
⑦ 유니버셜 조인트 회전
⑧ 조향기어 박스의 피니언 축에 전달
⑨ 휠 회전

3. MDPS 입·출력요소

1) MDPS ECU 입력요소

① 상시전원 : 엔진룸 릴레이박스 50A에서 공급된다.
② IG전원 : 실내 정션박스에서 IG전원이 입력된다.

③ 엔진 회전수 : 디지털 펄스가 입력된다.
④ 차속신호 : 디지털 펄스가 입력된다.
⑤ 토오크 센서 : 메인과 서브 각각 2.5V가 체크되면 정상이며 핸들을 회전하면 2.5V를 기준으로 전압이 변한다.

2) MDPS ECU 출력요소

① 전동모터 : 최대 45A까지 가능하며 최저는 8A까지 제어한다.
② 아이들 업 신호 : 소비전류가 25A이상 소비되면 신호를 출력한다.
③ MDPS경고등 : KEY ON시 점등하며 시동후 소등된다.
④ 자기진단 K단자 : 고장코드를 출력한다.

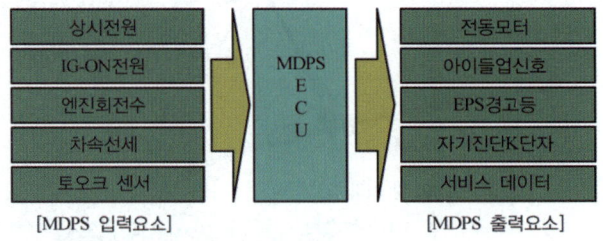

제2장 현가 및 조향장치 출제예상문제

01 독립현가 방식인 맥퍼슨 형식의 특징과 관계없는 것은? [08년 상]

㉮ 기관실의 유효 체적을 넓게할 수 있다.
㉯ 기구가 간단하여 고장이 적고 보수가 쉽다.
㉰ 스프링 아래 질량이 적기 때문에 로드홀딩이 양호하다.
㉱ 바퀴가 들어 올려지면 캠버가 부의 캠버로 변한다.

🔵 **독립현가 방식인 맥퍼슨 형식의 특징**
① 조향너클과 속업쇼버가 일체로 된 형식이다.
② 위 컨트롤 암이 없어 구조가 간단하다.
③ 기구가 간단하여 고장이 적고 보수가 쉽다.
④ 엔진실 유효 체적을 넓게 할 수 있다.
⑤ 스프링 아랫부분의 중량이 작아 로드홀딩이 좋다.
⑥ 승용차용 전륜 현가장치로 많이 사용된다.

02 노스 업(nose up)이나 노스 다운(nose down)을 방지할 수 있는 속업소버는? [06년 하]

㉮ 텔레스코핑형 단동식
㉯ 레버형 단동식
㉰ 텔레스코핑형 복동식
㉱ 드가르봉식

🔵 복동식은 감쇠력이 상하로 작용하므로 노스 업(nose up)이나 노스 다운(nose down)을 방지할 수 있다.

03 독립현가 장치 중 맥퍼슨 형식의 특징이 아닌 것은? [06년 상]

㉮ 스프링 윗부분 중량이 크기 때문에 접지성이 불량하다.
㉯ 위시본 형식에 비해 구조가 간단하다.
㉰ 부품수가 적으므로 마모나 손상을 발생하는 부분이 적고 수리가 용이하다.
㉱ 엔진실 유효체적을 크게 할 수 있다.

🔵 **독립현가 방식인 맥퍼슨 형식의 특징**
① 조향너클과 속업쇼버가 일체로 된 형식이다.
② 위 컨트롤 암이 없어 구조가 간단하다.
③ 기구가 간단하여 고장이 적고 보수가 쉽다.
④ 엔진실 유효 체적을 넓게 할 수 있다.
⑤ 스프링 아랫부분의 중량이 작아 로드홀딩이 좋다.
⑥ 승용차용 전륜 현가장치로 많이 사용된다.

04 스태빌라이저에 관한 설명으로 적당치 않은 것은? [07년 하]

㉮ 차체의 롤링 현상을 억제시킨다.
㉯ 독립 현가장치에 주로 사용한다.
㉰ 차체의 피칭 현상을 방지한다.
㉱ 일종의 토션바 역할을 한다.

🔵 스태빌라이저는 독립현가장치에서 주로 사용하는 일종의 토션바로, 선회시 차체의 좌우 진동(롤링)을 방지하며 차체의 기울기를 감소시켜 차의 평형을 유지시켜 주는 기능을 한다.

01 ㉱ 02 ㉰ 03 ㉮ 04 ㉰

05 차량이 선회시 원심력에 의한 횡 요동(롤링)을 억제하기 위한 토션 바로서, 독립 현가식 서스펜션에 사용하고 있으며, 이러한 롤링을 감소하고 차체의 평행을 유지하기 위한 구성품의 명칭은? [04년 상, 09년 상]

㉮ 스태빌라이저(stabilizer)
㉯ 에어 스프링(air spring)
㉰ 코일 스프링(coil spring)
㉱ 토션바 스프링(torsion bar spring)

풀이 스태빌라이저는 독립현가장치에서 주로 사용하는 일종의 토션바로, 선회시 차체의 좌우 진동(롤링)을 방지하며 차체의 기울기를 감소시켜 차의 평형을 유지시켜 주는 기능을 한다.

06 하중이 2 ton이고 압축 스프링 변형량이 2cm일 때 스프링 상수는? [04년 상, 07년 상]

㉮ 100kg$_f$/mm
㉯ 120kg$_f$/mm
㉰ 150kg$_f$/mm
㉱ 200kg$_f$/mm

풀이 스프링 상수(k) = $\dfrac{W(kgf)}{1(mm)}$

∴ 스프링 상수 = $\dfrac{2,000kgf}{20mm}$ = 100kg$_f$/mm

07 자동차의 진동에 대한 설명 중 틀린 것은? [05년 하, 08년 하]

㉮ 바운싱(bouncing) : 상하운동
㉯ 롤링(rolling) : 좌우운동
㉰ 피칭(pitching) : 앞뒤운동
㉱ 요잉(yawing) : 차체 앞부분 진동

풀이 스프링 윗질량 운동
① X축 : 롤링(세로축을 중심으로 하는 좌/우 회전운동)
② Y축 : 피칭(가로축을 중심으로 하는 전/후 회전운동)
③ Z축 : 요잉(수직축을 중심으로 앞뒤가 회전하는 운동)
④ 상하 : 바운싱(차체가 동시에 상하로 튕기는 운동)

08 자동차의 진동에 관한 설명 중 수직축(Z축)을 중심으로 차체가 좌우로 회전하는 진동을 무엇이라고 하는가? [09년 하]

㉮ 러칭(lurching)
㉯ 피칭(pitching)
㉰ 요잉(yawing)
㉱ 바운싱(bouncing)

풀이 스프링 윗질량 운동
① X축 : 롤링(세로축을 중심으로 하는 좌/우 회전운동)
② Y축 : 피칭(가로축을 중심으로 하는 전/후 회전운동)
③ Z축 : 요잉(수직축을 중심으로 앞뒤가 회전하는 운동)
④ 상하 : 바운싱(차체가 동시에 상하로 튕기는 운동)

05 ㉮ 06 ㉮ 07 ㉱ 08 ㉰

09 현가장치의 특성에 대한 설명으로 옳은 것은? [05년 상]

㉮ 스프링 아래질량이 커야 요철 노면 주행에 유리하다.
㉯ 스프링 상수는 작용력과 스프링 변형량의 비율로 나타낸다.
㉰ 자동차가 무겁고 스프링이 약하면 주파수는 많고 진폭은 작아진다.
㉱ 토션바 스프링의 길이를 길게 하면 비틀림 각이 작으므로 스프링 작용은 크다.

풀이 스프링 아랫질량이 크면 요철 노면보다 포장도로에 유리하고, 자동차가 무겁고 스프링이 약하면 주파수는 적고 진폭은 커진다. 또한, 토션바 스프링의 길이를 길게 하면 비틀림 각이 커지므로 스프링 작용은 크다.

10 다음 중 공기식 전자제어 현가장치의 구성에서 입력 요소가 아닌 것은? [07년 하]

㉮ 차고 센서
㉯ G 센서
㉰ 도어 스위치
㉱ 에어 컴프레서 릴레이

풀이 ECS 입력신호
① 차속 센서 : 자동차의 속도를 검출
② 차고 센서 : 자동차의 차고를 검출
③ 조향각 센서 : 조향 휠의 회전방향을 검출
④ G 센서 : 자동차의 가감속을 검출
⑤ 도어 스위치 : 도어의 열림 여부 검출
⑥ 스로틀 포지션 센서 : 급 가·감속 상태를 검출
⑦ 브레이크 압력 스위치 신호 : 차고조절을 위해 제동 여부를 검출

11 전자제어 현가장치(ECS) 장착 자동차에서 차고센서가 감지하는 곳은? [05년 상, 08년 상]

㉮ 지면과 액슬   ㉯ 프레임과 지면
㉰ 차체와 지면   ㉱ 로워암과 차체

풀이 차고(車高) 센서는 액슬(로워암)과 차체 사이에 설치되어 자동차의 높이를 감지한다.

12 자동차용 현가장치에서 공기스프링의 장점에 대한 설명으로 잘못된 것은? [04년 하]

㉮ 구조가 간단하고 고장이 없으며, 영구 사용한다.
㉯ 고유 진동을 낮게 할 수 있어 유연하다.
㉰ 자체에 감쇄성이 있기 때문에 작은 진동을 흡수한다.
㉱ 차체의 높이를 일정하게 유지한다.

풀이 공기 스프링의 특징
① 하중에 관계없이 차체의 높이를 일정하게 유지한다.
② 자체에 감쇄성이 있기 때문에 작은 진동을 흡수한다.
③ 고유 진동을 낮게 할 수 있어 유연하다.
④ 하중에 따라 스프링 상수가 자동적으로 변한다.
⑤ 승차감이 좋고 진동을 완화하므로 수명이 길어진다.
⑥ 공기압축기 등 부품수가 많아져 가격이 비싸고, 설치할 공간이 필요하다.

09 ㉯ 10 ㉱ 11 ㉱ 12 ㉮

13 전자제어 현가장치의 설명 중 틀린 것은?
[04년 하]

㉮ 승차감과 주행 안전성을 동시에 향상시킬 수 있다.
㉯ 차고 센서는 앞, 뒤 차축에 기본으로 2개씩 설치되어 차체와 차축 위치를 검출한다.
㉰ 에어 라인에 에어가 누설되면 경고등이 점등된다.
㉱ 배기 솔레노이드 밸브 제어 배선 단선시 경고등이 점등된다.

풀이 차고센서는 레버로 연결된 로드와 센서 보디로 구성되어 있으며, Active ECS의 경우 앞쪽에 1개, 뒤쪽에 1개 총 2개가 설치되어 있다.(복합식 ECS는 앞 2, 뒤 1) 앞 차고센서는 로워 암과 차체에, 뒤 차고센서는 뒤 차축과 차체에 연결되어 있다.

14 전자제어 현가장치의 설명 중 틀린 것은?
[08년 하]

㉮ 스텝모터가 고장이 나면 감쇠력 제어를 할 수 없다.
㉯ 액셀 포지션 센서 신호는 급가속시 앤티 스쿼트 제어를 이행할 때 주로 사용된다.
㉰ 인히비터 스위치 신호는 N → D, N → R 변환시 진동을 억제하기 위한 차고제어를 이행할 때 사용된다.
㉱ 에어 탱크는 공기를 저장하는 장치이다.

풀이 ㉮, ㉯, ㉱항은 옳은 설명이고, 인히비터 스위치는 "P" 또는 "N" 레인지 이외에서는 시동이 걸리지 않도록 하는 스위치이다.

15 전자제어 현가장치에서 차고센서에 대한 설명으로 틀린 것은?
[09년 상]

㉮ 레버로 연결된 로드와 센서 보디로 구성되어 있다.
㉯ 레버의 회전량이 센서로 전달된다.
㉰ 액슬과 바퀴의 중심점 위치 변화를 감지한다.
㉱ 검출방식에는 초음파 방식과 광단속기 방식이 있다.

풀이 차고센서
① 레버로 연결된 로드와 센서 보디로 구성
② 차체의 상하 움직임에 따라 레버가 회전하고, 센서는 레버의 회전량을 검출하여 차고를 감지
③ Active ECS의 경우 앞쪽에 1개, 뒤쪽에 1개 설치
④ 앞 차고센서는 로워 암과 차체에, 뒤 차고센서는 뒤 차축과 차체에 연결
⑤ 검출방식으로는 초음파 방식, 광단속기 방식, 가변 저항(포텐쇼 미터) 방식이 있다.

16 다음 보기의 회로는 전자제어 현가장치의 어떤 센서인가?
[04년 상]

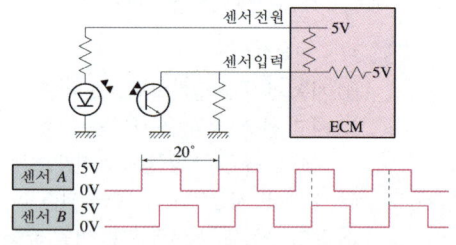

㉮ G 센서
㉯ 공기 압력 센서
㉰ 차고 센서
㉱ 조향각 센서

풀이 조향 휠 각속도(조향각) 센서
① 조향 휠과 컬럼 샤프트에 설치되어 조향 휠의 회전속도, 회전방향, 회전각도를 검출하여 차량의 선회 여부를 판단하는 센서
② 2개의 포토 단속기(interruptor)와 1개의 슬릿 판으로 구성

13 ㉯ 14 ㉰ 15 ㉰ 16 ㉱

③ 핸들 회전에 따라 슬릿판이 회전하여 LED의 빛이 포토 TR을 통과하면 출력신호(0V)가 발생
④ 조향 휠 각속도 센서 신호를 기준으로 차체의 롤(roll)을 예측

17 주행 중 브레이크 페달을 밟게 되면 차량의 무게가 앞으로 이동하면서 차체의 앞쪽은 내려가고 뒤쪽은 올라가는 현상을 무엇이라 하는가? [06년 상]

㉮ ANTI – ROLL ㉯ BOUNCING
㉰ SQUART ㉱ DIVE

자동차의 자세
① 롤링 : 자동차의 좌우방향 흔들림
② 바운싱 : 자동차의 상하방향 흔들림
③ 스쿼트 : 급가속시 앞쪽이 들어 올려지는 현상
④ 다이브 : 브레이크시 차체의 앞쪽이 내려가는 현상

18 전자제어 현가장치에서 제어 항목이 아닌 것은? [09년 하]

㉮ 안티 롤 제어
㉯ 안티 다이브 제어
㉰ 안티 피칭, 바운싱 제어
㉱ 안티 토크 제어

전자제어 현가장치의 자세제어
① 안티 롤링(anti – rolling) : 좌우방향 흔들림 제어
② 안티 피칭(anti – pitching) : 앞뒤방향 흔들림 제어
③ 안티 바운싱(anti – bouncing) : 상하방향 흔들림 제어
④ 안티 다이브(anti – dive) : nose down을 방지
⑤ 안티 스쿼트(anti – squat) : nose up을 방지
⑥ 안티 쉐이크(anti – shake) : 승객이나 화물 등의 적재나 하차시 차체의 흔들림을 제어
⑦ 차속감응 제어 : 고속 주행시 차체의 안정성을 위해 감쇠력을 soft에서 hard로 변환

19 전자식 현가장치(ECS)에서 앤티 롤(Anti Roll) 제어가 불량해지는 원인과 관계없는 것은? [04년 상]

㉮ 조향각 센서의 불량
㉯ 차속 센서의 불량
㉰ 유량 절환 밸브의 불량
㉱ 제동등 스위치의 불량

안티 롤 제어와 관계되는 부품
① 액추에이터(감쇠력 제어)
② 유량 절환밸브(차고 제어)
③ 조향각 센서(선회여부 판단)
④ G 센서(안티 롤 제어 보정신호)
⑤ 차속 센서(선회시 roll량을 예측)
⑥ 고압펌프 스위치, 급기·배기 밸브, 에어 라인 등

20 전자식 현가장치(ECS)에서 앤티 다이브(anti-dive) 제어와 관계없는 것은? [08년 하]

㉮ 스티어링 휠의 위치
㉯ 제동등 스위치의 입력
㉰ 차량 속도 센서의 입력
㉱ 앞 쇽업소버 유압밸브의 작동

다이브란 급제동시 발생되므로, 핸들(스티어링 휠)과는 관련이 없다.

21 전자제어 현가장치(ECS)의 종합적인 제어기구 항목이 아닌 것은? [05년 하]

㉮ 스프링 상수제어
㉯ 차중량 제어기구
㉰ 감쇠력 가변기구
㉱ 차고 조정기구

E.C.S(전자제어 현가장치)의 제어
① 쇽업소버의 감쇠력(스프링 상수) 제어
② 차고 제어
③ 자세 제어

17 ㉱ 18 ㉱ 19 ㉱ 20 ㉮ 21 ㉯

22 다음 중 안티 롤(anti - roll) 제어할 때 가장 중요한 센서는? [06년 하]
㉮ 차고 센서 ㉯ 홀 센서
㉰ 압력 센서 ㉱ 조향각 센서

풀이 조향 휠 각속도 센서 신호를 기준으로 차체의 롤(roll)을 예측하여 안티 롤(Anti - roll)을 제어한다.

23 전자제어 현가장치(ECS)에서 앤티 다이브(anti dive) 제어가 실행되기 위한 조건이 아닌 것은? [09년 하]
㉮ 차량속도는 약 40km/h 이상이어야 한다.
㉯ 제동스위치의 작동신호가 입력되어야 한다.
㉰ 자동변속기는 오버 드라이브 상태가 되어야 한다.
㉱ ECS 컨트롤 유닛 자체의 결함이 없어야 한다.

풀이 안티 다이브 제어 실행에는 ㉮, ㉯, ㉱항의 조건이 필요하나, 오버 드라이브 상태와는 관계없이 고속 주행시 브레이크를 작동시키면 안티 다이브 제어는 작동한다.

24 액티브(Active) 전자제어 현가장치와 관련된 구성 부품이 아닌 것은? [07년 상]
㉮ 인히비터 스위치
㉯ 엑셀 포지션 센서
㉰ ECS모드 선택 스위치
㉱ 클러치 스위치

풀이 액티브 전자제어 현가장치란 감쇠력 제어와 차고제어를 바탕으로 자동차의 자세변화에 능동적으로 자세제어가 가능한 현가장치이다.
클러치 스위치는 수동변속기 차량에서 시동을 걸기 위해서 클러치를 밟아야 시동이 걸리게 하는 안전장치이다.

25 조향장치의 구비조건으로 부적당한 것은? [08년 상]
㉮ 조작이 가볍고 원활해야 한다.
㉯ 회전반경이 커야 한다.
㉰ 주행 중 노면의 충격이 조향장치에 영향을 미치지 말아야 한다.
㉱ 조향 중 차체나 섀시 각 부에 무리한 힘이 작용되지 않아야 한다.

풀이 조향장치의 구비조건
① 조작하기 쉽고 방향전환이 원활하게 행해질 것
② 회전반경이 적을 것
③ 조향핸들과 바퀴의 선회 차이가 크지 않을 것
④ 조향조작이 주행 중의 충격에 영향을 받지 않을 것
⑤ 고속 주행에도 조향휠이 안정되고 복원력이 좋을 것
⑥ 주행 중 노면의 충격이 조향장치에 영향을 미치지 않을 것

26 축거가 2.5m인 자동차가 주행 중 선회시 바깥바퀴의 조향각이 30°, 안쪽바퀴의 조향각이 35° 이다. 최소 회전반경은? (단, 킹핀 중심과 바퀴의 접지면 중심간 거리는 15cm 이다.) [09년 하]
㉮ 4.36m ㉯ 4.51m
㉰ 5.01m ㉱ 5.15m

풀이 최소 회전반경 $R = \dfrac{L}{\sin\alpha} + r$
여기서, α : 외측바퀴 회전각도(°)
L : 축거(m)
r : 타이어 중심과 킹핀과의 거리(m)
∴ 최소 회전반경 $R = \dfrac{2.5}{\sin 30°} + 0.15 = 5.15m$

27 자동차의 축간거리가 2.4m, 바깥쪽 바퀴의 조향각이 30°, 안쪽 바퀴의 조향각이 33°일 때 최소 회전반경은? (단, 바퀴의 접지면 중심과 킹핀 중심과의 거리는 15cm) [04년 하, 05년 상, 06년 하]

㉮ 4.95m ㉯ 6.30m
㉰ 6.80m ㉱ 7.30m

 최소 회전반경 $R = \dfrac{L}{\sin\alpha} + r$

여기서, α : 외측바퀴 회전각도(°)
L : 축거(m)
r : 타이어 중심과 킹핀과의 거리(m)

∴ 최소 회전반경 $R = \dfrac{2.4}{\sin 30°} + 0.15 = 4.95\text{m}$

28 승용 자동차가 좌회전하고 있다. 축거가 2.4m, 바깥쪽 바퀴의 최대 조향각이 30°, 안쪽 바퀴의 최대 조향각이 45°일 때 이 자동차의 최소 회전반경과 적합 여부는? [08년 상]

㉮ 4.8m 적합 ㉯ 4.8m 부적합
㉰ 3.4m 적합 ㉱ 3.4m 부적합

 최소 회전반경 $R = \dfrac{L}{\sin\alpha} + r$

여기서, α : 외측바퀴 회전각도(°)
L : 축거(m)
r : 타이어 중심과 킹핀과의 거리(m)

∴ 최소 회전반경 $R = \dfrac{2.4}{\sin 30°} = 4.8\text{m}$

안전기준에 관한 규칙에 의거 12m 이내이므로 적합하다.

29 조향 축(steering shaft)은 조향 휠(steering wheel)의 회전을 바퀴에 전달해 주는 회전축이다. 운전자 보호의 목적으로 고안된 충격흡수 조향축의 종류와 가장 거리가 먼 것은? [07년 하]

㉮ 메시 형(mesh type)
㉯ 스틸 볼 형(steel ball type)
㉰ 벨로즈 형(bellows type)
㉱ 래크 스티어링 형(rack steering type)

충격흡수식 조향 컬럼의 종류
① 메쉬 형식(mesh type)
② 스틸 볼 형식(steel ball type)
③ 벨로우즈 형식(bellows type)

30 조향핸들을 2회전 시켰더니 피트먼 암은 30° 회전 하였다. 조향기어비를 구하면? [04년 상]

㉮ 24 : 1 ㉯ 15 : 1
㉰ 60 : 1 ㉱ 12 : 1

조향기어비 = $\dfrac{\text{핸들 회전각도}}{\text{피트먼 암 회전각도}} = \dfrac{720}{30} = 24$

31 조향 기어비를 작게 하면 어떻게 되는가? [05년 하]

㉮ 조향 핸들의 조작이 민감하게 된다.
㉯ 조향 조작이 가볍게 된다.
㉰ 비가역성의 경향이 크게 된다.
㉱ 바퀴가 받는 충격이 핸들에 전달되지 않는다.

조향기어비가 작을 때 나타나는 현상
① 조향핸들 조작이 민감하게 된다.
② 조향핸들 조작이 무거워진다.
③ 바퀴가 받는 충격이 핸들에 전달되어 놓치기 쉽다.
④ 가역성의 경향이 크게 된다.

 27 ㉮ 28 ㉮ 29 ㉱ 30 ㉮ 31 ㉮

32 가변 기어비형 조향기어에 대한 설명으로 틀린 것은? [09년 상]

㉮ 핸들 직진시에는 조향기어비가 크고, 핸들을 최대로 돌렸을 때는 조향기어비가 작도록 되어 있다.
㉯ 핸들 회전량은 같더라도 직진시와 최대 조향시의 샤프트 회전각도는 다르다.
㉰ 직진 주행시는 핸들의 조종성이 좋다.
㉱ 골목길을 돌 때나 차고에 넣을 때는 핸들의 조작이 가볍다.

풀이 가변 기어비형 조향기어는 핸들 직진시에는 조향기어비를 작게 하여 조향조작을 민감하게 하고, 골목길이나 차고에 넣을 때 등 핸들을 최대로 돌릴 때에는 조향기어비를 크게 하여 조작을 가볍게 한다.

33 작동유(오일)의 운동에너지를 직선운동의 기계적 일로 변환시켜 주는 액추에이터는? [08년 상]

㉮ 유압 실린더 ㉯ 유압 모터
㉰ 유압 터빈   ㉱ 축압기

풀이 유압 실린더는 오일의 운동 에너지를 직선운동의 기계적인 일로 변화시켜 주는 액추에이터이다.

34 다음 중 전자제어 조향장치의 제어방식이 아닌 것은? [08년 상]

㉮ 속도 감응식
㉯ 전동식
㉰ 유압 반력식
㉱ 피스톤 바이패스 제어식

풀이 전자제어 동력조향장치의 종류
① 유압식 : 유량제어 방식(속도 감응방식), 유압 반력 제어방식, 실린더 바이패스 방식, 회전수 감응식.
② 전동식

35 동력조향장치의 세프티 첵 밸브(safety check valve)에 대한 역할이다. 잘못된 것은? [04년 하, 07년 상]

㉮ 세프티 첵 밸브는 컨트롤 밸브에 설치되어 있다.
㉯ 세프티 첵 밸브는 엔진의 정지, 오일펌프의 고장 등 유압이 발생할 수 없는 경우 기계적으로 작동이 가능하게 해준다.
㉰ 세프티 첵 밸브는 압력차에 의해 자동으로 열린다.
㉱ 세프티 첵 밸브는 유압계통이 정상일 경우 밸브 시트에서 열려 오일이 잘 통과하도록 되어 있다.

풀이 안전 첵 밸브의 역할
① 안전 첵 밸브는 엔진의 정지, 오일펌프의 고장 등 유압이 발생할 수 없는 경우 기계적으로 작동이 가능하게 해준다.
② 안전 첵 밸브는 컨트롤 밸브에 설치되어 있다.
③ 안전 첵 밸브는 압력차에 의해 자동으로 열린다.

36 전자제어 조향장치(EPS)에 대한 설명으로 적합하지 않은 것은? [09년 하]

㉮ 전자제어 조향장치(EPS)에는 차속센서, 솔레노이드가 사용된다.
㉯ 전자제어식 EPS는 차속센서의 조향시 조향력을 유지하기 위한 신호로 스로틀 위치센서(TPS)가 이용되기도 한다.
㉰ 차속감응식의 경우 저속에서는 가볍게, 고속에서는 무겁게 조향할 수 있는 특성이 있다.
㉱ 전동 전자제어식에서는 속도에 따라 솔레노이드 밸브에 흐르는 전압을 듀티비로 제어한다.

풀이 ㉮, ㉯, ㉰항이 전자제어 조향장치에 대한 설명이고, 전동 전자제어식(MDPS)에서는 속도에 따라 모터에 흐르는 전류를 제어하여 핸들의 조작력을 제어한다.

32 ㉮ 33 ㉮ 34 ㉱ 35 ㉱ 36 ㉱

37 전자제어 조향장치(Electric Power Steering)의 구성 요소 중 조향각 센서에 대한 설명으로 옳은 것은? [09년 상]

㉮ 기존 동력 조향장치의 캐치 업(catch up) 현상을 보상하기 위한 센서
㉯ 자동차의 속도를 검출하여 컨트롤 유닛에 입력하기 위한 센서
㉰ 차속과 조향각 신호를 기초로 하여 최적 상태의 유량을 제어하기 위한 센서
㉱ 스로틀 밸브의 열림량을 감지하여 컨트롤 유닛에 입력하기 위한 센서

[풀이] **조향각 센서(조향핸들 각속도 센서)**: 조향핸들의 각속도를 검출하여, 중속 이상에서 급 조향시 발생되는 순간적인 걸림 현상(catch-up)을 방지하여 조향조작을 안정되게 한다.

38 전자제어 동력 조향장치에서 콘트롤 유닛(ECU)로 입력되는 항목으로 맞는 것은? [04년 상]

㉮ 냉각수온 신호
㉯ 차속 신호
㉰ 자동변속기 D레인지 신호
㉱ 에어컨 작동 신호

[풀이] **동력조향장치 입력 신호**: 차속센서, TPS, 조향핸들 각속도 센서

39 전자제어 파워 스티어링 장치에 대한 다음 설명 중 틀린 것은? [07년 상]

㉮ 회전수 감응식은 엔진 회전수에 따라 조향력을 변화시킨다.
㉯ 고속에서만 스티어링 휠의 조작을 가볍게 하여 운전자의 피로를 줄인다.
㉰ 차속 감응식은 차속에 따라 조향력을 변화시킨다.
㉱ 파워 스티어링의 조향력은 파워실린더에 걸리는 압력에 의하여 결정된다.

[풀이] ㉮, ㉰, ㉱항은 옳은 설명이고, 파워 스티어링 장치는 저속에서는 가볍게, 고속에서는 적절히 무거운 조향이 되도록 한다.

40 차속 감응형 동력조향 시스템(EPS)에서 고속 주행시 조향력 제어로 맞는 것은? [06년 하]

㉮ 조향력을 가볍게 한다.
㉯ 조향력을 무겁게 한다.
㉰ 고속 제어는 하지 않는다.
㉱ 조향력 제어를 순간적으로 정지한다.

[풀이] 파워 스티어링 장치는 저속에서는 가볍게, 고속에서는 적절히 무거운 조향이 되도록 한다.

ANSWER 37 ㉮ 38 ㉯ 39 ㉯ 40 ㉯

41 전자제어 동력 조향장치에서 전자제어 시스템의 고장이 발생할 경우 차량의 현상으로 맞는 것은? [05년 하]

㉮ 일반 기계식 핸들 조작으로 주행이 가능하다.
㉯ 핸들이 로크(lock)되어 주행이 불가능해진다.
㉰ 유압이 누유되므로 핸들조작이 불가능해진다.
㉱ 시동을 끄기 전까지 전혀 문제가 없다.

풀이 전자제어 동력 조향장치에서 전자제어 시스템의 고장이 발생하더라도 일반 기계식 핸들 조작으로 주행이 가능하다.

42 전자제어 동력 조향장치에서 갑자기 핸들의 조작력이 증가되는 원인으로 틀린 것은? [07년 하]

㉮ 클러치 스위치 신호 불량
㉯ 차속 신호 불량
㉰ 컨트롤 유닛 불량
㉱ 전원측 전압 불량

풀이 클러치 스위치는 수동변속기 차량에서 시동을 걸 때 클러치의 단속여부를 감지하는 스위치이다. 즉, 동력조향장치와는 관련이 없다.

43 동력 조향장치에서 핸들의 복원이 잘되지 않을 때의 원인 중 틀린 것은? [08년 하]

㉮ 유압 호스가 막혔다.
㉯ 오일압력 조절밸브가 손상되었다.
㉰ 피니언 베어링이 손상되었다.
㉱ 오일펌프의 설치 볼트가 풀렸다.

풀이 오일펌프 설치볼트가 풀려도 오일펌프의 작동에 이상이 없으면 조향에는 이상이 없다.

44 바퀴 정렬의 목적이 아닌 것은? [06년 상]

㉮ 조향 휠의 복원성 향상
㉯ 주행속도의 증대
㉰ 타이어 마모 감소
㉱ 조향 휠의 조작력 경감

풀이 앞바퀴 정렬(wheel alignment)의 역할
① 조향 핸들의 조작력을 가볍게 한다.
② 조향 핸들에 복원성을 준다.
③ 타이어의 마모를 최소화 한다.
④ 조향 조작이 확실하고 안정성을 준다.

45 앞바퀴 정렬 측정 전 준비사항과 거리가 먼 것은? [05년 상]

㉮ 차량을 적재 상태로 한다.
㉯ 타이어 공기압을 규정으로 맞춘다.
㉰ 조향링키지 체결상태를 확인한다.
㉱ 타이로드 엔드의 헐거움을 점검한다.

풀이 앞바퀴 정렬 측정 전 준비사항
① 타이어 공기압을 규정으로 맞춘다.
② 조향 링키지 체결상태를 확인한다.
③ 타이로드 엔드의 헐거움을 점검한다.
④ 조향핸들과 허브 베어링의 유격을 점검한다.
⑤ 현가 스프링의 피로를 점검한다.
⑥ 차량은 공차상태에서 측정한다.

41 ㉮ 42 ㉮ 43 ㉱ 44 ㉯ 45 ㉮

46 전차륜 정렬의 예비 점검사항 중 틀린 것은? [05년 하]
㉮ 현가 스프링의 피로 점검
㉯ 허브 베어링의 헐거움 점검
㉰ 앞 범퍼의 수평도 점검
㉱ 타이어의 공기압력 점검

풀이 **앞바퀴 정렬 측정 전 준비사항**
① 타이어 공기압을 규정으로 맞춘다.
② 조향 링키지 체결상태를 확인한다.
③ 타이로드 엔드의 헐거움을 점검한다.
④ 조향핸들과 허브 베어링의 유격을 점검한다.
⑤ 현가 스프링의 피로를 점검한다.
⑥ 차량은 공차상태에서 측정한다.

47 캠버에 관한 설명 중 틀린 것은? [07년 상]
㉮ 정면에서 보았을 때 차륜 중심선이 수직선에 대해 경사되어 있는 상태를 말한다.
㉯ 정(+)의 캠버란 차륜 중심선의 위쪽이 안으로 기울어진 상태를 말한다.
㉰ 정(+)의 캠버는 직진성을 좋게 한다.
㉱ 부(-)의 캠버는 커브 주행시 선회력을 증가 시킨다.

풀이 **캠버** : 자동차를 앞에서 보았을 때 앞바퀴의 위쪽이 아래쪽보다 넓은 것. 이것을 정(+)의 캠버라 하고, 아래쪽이 넓은 것을 부(-)의 캠버라 한다. 정(+)의 캠버는 직진성을 좋게 하고, 부(-)의 캠버는 커브 주행시 선회력을 증가시킨다.

48 앞바퀴에 수직방향으로 작용하는 하중에 의한 앞차축의 휨을 방지하고 조향핸들의 조작을 가볍게 하기 위하여 시행하는 앞바퀴의 정렬방식은? [08년 하]
㉮ 캐스터   ㉯ 토인
㉰ 캠버   ㉱ 킹핀 경사각

풀이 **캠버의 효과**
① 킹핀 경사각과 함께 조향핸들의 조작을 가볍게 한다.
② 수직방향의 하중에 의한 앞차축의 휨을 방지한다.
③ 볼록노면 도로에 대해 수직인 효과가 있다.
④ 하중을 받았을 때 앞바퀴의 아래쪽이 벌어지는 것을 방지한다.

49 앞바퀴 정렬에서 캠버의 설명으로 적합하지 않은 것은? [07년 하]
㉮ 조향 핸들의 조작을 가볍게 하기 위해서 둔다.
㉯ SLA 형식은 캠버가 부(-)의 방향으로 변화한다.
㉰ 수직방향의 하중에 의한 앞차축의 휨을 방지하기 위해 둔다.
㉱ 평행사변형식은 캠버의 변화가 많다.

풀이 ㉮, ㉯, ㉰항은 옳은 설명이고, 평행사변형식은 캠버의 변화가 없고 윤거가 변화한다.

46 ㉰   47 ㉯   48 ㉰   49 ㉱

50 앞바퀴 정렬 중 캐스터에 대한 설명으로 틀린 것은?　[09년 상]

㉮ 킹핀 중심선의 연장이 노면과 교차하는 지점을 캐스터 점이라 한다.
㉯ 캐스터 점과 타이어 접지면 중심과의 거리를 트레일이라 한다.
㉰ 캐스터는 주행 중 바퀴에 복원성을 준다.
㉱ 캐스터 점은 일반적으로 차량 후방에 있다.

> **풀이** 캐스터의 작용
> ① 주행 중 조향바퀴에 방향성(직진성)을 준다.
> ② 선회한 후 조향 핸들을 놓으면 직진방향으로 되돌아 오는 복원력이 발생된다.
> ③ 킹핀 중심선의 연장이 노면과 교차하는 지점을 캐스터 점이라 한다.
> ④ 캐스터 점과 타이어 접지면 중심과의 거리를 리드(lead) 또는 트레일(trail)이라 한다.
> ⑤ 캐스터 점은 일반적으로 차량 전방에 있다.

51 부(-)의 킹핀 오프셋에 관한 설명 중 틀린 것은?　[08년 상]

㉮ 제동시 차륜이 안쪽으로부터 바깥쪽으로 벌어지도록 작용한다.
㉯ 노면과 좌우 차륜간의 마찰계수가 서로 다른 경우 마찰계수가 큰 차륜이 안쪽으로 더 크게 조향되므로 자동차는 주행차선을 그대로 유지하게 된다.
㉰ 제동시 차륜이 안쪽으로 조향되는 특성을 나타낸다.
㉱ 차륜 중심선의 접지점이 킹핀 중심선의 연장선의 접지점보다 안쪽에 위치한 상태를 말한다.

> **풀이** 부(-)의 킹핀 경사각
> ① 차륜 중심선의 접지점이 킹핀 중심선의 연장선의 접지점보다 안쪽에 위치한 상태를 말한다.
> ② 노면과 좌우 차륜과의 마찰계수가 서로 다른 경우 마찰 계수가 큰 차륜이 안쪽으로 더 크게 조향하므로 자동차는 주행 차선을 그대로 유지하게 한다.
> ③ 제동시 차륜이 안쪽으로 조향(토 인)되는 특성을 나타낸다.

52 토인의 필요성 중 설명이 틀린 것은?　[04년 상]

㉮ 앞바퀴를 평행하게 직진시키기 위해서
㉯ 수직방향 하중에 의한 앞차축 휨을 방지하기 위하여
㉰ 앞바퀴의 옆미끄럼과 마멸을 방지하기 위하여
㉱ 조향기구의 마멸에 의한 토아웃을 방지하기 위하여

> **풀이** 토인을 두는 목적
> ① 앞바퀴를 평행하게 회전시킨다.
> ② 바퀴가 옆방향으로 미끄러지는 것과 타이어 마멸을 방지한다.
> ③ 조향 링키지의 마멸에 의해 토아웃이 되는 것을 방지한다.

53 토인 측정시 먼저 점검하여야 할 것에 들지 않는 것은?　[06년 하]

㉮ 타이어 공기압
㉯ 허브 베어링 유격
㉰ 볼조인트 마모 및 현가장치의 절손상태 유무
㉱ 차량의 무게

> **풀이** 앞바퀴 정렬 측정 전 준비사항
> ① 타이어 공기압을 규정으로 맞춘다.
> ② 조향 링키지 체결상태를 확인한다.
> ③ 타이로드 엔드의 헐거움을 점검한다.
> ④ 조향핸들과 허브 베어링의 유격을 점검한다.
> ⑤ 현가 스프링의 피로를 점검한다.
> ⑥ 차량은 공차상태에서 측정한다.

50 ㉱　51 ㉮　52 ㉯　53 ㉱

54 조향각을 일정하게 하고 차의 속도를 증가시켰을 때 선회반경이 커지는 현상을 표시하는 것은? [06년 상]

㉮ 뉴트럴 스티어링
㉯ 오버 스티어링
㉰ 언더 스티어링
㉱ 리버스 스티어링

풀이 선회특성
① 언더 스티어 : 조향각을 일정하게 하고 선회시 선회반경이 커지는 현상
② 오버 스티어 : 조향각을 일정하게 하고 선회시 선회반경이 작아지는 현상
③ 뉴트럴 스티어 : 조향각만큼 정상 선회
④ 리버스 스티어 : 차속이 증가할수록 언더 스티어에서 오버 스티어로 되는 현상

55 자동차가 선회시 정상 선회반경보다 점점 선회반경이 커지고 있다. 무엇을 점검하여야 하는가? [06년 하]

㉮ 뉴트럴 스티어링 여부
㉯ 20° 선회시 토아웃
㉰ 언더 스티어링 여부
㉱ 오버 스티어링 여부

풀이 선회특성
① 언더 스티어 : 조향각을 일정하게 하고 선회시 선회반경이 커지는 현상
② 오버 스티어 : 조향각을 일정하게 하고 선회시 선회반경이 작아지는 현상
③ 뉴트럴 스티어 : 조향각만큼 정상 선회
④ 리버스 스티어 : 차속이 증가할수록 언더 스티어에서 오버 스티어로 되는 현상

56 타이어에 발생되는 힘의 성분 그림에서 횡력(Side force)에 해당하는 것은? [05년 하]

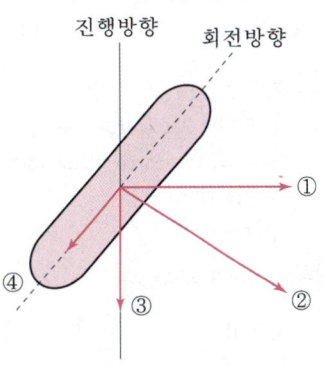

㉮ ①   ㉯ ②
㉰ ③   ㉱ ④

풀이 힘의 성분
① 코너링 포스(cornering force)
② 횡력(side force, drag force)
③ 제동저항
④ 전동저항

참고 타이어의 횡슬립

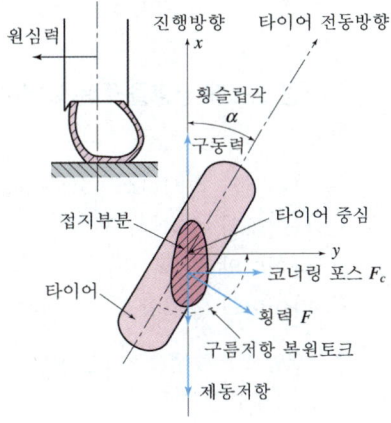

54 ㉰   55 ㉰   56 ㉯

57 자동차가 선회운동을 할 때 구심력의 역할을 하는 것은? [06년 상]

㉮ 코너링 포스   ㉯ 점착력
㉰ 조향력   ㉱ 옆방향 힘

풀이 힘의 성분
① 코너링 포스(cornering force)
② 횡력(side force, drag force)
③ 제동저항
④ 전동저항

참고 타이어의 횡슬립

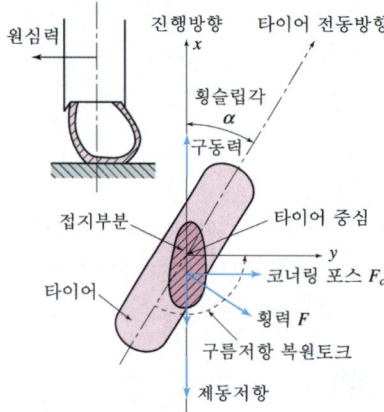

58 코너링 포스에 영향을 주는 요인이 아닌 것은? [08년 하]

㉮ 타이어의 하시니스(harshness)
㉯ 타이어의 수직 하중
㉰ 타이어의 림 폭
㉱ 타이어의 공기압

풀이 코너링 포스에 영향을 주는 요인
① 바퀴의 수직하중
② 바퀴의 공기압력
③ 림(rim)의 폭
④ 타이어의 형식과 구조
⑤ 타이어의 마모상태
⑥ 자동차의 속도 및 노면상태

59 다음은 조향이론에 대한 여러 가지 설명이다. 옳지 않은 것은? [08년 하]

㉮ 롤 스티어란 코너링 때 차체의 기울어짐에 따라 스프링의 인장과 압축에 의한 토의 변화로 조향각(슬립각)을 변화시키는 선회 특성이다.
㉯ 토크 스티어란 가속시 한쪽으로 쏠리면서 조향 휠이 돌아가는 현상이다.
㉰ 컴플라이언스 스티어란 코너링 때 원심력에 의해 링키지 연결부와 러버 부시의 인장 압축에 의해 얼라인먼트가 변하는 것이다.
㉱ 피치 스티어란 원심력에 의해 한쪽으로 쏠리면서 조향 휠이 바깥쪽으로 돌아가는 현상이다.

풀이 ㉮, ㉯, ㉰항이 옳은 설명이며, 원심력에 의한 조향은 언더스티어(under steer) 및 오버스티어(over steer)라 한다.

57 ㉮   58 ㉮   59 ㉱

03 제동장치

제1절 일반 제동장치

1_ 제동장치의 개요

제동장치는 자동차의 주행속도를 감속 또는 정지시키며 정차중인 자동차가 움직이지 않도록 하기 위한 안전장치이다. 그러므로 자동차의 최고속도와 중량에 따른 충분한 제동작용과 신뢰성, 내구성이 확실하며, 운전자의 피로경감과 브레이크 계통의 고장발생이 없도록 해주어야 할 것이다.

1) 제동장치의 구비조건
① 작동이 확실하고, 제동효과가 클 것
② 신뢰성과 내구성이 있을 것
③ 점검 및 정비가 쉬울 것

2) 제동장치의 분류

① 사용 용도(조작 방식)에 의한 분류
  ㉠ 주 브레이크(foot brake) : 주로 유압식 브레이크와 디스크식 브레이크를 사용하며, 대형차의 경우 공기식 브레이크를 주 브레이크로 사용한다.
  ㉡ 핸드 브레이크(hand brake) : 주차 브레이크라 하며 자동차 주차시 사용하는 뒷바퀴를 일시에 제동시켜 주는 장치이다.
  ㉢ 감속브레이크 : 보조 브레이크라고도 하며, 엔진 브레이크(engine brake), 배기 브레이크(exhaust brake), 와전류 리타더(eddy current retarder) 등이 이용된다.

② 설치 위치에 의한 분류
  ㉠ 휠 브레이크 : 대부분 브레이크에서 사용하는 방식이다.
  ㉡ 센터 브레이크 : 변속기 출력축이나 추진축에 설치하며, 대형차의 주차 브레이크로 사용한다.
  레버를 당기면 홀딩 캠이 브레이크 밴드를 당겨 드럼을 압착하여 제동하는 방식이다.

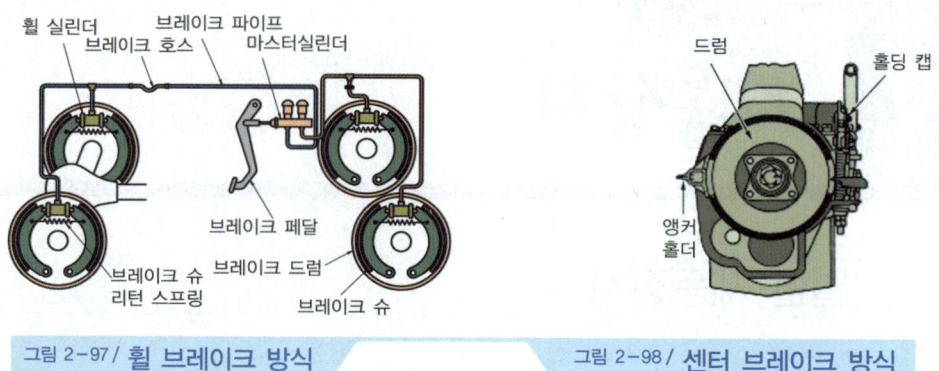

그림 2-97 / 휠 브레이크 방식   그림 2-98 / 센터 브레이크 방식

③ 작동 형태에 의한 분류
　㉠ 내부 확장식 : 마스터 실린더에서 발생된 유압에 의해 브레이크 슈가 드럼을 향하여 밖으로 벌어지면서 제동하는 방식
　㉡ 외부 수축식 : 브레이크 레버를 당길 때 밴드가 드럼을 압착하여 제동하는 방식
　㉢ 디스크식 : 승용차에 주로 사용되며, 마스터 실린더에서 발생된 유압이 캘리퍼 내의 패드를 양쪽에서 압착하여 제동하는 방식

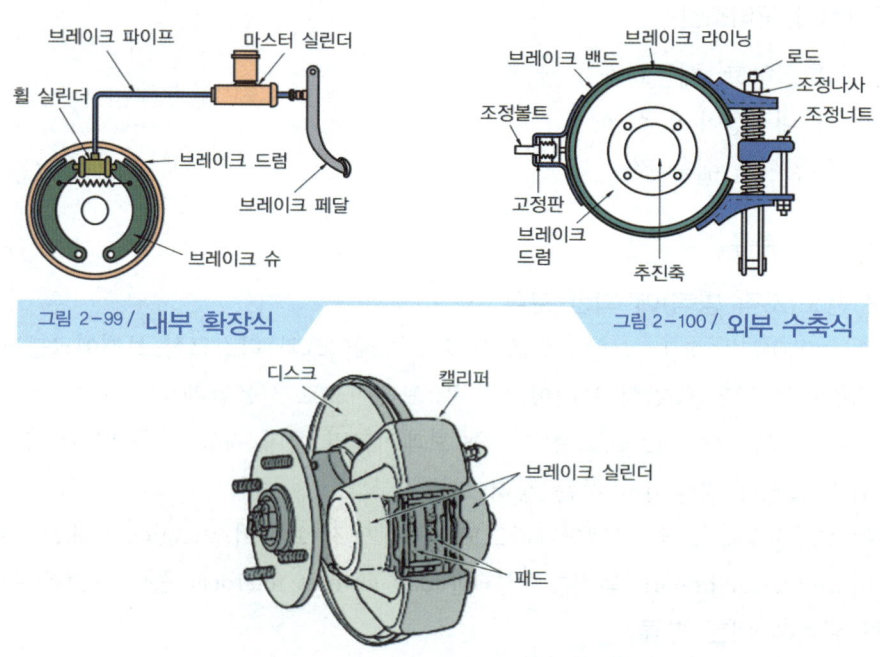

그림 2-99 / 내부 확장식   그림 2-100 / 외부 수축식

그림 2-101 / 디스크식

④ 작동 기구에 의한 분류
　㉠ 기계식 : 가장 간단하며, 조작력을 케이블 또는 로드를 이용하여 제동하는 것으로 현재는 핸드 브레이크에만 사용한다.

ⓛ 유압식 : 파스칼의 원리를 이용한 방식으로 유압이 모든 바퀴에 동일하게 전달되어 제동력이 균일하다.
ⓒ 진공 배력식 : 유압식 브레이크에 제동력을 증대시키기 위한 장치로 흡기다기관의 진공과 대기압의 압력차를 이용하는 배력방식이다.
ⓔ 공기 배력식 : 공기 압축기의 압력과 대기압의 압력차를 이용하여 제동력을 증대시키는 배력방식이다.
ⓜ 공기식 : 압축공기 압력을 이용하며, 컴프레서의 용량에 의해 압력을 증가시킬 수 있는 방식으로, 브레이크 페달에 의해 브레이크 밸브를 개폐시켜 제동력을 발생한다.

3) 파스칼의 원리

① 유체의 특징

㉠ 액체는 압축할 수 없다.

ⓛ 액체는 운동을 전달할 수 있다.

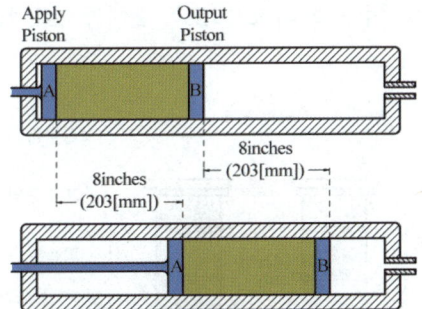

ⓒ 액체는 힘을 증대시키거나 감소시킬 수 있다.

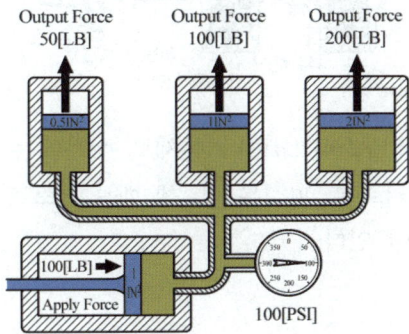

1. 유압식 브레이크

유압식 브레이크는 파스칼의 원리를 이용한 것으로, 유압을 발생시키는 마스터 실린더(master cylinder)와 유압을 받아 작동하는 휠 실린더(wheel cylinder)로 구성되어 있다.

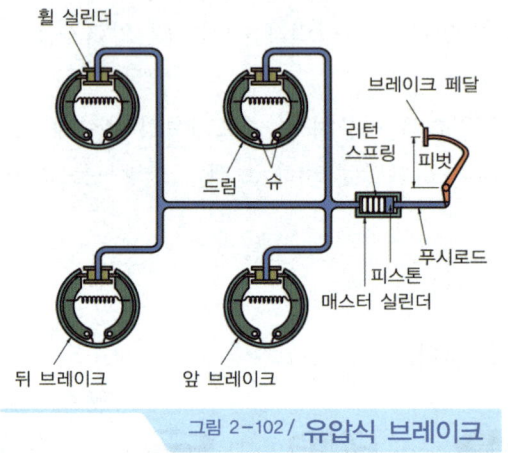

그림 2-102 / 유압식 브레이크

1) 유압식 제동장치의 구성

① **마스터 실린더(master cylinder)** : 마스터 실린더는 페달의 힘을 받아 유압을 발생하는 실린더로, 안전을 위하여 브레이크 회로를 2계통으로 하는 탠덤(tandem) 마스터 실린더가 사용되고 있다.

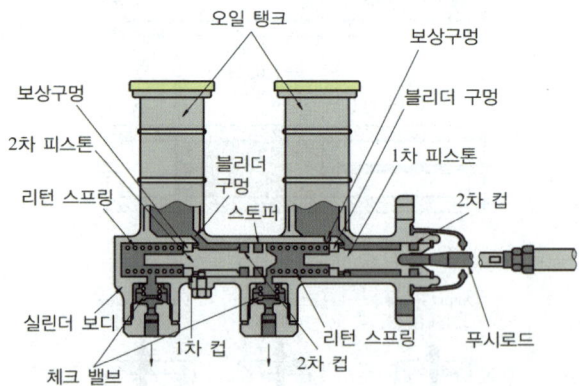

㉠ 마스터 실린더 보디 : 마스터 실린더 본체로 상부에는 오링 탱크가 설치되어 있고, 내부에는 푸시로드, 피스톤, 피스톤 컵, 첵 밸브, 스프링 등이 있으며 재질은 주철이나 알루미늄으로 되어 있다.

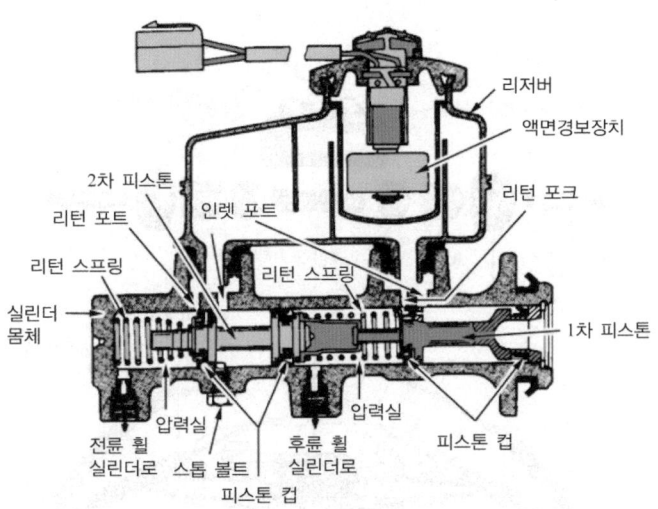

- ⓒ 피스톤 : 피스톤은 푸시로드에 의해 유압을 발생시키는 부분으로, 앞 뒤로 피스톤 컵이 설치되어 있다.
- ⓒ 피스톤 컵 : 피스톤 컵은 1차컵과 2차컵이 있으며, 1차컵은 피스톤의 작동에 의해 기밀을 유지시키면서 유압을 발생하고, 2차컵은 마스터 실린더 내의 오일이 누출되는 것을 방지하는 역할을 한다.
- ⓔ 첵 밸브(check valve) : 첵 밸브는 마스터 실린더 끝에 스프링에 의해 시트에 밀착되어 있으며 브레이크 작동시는 열리고 페달을 놓으면 휠 실린더의 피스톤 리턴 스프링의 장력과 평형이 되는 점에서 닫아 회로 내에 잔압을 형성하게 한다. 브레이크 회로의 잔압은 $0.6 \sim 0.8[kg_f/cm^2]$ 정도로 잔압을 두는 목적은 다음과 같다.
  - ⓐ 브레이크의 작동을 신속하게 한다.
  - ⓑ 베이퍼 로크를 방지한다.
  - ⓒ 회로 내의 오일이 누출되는 것을 방지한다.
- ⓔ 리턴 스프링 : 피스톤 리턴 스프링은 실린더 보디 내에 있으며, 페달을 놓았을 때 피스톤이 복귀하는 것을 도와준다.

② **휠 실린더(wheel cylinder)** : 휠 실린더는 마스터 실린더에서 발생된 유압을 이용하여 브레이크 슈를 확장하여 드럼을 제동하는 역할을 한다. 휠 실린더에는 피스톤 컵 확장용 스프링이 있어 잔압과 함께 항상 피스톤 컵이 벌어져 있게 하며, 회로내의 공기를 빼기 위한 공기빼기(블리더) 스크루도 설치되어 있다.

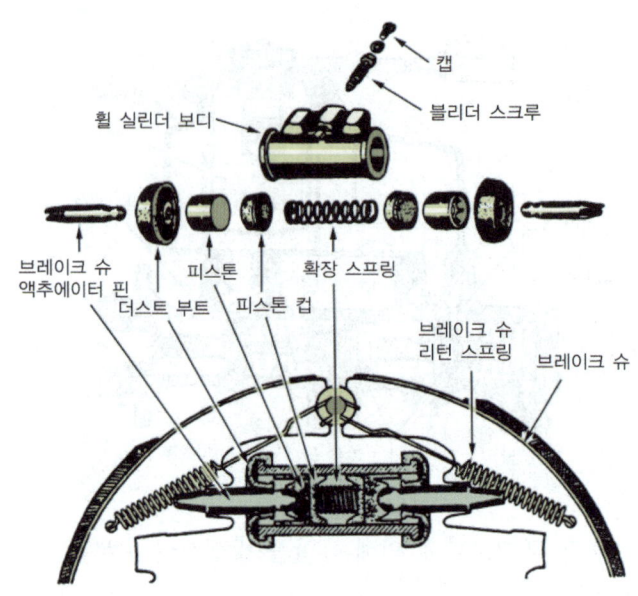

③ 브레이크 슈 : 브레이크 슈에는 라이닝이 설치되어 있으며 드럼과 직접 접촉하여 제동력을 발생한다. 브레이크 슈 리턴 스프링은 브레이크 슈가 제자리로 돌아오도록 하며 라이닝은 마찰열에 의해 경화되어 제동력이 약화되므로 마찰계수가 높고, 내열성, 내마멸성이 커야 한다.

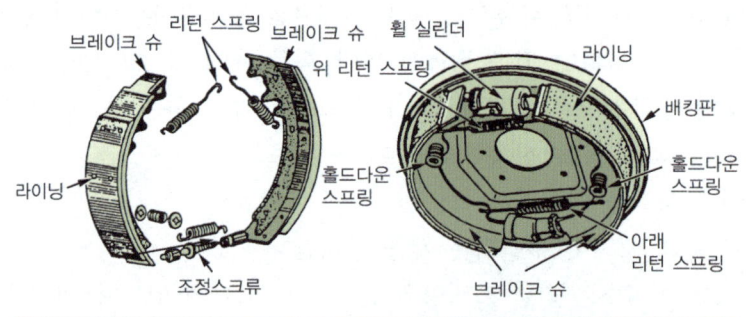

그림 2-103 / **브레이크 슈의 구조**

④ 브레이크 드럼 : 브레이크 드럼은 바퀴와 함께 설치되어 고속으로 회전하며 슈와의 마찰로 제동력을 발생하는 부분이다. 열에 의한 드럼의 변형은 브레이크 페달의 행정 및 답력에 영향을 미치므로 드럼은 다음의 성능을 갖춰야 한다.
　㉠ 가볍고 충분한 강성이 있어야 한다.
　㉡ 방열이 잘되어 냉각효과가 좋아야 한다.
　㉢ 고속 회전하므로 정적·동적 평형이 좋아야 한다.

2) 브레이크 오일

브레이크 오일은 마찰열에 의해 노출되어 있으므로 비점이 높고 온도변화에 따른 점도 변화가 적어야 하며 고무나 각종 금속을 부식시키지 않아야 한다. 종래에는 피마자유에 알코올을 첨가한 것을 사용하였으나 최근에는 폴리 글리콜을 주로 사용한다. 브레이크 오일의 구비조건은 다음과 같다.

① 화학적으로 안정되고 침전물이 생기지 않을 것
② 온도에 대한 점도 변화가 작을 것
③ 비점이 높고, 윤활성이 있으며 베이퍼록을 일으키지 말 것
④ 빙점이 낮고, 인화점이 높을 것
⑤ 부품의 산화부식을 일으키지 말 것

3) 브레이크 이상 현상

① 페이드(fade) : 브레이크 조작을 반복하여 드럼과 라이닝 사이에 마찰열이 축적되어 라이닝의 마찰계수가 저하하는 현상으로, 방지하기 위한 방법은 다음과 같다.
  ㉠ 드럼의 냉각성능을 향상시킨다.
  ㉡ 마찰계수가 변화가 적은 라이닝을 사용한다.
  ㉢ 심하면 자동차를 세워서 열을 식힌다.

② 베이퍼 로크(vapor lock) : 브레이크 회로 내의 오일이 비등하여 회로내에 기포가 발생하는 현상으로, 브레이크 작동시 압력 전달을 방해하므로 대단히 위험한 현상이다. 베이퍼 로크의 원인은 다음과 같다.
  ㉠ 긴 내리막 길에서 과도한 브레이크 사용
  ㉡ 드럼과 라이닝의 끌림에 의한 과열
  ㉢ 오일의 변질로 인한 비점 저하 및 불량 오일 사용
  ㉣ 브레이크 슈 리턴 스프링의 소손에 의한 잔압 저하

2. 드럼 브레이크

1) 자기작동(self energizing)

전진 주행시 회전중인 드럼에 제동을 걸면 앞쪽의 슈는 드럼과의 마찰력에 의해 드럼과 함께 회전하려는 경향이 생겨 더욱 밀착하여 제동력이 커지는 현상을 자기작동 작용이라 한다. 이 때 반대편 슈는 드럼의 회전방향에 밀려 들어가므로 확장력이 작아져 제동력이 약해진다. 자기작동하는 슈를 리딩슈(leading shoe) 또는 전진 슈라 하며, 반대쪽 슈는 트레일링 슈(trailing shoe)라 하며 후진시에는 자기작동을 하므로 후진 슈라고도 한다.

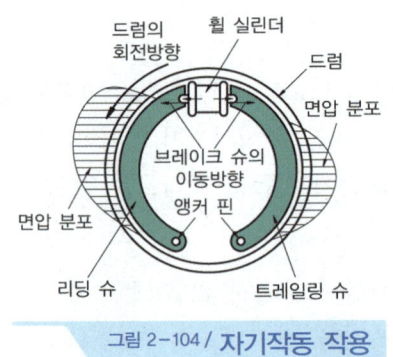

그림 2-104 / **자기작동 작용**

2) 드럼 브레이크의 종류

① **넌서보 브레이크** : 가장 일반적인 드럼 브레이크 형식으로, 브레이크 작동시 해당 슈만 자기작동 작용을 하는 것을 넌서보 브레이크라 한다.

㉠ 리딩 트레일링 슈 : 브레이크 작동시 해당 슈만 자기작동하는 리딩슈와 트레일링 슈 (또는 전진 슈 및 후진 슈)로 이루어진 브레이크를 말한다.

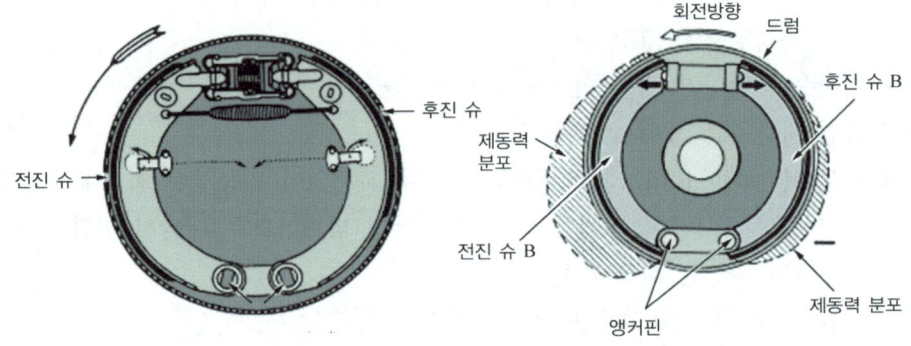

② **서보 브레이크** : 서보 브레이크란 브레이크 작동시 전진 또는 후진에서 모든 슈에 자기 작동 작용이 일어나는 브레이크를 말한다.

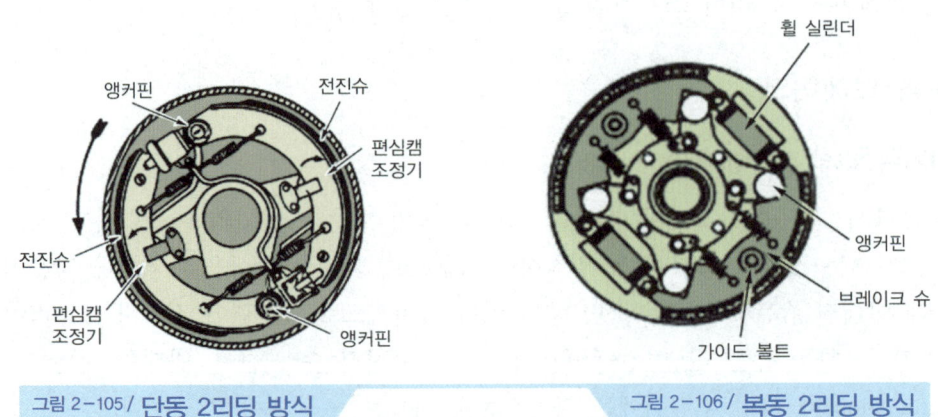

그림 2-105 / **단동 2리딩 방식**   그림 2-106 / **복동 2리딩 방식**

㉠ 단동 2리딩 슈 : 브레이크 작동시 전진에서만 2개 브레이크 슈 모두 자기작동을 하며, 후진에서는 모두 트레일링 슈가 되는 드럼 브레이크이다. 유니 서보(uni-servo) 브레이크라고도 한다.

㉡ 복동 2리딩 슈 : 브레이크 작동시 전진 및 후진 모두에서 자기작동을 하므로 강력한 제동력을 얻을 수 있다. 듀오 서보(duo-servo) 브레이크라 한다.

㉢ 앵커 링크 형식 : 1개의 휠 실린더로 구성되어 있고 밑에는 링크로 연결되어 있다. 제동을 하면 휠 실린더에서 좌우로 슈를 밀지만 앞쪽 슈는 자기작동을 하고 뒤쪽 슈는 트레일링이 되나, 앞쪽 슈가 자기작동을 하면서 링크로 연결된 뒤쪽 슈의 하부를 밀게 되어 뒤쪽 슈도 자기작동을 하게 된다. 자기작동이 먼저 일어나는 앞쪽 슈를 1차 슈라 하며, 1차 슈에 의해 나중에 자기작동 하는 슈를 2차 슈라 한다. 전진 및 후진에서 모두 자기작동하므로 듀어 서보인 2리딩 방식이다.

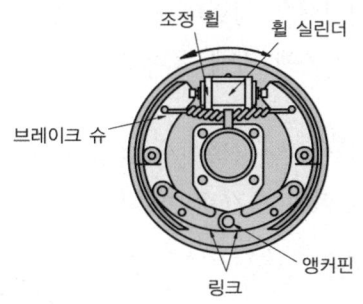

3. 디스크 브레이크

1) 디스크 브레이크의 개요

바퀴와 함께 회전하는 원판(disc)을 유압으로 작동하는 패드로 압착하여 제동하는 방식으로, 디스크가 대기중에 노출되어 열방출이 좋으므로 페이드 현상이 적다. 디스크 브레이크는 다음과 같은 장·단점이 있다.

① 디스크가 대기에 노출되어 방열성이 좋다.
② 페이드 현상이 발생하지 않는다.
③ 고속에서 반복적으로 사용하여도 제동력의 변화가 없다.
④ 부품의 평형이 좋고, 편제동 되는 경우가 거의 없다.
⑤ 온도에 의한 변형이 없어 페달 행정이 일정하다.
⑥ 자기배력 작용이 없어 제동력의 변화가 적다.
⑦ 배력 작용이 없어 조작력이 커진다.
⑧ 마찰 패드의 면적도 적어 유압이 커야 한다.
⑨ 유압은 높고, 면적은 작아 라이닝의 강도가 커야 한다.

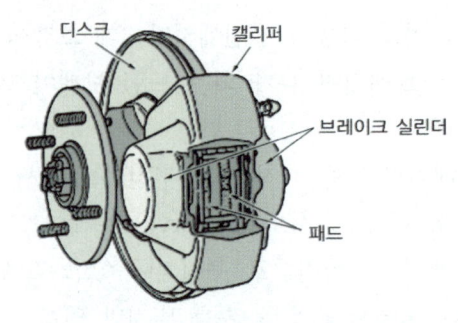

그림 2-107 / **디스크 브레이크의 구조**

2) 디스크 브레이크의 종류

디스크 브레이크는 작동방법에 따라 부동 캘리퍼형과 대향 실린더형이 있다.

① **부동 캘리퍼형** : 부동 캘리퍼형은 실린더가 한쪽에만 있는 방식으로, 유압이 작용하여 한 쪽 패드가 압착하면 반작용에 의해 캘리퍼가 이동하여 반대쪽 패드도 같이 압착하여 제동하는 방식이다.

② **대향 실린더형** : 대향 실린더형은 양쪽에서 유압이 작동하여 제동하는 방식으로, 브레이크 성능이 우수하나 실린더의 수가 2배이므로 가격이 비싼 단점이 있다.

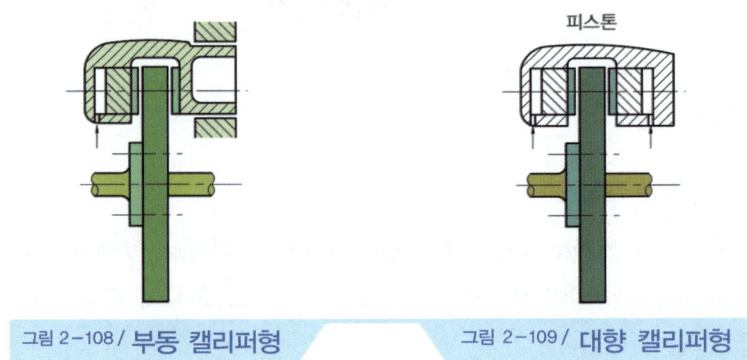

그림 2-108 / **부동 캘리퍼형**   그림 2-109 / **대향 캘리퍼형**

4. 배력식 브레이크

유압식 브레이크에서의 제동력은 페달의 레버비와 답력에 의해 결정된다. 그러나 페달 밟는 힘에 한계가 있으므로 배력장치를 병용하여 제동력을 보조하고 있다. 배력장치에는 흡기 다기관의 진공을 이용한 진공 배력장치와 압축공기를 이용한 공기 배력장치가 있다.

1) 진공 배력장치

① **진공 배력장치의 원리** : 엔진 흡기다기관의 부압은 약 450~500[mm-Hg]로 압력으로 환산하면 약 0.7[kg_f/cm^2]의 압력에 해당한다. 진공 배력장치인 브레이크 부스터의 직

경이 10인치인 경우 면적은 $0.785 \times 25.4^2 = 507.25[cm^2]$이므로 $507.25[cm^2] \times 0.7 ≒ 355[kg]$의 중량을 지지할 수 있다.

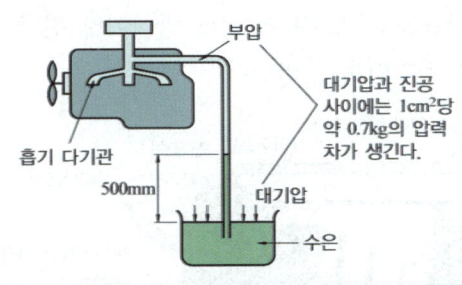

그림 2-110 / **배력식 브레이크의 원리**

② 진공 배력장치의 종류 및 작동 : 진공 배력장치는 대기압과 흡기다기관 진공과의 압력차를 이용한 것으로, 설치 위치에 따라 일체형과 분리형이 있다.

㉠ 일체형(직접 조작식) : 배력장치가 브레이크 페달과 마스터실린더 사이에 설치되며, 브레이크 부스터 또는 마스터 백(master vac)이라 한다. 일체형의 작동은 다이어프램을 사이에 두고 양쪽(A, B)에는 모두 진공이 작용한다. 이 상태에서 페달을 밟으면 포핏 밸브에 의해 진공밸브는 닫히고, 공기밸브는 열리게 되어 A에는 흡기다기관의 진공이, B에는 대기압이 작용하여 배력작용을 하게 된다.

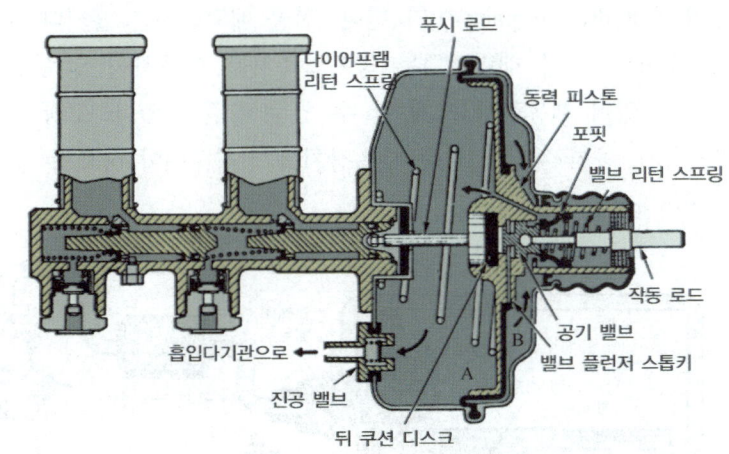

그림 2-111 / **일체형 배력장치**

㉡ 분리형(원격 조작식) : 마스터 실린더와 배력 장치가 분리된 형식을 말하며, 하이드로 백(hydro vac) 또는 하이드로 마스터(hydro master)라 한다. 작동은 일체형과 같이 다이어프램을 사이에 두고 양쪽(A, B)에는 모두 진공이 작용한다. 이 상태에서 페달을 밟으면 마스터 실린더에서 발생된 유압이 하이드롤릭 피스톤에 작용하여 휠

실린더로 유압이 작용하며, 또한 릴레이 밸브에도 작용하므로 릴레이 밸브의 진공 밸브는 닫히고 공기밸브는 열리게 되어 A에는 대기압이, B에는 흡기다기관의 진공이 작용하여 배력작용을 하게 된다. 어느 방식이나 진공 배력식은 브레이크 작동시 진공밸브는 닫히고 공기밸브는 열린다.

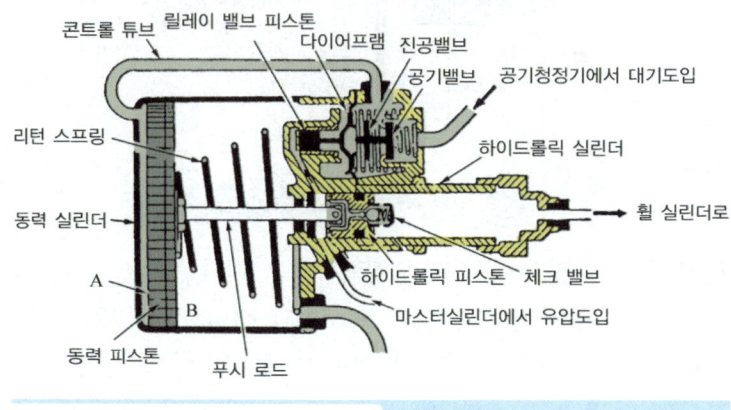

그림 2-112 / 분리형 배력장치

2) 공기 배력장치

공기 배력장치는 압축공기와 대기압의 압력차를 이용한 것으로, 에어 마스터(air master) 또는 하이드로 에어 팩(hydro air pack)이라 한다. 진공 배력장치는 흡기다기관 부압과의 압력차만 이용할 수 있으나 공기 배력장치는 공기압축기를 이용하여 압축공기 압력을 5~8[kg_f/cm^2] 까지 할 수 있어 제동력을 크게 할 수 있는 장점이 있다. 고장시 유압으로 작동이 가능하며 공기압축기, 공기 저장탱크 등 부속장치를 장착하여야 하므로 공간이 큰 대형에 주로 사용하는 방식이다.

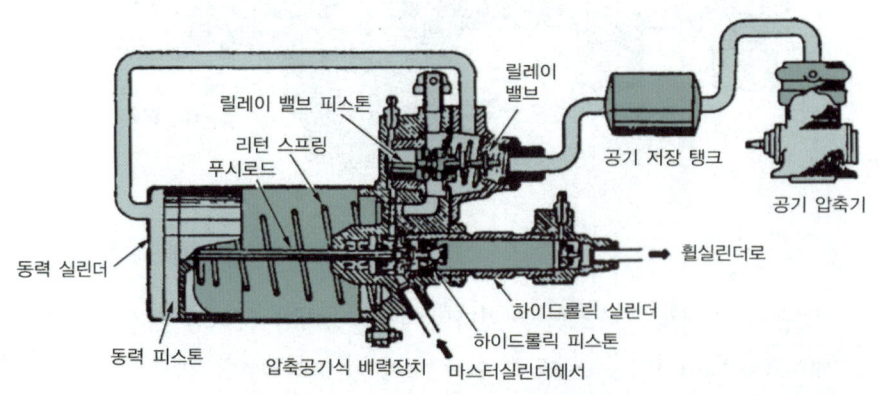

그림 2-113 / 공기 배력장치

5. 브레이크 장치의 고장원인

1) 브레이크가 한쪽만 듣는다
① 브레이크 간극의 조정 불량
② 전차륜 정렬 불량
③ 라이닝에 오일 묻음
④ 타이어 공기압 불균형

2) 브레이크가 풀리지 않는다
① 브레이크 자유간극이 작다.
② 브레이크 리턴 스프링이 불량
③ 마스터 실린더 리턴 포트가 막혔다.
④ 마스터 실린더 및 휠 실린더 피스톤 컵 불량

3) 브레이크가 잘 듣지 않는다
① 브레이크 오일 부족 및 라이닝 마모
② 브레이크 드럼과 라이닝 간극이 클 때
③ 마스터 실린더 오일 누출
④ 휠 실린더 오일 누출
⑤ 라이닝에 오일 묻음

2_ 공기 브레이크

공기 브레이크(air brake)는 유압식이 있는 공기식 배력장치와는 달리 오직 공기만으로 브레이크를 작동하는 방식을 말한다. 공기 압축기의 용량을 크게 할수록 제동력을 크게 할 수 있어 주로 대형차량에 많이 사용한다. 제동력은 페달을 밟는 답력이 아닌 페달을 밟는 양에 따라 제동력이 조절된다.

1. 공기 브레이크의 개요

1) 공기 브레이크의 구조

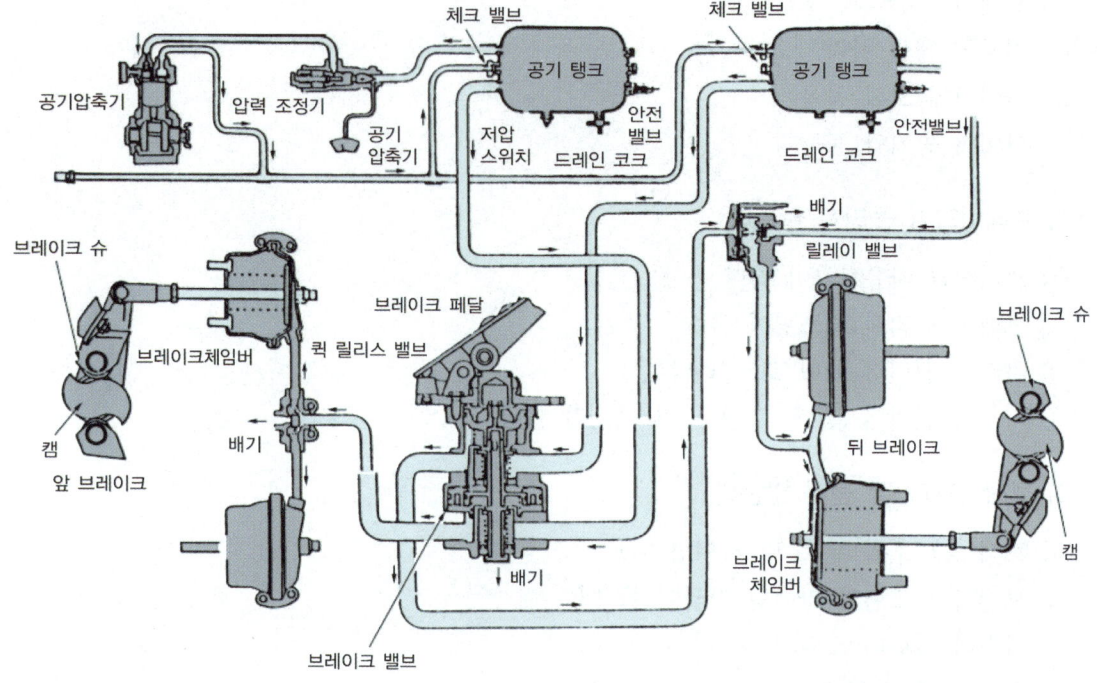

그림 2-114 / **공기 브레이크의 구조**

2) 공기 브레이크의 장·단점

① 공기 압축기 용량을 크게 하면 제동력을 크게할 수 있다.
② 공기가 조금 누출되어도 브레이크 성능에 영향이 적다.
③ 오일이 없으므로 베이퍼 로크가 발생하지 않는다.
④ 페달이 통로만 개폐하므로 세게 밟지 않아도 된다.
⑤ 공기 압축기 구동에 엔진 출력이 소비된다.
⑥ 구조가 복잡해지고 공간이 필요하며 가격이 비싸진다.
⑦ 공기 저장탱크에 응축된 물을 반드시 빼 주어야 한다.

2. 공기 브레이크의 주요 부품

1) 공기 압축기

엔진에 의해 구동되며, 피스톤의 압축에 의해 공기압력을 발생하는 장치이다.

2) 언로우더(unloader) 밸브

공기압축기의 공기압력을 제어하는 밸브로, 공기 탱크 내의 압력이 규정압력(5~7[kgf/cm^2])이상이 되면 언로더 밸브를 내려 밀어 흡입 밸브가 열리도록 하여 압축 발생이 되지 않으므로 공기 압축기 작동이 정지된다.

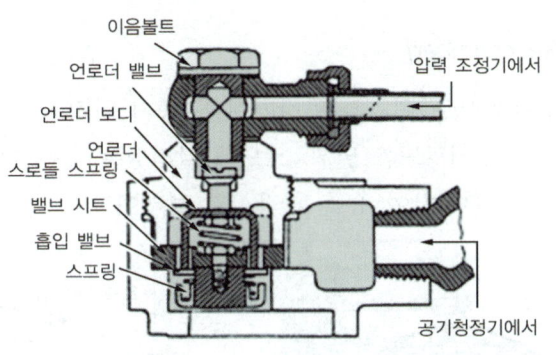

그림 2-115 / 언로우더 밸브

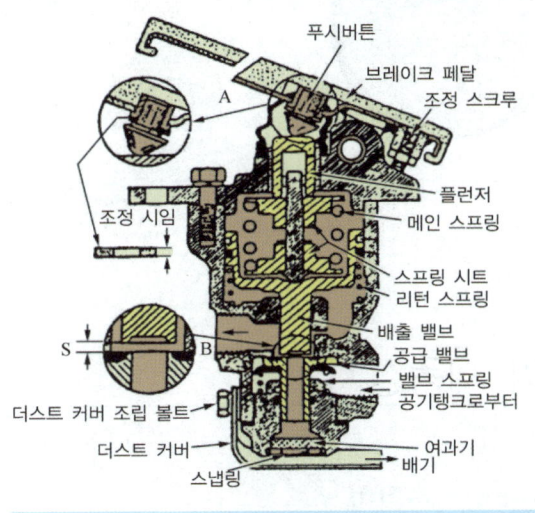

그림 2-116 / 브레이크 밸브

3) 브레이크 밸브

운전자의 조작에 의해 작동하며, 공기 통로를 개폐하여 제동력을 발생한다.

4) 퀵 릴리스 밸브

브레이크 밸브와 브레이크 챔버 사이에 설치되어 브레이크가 빠르고 확실하게 풀리도록 한다.

5) 릴레이 밸브

브레이크 밸브의 작동에 의해 전달되는 공기압력으로 작동하며, 브레이크 챔버로 통하는 공기 통로를 개폐하여 브레이크 작동을 신속하게 한다. 퀵 릴리스 밸브는 페달의 작동이 직접 통로를 개폐하지만 릴레이 밸브는 공기 통로를 개폐하는 점이 다르다.

6) 브레이크 챔버(brake chamber)

공기의 압력을 기계적 운동으로 변환하는 장치이다. 공기 압력이 챔버로 들어오면 다이어프램이 스프링 힘을 누르고 푸시로드를 밀고, 로드에 달려있는 슬랙 어저스터(slack adjuster)가 회전함에 따라 S자 캠이 회전하여 슈를 확장시켜 브레이크가 작동하게 된다.

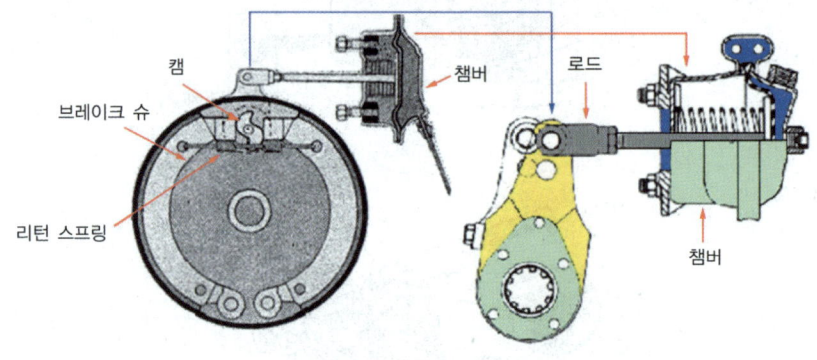

그림 2-117 / 브레이크 챔버

제2절 전자제어 제동장치

1_ ABS(Anti lock Brake System)

자동차가 주행 중 제동할 경우 조향력 확보와 방향 안정성 및 제동거리 확보가 자동차에 있어서 매우 중요한 요소이다. ABS란 anti lock brake system의 약자로 제동시 타이어의 로크(lock)를 방지하여 차량 안정성 확보와 사고 위험성을 감소시키는 예방 안전장치이다.

1. ABS의 개요

1) ABS의 목적

① 방향 안전성 확보(stability) → Spin 방지

② 조정성 확보(steerability)
③ 제동거리 단축(stopping distance)
④ 타이어 편마모 방지 및 제동이음 방지

2) ABS의 효과

주행 조건 및 노면 상태에 따라 차이가 크며, 노면 마찰계수 이상의 제동성능은 불가하다.

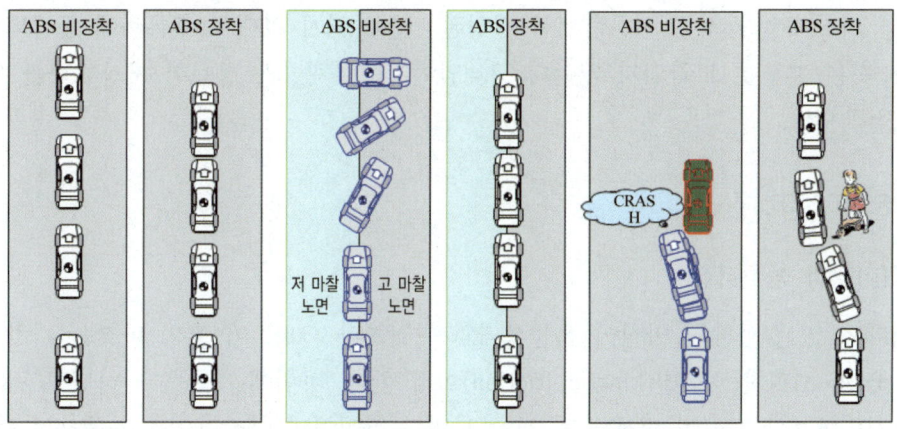

① 제동 거리 단축　　② 비균일(Split)노면 직진 제동　　③ 제동하면서 장애물 회피

2. ABS의 종류

ABS 종류는 센서의 개수와 제어계통(채널) 또는 솔레노이드 밸브 개수의 관점에서 분류하면 다음과 같다.

1) 4센서 3채널 방식

브레이크 배관이 전·후륜 분할방식을 채택하는 후륜구동 승용차에 주로 사용하며, 전륜은 독립적으로, 후륜은 셀렉트 로 원리에 의해 제어한다. 셀렉트 로(select low)란 브레이크 제동시 좌·우 차륜의 감속도를 비교하여 먼저 슬립하는 바퀴에 맞춰 좌·우 차륜의 유압을 동시에 제어하는 방법을 말한다.

2) 4센서 4채널 방식

대각선 분할방식(X자 배관)을 사용하는 전륜구동 승용차에 주로 사용하며, 전륜은 독립적으로, 후륜은 셀렉트로 원리에 의해 제어한다. 후륜을 독립제어 하면 좌우 노면의 마찰계수가 다를 경우 좌우 제동력의 차가 너무 커서 스핀 모멘트가 크게 되어 오히려 제동시 불안정하게 된다.

3) 4센서 대각 2채널 방식

4센서 4채널 방식에서 솔레노이드 밸브 2개를 절약한 것으로 원가 절감과 탑재성 향상이 장점이다. 전륜은 독립제어, 후륜은 프로포셔닝 밸브에 의해 제어한다.

4) 4센서 대각 2채널 셀렉트 로 방식

4센서 2채널 방식에 셀렉트 로 밸브를 추가하여 제동성능을 향상시킨다. 셀렉트 로 밸브가 있으면 마찰계수가 적은 전륜측에서 결정된 제동압력이 그대로 후륜측에 공급되므로 마찰계수가 작은 후륜은 고착되지 않는다. 2채널이지만 4채널과 동등한 제동효과를 얻을 수 있는 이점이 있다.

3. ABS의 제어 원리

1) 정적마찰과 동적마찰

정지상태에 있는 물체의 마찰이 운동상태의 마찰보다 크다. 이 때의 마찰을 각각 정적마찰(static friction)과 동적마찰(kinetic friction)이라 한다. 바퀴에 제동을 가하면 드럼(디스크)과 슈우 사이에 마찰작용이 발생되고, 결국 노면과 타이어의 마찰력으로 자동차는 정지한다. 제동시 휠실린더의 압력이 일정 이상이 되면, 바퀴는 고착되고 미끄러짐 현상이 발생(동적마찰)하므로 바퀴에 적절한 제동력을 가하여 바퀴가 계속 회전하는 상태에서의 제동을 부여하면 즉, 타이어와 노면사이의 마찰을 정적마찰 상태로 하면 타이어와 노면사이의 마찰력이 최대가 되어 미끄러짐이 일어나지 않으므로 바람직한 제동효과를 얻을 수 있다

그림 2-118 / 정적마찰과 동적마찰

2) 슬립비(slip ratio, 미끄럼비)

제동시 차량속도와 타이어 속도와의 비율로 타이어와 노면사이의 마찰력은 슬립율에 따라서 변화한다. 타이어가 고정되어 타이어의 원주속도가 "0"인 상태가 슬립율 100[%]인 동적마찰 상태이고, 브레이크 페달을 밟지않고 주행하고 있는 상태가 슬립율 0[%]인 정적마찰 상태이다. 슬립율은 다음과 같다.

슬립비 $S = \dfrac{V - V_w}{V} \times 100 [\%]$

s : 미끄럼비
V : 차량속도
V_w : 바퀴의 속도

3) 휠 슬립 곡선도(ABS 통제 범위)

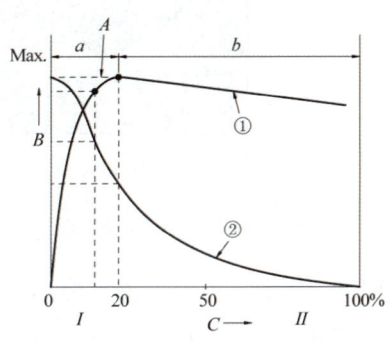

① : 제동효과(제동력)
② : 횡력계수
A : ABS 조정범위
B : 제동압력 계수
C : 슬립비
a : 안전 슬립범위
b : 불안전 슬립범위
I : 구르는 바퀴
II : 잠김 바퀴

4. ABS의 주요 구성부품

1) 휠 스피드 센서(wheel speed sensor)

휠 스피드 센서는 영구자석과 코일로 구성되어 있으며, 전자유도 작용을 이용하여 코일에 교류전압이 발생시켜 회전속도를 검출한다.

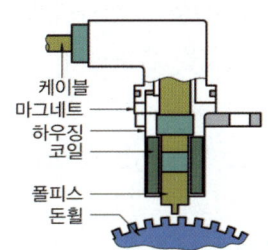

그림 2-119 / 휠 스피드센서의 구조

2) ECU

휠 스피드 센서의 신호를 연산하여 바퀴의 회전상황을 파악하고, 고장시 페일 세이프 기능 및 ABS 경고등 점등시킨다.

3) 하이드롤릭 유닛(hydraulic unit, HU, 모듈레이터)

하이드롤릭 유닛은 동력 공급원과 모듈레이터 밸브 블록으로 구성되어 있다. 동력은 전기 모터로 작동되고, 스피드 센서에 의해 감지되고 있는 제어펌프에 의해 공급된다. 밸브 블록에는 각 제어 채널에 대한 한쌍의 솔레노이드 밸브가 내장되어 ABS 작동시 모터를 작동시켜 휠 실린더에 가해지는 유압을 증압, 유지, 감압 등으로 제어한다.

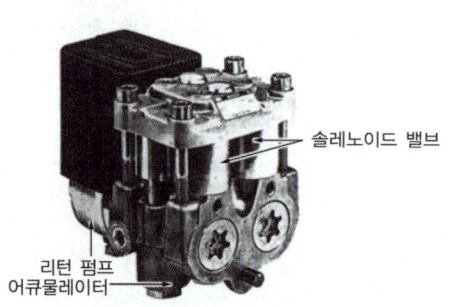 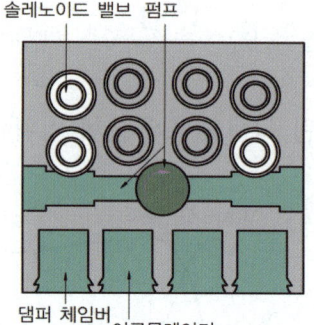

그림 2-120 / 하이드롤릭 유닛   그림 2-121 / 하이드롤릭 유닛 구조

① 솔레노이드 밸브(solenoid valve) : ABS 작동시 ECU 신호에 의해 "ON" 또는 "OFF" 되어 휠 실린더로의 유압을 증압, 유지, 감압시키는 기능을 한다.
② 리턴 펌프(return pump) : 하이드롤릭 모듈레이터 중앙에 설치되며, 전동기가 편심으로된 풀리를 회전시켜 증압시 추가로 유압을 공급하는 기능 및 감압시 휠 실린더로 유압을 리턴시켜 어큐물레이터 및 댐퍼 챔버로 보내어 저장하는 기능을 한다.
③ 어큐물레이터(accumulator) : 어큐물레이터 및 댐퍼 챔버는 하이드롤릭 모듈레이터 아래에 설치되어 있으며, 감압시 휠 실린더로 부터 리턴된 오일을 일시적으로 보관하여 증압시 신속한 오일 공급으로 ABS가 신속하게 작동하게 한다. 이 과정에서 발생되는 브레이크 오일의 파동이나 진동을 흡수한다.

2_ EBD(Electronic Brake-force Distribution)

1. EBD의 개요

1) 필요성

주행 중 급제동시 차량 중량의 이동으로 인하여 후륜이 전륜보다 먼저 잠겨 스핀 발생으로 인한 사고를 야기시킬 수 있다. 이에 대한 대응책으로 프로포셔닝 밸브 또는 LCRV(Load Conscious Reducing Valve), LSPV(Load Sensing Proportioning Valve)를 장착하여 후륜의 브레이크 압력을 전륜에 비해 감소시켜 후륜의 선행 록을 방지하였다.

하지만 기계적인 프로포셔닝 밸브나 LCRV 또는 LSPV만 가지고는 일정한 액압배분 곡선만 유지되어 이상적인 제동을 수행할 수 없었다. 프로포셔닝 밸브, LCRV, LSPV 등의 고장은 운전자가 알 수 없으며 이때에는 급제동시 차체의 스핀이 발생될 수 있다.

상기 사항들의 문제점 해소를 위하여 후륜이 전륜과 동일하거나 또는 늦게 록(lock)되도록 ABS ECU가 제어하게 되는 이를 EBD(Electronic Brake-force Distribution) 제어라 한다.

2) 제동력 배분

① 프로포셔닝 밸브(Proportioning valve, P밸브) : 자동차가 주행 중 제동을 하면, 전륜의 하중은 증가하고 후륜은 감소한다. 제동시 후륜이 잠기면(lock), 미끄러지면서(skid) 돌아가고(spin) 전륜이 잠기면 조향력을 상실하게 된다. 따라서 제동시 하중이 이동된 만큼 후륜의 유압을 감소시켜야 한다. 프로포셔닝 밸브는 뒷바퀴가 앞바퀴보다 먼저 고착되는 것을 방지하여 자동차가 방향성을 상실하는 것을 방지하는 역할을 한다.

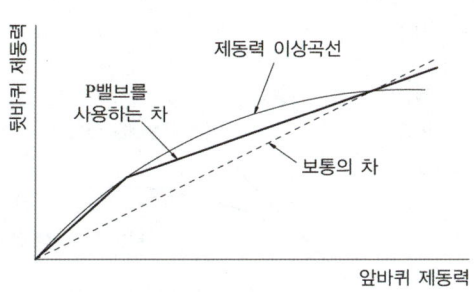

② 로드센싱 프로포셔닝 밸브(Load Sensing Proportioning Valve, LSPV) : 적재 화물의 변동에 따라 뒷바퀴의 유압 개시점도 변해야 하므로, 중량 변화에 따른 차체의 높이 변화를 감지하여 자동으로 후륜 측의 유압제어 개시점을 변화시키는 밸브이다. 밸브는 프레임에, 센서 스프링 끝은 뒤차축에 장착되어 있으며 공차시에는 스프링이 약하게 눌러 유압제어 개시점이 낮아지고 적재량이 증가할수록 세게 누르므로 유압제어 개시점이 높아지게 한다.

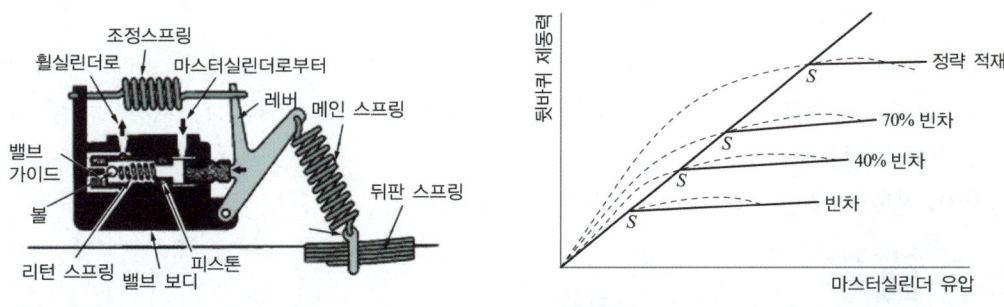

그림 2-122 / LSPV 밸브하중   그림 2-123 / 변동에 따른 유압 개시점

③ EBD : 프로포셔닝 밸브나 로드센싱 프로포셔닝 밸브는 모두 기계적인 배분장치로 이상적인 제동력 배분곡선을 실현할 수 없다. 또한 브레이크 라이닝 및 패드에서도 제동력의 차이가 발생되므로 ABS 컴퓨터를 이용하여 이상적인 제동력 배분곡선에 맞도록 제어하는 것을 EBD라 한다.

2. EBD의 제어 원리

프로포셔닝 밸브 장착시 이상 제동 배분선 보다 낮은 낮은 압력에서 감압을 수행하므로 리어측 제동력이 손실된다. 따라서 ABS ECU에 로직을 추가하여 후륜의 제동력을 이상제동 배분곡선에 가깝게 근접 제어하는 원리이다. 제동시 각각의 휠 스피드 센서로부터 슬립율을 연산하여 후륜 슬립율을 전륜보다 항상 작거나 동일하게 후륜 액압을 제어하여 후륜의 록은 전륜보다 선행되지 않는다. 결과적으로 프로포셔닝 밸브 장착시 보다 EBD 제어시 후륜에 대해 제동력 향상의 효과가 있다.

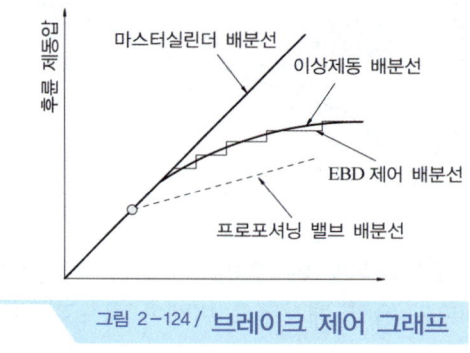

그림 2-124 / 브레이크 제어 그래프

1) EBD 유압제어

① 후륜이 전륜 대비 선행 록되기 직전 ABS ECU는 록 되려는 휠측의 노말 오픈 솔레노이드 밸브를 ON하여(솔레노이드 밸브를 닫임) 록 되려는 휠의 제동 유압을 유지시켜 록을 방지한다.(유지 모드)

② 전륜 대비 후륜의 제동력이 감소하여 휠이 회전하면 다시 노말 오픈 솔레노이드 밸브를 OFF하여(솔레노이드 밸브를 열음) 마스터 실린더에서 가해지는 제동 압력을 다시 캘리퍼에 전달한다.(증압 모드)

③ EBD 제어시에는 모터 펌프는 작동하지 않는다.

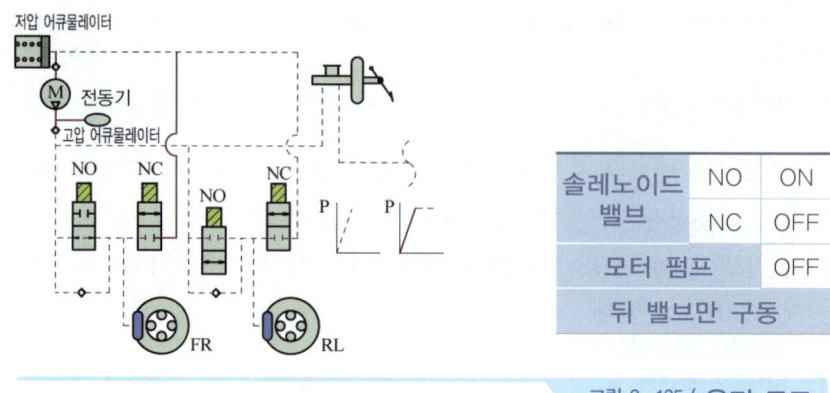

그림 2-125 / 유지 모드

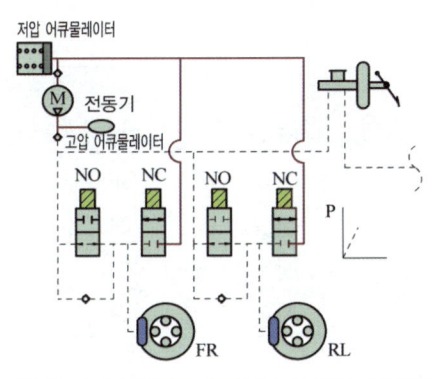

그림 2-126 / 증압 모드

2) EBD 제어의 효과

① 기존 프로포셔닝 밸브에 대비해 후륜의 제동력을 향상시키므로 제동거리가 단축된다.
② 후륜의 액압을 좌우 각각 독립적으로 제어를 가능하도록 하여 선회 제동시 안전성이 확보된다.
③ 브레이크 페달의 답력이 감소된다.
④ 제동시 후륜의 제동효과가 커지므로 전륜 브레이크 패드의 마모 및 온도상승 등이 감소되어 안정된 제동 효과를 얻을 수 있다.
⑤ 프로포셔닝 밸브가 삭제되었다.
⑥ 기존의 브레이크 장치에 대비 제동거리가 짧아진다.
⑦ 고장시 운전자에게 상기함으로 운전상 안정성이 많이 확보되었다.

3) EBD의 안전성

① ABS 고장의 원인 중 다음과 같은 사항에서도 EBD는 계속 제어되므로 ABS 고장율이 감소된다.
  ㉠ 휠 스피드 센서 1개의 고장
  ㉡ 모터 펌프의 고장
  ㉢ 저 전압으로 인한 고장
② 프로포셔닝 밸브의 고장시 운전자가 알 수 있는 경고장치가 없어 운전자가 고장 여부를 알 수 없다. 만약 고장난 상태로 급제동시 차체의 스핀이 발생될 수 있으나 EBD 고장시에는 기존의 주차 브레이크 경고등을 점등하여 운전자에게 EBD 고장을 경고하여 운전자로 하여금 수리를 할 수 있도록 한다.

③ EBD 고장

구분	시스템		경고등	
	ABS	EBD	ABS	EBD
정상시	작동	작동	OFF	OFF
1개 휠 스프드 센서 고장	비작동	작동	ON	OFF
펌프 고장	비작동	작동	ON	OFF
저 전압시	비작동	작동	ON	OFF
2개 이상의 휠 스피드 센서 고장 밸브 고장 ECU 고장 기타 고장	비작동	비작동	ON	ON

④ 고장시 조치

구분	EBD 장착 차량
일반적인 성능 비교	차량무게가 크고(5인탑승) 고속인 상태에서 급제동시 30[bar]보다 훨씬 큰 압력의 제어가 가능함으로 이상적인 리어 브레이크 압력 배분이 가능하다.
고장시	일반적인 브레이크로 전환되는 프로포셔닝 밸브가 없으므로 스핀발생이 우려된다. 저속 운행과 급제동을 삼가며 신속히 정비 조치한다.

3_ TCS(Traction Control System)

1. TCS의 개요

TCS란 Easy Drive를 실현하기 위한 운전조작 경감장치의 일종으로 구동력, 회전력 조절장치를 말한다. 운전자는 눈길, 빙판 길 등의 마찰계수가 낮은 도로에서는 바퀴를 공전시키지 않도록 하기 위해 정밀한 가속 페달의 조작이 필요하나 TCS가 장착되면 바퀴의 공회전을 감지하여 엔진의 출력이 감소하고 공전하는 바퀴의 유압을 증압하여 구동력을 노면에 효율적으로 전달할 수 있다.

1) TCS의 분류

① FTCS(Full Traction Control System) : ABS ECU가 TCS 제어를 함께 수행하며 바퀴의 휠 스피드 센서의 신호에 의해 구동 바퀴의 미끄럼을 검출하면 브레이크 제어와 엔진 ECU와 통신하여 엔진 회전력을 감소하여 바퀴의 슬립을 방지한다.
② BTCS(Brake Traction Control System) : TCS를 제어시 엔진토크는 제어하지 않고 브레이크 제어만을 수행하는 방식이다.

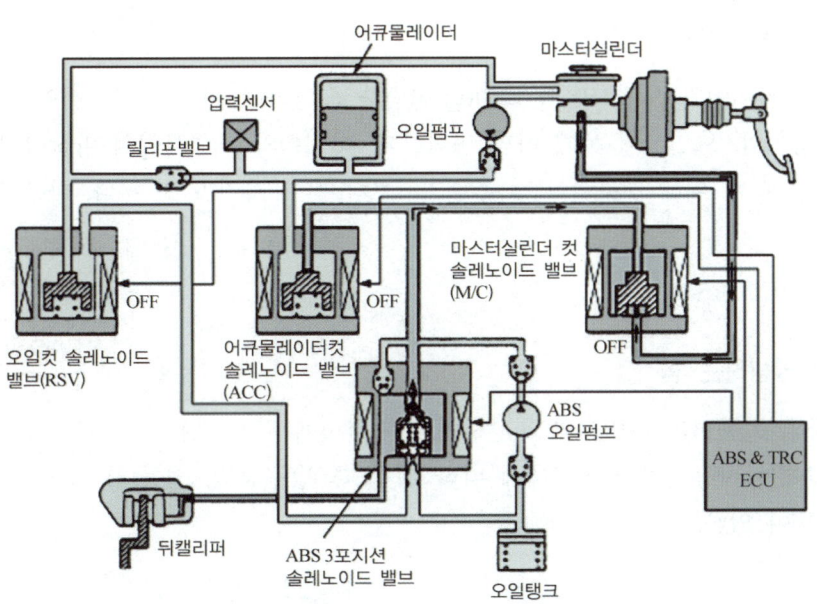

그림 2-127 / BTCS 구성도

2) TCS의 기능

① 눈길, 얼음길 등의 저마찰로 주행시 : 노면 또는 tire 마찰계수가 극히 적고 아주 미끄러지기 쉬운 노면에서는 타이어가 공전 않도록 신중한 액셀 조작이 필요하므로 공전시 운전자가 미세조작을 하지 않아도 자동적으로 엔진출력이 낮아지고 공전을 가능한 한 억제하여 구동력을 노면에 효율적으로 전달한다.

② 일반도로 가속 선회시, 빠른 속도로 코너링시 : 차의 후미가 밀려나가는 tail-out 현상 발생될 수 있으므로 엑셀 페달을 전개해도 이와 관계없이 엔진 출력을 제어하여 운전자의 의지대로 안전하게 선회가 가능하게 한다.

2. 바퀴의 역할

1) 타이어와 TCS의 관계

자동차가 주행하면 타이어에는 가속하기 위한 구동력과 회전하기 위한 횡력이 발생하는데 이 2개의 힘을 합쳐 총 합력이라 한다. 그리고 노면과 타이어 트레드 간의 마찰력에는 한계가 있고, 그 힘의 크기는 노면이 미끄러우면 작게 된다. 이 한도를 넘는 힘이 타이어에 가해지면, 타이어는 공전하여 구동력이 전달되지 않고 차량의 조종안정성에 영향을 미친다. 가속시 여분의 엔진 출력을 억제하여 구동 바퀴의 공전을 방지하고, 마찰력을 항상 발생한도 내에 있도록 자동적으로 제어하는 것이 TCS의 주역할이다. 즉, 타이어에 작용하는 힘을 제어하여 엔진 토크를 항상 Tire 슬립 한계 내에 두도록 하는 것이다.

2) 마찰계수와 점착력

마찰계수란 타이어와 노면사이의 그립(grip)력을 의미하며 마찰계수는 타이어의 종류, 트레드 패턴, 공기압, 노면상태 등에 따라 변화한다. 타이어와 노면사이의 마찰력 사이에는 자동차가 주행을 하기 위해 구동력이 전 주행저항보다 커야 하지만 또 하나, 다음 조건도 만족되어야 한다.

$$A = \mu r \cdot W > F$$

A : 점착력[kg$_f$]
μr : 노면과의 마찰계수
W : 차량중량[kg$_f$]
F : 구동력[kg$_f$]

3) 바퀴에 발생하는 힘

① 자동차의 운동력은 타이어와 노면사이의 마찰력에 좌우한다.
② 마찰력에는 자동차의 진행상태에 따라 횡력, 항력(구동력, 제동력), 코너링 포스, 선회저항 등이 있다.

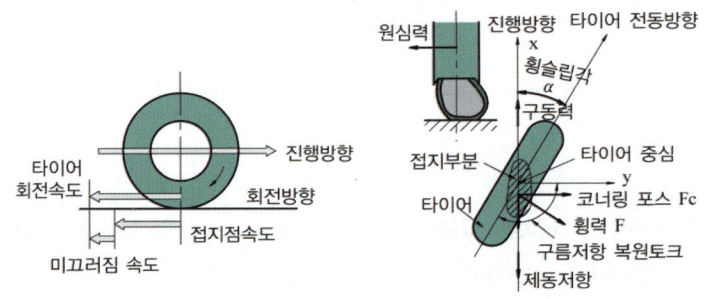

그림 2-128 / 타이어에 발생하는 힘

4) 바퀴의 미끄럼과 구동력

가속 중에 자동차에는 바퀴와 노면사이에 미세한 미끄럼이 발생하여 구동력이 감소하며, 접지점에서는 바퀴의 회전속도와 차체 속도에는 차이가 발생한다. 바퀴의 회전속도와 차체와의 속도비를 미끄럼비(슬립비)라 하며, ABS의 미끄럼비와는 반대의 개념으로 차이가 있다.

$$\text{TCS 미끄럼비 } S = \frac{V_w - V}{V_w} \times 100[\%]$$

$$\text{ABS 미끄럼비 } S = \frac{V - V_w}{V} \times 100[\%]$$

s : 미끄럼비
V_w : 바퀴의 속도
V : 차체속도

5) TCS 제어의 종류

① 엔진토크 제어 : 연료 분사량 저감 또는 cut, 점화시기 지연, 스로틀 밸브의 개폐에 의해 엔진토크를 조정
② 브레이크 제어 : 구동 타이어를 직접 제어하므로 split 노면에서 가속성이 좋고 한쪽 타

이어가 빠졌을 경우 탈출이 용이하다.
③ **구동계 제어** : 클러치 제어, 2WD-4WD 제어, 차동장치 제어
④ **미끄럼 제어**(slip control) : 뒷바퀴와 구동바퀴와의 비교에 의해 미끄럼 비율이 적절하도록 제어
⑤ **추적 제어**(trace control) : 급회전시 횡가속도의 증가로 주행 성능이 떨어지므로 구동력을 제어하여 안정된 선회가 가능하도록 한다.

4_ 친환경 제동장치
(전동식 주차브레이크 시스템, EPB : Electric Parking Brake system)

1. 전동식 주차브레이크 시스템(EPB)의 개요

EPB 시스템은 스위치 조작으로 주차 브레이크를 작동 및 해제할 수 있는 전동식 주차브레이크 시스템으로 기존 주차 브레이크에 비해 편의성과 실내 공간 활용도가 향상되었다. 출발시 기어를 변속하면 주차 브레이크가 자동으로 해제되며, 정차시 오토 홀드 기능으로 차량 밀림이 방지되고 재출발시 자동 해제되는 시스템이다.

1) 전동식 주차브레이크 시스템(EPB)의 특징
① 스위치 조작으로 최대 제동력을 얻을 수 있어 노약자 및 여성 운전자에게 편리하다.
② 실내에 공간을 차지하지 않아 공간이 확대되었다.
③ 언덕 주차시 차량 밀림이 방지되므로 운전 및 안전이 우수하다.

2) 전동식 주차브레이크의 종류
전동식 주차브레이크 시스템은 작동방식에 따라 케이블 타입과 캘리퍼 타입으로 나눠진다.

표 2-1 / **전동식 주차브레이크 시스템의 비교**

구 분	케이블 타입	캘리퍼 타입
디자인		
작 동	주차 케이블을 전기 모터가 당겨 작동	캘리퍼에 일체로 장착된 전기 모터가 캘리퍼 피스톤을 밀어서 작동
장 점	시스템 고가, 작동음 작음	가격 및 장착성 유리

3) EPB 시스템의 구성

케이블 타입의 전동식 주차브레이크 시스템은 운전자의 의지를 전달하는 EPB / AVH 스위치, 각종 데이터를 받아 제어하는 EPB ECU, 주차 브레이크 체결 및 해제를 위한 케이블 및 모터, 작동상태 및 고장상태를 알려주는 계기판 등으로 구성되어 있다. 또한 액추에이터는 일체형으로 내부에는 EPB ECU, 케이블을 작동시키는 모터, 케이블의 당김 정도를 측정하는 하중 센서 등으로 구성되어 있다.

* AVH : Automatic Vehicle Hold

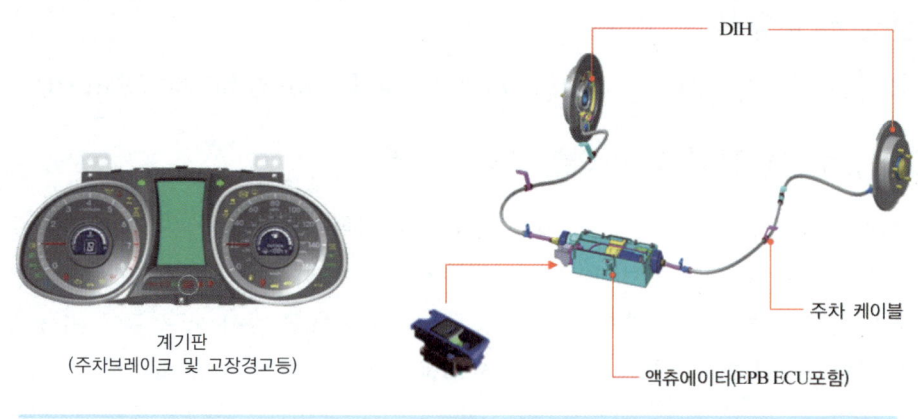

그림 2-129 / EPB 시스템의 구성

2. EPB 전자제어 시스템

1) 전자제어 입출력 요소

EPB 시스템은 주차 브레이크 페달 또는 핸드 레버로 케이블을 당겨 주차 브레이크를 작동 및 해제시키는 기존의 시스템과 달리 운전자가 EPB 스위치를 조작하면, ECU가 전기모터를 구동시켜 주차케이블을 작동하여 주차 브레이크를 작동 및 해제하는 시스템이다. ECU는 EPB 시스템의 각종 신호를 감지하고 자기진단을 실시하며, EPB 제어 로직에 따라서 EPB를 수행하는 역할을 한다.

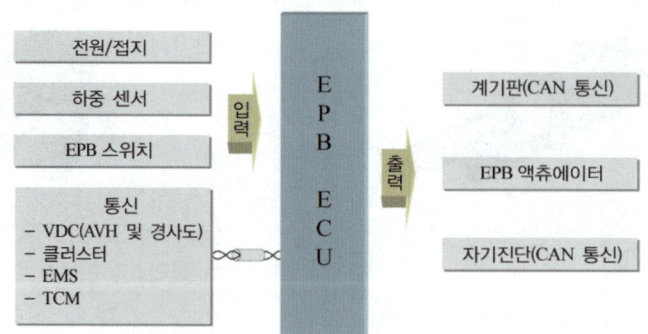

2) 구조 및 작동원리

① **액추에이터** : 액추에이터는 EPB ECU, DC 모터와 기어박스 일체로 구성되어 있으며, EPB 스위치 신호에 의해 DC 모터가 구동되면 기어의 회전에 의해 볼트 스크류가 회전하고 이에 연결된 너트 스크류가 회전하며 주차 케이블을 작동 또는 해제하여 DIH(Drum In Hat) 내부의 주차 브레이크를 작동한다.

 * DIH(Drum In Hat) : 주 제동은 디스크 브레이크로, 주차 제동은 디스크 내부의 드럼에서 라이닝으로 작동하는 방식

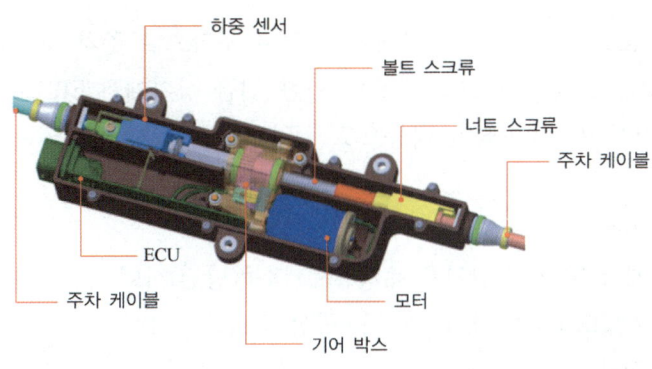

그림 2-130 / 액추에이터 구조

② **하중 센서** : 주차 케이블 작동시 하중 센서는 케이블의 작동력을 확인하여 일정값에 도달하면 모터의 작동을 멈추도록 하고 있다. 하중센서는 모터의 작동에 의해 케이블의 위치가 변하면 마그네틱의 위치가 변하고, 그 변화 위치를 홀 IC가 감지하여 케이블의 작동력을 판단한다.

③ **EPB 스위치** : 스위치의 간단한 조작만으로 액추에이터를 제어하여 주차 제동을 할 수 있다. 시스템의 안전성을 위하여 2중 구조로 되어 있으며, 2개의 접점이 정상적으로 입력되어야만 액추에이터가 작동하도록 되어 있다. EPB의 해제는 안전을 위하여 IG Key ON 및 브레이크 ON에서만 가능하다.

표 2-2 / EPB 스위치

구 분	스위치 작동
당김	EPB 작동
누름	EPB 해제

④ **AVH 스위치** : AVH 스위치는 신호대기 등의 정차시 자동으로 브레이크를 작동 유지시켜 브레이크 페달을 밟지 않더라도 차량의 정지 상태를 유지할 수 있도록 AVH 작동 및 해제에 사용되는 스위치로 셀프 리턴 방식이다.

⑤ EPB 경고등 및 지시등 : EPB 경고등(황색)은 시스템 고장 발생시 점등되며, 주차 브레이크(적색)는 EPB 작동(주차 브레이크 작동)시 기존에 보아왔던 주차 브레이크등이 점등된다.

⑥ AVH 지시 및 경고등 : AVH 램프는 1개의 램프가 흰색, 녹색, 황색으로 각 조건에 따라 변경된다. AVH 작동 대기시 흰색, 작동 중에는 녹색, 시스템 고장시 황색 램프가 점등된다.

3) EPB 주요 기능

EPB 주요 기능으로는 차량 정지 상태에서 스위치 조작으로 주차 브레이크를 작동 및 해제하는 정차기능, 유압 브레이크 고장 등으로 인한 위급 상황에서 EPB로 제동을 하는 비상 제동기능, 차량 정지시 IG OFF되면 자동으로 주차 브레이크가 체결되는 자동 주차기능 등 많은 기능이 있다.

① 스위치 체결 기능
  ㉠ 정차 상태에서 EPB 스위치를 수동으로 작동(당김)하여 주차 제동력을 발생
  ㉡ Key Off 후에도 60초 까지 가능 → 항상 작동

② 스위치 해제 기능
  ㉠ 정차 상태에서 EPB 스위치를 수동으로 작동(누름)하여 주차 제동력을 해제
  ㉡ 차량의 안정성을 확보하기 위해 해제는 Key ON, 브레이크 ON에서만 작동

③ 평지 감소력 체결
  ㉠ 도로 구배에 따라 3단계로 주차 제동력을 제어
  ㉡ 구배 8[%]이하 : 60[kg·f] / 구배 9~20[%] : 90[kg·f] / 구배 20[%] 이상 : 120[kg·f]로 제어
  ㉢ 스위치를 3초 이상 작동시키면 고장력(高張力)의 힘(90[kg·f])으로 EPB 체결

④ 전자제어 감속 기능 : 사용 예) 브레이크 페달 고장시
  ㉠ 주행 중 EPB 스위치를 작동(당김)하는 동안만 VDC로 제동(유압 제동)
  ㉡ 작동 중 경고음 연속 출력

⑤ 후륜 잠김 방지 감속 기능 : 사용 예) 브레이크 유압 라인 파손시
  ㉠ 주행 중 EPB 스위치를 작동(당김)할 때 VDC는 정상적으로 작동하지 못하고 WSS 신호는 입력 가능할 경우 스위치 신호가 입력되는 동안만 EPB 모터의 단독 작용으로 차량을 안전하게 유지하며 제동
  ㉡ 작동 중 경고음 연속 출력

⑥ 차량 주행 여부 감지
  ㉠ 주행 중 EPB 스위치를 작동(당김)할 때, WSS 신호 입력이 불가능할 경우 스위치

신호가 입력될 동안 EPB 모터의 주차 제동력을 천천히 상승시켜 차량을 안전하게 유지하며 제동
  ⓒ 작동 중 경고음 연속 출력
⑦ 주차 제동력 자동 체결
  ㉠ AVH ON 상태에서 차량이 정차되고, 시동 OFF시 EPB 자동 작동
  ⓒ 자동 체결 전 EPB 스위치를 누르면 자동 체결 기능 미작동
⑧ 주차 제동력 자동 해제(DAR, Drive Away Release)
  ㉠ EPB 체결 상태 및 변속레버 D, R, 또는 스포츠 모드에서 가속 페달을 밟을 때 EPB 자동 해제
  ⓒ 자동 해제 조건 : 시동 ON, 운전석 안전 벨트 체결, 운전석 도어 닫힘, 후진시 트렁크 닫힘, 전진시 후드 닫힘 등 모두 만족시
  ⓒ 경사로에서 차량 밀림을 방지하기 위하여 경사 상태에 따른 구동 토크 이상이 확보되었을 때만 작동
⑨ 차량 밀림시 주차 제동력 재 체결
  ㉠ EPB 체결 상태에서 차량 밀림(휠 스피드 신호 및 G 센서 신호)이 감지될 경우 EPB 추가 작동
  ⓒ 시동 OFF 후 3분 동안만 작동
⑩ 변속시 EPB 자동 해제(P to X / N to X)
  ㉠ 변속레버 P 또는 N에서 주행 가능단(D 또는 R)로 변속시 주차 제동력 자동 해제
  ⓒ 자동 해제시 안정성을 확보하기 위해 시동 ON, 브레이크 페달을 밟은 상태에서만 가능
⑪ 협조 제어 체결
  ㉠ VDC 명령으로 AVH에서 EPB로 자동 전환

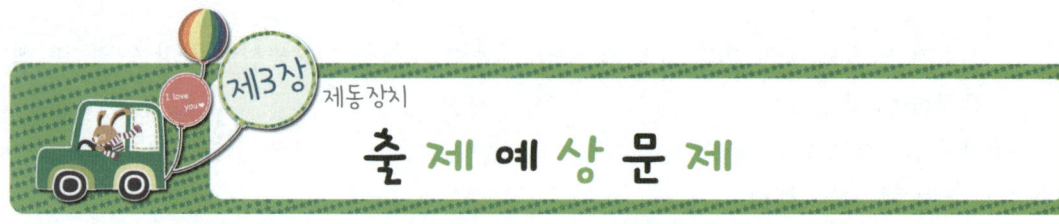

제3장 제동장치 출제예상문제

01 자동차 마스터 실린더의 푸시로드에 작용하는 힘이 150kgf, 피스톤 면적이 3cm² 이면 마스터 실린더 내에 발생하는 유압은? [05년 상, 08년 상]

㉮ 40cm² ㉯ 50cm²
㉰ 60cm² ㉱ 70cm²

풀이 압력 = $\dfrac{하중}{단면적}$ 이므로, $\dfrac{150}{3}$ = 50kgf/cm²

02 브레이크 페달의 지렛비가 5 : 1이다. 페달을 35kgf의 힘으로 밟았을 때에 푸시로드에 작용되는 힘은? [06년 상]

㉮ 7kgf ㉯ 125kgf
㉰ 175kgf ㉱ 225kgf

풀이 5 : 1 = F : 35
∴ F = 5 × 35 = 175kgf

03 그림과 같은 브레이크 장치가 있다. 피스톤의 면적이 3cm² 일 때 푸시로드에 가해주는 힘(kgf)과 유압(kgf/cm²)은? [09년 하]

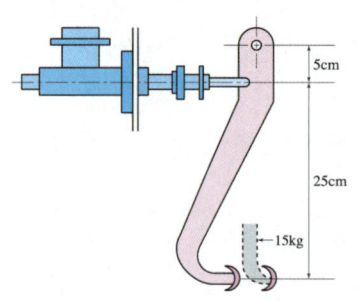

㉮ 푸시로드에 45kgf 힘 유압은 45kgf/cm²
㉯ 푸시로드에 70kgf 힘 유압은 45kgf/cm²
㉰ 푸시로드에 90kgf 힘 유압은 30kgf/cm²
㉱ 푸시로드에 105kgf 힘 유압은 30kgf/cm²

풀이 5 × F = 30 × 15 이므로 ∴ F = 90kgf
∴ 압력 = $\dfrac{하중}{단면적}$ 이므로, $\dfrac{90}{3}$ = 30kgf/cm²

04 자동차 브레이크 유압회로를 2계통으로 하여 안전성을 높이는 장치는? [05년 하]

㉮ 하이드로백
㉯ 탠덤 마스터 실린더
㉰ 부스터
㉱ 하이드로 에어백

풀이 탠덤(tandem) 마스터 실린더
유압 브레이크에서 앞·뒤바퀴의 브레이크 제동을 분리시켜 제동 안정성을 높이기 위해 사용한다.

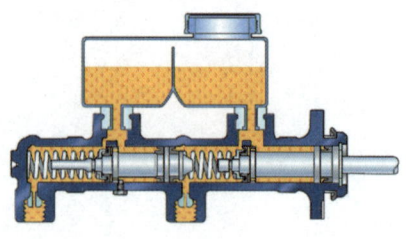

01 ㉯ 02 ㉰ 03 ㉰ 04 ㉯

05 제동장치에서 탠덤 마스터 실린더의 사용 목적은? [04년 하]

㉮ 브레이크 라이닝의 마모를 적게 한다.
㉯ 브레이크 오일의 소모를 줄일 수 있다.
㉰ 브레이크 드럼의 마모를 적게한다.
㉱ 앞, 뒤바퀴의 브레이크 제동을 분리시켜 제동안정을 얻게 한다.

풀이 탠덤(tandem) 마스터 실린더
유압 브레이크에서 앞·뒤바퀴의 브레이크 제동을 분리시켜 제동 안정성을 높이기 위해 사용한다.

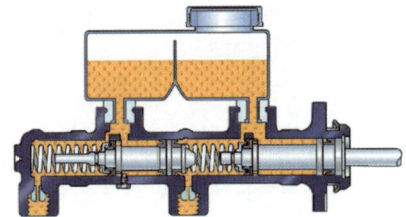

06 디스크 브레이크의 특성을 드럼 브레이크와 비교하여 설명한 것 중 디스크 브레이크의 장점이 아닌 것은? [07년 하]

㉮ 페이드(fade) 현상이 적다.
㉯ 자기작동 작용(서보 작용)을 한다.
㉰ 편 제동 현상이 없다.
㉱ 패드(pad) 교환이 용이하다.

풀이 디스크 브레이크의 특징
① 구조가 간단하며, 패드 교환이 쉽다.
② 디스크가 대기 중에 노출되어 냉각 효과가 크다.
③ 방열이 잘 되어 페이드 현상이나 편제동 현상이 적다.
④ 부품의 평형이 좋고 한쪽만 제동되는 일이 적다.
⑤ 자기작동이 없으므로 페달 조작력이 커야 한다.
⑥ 마찰면적이 적어 패드의 강도가 커야하고, 패드의 마멸이 크다.

07 디스크 브레이크의 특징을 설명한 것 중 적당하지 않은 것은? [04년 상, 07년 상]

㉮ 고속에서 사용하여도 안정된 제동력을 발휘한다.
㉯ 안정된 제동력을 얻기가 비교적 어렵다.
㉰ 디스크가 노출되어 회전하므로 방열성이 좋다.
㉱ 마찰면적이 적기 때문에 패드를 압착하는 힘을 크게 하여야 한다.

풀이 디스크 브레이크의 특징
① 구조가 간단하며, 패드 교환이 쉽다.
② 디스크가 대기 중에 노출되어 냉각 효과가 크다.
③ 방열이 잘 되어 페이드 현상이나 편제동 현상이 적다.
④ 부품의 평형이 좋고 한쪽만 제동되는 일이 적다.
⑤ 자기작동이 없으므로 페달 조작력이 커야 한다.
⑥ 마찰면적이 적어 패드의 강도가 커야하고, 패드의 마멸이 크다.

08 디스크 브레이크의 점검항목이 아닌 것은? [06년 상]

㉮ 디스크 마모의 손상
㉯ 토크 플레이트 샤프트 실링의 손상
㉰ 하이드로 백 점검
㉱ 디스크 런아웃 점검

풀이 디스크 브레이크에 토크 플레이트 샤프트란 없다.

ANSWER 05 ㉱ 06 ㉯ 07 ㉯ 08 ㉯

09 브레이크 장치 중 뒤쪽 유압회로의 중간에 설치되어 있으며, 제동력이 증대하면 뒤쪽의 유압증가 비율을 앞쪽보다 작게 하여 후륜의 조기 고착에 의한 조종 불안정을 방지하기 위한 밸브는? [08년 하]

㉮ 프로포셔닝 밸브
㉯ 압력차 경고 밸브
㉰ 미터링 밸브
㉱ 블리더 밸브

풀이 프로포셔닝(proportioning) 밸브는 제동시 브레이크 작용력이 증대됨에 따라 뒤쪽의 유압 증가비율을 앞쪽보다 작게 하여 뒷바퀴의 조기고착에 의한 조종 불안정을 방지하기 위한 밸브이다.

10 소형 차량의 핸드 브레이크에서 좌·우 뒷바퀴의 제동력 균형을 잡아주는 것은? [07년 하]

㉮ 스프링 챔버(spring chamber)
㉯ 보상 레버(compensation lever)
㉰ 콤비네이션 실린더(combination cylinder)
㉱ 브레이크 슈(brake shoe)

풀이 핸드 브레이크에서 좌·우 뒷바퀴의 제동력 균형을 잡아주는 것을 이퀄라이저(equalizer) 또는 보상 레버라 한다.

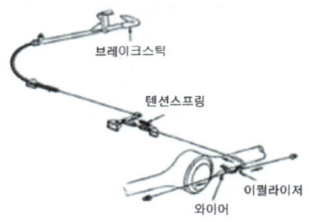

11 다음 설명 중 틀린 것은? [06년 상]

㉮ 드럼 브레이크에서는 자기작동에 의해 확장력이 증폭된다.
㉯ 자동차의 총 제동력은 각 차륜에 작용하는 제동력의 합으로 표시한다.
㉰ 자동차의 총 제동력은 제동시 질량에 의해 발생되는 관성력과 동일한 방향으로 작용한다.
㉱ 최대 제동력은 점착 마찰계수에 비례한다.

풀이 ㉮, ㉯, ㉱항은 옳은 설명이고, 자동차의 총 제동력은 제동시 질량에 의해 발생되는 관성력과 반대 방향으로 작용한다.

12 브레이크 페달을 밟았을 때 자동차가 한쪽으로 쏠리는 원인이 아닌 것은? [05년 상]

㉮ 라이닝 간극 조정 불량
㉯ 앞바퀴 정렬 상태 불량
㉰ 타이어 공기압 불균일
㉱ 조향기어 유격 과소

풀이 ㉮, ㉯, ㉰항이 브레이크 작동시 한쪽으로 쏠리는 원인이고, 조향기어와 브레이크와는 관련이 없다.

09 ㉮ 10 ㉯ 11 ㉰ 12 ㉱

13 제동장치 베이퍼록 현상의 원인이 아닌 것은? [06년 하]
㉮ 공기 브레이크의 과도한 사용
㉯ 드럼과 라이닝의 끌림에 의한 가열
㉰ 긴 비탈길에서 브레이크의 사용 빈도가 많은 운전
㉱ 오일의 변질에 의한 비등점 저하

풀이 베이퍼록(vapor lock)의 원인
① 긴 내리막길에서 빈번한 브레이크의 사용
② 드럼과 라이닝의 끌림에 의한 과열
③ 브레이크 슈 리턴 스프링의 쇠손에 의한 잔압 저하
④ 브레이크 슈 라이닝 간극이 너무 적을 때
⑤ 오일이 변질되어 비등점이 낮아졌을 때
⑥ 불량 오일을 사용하거나 다른 오일을 혼용하였을 때
※ 공기 브레이크에서는 오일이 없으므로 베이퍼록 현상이 발생하지 않는다.

14 브레이크 페달이 점점 딱딱해져서 주행 불능 상태가 되었을 때 어떤 고장인가? [08년 하]
㉮ 마스터 실린더 피스톤 컵의 고장이다.
㉯ 브레이크 오일의 양이 적어졌다.
㉰ 슈 리턴 스프링의 장력이 강력해졌다.
㉱ 마스터 실린더 바이패스 통로가 막혔다.

풀이 페달이 딱딱하다는 것은 브레이크를 밟은 후 페달이 리턴하지 못하는 것이므로, 마스터 실린더 바이패스 통로(port)가 막힌 것을 의미한다.

15 자동차에서 부압과 대기압과의 차압을 이용하는 형식의 배력장치를 무엇이라고 하는가? [04년 하]
㉮ 진공식 ㉯ 압축공기식
㉰ 유압식 ㉱ 자석식

풀이 배력식 브레이크의 종류
① 진공식 배력장치 : 대기압과 흡기다기관의 압력차
  ㉠ 일체형 : 브레이크 부스터 또는 마스터 백(vac)
  ㉡ 분리형 : 하이드로 백(hydro - vac) 또는 하이드로 마스터(hydro - master)라 한다.
② 압축공기식 배력장치 : 압축공기와 대기압의 압력차 에어 마스터(air master) 또는 하이드로 에어 팩(hydro air pack)이라 한다.

16 제동장치에서 마스터 백은 무엇을 이용하여 브레이크에 배력작용을 하게 한 것인가? [04년 상]
㉮ 배기가스 압력 이용
㉯ 대기 압력만 이용
㉰ 흡기 다기관의 압력만 이용
㉱ 대기압과 흡기 다기관의 압력차 이용

풀이 배력식 브레이크의 종류
① 진공식 배력장치 : 대기압과 흡기다기관의 압력차
  ㉠ 일체형 : 브레이크 부스터 또는 마스터 백(vac)
  ㉡ 분리형 : 하이드로 백(hydro - vac) 또는 하이드로 마스터(hydro - master)라 한다.
② 압축공기식 배력장치 : 압축공기와 대기압의 압력차 에어 마스터(air master) 또는 하이드로 에어 팩(hydro air pack)이라 한다.

13 ㉮ 14 ㉱ 15 ㉮ 16 ㉱

17 자동차 진공식 제동 배력장치의 부압을 도입하는 부위는? [08년 상]

㉮ 흡기 매니홀드 ㉯ 릴레이 밸브
㉰ 파워 실린더 ㉱ 파워 밸브

풀이 흡기다기관의 압력차를 이용하므로 흡기다기관에서 배력장치에서 사용하는 부압을 도입한다.

18 제동장치에 사용되는 배력장치의 크기를 결정하는 요소는? [09년 상]

㉮ 진공탱크의 크기와 진공탱크의 재질
㉯ 진공탱크의 크기와 진공의 크기
㉰ 진공의 크기와 진공탱크의 재질
㉱ 진공탱크의 형상과 압력의 크기

풀이 배력장치는 진공 또는 공기압력을 이용하여 배력시키는 것으로, 진공도 또는 공기 압력이 크거나 작용하는 다이어프램의 면적(진공탱크의 크기)이 넓으면 배력작용은 커진다.

19 브레이크 페달을 밟았을 때 하이드로백 내의 작동 중 잘못설명 된 것은? [05년 상]

㉮ 공기 밸브는 닫힌다.
㉯ 진공 밸브는 닫힌다.
㉰ 동력 피스톤이 하이드로릭 실린더 쪽으로 움직인다.
㉱ 동력 피스톤 앞쪽은 진공 상태이다.

풀이 진공밸브는 닫히고, 공기밸브는 열린다. (VCAO)

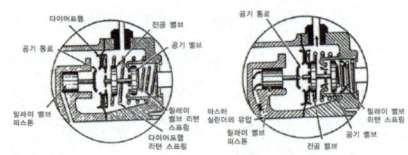

〈평상시〉 〈브레이크 작동시〉

20 진공식 브레이크 배력장치에 대한 설명으로 틀린 것은? [06년 상]

㉮ 배력장치에 이용되는 외력으로 기관의 흡입부압을 이용한다.
㉯ 배력장치가 고장일 경우 운전자의 페달 답력만으로도 브레이크를 조작할 수 있어야 한다.
㉰ 진공식 배력장치는 응축수가 생성되는 단점이 있다.
㉱ 진공식 배력장치에서 배력도는 다이아프램의 유효 직경에 비례한다.

풀이 ㉮, ㉯, ㉱항은 옳은 설명이고, 공기식 배력장치는 압축공기 중의 수분에 의해 응축수가 생겨 겨울에 브레이크 라인이 동결될 수 있으나, 진공식은 응축수가 생성되지 않는다.

21 유압 배력장치 중 마스터 백에 대한 설명 중 맞지 않는 것은? [09년 하]

㉮ 마스터 백에는 파워 실린더와 파워 피스톤이 있다.
㉯ 제동시에는 브레이크 조절 밸브에 의해 페달의 답력에 따라 제어된 유압을 휠 실린더로 보낸다.
㉰ 압축기에 의해 가압된 압축공기를 작동 매체로 한다.
㉱ 브레이크를 작동시키지 않을 때 대기밸브는 닫히고 진공밸브는 열려 있어 실린더 양쪽 실은 진공 상태이다.

풀이 마스터 백(master vac)은 진공을 이용한다.

17 ㉮ 18 ㉯ 19 ㉮ 20 ㉰ 21 ㉰

22 유압식 배력 브레이크를 설명한 것 중 틀린 것은? [07년 하]

㉮ 유압 배력 브레이크는 유압펌프에 의해 보내지는 작동유를 유압 부스터에 의해 증압하고, 증압된 작동유는 마스터 실린더를 거쳐 각 휠 실린더를 작동시킨다.
㉯ 유압 배력 브레이크의 작용 원리는 브레이크 페달을 밟으면 푸시로드를 거쳐 스풀이 작동하고 가변 오리피스를 스로틀링하여 파워 피스톤에 배력 유압을 가한다.
㉰ 유압펌프가 정지하면 스풀이 직접 마스터 실린더의 피스톤을 작동시키는 것이 불가능하므로 답력에 비례하여 제동력을 발생시킬 수 없다.
㉱ 유압펌프가 정지해도 스풀이 직접 마스터 실린더의 피스톤을 작동시키는 것이 가능하므로 답력에 비례하여 제동력을 발생시킬 수 있다.

풀이 유압식 배력 브레이크는 유압펌프가 정지해도 운전자의 브레이크 페달 답력에 의해 제동이 된다.

23 공기 브레이크식 제동장치에서 공기탱크 내의 공기 압력은 일반적으로 몇 kg_f/cm^2 정도인가? [05년 상]

㉮ 1~4 ㉯ 5~7
㉰ 10~13 ㉱ 14~17

풀이 공기 브레이크의 특징
① 차량 중량이 아무리 커도 사용할 수 있다.
② 드럼의 발열 작용이 높아도 페이퍼록 현상이 없다.
③ 유압 브레이크는 페달 밟는 힘에 따라 제동력이 비례하나 공기 브레이크는 페달 밟는 양에 따라 제동력이 커지므로 조작하기 쉽다.
④ 혼, 와이퍼 등을 압축공기를 사용하여 조작할 수 있다.
⑤ 압축 공기의 압력을 높이면 더 큰 제동력을 얻을 수 있다.
⑥ 공기 탱크 압력은 5~7kg/cm² 정도이다.

24 공기압 배력 장치의 종류가 아닌 것은? [07년 상]

㉮ 공기 배력 브레이크
㉯ 에어 오버 하이드롤릭 브레이크
㉰ 에어 언더 하이드롤릭 브레이크
㉱ 풀 에어 브레이크

풀이 공기 브레이크의 종류
① 공기 배력식 브레이크(air over hydraulic brake)
② 풀 에어 브레이크(full air brake)

25 압축공기식 브레이크 장치 구성 부품 중 운전자의 브레이크 페달 밟는 정도에 따라 제동효과를 통제하는 것은? [05년 하]

㉮ 풋 브레이크 밸브
㉯ 로드 센싱 밸브
㉰ 브레이크 드럼
㉱ 퀵 릴리스 밸브

풀이 공기 브레이크의 구조 및 구성품 : 공기 압축기, 공기 탱크, 압력 조정기, 브레이크 밸브, 릴레이 밸브, 퀵 릴리스 밸브, 브레이크 챔버, 브레이크 캠, 언로드 밸브 등

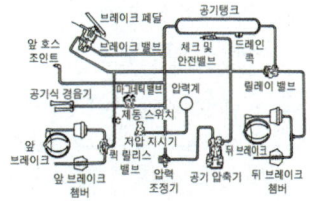

• **공기 브레이크의 작동** : 브레이크 페달을 밟으면 압축공기는 밟는 정도에 따르는 압력(0~7kg_f/cm²)으로 브레이크 밸브를 지나 퀵 릴리스 밸브를 거쳐 앞 브레이크를 작동시키고, 일부는 릴레이 밸브를 작동시켜 뒤 브레이크의 좌우 챔버로 들어가 브레이크가 작동된다.
페달을 놓으면 브레이크 밸브와 퀵 릴리스 밸브 또는 릴레이 밸브 사이의 공기는 브레이크 밸브의 배가 구멍을 통해 대기로 배출되고, 앞 뒤 챔버의 공기는 각 밸브를 통해 대기로 배출되어 브레이크가 풀란다.

22 ㉰ 23 ㉯ 24 ㉰ 25 ㉮

26 공기 배력 브레이크의 작동 부품이 아닌 것은? [06년 하]
- ㉮ 에어 서보
- ㉯ 공기 탱크
- ㉰ 압축기
- ㉱ 응축기

풀이 ㉮, ㉯, ㉰항은 공기 배력 브레이크의 부품이며, 응축기는 에어컨 부품이다.

27 다음 중 풀 에어 브레이크(Full Air Brake) 시스템의 구성부품이 아닌 것은? [04년 상]
- ㉮ 투 웨이 밸브
- ㉯ 로드 센싱 밸브
- ㉰ 휠 실린더
- ㉱ 릴레이 밸브

풀이 공기 브레이크에는 휠 실린더가 없다.

28 공기식 브레이크 장치의 브레이크 밸브와 브레이크 체임버 사이에 설치되어 브레이크가 빠르고 확실하게 풀리도록 하는 것은? [09년 상]
- ㉮ 공기 압축기
- ㉯ 압력 조정기
- ㉰ 퀵 릴리스 밸브
- ㉱ 첵 및 안전밸브

풀이 퀵 릴리스 밸브는 브레이크 밸브와 앞 브레이크 챔버 사이에 설치되어, 브레이크 페달을 놓았을 때 브레이크가 빠르고 확실하게 풀리도록 하는 역할을 한다.

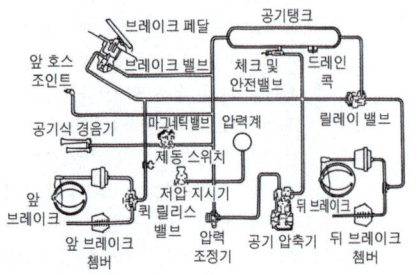

29 다음 중 공기 브레이크 장치에서 에어 드라이어의 역할이 아닌 것은? [08년 하]
- ㉮ 각 기기류의 부식방지
- ㉯ 각 기기류의 수명연장
- ㉰ 하절기 압축공기 과열방지
- ㉱ 동절기 압축공기 동결을 방지

풀이 에어 드라이어(air drier)의 역할
① 압축공기 중의 먼지, 수분 등을 감소시키는 역할
② 각 기기류의 부식 방지 및 수명 연장
③ 동절기 압축공기의 동결을 방지

30 압축 공기식 브레이크에서 공기 탱크의 압력을 일정하게 유지하고 공기 탱크내의 압력에 의해 압축기를 다시 가동 시키는 역할을 하는 장치는? [04년 하]
- ㉮ 드레인 밸브(Drain Valve)
- ㉯ 언로더 밸브(Unloader Valve)
- ㉰ 체크 밸브(Check Valve)
- ㉱ 로드 센싱 밸브(Load Sensing Valve)

풀이 언로우더 밸브는 공기압력이 규정값 이상이 되면 (5~7kg$_f$/cm^2) 언로우더 밸브가 흡기밸브를 밀어 압축기 작동을 정지시키고, 다시 닫히면 가동되어 압력조정기와 함께 공기 압축기가 과다하게 작동되는 것을 방지하고 공기탱크의 압력을 일정하게 유지하는 역할을 한다.

31 공기식 브레이크 장치에서 제동시 떨림 현상의 발생 원인은? [08년 상]
- ㉮ 퀵 릴리스 밸브에 공기 배출이 잘 안됨
- ㉯ 압축공기 탱크의 압축공기 저하
- ㉰ 토인 불량 또는 프런트 엔드 볼 조인트의 유격 과다
- ㉱ 주차브레이크 에어 압력 저하

풀이 제동시 떨림이 발생하는 원인은 토인이 불량하거나 볼 조인트의 유격이 과다할 경우 등이다.

26 ㉱ 27 ㉰ 28 ㉰ 29 ㉰ 30 ㉯ 31 ㉰

32 공기식 배력장치의 하이드로 에어백에 관한 설명이 맞지 않는 것은? [05년 하, 08년 하]

㉮ 하이드로 에어백은 압축공기를 이용하기 때문에 일반적으로 공기 압축기를 비치한 대형 차량에 사용한다.
㉯ 압축공기 압력이 최고 $6kg_f/cm^2$에 달하기 때문에 하이드로백에 비하여 그 작동 압력차가 크므로 동력 피스톤의 직경을 작게 하여도 강력한 제동력을 얻을 수 있다.
㉰ 공기 브레이크에 비해 공기 소비량이 크다.
㉱ 공기 압축기를 필요로 하기 때문에 전체로서 제작비가 비싸다.

풀이) 공기식 배력장치인 하이드로 에어 팩(air pack)은 파워 실린더에만 압축공기를 공급하므로 압축공기만으로 제동하는 풀 에어 브레이크(full air brake)에 비해 공기 소비량이 적다.

• 하이드로 에어 팩(air pack)의 구성도

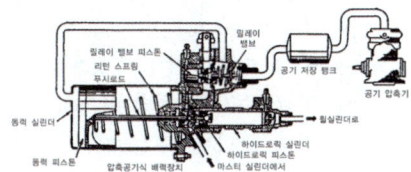

33 압축공기식 디스크 브레이크 장치 장착 차량에서 브레이크가 과열되는 원인은? [09년 하]

㉮ 압축공기 누설
㉯ 브레이크 캘리퍼 피스톤의 고착
㉰ 브레이크 디스크 두께 변화
㉱ 브레이크 체임버 리턴 스프링의 장력 약화

풀이) 피스톤이 고착되면 브레이크를 밟은 후 리턴되지 않으므로 마찰열에 의해 브레이크가 과열된다.

34 압축 공기식 브레이크 장착 차량에서 제동 시 차량이 한 쪽으로 쏠림 현상이 발생했다. 그 원인이 아닌 것은? [06년 하]

㉮ 압축공기 압력이 최대 압력에 도달하지 못함
㉯ 규격이 다른 브레이크 실린더 장착
㉰ 불균일한 타이어 마모
㉱ 브레이크 라이닝의 불균일한 마모

풀이) 제동시 한쪽으로 쏠리는 원인
① 라이닝 간극 조정 불량
② 앞바퀴 정렬 상태 불량
③ 타이어 공기압 불균형
④ 불균일한 타이어 마모
⑤ 규격이 다른 브레이크 실린더 장착

35 자동차의 바퀴잠김 방지식 제동장치(ABS)의 기능 설명 중 틀린 것은? [05년 상, 07년 하]

㉮ 방향 안정성 확보
㉯ 조향 안정성 확보
㉰ 제동거리 단축 가능
㉱ 주행성능 향상

풀이) ABS의 목적
① 제동거리 단축
② 방향 안정성 확보(stability) : spin 방지
③ 조향 안정성 확보(steerability)
④ 타이어 편마모 및 제동이음 방지

 32 ㉰ 33 ㉯ 34 ㉮ 35 ㉱

36 ABS 브레이크 장치에 사용되는 구성품이 아닌 것은? [06년 상]

㉮ ABS 컨트롤 유닛
㉯ 휠스피드 센서
㉰ 리어 차고센서
㉱ 하이드로릭 유닛

> **ABS 주요 구성부품 및 역할**
> ① ABS ECU(컨트롤 유닛) : 휠 스피드센서에 의해 4륜 각각의 차륜속도 및 감가속도를 연산하여 차륜의 슬립상태를 판단하며 각종 솔레노이드 밸브에 대한 증압 및 감압형태를 결정한다.
> ② 휠 스피드 센서 : 톤휠의 회전에 의해 발생된 신호로 바퀴의 회전속도를 검출
> ③ 하이드롤릭 유닛 : ECU의 신호에 따라 정상, 감압, 증압, 유지의 4가지 작동으로 각 휠 실린더에 작용하는 유압을 조절하며, 오일펌프, 솔레노이드 밸브, 어큐뮬레이터, 제어 피스톤, 프로포셔닝 밸브 등이 설치

37 ABS 시스템에서 스피드 센서에 의해 4륜 각각의 차륜 속도 및 차륜 감가속도를 연산하여 차륜의 슬립 상태를 판단하며 각종 솔레노이드 밸브에 대한 증압 및 감압 형태를 결정하는 부품은? [04년 상, 07년 상]

㉮ 모터 및 펌프(MOTOR & PUMP)
㉯ ABS ECU
㉰ 하이드롤릭 밸브
㉱ EBD

> **ABS 주요 구성부품 및 역할**
> ① ABS ECU(컨트롤 유닛) : 휠 스피드 센서에 의해 4륜 각각의 차륜속도 및 감가속도를 연산하여 차륜의 슬립 상태를 판단하며 각종 솔레노이드 밸브에 대한 증압 및 감압 형태를 결정한다.
> ② 휠 스피드 센서 : 톤휠의 회전에 의해 발생된 신호로 바퀴의 회전속도를 검출
> ③ 하이드롤릭 유닛 : ECU의 신호에 따라 정상, 감압, 증압, 유지의 4가지 작동으로 각 휠 실린더에 작용하는 유압을 조절하며, 오일펌프, 솔레노이드 밸브, 어큐뮬레이터, 제어 피스톤, 프로포셔닝 밸브 등이 설치

38 차량 속도가 50km/h, 차륜 속도가 40km/h일 때 슬립율은 얼마인가? [06년 하]

㉮ 10% ㉯ 20%
㉰ 30% ㉱ 40%

> 슬립률 = $\dfrac{V - V_w}{V} \times 100(\%)$
> 여기서, V : 자동차 속도
> V_w : 바퀴 속도
> ∴ 슬립률 = $\dfrac{50-40}{50} \times 100 = 20\%$

39 ABS ECU로 입력되는 휠 스피드 센서 신호(교류 파형)를 가지고 차륜 속도를 연산하는 방법이 틀린 것은? [06년 하]

㉮ 주파수 측정방식
㉯ 주기 측정방식
㉰ 평균 주기 측정방식
㉱ 최대 주파수 측정방식

> **휠 스피드 센서 방식의 종류**
> ① 마그네틱 픽업코일 방식 : 자기유도 작용을 이용한 것으로, 톤 휠의 회전속도에 비례하여 주파수가 변화하는 것으로 회전속도를 검출
> ② 홀 센서 방식 : 홀 IC를 이용하여 회전속도를 검출

40 ABS 장치에서 제어 채널의 종류에 속하지 않는 것은? [09년 하]

㉮ 4센서 3채널 ㉯ 4센서 4채널
㉰ 4센서 1채널 ㉱ 4센서 2채널

36 ㉰ 37 ㉯ 38 ㉯ 39 ㉱ 40 ㉰

풀이 **ABS 채널의 종류**

① 4센서 4채널 : 4개의 휠에 속도센서와 제어 채널이 각각 장착
② 4센서 3채널 : 채널은 전륜에 2개, 후륜에 1개, 속도센서는 전부 장착
③ 4센서 2채널 : 채널은 전륜과 후륜에 각각 1개, 속도센서는 전부 장착
④ 3센서 3채널 방식 : 전륜에는 채널과 센서가 2개, 후륜에 채널과 센서가 1개
※ 센서는 각 바퀴에 속도센서의 수를, 제어 채널이란 감압과 증압을 제어하는 압력제어 밸브를 말한다.

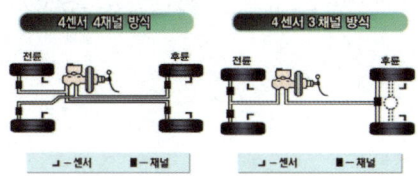

41 전자제어 제동장치(ABS)에서 휠 스피드 센서 (마그네틱 방식)의 파형에 관한 설명으로 틀린 것은? [08년 상]

㉮ 각 바퀴의 회전속도를 검출하여 컴퓨터로 입력시킨다.
㉯ 파형으로 휠 스피드 신호 측정시 주기적으로 빠지는 경우는 대개 톤 휠이 손상된 경우이다.
㉰ 일반적으로 에어갭은 적으면 적을수록 유리하다.
㉱ 차량의 속도가 증가하면 주파수도 증가하고 P – P 전압도 상승한다.

풀이 **마그네틱 방식 휠 스피드 센서의 원리**

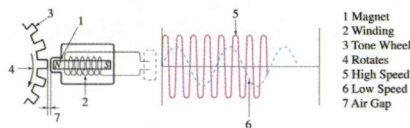

㉮, ㉯, ㉱항이 옳은 설명이고, 에어 갭은 일정해야 한다.

42 다음 내용은 ABS 경고등이 점등되는 조건에 대하여 설명한 것이다. 틀린 것은? [04년 하]

㉮ ABS ECU로 전원전압이 인가되지 않을시
㉯ 알터네이터 "L" 단자 전압이 7V 이하로 떨어진 경우
㉰ ABS 시스템이 정상적으로 작동 중 일 때
㉱ ABS 시스템 이상 발생시 페일세이프 기능에 따라 기능 정지하여 자기 보정시

풀이 ABS 시스템이 정상이면 점등되지 않는다.

43 차량이 주행 중 ABS 작동조건에 해당되지 않음에도 불구하고 ABS 작동 진동(맥동)음이 발생되었을 때 예상할 수 있는 고장원인으로 적합한 것은? [05년 하, 09년 하]

㉮ 제동등 스위치 커넥터 접촉 불량
㉯ 하이드로릭 유니트 내부 밸브 릴레이 불량
㉰ 휠 스피드센서 에어갭 불량(과다)
㉱ 차속센서(Vehicle Speed Sensor) 불량

풀이 휠스피드 센서의 갭이 불량하면 센서 출력이 부정확하므로 ABS작동 진동(맥동)이 발생될 수 있다.

44 4륜 구동 ABS 장치 차량에서 제동시 차체의 기울기를 판단하여 가·감속을 감지하는 센서는? [09년 상]

㉮ G(Gravity) 센서
㉯ 차속 센서
㉰ 휠 스피드 센서
㉱ 차고 센서

풀이 G 센서(gravity, 중력) : 자동차의 가로방향의 작용력(차체의 기울기)을 판단하여 가속도의 크기를 검출

41 ㉰   42 ㉰   43 ㉰   44 ㉮

04 주행 및 구동장치

제1절 휠 및 타이어

자동차의 바퀴는 휠과 타이어로 이루어져 있으며, 바퀴는 자동차에서 지면으로 부터의 충격과 진동을 원활히 조절하여 섀시부품의 손상 방지 및 운전자의 피로감을 줄여서 쾌적한 운행을 하는데 그 목적이 있다.

1_ 휠

휠은 타이어를 지지하는 림(rim)과 허브를 지지하는 디스크(disc)로 구성되어 있다.

1. 휠의 종류

1) 디스크 휠

강판을 성형하여 허브에 구멍을 뚫어놓은 것으로 구조가 간단하여 승용차나 경트럭에 주로 사용된다.

2) 스포크 휠

림과 허브를 스포크로 연결한 것으로 가볍고 냉각효과가 좋으나 가격이 비싸고 실용성이 나빠 스포츠용 자동차나 2륜차에 주로 사용된다.

3) 스파이더 휠

림과 허브를 방사상으로 연결한 것으로 브레이크 효과가 좋아 대형차량에 주로 사용된다.

4) 경합금제 휠

알루미늄 휠, 마그네슘 휠 등이 있다.

(a) 디스크 휠   (b) 스포크 휠   (c) 스파이더 휠

그림 2-131 / 휠의 종류

2. 림의 종류

1) 2분할 림

림과 디스크를 일체로 프레스 가공하여 볼트로 결합한 구조로 타이어 직경이 작은 경차에 많이 사용한다.

2) 드롭센터 림

타이어 탈착을 쉽게 하기 위하여 중앙부분을 깊게 제작한 것으로, 승용차 및 소형 트럭에 사용한다.

3) 광폭 드롭센터 림

림 폭을 넓게 하여 완충작용을 좋게 한 초저압 타이어용이다.

4) 인터 림

림 폭을 넓게 하고 타이어를 정확히 체결되도록 한 것으로, 트럭이나 버스에 사용한다.

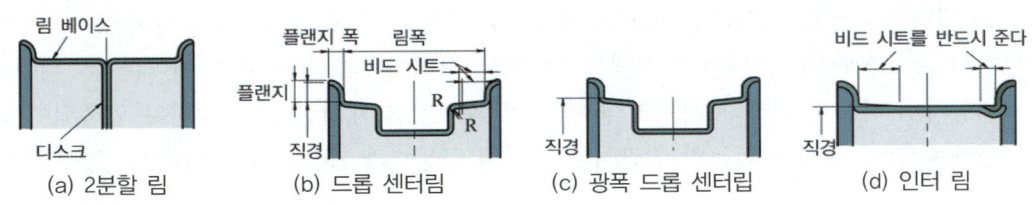

(a) 2분할 림   (b) 드롭 센터림   (c) 광폭 드롭 센터립   (d) 인터 림

2_ 타이어(tire)

타이어는 휠에 끼워져 일체로 회전하며 노면으로부터의 충격을 흡수하고 자동차의 구동과 제동을 가능하게 한다. 타이어는 레이온과 나일론 등의 섬유에 양질의 고무를 입힌 코드(cord)를 여러층 겹쳐 틀 속에서 성형한 것이다.

1. 타이어의 분류

1) 사용 압력에 따라

① 고압 타이어 : 공기압력이 4.2~6.3[kgf/cm²]으로 대형차량에 사용
② 저압 타이어 : 공기압력이 2.0~2.5[kgf/cm²]으로 기본형으로 사용
③ 초저압 타이어 : 공기압력이 1.7~2.0[kgf/cm²]으로 승용차량에 사용

2) 튜브의 유무에 따라

① 튜브 타이어 : 튜브에 공기를 주입하는 방식이다.
② 튜브리스(tubeless) 타이어 : 튜브가 없이 타이어와 림과의 밀착으로 기밀이 유지되는 형식이로 최근에 많이 사용하는 방식이다.

3) 내부 구조 및 형상에 따라

① 바이어스 타이어 : 카커스 코드를 경사지게(bias) 서로 포갠 구조
② 레이디얼 타이어 : 카커스 코드를 원 둘레에 대해 휠의 반지름(radial) 방향으로 설치한 타이어이다.

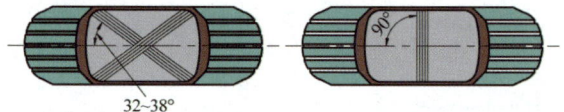

그림 2-132 / **카커스의 각도**

③ 편평 타이어 : 광폭 타이어라고도 하며 타이어의 높이에 비해 폭이 넓어진 타이어를 말한다. 편평비는 $\frac{높이}{폭(너비)} \times 100(\%)$ 로 나타내며, 숫자가 작을수록 광폭을 의미한다.
④ 스노우 타이어 : 스노우 타이어는 보통 타이어와는 달리 트레드 패턴은 리브 패턴과 블록 패턴을 적절히 배치하고 트레드 폭을 10~20[%] 넓게, 홈은 보통 타이어보다 깊게 파서 눈 위에서도 슬립없이 주행할 수 있는 타이어이다. 스노우 타이어는 눈 위에서 자동차의 하중에 의해 트레드의 홈에 눈이 채워지면 채워진 눈이 상하로 압축되어 단단해지고 이 상태에서 눈의 전단저항에 의해 구동력과 제동력을 발휘할 수 있게 된다.

2. 타이어의 특징

1) 튜브리스 타이어의 특징

① 못 등에 찔려도 공기가 급격히 빠지지 않는다.
② 튜브가 없어 간단하며, 고속 주행에도 방열이 잘된다.
③ 펑크 수리가 쉽다.

④ 림이 변형되면 공기가 새기 쉽다.
⑤ 유리 조각 등으로 넓게 파손되면 수리가 어렵다.

2) 레이디얼 타이어의 특징

① 편평비를 크게할 수 있어 접지성을 향상시킬 수 있다.
② 횡방향에 대한 강성이 우수하여 조종성과 방향성이 좋다.
③ 브레이커가 튼튼하여 하중에 의한 변형이 적다.
④ 로드 홀딩이 좋고 스탠딩 웨이브가 잘 발생하지 않는다.
⑤ 충격 흡수가 나빠 승차감이 나쁘다.
⑥ 편평비가 커서 접지면적이 넓어지므로 핸들이 다소 무겁다.

3) 편평 타이어의 특징

① 접지면적이 넓어 옆방향 강도가 증가하며 코너링 포스가 향상된다.
② 구동력과 제동력이 좋다.
③ 타이어 폭이 넓어 타이어 수명이 길다.

4) 스노우 타이어 사용시 주의할 점

① 구동바퀴의 하중을 크게 할 것
② 미끄러지면 안되므로 출발을 천천히 할 것
③ 바퀴가 록(lock)되면 제동거리가 길어지므로 급제동을 하지 말 것
④ 트레드 부가 50[%] 이상 마모되면 효과가 없어지므로 체인을 병용할 것

3. 타이어의 구조

타이어의 외부는 트레드(tread) 부, 숄더(shoulder) 부, 사이드월(side wall) 부, 비드(bead) 부의 4부분으로 되어 있으며, 내부에는 카커스 및 브레이커로 구성되어 있다. 각 부의 역할은 다음과 같다.

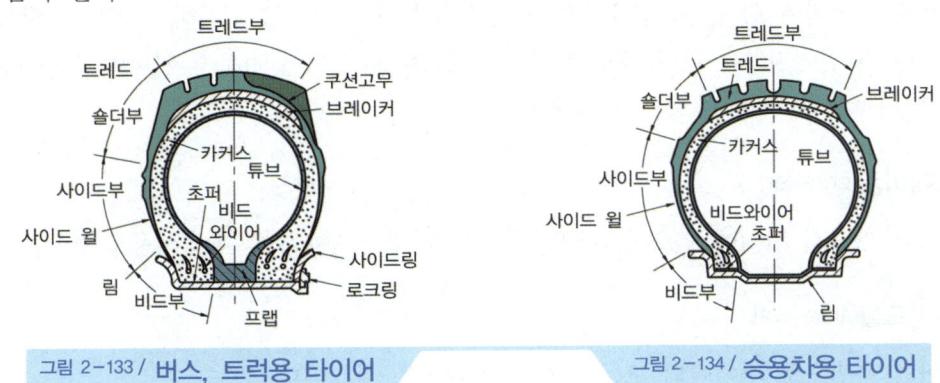

그림 2-133 / 버스, 트럭용 타이어   그림 2-134 / 승용차용 타이어

1) 트레드(tread)

트레드는 노면과 직접 접촉하는 부분으로 노면과의 마찰에 대한 저항이 크고 견인력과 열 발산 능력, 배수 능력이 좋아야 한다. 사용 용도에 따라 다음과 같은 종류가 있다.

① 리브(rib 또는 highway) 패턴 : 타이어의 원 둘레 방향으로 여러개의 홈을 파 놓은 것으로 옆방향 미끄럼에 대해 저항력이 커서 조향성이 양호하여 포장된 도로를 고속주행하는데 적합하다. 승용차에 주로 사용한다.

② 러그(lug) 패턴 : 타이어 원 둘레 방향에 대하여 직각방향으로 홈을 파 놓은 것으로, 견인력 및 방열성이 좋아 트럭 및 버스에서 사용한다.

③ 리브러그 패턴 : 중앙 부분은 리브 패턴을 바깥부분은 러그 패턴을 두어 험한 도로 및 일반 포장도로에서 겸용할 수 있는 타이어이다.

④ 블록(block) 패턴 : 노면과의 접촉부분이 하나씩 독립된 블록 모양으로 이루어 진 것으로, 눈이나 모래길 같은 연한 노면을 다지면서 주행할 수 있어 견인성능 및 제동성능이 매우 크다.

그림 2-135 / 리브 패턴   그림 2-136 / 러그 패턴   그림 2-137 / 리브러그 패턴   그림 2-138 / 블록 패턴

2) 카커스(carcass)

카커스는 타이어의 형상을 유지하는 뼈대가 되는 중요한 부분으로 플라이(ply)라 부르는 섬유층으로 구성되어 있다. 이 섬유층을 교대로 교차시켜 고무로 접착하여 어느 방향으로도 충분한 강도가 얻어지도록 한다. 플라이 수가 많을 수록 타이어 강도가 커지며 승용차는 4~6, 트럭이나 버스는 8~16 플라이 정도이다.

3) 브레이커(breaker)

트레드와 카커스 사이에 있으며, 카커스를 보호하고 노면에서의 완충작용도 한다.

4) 사이드월(side wall)

타이어의 측면으로 타이어의 모든 정보가 적혀있는 부분이다.

5) 비드(bead)

타이어가 림과 접촉하는 부분으로, 내부에 몇 줄의 비드 와이어(bead wire)가 원둘레 방향으로 감겨 있어 비드부가 늘어나는 것과 타이어가 림에서 빠지는 것을 방지한다.

4. 타이어 호칭 치수

1) 일반타이어

① 저압 타이어 : 타이어 폭 - 타이어 안지름 - 플라이 수
② 고압 타이어 : 타이어 바깥지름 - 타이어 폭 - 플라이 수

2) 레이디얼 타이어 표시방법

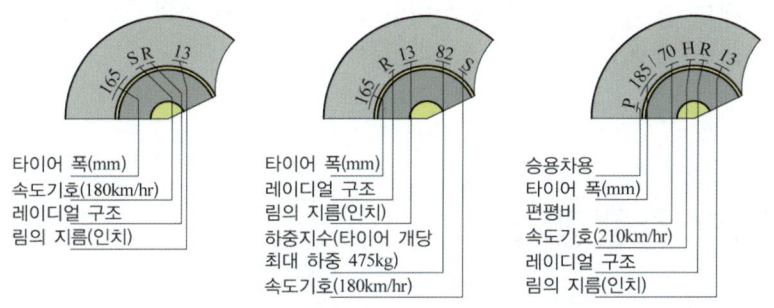

그림 2-139 / 레이디얼 타이어 표시방법

5. 타이어 평형 및 현상

1) 바퀴의 평형(wheel balance)

① 정적 밸런스 : 상하의 무게가 적합(불평형시 : 휠 트램핑 발생)
② 동적 밸런스 : 좌우 대각선 무게가 적합(불평형시 : 시미 현상 발생)

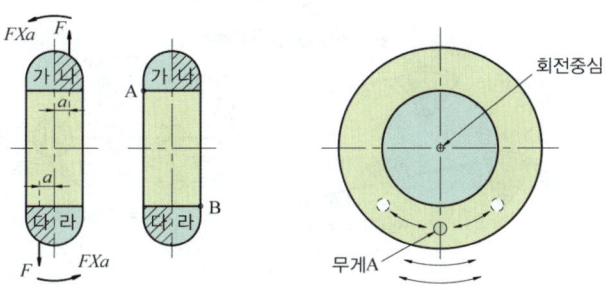

2) 스탠딩 웨이브 현상

고속 주행시 공기가 적을 때 트레드가 받는 원심력과 공기 압력에 의해 트레드가 노면에

서 떨어진 직후에 찌그러짐이 발생하는 현상으로 스탠딩 웨이브 방지방법은 다음과 같다.

① 타이어 공기압을 표준 공기압보다 10~15[%] 높여 준다.
② 타이어 접지폭이 큰 광폭 타이어를 사용한다.
③ 타이어 트레드 강성이 높은 것을 사용한다.

3) 하이드로 플레이닝 현상(hydro planing, 수막현상)

자동차의 바퀴가 물위를 고속주행 할 때 타이어 트레드가 노면의 물을 완전히 배출하지 못하여 타이어가 수막에 의해 노면에서 약간 떠서 주행하여 제동력 조향력을 상실하는 현상으로 하이드로 플레이닝 방지 방법은 다음과 같다.

① 타이어 공기압을 10~20[%] 더 높여준다.
② 타이어 트레드 홈 깊이가 깊은 레이디얼 타이어를 사용한다.
③ 타이어 트레드 강성이 큰 것을 사용한다.

제2절 정속 주행장치

1_ 오토 크루즈 컨트롤(Auto Cruise Control)

고속도로 등 장거리 주행시 운전자의 피로를 저감하는 목적으로 가속페달을 밟지 않아도 차속을 일정하게 유지하는 장치를 오토 크루즈 컨트롤 시스템이라 하며, 스로틀 암을 하나 더 설치하여 ECU가 운전자의 입력신호에 의해 자동으로 스로틀 밸브를 개폐하는 장치이다.

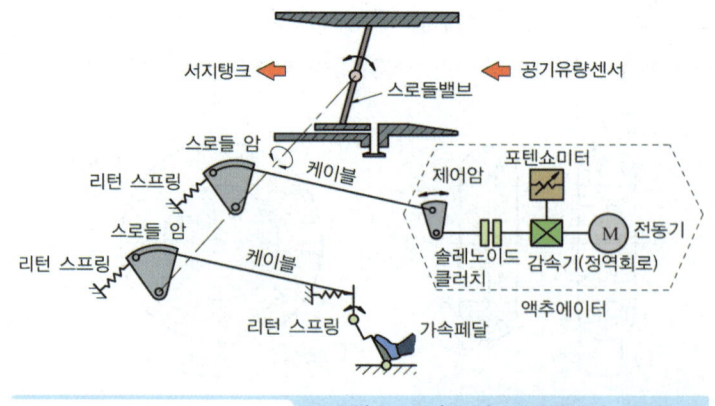

그림 2-140 / 정속 주행장치 개략도

1. ACC의 개요

1) 정속 주행장치의 장점

① 장시간 운전시 운전자의 피로 경감
② 정속 주행으로 인한 10[%] 정도의 연료 절감
③ 승차감 향상 및 쾌적한 운행

2) 종류

① 진공식 : 진공 액추에이터를 이용한 방식
② 전기식 : 컴퓨터에 의해 스로틀 모터를 제어하는 방식
③ 전자식 : ECU에 의해 ETS와 연계하여 제어하는 방식

2. ACC의 구성 부품

1) 컴퓨터

센서와 제어 스위치 신호를 받아 정속주행에 필요한 신호를 액추에이터로 보내주는 장치로, 세트(set), 코스트(coast), 리쥼(resume) 등의 기능을 수행한다.

2) 스로틀 케이블

스로틀 밸브를 개폐시키는 케이블이 가속페달과 오토 크루즈 용 각각 2개가 있다.

3) 액추에이터

전동기, 웜 기어, 웜 휠, 유성기어, 솔레노이드 클러치, 리미트 스위치 등으로 구성되어 있다. 리미트 스위치는 스로틀 밸브 완전 개폐시 과부하가 걸리는 것을 방지하기 위해 전동기에 전류의 공급을 차단하는 기능을 한다.

4) 제어 스위치

메인 스위치는 점화 스위치가 ON일 때 컴퓨터 스위치를 ON, OFF하는 역할을 하며, 세트/코스트, 리쥼/엑셀러레이터는 운전자가 정속 주행을 실행시키는 명령 스위치이다.

5) 해제 스위치

정속 주행 중 브레이크 페달을 작동시키면 제동등 스위치가 ON되어 액추에이터의 공급 전원을 차단하고, 고정 주행 중 변속레버를 P나 N 레인지로 하면 해제 신호를 컴퓨터로 입력시켜 즉시 정속 주행을 해제시킨다.

3. ACC의 제어

1) 세트 제어(set control, 고정 주행)

희망 차속으로 주행하면서 세트 스위치를 조작하면 조작 시 차속으로 고정된다. 규정 차속(40[km/h]) 이하에서는 작동하지 않는다.

2) 리줌 제어(resume control, 회복 주행)

정속 주행 중 일시 해제가 되었을 때 리줌(액셀러레이터) 스위치를 ON하면 주행속도를 해제하기 전의 속도로 회복된다.

3) 코스트 제어(coast control, 감속 주행)

정속 주행 중 코스트 스위치를 ON하면 액추에이터의 부압을 개방하여 세트 스위치를 ON 할 때까지 감속한 후 정속 주행한다.

4) 액셀러레이터 제어(accelerator control, 가속 주행)

정속 주행 중 액셀러레이터 스위치를 ON하면 OFF(세트)할 때까지 가속한다.

4. ACC 해제조건

① 브레이크(또는 클러치) 페달을 밟았을 때
② 자동변속기 레버를 P 또는 N 레인지로 선택
③ 주행속도가 최저 한계속도(40km/h) 이하일 때
④ 주행속도가 처음 고정속도보다 20km/h 이상 감소되었을 때
⑤ 세트와 리줌 스위치를 동시에 ON 하였을 때

2_ 스마트 크루즈 컨트롤 (SCC : Smart Cruise Control)

SCC 시스템은 기존의 ACC(Auto Cruise Control) 시스템이 정속 주행장치라면, SCC는 차량 전방에 장착된 전파 레이더를 이용하여 선행차량과의 거리 및 속도를 측정하여 선행 차량과 적절한 거리를 자동으로 유지하는 시스템이다.

1. SCC의 개요

1) SCC 효과

① 운전 편의성 향상
② 연비 향상

2) 작동 원리

① 안테나에서 77[GHz]의 전파를 송신한다.
② 전방에 위치한 차량에 반사되어 다시 안테나로 수신된다.
③ 최고 64개 Target을 검출(검출은 하나, 목표 차량도 한개)하고, 검출거리는 1 ~ 174[m] 이다.

2. SCC의 작동 및 제어

1) SCC 작동

① 30 ~ 180[km/h]에서는 속도/거리 제어를 모두 수행하고, 30[km/h] 미만에서는 속도제어는 불가하다.
② 선행 차량이 정차하면 일정거리 뒤에 정차하고 3초 이내 출발시 자동 출발하며 3초가 넘어가면 resume 스위치 또는 액셀 페달 작동으로 출발한다. 5분이상 정차 유지시 EPB 작동하여 SCC 제어가 해제된다.

2) 시스템 제어

① 운전자가 스위치를 조작한다.(목표 속도 조작, 목표 차간 거리)
② SCC 센서 & 모듈에서 선행차량 인식, 목표 속도, 목표 차간 거리, 목표 가/감속도를 연산한 후 VDC ECU에 가/감속도 제어를 요청한다.
③ 클러스터에 제어 상황을 표시한다.
④ VDC 모듈은 ECM에 필요한 토크를 요청하고, 감속도 제어시 브레이크 토크가 필요하면 토크를 압력으로 변환하여 브레이크 압력을 제어한다. 참고로 클러스터, SCC, VDC, ECM, TCU는 CAN 통신을 하며 서로의 정보를 주고 받는다.

3. 센서 얼라이먼트

전방에 위치한 차량들을 정상적으로 감지하기 위해 센서면이 차량 진행 방향과 일치해야 한다. 이것을 차량 진행 방향과 일치하게 하는 것을 SCC 센서 얼라이먼트(정렬)라고 한다. 센서 얼라이먼트 미 수행시 차량의 감지성능 저하로 인하여 시스템이 정상 동작을 하지 않아 사고의 원인이 될 수 도 있다. 센서 얼라이먼트는 In line 설비가 갖춰진 정비공장이나 장비가 갖춰진 일반 A/S 센터에서 할 수 있다.

제3절 자동차의 성능

자동차의 주행성능에는 동력 전달기구에 좌우하는 성능(동력성능)과 이들에 전혀 지배되지 않는 성능이 있다. 동력성능으로는 등판성능, 가속성능, 최고속도, 연료 소비율 그리고 기타성능으로는 제동성능, 타행성능, 안전성능, 조종성능, 진동, 승차감 등을 들 수 있다.

1_ 주행성능

1. 자동차 주행저항의 종류

자동차의 주행저항이란 자동차의 진행방향과는 역방향으로 작용하는 모든 힘으로, 발생 원인별로 분류하면 구름저항, 공기저항, 등판저항, 가속저항 등이 있다.

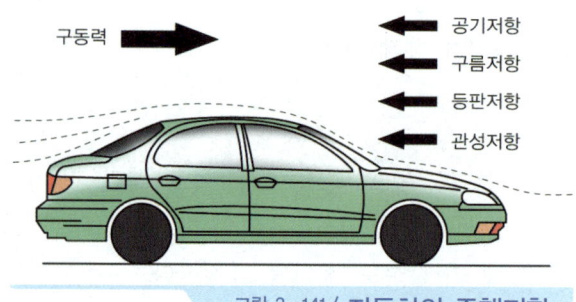

그림 2-141 / 자동차의 주행저항

자동차가 수평노면을 정속 주행 중이면 구름저항과 공기저항이, 오르막을 주행 중이면 등판저항이 더해지고, 오르막을 가속주행하면 구름저항, 공기저항, 등판저항, 가속저항 등 전주행저항이 모두 작용한다.

1) 구름저항

차륜이 수평노면을 구를 때 일어나는 저항으로 노면에서 휠(wheel)의 걸리는 하중과 노면 상태, 주행속도에 따라서 다음과 같은 등식이 성립한다.

$$R_r = \mu_r \cdot W$$

R_r : 구름저항[kg]
μ_r : 구름저항계수
W : 차량 총 중량[kg]

표 2-3 / 노면상태에 따른 구름저항 계수

노면상황	구름저항계수
양호한 아스팔트 포장로	약 0.010
양호한 콘크리트 포장로	약 0.015
양호한 미포장로	약 0.04
돌이 많이 있는 도로	약 0.08
새 자갈을 깐 도로	약 0.12
점토질 도로	약 0.2 ~ 0.3

이 값은 대강의 값으로 노면상황, 속도, 타이어 내압, 타이어 하중, 타이어 구조 등에 따라 변화한다. 구름저항이 증가하는 요인으로는

① 타이어의 변형
② 노면의 변형, 요철에 의한 충격저항
③ 타이어와 노면간의 국부적인 미끄러짐과 마찰로 인한 것
④ 공기속에서의 바퀴 회전으로 인한 공기저항
⑤ 차륜 베어링의 마찰저항이 있다.

또한, 구름저항계수는 타이어 공기압과 차속에 의해 변화한다. 차속이 140 km/h 이상이 되면 구름저항계수는 급격히 증대하며 그 원인은 정지파(Standing wave)의 발생 때문에 저항이 커지기 때문이며, Standing wave가 생기면 저항은 거의 속도의 제곱에 비례한다.

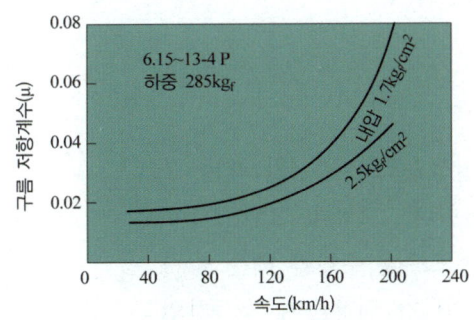

그림 2-142 / 속도에 따른 구름저항 계수의 변화

2) 공기저항(空氣抵抗)

자동차가 주행할 때 진행방향에 반대하는 공기력으로, 자동차의 공기저항은 일반적으로 20[km/h] 까지는 무시되며 주행속도에 따른 공기저항은 다음과 같다.

$$R_a = \mu_a \cdot A \cdot v^2 [\mathrm{kg_f}]$$

μ_a : 공기저항 계수
A : 자동차 전면 투영면적[m²]
v : 차의 주행속도[m/s]

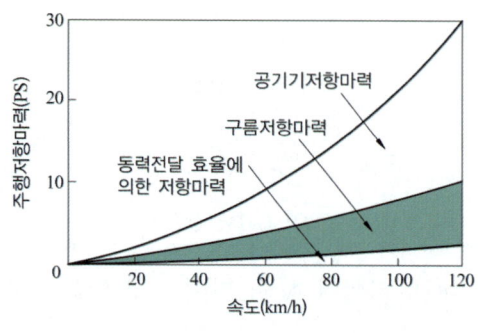

그림 2-143 / **공기저항과 구름저항과의 비교**

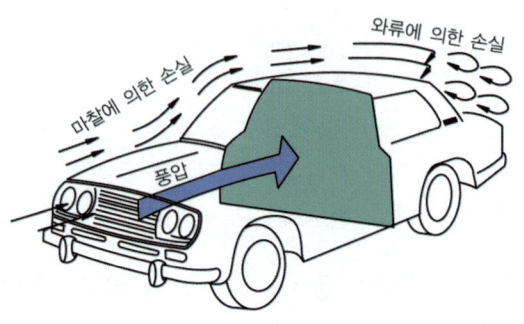

그림 2-144 / **공기저항**

자동차가 직진 주행하고 있는 경우(편요각이 0) 차체에는 뒷방향으로 작용하는 항력, 윗방향으로 작용하는 양력, 차체가 상하로 움직이는 피칭모멘트가 작용하며 최고속도나 연료소비율, 차체의 부상(浮上)으로 안정성에 영향을 준다.

자동차가 선회하거나 옆방향으로 바람이 불어오면(편요각이 0이 아닌 경우) 차체에 대하여 편요각을 갖기 때문에 옆방향에 작용하는 횡력, 그로 인해 차체가 좌우로 흔들리는 롤링모멘트, 자동차의 앞, 뒤에 작용하여 지그재그로 움직이게 하는 요잉모멘트가 작용하여 진로유지의 안정성, 옆바람에 의한 안정성 등에 영향이 있다. 여기서, 3력(항력, 양력, 횡력)은 공기가 흐를 때 표면에 일어나는 압력에 의해, 3모멘트(피칭, 요잉, 롤링)는 압력의 분포에 의해서 결정된다.

3) 등판저항(登板抵抗)

자동차가 수평 노면을 일정속도로 주행할 때는 구름저항과 공기저항만 작용한다. 그러나 그림 2-145과 같이 각 θ만큼 경사진 도로를 주행할 때는 중력이 경사면에 평행한 분력 W가 작용하여 자동차의 전진을 방해한다. 이것을 등판저항 또는 구배저항이라 한다. 경사길을 내려갈 때는 반대로 자동차를 추진하는 힘이 작용하여 마이너스 저항이 작용한다.

등판저항은 다음 식으로 나타낸다.

$$R_g = W \sin\theta \,[\mathrm{kg}]$$

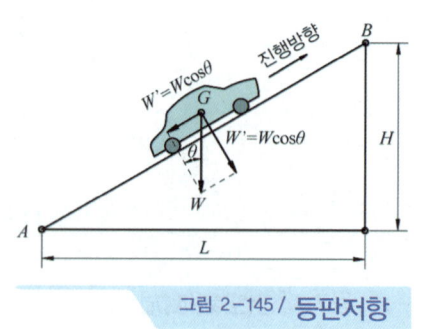

그림 2-145 / **등판저항**

위의 식은 15[%] 이상의 도로는 없다는 가정에 의한 등식이다.

일반적으로 노면의 기울기는 $\tan\theta$의 백분율로 나타내며, 또 θ의 값이 그다지 크지 않을 경우에는 $\sin\theta \fallingdotseq \tan\theta$이므로 등판저항값은 근사적으로 다음 식과 같이 나타낸다.

$$R_g = W\tan\theta = W \cdot \frac{G}{100} \text{[kg]}$$

여기서, G는 구배 [%](H/L×100)이다.

4) 가속저항(加速抵抗)

자동차의 속도를 변화시키는데 필요한 힘을 가속저항이라 한다. 일반적으로 물체를 가속하려고 할 때는 그 물체의 관성을 극복하는 힘이 필요하고, 그 힘이 가속력, 결국 가속저항이 되므로 가속저항은 관성저항이라고도 할 수 있다.

$$R = (W + \Delta W)\frac{\alpha}{g} \text{[kg]}$$

R : 가속저항
W : 차량 총중량[kg]
ΔW : 회전부분 상당중량[kg]
α : 가속도[m/s²]
g : 중력가속도[m/s²]

표 2-4 / 회전부분 상당중량

자동차의 종류		승용차		$\frac{\Delta W}{W_1}$ = 0.1 : 트럭
변속 단수	3단		4단	$\frac{\Delta W}{W_1}$ = 0.08 : 승용차
$\frac{\Delta W}{W}$	제 1 단	0.88	0.70	$\frac{\Delta W}{W_1}$ = 0.25 : 이륜차
	제 2 단	0.28	0.54	
	제 3 단	0.11	0.20	단, W_1은 공차중량
	제 4 단		0.10	

2. 자동차 전 주행저항

자동차가 주행중 받는 저항은 앞에서 설명한 구름저항, 공기저항, 등판저항 그리고 가속저항이 있으며 주행상태에 따른 전 주행저항은 다음과 같다.

① 평탄로를 일정 속도로 주행할 경우의 전 주행저항 : 구름저항+공기저항
② 등판로를 일정 속도로 주행할 경우의 전 주행저항 : 구름저항+공기저항+등판저항
③ 평탄로를 일정 가속도로 가속할 경우의 전 주행저항 : 구름저항+공기저항+가속저항

또 오르막길을 가속하면서 주행할 경우에는 ③에 등판저항을 더하면 전 주행저항이 된다. 등판저항은 내리막길을 주행하면 마이너스가 되고 자동차가 감속할 경우에는 가속저항도 마이너스가 된다. 따라서 필요로 하는 감속도(마이너스 가속도)를 얻기 위해서는 그 에너지를 흡수하는 장치(브레이크 장치)의 성능이 중요하다.

2_ 선회성능

1. 타이어에 발생하는 힘과 모멘트

하중을 지탱하여 구르는 타이어에는 접지면에 있어서 노면으로부터 타이어에 대하여 진행을 저해하도록 뒷방향으로 구름저항이 작용한다. 또 타이어에 제동을 걸면 역시 뒷방향으로 제동력이 발생한다. 타이어가 노면에 대하여 경사져 있을 때, 접지면에서 노면으로부터 타이어에 대해 캠버 스러스트가 작용한다. 자동차가 선회시 타이어는 진행방향과 일치하지 않고 어느 각도만큼 미끄러지며 구르게 되므로 이를 사이드 슬립각(side slip angle, 횡슬립각)이라 한다. 사이드 슬립에 의해 노면으로부터 타이어에 대해서 회전면에 직각인 힘 사이드 포스가 발생하며, 이 힘을 진행방향과 직각방향으로 나누면 직각방향으로 코너링 포스가 발생한다. 아래 그림에서처럼 탄성변형의 합력이 타이어의 중심보다 뒤쪽(pneumatic trail)에 오게 되므로 코너링 포스에 의해서 회전모멘트가 발생되는데 이를 자동중심 조정 토크(복원토크, Self Aligning Torque)라 한다.

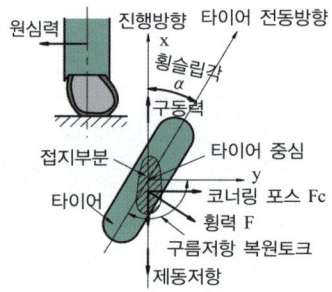

그림 2-146 / 타이어에 발생하는 힘과 모멘트

2. 코너링시 힘의 균형

자동차가 코너링 시 4개의 타이어에 작용하는 코너링 포스(구심력)는 자동차에 발생되는 원심력과 평형을 이루기 때문에 원만한 선회가 이루어진다. 타이어가 직진 방향으로 진행할 때는 코너링 포스는 발생하지 않으나 타이어가 진행 방향과 약간 벗어난 방향으로 진행시 코너링 포스는 발생된다. 즉, 사이드 슬립각이 있을 때 타이어와 노면과의 마찰력에 의해 코너링 포스는 발생된다.

또한, 원심력은 곡률반경에 반비례하고 속도의 제곱에 비례한다.($a = \dfrac{v^2}{r}$)

따라서, 원심력[kg] = m · a = $\dfrac{W}{g} \cdot \dfrac{v^2}{r}$ 으로 나타낼 수 있다.

위식에서, 코너 선회시 반지름이 200에서 100으로 작아지면, 코너링 포스는 2배가 필요하게 되고 속도가 50k[m/h]에서 100[km/h]로 2배 증가하면, 코너링 포스는 4배가 필요하게 된다.

3. 선회 가속도(횡가속도)

자동차가 선회반경 30[m]의 원을 45[km/h]로 주행시 선회 가속도 $a = \dfrac{v^2}{r} = \dfrac{\left(\dfrac{45}{3.6}\right)^2}{30}$
$= 5.2 \,[\text{m/s}^2]$ 이다.

중력 가속도 9.8[m/s²] = 1[G] 이므로, $\dfrac{5.2}{9.8} = 0.53[G]$에 해당한다.

선회 가속도는 일반도로 주행시 0.2 ~ 0.3[G] 정도이며, 그 이상이 되면 불쾌감 또는 공포심을 유발하게 된다.

4. 선회 특성

① 언더 스티어(under steer) : 자동차의 속도가 증가하면 선회반지름이나 핸들각이 커지는 현상

② 오버 스티어(over steer) : 자동차의 속도가 증가하면 선회반지름이나 핸들각이 감소하는 현상

③ 뉴트럴 스티어(neutral steer) : 자동차의 속도가 증가하여도 선회반지름이나 핸들각이 일정한 정상 원선회

④ 리버스 스티어(reverse steer) : 속도가 낮은 초기에는 조향각도가 증가하는 언더 스티어가, 속도가 증가함에 따라 오버 스티어가 되는 현상

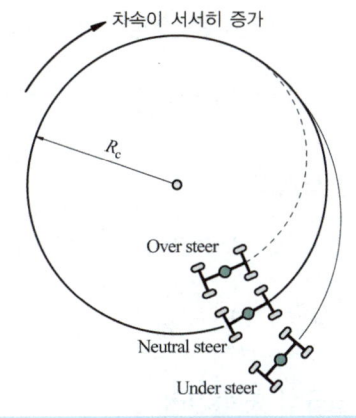

그림 2-147/ 코너링시 선회특성

3_ 제동성능

1. 제동거리 종류

1) 공주거리

거리는 속도×시간이므로, 공주거리 = $\dfrac{V}{3.6} \times$ 공주시간, 공주시간을 1/10초라 하면

∴ 공주거리 $S[\text{m}] = \dfrac{V}{36}$

V : 자동차 속도[km/h]
S : 공주거리[m]

공주시간을 분류하면 반응시간, 옮기는 시간, 밟는 시간으로 분류할 수 있으며 반응시간은 운전자의 특성에 따라, 옮기는 시간과 밟는 시간은 페달 높이와 페달 행정에 따라 변할 수 있다.

2) 제동거리

자동차가 V[km/h]의 속도로 주행할 때 F[kg]의 제동력을 발생시켜 S[m]의 거리에서 정지하였다면 그 때의 일 $W = F \cdot S$

또한 질량 m인 자동차가 v[m/s]의 속도로 운동하고 있을 때 운동 에너지 $E = \dfrac{1}{2} m \cdot v^2$ 이다.

자동차가 한 일과 운동 에너지는 같으므로 $F \cdot S = \dfrac{1}{2} m \cdot v^2 = \dfrac{1}{2} \cdot \dfrac{W}{g} \cdot v^2$

여기에, 회전부분 상당중량을 더하여 정리하면,

제동거리 S[m] $= \dfrac{V^2}{254} \times \dfrac{W + \Delta W}{F}$

3) 정지거리

정지거리는 공주거리 + 제동거리이므로,

정지거리 S[m] $= \dfrac{V}{36} + \dfrac{V^2}{254} \times \dfrac{W + \Delta W}{F}$ 가 된다.

4) 법규상 제동거리

법규상 제동거리는 제동초속도가 50km/h일 때 제동거리를 법규화 한 것으로, 그 식은 S[m] $= \dfrac{V^2}{100} \times 0.88$ 이다.

5) 마찰계수에 의한 제동거리

차량 중량이 W[kg], 타이어와 노면과의 마찰계수가 μ인 도로에서 제동하여 S[m]에서 정지하였다면,

$$\therefore \mu \cdot W \cdot S = \dfrac{1}{2} m \cdot v^2 = \dfrac{1}{2} \cdot \dfrac{W}{g} \cdot v^2 \text{ 이다.}$$

이를 정리하면, 마찰계수에 의한 제동거리 S[m] $= \dfrac{v^2}{2 \cdot \mu \cdot g}$ 이 된다.

제4장 주행 및 구동장치 출제예상문제

01 FR(후축구동) 형식 자동차의 동력전달 순서가 맞는 것은? [07년 상]

㉮ 클러치 → 변속기 → 종감속 및 차동장치 → 추진축 → 차축 → 바퀴 허브
㉯ 클러치 → 변속기 → 차축 → 종감속 및 차동장치 → 바퀴 허브
㉰ 클러치 → 변속기 → 종감속 및 차동장치 → 차축 → 바퀴 허브
㉱ 클러치 → 변속기 → 추진축 → 종감속 및 차동장치 → 차축 → 바퀴 허브

풀이 ㉱항이 후륜구동(FR) 자동차의 동력전달 순서이다.

02 구동축(drive shaft)에 대한 설명으로 틀린 것은? [08년 하]

㉮ 추진축은 주로 속이 빈 강관으로 제작된다.
㉯ 슬립조인트는 길이 변화를 위한 것이다.
㉰ 앞바퀴 구동 자동차에서는 플렉시블 조인트가 많이 사용된다.
㉱ 유니버설 조인트는 각도 변화에 대비한 것이다.

풀이 앞바퀴 구동(FF) 자동차에서는 각도 변화가 커서 플렉시블 조인트를 사용하지 않는다.

03 오버드라이브 장치에 관한 설명으로 가장 옳은 것은? [05년 상]

㉮ 언덕길 주행시 작동한다.
㉯ 크랭크 축 회전속도보다 추진축 회전 속도를 빠르게 한다.
㉰ 저속시에 작동한다.
㉱ 회전력을 증대시킬 때 작동한다.

풀이 오버드라이브 장치(증속 구동장치)
엔진(크랭크축)의 회전속도보다 추진축의 속도를 빠르게 하여 연비를 향상시키는 장치이다.

04 동력 전달장치에서 종감속 장치의 기능이 아닌 것은? [06년 하]

㉮ 회전 토크를 증가시켜 전달한다.
㉯ 회전 속도를 감소시킨다
㉰ 좌·우 구동륜의 회전 속도를 차등 조절한다.
㉱ 필요에 따라 동력 전달 방향 변환시킨다.

풀이 종감속 장치(final reduction gear)
① 최종 감속장치로 토크를 증대시킨다.
② 추진축의 회전력을 직각으로 바퀴에 전달
③ 구동 피니언 기어와 링기어로 구성
④ 종류 : 웜과 웜엄기어, 베벨기어, 하이포이드 기어 등

01 ㉱ 02 ㉰ 03 ㉯ 04 ㉰

05 종감속 장치에 사용되는 기어 중 하이포이드 기어의 특징으로 틀린 것은? [08년 상]
㉮ 운전이 정숙하다.
㉯ 구동 피니언과 링기어의 중심선이 일치하지 않는다.
㉰ 차체의 중심이 낮아져서 안전상 및 거주성이 향상된다.
㉱ 하중 부담 능력이 작다.

> 풀이 하이포이드(hypoid) 기어의 특징
> ① 링기어 지름의 10~20%를 중심 아래로 옵셋시킨다.
> ② 추진축의 높이가 낮아져 안전성이 증대된다.
> ③ 구동 피니언을 크게 할 수 있어 강도가 증가된다.
> ④ 기어의 물림률이 커 회전이 정숙하다.
> ⑤ 극압용 기어오일을 사용해야 한다.

06 자동차 종감속 기어에 주로 사용되는 하이포이드 기어의 장점으로 틀린 것은? [05년 상]
㉮ 추진축의 높이를 낮게 할 수 있다.
㉯ 동일 조건하에 스파이럴 베벨기어에 비해 구동 피니언을 크게 할 수 있어 강도가 증가된다.
㉰ 링기어 지름의 8.12%를 중심 위로 옵셋시킨다.
㉱ 회전이 정숙하다.

> 풀이 하이포이드(hypoid) 기어의 특징
> ① 링기어 지름의 10~20%를 중심 아래로 옵셋시킨다.
> ② 추진축의 높이가 낮아져 안전성이 증대된다.
> ③ 구동 피니언을 크게 할 수 있어 강도가 증가된다.
> ④ 기어의 물림률이 커 회전이 정숙하다.
> ⑤ 극압용 기어오일을 사용해야 한다.

07 기관 오일의 필요한 조건을 설명한 것이다. 틀린 것은? [07년 상]
㉮ 내하중성, 내마모성이 뛰어날 것
㉯ 점도가 높고, 온도에 따른 점도변화가 있을 것
㉰ 산화 안정성이 뛰어날 것
㉱ 거품이 적고, 거품제거 성능이 우수할 것

> 풀이 기관 오일의 구비조건
> ① 내하중성, 내마모성이 뛰어날 것
> ② 점도가 높고, 온도에 따른 점도변화가 없을 것
> ③ 응고점은 낮고, 인화점이 높을 것
> ④ 열과 산에 대하여 안정성이 있을 것
> ⑤ 거품이 적고, 거품제거 성능이 우수할 것

08 종감속비(final reduction gear ratio)의 설명에서 틀린 것은? [04년 하]
㉮ 종감속비는 링기어의 잇수와 구동 피니언의 잇수의 비로 표시된다.
㉯ 종감속비는 엔진의 출력, 차종, 중량 등에 의해 정해진다.
㉰ 종감속비를 크게하면 감속성능(구동력)이 향상된다.
㉱ 종감속비를 크게하면 고속성능이 향상된다.

> 풀이 종감속비(final reduction gear)
> ① 종감속비 = 링기어 잇수/ 구동 피니언 잇수
> ② 종감속비를 크게 하면 구동력이 향상되고, 고속 성능은 감소한다.
> ③ 특정의 이가 항상 물리는 것을 방지하여 이의 편마멸을 방지하기 위해 종감속비는 정수비로 하지 않는다.
> ④ 변속비와 종감속비의 곱을 총감속비라 하고 변속기어가 톱(Top) 기어이면 엔진의 감속은 종감속 기어에서만 이루어진다.
> ⑤ 종감속비는 엔진의 출력, 차종, 중량 등에 의해 정해진다.

05 ㉱ 06 ㉰ 07 ㉯ 08 ㉱

09 종감속 장치의 피니언 잇수 9, 링기어 잇수 63 이다. 추진축이 2,100rpm으로 회전하며 오른쪽 바퀴는 180rpm으로 회전하고 있다. 이때 왼쪽 바퀴의 회전수는 몇 rpm 인가? [05년 하]

㉮ 120 ㉯ 180
㉰ 300 ㉱ 420

풀이) 바퀴 회전수 = $\dfrac{추진축 회전수}{종감속비} \times 2 -$ 반대쪽 회전수

$= \dfrac{2,100}{\frac{63}{9}} \times 2 - 180 = 420 \text{rpm}$

10 종감속 기어에서 구동피니언 잇수가 8개, 링기어 잇수가 40개인 차량이 평탄한 도로를 직진할 때 추진축의 회전수가 1,800rpm이라면 액슬축의 회전수는? [06년 상]

㉮ 360rpm ㉯ 450rpm
㉰ 510rpm ㉱ 700rpm

풀이) 액슬축 회전수 = $\dfrac{추진축 회전수}{종감속비}$

$= \dfrac{1,800}{5} = 360 \text{rpm}$

11 기관의 회전수가 3,000rpm이고, 제2속 변속비가 2 : 1, 최종 감속비가 3 : 1인 자동차의 타이어 반지름이 50cm라 할 때 이 자동차의 속도는 몇 약 km/h인가? [04년 하]

㉮ 47 ㉯ 60
㉰ 94 ㉱ 141

풀이) 차속 = $\dfrac{\pi DN}{R_t \times R_f} \times \dfrac{60}{1,000}$

여기서, D : 타이어 직경(m)
N : 엔진회전수(rpm)
R_t : 변속비
R_f : 종감속비

∴ 차속 = $\dfrac{3.14 \times 1 \times 3,000}{2 \times 3} \times \dfrac{60}{1,000}$
$= 94.2 \text{km/h}$

12 자동차가 54km/h로 달리다가 급가속 하여 10초 후에 90km/h가 되었을 때 가속도는 얼마인가? [04년 상, 07년 하]

㉮ 2m/sec² ㉯ 1m/sec²
㉰ 3m/sec² ㉱ 4m/sec²

풀이) 가속도(m/s²) = $\dfrac{나중속도 - 처음속도}{걸린시간}$

$= \dfrac{\left(\dfrac{90-54}{3.6}\right)}{10} = 1 \text{m/s}^2$

ANSWER 09 ㉱ 10 ㉮ 11 ㉰ 12 ㉯

13. 차량중량 1,500kgf의 자동차가 100km/h의 속도로 주행하고 있다. 6초 동안 30km/h로 감속하는데 필요한 감속력은?　　　　[08년 상]

㉮ 356.3kg　㉯ 495.7kg
㉰ 567.3kg　㉱ 638.3kg

풀이

감속도(m/s²) = $\dfrac{\left(\dfrac{100-30}{3.6}\right)}{6}$ = 3.24m/s²

W = m·g에서 ∴ m = $\dfrac{W}{g}$ = $\dfrac{1,500}{9.8}$ = 153kgf

감속력 = 질량 × 감속도 이므로
∴ 153 × 3.24 = 495.7kgf

14. 공기식 제동장치 차량에서 다음 조건의 적차상태의 제동률(%)은? (단, 총 제동력 4,900N, 자동차의 질량 1,800kg, 브레이크 공기압력 7.0bar, 블록킹 한계압력 4.5bar, 초기압력 0.4bar)　　[07년 상]

㉮ 23.6%　㉯ 36.7%
㉰ 44.7%　㉱ 57.1%

풀이

제동률(η) = $\dfrac{(P_1 - P_0) \times F}{(P_2 - P_0) \times W} \times 100(\%)$

여기서, P_0 : 초기압력
　　　　P_1 : 공기압력
　　　　P_2 : 한계압력

∴ 제동률 = $\dfrac{(7.0-0.4) \times 4,900}{(4.5-0.4) \times 1,800 \times 9.8} \times 100(\%)$
　　　　 = 44.7%

15. 주행속도가 120km/h인 자동차에 브레이크를 작동시켰을 때 제동거리는? (단, 바퀴와 도로면의 마찰계수는 0.25이다.)[09년 상]

㉮ 약 226.7m　㉯ 약 236.7m
㉰ 약 247.6m　㉱ 약 237.6m

풀이 제동거리 공식

① 공주거리(S) = $\dfrac{V}{36}$

② 제동거리(S) = $\dfrac{V^2}{254} \times \dfrac{W+\Delta W}{F}$

③ 정지거리(S) = $\dfrac{V}{36} + \dfrac{V^2}{254} \times \dfrac{W+\Delta W}{F}$

④ 법규상 제동거리(S) = $\dfrac{V^2}{100} \times 0.88$

⑤ 마찰계수에 의한 제동거리(S) = $\dfrac{v^2}{2\mu g}$

• 마찰계수에 의한 제동거리(S) = $\dfrac{v^2}{2\mu g}$

∴ S = $\dfrac{\left(\dfrac{120}{3.6}\right)^2}{2 \times 0.25 \times 9.8}$ = 226.7m

16. 동력전달 장치를 통하여 바퀴를 돌리면 구동축은 그 반대방향으로 돌아가려는 힘이 작용하는데 이 작용력을 무엇이라고 하는가?　　　　[04년 상]

㉮ 코너링 포스
㉯ 휠 트램프
㉰ 윈드 업
㉱ 리어 앤드 토크

풀이 리어 앤드 토크(rear and torque) : 엔진 출력이 구동바퀴를 돌리면 구동축에는 그 반대 방향으로 돌아가려고 하는 힘이 작용된다. 이 힘을 리어 엔드 토크라 한다.

• 구동형식의 종류
① 호치키스(hotchikiss) 구동 : 판 스프링
② 토크 튜브(torque tube) 구동 : 토크 튜브
③ 레이디어스 암(radius arm) 구동 : 레이디어스 암

13 ㉯　14 ㉰　15 ㉮　16 ㉱

17 동력전달장치의 안전을 위하여 점검사항으로 볼 수 없는 것은? [05년 하]

㉮ 변속기의 오일 누유
㉯ 추진축 및 자재이음의 진동 여부
㉰ 변속 링키지의 이탈 여부
㉱ 변속기의 각인

풀이 ㉮, ㉯, ㉰항이 동력전달장치의 안전 점검사항이며, 변속기 각인은 안전과는 관련이 없다.

18 자동제한 차동장치에 대한 설명 중 틀린 것은? [09년 하]

㉮ 수렁 탈출이 용이하다.
㉯ 요철 노면 주행시 피시테일(fish tail) 운동이 발생한다.
㉰ 커브시의 바퀴 공진을 방지할 수 있다.
㉱ 발진시 바퀴 공진을 방지할 수 있다.

풀이 차동 제한장치(LSD)의 장점
① 미끄러운 노면에서 발진 및 주행이 용이하다.
② 좌우 바퀴의 구동력 차이가 없으므로 안정된 주행성능을 얻을 수 있다.
③ 좌우 바퀴에 모두 동력이 전달되므로 수렁에서 탈출이 용이하다.
④ 요철 노면을 고속 주행시 후부 흔들림(fish tail motion)을 방지할 수 있다.
⑤ 타이어의 미끄러짐을 방지하므로 수명이 연장된다.

19 차동 제한장치(LSD : Limited Slip Differential)의 장점이 아닌 것은? [09년 상]

㉮ 미끄러지기 쉬운 모랫길이나 습지 등과 같은 노면에서 발진 및 주행이 용이하다.
㉯ 악로 주행시 좌우 바퀴의 회전수가 균일하므로 안전하게 주행할 수 있다.
㉰ 미끄러운 노면에서는 차동시스템이 공회전함으로 타이어의 마멸이 적다.
㉱ 좌우 바퀴의 구동력 차이가 없으므로 안정된 주행성능을 얻을 수 있다.

풀이 차동 제한장치(LSD)의 장점
① 미끄러운 노면에서 발진 및 주행이 용이하다.
② 좌우 바퀴의 구동력 차이가 없으므로 안정된 주행성능을 얻을 수 있다.
③ 좌우 바퀴에 모두 동력이 전달되므로 수렁에서 탈출이 용이하다.
④ 요철 노면을 고속 주행시 후부 흔들림(fish tail motion)을 방지할 수 있다.
⑤ 타이어의 미끄러짐을 방지하므로 수명이 연장된다.

20 다음 설명에 해당되는 장치는? [09년 상]

> 이 장치는 언덕길에서 일시 정차 후 출발시 차량이 뒤로 밀리는 것을 방지하는 장치로 언덕길에서 브레이크 페달을 밟으면 롤 케이지가 움직여 작동한다.

㉮ 로드 센싱 프로포셔닝 장치
㉯ ABS
㉰ 안티 롤 장치
㉱ 페일 세이프 장치

풀이 안티 롤 장치(hill holder)
언덕길에서 일시 정차 후 출발시 차량이 뒤로 밀리는 것을 방지하는 장치로 언덕길에서 브레이크 페달을 밟으면 롤 케이지가 움직여 작동한다.

17 ㉱ 18 ㉯ 19 ㉰ 20 ㉰

21 타이어 트레드 패턴(tread pattern)의 필요성에 대한 설명으로 틀린 것은?
[04년 상, 08년 상]

㉮ 공기 누설을 방지한다.
㉯ 타이어 내부에서 발생한 열을 발산한다.
㉰ 트레드에 발생한 파손이나 손상 등의 확산을 방지한다.
㉱ 사이드 슬립(side slip)이나 전진 방향의 미끄럼을 방지한다.

> **풀이** 타이어 트레드 패턴의 필요성
> ① 타이어 내부에서 발생한 열을 발산한다.
> ② 사이드슬립(side slip)이나 전진방향의 미끄럼을 방지한다.
> ③ 트레드에 발생한 파손이나 손상 등의 확산을 방지한다.
> ④ 구동력이나 선회성능을 향상시킨다.

22 타이어 트레드 패턴 중 러그 패턴(lug pattern)에 대한 설명이 틀린 것은?
[05년 하, 07년 하]

㉮ 제동성과 구동성이 좋다.
㉯ 주행특성이 원활하다.
㉰ 타이어 숄더(shoulder)부의 방열이 안 된다.
㉱ 고속 주행시 편마모가 발생될 수 있다.

> **풀이** 타이어의 트레드 패턴
>
>
> 〈리브 패턴〉 〈러그 패턴〉
>
>
> 〈리브러그 패턴〉 〈블록 패턴〉
>
> ※ 타이어 트레드 패턴과 숄더부의 방열과는 관련이 없다.

23 레이디얼 타이어 호칭에서 195/60 R 14에서 60은 무엇을 표시하는가?
[06년 하]

㉮ 타이어 폭   ㉯ 속도
㉰ 하중지수   ㉱ 편평비

> **풀이** 타이어 호칭 표시법
> 195 : 타이어 폭, 60 : 편평비
> R : 타이어 종류(레이디얼 타이어)
> 14 : 림의 지름

24 타이어에 표시되는 사항이 아닌 것은?
[04년 하]

㉮ 타이어의 폭   ㉯ 타이어의 종류
㉰ 허용 최소속도   ㉱ 허용 최대하중

> **풀이** 타이어 제원 표시 : 타이어 상품명, 편평비, 타이어 종류, 한계하중, 한계 속도, 튜브 유무 등

25 고속 주행시 타이어 스탠딩웨이브 현상을 방지하기 위한 방법으로 맞는 것은?
[06년 상]

㉮ 타이어의 공기압을 표준보다 낮춰준다.
㉯ 타이어의 공기압을 표준보다 높여준다.
㉰ 타이어의 공기압을 낮추되 광폭으로 교체한다.
㉱ 휠을 알루미늄 휠로 교체한다.

> **풀이** 스탠딩 웨이브(standing wave) 현상
> 고속 주행시 타이어 접지면의 변형이 내압에 의하여 원래의 형태로 되돌아오는 속도보다 타이어 회전속도가 빠르면, 타이어의 변형이 원래의 상태로 복원되지 않고 물결 모양이 남게 되어 정지한 것처럼 보이는 현상
>
> • 스탠딩 웨이브(standing wave) 현상 방지방법
> ① 타이어 공기압을 높인다.
> ② 편평 타이어를 사용한다.
> ③ 레이디얼 타이어를 사용한다.

21 ㉮ 22 ㉰ 23 ㉱ 24 ㉰ 25 ㉯

26 빗길 주행 중 발생할 수 있는 특징적인 현상은? [05년 상, 09년 상]

㉮ 스탠딩 웨이브 현상
㉯ 로드 홀딩 현상
㉰ 하이드로 플래닝 현상
㉱ 페이드 현상

풀이 **하이드로 플래닝**(hydro planning, 수막) **현상**
차량 주행중 물이 고인 도로를 고속 주행할 때, 타이어 트레드가 물을 완전히 배출시키지 못해 물위를 슬라이딩하여 노면과 타이어의 마찰력이 상실되는 현상

27 차량의 급브레이크 또는 코너링 시에 발생되는 타이어 트레드 고무와 노면상의 미끄럼에 의한 소음을 무엇이라 하는가? [07년 상]

㉮ 펌핑(pumping) 소음
㉯ 트레드(tread) 충돌소음
㉰ 카커스(carcass) 진동소음
㉱ 스퀼(squeal) 소음

풀이 차량 급브레이크시 브레이크 패드와 디스크와의 마찰에 의한 소음 또는 코너링시 타이어 트레드 고무와 노면상의 마찰에 의한 소음을 스퀼 소음이라 한다.
• **브레이크 소음의 분류(주파수 범위에 따라)**
① 저더(judder) : 수십~200Hz
② 그로운(groan) : 수십~500Hz
③ 스퀼(squeal) : 0.5kHz~20kHz

28 타이어 공기압 부족 경보장치의 설명으로 틀린 것은? [07년 상]

㉮ 타이어 공기압이 부족하면 타이어 직경이 작아진다.
㉯ 타이어 직경이 작아지면 차륜속도 센서의 출력 값이 감소한다.
㉰ 타이어 공기압 부족으로 판단되면 경고등을 점등한다.
㉱ 차륜속도 센서의 출력 값이 증가하면 공기압 부족으로 판단한다.

풀이 타이어 공기압 부족 경보 시스템(TPMS : Tire Pressure Monitoring System)은 주행 중 타이어 공기압이 부족하면 타이어 직경이 작아져서 차륜속도 센서의 출력값이 증가하게 되고, 이 출력값이 증가하면 타이어 공기압이 부족하다고 판단하여 경고등을 점등한다.

29 타이어 공기압 부족시 나타나는 현상이 아닌 것은? [09년 하]

㉮ 타이어 바깥쪽이 과다하게 마모될 수 있다.
㉯ 브레이크를 밟았을 때 미끄러지기 쉽다.
㉰ 코드의 절단 및 타이어가 파열될 수 있다.
㉱ 타이어 수명이 단축된다.

풀이 타이어 공기압이 부족하게 되면 타이어 바깥쪽이 과다하게 마모되고, 심하면 코드가 절단되어 타이어가 파열될 수 있어 타이어 수명 단축의 원인이 된다.

26 ㉰   27 ㉱   28 ㉯   29 ㉯

30 자동차의 주행저항에 해당되지 않는 것은?
[06년 상]

㉮ 구름저항   ㉯ 공기저항
㉰ 등판 저항 ㉱ 구동저항

풀이 자동차의 전주행저항
① 구름저항(R_r) = $\mu_r \cdot W$
② 공기저항(R_a) = $\mu_a \cdot A \cdot v^2$
③ 등판저항(R_g, 구배저항)
   = $W \cdot \sin\theta ≒ W \cdot \tan\theta = \dfrac{W \cdot G}{100}$
④ 가속저항(R_{ac}) = $\dfrac{W+\Delta W}{g} \cdot a = m \cdot a$

31 차량 총중량이 1,000kgf인 자동차가 주행 시 구름저항 계수가 0.015라면 구름저항은 몇 kgf인가?
[08년 하]

㉮ 10kgf   ㉯ 15kgf
㉰ 100kgf ㉱ 150kgf

풀이 구름저항(R_r) = $\mu_r \cdot W$ = $0.015 \times 1,000$ = 15kgf

32 자동차의 전면 투영면적이 20% 증가될 때 공기저항의 증가비율은? (단, 공기 저항계수 및 차량의 속도는 동일조건)
[09년 상]

㉮ 20%   ㉯ 40%
㉰ 60%   ㉱ 80%

풀이 공기저항(R_a) = $\mu_a \cdot A \cdot v^2$
위 식에서 공기저항은 공기 저항계수, 전면 투영면적에 비례하고, 속도의 제곱에 비례한다.

33 차량 총중량 1,200kgf의 차량이 4%의 등판길을 올라갈 때 구배 저항은?
[05년 하]

㉮ 48kgf   ㉯ 24kgf
㉰ 4.8kgf ㉱ 2.4kgf

풀이 등판(구배)저항
= $W \cdot \sin\theta ≒ W \cdot \tan\theta = \dfrac{W \cdot G}{100}$ 이므로
∴ 구배저항 = $\dfrac{1,200 \times 4}{100}$ = 48kgf

34 중량 1,500kgf의 자동차가 출발하여 90km/h의 속도까지 가속하는데 20초 걸렸다면 이 자동차의 가속 저항은? (단, 회전부분 상당 중량은 무시)
[05년 상, 09년 하]

㉮ 75kgf   ㉯ 90kgf
㉰ 153.1kgf ㉱ 191.3kgf

풀이 가속저항(R_{ac}) = $m \cdot a = \dfrac{W+\Delta W}{g} \cdot a$
90km/h ÷ 3.6 = 25m/s 이므로, 가속도 $a = \dfrac{25}{20}$
∴ 가속저항 = $\dfrac{1,500}{9.8} \times \dfrac{25}{20}$ = 191.3kgf

35 자동차의 중량이 1,275kg, 여유 구동력 200kg, 회전부분 상당중량은 자동차 중량의 5% 일 때 가속도는?
[05년 상]

㉮ 1.16m/sec²   ㉯ 1.26m/sec²
㉰ 1.36m/sec²   ㉱ 1.46m/sec²

풀이 $F = m \cdot a = \dfrac{W+\Delta W}{g} \cdot a$ 에서
∴ $a = \dfrac{F}{m} = \dfrac{F \times g}{W+\Delta W} = \dfrac{200 \times 9.8}{1.05 \times 1,275}$
= 1.464m/sec²

30 ㉱ 31 ㉯ 32 ㉮ 33 ㉮ 34 ㉱ 35 ㉱

36. 브레이크 드럼의 지름이 500mm, 드럼에 작용하는 힘이 300kg_f, 마찰계수가 0.2일 때 드럼에 작용하는 토크는? [06년 하]
   ㉮ $45kg_f - m$
   ㉯ $25kg_f - m$
   ㉰ $15kg_f - m$
   ㉱ $35kg_f - m$

   [풀이] 브레이크 토크 $T = \mu \cdot F \cdot r$
   여기서, μ : 마찰계수
   F : 힘(kg_f)
   r : 드럼의 반경(m)
   ∴ $T = \mu \cdot F \cdot r = 0.2 \times 300 \times 0.25 = 15kg_f - m$

37. 타이어에 작용하는 힘을 제어하여 엔진 토크를 항상 타이어 슬립 한계 내에 두도록 하는 것은? [09년 하]
   ㉮ 4WD(4 Wheel Drive)
   ㉯ ECS(Electric Control Suspension)
   ㉰ ABS(Anti-lock Brake System)
   ㉱ TCS(Traction Control System)

   [풀이] TCS(Traction Control System) : 눈길, 빗길 등 미끄러지기 쉬운 노면에서 차량을 출발하거나 가속시 과잉의 구동력이 발생하여 타이어가 공회전하게 되므로 타이어에 작용하는 힘을 제어하여 엔진토크를 항상 타이어 슬립 한계 내에 두도록 하는 시스템

38. 구동력 조절장치(traction control system)의 제어 방식으로 틀린 것은? [04년 상]
   ㉮ 엔진 토크 제어
   ㉯ 유압 반력 제어
   ㉰ 브레이크 토크 제어
   ㉱ 차동 장치 제어

   [풀이] TCS 제어의 종류
   ① 엔진토크 제어 : 연료 분사량 저감 또는 cut, 점화시기 지연, 스로틀 밸브의 개폐에 의해 엔진토크를 조정
   ② 브레이크 제어 : 구동 타이어를 직접 제어하므로 split 노면에서 가속성이 좋고 한쪽 타이어가 빠졌을 경우 탈출이 용이하다.
   ③ 구동계 제어 : 클러치 제어, 2WD-4WD 제어, 차동장치 제어

39. 구동력 조절장치(traction control system)의 구성품에 해당되지 않는 것은? [08년 하]
   ㉮ 휠 속도 센서
   ㉯ 조향 각속도 센서
   ㉰ 충돌 센서
   ㉱ 가속페달 위치 센서

   [풀이] ㉮, ㉯, ㉱항이 구동력 조절장치(TCS)의 구성품이고, 충돌센서는 에어백 구성부품이다.

36 ㉰   37 ㉱   38 ㉯   39 ㉰

40 구동력 조절장치(traction control system)의 구성품 중 가속 페달의 조작 상태를 검출하는 센서는? [04년 하]

㉮ 스로틀 포지션 센서
㉯ 조향 휠 각속도 센서
㉰ 요 레이트 센서
㉱ 횡 방향 G 센서

풀이 스로틀 포지션 센서(TPS 또는 APS)란 가속페달의 위치를 검출하는 센서이다.

41 구동력 조절장치(Traction Control System)에서 TCS 경고등이 점등되는 조건이 아닌 것은? [07년 하]

㉮ TCS 관련 고장시
㉯ TCS OFF 모드시
㉰ 액추에이터 강제 구동시
㉱ 엔진 회전수가 높을 때

풀이 엔진회전수가 높다고 경고등이 점등되지 않는다.

42 풀타임(full time) 4륜 구동방식에서 타이트 코너 브레이크 현상을 제거하는 방법은? [09년 상]

㉮ 바퀴를 작게 한다.
㉯ 타이어 공기압을 높여준다.
㉰ 앞, 뒤 바퀴에 구동력을 전달하는 부분에 중앙 차동장치를 설치한다.
㉱ 프로펠러 샤프트에 유니버설 조인트를 2개 연속으로 장착한다.

풀이 타이트 코너 브레이크(tight corner brake) 현상
4륜 구동 차량에서 건조한 포장 노면을 급선회시 앞, 뒤 바퀴에 선회반경의 차이가 발생하여 앞바퀴는 브레이크가 걸린 느낌이, 뒤바퀴는 공전하는 느낌이 드는 현상
[방지법] 중앙 차동기어 장치를 설치하거나, 4륜 구동을 2륜 구동으로 변환한다.

40 ㉮ 41 ㉱ 42 ㉰

05 자동차 검사 및 법규

제1절 안전기준에 관한 규칙

① **공차상태** : 연료, 윤활유, 냉각수를 적재한 상태(예비 타이어 포함)
  적차상태 : 공차상태 + 승차정원 + 최대적재량
  이 경우, 1인의 중량은 65[kg](13세 미만은 1.5인을 1인으로 본다.)
② **자동차의 길이** : 13[m](연결 자동차 16.7[m])
  너비 : 2.5[m](후사경 등 승용 : 25[cm], 기타 : 30[cm])
  높이 : 4[m]를 초과하여서는 안된다.
③ **최저 지상고** : 12[cm] 이상
④ **차량 총중량** : 20톤(승합 30톤, 화물 및 특수 자동차는 40톤)
  축중 : 10톤
  윤중 : 5톤 이하일 것
⑤ **중량분포** : 조향바퀴 윤중의 합은 20[%] 이상
⑥ **최대안전 경사각도** : 좌, 우 각각 35[°] 기울여서 전복 불가
⑦ **최소회전반경** : 12[m] 이내
⑧ **접지부분 접지압력** : 1[cm²] 당 3[kg] 이하일 것(3[kg]/cm²])
⑨ **원동기 최대출력** : 차량총중량 1톤당 10[PS] 이상
⑩ **타이어 요철형 무늬의 깊이** : 120[°] 에서 트레드부 1/4, 3/4 지점을 측정, 1.6[mm] 이상
⑪ **조향핸들 유격** : 핸들지름의 12.5[%] 이내
  사이드 슬립 : 1[m]주행에 5[mm] 이내(5[m/km])
⑫ **주 제동장치 제동능력**
  ㉠ 80[km] 이상이고, 차량총중량이 차량중량의 1.2배 이하인 자동차 : 차량 총중량의 50[%] 이상
  ㉡ 80[km] 이하이고, 차량총중량이 차량중량의 1.5배 이하인 자동차 : 차량 총중량의 40[%] 이상
  ㉢ 기타 자동차 제동력의 합 : 차량 중량(축중)의 50[%] 이상(뒷축인 경우 축중의 20[%] 이상)

② 제동력의 편차 : 당해 축중의 8[%] 이하

⑩ 제동력의 복원 : 3초 이내에 20[%] 이하로 감소할 것

⑬ 주 제동장치의 조작력 : 발 조작식 90[kg] 이하, 손 조작식 30[kg] 이하

⑭ 연료장치 : 배기관 끝으로 30[cm] 이상, 전기단자(개폐기)로부터 20[cm] 이상(배3전2) 가스용기 도관은 충전압력의 1.5배의 압력에 견딜 것

⑮ 뒤 오버행 : 기타 자동차 축거의 1/2 이하

 경형 및 소형   〃   11/20 이하

 승합 및 화물   〃   2/3 이하

 ㉠ 측면보호대의 아랫부분과 지상과의 간격 : 50[cm] 이하

 ㉡ 후부안전판의 아랫부분과 지상과의 간격 : 55[cm] 이하

⑯ 견인장치 : 차량중량의 1/2의 힘에 견딜 것

⑰ 후드걸쇠장치 : 앞방향으로 열리는 후드는 2개소 잠금이 가능한 구조

⑱ 열쇠잠금장치 : 최소 1천 조합 이상

⑲ 승차장치 : 냉각수, 정류기, 변환기, 변압기, 공기청정기는 차실 내에 설치 불가

 ㉠ 차실의 높이 : 180[cm] 이상

⑳ 운전자 및 승객 좌석 : 가로, 세로 각각 40[cm] 이상

 ㉠ 의자와 의자사이 : 65[cm] 이상

㉑ 어린이 좌석 : 가로, 세로 각각 27[cm] 이상

 ㉠ 의자와 의자사이 : 46[cm] 이상

 ㉡ 접이식 좌석 : 30인승 이상의 승합자동차에 설치

㉒ 좌석 안전띠 : 시내버스, 농어촌 버스, 마을버스는 미설치

㉓ 입석 가능 : 차실 유효높이 180[cm] 이상, 너비 30[cm] 이상

 ㉠ 1인당 입석 면적 : 0.14[m^2]

㉔ 승강구 : 유효높이 160[cm](대형 180[cm]) 이상, 너비 60[cm] 이상

 ㉠ 1단 발판의 높이 : 40[cm] 이하

㉕ 비상구 : 30인승 이상의 자동차에 설치

 ㉠ 차체의 좌측면 뒷쪽, 또는 뒷면

 ㉡ 유효높이 120[cm] 이상, 너비 40[cm] 이상(창문 대용가능)

㉖ 통로 : 승차정원 16인승 이상의 자동차에 30[cm]의 통로 설치

㉗ 창유리 : 앞면은 접합유리, 기타는 안전유리

㉘ 소음(경음기) : 전방 2[m], 높이 1.2[m] 에서 90~115[d]B 일 것(1999년 까지)
       2000년 부터 : 90~110[dB]

㉙ 배기가스 : CO : 1.2[%] 이하, HC : 22[0ppm] 이하

㉠ 매연 : 터보 및 인터쿨러는 1993년부터 5[%] 가산

매연(승용, 소형승합)	수시, 정기검사	정밀검사
1995년 까지	60[%] 이하	40[%] 이하
1996 ~ 2000년	55[%] 이하	35[%] 이하
2001 ~ 2003년	45[%] 이하	25[%] 이하
2004 ~ 2007년	40[%] 이하	25[%] 이하
2008년 부터	20[%] 이하	15[%] 이하

㉚ 배기관 : 배기관의 방향은 왼쪽, 오른쪽 불가
(왼쪽 30[°]이내이거나, 왼쪽에 있으면서 오른쪽 30[°] 이내는 인정)

㉛ 전조등 : 전방 10[m] 거리에서 좌, 우측 진폭은 30[cm] 이내(단, 좌측의 좌측은 15[cm] 이내)
상향은 10[cm] 이하, 하향은 등화높이의 3/10 이내(30[cm] 이내)

㉜ 등광색

	등광색	광도
전조등	백색	2등식 : 15,000 ~ 112,500[cd] 4등식 : 12,000 ~ 112,500[cd]
안개등	앞 : 백색, 황색	940 ~ 10,000[cd]
	뒤 : 적색	150 ~ 300[cd]
후퇴등	백색, 황색	뒤쪽 75m 이내를 비출 것
차폭등	백, 황, 호박색	
번호등	백색	8[Lux] 이상
후미등	적색	2 ~ 25[cd]
제동등	적색	40 ~ 420[cd]
방향지시등	황, 호박색	50 ~ 1,050[cd]
후부반사기	적색	삼각형 이외의 형으로

㉝ 차체 앞에 후사경 설치 자동차
㉠ 차량총중량 8톤 이상 및 최대적재량 5톤 이상 화물자동차
㉡ 승차정원 16인승 자동차
㉢ 어린이 운송용 승합자동차

㉞ 창닦이기 : 최저는 분당 20회 이상, 다른 것은 분당 45회 이상

㉟ 속도계 : 40[[km/h]에서 정 25[%], 부 10[%] 이내일 것

㊱ 소화기 설치 자동차
㉠ 승차정원 7인 이상의 자동차

ㄴ 승합자동차
  ㄷ 화물 및 특수 자동차
  ㄹ 고압가스, 위험물 운반자동차
㊲ 사이렌 : 전방 30[m]에서 90~120[dB]
㊳ 2점식 또는 3점식 안전띠의 골반부착장치는 2,270[kg]의 하중에 10초이상 견딜 것
㊴ 좌석 등받이 흡수시험에서 시험품 및 머리모형은 시험 전 22±3[℃]에서 12시간 이상 안정시킨다.
㊵ 좌석 및 그 잠금장치의 관성하중 시험 시 잠금 장치가 완전히 잠금상태 위치에 있을 때 좌석이 접히는 방향의 반대되는 방향으로 20[g]의 관성하중이 0.3초 유지되도록 가한다.
㊶ 삭제

제2절 안전기준 확인방법

1_ 자동차의 타이어 마모

1. 측정조건

① 자동차는 공차상태로 하고 타이어의 공기압은 표준공기압으로 한다.

2. 측정방법

① 타이어 접지부의 임의의 한 점에서 120도 각도가 되는 지점마다 접지부의 1/4 또는 3/4지점 주위의 트레드 홈의 깊이를 측정한다.
② 트레드 마모표시(1.6[mm]로 표시된 경우에 한한다)가 되어 있는 경우에는 마모표시를 확인한다.
③ 각 측정점의 측정값을 산술평균하여 이를 트레드의 잔여 깊이로 한다.

2_ 자동차의 조향핸들의 유격

1. 측정조건

① 자동차는 공차상태의 자동차에 운전자 1인이 승차한 상태로 한다.

② 타이어의 공기압은 표준공기압으로 한다.
③ 자동차를 건조하고 평탄한 기준면에 조향축의 바퀴를 직진위치로 자동차를 정차시키고 원동기는 시동한 상태로 한다.
④ 자동차의 제동장치(주제동장치를 포함한다)는 작동하지 않은 상태로 한다.

2. 측정방법

① 조향핸들을 움직여 통상의 위치로 한다.
② 직진위치의 상태에 놓인 자동차 조향바퀴의 움직임이 느껴지기 직전까지 조향핸들을 좌회전시키고, 이 때의 조행핸들 상의 한 점을 주행핸들과 주행핸들 이외의 한 부분에 표시한다.
③ 위 상태에서 조향핸들을 조향바퀴의 움직임이 느껴질 때 까지 우회전시켜 조행핸들 상의 한 점이 이동한 직선거리를 측정하며, 이를 조향핸들의 유격으로 한다.

3_ 자동차 조향륜의 옆 미끄럼짐량

1. 측정조건

① 자동차는 공차상태의 자동차에 운전자 1인이 승차한 상태로 한다.
② 타이어의 공기압은 표준공기압으로 하고 조향링크의 각부를 점검한다.
③ 측정기기는 사이드슬립 테스터로 하고 지시장치의 표시가 0점에 있는 가를 확인한다.

2. 측정방법

① 자동차를 측정기와 정면으로 대칭시킨다.
② 측정기에 진입속도는 5[km/h]로 서행한다.
③ 조향핸들에서 손을 떼고 5[km/h]로 서행하면서 계기의 눈금을 타이어의 접지면이 측정기 답판을 통과 완료할 때 읽는다.
④ 옆 미끄러짐량의 측정은 자동차가 1[m] 주행시 옆 미끄러짐량을 측정하는 것으로 한다.

4_ 운행자동차의 주 제동능력

1. 측정조건

① 자동차는 공차상태의 자동차에 운전자 1인이 승차한 상태로 한다.
② 자동차는 바퀴의 흙, 먼지, 물 등의 이물질은 제거한 상태로 한다.

③ 자동차는 적절히 예비운전이 되어 있는 상태로 한다.
④ 타이어의 공기압은 표준공기압으로 한다.

2. 측정방법

① 자동차를 제동시험기에 정면으로 대칭되도록 한다.
② 측정자동차의 차축을 제동시험기에 얹혀 축중을 측정하고 롤러를 회전시켜 당해 차축의 제동능력, 좌우차륜의 제동력의 차이, 제동력의 복원상태를 측정한다.
③ 위의 측정방법에 따라 다음 차축에 대하여 반복 측정한다.

5. 자동차의 운행자동차 등화장치의 광도 및 광축

1. 측정조건

① 자동차는 적절히 예비운전이 되어 있는 공차상태의 자동차에 운전자 1인이 승차한 상태로 한다.
② 자동차의 축전지는 충전한 상태로 한다.
③ 자동차의 원동기는 공회전 상태로 한다.
④ 타이어의 공기압은 표준공기압으로 한다.
⑤ 4등식 전조등의 경우 측정하지 아니하는 등화에서 발산하는 빛을 차단한 상태로 한다.

2. 측정방법

전조등 시험기의 형식에 따라 시험기의 수광부와 전조등을 1[m] 내지 3[m]의 거리에 정면으로 대칭시킨 상태에서 광도 및 광축을 측정한다.

6. 자동차의 승차정원

1. 측정조건

① 승차정원 = 좌석인원 + 입석인원 + 승무인원
② 연속좌석의 승차정원 : 해당 좌석의 너비를 40[cm](어린이의 좌석의 경우에는 27[cm])로 나눈 정수 값으로 한다.

$$연속좌석정원 = \frac{좌석의\ 너비[cm]}{40[cm/1인]}$$

③ 입석인원 : 입석인원의 통로유효폭 30[cm]를 제외한 총입석 면적을 0.14[m²]로 나눈 정수 값으로 한다. 단, 40×30[cm] 직사각형 면적이 확보되지 않는 부분의 면적은 입석 면적 산출에서 제외한다.

$$입석정원 = \frac{입석면적[m^2]}{0.14[m^2/1인]}$$

2. 측정방법

① **좌석정원의 예** : 연속좌석의 승차인원은 다음 예와 같이 산정한다.

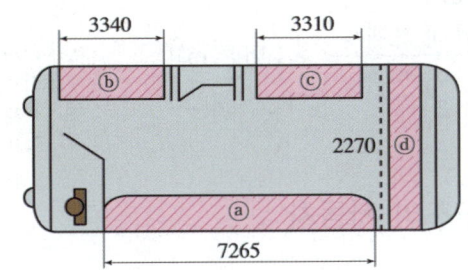

ⓐ $\frac{7,265}{400} = 18$인, ⓑ $\frac{3,340}{400} = 8$인, ⓒ $\frac{3,310}{400} = 8$인, ⓓ $\frac{2,270}{400} = 5$인

연속좌석의 승차인원 = 18인 + 8인 + 8인 + 5인 = 39인

② **입석정원**

㉠ 전향좌석의 경우

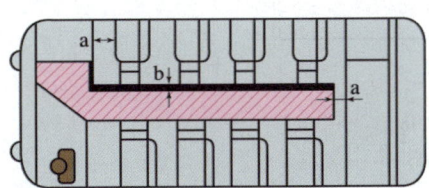

■ : 입석산정에서 제외되는 통로, ▨ : 입석산정 면적
a : 25[cm] 이상, b : 30[cm] 이상

㉡ 연속좌석의 경우

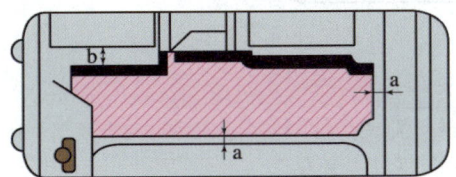

■ : 입석산정에서 제외되는 통로, ▨ : 입석산정 면적
a : 25[cm] 이상, b : 30[cm] 이상

7_ 자동차의 최대적재량

1. 덤프형 화물자동차 산출방법

① 일반적인 경우

소형의 경우 : $\dfrac{최대적재량}{V} \geq 1.3[톤/m^3]$

기타의 경우 : $\dfrac{최대적재량}{V} \geq 1.5[톤/m^3]$

② 경량 화물 운송용의 경우

경량 화물 운송용 : $\dfrac{최대적재량}{V} \geq 1.0[톤/m^3]$

$V[m^3] = A \times B \times C$

V : 적재함 용적
A : 적재함(내측) 길이
B : 적재함(내측) 너비
C : 적재함(내측) 높이

2. 탱크로리 및 특수구조의 자동차

① 원통형 탱크

$V = \dfrac{\pi d^2}{4} \cdot l$

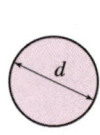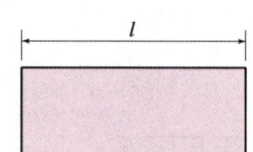

② 볼록 원통형 탱크

$V = \dfrac{\pi d^2}{4} \cdot \left(l + \dfrac{l_1 + l_2}{3}\right)$

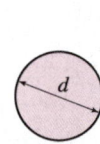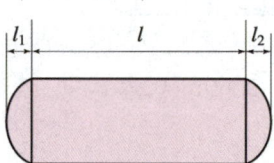

③ 오목 원통형 탱크

$V = \dfrac{\pi d^2}{4} \cdot \left(l - \dfrac{l_1 + l_2}{3}\right)$

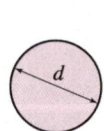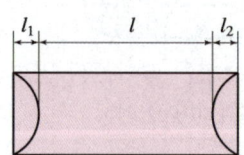

④ 타원형 탱크

$$V = \frac{\pi \cdot a \cdot b}{4} \cdot l$$

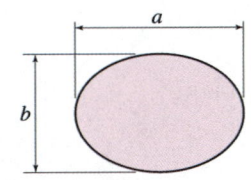 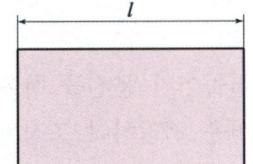

⑤ 볼록 타원형 탱크

$$V = \frac{\pi \cdot a \cdot b}{4} \cdot \left(l + \frac{l_1 + l_2}{3}\right)$$

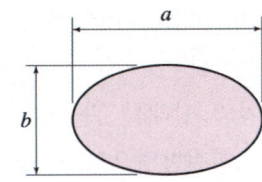 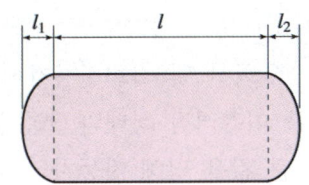

⑥ 오목 타원형 탱크

$$V = \frac{\pi \cdot a \cdot b}{4} \cdot \left(l - \frac{l_1 + l_2}{3}\right)$$

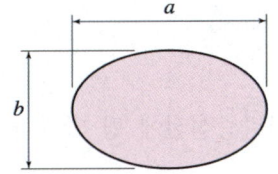 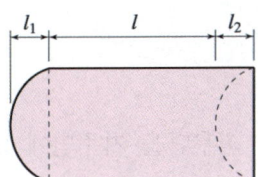

3. 적재물의 비중

적재물명	비중	적재물명	비중
휘발유, 등유, 경유	0.80	물, 우유, 분뇨	1.00
중질유	0.90	생콘크리트	2.40
윤활유	0.95	압축진개	0.52
아스팔트 용액	0.90	일반진개	0.45
시멘트와 골재 혼합물	2.20	알코올	0.80
사료	0.50	50[%]미만 수용액	1.54
비닐, 파우다	0.45	곡물	0.89
소맥분	0.50	아세톤	0.64

8_ 자동차 최소회전반경

1. 측정조건

① 측정자동차는 공차상태이어야 한다.
② 측정자동차는 측정 전에 충분한 길들이기 운전을 하여야 한다.
③ 측정자동차는 측정 전 조향륜 정렬을 점검하여 조정한다.
④ 측정 장소는 평탄 수평하고 건조한 포장도로이어야 한다.

2. 측정방법

① 변속기어를 전진 최하단에 두고 최대의 조향각도로 서행하며, 바깥쪽 타이어의 접지면 중심점이 이루는 궤적의 직경을 우회전 및 좌회전시켜 측정한다.
② 측정 중에 타이어가 노면에 대한 미끄러짐 상태와 조향장치의 상태를 관찰한다.
③ 좌 및 우회전에서 구한 반경 중 큰 값을 당해 자동차의 최소회전반경으로 하고 안전기준에 적합한지를 확인한다.

9_ 자동차의 제원 측정방법

1. 측정조건

① 길이 : 자동차의 최전단과 최후단을 기준면에 투영시켜 차량중심선에 평 방향의 최대거리를 측정한다.
② 너비 : 자동차의 전면 또는 후면을 투영시켜 차량중심선에 직각인 방향의 최대거리를 측정한다.
③ 높이 : 자동차의 전면, 후면 또는 측면을 투영시켜 차량중심선에 수직인 방향의 최대거리를 측정한다.
④ 돌출부의 돌출거리 : 자동차의 길이·너비·높이 이외의 돌출거리는 자동차의 길이·너비·높이의 측정점을 기준으로 측정한다.
⑤ 하대 옵셋 : 하대 내측길이의 중심에서 후차축의 중심까지의 차량중심선 방향의 수평거리를 측정한다. 다만, 탱크로리 등의 형상이 복잡한 경우에는 용적중심을, 견인자동차의 경우에는 연결부(오륜)의 중심을 하대 바닥면의 중심으로 한다.

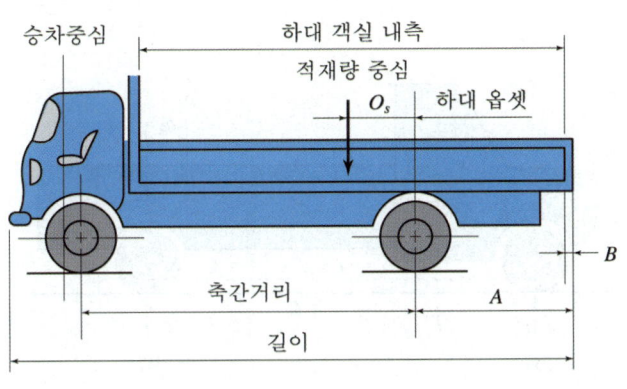

$$하대옵셋 = \frac{하대내측길이}{2} - (A - B)$$

⑥ 최저지상고 : 기준면과 자동차 중앙부분의 최하부와의 거리를 측정한다. 이 경우 중앙부분이란 차륜내측 너비의 80[%]를 포함하는 너비로서 차량중심선에 좌·우가 대칭이 되는 너비를 말한다.

10_ 중량측정조건

1. 측정조건

① 자동차는 공차 또는 적차상태로 한다.
② 공차상태의 중량분포로서 적차상태의 중량분포를 산출하기가 어려울 때에는 공차상태와 적차상태를 각각 측정한다. 이 경우 좌석정원의 인원은 정위치에, 입석정원의 인원은 입석에 균등하게 승차하며, 물품은 물품적재장치에 균등하게 적재한 것으로 한다.
③ 연결자동차는 연결한 상태에서 측정한다.
④ 측정단위는 [kg]으로 하고, 끝단위는 0 또는 5로 끝맺음 한다.

2. 측정방법

1) **차량총중량 = 차량중량+최대적재량+(승차정원×65[kg])**

   또는 $W = w_f + w_r + P_1 + P_2$

   W : 차량총중량
   w_f : 공차상태의 전축중
   w_r : 공차상태의 후축중
   P_1, P_2 : 적재물 또는 승차인원의 하중

2) 2차축식

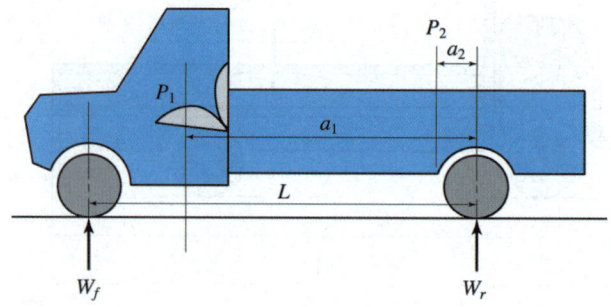

① 적차상태의 전축중 $W_f = w_f + \dfrac{P_1 a_1 + P_2 a_2}{L}$

② 적차상태의 후축중 $W_r = W - W_f$

3) 후2차축식

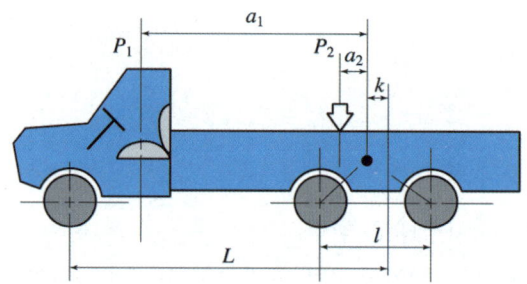

① 적차상태의 전축중 $W_f = w_f + \dfrac{P_1 a_1 + P_2 a_2}{L-k}$

② 적차상태의 후전축중 $W_{rf} = w_{rf} + (P_1 + P_2 - P_f) \times \dfrac{\dfrac{l}{2} - k}{l}$

③ 적차상태의 후후축중 $W_{rr} = W - (W_f + W_{rf})$

4) 전2차축식

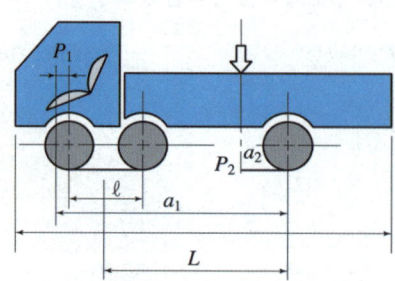

① 적차상태의 전축중 $W_f = w_f + \dfrac{\dfrac{l}{2} \times (w_{ff} - wfr)}{L-k} + P_f$

② P_1, P_2가 전축에 걸리는 하중 $P_f = \dfrac{P_1 a_1 + P_2 a_2}{L}$

③ 적차상태의 후축중 $W_r = W - W_f$

11_ 타이어 부하율

타이어의 허용하중은 타이어 제작자가 표시한 최대허용하중으로 한다.

$$타이어\ 부하율 = \dfrac{적차시\ 전(또는\ 후)축중}{타이어\ 허용하중 \times 타이어\ 개수} \times 100\,[\%]$$

12_ 조향륜의 하중분포

$$\dfrac{공차(적차)시\ 윤중의\ 합}{차량(총)중량} \times 100\,[\%]$$

13_ 자동차의 최대안전 경사각도 시험

1. 측정조건

① 자동차는 공차상태로 하고, 좌석은 정위치에 창유리 등은 닫힌 상태로 한다.
② 측정단위는 도[°]로 하고, 소수 첫째자리까지 측정한다.

2. 측정방법

1) 경사각도 측정기를 사용하는 경우

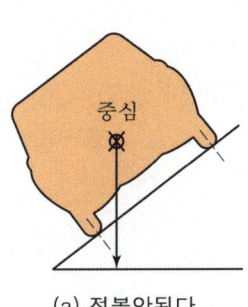
(a) 전복안된다.

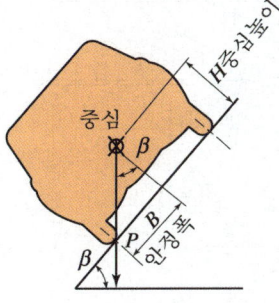
(b) 전복 안되려는 경계점

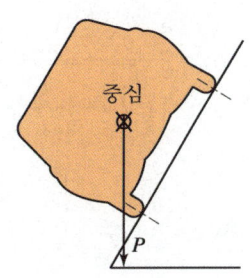
(c) 전복된다.

① 자동차를 경사각도 측정기에 올려놓고 차륜이 미끄러지지 않도록 고정한 후 경사대를 동력기로 들어올린다. 이때, 교차점 P가 접지점보다 안쪽에 있으면 전복되지 않고, 바깥쪽에 있으면 자동차는 전복된다. 교차점 P가 차륜의 접지점과 일치할 때가 전복 안 되려는 경계점이다.

② 경사대의 경사각도 β를 최대 안전 경사각도라 하고, 자동차의 중심고 H와 차륜의 접지점까지의 수평거리 B를 안정폭(안전폭)이라 한다.

㉠ 우측안전 경사각도 $\tan\beta = \dfrac{B_r}{H} \left(\therefore \beta = \tan^{-1}\dfrac{B_r}{H}\right)$

㉡ 좌측안전 경사각도 $\tan\beta = \dfrac{B_l}{H} \left(\therefore \beta = \tan^{-1}\dfrac{B_l}{H}\right)$

β : 안정폭
H : 중심고
B_r : 우측 안정폭
B_l : 좌측 안정폭

③ 중심고 H가 적을수록, 안전폭 B가 클수록 안전한 자동차이다.

2) 경사각도 측정기를 사용하지 않는 경우

안전기준 시행세칙에 의해 무게중심 위치, 무게중심 높이 및 좌측, 우측의 안정폭을 구해 그들의 값에서 최대안전 경사각도를 계산한다.

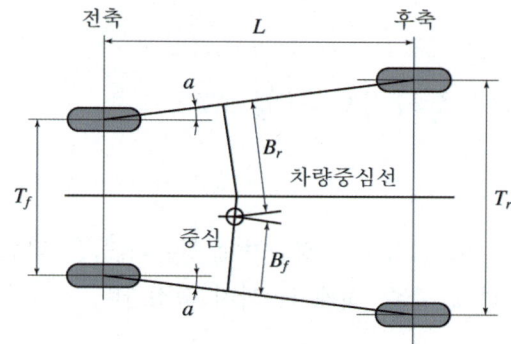

① 우측 안정폭 $B_r = \dfrac{\cos\alpha(W_{lf} \cdot T_f + W_{lr} \cdot T_r)}{W}$

② 좌측 안정폭 $B_l = \dfrac{\cos\alpha(W_{rf} \cdot T_f + W_{rr} \cdot T_r)}{W}$

③ $\cos\alpha = \dfrac{L}{\sqrt{L^2 + \left(\dfrac{T_r - T_f}{2}\right)^2}} = \dfrac{1}{\sqrt{1 + \left(\dfrac{T_r - T_f}{2L}\right)^2}} = \dfrac{1}{\sqrt{1 + (\tan\alpha)^2}}$

④ $\tan\alpha = \dfrac{T_r - T_f}{2L} \left(\therefore \tan\alpha = \dfrac{\dfrac{T_r - T_f}{2}}{L}\right)$

3) 중심고(H) = $r + \dfrac{L(W_r' - W_r) \times \sqrt{L^2 - h^2}}{W \times h}$

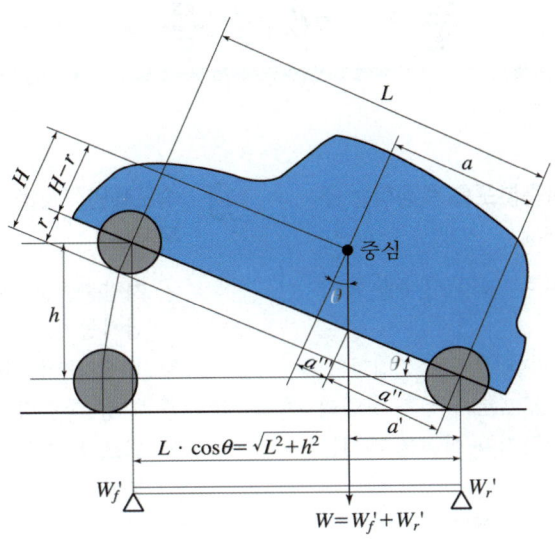

※ 중심고 증명

$W_f = \dfrac{W \cdot a}{L}$ 에서 $a = \dfrac{W_f \cdot L}{W}$ ··· ①

$W_f' = \dfrac{W \cdot a'}{L \cdot \cos\theta}$ $\therefore a' = \dfrac{W_f \cdot L \cdot \cos\theta}{W} = \dfrac{W_f \cdot \sqrt{L^2 - h^2}}{W}$ ····················· ②

$\dfrac{a''}{a'} = \dfrac{L}{L \cdot \cos\theta} = \dfrac{L}{\sqrt{L^2 - h^2}}$

$\therefore a'' = \dfrac{L \cdot a'}{\sqrt{L^2 - h^2}} = \dfrac{L \cdot W_f' \cdot \sqrt{L^2 - h^2}}{W \cdot \sqrt{L^2 - h^2}} = \dfrac{L \cdot W_f'}{W}$ ·························· ③

$a''' = a - a''$ 이므로

$\therefore a''' = \dfrac{W_f \cdot L}{W} - \dfrac{L \cdot W_f'}{W} = \dfrac{L(W_f - W_f')}{W}$ ·· ④

$\dfrac{H - r}{a'''} = \dfrac{L \cdot \cos\theta}{h} = \dfrac{\sqrt{L^2 - h^2}}{h}$ $\therefore H = r + \dfrac{\sqrt{L^2 - h^2}}{h} \cdot \dfrac{L(W_r' - W_r)}{W}$

즉, 중심고(H) $= r + \dfrac{L(W_r' - W_r) \times \sqrt{L^2 - h^2}}{W \times h}$ $(\because W_f - W_f' = W_r' - W_r)$

제5장 자동차 검사 및 법규 출제예상문제

01 자동차의 중량 및 하중분포를 측정하는 조건으로 틀린 것은? [07년 상]

㉮ 자동차는 공차 또는 적차 상태를 각각 측정한다.
㉯ 연결자동차는 연결한 상태로 측정한다.
㉰ 공차상태의 중량 분포로서 적차 상태의 중량 분포를 산출하기가 어려울 때에는 공차 상태만 측정한다.
㉱ 측정단위는 kgf으로 한다.

[풀이] ㉮, ㉯, ㉱항은 옳은 설명이고, 공차상태의 중량 분포로서 적차상태의 중량 분포를 산출하기가 어려울 때에는 공차상태와 적차상태를 각각 측정한다.

02 자동차 연속좌석의 너비가 7,165mm가 측정되었다. 연속좌석의 승차인원은 몇 명으로 산정할 수 있나? [05년 하]

㉮ 16   ㉯ 17
㉰ 18   ㉱ 20

[풀이] 승객좌석의 규격은 좌, 우 각각 40cm 이상이어야 한다.

∴ $\frac{7,165}{400}$ = 17.9 이므로 17명

03 속도제한장치를 부착하지 않아도 되는 자동차는? [04년 하]

㉮ 차량총중량 10톤 이상인 운송 사업용 승합자동차
㉯ 비상 구급 자동차
㉰ 차량 총중량 16톤 이상인 화물자동차
㉱ 덤프형 및 콘크리트 운반전용의 화물자동차

[풀이] 속도 제한장치 설치 자동차
① 차량 총중량 10톤 이상인 승합자동차
② 차량 총중량 16톤 이상, 최대 적재량 8톤 이상인 화물자동차 및 특수자동차
③ 고압가스 운송 자동차
※ 긴급자동차는 제외한다.

04 자동차의 전조등을 교환 정비 후 전조등 시험기로 광도 및 광축을 측정하려고 한다. 측정이 잘못된 사항은? [06년 하]

㉮ 타이어 공기압을 규정에 맞도록 조정한 후 측정한다.
㉯ 자동차는 최대 적재상태에서 측정하고 규정에 맞도록 조정한다.
㉰ 시동을 걸어 축전지는 충전이 된 상태에서 측정한다.
㉱ 4등식인 경우 측정하지 않는 등화는 빛을 차단한 후 측정한다.

[풀이] ㉮, ㉰, ㉱항이 옳은 설명이고, 광도 및 광축 측정은 공차상태에서 운전자 1인이 승차한 상태에서 측정한다.

01 ㉰   02 ㉯   03 ㉯   04 ㉯

05 사이드 슬립(side slip)에 대한 설명으로 틀린 것은? [09년 하]

㉮ 사이드 슬립의 주요 원인은 토인(toe in)과 캠버(camber) 이다.
㉯ 사이드 슬립량은 타이로드(tie rod)의 길이로 조정한다.
㉰ 타이로드가 차축 중심의 뒷부분에 있으면 길이를 줄일수록 토인(toe in)이 된다.
㉱ 직진시 캠버각이 크면 타이어는 옆 미끄럼을 일으키고 마모의 원인이 된다.

풀이 ㉮, ㉯, ㉱항은 옳은 설명이고, 사이드 슬립은 타이로드의 길이로 조절한다. 타이로드가 차축 뒤에 있을 때 길이를 길게 하면 토인, 짧게 하면 토 아웃이 된다.

06 사이드슬립 시험결과 왼쪽 바퀴가 바깥쪽으로 4mm, 오른쪽 바퀴는 안쪽으로 6mm 움직일 때 전체 미끄럼 량은? [04년 하]

㉮ 안쪽으로 1mm
㉯ 안쪽으로 2mm
㉰ 바깥쪽으로 1mm
㉱ 바깥쪽으로 2mm

풀이 사이드슬립 테스터 슬립량 계산법
① 사이드 슬립은 좌, 우 바퀴의 합성력이므로 좌, 우 바퀴의 슬립량을 더해서 둘로 나눈다.
② IN과 OUT은 부호를 반대로 한다.
즉, IN 6mm – OUT 4mm = IN 2mm
∴ IN 2mm÷2 = IN 1mm

07 사이드 슬립 측정기로 미끄럼량을 측정한 결과 왼쪽 바퀴는 안(IN) 7mm, 오른쪽 바퀴는 바깥(OUT) 3mm를 표시하였다. 이 경우 미끄럼량은? [09년 하]

㉮ IN 10mm   ㉯ IN 5mm
㉰ OUT 2mm   ㉱ IN 2mm

풀이 사이드슬립 테스터 슬립량 계산법
① 사이드 슬립은 좌, 우 바퀴의 합성력이므로 좌, 우 바퀴의 슬립량을 더해서 둘로 나눈다.
② IN과 OUT은 부호를 반대로 한다.
즉, IN 7mm – OUT 3mm = IN 4mm
∴ IN 4mm÷2 = IN 2mm

08 조향륜의 사이드 슬립량을 측정한 결과 우측값이 IN 8mm, 좌측값이 OUT 2mm이었을 때 사이드 슬립량은? [09년 상]

㉮ IN 3mm   ㉯ OUT 3mm
㉰ IN 6mm   ㉱ OUT 6mm

풀이 사이드슬립 테스터 슬립량 계산법
① 사이드 슬립은 좌, 우 바퀴의 합성력이므로 좌, 우 바퀴의 슬립량을 더해서 둘로 나눈다.
② IN과 OUT은 부호를 반대로 한다.
즉, IN 8mm – OUT 2mm = IN 6mm
∴ IN 6mm÷2 = IN 3mm

05 ㉰   06 ㉮   07 ㉱   08 ㉮

09 공차시 차량 중량이 1,400kg$_f$(후축중 600kg$_f$)인 자동차에서 축거가 2.4m로 측정되었다. 공차상태에서 이 자동차 조향륜에 걸리는 하중 비율은? [07년 하]

㉮ 35.7% ㉯ 42.8%
㉰ 50.0% ㉱ 57.1%

풀이 조향바퀴의 윤중의 합은 차량중량 및 차량총중량 각각에 대하여 20% 이상이어야 한다.
즉, 조향륜의 하중 비율
$$= \frac{전축중}{차량중량} \times 100(\%) = \frac{800}{1,400} \times 100$$
$$= 57.14\%$$

10 자동차를 제작, 조립 또는 수입하고자 하는 자가 자동차의 형식이 안전기준에 적합함을 스스로 인증하는 것은? [09년 상]

㉮ 자동차의 형식승인
㉯ 자동차의 자기인증
㉰ 자동차의 안전승인
㉱ 자동차의 제작판매 인증

풀이 자동차 관리법 제30조 : 자동차를 제작, 조립 또는 수입하고자 하는 자가 자동차의 형식이 안전기준에 적합함을 스스로 인증하는 것을 "자기인증"이라 한다.

11 자동차의 검사기준 및 방법에서 원동기의 검사기준을 나타낸 것들이다. 원동기의 검사기준으로 적합하지 않은 것은? [06년 하]

㉮ 팬 벨트 및 방열기 등 냉각계통의 손상이 없고 냉각수의 누출이 없을 것
㉯ 점화, 충전, 시동장치의 작동에 이상이 없을 것
㉰ 시동상태에서 심한 진동 및 이상음이 없으며, 윤활유 계통에서 윤활유의 누출이 없을 것
㉱ 배기 매니홀드의 장착과 촉매 컨버터의 작동이 확실할 것

풀이 ㉮, ㉯, ㉰항이 원동기 검사기준 및 방법이며, 배기 매니홀드의 장착과 촉매 컨버터의 작동은 검사기준이 아니다.

12 원동기 윤활계통에 대한 세부 검사내용과 방법들을 나타낸 것들 중에서 적절하지 않은 것은? [08년 하]

㉮ 윤활계통의 누유를 확인할 주요 부분은 실린더 헤드 커버, 오일 팬, 오일필터 등의 개스킷 부분 등이다.
㉯ 원동기가 시동중이고 변속레버를 "D" 위치로 한 상태에서 실시한다.
㉰ 윤활장치 각 연결부의 기름 누출여부를 자동차의 상부, 하부에서 관능에 의해 확인한다.
㉱ 누유 흔적이 있는 경우에는 원동기를 시동시킨 상태에서 누유 상태를 다시 확인한다.

풀이 ㉮, ㉰, ㉱항이 옳은 설명이고, 변속레버의 위치를 "D"레인지에 놓아서는 안된다.

09 ㉱ 10 ㉯ 11 ㉱ 12 ㉯

13 정밀도 검사를 받아야 하는 기계, 기구가 아닌 것은? [05년 상]
   ㉮ 엔진 성능 시험기
   ㉯ 택시 미터 주행 검사기
   ㉰ 가스 누출 감지기
   ㉱ 속도계 시험기

   풀이 정도 검사 항목 : 전조등 시험기, 제동력 시험기, 속도계 시험기, 사이드 슬립 시험기

14 자동차의 검사항목 중 정기 검사시 검사항목이 아닌 것은? [04년 상]
   ㉮ 조종장치   ㉯ 주행장치
   ㉰ 동일성 확인   ㉱ 차체 및 차대

   풀이 조종장치는 신규 검사시에 한다.

15 자동차의 회전 조작력을 측정하려고 한다. 적합하지 않은 것은? [07년 상]
   ㉮ 좌, 우로 선회하면서 조향력을 측정할 것
   ㉯ 평탄한 노면에서 반경 12m 원주를 선회할 것
   ㉰ 선회속도는 10km/h로 할 것
   ㉱ 공차상태에서 표준공기압으로 할 것

   풀이 "2003년 2월 해당항목 삭제"
   시험 자동차는 적차상태, 타이어 공기압은 제작자가 정한 냉간시 팽창압력으로 조정되어야 한다.

16 자동차의 제원 측정에 관한 설명 중 틀린 것은? [08년 상]
   ㉮ 배기관 개구방향은 배기관의 개구부와 차량 중심선 또는 기준면과의 각도를 각도 게이지 등으로 측정한다.
   ㉯ 가스용기 후단과 차체 최후부간의 거리는 가스용기의 후단과 범퍼를 차체의 최후단과의 최대거리를 차량 중심선에서 평행하게 측정한다.
   ㉰ 등록번호판의 부착 위치는 차체 최후단으로부터 등록번호판 중심사이의 최대거리를 차량중심선에 평행하게 측정한다.
   ㉱ 조종장치의 배치 간격은 차량중심선과 평행한 조향핸들 중심면은 기준으로 좌우에 설치되어 있는 조향장치와의 최대거리를 측정한다.

   풀이 ㉮, ㉰, ㉱항은 옳은 설명이고, 가스용기 후단과 차체 최후부간의 거리는 가스용기의 후단과 범퍼 등 차체의 최후단과의 최소거리를 차량 중심선에서 평행하게 측정한다.

17 자동차의 중량 및 하중분포를 측정하는 조건으로 틀린 것은? [07년 상]
   ㉮ 자동차는 공차 또는 적차 상태를 각각 측정한다.
   ㉯ 연결자동차는 연결한 상태로 측정한다.
   ㉰ 공차상태의 중량분포로서 적차상태의 중량분포를 산출하기가 어려울 때에는 공차상태만 측정한다.
   ㉱ 측정단위는 kg_f으로 한다.

   풀이 ㉮, ㉯, ㉱항은 옳은 설명이고, 공차상태의 중량분포로서 적차상태의 중량 분포를 산출하기가 어려울 때에는 공차상태와 적차상태를 각각 측정한다.

13 ㉮ 14 ㉮ 15 ㉱ 16 ㉯ 17 ㉰

18. 1998년에 출고된 휘발유 승용차의 운행차 배출가스 허용 기준과 측정 방법은? [04년 하]

㉮ CO 1.4% 이하 HC 260ppm 이하, 무부하 급가속시 측정
㉯ CO 1.2% 이하 HC 220ppm 이하, 공전시 측정
㉰ CO 4.5% 이하 HC 1,200ppm 이하, 공전시 측정
㉱ CO 2.0% 이하 HC 800ppm 이하, 무부하 급가속시 측정

[풀이] 휘발유 승용차의 운행차 배출 허용기준

구 분	CO	HC
2006년 이후	1.0% 이하	120ppm 이하
2005년 까지	1.2% 이하	220ppm 이하

19. 자동차 검사 시행요령에서 등화장치, 후부 반사기 등의 세부검사 내용을 설명한 것이다. 틀린 것은? [04년 하]

㉮ 반사기의 손상유무 및 설치위치 적합여부
㉯ 반사기의 규격 적합여부
㉰ 반사기의 형상 및 색상 적합여부
㉱ 반사광의 색상 적정여부

[풀이] 반사광의 색상 여부는 검사하지 않는다.
※ 공단 정답은 "다"로 표시되어 있음

18 ㉯　19 ㉰

374　Part_2 자동차섀시

자동차전기

제1장 전기전자
제2장 시동, 점화 및 충전장치
제3장 계기, 등화 및 편의장치
제4장 냉·난방장치

01 전기전자

제1절 기초전기

1_ 전기의 개요

1. 개요

물질이 성질을 갖고 있는 가장 기본 단위는 분자이며, 분자를 더 쪼개보면 원자, 원자는 핵과 전자로 구성되어 있다. 여기서 전자는 전기의 본질이며 그 중에서도 가장 바깥에 위치한 전자를 자유전자라 한다. 이 자유전자가 이동하여 전기가 흐르는 현상이 발생된다. 고대부터 전류는 (+)에서 (-)로 흐른다고 알려져 왔는데, 실제는 자유전자인 (-)가 (+)쪽으로 이동하여 발생하는 현상이 전류의 흐름이다. 그리하여 전류가 흐른다는 것은 실제로는 (-)인 전자가 (+)쪽으로 이동하여 나타나는 현상이지만 현재에도 전기(전류)는 (+)에서 (-)로 흐른다고 말한다.

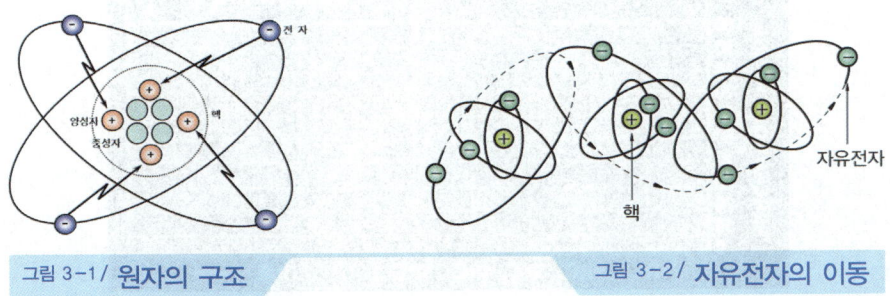

그림 3-1 / 원자의 구조   그림 3-2 / 자유전자의 이동

1) 축전기(condenser, 콘덴서)

축전기란 전기 입자를 모으는 장치로, 절연체를 사이에 두고 두 장의 금속판 A, B를 가까운 거리에서 마주보게 한 다음, 전압을 가하면 두 장의 금속판으로 (+), (-) 전하가 이동하여 전기를 저장할 수 있다. 이 때 금속판에 저장할 수 있는 전기의 양은 가해지는 전압, 금속판의 면적, 절연체의 절연도에 비례하고, 금속판 사이의 거리에 반비례한다.

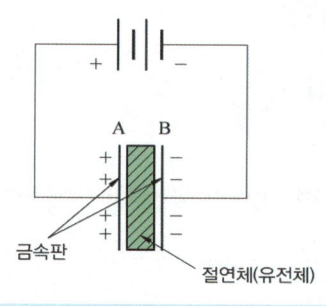

그림 3-3 / 콘덴서의 구조

① 축전기의 연결법

  ㉠ 직렬접속 $C = \dfrac{1}{\dfrac{1}{C_1} + \dfrac{1}{C_2} + \cdots + \dfrac{1}{C_n}}$

  ㉡ 병렬접속 $C = C_1 + C_2 + \cdots + C_n$

② 축전기의 정전용량

  $Q = C \cdot E$

Q : 전하량[C, coulomb]
C : 정전용량[F, farad]
E : 전압[V, volt]

③ 축전기의 시정수(時定數, time constant, τ) : 콘덴서의 시정수란 콘덴서의 충·방전 소요시간을 나타내기 위한 것으로, 인가전압의 약 63.2[%] 충전될 때까지의 시간 또는 완전 충전된 콘덴서가 인가전압의 36.8[%] 까지 방전되는 시간으로 정의한다.

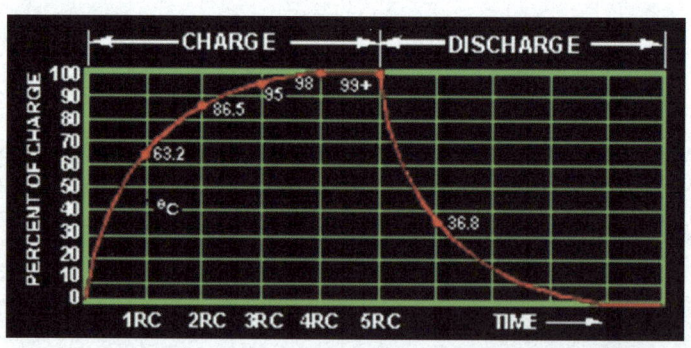

그림 3-4 / 콘덴서의 충·방전 곡선(RC 직렬회로)

시정수 1τ가 경과하면 콘덴서는 인가전압의 63.2[%]까지 충전되고, 2τ가 경과하면 남은 전압의 63.2[%]가 충전된다. 따라서, 어떤 콘덴서가 완전 충전하는데 걸리는 시간은 이론상 무한대이다. 하지만 충전 개시 후 5τ가 경과하면 인가전압의 99.3[%]까지 충전되므로 완전 충전된 것으로 간주한다. 방전의 경우도 같다.

2. 전류, 전압, 저항

1) 전류

① 전기의 흐름 : 자유전자의 흐름을 전류가 흐른다고 하며, 전자는 (-)에서 (+)로 전류는 (+)에서 (-)로 흐른다. 도체내의 임의의 한 점을 매초 1 쿨롱의 전하가 이동하는 것을 1 암페어(A)라 하며 기호는 I로 표시한다.

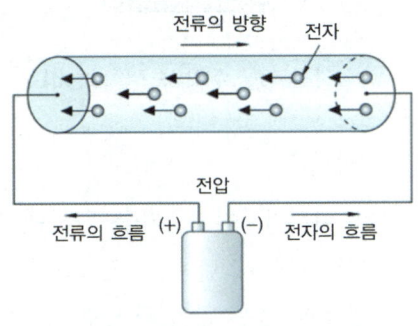

그림 3-5 / 전류와 전자의 흐름

② 전류의 작용
  ㉠ 발열작용 : 도체 내에는 전기의 흐름을 방해하는 저항이 있어 전류가 흐르면 열이 발생한다. 따라서, 열의 발생은 전류가 많이 흐르거나 저항이 크면 커진다. 자동차에 발열작용을 이용한 것으로는 시거 라이터, 뒷유리 열선 등이 있다.
  ㉡ 화학작용 : 전류가 흐르는 현상에 의해 전기분해나 화학반응이 일어나는 작용이다. 화학작용의 대표적인 부품이 축전지이다.
  ㉢ 자기작용 : 도체에 전류가 흐르면 오른나사의 법칙에 의해 도체 주위에 자기 현상이 발생되고, 이 전기 에너지를 기계적인 힘으로 바꾸어 응용한 것이 자동차의 기동 전동기, 발전기, 릴레이(솔레노이드) 등이다.

2) 전압

전압이란 전기적인 압력에 의해 전류가 흐르는 것으로 전위차(potential difference)라고도 한다.

전압은 물의 흐름과 비유하면 쉽게 이해할 수 있다. 물의 높이 차에 해당하는 것을 수위차(수압)라 하듯이 전지의 (+)와 (-)의 높이 차이를 전위차(전압)라 한다. 물이 흐르면 수위차가 낮아지므로 펌프를 이용하여 수위를 일정하게 하듯이 전압도 흐르면 전위차가 낮아지므로 전압을 일정하게 하기 위해 전압을 만들어 내는 것을 기전력이라 한다. 전압의 단위는 볼트(V), 기호는 E로 표시한다.

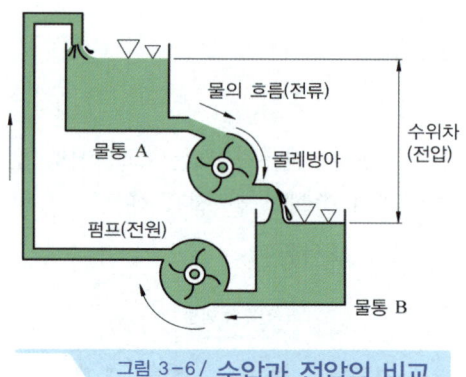

그림 3-6 / 수압과 전압의 비교

3) 저항

저항이란 물질에 전류가 흐르기 쉬운가, 어려운가를 나타낸 것으로 전선의 재질, 전선의 굵기, 전선의 길이에 따라 달라진다. 저항이 너무 크면 흐르는 전류가 작아 회로에서 일을 할 수 없고 너무 작으면 흐르는 전류가 너무 많아(과전류) 열이 발생하여 화재의 원인이 되기도 한다. 따라서 저항은 회로에서 전류가 할 수 있는 일을 적절하게 제어하는 기능을 하는 것이다. 저항의 단위로는 오옴(Ω), 기호는 R로 표시한다.

① **도체의 고유저항(비저항)** : 물체 자체가 지니고 있는 고유한 전기저항으로, 물질의 저항은 재질, 단면적, 온도에 따라서 변화하므로 길이 1[m], 단면적 1[m²] 인 도체의 두 면간의 저항값을 비교하여 도체가 가지는 저항값을 고유저항 또는 저항률 ρ(rho)라고 한다. 물체의 저항값은 길이 ℓ[m]에 비례하고, 단면적 A[m²]에 반비례한다.

$$R = \rho \times \frac{\ell}{A}$$

도체의 고유 저항값은 다음과 같다.

도체명칭	고유저항 ($\mu\Omega$ cm/20[℃])	도체명칭	고유저항 ($\mu\Omega$ cm/20[℃])
은	1.62	황	5.7
구리	1.69	니켈	6.9
금	2.40	철	10.0
알루미늄	2.62		

② **온도와 저항** : 일반적으로 도체는 온도가 상승하면 저항이 증가한다. 온도가 1[℃] 상승하였을 때 저항값이 어느 정도 크게 되었는가의 비율을 저항의 온도계수라 한다. 이를 식으로 표현하면, $\Delta R = R_2 - R_1 = R_1 \cdot \alpha \cdot (t_2 - t_1)$ 이다.

그러므로, $R_2 = R_1 + R_1 \cdot \alpha \cdot (t_2 - t_1) = R_1 \times [1 + \alpha \cdot (t_2 - t_1)]$ 이다.

R_2 : t_2[℃] 일 때의 저항값
R_1 : t_1[℃] 일 때의 저항값
α : t_1[℃]의 온도계수

예를 들어, 저항의 온도계수가 0.004일 때 1[Ω]에서 1[℃] 상승하면 $R_2 = R_1 \times [1 + \alpha \cdot (t_2 - t_1)]$ = 1.004[Ω]이 되고, 20[℃] 상승하면 $R_2 = R_1 \times [1 + \alpha \cdot (t_2 - t_1)]$= 1×[1+0.004×20]= 1.08[Ω]이 된다.

③ 저항의 연결법
  ㉠ 직렬연결 : 몇 개의 저항을 직렬로 연결한 방식으로, 각각의 저항을 더하므로 합성저항은 가장 큰 저항보다도 더 크다. 또한 저항이 직렬로 있으므로 각 저항에는 같은 전류가 흐른다.
  합성저항 $R = R_1 + R_2 + \cdots + R_n$
  ㉡ 병렬연결 : 각 저항을 병렬로 연결한 것으로, 병렬접속의 합성저항은 병렬회로에서 가장 작은 저항보다도 작게 된다. 하지만 각 저항에는 같은 전압이 걸린다. 자동차의 부품에는 대부분 병렬로 연결되어 같은 12[V](승용차 기준)가 걸리게 된다.
  합성저항 $R = \dfrac{1}{\dfrac{1}{R_1} + \dfrac{1}{R_2} + \cdots + \dfrac{1}{R_n}}$
  ㉢ 직·병렬연결 : 직렬접속과 병렬접속이 한 회로에 있는 것으로, 합성저항은 병렬접속의 합성저항을 구한 후 직렬회로의 저항과 더하면 된다.
④ 전압강하 : 전기회로에서 쓰고 있는 전선의 저항이나 회로 접속부의 접속저항 등에 소비되는 전압으로, 접촉이 불량하면 접촉저항이 크게 되어 전압강하는 크게 된다. 접촉저항을 감소시키기 위한 방법은 다음과 같다.
  ㉠ 접촉 면적을 넓게 한다.   ㉡ 접촉 압력을 세게 한다.
  ㉢ 길이를 짧게 한다.   ㉣ 굵기를 굵게 한다.
  ㉤ 공기의 침입을 막는다.

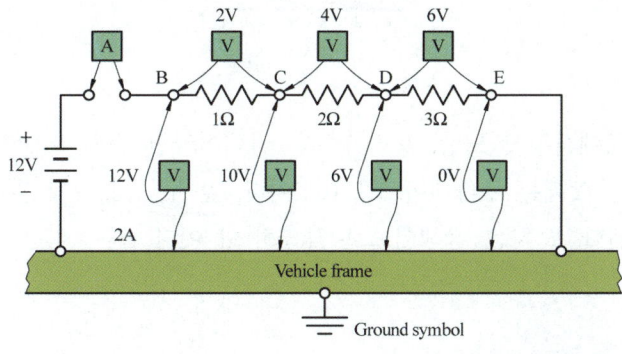

그림 3-7 / 전압강하

⑤ 저항 색띠 읽기

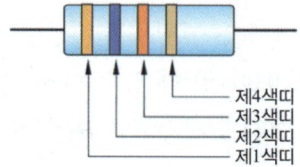

저항에는 4~5개의 색띠를 둘러서 저항값을 표시하며, 색의 앞뒤 구분은 색띠가 쏠려 있는 쪽이 앞이고, 구분하기 어려우면 금색이나 은색이 뒤쪽이다. 저항 읽는 법은 다음과 같다.

색깔	제1색띠 첫째자리	제2색띠 둘째자리	제3색띠 10의 제곱	제4색띠 오차([%])
검정	0	0	10^0	
갈색	1	1	10^1	
빨강	2	2	10^2	
주황	3	3	10^3	
노랑	4	4	10^4	
녹색	5	5	10^5	
파랑	6	6	10^6	
보라	7	7	10^7	
회색	8	8	10^8	
흰색	9	9	10^9	
금색				±5
은색				±10

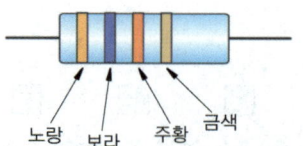

예를 들어, 앞쪽에서부터 노랑, 보라, 주황, 금색이라면 첫째 노랑이 4, 둘째 보라가 7이므로 47, 다음 셋째는 주황색이므로 10^3 이다. 앞 두색의 수에 셋째를 곱하면, 47×10^3 = 47[kΩ]이 된다. 오차는 금색이므로 약 ±5[%] 이다.

3. 오옴의 법칙

1) 오옴의 법칙(ohm's law)

전기 회로에 흐르는 전류 I[A]는 전압 E[V]에 비례하고 저항 R[Ω]에 반비례 한다. 이것을 오옴의 법칙이라 한다.

즉, $I = \dfrac{E}{R}$[A], $R = \dfrac{E}{I}$[Ω], $E = I \cdot R$[V]

2) 키르히호프의 법칙

① 키르히호프의 제1법칙 : 임의의 회로에서 "어떤 한 점에 유입한 전류의 총합과 유출한 전류의 총합은 같다"는 전류에 대한 법칙이다.

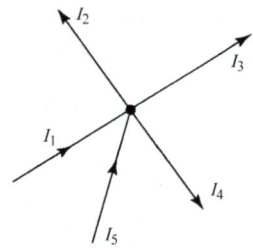

그림 3-8 / 키르히호프의 제1법칙

② 키르히호프의 제2법칙 : 임의의 폐회로에 있어서 "발생한 기전력의 총합과 각 저항에서의 전압강하의 총합과 같다"는 전압에 대한 법칙이다.

2_ 전력과 전기기호

1. 전력과 전력량

1) 전력(electric power)

전구, 전열기, 전동기 등에 전압을 가하여 전류를 흐르게 하면 전류는 빛, 열, 기계적 일 등 여러 가지 에너지로 변환된다. 이와 같이 전력이란 단위 시간당 전기가 하는 일의 크기로, 전력 = 전압×전류로 나타내며, 단위는 와트(W), 기호는 P로 표시한다.

즉, 전력 $P = E \times I = I^2 \times R = \dfrac{E^2}{R}$ 로 나타낼 수 있다.

2) 전력량(electric energy)

전력량이란 전력이 어떤 시간 동안에 한 일의 총량으로, 전력량= 전력×시간으로 표시한다. 전력량의 단위는 W·t(= Joule) 또는 kW·h, 기호는 W로 표시한다. 전력 $P = E \times I$ 이므로, 전력량 $W = P \cdot t = E \cdot I \cdot t = I^2 \cdot R \cdot t = \dfrac{E^2}{R} \cdot t$ 로 나타낼 수 있다.

3) 주울의 법칙(joule's law)

도체에 전류가 흘러 모두 열로 바뀌었을 때, 발생하는 열량은 전류의 제곱과 저항의 곱에 비례한다는 법칙이다. 이 때의 열을 주울 열이라 하며 $H = 0.24 I^2 \cdot R \cdot t$[cal]로 표시한다.

2. 전기기호

기호	명칭	기호 관계 설명
─┤├─	배터리 (battery)	전원·배터리를 의미하며 긴쪽이 ⊕, 짧은쪽이 ⊖ 이다.
─┤├─	콘덴서 (condenser)	전기를 일시적으로 저장하였다가 방출한다.(교류에는 전도성이 있으며 직류는 전류를 전달하지 못한다.)
─/\/\/─	저항 (resistor)	고유저항, 니크롬선 등
─/\/\/─	가변 저항 (variable resistor)	저항값이 변하는 저항(인위적 또는 여건에 따라)
─⊗─	전구 (bulb)	램프를 의미 • 헤드라이트 : 55 ~ 60[W] • 램프 전구 : 5 ~ 10[W]
─⊗─	더블 전구 (double bulb)	이중 필라멘트를 가진 램프 테일라이트, 헤드라이트 등
─mmm─	코일 (coil)	전류를 통하면 전자석이 된다.(자장의 발생)
─▯─	더블 마그네틱 (double magnetic)	두 개의 코일이 감긴 전자석 또는 마그넷, 스타팅 모터의 마그넷 스위치
─▮▮▮▮▮─	변압기 (transtormer)	변압기로서 이그니션 코일 같은 경우
─/─	스위치 (S.W.)	일반적인 스위치를 표시한다.
[relay]	릴레이 (relay)	S_1과 S_2에 전류를 통하면 코일이 전자석이 되어 스위치(S.W)를 붙여 준다.

기호	명칭	기호 관계 설명
	스위치 (S.W.)	2 단계 스위치로서 평상시 붙어 있는 접점은 흑색으로 표시한다.
	지연 릴레이 (delay relay)	지연 릴레이로서 일종의 timer 역할을 의미한다. 그림은 off 지연 릴레이이다.
	스위치 (N.O.)normal open	평상시 접촉이 이루어지지 않다가 누를 때만 접속된다. 혼 스위치, 각종 스위치 등
	스위치 (normal close)	평상시에는 접촉이 이루어지나 누를 때만 접촉 안 된다. 주차 브레이크 스위치, 림 스위치, 브레이크 스위치 등에 쓰인다.
	서미스터 (thermistor)	외부 온도에 따라 저항값이 변한다. 온도가 올라가면 저항값이 낮아지는 부특성과 그 반대로 저항값이 올라가는 정특성 서미스터가 있다.
	다이오드 (diode)	한 방향으로만 전류를 통할 수 있다.(화살표 방향) 화살표 반대 방향으로는 흐르지 못한다.
	제너 다이오드 (zener diode)	제너 다이오드는 역방향으로 한계 이상의 전압이 걸리면 순간적으로 도통 한계 전압을 유지한다.
	포토 다이오드 (photo diode)	빛을 받으면 전기를 흐를 수 있게 한다. 일반적으로 스위칭 회로에 쓰인다.
	발광 다이오드 (LED)	전류가 흐르면 빛을 발하는 파일럿 램프(pilot lamp) 등에 쓰인다.
	트랜지스터 (TR)	그림의 왼쪽은 PNP 형, 오른쪽은 NPN 형으로서 스위칭, 증폭, 발진작용을 한다.(자동차에서는 NPN 형이 쓰인다.)
	포토 트랜지스터 (photo—transistor)	외부로부터 빛을 받으면 전류를 흐를 수 있게 하는 감광 소자이다. CDS 라고도 한다.
	사이리스터 (SCR)thyristor	다이오드와 비슷하나 캐소드에 전류를 통하면 그때서야 도통되는 릴레이와 같은 역할을 한다.
	압전소자 (piezo—electric element)	힘을 받으면 전기가 발생하며 응력 게이지 등에 주로 사용한다. 전자 라이터나 수정 진동자를 의미하기도 한다.
	논리 합 (logic OR)	논리회로로서 입력부 A, B 중에 어느 하나라도 1이면 출력 C도 1이다. ※ 1이란 전원이 인가된 상태, 0은 전원이 인가되지 않은 상태
	논리적 (logic AND)	입력 A, B가 동시에 1이 되어야 출력 C도 1이며 하나라도 0이면 출력 C는 0이 된다.
	논리 부정 (logic AND)	A가 1이면 출력 C는 0이고 입력 A가 0일 때 출력 C는 1이 되는 회로

기호	명칭	기호 관계 설명
⊳⊢	논리 비교기 (logic compare)	B에 기준전압 1을 가해주고 입력단자 A로부터 B보다 큰 1을 주면 동력입력 D에서 C로 1 신호가 나가고 B 전압보다 작은 입력이 오면 0 신호가 나간다.(비교회로)
⊃⊃∘	논리합 부정 (logic NOR)	OR 회로의 반대 출력이 나온다. 즉, 둘 중 하나가 1이면 출력 C는 0이 되고 둘 다 0이면 출력 C는 1이 된다.
⊃⊃∘	논리적 부정 (logic NAND)	AND 회로의 반대 출력이 나온다. A, B 모두 1이면 출력 C는 0이며 모두 0이거나 하나만 0이어도 출력 C는 1이 된다.
K—⊲—A (G)	사이리스터	PNPN 또는 PNPN의 4층 구조로 제어 정류기로써 애노드(A) 캐소드(K), 게이트(G)의 3단자로 구성되어있으며 순방향 전압은 애노드에 +를 게이트에 +를 캐소드에 −를 접속하면 전류는 애노드에서 캐소드로 흐른다.
▭	고밀도 반도체 소자 (integrated circuit)	IC를 의미하며 $A \cdot B$는 입력을, $C \cdot D$는 출력을 나타낸다.
Ⓜ	모터 (motor)	모터(내장식과 외장식)
─┼─	비접속 (disconnection)	배선이 접속되지 않은 상태
─•─	접속 (connection)	배선이 서로 접속되어 있는 상태
⏚	어스 (earth)	어스 ⊖ 쪽에 접지시킨 것을 의미한다.
🔲	소켓 (soket)	소켓 암컷을 의미, 모든 회로도에서는 주로 암컷 소켓의 배선 색깔을 표시

제2절 기초전자

1. 반도체(semiconductors)

1. 반도체의 개요

반도체란 실리콘(Si), 게르마늄(Ge), 셀렌(Se)과 같이 도체와 부도체의 중간 성질을 갖는 소자를 말한다.

1) 반도체의 종류

반도체 소자인 실리콘이나 게르마늄 등 4가로만 이루어진 반도체를 진성 반도체라 하고, 이는 반도체 특성을 띠지 않으므로 반도체로 사용하지 않는다. 실리콘이나 게르마늄 등 4가의 원소에 인(P), 비소(As), 안티몬(Sb) 등 5가의 원소가 첨가되어 있는 것을 N형 반도체, 4가의 원소에 붕소(b), 알루미늄(Al), 인듐(In) 등 3가의 불순물이 첨가되어 있는 것을 P형 반도체라 한다.

① N(Negative)형 반도체 : 게르마늄(Ge)에 소량의 불순물을 혼합하여 1개의 전자가 남게 하여 전류를 이동시킬 수 있게 하는 반도체로서 ⊖ 전자가 이동하므로 N형 반도체라 한다. 이 경우 과잉전자가 전류를 흐르게 하였으므로 전류의 캐리어(carrier, 운반자)가 과잉전자라 하고, 전자를 주는 것을 도너(donor)라 한다.

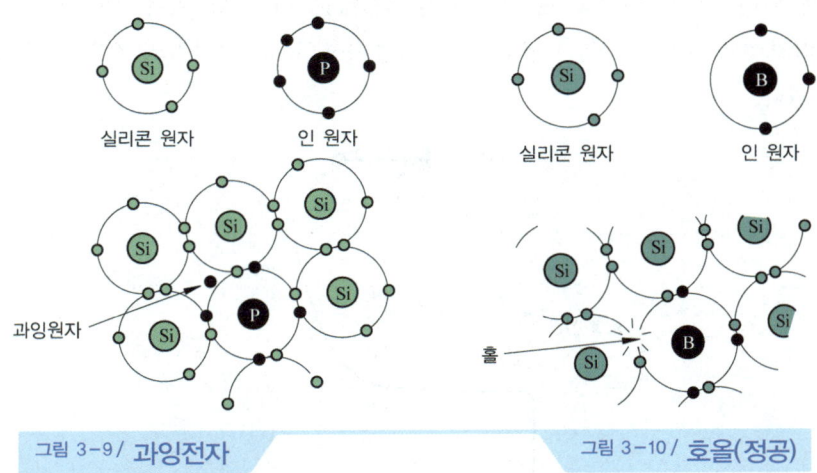

그림 3-9 / 과잉전자   그림 3-10 / 호올(정공)

② P(Positive)형 반도체 : 게르마늄(Ge)이나 실리콘(Si)과 같은 4가의 소자에 소량의 불순물을 혼합하면 게르마늄과 혼합시 1개의 전자가 부족하여 정공이 생성되게 하여 정공을 이용해서 전류가 흐르게 한 반도체이다. 이 경우 호올(정공)이 전류를 흐르게 하였으므로 전류의 캐리어(carrier, 운반자)를 호올(hole)이라 하고, 전자를 받는 것을 억셉터(acceptor)라 한다.

2) 실리콘 다이오드(silicon diode)

P형 반도체와 N형 반도체를 마주 대고 접합한 겹쳐 놓은 다이오드로서 순방향으로는 전류가 흐르고 역방향으로는 전류가 흐르지 않는다.

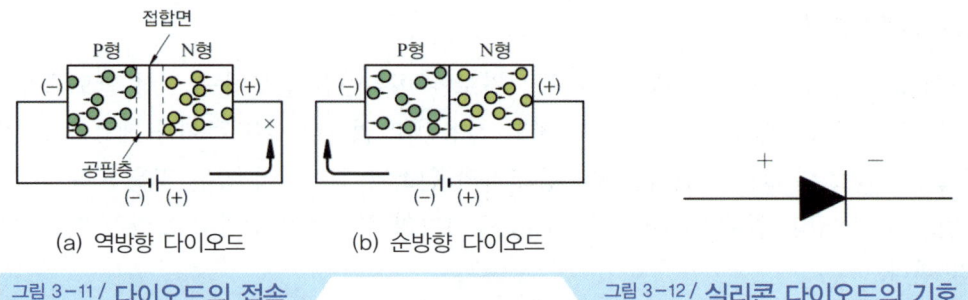

그림 3-11 / **다이오드의 접속**   그림 3-12 / **실리콘 다이오드의 기호**

① 다이오드의 종류
 ㉠ 제너 다이오드(zener diode) : 다이오드는 순방향으로는 전류가 흐르고 역방향으로는 전류가 흐르지 않으나 제너 다이오드는 역방향 전압을 증가시켜 일정한 값에 이르게 되면 역방향으로도 전류가 흐를 수 있는 다이오드이다. 이 때의 전압을 제너 전압(브레이크 다운 전압)이라 하며, 자동차용 교류 발전기의 전압 조정기에 사용하고 있다.

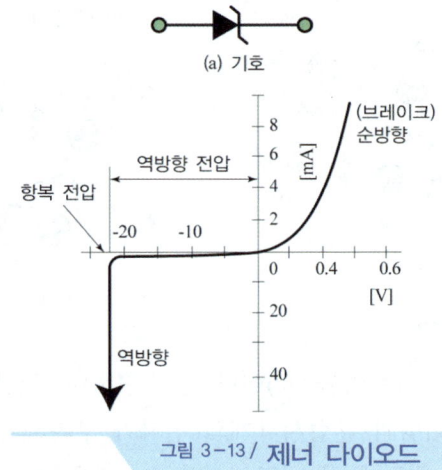

그림 3-13 / **제너 다이오드**

 ㉡ 발광 다이오드(LED) : 순방향으로 전류를 흐르게 하였을 때 빛이 발생되는 다이오드로서 가시광선으로부터 적외선까지 여러 가지 빛을 발생한다. 즉, PN형 접합면에 순방향 전압을 가하여 전류를 흐르게 하면 캐리어가 가지고 있는 에너지 일부가 빛으로 되어 외부로 방사한다.
  전자장치의 파일럿 램프, 크랭크각 센서 및 각종 센서 등에서 사용한다.
 ㉢ 포토 다이오드(photo diode) : 입사광선이 접합부에 쪼이면 빛에 의해 전자가 궤도를 이탈하여 자유전자가 되어 역방향으로도 전류가 흐르게 되며, 입사광선이 강할수록 자유 전자수도 증가되어 더욱 많은 전류가 흐르게 된다. 이러한 원리를 이용하여 배전기 내의 크랭크각 센서 및 TDC 센서, 차고 센서 등에서 사용하고 있다.

그림 3-14 / 발광 다이오드(LED)

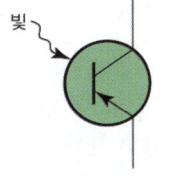
그림 3-15 / 포토 다이오드

3) 트랜지스터(transistor)

N형 반도체를 중심으로 양쪽에 P형 반도체를 접합한 PNP형 트랜지스터와 P형 반도체를 중심으로 양쪽에 N형 반도체를 접합한 NPN형 트랜지스터가 있다. 트랜지스터에는 3개의 단자가 있는데 이들을 이미터(Emitter=E), 베이스(Base=B), 컬렉터(Collector=C)라 한다. 트랜지스터는 베이스(b) 전류를 ON. OFF 제어로 인하여 이미터(E)와 컬렉터(c)의 사이를 ON. OFF 제어할 수 있는 스위치 작용과 베이스의 전류 크기를 조절하여 이미터와 컬렉터 사이의 전류를 증폭시키는 증폭작용을 한다.

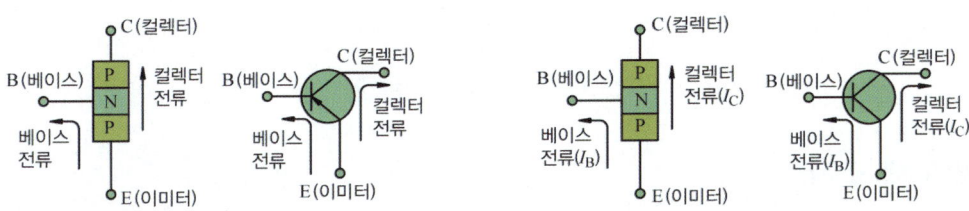

그림 3-16 / PNP형 트랜지스터   그림 3-17 / NPN형 트랜지스터

① 트랜지스터의 작동(NPN TR의 경우) : 트랜지스터의 컬렉터에 (+)를, 이미터에 (-)를 연결하면, 컬렉터 쪽 N형 반도체의 전자가 컬렉터 단자쪽으로 모이게 되고 얇은 P형 반도체의 (+)는 (-) 단자 쪽으로 모이게 되어 얇은 P형 반도체와 컬렉터쪽 N형 반도체 사이에 공핍층이 형성되어 전류는 흐르지 못하게 된다. 이 때 베이스에 (+)전류를 흐르게 하면 가운데 얇은 P형 반도체 (+)는 이미터의 전자와 만나 흐르게 되므로 베이스와 이미터가 연결되고, 양쪽 N형 반도체의 전자는 모두 일체가 되어 컬렉터 쪽으로 흐르게 된다.(전류는 컬렉터에서 이미터로 흐른다.)

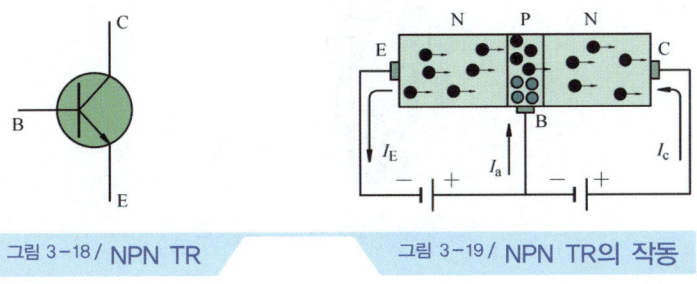

그림 3-18 / NPN TR   그림 3-19 / NPN TR의 작동

② **포토 트랜지스터(photo transistor)** : 트랜지스터의 일종으로 NPN, PNP 접합이 있다. 베이스가 없이(있어도 사용하지 않는다) 빛을 받아 컬렉터 전류가 제어된다. 이미터와 컬렉터 사이에 역방향 전압을 걸고 베이스에 빛을 쪼이면, 빛에 의해 전자가 궤도를 이탈하여 자유전자가 되어 역방향으로 전류가 흐르게 되며, 빛이 강할수록 자유전자 수도 증가되어 더욱 많은 전류가 흐른다.

③ **다링톤 쌍(darlington pair)** : 높은 전류 증폭을 얻기 위해 두 개의 트랜지스터를 하나의 쌍으로 접합하여 소자로 만든 것으로, 1개의 트랜지스터로 2개 분의 증폭효과를 발휘하며 아주 적은 베이스로 큰 전류를 조절할 수 있는 특징이 있다.

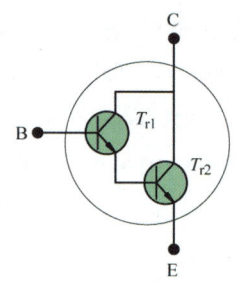

그림 3-20 / **다링톤 쌍**

2. 반도체 소자

1) 서미스터(thermistor)

서미스터란 온도에 따라 저항값이 변화하는 반도체 소자로, 온도가 올라가면 저항값이 커지는 정특성 서미스터(PTC : Positive Temperature Coefficient)와 온도가 올라가면 저항값이 낮아지는 부특성 서미스터(NTC : Negaitive Temperature Coefficient)가 있다. 일반적으로 서미스터는 부특성 소자를 이용하며 냉각수온 센서, 오일 온도센서, 연료잔량 표시 램프, 흡입공기 온도센서 등에 사용된다.

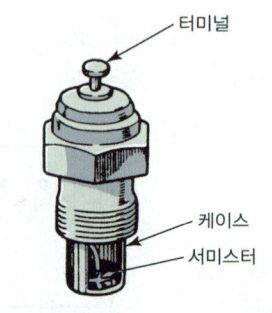

그림 3-21 / **서미스터 구성**

2) 사이리스터(thyrister, SCR)

사이리스터는 SCR(Silicon Control Rectifier)이라고도 하며, PNPN 또는 NPNP의 4층 구조로 되어 있다. 단자는 애노드(anode, +), 캐소드(cathode, -) 및 제어단자인 게이트(gate)로 구성되어 있으며 단지 스위칭 작용만 한다. 자동차에서는 축전기 방전식 점화장치, 와이퍼회로 등에서 사용한다.

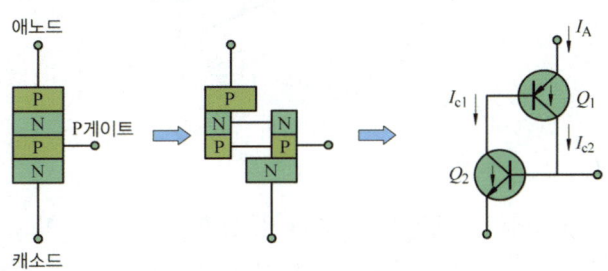

3) 광도전 소자(광도전 셀)

광도전 셀은 빛의 조사량에 따라 저항값이 변하는 반도체 소자이다. 종류로는 유화카드뮴(CdS)을 소재로 한 CdS 소자와 유화납(PbS)을 소재로 한 PbS 소자가 있으며, CdS 소자는 가시광선에 대해 감도가 높아 조사량이 증가하면 저항이 감소하고, 조사량이 감소하면 저항은 증가한다. 광도전 셀은 주로 가로등의 자동점멸, 카메라의 노출계 등에 사용한다.

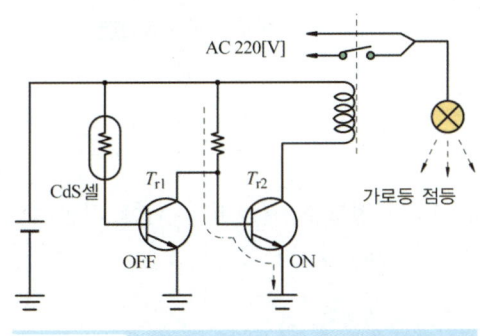

그림 3-22 / 가로등 점멸회로

4) 홀 소자

홀 소자는 작고 얇게 편평한 판으로 만든 것이며, 전류가 외부 회로를 통하여 이 판에 흐를 때 플레밍의 왼손법칙에 의해 전압이 자속과 전류 방향의 직각 부분으로 판 사이에서 발행한다. 이 전압은 판 사이를 흐르는 전류 밀도와 자속 밀도에 비례하며, 이 자장에 따라 전압이 발생하는 효과를 홀 효과(Hall Effect)라 한다.

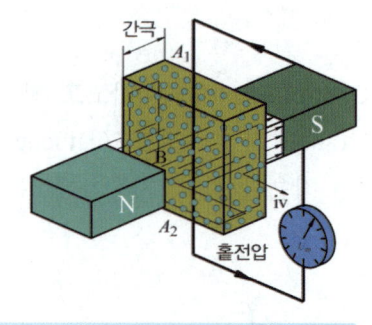

그림 3-23 / 홀 효과

5) IC(Integrated Circuit)

IC는 여러개의 트랜지스터와 저항 등을 하나의 기판에 설치한 회로이다. IC는 반도체의 급속한 발전에 따라 초소형이며 신뢰성, 내진성, 내구성, 경제성이 우수하나 회로의 선택 및 설계의 자유가 제한된다. IC에는 모놀리식 IC, 후막 IC, 멀티칩 IC, 박막 IC 등이 있다.

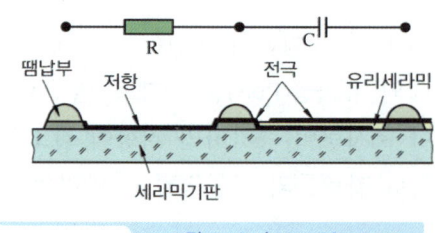

그림 3-24 / IC 회로구조

2_ 논리 회로

컴퓨터의 논리 회로는 컴퓨터가 정보를 처리하기 위한 기본적인 전기 회로로, AND, OR, NOT, NAND, NOR 회로 등이 있다.

1. 논리 기본회로

1) 논리곱 회로(AND)

논리곱 회로는 A, B 스위치 2개를 직렬로 접속한 회로로, 그림에서 램프가 점등되도록 하려면 스위치 A 또는 스위치 B를 모두 ON 시키면 점등된다. 이 때 스위치가 ON일 때를 입력 1이라 하고, 스위치가 OFF일 때를 입력 0이라 하며, 출력이 있을 때를 1, 출력이 없을 때를 0이라 한다면 진리표는 다음과 같다.

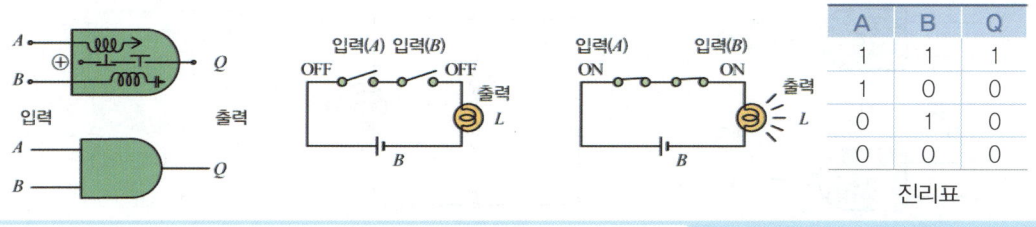

그림 3-25 / AND 회로의 원리

2) 논리합 회로(OR)

논리합 회로는 A, B 스위치 2개를 병렬로 접속한 회로로 그림에서 램프가 점등되도록 하려면 스위치 A 또는 스위치 B를 모두 ON 시키거나 스위치 1개를 ON 시키면 점등된다. 이 때, 진리표는 다음과 같다.

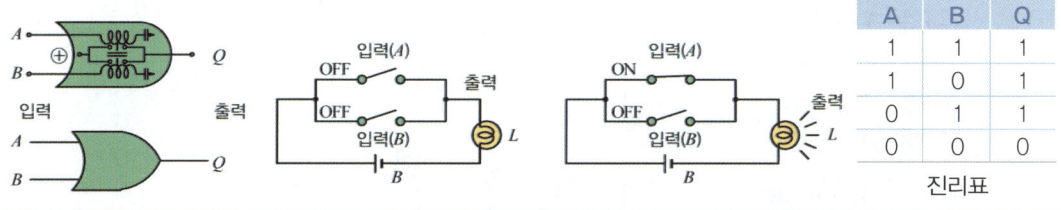

그림 3-26 / OR 회로의 원리

3) 부정 회로(NOT)

부정 회로는 그림과 같이 입력 스위치 A와 출력의 램프가 병렬로 접속된 회로로 입력 스위치 A가 OFF일 때는 출력의 램프가 점등되고, 입력 스위치 A를 ON 시키면 출력의 램프는 소등된다. 이 때, 진리표는 다음과 같다.

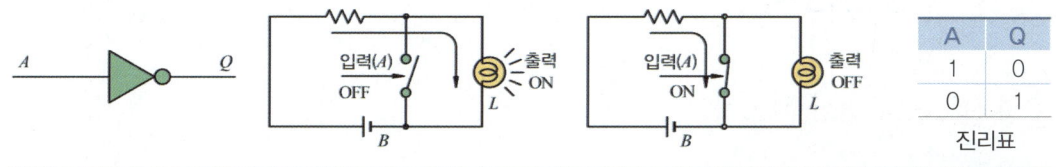

그림 3-27 / NOT 회로의 원리

4) 부정 논리곱 회로(NAND)

부정 논리곱 회로는 논리곱 회로 뒤에 부정 회로를 접속한 것으로, 입력 스위치 A와 입력 스위치 B가 모두 ON되면 출력은 없다. 또한 입력 스위치 A 또는 입력 스위치 B 중에서 1개가 OFF 되거나 입력 스위치 A와 입력 스위치 B가 모두 OFF 되면 출력이 된다. 이 때 스위치가 ON일 때를 입력 1이라 하고, 스위치가 OFF일 때를 입력 0이라 하며, 출력이 있을 때를 1, 출력이 없을 때를 0이라 한다면 진리표는 다음과 같다.

제1장_전기전자 **393**

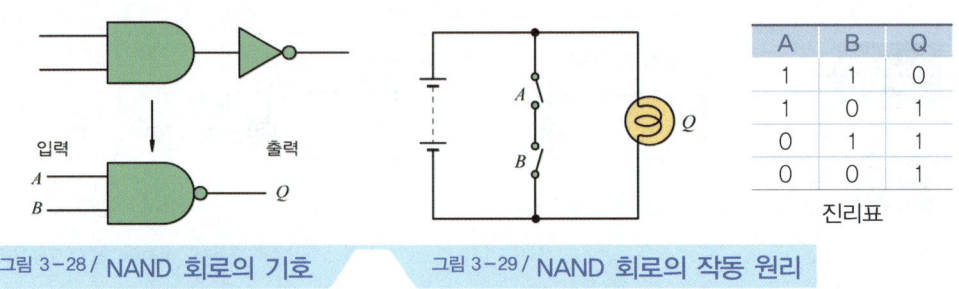

그림 3-28 / NAND 회로의 기호   그림 3-29 / NAND 회로의 작동 원리

5) 부정 논리합 회로(NOR)

부정 논리합 회로는 논리합 회로 뒤에 부정 회로를 접속한 것으로, 입력 스위치 A와 입력 스위치 B가 모두 OFF되어야 출력이 된다. 또한 입력 스위치 A 또는 입력 스위치 B 중에서 1개가 ON이 되거나 입력 스위치 A와 입력 스위치 B가 모두 ON이 되면 출력은 없다. 이 때, 진리표는 다음과 같다.

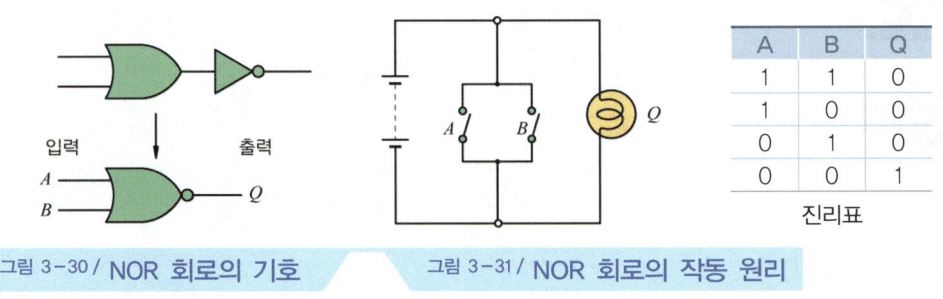

그림 3-30 / NOR 회로의 기호   그림 3-31 / NOR 회로의 작동 원리

제3절 / 통신장치

1_ 통신(Communication)

통신이란 멀리 떨어져 있는 상대방과 의사소통을 하기 위한 것으로 한 지점에서 다른 지점까지 의미 있는 정보를 보다 빠르게 상대방이 이해가 될 수 있도록 전송하는 것을 말한다.

1. 통신의 개요

1) 통신의 역사

① 기원전 : 벽면에 나뭇가지를 붙여 의사를 전달
② 우리나라 : 솟대, 북, 파발, 횃불(봉수제도), 신호 연 등을 이용

③ 제주도의 정낭 : 집의 대문에 해당하는 출입구에 정낭을 설치하여, 집안의 인적 정보를 외부인에게 알리는 통신 방법

2) 제주도 정낭

① 정낭 3개 open : 집에 사람이 있음

② 정낭 1개 close : 잠시외출 중

③ 정낭 2개 close : 이웃마을에 출타 중

④ 정낭 3개 close : 집에서 멀리 출타 중

3) 전기통신의 종류

① 전신 : 유선으로 연결된 두 지점 사이에 전기적인 펄스 형태로 전송
   예) 모스(morse) 전신기 : K5 광고(— – — – – – – –)
② 유선 전화 : 사람의 목소리를 신호로 변환하여 멀리까지 전달
   예) 전화(telephone) = tele(멀리) + phone(음)
③ 무선 통신 : 고주파 전류에 의해 발생되는 전파를 이용하여 공간으로 파동형태로 정보를 전달하는 것
④ 정보 통신 : 데이터 통신 시스템을 의미하며, 컴퓨터의 발달로 컴퓨터 통신 네트워크를 의미

4) 통신의 분류

① 정보 신호에 따라 : ㉠ 아날로그 통신(전화)
                    ㉡ 디지털 통신(데이터 통신)

② 전송 매체에 따라 : ㉠ 유선 통신(2 꼬임선, 동축 케이블, 광섬유 케이블)
　　　　　　　　　　㉡ 무선 통신(전자기파, 광 및 초음파)
③ 정보신호의 변조 유무에 따라 : ① 기저 대역 통신
　　　　　　　　　　　　　　　　② 통과 대역 통신

5) 유선 통신 선로의 특성

종류	꼬임 2선로	동축케이블	광섬유 케이블
적용속도	늦다	저속	고속
비용	양호	보통	고가
거리	단거리	중거리	장거리

6) 통신 네트워크(Communication Network)

① 네트워크(Network) 란? : "Computer Networking(통신망, 通信網)"을 의미하며, 컴퓨터들이 어떤 연결을 통해 컴퓨터의 정보들을 공유하는 것을 말한다. 이러한 네트워크 통신을 위해 ECM 상호간에 정해둔 규칙을 "프로토콜(protocol)"이라 한다
② 통신 프로토콜(Network Protocol) : 통신 네트워크를 구성하고 있는 모듈들이 정보를 주고받는 방법에 대한 공통된 규칙과 약속을 통신 프로토콜이라 하며, 한국어와 영어로 서로 말하면 알아듣지 못하므로, 이것이 통신 오류이고 자동차 전기통신 시스템에서 이야기하는 "통신 불량"이다.

7) 데이터 통신

데이터 통신이란 통신 네트워크를 구성하고 있는 정보기계 사이에 디지털 2진 형태로 표현된 정보를 송신 또는 수신하는 행위 즉, 통신 선로에 연결된 하나 또는 그 이상의 단말기 및 컴퓨터에 의한 정보의 전달을 의미한다.

① 데이터 통신망의 종류
　　㉠ 근거리 통신망(Local Area Network, LAN)
　　㉡ 도시권 통신망(Metropolitan Area Network, MAN)
　　㉢ 원거리 통신망(광역망, Wide Area Network, WAN)
② 통신망의 특성

분류	LAN	MAN	WAN
범위	건물이나 캠퍼스	도시지역	전국적
속도	매우 높음	높음	낮음

에러율	낮음	중간	높음
흐름 제어	간단	중간	복잡
소유권	개인	개인또는공공	공공

③ 데이터 통신 시스템 : 데이터 통신 시스템은 데이터 전송 시스템과 데이터 처리 시스템으로 구성되어 있다.

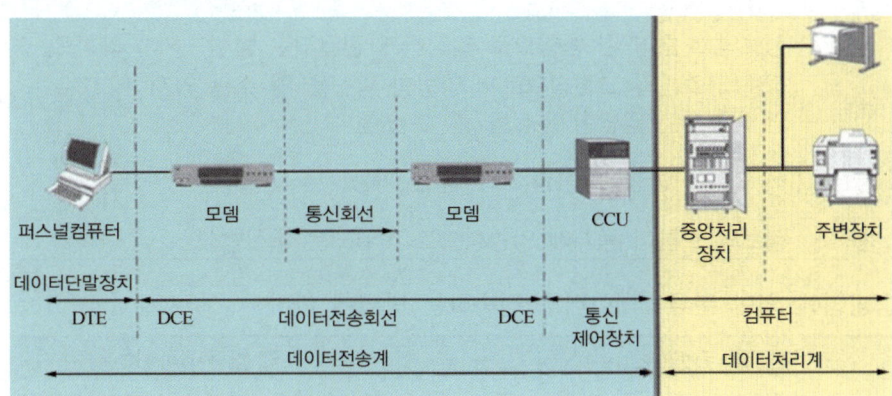

* DTE : Data Terminal Equipment(데이터 단말장치)
  DCE : Data Circuit terminating Equipment(데이터 회선 종단장치)

④ 데이터 통신 시스템의 주요 장치

　㉠ 데이터 단말장치(Data Terminal Equipment, DTE) : 데이터 단말장치는 데이터 통신 시스템과 사용자와의 접점에 위치하며 데이터를 데이터 통신 시스템에 보내거나 시스템에서 처리 가공된 데이터를 여러 사용자에게 보내주는 창구이다.
　　단말장치가 전화기인 경우, 음성을 전기신호로, 전기를 음성신호로 변환하고, PC인 경우, 전송하여야 할 문자, 화상, 음성 등을 전기신호로 변환시키거나 수신된 전기신호를 원래의 정보형태로 복원시키는 역할을 한다.

　㉡ 데이터 회선 종단장치(Data Circuit terminating Equipment, DCE) : 아날로그 회선인 경우 모뎀(Modem)이, 디지털 회선인 경우 디지털 서비스 장치(Digital Service Unit, DSU)가 이용되며 통신회선은 전송매체로 유선인 경우 꼬임 2선로, 동축 케이블, 광섬유를, 무선인 경우 마이크로파, 위성 마이크로파, 이동 마이크로파 등을 통해 전송한다.

　㉢ 통신 제어장치(Communication Control service Unit, CCU) : 데이터의 가공 및 처리를 담당한다.

⑤ 데이터의 전송 : 데이터의 전송은 신호에 관계없이 전송 매체에 맞게 변환시켜야 한다.

　㉠ 아날로그 데이터(modem) : 아날로그 신호로 변환시키는 것을 변조(modulation), 원래의 신호로 추출하는 것을 복조(demodulation)라 한다.

ⓒ 디지털 데이터(codec) : 디지털 신호로 변환시키는 것을 부호화(encoding), 원래의 신호로 추출하는 것을 복호화(decoding)라 한다.

8) 데이터 전송기술 및 방식

① 전송기술에 의한 분류 : 데이터의 전송 방향에 따라

분류	내 용	사용 예
단방향 통신	정보의 흐름이 한 방향으로 일정하게 전달되는 방식	라디오, TV
반이중 통신	정보의 흐름을 교환함으로써 양방향 통신을 할 수는 있지만 동시에는 양방향 통신을 할 수 없음	워키토키(무전기)
시리얼 통신	1선으로 단방향, 양방향 모두 통신 가능	자동차 자기진단 단자
양방향 통신	정보의 흐름이 동시에 양방향으로 전달되는 통신방식	전화기

② 전송방법에 의한 분류 : 데이터를 전송하는 방법에 따라

구분	직렬(serial)통신	병렬(parallel)통신
기능	한 개의 data 전송용 라인이 존재, 한번에 한 bit씩 순차적으로 전송되는 방식	여러 개의 data 전송라인이 존재, 다수의 bit가 한번에 전송되는 방식
장점	구현하기 쉽고, 원거리 전송의 경우 통신 회선이 1개만 필요하므로 경제적이며 장거리 전송이 가능	전송속도가 직렬통신에 비해 빠르며 컴퓨터와 주변장치 사이의 data 전송에 효과적
단점	전송속도가 느리다. 직/병렬 변환 로직이 있어야 하므로 복잡하다.	거리가 멀어지면 전송선로의 비용이 증가하고, 전기적인 간섭현상으로 병렬은 단거리에 사용

㉠ 직렬(serial) 통신 : 하나의 선을 이용하여 다수의 데이터를 일렬(직렬)로 전송하는 것으로 여러가지 작동 데이터가 동시에 출력되지 못하고 순차적으로 데이터를 송, 수신한다는 의미이다. 즉, 동시에 2개의 신호가 검출될 경우 우선순위인 데이터만 인정하고 나머지 데이터는 무시한다. 일반적으로 데이터를 주고받는 통신은 직렬통신이 많이 사용된다.

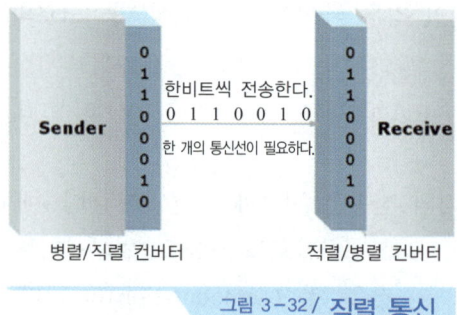

그림 3-32 / 직렬 통신

ⓒ 병렬(parallel) 통신 : 보내고자 하는 신호(또는 문자)를 몇 개의 회로로 나누어서 동시에 전송하게 되므로 전송이 신속하나, 회선 및 단말기 설치 비용이 직렬통신에 비해 많이 소요 됨

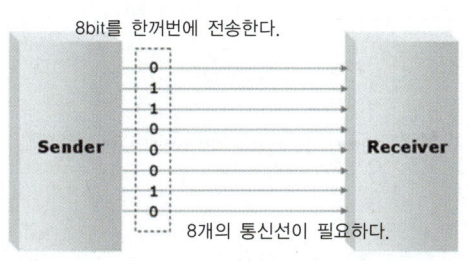

그림 3-33 / 병렬 통신

③ 전송 시작방법에 의한 분류(기준 클록을 맞추는 방법)
　㉠ 비동기 통신(start-stop 전송) : 비동기 통신은 데이터를 보낼 때 한번에 한문자씩 전송되는 방식 즉, 매 문자마다 start bit, stop bit를 부여하여 정확한 데이터를 전송하는 방식으로, 수신부는 다음 데이터가 언제부터 시작되는지 알 수 없다. 차량에 적용된 비동기 통신(CAN)은 통신선의 단선이나 단락에 의한 고장이 발생하여 시스템이 작동되지 않는 것을 방지하기 위하여 2선(CAN-Hi, CAN-Low)으로 되어 있다. 즉, 1선에 고장이 발생되어도 또 다른 선에 의해 정상적인 통신이 가능하도록 되어 있다. 또한 비동기 방식은 전압의 저하, Noise 유입이나 그 밖의 문제들로 인해 전송 도중에 방해를 받아 bit의 추가나 손실이 될 수 있다.(예 : CAN 통신, LIN 통신)

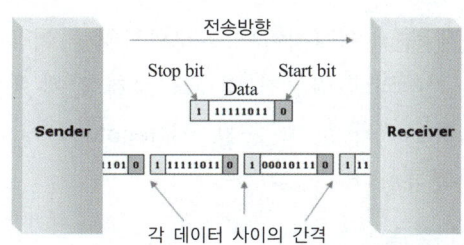

그림 3-34 / 비동기 통신

　ⓒ 동기 통신 : 동기 통신은 송신쪽과 수신쪽이 사용하는 클록 신호의 타이밍이 일치하도록 전송하는 방식으로 문자나 bit 들이 시작과 정지코드 없이 전송이 되며, 각 bit의 정확한 출발과 도착시간에 대한 예측이 가능하다. 그러나 Data를 주는 ECM과 받는 ECM의 시간적 차이를 막기 위해 별도의 SCK(clock 회선)을 반드시 설치하거나, Data 신호 내에 clock 정보를 포함시켜야 한다.(예 : 3선 동기 통신) 비동기 방식과 달리 start bit, stop bit를 사용하지 않으므로 흔히 프레임이라 부르는 데이

터 블록을 만들어서 블록단위로 전송하며, 수신기가 각 데이터 블록의 시작과 끝을 정확히 인식할 수 있는 데이터 블록 동기 또는 프레임 동기가 필요하다.

* SCK : Serial Clock

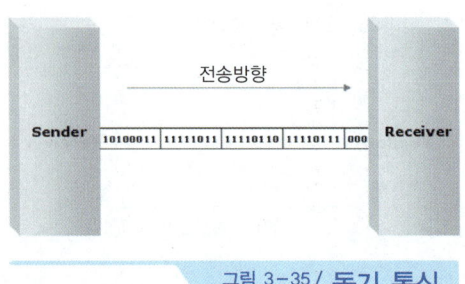

그림 3-35 / 동기 통신

④ 배선 유무에 따른 분류
  ㉠ 유선 통신 : 유선통신이란 송, 수신 양자가 전선을 사용하여 정보를 전달하며 1 : 1 통신이 원칙이다. 우리가 사용하는 대부분이 유선 통신방식이며, 전신, 전화, 자동차 전기통신 등이 여기에 해당한다.
  ㉡ 무선 통신 : 무선통신은 통신선이 없이 무선 주파수를 이용하여 정보를 전달하는 방식으로, 무전기, 휴대폰, 자동차 리모컨, 이모빌라이저 안테나 코일, 스마트 키 LF 안테나 등에 이용된다.

9) LAN 통신망 구조의 분류

통신을 사용하는 목적은 서로가 원하는 상대방과 정보를 주고 받는 것이다. 정보를 주고 받기 위해 직접연결은 비경제적, 비현실적이므로 교환장치를 이용하거나 통신망을 구성하는데 통신망을 구성하기 위해 각각의 단말장치 및 교환장치 간에 통신로를 구성하는 것을 "통신망 구성형태(network topology)"라 한다. 구성형태(topology)에 따라 스타형, 링형, 버스형 혹은 나뭇가지(트리)형으로 분류한다.

① 구성형태(topology)의 종류

구분	스타(star)형	링(ring)형	버스(bus)형
구조	(교환기 중심 방사형)	(원형 연결)	(일직선 버스 연결)
방식	각 노드별전송로 설치	정보를 순차적으로 전달	전송로의 버스상에서 전송
전송로 길이	길다	짧다	짧다

접속방식	CSMA/CD	토큰통과	CSMA/CD, 토큰통과
전송매체	동축선로, twisted pair	동축선로, 광 선로	동축선로

② 통신망의 특징
- ㉠ 스타형 : 중앙에 접속 스위치를 이용하여 구성된 망의 모든 요소와 접속
- ㉡ 링형 : 원형으로 구성된 링크를 제공하며, 각각의 노드는 순차적으로 연결한다. 따라서, 데이터 전송은 노드대 노드 간의 점(포인트)대 점인 전송 방식이다.
- ㉢ 버스형 : 버스형 또는 나뭇가지형은 모든 장치들이 하나의 통신매체를 통하여 공유하므로 한 쌍의 노드에 있는 장치만이 동시에 통신할 수 있다.

2. 자동차 통신의 목적

1) 자동차 통신 네트워크의 필요성

자동차 기술의 발달로 많은 ECM과 편의장치가 적용되어 전장품의 수가 많아지고, 따라서 배선도 증가하여 고장도 많이 발생할 뿐 아니라 고장진단 또한 매우 복잡하게 되었다. 이러한 문제를 줄이기 위해 자동차의 바디전장에 통신 네트워크를 적용하여 제어 아키텍처(architecture)를 집중 제어방식에서 분산 제어방식으로 즉, 1개의 ECM 제어방식에서 master-slave, multi-master 방식으로 통신 네트워크가 발전되었다. 통신 네트워크의 필요성은 다음과 같다.

① 기술의 발전 : 반도체, optical fiber, 소프트웨어 기술의 발전과 가격저하
② 소비자 성향의 안정화 : 안전하고 다양한 편의 사양을 갖춘 스마트한 차량의 요구
③ 차량의 변화
- ㉠ 전장품 증가에 의한 와이어링의 증가 및 복잡함(중량 증가, 고장요소 증가)
- ㉡ 차량 전자장치 및 멀티미디어의 증가 : CD, DVD, AV, 내비게이션 등
- ㉢ 차량의 움직이는 사무실화 : 텔레매틱스(MOZEN), PDA 등
- ㉣ 지능형 차량 개발
- ㉤ 전자기술 변화에 대응 : plug & play
- ㉥ 간편한 업그레이드

2) 자동차 통신 네트워크 적용의 장점

① 배선의 경량화 : 제어를 하는 ECM들 간의 통신으로 배선이 줄어든다.
② 전기장치 설치장소 확보가 용이 : 가장 가까운 곳에 설치된 ECM에서 전장품 작동을 제어한다.

③ 시스템 신뢰성 향상 : 배선이 줄어들면서 그만큼 사용하는 커넥터 수의 감소 및 접속점이 감소하여 고장률이 낮고 정확한 정보를 송수신 할 수 있다.
④ 진단장비를 이용한 자동차 정비 : 통신단자를 이용하여 각 ECM의 자기진단 및 센서 출력값을 점검할 수 있어 정비성이 향상된다.

3. 다중전송(MUX) 시스템

1) 다중전송(MUX) 통신의 개요

자동차의 각종 편의장치는 센서나 스위치를 통해 모터, 액추에이터, 전구 등을 구동하는 회로로 되어 있어 많은 배선이 필요하여 중량, 가격 및 정비하기 어려움 문제점이 있다. MUX 통신은 이러한 문제점을 해결하기 위하여 1 라인의 전선구조로 다수의 신호를 전송, 통신하는 통신 방식이다. ETACS는 다중전송 방식으로 ETACS와 운전석 모듈 사이에는 쌍방향 통신을, 조수석 모듈 사이는 단방향 통신을 하는 3개의 SUB 컴퓨터로 구성되어 있다.(XG는 IMS 장착으로 4개의 SUB 컴퓨터로 구성) 다중통신을 MUX 또는 SWS(Simplified Wiring System) 라 한다.

① MUX 통신의 구성

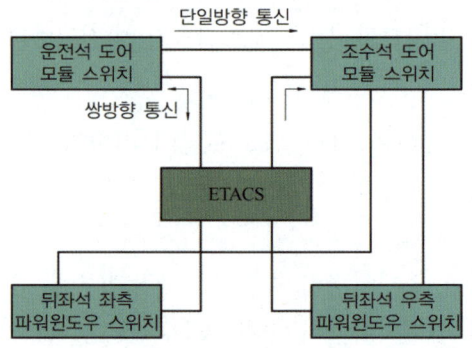

② MUX 통신방법 : 한 개의 DATA 라인을 이용하여 여러가지 전장품을 작동시킬 수 있고 또한, 따로따로 제어도 가능하다. 각기 다른 신호들을 각각 다른 시간에 보내주고 TDM(Time Division Multiplex)을 사용하여 한 개의 DATA 라인을 통해 복수의 신호를 전송하는 통신방법이다. 송신측에서 정해진 순서대로 "0" 또는 "1" 신호를 보내면 수신측은 이 순서대로 수신한다.

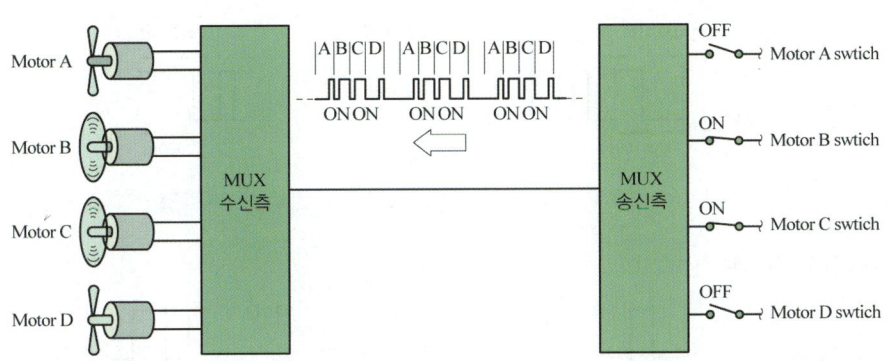

③ MUX 통신에 의한 송신측과 수신측의 타임 차트 : 아래 그림은 다중 통신을 이용하여 모터가 구동되는 예로, 스위치 ON/OFF 데이터는 송신측에서 고정된 주파수로 수신측에 보내지게 되고 수신측에서는 데이터의 지시에 따라 모터를 작동하게 된다.

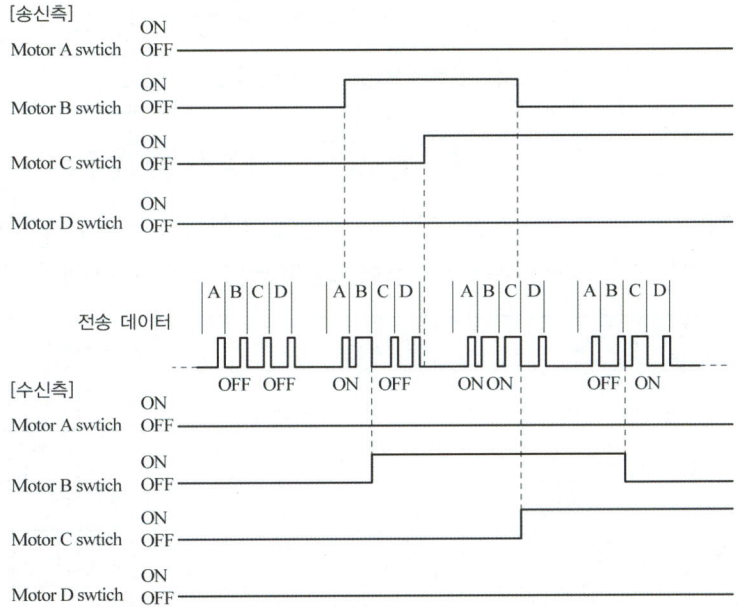

2) 데이터 프레임(data frame) 구조

MUX 전송 데이터 프레임은 16비트로 구성되고, 초기 H 레벨에서 L로 떨어져 200μs가 경과할 때까지를 스타트 비트, 데이터 비트 출력 후, 다시 L → H 레벨이 300μs가 되면 스톱 비트로 인식한다.

① 데이터 프레임 구성 : 프레임(frame)이란 주소와 프로토콜 제어정보가 포함된 완전한 하나의 단위를 의미한다.

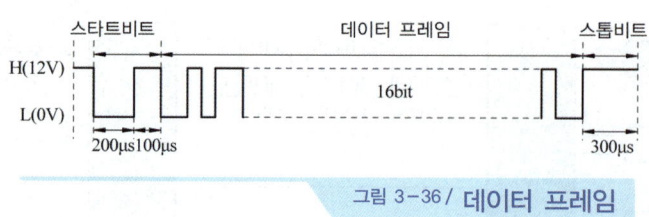

그림 3-36 / 데이터 프레임

㉠ 데이터 "0"과 "1"

그림 3-37 / 데이터 "0"   그림 3-38 / 데이터 "1"

㉡ 데이터 프레임의 세부구조

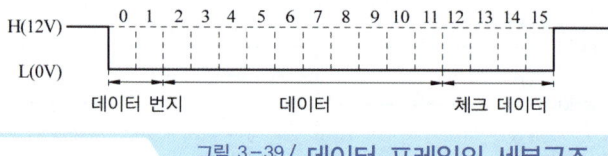

그림 3-39 / 데이터 프레임의 세부구조

② 데이터 번지 : 데이터 번지는 2 bit 데이터 조합에 의해 3가지 타입이 정해진다. 데이터 1과 2는 운전석 도어모듈로 부터의 출력이고, 데이터 3은 ETACS에서 나오는 출력이다.

데이터	Bit No.	0	1	데이터 파형
DATA 1		0	0	
DATA 2		0	1	
DATA 3		1	0	

③ 데이터 구조 : 보통 1개의 데이터 프레임은 약 10가지 타입의 데이터가 전송되며, 데이터 번지 3가지 타입에 의해 약 30가지 데이터로 이루어져 있다.

Bit No / Data Name	2	3	4	5	6	7	8	9	10	11
DATA 1	★	★	FR P/W UP SW ON 신호	RR P/W UP SW ON 신호	RL P/W UP SW ON 신호	리모컨 미러 UP SW ON 신호	리모컨 미러 Left SW ON 신호	★	P/W Lock SW ON 신호	0

DATA 2	★	★	FR P/W Down SW ON 신호	RR P/W Down SW ON 신호	RL P/W Down SW ON 신호	리모컨 미러 UP SW down 신호	리모컨 미러 Right SW ON 신호	★	리모컨 RH 미러 선택 신호	펄스 체크 입력 SW 신호
DATA 3	0	0	★	★	★	키리마인더 기능 작동신호	★	★	0	0

★ 표는 자동차 상태에 따라 1 또는 0 이 된다.

④ 데이터 전송의 예 : 운전석 도어 모듈에 의해 조수석 파워 윈도우 down시(FR P/W down)

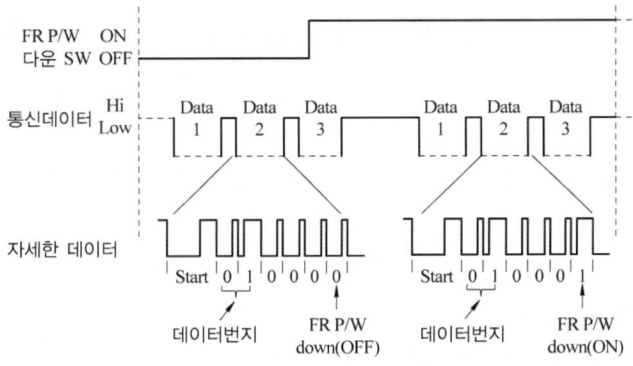

2_ CAN 통신과 LIN 통신

1. CAN(Controller Area Network) 통신

1) 개요

자동차의 내의 서로 다른 전자장치(ECU) 간의 통신을 위한 통신장치로 초기에는 LAN 통신을 사용하였으나 LAN 통신은 제조사마다 통신방법이 달라 호환성이 결여되면서 1986년 Bosch가 개발한 자동차 전용 프로토콜인 CAN 통신방식을 표준으로 사용하게 되었다. CAN 통신은 시리얼 네트워크 통신 방식의 일종으로 여러 가지 ECU들을 병렬로 연결하여 각각의 ECU들과 서로 정보교환이 이루어져 우선순위대로 처리하는 방식이다. CAN 통신, LIN (Local Interconnect Network) 통신 모두 LAN(근거리 통신)의 일종이다.

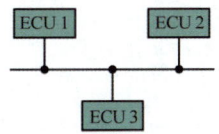

그림 3-40 / CAN 통신의 Multi master 방식

2) CAN 통신의 장점

각각의 ECU들 간에 정보교환이 이루어지는 장점과 여러 가지 장치를 단지 2개의 선 (Twisted pair wires)으로 컨트롤 할 수 있다는 장점이 있다. 통신이 되는 라인을 BUS-A (CAN-H), BUS-B(CAN-L)라 하고 BUS란 DATA 전송라인을 의미한다. ETACS, I/P PANEL ECM, 운전석 도어모듈, 조수석 도어모듈이 2개의 BUS라인을 통해 같이 통신을 하여 정보를 공유, 교환하며 자신에게 필요한 데이터만 사용하게 되는 것이다.

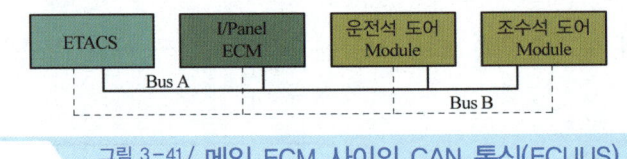

그림 3-41 / 메인 ECM 사이의 CAN 통신(ECUUS)

3) CAN의 특징

① Multi Master 방식 : 모든 CAN 구성 모듈은 정보 메시지 전송에 자유 권한이 있음
② 통신 중재 : 메시지가 동시에 전송될 경우 중재 규칙에 의해 순서가 정해짐
③ 듀얼(Dual) 와이어 접속 방식으로 통신선로 구성이 간편함
④ 고속 통신이 가능함
⑤ 신뢰성/안전성 : 에러 검출 및 처리성능 우수
⑥ 통신방식 : 비동기식 직렬통신
⑦ Low speed CAN : 125 Kbps 이하, 바디전장 계통의 데이터 통신에 응용
⑧ High speed CAN : 125 Kbps 이상, 실시간(real time) 제어에 응용

4) CAN 프로토콜 통신 : 4가지 frame type을 지원

① Data frame : 전송 node로부터 수신 node로 data를 실어 나름
② Remote frame : 같은 식별자를 사용하는 data frame의 전송 요청을 위해 하나의 node에 의해 전송
③ Error frame : bus error가 발견된 어떤 node 에 의해 전송
④ Overload frame : 바로 앞과 다음 data frame 사이 또는 remote frame에 여분의 delay를 제공

5) CAN의 시스템 구성

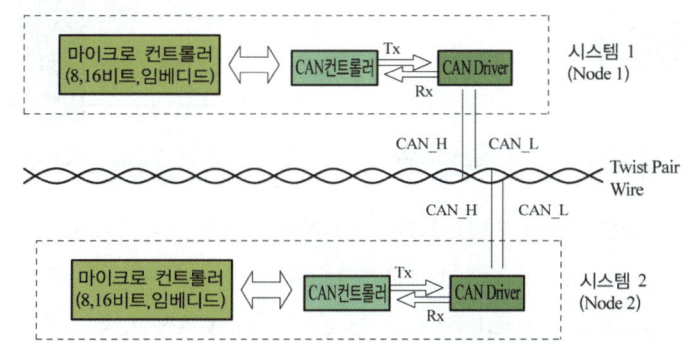

그림 3-42 / CAN의 기본적인 시스템 구성

6) CAN 통신 Class 구분 : SAE 정의 기준

항목	특징	적용 사례
Class A	1. 통신속도 : 10Kbps 이하 2. 접지를 기준으로 1개의 와이어링으로 통신선 구성 가능 3. 응용분야 : 진단 통신, 바디전장(도어, 시트, 파워윈도우)등의 구동신호&스위치 등의 입력신호	1. K-라인 통신 2. LIN통신
Class B	1. 통신속도 : 40Kbps 내외 2. Class A 보다 많은 정보의 전송이 필요한 경우에 사용 3. 응용분야 : 바디전장 모듈간의 정보 교환, 클러스터 등	1. J1850 2. 저속 CAN 통신
Class C	1. 통신속도 : 최대 1Mbps 2. 실시간으로 중대한 정보 교환이 필요한 경우로서 1~10[ms] 간격으로 데이터 전송 주기가 필요한 경우 사용 3. 응용분야 : 엔진, A/T, 섀시 계통 간의 정보 교환	고속 CAN 통신
Class D	1. 통신속도 : 수십 Mbps 2. 수백~수천 bite의 블록 단위 데이터 전송이 필요한 경우 3. 응용분야 : AV, CD, DVD 신호 등의 멀티미디어 통신	1. MOST 2. IDB 1394

7) CAN BUS의 전압 레벨

CAN 통신은 Low와 High 전압 레벨의 변화로 데이터를 송신하며, High Speed CAN(고속 캔)과 Low Speed CAN(저속 캔)의 두 종류가 있다.

① High Speed CAN의 전압 레벨과 통신 : High Speed CAN은 CAN-H와 CAN-L가 2.5V 전압을 기준으로 상승 또는 하강하는 통신방법으로 데이터 전송속도가 매우 빠르나, 노이즈 발생으로 A/V 및 오디오에 영향이 있다.

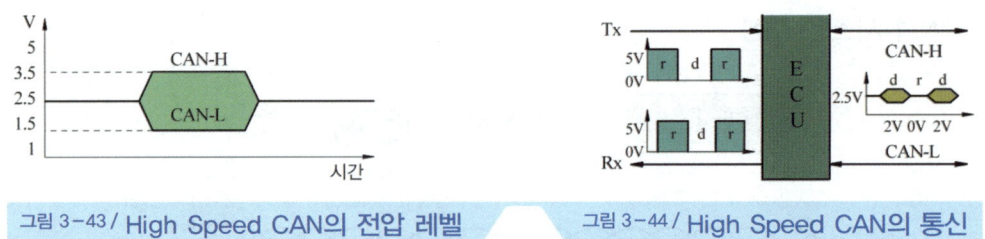

| 그림 3-43 / High Speed CAN의 전압 레벨 | 그림 3-44 / High Speed CAN의 통신 |

② Low Speed CAN의 전압 레벨과 통신 : CAN Low는 5V 전압이 걸려 있다가 데이터가 출력되면 약 1.4V로 하강하고, CAN High는 약 0V 전압이 데이터가 출력되면 약 3.5V로 상승한다. Low Speed CAN도 High Speed CAN과 같은 방식으로, 속도와 데이터 처리가 느리지만 잡음 발생이 적어 자동차 컴퓨터들 간의 통신방법에 사용된다.

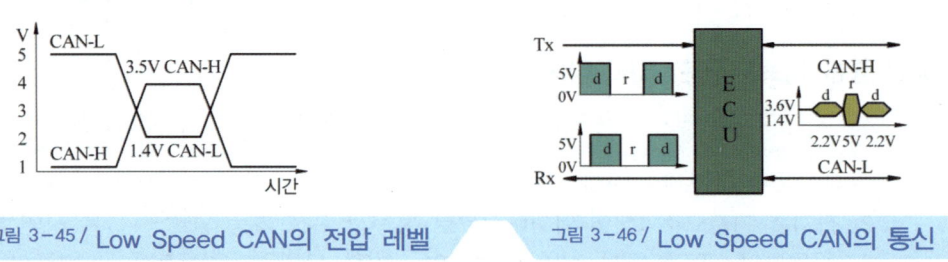

| 그림 3-45 / Low Speed CAN의 전압 레벨 | 그림 3-46 / Low Speed CAN의 통신 |

8) CAN 통신 파형

BUS-A 파형은 CAN-H 파형으로 데이터 출력시 0V의 전압이 상승하고, 반대로 BUS-B 파형은 CAN-L 파형으로 데이터 출력시 5V에서 하강한다. CAN 통신파형은 통신속도가 빠르기 때문에 파형분석은 무의미하며, 아래와 같은 파형이 출력되면 통신라인 및 CAN IC는 정상으로 판정한다.

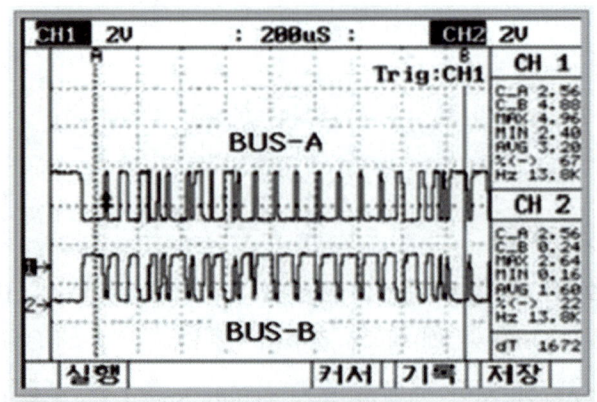

9) CAN 저항의 설치

통신은 전압에 대해 민감하므로, CAN 통신을 하는 ECM 내부에는 일정하게 전압을 유지하기 위해 통신라인에 약 120Ω의 저항을 설치하는데 이를 터미네이션 저항(종단저항)이라 하며, 이 저항에 의해 일정 전압레벨이 이루어져 정상적인 데이터 통신이 이루어 진다.

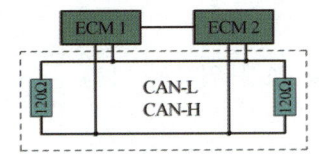

2. CAN 통신과 LIN 통신

구분	CAN	LIN
사용범위	파워트레인, 섀시제어기, 바디전장 사이의 통신	각종 편의사양 및 센서 간의 통신
사용목적	Real time(실시간) 제어	단순 ON/OFF 장치에 사용
배선구성	Twisted Pair Wire(5V) CAN-Hi, CAN-Low	Single Wire(12V)
제어방식	Multi Master	Single Master Multi Slave
통신속도	최대 125Kbps : Low speed 최대 1Mbps : High speed	최대 20Kbps
개발회사	Bosch	BMW, Volvo, 크라이슬러, 모토로라

1) LIN 통신(LIN Bus)의 특징

LIN 통신은 차량에서 분산된 전자 시스템을 위한 직렬통신 시스템으로서 CAN 통신에서 제공하는 대역폭과 다기능을 필요로 하지 않고 액추에이터와 스마트 센서를 위한 저비용 통신을 가능하게 하여 매우 경쟁력 있는 가격으로 복잡한 계층적 다중 시스템을 생성, 실행, 처리 할 수 있다

2) LIN 통신 특성

① 저비용의 한가닥 배선 사용
② 최대속도 20kbps/s(EMI 이유로 제한)
③ 싱글 마스터(single master) / 멀티플 슬레이브(multiple slave) 개념
④ 보편적인 UART 통신을 바탕으로 하는 저비용 실리콘 구현
⑤ 다른 슬레이브 노드(node)에서 하드웨어나 소프트웨어를 변경하지 않고도 LIN 네트워크에 노드 추가 가능

3) 자동차 도어 미러에 LIN을 사용하는 이유

① 전방 미러에서 도어 미러로 변경
② 도어 미러 기능의 다양화
　㉠ 미러의 X-Y 방향조정 및 조정 위치의 기억
　㉡ 미러의 수납
　㉢ 흐림 방지용 히터 부가
　㉣ 방향지시등
　㉤ 눈부심 방지
　㉥ CCD 카메라(Charge Coupled Device camera)

4) X-by-wire 시스템(전자화 기능)

① throttle-by-wire(excel-by-wire, drive-by-wire, 전자 스로틀)
② steer-by-wire
③ brake-by-wire
④ suspension-by-wire

3_ 제작사 통신 시스템

1. 현대자동차 통신시스템

1) 통신 시스템 전체 구성도(TG 그랜저)

CAN 통신(main 통신)과 LIN 통신(sub 통신), 크게 2가지 통신 시스템을 이용하여 전기장치의 작동이 제어된다.

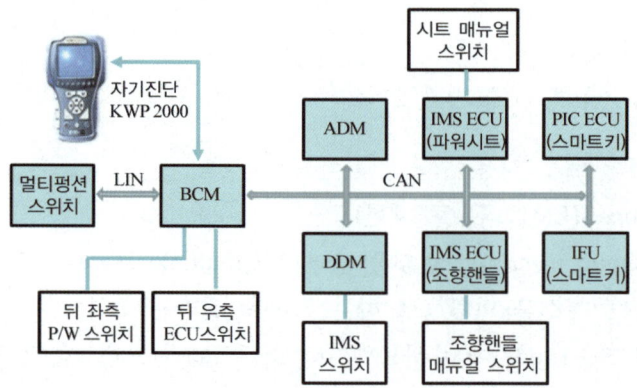

① 메인 통신 구성(CAN) : 그랜저 TG 차량의 메인 통신 네트워크로 CAN 방식을 사용하

며, 메인 모듈인 BCM과 DDM, ADM을 기본 구성모듈로 가진다. 3가지 기본 모듈 외에 옵션에 따라 IMS 파워시트 ECU, IMS 텔레스코픽 ECU, 스마트키 ECU(PIC ECU) 및 인터페이스 유닛(IFU)이 추가로 장착되어 최대 7개 모듈이 CAN 통신선을 이용하여 정보를 주고 받는다. BCM은 CAN 통신 구성 모듈 중 최상위 메인 모듈이며, 진단장비와 K-라인 통신을 통해 자기진단, 센서출력, 액추에이터 검사 기능 등을 지원한다.

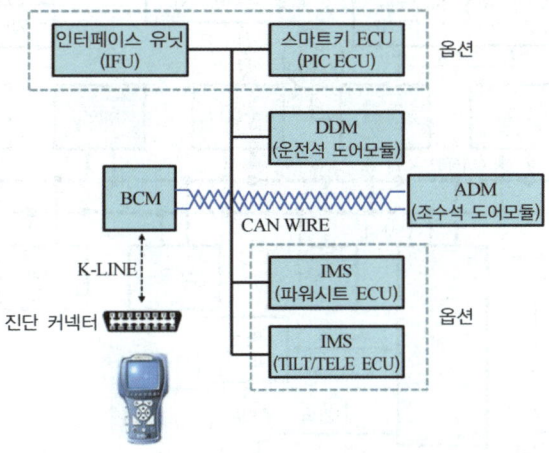

그림 3-47 / 메인 통신 구성(CAN)

② 서브 통신 구성(LIN) : 그랜저 TG 차량의 서브 통신 네트워크로 LIN 방식을 사용하며, BCM이 Master ECU가 되고, 멀티펑션 스위치가 Slave ECU로 연결되어 양방향으로 정보를 주고 받는다. 멀티펑션 스위치는 와이퍼&와셔, 미등, 헤드램프 등 멀티펑션의 모든 스위치 신호들을 LIN 통신 라인을 통해 BCM으로 전송하고, BCM은 통신 Sleep/Wake up 신호 등을 멀티펑션 ECU 측으로 전송하여 LIN 통신 개시와 종료 명령을 내린다. LIN 통신선 단선시 안전을 위해 Back-up 라인을 보유한다

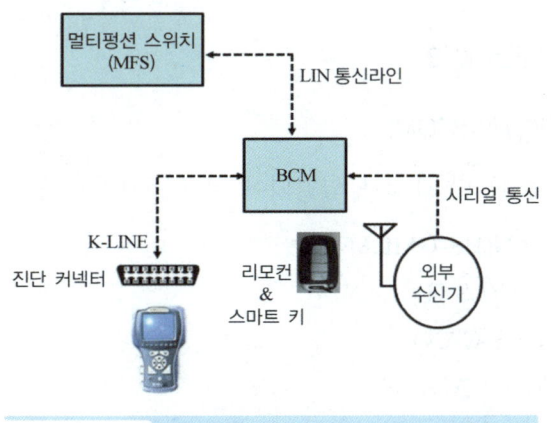

그림 3-48 / 서브 통신 구성(LIN)

2) 통신 시스템 전체 구성도(BH 제네시스, VI 에쿠스)

메인 통신인 CAN 통신과 각 서브 모듈간의 LIN 통신, 또는 시리얼 통신을 이용하여 대부분의 전기장치 작동이 이루어진다.

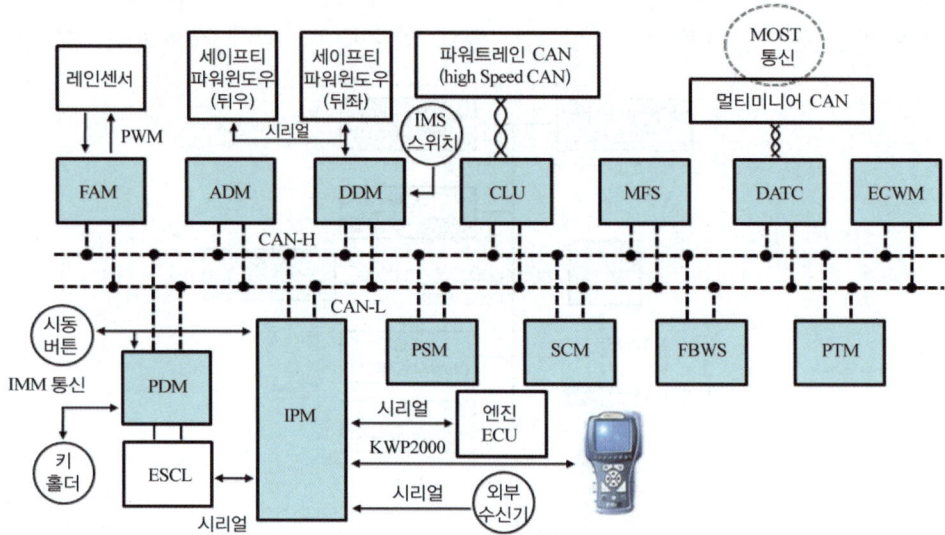

① 메인 통신 구성 : 제네시스 차량의 바디전장 시스템은 메인 통신으로 CAN 통신을 사용하며, 메인 모듈인 IPM과 FAM, DDM, ADM, CLU, MFS, ECWM으로 구성된다. 기본 모듈 외에 옵션에 따라 DATC, PDM, PSM, SCM, FBWS, PTM이 추가로 장착되어 최대 13개 모듈이 정보를 주고 받는다. IPM은 바디 CAN 통신 구성 중 최상위 메인 모듈이며, 진단장비와 K-라인 통신을 통해 자기진단, 센서출력, 액추에이터 검사 기능 등을 지원한다. 클러스터 모듈은 파워트레인 CAN과 바디전장 CAN과의 Gate 역할을, DATC 모듈은 멀티미디어 CAN과 바디전장 CAN과의 Gate 역할을 담당한다.

2. GM 대우 통신 네트워크

1) 전체 통신 네트워크(WINSTOM)

총 17개의 전자제어 모듈 및 센서가 연결되어 있고, 5가지의 통신방식을 사용한다.

① High Speed GMLAN(HS-GMLAN)
② Low Speed GMLAN(LS-GMLAN)
③ High Speed CAN(HS-CAN)
④ Low Speed CAN(LS-CAN)
⑤ K-Line(UART)

HS-LAN과 LS-LAN 통신은 BCM을 거쳐 서로 데이터를 교환하지만, 이 외의 통신은 데이터 교환없이 서로 독립적으로 작동하며, 스티어링 앵글 센서와 요레이트 센서는 실시간 빠른 ESP 연산을 위해 EBCM과 HS-CAN 통신을 한다.

2) 전체 네트워크 구성도

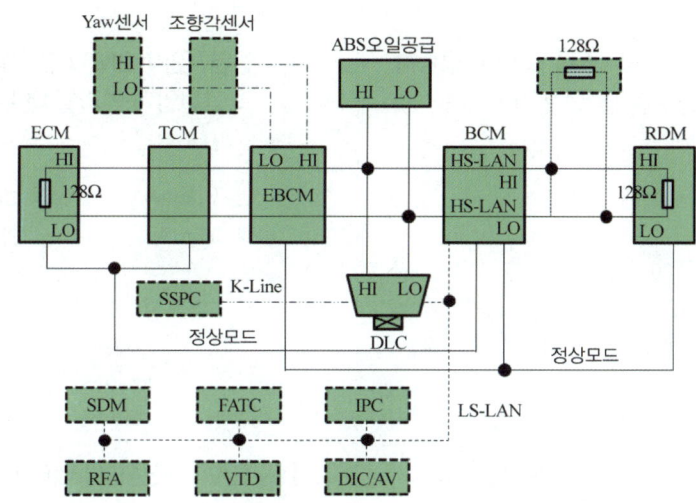

3) 전체 통신 네트워크(Vs300, ALPHEON)

총 40개의 전자제어 모듈 및 센서가 네트워트 통신으로 연결되며, GM Global Electrical Architecture(Global A) 라는 표준에 기반하여 6가지 통신방식 사용한다.

① HS-GMLAN(지엠랜 하이스피드 통신 : 꼬인 2선-고속) : 파워트레인 제어
② MS-GMLAN(지엠랜 미들스피드 통신 : 꼬인 2선-중속) : 핸즈프리 제어
③ LS-GMLAN(지엠랜 로우스피드 통신 : 1선-저속) : 전장 제어
④ LIN Bus(린 통신 : 1선-저속) : 파워 윈도우/ 선루프/ 이모빌라이저
⑤ Chassis Expansion Bus(샤시 통신 : 꼬인 2선-고속) : ESC 제어
⑥ COMM Bus(기타 통신) : RFA - BCM

전기전자 출제예상문제

01 저항 $R_1 = 4\Omega$, $R_2 = 6\Omega$을 병렬 접속하였다. 합성저항 R은 몇 Ω 인가? [05년 상]

㉮ 2.4 ㉯ 0.42
㉰ 10   ㉱ 2

 합성저항 $\dfrac{1}{R} = \dfrac{1}{R_1} + \dfrac{1}{R_2} + \cdots + \dfrac{1}{R_n}$

∴ 합성저항 $\dfrac{1}{R} = \dfrac{1}{4} + \dfrac{1}{6} = \dfrac{3}{12} + \dfrac{2}{12} = \dfrac{5}{12}$

∴ $R = \dfrac{12}{5} = 2.4\Omega$

 2개일 경우의 병렬 합성저항 $R = \dfrac{R_1 R_2}{R_1 + R_2}$

∴ $R = \dfrac{4 \times 6}{4+6} = \dfrac{24}{10} = 2.4\Omega$

02 4기통 디젤기관에 저항이 0.5Ω인 예열 플러그를 각 기통에 병렬로 연결하였다. 이 기관에 설치된 예열 플러그의 합성저항은 몇 Ω 인가? (단, 기관의 전원은 24V 임)

[04년 상]

㉮ 0.13 ㉯ 0.5
㉰ 2   ㉱ 12

 합성저항 $\dfrac{1}{R} = \dfrac{1}{R_1} + \dfrac{1}{R_2} + \cdots + \dfrac{1}{R_n}$

∴ 합성저항 $\dfrac{1}{R} = \dfrac{1}{0.5} + \dfrac{1}{0.5} + \dfrac{1}{0.5} + \dfrac{1}{0.5}$
$= 2+2+2+2 = 8\Omega$

∴ $R = \dfrac{1}{8} = 0.125\Omega$

03 절연저항이 $2M\Omega$인 고압 케이블에 12kV의 고전압이 인가될 때 누설 전류는?

[07년 하]

㉮ 0.6mA ㉯ 6mA
㉰ 12mA   ㉱ 24mA

오옴의 법칙 $I = \dfrac{E}{R}$

∴ $I = \dfrac{12,000}{2 \times 10^6} = 0.006A = 6mA$

04 12V - 45AH의 배터리에 24W 전구 2개를 직렬로 접속 후 작동시켰을 경우 회로 내에 흐르는 전류는 몇 A인가? [06년 하]

㉮ 0.5 ㉯ 1
㉰ 1.5 ㉱ 2

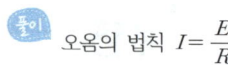 전력 공식 $P = E \cdot I = \dfrac{E^2}{R}$에서, $R = \dfrac{E^2}{P}$

여기서, R : 저항(Ω)
E : 전압(V)
P : 전력(W)

① 24W 전구의 저항 $R = \dfrac{12^2}{24} = 6\Omega$

② 전구 2개이므로 합성저항은 12Ω

③ 오옴의 법칙 $I = \dfrac{E}{R}$, ∴ $I = \dfrac{12}{12} = 1A$

01 ㉮ 02 ㉮ 03 ㉯ 04 ㉯

05 자동차의 전조등에 45W의 전구 2개가 병렬 연결되어 있다. 축전지가 12V 80AH일 때 회로에 흐르는 총 전류는?

[05년 하, 08년 상]

㉮ 3A ㉯ 3.75A
㉰ 7.5A ㉱ 16A

풀이) 총 소비전력 = 45W+45W = 90W
$P = E \cdot I$, ∴ $I = \dfrac{P}{E} = \dfrac{90}{12} = 7.5A$

06 12V - 55W의 안개등이 병렬로 연결되어 있다. 이 회로에 사용되는 알맞은 퓨즈는 약 몇 A인가? (단, 안전율은 1.6으로 한다.)

[08년 하]

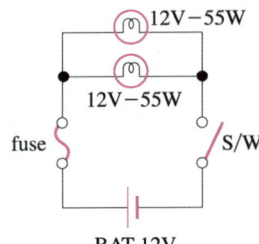

㉮ 10A ㉯ 15A
㉰ 20A ㉱ 30A

풀이) 총 소비전력은 55W+55W = 110W
$P = EI$, ∴ $I = \dfrac{P}{E} = \dfrac{110}{12} = 9.167A$
안전율 1.6이므로, $9.167 \times 1.6 = 14.67A$
즉, 15A로 한다.

07 점화코일의 1차코일 저항값이 20℃일 때 5Ω이었다. 작동시(80℃)의 저항은? (단, 구리선의 저항온도계수는 0.004이다.)[04년 상, 09년 상]

㉮ 6.20Ω ㉯ 5.32Ω
㉰ 5.24Ω ㉱ 3.80Ω

풀이) 저항온도계수 : 온도 1℃ 상승하였을 때 저항값이 어느 정도 크게 되었는가의 비율을 표시하는 것 이것을 식으로 나타내면, $R_2 = R_1 \times [1 + \alpha(t_2 - t_1)]$
∴ $R_2 = 5 \times [1 + 0.004(80 - 20)] = 5 \times 1.24$
$= 6.2 Ω$

08 반도체 소자 중 파형 정류회로나 정전압 회로에 주로 사용되는 것은? [05년 하]

㉮ 서미스터
㉯ 사이리스터
㉰ 제너 다이오드
㉱ 포토 다이오드

풀이) 제너 다이오드는 정전압 회로나 정류회로에 주로 사용한다.

09 트랜지스터의 3단자가 아닌 것은?[09년 하]

㉮ 이미터 ㉯ 컬렉터
㉰ 베이스 ㉱ 게이트

풀이) 트랜지스터 단자 명칭
① 이미터(emitter)
② 베이스(base)
③ 컬렉터(collector)

 05 ㉰ 06 ㉯ 07 ㉮ 08 ㉰ 09 ㉱

10 NPN 트랜지스터의 설명으로 옳은 것은? [08년 상]

㉮ 이미터는 베이스 전극에 비해 높은 전기를 가한다.
㉯ 이미터와 베이스 사이에는 순방향 전압을 가한다.
㉰ 이미터 단자는 P형 반도체에 접속되어 있다.
㉱ 이미터 단자는 N형 반도체에 접속되어 있다.

[풀이] NPN 트랜지스터는 베이스에서 이미터로 전류가 흐르면, 컬렉터에서 이미터로 큰 전류가 흐른다. 즉, 베이스(+), 컬렉터(+), 이미터(−) 이다.

11 NPN형 트랜지스터가 작동될 때 각 단자의 전원이 바르게 표시된 것은? [09년 상]

㉮ 베이스(+), 컬렉터(+), 이미터(−)
㉯ 베이스(−), 컬렉터(−), 이미터(+)
㉰ 베이스(+), 컬렉터(+), 이미터(+)
㉱ 베이스(−), 컬렉터(−), 이미터(−)

[풀이] NPN 트랜지스터는 베이스에서 이미터로 전류가 흐르면, 컬렉터에서 이미터로 큰 전류가 흐른다. 즉, 베이스(+), 컬렉터(+), 이미터(−) 이다.

12 자동차에서 온도센서로 사용하는 부특성(NTC) 서미스터의 특성 중 맞는 것은? [06년 상]

㉮ 온도가 올라가면 저항값도 같이 상승한다.
㉯ 온도가 올라가면 저항값은 감소한다.
㉰ 온도가 올라가면 저항값은 변하지 않는다.
㉱ 온도가 올라가면 저항값은 상승하다가 감소한다.

[풀이] 부특성 서미스터(NTC, Negative Temperature Coefficient)란 온도가 올라가면 저항값이 내려가는 반도체 소자를 말한다.

13 자동차에 사용되는 각종 전기·전자 소자 구성품에 대한 내용으로 틀린 것은? [08년 상]

㉮ 인젝터는 솔레노이드 밸브가 사용되며 통전되는 시간에 따라 분사량이 결정된다.
㉯ 릴레이는 기본전원을 연결했을 경우 주회로에 연결되기 때문에 스위치 기능이 있는 에어컨 등에 주로 사용된다.
㉰ 트랜지스터는 NPN형과 PNP형이 있으며, 베이스 전류를 흘려준 경우에만 전류가 흐른다.
㉱ 다이오드에는 여러 종류가 있는데 어느 것이나 순방향으로 전원을 연결했을 경우에만 전류가 흐른다.

[풀이] ㉮, ㉯, ㉰ 항은 옳은 설명이고, 제너 다이오드의 경우 어떤 전압에서는 역방향으로도 전류가 흐를 수 있다.

14 전기·전자회로에서 기본 논리회로가 아닌 것은? [07년 하]

㉮ AND 회로   ㉯ NAND 회로
㉰ OR 회로   ㉱ NNOT 회로

[풀이] 논리회로의 종류 : AND, OR, NOT, NAND, NOR

15 주파수가 20Hz이고 가동시간이 15ms 일 때, Duty(%)는? [05년 하]

㉮ 15%   ㉯ 30%
㉰ 50%   ㉱ 35%

[풀이] $f = \dfrac{1}{T}$

여기서, T : 주기(ms)

$\therefore T = \dfrac{1}{f} = \dfrac{1,000}{20} = 50\text{ms}$

$\therefore 듀티 = \dfrac{T_1}{T} \times 100(\%) = \dfrac{15}{50} \times 100 = 30\%$

10 ㉯ 11 ㉮ 12 ㉯ 13 ㉱ 14 ㉱ 15 ㉯

16 4극 발전기를 1,800rpm로 운전할 경우 이 발전기의 주파수(f)는 몇 Hz인가?

[07년 상]

㉮ 120 ㉯ 450
㉰ 60   ㉱ 50

 주파수 $f = \dfrac{nP}{120}$

여기서, n : 회전수(rpm)
P : 자극수

∴ $f = \dfrac{1,800 \times 4}{120} = 60\text{Hz}$

17 교류 발전기에서 4극 발전기를 3,000rpm으로 운전할 경우 주파수(f)는 몇 Hz인가?

[05년 상]

㉮ 80Hz   ㉯ 100Hz
㉰ 120Hz ㉱ 150Hz

 주파수 $f = \dfrac{nP}{120}$

여기서, n : 회전수(rpm)
P : 자극수

∴ $f = \dfrac{3,000 \times 4}{120} = 100\text{Hz}$

18 차량의 전파 통신 부분에서 주파수를 계산할 수 있는 식을 바르게 표시한 것은? (단, F : 주파수(Hz), λ : 파장 (m), C : 속도 (m/s), T : 주기)

[08년 상]

㉮ $F = \lambda / C$ ㉯ $F = \lambda \times C/T$
㉰ $F = C/\lambda$ ㉱ $F = C \times T$

파장$(\lambda) = \dfrac{C}{F}$(m)

∴ $F = C/\lambda$

19 컨트롤 유닛에서 액추에이터를 구동할 때는 PWM (주파수 변조) 신호를 사용하게 되는데, PWM 기본 주파수를 200 Hz로 선택한 후 12 Volt를 인가했을 때 듀티 50% 이면 가해지는 평균전압은 몇 볼트인가?

[07년 상]

㉮ 24 ㉯ 8
㉰ 6   ㉱ 2

듀티 50% 이므로 $12 \times 0.5 = 6(\text{V})$

20 코일의 권수 150회선 코일에 5A의 전류를 흐르게 하였을 때 6×10^{-2} Wb의 자속이 쇄교하였다. 이 코일의 자기 인덕턴스는 얼마인가?

[04년 하]

㉮ 0.75H ㉯ 1.30H
㉰ 1.80H ㉱ 2.20H

자기 인덕턴스(L) = $\dfrac{N\phi}{I}$

여기서, N : 코일의 권수
ϕ : 자속(Wb)
I : 전류(A)

∴ $L = \dfrac{150 \times 6 \times 10^{-2}}{5} = 1.8(\text{H})$

21 전자제어 자동차 ECU의 기억장치 중 미리 정해진 데이터를 장기적으로 기억하는 소자는?

[04년 하]

㉮ ROM ㉯ RAM
㉰ MSI ㉱ ECM

용어 설명

① ROM(Read Only Memory) : 영구 기억장치
② RAM(Random Access Memory) : 일시 기억장치

 16 ㉰ 17 ㉯ 18 ㉰ 19 ㉰ 20 ㉰ 21 ㉮

22. 차량의 바디 전장 부분에서 사용되고 있는 다중 정보 통신시스템의 데이터 구조에 속하지 않는 것은? [05년 상]
㉮ 스타트 비트 ㉯ 바이트 비트
㉰ 데이터 프레임 ㉱ 스톱 비트

 데이터 프레임 구조

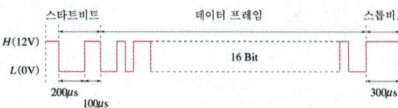

22 ㉯

02 시동, 점화 및 충전장치

제1절 축전지

1 축전지의 개요

축전지는 물질의 화학적 특성을 이용하여 화학적 에너지를 전기적 에너지로 저장하였다가(충전), 필요시 전기적 에너지로 꺼내 쓸 수 있게(방전) 만든 장치이다. 축전지는 방전시킨 후 충전하여도 본래 작용물질로 돌아가지 못하는 1차 전지와 자동차 축전지와 같이 충전하면 본래의 작용물질로 되돌아가 다시 사용할 수 있는 2차 전지로 분류한다.

1. 축전지 일반

1) 축전지의 기능

① 시동시에 축전지가 전원이 되어 전기 부하를 공급한다.
② 주행 상태에 따른 발전기 출력과 부하와의 언밸런스를 보상한다.
③ 발전기 고장시 최소한의 주행을 확보하기 위한 전원으로 작동한다.

2) 축전지 용어

① 셀(cell, 단전지) : 축전지의 기본 단위로, 알카리 축전지 셀 전압은 1.2[V], 납산 축전지는 2.1[V], 현재 실용화 된 단전지 중 셀 전압이 가장 큰 휴대폰은 3.75[V] 이다.
② 공칭전압(nominal voltage) : 근사전압이란 의미로 필요한 전압을 얻기 위해 단전지를 여러개 연결하여 축전지로 사용한다. 자동차용 납산 축전지는 단전지 6개를 직렬 연결하여 공칭전압인 12[V]로 사용한다.
③ 비에너지(specific energy) : 축전지 1[kg]에 저장된 에너지의 양을 나타내며, 단위는 [Wh/kg] 이다.
④ 에너지 밀도 : 축전지 체적 1[m^3] 당 저장된 전기 에너지의 양을 나타내며, 단위는 [Wh/m^3] 이다.
⑤ 비전력(specific power) : 축전지 1[kg] 당 얻을 수 있는 전력의 양으로, 단위는 [W/kg] 이다. 보통 비전력이 크면 비에너지는 작아지는데, 이는 축전지로부터 많은 전력을

빠르게 방출시키면 사용할 수 있는 에너지가 줄어들기 때문이다.

3) 축전지의 종류

① 납산 축전지 : 극판으로 납을, 전해액으로 황산을 사용하여 납산 축전지 또는 납축전지라 부르며, 내구성은 약하지만 내부저항이 극히 작고 비전력의 범위가 크고 가격이 매우 싸서 자동차에 많이 사용하는 축전지이다.

② 알카리 축전지(니켈 카드뮴 배터리) : 극판으로 니켈과 카드뮴을, 전해액으로 알카리 용액을 사용하는 알카리 축전지는 납산 축전지에 비해 가격이 비싸지만 비에너지가 납산 축전지의 거의 2배이므로 가혹한 사용조건에서도 내구성이 있고 자기방전도 적으며, 수명이 길고 저장성능이 우수한 장점이 있다. 셀당 기전력이 1.2[V]이므로 축전지로 사용하려면 10개의 셀이 필요하게 된다.

③ MF 축전지(Maintenance Free battery : 무보수 축전지) : MF 축전지는 납산 축전지가 충·방전을 반복함에 따라 전해액이 감소하므로 증류수를 보충하여야 하는 불편함을 없애기 위하여 축전지의 마개에 촉매를 두어 증발가스를 다시 증류수로 환원시킴으로서 유지보수가 필요 없는 배터리이다. MF 축전지의 특징은 다음과 같다.

㉠ 자기 방전률이 낮다.
㉡ 증류수를 보충하지 않아도 된다.
㉢ 장시간 보관할 수 있다.

4) 축전지의 구조

① 단전지(극판군, 셀, cell) : 단전지는 축전지의 가장 기본 구조로 셀 또는 극판군이라고도 하며, 내부에는 양극판과 음극판 및 유리 매트, 전해액 등이 들어 있다. 극판의 수는 양극판을 기준으로 보통 3-5장 이며, 음극판이 양극판보다 1장 더 많다. 그 이유는 음극판이 충격에 더 강하므로 바깥쪽에 위치하게 하며(양극판 탈락방지), 음극판보다 양극판이 더 활성적이어서 양쪽 극판의 활성을 맞추기 위해 음극판을 1장 더 둔다. 단전지 1개(1셀) 당 기전력은 약 2.1~2.3[V]로 이것을 6개 직렬 연결하여 12.6~13.8[V] 로 하여 사용한다. cell 의 수를 증가시키면 전압이 커지지만, 단전지 내부의 극판의 수를 증가시키면 용량이 커진다.

② 극판 : 극판은 납과 안티몬으로 구성된 격자에 활물질인 과산화납과 해면 모양의 다공성 납(海綿狀鉛)을 부착하여 양극판과 음극판으로 한다. 양극판은 암갈색, 음극판은 회색을 띠며 축전지를 오래 사용하면 양극판은 결합력이 약해 탈락하고 음극판은 다공성을 상실하는 고장이 발생되어 수명이 줄어들게 된다.

③ 격리판(separator) : 격리판은 양극판과 음극판 사이에 끼워져 단락을 방지하고, 격리

판의 홈이 있는 면을 양극판 쪽으로 가게 하여, 과산화납에 의한 산화부식을 방지한다. 격리판은 비 전도성으로 다공성이 풍부하고 전기저항이 적고, 내열, 내산성이 우수한 것이 요구된다.

④ 유리 매트(glass mat) : 결합력이 약한 양극판의 보강재로서 양극판에 압착되어 작용 물질이 떨어지는 것을 방지하여 축전지의 수명을 연장시킨다.

⑤ 케이스 및 벤트 플러그(vent plug) : 축전지 케이스는 플라스틱 재료인 합성수지 또는 에보나이트로 제작하며 알칼리성 용액으로 세척한다. 또한 축전지 내부에서 발생하는 가스와 황산을 분리하고, 가스를 배기구멍 밖으로 방출시키기 위하여 각 단전지 뚜껑에는 벤트 플러그를 두고 있다.

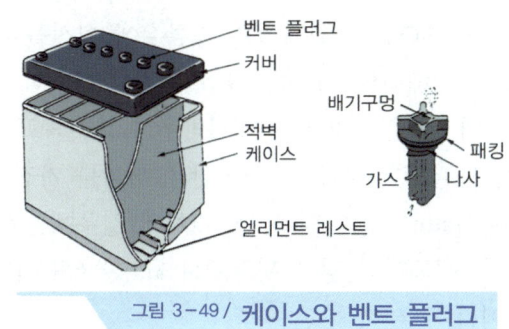

그림 3-49 / 케이스와 벤트 플러그

2. 축전지의 화학작용

축전지 단자에 부하(load)를 연결하여 전류를 흐르게 하는 것을 방전이라 하고, 반대로 발전기나 충전기 등을 이용하여 전압을 가해 축전지에 전류가 흘러 들어가는 것을 충전이라 한다.

1) 축전지의 충·방전 화학식

축전지가 방전하면 양극판과 음극판은 모두 황산납으로 변하고 전해액인 묽은 황산은 물로 변한다. 방전은 (+)와 (-)에 부하를 연결하면 물이 높은 곳에서 낮은 곳으로 흐르듯 전류가 흐르게 되나, 충전의 경우는 낮은 곳에서 높은 곳으로 전류를 흐르게 하여야 하므로 발전기나 충전기 등을 이용하여 전압을 가해 전류가 흐르도록 해야 한다. 이 과정에서 물이 분해되어 산소가 양극판으로 수소가 음극판으로, 양극판과 음극판의 황산납이 분해되어 전해액인 묽은 황산으로 돌아가게 되는 것을 충전이라 한다.

$$PbO_2 + 2H_2SO_4 + Pb \underset{충전}{\overset{방전}{\rightleftarrows}} PbSO_4 + 2H_2O + PbSO_4$$

O₂↑ (위 PbO₂), H₂↑ (위 Pb)

| 과산화납 | 묽은황산 | 해면상납 | 황산납 | 물 | 황산납 |

과산화납 암갈색 결합력이 약함 / 해면상납 회색 다공성 상실

그림 3-50 / 축전지의 충·방전 화학식

2) 전해액과 비중

① **전해액**(electrolyte, 2H2SO4) : 전해액은 증류수에 황산을 혼합하여 희석시킨 무색, 투명의 묽은 황산으로, 전해액의 비중은 완전 충전상태일 때 20[℃]를 기준으로 하며, 열대지방은 1.240, 온대지방은 1.260, 한대지방은 1.280을 표준비용으로 사용한다.

② **비중** : 비중이란 어떤 물질의 질량과 이것과 같은 부피를 가진 표준물질의 질량과의 비율로, 고체 및 액체는 1[atm], 4[℃]의 물을, 기체의 경우에는 0[℃], 1[atm]하에서의 공기를 표준물질로 한다. 전해액의 경우 황산 35[%], 물 65[%]의 혼합액으로 물에 대한 황산의 비중은 1.8 이다.

③ **온도에 의한 비중 변화** : 전해액의 비중은 온도가 높아지면 비중은 낮아지고, 온도가 낮아지면 비중은 높아진다. 그 이유는 묽은 황산의 체적이 온도에 따라 팽창, 수축하여 단위체적 당 중량이 변화하기 때문이며, 그 변화량은 1[℃] 마다 0.0007씩 변화한다. 이를 식으로 표현하면,

$$S_{20} = S_t + 0.0007(t - 20)$$

S_{20} : 표준온도에서의 비중
S_t : 측정온도에서의 비중
t : 측정시 온도[℃]

④ **비중에 의한 충전 상태 측정** : 축전지의 비중을 측정하여 남아있는 전기량을 판단하고, 이를 이용하여 축전지의 방전량을 환산할 수 있다.

표 4-1 / 비중에 의한 충전 상태

전해액의 비중	남아있는 전기량[%]
1.260	100
1.210	75
1.150	50
1.100	25
1.050	0

㉠ 방전량 = $\dfrac{\text{완전 충전시 비중} - \text{측정시 비중}}{\text{완전 충전시 비중} - \text{완전 방전시 비중}} \times \text{용량[AH]}$

㉡ 방전시간 = $\dfrac{\text{방전량[AH]}}{\text{방전전류[A]}}$

3) 축전지의 용량과 방전율

① **축전지의 용량(AH)** : 완전 충전된 축전지를 일정한 전류로 계속 방전 시켰을 때 단자전압이 방전 종지 전압에 도달할 때 까지 사용할 수 있는 총 전기량을 용량이라 한다. 축전지 용량은 동일한 축전지라도 방전전류의 크기에 따라 변화한다. 즉, 방전전류가 크면 용량은 적어지고, 적으면 용량은 커진다. 따라서, 용량을 표기할 때에는 방전전류의 크기와 방전율을 함께 명시해야 한다. 또한 축전지 용량은 온도가 낮으면 전해액의 저항이 증대하여 용량이 적어지고, 온도가 높아지면 용량이 커지는 현상이 나타난다. 추운 겨울철에 축전지의 시동능력이 떨어지는 원인도 이 때문이다. 축전지의 용량은 아래의 식으로 나타낸다.

축전지 용량[AH] = 방전전류[A]×방전시간[H]

② **방전 종지 전압** : 방전 중의 단자전압은 방전이 진행됨에 따라 점차로 저하하다가 어느 한도에 이르면 급격한 전압강하를 나타내며 그 이후에는 다시 충전하여도 원래 상태로 회복되기 어렵다. 이 한계전압을 방전 종지 전압이라 하며 한 셀(cell)당 1.75[V], 배터리 전압으로는 1.75×6 = 10.5[V] 이다.

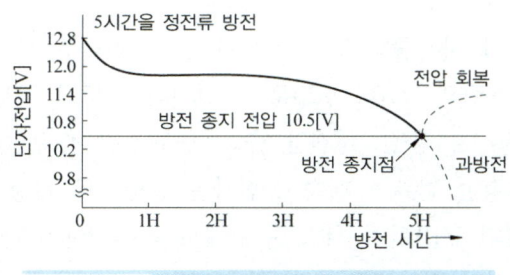

그림 3-51 / **방전 종지 전압**

③ **자기방전** : 축전지는 사용을 하지 않아도 용량이 스스로 감소하는데 이것을 자기방전(내부방전)이라 한다. 자기방전의 원인은 축전지 내부의 화학작용과 불순물에 의한 방전 그리고 단락에 의한 방전 등이 있으며 전해액의 비중이 높을수록 습도가 높을수록 방전량이 많다. 자기방전량은 축전지 실용량에 대한 백분율로 나타내며 1일동안 용량의 0.3 ~ 1.5[%] 정도이다.

1[AH]의 방전량에 대해 전해액 중의 황산은 3.660[g]이 소비되며, 0.67[g]의 물이 생성된다.

$$방전율[\%] = \frac{완전충전시\ 비중 - 측정시\ 비중}{완전충전시\ 비중 - 완전방전시\ 비중} \times 100[\%]$$

④ 방전율(축전지 용량 표시방법)
  ㉠ 20시간율(ampere hour capacity) : 일정한 방전 전류로 20시간 방전하였을 경우 방전 종지 전압(1.75[V])으로 강하될 때까지 방전할 수 있는 전류의 총량을 말한다.(축전지 용량=20시간×방전전류)
  ㉡ 25[A]율(reserve capacity) : 80[°F]에서 25[A]로 연속 방전하여 셀당 전압이 1.75[V]에 이를 때까지 방전하는 것을 말한다.(보통 25[A]로 2시간 정도 방전할 수 있을 것)
  ㉢ 냉간 시동율(cold cranking ampere) : 0[°F]에서 300[A]로 방전하여 셀당 전압이 1[V] 강하하기까지 몇 분 소요되는 가로 표시하는 방법을 말한다.

2_ 축전지 충전법 및 이상 현상

1. 축전지의 충전 방법

1) 축전지 충전의 종류

① 초충전(활성충전) : 초충전은 축전지 제조 후 전해액을 주입하고 극판의 활성화를 위하여 최초로 충전하는 방법이다. 축전지의 수명연장을 위하여 용량의 1/10 ~ 1/20로 60 ~ 70시간 연속충전한다.

② 보충전 : 자기방전이나 사용중의 방전에 의해서 용량이 부족할 때 실시하는 충전 방법이다. 해당 축전지 용량의 1/10 ~ 1/20로 2 ~ 3시간 정도로 정전류 충전법을 많이 사용한다. 보충전에는 정전류 충전, 정전압 충전, 단별전류 충전, 급속 충전이 있다.
  ㉠ 정전류 충전 : 일정한 전류로 계속 충전하는 방법으로 가장 이상적인 충전방법이며, 충전전류는 용량의 1/10이며 최소 5[%]에서 최대 20[%] 까지 충전한다.
  ㉡ 정전압 충전 : 일정한 전압으로 충전하는 방법이며, 전류를 초기에는 많게 하고 점차 충전량에 따라 낮추어서 충전말기에는 거의 전류가 흐르지 않으며 수소가스 발생이 거의 없으므로 충전성능이 우수하다.
  ㉢ 단별 전류 충전 : 전류를 단계적으로 낮춰가며 충전하는 방법으로 충전효율을 높이고 온도상승을 완만히 하기 위해서 실시하는 방법이다.
  ㉣ 급속 충전 : 급속 충전기를 이용하여 짧은 시간에 충전하는 방법으로 충전 전류는 용량의 1/2 정도로 충전하며 전해액의 온도가 45[℃] 이하에서 실시한다.

③ 회복 충전 : 방전 상태가 계속되어 극판표면에 약간의 황산화(설페이션 : sulfation)현상

이 일어났을 때 원상태로 회복하기 위한 충전방법이며 충전방법은 정전류 충전법으로 하며, 약한 전류로 40 ~ 50 시간 충전했다가 방전시키는 작업을 여러번 되풀이 한다.

2) 충전시 주의사항

① 통풍이 잘된 곳에서 충전시간을 짧게 할 것(수명연장)
② 전해액의 온도가 45[℃]가 넘지 않도록 할 것(폭발위험)
③ 보충전은 용량의 1/10의 전류로 하며 15일마다 보충할 것(수명연장)
④ 급속충전전류는 축전지 용량의 1/2로 할 것(수명연장)

2. 축전지의 이상 현상

1) 황산화(설페이션) 현상

축전지의 황산화 현상이란 극판에 백색 결정성 황산납($PbSO_4$)이 생성되는 현상으로, 원인은 다음과 같다.

① 배터리 극판이 공기중에 노출 되었을 때
② 축전지를 과방전 시켰을 때
③ 불충분한 충전을 반복했을 때
④ 전해액 비중이 너무 높거나, 낮을 때
⑤ 전해액 이물질 유입 및 장시간 방전시켰을 때

2) 배터리 충전이 불량한 원인

① 발전기 구동벨트가 헐겁거나 슬립이 있다.
② 발전기 조정전압이 낮다.
③ 발전기가 고장났다.
④ 발전기 브러시가 마모되어 슬립링에 접촉이 불량하다.
⑤ 배터리 극판이 황산화 되었다.
⑥ 자동차 전기 사용량이 과다하다.

3) 배터리 과충전 시 나타나는 현상

① 가스의 발생이 많아진다.
② 배터리 전해액이 부족해진다.
③ 전해액의 온도가 증가한다.
④ 전해액의 비중이 증가한다.

⑤ 전해액이 갈색으로 나타난다.
⑥ 양극판의 격자가 산화하고, 양극 커넥터가 부풀어 오른다.

제2절 시동장치

1_ 시동장치의 개요

기관(engine)은 스스로의 힘으로 시동할 수 없으므로 실린더 안에서 최초로 폭발 연소를 일으켜 기관을 회전시키려면, 축전지 전류의 힘으로 크랭크축을 돌려주어야(크랭킹) 하며 이 일을 하는 것이 시동장치(starting system)이다.

1. 시동장치 일반

시동장치는 축전지, 점화 스위치, 기동 전동기 등으로 구성되어 있다.

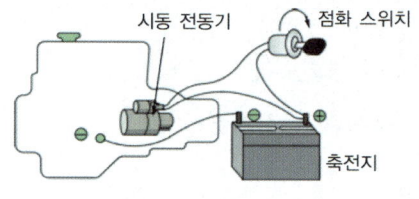

그림 3-52 / 시동장치의 구성

1) 시동 소요 회전력

기동 전동기의 회전력은 약 1[m-kgf] 정도로 엔진 회전저항이 1,500[cc] 엔진이 대략 6[m-kgf]라 한다면 기동 전동기는 회전저항이 큰 엔진을 돌릴 수 없다. 따라서 기어의 잇수 비를 이용하여 기동 전동기의 회전력을 증대시킨다. 이 때 필요한 회전력을 다음과 같이 구할 수 있다.

$$\text{필요 회전력}(F) = \text{회전저항}(R_s) \times \frac{\text{피니언 잇수}(Z_P)}{\text{링기어 잇수}(Z_r)}$$

2) 기동 전동기의 종류

기동 전동기는 자동차 전원이 직류이므로 직류 전동기를 사용하며, 계자코일과 전기자 코일의 결선방법에 따라 직권 전동기, 분권 전동기, 복권 전동기로 분류한다.

① **직권 전동기** : 직권 전동기는 전기자 코일과 계자 코일이 직렬 접속되어 있고 짧은 시간에 큰 회전력을 필요로 하는 장치에 알맞으며 부하가 적어지면 회전력은 감소하고 회전수는 커진다. 반대로 부하가 커졌을 때에는 회전속도는 감소하나 전기자 전류가 많이 흐르게 되어 큰 회전력을 낼 수 있다. 전기자 전류는 전동기에 발생하는 역기전력에 반비례하고 역기전력은 속도에 비례한다. 자동차용 시동 전동기로 사용한다.

② **분권 전동기** : 분권 전동기는 전기자 코일과 계자 코일이 병렬로 접속되어 있는 것이며 회전속도가 거의 일정하며 전동기의 회전속도는 가하는 전압에 비례하고 계자의 세기에 비례한다. 사용 용도는 일반 가전제품의 모터, 자동차의 전동 팬 모터, 히터 팬 모터 등에 사용한다.

③ **복권 전동기** : 복권식 전동기는 2개의 계자 코일을 하나는 전기자 코일과 직렬로 접속하고, 다른 하나는 병렬과 접속되어 있다. 즉, 직권과 분권의 두 계자 코일을 가진 것이며, 기동할 때 회전력이 크고 기동 후에 회전속도가 일정하며 자동차의 윈드 실드 와이퍼 모터에 사용된다.

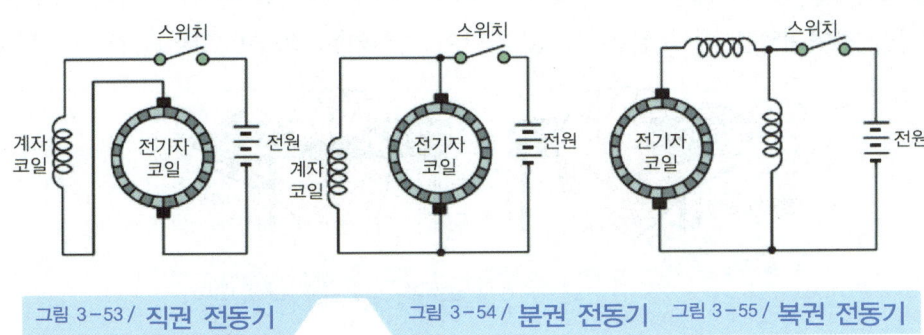

그림 3-53 / 직권 전동기   그림 3-54 / 분권 전동기   그림 3-55 / 복권 전동기

3) 직류직권 전동기의 특징

전자력(F)의 크기는 자석의 세기(B), 도선의 길이(ℓ), 도선에 흐르는 전류의 세기(I)에 비례한다.

즉, 전자력 $F = B \times \ell \times I$ 이다. 직권 전동기는 자계를 만드는 철심부분인 계자코일과 회전부인 전기자 코일이 직렬로 연결되어 있고, 기동 전동기에서 도선의 길이는 고정이므로 직권 전동기의 회전력은 자석의 세기(계자)와 전기자 전류의 곱에 비례한다. 즉, 전기자 전류가 많으면 회전력이 크다. 엔진이 정지하고 있을 때(부하가 클 때) 전류는 저항 없이 많이 흘러 회전력은 크지만 회전수는 느려진다. 점점 크랭킹이 되어 엔진이 회전하면(부하가 적을 때) 회전수는 빨라지나 회전력은 작아지게 된다. 이러한 특성을 이용하여 자동차용 시동 전동기로 직류직권 전동기를 사용한다.

2. 기동전동기의 원리

1) 오른나사의 법칙

도선에 전류가 흐를 때 도선에는 오른나사가 진행하는 방향으로 자력선이 발생한다. 그림에서 ⊗는 책속으로 전류가 들어가는 표시를, ⊙는 나오는 표시 기호로 한다.

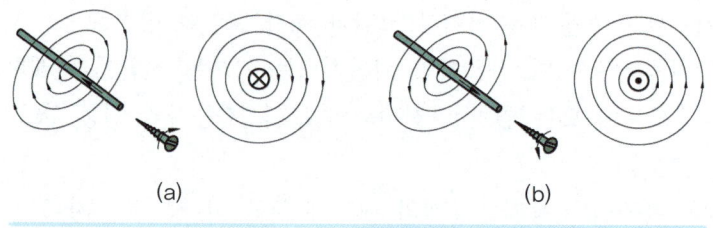

그림 3-56 / **오른나사의 법칙**

2) 오른손 엄지손가락의 법칙

도선을 코일로 감으면 오른나사의 법칙 작용이 어려우므로 오른손을 전류가 흐르는 방향으로 코일을 감아쥐었을 때 오른손 엄지손가락이 가리키는 방향이 자석의 N극이 된다.

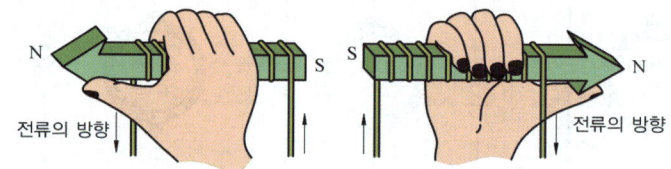

그림 3-57 / **오른손 엄지손가락의 법칙**

3) 플레밍의 왼손법칙

기동 전동기의 회전력 방향을 알기 위한 법칙으로, 그림과 같이 왼손을 서로 직각이 되도록 펴고 제일 먼저 인지를 자력선 방향에 맞추고 가운데 손가락을 전류의 방향에 맞추어 놓았을 때 엄지손가락이 가리키는 방향으로 전자력이 작용한다는 법칙이다.

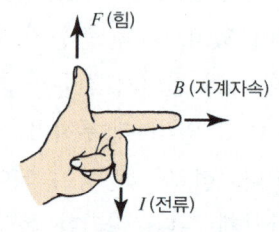

그림 3-58 / **플레밍의 왼손법칙**

4) 기동전동기의 작동원리

축전지 전류가 계자코일을 통해 흐르면 전기자 코일을 향해 한쪽은 N극으로 한쪽은 S극으로 자화되며 그 전류는 브러시를 통해 전기자 코일로 흘러 축전지로 되돌아온다. 이 때, 플레밍의 왼손법칙에 의해 기동 전동기 전기자는 그림과 같이 시계방향으로 회전하게 된다.

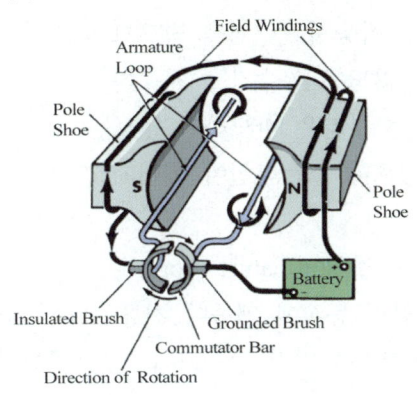

그림 3-59 / 기동 전동기의 작동 원리

2_ 기동전동기 작동 및 시험

1. 기동 전동기의 구조와 작동

기동 전동기는 구조상 전동기 부, 동력 전달 부, 마그네틱 스위치 부로 구분할 수 있다.

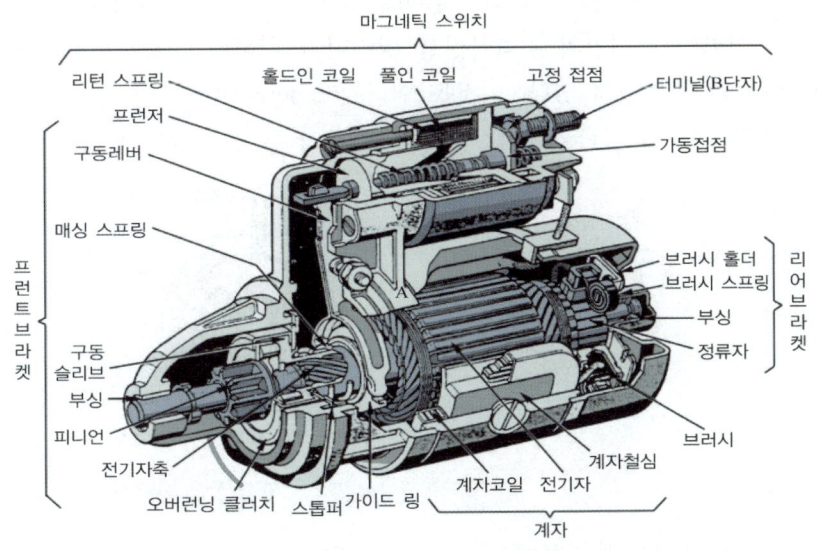

그림 3-60 / 기동 전동기의 구조

1) 전동기 부분

① **전기자(armature)** : 전기자는 기동 전동기의 회전력을 발생하는 회전 부분으로 전기자 축, 전기자 철심, 전기자 코일, 정류자 등으로 구성되어있다.

㉠ 전기자축 : 전기자축(armature shaft)의 양쪽은 베어링으로 지지되며, 작동시 큰 힘을 받으므로 부러지거나 휘지 않도록 특수강을 사용하고 피니언이 접동하는 부분은 마모하지 않도록 열처리가 되어 있으며 스플라인이 패어져 있다.

그림 3-61 / 전기자 구성

㉡ 전기자 철심 : 전기자 철심(armature core)은 자력선을 잘 통과시킴과 동시에 맴돌이 전류(eddy current)로 인한 자장의 손실을 적게하기 위해 얇은 철판을 각각 절연하여 겹친 것이며 바깥둘레에는 전기자 코일이 들어갈 홈이 파져 있다.

㉢ 전기자 코일 : 전기자 코일은 큰 전류가 흐르기 때문에 단면적이 큰 평각 구리선(동선)을 사용 코일의 한쪽은 N극 쪽에, 다른 한쪽은 S극 쪽에 오도록 철심의 홈에 절연되어 끼워져 있고 또 코일의 양쪽끝은 정류자에 각각 납땜되어 있다. 전기자는 일반적으로 1,5000 ~ 20,000[rpm]의 고속회전에 견디도록 되어 있다.

㉣ 정류자 : 정류자(commutator)는 경동으로 된 정류자편(commutator segment or bar)을 각각 절연하여 원형으로 결합한 것이며, 브러시에서의 전류를 일정방향으로만 흐르게 한다. 정류자편 사이에는 1[mm] 정도 두께의 운모판이 끼어 있으며 운모의 돌출로 인한 브러시와의 접촉불량을 방지하기 위하여 정류자편의 표면보다 0.5 ~ 0.8[mm] 낮게 패어져 있다. 이것을 언더컷(undercut)이라 한다.

② **계철** : 계자철심을 지지하는 케이스이며, 자력선의 통로 역할을 한다.

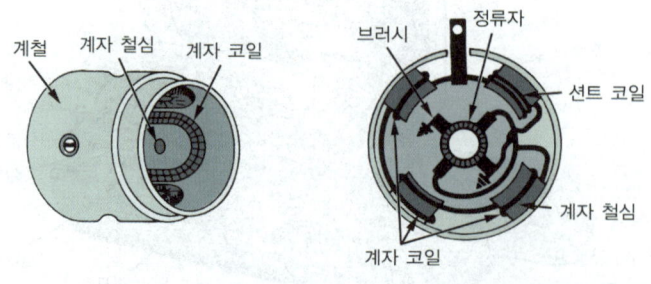

그림 3-62 / 계철의 계자 코일 구성도

③ **계자 철심** : 계자 코일에 전류가 흐르면 계자 철심은 전자석이 되어 내부에 자계를 형성하며 계자철심의 수와 극의 수는 같다.

④ 계자 코일 : 계자 코일(field coil)은 전동기의 고정부분으로 계자 철심에 감겨져 자력을 일으키는 코일이다. 결선방법은 직권식과 복권식이 있으며 일반적으로 기관의 시동에 적합한 직렬연결의 직류직권식을 쓴다. 직권식 계자 코일에는 전기자 코일과 같은 큰 전류가 흐르기 때문에 단면적이 큰 평각 구리선을 사용한다.

⑤ 브러시(brush) : 정류자에 접촉되어 전류를 공급하는 탄소막대이다. 계자 철심의 수와 브러시 수는 일반적으로 같다. 브러시는 1/3 이상 마모되거나 마모한계선까지 마모되면 교환한다.

2) 동력전달장치 부분

동력전달장치는 전동기에서 발생한 토크를 기관의 플라이휠에 전달하여 기관을 회전시키는 기구이다. 전자 스위치의 작동으로 피니언과 링 기어가 물리면서 전동기가 회전하여 피니언이 링 기어를 구동하여 기관이 회전하게 된다. 피니언과 링 기어의 기어 비는 기동 전동기의 구동 토크를 크게 하기 위해 10 ~ 15 : 1로 되어 있으며 동력전달 방식에는 벤딕스식, 피니언 섭동식, 전기자 섭동식이 있고 동력 전달 후 기동 전동기의 전기자가 피니언과 같이 돌지 못하도록 하는 안전장치인 오버런닝 클러치가 있다.

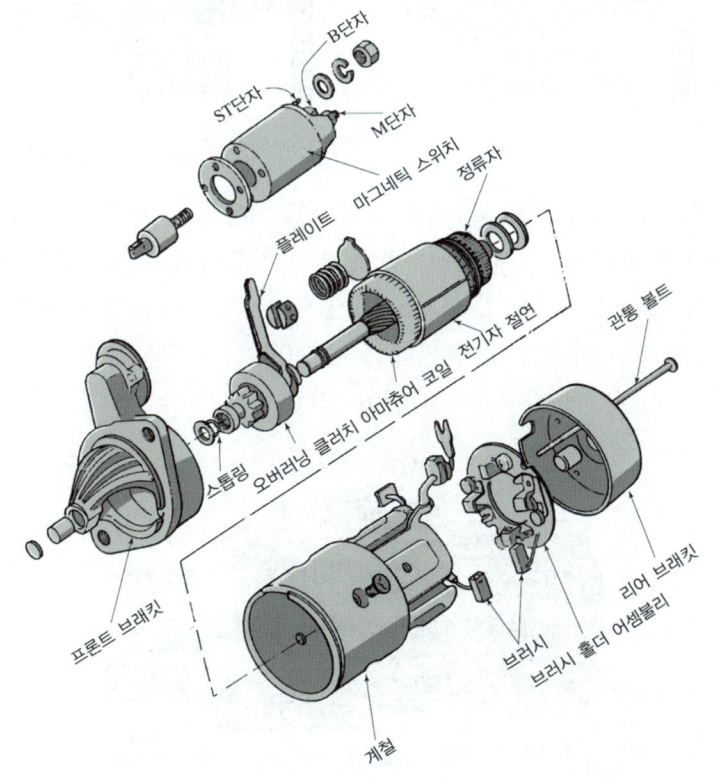

그림 3-63 / 기동전동기 분해도

① 벤딕스식(bendix starter type) : 벤딕스식은 회전 너트의 원리를 이용한 것으로 피니언의 관성과 전동기가 무부하 상태에서 고속 회전하는 성질을 이용하여 동력을 전달한다. 구조가 비교적 간단하고 오버런닝 클러치가 필요 없는 장점이 있으나 큰 회전력을 필요로 하는 엔진에서는 내구성이 낮아 사용되지 않고 있다.

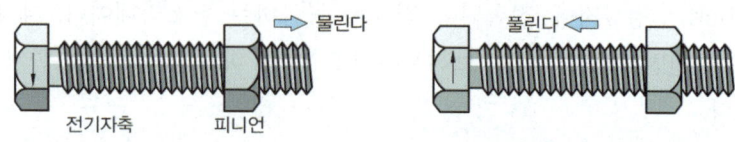

그림 3-64 / 회전 너트의 원리

② 전기자 섭동식(armature shaft type) : 전기자 섭동식은 자력선이 통과하는 경로를 가장 짧게 하려는 성질을 이용한 것으로 피니언과 전기자가 일체로 섭동하여 링기어와 물린다. 전기자 섭동식은 피니언과 전기자가 일체로 되어 움직이기 때문에 링기어에 가해지는 충격이 커서 파손되기 쉬운 단점이 있다.

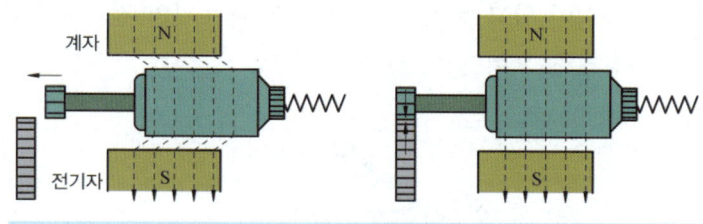

그림 3-65 / 전기자 섭동식의 원리

③ 피니언 섭동식(pinion sliding type) : 피니언 섭동식은 피니언의 이동과 기동 전동기 스위치(F단자와 B단자) 개폐를 전자력에 의해 작동되며, 현재 가장 많이 사용된다. 하지만 기관이 가동된 후에도 스위치를 끄지 않는 한 계속해서 피니언과 링기어가 물려 있으므로 전기자의 파손을 막기 위해 오버 러닝 클러치를 사용한다. 종류로는 직결식, 감속 기어식, 유성기어 감속기어식 등이 있다.

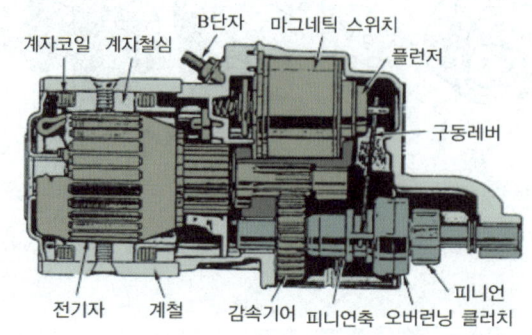

그림 3-66 / 감속 기어식

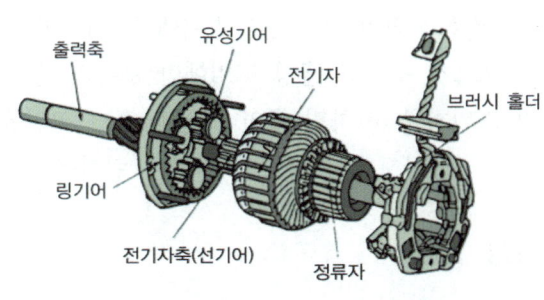

그림 3-67 / 유성기어 감속기어식

④ 오버러닝 클러치(over-running clutch) : 피니언 섭동식에서는 기관이 시동되어도 기동 스위치를 끄지 않는 한 피니언은 물린 상태로 있기 때문에 기관이 회전하면 반대로 링 기어가 피니언을 구동하게 되어 기관 회전수의 10~15배의 속도로 전기자를 회전시켜 이로 인해 전기자와 베어링이 파손될 염려가 있다. 이것을 방지하기 위해 기관이 시동되면 피니언이 물려 있어도 기관의 회전력이 기동전동기에 전달되지 않도록 클러치가 장치되어 있으며 이것을 오버러닝 클러치(overrunning clutch)라 한다.

오버러닝 클러치 종류에는 롤러식(roller type), 다판식(multiple-disc type), 스프래그식(sprag type) 등이 있다.

3) 마그네틱 스위치 부분

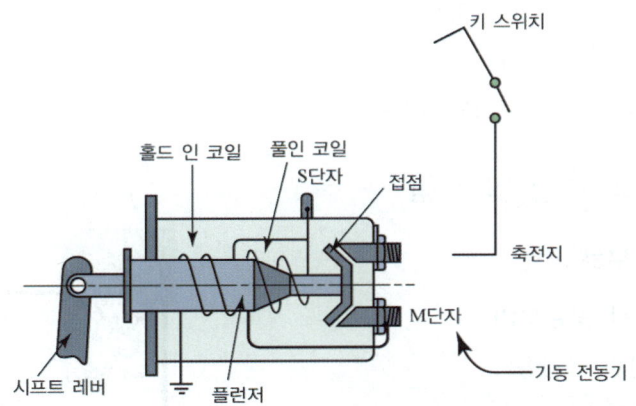

그림 3-68 / 마그네틱 스위치

마그네틱 스위치는 축전지에서 기동 전동기로 흐르는 큰 전류를 단속하는 작용과 피니언과 링 기어가 물리게 하는 작용을 한다. 마그네틱 스위치의 구조 및 작동은 다음과 같다.

마그네틱 스위치는 풀인 코일과 홀딩 코일로 구성되어 있으며 같은 방향으로 감겨져 있다. 운전자가 키 스위치를 닫으면 풀인 코일과 홀딩 코일에 전류가 흘러 내부 코일에 자력이 발생하여 플런저(plunger)를 잡아당기고 플런저가 이동하면 접점 스위치(contact switch)를 작동시킴과 동시에 시프트 레버를 움직여 피니언을 밀어낸다. 접점이 붙음과 동시에 풀인 코일은 등전위가 되어 전류가 흐르지 못하고 홀딩 코일에만 전류가 흘러 당김 상태를 유지하게 된다. 기관이 시동되어 키 스위치를 off하면 풀인 코일과 홀딩 코일에는 자력이 없어지고 리턴 스프링에 의해 플런저가 되돌아오면서 피니언 기어는 링기어와 풀리게 된다.

2. 기동 전동기의 이상 현상

1) 기동전동기는 회전하는데 링기어가 물리지 않는 경우

① 마그네틱(솔레노이드) 스위치 작동 불량
② 피니언 기어의 과도한 마모
③ 플라이 휠 링기어의 과도한 마모
④ 오버런닝 클러치 작동 불량
⑤ 시프트 레버 고정핀의 마모

2) 기동전동기 회전이 느린 원인

① 축전지 전압강하 및 비중이 저하
② 축전지 케이블 접촉불량
③ 정류자와 브러시 접촉불량
④ 정류자와 브러시의 과도한 마모
⑤ 브러시 스프링 장력이 감소
⑥ 전기자 코일 또는 계자코일의 단락

3. 기동 전동기의 측정 및 시험

1) 기동전동기 무부하 시험

① 무부하 시험 시 필요장비
  ㉠ 축전지 : 전원 공급용
  ㉡ 전류계 : 전류소모 측정용
  ㉢ 전압계 : 전압강하 측정용
  ㉣ 회전계 : 무부하 회전수 측정용
  ㉤ 스위치 : 기동모터 작동용

② 판정
  ㉠ 전압 : 축전지 전압의 90[%] 이상(12[V]×0.9 = 10.8[V] 이상)
  ㉡ 전류 : 모터 기재된 출력의 90[%] 이하

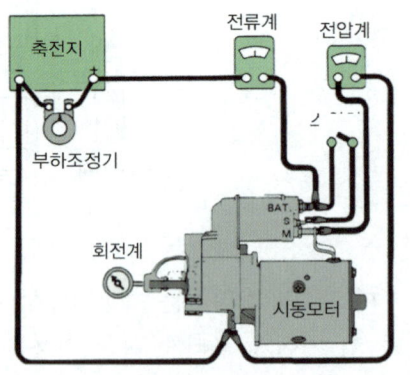

$$(0.9[kW] \text{ 경우}, \ I = \frac{P}{E}, \ \therefore \ I = \frac{900}{12} \times 0.9 = 67.5A \text{ 이하})$$

2) 기동전동기 부하 시험(크랭킹 시험)
① 시험방법
  ㉠ 시동이 걸리지 않도록 점화 1차 회로를 차단한다.
  ㉡ 전압과 전류를 측정할 수 있도록 전압계 및 전류계를 장착한다.
  ㉢ 엔진을 크랭킹하여 측정값을 읽는다.(5초 이내로 시행)
② 판정
  ㉠ 전압강하는 배터리 전압의 20[%] 이상일 것(12[V]×0.8 = 9.6V 이상)
  ㉡ 전류는 축전지 용량의 3배 이하일 것(60[AH]×3 = 180[A] 이하)

제3절 점화장치

1_ 점화장치 일반

1. 점화장치의 개요

점화장치는 연소실 내의 압축된 혼합기에 고압의 전기불꽃을 발생시켜 연소를 일으키는 장치로 자동차의 출력 및 연비, 배기가스, 노킹 현상 등 엔진 성능에 지대한 영향을 미친다. 점화장치는 축전지, 점화 코일(ignition coil), 배전기(distributor), 고압 케이블(high tension cable), 및 점화 플러그(spark plug) 등으로 구성되어 있으며, 트랜지스터 방식에서는 ECU 및 파워 TR이 첨가되며 DLI(Distributor Less Ignition) 방식에서는 배전기가 없이 배전한다.

1) 점화장치의 종류

점화장치는 예전에는 기계식 접점을 이용하였으나 반도체의 발달로 트랜지스터를 사용한 트랜지스터 방식과 무배전기(DLI) 방식으로 발전되어 현재에 이른다.

① **접점식 점화장치** : 배전기에 있는 기계식 접점을 이용하여 1차전류를 개폐하는 방식으로, 신뢰성이 낮아 현재에는 사용하지 않는 방식이다.
② **트랜지스터 점화장치** : 트랜지스터의 발달로 현재 대부분 사용하는 방식으로, 이그나이터 방식, 광학회로 방식, 홀 센서 방식 등이 있다.
③ **DLI 점화장치(Condenser Discharge Ignition)** : 전자제어 점화장치에서 배전 손실이 있는 배전기를 제거하고 점화코일에서 직접 배전하는 방식이다.

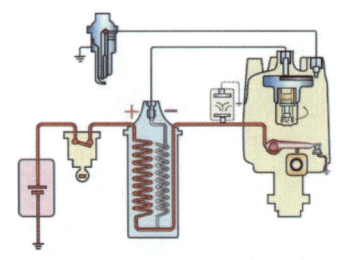
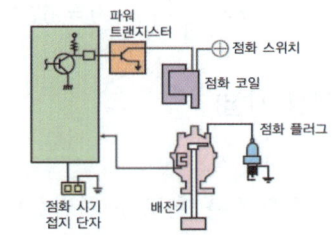
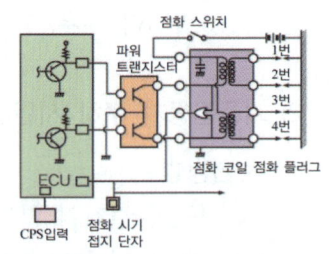

그림 3-69 / 기계식 점화장치   그림 3-70 / 트랜지스터식 점화장치   그림 3-71 / DLI 방식 점화장치

2. 축전지식 점화장치

1) 점화장치의 구성

① **점화 스위치** : 키 스위치를 의미하며, 축전지에서의 1차전류를 개폐하기 위한 것이다.
② **점화코일** : 운전자가 점화 스위치를 ON에 놓으면 축전지의 (+)전류가 점화 코일의 1차 코일에 흐르면 1차 코일의 자기유도 작용과 2차 코일의 상호유도 작용에 의하여 실린더 내의 압축된 혼합기를 연소할 수 있는 고전압(25,000~35,000[V])을 발생하는 장치이다. 개자로형과 폐자로형이 있다.

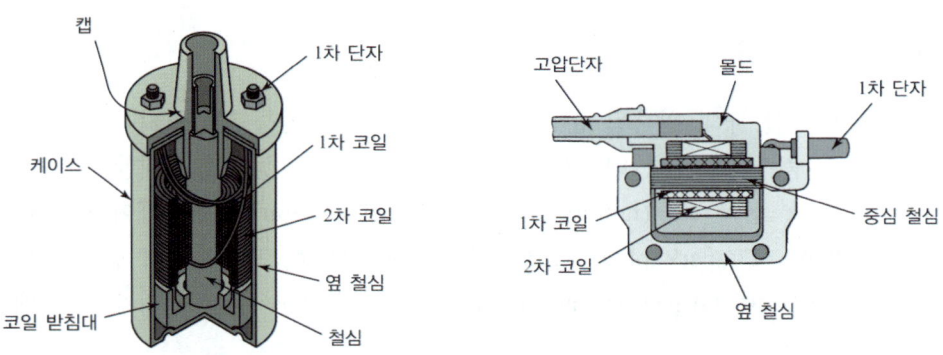

그림 3-72 / 개자로형 점화코일   그림 3-73 / 폐자로형 점화코일

㉠ **자기유도 작용** : 하나의(1차) 코일에 흐르는 전류를 변화시키면 자속의 변화에 의해 자기유도 전압(역기전력)이 발생되는 작용을 말한다.
㉡ **상호유도 작용** : 하나의(1차) 코일에 자속 변화가 인접한(2차) 코일에도 영향을 주어 인접한(2차) 코일에 상호유도 전압(역기전력)이 발생되는 작용을 말한다.

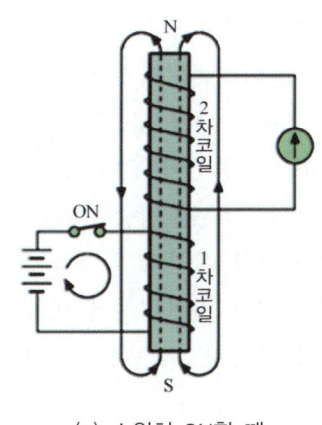 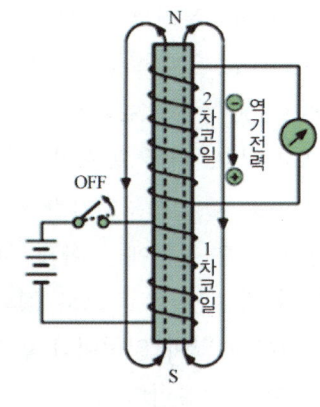

(a) 스위치 ON할 때   (b) 스위치 OFF할 때

ⓒ 2차코일 유도전압

$$E_2 = \frac{N_2}{N_1} E_1$$

E_2 : 2차 전압
E_1 : 1차 전압
N_1 : 1차 코일 권수
N_2 : 2차 코일 권수

③ **배전기** : 엔진의 캠축에 의해 구동되며 크랭크축 회전수의 1/2로 회전한다. 배전기의 기능은 다음과 같다.
  ㉠ 점화 1차전류를 단속하여 2차 코일에 고압을 유도
  ㉡ 2차 코일의 고압을 점화순서에 따라 점화플러그로 분배
  ㉢ 엔진의 회전속도에 따라 점화시기를 조정

④ **드웰각(dwell angle, cam angle, 캠각)** : 드웰각이란 예전 접점식의 캠각을 의미하며, 1차코일에 전류가 흐르는 통전시간(접점이 닫혀있는 동안 캠이 회전한 각도)으로 정의한다. 접점식에서는 접점의 간극을 통해 드웰각을 조정하였으나 트랜지스터식 점화장치에서는 각종 센서의 신호를 ECU가 연산하여 드웰각을 결정한다.

⑤ **고압 케이블(점화 케이블)** : 고압 케이블(high tension cable)은 점화코일 중심단자와 배전기 캡의 중심단자, 각 점화플러그를 연결하는 고압의 절연 케이블이다. 고압 케이블은 고압 송전시 점화손실이 없어야 하므로 고무로 절연 및 비닐 등으로 보호하며, 중심에는 고주파 발생에 따른 잡음을 방지하기 위해 10,000Ω 정도의 저항을 둔 TVRS 케이블을 사용한다.

⑥ **점화플러그(spark plug)** : 점화플러그는 전극(electrode), 절연체(insulator), 셸(shell)로 구성되어 있으며 전극은 중심전극과 접지전극으로 구성되고, 간극은 1.1 ~ 1.3[mm] 정도이다. 절연체는 내열성, 절연성이 좋은 세라믹으로, 윗부분은 고압전류의 플래시 오버(flash over)를 방지하기 위한 리브(rib)가 설치되어 있다. 셸은 렌치를 사용하기 위해 강으로 되어 있으며 밑부분에는 연소실에 끼우도록 나사부가 설치되어 있다.

㉠ 자기청정온도 : 점화플러그는 불완전 연소에 의해 발생하는 카본을 태우기 위해 전극부가 어느 정도 온도를 유지하여야 하는데 이를 자기청정온도라 한다. 자기청정온도는 500 ~ 800[℃] 정도이며 전극부 온도가 너무 낮으면 카본이 많이 끼어 점화플러그가 오손되고, 너무 높으면 조기점화의 원인이 된다.

㉡ 열가(열값, heat range) : 열가란 점화플러그의 열 방출 정도(능력)를 나타내는 것으로, 절연체 아래 부분에서 아래 시일까지의 길이로 열가를 정의한다. 이 길이가 짧은 것은 열 방출이 잘 되므로 점화플러그가 차가워져서 냉형이라 하며, 긴 것은 열을 잘 방출하지 않아 열형이라 한다. 고압축비, 고속형 엔진에서는 냉형을, 그 반대에서는 열형을 사용한다.

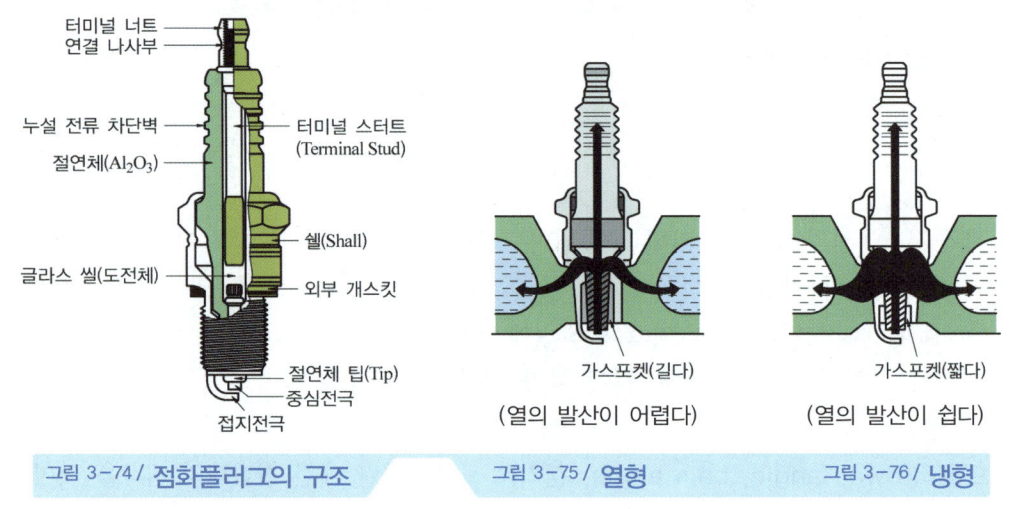

그림 3-74 / **점화플러그의 구조**   그림 3-75 / **열형**   그림 3-76 / **냉형**

㉢ 점화플러그 품번의 예시

B	P	6	E	S 또는 R	11
나사부 지름	P : 자기 돌출형 (projected core nose plug) R : 저항 삽입형	열가 크면 : 냉형 적으면 : 열형	나사부 길이 E : 19[mm] H : 12.7[mm]	구조 S : 구리심이 든 중심전극 R : 실드형 저항삽입	전극부 간극 11 : 1.1[mm] 13 : 1.3[mm]
A = 18[mm] B = 14[mm] C = 10[mm] D = 12[mm]					

㉣ 점화플러그의 소염작용 : 고전압이 점화플러그에 인가되면 작은 화염핵이 발생하고 이 화염핵이 화염전파를 일으켜 폭발을 일으키나, 열가가 너무 크면 연소로 진행하는 중에 냉각작용으로 인하여 화염핵이 열을 빼앗겨 성장을 방해 받아 연소가 이루어지지 않게 된다. 이것을 소염작용이라 하고, 소염작용이 크면 점화플러그의 착화성은 떨어진다.

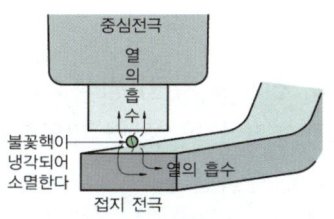

그림 3-77 / 점화플러그의 소염작용

점화플러그의 착화성을 향상시키는 방법은 다음과 같다.
ⓐ 플러그의 간극을 넓게 한다.
ⓑ 중심전극을 가늘게 한다.
ⓒ 접지전극에 U자 홈을 설치한다.

2_ 트랜지스터 점화장치

기존 접점식 점화장치의 접점 손상에 의한 점화시기 변화 및 기관의 실화에 의한 출력저하, 배출가스 증가 등의 단점을 보완하기 위하여 1차 전류를 신뢰성이 좋은 트랜지스터로 단속하여 점화장치 성능의 향상을 꾀하였다.

1. 트랜지스터 점화장치의 개요

1) 트랜지스터 점화장치의 장점

① 저속 및 고속성능이 향상
② 불꽃에너지가 커져 점화가 용이
③ 점화장치의 신뢰성이 향상

2) 파워 트랜지스터(power transistor)

파워 트랜지스터는 엔진 ECU의 신호를 받아 점화 1차전류를 단속하는 작용을 한다. 주로 NPN 트랜지스터를 사용하며, 컬렉터는 점화코일 (-) 단자에, 즉 파워 트랜지스터의 (+)이며, 이미터는 접지 (-)에, 그리고 베이스는 ECU가 제어하여 파워 트랜지스터를 작동시킨다.

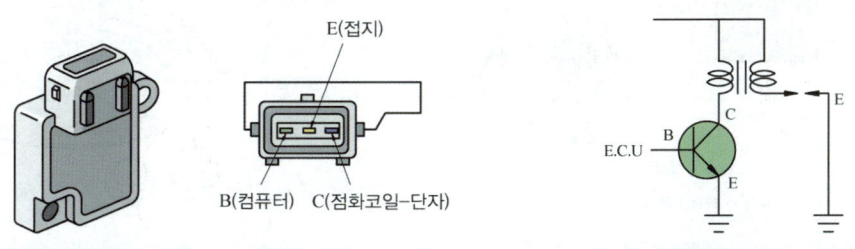

그림 3-78 / 파워 트랜지스터   그림 3-79 / 파워 트랜지스터 회로도

3) 점화신호 발생장치

① 유도센서(시그널 제너레이터, 전자파 차단) 방식 : 점화 1차코일의 단속을 접점대신 유도센서를 이용하는 방식으로 엔진이 회전하면 픽업코일에 유도 기전력이 발생되고 이 신호로 파워 TR이 1차 코일을 단속한다.

  ㉠ 시그널 제너레이터는 타이밍 로터(timing rotor, 시그널 로터), 픽업 코일(pick coil), 자석(magnet)으로 구성되어 있다. 동작은 다음과 같다. 키 ON하면 파워 TR 베이스로 전류가 흘러 파워 TR이 ON 되고, 로터가 회전하여 픽업코일에 발생되는 기전력이 파워TR 베이스 전위보다 높은 경우에도 파워 TR이 ON된다. 따라서 1차코일에 전류 흐른다. 크랭킹하여 기전력이 낮아지면 파워 TR 베이스가 차단되어 1차전류가 차단되므로 상호유도 작용에 의해 2차코일에서 고압이 발생한다.

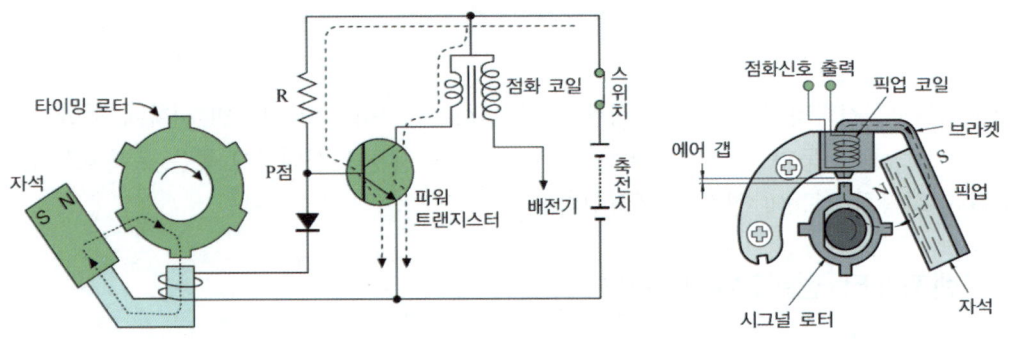

그림 3-80 / 타이밍 로터   그림 3-81 / 유도센서 방식 회로도

② 광학회로 방식(HEI : High Energy Ignition) : 광학회로 방식의 배전기에는 크랭크각 센서와 1번 실린더 상사점 센서용 다이오드와 디스크로 구성되어 있으며, 작동은 각 센서로부터 입력된 엔진의 상태에 따라 최적의 점화시기를 ECU에서 연산하여 점화 1차전류를 단속하는 파워 TR에 신호를 보내어 점화코일에서 고압을 발생시킨다.

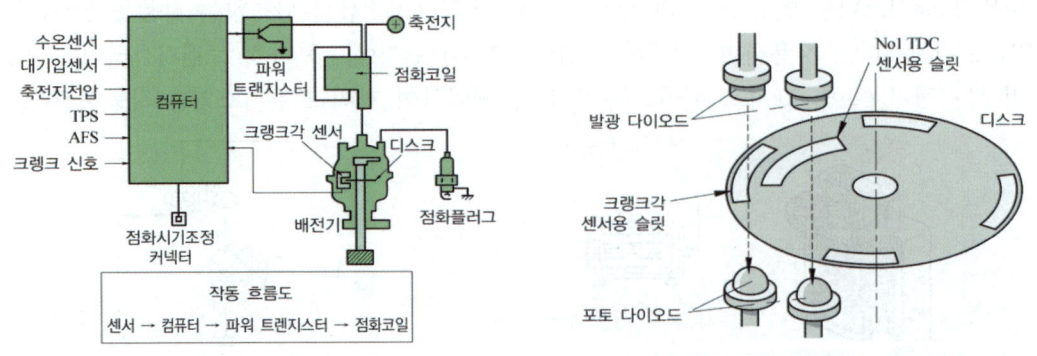

그림 3-82 / 광학회로 방식 흐름도   그림 3-83 / 광학회로 방식 배전기 내부

③ 홀 센서(hall sensor) 방식 : 홀 센서 방식은 홀 센서를 배전기에 설치하고, 홀 센서에 의해 발생된 전압 변동이 컴퓨터로 입력되고 컴퓨터는 이 펄스를 A/D 변환기에 의해 디지털 파형으로 변화시켜 크랭크 각을 검출한다. 홀 효과란 자력선 사이에 홀 효과를 발생하는 반도체를 설치하고 전류를 흘리면 홀소자에는 플레밍의 왼손법칙에 의해 한쪽은 전자가 과잉되고 한쪽은 부족하게 된다. 즉, 홀전압이 발생하는 것을 말한다.(과잉에서 부족으로 전자 흐른다.)

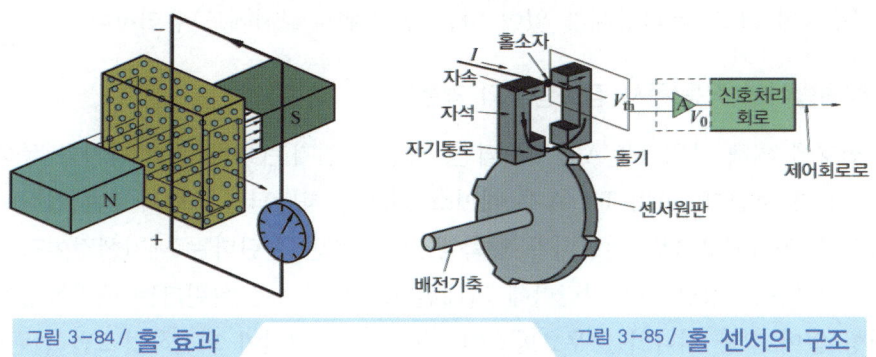

그림 3-84 / 홀 효과   그림 3-85 / 홀 센서의 구조

2. DLI 점화장치(Distributor Less Ignition, 전자배전 점화방식)

접점 점화방식은 1차전류의 단속에서 불꽃(arc) 발생으로 인한 접점의 소손 및 2차 전압의 저하가 발생되고, 트랜지스터 방식은 배전기와 점화플러그를 통한 전압강하와 누전 또는 로터와 캡 사이의 공기절연을 극복할 에너지 손실, 전파잡음이 발생한다. DLI 방식은 배전기를 제거한 점화장치로 ECU를 이용한 첨단 전자배전 방식이다.

1) DLI 점화장치의 종류와 특징

DLI 점화장치는 제어 방식에 따라 점화코일 분배 방식과 다이오드 분배 방식이 있으며, 1개의 코일로 2개의 실린더를 동시에 점화하는 동시 점화방식과 1개의 코일과 점화플러그가 일체가 되어 1개의 실린더를 각각 점화하는 독립 점화방식이 있다.

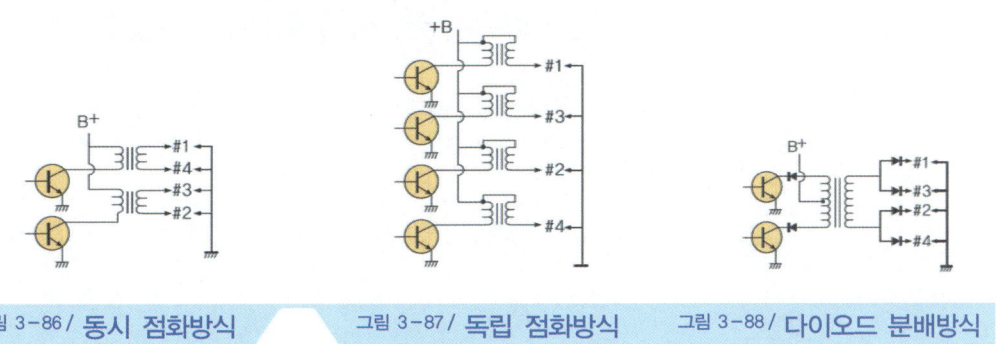

그림 3-86 / 동시 점화방식   그림 3-87 / 독립 점화방식   그림 3-88 / 다이오드 분배방식

① DLI 점화방식의 특징
  ㉠ 배전기에서 누전이 없다.
  ㉡ 로터와 배전기 캡 사이의 고전압 에너지 손실이 없다.
  ㉢ 배전기 캡에서 발생하는 전파 잡음이 없다.
  ㉣ 점화진각 폭의 제한이 없다.
  ㉤ 고전압 출력을 감소시켜도 방전 유효에너지 감소가 없다.
  ㉥ 내구성이 크고, 전파방해가 없어 다른 전자제어 장치에도 유리하다.

2) DLI 점화방식의 작동(동시 점화방식의 경우)

컴퓨터 신호에 의해 파워 TR A가 ON되면, 축전지 전기는 ④번, ③번 단자를 통해 점화 1차코일에 전류가 흐른다. 파워 TR A가 베이스 신호가 차단되면, 1번과 4번 실린더에는 고전압이 동시에 인가되고 1번 실린더가 압축행정이면 4번 실린더는 배기행정이므로 인가된 고전압은 모두 압축행정인 1번 실린더에 가해진다. 이 때 4번 실린더는 배기행정이므로 고전압이 저항 없이 그냥 지나가는 무효방전이 된다. 다시 엔진이 회전하여 2번 실린더와 3번 실린더가 상사점으로 올라오면 같은 방법으로 점화순서에 의해 고전압이 동시에 점화된다.

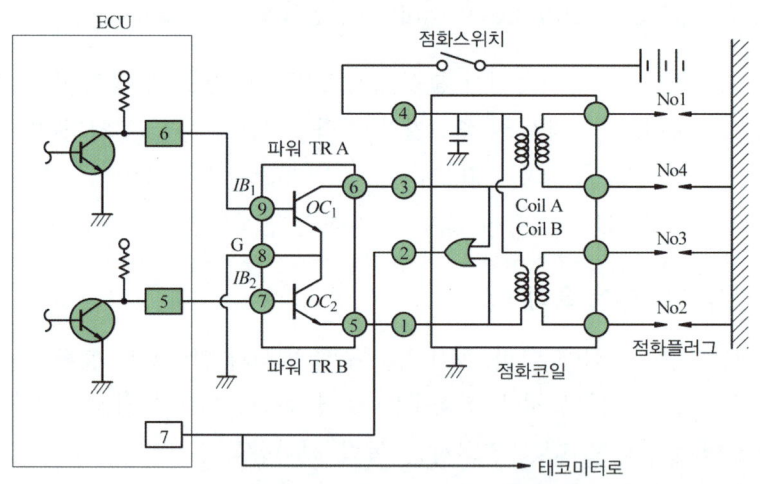

그림 3-89 / 동시 점화방식의 점화 회로도

제4절 충전장치

1_ 충전장치 개요

자동차에는 기관의 기동장치, 점화장치, 램프류, 에어컨 장치 등 많은 전기장치가 있으며, 이러한 전기장치에 일련의 전력을 공급한다. 발전기는 벨트로 기관과 연결되어 구동되며, 그 발전량은 기관의 회전수에 따라 다르고 발전량이 부하량보다 적은 경우에는 축전지가 전원이 되어 일시 방전한다. 그리고 발전량이 부하량보다 많은 경우에는 발전기만으로 모든 전기장치에 전력을 공급하고, 축전지도 발전기에 의해 충전된다. 충전장치는 발전기(alternator)와 발전기 조정기(regulator)로 구분할 수 있다.

1. 충전장치 일반

1) 충전장치의 구비조건

① 소형, 경량이고 출력이 클 것
② 속도범위가 넓고, 저속 주행에서도 충전이 가능할 것
③ 출력전압이 안정되고, 다른 전기회로에 영향이 없을 것
④ 불꽃 발생으로 전파방해와 전압의 맥동이 없을 것
⑤ 수리 및 정비가 용이하고, 내구성이 클 것

2) 발전기의 종류

① 직류 발전기(D.C : Direct Current)
② 교류 발전기(A.C : Alternate Current)

2. 발전기의 원리

1) 직류 발전기

① 플레밍의 오른손법칙 : 오른손을 서로 직각이 되도록 펴고 제일 먼저 인지를 자력선 방향에 맞추고 엄지 손가락을 도체의 운동방향에 맞추어 놓았을 때 가운데 손가락이 가리키는 방향으로 기전력이 발생한다는 법칙이다. 즉, 도체와 자력과의 상대운동에 의해 기전력이 발생한다.

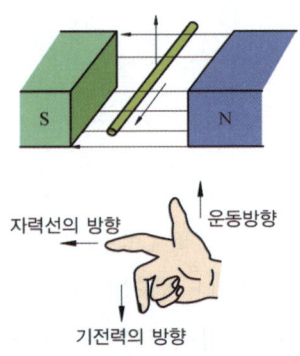

그림 3-90 / 플레밍의 오른손 법칙

② **직류 발전기의 유도 기전력 크기와 방향** : 그림과 같이 자계 내에서 도체를 회전시키면, 전자유도 작용에 의하여 도체 내에는 기전력이 발생된다. 그 중 3번, 9번과 같이 도체의 운동방향이 자속과 직각으로 교차할 때 유도 기전력이 가장 크며, 도체의 운동방향이 바뀔 때 정류자와 브러시도 상대운동에 의해 위치가 바뀌므로 정류자와 브러시의 상대 운동에 의해 교류가 직류로 정류되어 브러시를 통해 직류로 나오게 된다.

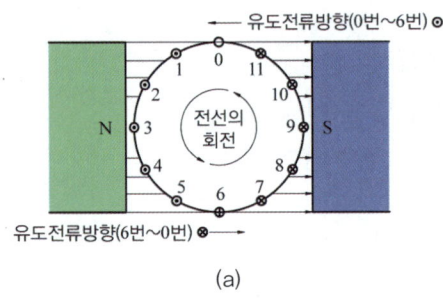
(a)

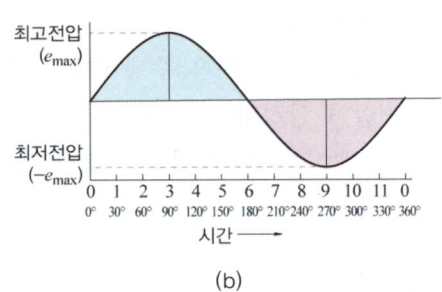
(b)

그림 3-91 / 유도 기전력 크기와 방향

③ **직류 발전기의 단점**
  ㉠ 전기자의 허용 회전속도범위가 낮다.
  ㉡ 기관 공전 시 발전이 어렵다.
  ㉢ 정비 및 보수를 자주하여야 한다.
④ **컷아웃 릴레이** : 직류발전기에서 발전기의 발생전압이 축전지 전압보다 낮을 때 축전지에서 발전기 쪽으로 전류가 흐르는 것을 방지한다.

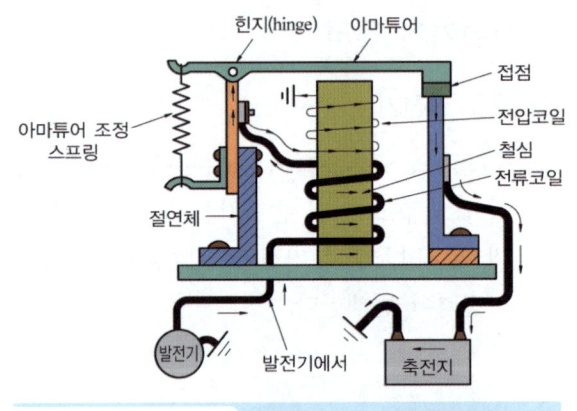

그림 3-92 / 컷아웃 릴레이

⑤ **전류 조정기** : 발전기의 발생전류를 제어하여 발전기에서 규정출력 이상의 전기적 부하가 걸리지 않게 하는 장치이다. 규정 이상 시 필드코일 접점이 분리되어 전류가 제한된다.

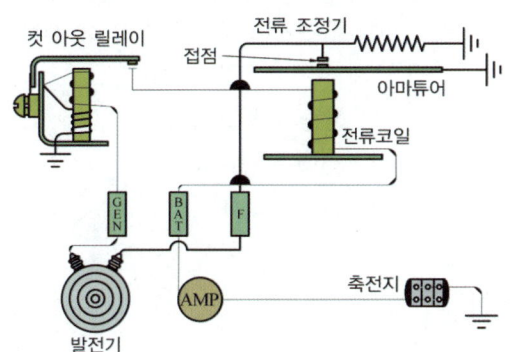

그림 3-93 / **전류 조정기**

2) 교류 발전기(Alternator)

① **렌쯔의 법칙** : 코일에 자석의 N극을 가까이 하면 코일에는 자석과 가까운 쪽에 N극이 먼 쪽에 S극이 발생하여 자석의 운동을 방해한다. 이 때 코일에는 오른손 엄지손가락에 맞는 방향으로 유도 기전력이 발생한다. 멀리하면 반대로 바뀌어 위쪽에는 S극이 반대편에는 N극이 발생한다. 이와같이 유도 기전력은 코일내의 자속의 변화를 방해하는 방향으로 발생한다는 렌쯔의 법칙을 이용한 것이 교류 발전기이다.

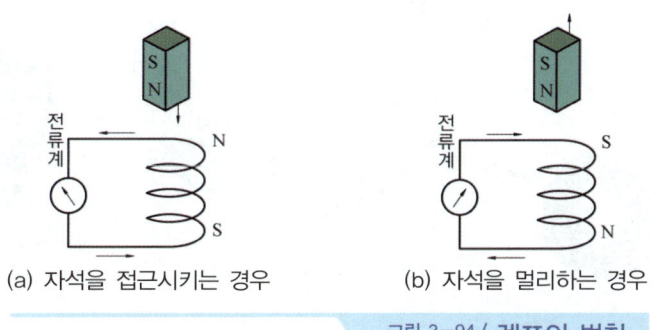

(a) 자석을 접근시키는 경우   (b) 자석을 멀리하는 경우

그림 3-94 / **렌쯔의 법칙**

② 교류 발전기의 장점
  ㉠ 크기가 작고 가볍다.
  ㉡ 내구성이 있고 공회전이나 저속시에 충전이 가능하다.
  ㉢ 출력전류의 제어작용을 하고 조정기의 구조가 간단하다.
  ㉣ 브러시의 수명이 길고 불꽃 발생이 적다.
  ㉤ 정류자 소손에 의한 고장이 없다.
  ㉥ 실리콘 다이오드를 사용하기 때문에 정류작용이 좋다.

③ 직류 발전기와 교류 발전기의 비교

항목	직류 발전기	교류 발전기
유도전기 발생	전기자(전기자 코일, 철심)	스테이터(스테이터 코일, 철심)
계자형성	계자(계자코일, 철심)	로터(로터코일, 코어)
정류	정류자와 브러시	다이오드
역류방지	컷아웃 릴레이	다이오드
브러시 접촉	정류자	슬립링

3. 교류 발전기의 구성

교류 발전기는 크랭크축 풀리와 발전기 풀리가 V벨트로 연결되어 엔진과 함께 회전하며 풀리는 로터와 함께 회전하면서 브러시와 슬립링으로부터 받은 여자 전류를 이용하여 스테이터 코일에 3상 교류를 발생시키면 실리콘 다이오드가 3상 교류를 정류하여 축전지의 충전 및 각종 전기장치에 전원을 공급한다.

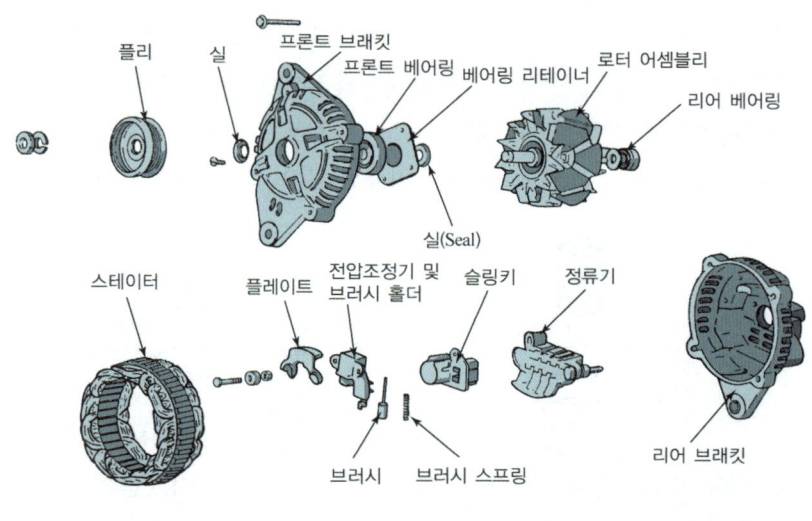

그림 3-95 / 발전기 구성

1) 로터(rotor)

로터(rotor)는 로터 철심(core), 로터 코일(계자 코일), 슬립 링, 로터축으로 구성되며, 로터를 회전시켜 전류를 발생한다. 로터축 끝에 풀리와 크랭크축 풀리가 V벨트로 연결되어 함께 회전한다.

로터 코일은 브러시와 슬립 링을 통해 들어온 여자 전류로 자장을 발생하는 부분이며, 슬립 링에 각각 연결되어 있고 슬립 링은 브러시와 연결되어 있다. 슬립 링은 직류 발전기의 정류자와 같은 요철이 없고, 전류도 작아 불꽃 발생에 의한 소손이 거의 없다.

또한, 로터의 폴 코어는 N극→S극→N극→S극으로 교번하여 자화되어 있으므로 로터의 회전 속도가 빠르면 유도 기전력은 많이 발생하게 되어 기전력 제어는 로터 코일로 흐르는 전류를 제어하여 조정한다.

2) 스테이터(stator)

스테이터는 스테이터 철심과 스테이터 코일로 구성되어 있으며, 3상 교류가 발생하는 곳이다. 스테이터 코일은 120° 각도로 3상 결선되어 있으며 결선 방법에 따라 Y 결선과 △ 결선이 있다.

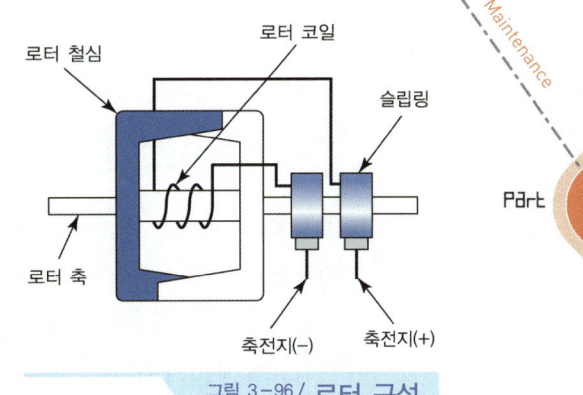

그림 3-96 / 로터 구성

① 스테이터 코일의 결선방법

㉠ Y 결선(성형 결선, 스타 결선) : AC 발전기 적용

A, B, C 각 코일의 한 끝을 한 점(중성점) 에 모아 연결시킨 결선 방법으로, A, B, C 각 코일에 발생하는 선간 전압은 상전압 보다 $\sqrt{3}$ 배가 더 높다.

즉, 선간전압 = $\sqrt{3}$ × 상전압

A, B, C의 각 코일에 발생하는 전압을 상전압이라 하고, 전류를 상전류라 한다. 그리고, 외부 단자 사이의 전압을 선간전압이라 하고, 외부단자에 흐르는 전류를 선전류라 한다.

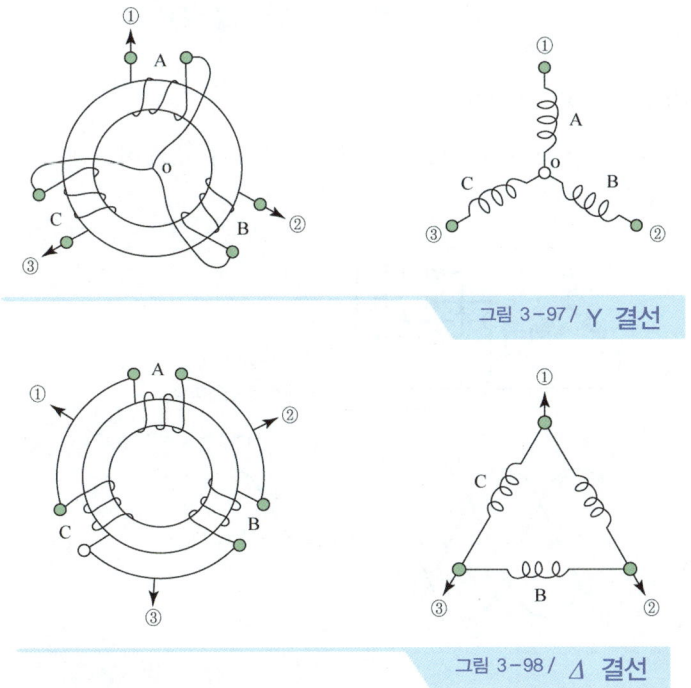

그림 3-97 / Y 결선

그림 3-98 / △ 결선

  ⓒ △ 결선(삼각 결선, 델타 결선) : DC 발전기 적용

   A, B, C 각 코일의 시작과 끝을 서로 연결하고 각 접속점에서 외부단자로 연결한 결선방법이다. ①, ②, ③의 각 선간 전류는 각 상전류보다 $\sqrt{3}$ 배가 더 높다.

   즉, 선간전류 = $\sqrt{3}$ × 상전류

   발전기의 크기가 같고, 코일의 감긴 수가 같을 때 성형결선 방식이 높은 전압을 발생하므로 자동차용 교류발전기는 저속회전시 높은 전압 발생과 중성점의 전압을 이용할 수 있는 장점이 있는 성형결선을 많이 사용하고 있다.

② 선간전압이 상전압의 $\sqrt{3}$ 배 증명 : 각 스테이터 코일에서 발생되는 전압은 120° 위상차로 발생된다.

  그러므로, $V = O_b = O_a \times 2 = E_A \cos 30° \times 2 = E_A \times 0.866 \times 2 = E_A \times 1.732 = \sqrt{3} E_A$ 이다.

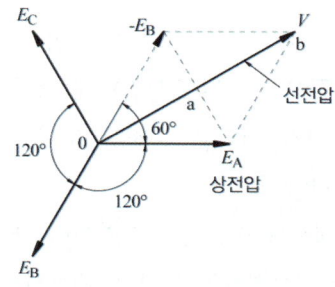

그림 3-99 / Y 결선의 3상 벡터도

3) 실리콘 다이오드(silicon diode)

실리콘 다이오드는 (+)다이오드 3개, (−)다이오드 3개가 스테이터에서 발생한 3상 교류를 직류로 정류하는 작용을 한다.

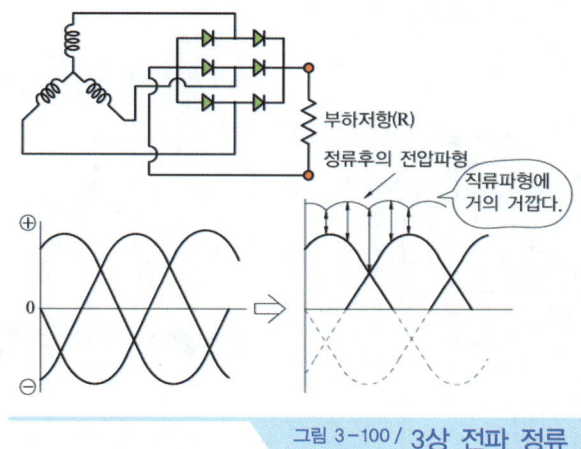

그림 3-100 / 3상 전파 정류

2_ 전압조정기(regulator)

발전기는 엔진의 회전속도와 출력 전압이 비례하므로 엔진의 고속 회전시 발전기의 전압을 조정하여 축전지 및 각종 전기 장치를 보호하기 위하여 설치한 장치이다.

1. 전압조정기 개요

1) 전압 조정의 원리

유도 기전력 e = B×ℓ×v(V) = k×ϕ×n(V) 이다. 즉, 발전전압은 계자자속(ϕ) 및 로터의 회전수(n)에 비례한다. 따라서 유도 기전력을 일정하게 하기 위해서는 로터의 회전수(엔진 회전수)를 조절할 수 없으므로 계자전류를 감소시켜 조절하여야 한다. 레귤레이터는 메이커마다 차이가 있지만 로터코일의 F단자를 "ON, OFF"로 제어하는 기본 원리는 동일하다.

2) 전압조정기 종류

① 접점식 조정기 : 전압 조정기, 충전 경고 릴레이로 구성되어 있다.
② 트랜지스터식 조정기 : 트랜지스터의 ON, OFF 스위치 작용을 이용하여 로터 코일의 전류를 단속하여 출력 전압을 조정한다.
③ IC식 조정기 : 작동이 안정되고 내구성이 우수하고 소형이기 때문에 발전기에 내장하여 사용할 수 있으며 신뢰성이 높다.

2. IC식 전압조정기

1) IC식 전압조정기 작동

① Key "ON" 시
  ㉠ BAT 전류→L 단자→R_F→Tr_2 ON 되므로, 로터 코일 자화된다. 즉, 타려자식이다.
  ㉡ BAT 전류→충전 경고등→어스되므로, 충전 경고등 켜진다.
② 저속 회전 시(전류 발생)
  ㉠ 발전기 B + 전류→L 단자→R_F→Tr_2 ON 되므로, 로터 코일 자화 및 BAT 충전을 시작한다.
  ㉡ 충전 경고등 좌우가 등전위가 되어 충전 경고등이 꺼진다.
③ 고속 회전 시(발생전압이 규정전압 이상 되었을 때)
  ㉠ 발전기 B + 전류→제너 다이오드→Tr_1 ON 되면, Tr_2 OFF 되어 여자전류 차단되므로 로터코일의 자석이 약해진다.
  ㉡ 전압 낮아져 Tr_1 OFF 되고 Tr_2 ON 되므로, 다시 로터가 자화되어 충전이 회복된다. 이 과정을 반복하므로 전압이 조정된다.

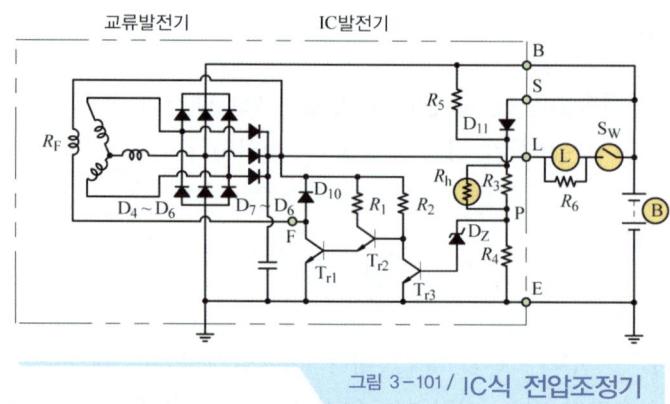

그림 3-101 / IC식 전압조정기

3. 발전전류 제어 시스템

기존의 발전기는 공전시 헤드램프, 열선 등 전기부하 발생시 순간적으로 rpm이 저하했다 상승하는 현상이 발생되었다. 이는 급격한 발전부하 때문으로 rpm 변동에 따른 진동 발생 및 승차감 저하와 유해 배출가스 발생의 원인이 되었다. 이를 방지하기 위하여 ECU에서 G 단자를 제어하여 충전 전류를 서서히 증가시키는 방식을 LRC(Load Response Control) 타 입이라 한다.

1) 발전전류 작동 원리

ECU에서 G 단자를 접지하지 않으면, 즉 G단자 Off(5V) 이면 TR_1이 ON되어, TR_2의 베이스에 가해지는 전기는 제너 다이오드를 통과하지 못하므로 TR_2는 OFF된다. 그러므로 TR_3는 ON 되어 발전을 하게 된다. G 단자가 접지되면, 즉 G단자 ON(0V) 이면 TR_1은 OFF되고, TR_1이 OFF되면 TR_2가 ON되므로 TR_3는 OFF 되어 발전을 하지 않게 된다. ECU는 FR 단자의 On 시간과 CPS 신호(rpm)를 이용하여 목표 발전량을 결정하고, G단자를 듀티 제어하여 최적의 발전량을 실현한다. G단자의 듀티는 ECU가 결정한 목표 발전량에 따라 변화하며 CPS 1주기당 FR단자의 ON시간을 적산 계산한 값과 엔진 회전수가 증가하면 G단자의 듀티량도 증가되어 발전전류가 증가한다.

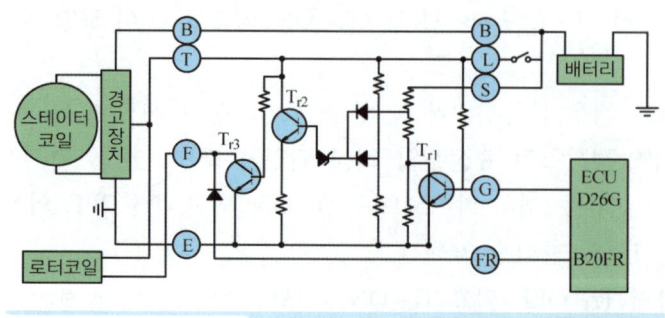

그림 3-102 / 발전전류 제어 시스템

제2장 시동, 점화 및 충전장치 출제예상문제

01 배터리 및 발전기에 대한 설명 중 틀린 것은? [09년 하]

㉮ 기관 정지시에는 배터리만 전기장치의 전원으로 사용한다.
㉯ 기관 시동시는 배터리만 시동모터와 점화코일에 전원을 공급한다.
㉰ 차량 전기사용량이 발전기의 전원 공급량보다 많을 때는 배터리에서도 공급한다.
㉱ 기관 시동시 예열장치의 전원공급은 발전기이다.

풀이 ㉮, ㉯, ㉰ 항은 옳은 설명이고, 시동 전이므로 예열장치도 배터리에서 전원을 공급한다.

02 축전지의 충전 및 방전의 화학식이다. ( ) 속에 알맞은 화학식은? [04년 상]

$$PbO_2 + (\quad) + Pb \leftrightarrows PbSO_4 + 2H_2O + PbSO_4$$

㉮ H_2O ㉯ $2H_2O$
㉰ $2PbSO_4$ ㉱ $2H_2SO_4$

풀이 ( )속에 $2H_2SO_4$가 들어가면 충·방전 화학식이 완성된다.

03 완전 충전되어 있는 축전지의 전해액은 다음 어느 것에 해당하는가? [05년 상]

㉮ H_2SO_4 ㉯ H_2O
㉰ $PbSO_4$ ㉱ PbO_2

풀이 정확한 화학식은 $2H_2SO_4$ 이다.

04 1AH의 방전시 전해액 속에 물이 0.67g 생성될 때 황산은 몇 g 소비되는가? [05년 하]

㉮ 1.66g   ㉯ 3.06g
㉰ 3.60g   ㉱ 3.66g

풀이 전해액의 충·방전 화학식
$PbO_2 + 2H_2SO_4 + Pb \leftrightarrows PbSO_4 + 2H_2O + PbSO_4$에서 물 2분자 생성될 때 황산 2분자 소비되므로
$18g : 98g = 0.67g : x$, ∴ $x = 3.647g$

참고 물의 분자량 = 1×2+16 = 18g,
황산의 분자량 = 1×2+32+16×4 = 98g

05 축전지에서 격리판의 홈이 있는 면이 양극판 쪽으로 끼워져 있는 이유와 가장 거리가 먼 것은? [07년 상]

㉮ 전해액의 확산을 좋게 하기 위해서
㉯ 양극판에 전해액을 원활히 통하도록 하기 위해서
㉰ 양극판의 작용물질이 탈락되는 것을 방지하기 위해서
㉱ 양극판에 산화에 의하여 격리판이 부식되는 것을 방지하기 위해서

풀이 격리판의 홈을 양극판 쪽으로 끼우는 이유 : 전해액의 확산을 좋게 하고, 양극판의 산화에 의해 격리판이 부식되는 것을 방지하기 위해서 이다. 작용물질은 격자가 유지하며, 결합력이 약한 양극판의 보강재로 유리 매트를 사용하여 탈락을 방지한다.

ANSWER
01 ㉱   02 ㉱   03 ㉮   04 ㉱   05 ㉰

06 자동차용 축전지에 대한 설명 중 틀린 것은? [05년 하]
㉮ 셀당 극판은 음극판을 1개 더 많이 제작한다.
㉯ 전기부하를 걸지 않았는데도 화학적 에너지가 자연히 소실되기도 한다.
㉰ 축전지의 용량은 20시간율을 사용하여 표시한다.
㉱ 극판의 면적이 커지면 화학적으로 안정되어 전압이 낮아진다.

풀이) 축전지는 화학적 활성과 양극판 보호를 위하여 셀당 양극판보다 음극판이 1장 더 많으며 스스로 자기 방전을 하고, 축전지 용량은 20시간율을 사용한다.
극판의 면적이 커지면 배터리 용량은 커지나 전압은 변화하지 않는다.

07 축전지 전해액에 관한 설명 중 틀린 것은? [08년 하]
㉮ 전해액의 비중은 전해액의 온도의 변화에 따라 변동한다.
㉯ 온도가 높으면 비중은 높아지고 온도가 낮으면 비중이 낮아진다.
㉰ 비중의 변화량은 1℃에 대해 0.0007이다.
㉱ 비중 측정시는 표준온도일 때의 비중으로 환산해서 판단한다.

풀이) 전해액의 비중은 ㉮, ㉰, ㉱항의 특성이 있으며, 온도가 올라가면 비중은 낮아지고 온도가 내려가면 비중은 올라간다.

08 축전지의 기전력과 전해액 비중, 전해액 온도와의 관계로 틀린 것은? [08년 상]
㉮ 전해액의 온도가 상승하면 전해액의 비중은 커진다.
㉯ 전해액의 비중이 커질수록 기전력은 커진다.
㉰ 전해액의 온도가 상승하면 기전력은 커진다.
㉱ 전해액의 온도가 저하하면 전해액의 저항이 증가해 기전력은 작아진다.

풀이) 전해액의 비중이 커지거나, 온도가 상승하면 축전지의 기전력은 커진다. 그러나 온도가 상승하면 비중은 낮아진다.

09 12V 100AH의 축전지 5개를 병렬로 접속하면 전압과 용량은 어떻게 되는가? [08년 하]
㉮ 12V 500AH   ㉯ 60V 500AH
㉰ 60V 100AH   ㉱ 12V 100AH

풀이) 축전지를 병렬로 연결하면 전압은 일정하고, 용량이 증가한다. 즉, 용량은 100AH×5 = 500AH
∴ 12V − 500AH

10 20℃에서 양호한 상태인 160AH 축전지는 40A의 전기를 얼마동안 발생시킬 수 있는가? [07년 하]
㉮ 4분   ㉯ 15분
㉰ 60분   ㉱ 240분

풀이) 축전지 용량(AH) = 방전전류(A)×방전시간(H)
∴ 방전시간(H) = $\dfrac{용량(AH)}{방전전류(A)}$ = $\dfrac{160AH}{40A}$
= 4시간
즉, 240분이다.

06 ㉱ 07 ㉯ 08 ㉮ 09 ㉮ 10 ㉱

11 100AH 축전지의 일일 자기 방전량이 1%일 때 이것을 보존하기 위한 충전전류는 몇 A로 조정 해주면 되는가? [06년 하]

㉮ 0.01A ㉯ 0.04A
㉰ 0.5A   ㉱ 1A

풀이) 1일 자기방전량 = 100AH × 0.01 = 1AH
∴ 충전전류 = $\frac{1AH}{24H}$ = 0.042A

12 20시간율의 전류로 방전하였을 경우 축전지의 셀 당 방전 종지 전압은 몇 V인가? [04년 하]

㉮ 1.65V ㉯ 1.75V
㉰ 1.90V ㉱ 2.0V

풀이) 셀 당 방전 종지전압은 1.75V, 축전지에서는 10.5V이다.

13 축전지를 방전상태로 오래 두면 사용할 수 없는 가장 큰 이유는? [06년 상]

㉮ 극판에 수소가 형성되기 때문에
㉯ 극판에 묽은 황산이 형성되기 때문에
㉰ 황산이 증류수로 되기 때문에
㉱ 극판이 영구 황산납이 되기 때문에

풀이) 축전지를 방전상태로 오래두면 극판이 영구 황산납(PbSO₄)이 되기 때문이다.

14 축전지 설페이션 현상의 원인으로 가장 적합한 것은? [09년 하]

㉮ 충전 전류가 크다.
㉯ 충전 전압이 높다.
㉰ 전해액의 양이 부족하다.
㉱ 전해액의 온도가 낮다.

풀이) 설페이션(sulphation, 백화, 유화) 현상 : 극판에 백색 결정성 황산납(PbSO4)이 생성되는 현상으로 축전지의 장기방치, 불완전한 충·방전, 전해액 부족 등이 원인이다.

15 축전지의 수명을 단축하는 요인이 아닌 것은? [06년 하]

㉮ 순수한 증류수 보충
㉯ 과충전에 의한 온도 상승
㉰ 전해액 부족
㉱ 기계적 외부 진동

풀이) 축전지 수명단축 원인
① 충전 부족으로 인한 설페이션
② 전해액 중에 불순물 혼입
③ 과충전 또는 과방전
④ 전해액 부족
⑤ 기계적 외부 진동

16 정전류 충전에서 최대 충전전류는 표준 충전전류의 몇 배인가? [09년 상]

㉮ 4배   ㉯ 3배
㉰ 2배   ㉱ 1.5배

풀이) 정전류 충전은 축전지 용량의 10%로 하며, 최대 전류는 표준 충전전류의 20%까지 할 수 있다.

11 ㉯ 12 ㉯ 13 ㉱ 14 ㉰ 15 ㉮ 16 ㉰

17 링기어 잇수 130, 피니언 잇수 13일 때 총 배기량은 1,600cc이고, 기관의 회전저항이 6kgf·m이라면 기동 전동기가 필요로 하는 최소 회전력은 몇 kgf·m인가?

[04년 하]

㉮ 0.45 ㉯ 0.60
㉰ 0.75 ㉱ 0.90

풀이 필요 최소회전력

$= \dfrac{\text{피니언잇수}}{\text{링기어잇수}} \times \text{엔진 회전저항}$

∴ 필요 최소회전력 $= \dfrac{13}{130} \times 6 = 0.6\text{m} - \text{kgf}$

18 총 배기량은 1,500cc이고 회전 저항이 6kgf – m인 기관의 플라이 휠 링기어 잇수가 120이다. 기동전동기 피니언 잇수가 12이면 필요로 하는 최소 회전력은 몇 kgf – m 인가?

[06년 하]

㉮ 0.6 ㉯ 1.0
㉰ 3.47 ㉱ 25

풀이 필요 최소회전력

$= \dfrac{\text{피니언잇수}}{\text{링기어잇수}} \times \text{엔진 회전저항}$

∴ 필요 최소회전력 $= \dfrac{12}{120} \times 6 = 0.6\text{m} - \text{kgf}$

19 직류 직권 전동기에 대한 설명으로 옳은 것은?

[08년 상]

㉮ 토크는 전기자 코일에 흐르는 전류와 여자 코일에 흐르는 전류에 반비례한다.
㉯ 전기자 코일에 흐르는 전류의 제곱에 비례한다.
㉰ 전기자 전류(부하)의 변화에 따라 회전 속도는 큰 변화가 없다.
㉱ 직권식 모터의 토크는 전기자 전류에만 비례한다.

풀이 직류 직권식 전동기는 계자전류와 전기자전류의 곱에 비례한다. 즉, 전기자 코일에 흐르는 전류의 제곱에 비례한다.

20 기동전동기의 동력전달방식에 속하지 않는 것은?

[05년 상, 07년 상]

㉮ 피니언 섭동식 ㉯ 벤딕스식
㉰ 전기자 섭동식 ㉱ 스프래그식

풀이 기동 전동기 동력전달 방식
① 벤딕스식(관성 섭동식)
② 전기자 섭동식
③ 피니언 섭동식

17 ㉯ 18 ㉮ 19 ㉯ 20 ㉱

21 다음 그림에서 기동 전동기의 구성품 설명으로 틀린 것은? [09년 하]

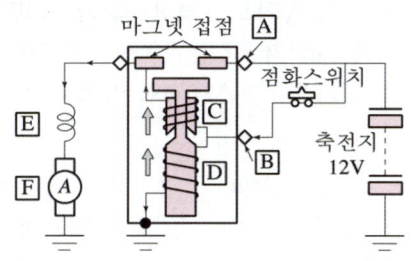

㉮ "C"는 풀인(full in) 코일이다.
㉯ "D"는 홀드인(hold in) 코일이다.
㉰ "E"는 리턴 스프링이다.
㉱ "F"는 전기자(armature) 이다.

풀이 "E"는 계자코일이다.

22 시동회로와 관련이 없는 부품은? [05년 하]

㉮ 축전지   ㉯ 점화 스위치
㉰ 기동 전동기   ㉱ 전압 조정기

풀이 시동회로 구성 부품 : 배터리, 점화 스위치, 기동 전동기 등이다.

23 시동이 걸렸을 때 시동 스위치를 계속 누르고 있을 때의 결과 중 틀린 것은? [04년 하]

㉮ 피니언 기어가 소손된다.
㉯ 베어링이 소손된다.
㉰ 아마튜어가 소손된다.
㉱ 충전이 잘 된다.

풀이 시동이 걸렸을 때 시동 스위치를 계속 누르고 있으면 기동 전동기의 전기자(아마추어), 정류자, 브러시, 베어링, 피니언 기어 등이 소손될 위험이 있다.

24 기동 전동기에 전류는 많이 흐르지만 작동하지 않을 경우의 원인이 아닌 것은? [07년 하, 09년 상]

㉮ 전기자 코일이 접지되었을 때
㉯ 계자코일이 단락되었을 때
㉰ 전기자 축 베어링이 고착되었을 때
㉱ 전기자 코일 또는 계자코일이 개회로 되었을 때

풀이 개회로 되었다는 것은 단선을 의미하므로 전류가 흐르지 않는다.

25 다음 중 기동전동기의 성능 시험 항목이 아닌 것은? [08년 하]

㉮ 무부하 시험   ㉯ 중부하 시험
㉰ 회전력 시험   ㉱ 저항 시험

풀이 기동전동기 시험항목 : 무부하 시험, 회전력 시험, 저항 시험

26 다음 중 그로울러 시험기로 시험할 수 없는 것은? [04년 상]

㉮ 전기자 코일의 단락
㉯ 코일 밸런스
㉰ 전기자 코일단선
㉱ 계자코일의 단락

풀이 그로울러 시험기 시험 항목
① 전기자의 단선시험
② 전기자의 단락시험
③ 전기자의 접지시험

21 ㉰ 22 ㉱ 23 ㉱ 24 ㉱ 25 ㉯ 26 ㉱

27 승용자동차에 사용하는 일반적인 기동 전동기의 무부하 시험에 대한 설명으로 틀린 것은? [06년 상]

㉮ 전류계를 충전된 축전지의 (−)단자와 기동 전동기의 마그넷 스위치 메인단자 사이를 병렬로 연결한다.
㉯ 리드선을 사용하여 메인단자와 ST 단자를 접속한다.
㉰ 기동전동기의 회전상태 점검과 전류계의 지침을 읽는다.
㉱ 기준전압을 가했을 때 전류계의 지시와 전기자의 회전수는 50A 이하에서 6,000rpm 이상이면 좋다.

풀이) 전류계를 충전된 축전지의 (+)단자와 기동 전동기의 마그넷 스위치 메인단자 사이를 직렬로 연결하여 측정한다.

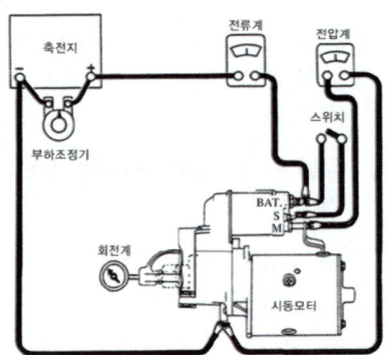

28 직권전동기에 가해지는 전압이 11V, 전류 50A일 때 5,000rpm이었다. 가해지는 전압이 7V가 되고 부하 전류가 같다면 회전수는 얼마가 되겠는가? (단, 전기자 및 계자 회로의 저항은 합하여 0.02Ω이다.) [06년 상]

㉮ 1,500rpm ㉯ 2,000rpm
㉰ 2,500rpm ㉱ 3,000rpm

풀이) 전류 50A, 전기자 및 계자회로의 저항 0.02Ω이므로 회로의 전압강하 E(V) = I·R = 50A×0.02Ω = 1V
가해지는 전압이 1V씩 전압강하 되므로 걸리는 전압은 각각 10V, 6V이다.
속도는 전압에 비례하므로
10 : 6 = 5,000 : x
∴ $x = \dfrac{6 \times 5,000}{10} = 3,000$rpm

29 1차코일의 자기 인덕턴스가 0.8이고, 1차 전류가 6A로 흐르다가 0.01초 만에 전류가 차단된다면 발생되는 역기전력은? [08년 상]

㉮ 100V ㉯ 380V
㉰ 480V ㉱ 640V

풀이) 역기전력 $E = -L\dfrac{di}{dt} = 0.8 \times \dfrac{6}{0.01} = 480$V
여기서, "−"는 역기전력을 의미

30 자기인덕턴스 0.5H, 코일의 전류가 0.1초간 1A 변화하면 몇 V의 유도기전력이 발생하는가? [06년 상]

㉮ 0.05 ㉯ 0.5
㉰ 5 ㉱ 50

풀이) 역기전력 $E = -L\dfrac{di}{dt} = 0.5 \times \dfrac{1}{0.1} = 5$V

27 ㉮ 28 ㉱ 29 ㉰ 30 ㉰

31 코일의 권수 150회선 코일에 5A의 전류를 흐르게 하였을 때 6×10⁻2 Wb의 자속이 쇄교하였다. 이 코일의 자기 인덕턴스는 얼마인가? [04년 하]

㉮ 0.75H ㉯ 1.30H
㉰ 1.80H ㉱ 2.20H

풀이) 자기 인덕턴스(H) = $\frac{N\Phi}{I}$

∴ 자기 인덕턴스(H) = $\frac{N\Phi}{I} = \frac{150 \times 6 \times 10^{-2}}{5}$
= 1.8H

32 어떤 기관의 회전속도가 3,000rpm이고, 연소지연 시간이 1/900초일 때 연소지연 시간 동안의 크랭크축의 회전 각도는? [09년 상]

㉮ 30° ㉯ 28°
㉰ 25° ㉱ 20°

풀이) 연소지연시간동안 크랭크축 회전각도 = 6·R·T
∴ $6 \times 3,000 \times \frac{1}{900} = 20°$

33 기관의 회전속도가 3,000rpm이다. 연소지연 시간이 0.001초(sec)라고 하면 연소지연 시간 동안에 크랭크 축의 회전각은 몇 도(°) 인가? [04년 하]

㉮ 30 ㉯ 18
㉰ 45 ㉱ 27

풀이) 연소지연시간동안 크랭크축 회전각도 = 6·R·T
∴ $6 \times 3,000 \times \frac{1}{1,000} = 18°$

34 자동차 기관의 회전속도가 4,500rpm이다. 연소지연 시간이 1/600초라고 하면 연소지연 시간 동안에 크랭크 축의 회전각도는 몇 도인가? [06년 상]

㉮ 15° ㉯ 30°
㉰ 45° ㉱ 60°

풀이) 연소지연시간동안 크랭크축 회전각도 = 6·R·T
∴ $6 \times 4,500 \times \frac{1}{600} = 45°$

35 점화 지연시간이 1/800초인 연료를 사용하여 최고 폭발압력을 ATDC 5°에서 발생시키기 위해 TDC 몇 도 전방에서 점화를 해야 하는가? (단, 기관은 2,500rpm이다.) [06년 상, 09년 하]

㉮ 13.7° ㉯ 17.9°
㉰ 18.7° ㉱ 21.7°

풀이) 연소지연시간동안 크랭크축 회전각도 = 6·R·T
∴ $6 \times 2,500 \times \frac{1}{800} = 18.75°$,

연소 지연시간 동안 18.75° 회전하므로 18.75 - 5 = 13.75, 즉 BTDC 13.75°에서 점화시킨다.

31 ㉰ 32 ㉱ 33 ㉯ 34 ㉰ 35 ㉮

36 연소속도의 지연이 1/500초 이고 기관의 회전수가 3,000rpm일 때, 상사점 전 몇 도에서 점화가 이루어 지는가? (단, 기계적 전기적 지연 동안의 크랭크 축의 회전각도는 1°이며 기관의 최대 폭발압력은 TDC에서 일어난다.)   [07년 상]

㉮ 35° ㉯ 36°
㉰ 37° ㉱ 39°

풀이 연소지연시간동안 크랭크축 회전각도 = 6·R·T

∴ $6 \times 3{,}000 \times \dfrac{1}{500} = 36°$

기계적, 전기적 지연시간 동안크랭크 축은 1° 회전하므로 36+1 = 37, 즉 BTDC 37° 에서 점화시킨다.

37 점화플러그 절연재로 가장 많이 사용되는 것은?   [04년 상]

㉮ 산화알루미늄(Al_2O_3)
㉯ 자기(Porcelain)
㉰ 스티어타이트($H_2O·3MgO·4SiO_2$)
㉱ 유리

풀이 자기(porcelain)란 요업제품으로 도자기를 말한다. 자기는 절연성, 반도전성 등 특이한 기능을 가지고 있어 자동차용 점화플러그 절연재로 많이 사용한다.

38 점화플러그의 열값에 대한 설명이 옳은 것은?   [04년 하]

㉮ 열값이 크면 냉형이다.
㉯ 열값이 크면 열형이다.
㉰ 냉형은 냉각효과가 적다.
㉱ 냉형은 저속회전 엔진에 사용한다.

풀이 열가(열값, hear range)란 점화플러그의 열을 방출하는 능력을 말하며, 열값이 크면 열을 많이 방출하여 차가워지므로 냉형 플러그라 한다. 또한 냉각효과가 좋으므로 고속회전 기관에 적합하다.

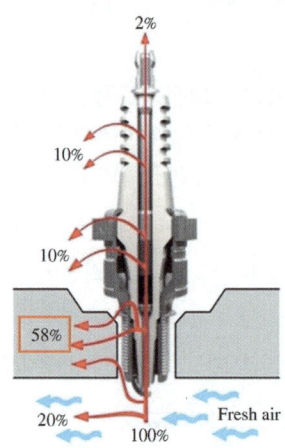

〈점화플러그의 열 발산 경로〉

36 ㉰ 37 ㉯ 38 ㉮

39 그림과 같이 점화플러그의 세라믹(ceramic) 절연체를 물결(corrugation) 모양으로 만든 이유로 가장 적합한 것은? [09년 상]

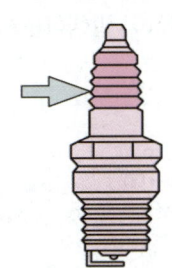

㉮ 불꽃 방전시 코로나(corona) 방전현상을 막기 위해
㉯ 고전압 인가시 플래시 오버(flash over) 현상을 방지하기 위해
㉰ 플러그 배선 끝 고무 부트(boots)의 고정을 위해
㉱ 이물질 또는 수분 등의 원활한 배출을 위해

[풀이] 점화플러그의 세라믹 절연체를 물결 모양으로 한 것을 리브(rib)라 하며, 고전압 인가시 플래시 오버 현상을 방지한다.

40 자동차 점화장치에서 점화요구 전압에 영향을 미치지 않는 인자는? [07년 상]

㉮ CO 배출 농도 ㉯ 압축압력
㉰ 혼합기의 온도 ㉱ 자동차의 속도

[풀이] ㉯, ㉰, ㉱항은 점화 요구전압에 영향을 미치나, CO 배출 농도는 연소 후에 생성되므로 관련이 없다.

41 점화 플러그의 착화성을 향상시키기 위한 방법 중 가장 관련이 없는 것은? [05년 하]

㉮ 플러그의 전극 간극을 크게
㉯ 플러그의 중심 전극을 가늘게
㉰ 플러그의 접지 전극을 U홈 또는 V홈으로
㉱ 중심전극의 돌출량을 작게

[풀이] 점화플러그 착화성능 향상방법
① 플러그의 전극 간극을 크게
② 플러그의 중심 전극을 가늘게
③ 플러그의 접지 전극을 U홈 또는 V홈으로

42 점화장치에서 DLI(Distributor – less Ignition : 무배전기 점화장치)의 특징을 설명한 것 중 옳은 것은? [07년 하]

㉮ 배전기식 보다는 성능 면에서 떨어진다.
㉯ 2차 전압의 손실을 최소화 할 수 있다.
㉰ 점화코일의 개수를 줄일 수 있다.
㉱ 고속형 기관에는 불리하다.

[풀이] 무 배전기 점화장치(DLI)의 특징
① 배전기에서 누전이 없다.
② 로터와 캡 사이의 고전압 에너지 손실이 없다.
③ 고속이 되어도 발생 전압이 거의 일정하다.
④ 점화 진각폭의 제한이 없다.
⑤ 내구성이 크고, 전파방해가 없어 다른 전자제어 장치에도 유리하다.
⑥ 점화시기의 위치 결정을 위한 센서가 필요하다.

39 ㉯ 40 ㉮ 41 ㉱ 42 ㉯

43 가솔린 기관의 점화장치 중 DLI 시스템에 대한 특징으로 거리가 먼 것은? [05년 상]

㉮ 전파 잡음에 유리하다.
㉯ 고속이 되어도 발생 전압이 거의 일정하다.
㉰ 점화시기의 위치 결정을 위한 센서가 필요하다.
㉱ 점화코일이 성능은 떨어지나 간단한 구조이다.

풀이 무 배전기 점화장치(DLI)의 특징
① 배전기에서 누전이 없다.
② 로터와 캡 사이의 고전압 에너지 손실이 없다.
③ 고속이 되어도 발생 전압이 거의 일정하다.
④ 점화 진각폭의 제한이 없다.
⑤ 내구성이 크고, 전파방해가 없어 다른 전자제어 장치에도 유리하다.
⑥ 점화시기의 위치 결정을 위한 센서가 필요하다.

44 무 배전기 점화장치(DLI)에 관한 내용 중 틀린 것은? [06년 하]

㉮ 엔진 회전수 및 부하에 맞추어 적절한 점화시기를 얻기 위하여 전자제어 장치로 사용한다.
㉯ 고압 코드의 저항에 기인하는 실화 발생률이 높다.
㉰ 각 기통 또는 2개 기통마다 점화코일을 설치한다.
㉱ 배전기 내의 배전에 의한 전파장애 발생이 적다.

풀이 무 배전기 점화장치(DLI)는 배전기에서 누전되는 고전압 에너지 손실이 없으므로 실화 발생률이 적다.

45 그림과 같은 동시 점화방식 회로에서 ECU의 5, 6번 단자에서 파워 트랜지스터로 연결된 단자에 계속해서 전원이 인가된다면 어떤 현상이 발생하는지 바르게 설명한 것은? [09년 하]

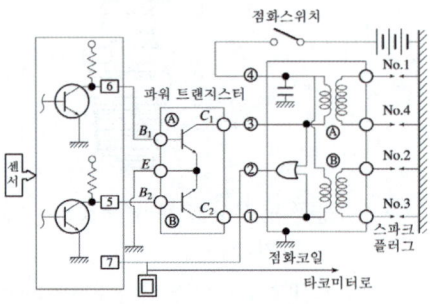

㉮ 점화코일에는 항상 고전압이 발생된다.
㉯ 1, 4번 실린더에만 고압이 발생된다.
㉰ 점화코일에 고압이 발생하지 않는다.
㉱ 2, 3번 실린더에만 고압이 발생된다.

풀이 ECU의 5, 6번 단자에서 파워트랜지스터로 연결된 단자에 계속해서 전원이 인가된다는 것은 2개의 코일에 전원이 차단되지 않는다는 뜻이므로 고압이 발생되지 않는다.
즉, 크랭킹은 가능해도 시동은 걸리지 않는다.

43 ㉱ 44 ㉯ 45 ㉰

46 그림과 같은 동시점화 방식 회로에서 ECU의 6번 단자에서 파워트랜지스터로 연결된 B1 단자의 연결 시간이 길어지면 어떤 현상이 일어날 지를 맞게 설명한 것은? [08년 하]

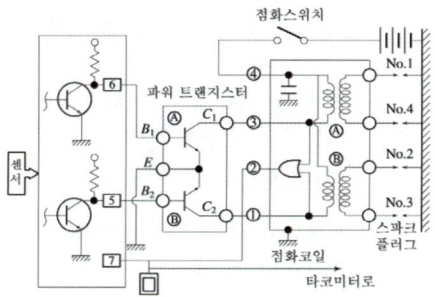

㉮ 2, 3번에 사용되는 점화코일의 드웰(dwell)이 길어진다.
㉯ 1, 4번 동시 사용되는 점화코일의 드웰(dwell)이 길어진다.
㉰ 3, 4번 점화코일의 고압 발생시간이 증가하여 드웰(dwell)이 길어진다.
㉱ 어떤 경우든지 동시점화 방식이므로 변화가 없다.

풀이) 파워 TR B1의 연결시간이 길어지면 1, 4번용 점화코일의 드웰시간이 길어진다.

47 점화장치의 파형을 분석한 그림이다. 그림과 같은 점화 2차파형에서 화살표 부분의 스파크라인 감쇄 진동부가 없는 경우 고장 분석을 맞게 표현한 것은? [07년 상]

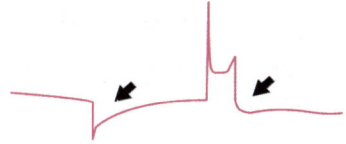

㉮ 스파크라인의 케이블 불량이다.
㉯ 점화플러그의 손상으로 누전된다.
㉰ 점화코일의 불량이다.
㉱ 점화플러그 간극이 크다.

풀이) 스파크라인에 감쇄 진동부가 없다는 것은 점화코일이 불량인 경우이다.

48 점화시기가 너무 늦을 때 일어나는 현상이 아닌 것은? [08년 하]

㉮ 엔진에 노킹현상이 일어난다.
㉯ 연료 소비량이 증대한다.
㉰ 엔진이 과다하게 과열된다.
㉱ 배기가스 통로에 다량의 카본이 퇴적된다.

풀이) 점화시기가 너무 늦으면 출력이 약해지므로 더욱 가속하게 되어 엔진이 과열되고, 카본이 퇴적되며 연료소비량이 증대된다.
노킹현상은 점화시기가 너무 빠를 때 발생된다.

49 발전기의 기전력에 대한 설명으로 틀린 것은? [08년 상]

㉮ 모터 코일에 흐르는 전류가 많을수록 기전력은 커진다.
㉯ 모터 코일의 회전속도가 빠를수록 기전력은 작아진다.
㉰ 발전기 자극수가 작을수록 기전력은 작아진다.
㉱ 각 코일의 권수가 많을수록 기전력은 커진다.

풀이) 전압을 높게 발생시키는 방법
① 엔진 회전을 빠르게 한다.
② 코일의 권수를 많게 한다.
③ 자극의 수를 많게 한다.
④ 자석의 세기를 세게(로터코일 전류를 많게) 한다.

ANSWER 46 ㉯ 47 ㉰ 48 ㉮ 49 ㉯

50 AC 발전기에 대한 설명으로 틀린 것은?
[07년 하]

㉮ 히트 싱크는 다이오드의 열을 방열시킨다.
㉯ 전류가 발생하는 곳은 스테이터이다.
㉰ 공전속도에서 충전 효율이 좋지 않다.
㉱ 보통 1개의 계자코일과 6개의 다이오드가 사용된다.

풀이) AC 발전기는 공전 및 저속에서도 충전성능이 우수하다.

51 충전장치에서 자려자 발전기에 대한 설명으로 틀린 것은?
[08년 하]

㉮ 축전지의 전원을 이용하여 계자코일을 여자한다.
㉯ 자동차용으로 정전압 발생에 가장 가까운 분권 발전기를 사용한다.
㉰ 발생되는 전압은 코일이 1초 동안에 흐르는 자속 수에 비례한다.
㉱ 플레밍의 오른손 법칙을 이용하여 직류(DC)발전기로 이용된다.

풀이) 직류(DC) 발전기는 발전 시 전기자 코일에서 발생된 전류의 일부를 계자코일에 흐르게 하여 계자철심을 자화시키는 자려식 분권방식이므로 처음 회전시에는 계자철심에 남아있던 잔류자기를 이용한다.

52 자동차용 교류 발전기에서 스테이터 코일의 Y결선에 대한 내용으로 틀린 것은?
[07년 상]

㉮ 각 코일의 한 끝은 공통점으로 접속하고 다른 쪽 끝을 각각 결선할 것이다.
㉯ 선간 전압은 각 상전압의 $\sqrt{3}$ 배가 된다.
㉰ 전류를 이용하기 위한 결선 방법이다.
㉱ 저속에서 발생전압이 높다.

풀이) 스테이터 코일의 Y결선은 ㉮, ㉯, ㉱항의 내용과 전압을 이용하기 위한 결선방법이다.

53 트랜지스터 전압 조정기는 기존의 접점식에 비해 여러 가지 장점이 있다. 이 중에서 틀린 것은?
[04년 상]

㉮ 스위칭 타임이 짧아 제어 공차가 적다.
㉯ 전자식 온도 보상이 가능하므로 제어공차가 적다.
㉰ 스위칭 전류가 크기 때문에 레귤레이터의 이용 범위가 넓다.
㉱ 충격과 진동에 약하다.

풀이) 트랜지스터식 전압조정기의 장점
① 접점이 없어 내진성, 내구성이 크다.
② 로터코일 전류에 의해 출력이 향상된다.
③ 스위칭 타임이 짧아 제어 공차가 적다.
④ 전자식 온도 보상이 가능하므로 제어공차가 적다.
⑤ 스위칭 전류가 크기 때문에 레귤레이터의 이용 범위가 넓다.

54 충전장치의 AC 전압조정기에서 전압을 일정하게 유지할 수 있도록 제어하는 반도체 소자의 명칭은?
[06년 상]

㉮ 제너 다이오드   ㉯ 발광 다이오드
㉰ 포토 다이오드   ㉱ 일반 다이오드

풀이)  IC식 전압조정기

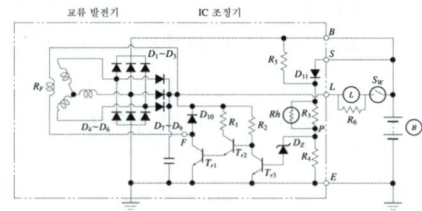

AC 전압조정기에서 제너 다이오드는 발전 전압을 일정하게 유지할 수 있도록 제어하는 역할을 한다.

50 ㉰ 51 ㉮ 52 ㉰ 53 ㉱ 54 ㉮

55 AC 발전기의 발생전압을 조정하는 방식에 대한 설명으로 틀린 것은? [09년 상]

㉮ 컷아웃 릴레이는 발전기 정지시 또는 충전전압이 낮을 때 역전류를 방지하는 조정방식이다.
㉯ 접점식 조정기는 접점 방식에 의해 발생전압에 따라 충전 경고등 점등, 로터코일의 여자전류 등을 조정하는 방식이다.
㉰ 트랜지스터식 조정기는 접점대신 트랜지스터의 스위칭 작용을 이용하여 로터전류의 평균값을 변화시켜 전압을 제어하는 방식이다.
㉱ IC 조정기는 작동이 안정되고 신뢰성이 높으며 초소형이기 때무에 발전기 내부에 내장시켜 외부 배선이 없는 장점이 있다.

풀이 컷아웃 릴레이는 발생전압이 축전지 전압보다 낮을 때 축전지에서 발전기 쪽으로 전류가 흐르는 것을 방지하며, 발생전압 조정은 전류조정기로 한다.

56 그림은 ECU가 발전기 전류를 제어하는 회로도이다. (그림에서 엔진 가동시 ECU B20번 단자에서는 크랭크각 센서 1주기에서 FR신호를 입력 받는다.) 회로 설명 중 거리가 먼 것은? [04년 상]

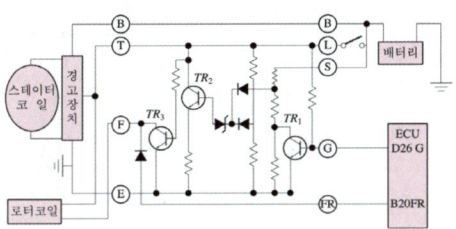

㉮ TR₃가 동작할 땐 발전중이다.
㉯ TR₂가 동작되면 TR₃가 동작한다.
㉰ TR₁이 동작할 때 TR₂는 동작하지 않는다.
㉱ ECU D26 단자가 접지되지 않으면 TR₁이 동작한다.

풀이 발전전류 제어 원리
① 기존 발전기는 전기 부하 발생시 순간적으로 rpm이 하강했다가 상승하여 rpm 변동에 따른 진동이 발생
② FR단자 신호가 G단자를 듀티 제어하여 발전전류를 제어하며, FR단자는 발전유무를 감지한다.
③ G단자 ON(접지)시 TR₁ OFF, TR₂는 ON, TR₃ OFF
∴ 발전되지 않음
G단자 OFF(5V)시 TR₁ ON, TR₂ OFF, TR₃ ON
∴ 발전이 이루어진다.
[다른풀이]
TR₁이 동작할 때 TR₂는 동작하지 않으며, TR₃가 동작할 땐 발전중이다. 또한, ECU D26 단자가 접지되지 않으면 전기는 TR₁ 베이스로 흐르므로 TR₁이 동작한다.
따라서, 정답이 "㉯" 이어야 함

57 AC 발전기의 출력단자(B)에서 전선을 떼어낸 상태에서 엔진을 시동해서는 안되는 이유는? [09년 하]

㉮ 축전지가 과충전된다.
㉯ 전구가 끊어진다.
㉰ 다이오드가 손상된다.
㉱ 스테이터 코일이 파손된다.

풀이 B단자를 떼어내고 발전기를 회전시키면 발생되는 전기에 의한 열로 다이오드가 손상될 수 있다. F단자를 떼어내면 로터코일로 전류가 흐르지 않으므로 발전기가 회전해도 전기는 발생되지 않는다.

 55 ㉮ 56 ㉯ 57 ㉰

58 AC 발전기에서 B단자를 떼어내고 발전기를 회전시킬 때 다이오드가 손상됨을 방지하기 위한 방법은? [04년 하]

㉮ N 단자를 떼어낸다.
㉯ L 단자를 떼어낸다.
㉰ F 단자를 떼어낸다.
㉱ IG 단자를 떼어낸다.

풀이 B단자를 떼어내고 발전기를 회전시키면 발생되는 전기에 의한 열로 다이오드가 손상될 수 있다. F 단자를 떼어내면 로터코일로 전류가 흐르지 않으므로 발전기가 회전해도 전기는 발생되지 않는다.

58 ㉰

03 계기, 등화 및 편의장치

제1절 계기 및 등화장치

자동차의 운전 상황을 쉽게 판단하여 교통의 안전을 도모하고 쾌적한 운전을 할 수 있도록 각종의 계기류가 운전석의 계기판에 설치되어 있다. 그 주된 것은 속도계, 수온계, 유압계 등으로 일반적인 측정기와 달리 좋지 않은 조건에서 사용되기 때문에 다음과 같은 조건이 만족되어야 한다.

① 소형이고 가벼우며, 내진성이 있을 것
② 구조는 간단하고 판독하기 쉬울 것
③ 가격이 저렴하고 내구성일 것
④ 지시가 안정되어 있고 확실할 것

1_ 계기

1. 속도계(speed meter)

속도계는 자동차의 속도를 1시간당으로 주행 거리로 나타내는 지시계로 아날로그의 자석식과 디지털식으로 분류된다. 또한 속도계는 일반적으로 총 주행 거리를 나타내는 적산계 및 수시로 적산수를 0으로 세팅시켜 주행하는 거리를 측정할 수 있는 구간 거리계가 조합되어 있다.

1) 자석식 속도계

그림 3-103은 자석식 속도계를 나타낸 것으로 차속의 지시는 그림에 나타낸 것과 같이 변속기 출력축의 회전이 케이블에 의해서 속도계에 전달되어 나타낸다. 속도계의 구동부와 일체로 되어 있는 자석이 회전하면 회전자는 큰 전류가 발생하기 때문에 자석의 회전속도에 비례하는 회전력이 발생된다.

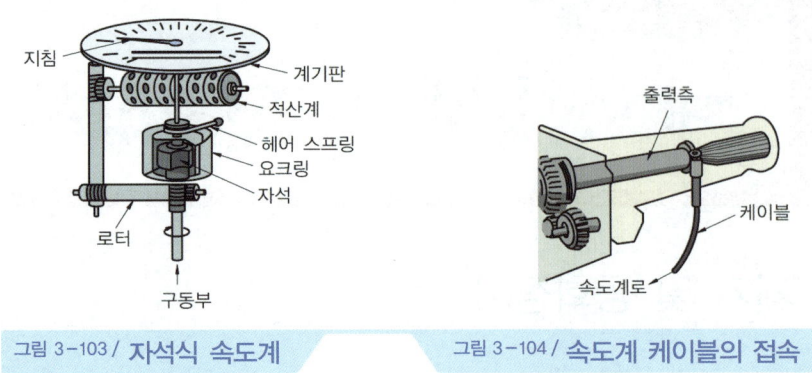

그림 3-103 / 자석식 속도계   그림 3-104 / 속도계 케이블의 접속

2) 디지털식 속도계

그림 3-105는 디지털식 속도계를 나타낸 것으로 차속을 검출하는 차속 센서와 속도계 유닛으로 구성되어 있으며, 변속기 출력축에 설치되어 회전하는 케이블의 회전속도가 차속 센서에 의해서 전기 신호로 변환된다. 이 전기 신호를 속도계 유닛 내의 컴퓨터가 계산하여 차속을 숫자 또는 그래프적인 디지털로 표시된다. 속도 표시부는 형광 표시관이나 액정 표시에 의해서 나타낸다.

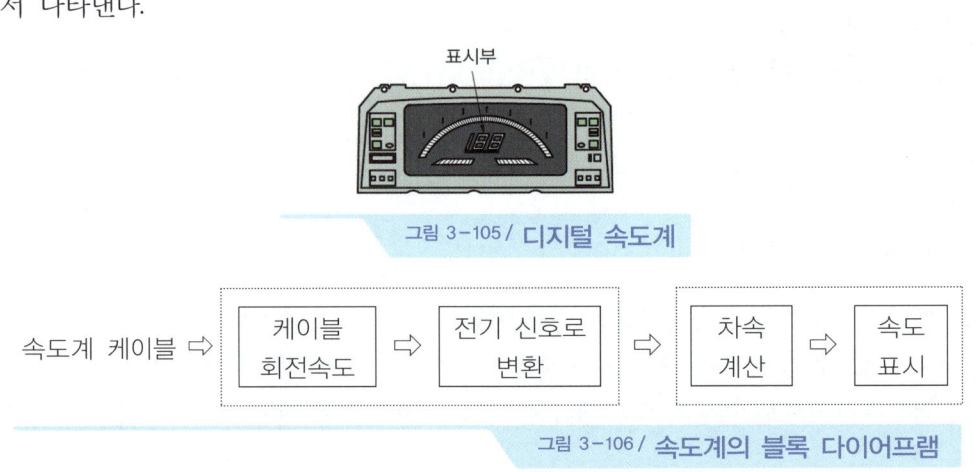

그림 3-105 / 디지털 속도계

그림 3-106 / 속도계의 블록 다이어프램

2. 유압계(oil pressure gauge)

유압계는 오일의 압력을 나타내는 게이지로 저항의 변화를 이용하여 유압을 나타내는 밸런싱 코일식과 열팽창을 이용하여 유압을 나타내는 바이메탈식 및 전구의 점등으로 나타내는 인디케이터 전구식으로 분류된다.

1) 밸런싱 코일식(balancing coil type)

밸런싱 코일식은 그림 3-107에 나타낸 것과 같이 회로에 스위치를 통하여 2개의 코일 L1

과 코일 L2에 전류가 흐르면 코일에서 형성되는 자력에 의해서 지침의 축에 설치되어 있는 가동 철편을 서로 당기는 힘이 발생된다.

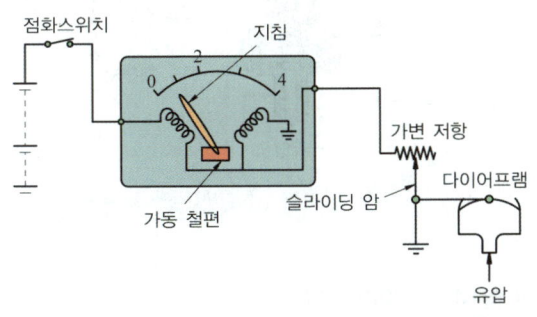

그림 3-107 / 밸런싱 코일식 유압계

2) 바이메탈식(bimetal type)

바이메탈식은 바이메탈의 성질을 이용하여 유압을 나타내는 게이지로 유압을 나타내는 게이지 유닛과 유압을 감지하는 샌더 유닛으로 구성되어 있다. 그림 3-108에 나타낸 것과 같이 샌더 유닛과 게이지 유닛의 바이메탈에 감은 열선이 직렬로 결선되어 있기 때문에 축전지 전류는 게이지 유닛의 열선을 통하여 샌더 유닛의 열선 및 접점을 경유하여 접지로 흐른다.

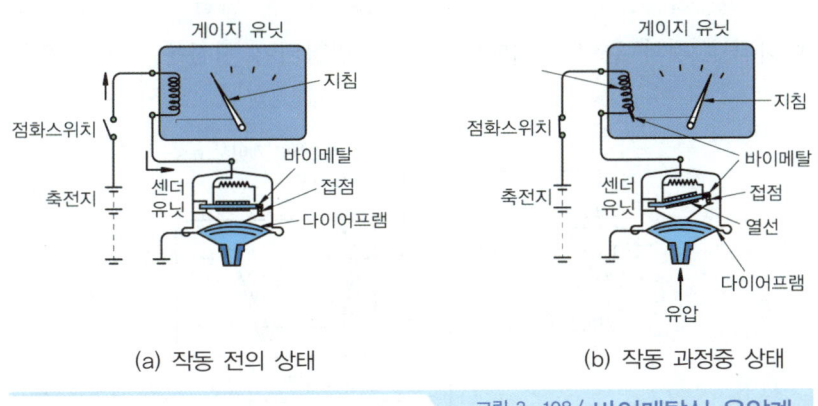

(a) 작동 전의 상태   (b) 작동 과정중 상태

그림 3-108 / 바이메탈식 유압계

3) 인디케이터 전구식(indicator lamp type)

인디케이터 전구식은 유압이 규정값에 도달하게 되면 그림 3-109에 나타낸 것과 같이 유압 스위치를 이용하여 인디케이터 전구를 점등 또는 소등시켜 나타내는 것으로 유압이 규정값보다 낮은 경우에는 다이어프램이 수축되므로 유압 스위치의 접점은 스프링의 장력에 의해서 닫히기 때문에 인디케이터 전구는 점등된다.

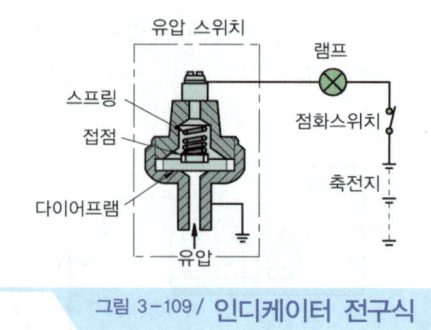

그림 3-109 / 인디케이터 전구식

3. 수온계(water temperature gauge)

1) 바이메탈식(bimetal type)

샌더 유닛으로 사용되고 있는 서미스터는 온도가 낮아지면 저항값이 크고 온도가 상승함에 따라서 급격히 저항값이 감소되는 성질의 특성이 있다. 냉각수 통로에 설치되어 있는 서미스터는 게이지 유닛의 열선과 직렬로 접속되어 있으므로 수온이 낮은 시간 동안은 서미스터의 저항은 증가되어 회로에 흐르는 전류가 감소되므로 열선의 발열에 의한 바이메탈의 변형이 없기 때문에 지침은 저온 C쪽으로 표시하게 된다. 또한 수온이 상승하면 서미스터의 저항은 감소하여 회로에 흐르는 전류가 많아지므로 열선은 발열의 온도가 높아지기 때문에 그림 3-110에 나타낸 것과 같이 바이메탈은 크게 변형되어 지침은 고온 H쪽으로 표시하게 된다.

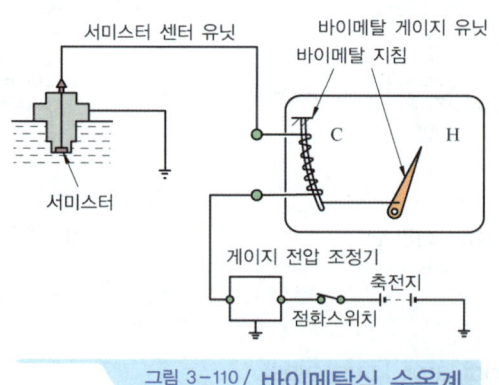

그림 3-110 / 바이메탈식 수온계

2) 밸런싱 코일식(balancing coil type)

밸런싱 코일식은 그림 3-111에 나타낸 것과 같이 회로에 스위치를 통하여 2개의 코일 L1과 L2에 전류가 흐르면 코일에서 형성되는 자력에 의해서 지침의 축에 설치되어 있는 가동 철편을 서로 당기는 힘이 발생된다.

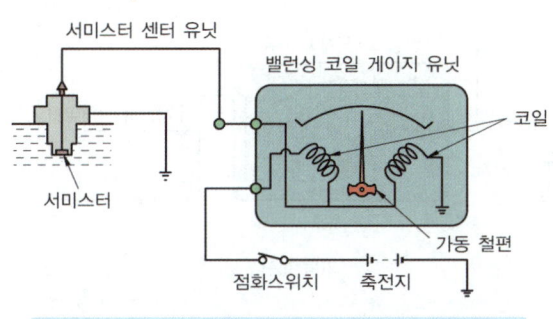

그림 3-111 / 밸런싱 코일식 수온계

4. 연료계(fuel gauge)

1) 바이메탈식(bimetal type)

바이메탈식은 그림 3-112에 나타낸 것과 같이 샌더 유닛과 게이지 유닛이 직렬로 접속되어 연료의 양을 나타내는 게이지로 연료 탱크에 연료가 만재되어 있는 경우에는 플로트가 상승하여 가변 저항의 섭동 접점은 저항값이 감소하는 방향으로 이동하여 회로에 흐르는 전류가 많아지기 때문에 게이지 유닛의 바이메탈이 크게 변형되므로 지침은 F쪽을 표시한다.

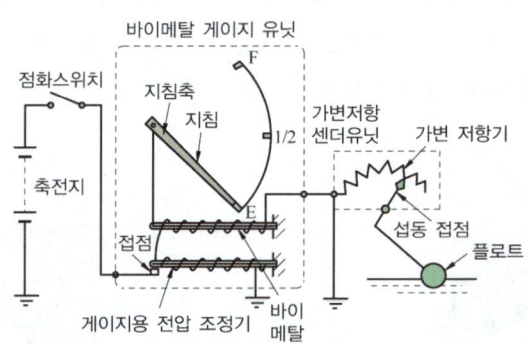

그림 3-112 / 바이메탈식 연료계

2) 밸런싱 코일식(balancing coil type)

밸런싱 코일식은 그림 3-113에 나타낸 것과 같이 회로에 스위치를 통하여 2개의 코일 L1과 코일 L2에 전류가 흐르면 코일에서 형성되는 자력에 의해서 지침의 축에 설치되어 있는 가동 철편을 서로 당기는 힘이 발생된다.

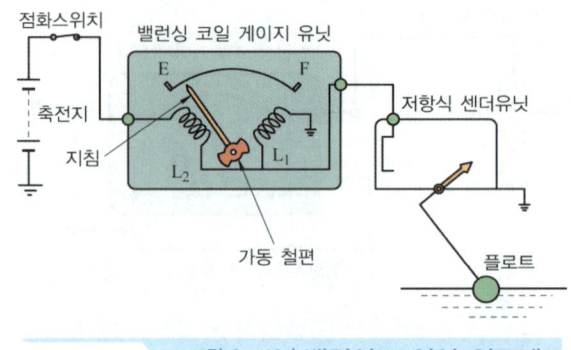

그림 3-113 / 밸런싱 코일식 연료계

5. 전류계(ampere meter)

　전류계는 축전지에 충전 및 방전되는 전류를 나타내는 미터로 그림 3-114에 나타낸 것과 같이 영구자석과 가동철편 및 코일로 구성되어 있다. 전류계는 그림 3-115에 나타낸 것과 같이 영구자석에서 형성되는 자계와 전류 코일에 흐르는 전류에 의해서 형성되는 자계의 합성 자계로 가동철편이 작동하므로 충전 전류가 흐르는 경우에는 지침은 충전 쪽으로 이동한다.
　반대로 축전지가 방전되는 경우에는 전류 코일에 흐르는 전류의 방향이 충전의 경우와 반대가 되므로 가동철편에 형성되는 자력선의 방향도 반대가 되지만 영구자석에는 형성되는 자력선은 변화가 없기 때문에 지침은 방전쪽으로 이동한다.

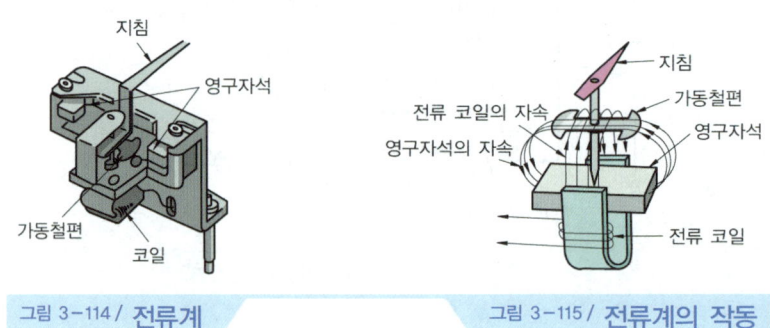

그림 3-114 / 전류계　　　　　그림 3-115 / 전류계의 작동

6. 전압계(volt meter)

　전압계는 회로의 전압을 나타내는데 이용되는 미터로 그림 3-116에 나타낸 것과 같이 영구자석과 코일을 조합시킨 가동 자석형이 많이 사용되고 있다.

그림 3-116 / 전압계

7. 타코미터(tachometer)

타코미터는 기관의 회전속도를 나타내는 것으로 자석식, 발전기식, 펄스식으로 분류되는데 최근에 많이 사용되는 펄스식에 대하여 설명하면 그림 3-117과 같다. 펄스식의 경우에는 가솔린 기관과 디젤기관의 회전속도를 검출하는 방법은 서로 다르다.

1) 가솔린 기관용 타코미터

타코미터는 기관의 회전속도를 나타내는 가동 선륜형 미터와 점화 코일의 1차 회로에서 점화 신호를 검출하는 전자회로로 구성되어 있다.

펄스식은 그림에 나타낸 것과 같이 점화 코일의 ⊖ 단자에서 발생하는 전압을 전자 회로에서 검출하여 전류로 변환시켜 외부로 출력된다. 이 전류가 가동 선륜형 미터에 공급되면 미터는 전류에 따르는 값을 미터에 나타내며, 전자 회로의 출력 전류는 기관의 회전속도와 비례하여 변환되기 때문에 미터가 흔들리는 상태로 기관의 회전속도를 나타나게 된다.

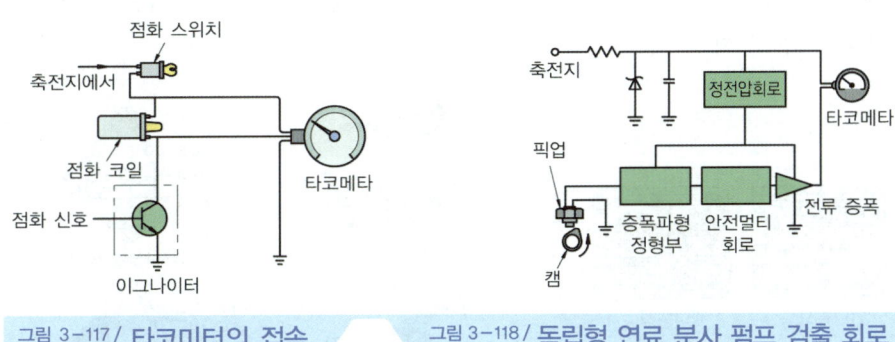

그림 3-117 / 타코미터의 접속   그림 3-118 / 독립형 연료 분사 펌프 검출 회로

2) 디젤 기관용 타코미터

① **독립형 연료 분사 펌프의 경우** : 독립형 분사 펌프의 경우 펌프 내부에는 플런저를 상하로 작동시키는 캠이 기관의 실린더수와 동일하게 설치되어 있으므로 이 중에서 1개의 캠 부근에 영구자석과 코일을 조합시킨 픽업(검출기)을 설치하면 캠이 픽업에 가까워지거나 멀어지므로 펄스(교류 전압)가 발생된다. 이 때 펄스가 그림 3-118에 나타낸 전자 회로에 입력되므로 미터를 작동시키는 신호로 변환된다. 또한, 기관의 회전속도가 상승함에 따라서 시간당의 펄스의 수도 증가되기 때문에 미터의 이동량이 커지게 된다.

2_ 등화장치

1. 전조등(head light)

야간운행을 안전하게 하기 위한 조명등으로서 하이 빔(high beam)과 로우 빔(low beam)이 병렬로 연결되어 있다. 전조등은 렌즈, 반사경, 필라멘트로 구성되어 있다.

1) 전조등의 종류

㉠ 실드 빔형(sealed beam type) : 렌즈, 반사경, 필라멘트를 일체로 만든 것으로써 수명이 길고 광도의 변화가 적으나, 가격이 비싸며 전조등의 3요소 중 1개만 이상이 있어도 전체를 교환해야 하는 단점이 있다.

㉡ 세미 실드 빔형(semi-sealed beam type) : 렌즈와 반사경은 일체형이며 전구가 따로 분리되는 구조로써 전구 불량시 전구만 교환할 수 있는 장점이 있지만, 공기와 습기, 먼지 등이 들어갈 수 있으므로 반사경과 렌즈가 더러워져 광도의 변화를 가져올 수 있다.

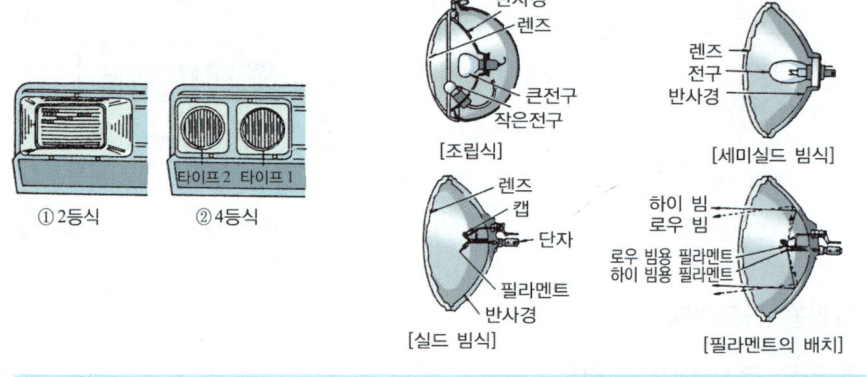

그림 3-119 / **전조등의 종류**

2) 전조등의 구성품

① 전구(bull) : 전구는 그림 3-120와 같은 구조로 되어 있으며, 광원인 필라멘트의 재료는 일반적으로 텅스텐이 사용되며, 이것을 일정한 굵기와 피치(pitch)로 코일 모양으로 감아 전류가 흐르게 한 도입선에 용접하여 부착되어 있다. 필라멘트 코일이 2개일 때는 같은 방법으로 일정한 위치에 정확하게 부착해야 한다.

텅스텐 필라멘트가 효율적으로 빛을 내게 하기 위해 유리 구(球) 안에 불활성 가스(inert gas)를 봉입했다.

이 불활성 가스는 질소, 아르곤(argon), 크립톤(krypton) 등의 혼합가스를 사용한다. 실드 빔도 일종의 큰 전구라 할 수 있으며, 이 전구에 전류가 흐르면 필라멘트가 적열되어 발광현상이 일어난다.

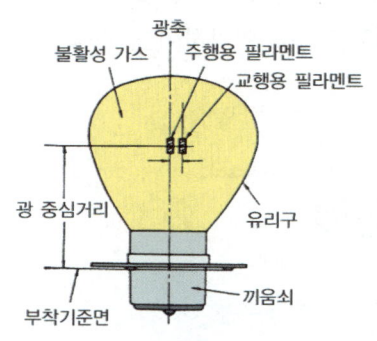

그림 3-120 / 전조등용 전구

그림 3-121 / 할로겐 전구

최근에는 효율이 높은 할로겐 전구가 개발되어 사용하고 있으며, 그 원리와 특징을 간단히 설명한다.

할로겐 전구와 구조는 그림 3-121와 같다. 보통의 전구는 불을 켰을 때 텅스텐이 증발하여 유리의 안면에 흑화 현상이 발생하는데, 이것을 방지하기 위해 전구 안에 할로겐 화합물을 불활성 가스와 함께 높은 압력으로 봉입한 것이다.

할로겐 전구에 불이 켜지면 텅스텐이 증발하나, 보통의 전구와 다른 점은 증발한 텅스텐이 유리구 안에서 이동하여 유리벽 부근의 할로겐 원소와 결합하여 할로겐화텅스텐 원소가 된다.

이 화합물은 고온에서는 텅스텐과 할로겐 원소로 해리(解離)하는 성질이 있기 때문에 온도가 높은 필라멘트 근처로 이동했을 때는 해리되어 텅스텐은 다시 필라멘트에 부착하고 할로겐 원소는 유리벽으로 향해 확산한다.

이와 같은 결합과 해리의 반복을 재생순환반응(halogen cycle)이라 하며, 이것이 할로겐 전구의 특징이고 용량은 60[W] 55[W]이다.

② 반사경(reflector) : 반사경의 재료는 금속이나 유리를 사용하며 전구에서 나오는 광에너지를 될 수 있는 대로 많이 모아서 필요한 방향으로 강하게 투사하는 것이 목적이므로 일반적으로 깊게 된 것을 사용한다. 그리고 반사경에 의한 빛의 손실이 적어야 하므로 반사면이 매끈하고 반사율이 높은 재료를 표면에 도금하며, 일반적으로 순도가 높은 알루미늄을 진공 증착법(蒸着法)으로 부착시킨다. 반사율은 알루미늄이 90[%]이고, 은이 92[%]로 높으나 내구성이 약하고, 크롬은 내구성은 좋으나 반사율이 65[%]로 낮다.

③ 렌즈(lenz) : 렌즈는 투과율이 좋은 투명한 유리를 성형하여 만들었으며, 구조는 그림과 같다. 렌즈 소자에는 좌우방향으로 빛을 확산하는 것과 상하방향으로 굴절시키는 것이 있으며, 그 정도는 소자의 곡률 반지름의 크기에 따라 결정된다.

3) HID(High Intensity Discharge) 램프

제논(Xenon) 가스가 유입된 고휘도 방전램프로서 금속염제와 불활성 기체가 채워진 관에 들어있는 두 개의 전극 사이에 고압의 전원(20,000[V])을 인가하여 방전을 일으켜 필라멘트 없이 빛을 발생한다.

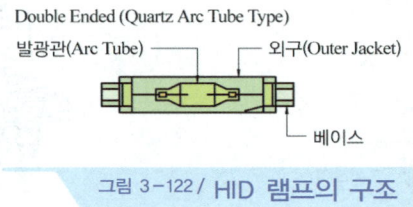

그림 3-122 / **HID 램프의 구조**

2. 방향지시등

방향지시등은 차량의 안전운행에 중요한 신호등으로, 방향지시등의 점멸 횟수는 1분에 60 ~ 120회의 일정한 속도로 점멸하여야 한다. 방향지시등은 플래셔 유닛의 작동원리에 따라 콘덴서식, 전자열선식, 수은식, 바이메탈식, 트랜지스터식(전자식)이 있으며 현재는 트랜지스터식을 사용한다.

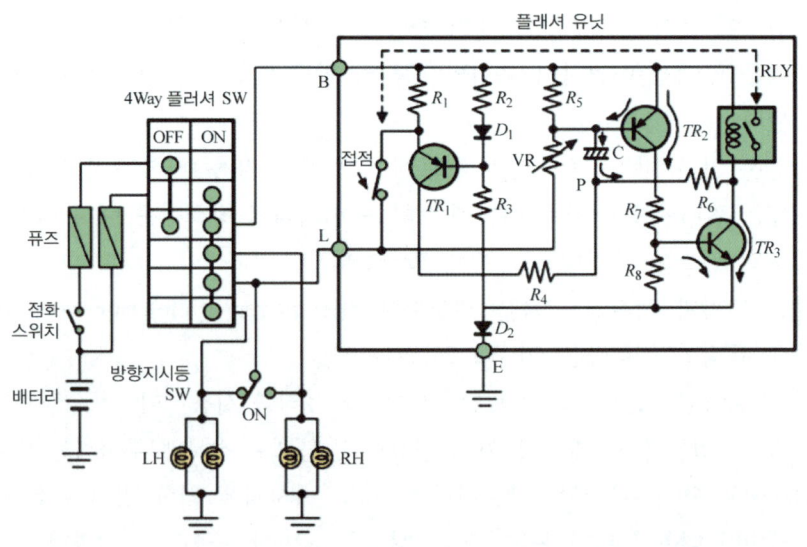

그림 3-123 / **전자식 방향지시등 회로**

3. 미등

후미등과 같은 의미로, 미등회로는 차폭등, 번호판 등, 계기판 조명등 까지 병렬로 연결되어 있다.

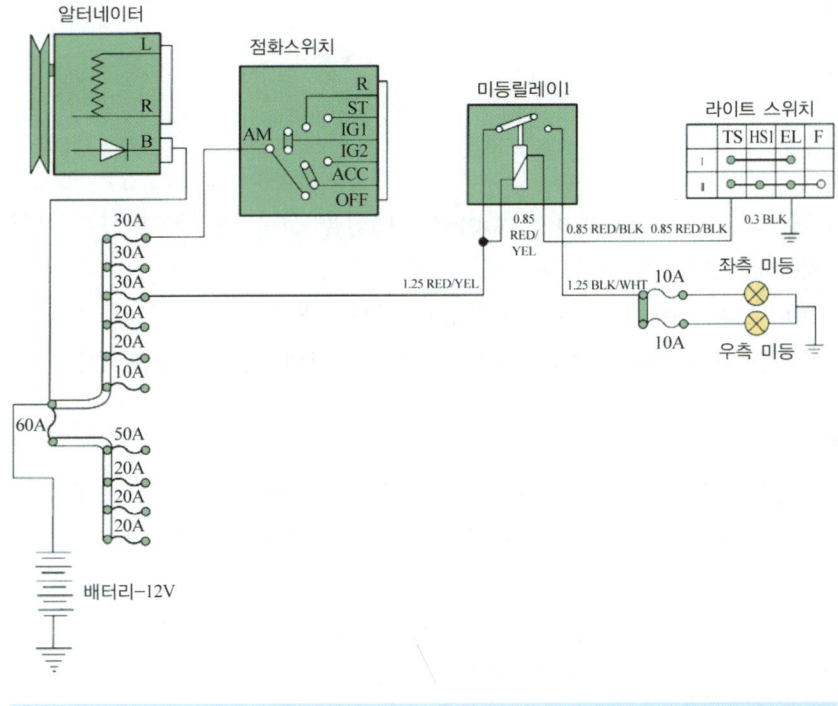

그림 3-124 / 미등 회로

4. 제동등

제동등은 브레이크 스위치와 스톱램프로 구성되며, 후미등과 겸용으로 사용된다. 제동등의 밝기는 안전을 위하여 미등의 3배 이상이어야 하며 운행 안전상 브레이크 등이 중요하므로 전구 단선시 알려주는 기능도 있다.

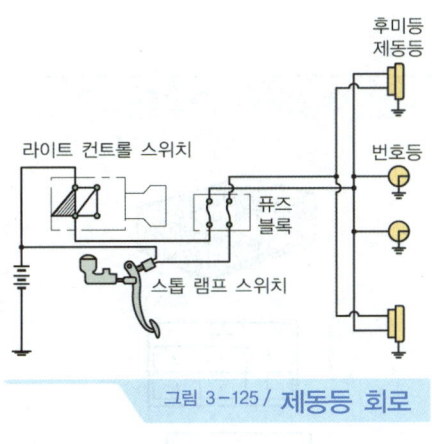

그림 3-125 / 제동등 회로

3_ 전기회로

1. 배선

1) 용어 설명

① 커넥터(커플러, connector or coupler) : 배선을 서로 연결하기 위한 장치
② 와이어링(wiring) : 단일 기능을 가진 배선
③ 하니스(harness) : 복합 기능(여러 묶음)이 있는 배선
④ 와이어 하니스(wire harness) : 2개 또는 그 이상의 전선이 뭉쳐 있는 것

2) 배선 방식

① 단선식 : 배터리 (+) 전원 한선 만을 이용하고, (-) 전원은 차체나 프레임에 접지를 이용한 배선방식이다. 큰 전류가 흐르면 전압강하가 크게 되므로 주로 적은 전류가 흐르는 곳에 사용한다.
② 복선식 : 밧데리 (+), (-) 전원 두 선을 이용한 배선방식으로, 전조등과 같은 전류의 소모가 많은 곳에 사용한다. 접지 측에도 전선을 사용함으로써 접촉불량을 일으키지 않도록 하기 위함이다.

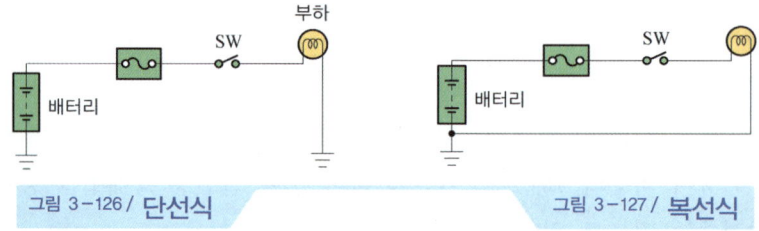

그림 3-126 / **단선식**　　　　　그림 3-127 / **복선식**

3) 커넥터 단자번호

암 커넥터(하니스측)	수커넥터(부품측)	비고
록킹 포인트 하우징　단자 3 2 1 6 5 4	록킹 포인트 단자　하우징 1 2 3 4 5 6	• 암수 커넥터 구별은 하우징 형상이 아닌 단자 형상에 따름 • 암 커넥터는 회로의 전원 공급쪽에, 수 커넥터는 부하쪽에 위치한다. 수커넥터가 빠질 경우 단락(합선)을 방지하기 위해 • 암커넥터는 오른쪽에서 왼쪽으로 번호를 부여 (여성의 S라인을 의미)

4) 배선 색상 표시법

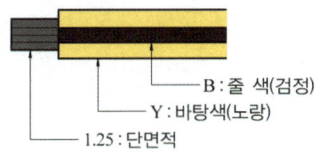

배선의 색은 1.25 Y / B 와 같은 방법으로 표시한다. 이는 노란색 바탕에 검정색 줄무늬가 있다는 의미이다. 즉, Y는 바탕색을, B는 줄무늬색을 의미한다. 숫자 1.25는 전선의 단면적($1.25[mm^2]$)을 나타낸다.

5) 배선 색상 약어

① 현대자동차

약어	배선 색상	약어	배선 색상
B	검정색(Black)	O	오렌지색(Orange)
Br	갈 색(Brown)	P	분홍색(Pink)
G	초록색(Green)	R	빨강색(Red)
Gr	회 색(Gray)	W	흰 색(White)
L	파랑색(bLue)	Y	노랑색(Yellow)
Lg	연두색(Light Green)	Pp	자주색(Purple)
T	황갈색(Tawny)	Ll	하늘색(Light Blue)

② 대우자동차

약어	색상	약어	색상
흑	흑색(검정)	연청	연청(하늘)색
갈	갈색	청	청색(파랑)
적	적색(빨강)	보	보라색
오	오렌지색(주황)	회	회색
황	노랑(황색)	백	백색(흰색)
녹	녹색	분	분홍(핑크)색
연녹	연녹색		

2. 회로도 분석 방법

아래 그림은 스위치를 작동시키면 릴레이 코일에 전류가 흘러 릴레이 접점이 붙어 모터(부하)가 작동하는 회로도 분석의 기본 모형이다. 이 때 고장이 예상되는 부분을 나열해 보면 아래와 같이 무수히 많다.

① 배터리 어스부위 접촉 불량
② 배터리 자체 불량
③ 각 회로사이의 배선 불량
④ 휴즈 불량
⑤ 스위치 불량
⑥ 릴레이 불량
⑦ 모터 불량
⑧ 회로상의 배선 단선, 단락, 접촉 불량 등등

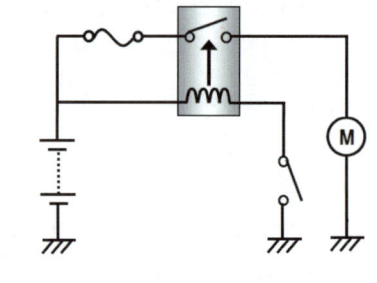

회로 점검시 주로 테스트 램프를 사용하나, ECM과 같은 반도체가 포함된 모듈에는 10[MΩ]이나 그 이상의 임피던스를 갖는 디지털 볼트미터로 테스트 하여야 한다. 테스트 램프 사용시 내부 회로가 손상될 수 있으므로 테스트 램프를 절대 사용하지 말아야 한다.

위 그림에서 보면 모든 입, 출력이 릴레이에 몰리므로 릴레이 입구를 점검하면 장소를 옮기지 않아도 되고 4번만 점검하면 끝난다. 만약 모든 입, 출력이 정상 임에도 불구하고 작동이 안된다면 원인은 릴레이 자체 문제 밖에 없다.

1) 점검 방법

① **전원회로 통합 점검** : 테스트 램프를 전원 단자에 대었을 때 켜지는 지를 확인한다. 밝게 점등되면 정상이고 점등이 안되었다면 해당 부품 및 배선을 점검한다. 이 때, 테스트 램프의 전구 용량은 최대한 밝은 것을 사용한다.(12[V]-23[W] 이상) 어두운 전구를 사용하면 회로의 접촉불량이나 단락시 흐르는 전류량에 관계없이 밝게 점등되어 판단할 수 없게 된다.

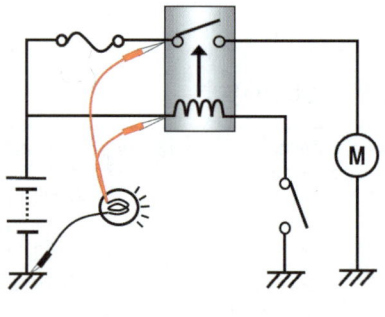

② **다음단계로 어스상태 및 출력라인을 점검** : 테스트 램프의 "+"를 배터리 본선("+")에 대고 테스트 램프 "-"를 각각의 어스선을 찍어서 점검한다. 이 때, 작동부(모터, 램프 등)의 어스라인 점검 시 램프가 밝게 점등되었다면 작동부의 어스상태도 정상이다.
스위치를 작동시켰을 때 램프가 정상적으로 들어왔다면 스위치 라인 어스도 정상이다.

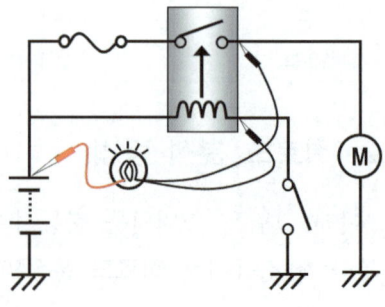

③ **최종으로 본선과 직선 연결** : 앞의 점검결과 이상이 없다면 30번 단자와 87번 단자를 직선 연결하여 모터(램프)가 회전(점등)하는지 확인한다. 입, 출력 배선을 모두 점검한 결과, 작동이 불량하면 결국, 고장원인은 "릴레이"에 있는 것이 된다.

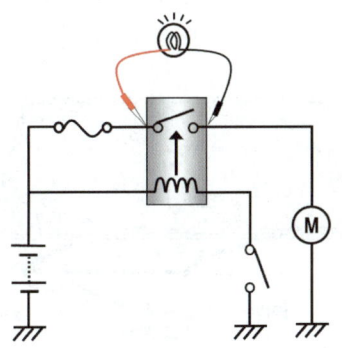

제2절 / 안전 및 편의장치

안전 및 편의장치는 자동차의 안전 운행을 위하여 필요한 장치로 경음기, 윈드 실드 와이퍼, 레인센서 시스템, 타이어 공기압 경고 시스템(TPMS) 등이 있다.

1_ 안전장치

1. 경음기(horn)

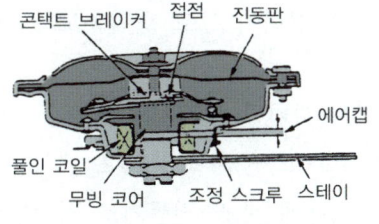
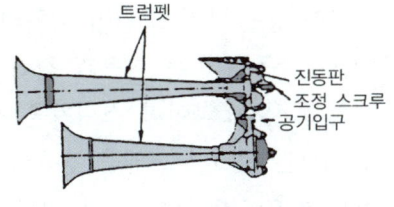

그림 3-128 / **전기식 경음기**   그림 3-129 / **공기식 경음기**

경음기는 진동판을 진동시킬 때 공기의 진동에 의해서 음을 발생시킨다. 경음기는 진동판을 진동시키는 방법에 따라서 그림 3-128과 그림 3-129에 나타낸 것과 같이 전자석을 이용하는 방법의 전기식 경음기와 압축공기를 이용하는 방법의 공기식 경음기로 분류된다. 일반적으로 공기식 경음기는 대형차에 이용되고 전기식 경음기는 대형차 이외의 차량에 이용된다.

제3장_계기, 등화 및 편의장치 **479**

2. 윈드실드 와이퍼(windshield wiper)

윈드실드 와이퍼는 비나 눈에 의한 악천후에서 운전자의 시계를 확보하기 위하여 앞 유리를 닦는 역할을 하는 것으로 그림 3-130에 나타낸 것과 같이 와이퍼 전동기, 링크 로드와 피벗용 링크 기구, 와이퍼 암 및 와이퍼 블레이드로 구성되어 있다.

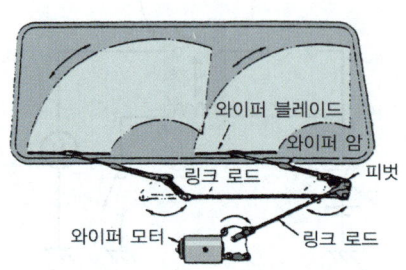

그림 3-130 / 윈드실드 와이퍼의 구성

1) 와이퍼 전동기(wiper motor)

와이퍼 전동기는 전동기의 회전을 감속하는 기어 및 와이퍼 스위치를 OFF시키면 항상 정위치로 정지시키기 위한 자동 정위치 정지 장치로 구성되어 있다.

① **페라이트 자석식 전동기(ferrite magnet type motor)** : 페라이트 자석식 전동기는 자속을 형성하는 계자 철심을 영구 자석으로 이용하고 전기자는 일시적인 전자석이 되도록 코일을 감아 작동되는 전동기로 자속은 항상 일정하기 때문에 브러시를 3개 설치하여 전기자의 유효 직렬 코일의 권수를 변화시켜 전기자 코일에 흐르는 전류를 변화시킴으로서 저속 및 고속으로 회전속도가 변화된다.

② **복권식 전동기(compound motor)** : 복권식 와이퍼 전동기는 자속을 형성하는 직렬 계자 코일과 병렬 계자 코일이 설치되어 있으며, 회전력이 크고 회전속도가 거의 일정한 전동기로 작동 원리는 다음과 같다.

  ㉠ 저속 회전시 : 와이퍼 스위치를 저속으로 위치시키면 축전지의 전류는 직렬 코일의 L_1에서는 전기자 코일을 경유하여 접지로 흐르고 병렬 코일의 L_2에서는 전기자 코일을 경유하지 않고 직접 접지로 흐르기 때문에 복권 전동기로 작동된다. 따라서 전동기는 회전력이 크고 회전속도가 거의 일정한 저속으로 회전하게 된다.

  ㉡ 고속 회전시 : 와이퍼 스위치를 고속으로 위치시키면 축전지의 전류는 직렬 코일 L_1에서 전기자 코일을 경유하여 접지로 흐르기 때문에 직권 전동기로 작동된다. 따라서 전동기는 병렬 코일 L_2에서 형성되는 자속이 감소되므로 회전속도가 빨라져 고속으로 회전하게 된다.

ⓒ 정지시 : 전기자축에 설치되어 있는 회전하는 캠은 러빙 블록을 작동시켜 접점을 개폐시키기 때문에 러빙 블록이 캠에 설치되어 있는 홈과 일치되지 않으면 접점은 닫혀 있다.

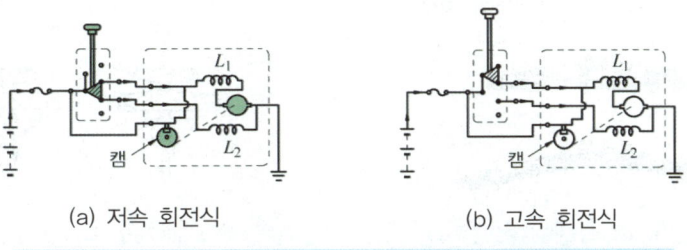

그림 3-131 / 윈드실드 와이퍼의 구성

2) 링크 기구(link mechanism)

링크 기구는 그림 3-132에 나타낸 것과 같이 평행 운동을 하는 기구가 이용된다. 따라서 링크 기구에 의해 와이퍼 전동기의 회전운동이 왕복운동으로 변화되어 와이퍼 블레이드의 운동이 이루어진다.

그림 3-132 / 평행 운동형 링크 기구   그림 3-133 / 링크 기구 내장형 와이퍼 전동기

3) 와이퍼 암 및 와이퍼 블레이드

① 와이퍼 암(wiper arm) : 와이퍼 암은 와이퍼 블레이드를 지지하는 역할을 하며, 블레이드 암에 내장되어 있는 스프링의 장력에 의해서 와이퍼 블레이드가 윈드실드 글라스에 적당한 압력으로 접촉되도록 한다.

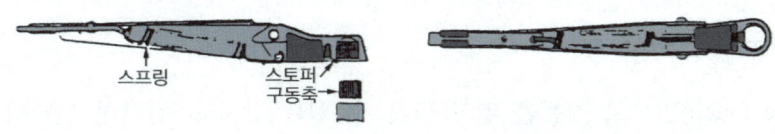

그림 3-134 / 세레이션식 와이퍼 암

② 와이퍼 블레이드(wiper blade) : 와이퍼 블레이드는 그림 3-135에 나타낸 것과 같이 블레이드 고무를 자유롭게 변형되도록 몇 개의 금속에 의해서 지지되어 있기 때문에 글라스의 곡면을 따라서 밀착되어 있다. 또한, 와이퍼 블레이드 고무의 단면 형상은 그림 3-136에 나타낸 것과 같이 되어 있다.

그림 3-135 / 와이퍼 블레이드의 종류   그림 3-136 / 와이퍼 블레이드 암의 현상

3) 윈드실드 와셔(windshield washer)

윈드실드 와셔는 세정액을 분사시키는 역할을 하며, 원심식 펌프가 전동기에 의해서 구동되면 노즐을 통하여 세정액을 분사시키는 전동식이 일반적으로 많이 사용된다.

와셔 펌프의 회로에서 윈드실드 와셔 스위치를 ON시키면 전동기는 고속으로 회전하기 때문에 펌프의 중앙으로 유입된 세정액은 원심력에 의해서 회전하여 출구를 통하여 노즐에 압송되어 분사된다.

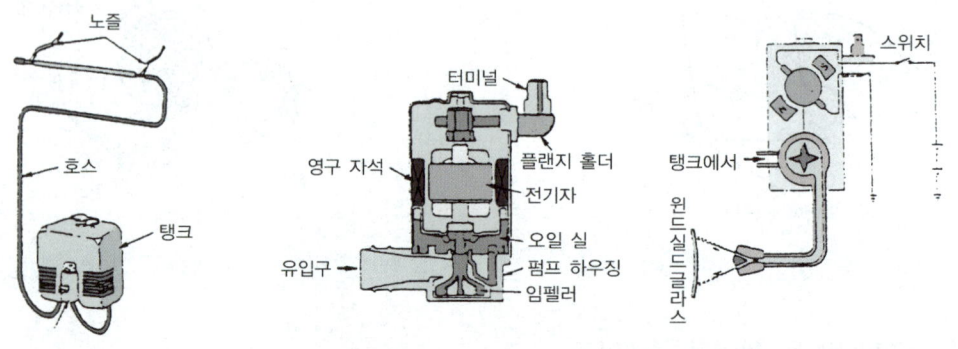

그림 3-137 / 전동식 윈드실드 와셔   그림 3-138 / 와셔 펌프   그림 3-139 / 와셔 펌프의 회로

2_ 편의장치

1. 파워 윈도우(power window)

원 터치(one touch)만으로 창문을 열고 닫을 수 있는 장치로, 간단히 모터의 극성을 바꿔서 작동한다. 아래와 같은 부품으로 구성된다.

① 파워 윈도우 모터 : 창문을 열고 닫는 동력원

② 파워 윈도우 레귤레이터 : 모터 회전 운동을 직선운동으로 바꾸는 기구
③ 파워 윈도우 유닛 : 창문을 여닫을 때 부하를 감지
④ 파워 윈도우 스위치 : 모터의 회전방향을 절환하는 스위치

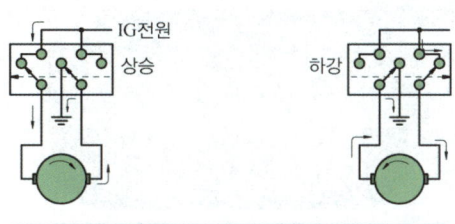

그림 3-140 / 파워 윈도우 회로

2. 레인센서(rain sensor, 우적감지) 시스템

기존 와이퍼 모터 제어는 강우량에 따라 운전자가 다기능 스위치를 조정하면 ETACS가 와이퍼를 제어하였다. 레인센서 시스템은 와이퍼 모터 제어를 ETACS 대신, 앞 창유리 상단에 설치된 레인센서 & 유니트에서 강우량을 감지하여 운전자가 스위치를 조작하지 않고도 와이퍼 작동시간 및 Low/High 속도를 자동으로 제어하는 시스템이다.

1) 레인센서의 구성도 및 내부 구조

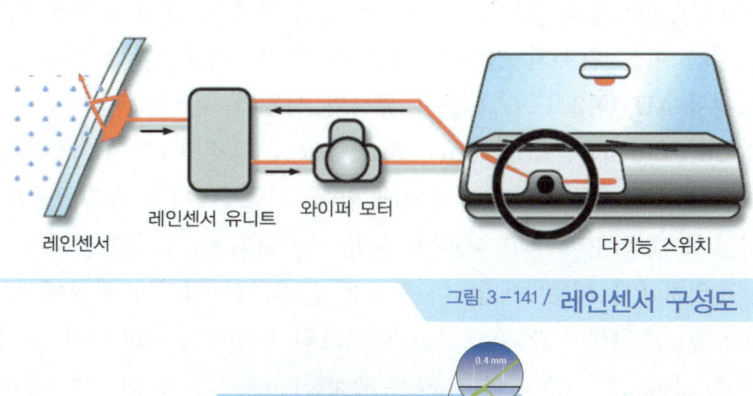

그림 3-141 / 레인센서 구성도

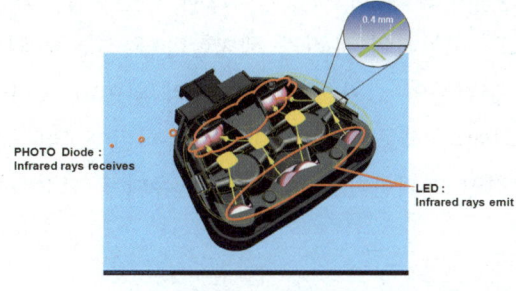

그림 3-142 / 레인센서 내부 구조

2) 레인센서 작동 원리

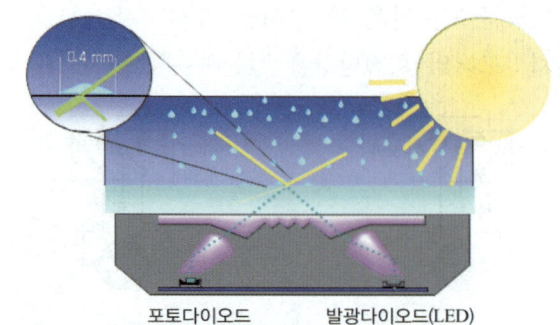

포토다이오드   발광다이오드(LED)

① 레인센서는 LED와 포토센서에 의해 비의 양을 감지한다.
② 앞 창에 빗물이 없을 경우, LED에서 발산되는 빔(beam)은 유리 외부표면에서 전반사 되어 포토 다이오드로 되돌아 온다.
③ 빗물이 있으면, 빔은 빛의 굴절에 의해 일부만이 포토 다이오드로 되돌아 오므로 빛의 굴절에 의해 손실된 빛의 강도가 비의 양으로 와이퍼 속도가 자동으로 조절된다.
④ 레인센서는 앞 창유리의 투과율에 상관없이 일정하게 빗물을 감지한다.

3) 레인센서 작동 모드

① OFF mode : 레인센서 & 유니트는 OFF 모드 동안에 앞 창유리의 상태를 감시해서 와이퍼 스위치가 어느 단계의 감지로 설정되어야 할 지를 알 수 있도록 한다. 이로써 OFF 모드에서 AUTO 모드로 전환시 센서의 성능이 최적화 된다.
② AUTO mode(Auto INT, Auto Low, Auto High) : OFF에서 AUTO 모드로 전환하면 즉각 와이퍼를 1회 작동하여 운전자에게 와이퍼 시스템이 시작되었음을 알리고, 와이퍼가 시작 1회 작동하고 나면 유리에 떨어지는 비의 양에 적합한지가 결정될 때까지 와이퍼는 정위치에서 머문다. 단, 이 동작은 운전자가 설정한 볼륨에 따라 달라진다.
③ WASH mode : 레인센서 & 유니트는 와셔스위치 신호를 입력받아 스위치 작동시 와이퍼 모터를 저속으로 구동하여 유리를 세척한다.(와셔연동 와이퍼 제어)
④ Low/High mode : 운전자의 스위치 조작에 따라 와이퍼 모터를 Low/High 속도로 작동시킨다. 이 때의 와이퍼 작동은 레인센서 & 유니트에 의해서 제어되는 것이 아니고 다기능 스위치에서 직접 제어한다. 레인센서 & 유니트 고장시 와이퍼 Low/High는 정상으로 작동한다.

3. 후진 경보장치(BWS : Back Warning System)

자동차 후진시에는 장애물의 존재 여부나 거리 판별이 쉽지 않고 또한 전진시보다 운전자가 확인할 수 없는 사각지대가 많다. 그리하여 후진시 편의성 및 안전성을 확보하기 위하여 운전자가 기어 선택 레버를 후진에 넣으면 후진 경보장치가 작동하여 장애물의 존재여부나 장애물과 차량과의 거리를 운전자에게 경보음으로 알려줌으로써 사고를 미연에 방지하는 시스템이다.

1) 시스템의 구성

컨트롤 유닛, 초음파 센서 4개, 경보기(부저)로 구성되어 있다.

2) 작동원리

리어 범퍼에 장착되어 있는 초음파 센서에서 음파의 속도를 알고 있는 초음파 센서를 발산하고, 물체에 부딪쳐 되돌아 오는 시간 T[ms]를 측정하는 것으로 물체까지의 거리 D[m]를 알 수 있다.

즉, 물체까지의 거리 $D[m] = \dfrac{T \times V}{2}$

T : 초음파의 이동시간[ms]
V : 초음파의 전송속도[m/s]

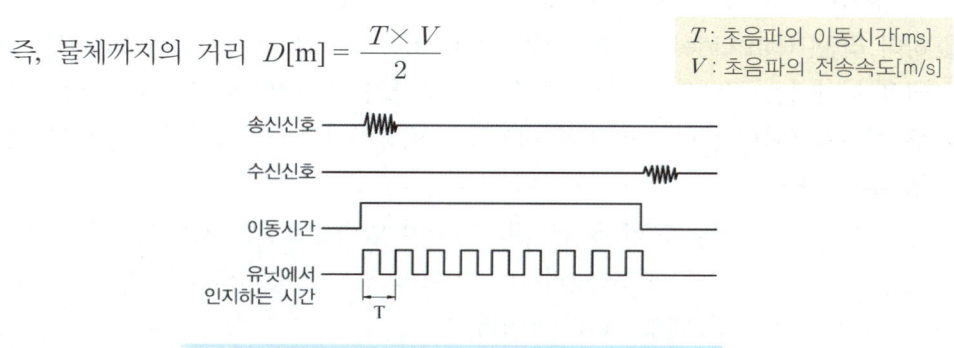

그림 3-143 / 후진 경보장치의 작동 원리

3) 후진 경보장치의 작동

① 동작신호 및 자기진단 기능 : 차량 후진시 기어 선택 레버를 후진에 넣으면 작동한다. 이 때 자기진단 기능에 의해 컨트롤 유닛에서 각 센서까지의 하네스 및 센서의 이상을 검출하고 정상의 경우 0.3초간 부저음을 발생시킨다. 이 때 부저음이 발생되지 않거나 일정 시간 후 일정 간격으로 부저음이 발생되면 시스템 고장이다.

② 경보방법
　㉠ 1차 경보 : 후방 장애물과의 거리가 120[cm] 이하일 때, 부저는 340[ms] 간격으로 작동
　㉡ 2차 경보 : 후방 장애물과의 거리가 80[cm] 이하일 때, 부저는 170[ms] 간격으로 작동
　㉢ 3차 경보 : 후방 장애물과의 거리가 40[cm] 이하일 때, 부저는 연속으로 작동

4. 타이어 압력 경고 시스템(TPMS : Tire Pressure Mornitoring System)

1) TPMS의 개요

타이어 압력 경고장치는 ABS용 휠 스피드 센서를 이용하여 특정 바퀴의 공기압이 저하되면 동반경이 줄어들어 차륜의 속도가 빨라지는 것을 이용하여 타이어 공기압 저하 유무를 판정, 공기압 저하시 운전자에게 경고하여 주행안전성과 타이어 수명을 연장하는 장치이다.

① TPMS의 분류
  ㉠ 간접 방식 : 휠 스피드 센서의 신호를 받아 그 변화를 논리적으로 계산하여 타이어의 압력상태를 간접적으로 유추하는 방법
  ㉡ 직접 방식 : 타이어에 장착된 압력센서에서 직접 압력을 계측하여, 이를 바탕으로 운전자에게 경고하는 방식으로, 직접 방식은 간접 방식에 비하여 고가이나, 계측값이 정확하고 안정적이어서 대부분이 채택하고 있는 방식이다.

② 하이 라인(High Line)과 로우 라인(Low Line) : 하이(High)와 로우(Low)는 제품의 등급을 나타내는 개념으로, 물리학적으로 높고 낮음을 의미하지 않는다. 또한, 하이 라인은 이니시에이터와 타이어 위치 경고등을 이용하여, 어느 타이어가 압력이 낮은 지를 알 수 있다.
  ㉠ 로우 라인 구성품 : TPMS 리시버, 타이어 압력센서, 경고등(저압 및 고장 경고등)
  ㉡ 하이 라인 구성품 : TPMS 리시버, 타이어 압력센서, 경고등(저압 및 고장 경고등, 타이어 위치 경고등), 이니시에이터

2) 시스템 구성

① 리시버(receiver, TPMS ECU) : 이니시에이터와 시리얼 통신을 하는, TPMS 시스템의 주요 구성품
② 이니시에이터(initiator) : 리시버로부터 신호를 받아 타이어 압력센서를 제어하는 기능을 하며 LF(Low Frequency) 신호를 받아 RF(Radio Frequency)로 응답한다.
③ 타이어 압력센서 : 타이어 안쪽에 설치되어 타이어 압력과 온도를 측정하고, 리시버 모듈에 데이터를 전송시키는 역할을 한다.

3) 시스템 구성품의 역할

① 타이어 압력센서(tire pressure sensor) : 무게 약 40[g] 정도의 센서로, 휠의 림(rim)에 장착된다.(4개) 바깥으로 돌출된 알루미늄 바디 부분이 안테나 역할을 겸하며, 내장된 배터리의 보증 수명은 약 10년이다.
타이어 위치 감지를 위해 이니시에이터로부터 LF 신호를 수신하며, 타이어 압력 및 내

부 온도를 측정하여 TPMS 리시버로 RF 전송을 한다. 압력, 온도는 4초마다 측정하고, 송신 주기는 1분이다. 측정주기와 송신주기가 다른 것은 배터리 수명을 연장하기 위하여이며 단, 공기의 급격한 방출(rapid deflation)을 감지하면 4초마다 송신을 한다.

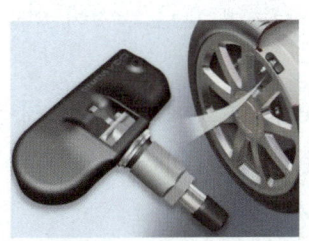

그림 3-144 / 타이어 압력센서

② 이니시에이터(initiator) : 하이 라인에만 장착되며, 타이어 압력센서를 wake up 시키는 기능과 타이어 위치를 판별하기 위한 도구로 사용한다. TPMS 리시버와 유선(wire, 3선)으로 연결되며, TPMS 리시버와 타이어 압력센서를 연결하는 중계기 역할을 한다. 압력센서와 통신시, 저주파수(125[kHz])를 사용하므로 LF initiator(LFI)라 한다.

  ㉠ FRONT initiator : IG ON시, 리시버로부터 전원을 공급받은 FRONT initiator는 먼저, 가까운 쪽 압력센서를 wake up 시키고, 수신된 압력센서의 ID를 리시버에 저장하고, 다음, initiator가 장착되지 않은 쪽에서 수신된 압력센서 ID 역시 저장한다.

  ㉡ REAR initiator : REAR initiator도 동일한 방법으로, RR측 압력센서를 wake up 시킴으로서 RR측 압력센서를 동작시킨다.

③ 리시버(receiver) = TPMS ECU

  ㉠ 리시버의 기능

    ⓐ 타이어 압력센서로부터 RF data(온도, 압력, 센서 배터리 전압)를 수신
    ⓑ 수신된 데이터를 분석하여 경고등을 제어
    ⓒ LF initiator를 제어하여, 센서를 sleep 또는 wake up 시킴
    ⓓ IG "ON" 되면, LF initiator를 통해 압력센서들을 wake up 시킴
    ⓔ 차속 20km/h 이상으로 연속 주행 시, 센서를 자동으로 학습한다.
    ⓕ 차속 20km/h 이상이 되면, 매 시동시마다 LF initiator를 통해 자동 위치 확인(auto locating)과 자동학습(auto learning)을 수행한다.
    ⓖ 자기진단 기능 및 K-라인으로 통신하지만, 다른 ECU와 통신하지 않는다.

  ㉡ 리시버의 모드

    ⓐ 초기 모드(virgin mode) : A/S 부품으로 입고될 때의 모드로, 이 상태에서는 압력센서로부터 RF 신호를 받아도 저장 할 수도 경고등 제어도 할 수 없다. 진단장비나 TPMS 익사이터(exciter)를 이용하여 활성화시킨다.

ⓑ 정상 모드(normal mode) : 차량이 출고될 때의 모드로, 모든 기능이 정상적으로 작동한다.

ⓒ TPMS 리시버 입력 방법 : 차종코드, VIN NO, 센서 ID 모두 입력 한 후, 10초 이상 IG OFF 후, IG ON 시키면 모드 변경이 완료된다.

㉣ 모드 구분하는 방법

ⓐ 초기 모드(virgin mode) : IG ON시 3초간 점등 후, 0.5초 간격으로 점멸

ⓑ 정상 모드(normal mode) : IG ON시 3초간 점등 후, 소등

④ 경고등

㉠ 저압 경고등(tread lamp) : 트레드 램프라고도 하며, 타이어 압력이 규정값(26 ~ 27[psi]) 이하이면 점등하고, 30 ~ 31[psi] 이상일 때 소등한다.(히스테리시스 방지) 리시버가 정상 모드일 경우, IG ON시 3초간 점등 후, 소등된다.

 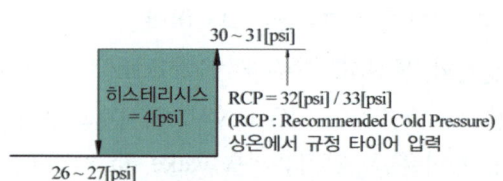

㉡ TPMS 램프 : **TPMS** 시스템에 고장이 기억된 경우 점등되며, 시스템(자기진단) 경고등 이라고도 한다.

하이 라인, 로우 라인 모두 장착되어 있다.

㉢ 저압타이어 위치 경고등 : 하이 라인에만 적용되며 저압 경고등과 함께 점등된다. 어느 타이어의 압력이 규정치 이하인지를 운전자에게 알려준다.

5. IMS(Integrated Memory System)

마이크로 컴퓨터를 이용하여 운전자 신체조건에 맞게 미리 기억시킨 후 자동으로 재생할 수 있는 편의장치이다. 좌석의 위치를 구동하는 4개의 모터와 모터의 위치를 감지하는 센서, 리미트 스위치, 변속레버 "P" 스위치로 구성된다.

1) 모터

① 슬라이딩 컨트롤 모터 : 좌석을 앞, 뒤로 조절

② 리클라이닝 컨트롤 모터 : 등받이의 기울기를 조절

③ 프론트 하이트 컨트롤 모터 : 좌석의 앞쪽 높이를 조절

④ 리어 하이트 컨트롤 모터 : 좌석의 뒤쪽 높이를 조절

2) 센서

① 슬라이드 센서 : 좌석이 전후로 작동하는 것을 감지
② 리클라이닝 센서 : 등받이의 기울기를 감지
③ 프론트 하이트 포지션 센서 : 좌석 앞의 높낮이를 감지
④ 리어 하이트 포지션 센서 : 좌석 뒤의 높낮이를 감지

3) 리미트 스위치

슬라이딩과 리클라인의 구속을 방지하기 위하여 앞, 뒤 끝단부에 스위치를 장착하여 시트 이동시 이동 한계 구간을 알 수 있다. 일반 작동 구간에는 스위치가 ON되어 있으며 한계점에 도달하면 접점이 떨어진다.

4) 변속레버 "P" 스위치

변속레버를 감지하는 스위치로 입력된 신호를 DDM으로 전송한다. "P" 위치 이외에서는 자동조정 금지 신호로 사용된다.

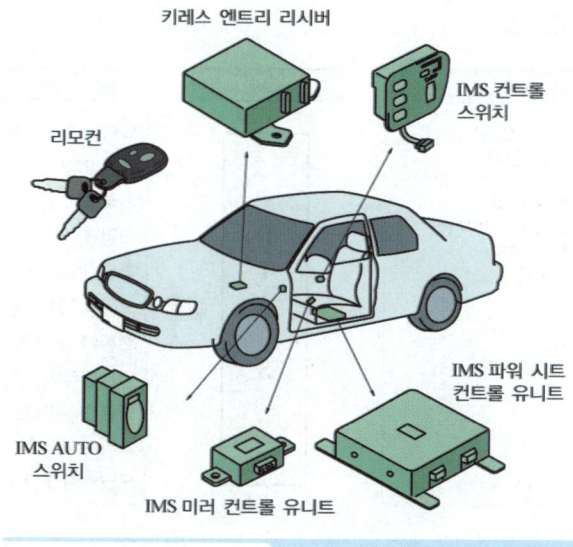

그림 3-145 / IMS 구성품

6. 에탁스(ETACS : Electronic Time Alarm Control System)

에탁스란 Electronic Time Alarm Control System의 약자로 중앙 집중제어 장치라고도 하며, 경보장치에 관련된 요소가 한 개의 컴퓨터인 에탁스 유닛에 의해 각각의 릴레이나 엑츄에이터, 모터 등을 제어하는 장치이다. 메이커에 따라 ETACS, ETWIS, ISU 등으로 명칭한다.

1) 에탁스 내부 구성

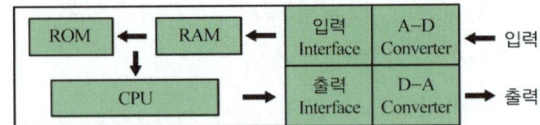

① A-D Converter : 아날로그 신호를 디지털 신호로 변환시키는 장치
② Interface : 실제로 작동하는 센서나 액츄에이터, 스위치 등을 CPU나 그 주변의 IC 들과연결하는 역할
③ RAM(Random Access Memory) : 일시 기억장치로 녹음과 재생이 가능한 것 BAT 전원을 끄면 기억이 지워질 수 있는 IC 메모리
④ ROM(Read Only Memory) : 영구 기억장치라 하며 레코드판이나 CD 와 같이 재생만 가능하며 BAT 전원을 꺼도 기억이 지워지지 않는 부분
⑤ CPU(Central Process Unit) : RAM과 ROM에 의해 저장되어진 데이터를 중앙처리 장치 라는 CPU에서 최종판단을 한다.

2) 에탁스 입·출력 계통도

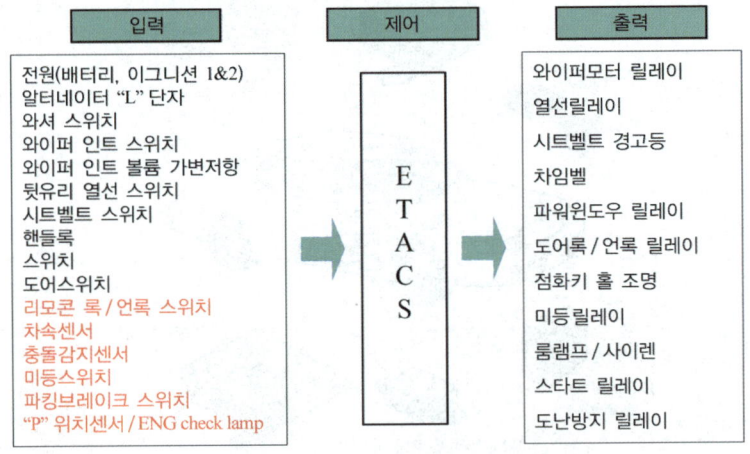

3) 에탁스 제어기능

① 와셔 연동 와이퍼 : 점화키 ON시 와셔 S/W를 작동시키면 T1(0.6초) 후에 와이퍼 출력을 ON 하고, 와셔S/W OFF 후 T2(2.5~3.8초) 후에 와이퍼 출력을 멈출 것
② 간헐(INT) 와이퍼 : 점화키 ON시 INT S/W 작동시키면 0.3초 후에 와이퍼 출력을 ON 한다.
INT와이퍼 작동중 와이퍼 재작동 주기는 INT 설정에 따라 T2 시간만큼 변화한다.
③ 뒷유리 열선 타이머 : 발전기"L"단자에서 12V 출력시 열선SW 누르면 열선을 15분간

출력한다. 열선 출력중 다시 열선SW 누르면 출력을 멈추고, 열선 출력중 발전기 "L" 단자 출력이 없을 경우에도 열선SW 출력을 멈춘다. 사이드미러 열선은 뒷유리 열선과 병렬로 연결되어 작동된다.

④ 안전벨트 경고등 타이머 : 점화키 ON시 안전벨트 경고등은 주기 0.6초, 차임벨은 0.9초, 듀티 50[%]로 점멸한다.

⑤ 감광식 룸램프 : 도어 열림시 실내등을 점등하고, 도어 닫힘시 즉시 75[%] 감광후 서서히 감광하여 5~6초 후에 소등한다. 감광 동작 중 점화키 ON시 즉시 감광동작을 멈추고 룸램프 제어시 입력되는 도어SW는 전도어 스위치이다.

⑥ 이그니션 키 홀 조명 : 점화키 OFF 상태에서 운전석 도어를 열었을 때 키홀 조명을 점등시키고 키 홀 조명이 점등된 상태에서 운전석 도어를 닫았을 경우 10초간 키 홀 조명을 ON 상태로 지연 후 소등시킨다. 위 제어 중 점화키 ON 신호를 입력 받으면 키 홀 조명을 즉각 OFF 시킨다.

⑦ 파워윈도우 타이머 : 점화키 ON시 파워윈도우 출력을 ON하고, 점화키 OFF후 30초간 출력을 유지한 후 OFF한다.

⑧ 밧데리 세이버 : 점화키 ON후 미등 SW를 ON한 경우에 점화키를 OFF하고 운전석도어를 열었을 경우 미등을 자동으로 소등한다. 점화키가 ON 상태에서 운전석도어를 연 후에 점화키를 OFF한 경우에도 미등을 자동으로 소등하고 다시 미등SW를 ON한 경우 미등을 점등시킨다.

⑨ 점화키 회수 : 키 박스에서 점화키를 삽입한 상태에서 운전석 도어를 열고 도어록 노브를 눌러 도어록 하였을 때 0.5초후 언록 출력을 내어 도어록이 불가능하게 한다.(차에 키를 꼽고 내리는 것을 방지하기 위하여)

⑩ 오토 도어록 : 차속이 일정속도 이상시(속도 셋팅 가능) 전도어록 동작이 일어난다. 제어후 도어 언록시 다시 록 동작을 수행한다.

⑪ 중앙집중식 도어잠금 장치 : 운전석이나 조수석에서 노브를 사용하여 LOCK시 전도어가 록되고 UNLOCK시 전도어가 언록된다.

⑫ 스타팅 재작동 금지 : 도난경보기가 있는 경우 시동이 걸리면(발전기 "L"단자) 도난경보 릴레이를 작동시켜 시동릴레이가 운전자에 의해 오작동 되는 것을 방지한다.

⑬ 점화키 OFF후 전도어 언록 제어 : 주행중 도어 록시 IG OFF할 경우 전도어를 언록시킨다.

⑭ 충돌감지 언록 제어 : 차량 충돌시 에어백 ECU로 부터 에어백 전개 신호를 입력 받아 즉시 전도어를 언록 시킨다.

7. 위성항법 시스템(GPS : Global Positioning System)

인공위성으로부터 발사된 전파의 도달시간을 계측하여 위성과의 거리를 계산함으로써 자동차의 위치를 알 수 있는 시스템이다. 편리성과 정확성으로 자동차 항법장치인 내비게이션(Navigation)으로 사용된다.

1) GPS 측위 원리

고도 약 20,000m 상공의 6개 궤도를 돌고 있는 24개 위성에서 1.5GHz 주파수로 송신하는 전파 중, 3~4개를 수신해 위치를 계산한다. 3개를 수신하면 위도 및 경도는 알지만 고도는 측정이 불가하므로 현재는 4개를 수신하여 위치를 계산한다.

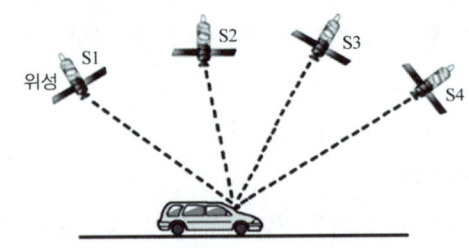

그림 3-146 / 카 내비게이션의 방위 측위

측량은 3점 측량 방법으로, 위성시계(원자시계)의 시간과 GPS에 내장된 시계의 시간을 일치하여야 한다. 자동차 내비게이션은 비용 문제로 위성 시계와 일치시키지 않고 위성을 1개 늘려서 수신한다. 2개의 위성은 경도와 위도를 수신, 1개는 시차 수정용으로 사용한다. 위성으로부터 도달한 전파의 도달 시간의 차로 현재의 거리를 계산하며, 거리 = 도달 시간 차×광속이다.

2) 현재위치 계산 원리 – 삼각 측량법

GPS 위성이 공전하면서 위치를 계산할 수 있는 신호를 주기적(1초)으로 모든 위성에서 송출하면 지상의 GPS 수신기는 삼각 측량법에 의해 현재 위치(경위도)를 계산한다.

가운데 있는 GPS 수신기가 수신이 가능한 GPS 위성까지의 거리를 계산하며, 이를 삼각 측량법을 이용하여 WGS84 좌표계의 경위도 값으로 산출한다. GPS의 구조적인 한계로, 실제 위치와 20~30m의 오차가 발생한다. 단, GPS에서 송출된 신호가 아무런 공간상 제약없이 도달한다는 조건에서이다.

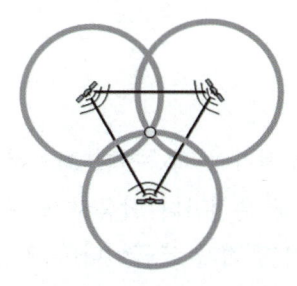
그림 3-147 / 정상적인 수신

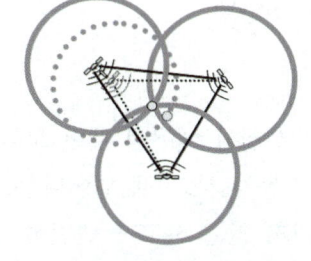
그림 3-148 / 비정상적인 수신

3) 수신율 저하의 원인

① **고층건물 사이** : 위성의 신호가 차량에 장착된 GPS 수신기에 가장 짧은 거리로 도달하지 못하기 때문이다. 테헤란로와 같은 고층 빌딩 사이가 수신율이 저하한다.

② **터널 안** : 일반적으로, GPS 수신이 되지 않으므로 현재 위치 계산이 불가능하다. 터널 통과 후 발생할 수 있는 교차로나 안전운행 데이터 안내를 위하여 가상 주행으로 안내하며, GPS 수신기가 터널 통과 후 현재 위치를 다시 계산하는 데는, 수신기의 종류나 환경에 따라 짧게는 2초에서 길게는 10초 정도 수신이 지연된다.

③ **고가도로 밑** : 고가도로 밑은 GPS 수신이 이루어지기 힘든 굉장히 불안정한 환경이다. GPS 수신율이 가장 나빠서 수신기에서 현위치를 잘못 계산하는 경우가 많아 실제 도로가 아닌 이면도로에 현재 위치가 매칭되면서 지속적으로 경로를 재탐색하거나, 고가도로 위에 있다고 인식되는 경우가 간혹 발생된다.

④ **지하 차도** : 지하 차도 역시, 터널과 동일한 이유로 GPS 수신이 되지 않는 지역이다. 터널은 가상주행이 가능하나, 지하차도는 가상주행이 되지 않는다. 지하차도는 터널처럼 완전히 GPS가 차단되지 않고 주변 건물 등에 반사되어 간헐적으로 들어오므로 현재 차량이 지하차도에 있다고 판단하기 어렵기 때문이다.

⑤ **기타 요인** : 이 밖에도 전리층의 전파 굴절, 태양의 흑점 활동 등이 수신율에 장애가 된다.

또한, GPS 수신에 장애가 되는 환경에서는, GPS 초기 수신기간 역시 저하하므로 아파트 지하 주차장에 차량을 세워두었다면, 지상으로 나와 어느 정도 벗어나 내비게이션을 동작시키면 초기 수신시간 단축에 도움이 된다. 사람도 어두운 곳에 있다가 갑자기 밝은 곳으로 이동하면 적응이 어렵듯, GPS 수신기도 음영 지역에서 계산하다가, 수신이 양호한 지역으로 들어서면 현위치를 계산하는데 시간이 걸리기 때문이다.

8. 에어백(air bag)

1) 정의

에어백은 충격 센서와 에어백 제어 모듈을 통해 운전자와 탑승자를 보호하기 위한 충격완화장치다. 특히 자동차 사고 때 일어나는 충격에 의해 운전자나 탑승자가 심한 부상을 입거나 심지어 목숨까지 잃는 사고가 빈번히 일어나자 이 충격을 조금이나마 완충할 수 있는 안전 벨트 보조장치(SRS)를 고안한 것이다.

2) 에어백의 기능

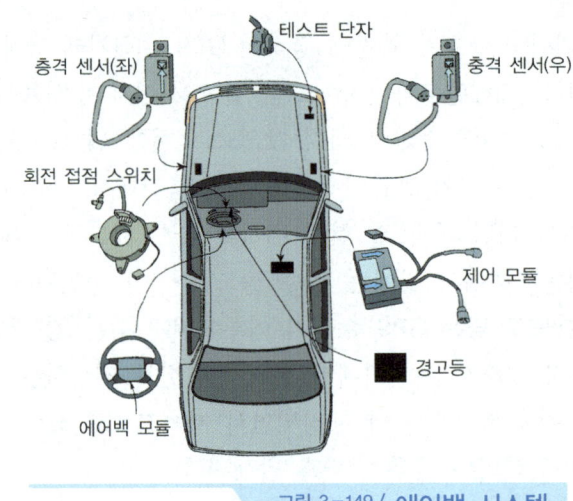

그림 3-149 / 에어백 시스템

3) 에어백의 작동 과정

에어백의 작동은 기계적인 것과 전자 제어에 의한 것으로 이루워진다. 자동차가 사고가 나면 차에 달려있는 충격 센서가 작동한다. 충격 센서는 세팅되어 있는 기계에 의해 이루어진다. 충격 센서가 작동하면 즉시 에어백 모듈에 전달되어 순식간에 에어백이 작동하게 되어있다. 이 모든 과정이 불과 1초의 사이를 두고 일어난다. 특히 운전자나 탑승자가 에어백의 도움을 받는 시간은 사고가 일어난 후 0.4~0.8초 안에 이루어진다. 에어백의 시간별 작동과정은 다음과 같다.

① 충돌 후 0.15초 후
  ㉠ 자동차 가감속이 매우 크다.
  ㉡ 감속도가 에어백 모듈에 지정한 값에 이르면 에어백 가스발생기가 작동하기 시작한다.
  ㉢ 현재 운전자는 정상 자세이며 무게중심이 앞으로 쏠려 있다.

② 충돌 후 0.2초 경과
  ㉠ 에어백 커버가 찢어지면서 에어백 팽창이 시작된다.
  ㉡ 운전자의 몸도 핸들로 다가간다.
  ㉢ 차체의 손상이 시작된다.
③ 충돌 후 0.35 ~ 0.4초 경과
  ㉠ 에어백은 완전히 팽창된다.
  ㉡ 안전 벨트가 작동해 운전자를 시트 등받이 쪽으로 당겨준다.
  ㉢ 충돌에 의한 힘이 부분적으로 흡수된다.
④ 충돌 후 0.4 ~ 0.8초 경과
  ㉠ 차체의 이동은 정지되며 최대의 손상을 가져온다.
  ㉡ 운전자가 에어백에 충돌하게 된다.
  ㉢ 에어백에서 가스가 빠져 완충작용을 한다.
⑤ 충돌 후 1 ~ 1.2초 경과
  ㉠ 운전자는 원래의 위치로 정지된다.
  ㉡ 에어백 가스는 완전히 방출된다.
  ㉢ 운전자의 정상 시야가 확보된다.

그림 3-150 / 에어백의 작동 과정

4) 에어백의 구성 부품과 기능

① 에어백 모듈 : 에어백 모듈은 가스발생기, 에어백, 패트 커버(pat cover)로 구성된다. 대부분이 에어백 모듈은 분해할 수 없으며 에어백이 한 번이라도 작동되면 새것으로 바꿔야 한다.
② 가스 발생기(inflator) : 가스 발생기는 화약, 점화제, 가스 발생제, 디퓨저 스크린(diffuser screen) 등을 알루미늄으로 만든 용기에 넣은 것으로 그림과 같은 구조를 가진다.
또한 에어백 모듈 하우징의 안쪽에 조립되어 에어백 작동시간을 단축시켜 준다.
작동 원리는 일단 가스 발생기 안에 들어있는 화약에 점화전류가 흐르면 화약이 점화되고 점화제가 연소되어 이 연소되는 열에 의해 가스 발생제가 연소하게 되는 것이다.

가스 발생기가 연소하면 질소가스가 급속히 발생해 디퓨저 스크린을 통해 에어백에 공급하게 된다. 이 모든 것이 가스 발생기의 동작 순서이며, 원리다. 특히 디퓨저 스크린은 연소된 가스의 여과 작용과 가스의 냉각 작용을 하며 가스발생에 의한 소음도 억제해 준다.

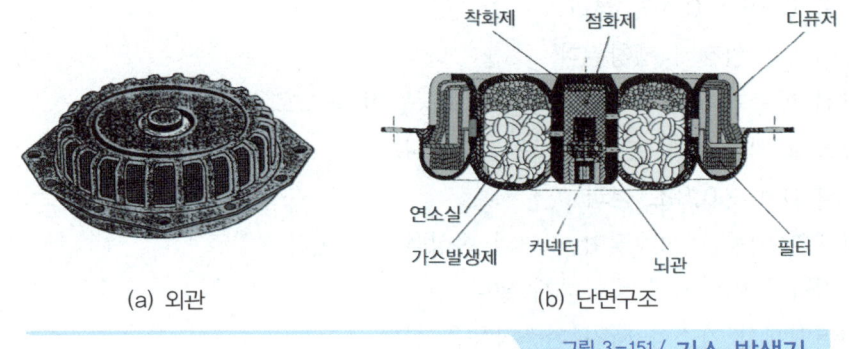

그림 3-151 / 가스 발생기

③ 에어백 : 에어백은 고부가 코팅된 나이론 섬유제의 원판형 주머니로서 용량은 약 50~60[l] 정도다. 에어백은 가스 발생기 바로 위에 위치하며 에어백을 부풀리는 가스로는 질소가 쓰인다. 질소는 급속으로 팽창한다는 장점이 있으며 가스 자체의 내부 온도변화가 거의 없어 운전자나 탑승자를 더욱 안전하게 해준다. 또한 에어백에 입력된 가스는 빨리 배출해야 하므로 대부분 지름이 2.5[mm]의 배출 구멍을 2개까지 적용하고 있다.

④ 패트 커버 : 우레탄 커버로 에어백 작동 때 에어백에 의해 입구가 갈라져 힌지(hinge)를 중심으로 전개된다. 그러면 에어백은 밖으로 작동되면서 팽창하게 된다. 일반적으로 패트 커버에 그물을 성형시켜 에어백 전개 때 파편이 튀는 것을 방지하는 구조로 되어 있다.

⑤ 회전 접점 스위치 : 회전 접점 스위치는 에어백 모듈과 스티어링 컬럼 사이에 달린다. 이 스위치는 대시보드와 에어백 모듈 그리고 제어 모듈 등을 연결하는 전기선을 에어백 시스템에 맞도록 고안한 것이며 따로 보관할 때 주의해야 한다. 특히 조향 핸들에 직접 달려 배선이 움직일 수 있으므로 이곳에 적용되는 스프링은 일반 코일 스프링이 아니라 클록이라 불리는 스프링을 적용한다. 또한 이 부분을 분해 조립하면 반드시 중립 표시점을 확인해 정위치에 달아야 한다.

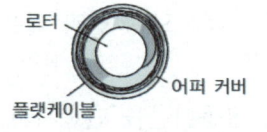
(a) 스티어링 휠을 좌측으로 회전 때

(b) 중립 때

(c) 스티어링 휠을 우측으로 회전 때

그림 3-152 / 클록 스프링 작동 상태

⑥ 충격 센서 : 충격 센서는 대부분 차체의 앞부분에 달리지만 우리나라 자동차인 경우 암레스트 콘솔박스 밑에 설치되기도 한다. 충격 센서는 극히 기계적으로 작동되나 기계적인 부분을 전자 시스템과 접목이 이루어지지 않으면 자동차에 충격을 알려줄 수 없다. 예를 들어 자동차가 사고로 인해 주행속도가 중력 가속도의 규정값에 이르면 충격 센서의 롤러가 움직여 접점을 닫게 한다. 이 접점이 닫히는 순간 에어백은 작동하는 것이다. 만약 충격 센서를 정비하거나 교체할 경우 센서 표면에 적혀 있는 방향을 반드시 맞추어야 한다.

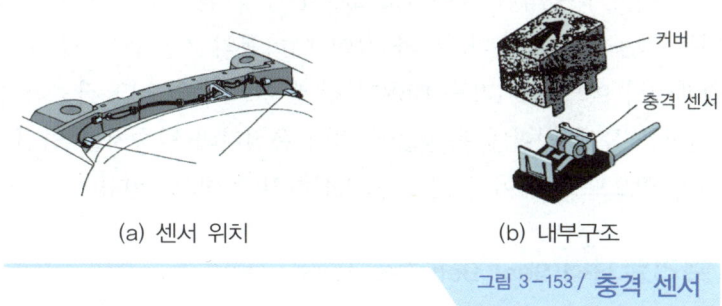

그림 3-153 / **충격 센서**

5) 에어백의 제어 모듈 기능

에어백의 제어 모듈은 시스템을 트리거링시키는데 충분한 에너지를 저장하고 자기진단 기능을 수행해 사고와 관련된 자료로 기록한다. 특히 제어 모듈을 통해 자동차가 에어백을 작동시키기 위한 적절한 상태가 되지 않더라도 이 모듈을 통해 에어백의 기능이 완벽히 이루어질 수 있게 한다.

① **제어 모듈의 주요 기능**
  ㉠ 에어백 작동 때 배터리 고장에 대비한 비상 전원 기능을 보유하기 위한 자체 충전 콘덴서가 있다.
  ㉡ 축전지 전압저하에 대비한 전압상승의 기능을 한다. 이것은 일종의 컨버터와 트랜지스터 기능으로 전압이 떨어지더라도 충분한 기존 전압을 발생토록 한다.
  ㉢ 안전성과 안정성을 위한 자기진단 기능이 있어 수시로 운전자에게 알려주도록 한다.

위와 같이 에어백에는 제어모듈은 실제 자동차의 기능이 노화되거나 미비하더라도 에어백 작동에 방해받지 않도록 설계되어 있어 운전자나 탑승자의 안전을 도와준다. 만약 제어 모듈이 없다면 사고가 발생해도 에어백이 작동하지 않을 수 있어 매우 위험하다. 또한 이 모듈은 기억할 수 있는 기능이 있어 에어백의 고장 기록도 판독할 수 있어 자동차가 충돌했을 때 충돌 전의 에어백 상태를 알 수 있으며 그동안 충돌 횟수와 경고등 점등 상태 등을 알 수 있다.

② **시스템 회로도와 시스템 동작 과정** : 에어백의 동작은 앞에서 설명한 것과 같이 기계적인 센서 동작 후에 전자 제어에 의해 이루어진다. 따라서 시스템의 기본적인 회로도를 분석해 정확한 동작원리를 알아보며 그 과정도 알아보자.

시스템의 기본적인 회로 중 스위치 기능은 병렬로 연결된 2개의 충격 센서와 제어 모듈이 내장된 안전 스위치에 의해 이루어진다. 따라서 1차 충격 후 동작 규정값에 이르면 제어 모듈에 있는 안전 스위치가 작동한다. 또한 배터리가 파손되면 제어 모듈의 비상용 전원장치가 대신한다.

반대로 안전 스위치가 동작된 상태라도 2개의 충격 센서에서 신호가 들어오지 않으면 가스 발생기는 작동하지 않는다. 위와 같이 에어백의 시스템은 각 센서와 스위치들이 교류하는 상태에서 어느 쪽이라도 데이터 값에 이르지 않으면 작동하지 않게 된다. 그러나 각종 실험을 통해 얻어낸 측정값에 의해 운전자와 탑승자를 안전하게 지킬 수 있도록 설계되어 있으므로 에어백 작동을 의심하지 않아도 된다.

9. 시트벨트 프리텐셔너(Seat Belt Pre-tensioner)

차량 앞 방향으로부터의 충돌이 감지되면 시트벨트를 순간적으로 되감아 주어 승객이 앞 방향으로 이동되는 량을 작게하여 시트벨트의 효과를 향상시키는 장치이다.

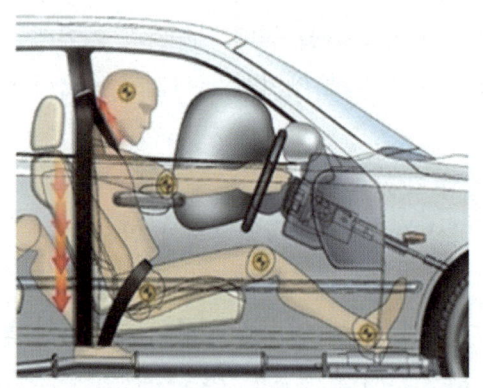 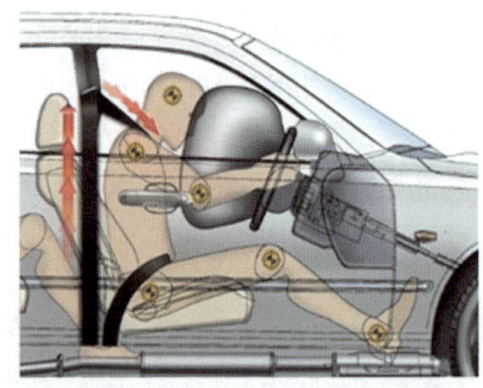

그림 3-154 / **시트벨트 프리 텐셔너의 작동**

1) 개요

차량 충돌시 에어백이 작동하기 전에 작동하며, 발생한 충돌이 크지 않으면 에어백은 미전개되고 프리텐셔너만 전개된다. 작동된 프리텐셔너는 반드시 교환되어야 하고, 에어백 ECU는 6번까지 프리텐셔너를 점화시킬 수 있으므로 재사용이 가능하다. 프리텐셔너 6회 점화까지는 동일한 ECU 사용이 가능하나, 6회 폭발 이후에는 신품의 ECU로 교환하여야 한다.

2) 구성부품의 기능

센서, 액추에이터, 클러치로 구성되어 있으며, 프리텐셔너의 오작동을 방지하기 위한 안전버튼과 시트벨트 착용감지기가 있다.

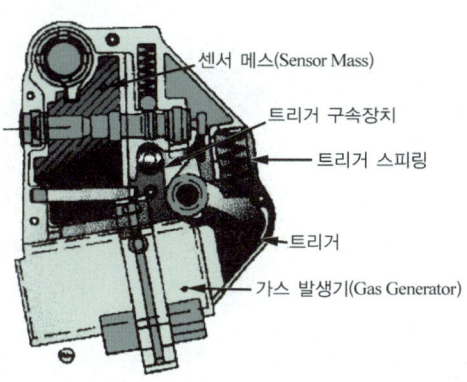

그림 3-155 / **구성품**

① 액추에이터 : 가스 발생기에서 발생된 가스압력이 실린더 내의 피스톤을 밀어올린다. 이 때 피스톤에 연결되어 있는 와이어가 당겨지면서 클러치가 작동한다.
② 클러치 : 액츄에이터가 작동할 때 와이어가 당겨지면서 클러치가 고정되고 시트벨트를 되감아 준다.

10. 승객유무 감지장치(PPD, Passenger Presence Detection system)

1) 역할

조수석에 탑승한 승객을 감지하여, 탑승하였으면 전개시키고 존재하지 않는다면 조수석 및 측면 에어백을 전개하지 않아 불필요한 에어백 전개를 방지하여 수리비를 절감하는 장치이다.

2) 장착위치 : 조수석 시트커버 하단부

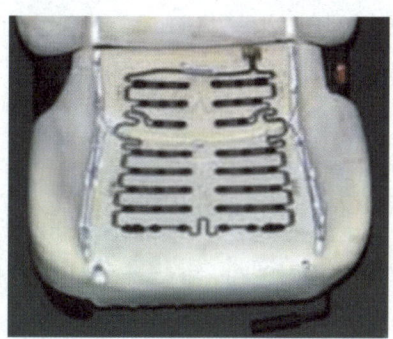

그림 3-156 / **PPD 센서**

3) 작동 원리

하중에 따라 저항값이 변하는 압전소자를 이용하여 승객의 존재유무를 판단하며, 기준중량은 15[kgf] 이다.

표 4-2 / 승객 감지조건

승객 탑승유무	저항 값	승객의 중량
승객 있음	50[kΩ] 이하	15[kgf] 이상
승객 없음	50[kΩ] 이상	15[kgf] 이하

3_ 사고 회피 기술

1. 지능형 자동차 기술

지능형 자동차란 여러가지 기술의 융합을 통하여 안전성 및 편의성을 획기적으로 향상시킨 자동차로 다음과 같은 기술들이 있다.

① **예방안전기술** : 사고가 나지 않도록 사전에 예방하는 기술로써 수동안전(ABS, VDC 등)과 능동안전(충돌예방 시스템 등) 시스템이 있다.
② **사고회피기술** : 사고가 나더라도 피해를 최소화 하기위해 자동으로 차량을 제어하는 능동안전 시스템으로 비상제동을 포함하는 운전자 지원 시스템이 대표적이다.
③ **자율주행기술** : 운전자의 지시만으로 원하는 목적지까지 주행하는 기술로써 기술적으로도 어려운 점이 많고 사회적 합의도 필요한 선행기술이다.
④ **충돌안전기술** : 충돌 시 피해 최소화를 위한 능동, 수동 안전 시스템으로써 액티브 헤드레스트 등이 대표적인 기술이다.
⑤ **편의성 향상 기술** : 자동 주차, 내비게이션 시스템 등 운전자의 편의성을 지원하는 시스템이지만 단순 편의성보다는 안전과 밀접한 연관이 있다.
⑥ **차량 정보화 기술** : 차량 자체의 네트워크(In-Vehicle Network)와 외부 통신을 기반으로 운전자에게 필요한 정보를 실시간으로 전달하는 기본 기능과 IT 산업과 연계한 확장 기능이 있다.

2. 예방 안전 기술(Preventive Safety)

사고 위험성을 미리 감지하여 운전자에게 정보를 제공하거나 경고하는 기술이다.

① UWS(Ultrasonic Warning System) : 초음파 센서를 이용하여차량 모든 주변의근거리 내에 있는 물체를 검지하고 경고하는 시스템

② SOWS(Side Obstacle Warning System) : 차선 변경시 후측방 접근 차량의 유무를 검지하여 경고하는 시스템
③ LDWS(Lane Departure Warning System) : 전방 영상처리를 통하여 차선 이탈여부를 판단하고 이를 운전자에게 경고하는 시스템

3. 사고 회피 기술(Accident Avoidance)

사고와 연결될 수 있는 상황에서 능동적으로 사고를 회피하도록 제어하는 기술이다.

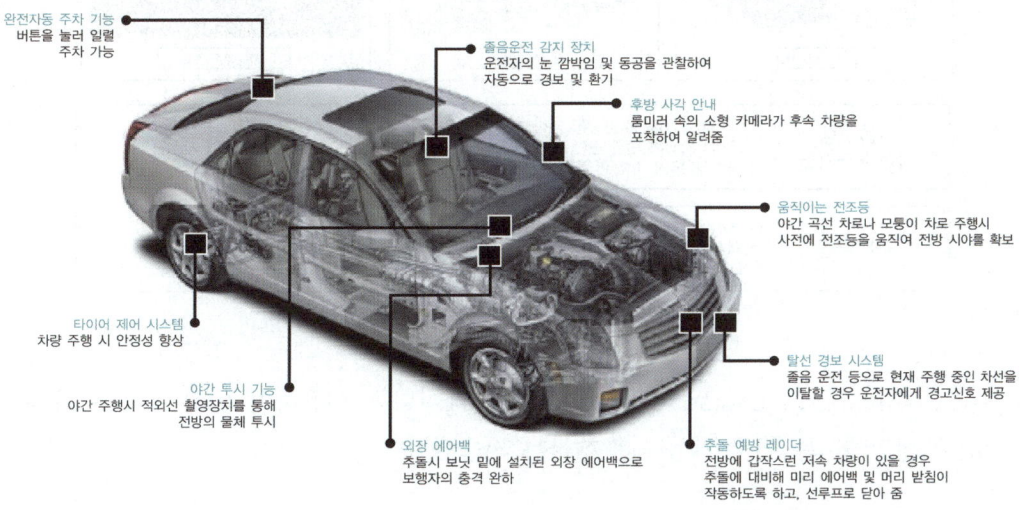

그림 3-157 / 사고 회피 기술 시스템

① PCS(Pre-Crash Safety) : 레이더, 카메라 융합을 통해 전후방 교통 상황을 판단하여 충돌 사고 가능성이 있을 경우 운전자에게 경고하고 전동 안전벨트 및 Headrest 등을 제어하는 시스템이다.

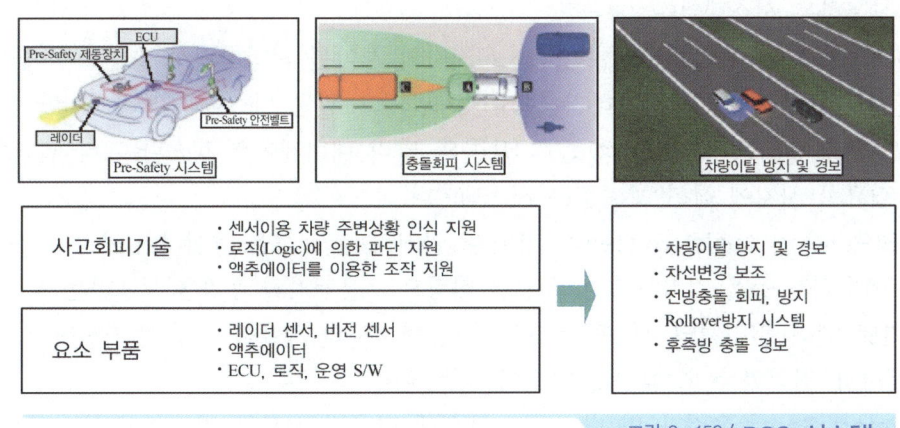

그림 3-158 / PCS 시스템

② LKS(Lane Keeping Support) : 차선 이탈 시 Steer-by-Wire 시스템을 이용하여 주행 차선을 유지하는 시스템이다.
③ CAS(Collision Avoidance System) : 레이더, 카메라 융합을 통해 전후측방 교통 상황 및 주변 차량의 상대 속도 등을 감지하여 사고 가능성이 있을 경우 Brake-by-Wire, Throttle-by-Wire 시스템 등과 연동하여 사고를 미리 예방하는 시스템이다.

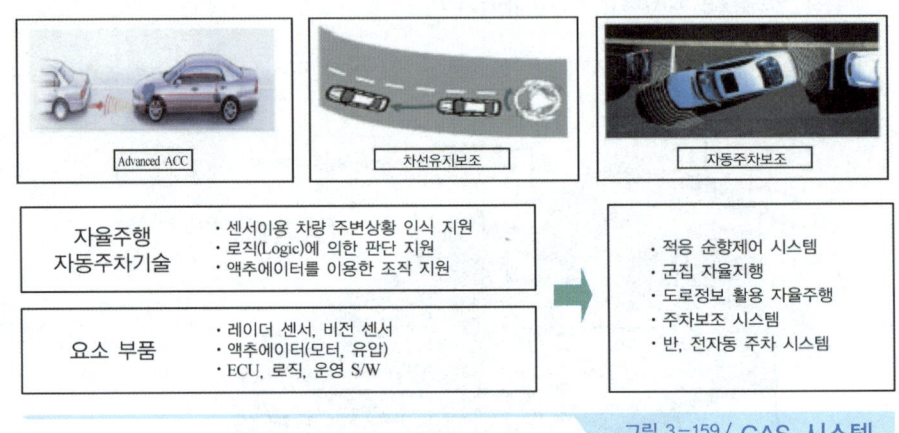

그림 3-159 / CAS 시스템

④ ACC(Advanced Cruise Control) : 전방 레이더를 이용하여 일정 속도를 유지하고 긴급 상황에서는 비상 제동을 수행하는 시스템이다.

4. 편의성 향상 기술

편의성 향상 기술은 차량 안전 시스템과 구분이 어려우나 다음과 같은 기술이 있다.

① FRMS(Front Rear MonitoringSystem) : 카메라를 이용하여 전후측방의 사각 지역 영상을 운전자에게 제공함으로써 좁은 길에서의 저속 주행이나 주차시 운전자의 시각을 보조하는 시스템이다.
② HUD(Head Up Display) : 주행 중 운전자의 시야를 하향하면서 초점을 바꾸어야 하는 지금의 클러스터를 대체하기 위하여 개발되고 있는 디스플레이 장치이다.
③ FWD(Full Windshield Display) : HUD와 달리 내비게이션 정보나 기타 필요한 정보를 필요한 시기에 잠깐 보여주는 시스템이다.
④ PAS(Parking Assist System) : 카메라, 근거리 센서 등을 융합하여 주차시 주변 공간과 주변 차량 등을 감지하고 이 정보를 바탕으로 운전자의 주차를 보조하는 시스템이다.
⑤ 스마트 에어 컨디셔닝 시스템 : 운전자 및 탑승자의 체온을 직접 검지하여 각각의 사람들에게 최적의 온도 환경을 만들어 주는 시스템
⑥ Comfort Seat : 운전자 및 탑승자의 체형에 맞추어 시트를 자동제어하는 시스템

5. 기타 안전 기술

① **스마트 에어백(Smart Airbag)** : 운전자 및 탑승자를 인식하여 에어백 전개 압력, 전개 위치 등을 조절하는 시스템으로써 어린 아이, 여자, 노약자 등을 대상으로 에어백으로 인한 2차 상해를 방지하기 위해 개발되고 있다.

② **보행자 보호 시스템** : 사고 시 보행자를 보호하기 위한 제반 시스템으로 후드 리프팅(Hood Lifting) 시스템, 보행자용 에어백, 액티브 범퍼(Active Bumper) 등이 검토되고 있다.

③ **스태빌리티 시스템(Stability System)** : 차량의 동적 특성을 제어함으로써 주행 안정성과 안전성을 확보하는 기술로 ABS가 그 시초라고 할 수 있다. ABS, TCS, VDC 등이 통합되어 동작하는 것이 특징이다. 현재 가장 활발히 개발이 진행되고 있으며 지금의 ABS처럼 향후 대부분의 차량에 장착될 것으로 보인다.

④ **나이트 비전(Night Vision)** : 야간 주행 시 운전자 시각을 대신하여 전방의 영상을 보여주는 시스템이다. 기술적인 이유보다는 가격대비 효용성 등 다른 요인들로 인하여 상용화가 지연되고 있다.

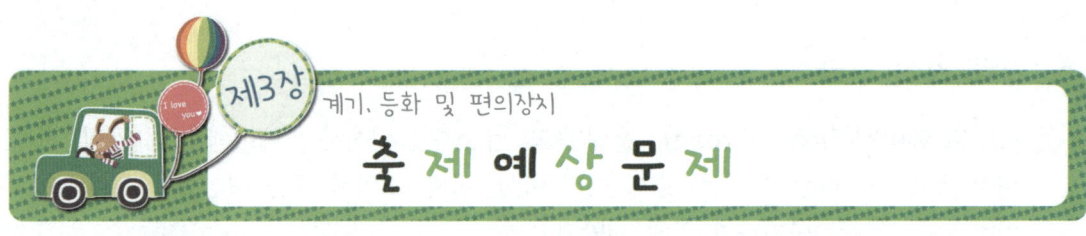

제3장 계기, 등화 및 편의장치 출제예상문제

01 밸런싱 코일식 연료계에서 계기의 지침과 연료 유닛의 뜨개에 대해 바르게 설명한 것은? [07년 상]

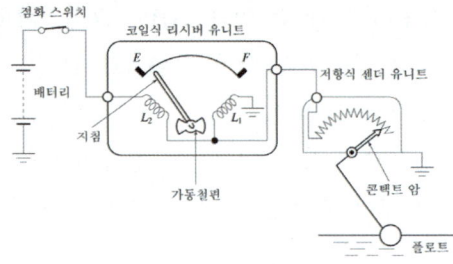

㉮ 연료계기의 지침이 "E"에 위치하면 뜨개에 흐르는 전류는 많아진다.
㉯ 연료가 줄어들면 뜨개의 연료유닛에 흐르는 저항은 작아진다.
㉰ 연료가 없어지면 뜨개에 전류가 많이 흘러 온도는 올라가고 연료 잔량 경고등이 점등한다.
㉱ 연료계기의 지침이 "F"에 위치하면 뜨개의 저항은 작아진다.

풀이 밸런싱 코일식 연료계의 작동
연료가 적으면 플로트는 내려가 샌더 유닛의 저항이 커져 전류는 L_2, L_1을 거쳐 흐르므로 가동철편은 평형을 이뤄 "E"를 가리키고, 연료가 많으면 샌더 유닛의 저항은 작아져서 전류는 샌더측으로 흐르므로 L_1 전류는 작아지고 L_2 전류는 많이 흐르게 되므로 L_2가 만드는 자계의 방향으로 가동철편이 회전하여 지침은 "F"를 가리킨다.

02 자기식의 계기 중에서 영구자석의 회전으로 전자유도 작용에 의하여 로터에 발생된 맴돌이 전류와 영구자석의 상호작용에 의해 작동되는 계기는? [09년 하]

㉮ 수온계 ㉯ 전류계
㉰ 유압계 ㉱ 속도계

풀이 속도계 : 마그네트를 회전시키면 바깥쪽에 지침이 붙어있는 로터에 토크가 발생되어 스프링 장력과 균형을 이루는 곳에서 속도를 표시한다.

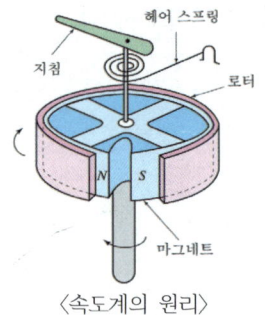

〈속도계의 원리〉

03 경음기가 울리지 않는 원인이 아닌 것은? [05년 상]

㉮ 배터리 방전 ㉯ 휴즈 단선
㉰ 접촉 불량   ㉱ 시동 불량

풀이 경음기 회로와 시동회로는 별개의 회로이다.

01 ㉱ 02 ㉱ 03 ㉱

04 전조등의 감광장치가 아닌 것은?
[05년 상, 07년 하]

㉮ 저항을 쓰는 방법
㉯ 이중 필라멘트를 쓰는 방법
㉰ 부등을 쓰는 방법
㉱ 굵은 배선을 쓰는 방법

풀이 전조등을 감광(하향)하는 방법
① 이중 필라멘트를 쓰는 방법
② 부등을 쓰는 방법
③ 저항을 쓰는 방법

05 조명에 대한 용어 중 조도의 설명으로 틀린 것은?
[09년 상]

㉮ 조도는 광원으로 부터의 거리의 제곱에 비례한다.
㉯ 조도란 빛을 받는 면의 밝기 정도를 나타내는 용어이다.
㉰ 일반적으로 피조면의 조도는 광원의 광도에 비례한다.
㉱ 조도의 단위는 Lux 이다.

풀이 조도(Lux) = $\dfrac{광도(cd)}{r^2}$ 이므로, 조도는 광도에 비례하고 거리의 제곱에 반비례한다.

06 20,000cd의 전조등(광원)으로부터 10m 떨어진 위치에서의 밝기는 몇 룩스(lux) 인가?
[04년 하]

㉮ 2,000   ㉯ 200
㉰ 20   ㉱ 20,000

풀이 조도 = $\dfrac{광도(cd)}{r^2}$
여기서, r : 거리(m)
∴ 조도 = $\dfrac{20,000}{10^2}$ = 200Lux

07 자동차에서 50m 떨어진 거리에서 조도를 측정하였더니 8 Lux 가 나왔다. 자동차의 전조등에서 광원의 광도는 얼마인가?
[07년 상]

㉮ 12,500cd   ㉯ 15,000cd
㉰ 20,000cd   ㉱ 22,000cd

풀이 조도 = $\dfrac{광도(cd)}{r^2}$ 이므로, 광도 = 조도 × r^2
∴ 광도 = 8×50^2 = 20,000cd

08 다음 회로는 브레이크 패드 마모 경고등을 나타냈다. 바르게 설명한 것은?
[05년 하]

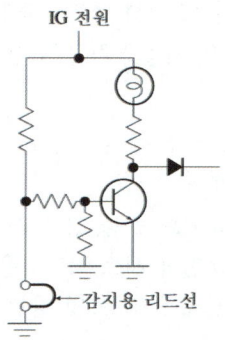

㉮ 감지용 리드선이 열을 받으면 마모 경고등이 켜진다.
㉯ 회로내의 다이오드에 역기전류가 작용하면 마모 경고등이 켜진다.
㉰ 감지용 리드선이 브레이크 디스크 판과 접촉하여 끊어지게 되면 마모 경고등이 켜진다.
㉱ 회로내 트랜지스터 베이스 측의 저항이 끊어졌을 때 마모 경고등이 켜진다.

풀이 패드의 마모가 적을 때는 감지용 리드선이 닿지 않아 전류는 감지용 리드선을 따라 흐르므로 경고등은 켜지지 않으나, 패드의 마모가 커지면 감지용 리드선이 브레이크 디스크 판과 접촉하여 끊어지게 되면 전류는 TR 베이스로 흐르므로 컬렉터 전류가 연결되어 마모 경고등이 켜진다.

ANSWER 04 ㉱ 05 ㉮ 06 ㉯ 07 ㉰ 08 ㉰

09 자동차 편의장치(ETACS, ISU)는 어떠한 기능을 작동 시키기 위해서 각종 신호를 입력받아 상황을 판단한 후 출력제어를 한다. 다음 중 에탁스 입력요소 중 옳지 않은 것은? [04년 상, 06년 상]

㉮ 열선 스위치 ㉯ 감광식 룸램프
㉰ 차속센서 ㉱ 와셔 스위치

풀이 ETACS 입력요소는 발전기 "L"단자 출력과 각종 센서, 스위치 등이다. 감광식 룸 램프는 출력 요소이다.

10 편의장치(이수 : Intelligent Switching Unit)의 구성 부품인 운전석 도어열림 스위치의 기능과 가장 관련이 없는 제어 기능은? [05년 하]

㉮ 키회수 경고(Key Remind Warning) 제어
㉯ 라이트 소등 경고 제어
㉰ 운전석 시트벨트 착용경고 제어
㉱ 실내등 점등 및 감광 제어

풀이 안전벨트 경고등 제어는 점화스위치 ON시 0.6초 주기로 6초간 점멸하는 제어를 1회만 수행

11 다음 중 자동차용 도난방지장치가 작동하지 않는 경우는? [08년 하]

㉮ 점화키를 사용하지 않고 트렁크를 열었을 때
㉯ 경보장치 작동 중 축전지 단자를 분리할 때
㉰ 점화키 없이 기관을 기동할 때
㉱ 시동이 걸린 상태에서 엔진 후드를 열었을 때

풀이 시동이 걸린 상태에서는 작동하지 않는다.

12 자동차에서 에어백 시스템의 구성부품이 아닌 것은? [06년 하]

㉮ 클럭 스프링(Clock spring 또는 Control coil)
㉯ 에어백 컨트롤 유닛
㉰ 사이드 충격감지 센서
㉱ 차량 속도 센서

풀이 **에어백 시스템의 구성부품**
① 에어백 ECU
② 에어백 모듈(운전석 & 조수석)
③ 클럭 스프링
④ 임팩트(충격) 센서(사이드 임팩트 센서 포함)
⑤ 벨트 프리텐셔너
⑥ SRS 경고등 및 에어백 배선 등
* SRS : Supplement Restraint System)

13 다음 중 자동차 에어백 장치의 각 기능을 설명한 것으로 틀린 것은? [07년 하]

㉮ 프리텐셔너는 에어백 전개시 승객을 고정시켜 전방으로 튕겨 나가는 것을 방지한다.
㉯ 로드 리미트는 안전벨트에 일정 하중 이상이 가해질 경우 승객의 가슴부위 상해를 최소화 해주는 기능이다.
㉰ 클럭 스프링은 조향 휠의 에어백과 조향 컬럼 사이에 설치되어 있다.
㉱ 안전센서는 승객의 안전벨트 착용 여부를 감지하는 센서이다.

풀이 안전센서(safing sensor)는 충돌시 기계적으로 작동하는 센서로, 충돌 감지센서의 오작동을 감시한다.

09 ㉯ 10 ㉰ 11 ㉱ 12 ㉱ 13 ㉱

14 파워 윈도 장치의 설명으로 틀린 것은?
[08년 상]

㉮ 파워 윈도 장치의 컨트롤 유닛에는 일반적으로 타이머가 내장되어 있다.
㉯ 파워 윈도 모터는 상승용과 하강용 모터가 각각 구성되어 있다.
㉰ 파워 윈도 모터는 하나의 파워 윈도 릴레이가 종합제어 한다.
㉱ 일반적으로 파워 윈도 스위치는 원-스텝 방식과 투-스텝 방식이 있다.

풀이) 파워윈도 모터는 극성을 절환하여 상승하거나 하강시킨다.

15 일반적으로 자동 정속주행 장치라 불리는 전자 순항 제어장치의 3가지 작동모드가 아닌 것은?
[06년 하]

㉮ 순항 모드 ㉯ 제동 모드
㉰ 감속 모드 ㉱ 가속 모드

풀이) 정속 주행장치
(ACC, Auto Cruise Control system)
① 세트 제어(set control, 고정 주행, 순항 모드)
② 리줌 제어(resume control, 회복 주행)
③ 코스트 제어(coast control, 감속 주행)
④ 액셀러레이터 제어(accelerator control, 가속 주행)
* 정속 주행장치의 주요 구성부품 : 차속센서, ECU, 조작 스위치, 액추에이터 등

14 ㉯ 15 ㉯

04 냉·난방장치

제1절 냉방장치

1_ 에어컨(air-con)

알콜을 피부에 바르면 차게 느껴지고 여름철 마당에 물을 뿌리면 시원하게 느껴진다. 이러한 현상은 알콜이나 물이 증발할 때 주위로부터 열을 빼앗기 때문이다. 에어컨은 액체에서 기체로 기화할 때, 주위에서 열을 빼앗는 원리를 이용하여 자동차의 실내를 쾌적하게 하는 장치이다.

1. 에어컨 일반

1) 냉매

냉매란 냉동효과를 얻기 위해 사용되는 물질로 예전에는 R-12인 구냉매를 사용하였으나, 오존층을 파괴하여 지금은 신냉매인 R-134a를 사용한다.

① 냉매의 구비조건
  ㉠ 증발잠열이 클 것
  ㉡ 응축압력이 낮을 것
  ㉢ 임계온도가 높을 것
  ㉣ 화학적으로 안정되고 부식성이 없을 것
  ㉤ 인화성과 폭발성이 없을 것
  ㉥ 인체에 무해할 것

2) 냉방부하

냉방부하란 자동차 실내의 온도가 오르는 원인을 의미하는 것으로, 승차인원에 따른 승원부하, 태양으로부터의 복사부하, 자동차 부근의 대류에 의한 대류부하, 주행중 외부에서 들어오는 환기부하 등이 있다.

3) 냉방 사이클의 종류

① 팽창밸브 시스템(Thermo eXpansion Valve, TXV형)
② 오리피스 튜브 시스템(Clutch Cycling Orifice Tube, CCOT형)

4) 냉매의 순환과정

① 팽창밸브 시스템 : 압축기 → 응축기 → 건조기 → 팽창밸브 → 증발기
　　　　　　　　　　[compressor → condenser → drier → expansion valve → evaporator]
② 오리피스 튜브 시스템 : 압축기→응축기→오리피스 튜브→증발기→어큐물레이터(축압기)
　　　　　　　　　　　　　　　　　　　　　[orifice tube]　　　　　　　　　　[accumulator]

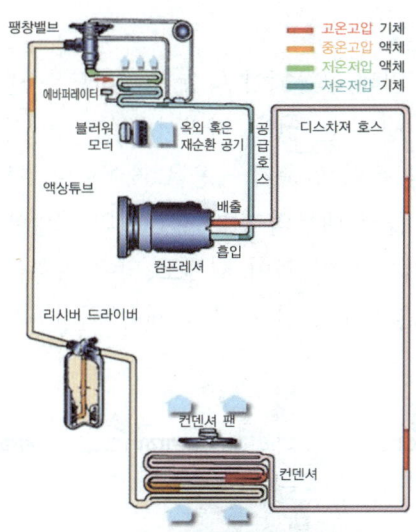

그림 3-160 / 팽창밸브 시스템

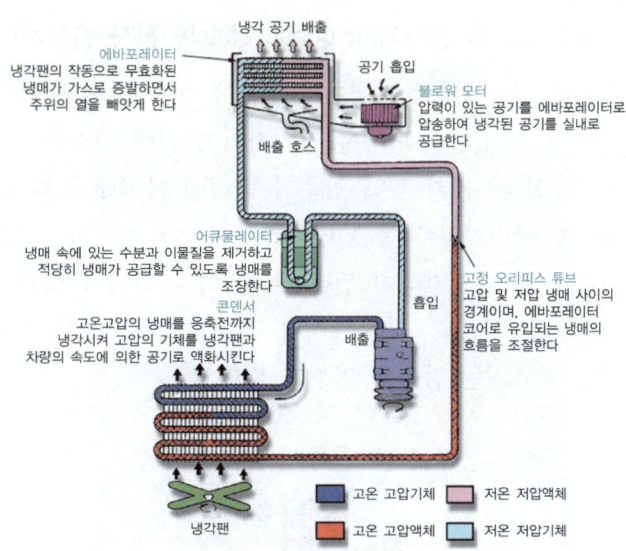

그림 3-161 / 오리피스 튜브 시스템

2. 에어컨의 구성부품

1) 압축기

압축기는 마그네틱 클러치에 의해 작동하며, 증발기에서 저압 기체로 된 냉매를 고압으로 압축하여(14 ~ 15[kg_f/cm^2]) 응축기로 보내는 작용을 한다. 이 압축기 작용에 의해 냉매는 사이클 내를 순환하게 된다. 압축기 흡입구로 흡입될 때 냉매의 온도는 약 0[℃], 압력은 1.5[kg_f/cm^2] 이고, 토출될 때의 온도는 약 70 ~ 80[℃], 압력은 15[kg_f/cm^2] 이다.

① 압축기의 종류
　㉠ 왕복식 : 크랭크식, 사판식, 와플(wabble plate)식, 스코크 요크식
　㉡ 회전식 : 베인 로터리식(편심 및 동심), 롤링 피스톤식

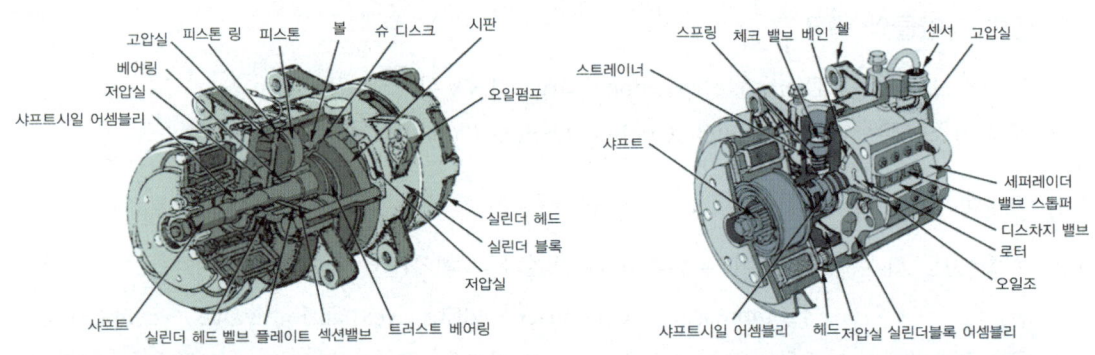

그림 3-162 / **사판식 압축기**   그림 3-163 / **로터리식 압축기**

2) 마그네틱 클러치(magnetic clutch, 전자 클러치)

압축기는 엔진의 크랭크축 풀리에 설치된 구동 벨트에 의해 구동되어 항상 회전하므로 냉방이 필요 없거나 냉방을 정지시키기 위해 엔진을 정지시킬 수는 없다. 따라서 압축기를 회전 및 정지시키기 위해 압축기 풀리에 마그네틱 클러치를 두어 압축기 작용을 제어한다. 마그네틱 클러치의 작동은 에어컨 스위치를 ON하면, 로터 풀리 내부의 전자 클러치의 코일에 전류가 흘러 전자석이 된다. 이에 따라 압축기 축과 클러치 판이 붙어 일체로 되어 압축을 시작하고 전원을 끄면 클러치 판을 흡인하지 않으므로 풀리만 엔진과 같이 계속 회전하게 되고 압축기는 압축을 멈추게 된다.

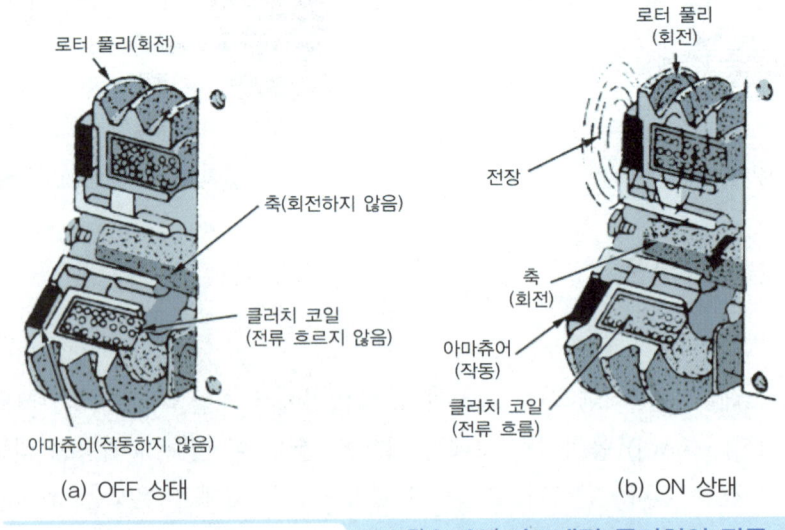

그림 3-164 / **마그네틱 클러치의 작동**

3) 응축기(콘덴서 : condenser)

① 응축기의 역할 : 응축기는 라디에이터 앞쪽에 설치되며, 압축기로부터 유입되는 고온,

고압의 냉매가스를 냉각용 팬(cooling fan)을 작동시켜 강제 냉각시켜 액화시키는 기능을 한다.

응축기의 방열량은 압축기의 방열량과 증발기의 증발량에 의하여 결정되며, 응축상태가 불량하면 냉동 사이클의 압력이 과다 상승하게 되어 냉방성능을 저하시키므로 용량 결정 및 관리에 유의하여야 한다.

② 응축기의 종류
  ㉠ 핀 튜브형(fin & tube)
  ㉡ 서펜틴형(콜게이트 핀 형, serpentine, corrugate)
  ㉢ 패러렐 플로우형(parallel flow)

표 4-3 / 응축기의 종류

핀 튜브형	서펜틴형	패러렐 플로우형

4) 건조기(리시버 드라이어 : receiver drier)

① 건조기의 구조 : 건조기는 용기, 여과기, 튜브, 건조제, 사이트 글래스 등으로 구성되어 있다. 건조제는 용기 내부에 내장되어 있고, 이물질이 장치 내로 유입되는 것을 방지하기 위해 여과기가 설치되어 있다. 응축기에서 건조기로 유입되는 액체가 기체보다 무거우므로 건조제로 떨어져 건조제와 여과기를 통하여 냉매 출구로 흘러간다.

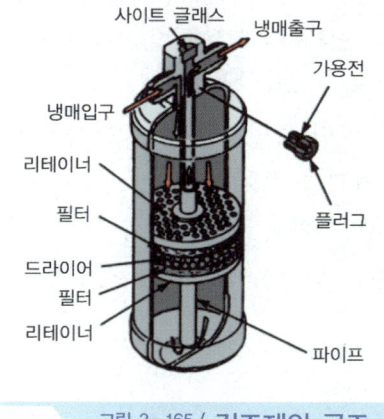

그림 3-165 / 건조제의 구조

제4장_ 냉·난방장치

② 건조기의 역할
  ㉠ 저장기능 : 냉동사이클의 부하변동에 대응하여 적절한 양의 냉매를 저장한다.
  ㉡ 기포분리 : 응축기에서 토출된 액냉매가 기포를 포함하고 있는 경우, 냉방성능이 저하되므로 기포와 액체를 분리하여 액체냉매만 팽창밸브로 보낸다.
  ㉢ 수분흡수 : 건조제와 필터를 사용하여 냉매 중의 수분 및 이물질을 제거한다.
  ㉣ 냉매량 관찰 : 사이트 글래스를 통하여 냉매량의 적정여부를 확인할 수 있다.

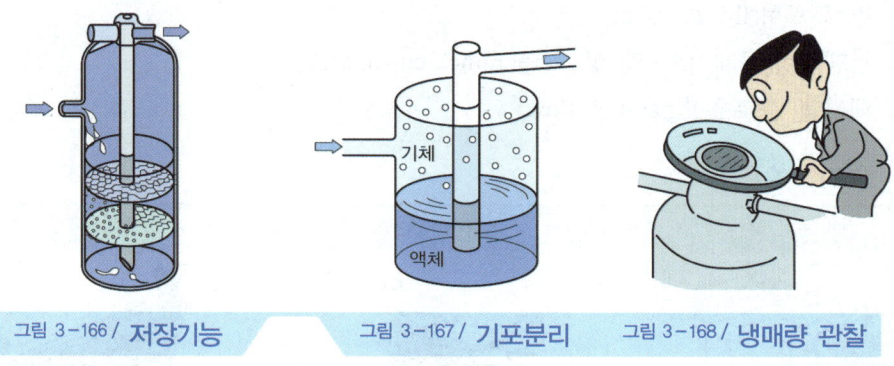

그림 3-166 / 저장기능   그림 3-167 / 기포분리   그림 3-168 / 냉매량 관찰

5) 팽창밸브(expansion valve)

① 팽창밸브의 역할 : 리시버 드라이어로부터 유입된 중온 고압의 액체 냉매는 팽창밸브로 유입되어 저온 저압의 습포화 증기상태로 변화된다. 이 때 기체의 온도는 액체 상태일 때 보다 상승하게 되고, 팽창밸브를 지나는 냉매 양은 온도 감지 밸브와 증발기 내부의 냉매 압력에 의해 제어된다.

응축기에서 냉매액을 제한없이 보내면 증발기 안은 곧바로 가득차서 기화할 수 없으므로 필요에 따라 적당한 양의 냉매를 서서히 보내도록 제어하는 것이 팽창밸브의 역할이다.

냉매의 양이 일정량이고 열부하가 클 때, 냉매는 증발기 출구에 도달하기 전에 완전히 증발하며, 증발 후에도 큰 열부하 때문에 더 가열되어 냉매증기 온도는 증발온도보다 높아진다.(과열도 약 5[℃]로 설계)

만약, 과열도가 5[℃] 이상이면 증발기 도중에 기화가 완료되고, 그 다음은 냉매 가스가 과열되기 때문에 냉방효과가 떨어지고 작으면, 증발기 내부 만으로 냉매가 기화할 수 없어 출구에서도 일부 액체를 함유한 상태로 압축기에 흡입되기 때문에(liquid back) 압축기 밸브와 O링을 손상시키며 심한 경우는 액체를 압축하여 압축기도 손상될 수 있다.

② 팽창밸브의 구조

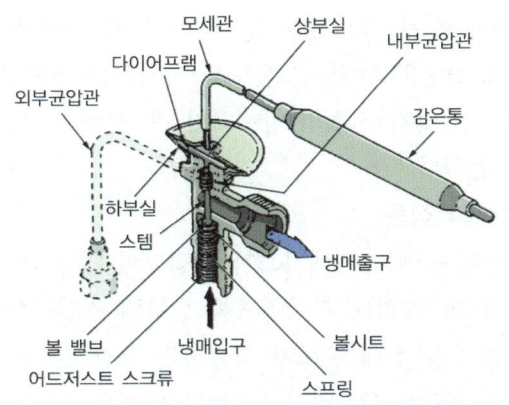

그림 3-169 / **팽창밸브의 구조**

③ 냉방부하에 따른 팽창밸브의 유량제어 기능

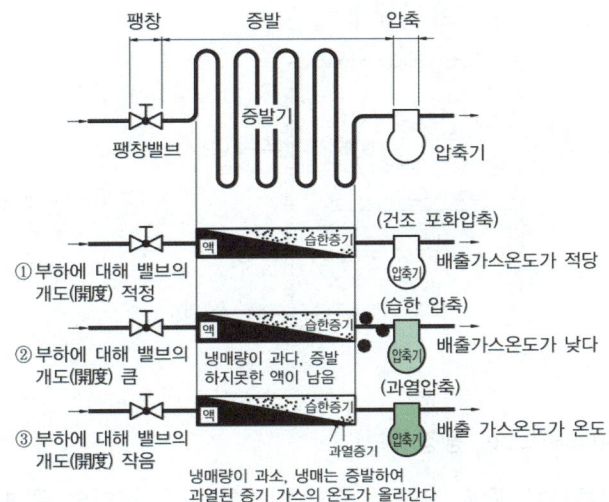

④ 팽창밸브의 종류

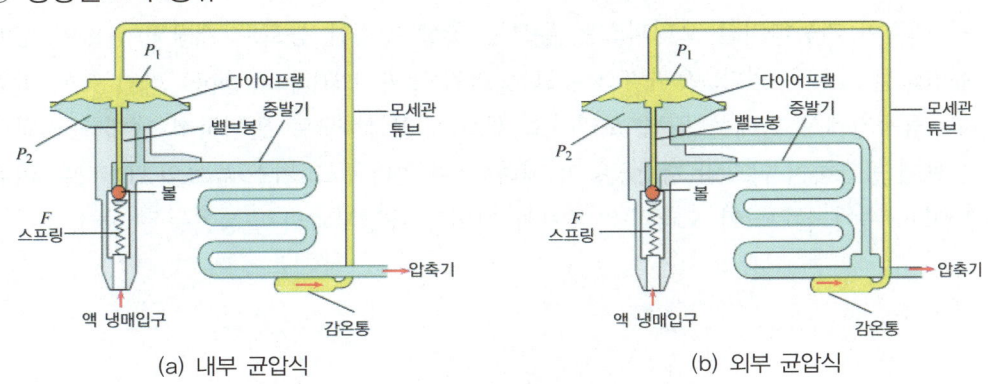

(a) 내부 균압식　　　　　　　　(b) 외부 균압식

㉠ 내부 균압식 : 밸브의 교축팽창 직후의 냉매압력을 감지하는 형으로, 주로 증발기 전후의 압력차가 적은 것에 적용되며 경승용차 등에 사용한다.

㉡ 외부 균압식 : 밸브 출구의 압력 및 온도를 감지하는 형으로, 증발기 전후의 압력차를 보상할 수 있어 증발기 전후의 압력차가 큰 것에 적용되며 일반 승용차용 냉동 시스템에 널리 사용한다.

⑤ **내부 균압식 팽창밸브의 작동**

㉠ 안정된 제어 : 감온통 속에는 냉매가스가 봉입되어 있기 때문에 과열도 만큼 온도가 상승하여 감온통 내의 압력을 다이어프램 상부에 전달되어 평형을 유지한다.

㉡ 부하가 증가된 경우 : 차 실내 온도가 상승하면 증발기에 가해지는 열부하가 커지게 되고, 증발기 출구 온도가 상승하므로 감온통내 압력이 상승하여 냉매 유량을 증가시켜 과열도의 상승을 방지한다.

㉢ 부하가 작아지면 : 열부하 감소, 증발기 출구온도 저하, 밸브 닫히고, 냉매유량 감소하여 과열도를 적정치로 유지한다.

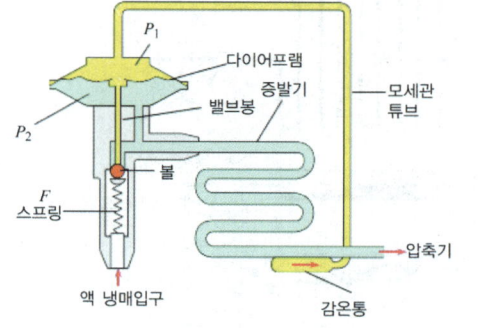

P_1 : 감온통의 압력
P_2 : 증발압력
F : 스프링 장력

6) 오리피스 튜브(orifice tube, 팽창튜브)

① 기능 : 오리피스 튜브가 중온 고압의 액체 냉매를 저온 저압의 무화된 냉매로 분사하여 증발기(evaporator)로 보내는 기능은 팽창밸브와 동일하나, 팽창밸브는 가변밸브로 유량 조절이 가능하지만 오리피스는 튜브는 항상 일정한 통로로 개방되어 있어 냉매의 유량조절 기능은 없다. 오리피스 튜브는 리퀴드 파이프(liquid pipe) 라인 속에 삽입되고, 응축기에서 냉매를 직접 오리피스 튜브로 공급하므로 완벽하게 냉매를 액화시켜 튜브에 공급하지 않으면 냉방성능이 저하될 수 있다. 오리피스 튜브의 "O"링은 리퀴드 파이프 속에 삽입되어 오리피스 튜브와 파이프 내경부와의 밀봉기능을 한다.

② 오리피스 튜브의 구조

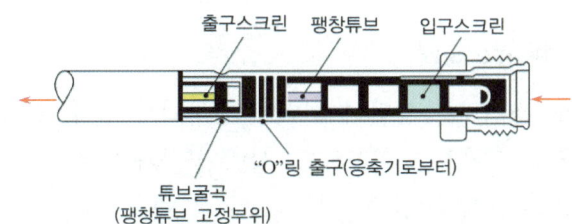

7) 증발기(evaporator)

① 기능 : 팽창밸브를 통과한 냉매가 증발하기 쉬운 저온 저압의 안개상태로 증발기 튜브를 통과할 때 고온의 실내공기에서 열을 빼앗아 기체(과열증기)로 된다. 열을 빼앗긴 공기는 송풍기(blower)에 의해 차량의 실내로 토출되어 공기가 시원하게 되고, 차실 내의 환경을 쾌적하게 유지한다.

냉매와 공기 사이의 열교환은 튜브 및 핀을 사용하므로 공기의 접촉면에 물이나 먼지가 닿지 않아야 한다. 또한, 냉각작용에 의해 수분이 발생되면, 핀 부분에 결빙이나 서리 현상이 발생되어 풍량 감소 및 냉방성능이 현저히 저하하므로 동결을 방지하기 위하여 온도 제어 스위치나 가변식 토출 압축기를 사용한다.

② 증발기의 종류
  ㉠ 핀 튜브(fin tube) 방식
  ㉡ 서펜틴(serpentine) 방식
  ㉢ 라미네이트(laminate) 방식

표 4-4 / 증발기의 종류

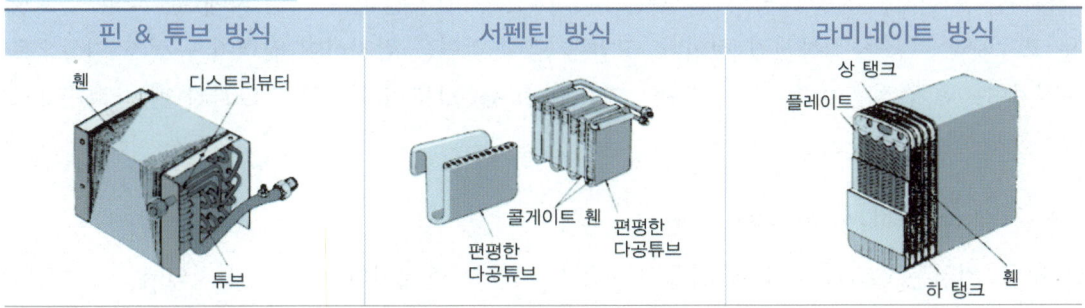

8) 송풍기(blower)

저온 저습화된 증발기에 대기 중의 공기 또는 실내의 공기를 전동기 팬으로 증발기 주위로 공기를 통과시킨다. 이 때, 고온 다습한 공기가 저온 제습된 공기로 되어 실내로 유입되어 쾌적한 환경을 유지하게 된다.

3. 기타 부속장치

1) 핀서모 스위치(fin thermo s/w)

핀서모 스위치는 온도 스위치로 증발기 커버에 장착되어 있다. 증발기 온도가 낮으면 냉방효과가 저하하므로 온도 스위치를 OFF하고, 실내 공기가 더워지기 전에 적당한 온도에서 다시 스위치를 ON 시키는 역할을 한다.

2) 듀얼 압력 스위치(dual pressure s/w)

고압측 리시버 드라이어(건조기) 위에 설치되며, 냉매의 압력에 의해 작동한다. 시스템 내에 냉매가 없으면, 에어컨 작동시 증발기는 냉각되지 않으므로 핀 서모 스위치는 작동하지 않아, 컴프레셔는 계속 작동하게 되어 파손의 위험이 있으므로 스위치를 OFF 시킨다. 반대로 냉매가 과다 충전되거나 시스템이 막히면, 냉매 압력이 급격히 상승하여 컴프레셔 및 시스템이 파손되므로 역시 스위치를 OFF 시켜 회로를 보호한다.

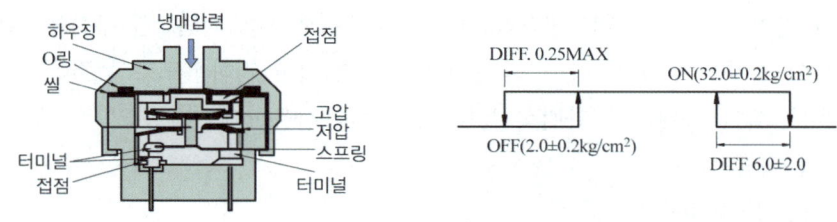

그림 3-170 / 듀얼 압력 스위치의 구조

3) 트리플 스위치(triple s/w)

트리플 스위치는 3개의 압력 설정치를 갖고 있으며, 듀얼 압력 스위치에 팬 스피드 조정용 고압 s/w 기능을 접목시킨 것이다. 고압측 냉매 압력을 감지하여 압력이 규정치 이상으로 올라가면 s/w 접점을 "close" 시켜 냉각팬을 high speed용 릴레이로 전환시켜 팬이 고속으로 작동하게 한다.

4) 저압 스위치(low pressure s/w)

저압스위치는 CCOT 타입에 사용되는 것으로, 어큐뮬레이터 상부에 설치되어 있으며 압력에 따라 컴프레셔를 제어하는 기능을 한다. 실내가 냉각되어 냉매가 완전히 증발하지 못하고 액체상태로 어큐뮬레이터를 거쳐 컴프레셔로 흡입되면 컴프레셔는 파손되고 증발기는 빙결되어 냉방효과는 떨어지므로, 냉매의 압력이 규정보다 낮아지면 에어컨 릴레이로 가는 전원을 OFF시키고, 실내온도가 높아져 압력이 상승하면 스위치는 ON되어 에어컨에 전원을 공급한다.

5) AQS(Air Quality Sensor) 센서

배기가스를 비롯하여 대기 중에 함유되어 있는 유해 및 악취가스를 감지하여 이들 가스의 실내 유입을 차단하는 시스템이다. AQS 작동시 출력전압은 Normal시 5[V], Gas 감지시 0V를 나타낸다.

6) 외기온도(AMBIENT) 센서

차량 앞쪽에 부착되어 있으며, 외기온도를 감지하여 컨트롤에 신호를 보내 토출온도와 풍량이 운전자가 선택한 온도에 근접할 수 있도록 하는 센서이다.

2_ 전자동 에어컨(FATC : Full Automatic Temperature Control)

1. 전자동 에어컨의 개요

1) 개요

전자동 에어컨이란 운전자가 희망하는 온도를 한번 에어컨에 지시하면 외부 조건의 변화에 관계없이 시스템 자신이 자동으로 냉방능력을 조절하여 항상 지시된 온도로 실내온도를 유지하는 시스템으로, 컨트롤 시스템으로는 마이크로 컴퓨터를 사용하며 Full Automatic Temperature Control의 약자로 FATC 컴퓨터라 한다.

2) 시스템 구성도

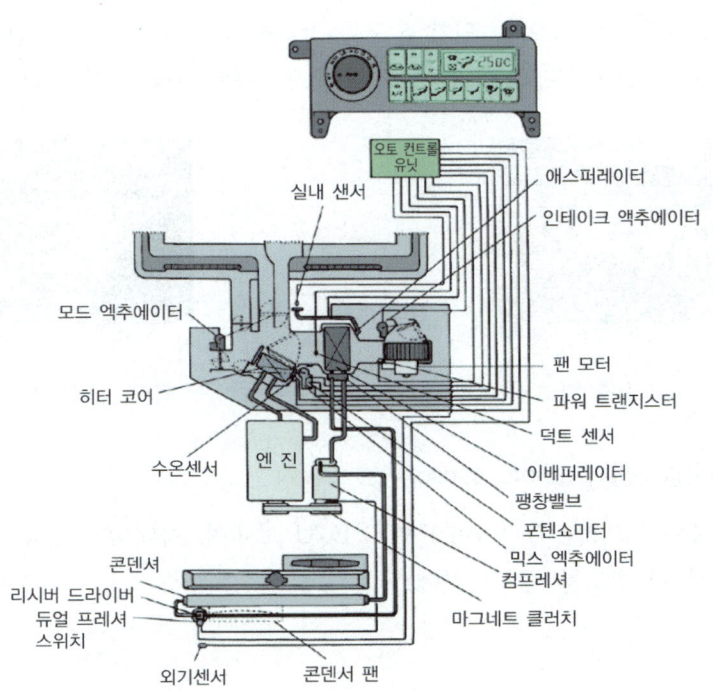

3) 전자동 에어컨의 입력 및 출력

입력부분	제어부분	출력부분
• 실내 온도 센서 • 외기 온도 센서 • 일사량 센서 • 핀 서모 센서 • 수온 센서 • 온도 제어 액추에이터 • 위치 센서 • AQS 센서 • 스위치 입력 • 전원 공급	FATC 컴퓨터	• 온도 제어 액츄에이터 • 풍량 제어 액츄에이터 • 내외기 제어 액츄에이터 • 파워 트랜지스터 • HT 송풍기 릴레이 • 에어컨 출력 • 제어 패널 회면 DISPLAY • 센서 전원 • 자기 진단 출력

2. FATC 구성요소

1) 실내 온도센서(in car sensor)

NTC 서미스터 방식으로, 차량의 실내 공기 온도를 감지하여 FATC ECU에 입력시키는 역할을 한다.

2) 외기 온도센서(ambient sensor)

콘덴서 앞쪽에 설치되어 있으며, 외기 온도를 감지하여 FATC ECU에 입력시키는 역할을 한다. FATC ECU는 실내온도와 외기온도를 기준으로 냉·난방 제어를 한다.

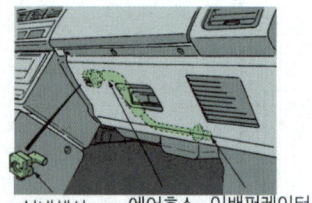

그림 3-171 / 실내 온도센서 장착 위치

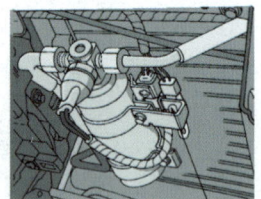

그림 3-172 / 외기 온도센서 장착 위치

3) 일사량 센서(일사센서, photo sensor)

실내로 내리쬐는 일사량을 감지하여 FATC ECU 보내며, 차내 온도상승을 방지하기 위해 AUTO에 위치 시 팬 속도를 증가시킨다.

4) 핀 서모 센서(fin thermo sensor)

핀 서모 센서는 과냉으로 인한 증발기의 빙결을 방지하기 위하여 증발기 코어 핀의 온도를 감지하여 FATC ECU에 입력시키는 역할을 한다. NTC 서미스터 방식으로, 증발기 코어의 온도가 0.5[℃] 이하이면 FATC ECU가 압축기를 강제로 OFF시킨다.

5) 수온 센서(water temperature sensor)

히터 코어를 순환하는 냉각수 온도를 감지하여 FATC ECU에 보내면 FATC ECU는 설정온도와 실내온도, 외기온도와의 차이를 비교하여 난방기동 제어를 실행한다.

6) 습도 센서(humidity sensor)

차량의 실내 습도를 검출하여 FATC ECU에 입력시켜 차내 습도 제어에 이용한다.

7) 파워 트랜지스터(power transistor)

파워 트랜지스터는 송풍기용 전동기의 전류량을 가변시켜 배출 풍량을 제어하는 역할을 한다.

8) 고속 송풍기 릴레이(high speed blower relay)

고속 송풍기 릴레이는 송풍기를 최대로 선택하였을 때 송풍기용 작동전류를 제어하는 역할을 한다.

9) 압축기 구동신호 출력

FATC ECU는 각종 입력 센서들의 정보를 기초로 압축기 작동여부를 판단한다. 작동조건이라 판단되면 FATC ECU는 12V 전원을 출력한다.

3. FATC 제어

전자동 에어컨의 제어에는 배출온도 제어, 배출모드 제어, 배출풍량 제어, 압축기 작동 제어의 4가지 기본제어 외 여러가지 제어가 있다.

1) 배출온도 제어

배출온도 제어는 FATC ECU가 히터코어 유닛에 설치된 온도제어 액추에이터를 열고 닫음으로서 제어한다.

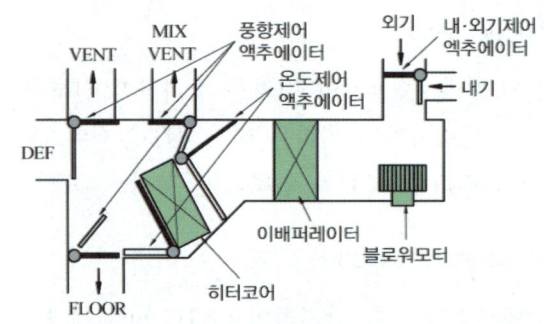

그림 3-173 / 온도, 풍향 및 내·외기 제어 액추에이터

2) 배출모드 제어

배출모드 제어는 운전자의 선택 스위치에 의해 FATC ECU가 풍향제어 액추에이터를 작동시켜 제어한다. 운전자가 모드를 선택하면 벤트(VENT) → 바이 레벨(BI LEVEL) → 플로어(FLOOR) → 믹스(MIX) → 디프로스트(DEFROST) 순으로 제어한다.

표 4-5 / 모드 스위치 및 흡기 스위치

	모드 스위치					흡기 스위치	
OFF	VENT	VENT FLOOR	FLOOR	DEF FLOOR	DEF	RECIRC	FRESH

3) 배출풍량 제어

배출풍량 제어는 FATC ECU가 파워 트랜지스터 베이스 전류를 단계적으로 가변시켜 블로워 모터에 작용하는 전류를 자동으로 제어하여 전압을 조정함으로써 모터의 회전수를 바꾸어 배출풍량을 제어한다.

4) 압축기 작동 제어

에어컨의 운전 조건상 압축기 작동이 필요 없거나 정지시킬 필요가 있을 때 자동으로 압축기 작동을 정지하는 기능이다. FATC ECU는 각종 센서의 입력정보를 연산하여 압축기 구동 신호를 ON, OFF 한다.

5) 난방 기동 제어

난방 기동 제어는 자동모드로 작동 중 냉각수 온도가 낮은 상태에서 난방모드를 선택하면 차가운 바람이 운전자 쪽으로 강하게 배출되는 현상을 최소화 시켜주기 위한 제어 기능이다.

6) 냉방 기동 제어

냉방 기동 제어는 증발기 온도가 높은 상태에서 냉방모드를 선택하면 미처 냉각되지 않은 뜨거운 바람이 운전자 쪽으로 강하게 배출되는 현상을 최소화 시켜주기 위한 제어 기능이다.

7) 자기진단 출력 기능

FATC ECU는 입·출력되는 센서 및 액추에이터들의 전기적, 기계적 결함이 발생되었을 때 고장 내용을 전기적인 신호로 출력시키는 기능이다. 과거 고장기억이 아닌 현재 고장이 발생되어 있는 항목만을 표시한다.

4. 에어컨 점검정비 및 충전

1) 냉매 취급 방법

① 냉매 용기는 직사광선이 비치는 곳에 방치하지 않는다.
② 냉매 용기를 50[℃] 이상 가열하지 않는다.
③ 냉매 용기의 보토 캡을 항상 씌워 둔다.
④ 용접 또는 증기 세차시 에어컨 시스템으로부터 충분한 거리를 유지한다.
⑤ 냉매가 피부에 접촉되지 않도록 한다.
⑥ 액체 상태의 냉매가 눈에 들어가지 않도록 한다.
⑦ 냉매 충전시에는 냉매 용기에 완전히 채우지 않도록 한다.

그림 3-174 / 냉매 취급시 주의사항

2) 각 구성품의 점검

① 성능 점검을 한다.
㉠ 직사광선이 비치지 않는 곳에 차량을 위치시킨다.

ⓒ 모든 도어 및 창을 닫는다.
ⓒ 보닛을 열어 놓는다.
② 매니폴드 게이지를 컴프레서의 고압과 저압측에 연결시킨다.
⑩ 엔진 회전수를 1500[rpm]으로 유지시킨다.
ⓑ 에어컨 스위치를 켜고 송풍기를 최대로 작동시켜 10분 후 각 부위별 온도 및 압력을 측정한다.

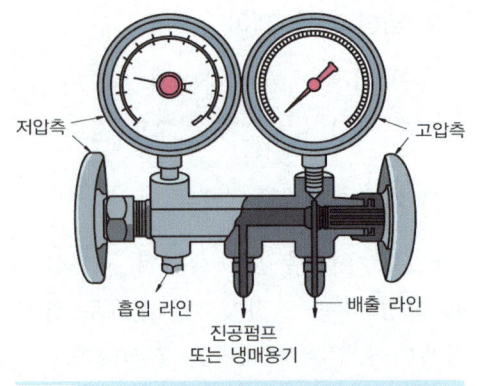

그림 3-175 / 매니폴드 게이지

② 냉매 가스 누출을 점검한다.
  ⓐ 가스 검출기를 사용하여 연결 부위, 유니온, 압축기, 서비스 피팅, 주입구, 증발기, 리시버 드라이어 등에서의 누출여부를 점검한다.
  ⓒ 냉매 가스는 공기보다 무겁기 때문에 누출 점검은 누출 예상 개소에서 가능한 한 낮은 위치에서 행한다.
  ⓒ 가스가 누설되는 것이 발견되면 연결부를 재조임하거나 O링을 교환한다.
  ② 점검 개소 부근의 담배 연기 또는 다른 기체들로 인해 검출기가 오동작될 수도 있다.
  ⑩ 본 점검은 엔진을 가동하지 않고 한다.

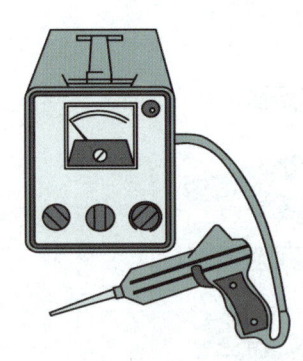

그림 3-176 / 가스 검출기

그림 3-177 / 매니폴드 게이지 연결

3) 에어컨 컴프레서 분해 및 정비
① 특수 공구를 사용하여 구동판이 회전하지 않도록 하고, 너트와 스프링 와셔를 탈거한다.
② 특수 공구를 사용하여 구동판을 탈거 컴프레서 구동축 또는 구동판으로 부터 심을 탈거한다.
③ 록 너트(lock nut)의 혹(rock)에서 고리 부위를 밑으로 구부린다.

④ 록 너트(lock nut)와 와셔를 탈거한다.
⑤ 풀리를 탈거한 다음 드라이버를 사용하여 코일 배선 고정 클립을 탈거한다.
⑥ 코일을 컴프레서에 부착하는 스크루를 풀어 탈거한 후 구동축에 키 홈으로 부터 키를 탈거한다.
⑦ 마찰 표면이 열에 의해 손상된 흔적이 있으면, 구동판과 풀리는 교환해야 한다.

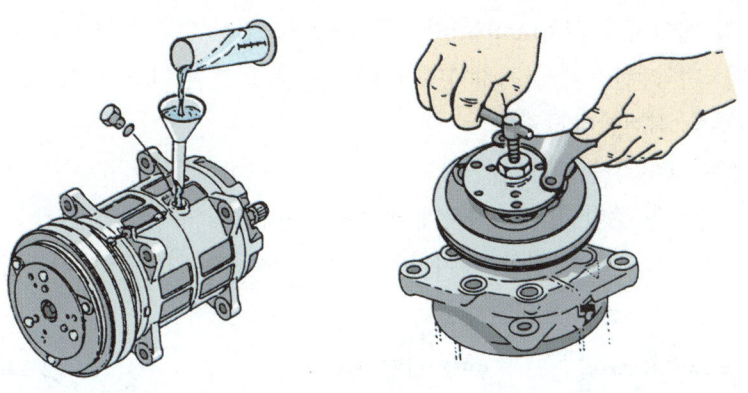

그림 3-178 / 컴프레서 오일 주입   그림 3-179 / 구동판 탈거

⑧ 앞 커버 턱부위 네군데를 플라스틱 해머로 쳐서 앞 커버, 앞 밸브관, 앞 흡입 밸브를 탈거한 후에 흡입 밸브판을 탈거한다.
⑨ 플라스틱 해머로 부착 볼트를 두드려서 뒤쪽 커버와 밸브판 및 흡입 밸브를 탈거한다.
⑩ 뒤 커버와 밸브판으로부터 모든 가스킷을 제거한다.
⑪ 검사는 커버에 대하여 긁힘, 변경, 기타 손상된 부품이 있나 점검한다.
밸브판에 있는 모든 통로가 막혔는가를 확인한다. 만약 커버나 밸브판에 금이 갔으면 교환한다.
⑫ 조립은 분해의 역순으로 하며 조립시 컴프레서 오일을 도포한 후에 조립한다.
⑬ 조립이 끝나면 클러치 간극이 0.3 ~ 0.6[mm] 이내가 되도록 하고 필요하면 조정심을 사용하여 조정한다.

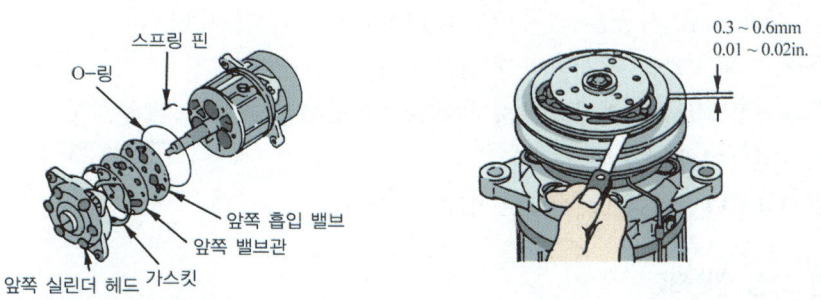

그림 3-180 / 앞부분 분해도   그림 3-181 / 클러치 간극측정

4) 자동차 에어컨 냉매 충진 작업

① 공기빼기 작업은 컴프레서의 흡입 밸브측에 저압 게이지를 연결하고, 배출 밸브측에 고압 게이지를 연결한다.
② 압력 게이지 중앙에 있는 조인트에는 진공 펌프에 연결한다.
③ 압력 게이지의 저압, 고압측 밸브를 연 다음 진공 펌프를 작동시킨다.
④ 저압측 압력 게이지가 740[mmHg]가 되도록 진공 펌프를 작동시키고 추가하여 5분 정도 더 한다. 만약 진공이 규정값까지 내려가지 않으면 파이프 연결 부위에 새는 곳이 있는지 여부를 점검한다.
⑤ 고압, 저압측 게이지를 잠근다.
⑥ 진공 펌프 작동을 중단시키고 가운데 호스를 떼어낸다.
⑦ 약 10분 동안 기다린 후 진공 게이지의 지침이 변하지 않고 있는가를 점검한다.

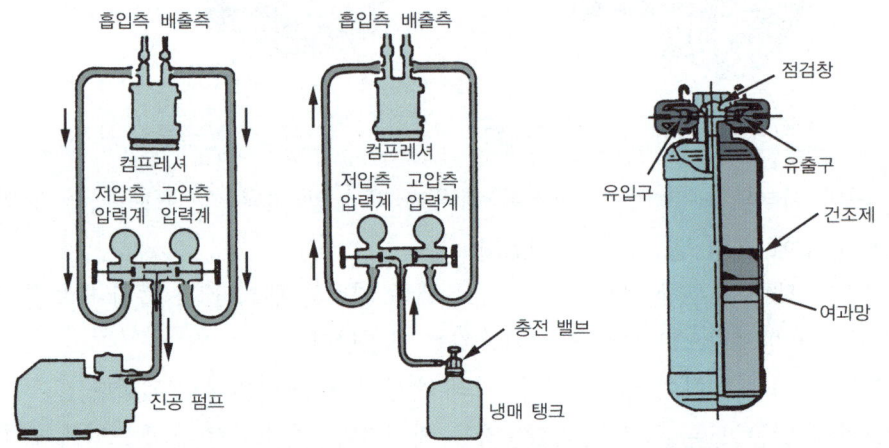

그림 3-182 / 공기빼기 작업   그림 3-183 / 냉매 충진 작업   그림 3-184 / 건조기 구조

⑧ 진공 펌프에서 빼낸 호스 끝쪽을 가스 탱크에 연결한다.
⑨ 저압 게이지측 밸브를 열어 냉매가 흘러 들어가도록 한다.
⑩ 충진이 끝난 다음 시동을 걸어 약 1000[rpm]이 되도록 한다.
⑪ 저압측이 거의 "0"을 지시하면 저압측 밸브를 잠근다.
⑫ 2번의 동작을 검사 유리창에서 흰색 거품이 없어질 때까지 계속한다.
⑬ 저압측 밸브를 잠근다.
⑭ 컴프레서로부터 호스를 떼어내고 캡을 부착한다.

5) 에어컨 고장 진단표

• 에어컨 가스점검은 날씨가 화창하며, 기온이 높은 경우에 에어컨 냉매가스 주입이 잘된다.

- 가스통 보관시 화기엄금 및 환풍이 잘되는 응달에 보관할 것
- 신냉매 R134a, 구냉매 R12

① 정상의 경우

압력	저압 : 1.5 ~ 2.0[kg_f/cm^2] 고압 : 14.5 ~ 15.0[kg_f/cm^2]
판단	냉매 가스 상태 양호 냉방 상태 양호 정상적인 에어컨 시스템 상태

저압 2.0[kg/cm^2] 15.0[kg/cm^2]

※ 1[kg_f/cm^2] = 14.2[PSI]

② 냉매가스가 순환하지 않을 경우

압력	저압 : 무압(아주낮다), 고압 : 6[kg/cm^2] 낮다.
상황	냉방 상태가 부족하다.(차갑지 않다.), 가끔 차가울 때가 있다.
원인	팽창 밸브의 구멍이 막혔습니다.(동결, 먼지, 이물질로 막힘) 팽창 밸브의 검은통 가스 누설합니다.
진단	팽창 밸브의 구멍이 막혔습니다.
대책	수분제거 : 재진공 작업하여 냉매가스를 충전하십시오. 먼지제거 : 팽창 밸브를 분해하여 에어컨 청소 및 교환하십시오, 리시버 드라이어를 교환하십시오. 팽창 밸브 검은통 가스누설 : 교환하십시오.

저압 0.0[kg/cm^2] 6.0[kg/cm^2]

③ 콤프레서 압축 불량의 경우

압력	저압 : 4 ~ 6[kg/cm^2], 고압 : 7 ~ 10[kg/cm^2]
상황	냉방 상태가 부족하다.(차갑지 않다.)
원인	콤프레서 내부 누설입니다.
진단	콤프레서 압축 불량입니다.(밸브 누설 및 파손)
대책	콤프레서 수리 및 교환하십시오.

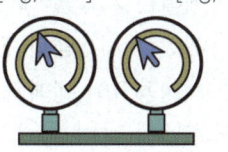

저압 4 ~ 6[kg/cm^2] 7 ~ 10[kg/cm^2]

④ 냉매가스가 부족한 경우

압력	저압 : 0.8[kg/cm²](낮다), 고압 : 8 ~ 9[kg/cm²](낮다)	
상황	냉방 상태가 부족하다.(통풍구 출구가 거의 차갑지 않다.) 사이트그라스 기포가 많이 발생합니다.	
원인	팽창 밸브의 구멍이 막혔습니다. 에어컨 시스템 내의 냉매가스 누설입니다. 리시버 드라이어가 막혔습니다.	
진단	에어컨 시스템 내의 냉매 부족 및 누설입니다.	
대책	냉매가스 누설부분 수리 및 냉매가스를 보충합니다. 팽창 밸브 및 리시버 드라이어 수리 및 교환하십시요.	

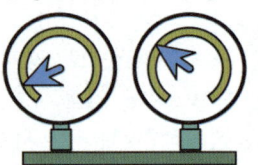

저압
0.8[kg/cm²] 8 ~ 9[kg/cm²]

⑤ 냉매가스가 많을 경우

압력	저압 : 2.5[kg/cm²](높다), 고압 : 20[kg/cm²](높다)
상황	냉방 상태가 별로 좋지 않습니다. 사이트그라스 기포가 전혀 보이지 않습니다.
원인	냉매가스가 많습니다. 콘덴서 냉각 불량입니다.
진단	에어컨 시스템 내의 냉매가 과충전 상태입니다. 콘덴서 냉각 불량 : 콘덴서 핀 불량 및 쿨링 팬 불량입니다.
대책	냉매가스를 분출하십시오. 콘덴서 세척 및 쿨링 팬 벨트를 점검하십시오.

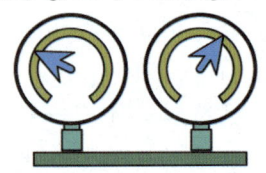

저압
2.5[kg/cm²] 20.0[kg/cm²]

⑥ 에어컨 장치에 공기가 유입되었을 때의 경우

압력	저압 : 2.5[kg/cm²](높다) 고압 : 23[kg/cm²](높다)
상황	냉방 상태가 부족합니다. 저압 파이프를 손으로 만졌을 때 차갑지 않습니다.
원인	에어컨 시스템 내에 공기가 혼합되었습니다.
진단	에어컨 시스템의 진공 작업 불량입니다.
대책	재진공하여 냉매가스를 충전하십시요. 콘덴서 오일 오염 : 세척 및 교환하십시요. 리시버 드라이어 교환하십시요.

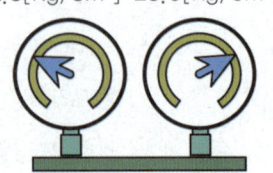

저압
2.5[kg/cm²] 23.0[kg/cm²]

⑦ 에어컨 장치에 수분이 흡입되었을 때의 경우

압력	저압 : 저압 ~ 1.5[kg/cm²](낮거나 심하게 떨림) 고압 : 7 ~ 15[kg/cm²](낮거나 심하게 떨림)
상황	에어컨 냉방 상태가 주기적으로 차거나 차지 않습니다. 게이지 압력이 가끔 떨어졌다가 정상압력이 되었다 합니다.
원인	에어컨 시스템 내에 수분이 혼합되어 팽창 밸브가 가끔 동결됩니다.
진단	리시버 드라이어가 과포화 상태입니다. 수분이 팽창 밸브에 동결되었습니다.
대책	재진공하여 냉매가스를 충전하십시오. 리시버 드라이어를 교환하십시오.

저압
50[cmHg] ~ 1.5[kg/cm²]
7 ~ 15.0[kg/cm²]

제2절 난방장치

난방장치란 겨울철 실내를 따뜻하게 하고 동시에 앞면의 창유리가 흐려지는 것을 방지하는 장치(defroster)도 겸하게 되어 있다. 난방장치는 주로 엔진의 냉각수를 이용한 온수난방 방식이다.

1_ 온수식 난방장치

1) 구조

온수식 난방장치는 물펌프에 의해 순환하는 냉각수를 열원으로 사용한다. 히터 유닛을 중심으로 냉각수를 들여오고 또 유닛에서 엔진으로 보내기 위한 호스 및 냉각수의 유통을 차단하기 위한 밸브 등으로 구성되어 있다. 또 엔진에서의 냉각수 출구는 수온 조절기의 작동과 관계없는 곳에 설치되고, 입구는 물펌프의 입구 근처에 설치되어 있다. 온수식 난방장치의 회로는 라디에이터 회로와 병렬로 접속되어 있고 회로 조건으로는 회로 내에서 동결되는 일이 없도록 배수하기가 쉽게 설치되어 있어야 한다.

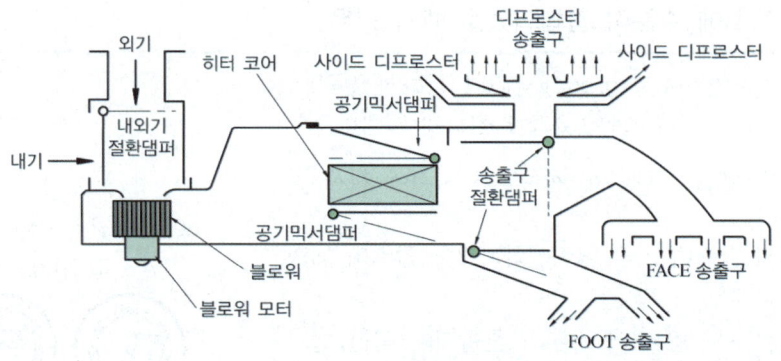

그림 3-185 / 온수식 히터의 구조

① **히터 유닛** : 물 통로에서 오는 냉각수가 가는 파이프 내를 통과하게 되어 있고, 각 파이프에는 방열 핀(fin)이 설치되어 공기가 각 핀 사이를 통과하면서 더워지며 이 공기가 차실과 디프로스터에 보내진다.
② **송풍기(blower)** : 송풍기는 직류직권 전동기인 팬(fan)을 회전시켜 히터 유닛에 의해 열교환 되어 따뜻해진 공기를 강제로 방출하여 실내로 보낸다.

2) 실내 온도조절 방법

실내 온도 조절은 열교환기를 통과하는 공기량을 조절하는 방법, 모터의 회전을 조절하여 난방의 풍량을 가감하는 방법, 열교환기에 흐르는 냉각수 양을 가감하는 방법을 각각 조합시켜 온도를 조절한다.

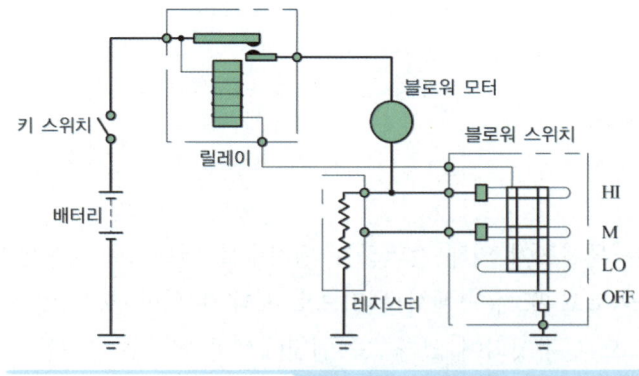

그림 3-186 / 풍량 조절 회로

제4장 냉·난방장치 출제예상문제

01 차량에서 열적부하 요소 중 아래의 설명에 해당되는 것은? [09년 상]

> 주행 중 도어나 유리의 틈새로 외기가 들어오거나, 실내의 공기가 빠져나가는 자연환기가 이루어진다.

㉮ 인적부하　　㉯ 복사부하
㉰ 환기부하　　㉱ 관류부하

풀이 열부하는 인체로부터의 열부하인 승원(인적)부하, 태양으로부터의 복사에 의한 복사부하, 대류에 의해서 열이 운반되는 관류부하, 주행 중 외부와 자연환기에 의한 환기부하 등이 있다.

02 자동차 에어컨 냉방 사이클에 냉매가 흐르는 순서가 맞는 것은? (단, 어큐뮬레이터 오리피스 튜브 방식이다.) [08년 하]

㉮ 압축기 – 응축기 – 증발기 – 어큐뮬레이터 – 오리피스 튜브
㉯ 압축기 – 응축기 – 오리피스 튜브 – 증발기 – 어큐뮬레이터
㉰ 압축기 – 오리피스 튜브 – 응축기 – 어큐뮬레이터 – 증발기
㉱ 압축기 – 오리피스 튜브 – 어큐뮬레이터 – 증발기 – 응축기

냉매의 순환 사이클(오리피스 튜브 형식)

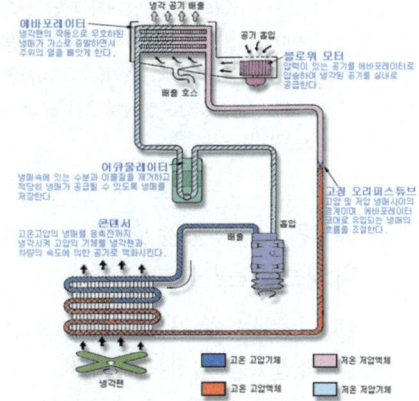

03 자동차 에어컨 시스템의 구성품 중 리시버 드라이어의 역할이 아닌 것은? [04년 상]

㉮ 팽창밸브로 들어가는 냉매 중의 기포분리 저장
㉯ 냉매 중에 함유되어 있는 수분이나 이물질 제거
㉰ 압축기에 들어가는 냉매 중 액체상태의 냉매 분리 저장
㉱ 냉매의 온도나 압력이 비정상적으로 높을 때 안전판 역할

풀이 리시버 드라이어(receiver drier)의 역할
① 냉매를 저장하여 액체상태로 팽창밸브에 보내는 역할
② 건조제와 스트레이너가 봉입되어 있어 수분이나 이물질을 제거
③ 냉매의 온도 및 압력이 비정상적으로 높아질 때 압력판의 역할을 한다.

01 ㉰　02 ㉯　03 ㉰

04 자동차용 냉방장치에서 냉매를 팽창밸브로 통과시킨 때의 상태가 아닌 것은? [06년 상]

㉮ 온도가 강하한다.
㉯ 압력은 강하한다.
㉰ 엔탈피는 일정하다.
㉱ 엔트로피는 감소한다.

풀이) 리시버 드라이어로 부터의 냉매가 팽창밸브를 통과하면서 고압의 액체 냉매가 저압의 습포화 증기로 되어 다운 공기를 흡수하여 온도가 올라가며 엔탈피는 일정하다. 엔트로피(entropy)란 무질서도를 의미하는 것으로 팽창밸브를 통과하면 냉매의 엔트로피는 증가한다.

05 에어컨 구성부품인 오리피스 튜브의 기능이 맞는 것은? [05년 하]

㉮ 냉방부하에 따른 냉매량 조정
㉯ 과열도를 일정하게 유지
㉰ 증발기가 얼지 않도록 온도조정
㉱ 냉매 압력을 떨어드린다.

풀이) 오리피스 튜브(orifice tube)의 기능
① 고압의 액체 냉매를 저압의 무화된 냉매로 분사하여 이배퍼레이터(증발기)로 보낸다.
② 필터 스크린은 냉매의 이물질을 제거하며, 튜브 보디의 O 링은 고압의 액냉매가 바이패스하지 못하도록 한다.

06 냉방장치의 어큐뮬레이터(Accumulator) 기능이 아닌 것은? [07년 상]

㉮ 압축기로 들어가는 냉매 중의 액체상태의 냉매를 분리하여 저장기능
㉯ 냉매 중에 포함된 수분이나 이물질 제거
㉰ 냉매오일 저장기능
㉱ 팽창밸브로 들어가는 냉매 중의 기체상태의 냉매를 분리하여 저장기능

풀이) 어큐뮬레이터의 기능
① 증발기(evaporator)와 압축기 사이의 저압측에 설치
② 증발기에서 기체화된 냉매를 잠시 저장하여 수분과 이물질을 제거
③ 저압 스위치가 설치되어 컴프레서를 ON, OFF 함 (증발된 냉매의 압력이 낮으면 실내는 냉각된 상태이므로 스위치가 OFF되어 컴프레서의 작동을 중지, 고압시에는 ON)

07 차량용 냉방장치에서 냉매 교환 및 충전시의 진공 작업에 대한 설명 중 옳지 않은 것은? [04년 하, 07년 하]

㉮ 시스템 내부의 공기와 수분을 제거하기 위한 작업이다.
㉯ 시스템 내부의 압력을 낮게 함으로써 수분이 쉽게 기화되도록 한다.
㉰ 실리카겔 등의 흡수제로 수분을 제거한다.
㉱ 진공펌프나 컴프레서를 이용한다.

풀이) 흡수제를 쓰면 회로 내에 흡수제가 남아 회로가 막힐 수 있으며 냉방장치의 고장원인이 된다.

04 ㉱ 05 ㉱ 06 ㉱ 07 ㉰

08 응축기 냉각핀이 막혀 공기 흐름이 막혔을 경우 저·고압측 압력변화가 정상일 때와 비교해서 맞는 것은? [05년 상, 09년 하]

㉮ 저압측 압력이 떨어진다.
㉯ 저압측 압력은 상승되고 고압측 압력은 떨어진다.
㉰ 저·고압측 모두 압력이 상승된다.
㉱ 저·고압측 모두 압력이 떨어진다.

▸ 풀이: 응축기(콘덴서)의 냉각핀이 막히면 콘덴서는 열을 식히지 못하므로 온도가 상승하여 저압측과 고압측 모두 압력이 상승한다.

09 자동차 냉방장치에서 저·고압측 압력이 정상치보다 높을 때의 결함 원인으로 가장 거리가 먼 것은? [06년 하]

㉮ 냉매 과충진
㉯ 응축기 팬 작동 안 됨
㉰ 응축기 핀튜브 막힘
㉱ 팽창밸브 막힘

▸ 풀이: ㉮, ㉯, ㉰항은 저압측, 고압측 모두 높아지고, 팽창밸브가 막히면 컴프레서(압축기)가 계속 펌핑하므로 고압은 높아지고, 저압은 낮아진다.

10 전자제어 기관에서 냉방장치가 작동시 아이들 업(idle up) 기능에 대한 설명으로 틀린 것은? [08년 상]

㉮ 엔진의 공회전시 또는 급가속시 작동한다.
㉯ 냉방장치 가동에 따른 과부하로 엔진이 정지하거나 부조하는 것을 방지한다.
㉰ ECU가 아이들 업 액추에이터를 작동시켜 엔진 회전수를 상승시킨다.
㉱ 컴프레서의 마그네틱 클러치를 차단하는 것과 상호 보완적으로 작용한다.

▸ 풀이: 아이들 업(idle up) 장치는 냉방장치 가동에 따른 과부하로 엔진이 부조하거나 심하면 정지하는 것을 방지하기 위하여, ECU가 아이들 업 액추에이터를 작동시켜 엔진 회전수를 상승시키며, 마그네틱 클러치와 상호 보완적으로 작동한다. 즉, 마그네틱 클러치가 붙으면 엔진 회전수를 상승시킨다.

08 ㉰ 09 ㉱ 10 ㉮

PART 4

차체수리 및 도장

제1장 자동차 차체수리
제2장 자동차 보수도장

01 자동차 차체수리

제1절 자동차 차체구조

1_ 차체 일반

자동차는 크게 새시(chassis)와 차체(body)로 구분하며, 새시는 엔진을 포함한 동력전달장치에 해당하는 부분이며. 차체는 승객 및 화물을 보호하기 위한 부분으로 새시를 제외한 자동차의 바깥부분을 말한다.

차체판금이란 자동차의 차체(body) 부분이 파손되면 판금작업으로 손상된 부분을 수리하는 작업을 말한다.

1. 차체(body)의 구조

차체의 형태는 시트의 수, 도어의 배치 등의 구조에 따라 여러 가지로 분류하며, 크게 프런트 보디, 언더 보디, 사이드 보디 및 루프, 리어 보디, 도어로 나누며, 프레임, 도어, 후드, 트렁크, 루프, 범퍼, 필라 등으로 구성되어 있다.

① **프런트 보디** : 카울 패널, 대시 패널, 후드 패널, 프런트 펜더(프런트 휠하우스) 패널, 라디에이터 서포트 패널, 프런트 사이드 멤버 등
② **언더 보디** : 탑승자나 화물실 등 바닥부분이며, 플로워 팬(프런트, 센터, 리어)과, 플로워 사이드 멤버로 구성된다.
③ **사이드 보디 및 루프** : 천장인 루프를 비롯하여 센터 필라, 프론트 및 리어 펜더, 휠 하우스 등으로 구성된다.
④ **리어 보디** : 트렁크가 해당되며, 트렁크에는 트렁크 리드 트림, 트렁크 리드 래치, 트렁크 리드 힌지, 트렁크 리드 로크, 트렁크 토션바 등이 있다.

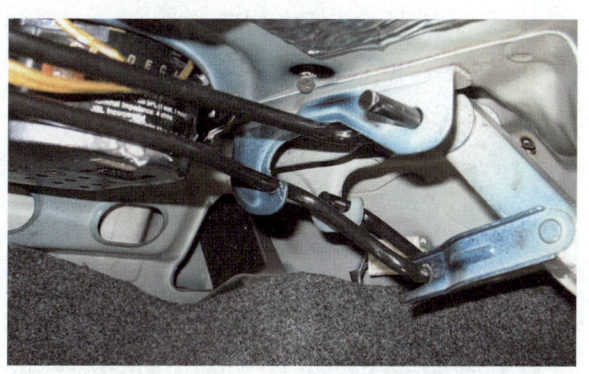

그림 4-1 / 트렁크 토션바

⑤ 도어 : 차량의 디자인에 큰 영향을 미치는 부분으로, 앞에 힌지가 되어 있고 뒤로 열리는 구조가 대부분이며 특수하게 차체 측면을 이동하는 슬라이딩 도어나 상하로 개폐하는 걸 윙(gull wing) 도어 방식이 있다.
⑥ 필라(pillar) : 차량의 차체와 지붕을 연결하는 기둥으로, 앞쪽부터 A(프론트) 필라, B(센터) 필라, C(리어) 필라 라고 한다. 쿠페는 문짝이 2개인 구조로 센터 필라가 없다.
 ※ 화이트 보디(white body)란 자동차의 기본 외형을 이루는 구조로, 보닛이나 도어를 장착한 도장 직전의 차체를 의미한다.

2. 프레임

프레임이란 차체의 골격이 되는 부분으로 자동차의 용도, 구동 방식 등에 따라 분류하며, 종류는 다음과 같다.

① 사다리형(ladder type, H형) 프레임 : 현재 가장 많이 사용되는 H자 모양의 프레임으로, 대형 세단, 4륜구동(4WD), SUV에 사용
② X형 프레임 : 2개의 사이드 멤버를 중앙에서 오므려 X자 형으로 만든 것. 프레임이 차체 중앙부를 지나 현재는 거의 사용하지 않는다.
③ 페리미터(perimeter) 프레임 : 프레임을 보디 주변에 두고 바닥을 낮게 둔 형식으로 대형 승용차에 사용
④ 모노코크(monocoque, 일체형) 프레임 : 독립적인 프레임이 없이 프레임과 차체를 하나의 상자 형태로 만든 일체구조이다.

3. 자동차 안전유리

① 강화 유리(tempered glass) : 3~5[mm]의 일반 유리를 열처리 성형 가공한 제품으로, 일반 유리보다 3~5배의 강도를 가지며 교통사고 등 유사시에 순간적으로 파쇄되어 잘게 부숴지는 특성이 있다.
② 접합 유리(laminated glass) : 2~3[mm]의 일반 판유리 2매 사이에 고충격 저항을 갖는 합성수지 필름을 삽입하여 압착 가공한 유리로, 파손시 유리 파편이 비산되지 않아 주행시 날아드는 물체로부터 관통을 최대한 방지하여 탑승자를 보호할 수 있어 자동차 전면 유리에 사용한다.

4. 차체 부속 용어

① 웨더 스트립(weather strip) : 유리, 도어, 트렁크 후드 등의 테두리에 설치되어, 닫힐 때 본체와 닿는 면을 부드럽게 하며 이물질이나 소음을 차단하기 위한 고무

② 그릴(grille) : 내·외부를 통하기 위한 작은 틈새로, 주로 라디에이터 그릴을 의미한다.
③ 몰딩(molding) : 자동차 내부 및 외부의 밋밋한 부분에 칼라, 띠, 면 등을 사용하여 테두리 등에 부착한 장식물
④ 트림(trim) : 도어 트림을 말하며, 도어 내부의 안쪽에 보여지는 부분으로, 손잡이, 수납 공간 역할 및 외부 노이즈 유입을 차단하며 측면 충돌시 승객의 안전을 확보하는 역할
⑤ 솔벤트(solvent, 용제) : 페인트에 섞어 사용하는 희석제
⑥ 실러(sealer) : 바디 패널이 겹치는 부위, gap 부위 등 차체 생산 후 손이 미치지 않는 부위에 방수, 방청, 방열을 목적으로 차체 라인 혹은 도장 라인에서 도포하는 물질
⑦ 방청제 : 보디가 부식되는 것을 방지하는 도료
⑧ 데드너(deadner) : 바디의 방음, 방진, 방청 및 내 칩핑성을 높이기 위해 언더 바디에 데드너를 도포하고 로워 및 도어 내부에 데드너 패드를 장착하는 것

2_ 모노코크 바디

모노코크 바디는 계란껍질 구조, 라멘 구조, 충격 흡수형 구조로 되어 있어 변형은 되나 파손은 잘되지 않는다.

라멘구조란 상자모양의 구조물을 상호 용접한 구조를 말한다. 모노코크 바디 구조에서 측면 충돌에 대한 충격 흡수와 강도 보강을 위해 로커 패널, 대시 패널 등의 패널을 사용한다.

1. 모노코크 바디의 특징

① 일체형 구조이므로 중량이 가볍다.
② 프레임과 차체가 하나로 되어 차고를 낮게 하고, 무게중심을 낮출 수 있다.
③ 소음이나 진동의 영향을 받기 쉽다.
④ 충격 흡수부위를 설치하여 차량 충돌시 충격 흡수율이 좋고 안전성이 높다.
⑤ 충격흡수를 위해 두께를 바꾸거나 구멍을 뚫는 등 약한 부위를 만들어 준다.
⑥ 충격을 받으면 서스펜션 조립부가 상향으로 올라가는 변형을 일으킨다.
⑦ 충돌에 대한 손상 형태가 복잡하여 복원 수리가 비교적 어렵다.

2. 모노코크 바디의 구조

모노코크 바디의 형태에 따라 크게 프런트 보디, 사이드 보디, 언더 보디, 리어 보디로 구분한다.

모노코크 바디의 충격흡수는 프런트 보디의 변형에 의해 흡수하여 승객의 안전을 도모한다.

① 사이드 멤버 : 강판을 두껍게 하거나 보강재를 추가하여 강도를 확보
② 펜더 에이프런 : 휠 하우스 부분으로 사이드 멤버나 대시패널에 결합시켜 서스펜션으로부터 받는 힘을 분산
③ 대시 패널 : 엔진 룸과 객실 룸을 구분하는 패널로 객실부분의 강성을 확보

3. 모노코크 바디의 충격흡수 부분(crush zone)

① 홀(구멍)이 있는 부분
② 패널과 패널이 겹쳐진 부분
③ 단면적이 적은 부분
④ 곡면이 있는 부분(코너 부분)

제2절 힘의 전달 및 차체강도

1_ 기계 재료

1. 금속의 일반 성질

① 강도(strength) : 재료가 외력에 대하여 저항력을 표시하는 세기로 인장강도, 압축강도, 전단강도 등이 있다.
② 경도(hardness) : 금속의 표면이 외력에 저항하는 성질로, 주철 → 경강 → 구리 → 알루미늄 순이다.
③ 가공 경화(work hardening) : 금속재료가 상온 가공에 의해 강도와 경도가 커지고, 연신율이 감소하는 성질
④ 탄성 : 외력을 가했을 때 변형이 생겼다가 외력을 제거하면 돌아오는 성질
⑤ 소성 : 외력에 의해 변형이 생긴 후 돌아오지 않는 성질
⑥ 전성(가단성) : 금속에 압력, 타력을 가해 얇게 만들 수 있는 성질
⑦ 연성 : 늘어나는 성질
⑧ 인성 : 끈기가 있고 질긴 성질
⑨ 취성 : 금속재료가 잘 부서지고 깨지는 성질

2. 응력 변형률 선도

재료를 인장시험기에 설치하고 인장 하중을 가하면 이에 비례하는 변형이 발생한다. 이런 하중과 변형과의 관계를 선도로 표시한 것을 응력 변형률 선도라 한다.

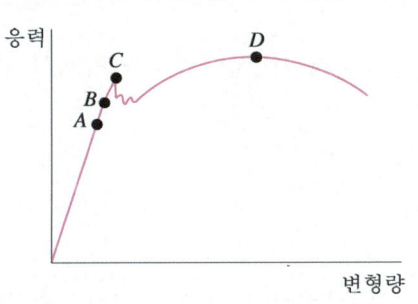

3. 탄소강(carbon steel or steel)

1) 탄소강의 특성

① **용도에 따른 분류** : 탄소함유량 0.6[%]를 기준으로 하여 0.05 ~ 0.6[%C]를 구조용강, 0.6 ~ 1.7[%C]를 공구강이라고 한다.

② **탄소함유량에 따른 분류** : 0.77[%C]를 기준으로 한다.
  ㉠ 아공석강 : 탄소함유량이 0.77[%] 이하이며, 인장강도, 경도, 항복점 등은 탄소함유량에 비례하여 증가하며, 페라이트와 펄라이트의 공석강이다.
  ㉡ 공석강 : 탄소함유량 0.77[%]이며, 이를 경계로 하여 인장강도, 경도의 증가 연신율, 단면수축률 충격값의 감소가 완만해진다. 펄라이트 조직이다.
  ㉢ 과공석강 : 탄소함유량은 0.77[%] 이상이며, 인장강도가 점차 증가하여 1.2[%]에서 최대가 되며, 시멘타이트와 펄라이트의 공석강이다.

③ **제강법에 따른 분류와 특성**
  ㉠ 킬드강(killed steel) : 평로나 전기로에서 규소(Si), 알루미늄(Al)을 탈산제로 사용하여 완전 탈산시킨 탄소강이며, 진정강이라고도 부른다. 용도는 기계구조용 탄소강이나 특수강이다.
  ㉡ 림드강(rimmed steel) : 평로나 전로에서 망간(Mn)을 탈산제로 하여 불완전 탈산시킨 0.3[%] 이하의 일반 탄소강이다. 용도는 구조용 재료, 형강, 압연 등에서 사용된다.
  ㉢ 세미 킬드강(semi killed steel) : 알루미늄을 탈산제로 사용하여 거의 탈산시킨 탄소강이다. 주로 저탄소강이다.

2) 탄소강에 포함된 원소들의 특성

① 규소(Si)
  ㉠ 경도, 탄성한도 및 강도를 증가시킨다.
  ㉡ 연신율과 충격값을 감소시킨다.
  ㉢ 결정입자의 크기를 증대시켜 가단성, 전성을 감소시킨다.

② 인(P)
  ㉠ 경도, 인장강도를 증가시킨다.
  ㉡ 절삭성을 향상시킨다.
  ㉢ 연성을 감소시킨다.
  ㉣ 철(Fe)과 화합하여 인화철(Fe_3P)이 되며, 결정입자를 거칠게 하여 상온취성 또는 냉간취성을 일으킨다.

③ 망간(Mn)
  ㉠ 강의 점성증대 및 고온가공을 용이하게 한다.
  ㉡ 고온에서 결정이 거칠어지는 것을 방지한다.
  ㉢ 강도, 경도 및 인성을 증가시켜 준다. 담금질성을 향상시킨다.
  ㉣ 연성을 약간 감소시킨다.
  ㉤ 제강시 망간을 첨가하면 황, 산소, 질소 등을 화합하여 슬래그(slag)로 만들어 제거된다.
  ㉥ 탄소의 흑연화를 방지한다.

④ 황(S)
  ㉠ 가장 유해한 원소이며, 인장강도, 연신율 및 충격값을 대단히 저하시킨다.
  ㉡ 적열취성의 원인이 된다.
  ㉢ 절삭성을 향상시킨다.

4. 강의 열처리

1) 일반열처리

① 뜨임(tempering) : 담금질한 강에서 인성이 필요할 때 A_1 변태점 이하의 적당한 온도로 가열한 후, 서냉시켜서 내부응력을 제거하고 인성을 증가시켜 주는 열처리이다.

② 담금질(quenching) : 강을 A_1 변태점 이상으로 가열하여 유중이나 수중에서 급냉시켜 강도와 경도를 증가시키는 열처리이다.

③ 불림(normalizing) : 금속을 A_3 변태점 이상에서 30~60[℃]의 온도로 가열한 후 대기중에서 서냉을 시켜 조직을 미세화하고 내부응력을 제거하는 열처리이다.

④ 풀림(annealing) : A_3, A_1 변태점 이상 20~50[℃]의 온도로 가열을 한 후 노중에서 서냉을 시키는 열처리이다.

⑤ 서브 제로(sub-zero) : 0[℃] 이하의 온도에서의 열처리로 β 마텐사이트로 하기 위한 열처리

2) 표면경화 열처리(surface hardening)

① **고주파 경화법** : 금속 표면에 코일(coil)을 감고 고주파 전류를 통하여 표면만 고온으로 가열한 후 급냉시키는 방법이다.
② **화염 경화법** : 산소-아세틸렌 불꽃으로 강의 표면만을 가열하여 열이 중심부에 전달되기 전에 급냉시키는 방법이다.
③ **청화법** : 시안화 나트륨(NaCN), 시안화 칼륨(KCN) 등의 청화물이 철과 작용하여 금속 표면에 질소와 탄소가 동시에 침투하게 하는 방법이다.
④ **질화법** : 암모니아(NH_3) 가스 속에 강을 넣고 장시간 가열하면 질소와 철이 작용하여 질화철이 된다. 특징은 경화층은 얇으나 경도, 내마모성, 내식성, 내산화성 등이 증가하지만, 충격저항이 다소 감소한다.
⑤ **침탄법** : 저탄소강의 표면에 탄소를 침투시켜서 고탄소강(과공석강)으로 만든 후 담금질하는 것이며, 고체침탄법(900~950[℃]에서 5~8시간 가열), 가스침탄법, 액체침탄법 등이 있다.

5. 합성수지

1) 합성수지의 특징

① 비중이 0.9~1.3 정도로 가볍고 튼튼하며, 비강도가 비교적 높다.
② 내식성, 방습성, 전기 절연성이 우수하나 열에 약하다.
③ 산, 알칼리, 유류, 화학 약품 등에 강하다.
④ 가공성이 좋고 성형이 간단하여 대량 생산이 가능하다.
⑤ 투명하여 채색이 자유롭고 내구성이 크다.

2) 수지의 종류

① **페놀 수지** : 페놀류와 포름알데히드의 축합에 의해 얻어지는 열경화성 수지로, 전기 기구, 절연재료, 기어, 용기 등에 사용한다.
② **아크릴 수지** : 아크릴산이나 아크릴산 유도체를 중합하여 만든 열가소성 수지로, 투명하고 단단하며 방풍유리, 광학 렌즈에 사용한다.

③ 에폭시 수지 : 에피클로로히드린과 비스페놀 A를 중합하여 만든 열경화성 수지로, 페인트, 접착제, 주형품 등에 사용한다.
④ 베이클라이트(bakelite, 페놀 포르말린 수지) : 페놀계 열경화성 수지로, 전기 절연체로 많이 사용한다.

2_ 하중

1. 하중의 변화 상황에 따른 분류

1) 정하중(靜荷重 : static load dead load)

하중의 크기와 방향이 시간과 더불어 변화하지 않거나, 또는 변화가 극히 완만한 하중이다.

2) 동하중(dynamic load or live load)

하중의 크기나 방향이 시간과 더불어 변화하는 하중이며, 그 상태에 따라 다음과 같이 구분한다.

① **충격하중** : 시간에 대한 하중의 크기의 변화가 극단으로 큰 하중이다.
② **반복하중** : 하중의 크기는 끊임없이 변화하나 방향은 변하지 않고 연속적으로 반복되는 하중이다.
③ **교번하중** : 하중의 방향이 끊임없이 변화하는 하중이다.
④ **이동하중** : 물체위를 이동하면서 작용하는 하중이다.

2. 응력

1) 수직응력(normal stress)

재료에 작용하는 응력이 단면에 직각방향으로 작용할 때의 응력이다. 인장응력을 σ_t, 압축응력은 σ_c 라고 할 때 그 크기는 아래와 같다.

$$인장응력(\sigma_t) = \frac{P_t}{A} [kg_f/cm^2]$$

$$압축응력(\sigma_c) = \frac{P_c}{A} [kg_f/cm^2]$$

P : 하중[kg_f]
P_t : 인장하중[kg_f]
P_c : 압축하중[kg_f]
A : 단면적[cm^2]

2) 전단응력 또는 접선응력(shearing stress)

재료의 단면에 평행하게 재료를 전단하려고 하는 방향으로 작용하는 외력을 전단하중이라고 하며 이에 대하여 응력이 평행하게 발생하는 것을 전단응력이라고 한다. 따라서 전단응력을 τ 라고 하면 그 크기는 아래와 같다.

$$\text{전단응력}(\tau) = \frac{P_s}{A} [\text{kg}_\text{f}/\text{cm}^2] = \frac{P_s}{\frac{\pi}{4}d^2} = \frac{4 \cdot P_s}{\pi \cdot d^2}$$

P_s : 전단하중[kg$_\text{f}$]

3. 안전율(안전계수, S)

재료의 인장강도(= 극한강도)와 허용응력과의 비율을 안전율이라고 한다.

$$\text{안전율 S} = \frac{\text{인장강도}(\sigma_t)}{\text{허용응력}(\sigma_a)}$$

① **사용응력**(working stress, σ_w) : 기계 및 구조물을 실제로 사용할 때 하중을 받아 발생하는 응력
② **허용응력**(allowable stress, σ_a) : 사용응력으로 선정한 안전한 범위의 상한능력
③ 탄성한도(σ) > 허용응력(σ_w) > 사용응력(σ_a)

4. 보의 반력

1) 보의 평형조건

① 외력의 대수합은 0이다.(내리 누르는 힘과 보의 반력은 같다.)
② 힘의 모멘트의 대수합은 0이다.

2) 지점에 따른 반력

정정보의 반력은 위쪽 방향의 힘과 오른쪽 방향의 힘을(+), 모멘트는 시계방향으로 회전하는 때(+)로 한다.

① $\Sigma X_i = 0$ (수평방향의 하중이 없는 이상 수평반력은 0 이다.)

$R_A + R_B - P_1 - P_2 - P_3 = 0$ 또는 $P_1 + P_2 + P_3 = R_A + R_B$

② $\Sigma M_i = 0$을 사용하여 A점에 대한 모멘트

$P_1 l_1 + P_2 l_2 + P_3 l_3 - R_B l = 0$

$\therefore R_B = \dfrac{P_1 l_1 + P_2 l_2 + P_3 l_3}{l}$

$\therefore R_A = P_1 + P_2 + P_3 - R_B$

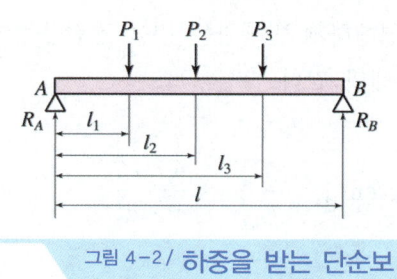

그림 4-2 / 하중을 받는 단순보

3_ 재료의 시험

1. 파괴 시험(기계시험)

1) 인장 시험

인장시험은 시험편을 만들어 만능 재료시험기로 절단될 때까지의 저항력을 측정하며, 이 시험으로 재료의 인장강도, 항복점, 연신율, 단면수축률 등을 측정할 수 있다.

2) 경도 시험

① **브리넬 경도**(HB : Brinell hardness) : 고탄소강의 볼(ball)에 일정한 하중을 주어 시험면에 생긴 오목 부분의 표면적으로 하중을 나눈 값으로 경도를 시험하는 방법이다.

② **비커스 경도**(HV : Vickers hardness) : 다이아몬드 사각뿔을 가진 피라미드형 압입자로 일정한 하중을 주어 시험면에 생긴 오목부의 표면적으로 경도를 측정한다.

③ **로크웰 경도**(HR : Rockwell hardness) : 단단한 재료에는 다이아몬드 원뿔을, 연한 재료에는 강구를 일정한 하중으로 눌러그 압입된 깊이로 경도를 구한다.

④ **쇼 경도**(HS : Shore hardness) : 다이아몬드를 끝에 고정시킨 낙하체를 일정한 높이 (h_0)에서 시험편에 낙하시켰을 때 반발하여 올라온 높이(h)로 측정하는 경도 시험용이며, 주로 완성된 제품의 시험에서 사용한다.

2. 비파괴 시험

1) 비파괴 시험의 종류

① **자기 탐상법** : 강이나 주철재의 균열을 검사하는 방법으로 자력선과 산화철의 분말을 이용한다.

② **타진법** : 검사할 금속재료를 해머 등으로 두드려서 나는 소리로 판정하는 방법이다.

③ **초음파 탐상법** : 초음파를 입사시켜 초음파의 도달시간과 세기를 비교 분석하는 방법으로, 투과법, 펄스 반사법, 공진법이 있다.

④ 침투 탐상법 : 철, 비철재료, 비자성재료 등으로 널리 쓰이는 탐상법으로, 금속표면에 침투재를 침투시켜서 현상재를 칠하여 균열부를 검출하는 방법이다.
⑤ 방사선 탐상법 : X 또는 γ선 등의 방사선이 금속 재료를 통과하는 능력을 이용하여 필름에 현상하면 기포가 있는 부분 또는 깨진 부분 등 내부 균열 등을 검출하는 방법이다.
⑥ 금속 현미경 검사법 : 시험편 가공부를 연마가공 후 부식시켜서 금속 현미경으로 검사하는 방법이다.

3. 프레스 가공

프레스 가공이란 코일 형태로 입고된 철판을 필요한 크기로 자르고, 금형을 장착한 프레스 기계로 일정한 성형의 철판조각(panel)로 만드는 소성변형을 이용한 가공방법이다.

1) 프레스 가공의 종류

① 가공경화(work hardening) : 강판에 외력을 가하여 구부린 경우, 구부러진 부위는 가공 전보다 더욱 강하고 단단하게 된다.
② 업세팅(up setting) : 재료를 상하방향으로 눌러 붙여서 높이를 줄이고 단면을 넓히는 가공
③ 플랜징(flanging) : 평판을 거의 직각으로 구부려 용기 또는 관 끝 부분에 가장자리를 만드는 가공법
④ 비딩(beading) : 판이나 용기의 일부에 장식 또는 보강을 목적으로 좁은 폭의 비드를 만드는 가공법으로 변형이나 파손을 방지한다.
⑤ 헤밍(heamming) : 도어 및 후드 등의 아우터 패널과 인너 패널을 조합하기 위하여 제품 가장자리를 약간 젖혀서 눌러 접어두는 가공법
⑥ 바링(burring) 도어 패널, 물빼기 홀 등의 주위에 적용되는 프레스 가공법
⑦ 크라운(crown) : 패널 등의 곡률을 의미하는 것으로, 완만한 곡면이나 급격한 곡면을 만들어 전체적인 강성을 유지하는 프레스 가공법

2) 자동차용 강판의 종류

① 냉간 압연 강판 : 0.6~1.2[mm]정도의 보디 부품에 사용
② 열간 압연 강판 : 프레임 및 멤버 등 비교적 두꺼운 부품에 사용
③ 고장력 강판 : 승객을 보호하기 위해 차체의 골격으로 된 부분에 사용
④ 표면처리 강판 : 자동차 보디의 내식성이 요구되는 부분에 사용

3) 패널(panel)

패널이란 프레스로 가공된 철판 조각(panel)으로 종류는 다음과 같다.

① 용접 패널 : 쿼터 패널, 루프 패널, 사이드 실 등
② 볼트 온 패널(bolt on panel) : 도어, 후드, 트렁크 리드, 펜더 등

4) 응력 집중 부위

① 구멍이 있는 부분
② 곡면이 있는 부분
③ 단면적이 작은 부분
④ 패널과 패널이 겹쳐진 부분

4. 소성가공

1) 소성가공의 장점

① 성형되는 치수가 정확하다.
② 금속조직을 강하게 한다.
③ 균일한 제품을 대량으로 생산할 수 있다.
④ 재료의 사용량이 경제적이다.
⑤ 수리하기가 쉽다.

2) 냉간가공과 열간가공의 장단점

① 열간 가공의 특징
  ㉠ 가공이 쉽다.
  ㉡ 거친 가공에 적합하다.
  ㉢ 표면이 가열되어 있으므로 산화로 인하여 정밀 가공이 어렵다.

② 냉간 가공의 특징
  ㉠ 연신율이 감소한다.
  ㉡ 가공면이 아름답다.
  ㉢ 정밀한 형상의 가공면을 얻는다.(제품의 치수가 정확하다.)
  ㉣ 가공경화로 강도가 증가한다.(기계적 성질 개선)

제3절 차체손상 진단 및 분석

1_ 차체손상 진단

차체의 손상은 가해진 외력의 크기, 방향, 접촉하는 부위 및 분포상태에 영향을 받으며, 차체의 재료, 두께, 조립상태 등에 따라서도 손상의 상태가 달라진다. 차체의 손상 진단은 형상 및 지점의 변화 부분을 점검한다.

1. 자동차 차체 프레임의 파손 및 변형 원인

① 충돌, 추돌 및 전복 사고 발생
② 극단적인 휨 모멘트의 발생
③ 부분적인 집중 하중으로 인한 발생

2. 내부 파손의 형태

① 스웨이(sway) 변형 : 센터 라인을 중심으로 좌측 또는 우측으로 변형된 것
② 새그(sag) 변형 : 데이텀 라인 차원에서 수평으로 정렬이 되지 않고 휘어진 것으로, 위로 휘어진 것을 킥 업(kick up), 아래로 휘어진 것을 킥 다운(kick down) 변형이라 한다.
③ 꼬임(twist) 변형 : 데이텀 라인에서 평행하지 않은 상태
④ 붕괴(collapse) 변형 : 사이드 멤버 한쪽 면 또는 전체 면이 붕괴된 형태로, 한쪽 면 또는 전체면의 길이가 짧아진 형태의 변형
⑤ 다이아몬드(diamond) 변형 : 차체의 한쪽면이 전면이나 후면으로 밀려난 형태

그림 4-3 / 새그변형

3. 손상 패널의 수리방법 분석 요소

① 충돌물의 중량 및 강도
② 충돌물의 속도

③ 충돌의 각도
④ 파손된 패널의 구조

2_ 손상 분석

충돌손상 분석의 4요소는 센터 라인, 데이텀 라인, 레벨, 치수 이다.

① **센터 라인** : 차량 전후 방향면에서 그 가상 중심축을 말한다. 차량의 중심을 가로 지르는 데이텀의 길이에 해당하며, 차체 중심선의 변형을 판독한다.
② **데이텀 라인** : 언더 보디의 상하 변형을 판독하는 것으로, 높이의 치수를 결정할 수 있는 가상 기준선(면)을 말한다.
③ **레벨** : 센터링 게이지의 수평바의 관찰에 의해 언더 보디의 수평 상태를 판독하는, 차량의 모든 부분들이 서로 평행한 상태에 있는 가를 고려하는 높이 측면의 가상 기준축이다.
④ **치수** : 차량이 제작되어 나올 때 제작사에서 만든 차체 치수도를 말한다.

1. 바디 고정작업

1) 기본고정

① 바디 고정은 기본고정과 추가고정이 있다.
② 고정용 클램프는 파이프 등으로 상호 병렬연결 상태로 연결한다.
③ 기본 고정은 라커 패널 아래의 플랜지 네 곳에서 한다.
④ 라커 패널 하부에 플랜지가 없으면 상부의 플랜지를 사용하여 고정한다.

2) 추가고정

기본고정 외에 추가적인 고정을 하는 이유는 다음과 같다.

① 기본 고정을 보강하기 위해서
② 회전 모멘트의 발생을 방지하기 위해서 (제일 중요)
③ 과도한 인장력을 방지하기 위해서
④ 스포트 용접부를 보호하기 위해서
⑤ 고정한 부분까지 힘을 전달하기 위해서

3) 지점의 종류

① **가동지점(move)** : 한 방향만의 위치를 제한하고 있는 지점으로 반력도 하나로 되고, 휨 모멘트에는 저항을 하지 않는 지점(이동 지점, 반력 1개)

② 회전지점(hinge) : 핀을 넣어 회전가능하게 한 지점이지만, 어느 방향으로도 이동될 수 없도록 만들어져 있다. 지점은 돌쩌귀(hinge)처럼 되어 있으며 수평, 수직 반력이 생긴다.(회전 지점, 반력 2개)
③ 고정지점(fix) : 보의 끝을 매립한 것 같은 구조로 되어 있고, 보가 이동도 회전도 할 수 없도록 고정되어진 지점이다. 반력은 수평, 수직 및 모멘트 반력이 생긴다.(반력 3개)

2. 차체 변형 교정 작업시 주의할 사항

① 고정 장치를 확실하게 고정한다.
② 안전 체인에 안전 고리를 걸고 작업한다.
③ 차체 인장 방향과 일직선에 서지 않는다.
④ 당김 작업은 서서히 힘을 증가시키면서 단계적으로 실시한다.

제4절 판금 및 용접

1_ 판금

1. 판금 작업용 공구

① 해머(hammer) : 단단한 물체를 두들겨 고르게 펴는 작업에 사용하는 공구로, 가볍게 잡고 패널 면에 수직으로 타격한다.
② 돌리(dolly) : 패널의 표면을 편평하고 매끄럽게 하며 각종 해머의 밑받침 역할을 하는 공구로, 패널 모양에 맞추어 꼭 맞는 것을 사용한다.
③ 보디 스푼(body spoon) : 손이 들어가지 않는 작업이 곤란한 좁은 틈 사이로 집어 넣어 패널을 밀어내는 역할을 하며 돌리의 대용으로 사용한다.
④ 치즐(chisel, 정) : 재료의 절단, 갈아내기 등에 사용하는 끝부분이 일자로 되어 있는 공구
⑤ 슬라이드 해머 : 해머(웨이트)의 충격력으로 패널 인출에 필요한 힘을 만들어 내는 공구
⑥ 핸드 훅 : 작업자의 힘으로 패널을 인출해 내는 공구
⑦ 쏘(saw, 톱) : 원하는 길이나 모양을 얻기 위해 절단에 사용하는 공구
⑧ 줄(file) : 주로 금속을 다듬질하거나 성형 작업하는데 사용되는 공구
⑨ 판금 정 : 잘못된 리벳을 잘라내거나 두꺼운 판재의 굽힘부를 정확하게 꺾기 작업하는 데 사용하는 공구

⑩ 박자목 : 얇은 강판을 굽히거나 편평하게 펼 때 또는 심을 할 때 해머 대용으로 사용하는 공구
⑪ 핸드 시어(hand shear, 판금 가위) : 판재를 절단하기 위한 공구로, 윗날과 아랫날이 맞물려서 그 전단작용으로 판금을 직선 또는 곡선으로 절단한다.

2. 줄 작업

줄(file)은 주로 금속을 다듬질하거나 성형 작업하는데 사용되는 공구로, 접촉하는 면적이 작은 곳에, 재료에 맞는 줄눈의 거칠기를 사용하여 새로 사용하는 줄은 무른 것부터 길들이며, 줄 작업은 밀 때 절삭되도록 한다.

2_ 용접

1. 용접의 특징

① 기밀 유지성이 좋다.
② 재료와 경비를 절감시킬 수 있다.
③ 가공모양을 자유롭게 할 수 있다.
④ 공정수가 감소된다.
⑤ 성능과 수명이 향상된다.
⑥ 열로 인한 잔류응력으로 균열이 발생하기 쉽다.
⑦ 열로 인해 재질이 변화할 염려가 있다.

2. 용접의 종류

1) 가스 용접

아세틸렌, 수소, 석탄가스 등의 가연성 가스와 산소 또는 공기와의 혼합가스에 의해 얻어지는 연소열을 이용하여 접합한다. 산소 아세틸렌 용접, 공기 아세틸렌 용접, 산소 수소 용접 등이 있다.

2) 아크 용접

전력을 아크로 바꾸어 그 열로 모재와 용접봉을 녹여 접합한다. 피복 아크 용접, 불활성가스 아크 용접, 이산화탄소(CO_2) 아크 용접, 원자 수소 용접, 서브머지드 아크 용접 등이 있다.

① 이산화탄소(CO_2) 아크 용접의 원리 : 코일상으로 되어 있는 용접 와이어를 송급 모터에 의해서 용접 토치까지 연속적으로 공급하여 콘택트 팁에 의해서 용접 전류가 와이

어에 전도되어 와이어 자체가 전극이 되어 모재와의 사이에 아크를 발생시켜 모재와 와이어를 용융시켜 접합하는 방법으로, 토치의 노즐 끝부분과 모재와의 거리는 8~15[mm] 정도로 한다.

② CO_2 가스 아크 용접의 특징 : 용접 전류는 용입량을, 아크 전압은 비드 형상을 결정하는 요인이며, 와이어의 용융 속도는 아크전류에 정비례하여 증가한다. 와이어의 돌출부가 너무 길면 와이어 끝이 좌우로 흔들리며, 비드가 아름답지 못하고 아크가 불안정하게 된다.

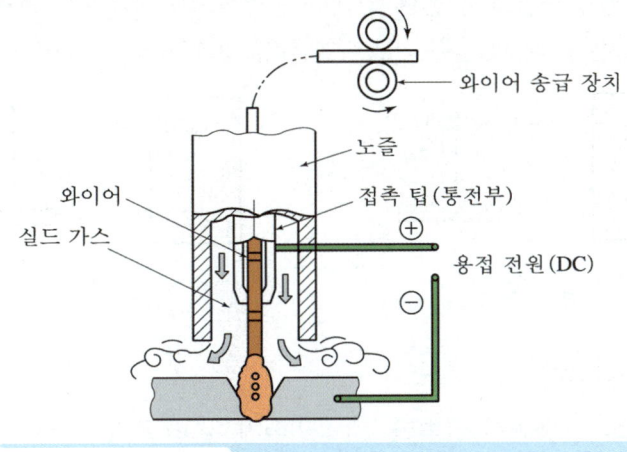

그림 4-4 / CO_2 가스 아크용접 원리

3) 전기저항 용접

용접할 물체에 전류를 통하여 접촉부에 발생되는 전기 저항열로서 모재를 용융 상태로 만들고 외력을 가하여 접합하는 용접이다.

① 점(spot) 용접 : 2개의 모재를 겹쳐서 2개의 전극사이에 끼워 놓고 전류를 통하면 접촉면이 전기저항에 의해 발열되어 접합하는 방식으로 리벳과는 달리 구멍을 뚫지 않고 용접하므로 용접하려는 판의 두께와 형상 및 표면 상태를 점검하여야 한다. 점 용접의 전극은 열전도도가 좋은 구리 또는 구리계 합금을 사용하며, 점 용접의 3 요소는 가압력, 용접전류, 통전시간으로 점 용접 과정은 가압밀착시간→ 통전융압시간 → 냉각 고착시간 이다.

② 심(seam) 용접 : 원판 모양의 전극에 재료를 끼워 압력을 가하면서 전류를 통하여 접합하는 방식이다.

③ 프로젝션(projection) 용접 : 금속 재료의 접합 장소에 형성된 돌기 부분을 접촉시켜 압력을 가하고 여기에 전류를 통하여 접합하는 방법이다.

④ 맞대기(butt) 용접 : 접합할 2개의 모재를 축방향으로 세게 누르면서 통전하여, 접합 부분이 적당한 온도에 도달하였을 때 강한 힘으로 압력을 가하여 접합하는 방법이다.

3. 용접의 극성 및 이상현상

1) 아크 용접의 극성

① 정극성 : 모재를(+), 용접봉을(-) 에 연결하는 방식으로,(+)극에서 발생열이 많아 용접봉의 용융속도는 늦고, 모재 쪽의 용융속도가 빠르기 때문에 모재의 용입이 깊어 두꺼운 판재의 용접에 사용한다.

② 역극성 : 모재를(-), 용접봉을(+) 에 연결하는 방식으로 용접봉의 용융속도가 빠르고, 모재의 용입이 얕은 관계로, 얇은 판, 비철금속, 주철 등의 용접에 사용한다.

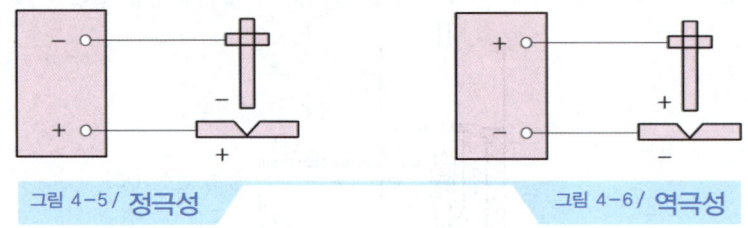

그림 4-5 / 정극성   그림 4-6 / 역극성

2) 아크 용접의 이상현상

① 오버랩(over lap) : 용융된 금속이 잘 용입되지 않고 표면에 덮여있는 상태이며, 용접전류가 낮고, 용접속도가 느릴 때 발생한다.

② 언더 컷(under cut) : 용접 경계부분에 생기는 홈으로, 용접전류가 크고, 용접속도가 빠를 때 발생한다.

③ 스패터(spatter) : 용접중에 비산되는 슬래그 및 금속 입자가 모재에 부착된 것으로, 고전압, 용융속도가 빠를 때, 아크의 길이가 길 때 발생한다.

④ 용입불량 : 모재의 용융속도가 용접봉의 용융속도보다 느릴 때, 저전압, 저속도일 때 발생한다.

4. 용접봉과 용제

1) 용접봉은 용접봉 주위를 피복한 피복 용접봉을 사용한다. 용접봉의 표시 방법은 다음과 같다.

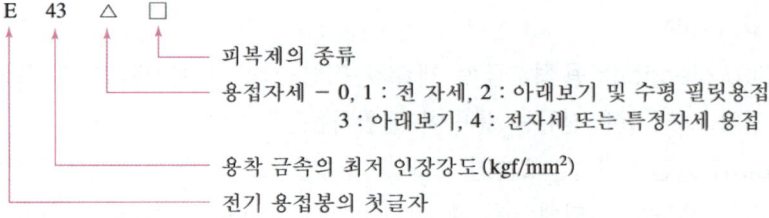

- 피복제의 종류
- 용접자세 − 0, 1 : 전 자세, 2 : 아래보기 및 수평 필릿용접
  3 : 아래보기, 4 : 전자세 또는 특정자세 용접
- 용착 금속의 최저 인장강도(kgf/mm^2)
- 전기 용접봉의 첫글자

2) 피복제의 역할

① 아크를 안정시킨다.
② 중성 또는 환원성 분위기로 공기에 의한 산화, 질화 등의 해를 방지하여 용착금속을 보호한다.
③ 용적을 미세화하여 용착효율을 높인다.
④ 용착금속의 탈산 정련작용을 한다.
⑤ 필요한 원소를 용착금속에 첨가시킨다.
⑥ 슬래그가 되어 용착금속의 급냉을 막아 조직을 좋게 한다.
⑦ 수직이나 위보기 등의 어려운 자세를 쉽게 한다.
⑧ 전기 절연 작용을 한다.

3) 용제(flux)

용접을 할 때 산화물, 기타 해로운 물질을 용융 금속에서 분리하고 제거하기 위하여 쓰이는 것으로, 모재 표면의 산화를 방지하고, 가열 중에 생성되는 금속 산화물을 녹여서 액상화하며, 땜납을 이음면에 침투시키는 역할을 한다.

5. 산소용접

1) 산소

무색, 무미, 무취로 공기보다 무거우며, 다른 물질이 타는 것을 돕는 조연성 가스이다.

2) 용기의 산소량

$$L = P \cdot V$$

L : 산소용량[리터]
P : 압력[kg_f/cm^2]
V : 체적[리터]

3) 아세틸렌(acetylene, C_2H_2)

① 탄소와 수소의 화합물로 불안정한 가스이다.
② 공기보다 가볍다.
③ 순수한 아세틸렌은 무색, 무취이다.
④ 석유(2배), 아세톤(25배) 등에 잘 용해된다.
⑤ 505~515[℃] 정도에서 폭발한다.
⑥ 아세틸렌 15[%], 산소 85[%] 정도에서 폭발성이 크다.
⑦ 1.5[kg_f/cm^2] 이상 되면 위험하고, 2[kg_f/cm^2] 이상으로 압축하면 폭발한다.
⑧ 구리, 은, 수은 등과 접촉하면 폭발성 화합물을 만든다.

4) 아세틸렌 발생기

① **주수식** : 카바이드에 물을 작용시켜서 아세틸렌을 발생시키는 방식이다.
② **투입식** : 다량의 물에 카바이드를 소량 투하하여 아세틸렌을 발생시키는 방식이다.
③ **침지식** : 카바이드 통에 들어있는 카바이드가 수실의 물에 잠겨 아세틸렌을 발생시키는 방식이다.

5) 토치(torch)

토치에 점화시에는 아세틸렌 밸브를 먼저 열고 점화한 후 산소밸브를 열어 불꽃을 조정하도록 하고, 역류 역화 발생시에는 산소밸브를 먼저 잠그도록 한다.

제5절 차체 교정 및 수리

1. 차체손상 측정 장비

① 센터링 게이지(centering gauge) : 언더 바디의 중심부를 측정하여 프레임의 이상 상태를 측정하는 게이지로, 상하(sag), 좌우(sway), 비틀림(twist) 변형을 측정할 수 있다.
② 데이텀 게이지(datum gauge) : 데이텀 게이지(데이텀 라인)는 프레임 기준선에 의한 프레임의 높이를 측정하여 언더바디의 상하 변형을 측정한다.
③ 트램 트래킹 게이지(tram tracking gauge) : 보디의 대각선이나 특정 부위의 길이를 측정하는 데 사용하는 게이지로 엔진 룸, 실내, 도어의 개구부 측정에 사용한다.

2. 보디(차체) 수리시에 절단을 피하여야 할 부위

① 서스펜션을 지지하고 있는 부위
② 패널의 구멍 부위
③ 보강 부품이 있거나 부품의 모서리 부위

제1장 자동차 차체수리 출제예상문제

01 다음 중 자동차 프레임의 종류에 속하지 않는 것은? [04년 하]

㉮ 사다리형 프레임　㉯ X형 프레임
㉰ 페리미터 프레임　㉱ 박스형 프레임

풀이 프레임의 종류
① 사다리형(ladder type, H형) 프레임 : 현재 가장 많이 사용되는 H자 모양의 프레임으로, 대형 세단, 4륜구동(4WD), SUV에 사용
② X형 프레임 : 2개의 사이드 멤버를 중앙에서 오므려 X자 형으로 만든 것. 프레임이 차체 중앙부를 지나 현재는 거의 사용하지 않는다.
③ 페리미터(perimeter) 프레임 : 프레임을 보디 주변에 두고 바닥을 낮게 둔 형식으로 대형 승용차에 사용
④ 모노코크(monocoque, 일체형) 프레임 : 독립적인 프레임이 없이 프레임과 차체를 하나의 상자 형태로 만든 일체구조이다.

02 모노코크 바디의 설명 중에서 잘못된 것은? [05년 상]

㉮ 충격을 흡수할 수 있도록 일부러 약한 부위를 만들어 준다.
㉯ 충격을 받으면 서스펜션 조립부가 상향으로 올라가는 변형을 일으킨다.
㉰ 충격흡수를 위해 두께를 바꾸거나 구멍을 만들어 준다.
㉱ 충격 흡수를 위해 사다리형 프레임을 보디와 별도로 사용한다.

풀이 모노코크 바디의 특징
① 차체 무게가 가볍다.
② 차체 바닥면이 낮아지므로 실내 공간이 넓다.
③ 일체 구조로 되어 있어 충격 흡수의 효과가 좋다.
④ 충격을 흡수할 수 있도록 일부러 약한 부위를 만들어 준다.
⑤ 충격흡수를 위해 두께를 바꾸거나 구멍을 만들어 준다.
⑥ 충격을 받으면 서스펜션 조립부가 상향으로 올라가는 변형을 일으킨다.

03 모노코크 보디는 프레스 가공에 의한 대량 생산이 가능한데 다음 중 보디 제작에 사용되는 프레스 가공법이 아닌 것은? [06년 하]

㉮ 업세팅(up setting)
㉯ 플랜징
㉰ 비딩
㉱ 헤밍

풀이 프레스 가공 : 코일 형태로 입고된 철판을 필요한 크기로 자르고, 금형을 장착한 프레스 기계로 일정한 성형의 철판조각(panel)로 만드는 방법
① 업세팅(up setting) : 재료를 상하방향으로 눌러 붙여서 높이를 줄이고 단면을 넓히는 가공
② 플랜징(flanging) : 용기 또는 관 끝 부분에 가장자리를 만드는 공정
③ 비딩(beading) : 판이나 용기의 일부에 장식 또는 보강을 목적으로 좁은 폭의 비드를 만드는 가공
④ 헤밍(heamming) : 제품 가장자리를 약간 젖혀서 눌러 접어두는 가공

01 ㉱　02 ㉱　03 ㉮

• 모노코크 바디의 프레스 가공법
① 가공경화(work hardening) : 강판에 외력을 가하여 구부린 경우, 구부러진 부위는 가공 전보다 더욱 강하고 단단하게 된다.
② 플랜징(flanging) : 평판을 거의 직각으로 구부리는 가공법
③ 비딩(beading) : 성형되어 있는 재료의 일부에 보강과 장식의 목적으로 돌기 또는 요철을 추가하는 가공법
④ 바링(burring) 도어 패널, 물빼기 홀 등의 주위에 적용되는 프레스 가공법
⑤ 헤밍(heaming) : 도어 및 후드 등의 아우터 패널과 인너 패널을 조합하기 위한 프레스 가공법
⑥ 크라운(crown) : 패널 등의 곡률을 의미하는 것으로, 완만한 곡면이나 급격한 곡면을 만들어 전체적인 강성을 유지하는 프레스 가공법

04 모노코크 바디의 프레임에서 사용 중에 변형이 잘 일어나지 않는 것은? [05년 하]
㉮ 상, 하 굽음 ㉯ 밀림
㉰ 좌, 우 굽음 ㉱ 파손

[풀이] 모노코크 바디는 계란껍질 구조, 라멘 구조, 충격흡수형 구조로 되어 있어 변형은 되나 파손은 잘되지 않는다.
* **라멘구조** : 상자모양의 구조물을 상호 용접한 구조

05 모노코크 바디의 충격흡수 방식으로 적합하지 못한 것은? [06년 상]
㉮ 구멍을 내는 방법
㉯ 두께를 바꾸는 방법
㉰ 급각도로 커브를 주는 방법
㉱ 볼트 힌지를 주는 방법

[풀이] 모노코크 바디의 충격흡수 부분
① 홀(구멍)이 있는 부분
② 패널과 패널이 겹쳐진 부분
③ 단면적이 적은 부분
④ 곡면이 있는 부분(코너 부분)

06 다음 중 자동차의 보디에 해당되지 않는 것은? [09년 하]
㉮ 도어 ㉯ 펜더
㉰ 루프 ㉱ 새시

[풀이] 자동차는 보디와 새시로 구성되어 있으며, 새시는 엔진을 포함한 동력전달장치를 말하며 보디는 도어, 펜더, 루프 등 차체로 구성되어 있다.

07 차체에서 화이트 보디(white body)를 구성하는 부품 중 틀린 것은? [04년 상, 08년 하]
㉮ 사이드 보디
㉯ 도어(앞, 뒤 문짝)
㉰ 범퍼
㉱ 엔진 후드, 트렁크 리드

[풀이] 화이트 보디(white body)란 보닛이나 도어를 장착한 도장 직전의 차체를 의미한다.

08 차체에 사용되는 패널 중 볼트 온 패널로 맞는 것은? [07년 상]
㉮ 센터 필러 ㉯ 쿼터 패널
㉰ 라커 패널 ㉱ 프론트 펜더

[풀이] 패널의 종류
① 용접 패널 : 쿼터 패널, 루프 패널, 사이드 실
② 볼트 온 패널(bolt on panel) : 도어, 후드, 트렁크 리드, 펜더 등

04 ㉱ 05 ㉱ 06 ㉱ 07 ㉰ 08 ㉱

09 트렁크 리드의 구성 요소가 아닌 것은?

[07년 하]

㉮ 트렁크 리드 힌지
㉯ 토션 바
㉰ 트렁크 리드 로크
㉱ 패키지 트레이

트렁크 구성부품
트렁크 리드 트림, 트렁크 리드 래치, 트렁크 리드 힌지, 트렁크 리드 로크, 트렁크 토션바 등

〈트렁크 토션바〉

10 자동차에 사용되는 안전유리에 대한 설명으로 틀린 것은? [09년 상]

㉮ 충격으로 깨어진 파편이 작은 동그라미 띠 형태로 되어야한다.
㉯ 안전유리로 강화유리가 사용되며 강화유리는 판유리를 약 600℃로 가열하여 급냉시켜 만든다.
㉰ 앞면유리로 사용되는 접합유리는 일반 유리를 2겹으로 접합시킨 것이다.
㉱ 안전유리는 깨지기 어렵고, 깨질 경우에도 인체에 부상을 입히지 않아야 한다.

자동차 안전유리
① 강화 유리(tempered glass) : 3~5mm의 일반 유리를 열처리 성형 가공한 제품으로, 일반유리보다 3~5배의 강도를 가지며 교통사고 등 유사시에 순간적으로 파쇄되어 잘 부숴지는 특성이 있다.

② 접합 유리(laminated glass) : 2~3mm의 일반 판유리 2매 사이에 고충격 저항을 갖는 합성수지 필름을 삽입하여 압착 가공한 유리로, 파손시 유리 파편이 비산되지 않아 주행시 날아드는 물체로부터 관통을 최대한 방지하여 탑승자를 보호할 수 있어 자동차 전면 유리에 사용한다.

11 측정 장비에 의한 파손 분석요소 중 차량의 전후 축 방향에서 가상적인 중심축은?

[07년 하]

㉮ 레벨   ㉯ 데이텀
㉰ 치수   ㉱ 센터라인

충돌손상 분석의 4요소
① 센터 라인(center line) : 차량 전후 방향면의 가상 중심축으로 차체 중심선의 변형을 판독하는 것
② 데이텀 라인(datum line) : 언더 바디의 상하 변형을 판독하는 것
③ 레벨(level) : 센터링 게이지 수평바의 관찰에 의해 언더 바디의 수평상태를 판독하는 것으로 차량의 모든 부분들이 서로서로 평행한 상태에 있는가를 고려하는 높이 측면의 가상 기준축
④ 치수 : 차량이 제작되어 나올 때 제작사에서 만든 차체 치수도

12 프레임 센터링 게이지란? [05년 상]

㉮ 프레임의 마운틴 포트 측정
㉯ 프레임의 중심선 측정
㉰ 프레임 센터의 개구부 측정
㉱ 프레임 행거 측정

센터링 게이지는 언더 바디의 중심부를 측정하여 프레임의 이상 상태를 측정하는 게이지로, 상하(sag), 좌우(sway), 비틀림(twist) 변형을 측정할 수 있다.

09 ㉱ 10 ㉰ 11 ㉱ 12 ㉯

13 센터링 게이지로 차체 변형을 판독할 수 없는 변형은? [09년 하]
㉮ 새그
㉯ 쇼트 레일
㉰ 트위스트
㉱ 사이드 웨이

풀이 센터링 게이지는 언더 바디의 중심부를 측정하여 프레임의 이상 상태를 측정하는 게이지로, 상하(sag), 좌우(sway), 비틀림(twist) 변형을 측정할 수 있다.

14 데이텀 게이지는 무엇을 측정하는 게이지인가? [04년 하]
㉮ 프레임 각 부의 부속품 접속 위치
㉯ 프레임의 일그러짐
㉰ 프레임 기준선에 의한 프레임의 높이
㉱ 프레임 사이드 멤버와 크로스 멤버의 위치

풀이 데이텀 게이지(데이텀 라인)는 프레임 기준선에 의한 프레임의 높이를 측정하여 언더바디의 상하 변형을 측정한다.

15 전면충돌 등의 강한 충격을 받을 경우 멤버 자체가 변하여 객실에 영향이 적게 하도록 굴곡을 두는 것을 무엇이라 하는가? [08년 상]
㉮ 비딩
㉯ 스토퍼
㉰ 마운트
㉱ 킥업

풀이 용어 설명
① 비딩(beading) : 판금작업에서 편평한 판재에 줄 모양의 돌기를 넣는 것. 변형이나 파손을 방지
② 스토퍼(stopper) : 명칭대로 정지시키는 것이다. 슬라이딩 해머에서 해머가 닿아서 멈추는 곳이 스토퍼이다.
③ 마운트(mount) : 자동차에서 엔진, 변속기 등 중량물을 설치할 수 있는 부분을 말한다.
④ 킥업(kick up) : 전면충돌 등의 강한 충격을 받을 경우 멤버 자체가 변하여 객실에 영향이 적게 하도록 굴곡을 두는 것

16 모노코크 보디 차량의 데이텀 라인을 중심으로 상방향으로 변형된 자동차의 파손 형태는? [08년 하]

㉮ 새그(sag)
㉯ 사이드 스웨이(side sway)
㉰ 쇼트 레일(short rall)
㉱ 트위스트(twist)

풀이 내부 파손의 형태
① 스웨이(sway) 변형 : 센터라인을 중심으로 좌측 또는 우측으로 변형된 것
② 새그(sag) 변형 : 데이텀 라인 차원에서 수평으로 정렬이 되지 않고 휘어진 것으로, 위로 휘어진 것을 킥 업(kick up), 아래로 휘어진 것을 킥 다운(kick down) 변형이라 한다.
③ 꼬임(twist) 변형 : 데이텀 라인에서 평행하지 않은 상태
④ 붕괴(collapse) 변형 : 사이드 멤버 한쪽 면 또는 전체 면이 붕괴된 형태로, 한쪽 면 또는 전체면의 길이가 짧아진 형태의 변형
⑤ 다이아몬드(diamond) 변형 : 차체의 한쪽면이 전면이나 후면으로 밀려난 형태

17 차체의 손상 진단에 확인해야 할 점으로 거리가 먼 것은? [08년 하]
㉮ 형상의 변화 부분
㉯ 단면 형상의 변화 부분
㉰ 장치의 관성 부분
㉱ 지점의 변화 부분

풀이 차체의 손상 진단은 형상 및 지점의 변화 부분을 점검한다.

13 ㉯ 14 ㉰ 15 ㉱ 16 ㉮ 17 ㉰

18 파손된 차체의 수리 방법을 결정하는 요소가 아닌 것은? [07년 상]
㉮ 충돌물의 강도
㉯ 충돌물의 속도
㉰ 파손된 패널의 구조
㉱ 인접된 패널의 구조

풀이 손상 패널의 수리방법 분석 요소
① 충돌물의 중량 및 강도
② 충돌물의 속도
③ 충돌의 각도
④ 파손된 패널의 구조

19 바디 고정 작업에 대한 설명으로 맞는 것은? [09년 상]
㉮ 바디 고정에는 기본 고정만 있다.
㉯ 고정용 클램프는 열십(+)자 형태로 연결한다.
㉰ 기본 고정은 라커 패널 아래의 플랜지 네 곳에서 한다.
㉱ 라커 패널 아래의 플랜지가 없는 자동차는 고정할 수 없다.

풀이 바디 고정작업
① 바디 고정은 기본고정과 추가고정이 있다.
② 고정용 클램프는 파이프 등으로 상호 병렬연결 상태로 연결한다.
③ 기본 고정은 라커 패널 아래의 플랜지 네 곳에서 한다.
④ 라커 패널 하부에 플랜지가 없으면 상부의 플랜지를 사용하여 고정한다.

20 손상된 보디를 기본적인 고정을 하고 인장 작업을 위해 추가적인 고정을 하는 이유가 아닌 것은? [04년 상]
㉮ 보디 중심에 필요한 회전 모멘트를 발생하기 위해서
㉯ 과도한 인장력을 방지하기 위해서
㉰ 스포트 용접부를 보호하기 위해서
㉱ 고정한 부분까지 힘을 전달하기 위해서

풀이 기본고정 외에 추가적인 고정을 하는 이유
① 기본 고정을 보강하기 위해서
② 회전 모멘트의 발생을 방지하기 위해서 (제일 중요)
③ 과도한 인장력을 방지하기 위해서
④ 스포트 용접부를 보호하기 위해서
⑤ 고정한 부분까지 힘을 전달하기 위해서

21 다음 차체 변형 교정 작업시 주의할 사항이 아닌 것은? [07년 상]
㉮ 고정 장치를 확실하게 고정한다.
㉯ 안전 체인에 안전 고리를 걸고 작업한다.
㉰ 과도한 압력으로 한번에 작업한다.
㉱ 차체 인장 방향과 일직선에 서지 않는다.

풀이 차체 변형 교정 작업시 주의할 사항
① 고정 장치를 확실하게 고정한다.
② 안전 체인에 안전 고리를 걸고 작업한다.
③ 차체 인장 방향과 일직선에 서지 않는다.
④ 당김 작업은 서서히 힘을 증가시키면서 단계적으로 실시한다.

18 ㉱ 19 ㉰ 20 ㉮ 21 ㉰

22 자동차의 보디(차체) 수리시에 절단을 피하여야 할 부위가 아닌 것은? [08년 상]

㉮ 보강 부품이 있거나 부품의 모서리 부위
㉯ 패널의 구멍 부위
㉰ 서스펜션을 지지하고 있는 부위
㉱ 형상부 단면적이 변하지 않는 부위

풀이 보디(차체) 수리시에 절단을 피하여야 할 부위
① 서스펜션을 지지하고 있는 부위
② 패널의 구멍 부위
③ 보강 부품이 있거나 부품의 모서리 부위

23 프레임의 상하로 굽은 것을 수정하는 작업 방법을 기술한 것이다. 그 작업 방법에 들지 않는 것은? [05년 하]

㉮ 체인과 프랜지 훅을 사용하여 사이드 멤버를 고정시킨다.
㉯ 굽은 부분은 잭으로 밀어 올린다.
㉰ 굴곡의 수정과 동시에 가압상태로 사이드 멤버의 위쪽 또는 아래쪽 주름을 수정한다.
㉱ 굽은 부분에는 900~1,200℃ 정도 이하의 가열을 해야 한다.

풀이 프레임을 열을 가하면 강성이 약해지므로 가열하지 않는다.

24 자동차의 하중 분포를 계산하여야 할 작업이 아닌 것은? [04년 상]

㉮ 오버 항 연장
㉯ 라디에이터 길이 연장
㉰ 휠 베이스의 연장
㉱ 하대 개조 및 하대 옵셋의 변경

풀이 하중분포 계산에 라디에이터는 관련이 없다.

25 다음은 차체에 작용하는 응력의 종류들이다. 틀린 것은? [06년 상]

㉮ 전단 응력   ㉯ 중력 응력
㉰ 비틀림 응력 ㉱ 압축 응력

풀이 자동차 차체에는 전단 응력, 압축 응력 비틀림 응력 등이 작용한다.
* 중력 응력이란 용어는 없다.

26 강판이 외력을 받았을 때 응력이 집중되는 부분이 아닌 것은? [06년 하]

㉮ 2중 강판 부분
㉯ 구멍이 있는 부분
㉰ 단면적이 작은 부분
㉱ 곡면이 있는 부분

풀이 응력 집중 부위
① 구멍이 있는 부분
② 곡면이 있는 부분
③ 단면적이 작은 부분

27 한 방향만의 위치를 제한하고 있는 지점으로 반력도 하나로 되고, 휨 모멘트에는 저항을 하지 않는 지점을 무엇이라 하는가? [05년 하]

㉮ 회전지점   ㉯ 고정지점
㉰ 균일지점   ㉱ 가동지점

풀이 지점의 종류
① 가동지점(move) : 1방향 구속, 반력 1개
② 회전지점(hinge) : 2방향 구속, 반력 2개
③ 고정지점(fix) : 2방향 구속, 반력 3개

22 ㉱ 23 ㉱ 24 ㉯ 25 ㉯ 26 ㉮ 27 ㉱

28 강재의 재질을 검사하는 방법으로 잘못된 것은? [05년 상]

㉮ 불꽃 시험방법
㉯ 두들겨서 소리로 시험하는 방법
㉰ 꺾어서 시험하는 방법
㉱ 줄로 밀어서 시험하는 방법

풀이 두들겨서 소리로 시험하는 방법은 타진법으로 균열검사에 사용된다.

29 자동차의 차체 제작성형은 철금속의 어떤 성질을 이용한 것인가? [04년 하]

㉮ 가공경화   ㉯ 소성
㉰ 탄성   ㉱ 가단성

풀이 용어 설명
① 가공 경화(work hardening) : 금속재료가 상온 가공에 의해 강도와 경도가 커지고, 연신율이 감소하는 성질
② 소성 : 외력에 의해 변형이 생긴 후 돌아오지 않는 성질
③ 탄성 : 외력을 가했을 때 변형이 생겼다가 외력을 제거하면 돌아오는 성질
③ 연성 : 늘어나는 성질
④ 전성 : 금속에 압력, 타력을 가해 얇게 만들 수 있는 성질
⑤ 인성 : 끈기가 있고 질긴 성질
⑥ 취성 : 금속재료가 잘 부서지고 깨지는 성질
⑦ 가단성(malleability) : 전성과 같다.
• 차체의 제작성형은 철판을 필요한 크기로 자르고, 프레스 기계로 일정한 성형의 철판 조각(panel)으로 만드는 소성변형을 이용한다.

30 자동차 판금작업에서 줄을 사용하는 방법으로 가장 적당한 것은? [06년 상]

㉮ 접촉하는 면적이 20cm 이상이 되도록 한다.
㉯ 판금줄의 크기는 2인치 정도의 것을 쓴다.
㉰ 밀 때 절삭되도록 한다.
㉱ 새로 사용하는 줄은 단단한 것부터 사용하여 길들인다.

풀이 줄(file)은 주로 금속을 다듬질하거나 성형작업하는데 사용되는 공구로, 접촉하는 면적이 작은 곳에, 재료에 맞는 줄눈의 거칠기를 사용하여 새로 사용하는 줄은 무른것 부터 길들이며, 줄 작업은 밀 때 절삭되도록 한다.

31 강판의 우그러짐을 수정하는데 사용하는 공구가 아닌 것은? [06년 상]

㉮ 슬라이드 해머
㉯ 핸드 훅
㉰ 스푼
㉱ 디스크 샌더

풀이 샌더(sander) : 패널 표면의 녹이나, 구 도막 등의 연마에 사용되는 것으로, 회전 운동 또는 왕복 운동을 함으로써 연마를 행하는 공구

ANSWER 28 ㉯ 29 ㉯ 30 ㉰ 31 ㉱

32 자동차 보디 패널의 오목면과 골이 파여진 좁은 곳에 사용하는 샌더는? [06년 하]

㉮ 벨트 샌더
㉯ 디스크 샌더
㉰ 오비털 샌더
㉱ 스트레이트 샌더

풀이 샌더(sander)의 분류
① 동력원에 따라 : 에어 샌더, 전기 샌더
② 작동원리에 따라 : 싱글액션 샌더, 더블액션 샌더, 오비탈 샌더

• 샌더의 종류
① 벨트 샌더 : 스포트 용접부 도막 제거 및 보디 패널의 오목면과 골이 파여진 좁은 곳의 연마에 사용
② 디스크 샌더 : 원판 형상에 사포 및 얇은 연마석을 회전시켜 평활하게 연마하는 공구
③ 스트레이트 샌더 : 왕복운동이나 진동으로 표면을 연마하는 샌더로 넓은 평면 표면을 구석구석까지 샌딩이 가능한 것이 특징이다.
④ 오비탈(orbital) 샌더 : 패더가 사각형인 것이 특징으로 패더의 운동은 타원형의 궤적을 이룬다. 연마력은 약하지만 연마면에 대하는 패더의 크기가 크고, 평면인 까닭에 퍼티 연마 등 기초 도막 작업에 적당하다.

33 용접패널의 절단에 대한 설명으로 옳은 것은? [09년 상]

㉮ 용접 부위에 바로 드릴로 작업하면 편리하다.
㉯ 패널 뒤쪽에 전기배선 파이프 등은 절단한다.
㉰ 차종 부위에 따라 절단해서는 안되는 부분도 있다.
㉱ 제작회사의 설명서를 참고로 용접부만 잘라낸다.

풀이 용접패널은 차종 부위에 따라 절단해서는 안되는 부분도 있다.

34 재료의 응력 변형 선도에서 다음의 응력값 중 가장 작은 것은? [08년 상]

㉮ 극한강도 응력
㉯ 비례한도 내의 응력
㉰ 상항복점 응력
㉱ 하항복점 응력

풀이  응력 변형률 선도

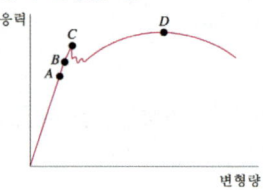

A : 비례한도
B : 탄성한도
C : 항복점
D : 극한(인장) 강도
※ 비례한도(탄성한계) 내에서 응력값이 가장 작다.

35 강을 가열한 후 급냉시켜 강도를 증가시키는 열처리 방법은? [09년 상]

㉮ 불림   ㉯ 풀림
㉰ 뜨임   ㉱ 담금질

풀이 담금질 : 강을 가열 후 물이나 기름에서 급냉시키는 방법으로 강도와 경도가 증가하며, 소금물에서 냉각속도가 가장 빠르다.

32 ㉮ 33 ㉰ 34 ㉯ 35 ㉱

36 차체의 리벳 이음에 작용하는 하중이 P 이고, 리벳 지름이 d 일 때 리벳에 발생하는 전단 응력은? [07년 하]

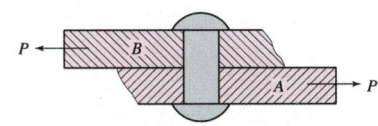

㉮ $\tau = \dfrac{P}{\pi \cdot d^2}$ ㉯ $\tau = \dfrac{2 \cdot P}{\pi \cdot d^2}$

㉰ $\tau = \dfrac{3 \cdot P}{\pi \cdot d^2}$ ㉱ $\tau = \dfrac{4 \cdot P}{\pi \cdot d^2}$

[풀이] 전단응력 $\tau = \dfrac{P}{A}$

∴ $\tau = \dfrac{P}{A} = \dfrac{P}{\dfrac{\pi}{4}d^2} = \dfrac{4 \cdot P}{\pi \cdot d^2}$

37 모재에 (+)극을, 용접봉에 (-)극을 연결하는 아크 용접은? [07년 하]

㉮ 역극성 ㉯ 정극성
㉰ 용극성 ㉱ 용융성

[풀이] 아크 용접의 극성

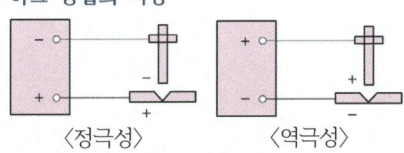

⟨정극성⟩ ⟨역극성⟩

38 용접 작업 후에 생기는 변형이 발생되는 가장 큰 이유는? [07년 상]

㉮ 용착 금속의 수축과 팽창
㉯ 용착 금속의 경화
㉰ 용접 이음부의 가공 불량
㉱ 용착 금속의 용착 불량

[풀이] 용접 작업 후의 변형은 용착금속의 열에 의한 팽창과 수축과정에 의해 발생되며 치수의 변형 및 단차가 발생된다.

39 용접 후에 발생되는 팽창과 수축은 어떤 결함에 속하는가? [05년 상]

㉮ 치수상 결함 ㉯ 성질상 결함
㉰ 화학적 결함 ㉱ 구조상 결함

[풀이] 용접 작업 후의 변형은 용착금속의 열에 의한 팽창과 수축과정에 의해 발생되며 치수의 변형 및 단차가 발생된다.

40 점 용접 3단계의 순서로 맞는 것은? [04년 상]

㉮ 가압 → 냉각고착 → 통전
㉯ 냉각고착 → 가압 → 통전
㉰ 가압 → 통전 → 냉각고착
㉱ 통전 → 가압 → 냉각고착

[풀이] 스폿용접
① 스폿용접의 3요소 : 가압력, 용접전류, 통전시간
② 스폿 과정 : 가압밀착시간, 통전융압시간, 냉각고착시간

41 전기 스포트 용접 과정에 속하지 않는 것은? [04년 하, 09년 하]

㉮ 가압 밀착시간 ㉯ 통전 융압시간
㉰ 냉각 고착시간 ㉱ 전극 접촉시간

[풀이] 스폿용접
① 스폿용접의 3요소 : 가압력, 용접전류, 통전시간
② 스폿 과정 : 가압밀착시간, 통전융압시간, 냉각고착시간

36 ㉱ 37 ㉯ 38 ㉮ 39 ㉮ 40 ㉰ 41 ㉱

42 다음 용접 중 저항 용접에 속하지 않는 것은? [05년 하, 08년 상]

㉮ 스포트 용접 ㉯ 프로젝션 용접
㉰ 심 용접 ㉱ 미그 용접

풀이 전기 저항 용접(압접)
① 점(spot) 용접
② 심(seam) 용접
③ 프로젝션(projection) 용접
④ 맞대기(butt) 용접

43 전기 용접봉의 표시기호에서 E43 △중 43이 표시하는 것은? [06년 하]

㉮ 사용 전류
㉯ 피복제 종류
㉰ 용착 금속의 최저 인장강도
㉱ 용접 자세

풀이 용접봉 표시기호

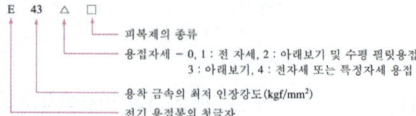

44 CO_2 가스 아크 용접 조건의 설명으로 잘못된 것은? [08년 하]

㉮ 용접 전류는 용입량을 결정하는 요인이다.
㉯ 아크 전압은 비드 형상을 결정하는 요인이다.
㉰ 와이어의 용융 속도는 아크전류에 정비례하여 증가한다.
㉱ 와이어의 돌출 길이가 길수록 가스의 보호 효과가 크고 노즐에 스패터(spatter)가 부착되기 쉽다.

풀이 와이어의 돌출부가 너무 길면 와이어 끝이 좌우로 흔들리며, 비드가 아름답지 못하고 아크가 불안정하게 된다.

42 ㉱ 43 ㉰ 44 ㉱

02 자동차 보수도장

제1절 자동차 도료

1. 색상의 기초

① **색의 삼원색** : 마젠타(Magenta), 시안(Cyan), 옐로우(Yellow)로서, 색의 삼원색을 여러 가지 비율로 섞어서 다양한 색을 만드는 것을 감산혼합이라 한다. 감산혼합은 CMYK 색상의 기초가 된다. 여기서, K는 검정(Black)을 말한다.

② **빛의 삼원색** : 빨강(Red), 파랑(Blue), 녹색(Green)로서, 빛의 삼원색을 여러 가지 비율로 섞어서 다양한 색을 만드는 것을 가산혼합이라 한다. 가산혼합은 RGB 색상의 기초가 된다.

그림 4-7/ 색의 3원색   그림 4-8/ 빛의 3원색

2. 색의 3요소

1) 색의 3요소

① **색상(Hue, 색조)** : 색을 구별하는 것으로 빨강, 노랑, 파랑 등 빛의 파장 자체를 의미한다.
② **명도(Value)** : 색의 밝고 어두운 정도를 말하며 밝을수록 고명도 이다. 흰색의 명도가 가장 높고, 검정색의 명도가 가장 낮다. 0~10까지의 11단계로 되어 있다.
③ **채도(Chroma)** : 색의 맑고 선명한 정도로 색의 순수한 정도를 말한다. 채도가 높은 색은 3원색이며, 색들을 혼합하면 채도는 낮아진다. 1~14까지의 14단계로 되어 있다.

2) 색상 용어

① **보색** : 색상환에서 서로 마주보고 있는 색으로, 보색관계에 있는 색을 혼합하면 무채색이 된다.(채도가 낮아진다.)
② **무채색** : 채도가 가장 낮은 색으로, 흰색, 회색, 검정색을 무채색이라 한다.

3) 색의 3요소 표시법

① **먼셀 표색계** : H V/C 로 표시한다.
예로, 빨강은 5R 4/14로 표기하며, 5R은 색상, 4는 명도의 단계, 14는 채도의 단계를 표시한다.

3. 도료

도료를 구성하는 원료로 수지(resin), 안료(pigment), 첨가제(additive), 용제(solvent)가 있다.

1) 수지

안료와 함께 도막에 남아 도막의 보호와 미관에 직접적인 역할을 하는 것으로, 송진, 셀락, 에스테르 검 등의 천연수지와 아크릴 수지, 알키드 수지, 페놀 수지, 에폭시 수지, 비닐 수지, 폴리우레탄 수지 등 합성수지가 있다.

2) 안료(顔料, pigment)

물체에 색을 입힐 수 있는 색소로 물에서 녹는 염료과 달리 물이나 기름, 알코올 등에 녹지 않는 성질이 있다. 물, 기름, 합성수지액 등의 반죽을 사용해 녹을 방지하고 광택과 도막의 강도를 증가시키는 역할을 한다. 안료는 착색안료, 체질안료, 방청안료, 금속분안료, 특수안료가 있다.

① **착색안료(color pigment)** : 도막의 착색을 목적으로 하는 안료
② **체질안료(extender pigment)** : 색상에는 영향을 주지 않고 기존 도료의 양을 늘리거나 농도를 묽게 하며, 도막의 경도를 높이고 연마성을 좋게 하여 사용감, 광택 등을 조정하기 위해 사용한다. 하도 도료에 사용한다.
③ **방청안료** : 녹이 발생하는 것을 방지하는 안료
④ **금속분안료** : 메탈릭과 마이카가 있으며 자외선이 하도도료로 침투하는 것을 방지
⑤ **특수 안료**
  ㉠ 독성 안료 : 아산화동, 산화수은으로 바닥의 굴, 멍게, 해초 등이 붙지 못하도록 선저의 도료로 이용
  ㉡ 방화 안료 : 산화안티몬

3) 첨가제

도막의 성질을 조절하고 보호하며 필요한 기능을 충분히 발휘하기 위하여 첨가하는 성능 향상제이다.

첨가제로는 도료를 만드는 과정이나 도막 후의 성능 향상을 위해 방부제, 색분리 방지제, 흐름 방지제, 침전 방지제, 소포제, 습윤제, 증점제 등 여러가지가 있다.

4) 용제

도료는 도장시 액체상태로 사용되므로 도장하기에 적당한 유동성을 가져야 한다. 용제는 용해력, 증발속도, 비점에 따라 크게 좌우되므로 다음과 같은 구비조건이 있어야 한다.

① 인체에 무해할 것
② 저취, 저독성 제품일 것
③ 도장작업 시 증발속도가 적정할 것
④ 수지를 잘 용해 할 것
⑤ 무색이나 연한 색일 것
⑥ 인화점이 높고 고온에서 열 안정성이 좋을 것
⑦ 작업이 용이할 것

4. 도료 저장시 결함 현상

① 겔화 : 도막 상태가 액체 상태에서 반고체 상태로 변해 유동성이 거의 없는 상태. 즉, 졸이 겔로 바뀌는 현상.
② 침전 : 도료를 장시간 보관시 도료속의 비중이 무거운 안료가 가라앉는 것
③ 피막 : 도료의 저장 중 또는 용기 중에 방치시 도료의 표면에 피막이 형성되는 현상

제2절 / 도색(도장)

자동차 도장이란 차체의 보호, 미관향상, 재해 방지 효과 등을 목적으로 차체의 표면을 도료로 피복하는 것을 말한다. 대부분의 자동차 도막은 약 $100[\mu](0.1[mm])$로서 전처리(1~2$[\mu]$), 하도(20~25$[\mu]$), 중도(20~40$[\mu]$), 상도(40~50$[\mu]$)로 이루어지는데 전처리와 하도는 방청을, 중도는 마무리나 외관 향상을 위한 표면조정을, 상도는 마무리나 외관으로 내구성을 확보한다.

1. 자동차 도장의 종류

① 솔리드 : 단색을 의미하는 솔리드는 보디 외판 위에 칠해지는 기초 도장과 금속면을 밀착시키는 도료를 말한다. 알미늄 입자 및 펄(운모입자)이 섞이지 않고 마무리 도장에 투명도료를 사용하지 않는 단순색상으로 수지, 안료, 용제로 구성된다.

② 메탈릭 : 메탈릭은 솔리드 컬러에 미세한 알루미늄 조각을 섞은 자동차 도장에 사용하는 도료의 한 종류이다. 알루미늄 조각은 빛을 받으면 반짝거릴 수 있는데, 알루미늄 조각을 보호하는 목적으로 메탈릭 컬러 위에 클리어가 뿌려진다.

③ 마이카 : 자동차 도장 중에 진주처럼 광택을 내는 것으로 펄 도료라고도 불리는 마이카는 미세한 입자이므로 도장면을 편평하게 하기 위해 클리어가 상부에 뿌려진다. 솔리드 컬러 중에 마이카라고 부르는 운모를 섞으면 복잡하고 부드러운 광택을 얻을 수 있다.

2. 조색(調色 : color matching)

조색이란 색을 혼합하는 것으로, 주어진 색견본의 색에 맞도록 원색을 여러가지 비율의 순서로 혼합하는 작업을 말한다. 메탈릭 칼라 조색시 밝게 하려면 메탈릭(알루미늄)이나 펄(마이카)을 추가하고, 또한 조색은 건조된 후의 도막의 색으로 결정되므로 건조된 도막에 얼룩이 없고 광택과 색상의 차이가 없어야 한다.

1) 조색 작업시 주의사항

① 조색시 근접 색상을 사용한다.
② 조색용 원색의 수를 최소화하여 선명한 색상을 만든다.
③ 먼저 색상을 맞추고 명도, 채도 순으로 조정한다.
④ 조색 작업시 많이 소요되는 색과 밝은 색부터 혼합한다.
⑤ 2액형 도료는 경화제 사용에 따라 색상 차이가 발생하므로 경화제를 혼합한 후에 색상을 확인, 조정한다.
⑥ 한번에 많은 양을 조색하지 말고 필요 양의 약 7할 정도 만든다.
⑦ 성분이 다른 도료와의 혼용을 피한다.

2) 색상 비교방법

① 직사광선이 없는 그늘이나 밝은 곳에서 비교한다.
② 30[cm] 떨어진 곳에서 한다.
③ 광원을 바꾸어 색상을 비교한다.
④ 계속해서 응시하지 말고 가끔 다른 색을 보게 한다.
⑤ 동일한 재질에서 도장해보고 비교한다.

3) 색상을 밝게 나타나게 하는 방법

① 도료량을 적게 한다.
② 스프레이 건의 선단과 물체와의 거리를 길게 한다.
③ 스프레이 건의 운행속도를 규정보다 빠르게 한다.
④ 에어압력을 높게 한다.
⑤ 패턴의 폭을 넓게 한다.
⑥ 작은 노즐 구경을 사용한다.

제3절 보수도장

자동차 보수도장이란 자동차 사용 중 발생되는 자동차의 외부 손상을 판금 정형한 후 도장하여 복원하는 것을 의미하며 하도, 중도, 상도로 나누어져 있다.

1. 보수도장용 도료

1) 하도용 도료(primer)

① 퍼티(putty) : 퍼티 작업은 맨 철판에 대한 부착기능 향상, 요철부위의 메꿈 역할 및 연마에 의한 미세한 요철부분을 편평하게 하기 위해서 사용한다. 주로 폴리에스테르 퍼티를 사용하며 주제와 경화제를 100 : 1~3 정도로 혼합하여 사용한다.
② 프라이머(primer) : 강판에 직접 도포하여 녹 방지 및 금속면과 도료와의 부착력을 증대시키는 도료로, 주로 워시 프라이머를 사용한다.

2) 중도용 도료(surfacer)

중도용 도료는 하도 도료와 상도 도료와의 중간 과정으로 중도 도료는 도막과 도막 층간의 부착성 향상, 도면의 최종적인 요철(흠집) 제거, 상도 도료의 용제 하도 침투방지 등의 기능을 갖는다. 1액형 타잎의 래커계와 2액형 타잎의 우레탄계 2가지가 있다.

① 서페이서(surfacer) : 도료를 입히기 전에 금속면의 표면을 정리하여 평활성을 부여하고 도료의 용제 침투를 방지하여 내수성과 내구성을 증대시키는 역할을 한다.
② 프라이머 서페이서(primer surfacer) : 작업의 편의성을 위해 프라이머의 녹 방지 기능과 서페이서의 차단 기능을 동시에 가진 도료이다. 이외에도 평활성, 부착성, 하도보호의 기능이 있다.

3) 상도용 도료(top-coat)

자동차의 색상과 광택을 살리기 위한 마지막 페인팅 작업으로, 소비자가 눈으로 직접 보게 되므로 가장 중요한 작업이다. 도장 횟수에 따라 1 coat, 2 coat, 3 coat 및 도료의 조성에 따라 우레탄 도료, 래커 도료 등이 있다.

① 1 coat : 도료 중에 메탈릭이나 펄 등이 함유되어 있지 않은 솔리드 색상을 도장하는 방식이다.
② 2 coat : 메탈릭 안료와 펄 안료 등이 함유되어 있는 컬러 베이스를 도장 후 광택이 나는 클리어를 도장하는 방법이다.
③ 3 coat : 컬러 베이스를 도장 후 은폐가 되지 않는 펄 베이스를 도장하여 2 색상이 동시에 보이도록 하고 광택이 나는 클리어를 도장하는 방법이다.
④ 우레탄 도료 : 주제와 경화제를 혼합하여 건조 경화시키는 2액형 도료로, 건조시간이 길어 건조과정에서 먼지가 부착되므로 건조장비나 도장 부스를 이용하여 강제 건조하는 도료이다. 광택이나 경도가 뛰어나고 변색이 잘 안되어 자동차에 많이 사용하고 있는 도료이다.
⑤ 래커 도료 : 경화제를 넣거나 열을 가하지 않아도 빨리 건조가 되어 작업 능률면에서 가장 사용이 편리하나 도료 중에서 광택이나 경도 등 품질이 좋지 않아 가격이 제일 싸다.

2. 연마 작업

퍼티 작업후 표면을 고르게 연마하는 작업으로, 수연마는 물을 이용하여 손으로 연마하는 수동 방식이고, 건연마는 샌더기를 이용하는 기계식 연마 방식으로 작업이 빨라 생산성이 좋고 연마 상태가 양호하나 먼지 발생이 많고 연마지 사용량이 많아지는 단점이 있다. 최근에는 건연마가 많이 활용되고 있다.

1) 연마지 번호의 종류와 사용구분

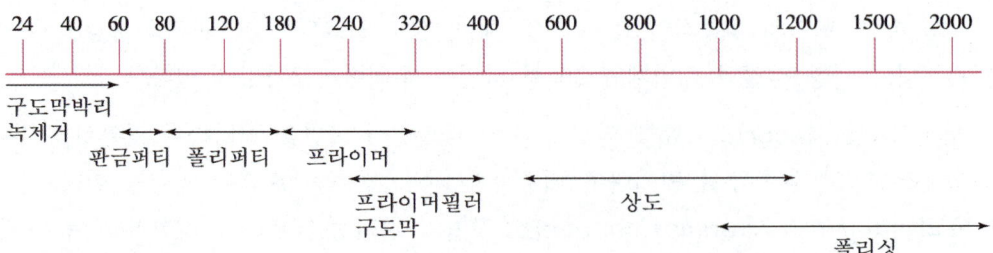

2) 도장 면에 좋은 평활성을 얻으려면 전·후, 좌·우로 겹쳐서 반복 연마하며, 연마지 선택이 불량하면 도장면에 연마자국이 발생하므로 적당한 연마지를 선택 사용한다. 연마 시에는 미세 먼지가 발생하므로 보안경, 방진 마스크, 장갑을 착용하여 작업한다.

3) 연마용 장비

연마용 도구로는 수작업용인 핸드 파일(hand file)과 기계용인 샌더(sander)로 나눌 수 있다. 샌더(sander)란 패널 표면의 녹이나, 구 도막 등의 연마에 사용되는 것으로, 회전 운동 또는 왕복 운동을 함으로써 연마를 행하는 공구로 동력원에 따라 에어 샌더, 전기 샌더, 작동원리에 따라 싱글액션 샌더, 더블액션 샌더, 오비탈 샌더로 분류한다. 일반적으로 사용하는 샌더의 종류는 다음과 같다.

① **벨트 샌더** : 스포트 용접부 도막 제거 및 보디 패널의 오목면과 골이 파여진 좁은 곳의 연마에 사용
② **디스크 샌더** : 원판 형상에 사포 및 얇은 연마석을 회전시켜 평활하게 연마하는 공구
③ **스트레이트 샌더** : 왕복운동이나 진동으로 표면을 연마하는 샌더로 넓은 평면 표면을 구석구석까지 샌딩이 가능한 것이 특징이다.
④ **오비탈(orbital) 샌더** : 패더가 사각형인 것이 특징으로 패더의 운동은 타원형의 괘적을 이룬다. 연마력은 약하지만 연마면에 대하는 패더의 크기가 크고, 평면이므로 퍼티 연마 등 기초 도막 작업에 적당하다.

3. 도료의 건조

도료를 도장한 후 액체상태의 도료가 고체 상태로 바뀌어 도막을 형성하는 과정으로, 신차라인에서 건조하는 열중합건조와 보수도장에서 사용하는 자연건조, 2액중합건조 방식으로, 건조방식에 따라 자연건조 방식과 강제건조 방식으로 분류할 수 있다.

1) 건조의 분류

① **자연 건조(상온 건조)** : 자연 그대로 놓아 두어 건조시키는 방법을 말한다.
　㉠ 용제 증발형 건조 : 도장 후 함유된 용제가 모두 증발하면 도막형성이 완료되는 도료로, 희석 용제가 다시 도막에 묻게 되면 다시 녹아나오는 단점이 있다.
　㉡ 반응형 건조 : 도장 후 용제가 증발하고 난 후 경화반응을 통해 화학반응이 진행되어 견고하고 광택이 우수하며, 내구력 있는 도막을 형성하는 도료
　㉢ 산화 중합형 건조 : 일반 페인트를 말하는데 도료가 공기 중의 산소와 반응하여 경화하는 에나멜 도료로서 차량 도장에는 사용하지 않는다.

② 강제 건조(가열 건조) : 기상 조건이 나쁘거나 빨리 건조시켜야 할 때 전기와 열을 이용하여 강제 건조시키는 방법을 말한다.
  ㉠ 적외선 건조 : 전기를 이용하는 건조 방식으로 열효율이 좋고 건조속도가 빨라 소규모 작업에서 많이 사용한다. 파장에 따라 근적외선 건조기, 중적외선 건조기, 원적외선 건조기가 있으며 원적외선 건조는 파장이 길어 소지의 온도가 상승하여 도막은 내부로부터 건조하게 된다.
  ㉡ 열풍대류형 건조 : 등유를 열원으로 열을 가하여 건조시키는 방법이다.

2) 플래시 오프 타임과 세팅 타임

① 플래시 오프 타임(flash off time) : 중간 건조시간이란 의미로, 도장과 도장사이에 용제가 증발할 수 있는 시간을 주는 것으로, 충분한 중간건조 없이 도색을 하면 오히려 건조시간이 늦어지고 흘러내기 쉬우며 광택감소나 핀홀 등 하자발생의 원인이 된다.
② 세팅 타임(setting time) : 스프레이 도색 후 최초 10분 사이에 80~90[%] 가까운 용제가 증발하므로 이 때 열을 가하게 되면 더욱 급격히 증발하여 용제가 빠진 흔적이 구멍으로 남아 하자를 발생시킨다. 따라서 스프레이 한 후 강제건조 시키기 전에 5~10분 정도 용제의 증발을 위해 주어지는 시간을 세팅타임이라 한다.

3) 건조상태 구분

① 지촉건조(指燭乾燥, set to touch) : 도막을 손가락으로 가볍게 대었을 때 점착성은 있으나 도료가 손가락에 묻지 않는 상태.
② 점착건조(粘着乾燥, dust free) 또는 반경화건조 : 손가락 끝에 힘을 주지 않고 도막면을 가볍게 좌우로 스칠 때, 손끝 자국이 심하게 나타나지 않는 상태.
③ 고착건조(固着乾燥, tack free) : 도막면에 손끝이 닿는 부분이 약 1.5cm가 되도록 가볍게 눌렀을 때 도막면에 지문 자국이 남지 않는 상태.
④ 고화건조(固化乾燥, dry-hard) : 엄지와 인지 사이에 시험편을 물리되 도막이 엄지쪽으로 강하게 힘껏 눌렀다가(비틀지 않고) 떼어 도막에 지문자국이 없는 상태.
⑤ 경화건조(硬化乾燥, dry-through) : 도막면에 팔이 수직으로 되도록 하여 힘껏 엄지손가락으로 누르면서 90°각도로 비틀어볼 때 도막이 늘어나거나 주름이 생기지 않고 다른 이상이 없는 상태.
⑥ 완전건조(完全乾燥, full hardness) : 도막을 손톱이나 칼끝으로 긁었을 때 흠이 잘 나지 않고 힘든다고 느끼는 상태(충분히 사용 가능함)

4. 도장 장비

1) 스프레이 부스(spray booth, 도장실)

도장할 수 있는 장소로 외부공기를 필터하여 공급하고, 내부의 도료 분진을 필터하여 배기시키는 장치와 열처리까지 가능한 설비를 말한다.

2) 스프레이 건

압축 공기로 도료를 미립화 시키는 권총같이 생긴 공구로, 피도면으로부터 15~30[cm] 거리에서 도장하는 기구이다. 스프레이 건의 노즐 사이즈에는 여러 가지가 있으므로 도료나 도색작업의 내용에 따라 작업 전에 선택한다. 상도는 분공이 1.3[mm], 프라이머 서페이서는 1.5[mm] 정도이다.

- 에어 스프레이 도장시 장점
  ① 붓 도장에 비하여 작업 능률이 좋다.
  ② 넓은 부분에 균일하게 도장할 수 있다.
  ③ 도막의 외관이 미려하다.
  ④ 도료의 사용량이 작다.

- 스프레이 건 조절방법
  ① 공기 압력(에어량) 조절
  ② 도료 분출량 조절
  ③ 패턴 폭(사이즈) 조절

5. 이색 현상

1) 이색현상 용어

① 조건 등색 현상(metamerism) : 서로 다른 두가지 색이 특정 광원 아래에서는 같은 색으로 보이는 현상. 즉, 물리적으로는 다른 색이 시각적으로 동일한 색으로 보이는 현상
② 보색 잔상현상 : 어떤 색을 바라보다가 다른 곳으로 눈을 옮겼을 때, 먼저 보던 색의 보색이 잔상으로 나타나는 현상
③ 겔화 현상(gelation) : 고체화되는 현상. 도막 상태가 액체 상태에서 반고체 상태로 변해 유동성이 거의 없는 상태. 즉, 졸이 겔로 바뀌는 현상.
④ 색 얼룩 현상(floating) : 2색 이상의 착색안료를 써서 만든 도료를 칠했을 때 불균일한 안료의 분산으로 그 표면에 부분적으로 색이 달라 보이는 현상

2) 이색현상의 요인

① 래커, 우레탄, 에나멜 등의 사용 도료에 의한 차이
② 스프레이건의 토출량, 패턴, 노즐 규격 등의 차이
③ 작업 기술, 도료의 점도, 도막 두께의 차이
④ 기상조건, 건조 방식 등 작업환경의 차이

제4절 도장의 결함 및 대책

1. 갈라짐(cracking)

도막상에 불규칙한 선을 그어 놓은 듯이 갈라지면서 속이 패인 상태로 존재

1) 원 인

① 도막을 두껍게 도장한 경우
② 도료를 충분히 저어주지 않고 사용한 경우
③ 도장간에 충분한 건조없이 두껍게 도장했을 경우
④ 크랙 저항이 약한 도료를 사용한 경우

2) 방지책

① 도장간에 적당한 건조시간을 준다.
② 규정도막 두께를 준수한다.
③ 도료 선택을 신중히 한다.

2. 건조불량(soft paint)

일정시간이 경과해도 건조가 되지 않아 도막을 손톱으로 긁으면 쉽게 흠이 생기거나 일반 용제가 묻는 경우에 도막이 쉽게 손상되는 경우

1) 원 인

① 도장된 도막 두께가 너무 두꺼운 경우
② 온도가 낮고 습도가 높은 경우
③ 경화제를 과량 섞거나 소량 섞어 사용한 경우

④ 신나를 과량 사용한 경우
⑤ 구도막 상태가 극히 나쁜 경우

2) 방지책

① 지정신나를 사용하여 도장한다.
② 건조 도막 두께 관리를 철저히 한다.
③ 2액형 도료의 경우 경화제를 정량 섞어 사용한다.

3. 겔화(gelling)

도막 상태가 액체 상태에서 반고체 상태로 변해 유동성이 거의 없는 상태

1) 원 인

① 도료중에 함유된 수지성분의 안정성이 낮아 점도가 심하게 상승(고온 장시간 저장)
② 2액형 도료의 주제에 경화제를 섞어 놓은 경우
③ 서로 섞이지 않는 도료를 혼합 사용할 경우
④ 우레탄 경화제를 뚜껑을 개봉한 상태로 보관

2) 방지책

① 도료 저장중에 뚜껑을 완전히 닫아 20[℃] 이하의 실내에 보관
② 2액형 도료 사용시에는 필요량의 경화제만 혼합 사용
③ 경화제는 습기와 반응하여 겔화되므로 저장 중에는 뚜껑을 밀폐하여 보관
④ 서로 다른 도료와의 혼합사용을 금한다.

4. 녹(rust)

도막 아래의 소지면에서 발청되어 부분적으로 부풀어 오르거나 도막이 박리된 상태

1) 원 인

① 소지 조정이 부적절 했을 때
② 수분 위에 도장시
③ 공기 호스에 물이 함유되어 있을 경우
④ 도료의 부착력, 방청력이 약한 경우

2) 방지책

① 도장면의 습기를 완전히 제거한 후 도장한다.
② 도장전 전처리를 철저히 한다.
③ 상도 도장전 하도를 필히 도장한다.

5. 메탈릭 얼룩(mottling, metallic mark)

도료를 도장했을 때 금속분이 균일하게 배열되지 않고 부분적으로 뭉쳐 얼룩져 보이는 현상

1) 원 인

① 메탈릭 도료를 느린 신나로 희석 사용하거나 너무 두껍게 도장하는 경우
② 작업자의 스프레이 미숙련에 기인
③ 메탈릭 색상 도장후 투명 도장을 너무 묽게 또는 빨리 도장하는 경우

2) 방지책

① 어떤 특정 부위라도 두껍게 도장하는 것을 피함.
② 색상 도료의 과잉 희석 사용을 피함.
③ 도장의 숙련도를 높임.

6. 물자국(water/rain spot)

도막위에 물방울 크기의 자국과 그 부위의 광택이 손실된 상태로 반점 형태나 도막이 움푹 파인 상태로 존재

1) 원 인

도장 후 도막이 완전 건조되기 전에 물이나 비를 맞을 경우 자국을 남긴다.

2) 방지책

① 도막이 완전히 건조될 때까지(하루이상) 비나 물에 노출시키지 말 것.
② 차를 음지에서 세차하고 깨끗이 제거한다.

7. 백화(blushing)

스프레이 도장후 일시적으로 또는 영구적으로 도막 상단에 나타나는 현상으로 안개가 낀 것처럼 우유빛을 나타내고 광택이 없는 상태

1) 원 인

① 용제가 빠르거나 신나의 균형이 맞지 않을 때 공기중의 습기가 도막에 침투하여 유발
② 스프레이 건의 공기와 신나가 함께 소지면의 온도를 떨어뜨려 이슬점을 형성하면서 습기를 도막에 침투케하여 발생함.
③ 습도가 높은 날 도장시
④ 물과 잘 섞이는 용제를 많이 사용시

2) 방지책

① 지건성 용제가 잘 균형된 신나를 사용
② 스프레이시 공기압력을 낮추어 도장하여 소지의 온도를 떨어 뜨리는 현상을 최소화
③ 습기가 높은 날에 도장하는 것을 피함

8. 부풀음(blister)

도막 층에 크고 작은 기포처럼 부풀어 있는 상태

1) 원 인

① 물, 그리스, 오일 등이 묻어 있는 상태에 도장시
② 소지가 발청되면서 녹이 발생시
③ 고습도 지역에 장기간 노출시

2) 방지책

① 소지를 깨끗하게 세척한다.
② 도장간에 충분한 건조 시간을 준다.
③ 에어 호스의 물기를 완전히 제거한다.

9. 부착손실(peeling, peel-off)

도막이 부착되지 못하고 떠서 벗겨지는 상태

1) 원 인

① 세척과 소지조정 작업이 적당치 못한 경우(물, 오일등 잔류)
② 도장간의 도료가 서로 상용성이 없는 경우(우레탄, 락카를 함께 도장)
③ 구도막을 연마없이 도장한 경우

2) 방지책

① 구도막을 철저히 세척, 소지 조정, 연마한다.
② 일반 철재외의 소지는 추천하는 하도를 꼭 사용한다.
③ 혼용이 잘되는 재료를 시스템으로 사용한다.

10. 브리딩(bleeding)

보수 도장시 하지용 도료의 색상 성분이 위로 떠올라 생기는 색번짐 현상

1) 원 인

① 구도막의 용해성 염료나 안료가 상도 색상의 용제에 의해 용해되며 신도막으로 솟아오르는 현상(적색, 황색등)
② 차체에 묻은 타르가 번져 솟아 올라 발생

2) 방지책

① 도료 제조시 용해성 안료를 사용치 않는다.
② 신색상을 도장전에 브리딩 방지 프라이머-서페이서(PS-220, PS-330, PS-550)를 도장한다.

11. 퍼티자국(putty mark)

하지 도료를 사용한 폴리퍼티 도장 부위가 건조후에 상도 도장면에 퍼티가 겹쳐진 가장자리 부위에서 층을 이루면서 나타나는 상태

1) 원 인

① 폴리 퍼티를 구도막상에 도장한 후 다시 도장할 때 퍼티 주변은 상도 신나에 침투되어 팽윤되는 반면 퍼티 부위는 용제 침투가 안되므로 건조후 퍼티층이 그 도막과 경계 형성
② 퍼티의 수축력이 크다.

2) 방지책

① 락카계 퍼티의 후도막 도장을 피한다.
② 락카계 구도막 위에 폴리 퍼티 도장을 금한다.
③ 퍼티 작업후 상도 도장전에 꼭 프라이머-서페이서를 도장한다.

12. 색분리(discoloration)

건조중에 혼합된 안료들이 서로 분리되어 불균일한 색상군을 형성

1) 원 인

안료의 분산성, 수지의 혼합성, 신나의 용해력 불량 등에 의해 기인

2) 방지책

① 빠른 신나를 사용한다.
② 용해력이 좋은 신나를 사용한다.

13. 연마자국 부풀음(sand scratch swell)

구도막의 조정을 완료후 상도 도장시 건조과정에서 용제에 의해 구도막의 연마자국이 확대되어 도막위에 나타나는 상태

1) 원 인

① 부적당한 소지조정
② 연마시 굵은 연마지로 사용
③ 하지 도료를 완전 건조시키지 않고 연마하여 상도 도장시
④ 구도막을 차단시키지 못하는 경우
⑤ 건조 도막 두께가 너무 얇은 경우

2) 방지책

① 고운 연마지로 사용한다.
② 구도막을 프라이머-서페이서로 차단후 상도 도장을 한다.
③ 너무 느린 신나의 사용을 피한다.

14. 오렌지 껍질(orange peel)

건조된 도막이 마치 귤 껍질의 현상 같이 생긴 상태

1) 원 인

① 공기압이 높거나 도막이 형성되기 이전에 스프레이 건으로 공기를 불어주는 경우
② 색상 도료에 신나를 적게 섞어 사용하는 경우

③ 도장 온도가 높은 경우
④ 스프레이건의 조정이 잘 안된 경우
⑤ 건조 도막 두께가 너무 얇은 경우

2) 방지책

① 고운 연마지로 사용한다.
② 구도막을 프라이머-서페이서로 차단후 상도 도장한다.
③ 너무 느린 신나의 사용을 피한다.

15. 주름(wrinkling)

도막 표면에 심하게 주름이 생기는 현상

1) 원 인

도막의 표면층과 내부층의 불화합과 반응형 도료를 건조 과정중에 도장시 생긴다.
① 에나멜을 두껍게 도장시
② 높은 온도, 습도 조건에서 도장시
③ 에나멜을 락카신나로 희석 도장시
④ 락카 색상 도장후 우레탄 크리어를 도장한 곳에 재도장시 발생

2) 방지책

① 에나멜 사용시 사양을 준수한다.
② 완전 건조전에는 직사광선을 피한다.
③ 에나멜에 락카 신나 사용을 금한다.
④ 서로 다른 타입의 도료를 중복 도장하여 사용하는 것을 금한다.
⑤ 완전반응이 안된 상태에서의 재도장을 피한다.

16. 침전(setting)

용기의 밑바닥에 비중이 무거운 안료들이 가라 앉아 쌓인 상태

1) 원 인

① 도료를 장기간 저장하거나 고온에서 저장 보관한 경우
② 도료의 안료량이 많은 경우
③ 도료의 점도가 낮은 경우

2) 방지책

① 도료를 20[℃] 이하의 실내에 보관하고 도료의 저장기간을 준수(1년)
② 도료를 장시간 보관시에는 정기적으로 용기를 뒤집어 주면서 보관

17. 크레이징(crazing)

도막 건조중 상도 도막에 불균일하게 새발자국 같은 크랙이 발생하는 현상

1) 원 인

① 도장 환경이 너무 추운 곳에서 도장시
② 초기 상도를 도장할 때 상도의 용제가 구도막에 침투하여 크랙을 유발

2) 방지책

① 속건형 신나를 사용하여 도장
② 우레탄 프라이머-서페이서로 중도 도장후 상도 도장한다.

18. 크레터링(cratering, 하지끼, 왁스끼)

도막에 분화구와 같은 요철이 생기는 현상

1) 원 인

① 피도면에 물, 기름, 실리콘 등의 이물질이 묻어있는 경우
② 에어 호스의 유분이 묻어나올 경우
③ 하도의 건조가 불충분한 경우
④ 피도면과 도료의 온도차이가 심한 경우

2) 방지책

① 도장 부위를 깨끗이 세척한 후 도장한다.
② 에어 호스의 물기를 제거할 수 있도록 에어 건조기를 스프레이 설비에 설치한다.

19. 피막(skinning)

도료의 용기의 표면층에 막이 형성되어 다시 용해되지 않은 상태

1) 원 인

① 용기내의 도료가 공기중의 산소와 결합하여 표면층이 건조되면서 건조막이 형성

② 큰 용기에 도료가 적게 들어 공간이 많은 경우

2) 방지책

① 도료 보관시 뚜껑을 꼭 밀폐하여 20[℃] 이하의 실내에서 보관
② 산소와 접촉시 반응하는 도료(에나멜, 습기 경화형 우레탄등) 도료 보관시 용기내 빈 공간에 산소가 가능한 한 차지 않도록 하여 보관

20. 핀홀(pin hole)

도막위에 바늘 구멍 크기의 작은 구멍들이 분포된 상태

1) 원 인

① 젖은 도막 상태에서의 함유 용제가 표면 건조 중에 빨리 증발하면서 구멍흔적이 남는다.
② 도장 온도가 높고 습도가 높은 경우
③ 신나의 선정이 잘못된 경우
④ 하지용 도료의 소지 조정 미숙(퍼티의 기공등)

2) 방지책

① 급격한 가열을 피한다.
② 세팅 타임을 충분히 준다.
③ 도막 두께가 적정하게 올라가도록 작업한다.
④ 프레쉬 타임을 충분히 준다.
⑤ 피도물의 온도를 낮춘다.

21. 황변(yellowing)

외부의 환경 영향에 도막이 노랗게 변하는 상태

1) 원 인

① 질화면(NC)이 함유된 락카를 사용시
② 우레탄의 경우 황변성 경화제를 사용한 경우
③ 자외선이 강한 환경지역에서 장시간 노출시

2) 방지책

무황변 타입의 도료를 사용한다. 특히 메탈릭 도료의 경우는 투명도장시 필히 무황변 타입 투명을 사용한다.

22. 흐름(run, sag)

과량의 도막을 일시에 올릴 때 불균일한 도막 유동에 의해 일부에서 도막이 아래로 처진 상태

1) 원 인

① 도료를 너무 묽게 희석하여 사용시
② 지건성 용제를 많이 넣고 스프레이 하는 경우
③ 도장시 후레쉬 타임 없이 두껍게 도장하는 경우
④ 도장면이 너무 뜨겁거나 차가운 경우
⑤ 스프레이 압력이 너무 낮은 경우

2) 방지책

① 도료 사용시 제조업자의 사양에 따라 사용
② 온도, 날씨 조건에 따라 적당한 신나를 사용
③ 도료 미립화에 알맞는 공기압을 사용한다.
④ 한꺼번에 도장하는 것을 피한다.

23. 흐림현상(dulling)

도막의 건조 과정에서 광택과 도막의 선명도가 떨어지면서 흐릿해지는 현상

1) 원 인

① 신나가 증발전에 콤파운드로 연마할 경우
② 표면조정이 완전하지 못한 경우
③ 신나의 선택이 잘못된 경우

2) 방지책

① 도장면을 철저히 세척후 도장한다.
② 완벽한 도장을 위해서는 충분한 건조 시간을 준다.
③ 재료 선택에 신중을 기한다.

제2장 자동차 보수도장 출제 예상문제

01 색의 3요소가 아닌 것은? [05년 상, 07년 하]
㉮ 보색   ㉯ 색상
㉰ 명도   ㉱ 채도

풀이 색의 3요소 : 색상, 명도, 채도
색의 3원색 : 마젠타(Magenta), 옐로우(Yellow), 시안(Cyan)

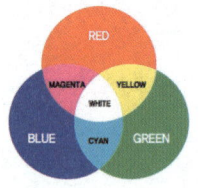
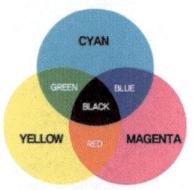

〈빛의 3원색〉   〈색의 3원색〉

02 다음 중 색상이 맑고 탁한 점도를 나타내는 것은? [05년 하]
㉮ 색상   ㉯ 명도
㉰ 채도   ㉱ 보색

풀이 색의 3요소
① 색상 : 색을 구별하는 것으로 빨강, 노랑, 파랑 등을 말한다.
② 명도 : 색의 밝고 어두운 정도
③ 채도 : 색의 선명도(맑기)를 말하며, 색의 순수한 정도

03 솔리드 색상의 조색에서 혼합하는 도료의 색 수가 많을수록 일반적으로 채도가 어떻게 되는지 가장 적합한 것은? [08년 하]
㉮ 낮아진다.   ㉯ 아주 조금 높다.
㉰ 높아진다.   ㉱ 변함이 없다.

풀이 채도가 높은 색은 3원색이며, 색들을 혼합하면 채도는 낮아진다.

04 조색의 기본원칙을 설명한 것으로 틀린 것은? [09년 상]
㉮ 도료는 혼합하면 명도와 채도가 다 같이 낮아진다.
㉯ 혼합하는 색이 많으면 많을수록 회색에 접근하게 되며 채도도 낮아진다.
㉰ 상호간 보색관계가 있는 색을 혼합하면 회색이 된다.
㉱ 가까운 색상을 혼합하는 편이 채도가 낮아진다.

풀이 가까운 색상보다 보색관계에 있는 색을 혼합하면 무채색이 된다.(채도가 낮아진다.)

01 ㉮ 02 ㉰ 03 ㉮ 04 ㉱

05 자동차 도장의 조색 및 색상과 관련된 설명으로 틀린 것은? [06년 하]

㉮ 보라색은 빨간색과 파란색의 혼합 색상이다.
㉯ 색의 기본색은 빨간색, 파란색, 노란색이다.
㉰ 보색끼리 섞으면 검정색이 된다.
㉱ 흰색은 빛을 모두 반사하여 생긴 색이다.

풀이 보색관계에 있는 색을 혼합하면 무채색이 된다.

06 조색시 색을 비교할 때의 조건으로 가장 거리가 먼 것은? [09년 하]

㉮ 30cm 떨어진 곳에서 한다.
㉯ 계속해서 응시하는 것이 좋다.
㉰ 가끔 다른 색을 보게 한다.
㉱ 광원을 바꾸어 색상을 비교한다.

풀이 색상 비교방법
① 직사광선이 없는 그늘이나 밝은 곳에서 비교한다.
② 30cm 떨어진 곳에서 한다.
③ 광원을 바꾸어 색상을 비교한다.
④ 계속해서 응시하지 말고 가끔 다른 색을 보게 한다.
⑤ 동일한 재질에서 도장해보고 비교한다.
⑥ 펄이나 메탈릭을 조색 할 때는 정면과 측면을 비교한다.

07 알루미늄 입자의 크기를 정한 다음 조색용 원색으로서 가급적 투명한 색을 사용하지 않으면 어느 조건에서는 색이 꼭 맞아 있어도, 보는 각도, 조명이 틀리면 색이 달라 보여지는 경우가 있다. 이러한 현상은? [08년 상]

㉮ 메타메리 현상   ㉯ 보색잔상 현상
㉰ 겔화 현상   ㉱ 색얼룩 현상

풀이 조건 등색 현상(metamerism) : 서로 다른 두가지 색이 특정광원 아래에서는 같은 색으로 보이는 현상. 즉, 물리적으로는 다른 색이 시각적으로 동일한 색으로 보이는 현상

08 도료를 저장하는 중에 발생하는 결함 현상이 아닌 것은? [08년 하]

㉮ 겔화   ㉯ 침전
㉰ 피막   ㉱ 기포

풀이 도료 저장시 결함 현상
① 겔화 : 도막 상태가 액체 상태에서 반고체 상태로 변해 유동성이 거의 없는 상태. 즉, 졸이 겔로 바뀌는 현상.
② 침전 : 도료를 장시간 보관시 도료속의 비중이 무거운 안료가 가라앉는 것
③ 피막 : 도료의 저장 중 또는 용기 중에 방치시 도료의 표면에 피막이 형성되는 현상
*기포는 도료를 휘저으면서 섞을 때 생기는 현상으로 결함이 아니다.

05 ㉰   06 ㉯   07 ㉮   08 ㉱

09 솔리드 칼라 도료에 포함되지 않는 것은?
[05년 하]

㉮ 안료 ㉯ 메탈릭
㉰ 수지 ㉱ 용제

풀이 솔리드 색상과 메탈릭 색상
① 솔리드 색상 : 알미늄 입자 및 펄(운모입자)이 섞이지 않고 마무리 도장에 투명도료를 사용하지 않는 단순색상으로 수지, 안료, 용제로 구성된다.
② 메탈릭 색상 : 펄이나 알루미늄 입자가 들어간 베이스 코트 색상을 말한다. (마무리 도장에 투명도료(클리어)를 사용해서 광택을 냄)

10 자동차 보수 도장에서 메탈릭과 펄(마이카) 도료의 가장 큰 차이점은?
[08년 하]

㉮ 불투명 및 반투명으로 인한 색상 및 명암 차이가 있다.
㉯ 펄은 빛을 반사하고 투과하지 못한다.
㉰ 메탈릭은 입자 크기와는 관계없이 컬러가 같다.
㉱ 펄은 불투명하여 은폐력이 좋고 메탈릭은 반투명하여 은폐력이 약하다.

풀이 자동차 도장의 종류
① 솔리드 : 단색을 의미하는 솔리드는 보디 외판 위에 칠해지는 기초 도장과 금속면을 밀착시키는 도료를 말한다.
② 메탈릭 : 메탈릭은 솔리드 컬러에 미세한 알루미늄 조각을 섞은 자동차 도장에 사용하는 도료의 한 종류이다. 알루미늄 조각은 빛을 받으면 반짝거릴 수 있는데, 알루미늄 조각을 보호하는 목적으로 메탈릭 컬러 위에 클리어가 뿌려진다.
③ 마이카 : 자동차 도장 중에 진주처럼 광택을 내는 것으로 펄 도료라고도 불리는 마이카는 미세한 입자이므로 도장면을 편평하게 하기 위해 클리어가 상부에 뿌려진다. 솔리드 컬러 중에 마이카라고 부르는 운모를 섞으면 복잡하고 부드러운 광택을 얻을 수 있다.

11 도장작업에서 용제의 구비조건으로 맞지 않는 것은?
[05년 하]

㉮ 수지를 잘 용해 할 것
㉯ 무색이나 연한 색일 것
㉰ 도장작업시 증발속도가 적정할 것
㉱ 휘발성분 및 독성, 악취가 없을 것

풀이 용제의 구비조건
① 인체에 무해할 것
② 저취, 저독성 제품일 것
③ 도장작업 시 증발속도가 적정할 것
④ 수지를 잘 용해 할 것
⑤ 무색이나 연한 색일 것
⑥ 인화점이 높고 고온에서 열 안정성이 좋을 것
⑦ 작업이 용이할 것

12 메탈릭 색상의 조색에서 차체 색상보다 도료 색상이 어두워 원색도료를 투입하고자 한다. 적당한 조색제는?
[04년 상, 07년 상]

㉮ 백색 ㉯ 투명 백색
㉰ 회색 ㉱ 알루미늄(실버)

풀이 메탈릭 칼라 조색시 밝게 하려면 메탈릭(알루미늄)이나 펄(마이카)을 추가한다.

13 베이스 코트 도장 중 메탈릭이나 펄 색상이 자체보다 어두워서 밝게 하고자 할 때 첨가되는 조색제는?
[06년 상]

㉮ 백색
㉯ 황색
㉰ 녹색
㉱ 실버 또는 펄(마이카)

풀이 메탈릭 칼라 조색시 밝게 하려면 메탈릭(알루미늄)이나 펄(마이카)을 추가한다.

09 ㉯ 10 ㉮ 11 ㉱ 12 ㉱ 13 ㉱

14 안료에 대한 설명 중 옳지 않는 것은?
[07년 하, 09년 하]

㉮ 물, 기름, 용제 등에 용해되지 않는 분말이다.
㉯ 안료는 조성에 따라 무기안료, 유기안료로 구분한다.
㉰ 안료는 도막을 유색 투명하게 하고 피막을 생성한다.
㉱ 화학적으로 안전해야 하며, 일광이나 대기작용에 대하여 강해야 한다.

> **안료(顔料, pigment)** : 물체에 색을 입힐 수 있는 색소로 물에서 녹는 염료와 달리 물이나 기름, 알코올 등에 녹지 않는 성질이 있다. 물, 기름, 합성수지액 등의 반죽을 사용해 녹을 방지하고 광택과 도막의 강도를 증가시키는 역할을 하며, 안료는 조성에 따라 무기안료와 유기안료로 구분한다.

15 퍼티(putty) 작업의 목적으로 옳은 것은?
[05년 상]

㉮ 광택을 증가하기 위해
㉯ 접착력을 강화하기 위해
㉰ 부착력을 향상시키기 위해
㉱ 평활성을 유지시키기 위해

> **퍼티(putty) 작업의 목적** : 퍼티 작업은 재료 표면의 구멍을 메우거나 미세한 요철부분을 편평하게 하기 위해서 사용한다.

16 도료 중 요철부위의 메꿈 역할과 맨 철판에 대한 부착기능 및 연마에 의한 표면 조정을 위해 도장하는 도료는? [04년 상, 07년 상]

㉮ 퍼티 ㉯ 프라이머
㉰ 서페이서 ㉱ 우레탄

> **퍼티(putty) 작업의 목적** : 퍼티 작업은 재료 표면의 구멍을 메우거나 미세한 요철부분을 편평하게 하기 위해서 사용한다.

17 금속 면에 적용하는 프라이머 서페이서에 대한 설명 중 잘못된 것은? [06년 상]

㉮ 방청성을 부여하기 위하여 사용
㉯ 금속면과 도료의 부착력을 증진시키기 위하여 사용
㉰ 금속면의 평활성을 부여해 주기 위하여 사용
㉱ 금속면에 칼라감을 부여하기 위하여 사용

> 프라이머(primer)는 금속면과 도료와의 부착력을 증진시켜주며 방청성 및 내부식성을 부여한다. 서페이서(surfacer)는 도료를 입히기 전에 금속면의 표면을 정리하여 평활성을 부여하기 위해서 사용한다.
> • 프라이머 서페이서는 프라이머와 서페이서의 기능을 동시에 가진 하도 도료로, 금속면과 도료와의 부착력을 증진시키고 방청성 및 평활성을 부여한다.

18 금속 면에 작용하는 워시 프라이머에 대한 설명 중 틀린 것은? [08년 상]

㉮ 방청성을 부여하기 위하여 사용한다.
㉯ 금속면과 도료의 부착력을 증진시키기 위하여 사용한다.
㉰ 워시 프라이머는 얇게 도장하여 사용되며 2액형의 경우 경화제에 산이 포함되므로 취급시 주의를 요한다.
㉱ 금속면의 평활성을 부여해 주기 위하여 사용한다.

> ㉮, ㉯, ㉰항이 워시 프라이머에 대한 설명이고, 서페이서(surfacer)는 도료를 입히기 전에 금속면의 표면을 정리하여 평활성을 부여하기 위해서 사용한다.

14 ㉰ 15 ㉱ 16 ㉮ 17 ㉱ 18 ㉱

19. 중도 도료(surfacer)의 기능으로 부적당한 것은? [06년 하]
   ㉮ 도막과 도막 층간의 부착성 향상
   ㉯ 도면의 최종적인 요철(흠집) 제거
   ㉰ 상도 도료의 용제 하도 침투방지
   ㉱ 건조 촉진 및 부식의 기능향상

   > 풀이 중도 도료(surfacer)의 기능
   > ① 도막과 도막 층간의 부착성 향상
   > ② 도면의 최종적인 요철(흠집) 제거
   > ③ 상도 도료의 용제 하도 침투방지

20. 보수 도장의 상도 도료에 대한 설명으로 가장 거리가 먼 것은? [04년 하]
   ㉮ 모든 메탈릭 칼라는 투명 작업을 필요로 한다.
   ㉯ 펄 칼라인 경우도 투명 작업이 필요하다.
   ㉰ 최근 펄 칼라의 경우는 2코트뿐만 아니라 3코트 도장 시스템으로도 적용되고 있다.
   ㉱ 모든 솔리드 칼라는 투명으로 도장하지 않는 싱글 스테이지로만 적용이 가능하다.

   > 풀이 ㉮, ㉯, ㉰항이 옳은 설명이고, 솔리드 칼라에 광택이 나지 않는 경우 투명 작업을 할 수도 있다.

21. 상도도장 중 도막의 색상을 견본보다 밝게 나타나게 하는 방법은? [04년 하]
   ㉮ 중복도장을 실시한다.
   ㉯ 여러 방향에서 반복 도장한다.
   ㉰ 스프레이 건의 선단과 물체와의 거리를 길게 한다.
   ㉱ 스프레이 건의 운행속도를 규정보다 느리게 한다.

   > 풀이 색상을 밝게 나타나게 하는 방법
   > ① 도료량을 적게 한다.
   > ② 스프레이 건의 선단과 물체와의 거리를 길게 한다.
   > ③ 스프레이 건의 운행속도를 규정보다 빠르게 한다.
   > ④ 에어압력을 높게 한다.
   > ⑤ 패턴의 폭을 넓게 한다.
   > ⑥ 작은 노즐 구경을 사용한다.

22. 우레탄 도료에 대한 설명 중 잘못된 것은? [09년 상]
   ㉮ 경화제와 주제가 분리되어 있는 2액형 도료이다.
   ㉯ 신차 라인에서 적용되는 도료에 비하여 가격이 저렴하고 도장 품질도 다소 떨어지는 제품이다.
   ㉰ 래커 도료에 비하여 취급하기는 까다로우나 내구성 등 여러가지 물성이 래커에 비하여 우수하다.
   ㉱ 주제와 경화제를 혼합한 후 일정 시간이 지나도록 사용하지 않으면 반응이 일어나 점도가 상승되어 사용이 불가능해질 수 있다.

   > 풀이 래커도료와 2액형 우레탄 도료
   > ① 래커도료 : 경화제를 넣거나 열을 가하지 않아도 빨리 건조가 되어 작업 능률면에서 가장 사용이 편리하나 도료 중에서 광택이나 경도 등 품질이 좋지 않아 가격이 제일 싸다.
   > ② 우레탄 도료 : 주제와 경화제를 혼합하여 건조 경화시키는 2액형 도료로, 건조시간이 길어 건조과정에서 먼지가 부착되므로 건조장비나 도장 부스를 이용하여 강제 건조하는 도료이다. 광택이나 경도가 뛰어나고 변색이 잘 안되어 자동차에 많이 사용하고 있는 도료이다.

19 ㉱ 20 ㉱ 21 ㉰ 22 ㉯

23 도료를 도장한 후 액체 상태의 도료가 고체 상태로 바뀔 때 반응형 건조 방법이 아닌 것은? [08년 하]

㉮ 산화 중합 건조(공기 건조형)
㉯ 열 중합 건조(소부 건조형)
㉰ 용제 증발형
㉱ 자기 반응형

풀이 용제증발형 도료는 도장 후 함유된 용제가 모두 증발하면 도막형성이 완료되는 도료로, 희석 용제가 다시 도막에 묻게 되면 다시 녹아나오는 단점이 있다. 반응형 도료는 도장 후 용제가 증발하고 난 후 경화반응을 통해 화학반응이 진행되어 견고하고 광택이 우수하며, 내구력 있는 도막을 형성하는 도료

• 건조의 일반적인 분류
  1) 자연 건조(상온 건조)
     ① 용제 증발형 건조
     ② 산화 중합형 건조
     ③ 반응형 건조
  2) 강제 건조
  3) 가연 건조
  4) 화학 반응형 건조
  5) 자연, 강제 병행 건조

24 도장작업 중이나 건조과정 중에 불순물(먼지, 티 등)이 도막표면에 고착되었다. 예방책으로 적절하지 않은 것은? [09년 상]

㉮ 작업자의 청결 유지
㉯ 피도면의 충분한 세정
㉰ 여과지 미사용
㉱ 스프레이건의 세척

풀이 ㉮, ㉯, ㉱항이 불순물이 도막표면에 고착되지 않는 예방책이며, 여과지를 사용하여야 한다.

25 자동차 보수 도장시 퍼티 연마의 초벌(1차) 작업시 적용되는 연마지로 가장 적합한 것은? [07년 하]

㉮ #36   ㉯ #80
㉰ #180 ㉱ #320

풀이 연마지 번호의 종류와 사용구분

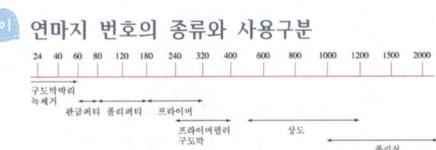

26 퍼티 작업후의 연마공정에 대한 설명으로 옳은 것은? [09년 상]

㉮ 연마 공구의 발전에 따라 수(水)연마보다 건연마를 많이 활용하고 있다.
㉯ 생산성은 수연마 방식이 건연마 방식에 비하여 높다고 할 수 있다.
㉰ 건연마 방식은 먼지 발생이 적고 연마 상태가 양호한 편이다.
㉱ 연마지의 사용량은 건연마의 경우가 적게 들어간다.

풀이 수연마와 건연마
수연마는 물을 이용하여 손으로 연마하는 수동 방식이고, 건연마는 샌더기를 이용하는 기계식 연마 방식으로 작업이 빨라 생산성이 좋고 연마 상태가 양호하나 먼지 발생이 많고 연마지 사용량이 많아지는 단점이 있다. 최근에는 건연마가 많이 활용되고 있다.

ANSWER 23 ㉰   24 ㉰   25 ㉯   26 ㉮

27 도장 작업 후 도막에 연마 자국이 많이 형성되었다. 연마 자국 결함의 주된 원인은?
[07년 하]

㉮ 퍼티의 도포 불량
㉯ 연마지 선택의 불량
㉰ 도막 건조 불량
㉱ 경화제 혼합 불량

풀이) 도장 작업 후 도장면에 발생된 연마 자국은 연마지 선택이 불량해서 발생된 자국이다.

28 도장 면에 좋은 평활성을 얻으려면 어떠한 방법으로 연마하여야 하는가? [09년 하]

㉮ 전·후로만 실시한다.
㉯ 좌우로 번갈아 실시한다.
㉰ 전·후, 좌·우로 겹쳐 실시한다.
㉱ 처음 실시한 방향으로만 실시한다.

풀이) 도장 면에 좋은 평활성을 얻으려면 전·후, 좌·우로 겹쳐서 반복 연마한다.

29 연마를 할 때 사용하지 않는 안전 보호구는? [06년 하]

㉮ 장갑   ㉯ 보안경
㉰ 방독 마스크 ㉱ 방진 마스크

풀이) 방독 마스크는 독성이 있는 가스의 흡입을 막기 위해 특수 정화 필터가 있는 마스크 이다.

30 리무버(Remover)에 대한 설명이다. 맞는 것은? [06년 상]

㉮ 도면을 평활하게 하는데 사용하는 것
㉯ 광택을 내는데 사용하는 것
㉰ 오래된 도막을 박리하는데 사용하는 것
㉱ 건조를 촉진시키는 것

풀이) 리무버(remover)는 오래된 도막을 박리하는데 사용하는 도료이다.

31 압축 공기로 도료를 미립화 시키는 권총같이 생긴 공구로 피도면으로부터 15~30cm 거리에서 도장하는 기구이다. 본문의 설명으로 가장 적합한 것은? [07년 상]

㉮ 스프레이 건
㉯ 에어 트랜스 포머
㉰ 구도막 샌더기
㉱ 굴곡 시험기

풀이) 스프레이 건은 압축 공기로 도료를 미립화 시키는 권총같이 생긴 공구로, 피도면으로부터 15~30cm 거리에서 도장하는 기구이다.

32 스프레이 건에 대한 설명 중 잘못된 것은?
[05년 상]

㉮ 중력식 건 : 중력에 의하여 도료가 공급되는 방식
㉯ 흡상식 건 : 공기의 분사에 의하여 도료가 위로 빨려 올라오는 방식
㉰ 에어레스 건 : 도료에 고압의 압력을 가하여 스프레이 점도가 낮은 도료의 도장에 적당
㉱ 압송식 에어건 : 도료에 압력을 가하여 에어 스프레이 건으로 분무되는 방식

풀이) ㉮, ㉯, ㉱항이 옳은 설명이고, 에어레스(airless)란 에어가 없다는 의미이므로 설명과 맞지 않는다.

27 ㉯ 28 ㉰ 29 ㉰ 30 ㉰ 31 ㉮ 32 ㉰

33 도장 중 스프레이건을 조절하는 3가지 방법이 아닌 것은? [04년 하]

㉮ 공기 압력 조절
㉯ 팁(노즐) 사이즈 조절
㉰ 패턴폭 조절
㉱ 도료 분출량 조절

> **풀이** 스프레이 건 조절방법
> ① 공기 압력(에어량) 조절
> ② 도료 분출량 조절
> ③ 패턴 폭(사이즈) 조절
> * 스프레이 건의 노즐 사이즈에는 여러 가지가 있으므로 도료나 도색작업의 내용에 따라 작업 전에 선택한다. 상도는 분공이 1.3mm, 프라이머 서페이서는 1.5mm 정도

34 상도 도장작업 중에 에어 스프레이 건에서 조절이 가능한 것이 아닌 것은? [04년 상]

㉮ 도료의 토출량 조절
㉯ 에어량 조절
㉰ 패턴 사이즈 조절
㉱ 노즐 사이즈 조절

> **풀이** 스프레이 건 조절방법
> ① 공기 압력(에어량) 조절
> ② 도료 분출량 조절
> ③ 패턴 폭(사이즈) 조절
> * 스프레이 건의 노즐 사이즈에는 여러 가지가 있으므로 도료나 도색작업의 내용에 따라 작업 전에 선택한다. 상도는 분공이 1.3mm, 프라이머 서페이서는 1.5mm 정도

35 도료를 도장했을 때 금속분이 균일하게 배열되지 않고 부분적으로 뭉쳐 얼룩져 보이는 현상이 메탈릭 얼룩이다. 방지 대책으로 틀린 것은? [09년 하]

㉮ 에어압을 높게 한다.
㉯ 토출량을 작게 한다.
㉰ 점도를 높게 한다.
㉱ 운행속도를 느리게 한다.

> **풀이** 메탈릭 얼룩 방지 방법
> ① 공기압을 보다 높게 하여 날려 뿌린다.
> ② 도료의 점도를 높게 한다.
> ③ 스프레이 건의 토출량을 작게 한다.
> ④ 스프레이 건의 운행속도를 빠르게 한다.

36 플라스틱 파트의 보수 도장에 대한 설명 중 틀린 것은? [08년 상]

㉮ 플라스틱은 탈지시에 정전기가 발생하여 다른 부위보다 먼지가 더 많이 달라 붙는다.
㉯ PP(폴리 프로필렌) 소재로 만들어진 범퍼는 반드시 PP 프라이머를 도장해야만 부착이 된다.
㉰ 자동차에 사용되는 모든 플라스틱의 도장은 자동차 철판의 도장 공정과 동일하다.
㉱ 플라스틱의 도장은 다른 철판 부위보다 도장 결함이나 부착 불량이 더 많이 생길 수 있다.

> **풀이** ㉮, ㉯, ㉱항이 옳은 설명이고, 자동차에 사용되는 플라스틱 파트의 도장은 철판 도장과는 달리 접착성이 중요하므로 소재별로 적합한 플라스틱 프라이머를 사용하여야 한다.

33 ㉯ 34 ㉱ 35 ㉱ 36 ㉰

37 PP 범퍼 도장 작업시 범퍼용 프라이머를 도장하지 않았을 경우 발생되는 가장 큰 문제점은? [08년 상]

㉮ 흐름(sagging) 현상
㉯ 핀홀(pin-hole) 현상
㉰ 박리(peel-off) 현상
㉱ 크랙(crack) 현상

풀이 도장 결함의 유형
① 흐름(sagging) : 과량의 도막을 일시에 올릴 때 불균일한 도막 유동에 의해 일부에서 도막이 아래로 처진 상태
② 핀홀(pin-hole) : 도막위에 바늘 구멍 크기의 작은 구멍들이 분포된 상태
③ 박리(peel-off) : 도막이 부착되지 못하고 떠서 벗겨지는 상태
④ 크랙(crack) : 도막상에 불규칙한 선을 그어 놓은 듯이 갈라지면서 속이 패인 상태로 존재
⑤ 크레터링(cratering) : 도막 상에 기포가 생겼다가 제거되면서 그 부위의 소지를 노출시키듯이 도막이 패이면서 작은 반점이 형성
⑥ 오렌지 필(orange peel) : 건조된 도막 표면이 평평하고 매끄럽지 않게 귤껍질처럼 마무리 되는 도막 결함
⑦ 메탈릭 얼룩(metallic mark) : 도료를 도장했을 때 금속분이 균일하게 배열되지 않고 부분적으로 뭉쳐 얼룩져 보이는 현상

38 도장 작업시에 페인트 도막을 너무 두껍게 올렸을 때 나타날 수 있는 도장 문제점이 아닌 것은? [06년 상]

㉮ 오렌지 필
㉯ 주름 현상
㉰ 백화 현상
㉱ 핀홀 또는 솔벤트 퍼핑

풀이 백화(blushing) 현상 : 스프레이 도장후 일시적으로 또는 영구적으로 도막 상단에 나타나는 현상으로, 안개가 낀 것처럼 우유빛을 나타내고 광택이 없는 상태

39 여름철 도장시 잘 발생하는 핀홀을 예방하기 위한 방법이 아닌 것은? [07년 상]

㉮ 도장 시에 증발 속도가 빠른 신너를 사용한다.
㉯ 세팅 타임을 충분히 준다.
㉰ 도막 두께가 적정하게 올라가도록 작업한다.
㉱ 프레쉬 타임을 충분히 준다.

풀이 핀홀을 예방하는 방법
① 급격한 가열을 피한다.
② 세팅 타임을 충분히 준다.
③ 도막 두께가 적정하게 올라가도록 작업한다.
④ 프레쉬 타임을 충분히 준다.
⑤ 피도물의 온도를 낮춘다.

40 도장 작업 후 열처리 시에 부스의 온도를 급격하게 올렸을 때 나타날 수 있는 도장의 결함은? [04년 상, 06년 하]

㉮ 오렌지 필
㉯ 주름 현상
㉰ 핀홀 또는 솔벤트 퍼핑
㉱ 백화 현상

풀이 핀홀을 예방하는 방법
① 급격한 가열을 피한다.
② 세팅 타임을 충분히 준다.
③ 도막 두께가 적정하게 올라가도록 작업한다.
④ 프레쉬 타임을 충분히 준다.
⑤ 피도물의 온도를 낮춘다.

37 ㉰ 38 ㉰ 39 ㉮ 40 ㉰

41 도장후 도막을 얻기 위하여 급격히 가열시키면 어떤 현상이 발생하는가? [04년 하]

㉮ 균열(cracking)
㉯ 핀홀(pin hole)
㉰ 오렌지필(orange peel)
㉱ 흐름(sagging)

> **풀이** 핀홀을 예방하는 방법
> ① 급격한 가열을 피한다.
> ② 세팅 타임을 충분히 준다.
> ③ 도막 두께가 적정하게 올라가도록 작업한다.
> ④ 프레쉬 타임을 충분히 준다.
> ⑤ 피도물의 온도를 낮춘다.

42 보수도장 면의 탈지작업이 제대로 안되었을 경우 나타나는 문제가 아닌 것은? [05년 하]

㉮ 도장 후에 부착 불량이 생길 수 있다.
㉯ 도장 중에 도장 결함(크레터링, 하지끼, 왁스끼)이 생길 수 있다.
㉰ 도장 시에 페인트 소모량이 많아진다.
㉱ 도장 시에 용제 와이핑(wiping) 자국이 생길 수 있다.

> **풀이** 탈지작업이 제대로 안되면 ㉮, ㉯, ㉱항의 불량이 발생할 수 있으나, 페인트 소모량이 증가하지는 않는다.

43 자동차 철판 중 아연도금 강판에 폴리에스테르 퍼티를 직접 도포하여 발생되는 결함으로 가장 옳은 것은? [05년 상]

㉮ 브리스터(Blister, 부풀음)
㉯ 핀홀(Pin-Hole)현상
㉰ 흐름(Sagging)현상
㉱ 오렌지 필(Orange Peel)현상

> **풀이** 아연도금 강판에 폴리에스테르 퍼티를 직접 도포하면 브리스터가 발생되어 도막박리 현상이 나타난다.

ANSWER 41 ㉯ 42 ㉰ 43 ㉮

PART 5

공업경영

제1장 품질관리
제2장 생산관리
제3장 작업 관리 및 기타사항

01 품질관리

1_ 통계적 방법의 기초

1. 용어 정의

① 오차(error) : 모집단의 참값과 추출한 시료의 측정 데이터와의 차이
② 신뢰성(reliability) : 개개의 제품이 주어진 조건하에서 주어진 기간 동안 요구되는 제품의 품질 수준.
③ 정밀도(precision) : 동일 시료를 무한히 측정하였을 때 얻어진 데이터는 반드시 흩어지는데, 그 데이터의 분포의 폭의 크기, 편차를 나타내는 것.
⑤ 런(Run) : 동일한 부류에 속하는 연속된 점
⑥ 산포(dispersion, variability) : 자료가 퍼져있는 정도
⑦ 정확도(accuracy), 치우침(bias) : 동일 시료를 무한 횟수 측정하였을 때 그 데이터의 분포의 평균값이 참값에 가까운 정도(평균값-참값)를 정확도라 하며, 정확도가 좋은 측정이란 치우침이 작은 측정을 말한다.
⑧ 도수분포(frequency distribution) : 자료를 계급별로 나누고 각 계급별 자료의 개수인 도수를 각 계급에 따라 나타낸 것을 도수분포라 한다. 도수분포를 표로 나타낸 것을 도수분포표라고 한다.

2. 데이터의 기초적 정리

1) 중심위치의 측정

① 산술평균 $= \dfrac{\text{측정값의 합}}{\text{측정횟수}(n)} = \dfrac{x_1 + x_2 \cdots + x_n}{n}$

② 중앙값(Median) : 측정값 집단 중 가장 작은 값에서부터 가장 큰 값 순으로 나열했을 때 그 가운데 값. 만약 측정값 수가 짝수이면 관례에 따라 중간의 두 측정값의 평균값을 중앙값으로 사용한다.

③ 모드(mode) : 도수표에서 도수가 최대인 곳의 대표치

④ 범위의 중앙치(mid-range) $= \dfrac{x_{\max} + x_{\min}}{2}$

2) 산포의 측정

① 편차 제곱합(sum of square) : 개개의 측정치 x_i와 표본평균 $\bar{x}$ 간의 편차의 제곱을 모든 데이터에 대하여 합한 것을 말한다.

$$S = \sum_{i=1}^{n}(x_i - \bar{x})^2$$

② 표준편차 $= \sqrt{\dfrac{d_1^2 + d_2^2 + d_3^2 + \cdots + d_n^2}{n}}$

d : 편차
n : 측정횟수

③ 범위(Range) : 데이터 중의 최대값과 최소값의 차이를 범위라 한다.

$(R = x_{\max} - x_{\min})$

④ 시료분산 : $s^2 = \dfrac{제곱합}{n-1}$

3) 분포의 형태

① 비대칭도(skewness) : 분포가 평균치를 중심으로 대칭인가 아닌가를 알아보는 척도로서 k로 표시한다. $k = \dfrac{1}{ns^3}\sum_{i=1}^{k'}(x_i - \bar{x})^3 f_i$

② 첨도(kurtosis) : 분포의 뾰족한 정도를 나타내는 척도로서 σ_4 또는 β_2로 표시 한다.

$\sigma_4 = \beta_2 = \dfrac{1}{ns^4}\sum_{i=1}^{k'}(x_i - \bar{x})^4 f_i$

s : 표준편차
k' : 계급의 수
x_i : i번째 계급의 대표치
f_i : i번째 계급의 도수

2_ 샘플링 검사

1. 검사의 분류

1) 검사항목에 의한 분류

① 수량검사
② 외관검사
③ 치수검사
④ 중량검사
⑤ 성능검사

2) 검사 판정 대상(검사 방법)에 의한 분류

① 전수검사 : 100%검사, 치명적인 결점이 대해 혹은 수가 작거나 기타 중요한 부품

② 로트별(샘플링)검사 : 로트별로 샘플링하고 물품을 조사해서 로트의 합격여부를 결정하는 샘플링 검사
③ 관리(스킵로드) 샘플링 검사 : 제조공정의 관리, 공정검사의 조정 및 검사의 체크를 목적으로 행하는 검사
④ 무검사 : 제품의 품질을 간접적으로 보증해 주는 방법이다.

3) 검사가 행해지는 공정에 의한 분류

① 수입검사 : 재료, 제품을 받아들여도 좋은가를 판정하기 위한 검사.
② 공정검사(중간검사) : 전단의 제조공정이 끝나고 다음 제조 공정으로 이동하는 사이에 행하는 검사
③ 최종검사 : 완성품에 대해서 행하는 검사
④ 출하검사 : 제품을 출하할 때 행하는 검사

4) 검사가 행해지는 장소에 의한 분류

① 정위치 검사
② 순회검사
③ 출장검사

2. 샘플링검사

로트로부터 시료를 샘플링해서 조사하고, 그 결과를 로트의 판정기준과 비교하여 그 로트의 합격여부를 결정하는 검사방식으로 추출된 샘플의 품질평가방법에 따라 계수형 샘플링검사(sampling inspection by attributes)와 계량형 샘플링검사(sampling inspection variables)가 있다.

1) 샘플링검사, 전수검사

① 샘플링검사가 필요한 경우
　㉠ 전수검사가 불가능한 경우
　㉡ 인장강도시험, 전구나 진공관의 수명시험 등 파괴검사의 경우
　㉢ 석유·전선과 같은 연속체의 경우
　㉣ 다소 불량이 용인될 경우에는 검사비용이 덜 들기 때문에 이 방법을 택한다.
② 전수검사가 필요한 경우
　㉠ 조금이라도 불량품이 있으면 결과적으로 중대한 영향을 받게 되는 경우
　㉡ 검사에 수고와 시간이 별로 들지 않고 검사비용에 비하여 효과가 큰 경우

③ 샘플링검사가 유리한 경우
   ㉠ 다수, 다량의 것으로 어느 정도 부적합품이 섞여도 허용되는 경우
   ㉡ 검사항목이 많을 경우
   ㉢ 불완전한 전수검사에 비해 높은 신뢰성이 얻어질 때
   ㉣ 검사비용을 적게 하는 편이 이익이 되는 경우
   ㉤ 생산자에게 품질향상의 자극을 주고 싶을 때

2) 샘플링 방법

① 랜덤 샘플링(Random Sampling) : 모집단의 구성 요소에게 시료로 뽑힐 확률을 동등하게 주는 샘플링 방법으로 시료수가 증가할수록 샘플링 정도가 높다.

㉠ 단순 랜덤 샘플링(Simple Random Sampling) : 크기가 N인 모집단에서 1개를 $\frac{1}{N}$ 의 확률로 뽑고 나머지 $N-1$개 중에서 1개를 $\frac{1}{N-1}$ 의 확률로 뽑는 작업을 시료 n개가 뽑힐 때까지 반복하는 샘플링 방법

㉡ 계통 샘플링(Systematic Sampling) : N개의 물품이 일련의 배열로 되어 있을 때, 첫 k개의 샘플링 단위 중 1개를 뽑고 그로부터 매 k번째를 선택하여 n개의 시료를 추출하는 샘플링 방법

$$k = \frac{N}{n}$$

㉢ 지그재그 샘플링(Zigzag Sampling) : 품질에 주기적인 변동이 있는 경우 공정의 품질이 변화하는 주기와 상이한 간격으로 표본을 추출하기 위해 고안된 샘플링 방법

② 층별 샘플링(Stratified Sampling) : 모집단을 몇 개의 층으로 나누어 각층마다 각각 랜덤으로 시료를 추출하는 방법

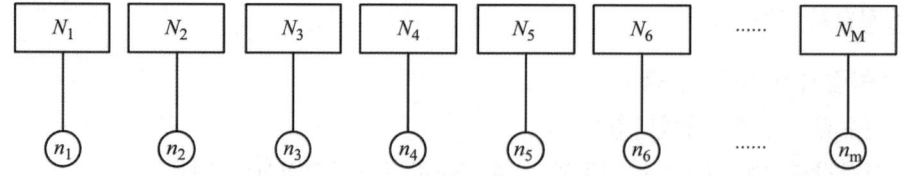

③ 취락샘플링(Cluster Sampling) : 모집단을 몇 개의 층으로 나누어 그 층 중에서 몇 개의 층을 랜덤 샘플링 하여 그 취한 층 안은 모두 측정 조사하는 방법

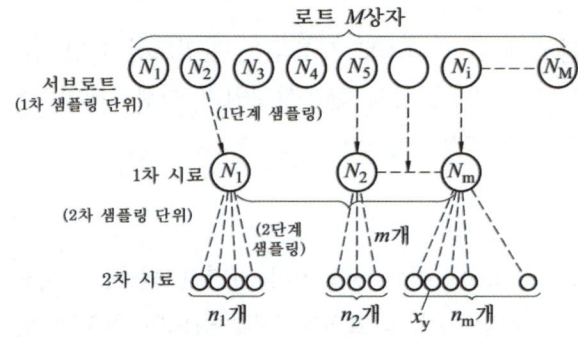

④ 2단계샘플링(Two-Stage Sampling) : 크기가 N인 로트를 N_i개씩 제품이 들어 있는 M의 서브로트로 나누어 랜덤하게 m개 서브로트를 취하고, 각각의 서브로트로부터 n_i개의 제품을 랜덤하게 채취하는 방법

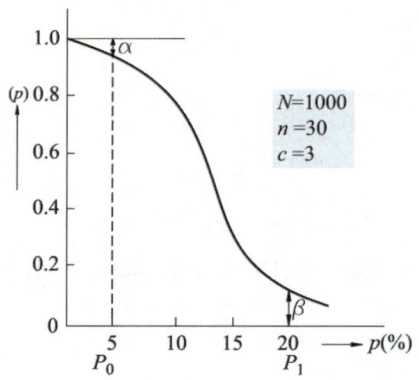

3) 검사특성곡선(OC 곡선 : Operating Characteristic Curve)

로트의 불량률 $P(\%)$를 변환시켜 가면서 로트가 합격될 확률$[L(P)]$을 나타낸 곡선이다.

$$L(P) = P(X \leq c)$$

X : 불량품수
c : 합격판정 개수
P_o : 합격 시키고 싶은 로트 불량률
P_1 : 불합격 시키고 싶은 로트 불량률
α : 합격시키고 싶은 로트가 불합격될 확률
β : 불합격시키고 싶은 로트가 합격될 확률
N : 로트의 크기
n : 시료의 크기

4) 샘플링 검사의 형태

① 규준형 검사 ② 조정형 검사
③ 선별형 검사 ④ 연속생산형 검사

3_ 관리도(control chart)

① 중심선(Center Line : CL) : 품질특성의 평균치에 해당하는 선
② 상한관리한계(Upper Control Limit : UCL) : 중심선에서 통계량의 표준편차의 3배 위에 기입한 관리 한계선
③ 하한관리한계(Lower Control Limit : LCL) : 중심선에서 통계량의 표준편차의 3배 아래에 기입한 관리 한계선

1) 관리한계(control limit)

공정의 안정성을 판단하기 위한 기초로 사용되는 관리도상의 한 선 또는 두선으로 이루어져 있다. 품질특성치의 분포 즉, 공정이 관리상태인지 이상상태인지를 판정하기 위해 이용 관리도의 종류에는 계수형과 계량형이 있다.

2) 품질의 변동원인

① 우연원인(chance cause) : 어느 정도의 불가피한 변동을 주는 원인으로 작업자의 숙련도의 차이, 작업환경의 차이, 식별되지 않을 정도의 원자재 및 생산설비 등 제반 특성의 차이 등이 있다.
② 이상원인(Assignable cause) : 보통 때와는 다른 의미가 있는 산포를 일으키는 원인으로 작업자의 부주의, 불량자재의 사용, 생산설비상의 이상 등이 있다.

4_ 계수형 관리도와 계량형 관리도의 비교

1. 계수형 관리도(control charts for attributes)

1) P관리도

① 관리대상
측정이 불가능하여 계수치로 밖에 나타낼 수 없는 품질특성이나, 또는 측정이 가능하더라도 합격여부 판정만이 목적인 경우

② 공식
㉠ 중심선(center Line) : $CL = \bar{p} = \dfrac{\sum pn}{\sum n}$

㉡ 관리한계선(control Limit) : $UCL = \bar{p} + 3\sqrt{[\bar{p}(1-\bar{p})]/n}$
$LCL = \bar{p} - 3\sqrt{[\bar{p}(1-\bar{p})]/n}$

2) nP관리도

① 관리대상

공정을 불량갯수 nP에 의거하여 관리할 경우에 사용한다. 이 경우에 각 군의 시료의 크기는 반드시 일정해야 한다.

② 공식

㉠ 중심선(center Line) : $CL = \overline{pn} = \dfrac{\sum pn}{\sum k}$

㉡ 관리한계선(control Limit) : $UCL = \overline{pn} + 3\sqrt{\overline{pn}(1-\overline{p})}$

$LCL = \overline{pn} - 3\sqrt{\overline{pn}(1-\overline{p})}$

3) c 관리도

① 관리대상

관리하는 항목으로서 어느 일정 단위 중에 나타나는 흠의 수, 라디오 한 대 중에 납땜 불량개수 등과 같이 미리 정해진 일정단위 중에 포함된 결점수를 취급할 때 사용한다.

② 공식

㉠ 중심선(center Line) : $CL = \overline{c} = \dfrac{\sum c}{k}$

㉡ 관리한계선(control Limit) : $UCL = \overline{c} + 3\sqrt{\overline{c}}$

$LCL = \overline{c} - 3\sqrt{\overline{c}}$

예제 1 어떤 공장에서 같은 종류의 기계에서 일어나는 매주의 고장건수 합계는 다음과 같다.

	1	2	3	4	5	6	7	8	9	10	11	12	13	14	15	16	17	18	19	20
고장건수	1	4	3	7	5	6	5	3	2	3	5	8	6	6	7	6	2	1	1	2

군의 크기가 일정하므로 C관리도를 사용한다. 관리도의 CL, UCL, LCL을 계산하시오.

[해설] $CL = \overline{c} = \dfrac{\sum c}{k} = \dfrac{83}{20} = 4.15$

$UCL = \overline{c} + 3\sqrt{\overline{c}} = 4.15 + 3\sqrt{4.15} = 10.25$

$LCL = \overline{c} - 3\sqrt{\overline{c}} = 4.15 - 3\sqrt{4.15} = -1.96 \rightarrow$ 음이므로 고려하지 않는다.

4) u관리도

① 관리대상

직물의 얼룩, 에나멜선의 바늘구멍과 같은 결점수를 관리하는 것으로 검사하는 **시료의 면적이나 길이 등이 일정하지 않는 경우**에 사용된다.

② 공식

㉠ 중심선(center Line) : $CL = \bar{u} = \dfrac{\sum c}{\sum n}$

㉡ 관리한계선(control Limit) : $UCL = \bar{u} + 3\sqrt{\dfrac{\bar{u}}{n}}$

$$LCL = \bar{u} - 3\sqrt{\dfrac{\bar{u}}{n}}$$

> **예제 2** $\sum c = 260$, $\sum n = 52$, $n = 10$으로 계산한 u관리도의 관리상한은?
>
> [해설] $UCL = \bar{u} + 3\sqrt{\dfrac{\bar{u}}{n}} = 5 + 3\sqrt{\dfrac{5}{10}}$, $\bar{u} = \dfrac{\sum c}{\sum n} = \dfrac{260}{52} = 5$
>
> 답 7.12

2. 계량형 관리도(control charts for variables) 길이, 중량, 강도, 부피 등과 같은 계량형 품질특성치를 사용하여 작성된 관리도를 말한다.

3. 관리도의 비교

계수형 관리도	계량형 관리도
① P(불량률)관리도 ② Pn(불량갯수)관리도 ③ C(결점수) 관리도 ④ u(단위당 결점수) 관리도	① $\bar{x} - R$ 관리도 ② x(평균값) 관리도 ③ $\tilde{x} - R$ 관리도 ④ R(범위) 관리도 ⑤ 가중평균관리도

데이터의 종류		사용될 관리도의 종류		이론분포
계량치의 경우	길이, 무게, 시간, 강도, 온도, 압력 등	평균치($\bar{x}$)와 범위	$\bar{x}$ -R 관리도	$\bar{x}$의 분포 (정규분포)
		중앙치($\tilde{x}$)와 범위	$\tilde{x}$ -R 관리도	
		개개의 데이터	x관리도	
계수치의 경우	불량률	n이 일정하지 않을 경우	p관리도	2항 분포
	불량개수	n이 일정할 경우	np관리도	
	결점수	결점이 나타나는 범위의 크기가 일정할 경우	c관리도	
	단위당 결점수	결점이 나타나는 범위의 크기가 일정하지 않을 경우	u관리도	

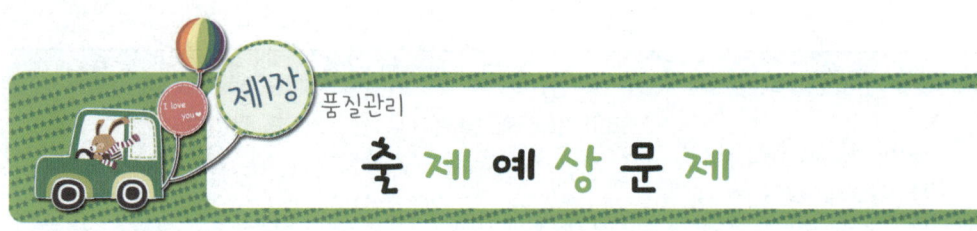

제1장 품질관리 출제예상문제

01 다음 중 품질관리 시스템에 있어서 4M에 해당하지 않는 것은? [08년 하]

㉮ Man ㉯ Machine
㉰ Materia ㉱ Money

풀이 공정의 기본요소(4M)
① Man(인간)
② Machine(설비)
③ Material(원재료)
④ Method(제조방법)

02 일반적으로 품질코스트 가운데 큰 비율을 차지하는 코스트는? [08년 상]

㉮ 평가코스 ㉯ 실패코스트
㉰ 예방코스트 ㉱ 검사코스트

풀이 품질코스트 곡선

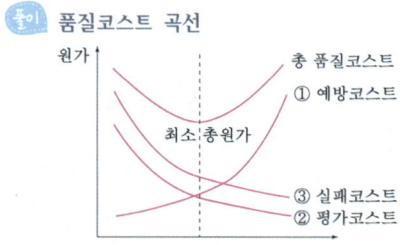

03 T.Q.C (Total Quality Control)란? [04년 상]

㉮ 시스템적 사고방법을 사용하지 않는 품질관리 기법이다.
㉯ 아프터 서비스를 통한 품질을 보증하는 방법이다.
㉰ 전사적인 품질정보의 교환으로 품질향상을 기도하는 기법이다.
㉱ QC부의 정보분석 결과를 생산부에 피드백하는 것이다.

풀이 T.Q.C (Total Quality Control)
전사적 품질관리란 의미로, 품질관리 팀 만으로 모든 제품을 검사할 수 없으므로 전사원이 불량에 대한 검사를 한다는 의미이다.

04 "무결점 운동"이라고 불리우는 것으로 품질개선을 위한 동기부여 프로그램은 어느 것인가? [07년 하]

㉮ TQC ㉯ ZD
㉰ MIL-STD ㉱ ISO

풀이 ZD 운동 (Zero Defects)
처음부터 결점을 제로로 하여 완전한 제품을 만들자는 운동으로, QC 기법을 제조면에만 한정하지 말고 일반 사무에 까지 확대 적용해 전사적으로 결점이 없는 일을 하자는 것

01 ㉱ 02 ㉯ 03 ㉰ 04 ㉯

05 어떤 측정법으로 동일 시료를 무한 횟수 측정하였을 때 데이터의 분포의 평균치와 참값과의 차를 무엇이라 하는가?
[06년 하, 09년 하]

㉮ 신뢰성   ㉯ 정확성
㉰ 정밀도   ㉱ 오차

용어 정의
① 오차(error) : 모집단의 참값과 측정 데이터의 차이
② 정확도(accuracy) 또는 치우침(bias) : 데이터의 분포의 평균치와 참값과의 차(평균값-참값)
③ 정밀도(precision) : 데이터 분포의 폭의 크기 (편차)
④ 신뢰성(reliability) : 개개의 제품에 요구되는 품질수준

06 도수분포표에서 도수가 최대인 곳의 대표치를 말하는 것은?
[04년 하]

㉮ 중위수   ㉯ 비대칭도
㉰ 모드(mode)   ㉱ 첨도

용어 설명
① 범위 : 최대값과 최소값 사이
② 최빈값(Mode) : 가장 빈도수가 높은 x축의 값으로, 일반적으로 중앙이 가장 높아 중심적 경향이 있다고 한다.
③ 분산 : 어떤 집단의 자료가 중심치인 평균으로부터 떨어진 정도
④ 변동계수 : 표준편차를 산술평균으로 나눈 것으로, 숫자가 클수록 상대적인 차이가 크다는 것을 의미한다.

07 품질 특성을 나타내는 데이터 중 계수치 데이터에 속하는 것은?
[08년 하]

㉮ 무게   ㉯ 길이
㉰ 인장강도   ㉱ 부적합품의 수

데이터의 종류
① 계량치 : 길이, 온도, 시간 등 연속적으로 변화하는 값
② 계수치 : 불량 개수, 재해 발생 건수 등 세어서 얻을 수 있는 불연속적으로 변화하는 값

08 다음 데이터로부터 통계량을 계산한 것 중 틀린 것은?
[05년 하]

[데이터]
21.5, 23.7, 24.3, 27.2, 29.1

㉮ 중앙값(Me) = 24.3
㉯ 제곱합(S) = 7.59
㉰ 시료분산(S^2) = 8.988
㉱ 범위(R) = 7.6

데이터의 기초 정리
① 범위(R) : 최대값과 최소값 사이(29.1-21.5 = 7.6)
② 중앙값(Me) : 데이터를 크기순으로 나열했을 때 데이터의 가운데 값, 짝수면 두 데이터 합의 평균값(24.3)
③ 모드 : 도수표에서 도수가 최대인 곳의 대표치
④ 산술평균 : 측정횟수의 합을 측정 횟수로 나눈 값
산술(표준)평균
$$= \frac{21.5+23.7+24.3+27.2+29.1}{5} = 25.16$$
⑤ 편차 제곱합(S) : $\sum_{i=1}^{n}(x_i - \bar{x})^2$
$(25.16-21.5)^2 + \ldots + (25.16-29.1)^2$
$= 35.952$
⑥ 시료분산(S^2) : $\frac{제곱합}{n-1}$
$$\frac{(25.16-21.5)^2 + \ldots + (25.16-29.1)^2}{5-1}$$
$= 8.988$

05 ㉯   06 ㉰   07 ㉱   08 ㉯

09 파레토 그림에 대한 설명으로 가장 거리가 먼 내용은? [05년 상]

㉮ 부적합품(불량), 클레임 등의 손실금액이나 퍼센트를 그 원인별, 상황별로 취해 그림의 왼쪽에서부터 오른쪽으로 비중이 작은 항목부터 큰 항목 순서로 나열한 그림이다.
㉯ 현재의 중요 문제점을 객관적으로 발견할 수 있으므로 관리방침을 수립할 수 있다.
㉰ 도수분포의 응용수법으로 중요한 문제점을 찾아내는 것으로서 현장에서 널리 사용된다.
㉱ 파레토그림에서 나타난 1~2개 부적합품(불량) 항목만 없애면 부 적합품(불량)률은 크게 감소된다.

풀이 용어 설명

(1) 도수분포표 : 변량, 계급, 계급값, 도수 등을 이용하여 표로 만드는 것

점수(점)	학생 수(명)
60~70	1
70~80	3
80~90	10
90~100	6
합계	20

① 변량 : 점수, 시간 같은 여러 자료를 수량으로 나타낸 것
② 계급 : 변량을 일정구간으로 나눈 것
③ 계급값 : 계급을 대표하는 값으로 계급의 중앙값
④ 도수 : 각 계급에 속하는 변량의 개수

- 도수분포표를 만드는 목적
  ① 데이터의 흩어진 모양을 알고 싶을 때
  ② 많은 데이터로부터 평균치와 표준편차를 구할 때
  ③ 원 데이터를 규격과 대조하고 싶을 때

(2) 히스토그램
도수분포표의 왼쪽에 있는 계급을 가로축에 오른쪽에 있는 도수를 세로축에 표시해서 직사각형으로 나타낸 그래프로, 막대 그래프는 연속되지 않은 자료(사과, 배, 수박 등) 등을 그릴 때 사용하고 히스토그램은 연속된 자료(40~60점, 60~80점 등)를 나타낼 때 사용

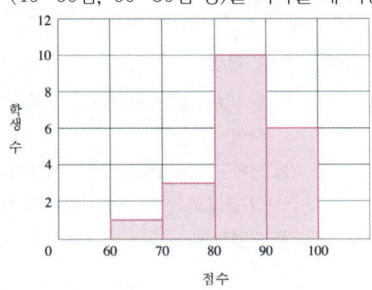

(3) 파레토 도(Pareto diagram)
파레토도란 막대 그래프와 꺾은선 그래프를 조합한 그래프로, 데이터를 그 내용이나 원인 등 분류 항목별로 나누어 크기의 순서대로 나열하여 나타낸 그림으로 어떤 문제의 우선순위를 보여주는 가장 간단한 방법이다.
파레토 분석은 극히 소수의 요인에 의해 대세가 결정된다는 20대 80의 법칙을 적용한 분석기법이다.

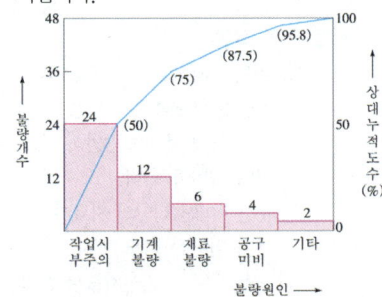

〈파레토도〉

- 파레토 법칙(Pareto principle)
'전체 결과의 80%가 전체 원인의 20%에서 일어나는 현상'을 말하며, 예로 20%의 고객이 백화점 전체 매출의 80%에 해당하는 만큼 쇼핑하는 현상을 설명할 때 사용한다. 다른 예로,
① 수신되는 이메일의 20%만 필요하고 나머지 80%는 스팸메일이다.

09 ㉮

② 통화한 사람 중 20%와의 통화시간이 총 통화시간의 80%를 차지한다.
③ 20%의 운전자가 전체 교통위반의 80% 정도를 차지한다.
④ 운동선수 중 20%가 전체 상금의 80%를 싹쓸이한다.

(4) 브레인 스토밍(brain storming)
폭풍처럼 몰아서 공격하여 해결방안을 찾는 방법으로, 어떤 한 가지 주제에 관하여 관계되는 사람이 모여 집단의 효과를 살려 아이디어의 연쇄반응을 일으키게 함으로써 자유분방하게 아이디어를 내는 방법

- 브레인 스토밍(brain storming) : 어떤 한 가지 주제에 관하여 관계되는 사람이 모여 집단의 효과를 살려 아이디어의 연쇄반응을 일으키게 함으로써 자유분방하게 아이디어를 내는 방법

(5) 특성 요인도(causes and effects diagram)
문제가 되는 결과(특성)와 이에 대응하는 원인(요인)과의 관계를 알기 쉽게 도표로 나타낸 것으로, 그 모양이 생선의 뼈와 같다고 하여 fishbone diagram 또는 이시가와 챠트라 하며 브레인 스토밍이라는 테크닉이 선행되어야 한다.

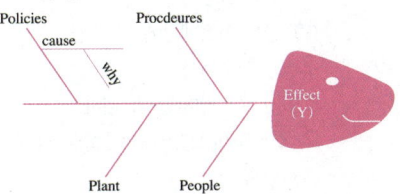

〈Fishbone Diagram〉

10 다음 중 데이터를 그 내용이나 원인 등 분류 항목별로 나누어 크기의 순서대로 나열하여 나타낸 그림을 무엇이라 하는가?

[08년 상]

㉮ 히스토그램(histogram)
㉯ 파레토도(pareto diagram)
㉰ 특성요인도 (causes and effects diagram)
㉱ 체크시트(check sheet)

풀이 파레토도(pareto diagram)
파레토도란 막대 그래프와 꺾은선 그래프를 조합한 그래프로, 데이터를 그 내용이나 원인 등 분류 항목별로 나누어 크기의 순서대로 나열하여 나타낸 그림으로 어떤 문제의 우선순위를 보여주는 가장 간단한 방법이다.
파레토 분석은 극히 소수의 요인에 의해 대세가 결정된다는 20대 80의 법칙을 적용한 분석기법이다.

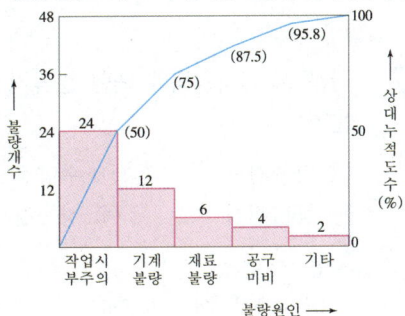

〈파레토도〉

10 ㉯

11 문제가 되는 결과와 이에 대응하는 원인과의 관계를 알기 쉽게 도표로 나타낸 것은?
[06년 상]

㉮ 산포도 ㉯ 파레토도
㉰ 히스토그램 ㉱ 특성요인도

풀이 특성 요인도(causes and effects diagram)
문제가 되는 결과(특성)와 이에 대응하는 원인(요인)과의 관계를 알기 쉽게 도표로 나타낸 것으로, 그 모양이 생선의 뼈와 같다고 하여 fishbone diagram 또는 이시가와 챠트라 하며 브레인 스토밍이라는 테크닉이 선행되어야 한다.

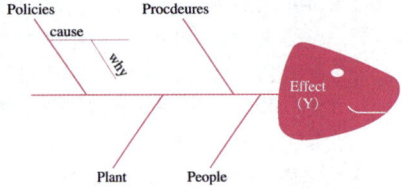

〈Fishbone Diagram〉

12 다음 중 검사항목에 의한 분류가 아닌 것은?
[04년 하]

㉮ 자주검사 ㉯ 수량검사
㉰ 중량검사 ㉱ 성능검사

풀이 검사의 분류
(1) 검사 항목에 의한 분류
　① 수량검사
　② 치수검사
　③ 외관검사
　④ 중량검사
　⑤ 성능검사
(2) 검사 판정대상에 의한 분류
　① 전수검사
　② 로트별(샘플링) 검사
　③ 관리(스킵로드) 샘플링 검사
　④ 무검사
(3) 검사 공정에 의한 분류
　① 수입검사
　② 공정(중간)검사
　③ 최종검사
　④ 출하검사
(4) 검사 장소에 의한 분류
　① 정위치 검사
　② 순회검사
　③ 출장검사

13 다음 중 검사를 판정의 대상에 의한 분류가 아닌 것은?
[05년 상, 07년 하]

㉮ 관리 샘플링검사
㉯ 로트별 샘플링검사
㉰ 전수검사
㉱ 출하검사

풀이 검사의 분류
(1) 검사 항목에 의한 분류
　① 수량검사
　② 치수검사
　③ 외관검사
　④ 중량검사
　⑤ 성능검사
(2) 검사 판정대상에 의한 분류
　① 전수검사
　② 로트별(샘플링) 검사
　③ 관리(스킵로드) 샘플링 검사
　④ 무검사
(3) 검사 공정에 의한 분류
　① 수입검사
　② 공정(중간)검사
　③ 최종검사
　④ 출하검사
(4) 검사 장소에 의한 분류
　① 정위치 검사
　② 순회검사
　③ 출장검사

11 ㉱ 12 ㉮ 13 ㉱

14 다음 검사의 종류 중 검사공정에 의한 분류에 해당되지 않는 것은? [09년 상]

㉮ 수입검사 ㉯ 출하검사
㉰ 출장검사 ㉱ 공정검사

풀이 검사의 분류
(1) 검사 항목에 의한 분류
  ① 수량검사
  ② 치수검사
  ③ 외관검사
  ④ 중량검사
  ⑤ 성능검사
(2) 검사 판정대상에 의한 분류
  ① 전수검사
  ② 로트별(샘플링) 검사
  ③ 관리(스킵로드) 샘플링 검사
  ④ 무검사
(3) 검사 공정에 의한 분류
  ① 수입검사
  ② 공정(중간)검사
  ③ 최종검사
  ④ 출하검사
(4) 검사 장소에 의한 분류
  ① 정위치 검사
  ② 순회검사
  ③ 출장검사

15 로트로부터 시료를 샘플링해서 조사하고, 그 결과를 로트의 판정기준과 대조하여 그 로트의 합격, 불합격을 판정하는 검사를 무엇이라 하는가? [08년 상]

㉮ 샘플링검사 ㉯ 전수검사
㉰ 공정검사 ㉱ 품질검사

풀이 검사의 분류
(1) 검사 항목에 의한 분류
  ① 수량검사
  ② 치수검사
  ③ 외관검사
  ④ 중량검사
  ⑤ 성능검사
(2) 검사 판정대상에 의한 분류
  ① 전수검사
  ② 로트별(샘플링) 검사
  ③ 관리(스킵로드) 샘플링 검사
  ④ 무검사
(3) 검사 공정에 의한 분류
  ① 수입검사
  ② 공정(중간)검사
  ③ 최종검사
  ④ 출하검사
(4) 검사 장소에 의한 분류
  ① 정위치 검사
  ② 순회검사
  ③ 출장검사

16 샘플링 검사의 목적으로서 틀린 것은? [04년 상]

㉮ 검사비용 절감
㉯ 생산 공정상의 문제점 해결
㉰ 품질향상의 자극
㉱ 나쁜 품질인 로트의 불합격

풀이 샘플링 검사의 목적
① 검사비용 절감
② 품질향상의 자극
③ 판정기준과 비교하여 양호, 불량 또는 합격, 불합격의 판정
④ 검사항목이 많을 경우
⑤ 불완전한 전수검사에 비해 높은 신뢰성이 얻어질 때

14 ㉰ 15 ㉮ 16 ㉯

17 모집단을 몇 개의 층으로 나누고, 각 층으로부터 각각 랜덤하게 시료를 뽑는 샘플링 방법은? [07년 상]

㉮ 층별 샘플링　　㉯ 2단계 샘플링
㉰ 계층 샘플링　　㉱ 단순 샘플링

풀이 샘플링의 방법
(1) 랜덤 샘플링
  ① 단순 랜덤 샘플링
  ② 계통 샘플링 : 모집단으로부터 공간적, 시간적으로 간격을 일정하게 하여 샘플링하는 방식
  ③ 지그재그 샘플링
(2) 층별 샘플링 : 모집단을 몇 개의 층으로 나누고, 각 층으로부터 각각 랜덤하게 시료를 뽑는 샘플링 방법
(3) 취락 샘플링 : 모집단을 몇 개의 층으로 나누어 그 층 중에서 몇 개의 층을 랜덤 샘플링 하여 그 취한 층 안은 모두 측정 조사하는 방법
(4) 2단계 샘플링

18 200개 들이 상자가 15개 있다. 각 상자로부터 제품을 랜덤하게 10개씩 샘플링 할 경우, 이러한 샘플링 방법을 무엇이라 하는가? [09년 하]

㉮ 계통 샘플링　　㉯ 취락 샘플링
㉰ 층별 샘플링　　㉱ 2단계 샘플링

풀이 샘플링의 방법
(1) 랜덤 샘플링
  ① 단순 랜덤 샘플링
  ② 계통 샘플링
  ③ 지그재그 샘플링
(2) 층별 샘플링 : 모집단을 몇 개의 층으로 나누고, 각 층으로부터 각각 랜덤하게 시료를 뽑는 샘플링 방법
(3) 취락 샘플링 : 모집단을 몇 개의 층으로 나누어 그 층 중에서 몇 개의 층을 랜덤 샘플링 하여 그 취한 층 안은 모두 측정 조사하는 방법
(4) 2단계 샘플링

19 계수 규준형 1회 샘플링 검사(KS A 3102)에 관한 설명 중 거리가 먼 것은? [08년 하]

㉮ 검사에 제출된 로트의 공정에 관한 사전 정보가 없어도 샘플링 검사를 적용할 수 있다.
㉯ 생산자측과 구매자측이 요구하는 품질 보호를 동시에 만족시키도록 샘플링 검사 방법을 선정한다.
㉰ 파괴검사의 경우와 같이 전수검사가 불가능한 때에는 사용할 수 없다.
㉱ 1회만의 거래시에도 사용할 수 있다.

풀이 계수 규준형 1회 샘플링 검사
로트로부터 1회만 시료를 채취하여 이것을 품질기준과 대조하여 양호품과 불량품으로 구분하고, 시료 중에서 발견된 불량품의 개수를 조사하여 그 총수가 합격판정개수 이하이면 로트를 합격으로 하고, 초과할 경우에는 그 로트를 불합격으로 하는 불량개수에 근거를 두는 계수 규준형 1회 샘플링 검사이다. 즉, 로트의 크기 N 중에서 크기 n의 시료를 검사하여 이 중에서 불량품의 수(x)가 c개 이하이면 그 로트를 합격으로 하고 c+1개 이상이면 불합격을 판정한다.

• 계수 규준형 1회 샘플링 검사의 특징
  ① 생산자측과 구매자측이 요구하는 품질보호를 동시에 만족시키도록 샘플링 검사 방법을 선정한다.
  ② 검사에 제출된 로트의 공정에 관한 사전 정보가 없어도 샘플링 검사를 적용할 수 있다.
  ③ 검사에 제출된 로트에 관한 사전의 정보는 샘플링 검사를 적용하는 데 직접적으로 필요로 하지 않는다.
  ④ 1회만의 거래시에도 사용할 수 있다.

• 샘플링 검사에 관한 KS 규격

구 분	계수형	계량형
규준형 (표준형)	KS A 3102	KS A 3103
	–	KS A 3104
	KS A 3107	KS A 3108
선별형	KS A 3105	–
연속생산형	KS A 3106	–
조정형	KS A 3109	–

ANSWER 17 ㉮　18 ㉰　19 ㉰

20 계수값 규준형 1회 샘플링검사에 대한 설명 중 가장 거리가 먼 내용은? [06년 상]

㉮ 검사에 제출된 로트에 관한 사전의 정보는 샘플링 검사를 적용하는 데 직접적으로 필요로 하지 않는다.
㉯ 생산자측과 구매자측이 요구하는 품질 보호를 동시에 만족시키도록 샘플링 검사방식을 선정한다.
㉰ 파괴검사의 경우와 같이 전수검사가 불가능한 때에는 사용할 수 없다.
㉱ 1회만의 거래시에도 사용할 수 있다.

[풀이] 계수 규준형 1회 샘플링 검사

로트로부터 1회만 시료를 채취하여 이것을 품질기준과 대조하여 양호품과 불량품으로 구분하고, 시료 중에서 발견된 불량품의 개수를 조사하여 그 총수가 합격판정개수 이하이면 로트를 합격으로 하고, 초과할 경우에는 그 로트를 불합격으로 하는 불량개수에 근거를 두는 계수 규준형 1회 샘플링 검사이다.
즉, 로트의 크기 N 중에서 크기 n의 시료를 검사하여 이 중에서 불량품의 수(x)가 c개 이하이면 그 로트를 합격으로 하고 c+1개 이상이면 불합격을 판정한다.

• 계수 규준형 1회 샘플링 검사의 특징
  ① 생산자측과 구매자측이 요구하는 품질보호를 동시에 만족시키도록 샘플링 검사 방법을 선정한다.
  ② 검사에 제출된 로트의 공정에 관한 사전 정보가 없어도 샘플링 검사를 적용할 수 있다.
  ③ 검사에 제출된 로트에 관한 사전의 정보는 샘플링 검사를 적용하는 데 직접적으로 필요로 하지 않는다.
  ④ 1회만의 거래에도 사용할 수 있다.

• 샘플링 검사에 관한 KS 규격

구 분	계수형	계량형
규준형 (표준형)	KS A 3102 – KS A 3107	KS A 3103 KS A 3104 KS A 3108
선별형	KS A 3105	–
연속생산형	KS A 3106	–
조정형	KS A 3109	–

21 다음 중 로트별 검사에 대한 AQL 지표형 샘플링 검사 방식은 어느 것인가? [05년 하]

㉮ KS A ISO 2859-0
㉯ KS A ISO 2859-1
㉰ KS A ISO 2859-2
㉱ KS A ISO 2859-3

[풀이] AQL(Acceptable Quality Level, 합격품질수준)

국가표준	내 용
KS A ISO 2859-0	샘플링 검사 시스템 서론
KS A ISO 2859-1	로트별 검사에 대한 AQL 지표형 샘플링 검사 방식
KS A ISO 2859-2	고립로트의 검사에 대한 LQ 지표형 샘플링 검사 방식
KS A ISO 2859-3	스킵로트 샘플링 검사 절차

22 관리 사이클의 순서를 가장 적절하게 표시한 것은? (단, A는 조치(Act), C는 체크(Check), D는 실시(Do), P는 계획(Plan)이다.) [07년 상]

㉮ P → D → C → A
㉯ A → D → C → P
㉰ P → A → C → D
㉱ P → C → A → D

[풀이] 관리 사이클의 순서

P(Plan) → D(Do) → C(Check) → A(Act)

20 ㉰ 21 ㉯ 22 ㉮

23 품질관리 기능의 사이클을 표현한 것으로 옳은 것은? [09년 상]

㉮ 품질개선 – 품질설계 – 품질보증 – 공정관리
㉯ 품질설계 – 공정관리 – 품질보증 – 품질개선
㉰ 품질개선 – 품질보증 – 품질설계 – 공정관리
㉱ 품질설계 – 품질개선 – 공정관리 – 품질보증

풀이 품질관리 기능의 사이클
품질설계(Design) → 공정관리(Make) → 품질보증(Sell) → 품질조사(Test)

24 공정에서 안정적으로 존재한 것은 아니고 산발적으로 발생하여 품질의 변동에 크게 영향을 끼치는 요주의 원인으로 우발적 원인인 것을 무엇이라 하는가? [08년 하]

㉮ 우연 원인
㉯ 이상 원인
㉰ 불가피 원인
㉱ 억제할 수 없는 원인

풀이 품질의 변동원인
① 우연 원인(chance cause) : 공정에서 언제나 일어나고 있는 정도의 어쩔 수 없는 변동(산포)로서 피할 수 없는 원인이라고도 한다.
② 이상 원인(assignable cause) : 결코 놓쳐서는 안 될 어떤 이상 원인에 의한 산포로서 피할 수 있는 원인이라고도 한다.

25 계수값 관리도는 어느 것인가? [04년 상]

㉮ R 관리도
㉯ x 관리도
㉰ P 관리도
㉱ x–P 관리도

풀이 관리도의 분류

데이터	관리도	분포
계수치(값)	Pn	이항분포
	P	
	C	포아송 분포
	u	
계량치(값)	$\bar{x}$–R	정규분포
	x–R	
	x	

26 다음 중 계수치 관리도가 아닌 것은? [09년 상]

㉮ d 관리도
㉯ p 관리도
㉰ u 관리도
㉱ x 관리도

풀이 계수치 관리도
① Pn 관리도 : 공정의 불량개수 pn에 의거하여 관리하고자 할 경우에 사용
② P 관리도 : 공정을 불량율(p)에 의거하여 관리할 경우에 사용
③ C 관리도 : 미리 정해진 일정 단위 중에 포함된 부적합 (결점) 수(c)에 의거 공정을 관리할 때 사용하는 관리도
④ u 관리도 : 관리하는 항목이 직물의 얼룩과 같은 검사하는 시료의 면적이나 길이 등이 일정하지 않은 경우에 사용

23 ㉯ 24 ㉯ 25 ㉰ 26 ㉱ 27 ㉰

27 미리 정해진 일정 단위중에 포함된 부적합(결점)수에 의거 공정을 관리할 때 사용하는 관리도는? [04년 하]

㉮ p 관리도 ㉯ nP 관리도
㉰ c 관리도 ㉱ u 관리도

> **풀이** C 관리도
> 미리 정해진 일정 단위 중에 포함된 부적합(결점)수(c)에 의거 공정을 관리할 때 사용하는 관리도

28 M타입 자동차 또는 LCD TV를 조립 완성한 후 부적합수(결점수)를 점검한 데이터에는 어떤 관리도를 사용하는가? [07년 하]

㉮ P 관리도 ㉯ nP 관리도
㉰ C 관리도 ㉱ x-R 관리도

> **풀이** C 관리도
> 미리 정해진 일정 단위 중에 포함된 부적합(결점)수(c)에 의거 공정을 관리할 때 사용하는 관리도

29 다음 중 계량값 관리도에 해당되는 것은? [05년 하]

㉮ C 관리도 ㉯ nP 관리도
㉰ R 관리도 ㉱ u 관리도

> **풀이** 관리도의 분류
>
> | 데이터 | 관리도 | 분포 |
> |---|---|---|
> | 계수치(값) | Pn | 이항분포 |
> | | P | |
> | | C | 포아송 분포 |
> | | u | |
> | 계량치(값) | $\bar{x}$-R | 정규분포 |
> | | x-R | |
> | | x | |

30 축의 완성지름, 철사의 인장강도, 아스피린 순도와 같은 데이터를 관리하는 가장 대표적인 관리도는? [06년 하]

㉮ c 관리도 ㉯ nP 관리도
㉰ u 관리도 ㉱ $\bar{x}$-R 관리도

> **풀이** 관리도의 분류
>
> | 데이터 | 관리도 | 분포 |
> |---|---|---|
> | 계수치(값) | Pn | 이항분포 |
> | | P | |
> | | C | 포아송 분포 |
> | | u | |
> | 계량치(값) | $\bar{x}$-R | 정규분포 |
> | | x-R | |
> | | x | |
>
> \# 계량치에 해당이므로 $\bar{x}$-R 관리도에 해당한다.

31 nP 관리도에서 시료군마다 n = 100 이고, 시료군의 수가 k = 20이며, ΣnP = 77이다. 이때 nP 관리도의 관리 상한선 UCL을 구하면 얼마인가? [05년 상]

㉮ UCL = 8.94 ㉯ UCL = 3.85
㉰ UCL = 5.77 ㉱ UCL = 9.62

> **풀이** Pn 관리선의 계산
> ① $CL = \bar{pn} = \frac{\Sigma pn}{k} = \frac{77}{20} = 3.85$
> n = 100이므로, $\bar{p} = 0.0385$
> ② $UCL = \bar{pn} + 3\sqrt{pn(1-\bar{p})}$
> $= 3.85 + 3\sqrt{3.85(1-0.0385)}$
> $= 3.85 + 3 \times \sqrt{3.7}$
> $= 3.85 + 5.77 = 9.62$
> ③ $LCL = \bar{pn} - 3\sqrt{pn(1-\bar{p})}$
> $= 3.85 - 5.77$ (음수는 고려하지 않음)

32 c 관리도에서 k = 20인 총부적합(결점)수 합계는 58이었다. 이 관리도의 UCL, LCL을 구하면 약 얼마인가? [08년 상]

㉮ UCL = 6.92, LCL = 0
㉯ UCL = 4.90, LCL = 고려하지 않음
㉰ UCL = 6.92, LCL = 고려하지 않음
㉱ UCL = 8.01, LCL = 고려하지 않음

풀이 c 관리선의 계산

① $CL = \bar{c} = \dfrac{\Sigma c}{k} = \dfrac{58}{20} = 2.9$

② $UCL = \bar{c} + 3\sqrt{\bar{c}} = 2.9 + 3 \times \sqrt{2.9}$
   $= 2.9 + 3 \times 1.7029 = 2.9 + 5.109$
   $= 8.009$

③ $LCL = \bar{c} - 3\sqrt{\bar{c}} = 2.9 - 5.109$
   (음수는 고려하지 않음)

33 u 관리도의 관리 상한선과 관리 하한선을 구하는 식으로 옳은 것은? [07년 상]

㉮ $\bar{u} \pm 3\sqrt{\bar{u}}$
㉯ $\bar{u} \pm \sqrt{\bar{u}}$
㉰ $\bar{u} \pm 3\sqrt{\dfrac{\bar{u}}{n}}$
㉱ $\bar{u} \pm \sqrt{n \cdot \bar{u}}$

풀이 u 관리선의 계산

① $CL = \bar{u} = \dfrac{\Sigma c}{\Sigma n}$

② $UCL = \bar{u} + 3\sqrt{\dfrac{\bar{u}}{n}}$

③ $LCL = \bar{u} - 3\sqrt{\dfrac{\bar{u}}{n}}$

34 $\bar{x}$ 관리도에서 관리상한이 22.15, 관리하한이 6.85, $\bar{R}$ = 7.5일 때 시료군의 크기 (n)는 얼마인가? (단, n = 2일 때, A_2 = 1.88, n = 3일 때, A_2 = 1.02, n = 4일 때 A_2 = 0.73, n = 5일 때 A_2 = 0.58이다.) [09년 하]

㉮ 2   ㉯ 3
㉰ 4   ㉱ 5

풀이 $UCL - LCL = (\bar{x} + A_2\bar{R}) - (\bar{x} - A_2\bar{R})$
$UCL - LCL = 22.15 - 6.85 = 15.3$ 이므로
∴ $2A_2\bar{R} = 15.3$이 된다.
∴ $A_2 = \dfrac{15.3}{2\bar{R}} = \dfrac{15.3}{2 \times 7.5} = 1.02$
∴ 단서 조항에서 주어진 $A_2 = 1.02$에 해당하는 값 n값을 찾으면 3이 된다.

35 이항분포(binomial distribution)의 특징에 대한 설명으로 옳은 것은? [07년 하]

㉮ P = 0.01 일 때는 평균치에 대하여 좌·우 대칭이다.
㉯ P≤0.1 이고 nP = 0.1~10일 때는 포아송 분포에 근사한다.
㉰ 부적합품의 출현 갯수에 대한 표준편차는 D(x) = nP 이다.
㉱ P≤0.5 이고 nP≤5 일 때는 정규 분포에 근사한다.

풀이 용어 설명

① 베르누이 시행 : 1회 시행에서 시행 결과가 두 개 중 한개만 나오는 경우
② 이항분포 : 베르누이 시행을 몇 번 반복하는 것
③ 포와송 분포 : 베르누이 시행을 아주 많이 시행하는 것
④ 초기하 분포(hypergeometric distribution) : 한정된 집단 내에서 표본추출할 때 되돌려 놓는 것 없이 추출하는 경우의 확률분포

* $P(X=k) = f(k;N,m,n) = \dfrac{\binom{m}{k}\binom{N-m}{n-k}}{\binom{N}{n}}$

32 ㉱ 33 ㉰ 34 ㉯ 35 ㉯

36 부적합 품질이 1%인 모집단에서 5개의 시료를 랜덤하게 샘플링 할 때, 부적합 품수가 1개일 확률은 약 얼마인가? (단, 이항분포를 이용하여 계산한다.) [09년 상]

㉮ 0.048　　㉯ 0.058
㉰ 0.48　　㉱ 0.58

풀이 이항분포 계산

$$P = \Sigma \binom{n}{x} P^x (1-P)^{n-x}$$
$$= \Sigma \binom{5}{1} \times (0.01)^1 \times (1-0.01)^{5-1}$$
$$= 5 \times (0.01)^1 \times (1-0.01)^{5-1} = 0.048$$

36 ㉮

02 생산관리

생산계획에 의거, 고객이 요구하는 품질의 제품을 생산하기 위하여 조직의 자원을 경제적으로 운영하는 것을 목적으로 조직의 생산 활동을 총괄적으로 통제 및 관리하는 것이다. 이러한 생산시스템을 합리적으로 관리하는데 세가지("3S")원칙이 있다.

① 전문화(specialization)
② 표준화(standardization)
③ 단순화(simplification)

1_ 생산계획

생산 활동시 그 목적을 완수하기 위하여 조직적 합리적으로 예정을 수립하는 것으로 제품의 종류, 수량, 가격 및 생산방법, 장소, 생산일정에 관하여 가장 경제적이고 합리적인 계획을 세우는 것이다. 생산계획을 세분하면 생산수량계획, 품종계획 및 생산의 절차계획과 일정계획이 있다.

표 5-1 / 설비배치 기본유형의 비교

	제품별 배치	공정별 배치	위치 고정형 배치
생산제품	소품종대량생산	다품종소량생산	극소수의 특제품
제품의 흐름	연속흐름	단속흐름	생산물고정, 시설이동
운반거리와 운반비용	거리 짧고, 운반비가 낮다.	거리 길고, 운반비가 높다.	시설 및 작업자, 원자재이 운반비가 높다.

2_ 생산통제(수요예측방법)

수요예측은 기업의 산출물인 제품이나 서비스에 대하여 미래의 시장 수요를 추정하는 과정이다.

1. 의견조사(시장조사)법

제품의 판매전에 소비자의 의견조사 내지 시장 조사를 하여 수요를 예측하는 방법으로 소비자 의견조사와 신제품에 대한 단기예측이 가능하다.

2. 델파이법

신제품의 수요나 장기예측에 사용하는 기법으로 비공개적으로 진행하여 전문가의 직관력을 바탕으로 장래를 예측하는 수요예측기법으로 비용과 시간이 많이 소요된다는 단점을 가지고 있으나 상당히 정확한 예측결과를 도출해 낼 수 있는 기법이다.

3. 시계열분석에 의한 수요예측

신제품의 수요나 장기예측에 사용하는 기법. 시계열(년·월·주·일 등의 간격)자료(수요량·매출량)로부터 추세나 경향을 파악하여 미래의 수요예측. 으로 비공개적으로 진행하여 전문가의 직관력을 바탕으로 장래를 예측하는 기법으로 비용과 시간이 많이 소요된다는 단점을 가지고 있으나 상당히 정확한 예측결과를 도출해 내수 있는 기법이다.

시계열분석기법의 종류에는 최소자승법, 이동평균법, 지수평활법, 젠킨스법(Box-Jenkins), X-11법이 있다.
          ↓   ↓   ↓
       경향(추세)변동, 계절변동, 불규칙변동

1) 시계열자료의 주요 구성요소

① **추세변동** : 장기간에 걸쳐 수요가 일정하게 증가 또는 감소하는 추세의 형태를 말하며, 이는 장기변동의 전반적인 추세를 나타낸다.
② **순환변동** : 일정한 주기가 없이 사이클 현상으로 반복되는 변동. 수요의 추세가 경기순환과 같이 장기적인 경제변동에 의하여 결정되고, 순환의 기간이 변동적이다.
③ **계절변동** : 1년 주기로 계절요인에 따라 수요량이 주기적으로 되풀이 되는 변동
④ **불규칙변동** : 수요의 추세가 돌발적인 원인이나 불분명한 원인으로 일어나는 유동변동. 단기간에만 일어나고 예측이 불가능하다.

2) 시계열분석기법의 종류

① **최소자승법에 의한 추세변동의 분석** : 관찰치와 추세치의 편차자승의 총합계가 최소로 되도록 동적 평균선을 그리는 방법이다. 여타의 변동은 고려하지 않고 추세변동만으로 장래의 수요변동을 예측한다.

  직선추세선을 회귀직선 $\hat{Y} = a + bx$로 나타낼 때

$$a = \frac{(\sum y \sum x^2) - (\sum x \sum xy)}{(n\sum x^2) - (\sum x)^2}$$

$$b = \frac{(n\sum xy) - (\sum x \sum y)}{(n\sum x^2) - (\sum x)^2}$$

예제 1 다음 데이터로부터 자승법에 의해 2009년도의 판매량을 예측하나다면 얼마나 되겠는가? (단, 경향선은 직선이라고 가정하여라.)

연도	2004	2005	2006	2007	2008
판매량	436	470	519	578	639

[해설]

연도	2004	2005	2006	2007	2008
x	0	1	2	3	4
y	436	470	519	578	639
x^2	0	1	4	9	16
xy	0	470	038	1,734	2,556

$$a = \frac{(\sum y \sum x^2) - (\sum x \sum xy)}{(n\sum x^2) - (\sum x)^2} = \frac{(2642 \times 30) - (10 \times 5798)}{(5 \times 30) - (10)^2} = 425.6$$

$$b = \frac{(n\sum xy) - (\sum x \sum y)}{(n\sum x^2) - (\sum x)^2} = \frac{(5 \times 5798) - (10 \times 2642)}{(5 \times 30) - (10)^2} = 51.4$$

$$\hat{Y} = a + bx = 425.6 + 51.4 \times 5 = 682.6$$

답 682.6

② **이동평균법에 의한 계절변동의 분석** : 이동평균법은 과거 일정기간의 실적을 평균해서 수요의 계절변동을 예측하는 방법이다.

㉠ 단순이동평균법 : 과거의 여러 기간의 실적치에 동일한 가중치를 부여하여 이동평균을 구한다.

$$M_t = \frac{\sum X_{t-i}}{n} = \frac{X_{t-1} + X_{t-2} + \cdots + X_{t-n}}{n}$$

M_t : 당기예측시
X_{t-i} : 기간의 실적치
n : 기간의 수

- 장점 : 전체의 추세를 알 수 있다. 이해하기 쉽고 계산이 용이하다.
- 단점 : 계절변동이나 경기변동을 충분히 알 수 없다. 과거의 수요추세가 선형과 차이가 있을 때 정확성이 감소한다. 평균대상기간과 가중치의 결정기준이 없다. 수학적 모델화를 할 수 없다.

예제 2 제조회사에서 6개월까지의 월별 실제판매량이 다음 표과 같을 때 7월의 판매 예측량을 6개월 이동평균법으로 구하시오.

월	1	2	3	4	5	6	7
개수	34	36	38	40	46	50	?

[해설] $\sum X_{t-i} = 34+36+38+40+46+50 = 244$

$M_t = \dfrac{\sum X_{t-i}}{n} = \dfrac{244}{6} = 40.6$

답 40.6

ⓒ **가중 이동평균법** : 단순 이동평균법에다 추세경향을 고려한 수요예측기법이다.

예제 3 A회사의 매출실적이 다음 표와 같을 때 가중이동평균법에 의해 6월의 예측치를 산출하면?

월	실적치	가중치
1	60	1
2	65	2
3	65	3
4	75	4
5	80	5

[해설] $\sum W_i = 1+2+3+4+5 = 15$

$F_6 = \dfrac{\sum A_{t-i} \times W_{t-i}}{\sum W_i} = \dfrac{60 \times 1}{15} + \dfrac{65 \times 2}{15} + \dfrac{65 \times 3}{15} + \dfrac{75 \times 4}{15} + \dfrac{80 \times 5}{15} = 72.3$

답 72.3

③ **단순지수평활법** : 과거의 모든 자료를 반영하며 현시점에서 가장 가까운 자료에 가장 높은 가중치를 부여하고 과거로 올라갈수록 낮은 가중치를 부여하는 방법이다. 실제의 수요변화에 민감하게 반응하지 못한다.

$F_t(\text{차기예측치}) = F_{t-1}(\text{당기예측치}) + \alpha[A_{t-1}(\text{당기실적치}) - F_{t-1}(\text{당기예측치})]$

$= \alpha \cdot A_{t-1} + (1-\alpha)F_{t-1}$

α : 지수평활계수

예제 4 시멘트를 생산·판매하고 있는 A시멘트의 2007년 8월 판매예측치가 10,000톤이고 판매 실적치는 9,000톤이었다고 한다. 지수평활계수 α는 0.3일 때 다음달인 9월의 판매예측치는 얼마인가?

[해설] $\alpha \cdot A_{t-1} + (1-\alpha)F_{t-1} = 0.3 \times 9000 + (1-0.3) \times 10000 = 9700$

답 9700

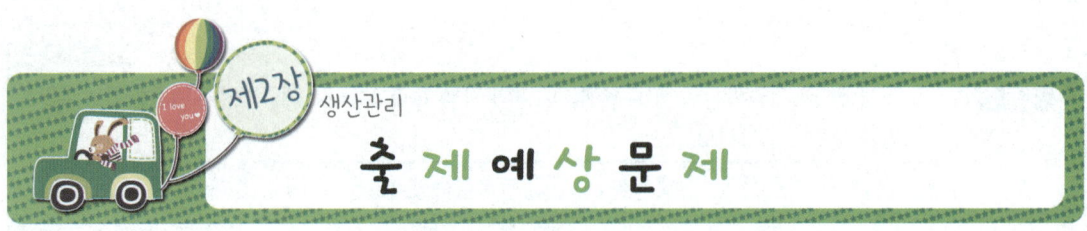

제2장 생산관리 출제예상문제

01 다음 중 신제품에 대한 수요예측방법으로 가장 적절한 것은? [09년 하]

㉮ 시장조사법 ㉯ 이동평균법
㉰ 지수평활법 ㉱ 최소자승법

풀이 수요예측 기법
(1) 시장조사법(의견조사법) : 제품의 판매 전에 의견조사 내지 시장조사를 하여 수요를 예측하는 방법으로 단기예측에 사용하는 기법
(2) 델파이법 : 신제품의 수요나 장기예측에 사용하는 기법
(3) 시계열분석법 : 어떤 관측치 또는 통계량의 변화를 시간의 흐름에 따라 포착하여 계열화하는 통계방법
  ① 이동평균법 : 과거 일정기간의 실적을 평균해서 수요의 계절변동을 예측하는 방법
  ② 최소자승법 : 관찰치와 추세치의 편차자승의 총합계가 최소로 되도록 동적 평균선을 그리는 방법
  ③ 지수평활법 : 과거의 모든 자료를 반영하며 현시점에서 가장 가까운 자료에 가장 높은 가중치를 부여하고 과거로 올라갈수록 낮은 가중치를 부여하는 방법

02 수요예측 방법의 하나인 시계열 분석에서 시계열적 변동에 해당되지 않는 것은? [05년 상]

㉮ 추세변동 ㉯ 순환변동
㉰ 계절변동 ㉱ 판매변동

풀이 시계열적 변동요인
① 계절변동 요인
② 순환변동 요인
③ 불규칙 변동 요인
④ 추세변동 요인

03 단순지수 평활법을 이용하여 금월의 수요를 예측하려고 한다면 이때 필요한 자료는 무엇인가? [04년 하]

㉮ 일정기간의 평균값, 가중값, 지수평활 계수
㉯ 추세선, 최소자승법, 매개변수
㉰ 전월의 예측치와 실제치, 지수평활계수
㉱ 추세변동, 순환변동, 우연변동

풀이 단순지수 평활법은 과거의 자료를 반영하므로 전월의 예측치와 실제치 및 지수평활계수가 필요하다.

01 ㉮ 02 ㉱ 03 ㉰

04 다음 [표]는 A 자동차 영업소의 월별 판매실적을 나타낸 것이다. 5개월 단순 이동 평균법으로 6월의 수요를 예측하면? [09년 상]

월	1	2	3	4	5
판매량	100	110	120	130	140

㉮ 120 ㉯ 130
㉰ 140 ㉱ 150

풀이) 이동 평균법 = $\dfrac{\Sigma \text{최근 월 판매량}}{\text{월 수}}$
= $\dfrac{100+110+120+130+140}{5}$ = 120

05 PERT에서 Network에 관한 설명 중 틀린 것은? [06년 하]

㉮ 가장 긴 작업시간이 예상되는 공정은 주공정이라 한다.
㉯ 명목상의 활동(Dummy)은 점선 화살표(⋯→)로 표시한다.
㉰ 활동(Activity)은 하나의 생산 작업요소로서 원(○)으로 표시된다.
㉱ Network는 일반적으로 활동과 단계의 상호 관계로 구성된다.

풀이) **PERT**
(Program Evaluation & Review Technique)
각종 신규사업 및 대규모 건설사업에 계획 수립단계부터 최종 완료 단계까지 세부일정관리, 투입자원관리, 예산 및 비용관리, 진도관리 등 종합적인 관리 기능을 제공하는 시스템

• PERT와 CPM의 차이

PERT	CPM
군인→전쟁	기업가 → 이윤추구
공기단축	이윤추구 → 최소비용이론
신규, 비반복, 무경험	경험, 반복
3점 추정법	1점 추정법
결합점 중심	작업 중심

06 더미활동(dummy activity)에 대한 설명 중 가장 적합한 것은? [04년 하]

㉮ 가장 긴 작업시간이 예상되는 공정을 말한다.
㉯ 공정의 시작에서 그 단계에 이르는 공정별 소요시간 들 중 가장 큰 값이다.
㉰ 실제활동은 아니며, 활동의 선행조건을 네트워크에 명확히 표현하기 위한 활동이다.
㉱ 각 활동별 소요시간이 베타분포를 따른다고 가정할 때의 활동이다.

풀이) 더미활동이란 실제활동이 아닌 명목상의 활동으로 네트워크에서 활동의 선행조건을 명확히 표현하기 위해 점선으로 표시하는 방법이다.

07 다음의 PERT/CPM에서 주공정(Critical path)은? (단, 화살표 밑의 숫자는 활동시간을 나타낸다.) [04년 상]

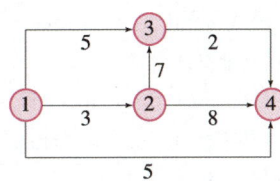

㉮ ①-③-②-④
㉯ ①-②-③-④
㉰ ①-②-④
㉱ ①-④

풀이) 주공정은 모든 작업이 완료되는 가장 긴 시간이다.

04 ㉮ 05 ㉰ 06 ㉰ 07 ㉯

08 그림과 같은 계획공정도(Network)에서 주공정은? (단, 화살표 아래의 숫자는 활동시간을 나타낸 것이다.) [07년 상]

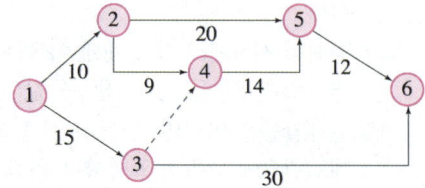

㉮ ① - ③ - ⑥
㉯ ① - ② - ⑤ - ⑥
㉰ ① - ② - ④ - ⑤ - ⑥
㉱ ① - ③ - ④ - ⑤

풀이 주공정은 모든 작업이 완료되는 가장 긴 시간이다.

09 일정 통제를 할 때 1일당 그 작업을 단축하는데 소요되는 비용의 증가를 의미하는 것은? [08년 상]

㉮ 비용구배(Cost slope)
㉯ 정상소요시간 (Normal duration time)
㉰ 비용견적(Cost estimation)
㉱ 총비용(Total cost)

풀이 비용구배(cost slope) : 정상점과 급속점을 연결한 기울기

10 다음 표를 이용하여 비용 구배(cost slope)를 구하면 얼마인가? [06년 상]

정상		특급	
소요시간	소요비용	소요시간	소요비용
5일	40,000	3일	50,000

㉮ 3,000원/일 ㉯ 4,000원/일
㉰ 5,000원/일 ㉱ 6,000원/일

풀이 비용구배(cost slope) : 정상점과 급속점을 연결한 기울기

$$\text{비용구배(cost slope)} = \frac{\text{급속비용} - \text{정상비용}}{\text{정상공기} - \text{급속공기}}$$
$$= \frac{50,000 - 40,000}{5 - 3}$$
$$= 5,000원/일$$

11 어떤 공장에서 작업을 하는데 있어서 소요되는 기간과 비용이 다음 [표]와 같을 때 비용 구배는 얼마인가? (단, 활동시간의 단위는 일(日)로 계산한다.) [08년 하]

정상		특급	
소요시간	소요비용	소요시간	소요비용
15일	150만원	10일	200만원

㉮ 50,000원 ㉯ 100,000원
㉰ 200,000원 ㉱ 300,000원

풀이
$$\text{비용구배(cost slope)} = \frac{\text{급속비용} - \text{정상비용}}{\text{정상공기} - \text{급속공기}}$$
$$= \frac{2,000,000 - 1,500,000}{15 - 10}$$
$$= 100,000원/일$$

08 ㉮ 09 ㉮ 10 ㉰ 11 ㉯

12 연간 소요량 4,000개인 어떤 부품의 발주 비용은 매회 200원 이며, 부품 단가는 100원, 연간 재고유지 비율이 10%일 때 F.W.Harris식에 의한 경제적 주문량은 얼마인가? [07년 하]

㉮ 40개/회
㉯ 400개/회
㉰ 1000개/회
㉱ 1300개/회

 경제적 주문량 $Q = \sqrt{\dfrac{2RP}{CI}}$

여기서, R : 소비량
P : 준비비
C : 구입단가
I : 재고관리비율

∴ $Q = \sqrt{\dfrac{2RP}{CI}} = \sqrt{\dfrac{2 \times 4,000 \times 200}{100 \times 0.1}}$
= 400개/회

12 ㉯

03 작업관리 및 기타사항

1_ 문제해결방법

1. 작업개선

1) 작업개선의 원칙

① 분업화의 원칙
② 표준화의 원칙
③ 기계화의 원칙
④ 동기화의 원칙
⑤ 자동화의 원칙
⑥ 동작개선의 원칙

2) 작업개선의 목적

① 피로경감
② 품질향상
③ 경비절감
④ 시간단축

2. 기본형 5단계

① 연구대상 선정
② 현 작업방법의 분석
③ 분석자료 검토
④ 개선안 수립
⑤ 개선안 도입

2_ 작업방법연구(동작연구)

1. 공정분석

재료가 출고되어서부터 제품으로 출하되기까지의 공정계열을 체계적으로 도표를 작성하여 분석하는 방법

① **작업자 공정분석표** : 작업자가 장소를 이동하면서 작업을 수행하는 경우에 일정한 기호를 사용하여 체계적으로 도시함으로써 작업자의 행동을 개선하기 위한 방법

표 5-2 / 작업자 공정분석에 사용되는 기호

분석기호	시간기호	호 칭
○	■	작 업
○	⊞	신체이동
⊖	⊠	운반 및 이동
▽	□	정 체
▽	▨	保持(보지)
◇	▥	검 사
N	◨	중 단

2. 제품 공정분석표

1) 가공시간 및 운반거리 기입법

① 가공시간 = $\dfrac{1개당 가공시간 \times 1로트의 수량}{1로트의 총가공시간}$ 또는 $\dfrac{1로트당 가공시간 \times 로트의 수}{총로트의 가공시간}$

② 평균대기시간 = 평균대기로트의 수 × 로트당 대기시간

③ 운반거리 = $\dfrac{1회 운반거리 \times 운반회수}{1로트의 운반거리}$

2) 로트의 취급

① **제조로트** : 제품 명령서에 기재된 수량
② **가공로트** : 가공시간과 준비시간의 비율을 생각하여 경제적인 관점에서 결정하는 생산수량단위
③ **운반로트** : 운반설비 및 기타 조건을 고려하여 적절히 결정된 운반수량단위

3) 공정도에 사용되는 기호

KS 원용기호			
ASME식		길브레스식	
기 호	명 칭	기 호	명 칭
○	작 업	○	가 공
→	운 반	○ (小)	운 반
▽	저 장	△	원재료의 저장
		▽	제품의 저장
D	정 체	✡	(일시적) 정체
		▽ (검은)	(로트) 대기
□	검 사	◇	질검사
		□	양검사
		◧	양과 질검사
보조 도시기호	∿		관리구분
	┼		담당구분
	╪		생 략
	╳		폐 기

3. 사무 공정분석표

서류를 중심으로 한 사무제도를 사무분석기호를 사용하여 분석 기록하여 체계적으로 표현

1) 작업분석(Operation Analysis)

① **작업분석표**는 작업자가 손 또는 신체부위에 의하여 수행되는 작업을 작업분석기호를 사용하여 체계적으로 표시한 것이다. 양쪽 손을 사용하는 작업을 분석하는데 가장 많이 사용된다.

② **다중활동분석(복합활동분석)** : 작업자와 작업자 사이의 상호관계 또는 작업자와 기계 사이의 상호관계에 대하여 다중활동 분석기호를 이용하여 이들간의 단위작업 또는 요소작업의 수준으로 분석하는 수법이다.

표 5-3 / 작업분석표에 사용되는 기호

분석기호	시간기호	호 칭	내용설명
○	■	서브오퍼레이션 (1, 2, 3)*	작업장소 내의 한 작업영역에 있어서의 신체부위의 활동
○	⊞	신체부위의 이동	작업장소 내의 한 작업영역으로부터 다른 작업영역에로의 신체부위의 이동
⊖	⊠	화물운반 및 이동	작업장소의 한 작업영역으로부터 다른 작업영역에로의 화물 운반 및 이동
▽	▨	保持(보지)	작업을 추진하기 위하여 대상물을 정위치에
▽	□	정체(1, 2, 3)*	손대기 또는 유휴시간

2) 동작 분석(Motion Analysis)

작업의 동작을 분해 가능한 최소한의 단위로 분석하여 비능률적인 동작(무리, 낭비, 불합리한 동작)을 제거하여 가장 경제적인 방법으로 개선하기 위한 기법

① 서블릭(Therblig)분석 : 작업자의 작업을 요소동작으로 나누어 관측용지에 가장 세밀한 분석단위에 의하여 분석하고, 작업자의 미세한 손, 팔, 다리 등의 움직임을 놓치지 않고 기록하여 작업 전체의 개선에 목적이 있다.

표 5-4 / 서블릭 분석 기호표

종 류		기 호	명 칭
제1종류	TE	⌣	① 빈손이동
	G	∩	② 잡는다
	TL	⌣̇	③ 운반한다
	P	9	④ 위치를 정한다
	A	#	⑤ 조립한다
	U	U	⑥ 사용한다
	DA	‡	⑦ 분해한다
	RL	⌒	⑧ 놓는다
	I	○	⑨ 검사한다

종류	기호		명칭
제2종류	Sh	⌒	⑩ 찾음
	St	→	⑪ 선택한다
	Pn	⎈	⑫ 생각한다
	PP	⎍	⑬ 준비함
제3종류	H	⊓	⑭ 잡고있다
	R	⏋	⑮ 쉰다
	UD	⌢	⑯ 불가피한 지연
	AD	⌣	⑰ 피할 수 있는 지연

서블릭 기호를 제1종, 제2종, 제3종으로 나누어 가능한 한 제3종, 그 다음 제2종의 동작을 제외하고, 제1종의 동작을 빨리하는 것이 작업개선에 도움을 준다.

3) 필름 분석(film method)

① 메모 모션(memo-motion)분석 : 1초에 1프레임 또는 1분에 100프레임으로 촬영
② 미세동작분석(micro-motion study) : 작업을 보통 매초 16내지 24프레임의 속도로 촬영하므로 육안으로 놓치기 쉬운 짧은 주기의 작업을 분석하는데 특히 효과적인 기법
③ VTR(video tape recorder)분석 : 즉시성, 확실성, 재현성 및 편의성을 갖고 있다. 레이팅의 오차한계가 5% 이내로 레이팅의 신뢰도가 높다.
④ 사이클그래프(cycle graph)분석 : 동작경로를 분석하기 위해 신체 중 원하는 부분의 동작경과상태를 확실히 알기 위하여 원하는 부분에 광원을 부착하여 사진을 찍는 방법
⑤ 스트로보(strobo) 사진분석 : 1초에 몇 회나 몇 십 회 개폐하는 스트로보 셔터나 스트로보 플래시를 사용하여 움직이는 동작을 촬영하는 기법
⑥ 아이카메라(eye camera) 분석 : 눈동자의 움직임을 분석·기록하는 방법

3_ 작업시간 연구

작업측정의 목표는 특정한 작업을 수행하는데 필요한 표준시간을 결정하는 것이다.
표준시간은 소정의 표준작업조건 하에서 일정한 작업방법에 따라 숙련된 작업자가 정상적인 속도로 작업을 수행하는 데 필요한 시간이다.

1. 표준시간의 계산

1) 용 어

① **정미시간** : 훈련을 쌓은 다수의 작업자가 표준화된 작업 방법에 의하여 실제로 작업할 때 소요되는 시간.
② **여유시간** : 작업자가 중단 없이 하루 종일 작업하는 것은 불가능하다. 작업자의 개인적인 욕구, 휴식 등으로 작업시간 중에 발생되는 피할 수 없는 지연 등의 시간을 말한다.
③ **레이팅(Rating)** : 일상작업의 시간관측을 관측할 때 작업자가 실시한 작업속도가 표준속도와 비교해 어느 정도 일치했는가를 관측하여 계량적으로 평가하는 것이다. 즉, 정상적인 페이스와 관측대상 작업의 페이스를 비교한 것이다.

2) 표준시간 = 정미시간 + 여유시간

정미시간 = 관측시간의 대표치(평균치) × 레이팅 계수
표준시간 = 정미시간(1 + 여유율)

$$레이팅계수 = \frac{실제작업속도}{정상작업속도} \times 100 = \frac{평가치}{기준수행도} \times 100$$

- 외경법에 의한 공식

$$표준시간 = 정미시간 \times (1+여유율) = 정미시간 \times \left(1 + \frac{여유시간}{실동시간 - 여유시간}\right)$$

- 내경법에 의한 공식

$$표준시간 = 정미시간 \left(\frac{1}{1-여유율}\right)$$

예제 1 다음 자료를 갖고 표준시간을 구하라.

관측시간의 대표치 = 0.6, 여유율 20%, 레이팅 계수 1.1

[해설] 표준시간 = 관측시간의 대표치 × 레이팅계수 × (1+여유율)

답 표준시간 = 0.6 × 1.1(1+0.2) = 0.79

예제 2 정미시간이 60분이고 여유율이 8%이며 수행도평가계수가 140%일 때 내경법에 의한 표준시간은?

[해설] 표준시간 = 정미시간$\left(\frac{1}{1-여유율}\right)$ = 60 × $\left(\frac{1}{1-0.08}\right)$ = 65.21

답 65.21

3) 여유시간의 산출방법

① 외경법 : 여유율로 정미시간에 대한 비율을 사용한다.

$$여유율(\%) = \frac{여유시간}{정미시간} \times 100$$

② 내경법 : 실동시간(정미시간+여유시간)의 비율로 표시하는 것

$$여유율(\%) = \frac{여유시간}{실동시간} \times 100 = \frac{여유시간}{정미시간+여유시간} \times 100$$

> **예제 3** 여유시간이 0.2, 정미시간이 0.8일 때 여유율은? (단, 근무시간의 비율로 산출할 것)
>
> [해설] $여유율 = \frac{여유시간}{여유시간+정미시간} \times 100 = \frac{0.2}{0.2+0.8} = 0.2$
>
> **답** 0.2

4) 표준시간 측정방법

① STOP-WATCH(스톱워치)에 의한 작업측정

잘 훈련된 자격을 갖춘 작업자가 정상적인 속도로 완료하는 특정한 작업결과의 표본을 추출하여 이로부터 필요한 표준시간을 설정하는 기법으로 반복적이고 짧은 주기의 작업에 알맞다.

② WS(Work Sampling : 워크샘플링)

확률의 법칙을 이용하여 최소한도의 샘플을 순간적으로 관측하여 측정대상으로 하는 전체 모습을 관측하여 가동률을 파악한다.

관측방법이 간단하고 소요경비가 적은 반면 작업의 세밀한 과정이나 작업방법의 시간적 관측이 불가능한 순간 묵시분석방법이다.

• 표준시간 산정

$$ST = \frac{T}{N} \times (1-P) \times R \times \frac{1}{1-A}$$

T : 작업자의 총작업시간
N : 총생산량
P : 발생비율(유효율)
$(1-P)$: 작업률
R : Rating 계수
A : 여유율

③ 실적기록법

작업에 대해서 그 실적시간을 취하고 시간결정법에 의하여 작업마다 작업 시간치를 정해 두고 이것을 실질시간자료로 하여 표준시간을 정하는 것이다.

$$표준시간(제품\ 1개당\ 수량) = \frac{생산에 소비된 작업시간의 합}{그 기간에 생산된 수량}$$

④ PTS(Predetermined Time Standards)

모든작업을 기본동작으로 분해하고 각 기본동작에 대하여 성질과 조건에 따라 정해놓은 시간치를 적용하여 정미시간을 산정하는 방법으로 WF와 MTM를 보편적으로 많이 사용한다.

㉠ Work Factor System(WF) : 작업을 8가지 표준요소 동작으로 분해하고 표준요소 별로 ① 기초동작 ② 워크팩트을 고려하여 WF 동작시간표로부터 시간치를 읽어내고 합성하여 정미시간을 구하는 방법

㉡ MTM(Method Time Measurement) : 인간이 행하는 작업을 기본동작으로 분석하고, 각 기본동작은 그 성질과 조건에 따라 미리 정해진 시간치를 적용하여 정미시간을 구하는 방법으로서 기계에 의해 통제되는 작업, 정신적이나 육체적으로 제한된 동작에는 적용할 수 없다는 단점이 있어 Stop Watch를 부분적으로 이용해야 한다.

㉢ WF와 MTM의 상이점

ⓐ WF는 규칙이 복잡하지만 MTM은 규칙이 간단하나 많은 경험과 판단력을 필요로 한다.

ⓑ WF 상세법(DWF)의 시간단위는 1/10000분(1WFU), Ready WF법(RWF)의 시간단위는 1/1000분(1RU), WF간이법(AWF)의 시간단위는 $\frac{5}{1000}$분(1AU)이고 MTM의 시간단위는 단위는 $\frac{1}{100000}$시간(0.0006분, 0.036초, 1TMU)이다.

4_ 설비보전방식의 분류

1) 예방보전(Preventive Maintenance : PM)

예정된 시기에 점검 및 계획적 수리, 부속품 갱신 등을 하여 설비성능의 저하와 고장 및 사고를 미연에 방지함으로써 설비의 성능을 표준이상으로 유지하는 보전활동을 의미한다.

2) 사후보전(Break down Maintenance : BM)

기계설비의 고장이나 결함이 발생한 후에 이를 수리 또는 보수하여 회복시키는 보전활동으로 고장보전비용에는 수리인건비, 부품교체비, 수리기간의 기계유휴비, 지연된 작업의 촉진비가 있다.

3) 개량보전(Corrective Maintenance : CM)

설비의 설계변형, 재료의 개선, 보다 좋은 부품으로 교체하는 등 설비의 체질을 개선해서 수명연장, 열화방지 등의 효과를 높이는 보전 활동

4) 보전예방(Maintenance Prevention : MP)

고장이 적은 설비설계와 조기수리가 가능한 설비를 선택하는 보전방식이다.

① 설비의 신뢰성과 보전성을 높이는 방식
② 신뢰성은 고장빈도에 보전성은 고장의 회복에 소요되는 시간과 관련되어 있다.

5_ 설비보전조직의 형태

1) 집중보전(Centeral maintenance)

조직상이나 배치상으로 보전요원을 한 관리자 밑에 두어 배치하는 형태이다.

2) 지역보전(Area maintenance)

조직상으로는 집중적인 형태이나 배치상으로는 지역으로 분산되는 형태로, 지역이란 지리적, 제품별, 제조부문별, 업무별로 나눈다.

3) 부문보전(Departmental maintenance)

제조부문 감독자 밑에 보전요원을 배치하는 형태이다.

4) 절충보전(Combination maintenance)

지역보전, 부문보전과 집중보전을 조합시켜 장점을 살리고, 결점을 보완하는 형태이다.

6_ TPM(Total Productive Maintenance)

생산 시스템의 전체를 대상으로 재해 0, 불량 0, 고장 0 등 모든 loss를 미연에 방지하는 체제를 현장·현물에 구축하고 생산부문을 비롯하여 개발, 영업, 관리 등 사내 전부분에 걸쳐서 최고 경영자로부터 제일선 작업원에 이르기까지 전원이 참가하여 loss zero를 달성하려는 종합적 보전활동이라고 할 수 있다.

1) 작업현장의 5요소(5S)

① 정리(seiri) ② 정돈(seition)
③ 청소(seisoh) ④ 청결(seiketsu)
⑤ 습관(shitske)

2) 작업현장의 3정

① 정위치 ② 정품 ③ 정량

제3장 작업관리 및 기타사항 출제예상문제

01 다음 중 사내표준을 작성할 때 갖추어야 할 요건으로 옳지 않은 것은? [09년 하]

㉮ 내용이 구체적이고 주관적일 것
㉯ 장기적 방침 및 체계 하에서 추진할 것
㉰ 작업표준에는 수단 및 행동을 직접 제시할 것
㉱ 당사자에게 의견을 말하는 기회를 부여하는 절차로 정할 것

풀이 사내표준 작성시 갖추어야 할 요건
① 기록 내용에 구체적이고 객관적일 것
② 장기적 방침 및 체계 하에서 추진할 것
③ 직관적으로 보기 쉬운 표현을 할 것
④ 당사자의 의견을 말하는 기회를 부여하는 절차로 정할 것
⑤ 실행 가능한 내용일 것
⑥ 신속하게 개정 향상 시킬 것
⑦ 사내 표준을 작성하는 대상은 기여의 비율이 큰 것부터 중점적으로 취급할 것

02 생산 계획량을 완성하는데 필요한 인원이나 기계의 부하를 결정하여 이를 현재 인원 및 기계의 능력과 비교하여 조정하는 것은? [06년 하]

㉮ 일정계획   ㉯ 절차계획
㉰ 공수계획   ㉱ 진도관리

풀이 공정관리의 계획기능
① 절차계획 : 작업을 수행할 때의 순서와 방법을 말하는 것으로, 생산 계획량을 완성하는데 필요한 인원이나 기계의 부하를 결정하여 이를 현재 인원 및 기계의 능력과 비교하여 조정
② 공수계획 : 각 작업의 부하와 능력의 조정을 도모
③ 일정계획 : 절차계획에서 작업순서와 방법이 결정되고 공수계획에서 생산량이 소요공수로 환산되면 다음은 이들의 작업시기를 결정하는 일정계획이 마련되어야 한다.

03 다음 중 절차계획에서 다루어지는 주요한 내용으로 가장 관계가 먼 것은? [07년 상]

㉮ 각 작업의 소요시간
㉯ 각 작업의 실시 순서
㉰ 각 작업에 필요한 기계와 공구
㉱ 각 작업의 부하와 능력의 조정

풀이 각 작업의 부하와 능력의 조정은 공수계획에서 한다.

01 ㉮   02 ㉯   03 ㉱

04 다음 중 부하와 능력의 조정을 도모하는 것은? [06년 상]

㉮ 진도관리   ㉯ 절차계획
㉰ 공수계획   ㉱ 현품관리

풀이) 공정관리의 계획기능
① 절차계획 : 작업을 수행할 때의 순서와 방법을 말하는 것으로, 생산 계획량을 완성하는데 필요한 인원이나 기계의 부하를 결정하여 이를 현재 인원 및 기계의 능력과 비교하여 조정
② 공수계획 : 각 작업의 부하와 능력의 조정을 도모
③ 일정계획 : 절차계획에서 작업순서와 방법이 결정되고 공수계획에서 생산량이 소요공수로 환산되면 다음은 이들의 작업시기를 결정하는 일정계획이 마련되어야 한다.

05 월 100대의 제품을 생산하는데 세이퍼 1대의 제품 1대당 소요공수가 14.4H라 한다. 1일 8H, 월 25일, 가동한다고 할 때 이 제품 전부를 만드는데 필요한 세이퍼의 필요 대수를 계산하면? (단, 작업자 가동율 80%, 세이퍼 가동율 90% 이다.) [04년 상]

㉮ 8대   ㉯ 9대
㉰ 10대   ㉱ 11대

풀이) 공수계획(capacity plan)
공수란 공정별 또는 기계별로 작업부하가 균등히 걸리도록 작업량을 할당하는 것이다. 공수계획이란 공정별, 기계별 또는 월별 작업능력과 주 생산계획에 의한 작업부하를 계산하여 작업능력의 과부족을 판단하여 작업부하가 균등하게 되도록 계획하는 것

• 공수의 계산
  ① 작업부하 = 100대 × 14.4H = 1,440
  ② 월 작업능력 = 8H × 25 × 0.8 × 0.9 = 144
  ∴ 필요대수 = $\frac{작업부하}{작업능력} = \frac{1,440}{144} = 10대$

• 공수의 계산 예
  ① 공수 : 1명의 작업자가 1일 8시간, 월 25일 작업한다면 공수 = 1명 × 8시간 × 25 = 200공수

② 작업부하 : 어떤 공정의 작업소요시간이 5시간/개 이고, 월 300개 제조, 공정의 불량율이 3%라면 작업부하 = (300×5)/(1-0.03) = 1,546.4공수
③ 작업능력 : 이 공정 작업인원이 10명, 결근율이 5% 라면 작업능력 = 200공수×10명×0.95 = 1,900공수
④ 여력 = 작업능력-작업부하 = 1,900-1,546.4 = 353.6공수
⑤ 기계능력 : 이 공정의 기계가 12대, 고장율이 10% 라면 기계능력 = 200공수×12대×0.9 = 2,160공수
⑥ 기계여력 = 기계능력 - 기계부하
            = 2,160-1546.4 = 613.6공수
⑦ 여력대수 = 613.6/(200×0.9) = 3대
⑧ 필요대수 = 작업부하/작업능력
            = 1,440/144 = 10대

06 원재료가 제품화 되어가는 과정 즉 가공, 검사, 운반, 지연, 저장에 관한 정보를 수집하여 분석하고 검토를 행하는 것은? [05년 상]

㉮ 사무공정 분석표
㉯ 작업자공정 분석표
㉰ 제품공정 분석표
㉱ 연합작업 분석표

풀이) 용어 설명
① 제품공정 분석표 : 재료가 출고되어 제품화 되어가는 과정. 즉 가공, 검사, 운반, 지연, 저장에 관한 정보를 체계적으로 도표로 작성하여 분석하는 방법
② 작업자 공정분석표 : 작업자가 장소를 이동하면서 작업을 수행하는 경우에 그 과정을 가공, 검사, 운반, 저장 등의 기호를 사용하여 작업자의 행동을 개선하기 위한 방법
③ 사무공정 분석표 : 서류를 중심으로 한 사무제도를 사무분석기호를 사용하여 분석 기록하여 체계적으로 표현
④ 연합작업 분석표 : 인간과 기계 또는 2인 이상의 인간이 연합하여 행하는 작업

04 ㉰ 05 ㉰ 06 ㉰

07 작업자가 장소를 이동하면서 작업을 수행하는 경우에 그 과정을 가공, 검사, 운반, 저장 등의 기호를 사용하여 분석하는 것을 무엇이라 하는가? [07년 상]

㉮ 작업자 연합작업분석
㉯ 작업자 동작분석
㉰ 작업자 미세분석
㉱ 작업자 공정분석

풀이 6번 설명과 같음

08 ASME(American Society of Mechanical Engineers)에서 정의하고 있는 제품공정 분석표에 사용되는 기호 중 '저장(Storage)'를 표현한 것은? [09년 하]

㉮ ○   ㉯ D
㉰ □   ㉱ ▽

풀이 제품공정 분석기호

공정분류	기호명칭	기호	의미
가공	가공	○	원료, 재료, 부품 또는 제품의 형상 및 품질에 변화를 주는 과정
운반	운반	○ or ⇨	원료, 재료, 부품 또는 제품의 위치에 변화를 주는 과정
검사	수량검사	□	원료, 재료, 부품 또는 제품의 양 또는 개수를 측정하여 결과를 기준과 비교하는 과정
	품질검사	◇	원료, 재료, 부품 또는 제품의 품질특성을 시험하고 결과를 기준과 비교하는 과정
정체	저장	▽	원료, 재료, 부품 또는 제품을 계획에 따라 저장하는 과정
	지체	D	원료, 재료, 부품 또는 제품이 계획과는 달리 정체되어 있는 상태

◇ 품질검사 주로 하며 수량검사	▣ 수량검사 주로 하며 품질검사	▣ 가공을 주로하며 수량검사	⊡ 가공을 주로하며 운반작업
✡ 작업중의 정체	▽ 공정 간에서 정체	◯ 정보기록	● 기록완선

09 제품공정 분석표에 사용되는 기호 중 공정 간의 정체를 나타내는 기호는? [04년 상]

㉮ ○   ㉯ ▽
㉰ ✡   ㉱ △

풀이 8번 설명과 같음

10 제품공정 분석표용 공정도시 기호 중 정체공정(Delay) 기호는 어느 것인가? [06년 상]

㉮ ○   ㉯ ⇨
㉰ D   ㉱ □

풀이 8번 설명과 같음

11 공정분석 기호 중 □ 는 무엇을 의미하는가? [06년 하]

㉮ 검사   ㉯ 가공
㉰ 정체   ㉱ 저장

풀이 8번 설명과 같음

12 제품공정 분석표(product process chart) 작성시 가공시간 기입법으로 가장 올바른 것은? [07년 하]

㉮ $\dfrac{1개당\ 가공시간 \times 1로트의\ 수량}{1로트의\ 총가공시간}$

㉯ $\dfrac{1로트의\ 가공시간}{1로트의\ 총가공시간 \times 1로트의\ 수량}$

㉰ $\dfrac{1개당\ 가공시간 \times 1로트의\ 가공시간}{1로트의\ 수량}$

㉱ $\dfrac{1로트의\ 총가공시간}{1개당\ 가공시간 \times 1로트의\ 수량}$

ANSWER   07 ㉱   08 ㉱   09 ㉯   10 ㉰   11 ㉮   12 ㉮

풀이
$$\text{가공시간} = \frac{1\text{개당 가공시간} \times 1\text{로트의 수량}}{1\text{로트의 총가공시간}}$$
$$= \frac{1\text{개당 가공시간} \times \text{로트의 수}}{\text{총 로트의 가공시간}}$$

13 모든 작업을 기본동작으로 분해하고, 각 기본 동작에 대하여 성질과 조건에 따라 미리 정해놓은 시간치를 적용하여 정미시간을 산정하는 방법은? [08년 상]

㉮ PTS법 ㉯ WS법
㉰ 스톱워치법 ㉱ 실적자료법

풀이 작업 측정기법의 종류
(1) 직접측정법
① 스톱워치법: 테일러(F.W. Taylor)에 의해 처음 도입된 방법으로, 표준화된 작업을 평균적 노동자에게 수행하게 하고 그 시간을 스톱워치로 측정하여 표준 작업시간을 설정하는 방법
② WF(Work Factor)법: 각 신체부위마다 움직이는 거리, 취급중량, 작업자의 컨트롤여부 등과 같은 변수에 대해 각각 동작시간 표준치를 정하여 동작시간 표준을 적용하여 실질시간을 구하는 기법
③ WS(Work Sampling)법: 통계적 추론을 이용하기 위하여 사람과 기계의 움직임을 순간적으로 관측하여 작업량을 측정하는 방법
(2) 간접 측정법
① PTS(Predetermined Time Standard)법: 모든 작업을 기본동작으로 분해하고, 각 기본 동작에 대하여 성질과 조건에 따라 미리 정해놓은 시간치를 적용하여 정미시간을 산정하는 방법
② 표준자료법: 부분적으로 같은 작업요소의 발생이 많은 경우와 취급품의 크기, 중량, 재료 등 주로 물리적 성질에 따라 표준시간을 결정하는 방법
③ 실적자료법: 과거의 실적자료에 근거하여 표준시간을 결정하는 방법

14 다음 중에서 작업자에 대한 심리적 영향을 가장 많이 주는 작업측정의 기법은? [05년 하]

㉮ PTS법 ㉯ 워크 샘플링법
㉰ WF법 ㉱ 스톱 워치법

풀이 13번 설명과 같음

15 방법시간측정법(MTM: Methods Time Measurement)에서 사용되는 1TMU(Time Measurement Unit)는 몇 시간인가? [08년 하]

㉮ $\dfrac{1}{100,000}$ 시간 ㉯ $\dfrac{1}{10,000}$ 시간
㉰ $\dfrac{6}{10,000}$ 시간 ㉱ $\dfrac{35}{1,000}$ 시간

풀이 PTS법의 시간단위
(1) WF법
① 1WFU = $\dfrac{1}{10,000}$ 분
② 1RU = $\dfrac{1}{1,000}$ 분
③ 1AU = $\dfrac{5}{1,000}$ 분
(2) MTM법
① 1TMU = $\dfrac{1}{100,000}$ 시간

13 ㉮ 14 ㉱ 15 ㉮

16 다음 중 반즈(Ralph M. Barnes)가 제시한 동작경제의 원칙에 해당되지 않는 것은?
[09년 상]

㉮ 표준작업의 원칙
㉯ 신체의 사용에 관한 원칙
㉰ 작업장의 배치에 관한 원칙
㉱ 공구 및 설비의 디자인에 관한 원칙

풀이 동작경제의 3원칙
① 신체의 사용에 관한 원칙
② 작업장의 배치에 관한 원칙
③ 공구 및 설비의 디자인에 관한 원칙

17 표준시간을 내경법으로 구하는 수식은?
[06년 상]

㉮ 표준시간 = 정미시간+여유시간
㉯ 표준시간 = 정미시간×(1+여유율)
㉰ 표준시간 = 정미시간×$\left(\dfrac{1}{1-여유율}\right)$
㉱ 표준시간 = 정미시간×$\left(\dfrac{1}{1+여유율}\right)$

풀이 표준시간과 여유율
(1) 외경법 : 여유율 설정이 정미작업시간에 대한 비율로 표시
 ① 표준시간 = 정미시간 + 여유시간(정미시간×여유율) = 정미시간(1+여유율)
 ② 여유율(%) = $\dfrac{여유시간}{정미시간}\times 100$
(2) 내경법 : 여유율 설정이 실동시간(정미시간+여유시간)에 대한 비율로 주어진다.
 ① 표준시간 = 정미시간×$\left(\dfrac{1}{1-여유율}\right)$
 ② 여유율(%) = $\dfrac{여유시간}{실동시간}\times 100$
  = $\dfrac{여유시간}{정미시간+여유시간}\times 100$

18 로트수가 10 이고 준비 작업시간이 20분이며 로트별 정미 작업시간이 60분이라면 1로트당 작업시간은?
[04년 하]

㉮ 90분 ㉯ 62분
㉰ 26분 ㉱ 13분

풀이 작업시간 = 정미시간+$\dfrac{준비작업시간}{로트수}$
= $60+\dfrac{20}{10}$ = 62분

작업시간 = 정미시간+여유시간
= $\dfrac{정미 작업시간 \times 로트수 + 준비 작업시간}{로트수}$
= $\dfrac{60\times 10+20}{10}$ = 62분

19 여력을 나타내는 식으로 가장 올바른 것은?
[05년 하]

㉮ 여력 = 1일 실동시간+1개월 실동시간+가동대수
㉯ 여력 = (능력 − 부하)×$\dfrac{1}{100}$
㉰ 여력 = $\dfrac{능력-부하}{능력}\times 100$
㉱ 여력 = $\dfrac{능력-부하}{부하}\times 100$

풀이 여력 분석
① 능력 = 1일 실동시간×1달 실동일수×가동 기계대수
② 여력 = $\dfrac{능력-부하}{능력}\times 100$

16 ㉮ 17 ㉰ 18 ㉯ 19 ㉰

20 생산보전(PM : Productive Maintenance)의 내용에 속하지 않는 것은?
[05년 하]

㉮ 사후보전 ㉯ 안전보전
㉰ 예방보전 ㉱ 개량보전

💡 **보전방식의 종류**
① 예방보전(PM, Preventive Maintenance) : 설비의 건강상태를 유지하고 고장이 일어나지 않도록 열화를 방지하기 위한 일상보전, 열화를 측정하기 위한 정기검사 또는 설비진단, 열화를 조기에 복원시키기 위한 정비 등을 하는 것
② 사후보전(BM, Breakdown Maintenance) : 경제성을 고려하여 고정정지 또는 유해한 성능 저하를 가져온 후에 수리하는 보전형식
③ 개량보전(CM, Corrective Maintenance) : 설비의 신뢰성, 보전성, 조작성, 안정성 등의 향상을 목적으로 설비의 재질이나 형상을 개량하는 보전방법
④ 보전예방(MP, Maintenance Prevention) : 설비를 새로 계획, 설계하는 단계에서 보전정보나 새로운 기술을 도입하여 신뢰성, 보전성, 경제성, 조작성, 안전성 등을 고려함으로써 보전비용이나 열화 손실을 줄이는 활동

21 다음 내용은 설비보전조직에 대한 설명이다. 어떤 조직의 형태인가?
[05년 상]

> 보전작업자는 조직상 각 제조부문의 감독자밑에 둔다.
> • 단점 : 생산우선에 의한 보전작업 경시, 보전기술 향상의 곤란성
> • 장점 : 운전과의 일체감 및 현장감독의 용이성

㉮ 집중보전 ㉯ 지역보전
㉰ 부문보전 ㉱ 절충보전

💡 **보전조직의 종류**
① 집중보전 : 한 사람의 관리자 밑에 공장의 모든 보전 요원을 두고 모든 보전활동을 집중적으로 관리하는 방식
② 지역보전 : 조직으로는 집중적이나 배치상으로는 지역으로 분산되는 방식
③ 부문보전 : 각 제조 부분의 감독자 밑에 공장의 보전 요원을 배치하는 방식
④ 절충보전 : 집중 보전에 지역보전 또는 부문 보전을 결합한 보전 방식

22 TPH 활동의 기본을 이루는 3정 5S 활동에서 3정에 해당되는 것은?
[06년 하]

㉮ 정시간 ㉯ 정돈
㉰ 정리   ㉱ 정량

💡 **작업현장의 3정 5S**
• 3정 : 정위치(定位置) – 어디에
　　　 정용기(定用器) – 어떻게
　　　 정량(定量) – 얼만큼
• 5S : 정리(整理, seiri)
　　　 정돈(整頓, seiton)
　　　 청소(淸掃, seisoh)
　　　 청결(淸潔, seiketsu)
　　　 습관화(仕付け, shitsuke)

20 ㉯ 21 ㉰ 22 ㉱

친환경 자동차

제1장 하이브리드 자동차

제2장 전기자동차

제3장 수소연료전지차 및 그 밖의 친환경자동차

01 하이브리드 자동차

제1절 하이브리드 개요

하이브리드(hybrid)란 잡종, 혼성물, 혼혈아란 의미로, 하이브리드 자동차란 서로 다른 종류의 동력원을 가진 자동차를 말한다. 주로 가솔린 엔진, 디젤 엔진, LPi 엔진 중 1개의 동력원과 전기모터를 함께 사용한다.

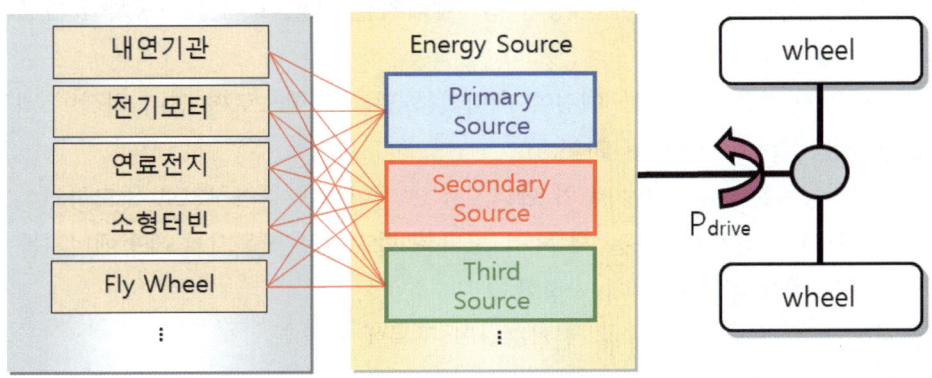

그림 6-1 / 하이브리드 자동차의 구성 방법

1_ 하이브리드 일반

1) 하이브리드 자동차의 필요성

① 석유자원 고갈에 대한 대체 에너지 개발이 필요
② 배출가스 규제 대응 및 온난화 가스인 CO_2 배출량 감소가 의무화
③ CARB(California Air Resource Board)의 ZEV(Zero Emission Vehicle) 규격 입법화
④ 2003년부터 무공해차 10% 의무화

2) 하이브리드의 장·단점

① 엔진과 모터의 장점을 이용하여 효율을 증대시킨다.
② 연비가 향상되고, 배기가스가 저감된다.

③ 복수의 동력을 탑재하므로 복잡하고 공간이 필요하다.
④ 배터리, 인버터 등 부품이 증가하므로 제작비용, 중량이 증가한다.
⑤ 대중화되어 있지 않아 비싸다.

3) 하이브리드 자동차의 원리 3가지 핵심

① 아이들 스탑(Idle stop)
  ㉠ 차량이 정지할 때 엔진을 자동으로 정지시킴으로써 불필요한 연료소모 방지
  ㉡ 전기모터를 이용하여 부드럽고 빠르게 엔진을 재시동 시킬 수 있음
  ㉢ 일반 자동차는 엔진의 빠른 재시동이 불가능하므로 아이들 스탑 기능을 채용할 수 없음

② 전기모터 동력 보조(Power Assist)
  ㉠ 가속 및 등판시 배터리에 저장된 전기에너지를 이용, 모터를 구동하여 차량의 구동력을 증대함
  ㉡ 모터의 동력보조량 만큼 엔진이 에너지를 덜 소모함으로써 연비 향상이 가능

③ 회생 제동(Regenerative Brake)
  ㉠ 일반자동차는 제동 시 차량의 에너지를 브레이크에서 마찰열로 소모함
  ㉡ 하이브리드 전기자동차는 제동 시 모터를 발전기로 작동시켜 제동에너지를 전기에너지로 변환 후 배터리에 저장함
  ㉢ 저장된 전기에너지는 추후 전기모터의 구동에 사용됨

4) 하이브리드 자동차 기본 동력전달

① 정지 시 : 엔진이 자동으로 정지되어 연료 소모량을 줄인다.(idle stop)

② 정지 상태에서 출발 시 : 배터리를 이용하여 전기모터를 돌려 바퀴를 구동한다.

③ 일반 주행 시 : 엔진과 전기모터 모두가 차량 바퀴를 움직인다. 엔진의 힘은 바퀴와 전기모터에 나누어 전달되며, 효율적인 측면에서 힘의 배분이 컨트롤 된다.

④ 가속 및 고속 주행 시 : 일반 주행에 더하여 배터리 전기를 이용하여 전기모터를 구동한다.(동력 보조)

⑤ 감속 시(브레이크를 밟았을 때) : 브레이크 시 발생되는 열에너지를 전기모터가 발전

기 역할을 하여 배터리를 충전한다.(회생 브레이크)

2_하이브리드 자동차의 분류

1) 탑재한 엔진에 따라 : 내연기관과 모터의 조합 기준

① 모터(배터리) + 디젤 엔진
② 모터(배터리) + 가솔린 엔진

2) 모터의 사용방법에 따라

① 시리즈 하이브리드 : 구동은 모터, 엔진은 발전용으로만 사용
② 패러렐(병렬형) 하이브리드 : 구동에 모터 + 엔진
③ 시리즈 패러렐(combine) 하이브리드 : 모터 또는 엔진 구동 또는 모터 + 엔진 구동

3) 주행 동력 및 충전 방법에 따라

① 소프트 타입(FMED) : 변속기와 모터 사이에 클러치를 두어 제어하며, 출발 시 엔진+모터로 엔진과 모터를 구동하고, 주행 시 엔진을 구동하여 주행한다.
② 하드 타입(TMED) : 엔진과 모터 사이에 클러치를 두어 제어하며, 순수 EV(전기 구동) 모드가 존재한다. 출발 시 모터만으로 구동하고, 가속 시 엔진+모터를 구동하여 가속력을 증대시킨다.
③ 플러그 인 타입 : HEV 대비 전기차 주행능력을 확대한 차량으로, 가정용 전기 또는 외부 전원으로 배터리를 충전하는 방식이다.

3_ 주행패턴(하드 타입과 소프트 타입)

4_ 도요타 프리우스(Prius) 구분

① 1세대(THS-Ⅰ, 1997년) : 1,500cc 58마력, 모터 33kW(44마력)
② 2세대(THS-Ⅱ, 2003년) : 1,500cc 78마력, 모터 50kW(67마력)
③ 3세대(HSD, 2009년) : 1,800cc 98마력, 모터 80마력

도요타 HSD의 특징은 전기모터가 엔진을 단순히 보조하는 역할을 하는 Mild Hybrid 시스템이 아닌, 가솔린 엔진과 전기모터 간의 최적의 밸런스를 찾아내고, 최대 80마력의 출력을 갖는 모터가 독자적으로 구동하는 Full Hybrid 시스템이다.

5_ HEV 주행 패턴(에너지 흐름도)

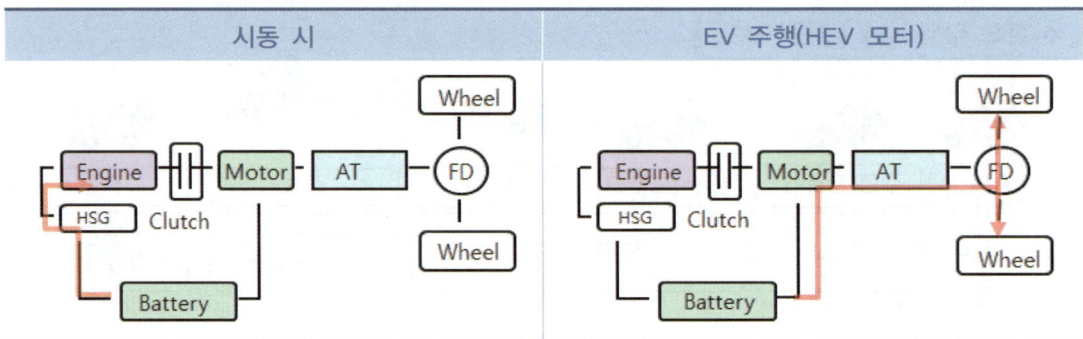

1) 엔진 시동

고전압 배터리를 이용하여 HSG를 시동한다.
HSG 고장 시 HEV 모터로 엔진을 시동한다.

2) EV 주행(HEV 모터 단독 구동)

차량 출발 시나 저속 주행 시 HEV 모터 동력만으로 주행한다.
엔진과 모터 사이의 클러치는 차단된 상태로 모터의 동력이 바퀴까지 전달된다.
엔진 OFF 시에는 EOP(Electric Oil Pump)를 작동해 AT 유압을 발생한다.

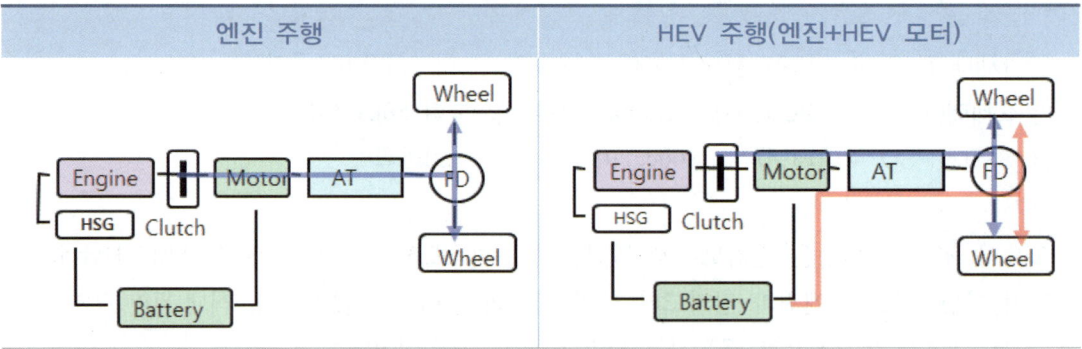

3) 중·고속 정속 주행

중·고속 정속 주행 시에는 엔진의 동력이 바퀴에 전달하기 위해 엔진과 HEV 모터 사이의 엔진 클러치를 연결하여 변속기에 동력을 전달한다.

4) HEV 주행(엔진 + 모터)

급가속 또는 등판 시에는 엔진과 HEV 모터를 동시에 HEV 모드로 주행한다.

클러치 체결 전 HSG를 구동하여 엔진 회전속도를 빠르게 올려 HEV 모터와 동기 시킨다.

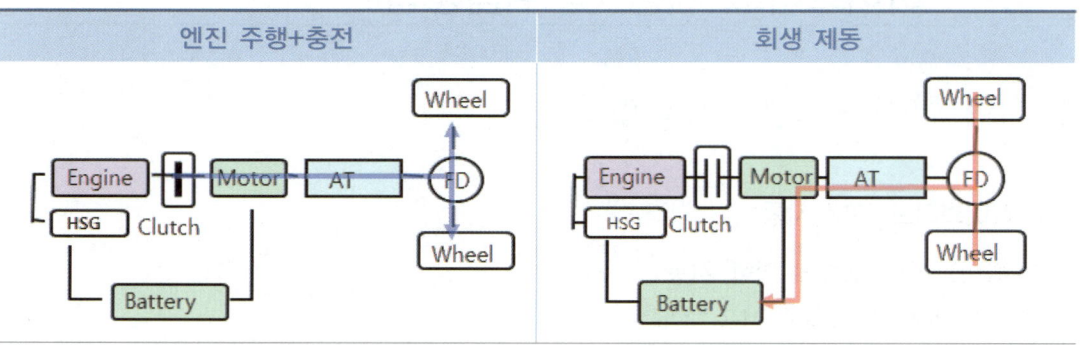

5) 정속 주행 중 배터리 충전

주행 중 차량의 상태를 모니터링하여 고전압 배터리 충전 량이 기준치 이하일 경우, HEV 모터의 발전 기능을 통해 고전압 배터리를 충전한다.

6) 회생 제동(브레이크) : 감속, 제동 시 차량의 운동에너지를 전기에너지로

변환하여 고전압 배터리를 충전한다.

브레이크를 밟으면 전체 제동량과 배터리 잔량(SOC)을 연산하여 기계적 제동량(유압)과 회생 제동량(모터 제동)을 분배한다.

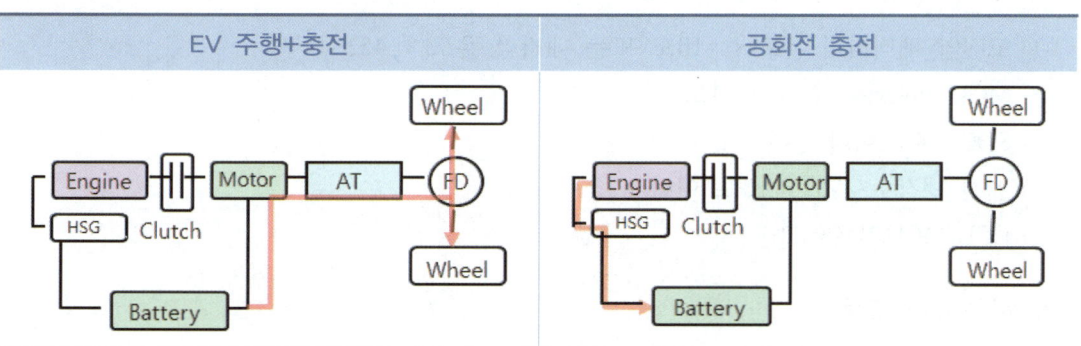

7) EV 주행 중 충전

EV 모드 주행 시 고전압 배터리 잔량(SOC)이 기준치 이하로 떨어지면, 엔진을 강제 구동하여 HSG로 고전압 배터리를 충전하면서 EV 주행을 한다.

8) 공회전 충전

EV 주행 중 정지 상태에서 고전압 배터리 잔량(SOC)이 기준치 이하로 떨어지면, 엔진을 강제 구동하여 HSG의 발전 기능을 이용해 고전압 배터리를 충전한다.

제2절 하이브리드 시동 및 취급방법

1. 하이브리드 시스템의 시동 및 조건

1) 하이브리드 모터 시동
① 하이브리드 모터에 의한 시동
② 시동 모터를 이용한 시동

2) 하이브리드 모터에 의한 시동 조건
① Key 시동(P/N단)
② 아이들 스탑 해제

3) 특이사항
① 모터 시동 금지 시는 Key 시동 시 스타터로 시동
② 아이들 스탑 중 금지 조건 발생 시 아이들 스탑을 즉각 해제하고 모터 시동

4) 하이브리드 모터 시동 금지 조건
① 고전압 배터리의 온도 < -10도 또는 배터리 온도 > 45도
② MCU Inverter 온도 > 94도
③ SOC 18% 이하
④ 엔진 냉각수 온도 - 10도 이하
⑤ ECU/MCU/BMS 고장 시

5) 시동 rpm 조정
① ECU 아이들 rpm 이상으로 설정
② 장시간 아이들 스탑 후 시동 시 CVT 유압 발생을 위하여 시동 rpm을 상승시킨다.

2. 하이브리드 자동차 정비 시 주의사항

하이브리드 시스템은 일반 배터리(12V)도 있지만, 고전압(140~380V) 시스템으로 구성되어 있으므로 쇼트, 감전 및 누전에 주의한다.

1) 작업 전 준비사항

① 안전복, 절연 장갑, 고무장갑, 보호안경 및 안전화를 준비
② ABC 소화기를 준비
③ 전해질을 닦을 수 있는 수건을 준비

2) 고전압 시스템 점검 시 주의사항

① 취급 기술자는 고전압 시스템에 대한 검사와 서비스 교육이 선행될 것
② 모든 고전압 시스템 부품에는 고전압 라벨이 부착
③ 고전압 작업 시 절연 장갑을 착용하고, 고전압 안전 스위치를 OFF할 것
④ 안전 스위치 OFF 후 5분 경과 후 작업할 것(MCU 방전 시간 필요)
⑤ 작업 시 금속성 물질을 제거(시계, 반지, 목걸이, 금속성 필기구 등)
⑥ 고전압 케이블 작업 시 반드시 전압계를 이용하여 0.1V 이하인지 확인
⑦ 고전압 터미널 체결 시 규정 토크 준수
⑧ 정비, 점검 시 "주의 : 고전압 흐름, 촉수금지" 경고판 설치

3) 차량 정비 시 작업 순서

① 이그니션 스위치 "OFF"
② 후석 시트 등받이 제거
③ 절연 장갑 착용 상태에서 12V 배터리 접지 케이블 탈거
④ 안전 스위치 "OFF"
⑤ 안전 스위치 "OFF" 후, 고전압 부품 취급 전에 5~10분 이상 대기한 후 테스트기로 DC Link 전압을 측정하여 0V를 확인한 후 작업한다. 대기시간은 인버터 내의 콘덴서에 충전되어 있는 고전압을 방전시키기 위해 필요한 시간이다.

4) 차량 사고 시 조치사항

① 고전압 케이블(절연피복이 벗겨진 상태)은 손대지 말 것
② 차량 화재 시 ABC 소화기로 진압할 것
③ 차량이 반쯤 침수되었을 경우 안전 스위치 등 일체의 접근 금지
④ 차량에 손댈 경우, 차량을 물에서 완전히 안전한 곳으로 이동 후 조치
⑤ 고전압 배터리 전해질 누수 발생 시 피부에 접촉하지 말 것
⑥ 리튬 폴리머 배터리는 겔(Gel) 타입 전해질 적용(액상 전해질 미적용)
⑦ 차량 파손으로 고전압 차단이 필요하면, 다음 순서대로 조치할 것
　㉠ 차량 정지 후 P 단으로 하고, 사이드 브레이크를 작동시킬 것

ⓛ IG Key 제거 후 보조 배터리 접지(-)를 탈거
ⓒ 절연 장갑을 착용한 후 안전 스위치 "OFF" 할 것

제3절 하이브리드 시스템 구성

HEV는 전기 동력 부품인 전기 모터 / 인버터 / 컨버터 / 배터리로 시스템이 구성되며, 차량 구동을 지원하는 전기 모터는 엔진 측에 장착되고, 인버터 / 컨버터 / 배터리는 통합 패키지 형태로 차량 후방에 탑재된다.

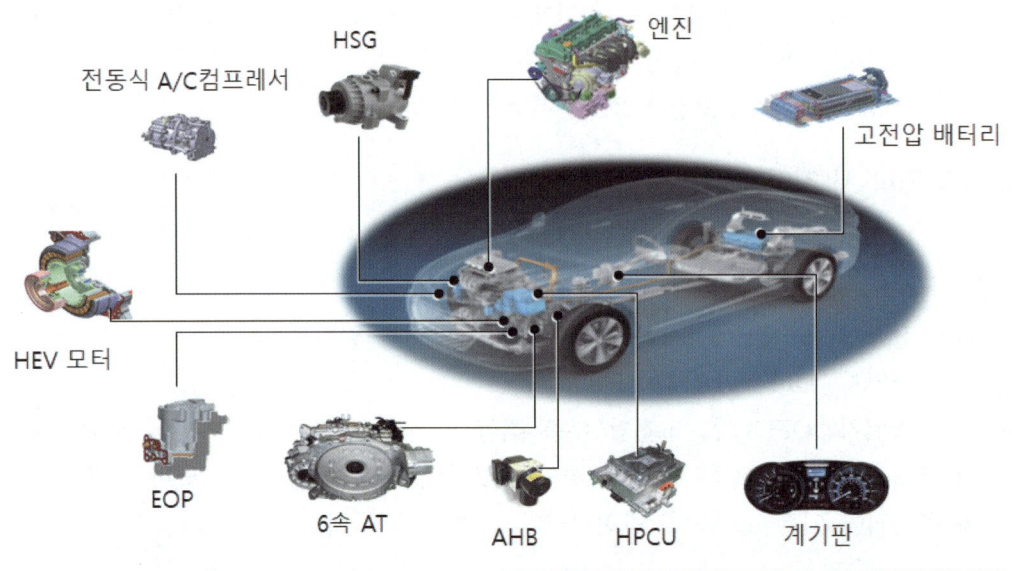

그림 6-2 / 하이브리드 자동차의 주요 부품

1_ 하이브리드 기본 부품

1) 엔진

하이브리드 자동차의 엔진은 전자제어 가솔린 엔진으로, 기존 오토 사이클이 아닌 앳킨슨 사이클을 사용하였다. 앳킨슨 사이클은 오토 사이클과는 달리 압축행정이 팽창행정에 비해 짧다. 앳킨슨 사이클 엔진은 펌핑 손실을 최소화하여 연비가 향상되나 압축되는 혼합기가 적어 출력이 떨어지게 된다.

2) 자동변속기

하이브리드 자동차의 변속기는 일반적으로 6속을 채용하며, EV 모드 주행을 위한 전동식 오일펌프(EOP)와 EOP를 제어하기 위한 오일펌프 유닛(OPU)가 적용된다.

3) HEV 모터와 HSG(Hybrid Starter & Generator)

HEV 모터와 HSG는 모터 기능 및 발전 기능의 2가지 역할을 하며, HSG는 시동 제어, 엔진속도 제어, 소프트 랜딩 제어, 발전 제어를 한다

4) 엔진 클러치

엔진 클러치는 EV 모드에서 HEV 모드로 변환 시 엔진의 동력을 HEV 모터로 연결하는 부품이다. 따라서 엔진 클러치는 주행 조건에 따라 엔진과 모터의 동력을 연결하거나 차단시킨다.

5) 고전압 배터리 및 BMS(Battery Management System)

고전압 배터리는 리튬 이온 폴리머 배터리를 주로 사용하며, 1셀의 전압은 3.75V이다. 전압은 그랜저의 경우 72셀 270V로 되어있다. BMS는 각 셀의 전압, 전류, 배터리의 온도를 감지하며, ECU는 이 값을 참고로 하여 SOC를 판단하고, Power-Cut, 냉각 제어, 릴레이 제어, 셀 밸런싱, 자기 진단 등 고전압 배터리를 제어한다. 고전압 배터리에는 배터리 온도를 낮추기 위한 냉각시스템이 있어 배터리 온도가 최적의 상태로 유지될 수 있도록 하며, 고전압을 ON/OFF 제어하기 위한 PRA(Power Relay Assembly)가 있어 IG OFF 상태에서는 메인 릴레이를 차단한다.

6) 인버터

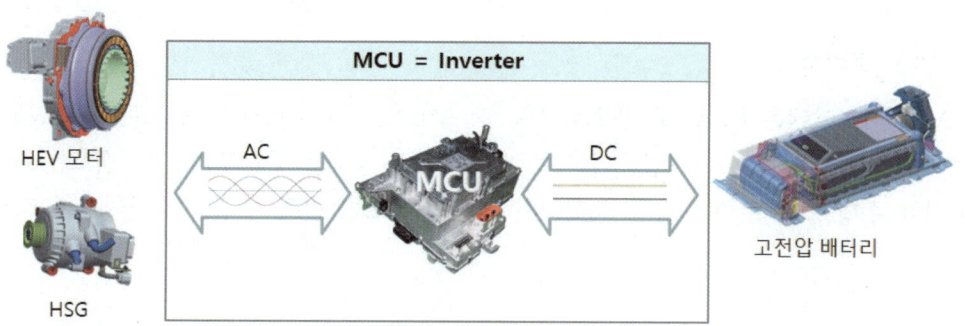

인버터는 MCU의 기능 중 하나이며, 고전압 배터리의 직류전압을 3상 교류전압으로 변환하여 HEV 모터와 HSG에 공급하여 구동 토크를 제어한다. 감속 및 제동 시에는 교류를 직류로 변환하여 고전압 배터리를 충전한다.

7) LDC(Low voltage DC-DC Converter)

LDC는 하이브리드 전기 자동차에 12V 전장 전원을 공급하는 장치로, 고전압 직류를 저전압 직류로 낮추어 차량에 일반적인 사용 전압(12V)으로 변환한다.

일반 자동차의 경우 자동차의 등화 등 각종 전기 장치를 12V 배터리를 직접 사용하지만, HEV는 고전압 배터리를 LDC를 이용하여 저전압 12V로 낮추어 사용한다.

8) AHB(Active Hydraulic Booster, 액티브 하이드롤릭 부스터)

하이브리드 자동차가 EV 주행 시 시동 OFF 상태이므로 진공 부압이 없어 AHB를 적용하여, 제동력 확보 및 회생제동 협조 제어를 통해 연비를 향상시킨다. 부스터 브레이크와 유사한 답력을 위해 페달 시뮬레이터가 적용된다.

9) EWP(Electric Water Pump, 전기식 워터펌프)

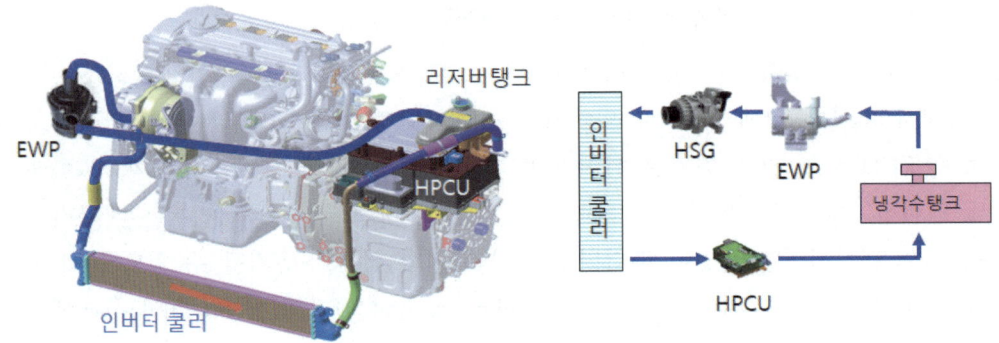

EWP는 MCU에 의해 제어되는 엔진 냉각장치와는 별개의 냉각장치이다. 냉각수 주입 시 GDS를 설치하여 냉각수 주입 요령에 맞춰 진행하며, 공기 빼기 순서를 반드시 지켜야 한다.

10) HEV 클러스터

HEV 클러스터에는 READY 램프와 EV 램프가 있으며, READY 램프는 모든 제어기가 정상일 때 "READY" 램프가 점등되어 주행이 가능한 상태를 알려주며, EV 램프는 HEV 모터에 의한 주행 또는 주행 가능한 상태에서 점등되어 모터 단독 주행임을 알려주는 램프이다.

제1장 하이브리드 자동차 출제예상문제

01 하이브리드 전기차에서 고전압 배터리 또는 차량화재 발생 시 조치해야 할 사항이 아닌 것은?

① 차량의 시동키를 off하여 전기 동력 시스템 작동을 차단시킨다.
② 화재 초기 상태라면 트렁크를 열고 신속히 세이프티 플러그를 탈거한다.
③ 메인 릴레이(+)를 작동시켜 고전압 배터리 (+) 전원을 인가한다.
④ 화재 진압을 위해서는 액체 물질을 사용하지 말고 분말소화기 또는 모래를 이용한다.

풀이) ①,②,④항이 하이브리드 차량 화재발생 시 올바른 조치사항이며, 메인 릴레이(+)를 작동시켜 고전압 배터리를 연결시키는 것은 위험하다.

02 하이브리드 자동차의 MCU는 모터에게 정확한 토크를 지령하기 위해 레졸버를 사용한다. 다음 중 레졸버의 구성요소가 아닌 것은?

① 고정자
② 회전자
③ 고정 변압기
④ 회전 변압기

풀이) 레졸버는 고정자, 회전자, 회전 변압기로 구성되어 있다.

03 하이브리드 자동차에서 배터리 시스템의 열적, 전기적 기능을 제어 또는 관리하고 배터리 시스템과 다른 차량 제어기와의 사이에서 통신을 제공하는 전자장치는?

① SOC(State Of Charge)
② HCU(Hybrid Control Unit)
③ HEV(Hybrid Electric Vehicle)
④ BMS(Battery Management System)

풀이) BMS(Battery Management System)는 고전압 배터리 시스템의 열적, 전기적 기능을 제어 또는 관리하고 배터리 시스템과 다른 차량 제어기와의 사이에서 통신(HCU 또는 MCU)을 제공하며, SOC 추정, 파워 제한, 냉각 제어, 릴레이 제어, 셀 밸런싱, 고장진단 등을 수행한다.

04 하이브리드 자동차의 컨버터(Converter)와 인버터(Inverter)의 전기특성 표현으로 옳은 것은?

① 컨버터(Converter) : AC에서 DC로 변환, 인버터(Inverter) : DC에서 AC로 변환
② 컨버터(Converter) : DC에서 AC로 변환, 인버터(Inverter) : AC에서 DC로 변환
③ 컨버터(Converter) : AC에서 AC로 승압, 인버터(Inverter) : DC에서 DC로 승압
④ 컨버터(Converter) : DC에서 DC로 승압, 인버터(Inverter) : AC에서 AC로 승압

풀이) 컨버터(converter)란 교류를 직류로, 또는 직류를 직류로 감압 또는 승압 변환시키는 장치이며, 인버터(inverter)란 직류를 교류로 변환하는 장치이다.

01 ③ 02 ③ 03 ④ 04 ①

05 하이브리드 자동차의 특징이 아닌 것은?

① 회생제동
② 2개의 동력원으로 주행
③ 저전압 배터리와 고전압 배터리 사용
④ 고전압 배터리 충전을 위해 LDC(저전압 직류변환장치)를 사용

풀이 ①~③항이 하이브리드 자동차의 특징이며, 고전압 배터리 충전은 엔진 단독 주행 중 고전압 배터리의 충전량이 기준치 이하일 경우 HEV 모터를 통해 충전하고, EV 모드 주행 시 고전압 배터리 잔량이 기준치 이하로 떨어지면 HSG로 엔진을 구동하여 고전압 배터리를 충전하며 회생 제동 시에는 차량의 운동 에너지를 전기 에너지로 변환하여 충전한다.

06 일반적인 직렬형 하이브리드 자동차의 동력 전달 과정으로 옳은 것은?

① 엔진 → 전동기 → 변속기 → 축전지 → 발전기 → 구동바퀴
② 엔진 → 변속기 → 축전지 → 발전기 → 전동기 → 구동바퀴
③ 엔진 → 변속기 → 발전기 → 축전지 → 전동기 → 전동바퀴
④ 엔진 → 발전기 → 축전지 → 전동기 → 변속기 → 구동바퀴

풀이 직렬형 하이브리드(series hybrid) 자동차는 엔진을 구동하여 발전기에서 발생한 전기를 배터리에 저장한 다음, 다시 배터리 전기로 모터(전동기)를 구동하여 변속기를 거쳐 바퀴를 구동한다.

07 하이브리드 자동차 용어(KS R 0121)에 의한 하이브리드 정도에 따른 분류가 아닌 것은?

① 마일드 HV ② 스트롱 HV
③ 풀 HV   ④ 복합형 HV

풀이 KS R 0121에 의한 하이브리드 정도에 따른 분류
① 마일드 HV(mild HV), 소프트 HV(soft HV)
② 스트롱 HV(strong HV), 하드 HV(hard HV)
③ 풀 HV(full HV)로 구분한다.
[국가기술표준원/e나라 표준인증/국가표준, KS R 0121 도로 차량-하이브리드 자동차 용어]

08 하이브리드 자동차에서 직류(DC) 전압을 다른 직류(DC) 전압으로 바꾸어 주는 장치는 무엇인가?

① 캐패시터   ② DC-AC 인버터
③ DC-DC 컨버터 ④ 리졸버

풀이 하이브리드 자동차에서 직류(DC) 전압을 다른 직류(DC) 전압으로 바꾸어 주는 장치를 LDC(Low DC-DC Converter)라 한다.

09 하이브리드 자동차에서 돌입전류에 의한 인버터 손상을 방지하는 것은?

① 메인 릴레이
② 프리차저 릴레이와 저항
③ 안전 스위치
④ 부스 바

풀이 MCU는 IG ON시 메인릴레이 (+)를 작동시키기 이전에 프리차저 릴레이를 먼저 동작시켜 저항을 통해 270V 고전압이 인버터 측으로 공급되기 때문에 돌입전류에 의한 인버터의 손상을 방지한다.

10 하이브리드자동차용 슈퍼 커패시터의 용도에 대한 설명으로 옳은 것은?

① 정속 주행 시 안정된 전기에너지를 공급할 수 있다.
② 배터리를 대신하여 항상 탑재되는 중요 장치이다
③ 축적된 에너지는 발진이나 가속 시 이용하기 좋다.

05 ④ 06 ④ 07 ④ 08 ③ 09 ② 10 ③

④ 주로 등화장치에 전기에너지를 공급하는 장치이다.

풀이 슈퍼 커패시터란 커패시터(콘덴서)의 성능 중 전기 용량을 중점적으로 강화한 것으로, 교류 전원으로부터 전력을 공급받아 충전해 두고 전원이 끊어진 경우 소전력을 공급한다. 설정용 메모리에 전력을 일시적으로 공급하거나 정전 시에 동작하는 안전 기기에 사용된다.

11 하이브리드 자동차 고전압 배터리의 사용 가능 에너지를 표시하는 것은?

① SOC(State of Charge)
② PRA(Power Relay Assembly)
③ LDC(Low DC-DC Converter)
④ BMS(Battery Management System)

풀이 SOC(State of Charge)란 고전압 배터리에서 사용 가능한 에너지, 즉 배터리 정격용량 대비 방전 가능한 전류량의 백분율을 말한다. (SOC = 잔존 배터리 용량/정격용량)

12 하이브리드 자동차 고전압 배터리 충전상태(SOC)의 일반적인 제한 영역은?

① 20~80% ② 55~86%
③ 86~110% ④ 110~140%

풀이 하이브리드 자동차의 고전압 배터리 충전상태(SOC)는 최대 제한영역이 최소 20%에서 최대 80%이내이며, 평상시에는 SOC영역이 55%~65% 범위를 벗어나지 않게 해야 한다.

13 하이브리드 자동차에 사용되는 모터의 작동 원리는?

① 렌츠의 법칙
② 플레밍의 왼손 법칙
③ 플레밍의 오른손 법칙
④ 앙페르의 오른나사 법칙

풀이 모터(전동기)의 작동 원리는 플레밍의 왼손 법칙이다.

14 하이브리드 전기자동차, 전기자동차 등에는 직류를 교류로 변환하여 교류모터를 사용하고 있다. 교류모터에 대한 장점으로 틀린 것은?

① 효율이 좋다.
② 소형화 및 고회전이 가능하다.
③ 로터의 관성이 커서 응답성이 양호하다.
④ 브러시가 없어 보수할 필요가 없다.

풀이 교류 모터의 장점
① 크기에 비해 모터의 효율이 좋다.
② 소형화 및 고회전이 가능하다.
③ 같은 출력을 내는 직류모터에 비해 가격이 3배 이상 저렴하다.
④ 브러시가 없어서 보수할 필요가 없어 수명이 길다.
⑤ 보수 유지비용이 저렴하다.

15 하이브리드 모터의 위치 및 회전수를 검출하는 센서는?

① 크랭크 각 센서
② 엔코더
③ 레졸버
④ 입력축 속도 센서

풀이 레졸버(회전자 위치 센서)란 모터 내부의 로터의 절대위치 및 회전수를 검출하는 센서로, 모터의 회전자와 하우징과 연결된 레졸버 고정자의 위치를 감지한다.

11 ① 12 ① 13 ② 14 ③ 15 ③

16. 하드 방식의 하이브리드 전기자동차의 작동에서 구동 모터에 대한 설명으로 틀린 것은?

① 구동모터로만 주행이 가능하다.
② 고 에너지의 영구 자석을 사용하며 교환 시 레졸버 보정을 해야 한다.
③ 구동 모터는 제동 및 감속 시 회생제동을 통해 고전압 배터리를 충전한다.
④ 구동 모터는 발전 기능만 수행한다.

풀이) 하드 타입 하이브리드 전기자동차의 구동모터는 출발 시 모터 단독으로 전기모드 주행이 가능한 병렬형으로, 구동 모터는 가속 시 구동력을 증대시키고 제동 및 감속 시 회생제동을 통해 고전압 배터리를 충전시킨다.

17. 하이브리드자동차에서 가솔린 엔진의 냉각이 효과적으로 이루어질 경우 나타나는 장점으로 틀린 것은?

① 충진율이 개선된다.
② 엔진의 노크경향성이 감소한다.
③ 저압축비를 실현할 수 있어 출력이 좋아진다.
④ 엔진작동 온도를 엔진의 부하상태와 관계없이 항상 일정영역으로 유지할 수 있다.

풀이) ①,②,④항이 엔진 냉각의 효과이며, 저압축비로 인해 출력이 낮아진다.

18. 직·병렬형 하드타입 하이브리드 자동차에서 엔진 시동기능과 공전 상태에서 충전기능을 하는 장치는?

① MCU(Motor Control Unit)
② PRA(Power Relay Assembly)
③ LDC(Low DC-DC Converter)
④ HSG(Hybrid Starter Generator)

풀이) HSG(기동 발전기)는 엔진 시동 기능과 발전 기능을 수행하는 장치이다.

19. 하이브리드 자동차 회생 제동시스템에 대한 설명으로 틀린 것은?

① 브레이크를 밟을 때 모터가 발전기 역할을 한다.
② 하이브리드 자동차에 적용되는 연비향상 기술이다.
③ 감속 시 운동에너지를 전기 에너지로 변환하여 회수 한다.
④ 회생제동을 통해 제동력을 배가시켜 안전에 도움을 주는 장치이다.

풀이) 하이브리드 자동차에서 자동차의 제동 및 감속은 회생제동 모드로서, 차량 감속 시 전기 모터를 발전기로 전환하여 구동바퀴에서 발생하는 운동 에너지를 전기 에너지로 변환시켜 배터리를 충전하는 모드이다.

20. 하이브리드 자동차 바퀴에서 발생되는 회전 동력을 전기 에너지로 전환하여 배터리로 충전을 실시하는 모드는?

① 정속 모드   ② 정지 모드
③ 가속 모드   ④ 감속 모드

풀이) 하이브리드 자동차에서 자동차의 제동 및 감속은 회생제동 모드로서, 차량 감속 시 전기 모터를 발전기로 전환하여 구동바퀴에서 발생하는 운동 에너지를 전기 에너지로 변환시켜 배터리를 충전하는 모드이다.

16 ④ 17 ③ 18 ④ 19 ④ 20 ④

21 하이브리드 자동차가 주행 중 감속 또는 제동상태에서 모터를 발전모드로 전환시켜서 제동에너지의 일부를 전기에너지로 변환하는 모드는?

① 발진가속모드   ② 제동전기모드
③ 회생제동모드   ④ 주행전환모드

풀이 하이브리드 자동차에서 자동차의 제동 및 감속은 회생제동 모드로서, 차량 감속 시 전기 모터를 발전기로 전환하여 구동바퀴에서 발생하는 운동 에너지를 전기 에너지로 변환시켜 배터리를 충전하는 모드이다.

22 하이브리드 자동차에서 정차 시 연료 소비 절감, 유해 배기가스 저감을 위해 기관을 자동으로 정지시키는 기능은?

① 아이들 스탑 기능
② 고속 주행 기능
③ 브레이크 부압 보조기능
④ 정속 주행 기능

풀이 오토 스톱(auto stop)은 아이들 스톱이라고도 하며, 연료소비 및 배출가스를 저감시키기 위해 차량이 정지할 경우 엔진을 자동으로 정지시키는 기능이다.

23 하이브리드 자동차의 오토스톱(Auto Stop) 기능이 미작동하는 조건과 관계없는 것은?

① 고전압 배터리의 온도가 규정 온도보다 높은 경우
② 엔진냉각수 온도가 규정 온도보다 낮은 경우
③ 무단변속기 오일 온도가 규정 온도보다 낮은 경우
④ 에어컨이 작동 중인 경우

풀이 ISG(Idle Stop & Go, Auto Stop, Strat Stop, 공회전 제한장치) 작동 조건
① 차가 밀리지 않는 평지상태
② 냉각수온 30℃ 이상, 브레이크 부압 -35kPa(-5psi) 이하
③ 운전석 도어 및 안전벨트, 후드 모두 닫힘 상태
④ EMS상태가 정상일 것
⑤ 차속 8km/h 이상 주행 후 0km/h 진입 시
⑥ ISG 스위치 ON, 브레이크 스위치 ON, 가속페달 OFF, 변속기어 D 또는 N 상태
⑦ 히터와 에어컨 시스템이 조건을 만족했을 때
⑧ 외기온이 너무 낮거나 높지 않을 때 (-10℃~+35℃ 이하)
⑨ 배터리 센서가 활성화되어 있는 상태일 때

24 하이브리드 자동차에서 에너지 저장 시스템의 종류로 틀린 것은?

① 펌프(pump) 저장 시스템
② 플라이휠(flywheel) 저장 시스템
③ 축압(accumulator) 저장 시스템
④ 커패시터(capacitor) 저장 시스템

풀이 에너지 저장 시스템의 종류
① 화학적 : 휘발유, 경유, 메탄올, 에탄올, LPG, CNG, 수소, 바이오매스 등
② 전자기술적 : 납축전지, Li-ion, Li-Polymer, 초전도체, 슈퍼 캐패시터 등
③ 기계적 : 플라이휠, 토션 스프링
④ 공압/유압적 : 어큐물레이터

25 하이브리드 자동차의 총합제어 기능이 아닌 것은?

① 오토스톱제어
② 경사로밀림방지제어
③ 브레이크 정압제어
④ LDC(DC-DC 변환기) 제어

풀이 ①,②,④항은 하이브리드 자동차에 적용된 제어 기능이며, 브레이크 정압제어란 없다.

21 ③   22 ①   23 ④   24 ①   25 ③

02 전기자동차

제1절 전기자동차 개요

전기자동차(EV)는 동력 발생 및 동력 변환 과정 등 많은 부분이 내연기관 자동차와는 다른 오직 배터리만으로 작동하는 순수 전기차를 의미한다. EV는 배터리만으로 자동차를 구동하므로 배터리 성능이 가장 중요하며, 초기에는 주행거리가 매우 적었으나 현재는 대부분 한 번 충전에 400km 이상 주행이 가능하다.

1_ 전기자동차의 장점

1) 주행 중 CO_2를 전혀 배출하지 않는다.
2) 진동이나 소음도 적으며 환경친화적이다.
3) 출발이나 가속이 부드럽다.
4) 연료비가 적게 들어 경제적이다.
5) 운전 중 기어 조작이 필요 없어 운전 조작이 간편하다.
6) 차량 디자인 및 부품 배치에 자유도가 크다.
7) 비상용 전원으로 사용할 수 있다.
8) 내연기관 자동차보다 부품 수가 적어 유지 보수 비용이 적게 든다.

2_ 전기자동차의 단점

1) 배터리 가격이 고가라 차량 가격이 비싸다.
2) 내연기관에 비해 아직은 주행거리가 작다.
3) 충전 인프라가 부족하여 충전에 어려움이 있다.
4) 배터리로 인한 화재의 위험이 있다.
5) 배터리의 수명 및 용량에 한계가 존재한다.
6) 충전시간이 길어 불편하다.
7) 추운 곳이나 겨울철에 배터리 성능이 저하하여 주행거리가 작아진다.

3_ 전기자동차의 구성

전기자동차의 구성은 개략적으로 급속 및 완속 충전기, 고전압 및 저전압 배터리, 인버터와 컨버터 및 모터로 구성되어 있으며, 각 부품들의 연결에 따라 직류 또는 교류로 상호 작동한다.

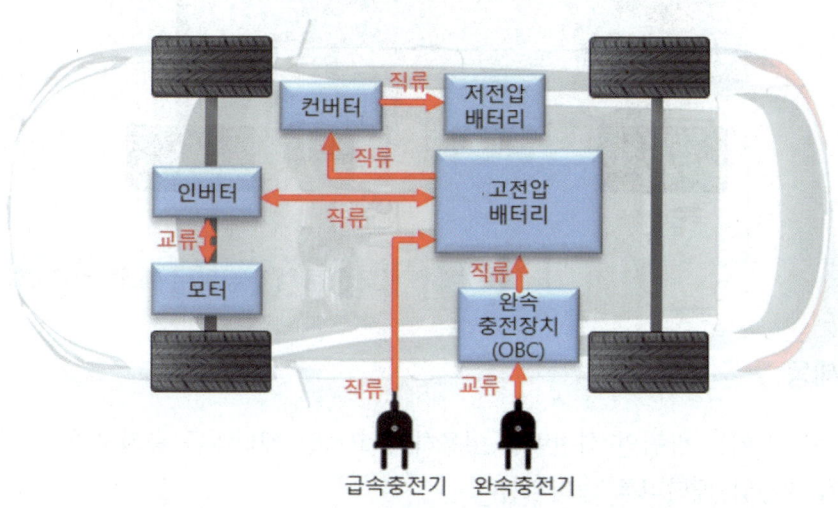

그림 6-3 / 전기자동차의 구성 및 전기 에너지 흐름

4_ 전기자동차의 전력 흐름

전기자동차는 차량 주행 시에만 전기를 사용하고, 완속 충전, 급속충전 및 회생제동 시에는 충전상태이다. 다음은 차량 주행 및 충전에 따른 전기의 흐름 상태를 나타낸다.

1. 차량 주행

차량 주행 시에는 고전압 배터리의 전기로 인버터를 이용하여 직류 전기를 교류로 바꾸어 모터를 구동하며, 컨버터를 이용하여 저전압 배터리 충전 및 등화장치를 작동시킨다.

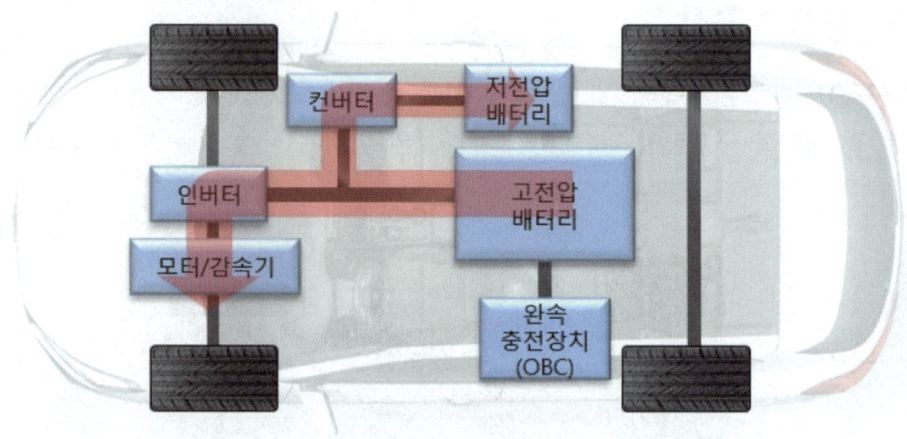

그림 6-4 / 전기자동차의 차량 주행 중 전력 흐름

2. 회생제동

차량이 감속 시에는 바퀴의 회전력을 이용하여 고전압 배터리를 충전시키며, 역시 컨버터를 이용하여 저전압 배터리를 충전시킨다.

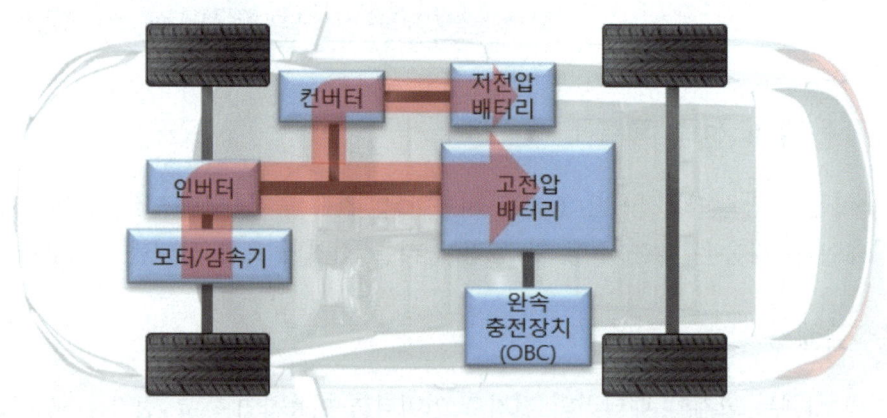

그림 6-5 / 전기자동차의 차량 회생제동 중 전력 흐름

3. 완속 충전

완속 충전은 가정용 교류를 이용하여 충전하므로, 교류를 직류로 바꿔주는 완속 충전장치(OBC, On Board Charger)가 있고 이를 이용하여 고전압 배터리를 충전시킨다.

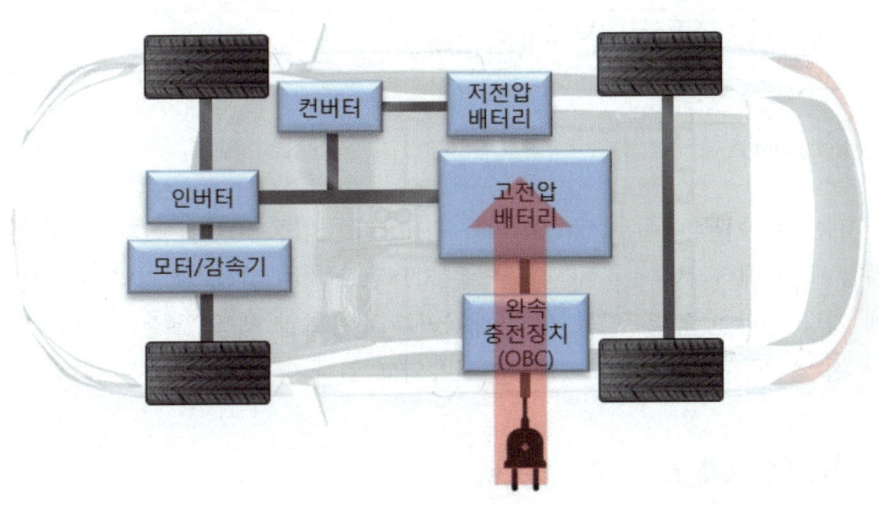

그림 6-6 / 전기자동차의 완속충전 중 전력 흐름

4. 급속충전

급속충전은 고전압 배터리에 직접 직류 전류를 가해 고전압 배터리를 충전시킨다.

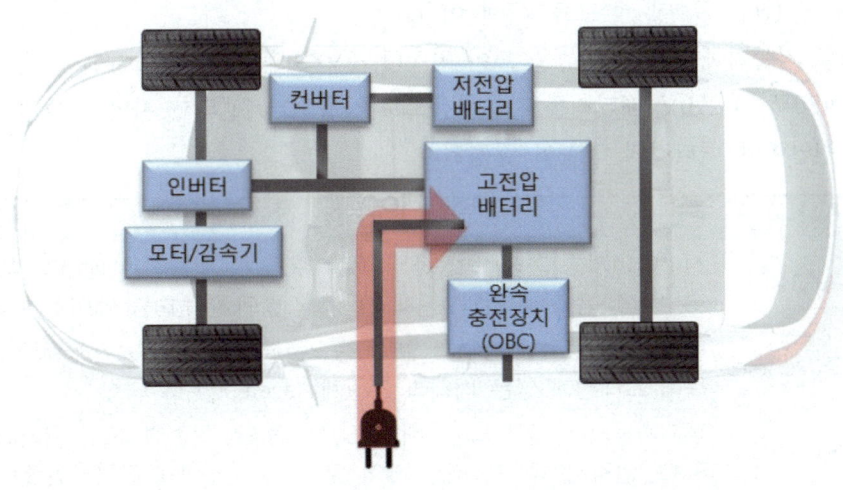

그림 6-7 / 전기자동차의 급속충전 중 전력 흐름

제2절 전기자동차 전지(Battery)

1_ 셀(cell, 단전지)

전지에 사용되는 기본 단위는 셀(cell)이라 하며, 단전지라 부른다. 전기자동차에 사용되는 전지는 리튬 이온 배터리이며, 1셀 당 전압은 3.75V로 기존 납산축전지의 1셀 전압 2.1V에 비해 두배 가량 전압이 높다. 리튬 이온 배터리가 상용화된 제품으로는 1셀당 전압이 가장 높아 현재 전기자동차용 배터리로 대부분 사용되고 있다.

2_ 셀, 모듈, 팩(Cell, Module, Pack)

셀 이란 배터리의 기본 단위로, 단위 부피당 높은 용량을 지녀야 하고 긴 수명과 주행 중 충격을 견디며 고온 및 저온에서도 높은 신뢰성과 안정성을 지녀야 한다. 모듈이란 셀을 열과 진동 등 외부 충격에 보호될 수 있도록 적정한 개수를 하나로 묶은 것이고, 팩은 모듈을 여러 개 묶은 것에 배터리의 온도나 전압 등을 관리해 주는 배터리 관리 시스템(BMS, Battery Management System)과 냉각장치 등을 추가하여 하나의 배터리 상태로 자동차에 장착하는 것을 말한다. 즉, 셀 < 모듈 < 팩 이다.

일반적으로 자동차에는 8개의 셀을 모아 30V(3.75V×8)로 하나의 모듈을 만들고, 이를 9개 연결하여(30V×9) 270V 배터리를 자동차용으로 사용한다. 셀의 숫자와 모듈의 숫자에 따라 모듈의 전압이나 배터리의 전압이 결정된다.

구 분	정 의
배터리 셀(Cell)	전기에너지를 충전, 방전해 사용할 수 있는 리튬이온 배터리의 기본단위로, 양극, 음극, 분리막, 전해액을 사각형의 알루미늄 케이스에 넣어 만듦
배터리 모듈(Module)	배터리 셀을 외부 충격과 열, 진동으로부터 보호하기 위해 일정한 개수로 묶어 프레임에 넣은 배터리 조립체(Assembly)
배터리 팩(Psck)	전기자동차에 장착되는 배터리 시스템의 최종형태로, 배터리 모듈에 BMS, 냉각시스템 등 각종 제어 및 보호 시스템을 장착하여 완성됨

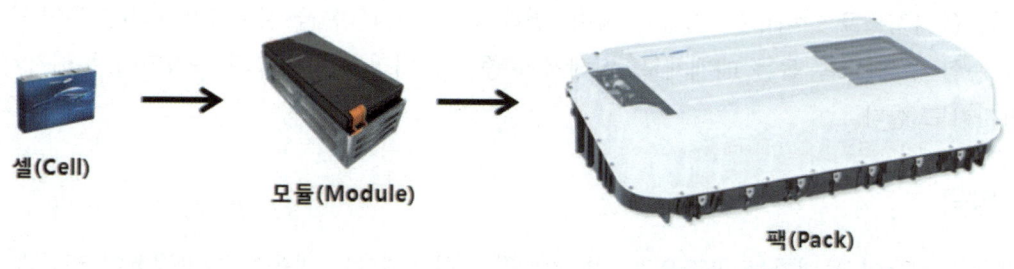

그림 6-8 / 배터리의 셀, 모듈, 팩

3_ 배터리의 4대 구성요소

배터리는 양극(56%), 음극(16%), 분리막(격리판, 15%), 전해액(13%) 4가지로 구성되어 있다.

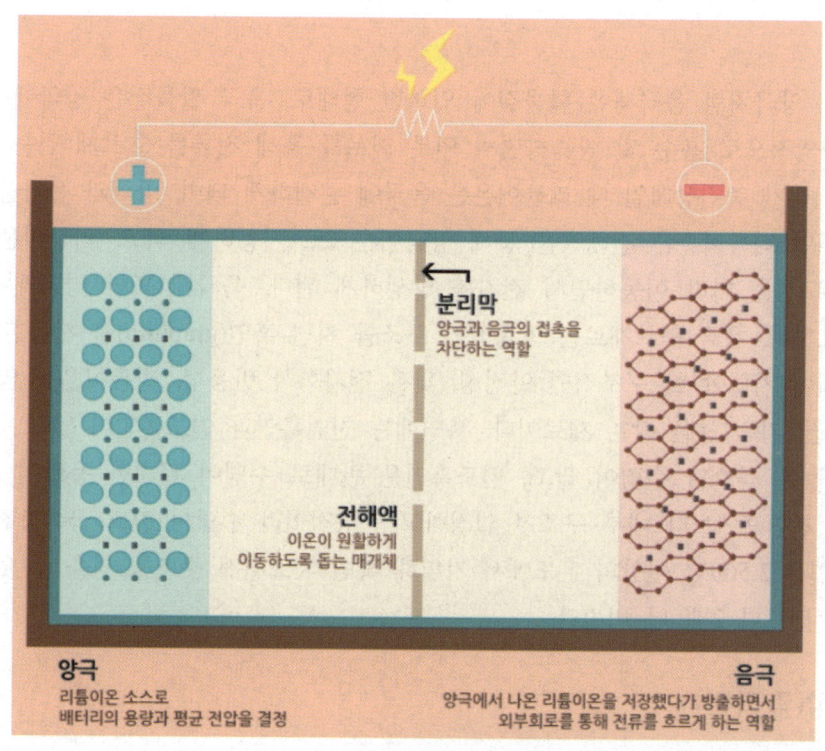

그림 6-9 / 리튬이온 배터리의 4대 요소

양극재는 일반적으로 리튬을 함유한 금속산화물(NCA 또는 NCM)로 구성되어 있고, 음극재는 탄소재료인 흑연을 사용한다. 분리막은 양극과 음극이 만나면 폭발하므로 서로 섞이지 않도록 물리적으로 막아주는 역할을 하며, 전해액은 양극과 음극 사이에서 리튬이온이 원활히 이동할 수 있도록 돕는 매개체로, 전해액의 종류에 따라 리튬이온의 움직임이 둔해지기도 빨라지기도 한다.

1. 양극

양극은 리튬이 들어가는 공간으로, 리튬이 원소 상태에서는 반응이 불안정하여 리튬과 산소로 된 리튬산화물을 양극으로 사용한다. 실제 배터리에서 전극 반응에 관여하는 물질을 활물질이라 부르며, 리튬이온 배터리의 양극에서는 리튬산화물이 활물질로 사용된다. 양극재의 중요 원소는 리튬(Li), 니켈(Ni), 코발트(Co), 망간(Mn), 알루미늄(Al) 등이며, 이들의 함량에 따라 용량, 가격, 수명 및 출력특성 향상에 영향이 크므로 각 금속원소의 조합이 배터리 성능에 굉장히 중요하다.

2. 음극

음극 역시 양극처럼 음극재에 활물질이 입혀진 형태로, 음극 활물질은 양극에서 나온 리튬이온을 가역적으로 흡수 및 방출하면서 외부 회로를 통해 전류를 흐르게 하는 역할을 수행한다. 배터리가 충전상태일 때 리튬이온은 음극에 존재하게 되며, 양극과 음극을 도선으로 이어주게 되면 리튬이온은 전해액을 통해 양극이온으로 이동하게 되고, 리튬이온과 분리된 전자(e-)는 도선을 따라 이동하면서 전기를 발생하게 된다. 음극재 또한 양극재에 이어 두 번째로 중요하며, 음극재의 재료는 안정적인 구조를 지닌 흑연(graphite)을 사용한다. 흑연은 음극 활물질이 지녀야 할 구조적인 안정성, 낮은 전자화학 반응성, 리튬이온을 많이 저장할 수 있는 조건, 가격 등을 갖춘 재료이다. 흑연에는 천연흑연과 인조흑연이 있으며, 천연흑연은 용량 성능은 좋으나 수명이 짧고, 인조흑연은 반대로 수명이 길지만 용량이 작다. 또한 인조흑연은 천연흑연보다 내부 구조가 일정하고 안정적이라 수명이 길고 급속충전에 유리하다. 인조흑연은 2,500℃ 이상의 온도에서 가열해 흑연의 고결정 구조를 얻을 수 있으므로 가격이 천연흑연보다 2배 더 비싸다.

3. 분리막(격리판)

전지의 양극과 음극은 산화제와 환원제이다. 양극과 음극이 직접 접촉하게 되면 자기방전을 일으킬 뿐 아니라 급격히 진행되면 위험하므로 서로 섞이지 않도록 물리적으로 막아주는 역할을 하여야 한다. 즉, 전자가 전해액을 통해 직접 흐르지 않도록 하고 내부의 미세한 구멍을 통해 원하는 이온만 이동할 수 있게 한다. 리튬전지의 분리막으로는 폴리에틸렌(PP)과 폴리프로필렌(PP)와 같은 합성수지가 사용되고 있다.

※ 분리막의 구비조건

① 배터리 셀 내부에 있는 여러 종류의 이온들과 반응하지 말아야 한다.
② 전기화학적으로 안정적이어야 한다.
③ 절연 특성이 뛰어나야 한다.
④ 두께가 얇고 강도가 우수해야 한다.

4. 전해액

양극과 음극사이에서 리튬이온이 원활히 이동할 수 있도록 돕는 매개체로, 전자는 도선을 통해 이동하지만 리튬이온은 전해액을 통해 이동하므로 이온 전도성이 높은 물질을 주로 사용한다. 전해액은 염, 용매, 첨가제로 구성되어 있으며, 염은 리튬이온이 지나갈 수 있는 이동 통로, 용매는 염을 용해시키기 위한 유기 액체, 첨가제는 특정 목적으로 소량 첨가되는 물질이다. 이렇게 만들어진 전해액은 이온들만 전극이로 이동시키고 전자는 통과하지 못하게 한다. 전해액의 종류에 따라 리튬이온의 움직임이 둔해지기도 빨라지기도 하므로 전해액은 까다로운 조건들을 만족해야만 사용이 가능하다. 양극과 음극이 배터리의 기본 성능을 결정한다면, 분리막과 전해액은 배터리의 안정성은 결정짓는 중요한 구성요소이다.

4_ 리튬이온 배터리의 충 · 방전 과정

이미 알다시피 전기의 흐름은 전자의 흐름과는 반대이다. 즉, 전기가 흐른다(방전)는 것은 양극에서 음극으로 전류는 흐르지만 전자는 음극에서 양극으로 이동하는 과정이다. 리튬이온 배터리는 납산 축전지와는 달리 화학반응이 아니라 리튬이온의 이동으로 충전과 방전을 한다. 충전이란 양극 산화물에서 리튬 이온(Li+)이 격자구조를 빠져나와 음극으로 이동해 음극의 탄소 결정 속으로 들어가는 과정이고, 방전이란 리튬 이온(Li+)이 음극인 탄소 격자에서 빠져나와 양극 산화물로 들어가는 과정을 말한다. 이때 외부에서는 충전 시 전자가 음극으로 들어가고, 방전 시에는 전자가 음극에서 나오게 된다. 즉, 충전과 방전 시 내부에서는 리튬 이온의 흐름이, 외부에서는 전자의 흐름이 전위차를 발생하여 전기가 흐르게 되는 것이다.

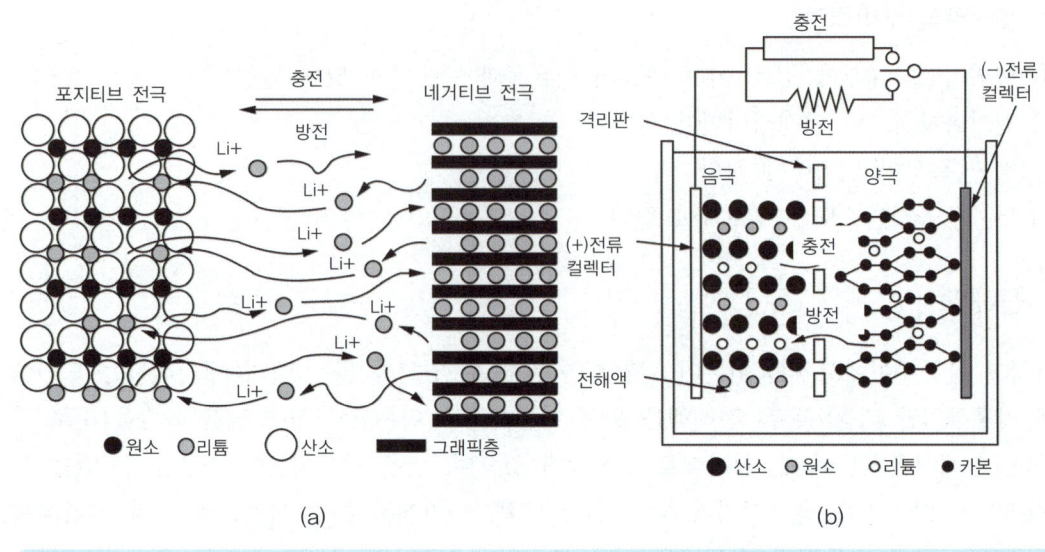

그림 6-10 / 리튬이온 전지의 충·방전작용

5_ 전고체 배터리(all solid state battery)

리튬이온 배터리는 양극, 음극, 전해질, 분리막으로 구성되어 전해질은 액체 상태의 전해질을 사용하나, 이와 달리 전고체 배터리는 전해질이 액체가 아닌 고체 상태로 사용하는 배터리이다. 액체 전해질의 경우 양극과 음극의 접촉을 방지하기 위해 분리막이 있지만, 전고체 배터리는 액체 전해질 대신 고체 전해질이 분리막 역할까지 대신하고 있다. 전고체 배터리가 중요한 이유는 배터리의 용량을 높이기 위해서는 배터리의 개수를 늘리는 방법이 있으나 이는 가격 상승과 공간 효율성이 저해되므로, 전고체 배터리로 전기차 배터리 모듈, 팩 등의 시스템을 구성하면 부품 수의 감소로 부피 당 에너지 밀도를 높이고 용량도 높여야 하는 전기차용 배터리로 적합하기 때문이다.

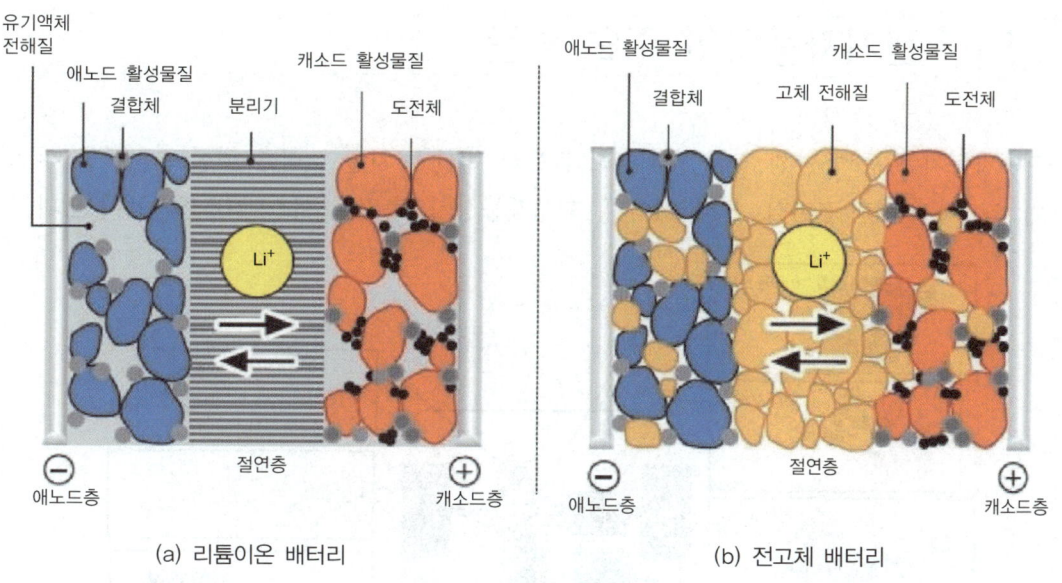

그림 6-11 / **리튬이온 배터리(좌)와 전고체 배터리(우)의 구조**

※ 전고체 배터리의 장·단점

① 온도 변화에 따른 증발이나 충격에 따른 누액 위험이 없다.
② 인화성 물질이 포함되지 않아 폭발 및 발화가능성이 낮아 안전하다.
③ 액체 전해질보다 에너지 밀도가 높아 주행거리도 증가하고, 충전시간도 짧다.
④ 부품이 덜 들어가므로 무게가 가볍다.
⑤ 플렉서블(flexible, 휘는) 배터리 구현에 적합하다.
⑥ 액체 전해질보다 이온전도성이 낮아 출력이 낮고 수명이 짧다.
⑦ 상용화까지 시간이 필요하다.

표 6-1 / **리튬이온 배터리와 전고체 배터리의 차이**

구분	리튬이온 배터리	전고체 배터리
양극재	고체 (리튬, 니켈, 망간, 코발트 등)	고체 (리튬, 니켈, 망간, 코발트 등)
음극재	고체 (흑연, 실리콘 등)	고체 (리튬 금속)
전해질	액체 (용매 리튬염 첨가제)	고체 (황화물 산화물 폴리머)
분리막	고체 필름	불필요

제 3 절 전기자동차의 주요 부품

전기자동차는 동력 발생 장치인 배터리와 동력 변환 장치인 모터가 핵심이라고 할 수 있으며, 그 외 인버터/컨버터, 모터 제어기, 회생제동장치, 축전지 시스템(BMS) 등이 있다.

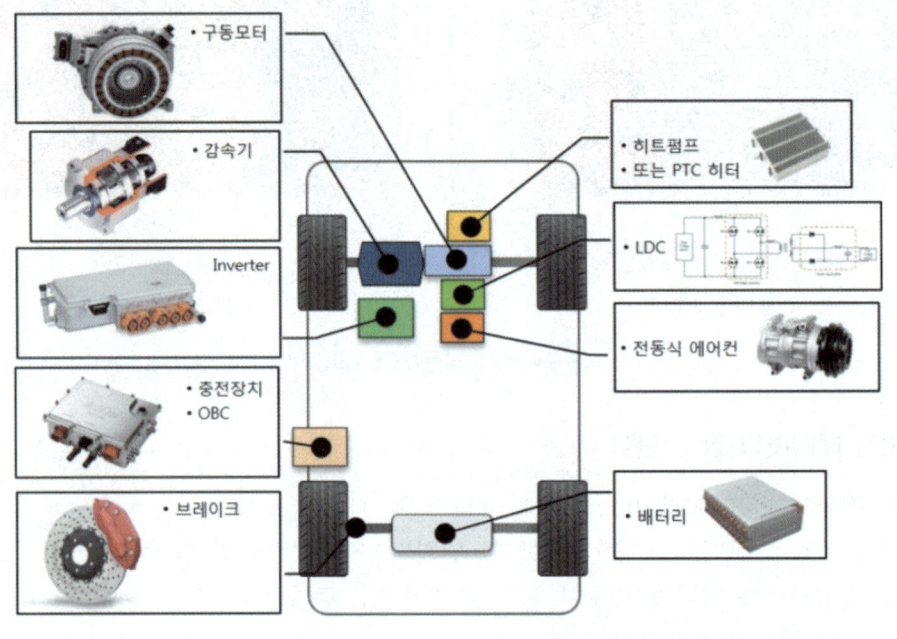

그림 6-12 / 전기자동차의 주요 부품

1_ 배터리(Battery)

전기자동차에 사용되는 배터리는 기존 납산 배터리가 아닌 주로 리튬이온 폴리머 배터리를 사용하고 있으며, 니켈 수소 전지와는 달리 메모리 효과가 없으므로 수명에 거의 영향을 미치지 않는다. 메모리 효과란 니켈 수소전지의 경우 조금 사용하고 다시 충전하는 shallow charge-discharge(즉, 불충분한 충·방전)를 반복하게 되면 NiOH 고용체를 생성하게 되어 다시 되돌아가지 못하므로 남아있는 용량을 사용하지 못하게 되는 현상을 말한다.

2_ 모터(Motor)

전기자동차의 동력전달에 사용되는 모터의 출력은 현재 80~150kW 정도가 일반적으로 주류는 AC 모터이다. 또한 모터는 구동용 또는 회생용으로 사용되며, 모터의 회전수 제어로 주행속도를 제어한다.

EV에 교류모터를 사용하는 이유는 가격, 수명, 출력면에서 더 효율적이며, 수백V의 직류를 교류로 바꾸는 것은 인버터로 가능하기 때문이다.

3_ 인버터/컨버터(Inverter/Converter)

컨버터는 교류를 직류로 바꾸거나, 직류 전압을 높이거나 낮추는 변환기이다.

인버터는 이와 반대로 직류를 교류로 변환하는 장치 즉, 역변환장치이며, EV 자동차에서는 컨버터를 이용하여 300V 정도의 고전압을 저전압으로 낮춰 각종 등화장치에 사용하며, 인버터를 이용하여 직류를 교류로 변화시켜 유도 전동기를 제어하여 구동모터를 작동시킨다.

4_ 모터제어기(MCU : Motor Control Unit)

내연기관 자동차는 가속페달을 밟아 출력을 조절하지만, 전기자동차는 모터를 컨트롤러로 제어하여 출력을 조절한다.

5_ 회생제동장치(Regenerative Brake System)

회생제동이란 감속 시 브레이크를 밟지 않음으로 인한 바퀴의 회전으로 모터의 저항을 이용하여 속도를 줄이는 동시에 이때 발생한 운동에너지를 전기에너지로 바꾸어 자동차의 배터리를 충전시키는 제동방법으로, 전기에너지도 회수하고 제동력도 발휘할 수 있는 전기자동차의 주행거리 향상에 필수적인 기능이다. 이에 따라 에너지의 효율이 높아지고 주행거리가 늘어남은 물론 브레이크 패드의 수명도 연장시키게 되어 소모품인 브레이크의 교환주기도 길어져 결과적으로 절약을 할 수 있게 된다.

6_ 축전지 시스템(BMS : Battery Management System)

BMS란 배터리를 최적의 상태로 관리하는 전자회로 시스템이다. 즉, BMS는 배터리 팩에 내장되어 배터리의 전류, 전압, 온도 등을 측정하여 배터리의 잔량을 제어하는 것으로, 수십 개의 배터리 셀들의 잔존 용량과 전지의 수명을 사용자에게 알려주고, 과충전, 과방전, 과전류 등 상태를 조절하여 배터리의 효율과 수명을 연장시켜 주고 안전을 유지하도록 한다. 또한 셀 들간의 전압 차에 의한 수명 단축을 방지하기 위해 전지간 균형을 유지하여 에너지를 최적화 시켜주는 셀 밸런싱(cell balancing) 기능도 있다. 전기자동차에서 BMS의 핵심 기능은 다음과 같다.

① 배터리 잔존용량 측정 : 배터리의 SOC(State Of Charge)를 측정
② 셀(전지) 밸런싱 : 셀의 용량 편차를 균일하게 조정
③ 보호회로 : 과충전, 과방전, 과전류 상태에서 전류를 차단

제4절 전기자동차의 충전

전기자동차를 충전하는 방법은 AC(교류) 충전과 DC(직류) 충전으로 나눌 수 있다. 전기자동차에 사용되는 배터리는 고전압 직류(DC) 배터리이므로 AC 충전은 차량이 AC 전류를 입력받아 고전압 DC 전류로 바꾸어 충전하는 방식으로 이를 위해서 차량에는 OBC(On Board Charger)라는 교류 → 직류 변환장치가 탑재된다.

DC 충전 방식도 충전기가 공급받은 380V 교류를 직류로 변환하여 차량에 필요한 전압과 전류를 제공하는 방식이다. 차량의 OBC는 용량에 한계가 있지만, 급속 충전기의 경우 50~400kW까지 충전 가능하므로 보통 15~20분 정도면 충전된다.

1_ 충전 시간에 따른 충전 방식

충전 시간에 따라 고속, 완속 충전기를 사용하는 방법 및 가정에서 이동형으로 사용하는 방법이 있다.
① 급속 충전기(약 50~400kW) : 한시간 이내 충전할 때이며, 보통 15~20분 정도 소요
② 완속 충전기(약 7~16kW) : 4~5시간 정도 충전
③ 이동형 충전기(약 3kW) : 가정에서 사용하는 220V 콘덴서에 연결하여 8~10시간 정도 충전

2_ 충전구에 따른 3가지 충전 방식

세계적으로 전기자동차가 순차적으로 개발되면서 제조사별로 다른 충전방식이 적용되어 국제표준으로 5가지 급속 방식이 규정되어 있으며, 국내 전기자동차에 사용되는 충전방식은 크게 차데모(CHAdeMO), AC 3상, DC 콤보1을 사용하고 있다. CHAdeMO란 charge de move의 합성어로 일본의 충전기 규격 이름이며, 콤보란 직류와 교류를 동시에 사용한다는 의미로, 완속과 급속을 1개의 충전구에서 충전할 수 있는 방식이다.

표 6-2 / 전기자동차의 3가지 충전 방식

구분	차데모	AC 3상	DC 콤보
커넥터 형상			
개발 주체	일본 도쿄 전력	르노	GM 등 독일, 미국의 7개 기업
특징	– 완속/급속 소켓 구분 전파간섭의 우려가 적음	– 배터리와 전력망을 전기 교란으로부터 보호하는 기술 적용	– 충전구가 하나로 통합 (위 : 완속, 아래 : 급속) – 비상 급속충전이 가능
단점	– 부피가 크고 충전시간이 길다	– 충전기 출력을 20kW 이상 올리기 어려움 – 충전기 설치비용이 높다	– 완속충전 시간이 길다

제5절 전기자동차의 냉·난방장치

물은 높은 곳에서 낮은 데로 흐르지만 낮은 곳에서 높은 곳으로 올리기 위해서는 펌프가 필요하듯, 열도 온도가 낮은 저온에서 고온으로 이동시키려면 펌프가 필요하다. 열을 저온에서 고온으로 이동시키는 장치가 히트펌프이다. 전기자동차는 내연기관이 없으므로 엔진의 냉각수를 이용하여 히터를 작동할 수 없으며, 기존 PTC 히터를 사용하여 난방을 하는 방법도 있으나 고전압 배터리의 소모로 인해 주행거리가 단축되는 단점이 있으므로, 전기자동차의 냉·난방시스템은 히트펌프 시스템을 사용한다.

1_ 냉방 사이클

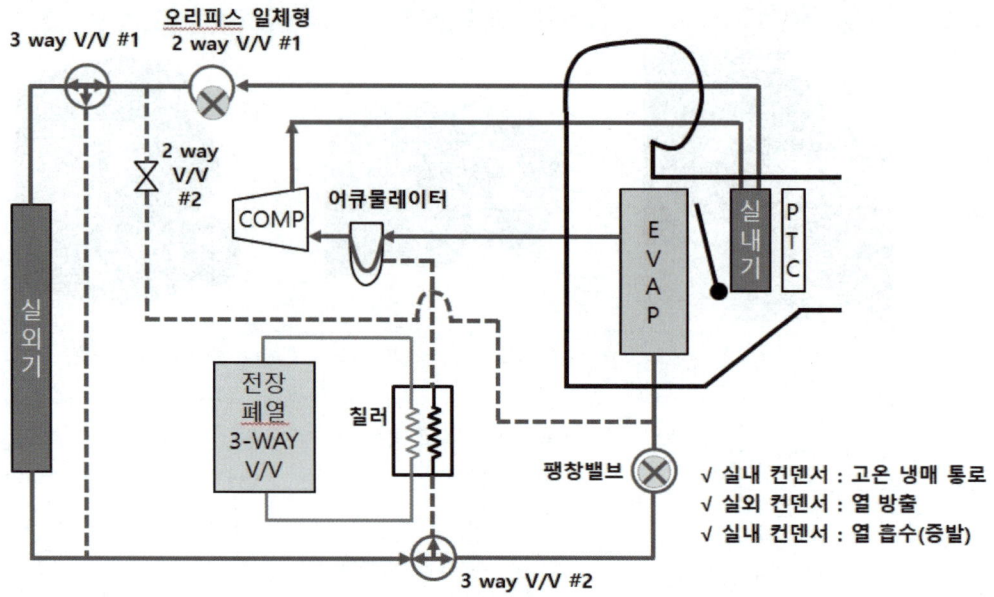

1) 냉매 흐름

컴프레서 → 실내 컨덴서 → 2way 밸브 #1(By pass) → 3way 밸브 #1 → 실외 컨덴서 → 3way 밸브 #2 → TXV(팽창밸브) → 이배퍼레이터 → 컴프레서

2) 냉방 사이클

히트펌프가 적용되더라도 냉방을 위한 사이클은 TXV 타입과 동일한 방향으로 흘러가는 것을 볼 수 있으며, 실내 컨덴서 및 어큐물레이터는 냉방과 관계없이 지나가는 통로이다.

2_ 난방 사이클(최대 난방 시)

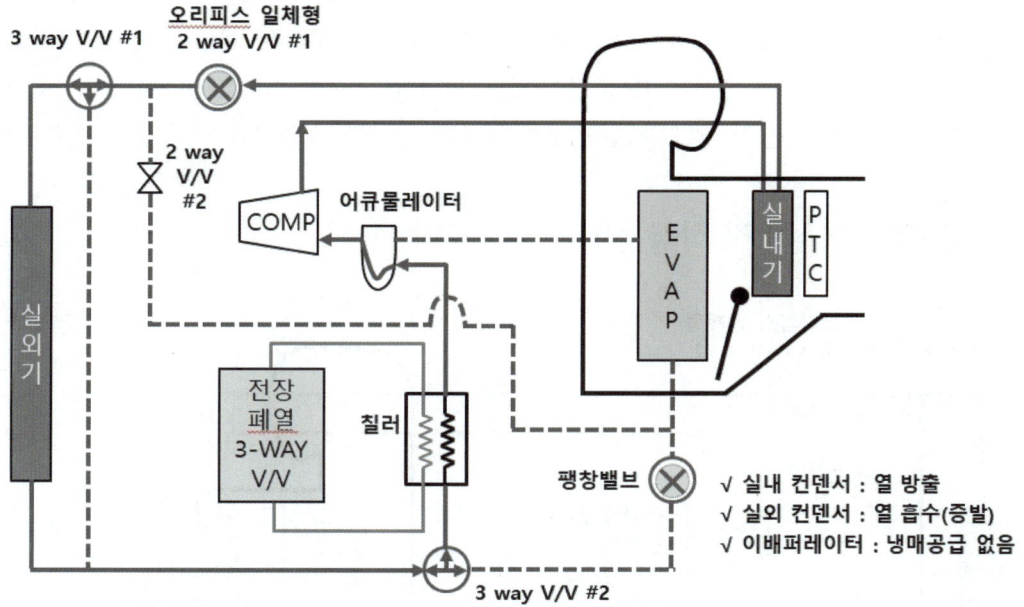

1) 냉매 흐름

컴프레서 → 실내 컨덴서 → 2way 밸브 #1(오리피스) → 3way 밸브 #1 → 실외 컨덴서 → 3way 밸브 #2(ON) → 전장폐열 칠러 → 어큐물레이터 → 컴프레서

2) 난방 사이클(최대 난방 Mode)

히트펌프 구동 시 컴프레서에서 토출된 고온 고압의 기체 냉매는 실내 컨덴서를 지나 2Way 밸브까지 공급된다. FATC에서 2Way 밸브와 3way #2 밸브를 구동하면 대기하고 있던 냉매는 오리피스관을 통해 저온 저압의 액체 상태의 냉매로 확산되어 외부 컨덴서로 유입되고 열교환을 시작한다. 열교환을 끝낸 저온 저압의 기체 냉매와 아직 열교환을 못한 액체 상태의 냉매는 3way 밸브 #2를 통해 칠러로 공급되고 전장폐열을 통해 2차 열교환을 한 후 어큐물레이터로 유입된다. 어큐물레이터는 남아있는 액체 상태의 냉매와 기체 상태의 냉매를 분리하여 기체 상태의 냉매만 컴프레서로 유입될 수 있도록 동작한다. 이후 실외 컨덴서에 착상(Icing)이 발생하거나 또는 실내 제습이 필요한 경우를 제외한 상태에서는 동일한 사이클을 유지하며, 히트펌프(난방)을 구동한다. 히트펌프가 구동되는 중에도 실내 난방 부하에 따라 고전압 PTC가 구동되어 난방을 보조한다.

3) 난방 실행 조건

난방을 실행하기 위해서는 FATC를 Auto 모드로 설정하거나, 컨트롤 패널의 Heat 스위치를 눌러야 한다. Auto 모드 시에는 온도에 따라 FATC가 자동으로 히트펌프를 구동하지만, 사용자가 선택한 수동모드에서는 Heat 스위치를 눌러야만 난방모드로 진입한다. 만일 Heat 스위치를 누르지 않고 설정 온도만 높인다면 차가운 바람만 송풍된다.

3_ 난방 사이클(실외기 착상 시)

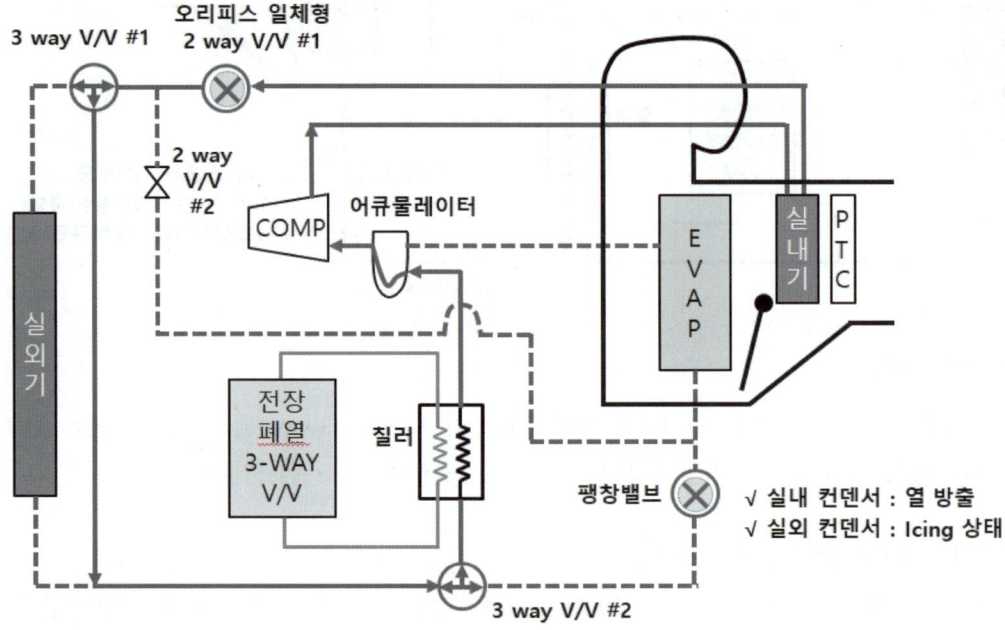

1) 냉매 흐름

컴프레서(냉매량 조절) → 실내 컨덴서 → 2way 밸브 #1(오리피스) → 3way 밸브 #1(ON, 컨덴서 출구로 By-pass) → 3way 밸브 #2(ON) → 전장폐열 칠러 → 어큐물레이터 → 컴프레서

2) 난방 사이클(난방 Mode)

실외 컨덴서가 얼었을 경우, 컴프레셔 토출량 조정과 함께 실외 컨덴서 출구 쪽으로 냉매를 By-pass시킨다. 이후 칠러에서만 냉매의 증발을 담당하고 고전압 PTC가 구동되어 난방을 조한다.

4_ 난방 사이클(실내 제습 시)

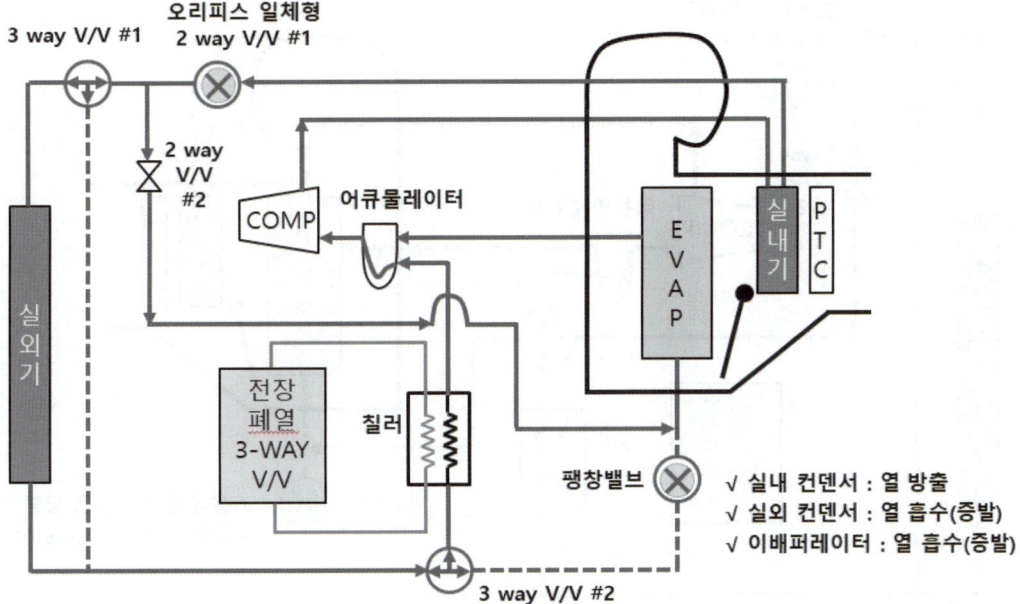

1) 냉매 흐름

컴프레서(냉매량 조절) → 실내 컨덴서 → 2way 밸브 #1(오리피스) →

① 2way 밸브 #2 → 이배퍼레이터 → 어큐물레이터 → 컴프레서(제습)

② 3way 밸브 #1 → 컨덴서 → 3way 밸브 #2(ON) → 전장폐열 칠러 → 어큐물레이터 → 컴프레서(난방)

2) 난방 사이클(최대 난방 Mode + 실내 제습)

실내 제습이 필요한 경우에는, 이배퍼레이터로 냉매를 공급하여 건조한 바람을 송풍시킨다. 이때 냉매는 오리피스에 의해 팽창된 상태이므로 TXV(팽창밸브)로 공급되지 않는다.

5_ 난방 사이클(실외기 착상+실내 제습 시)

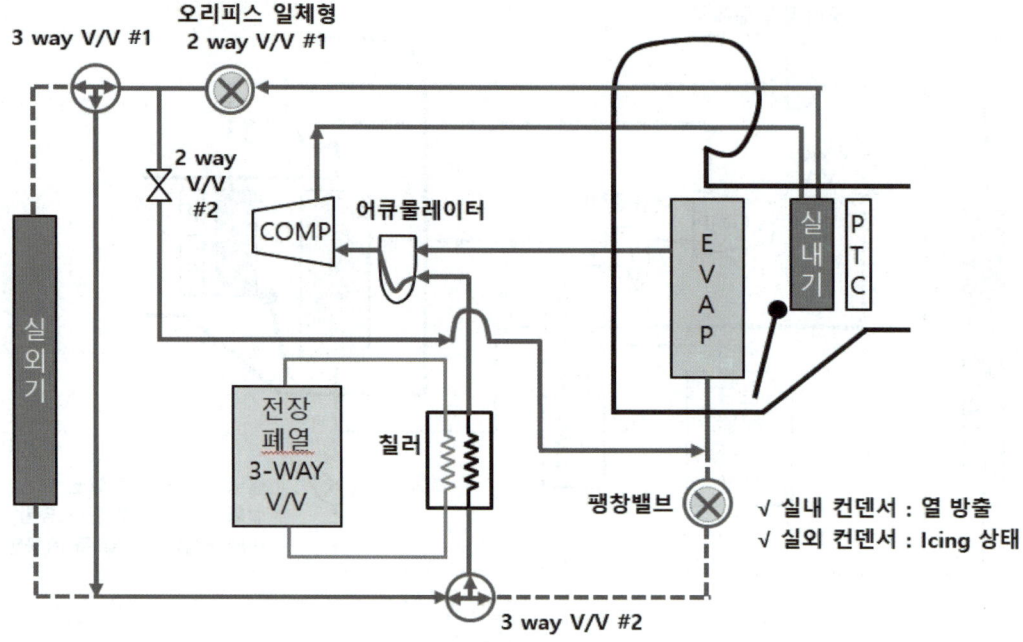

1) 냉매 흐름

　　컴프레서(냉매량 조절) → 실내 컨덴서 → 2way 밸브 #1(오리피스) →
　① 2way 밸브 #2 → 이배퍼레이터 → 어큐물레이터 → 컴프레셔
　② 3way 밸브 #1(컨덴서 출구로 By-pass) → 3way 밸브 #2 → 전장폐열 칠러 → 어큐물레이터 → 컴프레서

2) 난방 사이클(난방 Mode + 실내 제습)

실외 컨덴서가 얼고 제습이 필요한 경우, 컴프레셔 토출량 조정과 함께 3Way 밸브를 통해 실외 컨덴서 출구 측으로 냉매를 By-pass시킨다. 이후 칠러에서만 냉매의 증발을 담당하고 고전압 PTC가 구동되어 난방을 보조한다. 더불어 이배퍼레이터로 냉매를 공급하여 건조한 바람을 송풍시킨다. 오리피스관을 통해 팽창된 2Way 밸브를 통해 소량을 이배퍼레이터로 보내어 냉방의 효과를 나타낼 수 있다. 이때 냉매는 오리피스에 의해 팽창된 상태이므로 TXV(팽창밸브)로 공급되지 않는다.

제2장 전기자동차 출제예상문제

01 전기의 3요소는?

① 전류, 도체, 자계
② 전압, 저항, 자기
③ 전류, 전압, 저항
④ 도체, 자기, 자계

풀이 전기의 3요소는 전류, 전압, 저항이다. [성안당, 자동차 ECU 제어 기초, 정태균, 2017, p28]

02 그림과 같은 사인파에서 A와 B의 위상차는?

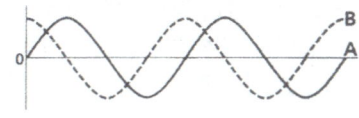

① 30°
② 60°
③ 90°
④ 180°

풀이 사인파의 1 사이클은 360°이다. 최대값과 최소값이 지나가는 0에서 만나면 위상차가 180°이고, 그 중 반을 지나가므로 90° 위상차이다.

03 차체 전장품이 증가하면서 도입된 LAN(local area network)시스템의 장점으로 틀린 것은?

① 설계 변경에 대한 대응이 용이하다.
② 스위치, 액추에이터 근처에 ECU를 설치할 수 있다.
③ 전기기기의 사용 커넥터 수와 접속 부위의 감소로 신뢰성이 향상되었다.
④ 자동차 전체 ECU를 통합시켜 크기는 증대되었으나 비용은 감소되었다.

풀이 ①~③항이 LAN 시스템에 대한 옳은 설명이며, ECU를 통합이 아닌 모듈별로 하여 용량은 작아지고 개수는 증가되어 비용도 증가된다.

04 자동차 CAN 통신 시스템의 종류로 125kbps 이하에 적용되며 바디전장 계통의 데이터 통신에 응용하는 것은?

① Low Speed CAN
② High Speed CAN
③ Ultra Sonic CAN
④ Super Speed CAN

풀이 HIgh Speed CAN은 125~1Mbps, Low Speed CAN은 10~125kbp의 네트워크 통신속도에 해당하며, 고속 CAN은 파워 트레인 등 실시간 제어에, 저속 CAN은 파워 윈도우 등 바디전장 계통의 데이터 통신에 사용된다.

05 플렉스레이(FlexRay) 데이터 버스의 특징으로 거리가 먼 것은?

① 데이터 전송은 2개의 채널을 통해 이루어진다.
② 실시간 능력은 해당 구성에 따라 가능하다.
③ 데이터를 2채널로 동시에 전송한다.
④ 데이터 전송은 비동기방식이다.

풀이 플렉스레이(FlexRay) 데이터 버스의 특징
① 데이터 전송은 2개의 채널을 통해 이루어진다.
② 최대 데이터 전송속도는 10Mbps이다.
③ 데이터를 2채널로 동시에 전송함으로써 데이터 안전도는 4배로 상승한다.
④ 데이터 전송은 동기방식이다.
⑤ 실시간(real time) 능력은 해당 구성에 따라 가능하다.

01 ③ 02 ③ 03 ④ 04 ① 05 ④

06 자동차 관련 용어 정의에서 틀린 것은? (단, 자동차 및 자동차부품의 성능과 기준에 관한 규칙에 의한다.)

① 자율주행시스템이란 운전자 또는 승객의 조작 없이 주변 상황과 도로 정보 등을 스스로 인지하고 판단하여 자동차를 운행할 수 있게 하는 자동화 장비, 소프트웨어 및 이와 관련한 일체의 장치
② 자동차안정성제어장치란 자동차의 주행 중 급제동 시 제동감속도에 따라 자동으로 경고를 주는 장치
③ 비상자동제동장치란 주행 중 전방 충돌 상황을 감지하여 충돌을 완화하거나 회피할 목적으로 자동차를 감속 또는 정지시키기 위하여 자동으로 제동장치를 작동시키는 장치
④ 차로이탈경고장치란 자동차가 주행하는 차로를 운전자의 의도와는 무관하게 벗어나는 것을 운전자에게 경고하는 장치

풀이 자동차 및 자동차 부품에 관한 규칙 제2조(정의)
① 64. 자율주행시스템 ③ 61. 비상자동제동장치 ③ 60. 차로이탈 경고장치에 대한 설명이고, ②항은 25의6 긴급제동 신호장치에 대한 설명이다.

07 자동차 안전기준에 관한 규칙에 명시된 고전압 기준은?

① DC 40V또는 AC 20V 이상 전기장치
② DC 60V또는 AC 30V 이상 전기장치
③ DC 80V또는 AC 40V 이상 전기장치
④ DC 100V 또는 AC 50V 이상 전기장치

풀이 자동차 및 자동차 부품에 관한 규칙 제2조(정의)
52. 고전원 전기장치란 직류 60V 초과 1500V 이하, 교류(실효치를 말한다.) 30V 초과 1000V 이하의 전기장치를 말한다.

08 전기회생제동장치가 주제동장치의 일부로 작동되는 경우에 대한 설명으로 틀린 것은? (단, 자동차 및 자동차부품의 성능과 기준에 관한 규칙에 의한다.)

① 주제동장치의 제동력은 동력 전달계통으로부터의 구동전동기 분리 또는 자동차의 변속비에 영향을 받는 구조일 것
② 전기회생제동력이 해제되는 경우에는 마찰제동력이 작동하여 1초 내에 해제 당시 요구 제동력의 75% 이상 도달하는 구조일 것
③ 주제동장치는 하나의 조종장치에 의하여 작동되어야 하며, 그 외의 방법으로는 제동력의 전부 또는 일부가 해제되지 아니하는 구조일 것
④ 주제동장치 작동 시 전기회생제동장치가 독립적으로 제어될 수 있는 경우에는 자동차에 요구되는 제동력을 전기회생제동력과 마찰제동력 간에 자동으로 보상하는 구조일 것

풀이 자동차 및 자동차 부품에 관한 규칙 "제15조(제동장치)" 참조
②~④항이 제15조(제동장치) 규칙의 내용이고, ①항은 "주제동장치의 제동력은 동력 전달계통으로부터의 구동전동기 분리 또는 자동차의 변속비에 영향을 받지 아니하는 구조일 것"이다.

09 Ni-Cd 배터리에서 일부만 방전된 상태에서 다시 충전하게 되면 추가로 충전한 용량 이상의 전기를 사용할 수 없게 되는 현상은?

① 스웰링 현상　② 배부름 효과
③ 메모리 효과　④ 설페이션 현상

풀이 2차전지로 흔히 사용하는 Ni-Cd 배터리는 shallow charge-discharge를 반복하면, 즉 "조금 사용하고 다시 충전하고"를 계속하면 NiOH 고용체를 형성하게 되어 다시는 되돌아가지 못해 남아있는 용량을 사용하지 못하게 된다. 이와 같이 전지

06 ② 07 ② 08 ① 09 ③

가 사용할 수 있는 용량의 한계를 기억하는 것과 같은 현상을 메모리 효과라 한다.

10 리튬 폴리머 고전압 배터리 1셀의 전압은?

① 1.2V ② 2.0V
③ 3.75V ④ 5V

풀이 리튬 폴리머 고전압 배터리 1셀의 전압은 3.75V 정도이며, 이것을 수십 개 직렬로 연결하여 고전압 배터리를 구성한다.

11 전기자동차의 충전방법에서 급속충전 순서로 옳은 것은?

① 급속충전기 → PRA → 고전압배터리
② 급속충전기 → PRA → OBC → 고전압배터리
③ 급속충전기 → OBC → PRA → 고전압배터리
④ 급속충전기 → OBC → 고전압배터리

풀이 급속충전 시 전원 공급 순서
급속충전기 →(고전압 정션블록)→ PRA → 고전압배터리

12 배터리의 충전 상태를 표현한 것은?

① SOC(State Of Charge)
② SOH(State Of Health)
③ PRA(Power Relay Assembly)
④ BMS(Battery Management System)

풀이 SOC(State of Charge)란 고전압 배터리에서 사용 가능한 에너지, 즉 배터리 정격용량 대비 방전 가능한 전류량의 백분율을 말한다. (SOC = 잔존 배터리 용량/정격용량)

13 고전압 배터리 관리 시스템의 메인 릴레이를 작동시키기 전에 프리 차지 릴레이를 작동시키는데 프리 차지 릴레이의 기능이 아닌 것은?

① 등화장치 보호
② 고전압 회로 보호
③ 타 고전압 부품 보호
④ 고전압 메인 퓨즈, 부스바, 와이어 하네스 보호

풀이 PRA(Power Relay Assembly)는 고전압 배터리의 기계적인 분리(암전류 차단), 고전압 회로 과전류 보호(Fuse), 전장품 보호(초기 충전회로 적용), 고전압 정비 시 작업자 보호를 위해 안전 스위치(Safety SW)가 적용되어 있다.

14 고전압 배터리의 전압을 저전압(12V)으로 변환하여 보조배터리를 충전하는 장치는?

① PRA ② HCU
③ 컨버터 ④ LDC

풀이 고전압 배터리의 전압을 저전압(12V)으로 변환하여 보조배터리를 충전하는 장치는 LDC(low voltage DC-DC converter) 이다.

15 전기자동차 및 플러그인 하이브리드 자동차의 복합 1회 충전 주행거리(㎞) 산정방법으로 옳은 것은? (단, 자동차의 에너지소비효율 및 등급표시에 관한 규정에 의한다.)

① 0.55×도심주행 1회 충전 주행거리+ 0.45×고속도로주행 1회 충전 주행거리
② 0.45×도심주행 1회 충전 주행거리+ 0.55×고속도로주행 1회 충전 주행거리
③ 0.5×도심주행 1회 충전 주행거리+ 0.5×고속도로 주행 1회 충전 주행거리
④ 0.6×도심주행 1회 충전 주행거리+ 0.4×고속도로 행 1회 충전 주행거리

10 ③ 11 ① 12 ① 13 ① 14 ④ 15 ①

풀이 산업통상자원부 고시 "자동차 에너지소비효율 및 등급표시에 관한 규정"
[별표 1] 자동차의 에너지소비효율 산정방법 등 4항 전기자동차 및 플러그인하이브리드자동차의 1회 충전 주행거리 산정방법
① 복합 1회 충전 주행거리(km) = 0.55×도심주행 1회 충전 주행거리+0.45×고속도로 주행 1회 충전 주행거리

16 전기자동차에서 많이 사용하는 모터의 형식은?

① 직류 직권 모터
② 직류 복합 모터
③ 유도자석 비동기 모터
④ 영구자석 동기 모터

풀이 전기자동차에서는 유도자석 비동기 모터를 일부 차에서 사용하나, 주로 영구자석 동기 모터를 많이 사용한다.

17 전기자동차에서 모터의 속도와 토크를 제어하기 위해 사용하는 방식으로 옳은 것은?

① 전류제어방식으로 저항을 사용하여 전력을 화시키며 제어한다.
② 회전수와 토크를 제어하기 위해 컨버터를 이용하여 류전류를 생성하여 모터를 구동한다.
③ 통합형 전동식 제동장치를 사용하여 속도와 토크를 어한다.
④ PWM 방식(전압제어)으로 전압과 주파수 동시에 변제어한다.

풀이 PWM 방식(전압제어)으로 전압과 주파수 동시에 가변제어하여 모터의 속도와 토크를 제어할 수 있다.

18 전기자동차의 냉방 사이클에서 냉매의 순환 과정이 올바른 것은?

① 컴프레서→컨덴서→팽창밸브→이배퍼레이터
② 컴프레서→컨덴서→이배퍼레이터→팽창밸브
③ 컴프레서→팽창밸브→컨덴서→이배퍼레이터
④ 컴프레서→팽창밸브→이배퍼레이터→컨덴서

풀이 냉방 사이클에서 냉매의 순환 과정 : 컴프레서→컨덴서→팽창밸브→이배퍼레이터

19 전기자동차의 감속 시 동력전달 순서를 바르게 설명한 것은?

① 바퀴→구동모터→MCU→감속기→고전압 배터리
② 바퀴→MCU→감속기→구동모터→고전압 배터리
③ 바퀴→MCU→구동모터→감속기→고전압 배터리
④ 바퀴→감속기→구동모터→MCU→고전압 배터리

풀이 전기자동차의 감속 시 동력전달은 "바퀴 → 감속기 → 구동모터 → MCU → 고전압 배터리" 순서이다.

16 ④ 17 ④ 18 ① 19 ④

20 카메라로 주행차량의 전방영상을 촬영한 뒤 영상처리를 거쳐 차선을 인식하여 경보해주는 장치는?

① 위험속도 방지장치
② 적응순항 제어장치
③ 차간거리 경보장치
④ 차선이탈 경보장치

풀이 차선이탈 경보장치(Lane Departure Warning System, LDWS)는 카메라로 주행차량의 전방영상을 촬영한 뒤 영상처리를 거쳐 차선을 인식하여 경보해주는 장치이다. 방향지시등 작동 없이 차선을 이탈하면 계기판의 이미지와 경고음으로 운전자에게 알려준다.

21 친환경 자동차에는 차량 구동에 모터를 사용한다. 주로 사용하는 모터는?

① 농형 유도모터
② 권선형 유도모터
③ 영구자석형 동기모터
④ 권선형 동기모터

풀이 친환경 자동차(HEV, EV, FCEV)에는 대부분 영구자석형 동기모터를 사용한다.

22 전기자동차의 성능을 나타내는 방법이 아닌 것은?

① 출력
② 토크
③ 엔진 rpm
④ 주행가능거리

풀이 전기차의 성능은 출력, 토크, 주행가능거리 등으로 나타낸다.

23 다음 중 전기자동차의 부품이 아닌 것은?

① OBC(On Board Charger)
② LDC(Low DC-DC Converter)
③ BMS(Battery Management System)
④ BHDC(Bi-directional High voltage DC-DC Converter)

풀이 BHDC는 수소 연료전지 자동차에서 고전압 배터리의 전압(240V)을 구동모터 구동에 가능한 스택전압(450V)으로 승압시키는 장치이다.

24 다음 그림은 CCS 콤보 타입 충전구(Inlet) 형상이다. 단자번호에 대한 설명이 잘못된 것은?

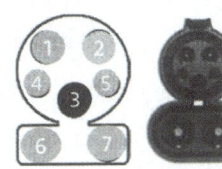

① 1, 2 : AC
② 3 : 접지
③ 4, 5 : 중성선
④ 6, 7 : DC

풀이 4, 5는 신호선(4:CP, 5:PD)이다.

25 전기자동차에는 히트펌프 시스템을 사용한다. 이를 사용하는 가장 주된 이유는?

① 히트펌프 시스템이 내연기관 시스템보다 구조가 단하다.
② 히트펌프 시스템이 가격이 저렴하다.
③ 히트펌프 시스템이 내연기관보다 히터 성능이 좋다.
④ 히트펌프 시스템을 사용하면 주행거리가 길어진다.

풀이 히트펌프 시스템을 사용하면 난방 작동 시 상황에 따라 30~50% 주행가능 거리에 영향을 준다.

20 ④ 21 ③ 22 ③ 23 ④ 24 ③ 25 ④

03 수소연료전지 자동차(FCEV : Fuel Cell Electronic VE

제1절 수소연료전지 자동차 일반

1_ FCEV 개요

수소연료전지 자동차는 연료전지 스택(Stack)이라는 특수한 장치에서 수소(H_2)와 산소(O)의 화학반응을 통해 물(H_2O)을 생성하고, 생성하는 과정에서 발생되는 전기적인 에너지를 사용하여 구동 모터를 돌려 주행하는 자동차를 말한다. 즉, 수소와 공기 중의 산소를 반응시켜 전기를 생성하고, 생산된 전기는 인버터를 통해 모터로 공급된다. 또한 스택에서 생산된 전기의 충·방전을 보조하기 위해 별도의 고전압 배터리가 적용된다. 이 과정에서 유일하게 배출하는 배기가스는 수증기이다.

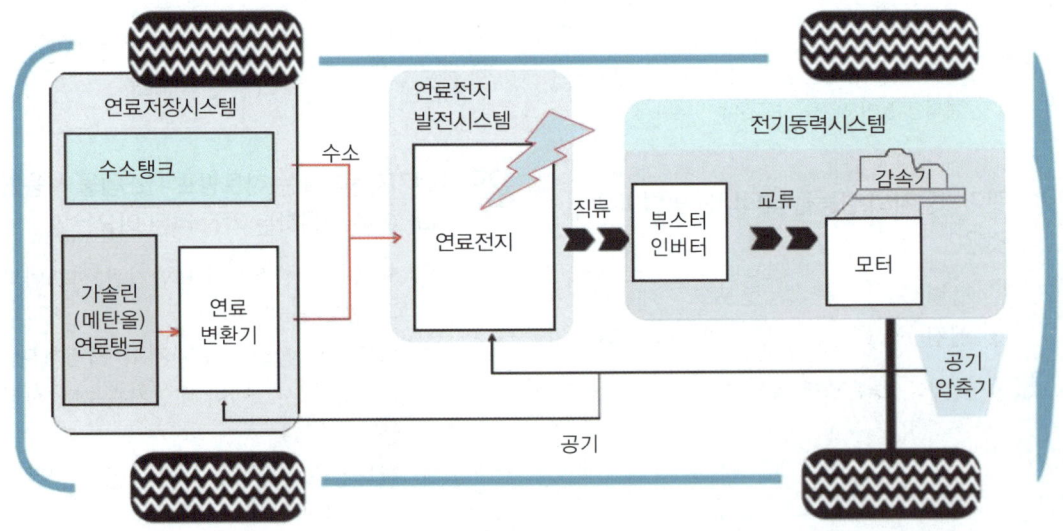

그림 6-13 / 수소연료전지 자동차

2_ 수소 연료전지 자동차의 장·단점

1) 장점

① 기존 발전 방법보다 효율성이 높다.(약 40~60%)
② 물과 열만 배출하는 청정에너지로 친환경적이다.
③ 다양한 연료의 사용이 가능하다.(메탄올, 천연가스, 석탄가스 등)
④ 탄소 배출량이 적다.
⑤ 수소 연료전지의 크기가 작아 공간 확보가 용이하다.

2) 단점

① 차량 가격이 높다.
② 초기 설치비용이 고가이다.
③ 수소 공급, 저장, 배포 등 인프라 구축이 어렵다.
④ 수소 취급관련 별도의 안전교육이 필요하다.

3_ 수소 자동차 정비 시 주의사항

① 환기 및 수소감지 시스템을 구비한 공인 작업장에서 수리하여야 한다.
② 차량 주변에 점화원이 없어야 한다.
③ 수소 가스를 누출시킬 때에는 누출 경로 주변에 점화원이 없어야 한다.
④ 수소공급 시스템이 가압되어 있기 때문에 가스 누출로 인한 위험이 있을 수 있고 부상을 입을 수도 있다.
⑤ 수소 탱크는 고압수소 가스로 충전되어 있기 때문에 탱크를 비우기 전에 수소 탱크를 제거하지 않는다.

4_ 수소 생산 방식

수소는 연소할 때 공해물질 방출이 전혀 없는 청정에너지이며, 생산을 위한 원료의 고갈 우려가 없다. 또한 에너지 밀도가 높고, 이용기술의 실용화 가능성이 높은 에너지이다.

① 추출(개질) : 천연가스(메탄), LPG, 갈탄 등을 고온/고압에서 분해
② 부생수소 : 석유화학이나 제철공장의 공정 중에 부산물로 발생
③ 수전해 : 물을 전기 분해하면 수소와 산소가 발생

표 6-3 / 수소가스 제조방법

구분	추출(개질)	부생수소	수전해
원리	천연가스 + 물 → 추출 → H_2 + CO_2	석유 코크스 나프타 → 화학공정 → H_2 + 목적물질	신재생에너지 + 물 → 수전해 → H_2 + O_2
특징	- 기존 에너지 활용 가능 - CO_2 발생	- 현재 가장 저렴한 방법 - 분리·정제로 생산	- 탄소 제로 수소생산 방법 - 현재는 고비용

제2절 수소 연료전지

1_ BOP(Balance Of Plant)

내연기관의 작동에는 공기, 연료, 점화 3가지 시스템이 필요하듯, 수소 연료전지 자동차에는 공기공급 시스템, 수소(연료)공급 시스템, 열관리 시스템 3가지가 전력(동력)을 만들어 내는데 필요하고, 이를 BOP라 한다.

공기공급 시스템(APS : Air Processing System)은 외부의 공기를 압축하고 냉각시켜 스택에 공급하는 장치이다.

수소공급 시스템(FPS : Fuel Processing System)은 충전탱크의 수소 연료를 적당한 압력으로 전환하여 스택까지 전송하는 장치이다.

열관리 시스템(TMS : Thermal Management System)은 스택 내부에서 전기를 생산하는 고정에서 발생하는 열을 냉각하고, 스택 내부의 온도를 올려 일정한 온도로 유지하는 장치이다.

2_ 연료전지 스택(Fuel Cell Stack)

연료전지 스택이란 수소와 산소의 반응을 통해 전기를 생산해내는 장치로 연료전지 자동차도 모터를 사용하므로, 이를 구동하기 위한 전기에너지를 확보하기 위하여 다수의 셀을 직렬로 연결하여 사용한다. 스택 내에서 전기를 만드는 최소 부품을 셀(연료전지 셀)이라 한다.

셀은 원자에서 전자를 분리시켜 전기를 만들고, 이온을 다른 경로로 움직이게 하는 일을 한다. 각 셀은 약 0.5~1V의 전압을 출력하므로, 약 440장을 적층구조로 조립하여 250~450V의 전압을 생산하여 수소자동차의 모터 구동에 사용한다.

3_ 연료전지 스택의 전기발생 원리

연료전지 스택의 수소극(Anode)에 수소를 공급하고 스택의 산소극(Cathode)에 공기(산소)를 공급하면, 수소극을 통해 들어온 수소는 촉매에 의해 양자(H^+)와 전자(e^-)로 나누어진다. 이때 수소 양자(H^+)는 전해질을 통과하여 산소극의 산소와 만나 물 분자(H_2O)를 생성하고, 수소 이온(e^-)은 외부 회로로 이동하여 전기를 발생시킨다.

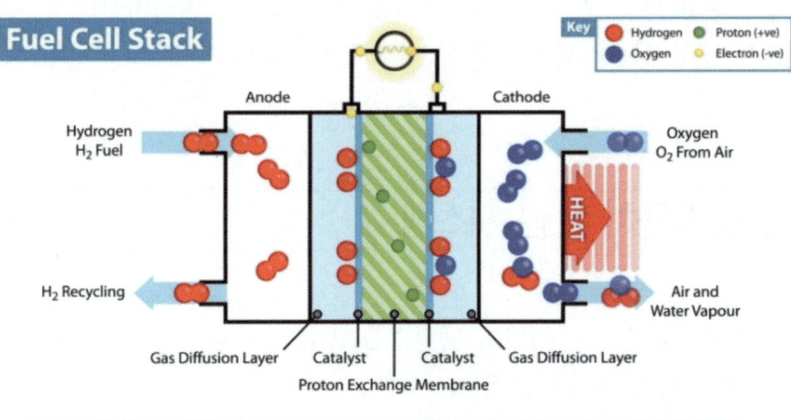

그림 6-14 / 연료전지 셀

셀의 화학반응식은 다음과 같다.
수소반응 : $2H_2 \rightarrow 4H^+ + 4e^-$
산소반응 : $4H^+ + O_2 + 4e^- \rightarrow 2H_2O$

4_ 연료전지 스택의 주요 구성품

1) 막-전극 접합체(MEA : Membrane Electrode Assembly)

전해질막과 전극이 일체로 되어있는 구조이며 양극과 음극 사이에 이온이 움직이는 통로로, 전자의 이동이 가능하게 하므로 전기를 만들어 내는 스택의 핵심 부품이다. 수소 이온인 양성자(H^+)만 통과하여 산소와 반응한다.

2) 기체 확산층(GDL : Gas Diffusion layer)

전극에 있는 수소를 Membrane까지 확산시켜 주며, 반응 생성물(가스 및 물) 제거, 셀에서 전기를 만들기 위해 필요한 물 관리, 촉매층의 전자를 이동시키는 역할 등을 한다.

3) 분리판(separator)

스택으로 공급되는 기체(수소, 산소)의 공급 통로, 스택 냉각을 위한 냉각수의 통로, 발전된 전류를 이동시키는 통로의 역할을 한다.

4) 스택 전압 모니터(SVM : Stack Voltage Monitor)

스택 내부의 각 셀에서 발생되는 전압을 실시간으로 측정하는 역할을 하며, 감지된 전압을 CAN 통신을 통해 FCU에 전송하고, FCU는 이 정보를 이용하여 가용할 수 있는 전압을 파악하여 모터를 구동하는데 필요한 기초 신호로 사용한다.

제3절 수소자동차 운전 시스템

연료전지(Stack)에 공기, 수소(연료), 냉각수를 공급하는 장치로, 공기공급 시스템, 수소공급 시스템, 열관리 시스템으로 구분한다.

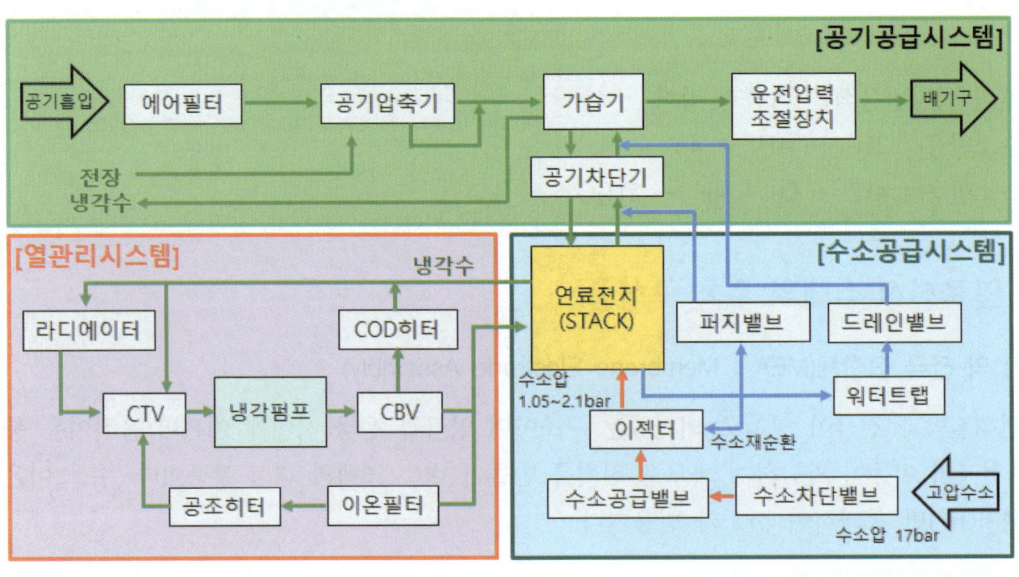

그림 6-15 / 수소 자동차 운전시스템

1_ 연료전지 운전장치

1) **공기공급 시스템**(APS : Air Processing System) : 흡입공기는 에어필터를 지나 공기압축기로 흡입되며, 가습기를 지나 수분을 보충한 습한 공기상태로 되어 공기차단기의 inlet을 거쳐 스택으로 공급된 후, 다시 공기 차단기의 outlet을 통해 가습기로 되돌아간다. 가습기를 통과한 공기는 공기 압력밸브(운전압력 조절장치)를 지나 배기로 배출된다.

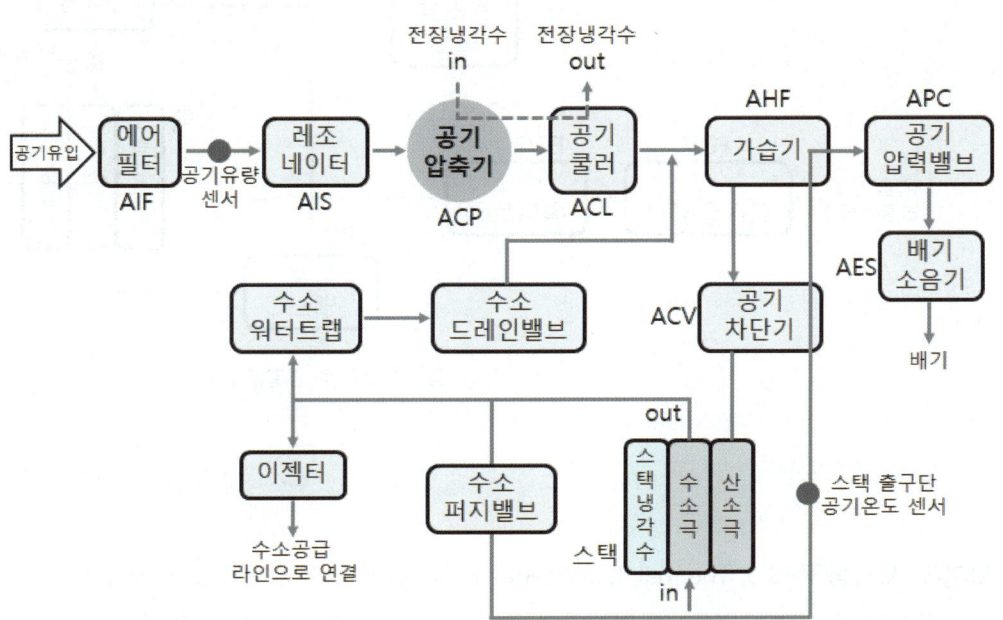

그림 6-16 / **공기공급 시스템 흐름도**

2) **수소공급 시스템**(FPS : Fuel Processing System) : 수소 탱크로부터 공급된 약 700bar의 수소(연료)는 첵밸브, 고압 레귤레이터를 거쳐 약 17bar로 감압되어 수소차단밸브를 거치고, 수소공급밸브를 거쳐 2차 감압 후 이젝터로 공급된 후 스택에 연료를 공급한다. 스택에서 배출되는 연료는 이젝터, 퍼지밸브, 워터 트랩으로 흘러 들어가며 이젝터로 유입된 연료 일부는 재순환되며 순도가 떨어지면 퍼지밸브를 통해 대기로 배출된다. 수소 워터트랩은 스택 수소층에서 발생된 생성수(H_2O)를 모았다가 드레인 밸브를 통해 외부로 배출된다.

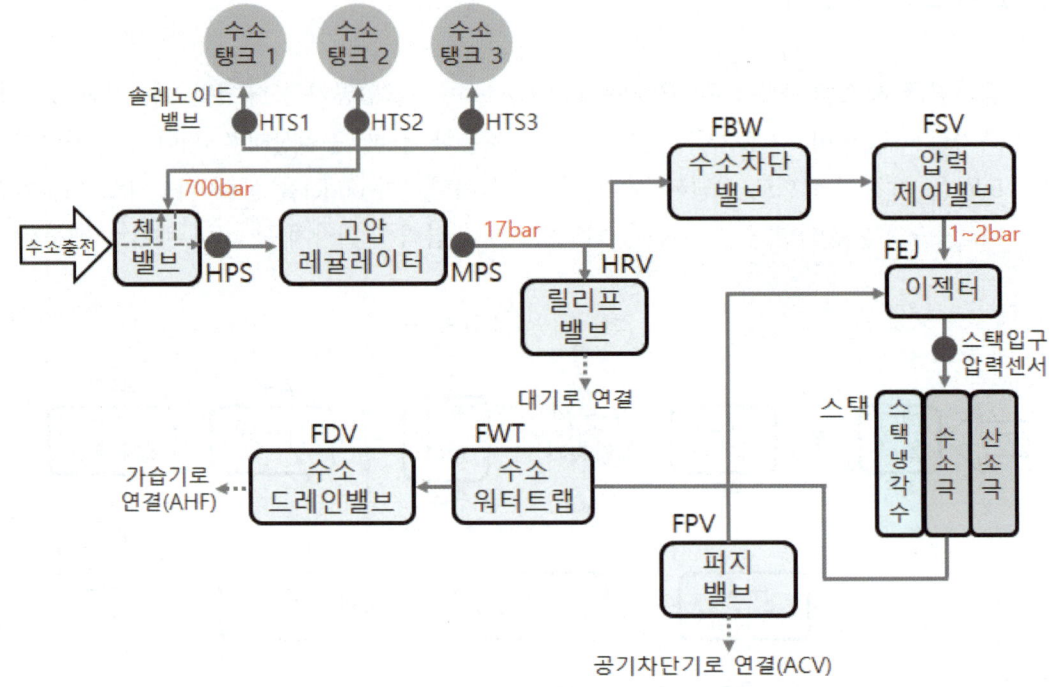

그림 6-17 / 수소공급 시스템 흐름도

3) **열관리 시스템(TMS : Thermal Management System)** : 수소와 산소의 반응으로 인한 연료전지 스택의 온도 상승을 억제하고 스택 전반의 온도 분포를 균일하게 냉각, 관리하는 것이 열관리 시스템이다. 스택 냉각수의 흐름에 따라 일반운전, 과열, 냉시동으로 구분된다.

① 일반운전 시 냉각수 흐름 : 스택 냉각수펌프(CSP)에서 펌핑된 냉각수는 스택우회밸브(CBV)를 거쳐 스택으로 유입된 후 다시 스택 냉각수 온도밸브(CTV)를 거쳐 냉각수 펌프로 유입된다. 이때 CBV를 통과한 냉각수 중 일부는 항상 히터코어와 이온필터를 지나 CTV로 유입되어 냉각수 펌프로 들어간다.

② 과열 시 냉각수 흐름 : 과열 시에는 스택을 지나온 냉각수의 대다수가 라디에이터를 지나 냉각된 후 CTV로 유입된다. 스택을 통과한 냉각수 일부는 FCU CAN 신호에 따라 라디에이터를 통과한 냉각수와 통과 이전의 냉각수를 적절히 섞어 온도제어를 수행한다.

③ 냉시동 시 냉각수 흐름 : 스택 냉각수펌프에서 펌핑된 냉각수는 CBV에서 스택으로 연결되는 라인을 차단하고 COD 히터로 연결한다. COD 히터를 통해 데워진 냉각수는

다시 CTV로 입력되어 다시 냉각수 펌프로 유입된다. 이때 스택은 냉각수가 공급되지 않은 상태이므로 스택 자체에서 발생되는 열로 히팅을 한다.

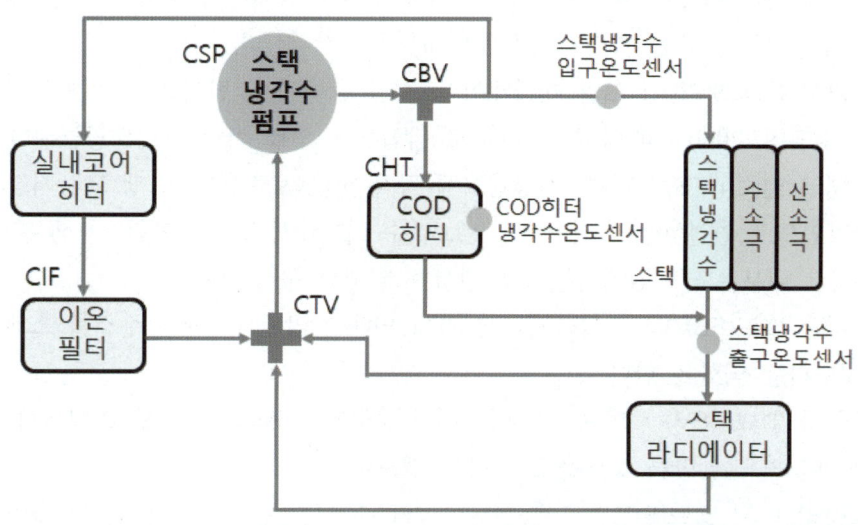

그림 6-18 / 열관리 시스템 흐름도

2_ 연료전지 운전장치의 주요 구성품

1) 공기공급 시스템

① 에어 필터 : 이물질에 의해 전기 생산이 저하하므로 일반 차량보다 여과성능이 뛰어나다.
② 공기유량 센서 : 스택에 유입되는 공기의 양을 측정하여 FCU로 입력한다.
③ 공기 압축기(ACP) : 에어필터를 통해 유입된 공기의 압력을 높여 스택에 보내는 장치이다. 10만 rpm, 2bar까지 압축시킨다.
④ 공기 쿨러 및 가습기 : 공기 쿨러 및 가습기는 일체로 되어있으며, 쿨러는 효율적인 공기의 냉각을, 가습기는 스택으로 공급되는 공기에 수분을 공급한다.
⑤ 공기 차단기(ACV) : 가습기에서 공급된 공기를 스택으로 공급하고, 스택에서 사용된 공기를 다시 가습기로 배출시키는 통로 역할을 한다.
⑥ 공기압력 밸브(APC) : 가습기와 배기구 사이에 설치되며, 부하에 따라 운전압력 조절 장치의 공기압력 밸브를 닫아 스택 내부의 공기단에 배압을 형성하도록 하여 수소와 충분히 반응을 할 수 있도록 한다.

2) 수소공급 시스템

① 수소 저장탱크 : 수소 충전소에서 약 700bar로 충전시킨 기체 수소를 충전하는 탱크이다.

② 고압감지 센서(HPS) : 충전된 수소의 이상 고압을 감지하여 수소탱크 제어유닛(HMU)으로 전송하는 역할을 한다. 최고 900bar 까지 감지한다.

③ 중압감지 센서(MPS) : 고압 레귤레이터, 중압 감지센서, 릴리프 밸브가 하나로 블록으로 구성되며, 700bar의 압력이 17bar로 감압되어 연료 차단밸브로 공급된다.

④ 수소탱크 밸브(HTS) : 수소 저장탱크에 각각 하나씩 적용되며, 탱크에 저장된 수소를 공급라인으로 연결하는 솔레노이드 밸브, 수소를 수동으로 차단할 수 있는 매뉴얼 밸브, 탱크 내부온도를 감지하는 온도센서가 일체로 구성된다.

⑤ 연료차단 밸브(FBV) : 고압 레귤레이터에 의해 감압된 17bar의 수소를 스택으로 공급 및 차단하는 역할을 한다.

⑥ 연료공급 밸브(FSV) : 연료 차단밸브에서 공급된 17bar의 연료를 스택에서 전력을 생산하는데 필요한 만큼 압력을 조절하는 밸브이다.

⑦ 연료라인 퍼지 밸브(FPV) : 재순환 과정의 수소는 순도가 낮아 전력효율이 떨어지므로 스택에서 일정량의 수소를 소비할 때, FCU는 수소 순도를 높이기 위해 퍼지 밸브를 개방하여 수소를 배출하고 새로운 수소를 공급한다.

⑧ 워터 트랩(FWT) : 스택 내부 수소확산 영역에서 생성된 물을 저장한다. 최대 200ml를 저장할 수 있다.

⑨ 생성수 레벨 센서 : 워터 트랩에 저장된 수분의 양을 측정한다.

⑩ 드레인 밸브(FDV) : FCU의 구동에 의해 워터 트랩에 저장된 물을 공기 공급라인의 가습기로 보낸다.

⑪ 적외선 이미터(HMI) : 수소 충전 건이 차량과 연결되면, HMU는 적외선 이미터를 통해 충전관리 시스템에 현재 수소저장탱크의 압력 및 온도를 전송한다. 이 신호를 수신한 충전 시스템은 탱크 부하에 맞는 속도로 수소 충전을 실시한다.

3) 열관리 시스템

① 스택 냉각수 펌프(CSP) : 내연기관에서의 워터펌프 역할과 같으며, 250V~450V 전원을 입력받아 내부 인버터에서 3상으로 변환한 뒤 펌프를 구동한다. FCU와의 통신을 통해 회전수를 제어하고 연료전지 냉각시스템의 냉각수를 순환시키는 역할을 한다.

② COD 히터(CHT) : COD 히터는 내부에 발열체를 가지고 있으며, COD 릴레이를 통해 고압회로와 연결된다. COD 히터는 4가지 역할을 수행한다.

　㉠ COD 기능 : 연료전지 셀의 내구성 향상을 위해 IG off시 스택에 남아있는 잔류 전류를 강제 반응시켜 소진하는 기능

  ⓒ 냉시동 기능 : 냉시동 조건(영하 30℃)이 되면, 약 30초 동안 COD 히터를 가열하여 냉각수 온도를 올린다.
  ⓒ 회생제동 기능 : 회생제동 시 고전압 배터리의 SOC가 높을 경우 COD 히터를 사용하여 발열로 소진한다.
  ⓔ 급속 고전압 소진 : 충돌, 절연파괴 등과 같은 위급상황 시 고전압 시스템 차단 후 COD 히터를 통해 잔류 고전압을 소진한다.
③ 이온 필터(CIF) : 스택 냉각수의 이온을 필터링하여 차량의 전기전도도를 일정 수준으로 유지하여 전기 안전성을 확보해주는 기능을 한다. 스택 냉각수는 전장 냉각수 대비 전기 전도도가 낮아 혼합하여 사용할 수 없다. 만일 전장 냉각수를 스택 냉각수에 넣을 경우 단락(절연 파괴)되어 차량 운행이 정지된다.
④ 스택 우회밸브(CBV) : 스택 우회밸브는 3 Way 밸브로, 일반 운전조건일 경우 냉각수는 스택으로 유입되어 냉각작용을 하며, 냉시동 조건에서는 COD히터로 보내 냉각수 온도를 상승시킨다.
⑤ 스택 냉각수 온도제어 밸브(CTV) : 스택 냉각수 온도제어 밸브는 4 Way 밸브로 써모스탯 역할을 한다. 일반 운전조건일 경우 스택에서 유입된 냉각수를 바로 펌프로 연결하지만, 냉각수 온도가 상승하면 라디에이터에서 유입되는 통로를 펌프와 연결시킨다.
⑥ 스택 냉각수 온도센서 : 스택으로 유입되는 냉각수 온도를 감지하여 FCU로 보낸다. 스택 입구 온도센서와 출구 온도센서의 정보를 기준으로 냉각수 온도를 제어하여 스택이 과열되지 않도록 제어한다.
⑦ 라디에이터 : 냉각수의 통로로, 스택 라디에이터, 전장 라디에이터, 콘덴서가 일체로 구성되었다.
⑧ 쿨링팬 : 라디에이터를 냉각시키는 역할을 한다.

3_ 수소 자동차의 시동 준비과정

하이브리드 자동차, 전기자동차 수소 자동차 등 전기모터를 사용하는 친환경 자동차는 엔진 시동 대신 모터를 구동할 수 있다는 의미인 초록색 "READY" 램프를 점등한다. READY 램프가 점등되었다는 것은 내연기관 자동차에서 시동이 걸린 것과 동일한 주행 가능하다는 의미이다.

시동 버튼을 누르면, 다음과 같은 순서로 "READY"가 진행된다.
① 브레이크 페달을 밟고 시동 버튼을 누른다.
② SMK(IBU)는 실내에 존재하는 스마트키 인증이 완료되면 전원 릴레이를 구동하여 각 제어기에 전원을 공급한다.
③ FCU는 IGN(On/Start 전원) 전원이 입력되면 K-Line을 통해 SMK로 이모빌라이저 인증을 요청하고 응답을 받는다.
④ 인증과 별도로 SMK는 시동 출력(12V)을 한다. 이때 시동 출력과 동일하게 스타트 피드백 단자로 12V가 입력되어야 한다.(미 입력시 시동 출력을 멈춤)
⑤ FCU는 약 1초 이상 시동 신호를 입력받으면 SMK로 P CAN을 통해 시동 출력 정지 신호를 보낸다.
⑥ 즉, FCU는 연료도어가 닫혀있고, 연료전지 시스템 및 고전압 회로가 정상이며, 이모빌라이저 인증이 정상이고, FCU로 시동 신호가 입력되는 4가지 조건을 만족할 경우

4_수소 자동차 약어 설명

약어	원어
FCEV	Fuel Cell Electric Vehicle(연료전지 전기자동차)
FCU	Fuel-cell Control unit(연료전지 컨트롤 유닛)
PFC	Power-train Fuel Cell(수소전기차 동력원)
BOP	Balance of Plant(연료전지 시스템 운전장치)
HMU	Hydrogen Manufacture Unit(수소저장시스템 제어기)
APS	Air Processing System(공기공급 시스템)
FPS	Fuel Processing System(수소공급 시스템)
TMS	Thermal Management System(열관리 시스템)
LDC	Low DC-DC Converter
BHDC	Bi-directional High Voltage DC-DC Converter
ACV	Air Cut-off Valve(공기 차단기)
APC	Air Pressure Control Valve(공기 압력밸브)
MPS	Mid Pressure Sensor(중압 감지센서)
HPS	High Pressure Sensor(고압 감지센서)
HTS	Hydrogen Tank Solenoid(수소탱크 밸브)
FBV	Fuel Block Valve(수소 차단밸브)
FSV	Fuel Supply Valve(수소압력 제어밸브)
FPV	Fuel line Purge Valve(수소 퍼지밸브)
FWT	Fuel-cell Water Trap(워터 트랩)
FDV	Fuel-cell Frain Valve(드레인 밸브)
HIE	Hydrogen IR Emitter(적외선 이미터)
CSP	Coolant Stack Pump(스택 냉각수 펌프)
CBV	Coolant Bypass Valve(냉각수 우회밸브)
CTV	Coolant Temperature Valve(냉각수 온도밸브)
COD	Cathode Oxygen Depletion
CHT	COD Heater

제4절 수소 자동차의 전력 변환

수소 자동차(FCEV)는 전기자동차(EV)의 부품을 모두 가지고 있다. 또한, 운용되는 전압의 종류는 400V, 240V, 12V까지 다양하다.

인버터는 대개 출력(직류)을 교류로 변환시키는 장치이고, 컨버터는 출력을 직류로 변환시키는 장치이다.

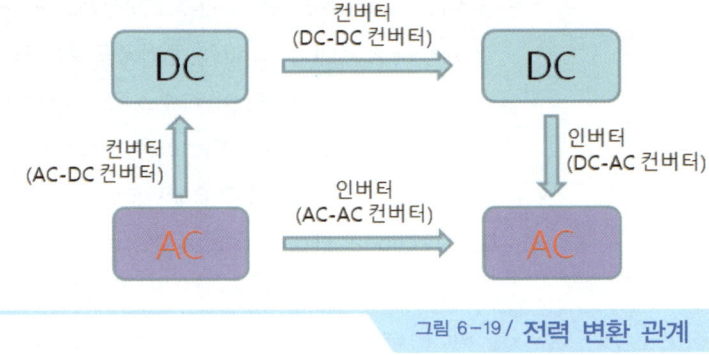

그림 6-19 / 전력 변환 관계

1_ 수소 자동차의 시동 시 전력변환

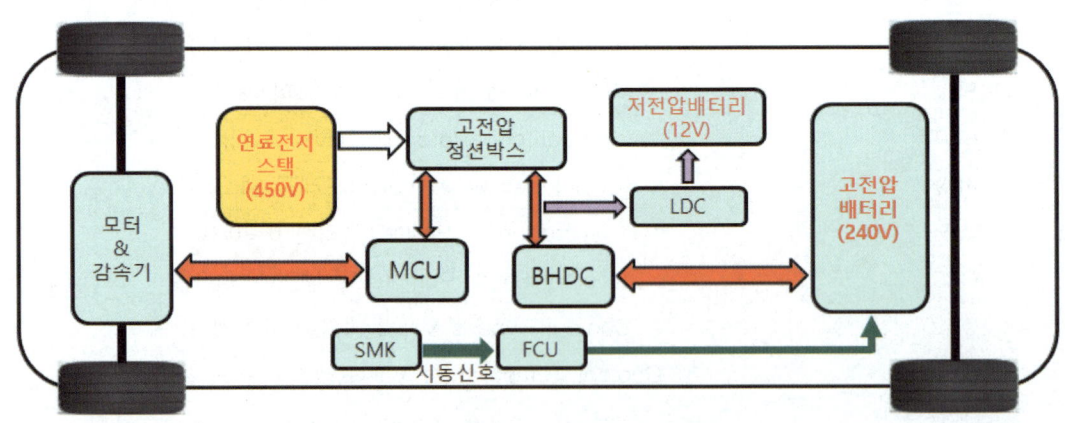

그림 6-20 / 수소자동차 시동 시 전력변환

스마트키(SMK)의 시동신호가 FCU에 전달되면 FCU는 고전압 배터리(240V)에 작동을 명령한다.(PRA 작동) 이 때 고전압 배터리 내부 전원으로는 구동모터를 작동시킬 수 있는 토크가 부족하므로, BHDC를 통해 240V를 450V로 승압하여 고전압 정션박스로 보낸다. MCU는 이 고전압 직류를 구동모터를 제어하기 위한 3상 교류로 변환시켜 모터를 구동시킨다. 이와 동시에, 고전압은 LDC로도 입력되어 12V배터리를 충전시킨다.

2_ 수소 자동차의 평지주행 시 전력변환

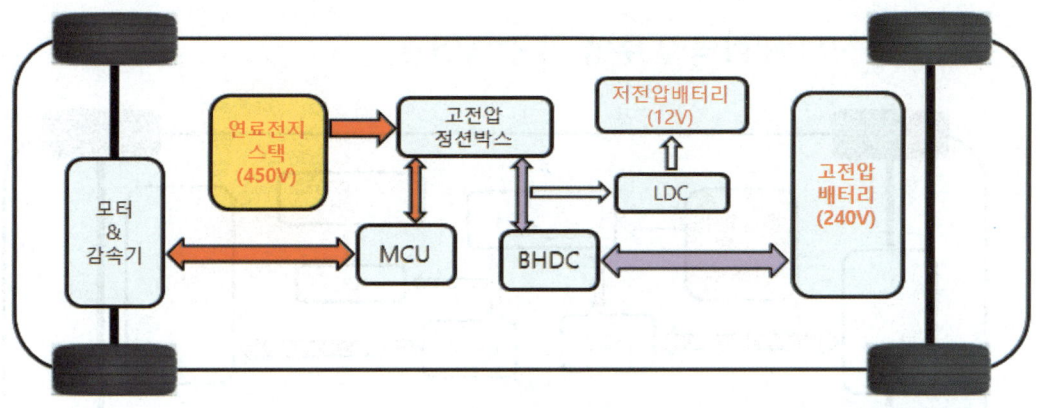

그림 6-21 / 수소자동차 평지주행 시 전력변환

평지 주행 시는 저부하, 정속주행 조건이므로 스택에서 생산되는 전기로 충분히 구동이 가능하다. 주행하면서도 남은 전기는 회수하여 고전압배터리에 충전시켜 효율을 높인다. BHDC는 스택의 450V 고전압을 감압시켜 240V의 고전압 배터리를 충전시킨다.

3_ 수소 자동차의 등판주행 시 전력변환

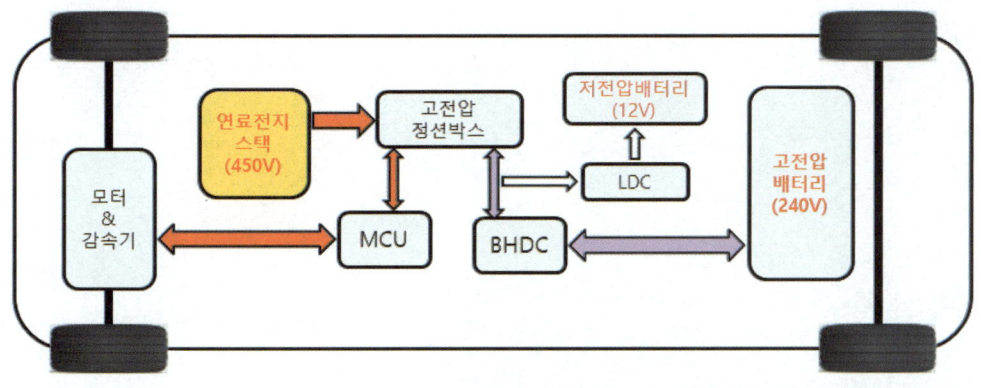

그림 6-22 / 수소자동차 등판주행 시 전력변환

기본적으로 스택에서 생산되는 전기를 사용하여 모터를 구동시키지만 부족할 경우 고전압 배터리의 지원을 받는다.(스택+고전압 배터리) 고전압배터리는 240V이므로 BHDC에서 450V로 승압하여 고전압 정션박스로 보내면 MCU는 직류를 교류로 변환하여 3상 교류모터를 구동하게 된다.

4_ 수소 자동차의 내리막길 주행 시 전력변환

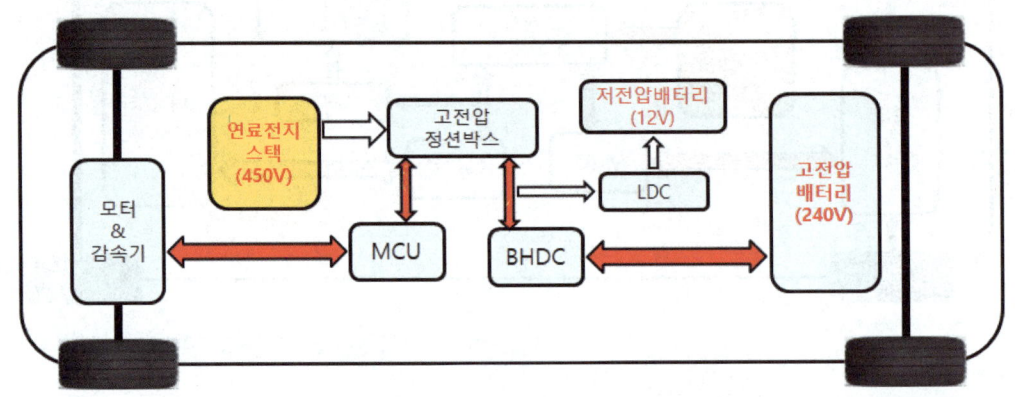

그림 6-23 / 수소자동차 내리막길 주행 시 전력변환

하이브리드 자동차와 마찬가지로 감속 시에는 회생제동에 의해 구동모터가 발전기가 되어 전기를 생산한다. 이때 MCU는 교류를 직류로 변환하여 고전압배터리를 충전시킨다. 만약 고전압배터리가 완전 충전되어 있을 때(고전압 배터리 SOC가 높을 때), 계속 충전이 된다면 회생제동에 의해 과충전 될 우려가 있으므로 남은 전기를 COD 히터로 보내 자체적으로 소진시킨다.

제3장 수소연료전지 자동차 출제예상문제

01 연료전지의 장점에 해당되지 않는 것은?

① 상온에서 화학반응을 하므로 위험성이 적다.
② 에너지 밀도가 매우 크다.
③ 연료를 공급하여 연속적으로 전력을 얻을 수 있으므로 충전이 필요 없다.
④ 출력밀도가 크다.

풀이 연료전지의 장점
① 연료를 공급하여 연속적으로 전력을 얻을 수 있으므로 충전이 필요 없다.
② 에너지 밀도가 매우 크다.
③ 상온에서 화학반응을 하므로 위험성이 적다.

02 수소 연료전지 전기차(HFCEV)의 장점이 아닌 것은?

① 유해한 배기가스가 없어 친환경적이다.
② 화석연료에 비해 저렴하다.
③ 충전시간이 짧다.
④ 수소 제조에 쓰이는 촉매의 가격이 저렴하다.

풀이 ①~③은 수소 연료전지 자동차의 장점이며, 촉매의 재료인 백금, 팔라듐, 세륨 등이 희토류이며 귀금속이라 비싸다.

03 다음 중 연료전지에 대한 특징이 아닌 것은?

① 화학에너지를 전기에너지로 변환한다.
② 발전효율은 50~60%로 높다.
③ 청정 고효율 발전시스템이다.
④ 청정 연료인 수소 생산 시 오염물질 배출이 없다.

풀이 수소 생산 시 이산화탄소 등 오염물질을 배출한다.

04 연료전지의 종류 중 전해액에 따른 구분으로 틀린 것은?

① 알칼리형
② 인산형
③ 액체 산화물형
④ 고분자 전해질형

풀이 연료전지의 전해액에 따른 구분
알카리형, 인산형, 용융 탄산염형, 고체 산화물형, 고분자 전해질형, 직접 메탄올

01 ④ 02 ④ 03 ④ 04 ③

07 수소연료 전지차의 에너지소비효율 라벨에 표시되는 항목이 아닌 것은? (단, 자동차의 에너지소비효율 및 등급표시에 관한 규정에 의한다.)

① CO_2 배출량
② 1회 충전 주행거리
③ 도심주행 에너지소비효율
④ 고속도로주행 에너지소비효율

풀이 수소전기차 에너지소비효율 라벨

① 복합 에너지 소비효율
② CO_2 배출량
③ 도심주행 에너지소비효율
④ 고속도로주행 에너지소비효율

[산업통상자원부 고시, "자동차 에너지소비효율 및 등급표시에 관한 규정" [별표 5] 자동차의 에너지소비효율 및 등급의 표시방법]

06 연료전지의 효율(η)을 구하는 식은?

① 효율(η) = $\dfrac{1mol의\ 연료가\ 생성하는\ 전기에너지}{생성\ 엔트로피}$

② 효율(η) = $\dfrac{1mol의\ 연료가\ 생성하는\ 전기에너지}{생성\ 엔탈피}$

③ 효율(η) = $\dfrac{10mol의\ 연료가\ 생성하는\ 전기에너지}{생성\ 엔트로피}$

④ 효율(η) = $\dfrac{10mol의\ 연료가\ 생성하는\ 전기에너지}{생성\ 엔탈피}$

풀이 연료전지의 효율(η)
= $\dfrac{1mol의\ 연료가\ 생성하는\ 전기에너지}{생성\ 엔탈피}$

07 수소 연료전지 전기차의 1셀(Cell)은 약 몇 V 인가?
① 0.5~1V   ② 1.2~1.5V
③ 2.1~2.3V ④ 3.7~3.75V

풀이 수소와 산소가 반응하여 생기는 전압은 1셀 당 약 0.5~1V이다.

08 연료전지 셀의 전해질막을 통과하는 이온은?
① 수소 e^- 음이온
② 수소 H^+ 양이온
③ 산소 e^- 음이온
④ 산소 O^+ 양이온

풀이 전해질막을 통과하는 이온은 수소 H^+ 이온이다.

09 수소 연료전지 전기차에서 연료전지 운전장치의 시스템이 아닌 것은?
① 공기공급 시스템
② 수소공급 시스템
③ 전력공급 시스템
④ 열관리 시스템

풀이 연료전지 운전장치(BOP, Balance Of Plant)는 공기공급 시스템, 수소공급 시스템, 열관리 시스템으로 구성되어 있다.

10 수소 연료전지 전기차에서 수소공급 시스템의 순서로 올바른 것은?
① 수소탱크 → 고압 레귤레이터 → 수소 차단밸브 → 압력제어밸브 → 이젝터 → 스택
② 수소탱크 → 수소 차단밸브 → 압력제어밸브 → 이젝터 → 고압 레귤레이터

05 ② 06 ② 07 ① 08 ② 09 ③ 10 ①

→ 스택

③ 수소탱크 → 압력제어밸브 → 이젝터 → 고압 레귤레이터 → 수소 차단밸브 → 스택

④ 수소탱크 → 이젝터 → 고압 레귤레이터 → 수소 차단밸브 → 압력제어밸브 → 스택

풀이 수소 연료전지 전기차에서 수소공급 시스템의 순서는 다음과 같다. 수소탱크 → 고압 레귤레이터 → 수소 차단밸브 → 압력제어밸브 → 이젝터 → 스택

11 수소 연료전지 전기차에서 열관리 시스템 (Thermal Management System)의 구성품이 아닌 것은?

① 냉각펌프　　② 라디에이터
③ PTC 히터　　④ COD 히터

풀이 열관리 시스템(Thermal Management System, TMS)은 스택 냉각펌프, 스택 라디에이터, COD 히터, 온도 조절밸브(CTV), 냉각수 바이패스 밸브(CBV) 등으로 구성되어 있다.

12 연료전지를 구분하는 방법이 아닌 것은?

① 작동온도
② 연료의 종류
③ 전해액
④ 고전압배터리의 용량

풀이 연료전지를 구분하는 방법으로는 작동온도, 연료의 종류, 전해액에 따라 분류한다.

13 수소 연료전지 전기차에서 수소공급 시스템의 구성요소가 아닌 것은?

① 적외선 이미터　② 가습기
③ 압력제어밸브　④ 워터 트랩

풀이 가습기는 공기공급 시스템의 구성요소이다.

14 스택 내부의 수소 순도가 재순환 과정으로 낮아지면 수소 순도를 높이기 위해 사용하는 장치는?

① 에어 필터　　② 이온 필터
③ 퍼지 밸브　　④ 드레인 밸브

풀이 FCU는 항상 일정수준 이상의 수소 순도를 유지하기 위해 퍼지밸브를 개방하고 새로운 수소를 공급한다.

15 전기 모터를 사용하는 친환경 자동차는 엔진 대신 모터를 구동할 수 있다는 의미인 READY 램프를 점등한다. READY가 되기 위한 조건이 아닌 것은?

① 운전석 도어 닫힘
② 연료 도어 닫힘
③ 이모빌라이저 인증 정상
④ PCU로 시동 신호 입력

풀이 READY가 되기 위한 조건은 연료전지 시스템 및 고전압 회로 정상, 연료 도어 닫힘, 이모빌라이저 인증 정상, PCU로 시동 신호 입력 4가지 이다.

16 친환경 자동차인 하이브리드 자동차, 전기자동차, 수소 연료전지 전기차의 공통점이 아닌 것은?

① 시동 시 READY 램프를 점등시킨다.
② 구동모터를 이용하여 자동차를 구동한다.
③ 고전압 배터리를 장착하고 있다.
④ 연료 저장탱크에 연료를 저장한다.

풀이 하이브리드 자동차는 연료탱크를, 수소 연료전지 자동차는 연료인 수소탱크를 장착하고 있으나, 전기자동차는 연료탱크가 없다.

11 ③　12 ④　13 ②　14 ③　15 ①　16 ④

부록

최근 과년도 문제해설

자동차정비기능장 제49회 (2011.04.17 시행)

01 엔진 냉각수가 비등점이 낮아져 냉각수내에 기포가 발생되어 물 펌프의 임펠러 및 펌프 몸체를 손상시킬 수 있는 현상을 무엇이라 하는가?

① 캐비테이션(cavitation)
② 퍼컬레이션(percolation)
③ 베이퍼 록(vapor lock)
④ 헤지테이션(hesitation)

풀이 캐비테이션(cavitation)이란 공동(空洞) 현상으로 냉각수가 비등점이 낮아져 냉각수내에 기포가 발생되는 현상을 말한다. 공동 현상이 발생되면 물펌프의 임펠러 및 펌프 몸체가 손상될 수 있다.

02 직접분사방식(GDI)을 간접분사방식과 비교했을 때 단점은?

① 연료분사압력이 상대적으로 낮다.
② 희박혼합기 모드에서는 NOX의 발생량이 현저하게 증가한다.
③ 분사밸브의 작동전압이 너무 낮다.
④ 내부 냉각효과가 너무 낮다.

풀이 희박혼합기 모드에서는 연소온도가 높아 NOx의 발생량이 현저하게 증가하는 것이 단점이다.

03 실린더에 건식 라이너를 사용할 때의 특징으로 가장 거리가 먼 것은?

① 실린더 블록의 강성이 저하된다.
② 일체형의 실린더가 마모된 경우에 사용한다.
③ 가솔린 엔진에 많이 사용한다.
④ 실린더 블록의 구조가 복잡하다.

풀이 건식 라이너 방식의 특징
① 라이너가 냉각수와 직접 접촉하지 않는 방식
② 실린더 블록의 구조가 복잡하다.
③ 라이너 삽입시 2~3톤의 압력이 필요하다.
④ 라이너의 두께는 2~4mm 정도(습식 : 5~8mm)
⑤ 일체형의 실린더가 마모된 경우에 사용한다.
⑥ 가솔린 엔진에 많이 사용한다.

04 고속 디젤 엔진의 기본 사이클은?

① 정적 사이클   ② 정압 사이클
③ 등온 사이클   ④ 복합 사이클

풀이 열역학적 사이클에 의한 분류
① 오토 사이클(정적 사이클) : 가솔린기관
② 디젤 사이클(정압 사이클) : 저속 디젤기관
③ 사바테 사이클(복합, 합성 사이클) : 고속 디젤기관

01 ① 02 ② 03 ① 04 ④

05 전자제어 연료 분사방식의 엔진에 사용되는 센서 중 서미스터(thermistor) 소자를 이용한 센서는?

① 냉각수온센서, 산소센서
② 흡기온센서, 대기압센서
③ 대기압센서, 스로틀포지션센서
④ 냉각수온센서, 흡기온센서

풀이 냉각수온센서, 흡기온센서 등은 부특성 서미스터를 이용한 센서이다.

06 연소에 있어서 공연비란 무엇을 의미하는가?

① 배기 중에 포함되는 산소량
② 흡입공기량과 연료량의 중량비
③ 배기공기체적과 연료량의 비
④ 흡입공기량과 연료체적 비

풀이 이론 공연비란 완전연소에 필요한 공기와 연료의 중량비(14.7g : 1g)를 의미한다.

07 4행정 사이클 가솔린 엔진에서 제동마력이 53PS, 실린더수는 2개, 회전수가 3,600rpm일 때 평균유효 압력을 $9kg_f/cm^2$ 이라고 하면 실린더 내경은? (단, 피스톤 행정 : 실린더내경 = 1.03 : 1 이다.)

① 약 8.12cm   ② 약 8.74cm
③ 약 9.00cm   ④ 약 9.70cm

풀이 지시(제동)마력 = $\dfrac{PALZN}{75 \times 60} = \dfrac{PVZN}{75 \times 60 \times 100}$

여기서, P : 지시(제동)평균 유효압력 (kg_f/cm^2)
A : 실린더 단면적(cm^2)
L : 행정(m)
Z : 실린더 수
N : 엔진 회전수(rpm)
(2행정기관 : N, 4행정기관 : N/2)
V : 배기량(cm^3)

∴ 배기량 $V = \dfrac{ps \times 75 \times 60 \times 100}{PNR}$

$= \dfrac{53 \times 75 \times 60 \times 100}{9 \times 2 \times 1,800}$

$= 736.1 cm^3$

배기량 $V = 0.785 D^2 L$ 에서
$D^2 L = \dfrac{736.1}{0.785} = 937.7 cm^3$

행정 : 내경 = 1.03 : 1 은 거의 1 : 1 이므로
$L^3 = 937.7 cm^3$ ∴ $L = 9.78cm$,
내경이 행정보다 작으므로 약 9.70cm

05 ④　06 ②　07 ④

08 가솔린 기관의 연료분사 장치에서 흡기관의 절대 압력과 기관의 회전수로부터 흡입 공기량을 간접적으로 계량하는 방식은?

① MAP센서 방식
② 핫 와이어식
③ 핫 필름식
④ 메저링 플레이트식

풀이 흡입공기량 계측방식
1) 직접 계측방식(mass flow type)
   ① 체적 검출방식 : 베인식, 칼만 와류식
   ② 질량 검출방식 : 열선(Hot wire)식, 열막(Hot film)식
2) 간접 계측방식(speed density type) : 흡기다기관 절대압력(MAP센서) 방식

09 전자제어 가솔린에서 속도 – 밀도 방식의 공기유량 센서가 직접 계측하는 것은?

① 흡기관의 압력
② 흡기관의 유속
③ 흡기공기의 질량유량
④ 흡입공기의 체적유량

풀이 속도 – 밀도 방식은 간접계측 방식으로 흡기다기관의 절대압력을 검출한다.

10 열효율이 32%, 출력이 70PS, 사용연료의 저위 발열량이 10,500kcal/kg인 기관의 1시간 동안 연료 소비량은?

① 약 1.32kg/h ② 약 4.21kg/h
③ 약 13.2kg/h ④ 약 42.1kg/h

풀이 제동 열효율$(\eta_b) = \dfrac{632.3 \times PS}{CW} \times 100(\%)$

여기서, C : 연료의 저위 발열량(kcal/kg$_f$)
W : 연료 중량(kg$_f$)

$\therefore$ 연료 중량$(W) = \dfrac{632.3 \times PS}{C \times \eta_b} \times 100$

$= \dfrac{632.3 \times 70}{10,500 \times 32} \times 100$

$= 13.17$kg/h

11 피스톤과 실린더의 간극을 측정할 때 피스톤의 어느 부분에서 측정하여 피스톤과 실린더의 간극을 측정하는가?

① 피스톤 헤드부
② 피스톤 보스부
③ 피스톤링 홈부
④ 피스톤 스커트부

풀이 피스톤 간극 측정은 피스톤 스커트부를 측정한다.

08 ① 09 ① 10 ③ 11 ④

12. 압축비가 9:1 인 오토사이클 기관의 열효율은? (단, k = 1.4 이다.)

① 약 35%   ② 약 45%
③ 약 58%   ④ 약 66%

풀이 오토 사이클의 이론 열효율

이론 열효율(η_o) $1 - \dfrac{1}{\epsilon^{k-1}} = 1 - \left(\dfrac{1}{\epsilon}\right)^{k-1}$

여기서, ϵ : 압축비
k : 비열비

∴ $\eta_o = 1 - \left(\dfrac{1}{9}\right)^{1.4-1} = 0.5847$ 즉, 58.5%

※ 압축비 6인 경우 : 51%
　　" 7인 경우 : 54%
　　" 8인 경우 : 56.5%
　　" 9인 경우 : 58.5%

13. 디젤기관의 분사장치에서 고압의 연료가 노즐에서 분사될 때 3대 구비요건 중 거리가 먼 것은?

① 관통력   ② 희석도
③ 미립화   ④ 분포

풀이 연료 분무의 3대 조건 : 무화, 분포, 관통력

14. 대체 연료 중의 하나인 메탄올의 특징을 가솔린 연료와 비교하여 나타낸 것 중 틀린 것은?

① 일반적인 CO, HC 가 감소된다.
② 흡습성이 커서 층 분리 현상이 나타난다.
③ 이론 공연비가 커서 유리하다.
④ 연료계통이 부식, 용해 등의 문제가 있다.

풀이 메탄올 연료의 특징
① 옥탄가가 비교적 높다.(요구 옥탄가 106)
② 연소속도가 빠르므로 희박연소에 의해 열효율이 좋다.
③ 일반적인 CO, HC, NOx 배출이 저감된다.
④ 매연이 발생하지 않는 저공해 연료이다.
⑤ 흡습성이 커서 층 분리 현상이 나타난다.
⑥ 연료계통이 부식, 용해 등의 문제가 있다.

15. 디젤 배기가스 전처리장치 적용방식에 속하지 않는 것은?

① 과급기 제어
② PM 포집제어
③ 가변 및 다밸브 제어
④ 커먼레일 분사제어

풀이 디젤기관의 배기가스 저감은 기관개량에 의한 전처리 방식과 입자상 물질(PM)을 포집 제어하는 후처리 방식이 있다.

12 ③　13 ②　14 ③　15 ②

16. 윤활유 첨가제로 가용되는 것을 보기에서 모두 고른 것은?

[보기]
ⓐ 점도지수 향상제
ⓑ 유동점 강하제
ⓒ 탄화 방지제
ⓓ 산화 향상제
ⓔ 기포 방지제
ⓕ 유성 향상제

① ⓐ – ⓑ – ⓒ – ⓔ – ⓕ
② ⓐ – ⓑ – ⓒ – ⓓ – ⓕ
③ ⓐ – ⓑ – ⓔ – ⓕ
④ ⓐ – ⓑ – ⓒ – ⓓ – ⓔ – ⓕ

풀이 윤활유 첨가제
① 산화 방지제 : 산화, 열화 등에 의한 슬러지 생성을 방지
② 청정 분산제 : 슬러지를 미세한 입자로 분산시키는 역할
③ 유성 향상제 : 경계윤활시 유막이 깨지지 않도록 유막을 형성하여 마찰계수를 감소
④ 부식 방지제 : 비철금속이 부식되지 않도록 금속 표면과 반응하여 보호막을 만듬
⑤ 방청제 : 금속표면에 방청막을 만들어 수분 또는 공기의 침입을 방지
⑥ 소포제 : 기포가 발생될 경우 기포를 신속히 없애는 작용
⑦ 점도지수 향상제 : 윤활유는 온도에 따라 점도가 변화하므로 점도지수를 높게 하여 점도변화를 작게 한다.
⑧ 유동점 강하제 : 저온에서 왁스 성분의 결합을 방해하여 유동성을 갖게 하는 작용
* 탄화 방지제란 산화 방지제를 의미한다.

17. 기관에서 배기장치의 기능으로 틀린 것은?
① 배출가스의 강한 충격음을 완화시킨다.
② 배기가스가 유출되는 데 큰 저항을 주지 않도록 한다.
③ 배기가스가 차실내로 유입되지 않게 한다.
④ 소음기가 설치되어 배기가스의 유해물질을 저감시킨다.

풀이 ①, ②, ③항이 배기장치의 기능이며, 소음기는 배기가스 배출시 발생되는 배기소음을 저감시키는 기능을 한다.

18. LPG(액화석유가스)의 특징이 아닌 것은?
① 순수한 LPG는 무색, 무취, 무미이다.
② 액체 LPG는 물보다 가벼우나 기체 LPG는 공기보다 무겁다.
③ 액체 LPG는 기화할 때 약 250배 팽창한다.
④ 가솔린의 옥탄가가 LPG의 옥탄가보다 높다.

풀이 LPG 연료의 특징
① 순수한 LPG는 무색, 무취, 무미이다.
② 액체 LPG는 물보다 가벼우나 기체 LPG는 공기보다 무겁다.
③ 노말 부탄과 프로판을 주성분으로 한 탄화수소의 혼합물이다.
④ LPG의 옥탄가가 가솔린보다 높다.
⑤ 공기와 혼합이 잘되고 노킹이 적다.
⑥ 발열량은 약 12,000kcal/kg 이다.
⑦ 액체 LPG는 기화할 때 약 250배 팽창한다.
⑧ LPG의 옥탄가가 가솔린보다 높다.
⑨ 연소범위가 좁아 다른 가스에 비해 안전하다.

16 ① 17 ④ 18 ④

19 품질코스트(quality cost)를 예방코스트, 실패코스트, 평가코스트로 분류할 때, 다음 중 실패코스트(failure cost)에 속하는 것이 아닌 것은?

① 시험 코스트
② 불량대책 코스트
③ 재가공 코스트
④ 설계변경 코스트

풀이 품질코스트의 분류
① 예방코스트(Prevention Cost : P – Cost) : 처음부터 불량이 생기지 않도록 하는데 소요되는 비용. QC계획 코스트, QC기술 코스트, QC교육 코스트, QC사무 코스트 등
② 평가코스트(Appraisal Cost : A – Cost) : 제품의 품질을 정식으로 평가함으로써 회사의 품질수준을 유지하는데 드는 비용. 수입검사 코스트, 공정검사 코스트, 완성품검사 코스트, 시험 코스트, PM 코스트 등
③ 실패코스트(Failure Cost : F – Cost) : 소정의 품질수준을 유지하는 데 실패하였기 때문에 생긴 불량품에 의한 손실. 폐각 코스트, 재가공 코스트, 외주불량 코스트, 설계변경 코스트, 현지서비스 코스트, 대품서비스 코스트, 불량대책 코스트 등

20 로트 크기 1,000, 부적합품 률이 15%인 로트에서 5개의 랜덤 시료 중에서 발견된 부적합품수가 1개일 확률을 이항분포로 계산하면 약 얼마인가?

① 0.1648
② 0.3915
③ 0.6085
④ 0.8352

풀이 이항분포 계산
$$P = \Sigma \binom{n}{x} P^x (1-P)^{n-x}$$
$$= \Sigma \binom{5}{1} \times (0.15)^1 \times (1-0.15)^{5-1}$$
$$= 5 \times (0.15)^1 \times (1-0.15)^{5-1}$$
$$= 0.3915$$

21 다음 검사의 종류 중 검사공정에 의한 분류에 해당되지 않는 것은?

① 수압검사
② 출하검사
③ 출장검사
④ 공정검사

풀이 검사의 분류
1) 검사 항목에 의한 분류
   ① 수량검사
   ② 치수검사
   ③ 외관검사
   ④ 중량검사
   ⑤ 성능검사
2) 검사 판정대상에 의한 분류
   ① 전수검사
   ② 로트별(샘플링) 검사
   ③ 관리(스킵로드) 샘플링 검사
   ④ 무검사
3) 검사 공정에 의한 분류
   ① 수입검사
   ② 공정(중간)검사
   ③ 최종검사
   ④ 출하검사
4) 검사 장소에 의한 분류
   ① 정위치 검사
   ② 순회검사
   ③ 출장검사

19 ① 20 ② 21 ③

22 다음 중 계량값 관리도에 해당되는 것은?

① c 관리도 ② nP 관리도
③ R 관리도 ④ u 관리도

풀이 관리도의 분류

데이터	관리도	분포
계수치(값)	Pn	이항분포
	P	
	C	포아송 분포
	u	
계량치(값)	$\bar{x} - R$	정규분포
	$x - R$	
	x	

23 그림과 같은 계획공정도(Network)에서 주공정은? (단, 화살표 아래의 숫자는 활동시간을 나타낸 것이다.

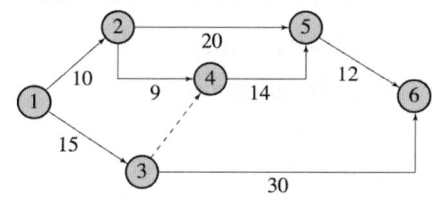

① 1 - 3 - 6
② 1 - 2 - 5 - 6
③ 1 - 2 - 4 - 5 - 6
④ 1 - 3 - 4 - 5 - 6

풀이 주공정은 모든 작업이 완료되는 가장 긴 시간이다.

24 Ralph.M.Barnes 교수가 제시한 동작경제의 원칙 중 작업장 배치에 관한 원칙(Arrangement of the workplace)에 해당되지 않는 것은?

① 가급적이면 낙하식 운반방법을 이용한다.
② 모든 공구나 재료는 지정된 위치에 있도록 한다.
③ 충분한 조명을 하여 작업자가 잘 볼 수 있도록 한다.
④ 가급적 용이하고 자연스런 리듬을 타고 일할 수 있도록 작업을 구성하여야 한다.

풀이 동작경제의 3원칙
1) 신체의 사용에 관한 원칙
　① 두손의 동작은 같이 시작하고 같이 끝나도록 한다.
　② 휴식시간을 제외하고는 양손이 같이 쉬지 않도록 한다.
　③ 두팔의 동작은 서로 반대방향으로 대칭적으로 움직인다.
　④ 손과 신체의 동작은 작업을 원만하게 처리할 수 있는 범위 내에서 가장 낮은 동작 등급을 사용하도록 한다.
　⑤ 가능한 한 관성을 이용하여 작업을 하도록 하되, 작업자가 관성을 억제하여야 하는 경우에는 발생되는 관성을 최소한도로 줄인다.
　⑥ 손의 동작은 스무스하고 연속적인 동작이 되도록 하며 방향이 갑자기 크게 바뀌는 모양의 직선운동은 피하도록 한다.
　⑦ 탄도(ballistic) 동작은 구속되거나 제한된 동작보다 더 빠르고 용이하며 정확하다.
　⑧ 가능하다면 쉽고도 자연스러운 리듬이 작업동작에 생기도록 작업을 배치한다.
　⑨ 눈의 초점을 모아야 작업을 할 수 있는

22 ③ 23 ① 24 ④

경우는 가능하면 없애고, 불가피한 경우에는 눈의 초점이 모아지는 서로 다른 두 작업 지점간의 거리를 짧게 한다.
2) 작업장의 배치에 관한 원칙
① 모든 공구나 재료는 지정된 위치에 있도록 한다.
② 공구, 재료 및 제어장치는 사용위치에 가까이 두도록 한다.
③ 중력이송원리를 이용한 부품상자나 용기를 이용하여 부품을 제품 사용위치에 가까이 보낼 수 있도록 한다.
④ 가급적이면 낙하식 운반방법을 이용한다.
⑤ 공구나 재료는 작업동작이 원활하게 수행되도록 위치를 정해준다.
⑥ 충분한 조명을 하여 작업자가 잘 볼 수 있도록 한다.
⑦ 작업대와 의자 높이는 작업중 앉거나 서기에 모두 용이해야 한다.
⑧ 작업자가 좋은 자세를 취할 수 있도록 의자는 높이 뿐만 아니라 디자인도 좋아야 한다.
3) 공구 및 설비의 디자인에 관한 원칙
① 치공구나 족답장치를 효과적으로 사용할 수 있는 작업에서는 이러한 장치를 활용하여 양손이 다른 일을 할수 있도록 한다.
② 공구의 기능을 결합하여서 사용하도록 한다.
③ 공구와 자재는 가능한 한 사용하기 쉽도록 미리 위치를 잡아준다.
④ 각 손가락에 서로 다른 작업을 할 때에는 작업량을 각 손가락의 능력에 맞게 분배해야 한다.
⑤ 레버, 핸들 그리고 제어장치는 작업자가 몸의 자세를 크게 바꾸지 않더라도 조작하기 쉽도록 배열한다.

25 주행 중 기관을 급가속 하였을 때 기관의 회전은 상승하나 차량의 속도가 증가하지 않으면 그 원인으로 적합한 것은?

① 릴리스 포크가 마멸되었다.
② 파일럿 베어링이 마모되었다.
③ 클러치 스프링의 장력이 감소되었다.
④ 클러치 페달의 유격이 규정보다 크다.

풀이 클러치가 미끄러지는 원인
① 클러치 디스크 마모로 인한 자유유격 과소
② 클러치 스프링 장력의 감소 및 변형
③ 마찰면에 오일 부착
④ 압력판, 플라이 휠 접촉면의 손상

26 사이드슬립 시험결과 왼쪽 바퀴가 바깥쪽으로 4mm, 오른쪽 바퀴는 안쪽으로 6mm 움직일 때 전체 미끄럼 량은?

① 안쪽으로 1mm
② 안쪽으로 2mm
③ 바깥쪽으로 1mm
④ 바깥쪽으로 2mm

풀이 사이드슬립 테스터 슬립량 계산법
① 사이드 슬립은 좌, 우 바퀴의 합성력이므로 좌, 우 바퀴의 슬립량을 더해서 둘로 나눈다.
② IN과 OUT은 부호를 반대로 한다.
즉, IN 6mm − OUT 4mm = IN 2mm
∴ IN 2mm ÷ 2 = IN 1mm

25 ③　26 ①

27 전자제어 자동변속기에서 컴퓨터 제어장치(TCU)에 입력되는 각 부품 신호와 거리가 먼 것은?

① 펄스 제네레이터 신호
② 시프트 솔레노이드 신호
③ 스로틀 포지션센서 신호
④ 유온센서 신호

풀이 자동변속기 TCU 입출력 신호

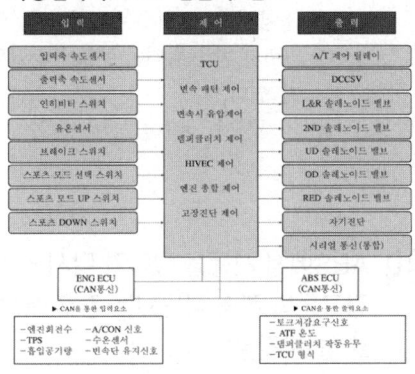

* 시프트 솔레노이드 신호는 출력신호이다.

28 주행속도 90km/h의 자동차에 브레이크를 작용시켰을 때 정지거리는? (단, 차륜과 도로면의 마찰 계수는 0.2이다.)

① 45m   ② 90m
③ 159m   ④ 180m

풀이 제동거리 공식

① 공주거리(S) = $\dfrac{V}{36}$

② 제동거리(S) = $\dfrac{V^2}{254} \times \dfrac{W+\Delta W}{F}$

③ 정지거리(S) = $\dfrac{V}{36} + \dfrac{V^2}{254} \times \dfrac{W+\Delta W}{F}$

④ 법규상 제동거리(S) = $\dfrac{V^2}{100} \times 0.88$

⑤ 마찰계수에 의한 제동거리(S) = $\dfrac{v^2}{2\mu g}$

마찰계수에 의한 제동거리(S) = $\dfrac{v^2}{2\mu g}$

$\therefore$ S = $\dfrac{\left(\dfrac{90}{3.6}\right)^2}{2 \times 0.2 \times 9.8}$ = 159.4m

29 유량 제어식 전자제어 동력 조향장치의 파워 실린더 작동압을 제어하는 방법으로 알맞은 것은?

① 솔레노이드 밸브가 열리면 고압측 오일이 드레인에 연결되어 있는 저압측과 통해 작동압이 저하하여 배력작용이 감소
② 솔레노이드 밸브가 열리면 저압측 오일이 드레인에 연결되어 있는 고압측과 통해 작동압이 증가하여 배력작용이 증가
③ 솔레노이드 밸브가 닫히면 고압측 오일이 드레인에 연결되어 있는 저압측과 통해 작동압이 저하하여 배력작용이 감소
④ 솔레노이드 밸브가 닫히면 저압측 오일이 드레인에 연결되어 있는 고압측과 통해 작동압이 증가하여 배력작용이 증가

풀이 유량제어식 전자제어 동력조향장치는 솔레노이드 밸브가 열리면 고압측 오일이 드레인에 연결되어 있는 저압측과 통하게 되어 작동압이 저하하여 배력작용을 감소시킨다.

ANSWER 27 ② 28 ③ 29 ①

30 오버 드라이브(over drive) 장치의 목적과 관계없는 것은?

① 연료 소비율의 향상
② 출력 회전수 증가로 전달 효율 향상
③ 엔진의 소음감소
④ 엔진의 회전력 증가

풀이 오버 드라이브(over drive) 장치의 목적
① 출력 회전수 증가로 전달 효율 향상
② 연료 소비율의 향상
③ 엔진의 소음감소
*출력 회전수가 증가하고, 엔진의 회전력이 증가하지 않는다.

31 차량 충돌시 충격을 흡수하기 위한 범퍼의 구성품이 아닌 것은?

① 범퍼 가드   ② 플라스틱 범퍼
③ 범퍼 빔   ④ 범퍼 페시아

풀이 범퍼 구성부품
① 플라스틱 범퍼 ② 범퍼 페시아 ③ 범퍼 빔

32 브레이크 장치에서 자동차의 하중에 따라 뒤 브레이크의 유압을 조정하는 밸브는?

① 로드 센싱 밸브   ② 릴레이 밸브
③ 첵 밸브   ④ 리듀싱 밸브

풀이 로드 센싱(load sensing) 밸브는 자동차의 하중에 따라 뒤 브레이크에 유압이 작용하는 개시점을 변화시켜 주는 밸브이다.

33 조향 기어비를 작게 하면 어떻게 되는가?

① 조향 핸들의 조작이 민감하게 된다.
② 조향 조작이 가볍게 된다.
③ 비가역성의 경향이 크게 된다.
④ 바퀴가 받는 충격이 핸들에 전달되지 않는다.

풀이 조향기어비가 작을 때 나타나는 현상
① 조향핸들 조작이 민감하게 된다.
② 조향핸들 조작이 무거워진다.
③ 바퀴가 받는 충격이 핸들에 전달되어 놓치기 쉽다.
④ 가역성의 경향이 크게 된다.

34 ABS에서 시동을 껐다가 다시 켤 때 ABS 경고등의 계속 점등되는 경우 예상 원인으로 틀린 것은?

① ECU 내부 고장
② 솔레노이드 불량
③ 하이드로릭 펌프 전원 불량
④ 휠 실린더 리턴 불량

풀이 ①, ②, ③항이 옳은 설명이고, 휠 실린더 리턴 불량은 ABS 경고등이 점등되는 고장이 아니다.

30 ④ 31 ① 32 ① 33 ① 34 ④

35 공기식 브레이크가 풀리지 않거나 브레이크가 끌리는 원인은?

① 체크 밸브가 열려있다.
② 다이아프램이 파손되었다.
③ 휠 실린더의 리턴이 불량하다.
④ 릴레이 밸브 피스톤의 복귀가 불량하다.

풀이) 릴레이 밸브는 뒤 브레이크를 작동시키는 밸브로 피스톤의 복귀가 불량하면 브레이크가 풀리지 않아 끌리는 현상이 발생한다.

36 타이어의 손상에 관한 용어에서 트레드 패턴(tread pattern)을 형성하는 고무가 떨어져 나가는 현상은?

① 오픈 스프라이스(open splice)
② 청킹(chunking)
③ 크랙(crack)
④ 비드 버스트(bead burst)

풀이) 타이어 손상에 관한 용어
① 오픈 스프라이스 : 트레드, 사이드 월 또는 이너 라이너의 접합 부분이 분리되는 현상
② 청킹 : 트레드 패턴을 형성하는 고무가 떨어져 나가는 현상
③ 크랙 : 트레드, 사이드월, 이너 라이너의 고무가 갈라지는 현상
④ 비드 버스트 : 비드부가 파열되는 현상
⑤ 세퍼레이션(separation) : 트레드, 사이드월, 플라이 코드, 비드 또는 이너 라이너가 인접된 구성물로부터 분리되는 현상

37 진공식 분리형 제동 배력장치에서 브레이크 페달 작동과 관련된 설명 중 틀린 것은?

① 브레이크 페달을 밟지 않을 경우에는 배력 장치가 작동하지 않고 있는 상태에서 릴레이 밸브는 진공 밸브가 열리고 에어 밸브가 닫혀있다.
② 브레이크 페달을 밟았을 경우 마스터 실린더에서 보내오는 유압은 하이드로릭 피스톤의 체크밸브를 지나서 휠 실린더로 전달되는 브레이크를 작동시킨다.
③ 브레이크 페달을 놓았을 경우에는 밸브 피스톤에 걸리는 유압이 내려가서 릴레이밸브 피스톤 및 다이어프램은 리턴 스프링에 의해 에어 밸브가 닫힌다.
④ 브레이크 페달을 놓았을 경우에는 밸브 피스톤에 걸리는 유압이 올라가서 릴레이밸브 피스톤 및 다이어프램은 리턴스프링에 의해 에어 밸브가 닫힌다.

풀이) ①, ②, ③항이 옳은 설명이고, 브레이크 페달을 놓았을 경우에는 밸브 피스톤에 걸리는 유압이 내려가서 릴레이밸브 다이어프램은 리턴스프링에 의해 에어 밸브를 닫히게 한다.

35 ④ 36 ② 37 ④

38 수동변속기의 종류 중 동기 물림식 (synchro mesh type)의 장점에 대한 설명으로 틀린 것은?

① 변속시 소음이 적고 변속이 용이하다.
② 각단 기어의 동기화가 쉽게 이루어 질 수 있다.
③ 변속하기 위해 특별히 가속 페달을 밟거나 더블 클러치를 조작할 필요가 없다.
④ 클러치 조작 없이 변속하여도 변속이 된다.

 동기 물림식의 장점
① 변속시 소음이 적고 변속이 용이하다.
② 변속 조작시 더블 클러치 조작이 필요 없다.
③ 변속기 기어 수명이 길다.
④ 기어 치형이 헬리컬형이므로 하중 부담능력이 크다.
⑤ 각단 기어의 동기화가 쉽게 이루어 질 수 있다.
⑥ 일정 부하형은 완전 동기가 되지 않아도 변속기어를 물릴 수 있다.
⑦ 관성 고정형은 완전 동기가 되지 않으면 변속기어를 물릴 수 없다.

39 암소음이 80dB인 장소에서 자동차 배기소음이 85dB 이었을 때 배기 소음의 최종 측정값은?

① 80dB　　② 82dB
③ 83dB　　④ 85dB

배기 소음 측정값은 배기소음 – 보정값 이므로
∴ 측정값 = 85 – 2 = 83dB

배기소음과 암소음 차이	3dB	4~5dB	6~9dB
보 정 값	–3	–2	–1

40 전자제어 현가장치의 입력되는 센서와 거리가 먼 것은?

① 조향각 센서
② 펄스 제네레이터 센서
③ G 센서
④ 차속 센서

조향 휠 각속도 센서
① 조향 휠과 컬럼 샤프트에 설치되어 조향 휠의 회전속도, 회전방향, 회전각도를 검출하여 차량의 선회 여부를 판단하는 센서
② 2개의 포토 단속기(interruptor)와 1개의 슬릿판(disc)으로 구성
③ 핸들 회전에 따라 슬릿판이 회전하여 LED의 빛이 포토 TR을 통과하면 출력신호(0V)가 발생
④ 조향 휠 각속도 센서 신호를 기준으로 차체의 롤(roll)을 예측

41 현가장치의 특성에 대한 설명으로 옳은 것은?

① 스프링 아래질량이 커야 요철 노면 주행에 유리하다.
② 스프링 상수는 작용력과 스프링 변형량의 비율로 나타낸다.
③ 자동차가 무겁고 스프링이 약하면 주파수는 많고 진폭은 작아진다.
④ 토션바 스프링의 길이를 길게 하면 비틀림 각이 작으므로 스프링 작용은 크다.

스프링 아랫질량이 크면 요철 노면보다 포장 도로에 유리하고, 자동차가 무겁고 스프링이 약하면 주파수는 적고 진폭은 커진다. 또한, 토션바 스프링의 길이를 길게 하면 비틀림 각이 커지므로 스프링 작용은 크다.

38 ④　39 ③　40 ②　41 ②

42. 자동변속기 오일을 점검하였더니 흑갈색이라면 고장사항으로 가장 적합한 설명은?

① 클러치판이 마찰에 의해 마모되었다.
② 냉각수가 유입되었다.
③ 엔진 윤활유가 함유 되었다.
④ 유량이 부족한 상태이다.

풀이 클러치 디스크가 마찰에 의해 마모되면 오일 색깔이 흑(갈)색을 띄게 된다.

43. 구동력 조절장치(traction control system)의 구성품 중 가속 페달의 조작 상태를 검출하는 센서는?

① 스로틀 포지션 센서
② 조향 휠 각속도 센서
③ 요 레이트 센서
④ 횡 방향 G 센서

풀이 스로틀 포지션 센서(TPS 또는 APS)란 가속 페달의 위치를 검출하는 센서이다.

44. 레인 센서 방식의 와이퍼 제어 시스템에서 앞 유리의 빗물 양을 감지하기 위한 반도체 소자는?

① 정전압다이오드, 포토다이오드
② 정전류다이오드, 발광다이오드
③ 발광다이오드, 포토다이오드
④ 포토다이오드, 정류다이오드

풀이 레인센서 방식의 와이퍼 제어 시스템에서 앞 유리의 빗물 양의 감지는 발광 다이오드(LED)와 포토 다이오드에 의해 감지한다. 앞 유리에 빗물이 없을 경우, LED에서 발산되는 빔(beam)은 유리 외부표면에서 전반사되어 포토 다이오드로 되돌아 온다. 빗물이 있으면, 빔은 빛의 굴절에 의해 일부만이 포토 다이오드로 되돌아 오므로 빛의 굴절에 의해 손실된 빛의 강도가 비의 양으로 와이퍼 속도가 자동으로 조절된다.

45. 자동차용 도난 방지장치에서 도난 경계모드에 진입하는 경우가 아닌 것은?

① 엔진후드 스위치가 닫혀 있을 것
② 트렁크 스위치가 닫혀 있을 것
③ 각 도어 스위치가 모두 닫혀 있을 것
④ 각 윈도 모터의 스위치가 모두 닫혀 있을 것

풀이 도난방지 차량 경계상태 입력요소
도어 키 스위치, 도어 스위치, 후드 스위치, 트렁크 스위치

42 ① 43 ① 44 ③ 45 ④

46 자동차의 냉방장치에 관한 내용으로 틀린 것은?

① 고압의 액상 냉매는 팽창밸브 통과 후 저압의 안개 상태의 냉매로 변화한다.
② 증발기는 파이프 내에서 냉매를 액화하고 이때 주위의 외기에 열을 방출한다.
③ 고온, 고압가스 상의 냉매는 콘덴서를 통과하면서 액화되어 진다.
④ 리시버 드라이어에는 흡습제와 필터가 봉입되어 있다.

풀이 ①, ③, ④항이 옳은 설명이고, 증발기는 냉매를 기화하고 이때 주위의 열을 흡수한다.

47 전기회로의 배선방법에 대한 설명 중 틀린 것은?

① 단선식은 부하의 한끝을 차체에 접지하는 방식이다.
② 큰 전류가 흐르면 전압강하가 발생하므로 단선식을 자용한다.
③ 복선식은 접지 쪽에도 전선을 사용하는 방식이다.
④ 전조등과 같이 큰 전류가 흐르는 회로에 복선식을 사용한다.

풀이 전기회로의 배선방법 중 전조등은 큰 전류가 흐르면 전압강하가 발생하므로 복선식을 사용한다.

48 링기어 잇수가 150, 피니언 잇수가 15일 때 총 배기량은 1,600cc이고 기관의 회전 저항이 8kg$_f$m 이라면 시동 모터에 필요로 하는 최소 회전력은 몇 kg$_f$m 인가?

① 0.95   ② 0.80
③ 0.75   ④ 0.60

풀이 필요 최소회전력
= $\frac{피니언 잇수}{링기어 잇수}$ × 엔진 회전저항

∴ 필요 최소회전력 = $\frac{15}{150}$ × 8
= 0.8m – kg$_f$

49 자동차용 MF배터리(납산) 특징에 대한 설명으로 적합하지 않은 것은?

① 충전 상태 점검창이 녹색이면 충전이 필요한 상태, 백색이면 방전 상태, 적색이면 완전 충전 상태를 나타낸다.
② 극판의 재질로 납과 저 안티몬 합금 또는 납과 칼슘 합금을 사용함으로써 국부전지를 형성하지 않아 정비가 불필요하다.
③ 증류수를 보충할 필요가 없고 자기방전이 적기 때문에 장기간 보관할 수 있다.
④ 화학반응 시 생긴 수소 및 산소가스를 물로 환원하여 다시 보충되며 벤트 플러그는 밀봉 촉매마개를 사용한다.

풀이 MF 배터리의 충전 상태 점검창이 녹색이면 완전 충전 상태, 백색이면 충전이 필요한 상태, 적색이면 방전 상태를 나타낸다.

46 ② 47 ② 48 ② 49 ①

50. 납산축전지의 자기 방전량에 대한 설명으로 틀린 것은?

① 1일 자기 방전량은 실제 용량의 0.3~1.5% 정도이다.
② 자기 방전량은 전해액의 온도가 높을수록 비중이 낮을수록 크게 된다.
③ 자기 방전량은 날이 갈수록 많아지나 그 비율은 충전후의 시간 경과에 따라 줄어들게 된다.
④ 충전된 축전지라도 방치해 두면 조금씩 자연 방전되어 용량이 감소한다.

풀이 축전지의 자기방전
① 축전지의 자기 방전량은 전해액 비중이 크고 고온일수록 많다.
② 자기 방전량은 비중이 큰 초기에는 많으나, 시간이 경과할수록 점차 적어진다.
③ 표준온도에서 1일 자기 방전량은 0.5% 정도이고, 사용하지 않는 경우 약 15일 정도마다 보충전 할 필요가 있다.

51. 발전기에서 발생하는 기전력의 결정 요소로 틀린 것은?

① 로터 코일이 빠른 속도로 회전하면 많은 기전력을 얻을 수 있다.
② 로터 코일을 통해 흐르는 전류(여자전류)가 큰 경우 기전력은 크다.
③ 자극의 수가 많은 경우 자력은 크다.
④ 도선(코일)의 길이가 짧은 경우 자력이 크다.

풀이 전압을 높게 발생시키는 방법
① 엔진 회전을 빠르게 한다.
② 코일의 권수를 많게 한다.
③ 자극의 수를 많게 한다.
④ 자석의 세기를 세게(로터코일 전류를 많게) 한다.

52. 1차 코일에 발생된 자기유도 전압이 150V이고, 1차 코일의 권수는 150회, 2차 코일의 권수는 20,000회 이면 2차 코일에 유기되는 전압은?

① 10,000V   ② 15,000V
③ 20,000V   ④ 25,000V

풀이 2차 유도전압 $E_2 = \dfrac{N_2}{N_1} \times E_1$

여기서, E_1 : 1차코일 유도전압
E_2 : 2차코일 유도전압
N_1 : 1차코일의 권수
N_2 : 2차코일의 권수

$\therefore E_2 = \dfrac{20,000}{150} \times 150 = 20,000V$

53. 전기저항 용접에 해당되는 것은?

① 심 용접
② 플라즈마 용접
③ 피복 아크 용접
④ 탄산가스 아크 용접

풀이 전기 저항 용접(압접)
① 점(spot) 용접
② 심(seam) 용접
③ 프로젝션(projection) 용접
④ 맞대기(butt) 용접

50 ②   51 ④   52 ③   53 ①

54 판금용 해머, 돌리, 스푼에 대한 설명으로 틀린 것은?

① 해머는 가볍게 잡고 패널 면과 경사지게 때린다.
② 돌리는 패널 모양에 맞추어 꼭 맞는 것을 사용한다.
③ 판금용 해머는 패널수정 이외의 용도로 사용해서는 안된다.
④ 스푼은 좁은 틈 사이로 집어넣어 패널을 밀어내는 역할을 한다.

 해머는 가볍게 잡고 패널 면에 수직으로 때린다.

55 퍼티 작업 시 주로 곡선이나 둥근면을 바를 때 가장 적합한 주걱은?

① 나무 주걱　② 대나무 주걱
③ 고무 주걱　④ 쇠 주걱

곡선이나 둥근면에는 탄성이 있는 고무 주걱을 사용한다.

56 트렁크 리드의 구성 요소가 아닌 것은?

① 트렁크 리드 힌지
② 토션 바
③ 트렁크 리드 로크
④ 패키지 트레이

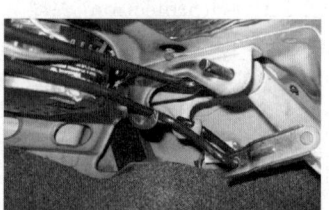
〈트렁크 토션바〉

트렁크 구성부품
트렁크 리드 트림, 트렁크 리드 래치, 트렁크 리드 힌지, 트렁크 리드 로크, 트렁크 토션바 등

57 조색 작업시 주의사항이 아닌 것은?

① 조색용 원석의 수를 최소화하여 선명한 색상을 만든다.
② 조색 작업시 많이 소요되는 색과 밝은 색부터 혼합한다.
③ 계통이 다른 도료와의 혼용을 한다.
④ 필요 양의 약 7할 정도 만든다.

조색 작업시 주의사항
① 조색시 근접 색상을 사용한다.
② 조색용 원색의 수를 최소화하여 선명한 색상을 만든다.
③ 먼저 색상을 맞추고 명도, 채도 순으로 조정한다.
④ 조색 작업시 많이 소요되는 색과 밝은 색부터 혼합한다.
⑤ 2액형 도료는 경화제 사용에 따라 색상 차이가 발생하므로 경화제를 혼합한 후에 색상을 확인, 조정한다.
⑥ 한번에 많은 양을 조색하지 말고 필요 양의 약 7할 정도 만든다.
⑦ 성분이 다른 도료와의 혼용을 피한다.

54 ①　55 ③　56 ④　57 ③

58 도장 결함 중 핀홀(pin hole) 발생의 원인으로 틀린 것은?

① 용제의 증발이 빠르다.
② 세팅타임이 너무 길다.
③ 너무 두껍게 도장되었다.
④ 하도의 건조가 불량하다.

 핀홀을 예방하는 방법
① 급격한 가열을 피한다.
② 세팅 타임을 충분히 준다.
③ 도막 두께가 적정하게 올라가도록 작업한다.
④ 프레쉬 타임을 충분히 준다.
⑤ 피도물의 온도를 낮춘다.

59 프레임 파손이나, 변형의 원인이라고 볼 수 없는 것은?

① 추돌
② 굴러 떨어진 사고
③ 극단적인 굽음 모멘트 발생
④ 장기간의 하중

 자동차 차체 프레임의 파손 및 변형 원인
① 충돌, 추돌 및 전복 사고 발생
② 극단적인 휨 모멘트의 발생
③ 부분적인 집중 하중으로 인한 발생

60 도료를 구성하는 4가지 요소가 아닌 것은?

① 수지   ② 광택
③ 안료   ④ 용제

 도료의 3요소 : 수지, 안료, 용제

58 ② 59 ④ 60 ②

자동차정비기능장 제50회 (2011.07.31 시행)

01 2행정 기관에 비해 4행정 가솔린 기관의 장점이 아닌 것은?

① 연료소비율이 낮다.
② 회전력의 변동이 적다
③ 체적효율이 높다.
④ 기관의 열부하가 적다.

풀이 4행정 기관의 장점
① 흡, 배기 작용이 완전히 구분되어 있다.
② 연료소비율이 낮다.
③ 체적효율이 높다.
④ 기관의 열부하가 적다.

02 디젤기관의 기계식 연료 분사펌프에서 딜리버리 밸브의 작용이 아닌 것은?

① 배럴 안의 연료 압력이 규정 값에 달하면 연료를 분사파이프로 압송한다.
② 분사파이프에서 펌프로 연료가 역류하는 것을 방지한다.
③ 분사노즐의 분사단절을 좋게 하여 후적 현상을 방지한다.
④ 분사압력이 낮으면 딜리버리 밸브의 홀더의 스프링으로 조절한다.

풀이 딜리버리(delivery valve)의 기능
① 역류방지 ② 잔압유지 ③ 후적방지

03 가솔린 기관에서 조기점화에 영향을 주는 요소가 아닌 것은?

① 세탄가   ② 옥탄가
③ 공연비   ④ 기관회전수

풀이 세탄가란 디젤 연료의 착화성을 표시하는 값으로, 착화성이 우수한 세탄과 착화성이 나쁜 α-메틸 나프탈렌의 혼합액을 표준연료로 하고 시험연료와의 착화성을 비교하여 세탄의 백분율을 세탄가로 한다.

04 유해 배기가스의 저감 대책방안이 아닌 것은?

① 압축비의 적정화
② 밸브 오버랩의 적정화
③ 배기가스 속도의 적정화
④ 연소실 및 행정체적의 적정화

풀이 ①, ②, ④항이 유해 배기가스를 저감시킬 수 있는 옳은 설명이고, 배기가스가 발생된 후의 속도는 관련이 없다.

01 ② 02 ④ 03 ① 04 ③

05 점화장치에서 파워 TR 베이스 신호구간 설명과 거리가 먼 것은?

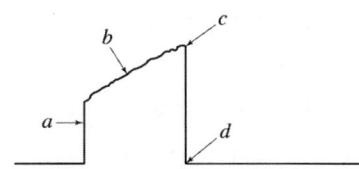

① a : 점화 1차 코일에 전류가 흐르기 시작한다.
② b : 점화 1차 코일에 전류가 흐르는 기간이다.
③ c : 점화 2차에 역기전력이 발생된다.
④ d : 점화 2차 전압이 소멸된다.

 c 점과 d 점에서 베이스 전기가 차단되며, 이 때 점화 2차 전압이 발생한다.

06 타이밍 벨트의 장력이 규정치보다 헐거울 경우 기관에 미치는 영향으로 맞는 것은?

① 기관의 오일이 오염된다.
② 발전기의 출력이 저하된다.
③ 배터리가 과충전된다.
④ 흡·배기 밸브의 개폐시기가 변하여 기관 출력이 감소한다.

 타이밍 벨트의 장력이 규정보다 헐거우면 흡·배기 밸브의 개폐시기가 변하여 기관 출력이 감소한다.
  * 구동 벨트의 장력이 헐거우면 발전기와 물 펌프에 영향을 주므로 기관 과열 및 발전기 출력이 저하하며, 벨트에서 소음이 발생되고 구동벨트가 손상된다.

07 캠축에서 기초원과 노즈(nose) 사이의 거리는?

① 프랭크   ② 로브
③ 양정   ④ 클리어런스

 캠의 각부 명칭

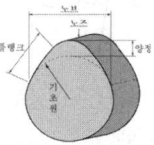

캠축에서 노즈와 기초원 사이의 거리를 양정(lift)이라 한다.

08 LPG 기관에서 베이퍼라이져의 기능이 아닌 것은?

① 감압작용   ② 기화작용
③ 압력조절작용   ④ 액화작용

 베이퍼라이저(vaporizer)는 액체를 기체로 변화시켜 주는 장치로 감압, 기화 및 압력조절 작용을 한다.

09 기관의 회전수가 3,000rpm, 회전력(토크)이 15kg·m 기계효율이 60%일 때 제동마력은?

① 25.1PS   ② 26.8PS
③ 37.7PS   ④ 62.8PS

 출력(제동마력) $= \dfrac{2\pi TN}{75 \times 60} = \dfrac{TN}{716}$

여기서, T : 회전력($kg_f - m$)
N : 엔진 회전수(rpm)

∴ 출력(제동마력) $= \dfrac{15 \times 3,000}{716}$
$= 62.85 PS$

05 ④ 06 ④ 07 ③ 08 ④ 09 ④

10 그림과 같이 자석식 크랭크앵글센서 파형에서 화살표 [A]가 표시된 부분의 전압이 낮아질 경우 고장 원인으로 옳은 것은?

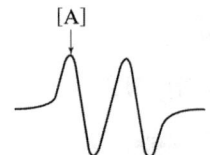

① 센서 입력 전원이 높은 경우
② 센서 간극이 클 때
③ 센서 입력 전원이 낮은 경우
④ 센서 간극이 작을 때

풀이 센서 간극이 크면 낮아지고, 간극이 좁으면 높아진다.

11 흡기다기관 내의 절대압력 변화에 따라 실린더로 흡입되는 공기량을 간접적으로 검출하는 것은?

① MAP 센서식
② 공기량 조정식
③ 멀티 포인트식
④ 매니폴드 제어식

풀이 흡입공기량 계측방식
1) 직접 계측방식(mass flow type)
   ① 체적 검출방식 : 베인식, 칼만 와류식
   ② 질량 검출방식 : 열선(Hot wire)식, 열막(Hot film)식
2) 간접 계측방식(speed density type) : 흡기다기관 절대압력(MAP 센서) 방식

12 자동차에 사용되는 LPG 연료의 특징이 아닌 것은?

① 연소범위가 좁아 다른 가스에 비해 안전하다.
② 발열량이 가솔린과 유사하다.
③ 옥탄가가 가솔린보다 높다.
④ 공기와 혼합이 잘되고 노킹이 적다.

풀이 LPG 연료의 특징
① 순수한 LPG는 무색, 무취, 무미이다.
② 액체 LPG는 물보다 가벼우나 기체 LPG는 공기보다 무겁다.
③ 노말 부탄과 프로판을 주성분으로 한 탄화수소의 혼합물이다.
④ LPG의 옥탄가가 가솔린보다 높다.
⑤ 공기와 혼합이 잘되고 노킹이 적다.
⑥ 발열량은 약 12,000kcal/kg 이다.
⑦ 액체 LPG는 기화할 때 약 250배 팽창한다.
⑧ LPG의 옥탄가가 가솔린보다 높다.
⑨ 연소범위가 좁아 다른 가스에 비해 안전하다.

10 ② 11 ① 12 ②

13. 로터리 기관에서 흡입, 압축, 폭발, 배기의 각 기간은 출력축 회전 각도로 몇 도(°)마다 일어나는가?

① 360 ② 270
③ 180 ④ 90

풀이 로터리 기관의 흡입, 압축, 폭발, 배기의 각 기간은 출력축 회전각도로 270° 마다 일어나며 4행정이 모두 끝나면 출력축은 1,080°(3회전) 회전한다.

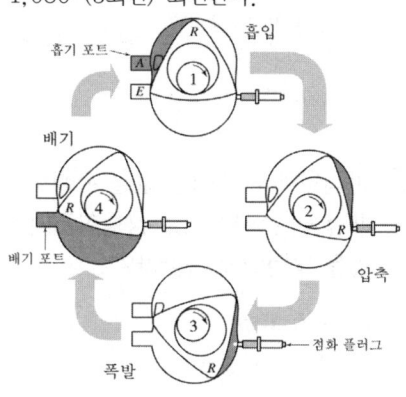

〈로터리 기관의 작동원리〉

14. 자동차용 센서 중에 지르코니아를 소재로 하는 O_2 센서의 설명으로 틀린 것은?

① 백금 전극을 보호하기 위해 전극 외측에 세라믹을 도포한다.
② 센서 내측에는 배출가스를, 외측에는 대기를 도입한다.
③ 지르코니아 소자는 내외면의 산소 농도 차가 크면 기전력을 발생한다.
④ 산소 농도 차이가 클수록 기전력의 발생도 커진다.

풀이 ①, ③, ④항이 옳은 설명이고, 센서 외측에는 배출가스를, 내측에는 대기를 도입한다.

15. 전자제어 가솔린 연료분사 기관의 특성으로 옳지 않은 것은?

① 기화기식 기관에 비해 연비를 향상시킬 수 있다.
② 급격한 부하변동으로 연료공급이 신속히 이루어진다.
③ 압축압력이 상승하여 토크가 증가한다.
④ 연소가스 중에 유해 배기가스가 감소한다.

풀이 전자제어 연료분사기관의 특징
① 유해 배기가스의 저감
② 연료 소비율 향상
③ 주행 성능 및 저온 시동성 향상

16. 자동차용 윤활유의 첨가제로 옳지 않은 것은?

① 유성 향상제 ② 청정 분산제
③ 점도 강하제 ④ 산화 방지제

풀이 윤활유 첨가제
① 산화 방지제 : 산화, 열화 등에 의한 슬러지 생성을 방지
② 청정 분산제 : 슬러지를 미세한 입자로 분산시키는 역할
③ 유성 향상제 : 경계윤활시 유막이 깨지지 않도록 유막을 형성하여 마찰계수를 감소
④ 부식 방지제 : 비철금속이 부식되지 않도록 금속 표면과 반응하여 보호막을 만듬
⑤ 방청제 : 금속표면에 방청막을 만들어 수분 또는 공기의 침입을 방지
⑥ 소포제 : 기포가 발생될 경우 기포를 신속히 없애는 작용
⑦ 점도지수 향상제 : 윤활유는 온도에 따라 점도가 변화하므로 점도지수를 높게 하여 점도변화를 작게 한다.
⑧ 유동점 강하제 : 저온에서 왁스 성분의 결합을 방해하여 유동성을 갖게 하는 작용

13 ② 14 ② 15 ③ 16 ③

17 이론공연비로 피드백 되는 전자제어 가솔린 기관에서 연료 0.5kg을 연소시키는데 몇 kg의 공기가 필요한가?

① 약 29.4 ② 약 22.1
③ 약 14.7 ④ 약 7.35

풀이 필요 공기중량
= 연료중량 × 연료비중 × 공연비
= 0.5kg × 14.7 = 7.35kg

18 4행정 사이클 6실린더 기관의 실린더 안지름이 200mm, 실린더 벽 두께가 1.2mm, 실린더 벽의 허용 응력이 2,100kgf/cm² 일 때 이 기관의 최대 허용 폭발 압력은?

① 15.1kgf/cm² ② 18.3kgf/cm²
③ 21.2kgf/cm² ④ 25.2kgf/cm²

풀이 실린더 벽 두께$(t) = \dfrac{P \times d}{2 \times \sigma_a}$

여기서, P : 폭발압력(kgf/cm²)
d : 실린더 지름(mm)
σ_a : 허용응력(kgf/cm²)
t : 실린더벽 두께(mm)

$\therefore P = \dfrac{2 \times \sigma_a \times t}{d} = \dfrac{2 \times 2,100 \times 1.2}{200}$
$= 25.2 kgf/cm^2$

19 정상 소요시간이 5일이고, 이때의 비용이 20,000원 이며, 특급 소요시간이 3일이고, 이때의 비용이 30,000원 이라면 비용구배는 얼마인가?

① 4,000원/일 ② 5,000원/일
③ 7,000원/일 ④ 10,000원/일

풀이 비용구배(cost slope)
$= \dfrac{급속비용 - 정상비용}{정상공기 - 급속공기}$
$= \dfrac{30,000 - 20,000}{5 - 3} = 5,000원/일$

20 관리도에서 측정한 값을 차례로 타점했을 때 점이 순차적으로 상승하거나 하강하는 것을 무엇이라 하는가?

① 런(run)
② 주기(cycle)
③ 경향(trend)
④ 산포(dispersion)

풀이 관리도 용어 설명
① 산포(dispersion) : 자료가 퍼져있는 정도
② 런(run) : 동일한 부류에 속하는 연속된 점
③ 주기(cycle) : 점이 주기적으로 상하로 변동하여 파형을 나타내는 경우
④ 경향(trend) : 연속 7점 이상의 점이 점점 올라가거나 내려가는 상태

17 ④ 18 ④ 19 ② 20 ③

21. 도수분포표를 작성하는 목적으로 볼수 없는 것은?

① 로트의 분포를 알고 싶을 때
② 로트의 평균치와 표준편차를 알고 싶을 때
③ 규격과 비교하여 부적합품 률을 알고 싶을 때
④ 주용 품질항목 중 개선의 우선순위를 알고 싶을 때

풀이 도수분포표를 만드는 목적
① 데이터의 흩어진 모양을 알고 싶을 때
② 많은 데이터로부터 평균치와 표준편차를 구할 때
③ 원 데이터를 규격과 대조하고 싶을 때

22. 컨베이어 작업과 같이 단조로운 작업은 작업자에게 무력감과 구속감을 주고, 생산량에 대한 책임감을 저하시키는 등 폐단이 있다. 다음 중 이러한 단조로운 작업의 결함을 제거하기 위해 채택되는 직무 설계방법으로서 가장 거리가 먼 것은?

① 자율경영팀 활동을 권장한다.
② 하나의 연속 작업시간을 길게 한다.
③ 작업자 스스로가 직무를 설계하도록 한다.
④ 직무확대, 직무충실화 등의 방법을 활동한다.

풀이 컨베이어 작업과 같이 단조로운 작업은 작업자에게 무력감과 구속감을 주게 되므로 하나의 연속 작업 시간을 짧게 한다.

23. "무결점 운동"으로 불리는 것으로 미국의 항공사인 마틴사에서 시작되 품질개선을 위한 동기부여 프로그램은 무엇인가?

① ZD   ② 6시그마
③ TPM   ④ ISO 9001

풀이 ZD 운동 (Zero Defects)
처음부터 결점을 제로로 하여 완전한 제품을 만들자는 운동으로, QC 기법을 제조면에만 한정하지 말고 일반 사무에 까지 확대 적용해 전사적으로 결점이 없는 일을 하자는 것

24. 어떤 측정법으로 동일 시료를 무한회 측정하였을 때 데이터 분포의 평균치와 참값과의 차를 무엇이라 하는가?

① 재현성   ② 안정성
③ 반복성   ④ 정확성

풀이 용어 정의
① 오차(error) : 모집단의 참값과 측정 데이터의 차이
② 정확도(accuracy) 또는 치우침(bias) : 데이터의 분포의 평균치와 참값과의 차 (평균값 − 참값)
③ 정밀도(precision) : 데이터 분포의 폭의 크기(편차)
④ 신뢰성(reliability) : 개개의 제품에 요구되는 품질수준

21 ④   22 ②   23 ①   24 ④

25 차량속도가 40km/h, 차륜속도가 50km/h일 때 구동 슬립률은?

① 10% ② 20%
③ 30% ④ 40%

 구동 슬립률 = $\dfrac{Vw - V}{Vw} \times 100(\%)$

여기서, V_w : 바퀴 속도
V : 자동차 속도

∴ 슬립률 = $\dfrac{50-40}{50} \times 100 = 20\%$

26 공기 배력식(hydro air pack) 유압 제동장치의 설명으로 틀린 것은?

① 파워피스톤을 에어 컴프레셔의 압축된 공기 압력과 대기압의 차이에 따라서 작동하여 유압을 발생시켜 휠실린더에 전달하는 역할을 하는 것은 브레이크 부스터이다.
② 하이드로 에어팩(hydro air pack)은 공기탱크 등을 설치하여야 하므로 하이드로 백 장치에 비해 약간 복잡하다.
③ 하이드로 에어팩(hydro air pack)은 동력 실린더부, 릴레이 밸브부, 하이드로릭 실린더부로 구성되어 있다.
④ 하이드로 에어팩(hydro air pack)으로 작동되는 제동계통은 베이퍼록이 일어나지 않아 공기빼기가 필요없다.

 ①, ②, ③항이 옳은 설명이고, 하이드로 에어팩도 유압 제동장치의 일종으로 베이퍼록 현상이 일어나므로 공기빼기 작업을 해주어야 한다.

27 내경이 50mm인 마스터 실린더에 30N의 힘을 작용하였을 때 내경이 80mm인 휠 실린더에 미치는 제동력은?

① 약 1.52N ② 약 24.6N
③ 약 76.8N ④ 168.6N

 $0.785 \times 50^2 : 30N = 0.785 \times 80^2 : F$

∴ $F = \dfrac{80^2 \times 30}{50^2} = 76.8N$

[다른풀이]

압력 = $\dfrac{하중}{단면적} = \dfrac{30}{0.785 \times 5^2}$

= $1.528 \, N/cm^2$

∴ 하중(제동력) = 압력 × 단면적
= $1.528 \times 0.785 \times 8^2$
= $76.8N$

28 투영식 전조등 시험기에 대한 설명으로 옳은 것은?

① 1m의 측정거리에서 투영 스크린에 전조등의 상을 투영시켜 측정하는 방식이다.
② 수광부는 중앙에 수광 렌즈와 상, 하, 좌, 우 2개의 광속계가 부착되어 있다.
③ 광축계의 지시치를 영(zero)으로 하여 상, 하, 좌, 우 광전지를 비추는 빛의 양을 같게 하여 주광축을 얻는다.
④ 투영 스크린의 수광 위치에 의한 광축의 광속을 측정하고, 동시에 광속계의 지시에 의한 광축을 측정한다.

 투영식 전조등 시험기는 3m의 측정거리에서 측정하며 측정방법은 다음과 같다.
① 측정기 전원을 ON 하고, 전조등을 상향으로 켠다.

25 ② 26 ④ 27 ③ 28 ③

② 상하, 좌우 다이얼 "0"으로 조정한다.
③ 시험기 몸체를 움직여 상하, 좌우 광축계의 눈금이 "0"이 되도록 조정한다.
④ 스크린 상에 나타난 흑점 중앙으로 +중심에 오도록 상하 좌우 다이얼을 맞춘다.
⑤ 상하 다이얼(상하 광축)과 좌우 다이얼(좌우 광축) 눈금 및 광도를 읽는다.

29 전자제어 현가장치에서 자세제어의 설명으로 적합하지 않은 것은?

① 안티롤 제어 : 선회시 좌우 움직임을 작게 한다.
② 안티 다이브 제어 : 급가속시 차체 앞부분의 들어 올림량을 작게 한다.
③ 안티 스쿼트 제어 : 급발진시 차체 앞부분의 들어 올림량을 작게 한다.
④ 안티 바운스 제어 : 차체의 상하 진동을 작게 한다.

> 안티 다이브 제어란 급제동시 차체 앞부분이 아래로 내려가는 량을 작게 한다.

30 휠 얼라인먼트에 대한 설명으로 옳은 것은?

① 캠버(camber)와 토아웃(toe out)의 작용으로 조향 핸들의 복원성을 부여한다.
② 캐스터(caster)의 작용으로 앞바퀴의 사이드 슬립과 타이어 마멸을 최소로 한다.
③ 선회할 때 모든 바퀴가 동심원을 그리려면 선회할 때 토아웃(toe out)이 되어야 한다.

④ 주행시 캠버로 인해 양쪽 바퀴가 바깥쪽을 향하게 벌어지려는 경향이 발생하므로 캐스터를 두어 직진성을 준다.

> 선회할 때 모든 바퀴가 동심원을 그리려면 선회할 때 토아웃이 되어야 한다. 복원성은 캐스터와 킹핀 경사각에서 얻을 수 있으며, 캠버로 인해 바퀴가 바깥쪽으로 벌어지려는 경향은 토우인을 두어 직진성을 준다.
> * 사이드 슬립은 캐스터와는 관련이 없다.

31 베어링의 브리넬링(brinelling) 결함원인으로 가장 적합한 것은?

① 이물질에 의한 패임이다.
② 연마제의 미립자에 의해 발생한다.
③ 베어링 장착부위 외측에서 진동 형태로 발생된다.
④ 큰 입자가 롤러와 레이스 사이에 박힘으로서 발생한다.

> 베어링의 브리넬링 압흔이란 베어링 삽입시 지그가 외륜을 누르거나, 압입상태에서 외륜 또는 샤프트에 충격이 발생하는 경우에 발생하는 손상을 말한다. 따라서, 베어링 장착부위 외측에서 진동 형태로 발생된다.

32 ABS 장치에 사용되는 구성품이 아닌 것은?

① ABS 컨트롤 유닛
② 휠스피드 센서
③ 리어 차고센서
④ 하이드로릭 유닛

29 ② 30 ③ 31 ④ 32 ③

풀이 **ABS 주요 구성부품 및 역할**
① ABS ECU(컨트롤 유닛) : 휠 스피드센서에 의해 4륜 각각의 차륜속도 및 감가속도를 연산하여 차륜의 슬립상태를 판단하며 각종 솔레노이드 밸브에 대한 증압 및 감압형태를 결정한다.
② 휠 스피드 센서 : 톤휠의 회전에 의해 발생된 신호로 바퀴의 회전속도를 검출
③ 하이드롤릭 유닛 : ECU의 신호에 따라 정상, 감압, 증압, 유지의 4가지 작동으로 각 휠 실린더에 작용하는 유압을 조절하며, 오일펌프, 솔레노이드 밸브, 어큐물레이터, 제어 피스톤, 프로포셔닝 밸브 등이 설치

33 소형차량 핸드 브레이크에서 브레이크 조작 레버의 조작력을 좌우 바퀴에 등분하는 역할을 하는 것은?

① 스프링 챔버(spring chamber)
② 이퀄라이저(equalizer)
③ 콤비네이션 실린더(combination cylinder)
④ 브레이크 슈(brake shoe)

풀이 핸드 브레이크에서 좌·우 뒷바퀴의 제동력 균형을 잡아주는 것을 이퀄라이저(equalizer) 또는 보상레버라 한다.

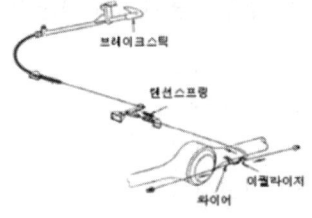

34 주행장치에서 안전성을 위한 방법으로 틀린 것은?

① 스탠딩 웨이브 방지를 위해 표준 공기압보다 낮게 주입한다.
② 타이어 마모 상태를 확인한다.
③ 차축의 마모 및 베어링의 소음여부를 확인한다.
④ 접지 면적이 좋은 타이어를 사용한다.

풀이 **스탠딩 웨이브(standing wave) 현상 방지방법**
① 타이어 공기압을 높인다.
② 편평 타이어를 사용한다.
③ 레이디얼 타이어를 사용한다.

35 주행시 타이어에서 나는 소음 중에 스퀼(squeal)음에 대해 가장 적절한 것은?

① 급격한 가속, 제동, 선회시에 타이어와 노면과의 사이에 미끄러짐이 발생하면서 나는 소음
② 직진 주행시 발생되는 소음으로 트레드 디자인에 같은 간격으로 배열된 피치가 노면을 규칙적으로 치는데서 발생되는 소음
③ 거친 노면을 주행할 때 타이어가 노면이나 자갈 등을 치는 소리로 차량의 현가장치나 차체를 통하여 차내에 전달되는 진동음
④ 타이어가 접지했을 때 트레드 홈 안의 공기가 압축되어 방출될 때 발생하는 소음

풀이 차량 급브레이크시 브레이크 패드와 디스크와의 마찰에 의한 소음 또는 코너링시 타이어 트레드 고무와 노면상의 마찰에 의한 소음을 스퀼 소음이라 한다.

33 ② 34 ① 35 ①

36 자동변속기의 스톨시험을 실시하는 이유로 볼 수 없는 것은?

① 밸브 바디의 라인압 이상유무 점검
② 자동 변속기의 각종 클러치 및 브레이크 이상유무 점검
③ 펄스 발생기의 이상 유무 판단
④ 토크 컨버터의 이상 유무 점검

> **풀이** 스톨 시험(stall test)
> 자동변속기의 "D" 또는 "R" 레인지에서 엔진의 최대속도를 측정하여 엔진의 종합적인 상태를 측정하는 시험으로 엔진의 출력, 토크 컨버터의 동력전달 상태, 토크 컨버터의 미끄러짐 등을 알 수 있다.

37 다음은 자동변속기에 변속되는 주행패턴을 설명한 것이다. 해당되는 것은?

> 엔진스로틀 밸브를 많이 열어 놓은 주행상태에서 갑자기 스로틀 개도를 낮추어 (엑셀레이터 페달을 놓는다) 증속 변속선을 지나 고속 기어로 변속된다.

① 리프트 풋 업   ② 업 시프트
③ 킥 다운   ④ 록 업

> **풀이** 자동변속기 주행 패턴
> ① 킥 다운(kick down) : 주행 중 드로틀 밸브의 개도를 갑자기 증가시키면(85% 이상) down shift 되어 큰 구동력을 얻을 수 있는 장치
> ② 리프트 풋업(lift foot up) : 주행 중 갑자기 엑셀레이터 페달을 놓으면 증속 변속(up shift)되어 고속 기어로 변속되어 승차감을 향상시킨다.
> ③ 업 시프트(up shift) : 고속 기어로 변속되는 것
> ④ 록업 클러치(damper clutch, lock-up clutch) : 자동변속기에서 규정차속 이상이 되면 펌프와 터빈을 기계적으로 직결시켜 미끄럼에 의한 손실을 방지하고 연비향상과 정숙성을 도모하는 역할을 한다.

38 클러치 디스크의 페이싱이 마모되면 클러치 페달의 유격은?

① 증가한다.
② 감소한다.
③ 변화없다.
④ 증가 후 감소한다.

> **풀이** 클러치 디스크의 페이싱이 마모되면 릴리스 레버가 튀어 나와 릴리스 베어링과 가까워지므로 유격이 작아진다.(매우 중요)

39 종감속 장치에서 구동피니언의 잇수가 6, 링기어의 잇수가 30일 때, 왼쪽 바퀴가 180rpm이면 오른쪽 바퀴는? (단, 추진축은 1,000rpm이다.)

① 180rpm   ② 200rpm
③ 220rpm   ④ 400rpm

> **풀이** 한쪽바퀴 회전수 구하는 식
> 한쪽바퀴 회전수
> $= \dfrac{엔진 회전수}{총감속비} \times 2 - 다른쪽바퀴 회전수$
> $= \dfrac{추진축 회전수}{종감속비} \times 2 - 다른쪽바퀴 회전수$
> ∴ 한쪽바퀴 회전수 $= \dfrac{1,000}{5} \times 2 - 180$
> $= 220\text{rpm}$

36 ③ 37 ① 38 ② 39 ③

40 전자제어 동력 조향장치의 종류가 아닌 것은?

① 속도감응식
② 전동 펌프식
③ 공압 반력 제어식
④ 밸브 특성 제어식

풀이 전자제어 동력조향장치의 종류
① 유압식 : 유량제어 방식(속도 감응방식), 유압반력 제어방식, 실린더 바이패스 방식, 회전수 감응식,
② 전동식

41 자동차가 선회시 정상 선회 반경보다 점점 선회 반경이 커지는 현상은?

① 뉴트럴 스티어링
② 토 아웃
③ 언더 스티어링
④ 오버 스티어링

풀이 선회특성
① 언더 스티어 : 조향각을 일정하게 하고 선회시 선회반경이 커지는 현상
② 오버 스티어 : 조향각을 일정하게 하고 선회시 선회반경이 작아지는 현상
③ 뉴트럴 스티어 : 조향각만큼 정상 선회
④ 리버스 스티어 : 차속이 증가할수록 언더 스티어에서 오버 스티어로 되는 현상

42 자동변속기의 토크 컨버터에 관계된 설명으로 틀린 것은?

① 속도비 = 터빈 축 회전속도/ 펌프 축 회전속도
② 효율 = (출력/입력)×100
③ 토크비 = 터빈 축 토크/ 펌프 축 토크
④ 속도비가 클수록 토크비가 커진다.

풀이 성능곡선에서 속도비가 작을수록 토크비가 커진다.

43 위시본식 평행사변형 현가장치에서 장애물에 의해 바퀴가 들어 올려지면 바퀴 정렬의 변화는?

① 캠버는 변화가 없다.
② 더욱 부의 캠버가 된다.
③ 더욱 정의 캠버가 된다.
④ 더욱 정의 캐스터가 된다.

풀이 평행사변형 형식은 장애물에 의해 바퀴가 들어 올려 지면 바퀴가 끌어 당겨져 윤거가 변화하나, 캠버는 변화가 없다.

40 ③ 41 ③ 42 ④ 43 ①

44 에어백 시스템에서 자기진단용 제어 모듈의 주요 기능이 아닌 것은?

① 비상 전원 기능
② 충격 제거 기능
③ 자기 진단 기능
④ 전압 상승 기능

풀이 에어백 제어모듈의 주요 기능
① 에어백 작동시(충돌시)의 축전지 고장에 대비한 비상 전원기능(전원용 충전 콘덴서) : 에너지 저장기능
② 축전지 전압저하에 대비한 전압상승 기능
③ 안전성과 신뢰성 제고를 위한 자기진단 기능

45 MF 납산축전지의 특징을 설명한 내용 중 틀린 것은?

① 축전지의 극판은 납 – 칼슘 합금을 사용한다.
② 자기방전이 적고 보존성이 우수하다.
③ 비중계로 전해액 비중을 측정할 때 용이하다.
④ 충전 중에 양극에서 발생하는 가스를 음극에서 흡수하여 물로 전환시킨다.

풀이 ①, ②, ④항은 MF 납산축전지의 특징이며 MF 축전지는 셀에 주입구가 없어 비중을 측정할 수 없고, 비중은 인디케이터(indicator)를 이용한다.

46 발전기에서 주로 실리콘 다이오드를 사용하여 3상 교류를 전파 정류하여 직류로 변환하는 구성품은?

① 로터(rotor)
② 스테이터(stator)
③ 브러시(brush)
④ 정류기(rectifier)

풀이 발전기에서 실리콘 다이오드를 사용하여 3상 교류를 전파 정류하여 직류로 변환하는 구성품을 정류기라 한다.

47 종합 편의 및 안전장치에서 차속신호를 받아 작동하는 기능은?

① 감광식 룸 램프제어기능
② 파워 윈도 제어기능
③ 도어록 제어기능
④ 엔진오일 경고제어 기능

풀이 오토 도어록은 차속센서와 도어록 스위치가 입력되면 ETACS에서 도어록 릴레이를 작동시켜 도어록을 수행한다.

44 ② 45 ③ 46 ④ 47 ③

48. 그림과 같이 크랭크각 센서(CAS)의 한 주기가 180°일 경우 점화시기는?

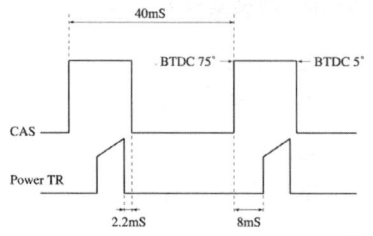

① 약 BTDC 5° ② 약 BTDC 10°
③ 약 BTDC 15° ④ 약 BTDC 39°

풀이) 40ms에 180° 회전하므로 1ms에는 4.5° 회전한다.
BTDC 5° 보다 2.2ms 이전에 파워 TR이 OFF하므로, 5°+2.2ms×4.5 = 14.9°
즉, 약 BTDC 15°가 된다.

49. 내비게이션 활용기술 중 보기에서 설명한 것은?

[보기]
고속으로 회전하는 회전체의 회전축은 외력이 가해지지 않는 한 한 공간에 대해 항상 일정한 방향을 유지하려고 하는데, 외력을 가하면 그 축과 직교하는 축 주위에 회전운동을 일으키는 성질이 있다.

① 원심력 효과 ② 구심력 효과
③ 자이로 효과 ④ 지자기 효과

풀이) 자이로 효과란 고속으로 회전하는 회전체의 회전축은 외력이 가해지지 않는 한 한 공간에 대해 항상 일정한 방향을 유지하려고 하는데, 외력을 가하면 그 축과 직교하는 축 주위에 회전운동을 일으키는 성질을 말한다.

50. 어큐뮬레이터 오리피스 튜브 방식 냉방 사이클에서 냉매가 흐르는 순서로 맞는 것은?

① 압축기 - 응축기 - 증발기 - 어큐뮬레이터 - 오리피스 튜브
② 압축기 - 응축기 - 오리피스 튜브 - 증발기 - 어큐뮬레이터
③ 압축기 - 오리피스 튜브 - 응축기 - 어큐뮬레이터 - 증발기
④ 압축기 - 오리피스 튜브 - 어큐뮬레이터 - 증발기 - 응축기

풀이) 냉매의 순환 사이클(오리피스 튜브 형식)

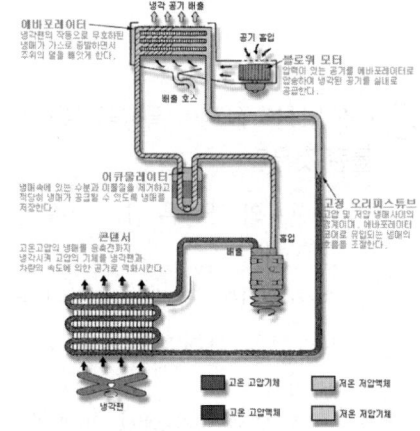

51. 자동차 충전장치에서 교류를 직류로 바꾸는 것을 무엇이라 하는가?
① 정류 ② 단상
③ 반파 ④ 충전

풀이) 교류를 직류로 바꾸는 것을 정류한다고 한다.

48 ③ 49 ③ 50 ② 51 ①

52 기동전동기의 유도 기전력 6V, 축전지 전압 12V, 기동전동기의 전기저항이 0.05 Ω 일 때, 기동전동기에 흐르는 전류는 얼마인가?

① 240A   ② 120A
③ 72A   ④ 12A

 축전지와 기동전동기의 전위차가 6V(12V − 6V = 6V), 기동전동기 전기 저항이 0.05 Ω 이므로,
오옴의 법칙 $I = \dfrac{E}{R}$ ∴ $I = \dfrac{6}{0.05} = 120A$

53 모노코크 바디 구조에서 측면 충돌에 대한 충격 흡수와 강도 보강을 위해 사용되는 패널과 가장 거리가 먼 것은?

① 로커패널
② 시트 크로스멤버
③ 대시 패널
④ 사이드 멤버

 시트 크로스 멤버는 시트를 고정하기 위한 멤버이다.
* 정답은 사이드 멤버로 되어 있음

54 베이스 코트 도장 중 메탈릭이나 펄 색상이 자체보다 어두워서 밝게 하고자 할 때 첨가되는 조색제는?

① 백색
② 황색
③ 녹색
④ 실버 또는 펄(마이카)

 메탈릭 칼라 조색시 밝게 하려면 메탈릭(알루미늄)이나 펄(마이카)을 추가한다.

55 자동차 도장의 목적과 거리가 먼 것은?

① 물체의 미관향상
② 방충 및 살균효과
③ 재해방지효과
④ 방청성을 부여

 자동차 도장이란 차체의 보호, 미관향상, 재해 방지 효과 등을 목적으로 차체의 표면을 도료로 피복하는 것을 말한다.

56 도막 표면에 나타나는 핀홀(pin hole) 결함의 주된 원인이 되는 것은?

① 급격한 과열   ② 첨가제 부족
③ 경화제 과다   ④ 과다한 연마

핀홀을 예방하는 방법
① 급격한 가열을 피한다.
② 세팅 타임을 충분히 준다.
③ 도막 두께가 적정하게 올라가도록 작업한다.
④ 프레쉬 타임을 충분히 준다.
⑤ 피도물의 온도를 낮춘다.

52 ②   53 ④   54 ④   55 ②   56 ①

57 바깥지름이 D, 안지름이 d인 강관에 인장 하중 W가 작용할 때 관에 발생하는 응력은?

① $\sigma = W/(D^2-d^2)$
② $\sigma = 4W/(D^2-d^2)$
③ $\sigma = W/\pi(D^2-d^2)$
④ $\sigma = 4W/\pi(D^2-d^2)$

 응력 $\sigma = \dfrac{W}{A}$

여기서, W : 하중(kg$_f$)
A : 단면적(cm^2)

∴ 응력 $\sigma = \dfrac{W}{A} = \dfrac{W}{\dfrac{\pi}{4} \times (D-d)^2}$

$= \dfrac{4W}{\pi(D-d)^2}$

58 판금작업에서 심 부분이 풀리지 않도록 심의 마무리 작업에 쓰이는 것은?

① 박자목　　② 판금 정
③ 그루브　　④ 핸드 시어

 용어 설명
① 박자목 : 얇은 강판을 굽히거나 편평하게 펼 때 또는 심을 할 때 해머 대용으로 사용하는 공구
② 판금 정 : 잘못된 리벳을 잘라내거나 두꺼운 판재의 굽힘부를 정확하게 꺾기작업 하는데 사용하는 공구
③ 그루브(groove) : 판금작업에서 심 부분이 풀리지 않도록 홈을 만들어서 서로 연결하는 심의 마무리 작업
④ 핸드 시어(hand shear, 판금 가위) : 판재를 절단하기 위한 공구로, 윗날과 아랫날이 맞물려서 그 전단작용으로 판금을 직선 또는 곡선으로 절단한다.

59 도장 작업시 연마를 하는 가장 중요한 이유는?

① 도료의 소모량을 줄이기 위하여
② 도장 작업 공정을 단축하기 위하여
③ 도료의 화학적 결합을 위하여
④ 도막을 평활하게 하여 도료의 부착 증진을 위하여

연마를 하는 이유는 도막을 평활하게 하고 차량에 미세 흠집을 내서 도료의 부착 증진을 돕기 위하여

60 차체 패널을 절단할 때 사용하는 공구와 가장 거리가 먼 것은?

① 판금 정　　② 스폿 드릴
③ 에어 톱　　④ 에어 펀치

에어 톱, 에어 펀치, 스폿 드릴 등은 절단용 공구이고, 판금 정은 꺾기용 공구이다.

57 ④　58 ③　59 ④　60 ①

자동차정비기능장 제51회
(2012.04.08 시행)

01 EGR(exhaust gas recirculation)밸브가 열린 상태로 고착되었을 때 나타나는 증상과 거리가 먼 것은?

① 엔진이 부조한다.
② HC가 증가한다.
③ 엔진출력이 저하된다.
④ NOx 발생이 증가한다.

풀이 EGR 밸브가 열린 상태로 고착되면 EGR률이 증가 한 것과 같으므로 엔진출력이 저하되어 엔진이 부조하며 HC가 증가한다.
연소실 온도가 낮아지므로 NOx 발생은 줄어든다.

02 전자제어 가솔린 기관에서 연료 분사량에 대한 설명으로 틀린 것은?

① 축전지 전압이 낮을 경우 인젝터 무효 분사시간이 길어져 연료 분사량이 증가한다.
② 엔진이 냉각된 상태에서는 연료를 증량 보정한다.
③ 감속시에는 흡기관 압력이 낮아 공연비가 농후하게 되므로 감량 보정한다.
④ 감속시와 고회전시 일정시간 연료를 차단한다.

풀이 ②, ③, ④항이 옳은 설명이고, 무효분사시간이 길면 연료 분사량이 줄어든다.

03 암 길이가 713mm인 프로니 동력계에 제동하중이 170kgf이고, 측정 축의 회전수가 1,500rpm일 때 제동마력은?

① 약 138PS   ② 약 200PS
③ 약 237PS   ④ 약 254PS

풀이 제동마력(BHP) $= \dfrac{2\pi TN}{75 \times 60} = \dfrac{TN}{716}$
여기서, T : 회전력(kgf·m)
N : 회전수(rpm)
∴ 제동마력 $= \dfrac{170 \times 0.713 \times 1,500}{716}$
$= 252.86 \text{ PS}$

04 디젤 노크와 가솔린 노크 현상을 설명한 것 중 틀린 것은?

① 디젤 노크는 연소 초기에 일어난다.
② 가솔린 노크는 연소 끝 부분에서 일어난다.
③ 디젤 노크 및 가솔린 노크는 모두 착화지연이 짧기 때문에 발생하는 현상이다.
④ 디젤 노크는 국부적인 압력상승보다는 광범위한 폭발현상이다.

풀이 ①, ②, ④항은 옳은 설명이고, 디젤노크란 분사된 연료가 착화지연이 길어져 누적된 연료가 한꺼번에 연소하는 현상을 말한다.

01 ④ 02 ① 03 ④ 04 ③

05 가스터빈의 3대 구성요소로 짝지어진 것은?

① 터빈, 압축기, 냉각기
② 압축기, 발전기, 냉각기
③ 압축기, 냉각기, 가열기
④ 압축기, 연소기, 터빈

풀이 가스터빈의 3대 구성요소
압축기(compressor), 터빈(turbine)
연소기(combustion)

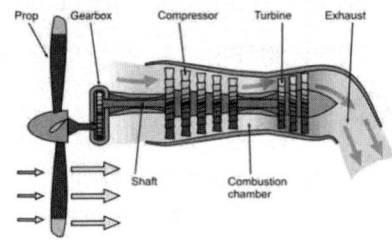

〈가스터빈의 구조〉

06 냉각계통의 수온조절기에서 왁스의 수축과 팽창을 이용하는 온도조절기는?

① 벨로우즈 형   ② 펠릿 형
③ 바이패스 형   ④ 바이메탈 형

풀이 수온 조절기의 종류
① 왁스 펠릿형 : 왁스실에 왁스를 넣어 냉각수 온도가 높아지면 팽창축을 열게 하는 방식
② 벨로즈 형 : 벨로즈 속에 봉입된 휘발성이 큰 에테르나 알콜이 팽창하여 통로를 개폐하는 방식

07 디젤기관에서 연료 분사펌프의 분류로 틀린 것은?

① 독립 펌프식   ② 분배식
③ 축압 분배식   ④ 고온 냉각식

풀이 연료 분사펌프의 분류
① 독립식
② 분배식
③ 축압 분배식(commom rail 방식)

08 핫 필름 타입(Hot Film Type)의 에어플로센서에 대한 특징을 설명한 것으로 옳은 것은?

① 세라믹 기판을 층 저항으로 접적시켰다.
② 자기 청정기능의 열선이 있다.
③ 백금 선을 사용한다.
④ 와류에 의한 주파수를 검출하여 공기량을 측정한다.

풀이 ②, ③ : 열선(Hot wire)방식
④ : 칼만와류 방식

09 전자제어 가솔린 기관에서 연소시 1회에 필요한 연료의 질량을 결정하는 요소가 아닌 것은?

① 기관 회전속도
② 흡기공기의 질량
③ 목표 공연비
④ 기관의 압축압력

풀이 연료의 기본 분사량은 목표 공연비를 기준으로 기관 회전수와 흡입 공기량으로 결정한다.

05 ④ 06 ② 07 ④ 08 ① 09 ④

10 4행정 사이클 기관에서 실린더의 직경×행정이 60mm×80mm인 6기통 기관의 총배기량은?

① 약 1,357cc ② 약 13,570cc
③ 약 4,800cc ④ 약 48,000cc

풀이) 총배기량 $V = \dfrac{\pi}{4}D^2 LZ = 0.785 D^2 LZ$
여기서, D : 실린더 내경(cm)
L : 행정(cm)
Z : 실린더 수
∴ 총배기량 $V = 0.785 \times 6^2 \times 8 \times 6$
$= 1,356.48 cc$

11 내연기관의 출력을 향상시키기 위한 방법으로 가장 거리가 먼 것은?

① 실린더의 행정체적을 크게 한다.
② 실린더의 수를 많게 한다.
③ 기관의 회전속도를 높인다.
④ 실린더의 연소실 체적을 크게 한다.

풀이) 연소실 체적을 크게 하면 압축비가 작아지므로 출력이 감소한다.

12 시간당 연료소비율이 450g이며, 95PS의 출력을 내는 기관의 시간마력 당 연료소비율은?

① 약 1.4g/PS – h
② 약 4.7g/PS – h
③ 약 67.6g/PS – h
④ 약 133.5g/PS – h

풀이) 시간마력당 연료소비율(g/PS – h)
$= \dfrac{450g}{95ps - h} = 4.73 g/PS - h$

13 4행정 6실린더 기관의 점화순서가 1 – 5 – 3 – 6 – 2 – 4 일 때 3번 기통이 배기행정 중간에 있으면 5번 기통은 무슨 행정을 하는가?

① 흡입 초 ② 폭발 말
③ 압축 말 ④ 압축 초

풀이) 1번과 6번, 3번과 4번, 2번과 5번 실린더가 같이 움직이므로 3번이 배기행정이면 4번은 압축행정이다.
점화순서에 의해 5번 실린더는 3번 실린더보다 행정이 앞이므로 배기행정이 끝나고 흡입행정을 시작한다.
참고로 5번 실린더와 같이 상사점에 있는 2번 실린더가 폭발(동력)행정이다.

14 LPI기관에서 인젝터의 연료분사 후 기화잠열에 의한 수분 빙결현상을 방지하기 위한 것은?

① 아이싱 팁 ② 가스온도센서
③ 릴리프 밸브 ④ 과류방지 밸브

풀이) LPI 기관 인젝터의 아이싱 팁은 연료공급을 인젝터 중앙으로 하지 않고 공급라인을 옆쪽에 설치하여 인젝터 내부로 연료가 흐르는 것을 최소화 하여 연료분사 후 기화잠열에 의한 수분 빙결현상을 방지하기 위하여 사용한다. 아이싱 팁은 재질의 차이를 이용하여 아이싱 결속력을 저감시켜 아이싱 생성을 방지한다.

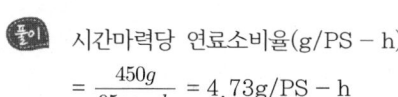

10 ① 11 ④ 12 ② 13 ① 14 ①

15 직접 분사실식을 다른 형식의 연소실과 비교했을 때 장점으로 틀린 것은?

① 열효율이 좋다.
② 실린더 헤드의 구조가 간단하다.
③ 공기의 와류가 약하여 고속회전에 적합하다.
④ 냉각손실이 적다.

🔎 **직접분사식 연소실의 장·단점**
① 실린더 헤드의 구조가 간단하다.
② 열효율이 높다.
③ 엔진의 시동이 쉽고, 연료 소비율이 적다.
④ 연소실 표면적이 작기 때문에 열손실이 적다.
⑤ 사용 연료에 매우 민감하여 노크 발생이 쉽다.

16 윤활유의 성질 중에서 가장 중요한 것은?

① 점도　　② 비중
③ 밀도　　④ 응고점

🔎 윤활유에서 가장 중요한 성질은 점도이다.

17 전자제어 가솔린 분사장치의 인젝터에 대한 설명으로 틀린 것은?

① 인젝터 점검은 작동음, 인젝터 저항, 연료 분사량, 연료 분무 형태 등을 점검한다.
② 인젝터는 ECU(ECM)에 의하여 제어되는 솔레노이드를 가진 연료 분사 노즐이다.
③ 흡입공기량 및 엔진 회전수로부터 기본 연료 분사 시간을 계산한다.
④ 크랭크각 센서, TDC 센서 등으로부터 보정 연료 분사 시간을 산출한다.

🔎 ①, ②, ③항이 옳은 설명이며, 크랭크각 센서는 기관 회전속도(크랭크축 위치)를, TDC 센서는 1번 실린더의 상사점을 검출하는 센서이다.

18 디젤기관에서 압력 상승률이 가장 높은 연소구간은?

① 착화지연 기간　② 직접연소 기간
③ 화염전파 기간　④ 후기연소 기간

🔎 디젤기관(C.I Engine)에서 압력 상승률이 가장 높은 구간은 화염전파(폭발연소, 급격연소) 기간이다.

15 ③　16 ①　17 ④　18 ③

19 여유시간이 5분, 정미시간이 40분일 경우 내경법으로 여유율을 구하면 약 몇 %인가?

① 6.33% ② 9.05%
③ 11.11% ④ 12.50%

풀이 여유율 산출방법
내경법에 의한 여유율(%)
$= \dfrac{\text{여유시간}}{\text{정미시간} + \text{여유시간}} \times 100$
$= \dfrac{5}{40+5} \times 100 = 11.11\%$

20 로트에서 랜덤하게 시료를 추출하여 검사한 후 그 결과에 따라 로트의 합격, 불합격을 판정하는 검사방법을 무엇이라 하는가?

① 자주검사 ② 간접검사
③ 전수검사 ④ 샘플링검사

풀이 용어 설명
① 로트 : 같은 조건하에서 생산되거나 또는 생산되었다고 생각되는 제품의 집합. 품질이 균일할 것으로 판단되는 다수의 제품으로 이루어진 하나의 제품 집단
② 자주검사 : 작업자 자신이 스스로 하는 검사
③ 전수검사 : 출하되는 모든 제품을 검사하는 방법
④ 샘플링 검사 : 로트에서 랜덤하게 시료를 추출하여 검사한 후 그 결과에 따라 로트의 합격, 불합격을 판정하는 검사방법
* 간접검사란 검사는 없다.

21 다음과 같은 [데이터]에서 5개월 이동평균법에 의하여 8월의 수요를 예측한 값은 얼마인가?

월	1	2	3	4	5	6	7
판매실적	100	90	110	100	115	110	100

① 103 ② 105
③ 107 ④ 109

풀이 이동 평균법 $= \dfrac{\Sigma \text{최근 월 판매량}}{\text{월 수}}$
$= \dfrac{110+100+115+110+100}{5}$
$= 107$

22 관리 사이클의 순서를 가장 적절하게 표시한 것은? (단, A는 조치(Act), C는 체크(Check), D는 실시(Do), P는 계획(Plan)이다.)

① P → D → C → A
② A → D → C → P
③ P → A → C → D
④ P → C → A → D

풀이 관리 사이클의 순서
P(Plan) → D(Do) → C(Check) → A(Act)

ANSWER 19 ③ 20 ④ 21 ③ 22 ①

23 다음 중 계량값 관리도만으로 짝지어 진 것은?

① c 관리도, u 관리도
② $x - R_s$ 관리도, P 관리도
③ $\bar{x} - R$ 관리도, nP 관리도
④ Me - R 관리도, $\bar{x} - R$ 관리도

풀이 관리도의 분류

데이터	관리도	분포
계수치(값)	Pn	이항분포
	P	
	C	포아송 분포
	u	
계량치(값)	$\bar{x} - R$	정규분포
	$x - R$	
	x	

24 다음 중 모집단의 중심적 경향을 나타낸 측도에 해당하는 것은?

① 범위(Range)
② 최빈값(Mode)
③ 분산(Variance)
④ 변동계수(Coefficient of variation)

풀이 용어 설명
① 범위 : 최대값과 최소값 사이
② 최빈값(Mode) : 가장 빈도수가 높은 x축의 값으로, 일반적으로 중앙이 가장 높아 중심적 경향이 있다고 한다.
③ 분산 : 어떤 집단의 자료가 중심치인 평균으로부터 떨어진 정도
④ 변동계수 : 표준편차를 산술평균으로 나눈 것으로, 숫자가 클수록 상대적인 차이가 크다는 것을 의미한다.

25 선기어 잇수가 20개, 링기어 잇수가 40개의 유성기어에서 선기어를 고정하고 링기어가 75회전 하였다면 캐리어의 회전수는?

① 30회전   ② 50회전
③ 90회전   ④ 120회전

풀이 유성기어 회전수 계산하는 방법
① 캐리어 잇수 = 선기어 잇수+링기어 잇수
② 구동기어 잇수(Z_1)×구동기어 회전수(N_1)
   = 피동기어 잇수(Z_2)×피동기어 회전수(N_2)
∴ $N_2 = \dfrac{Z_1}{Z_2} \times N_1 = \dfrac{40}{60} \times 75 = 50$

26 후 2차축식 차량에서 적차상태의 후 후축중을 구하는 산식으로 맞는 것은?

① 차량중량 - (적차상태의 전축중+적차상태의 전축중)
② 차량중량 - (공차상태의 전축중+공차상태의 후축중)
③ 차량 총중량 - (적차상태의 후축중+적차상태의 후 후축중)
④ 차량 총중량 - (적차상태의 전축중+적차상태의 후 전축중)

풀이 적차상태란 차량 총중량을 의미하므로, 후 후축중 계산은 차량 총중량에서 먼저 구한 적차상태의 전축중과 적차상태의 후 전축중을 빼면 된다.

23 ④   24 ②   25 ②   26 ④

27 타이어에 발생되는 힘의 성분 그림에서 횡력(Side force)에 해당하는 것은?

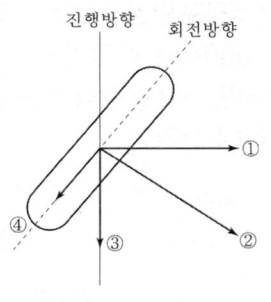

① ① ② ②
③ ③ ④ ④

풀이 힘의 성분
① 코너링 포스(cornering force)
② 횡력(side force, drag force)
③ 제동저항
④ 전동저항

28 앞 현가장치에서 차축식과 비교한 독립 현가장치의 특징으로 틀린 것은?

① 승차감이 좋아진다.
② 타이어와 노면의 접지성이 좋아진다.
③ 차륜의 상하 운동에 의한 얼라인먼트의 변화가 적다.
④ 유연한 새시 스프링을 사용할 수 있다.

풀이 독립 현가장치의 특징
① 차량의 높이를 낮게할 수 있어 안전성이 좋다.
② 바퀴가 시미를 잘 일으키지 않고 로드 홀딩이 좋다.
③ 스프링 정수가 적은 스프링을 사용할 수 있다.
④ 스프링 아래 질량이 적어 승차감이 우수하다.

⑤ 일체 차축 현가에 비해 구조가 복잡하다.
⑥ 주행시 바퀴의 움직임에 따라 윤거나 얼라인먼트가 변화하므로 타이어 마모가 크다.

29 자동변속기에서 유압 점검시 모든 유압이 낮을 때 예상되는 고장으로 관계없는 것은?

① 오일펌프 불량
② 레귤레이터 밸브 불량
③ 매뉴얼 밸브 불량
④ 밸브바디 부착 불량

풀이 매뉴얼 밸브는 운전석 변속 레버와 연동되는 기계식 밸브로서 유로만 제어하므로 유압과는 관련이 없다.

30 디스크 브레이크의 장점이 아닌 것은?

① 페이드 현상이 적다.
② 자기작동을 한다.
③ 편제동 현상이 적다.
④ 패드 교환이 용이하다.

풀이 디스크 브레이크의 특징
① 구조가 간단하고 패드교환이 용이하다.
② 디스크가 대기 중에 노출되어 냉각 효과가 크다.
③ 방열이 잘 되어 페이드 현상이나 편제동 현상이 적다.
④ 부품의 평형이 좋고 한쪽만 제동되는 일이 적다.
⑤ 자기작동이 없으므로 페달 조작력이 커야 한다.
⑥ 마찰면적이 적어 패드의 강도가 커야하고, 패드의 마멸이 크다.

27 ② 28 ③ 29 ③ 30 ②

31 동력 조향장치에서 조향 휠을 좌우로 회전할 때 소음이 발생하는 원인과 가장 거리가 먼 것은?

① 조향기어 박스내의 기어의 백래시가 너무 크다.
② 파워 오일량이 부족하다.
③ 파워 오일펌프가 불량하다.
④ 오일 라인에 공기가 차있다.

풀이 ②, ③, ④항이 옳은 설명이고 기어의 백래시가 크면 유격이 많아져 시미가 발생된다.

32 입력축, 부축, 출력축으로 구성된 수동 변속기에서 변속비에 대한 설명으로 옳은 것은?

① (부축기어 잇수 / 입력축기어 잇수) × (부축기어 잇수 / 출력축기어 잇수)
② 출력축 회전속도 / 엔진 회전속도
③ 변속비가 1일 때 구동축과 피동축의 회전속도는 같다.
④ 변속비가 1보다 적을 경우는 감속이 된다.

풀이 변속비 = $\frac{부축}{주축} \times \frac{주축}{부축}$ = $\frac{엔진 회전속도}{출력축 회전속도}$
* 변속비가 1보다 적으면 증속이 된다.

33 엔진의 출력이 100PS이고 클러치판과 압력판 사이의 마찰계수가 0.3, 그리고 클러치판의 평균 반경이 40cm, 엔진의 회전수가 3,000rpm일 때 클러치가 미끄러지지 않으려면 스프링 장력의 총합은 얼마 이상이어야 하는가?

① 약 50kg$_f$ ② 약 100kg$_f$
③ 약 150kg$_f$ ④ 약 200kg$_f$

풀이 전달 마력(PS) = $\frac{2\pi TN}{75 \times 60}$ 이고,
전달 회전력 $T = \mu \cdot F \cdot r$ 이므로
여기서, T : 회전력(kg$_f \cdot$m)
N : 회전수(rpm)
μ : 마찰계수
F : 스프링 장력(kgf)
r : 평균유효반경(m)
전달 마력(PS) = $\frac{2 \times \pi \times \mu \times F \times r \times N}{75 \times 60}$

∴ 스프링 장력(F) = $\frac{75 \times 60 \times ps}{2 \times \pi \times \mu \times r \times N}$
= $\frac{75 \times 60 \times 100}{2 \times 3.14 \times 0.3 \times 0.4 \times 3,000}$
= 199kg$_f$

31 ① 32 ③ 33 ④

34 전자제어 현가장치(ECS)의 설명으로 옳은 것은?

① HARD 모드는 주행 중 안락한 승차감을 제공한다.
② SOFT 모드는 주행 중 안정된 조향성을 제공한다.
③ 선회 주행 중 급가속시 노즈 다운(nose down)을 억제하여 발진성 향상을 도모한다.
④ 급제동시 노즈 다운(nose down)이 작도록 억제하여 제동 안정성을 좋게 한다.

풀이 HARD 모드는 주행 중 안정된 조향성을, SOFT 모드는 주행 중 안락한 승차감을 제공한다. 급가속시는 앤티 스쿼트(anti-squat) 제어로 발진성 향상을 도모한다.

35 토크 컨버터에서 토크비가 3 이고, 속도비가 0.3 일 때 펌프가 5,000rpm으로 회전한다면 토크 효율은?

① 30%   ② 50%
③ 60%   ④ 90%

풀이 토크 컨버터의 전달효율(η)
① 토크비(t) = $\dfrac{\text{터빈 회전력}(T_t)}{\text{펌프 회전력}(T_p)}$
② 속도비(n) = $\dfrac{\text{터빈 회전수}(N_t)}{\text{펌프 회전수}(N_p)}$
③ 전달효율(η) = 토크비(t) × 속도비(n)
∴ 전달효율(η) = 3 × 0.3 = 0.9, 즉 90%

36 자동차 차륜 정렬에서 기하학적 중심선과 뒷바퀴가 정렬에서 벗어난 상태의 각도를 무엇이라고 하는가?

① 협각
② 셋 백
③ 스러스트 각
④ 스크러브 레디우스

풀이 **스러스트 각** : 뒤차축의 중심선과 차량의 기하학적 중심선과 일치하지 않은 상태

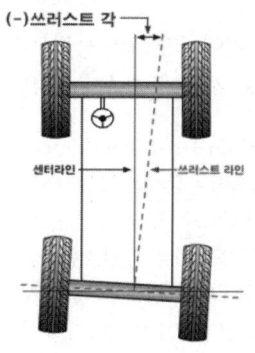

ANSWER 34 ④ 35 ④ 36 ③

37 종감속비의 설명으로 틀린 것은?

① 종감속비는 링기어의 잇수와 구동 피니언의 잇수비로 나타낸다.
② 특정의 이가 항상 물리는 것을 방지하여 이의 편마멸을 방지하기 위해 종감속비는 정수비로 하지 않는다.
③ 변속비와 종감속비의 곱을 총감속비라 하고 변속기어가 톱(Top) 기어이면 엔진의 감속은 종감속 기어에서만 이루어진다.
④ 종감속 기어비가 크면 등판능력이 저하되나 가속 성능과 고속 성능은 향상된다.

 종감속비(final reduction gear)
① 종감속비 = 링기어 잇수/ 구동 피니언 잇수
② 종감속비를 크게 하면 구동력이 향상되고, 고속 성능은 감소한다.
③ 특정의 이가 항상 물리는 것을 방지하여 이의 편마멸을 방지하기 위해 종감속비는 정수비로 하지 않는다.
④ 변속비와 종감속비의 곱을 총감속비라 하고 변속기어가 톱(Top) 기어이면 엔진의 감속은 종감속 기어에서만 이루어진다.
⑤ 종감속비는 엔진의 출력, 차종, 중량 등에 의해 정해진다.

38 공기 브레이크에서 압축 공기압에 의해 캠을 작동시키는 구성품은?

① 브레이크 챔버   ② 브레이크 밸브
③ 퀵 릴리스 밸브   ④ 릴레이 밸브

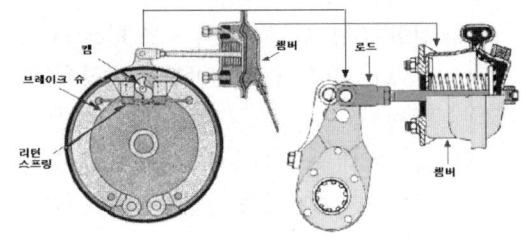
브레이크 챔버의 구조 및 작동

39 제동장치에서 마스터 백은 무엇을 이용하여 브레이크에 배력작용을 하는가?

① 배기가스 압력
② 대기 압력만 이용
③ 흡기 다기관의 압력만 이용
④ 대기압과 흡기 다기관의 압력차 이용

 배력식 브레이크의 종류
① 진공식 배력장치 : 대기압과 흡기다기관의 압력차
  ㉠ 일체형 : 브레이크 부스터 또는 마스터 백(vac)
  ㉡ 분리형 : 하이드로 백(hydro-vac) 또는 하이드로 마스터(hydro-master)라 한다.
② 압축공기식 배력장치 : 압축공기와 대기압의 압력차 에어 마스터(air master) 또는 하이드로 에어 팩(hydro air pack)이라 한다.

37 ④ 38 ① 39 ④

40 자동차의 길이, 너비 및 높이에 대한 측정 조건이 아닌 것은?

① 공차 상태
② 타이어 공기압력은 표준 공기압 상태
③ 외개식의 창, 환기장치는 열린 상태
④ 직진 상태에서 수평면에 있는 상태

풀이: 자동차의 길이, 너비 및 높이에 대한 측정에서 외개식의 창, 환기장치는 닫은 상태에서 측정한다.

41 전자제어 제동장치(ABS)에서 페일 세이프(fail safe) 상태일 때 나타나는 현상으로 옳은 것은?

① 모듈레이터 솔레노이드 밸브는 열림상태로 고정된다.
② 모듈레이터 모터가 작동된다.
③ ABS가 작동되지 않아서 브레이크가 작동되지 않는다.
④ ABS가 작동되지 않아서 평상시의 브레이크가 작동된다.

풀이: ABS 장치가 작동되지 않아서 페일 세이프(fail safe) 상태일 때 제동장치는 평상시의 브레이크로 작동된다.

42 자동차의 축간 거리가 2.8m, 바퀴 접지면과 킹핀과의 거리가 20cm인 자동차를 좌측으로 회전하였을 때 최소 회전반경은? (단, 내측바퀴 조향각 30°, 외측바퀴 조향각 35°)

① 약 4m   ② 약 5m
③ 약 6m   ④ 약 7m

풀이: 최소 회전반경 $R = \dfrac{L}{\sin\alpha} + r$

여기서, α : 외측바퀴 회전각도(°)
L : 축거(m)
r : 타이어 중심과 킹핀과의 거리(m)

∴ 최소 회전반경
$R = \dfrac{2.8}{\sin 35°} + 0.2 = 5.08\text{m}$

43 타이어 트레드 패턴(tread pattern)의 필요성에 대한 설명으로 틀린 것은?

① 공기 누설을 방지한다.
② 타이어 내부에서 발생한 열을 발산한다.
③ 트레드에 발생한 파손이나 손상 등의 확산을 방지한다.
④ 사이드 슬립(side slip)이나 전진 방향의 미끄럼을 방지한다.

풀이: 타이어 트레드 패턴의 필요성
① 타이어 내부에서 발생한 열을 발산한다.
② 사이드슬립(side slip)이나 전진방향의 미끄럼을 방지한다.
③ 트레드에 발생한 파손이나 손상 등의 확산을 방지한다.
④ 구동력이나 선회성능을 향상시킨다.

40 ③ 41 ④ 42 ② 43 ①

44 자속밀도 0.8Wb/m²의 평균자속 내에 길이 0.5m의 도체를 직각으로 두고 이것을 30m/s의 속도로 운동시키면 도체에 발생하는 전압은?

① 8V　　② 12V
③ 16V　　④ 18V

풀이 기전력 $e = B \cdot L \cdot v$
여기서, B : 자속밀도(Wb/m²)
　　　　L : 길이(m)
　　　　v : 속도(m/s²)
∴ 기전력 $e = B \cdot L \cdot v$
　　　　　　$= 0.8 \times 0.5 \times 30 = 12V$

45 전자 열선식 방향지시등(플래셔 유닛)의 작동 설명으로 틀린 것은?

① 램프에 흐르는 전류를 일정한 주기로 단속하여 램프를 점멸시킨다.
② 열선이 가열되어 늘어나면 유닛 접점이 열린다.
③ 열에 의한 열선의 신축작용을 이용한 것이다.
④ 램프에 흐르는 전류를 매분당 60회 이상 120회 이하의 주기로 단속한다.

풀이 전자 열선식 방향지시등의 작동 원리

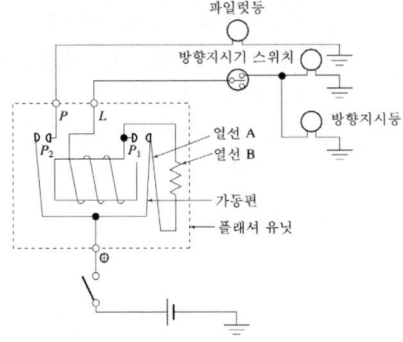

접점 P_1은 열선의 장력에 의해 열려지는 힘을 받고 있다.
방향지시등 스위치를 넣으면, 열선이 가열되어 늘어나면서 접점 P_1이 닫히고, 따라서 솔레노이드는 자석이 되어 접점 P_2를 붙여 방향지시등이 켜지고, 전류는 열선으로 흐르지 않게 되어 열선은 냉각된다.
냉각되면 다시 접점 P_1이 스프링 장력에 의해 열리며, 이에 따라 접점 P_2를 떨어지게 하여 방향 지시등은 꺼지게 된다. 이를 반복함에 따라 방향지시등은 점멸하게 된다.

46 가솔린 기관의 점화장치 중 DLI 시스템에 대한 특징으로 거리가 먼 것은?

① 전파 잡음에 유리하다.
② 고속이 되어도 발생 전압이 거의 일정하다.
③ 점화시기의 위치 결정을 위한 센서가 필요하다.
④ 점화코일의 성능은 떨어지나 간단한 구조이다.

풀이 무 배전기 점화장치(DLI)의 특징
① 배전기에서 누전이 없다.
② 로터와 캡 사이의 고전압 에너지 손실이 없다.
③ 고속이 되어도 발생 전압이 거의 일정하다.
④ 점화 진각폭의 제한이 없다.
⑤ 내구성이 크고, 전파방해가 없어 다른 전자제어 장치에도 유리하다.
⑥ 점화시기의 위치 결정을 위한 센서가 필요하다.

44 ②　45 ②　46 ④

47 감쇠력 가변식 ECS 장치에서 승객이나 화물 등의 적재나 하차시 차량의 움직임을 최소화하기 위해 속업소버의 감쇠력을 soft에서 hard로 변환시키는 것은?

① 안티 바운스(anti bounce) 제어
② 안티 쉐이크(anti shake) 제어
③ 안티 롤(anti roll) 제어
④ 안티 스쿼트(anti squat) 제어

풀이 전자제어 현가장치의 자세제어
① 안티 롤링(anti - rolling) : 좌우방향 흔들림 제어
② 안티 피칭(anti - pitching) : 앞뒤방향 흔들림 제어
③ 안티 바운싱(anti - bouncing) : 상하방향 흔들림 제어
④ 안티 다이브(anti - dive) : nose down 을 방지
⑤ 안티 스쿼트(anti - squat) : nose up 을 방지
⑥ 안티 쉐이크(anti - shake) : 승객이나 화물 등의 적재나 하차시 차체의 흔들림을 제어
⑦ 차속감응 제어 : 고속 주행시 차체의 안정성을 위해 감쇠력을 soft에서 hard로 변환

48 자동차용 전동기에서 토크가 가장 큰 형식은?

① 직권 전동기
② 분권 전동기
③ 복권 전동기
④ 페라이트 자석식 전동기

풀이 직류 직권 전동기의 특징
① 기동 회전력이 크다.
② 부하가 커지면 회전속도가 낮아지고 전류는 커진다.
③ 회전속도의 변화가 크다.

49 에어컨 증발기 온도센서의 작동 기능 및 설명으로 거리가 먼 것은?

① 가변 토출식 압축기 사양에 적용된다.
② 증발기가 빙결되는 것을 방지한다.
③ 증발기 온도가 설정온도 이상이면 압축기가 작동한다.
④ 센서는 온도에 따라 저항값이 변한다.

풀이 온도센서는 압축기 작동을 ON, OFF 시키기 위한 센서로 압축기 사양과는 관련이 없다.

50 120AH의 축전지가 매일 1%의 자기방전을 할 때 시간당 방전 전류량은?

① 0.05A   ② 0.5A
③ 5A   ④ 1.5A

풀이 1일 자기방전량 = 120AH × 0.01 = 1.2AH
∴ 시간당 방전량 = $\frac{1.2AH}{24H}$ = 0.05A

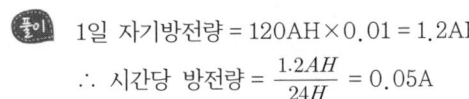

47 ②   48 ①   49 ①   50 ①

51 축전지에서 황산화(sulfation) 현상의 직접적인 발생 원인으로 거리가 먼 것은?
① 축전지를 방전상태로 장기간 방치한 경우
② 전해액이 부족해 극판이 공기 중에 장기간 노출된 경우
③ 충전 전류 및 충전 전압을 과도하게 높게 한 경우
④ 전해액의 비중이 높거나 불순물이 혼입된 경우

풀이 설페이션(sulphation, 백화, 유화) 현상
극판에 백색 결정성 황산납($PbSO_4$)이 생성되는 현상으로 축전지의 장기방치, 불완전한 충·방전, 전해액 부족 등이 원인이다.

52 자동 전조등(auto light system)에 사용되는 센서는?
① 광도 센서   ② G 센서
③ 조도 센서   ④ 발광 센서

풀이 조도센서는 햇빛의 조사량에 따라 저항값이 변화하여 자동 전조등을 ON, OFF시키는 센서이다.

53 보수도장 면의 탈지작업이 제대로 안되었을 경우 나타나는 문제가 아닌 것은?
① 도장 후에 부착 불량이 생길 수 있다.
② 도장 중에 도장 결함(크레터링, 하지끼, 왁스끼)이 생길 수 있다.
③ 도장시에 페인트 소모량이 많아진다.
④ 도장시에 용제 와이핑(wiping) 자국이 생길 수 있다.

풀이 탈지작업이 제대로 안되면 ①, ②, ④항의 불량이 발생할 수 있으나, 페인트 소모량이 증가하지는 않는다.

54 프라이머 – 서페이서로 사용하는 도료의 타입이 아닌 것은?
① 아크릴 – 멜라민계 중도
② 우레탄계 중도
③ 합성수지계 중도
④ 래커계 중도

풀이 아크릴 – 멜라민계 도료는 열경화성 도료로, 상도 도장(Top coat)에 주로 사용한다.

55 CO_2 가스 아크 용접에서 토치의 노즐 끝부분과 모재와의 유지하여야 할 적합한 거리는?
① 4mm   ② 6mm
③ 8mm   ④ 12mm

풀이 팁과 모재와의 거리 : 8~15mm

51 ③   52 ③   53 ③   54 ①   55 ④

56 도어나 트렁크 리드가 달혔을 때 본체와 당는 면을 부드럽게 하기 위한 고무로서 개스킷 식으로 된 부품의 명칭은?

① 웨더 스트립(weather strip)
② 그릴(grille)
③ 몰딩(molding)
④ 트림(trim)

풀이 용어 설명
① 웨더 스트립(weather strip) : 유리, 도어, 트렁크 후드 등의 테두리에 설치되어, 닫힐 때 본체와 닿는 면을 부드럽게 하며 이물질이나 소음을 차단하기 위한 고무
② 그릴(grille) : 내·외부를 통하기 위한 작은 틈새로, 주로 라디에이터 그릴을 의미한다.
③ 몰딩(molding) : 자동차 내부 및 외부의 밋밋한 부분에 칼라, 띠, 면 등을 사용하여 테두리 등에 부착한 장식물
④ 트림(trim) : 도어 트림을 말하며, 도어 내부의 안쪽에 보여지는 부분으로, 손잡이, 수납공간 역할 및 외부 노이즈 유입을 차단하며 측면 충돌시 승객의 안전을 확보하는 역할

57 그림과 같은 보에서 W의 무게로 눌렀을 때 이 보를 정지시킬 수 있는 반력은?

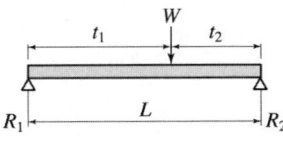

① $W = R_1 + R_2$
② $W = R_1 - R_2$
③ $W = R_1 A \times R_2 B$
④ $W = W R_1 + W R_2$

풀이 내리 누르는 힘(W)과 보의 반력(R_1+R_2)은 같다.

58 에어 스프레이 도장시 장점이 아닌 것은?
① 붓 도장에 비하여 작업 능률이 좋다.
② 넓은 부분에 균일하게 도장할 수 있다.
③ 도막의 외관이 미려하다.
④ 도료의 손실이 많다.

풀이 에어 스프레이 도장시 장점
① 붓 도장에 비하여 작업 능률이 좋다.
② 넓은 부분에 균일하게 도장할 수 있다.
③ 도막의 외관이 미려하다.
④ 도료의 사용량이 작다.

59 칼라 조색시 보색관계를 이용하지 않는 가장 적합한 이유는?
① 조색제 숫자가 많아지기 때문에
② 칼라가 어두워지기 때문에
③ 칼라가 탁해지기 때문에
④ 칼라가 맑아지기 때문에

풀이 보색관계에 있는 색을 혼합하면 색상이 탁해진다.

56 ① 57 ① 58 ④ 59 ③

60 패널을 연결하는 부위에 사용되며 방수 효과와 불순물이나 배기가스의 실내 진입을 방지하고 패널의 부식을 방지하기 위해 사용되는 것은?

① 솔벤트 ② 실러
③ 방청제 ④ 데드너

 용어 설명
① 솔벤트(slovent, 용제) : 페인트에 섞어 사용하는 희석제
② 실러(sealer) : 바디 패널이 겹치는 부위, gap 부위 등 차체 생산 후 손이 미치지 않는 부위에 방수, 방청, 방열을 목적으로 차체 라인 혹은 도장 라인에서 도포하는 물질
③ 방청제 : 보디가 부식되는 것을 방지하는 도료
④ 데드너(deadner) : 바디의 방음, 방진, 방청 및 내 칩핑성을 높이기 위해 언더 바디에 데드너를 도포하고 로워 및 도어 내부에 데드너 패드를 장착하는 것

60 ②

자동차정비기능장 제52회
(2012.07.22 시행)

01 기관의 기계효율을 높이기 위한 방법이 아닌 것은?

① 각 부의 윤활을 잘 시켜 저항을 작게 한다.
② 엔진의 평형을 위해 플라이휠의 질량을 크게 한다.
③ 연료펌프, 순환펌프 등 각종 보조 장치의 구동저항을 줄인다.
④ 배기가스의 배출을 방해하는 저항을 줄인다.

풀이 기계효율을 향상시키기 위한 방법
① 플라이 휠 등 운동부분의 중량을 감소시킨다.
② 각 부의 윤활을 잘 시켜 저항을 작게 한다.
③ 연료펌프 등 각종 보조 장치의 구동저항을 줄인다.
④ 베어링 면적이 작은 베어링 사용
⑤ 피스톤 측압 발생을 감소시킨다.
⑥ 배기가스의 배출을 방해하는 저항을 줄인다.
* 기계효율을 향상시키려면 운동부분의 중량을 줄이거나, 저항을 감소시키거나, 배압을 감소시켜야 한다.

02 전자제어 가솔린 기관에서 연료펌프 내에 설치되어 기관이 정지하면 곧바로 닫혀 압력회로의 압력을 일정시간 동안 유지시키는 밸브는?

① 체크 밸브 ② 니들 밸브
③ 릴리프 밸브 ④ 딜리버리 밸브

풀이 연료펌프의 첵밸브는 연료펌프가 작동을 멈출 때 연료 출구를 막아 연료의 역류를 방지하며 잔압을 유지하여 고온에 의한 베이퍼 록을 방지하고, 재시동성을 향상시킨다.

03 자동차기관 성능과 효율에서 정적 사이클과 정압 사이클을 합성시킨 사이클은?

① 정압 사이클 ② 정적 사이클
③ 디젤 사이클 ④ 사바데 사이클

풀이 열역학적 사이클에 의한 분류
① 오토 사이클(정적 사이클) : 가솔린기관
② 디젤 사이클(정압 사이클) : 저속 디젤기관
③ 사바테 사이클(복합, 합성 사이클) : 고속 디젤기관

04 냉각장치에서 물의 끓는 온도를 높여 냉각 효과 및 엔진의 효율을 증대하기 위한 부품은?

① 코어 ② 수온조절기
③ 압력식 캡 ④ 라디에이터

풀이 라디에이터 캡은 물의 끓는 온도를 높여 냉각 효과 및 엔진의 효율을 증대하기 위하여 압력식 캡을 사용한다.
압력식 캡의 압력은 $0.2 \sim 0.9 kg_f/cm^2$ 이며, 냉각수 비등점은 112~119℃ 정도이다.

01 ② 02 ① 03 ④ 04 ③

05 다음 보기의 공기량 측정센서 설명과 거리가 먼 것은?

[보기]
ⓐ 공기질량을 직접 계측 출력한다.
ⓑ ECU에서 온도, 압력 보정이 필요 없다.
ⓒ 발열체와 공기와의 열전달현상을 이용한다.
ⓓ 응답성이 빠르고 과도성능이 우수하다.

① 열선식 공기량 센서
② 핫 필름 공기량 센서
③ 칼만와류식 공기량 센서
④ 열선식 바이패스 계측 공기량 센서

풀이) 칼만와류식은 공기체적 검출방식이다.

06 압축과 흡입을 동시에 하고, 배기와 소기를 동시에 하는 기관은?

① 사바데 사이클 기관
② 로터리 기관
③ 4행정 기관
④ 2행정 기관

풀이) 2행정 기관은 압축과 흡입을 동시에 하고, 배기와 소기를 동시에 하는 2행정 1사이클 기관이다.

07 핀틀 형 노즐을 사용하는 연소실로 적합하지 않는 것은?

① 예연소실식
② 와류실식
③ 직접분사실식
④ 공기실식

풀이) 분사노즐의 종류
① 구멍형 노즐 : 직접 분사실식
② 핀틀형 노즐 : 예연소실식, 와류실식, 공기실식
③ 드로틀형 노즐 : 예연소실식, 와류실식, 공기실식

08 실린더 지름이 50mm, 피스톤의 평균속도가 20m/s인 기관에서 흡입가스의 평균속도가 50m/s일 때 흡입밸브의 유로 면적은 몇 cm²인가?

① 약 7.9 ② 약 8.6
③ 약 15.3 ④ 약 21.6

풀이) 밸브 지름(d) = $D\sqrt{\dfrac{S}{V}}$

여기서, D : 실린더 직경(mm)
S : 피스톤 평균속도(m/s)
V : 밸브를 통과하는 가스속도(m/s)

∴ $d = D\sqrt{\dfrac{S}{V}} = 50\sqrt{\dfrac{20}{50}}$
 $= 31.6\text{mm} = 3.16\text{cm}$

∴ 흡입밸브의 면적
 $= \dfrac{\pi}{4}d^2 = 0.785 \times 3.16^2 = 7.84\text{cm}^2$

[다른풀이] 연속방정식 $A_1 \cdot v_1 = A_2 \cdot v_2$
여기서, A_1 : 실린더 단면적(cm²)
v_1 : 피스톤 속도(m/s)
A_2 : 흡입밸브 단면적(cm²)
v_2 : 흡입가스 속도(m/s)

∴ $D^2 \cdot v_1 = d^2 \cdot v_2$, ∴ $d^2 = \dfrac{D^2}{v_2} \times v_1$

∴ $d^2 = \dfrac{50^2}{50} \times 20 = 1,000$

∴ $d = 31.6\text{mm} = 3.16\text{cm}$

∴ 흡입밸브의 면적
 $= \dfrac{\pi}{4}d^2 = 0.785 \times 3.16^2 = 7.84\text{cm}^2$

05 ③ 06 ④ 07 ③ 08 ①

09 먼지가 많은 곳에서 사용되는 여과기로 흡입공기는 회전운동을 하면서 입자가 큰 먼지나 이물질을 분리시키는 형식의 여과기는?

① 건식 여과기
② 습식 여과기
③ 오일배스 여과기
④ 원심식 여과기

풀이 여과기의 종류
① 건식 여과기 : 일반 공기중에서 여과지를 통과하여 흡기 등을 깨끗하게 하는 여과기
② 습식 여과기 : 여과지에 오일 등을 묻혀 먼지가 달라붙게 하여 여과하는 방식
③ 오일배스(oil bath) 여과기 : 크랭크 케이스 내의 오일 흡입구에 장착되어 오일 속의 불순물을 여과하는 방식이다.
④ 원심식 여과기 : 먼지가 많은 곳에서 사용되는 여과기로 흡입공기는 회전운동을 하면서 입자가 큰 먼지나 이물질을 분리시키는 형식

10 디젤 자동차의 배기가스 후처리 장치인 DPF(diesel particulate filter)를 설명한 것 틀린 것은?

① 포집된 매연(PM)를 재생(연소)하기 위해 사후 분사를 실시함
② 포집된 매연(PM)를 재생(연소)할 때의 온도는 대략 100℃ 정도임
③ 포집된 매연(PM)를 재생(연소)할 때는 DPF의 앞, 뒤 압력 센서의 신호를 받음
④ 배기관의 매연(PM)포집하고 재생(연소)하는 장치임

풀이 DPF(Diesel Particulate Filter) : 배기관의 입자상 물질(PM, 매연)을 포집하고 재생(연소)하는 장치로, 매연의 포집에 의해 저항이 증가하므로 제거하기 위해 연소시킨다. 포집된 매연(PM)를 재생(연소)할 때는 DPF의 앞, 뒤 압력 센서의 차압신호를 받으며, 포집된 매연(PM)를 재생(연소)하기 위해 사후 분사를 실시한다.
포집된 매연의 재생은 대략 200~250℃, 400~500km주기마다 강제로 재생시킨다.

11 자동차에 사용되는 각종 전기·전자 소자 구성품에 대한 내용으로 틀린 것은?

① 인젝터는 솔레노이드 밸브가 사용되며 통전되는 시간에 따라 분사량이 결정된다.
② 릴레이는 기본전원을 연결했을 경우 주 회로에 연결되기 때문에 스위치 기능이 있는 에어컨 등에 주로 사용된다.
③ 트랜지스터는 NPN형과 PNP형이 있으며, 베이스 전류를 흘려준 경우에만 전류가 흐른다.
④ 다이오드에는 여러 종류가 있는데 어느 것이나 순방향으로 전원을 연결했을 경우에만 전류가 흐른다.

풀이 ①, ②, ③항은 옳은 설명이고, 제너 다이오드의 경우 어떤 전압에서는 역방향으로도 전류가 흐를 수 있다.

09 ④   10 ②   11 ④

12. 증발가스제어장치의 퍼지 컨트롤 솔레노이드 밸브 (PCSV)의 작동을 설명한 것으로 틀린 것은?

① 일정시간 작동하다가 캐니스터에 포집된 증발가스가 없다고 ECU에서 판단되면 작동 중지
② 퍼지 컨트롤 솔레노이드 밸브는 평상시 열려 있는 방식(NORMAL OPEN)의 밸브임
③ 공회전 상태에서도 연료 탱크 및 증발가스라인의 압력을 줄이기 위해 작동은 되나 주로 공전 이외의 영역에서 작동함
④ 엔진이 워밍업(WARM – UP)된 상태에서 작동함

풀이 ①, ③, ④항이 퍼지 컨트롤 솔레노이드 밸브의 작동 설명으로, PCSV는 평상시 닫혀 있는 NC(Normal Close) 방식의 밸브이다.

13. 연소이론에서 연료를 연소하기 위해서 이론 공기량보다 실제로 많은 공기량이 필요하며, 이론 공기량과 실제로 필요한 공기량의 비를 람다(λ)로 나타낸 것은?

① 압축비
② 이론 공연비
③ 공기과잉률
④ 정압연소

풀이 공기 과잉률(λ)이란 이론적으로 필요한 공기량과 실제 엔진에 공급된 공기량과의 비를 말한다.

즉, 공기 과잉률(λ) = $\dfrac{\text{실제공기량}}{\text{이론공기량}}$

14. 가솔린 기관에서 가솔린 160cm^3을 완전연소시키기 위하여 필요한 공기의 무게는? (단, 공연비는 14.7, 연료의 비중은 0.75)

① 0.274kg   ② 1.274kg
③ 1.764kg   ④ 2.864kg

풀이 필요 공기중량 = 연료중량×연료비중×공연비
= 0.16×0.75×14.7
= 1.764kg

15. 디젤기관에 사용되는 윤활유 중 고부하 및 가혹한 조건, 과급기가 있는 기관에 주로 사용되는 윤활유는?

① DL   ② DM
③ DG   ④ DS

풀이 윤활유의 분류

구분	운전조건	API 분류	SAE 신분류
가솔린 기관	좋은 조건	ML	SA
	중간 조건	MM	SB
	가혹한 조건	MS	SC·SD
디젤 기관	좋은 조건	DG	CA
	중간 조건	DM	CB·CC
	가혹한 조건	DS	CD

12 ② 13 ③ 14 ③ 15 ④

16 가솔린 엔진 피스톤의 재질 중 고온강도와 내마멸성이 우수하여 사용되는 재료는?

① 니켈크롬강 ② 몰리브덴강
③ 알루미늄합금 ④ 주철

풀이 피스톤의 재질로는 주철보다 비중이 작고 열전도성이 좋으며, 고온강도와 내마멸성이 우수한 알루미늄 합금을 주로 사용한다. 알루미늄 합금에는 Y합금과 Lo – Ex 합금이 있다.

17 LPG 연료장치에서 봄베내의 압력이 일정 압력 이상이 되면 자동으로 용기내의 LPG를 방출하는 밸브는?

① 과충전 방지밸브 ② 송출밸브
③ 과류 방지밸브 ④ 안전밸브

풀이 안전밸브는 봄베 주변 온도 상승으로 인하여 봄베 내의 압력이 일정압력($24 kg_f/cm^2$) 이상이 되면 자동으로 열려 용기 내의 LPG를 외부로 방출시킨다. 또한 내압이 $16 kg_f/cm^2$ 이하로 떨어지면 다시 닫힌다.

18 실린더 내 압력파형으로부터 얻어지는 정보가 아닌 것은?

① 최고압력
② 착화지연
③ 업축압력 및 온도
④ 배출가스 성분

풀이 실린더 내 압력파형으로 압축압력 및 온도, 최고압력, 착화지연 등을 알 수 있다.
*배출가스 성분은 배기가스 분석에서 알 수 있다.

19 다음 중 샘플링 검사보다 전수검사를 실시하는 것이 유리한 경우는?

① 검사항목이 많은 경우
② 파괴검사를 해야 하는 경우
③ 품질특성치가 치명적인 결점을 포함하는 경우
④ 다수 다량의 어느 정도 부적합품이 섞여도 괜찮을 경우

풀이 전수검사를 하는 이유
① 조금이라도 불량품이 있으면 결과적으로 중대한 영향을 받게 되는 경우
② 검사에 수고와 시간이 별로 들지 않고 검사비용에 비하여 효과가 큰 경우

20 축의 완성지름, 철사의 인장강도, 아스피린 순도와 같은 데이터를 관리하는 가장 대표적인 관리도는?

① c 관리도 ② nP 관리도
③ u 관리도 ④ $\bar{x} - R$ 관리도

풀이 관리도의 분류

데이터	관리도	분포
계수치(값)	Pn	이항분포
	P	
	C	포아송 분포
	u	
계량치(값)	$\bar{x} - R$	정규분포
	$x - R$	
	x	

계량치에 해당이므로 $\bar{x} - R$ 관리도에 해당한다.

16 ③ 17 ④ 18 ④ 19 ③ 20 ④

21 로트의 크기가 시료의 크기에 비해 10배 이상 클 때, 시료의 크기와 합격판정개수를 일정하게 하고 로트의 크기를 증가시킬 경우 검사특성곡선의 모양 변화에 대한 설명으로 가장 적절한 것은?

① 무한대로 커진다.
② 별로 영향을 미치지 않는다.
③ 샘플링 검사의 판별 능력이 매우 좋아진다.
④ 검사특성곡선의 기울기 경사가 급해진다.

풀이 OC 곡선의 특징
① 샘플링 검사방식의 로트에 대한 판별력을 평가하기 위한 척도
② 기울기가 커야 품질이 좋은 로트와 나쁜 로트를 구분하는 판별력이 좋은 샘플링 검사방식이다.
③ 로트의 크기(N)보다는 샘플의 크기(n)과 합격판정 개수(c)에 크게 영향을 받는다.
④ 샘플의 크기가 크면 이상형에 가까운 OC 곡선을 갖는 검사방식을 얻을 수 있어 로트에 대한 올바른 판정을 내릴 수 있다.

22 준비작업시간 100분, 개당 정미작업시간 15분, 로트 크기 20일 때 1개당 소요작업시간은 얼마인가? (단, 여유시간은 없다고 가정한다.)

① 15분   ② 20분
③ 35분   ④ 45분

풀이 작업시간 = 정미시간+여유시간

$$= \frac{\text{정미 작업시간} \times \text{로트수} + \text{준비 작업시간}}{\text{로트수}}$$

$$= \frac{15 \times 20 + 100}{20} = 20\text{분}$$

23 소비자가 요구하는 품질로서 설계와 판매정책에 반영되는 품질을 의미하는 것은?

① 시장품질   ② 설계품질
③ 제조품질   ④ 규격품질

풀이 품질의 특성
① 시장 품질(소비자 품질)
② 설계 품질
③ 제조 품질

24 작업시간 측정방법 중 직접측정법은?

① PTS법   ② 경험견적법
③ 표준자료법   ④ 스톱워치법

풀이 작업 측정기법의 종류
1) 직접측정법
① 스톱워치법 : 표준화된 작업을 평균적 노동자에게 수행하게 하고, 그 시간을 스톱워치로 측정하여 표준 작업시간을 설정하는 방법
② WF(Work Factor)법 : 각 신체부위마다 움직이는 거리, 취급중량, 작업자의 컨트롤여부 등과 같은 변수에 대해 각각 동작시간 표준치를 정하여 동작시간 표준을 적용하여 실질시간을 구하는 기법
③ WS(Work Sampling)법 : 통계적 추론을 이용하기 위하여 사람과 기계의 움직임을 순간적으로 관측하여 작업량을 측정하는 방법
2) 간접 측정법
① PTS(Predetermined Time Standard)법 : 모든 작업을 기본동작으로 분해하고, 각 기본 동작에 대하여 성질과 조건에 따라 미리 정해놓은 시간치를 적용하여 정미시간을 산정하는 방법

21 ② 22 ② 23 ① 24 ④

② 표준자료법 : 부분적으로 같은 작업요소의 발생이 많은 경우와 취급품의 크기, 중량, 재료 등 주로 물리적 성질에 따라 표준시간을 결정하는 방법
③ 실적자료법 : 과거의 실적자료에 근거하여 표준시간을 결정하는 방법

25 전자제어 동력조향장치의 효과로서 틀린 것은?

① 저속시 조향 휠의 조작력 적게 한다.
② 고속시 전·후륜이 동위상으로 조향되어 코너링이 향상된다.
③ 앞바퀴의 사미(shimmy)현상을 감소하는 효과가 있다.
④ 노면으로 부터의 충격으로 인한 조향 휠의 킥 백(kick back)을 방지할 수 있다.

풀이 전자제어 동력 조향장치(EPS)의 특징
① 유압을 이용하여 적은 힘으로 조향조작을 할 수 있다.
② 저속에서는 가볍고, 고속에서는 적절히 무겁다.
③ 조향기어비를 조작력에 관계없이 설정할 수 있다.
④ 앞바퀴의 시미현상을 감쇠하는 효과가 있다.
⑤ 노면으로 부터의 충격으로 인한 조향 휠의 킥 백(kick back)을 방지할 수 있다.

26 정밀도 검사를 받아야 하는 기계, 기구가 아닌 것은?

① 엔진 성능 시험기
② 택시 미터 주행 검사기
③ 가스 누출 감지기
④ 속도계 시험기

풀이 정도 검사 항목 : 전조등 시험기, 제동력 시험기, 속도계 시험기, 사이드 슬립 시험기

27 제동장치에 사용되는 배력장치의 크기를 결정하는 요소는?

① 진공 탱크의 크기와 진공 탱크의 재질
② 진공 탱크의 크기와 진공의 크기
③ 진공의 크기와 진공 탱크의 재질
④ 진공 탱크의 형상과 압력의 크기

풀이 배력장치는 진공 또는 공기압력을 이용하여 배력시키는 것으로, 진공도 또는 공기 압력이 크거나 작용하는 다이어프램의 면적(진공 탱크의 크기)이 넓으면 배력작용은 커진다.

25 ② 26 ① 27 ②

28. 동력 전달장치에서 종감속 장치의 기능이 아닌 것은?

① 회전 토크를 증가시켜 전달한다.
② 회전 속도를 감소시킨다
③ 좌·우 구동륜의 회전 속도를 차등 조절한다.
④ 필요에 따라 동력 전달 방향 변환시킨다.

풀이 종감속 장치(final reduction gear)
① 최종 감속장치로 토크를 증대시킨다.
② 추진축의 회전력을 직각으로 바퀴에 전달
③ 구동 피니언 기어와 링기어로 구성
④ 종류 : 웜과 웜엄기어, 베벨기어, 하이포이드 기어 등

29. 슬립각의 크기에 따른 조향특성을 설명한 것으로 옳은 것은?

① 후륜과 전륜의 슬립각이 같으면 언더 스티어링의 특성을 나타낸다.
② 후륜의 슬립각이 전륜의 슬립각보다 크면 언더 스티어링의 특성을 나타낸다.
③ 후륜의 슬립각이 전륜의 슬립각보다 크면 오버 스티어링의 특성을 나타낸다.
④ 후륜의 슬립각이 전륜의 슬립각보다 크면 중립 스티어링의 특성을 나타낸다.

풀이 후륜의 슬립각이 전륜의 슬립각보다 크면 후륜이 미끄러지므로 오버 스티어링의 특성을 나타낸다.

30. 제동시 유압증가 비율을 전륜보다 감소시켜 후륜의 조기 고착을 방지함으로서 방향 안정성을 좋게 하기 위한 밸브는?

① 프로포셔닝 밸브
② 압력차 경고 밸브
③ 미터링 밸브
④ 브리더 밸브

풀이 프로포셔닝(proportioning) 밸브는 제동 시 브레이크 작용력이 증대됨에 따라 뒤쪽의 유압 증가비율을 앞쪽보다 작게 하여 뒷바퀴의 조기고착에 의한 조종 불안정을 방지하기 위한 밸브이다.

31. 하중이 2 ton이고 압축 스프링 변형량이 2cm일 때 스프링 상수는?

① 100kgf/mm   ② 120kgf/mm
③ 150kgf/mm   ④ 200kgf/mm

풀이 스프링 상수(k) = $\dfrac{W}{l}$

여기서, W : 하중(kgf)
l : 변형량(mm)

∴ 스프링 상수(k) = $\dfrac{2,000 \text{kgf}}{20 \text{mm}}$
= 100kgf/mm

28 ③ 29 ③ 30 ① 31 ①

32 자동차의 안전기준에 관한 규칙으로 틀린 것은?

① 자동차의 높이는 3m를 초과할 수 없다.
② 최저 지상고는 공차상태에서 지면과 12cm 이상이어야 한다.
③ 자동변속장치의 중립 위치는 전진 위치와 후진 위치 사이에 있어야 한다.
④ 앞 방향으로 개폐되는 후드 걸쇠장치는 2차 잠금 또는 2개소 잠금이 가능한 구조이어야 한다.

풀이) ②, ③, ④항은 옳은 설명이고, 자동차의 길이 13m, 너비 2.5m, 높이 4m를 초과할 수 없다.

33 홀드모드의 기능이 있는 자동변속기 차량에서 홀드모드를 사용하는 내용으로 맞는 것은?

① 운전자의 판단에 따라 강제 변속 상태로 유지시키는 모드이다.
② 운전자의 의지와 관계없이 항상 최적의 운전조건이 되도록 작동되는 모드이다.
③ 눈길에서 작동되는 모드로서 스로틀밸브의 열림량에 따라서만 작동되는 모드이다.
④ 운전자의 의지에 따라 스로틀포지션 센서의 열림량이 최대일 때만 작동되는 모드이다.

풀이) 홀드(hold) 모드를 선택하면 운전자의 판단에 따라 강제 변속 상태로 유지시키는 모드이다.

34 조향핸들의 유격 조정 방법으로 옳은 것은?

① 볼 너트 형식은 센터 축 조정 스크루를 조이면 유격이 감소한다.
② 볼 너트 형식은 요크 플러그를 조이면 유격이 감소한다.
③ 랙 피니언 형식은 센터 축 조정 스크루를 조이면 유격이 감소한다.
④ 랙 피니언 형식은 요크 플러그를 조이면 유격이 증가한다.

풀이) 랙 피니언 형식은 요크 플러그를 조이면 유격이 감소하며, 볼 너트 형식에는 센터 축 조정 스크루를 조이면 유격이 감소한다.

35 자동차의 휠 종류 중에서 프레스에 의해 접시형으로 성형한 후 림을 리벳이나 스폿 용접(spot welding) 등으로 접합하는 방식의 휠은?

① 강판 휠(steel wheel)
② 경합금 휠(alloy wheel)
③ 강선 스포크 휠(steel wire spoke wheel)
④ 스파이더 휠(spider wheel)

풀이) 강판 휠은 프레스에 의해 접시형으로 성형한 후, 림을 리벳이나 스폿 용접(spot welding) 등으로 접합하는 방식

32 ① 33 ① 34 ① 35 ①

36 타이어 공기압 부족 경보 장치의 설명으로 틀린 것은?

① 운행 중 바퀴의 유효 직경이 작아지면 공기압 부족으로 판단한다.
② 반드시 타이어 공기압이 저하되었을 때만 경고등이 점등된다.
③ 타이어 공기압 부족으로 판단되면 경고등을 점등한다.
④ 차륜 속도 센서의 출력 값이 상대적으로 증가하면 공기압 부족으로 판단한다.

풀이 타이어 공기압 부족 경보 시스템(TPMS : Tire Pressure Monitoring System)은 주행 중 타이어 공기압이 부족하면 타이어 직경이 작아져서 차륜속도 센서의 출력값이 증가하게 되고, 이 출력값이 증가지면 타이어 공기압이 부족하다고 판단하여 경고등을 점등한다.

37 토크 컨버터가 유체 클러치로서 작용할 때 가장 적당한 것은?

① 터빈의 속도가 펌프 속도의 약 5/10에 도달했을 때
② 펌프 속도가 터빈 속도의 약 5/10에 도달했을 때
③ 터빈의 속도가 펌프 속도의 약 8/10에 도달했을 때
④ 펌프 속도가 터빈 속도의 약 8/10에 도달했을 때

풀이 토크 컨버터 성능곡선
* 성능곡선에서 속도비 0.8인 지점, 즉 터빈의 속도가 펌프 속도의 8/10에 도달했을 때 토크 컨버터가 유체 클러치로서 작동한다.

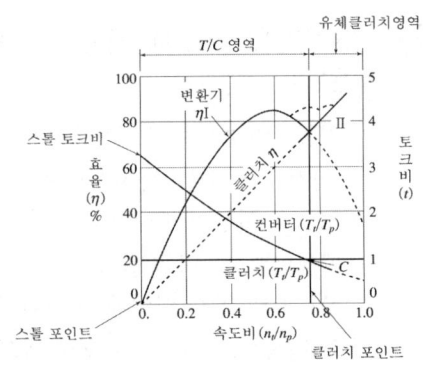

38 차량 총중량 1,200kgf의 차량이 4%의 등판 길을 올라갈 때 구배저항은?

① 48kgf ② 24kgf
③ 4.8kgf ④ 2.4kgf

풀이 등판(구배)저항 $= W \cdot \sin\theta \fallingdotseq W \cdot \tan\theta$
$= \dfrac{W \cdot G}{100}$

여기서, W : 차량총중량
θ : 경사각도(°)
G : 구배(%)

∴ 구배저항 $= \dfrac{1,200 \times 4}{100} = 48\text{kgf}$

39 변속기 내의 록킹 볼이 하는 역할이 아닌 것은?

① 시프트 포크를 알맞은 위치에 고정한다.
② 기어가 빠지는 것을 방지한다.
③ 시프트 레일을 알맞은 위치에 고정한다.
④ 기어가 2중으로 치합되는 것을 방지한다.

풀이 록킹 볼(locking ball)의 역할
① 기어의 빠짐을 방지
② 시프트 레일을 알맞은 위치에 고정
③ 시프트 포크를 알맞은 위치에 고정

36 ② 37 ③ 38 ① 39 ④

40 자동변속기 차량으로 엔진 공회전 상태에서 선택 레버를 N → D, N → R로 변속할 때 엔진 시동이 꺼졌다. 고장 원인과 거리가 먼 것은?

① 밸브 바디 고장
② 엔드(O/D) 클러치 고장
③ 댐퍼 클러치 고장
④ 토크 컨버터의 고장

> ①, ③, ④항의 고장이면 엔진 시동이 꺼질 수 있으며, 엔드 클러치는 고속 주행시 작동하는 클러치이다.

41 전자제어 현가장치(ECS)의 기능이 아닌 것은?

① 주행 안전성 확보 및 승차감 향상
② 급 선회전시 원심력에 위한 차량의 기울어짐 방지
③ 노면의 상태에 따른 차체 높이제어 기능
④ 급제동 시 노스 다운을 방지하여 제동력 강화 기능

> **전자제어 현가장치(E.C.S)의 기능**
> ① 주행 안정성 확보 및 승차감 향상
> ② 급선회시 원심력에 의한 차량의 기울어짐을 방지
> ③ 노면의 상태에 따른 차체 높이제어 기능
> ④ 굴곡이 심한 노면을 주행할 때에 흔들림이 작은 평행한 승차감 실현
> * 급제동시 노즈 다운(nose down)을 방지하지만, 제동력을 강화시키는 기능은 없다.

42 브레이크 페달의 전체 길이는 25cm이고 페달의 고정점에서 푸시로드의 연결된 지점까지 거리가 5cm일 때 페달을 35kg$_f$의 힘으로 밟았다면 푸시로드에 작용되는 힘은?

① 7kg$_f$
② 125kg$_f$
③ 175kg$_f$
④ 225kg$_f$

> $5 \times F = 25 \times 35$ 이므로 ∴ $F = 175 kg_f$

43 제동장치에서 듀어 서보형 브레이크에 대한 설명으로 옳은 것은?

① 전진에서만 2개의 슈가 자기작동을 한다.
② 후진에서만 2개의 슈가 트레일링 슈로 작동된다.
③ 전진 또는 후진에서 모두 2개의 슈가 자기작동을 한다.
④ 전진 또는 후진에서 해당 슈 1개만 자기작동을 한다.

> 브레이크 배력장치에서 전진시와 후진시 모두 자기 작동작용을 하는 브레이크를 듀오서보 브레이크라 한다.

40 ② 41 ④ 42 ③ 43 ③

44 교류 발전기에서 직류 발전기의 계자 코일과 계자 철심에 해당하며 자속을 만드는 구성품은?

① 로터(rotor)
② 스테이터(stator)
③ 브러시(brush)
④ 정류기(rectifier)

풀이 직류 발전기와 교류 발전기의 비교

항 목	직류발전기	교류발전기
유도전기발생	전기자	스테이터
계자형성	계자	로터
정류	정류자와 브러시	다이오드
역류방지	컷아웃 릴레이	다이오드
브러시접촉	정류자	슬립링

45 코일에 흐르는 전류를 단속하면 코일에서 유도전압이 발생하는 작용은?

① 자력선 감쇠작용 ② 상호 유도작용
③ 전류 완성작용   ④ 자기 유도작용

풀이 코일에 흐르는 전류를 단속하면 코일에 유도 전압이 발생하는 것을 자기유도 작용이라 한다.

46 전조등 1개의 전력이 45W 일 때 12V 배터리에 2개의 전조등을 점등하면 흐르는 전류는?

① 22.5 A   ② 270 A
③ 0.53 A   ④ 7.5 A

풀이 총 소비전력 = 45W + 45W = 90W
전력 $P = E \cdot I$
여기서, P : 전력(W)
         E : 전압(V)
         I : 전류(A)
∴ 전류 $I = \dfrac{P}{E} = \dfrac{90}{12} = 7.5A$

47 종합 경보장치의 오토 도어록 관련 부품이 아닌 것은?

① 차속센서
② 도어록 릴레이
③ 도어록 스위치
④ 윈도우 레귤레이터

풀이 오토 도어록은 차속센서와 도어록 스위치가 입력되면 ETACS에서 도어록 릴레이를 작동시켜 도어록을 수행한다.

48 직류 전동기에서 회전운동 힘의 방향을 설명한 법칙은?

① 렌쯔의 법칙
② 플레밍의 왼손 법칙
③ 플레밍의 오른손 법칙
④ 앙페르의 법칙

풀이 기동 전동기는 플레밍의 왼손법칙을 응용한 것이다.

44 ① 45 ④ 46 ④ 47 ④ 48 ②

49 배터리 (+)측 부근의 극 주위나 커넥터가 벌레 먹은 것처럼 부식되는 원인은?

① 음극판의 해면상납(Pb)이 전해액(H_2SO_4)과 반응하기 때문이다.
② 양극판에 발생하는 수소와 산호가 반대 극에 닿을 때 환원, 산화를 일으키기 때문이다.
③ 전해액 중 존재하는 불순금속이 국부전지를 구성하기 때문이다.
④ 축전지 표면이 젖어있고 표면에 황산 먼지가 붙었기 때문이다.

풀이) 배터리 (+)측 부근의 극 주위나 커넥터가 벌레 먹은 것처럼 부식되는 원인은, 단자 표면으로 황산이 배어나와 황산화 되었기 때문이다.

50 자동차 냉방장치에서 저·고압측 압력이 정상치보다 높을 때의 결함 원인으로 가장 거리가 먼 것은?

① 냉매 과충진
② 응축기 팬 작동 안 됨
③ 응축기 핀튜브 막힘
④ 팽창밸브 막힘

풀이) ①, ②, ③항은 저압측, 고압측 모두 높아지고, 팽창밸브가 막히면 컴프레서(압축기)가 계속 펌핑하므로 고압은 높아지고, 저압은 낮아진다.

51 종합경보장치의 기능 중에 미등자동소등 제어 입력요소가 아닌 것은?

① 키 삽입 스위치
② 도어 록 릴레이
③ 라이트 미등 스위치
④ 운전석 도어 스위치

풀이) ①, ③, ④항이 미등 자동소등 제어의 입력요소이며, 도어록 릴레이는 오토 도어록 제어의 출력요소이다.

52 길이가 10,000cm, 단면적이 $0.01cm^2$인 어떤 도선의 저항을 20℃에서 측정하였더니 2.5Ω 이었다. 이 때 도선의 고유저항은?

① $2.4 \times 10^{-6} \Omega \cdot cm$
② $2.5 \times 10^{-6} \Omega \cdot cm$
③ $2.6 \times 10^{-5} \Omega \cdot cm$
④ $2.7 \times 10^{-5} \Omega \cdot cm$

풀이) $R = \rho \times \dfrac{l}{A}$

여기서, R : 도선의 전체저항(Ω)
ρ : 도선의 고유저항(Ω·cm)
A : 도선의 단면적(cm^2)
l : 도선의 길이(m)

∴ 고유저항(ρ) = $R \times \dfrac{A}{l}$

∴ $\rho = 2.5 \times \dfrac{0.01}{10,000} = 2.5 \times 10^{-6} \Omega \cdot cm$

49 ④ 50 ④ 51 ② 52 ②

53 손상된 보디를 인장 작업을 위해 기본적인 고정을 하고 반대 방향에 추가적인 고정을 하는 이유는?

① 회전 모멘트의 발생을 방지하기 위해서
② 과도한 인장력을 방지하기 위해서
③ 스포트 용접부를 보호하기 위해서
④ 고정한 부분까지 힘을 전달하기 위해서

풀이 기본고정 외에 추가적인 고정을 하는 이유
① 기본 고정을 보강하기 위해서
② 회전 모멘트의 발생을 방지하기 위해서 (제일 중요)
③ 과도한 인장력을 방지하기 위해서
④ 스포트 용접부를 보호하기 위해서
⑤ 고정한 부분까지 힘을 전달하기 위해서

54 메탈릭 얼룩 예방책으로 틀린 것은?

① 초벌 크리어 도장 전 도료의 점도를 높여 가능한 두껍게 도장한다.
② 작업장 온도에 유의하고 적합한 시너를 사용하여 도료의 점도를 조절한다.
③ 시너의 증발 속도에 따라 적정한 후레쉬 타임을 설정하여 작업한다.
④ 스프레이건의 패턴 폭, 거리, 이동 속도 등을 일정하게 유지하여 작업한다.

풀이 ②, ③, ④항은 정상적인 도장 방법이고, 어떤 특정 부위라도 두껍게 도장하는 것은 피한다.

55 차체에서 화이트 보디(white body)를 구성하는 부품 중 틀린 것은?

① 사이드 보디
② 도어(앞, 뒤 문짝)
③ 범퍼
④ 엔진후드, 트렁크리드

풀이 화이트 보디(white body)란 보닛이나 도어를 장착한 도장 직전의 차체를 의미한다.

56 탄소강에서 적열취성(red shortness)의 성질을 가지게 하는 원소는?

① Mn   ② P
③ S   ④ Si

풀이 **고온(적열)취성** : 900~1,000℃의 적열상태에서 취성이 발생하는 성질로, 황(S) 성분이 많은 강에서 나타나는 현상

53 ① 54 ① 55 ③ 56 ③

57 자동차 보수도장에서 색상이 틀리는 요인이 아닌 것은?

① 스프레이건의 토출량, 패턴, 노즐 규격 등의 차이
② 작업 기술, 도료의 점도, 도막 두께의 차이
③ 열처리 시간의 처리
④ 래커, 우레탄, 에나멜 등의 사용 도료에 의한 차이

풀이) 이색현상의 요인
① 래커, 우레탄, 에나멜 등의 사용 도료에 의한 차이
② 스프레이건의 토출량, 패턴, 노즐 규격 등의 차이
③ 작업 기술, 도료의 점도, 도막 두께의 차이
④ 기상조건, 건조 방식 등 작업환경의 차이

58 CO_2 가스 아크 용접 조건의 설명으로 잘못된 것은?

① 용접 전류는 용입량을 결정하는 요인이다.
② 아크 전압은 비드 형상을 결정하는 요인이다.
③ 와이어의 용융 속도는 아크전류에 정비례하여 증가한다.
④ 와이어의 돌출 길이가 길수록 가스의 보호 효과가 크고 노즐에 스패터(spatter)가 부착되기 쉽다.

풀이) 와이어의 돌출부가 너무 길면 와이어 끝이 좌우로 흔들리며, 비드가 아름답지 못하고 아크가 불안정하게 된다.

59 퍼티에 대한 설명으로 맞는 것은?

① 퍼티는 한 번에 두껍게 바른다.
② 퍼티를 바른 다음 고온으로 즉시 건조시킨다.
③ 퍼티의 점도가 낮을 때 시너를 희석시켜서 사용한다.
④ 퍼티는 건식 샌딩을 권장한다.

풀이) 퍼티는 잘 건조시킨 후 건식 샌딩한다.

60 솔리드 색상 도료에 포함되지 않는 것은?

① 안료　　② 메탈릭
③ 수지　　④ 용제

풀이) **솔리드 색상과 메탈릭 색상**
① 솔리드 색상 : 알미늄 입자 및 펄(운모입자)이 섞이지 않고 마무리 도장에 투명도료를 사용하지 않는 단순색상으로 수지, 안료, 용제로 구성된다.
② 메탈릭 색상 : 펄이나 알미늄 입자가 들어간 베이스 코트 색상을 말한다. (마무리 도장에 투명도료(클리어)를 사용해서 광택을 냄)

57 ③　58 ④　59 ④　60 ②

자동차정비기능장 제53회 (2013.04.14 시행)

01 자동차용 부동액의 성분으로 거리가 먼 것은?

① 물과 에틸 알콜의 혼합액
② 염화나트륨과 물의 혼합액
③ 글리세린과 물의 혼합액
④ 물과 에틸렌 글리콜의 혼합액

풀이 **부동액의 종류** : 에틸렌 글리콜, 에틸 알콜, 메탄올, 글리세린

02 과급기를 사용하는 기관의 설명으로 틀린 것은?

① 고온 고압의 배기가스에 의해 터빈을 고속회전 시킨다.
② 고속 주행 후 자동차를 정지 시킬 경우는 엔진을 정지시키지 않고 1~2분간 공회전을 지속한 후 엔진을 정지한다.
③ 공기를 압축하여 흡기온도가 상승하고 산소밀도가 증가하여 노킹을 일으키기 쉽다.
④ 흡기온도를 낮추기 위하여 인터 쿨러를 사용한다.

풀이 터보차저 기관은 고온 고압의 배기가스의 동력을 이용하여 터빈을 고속 회전시켜 충진효율을 증가시켜 높은 출력을 얻을 수 있으며, 과급에 의해 공기밀도가 증가하여 폭발압력이 증가하여 노킹이 발생되므로 이를 방지하기 위하여 압축비를 낮추어 주어야 한다. 또한, 연소압력이 증가하면, 냉각수나 외부 공기로 냉각시킨 다음에 실린더에 공급하면 압력상승을 완화하여 충진효율을 개선시킬 수 있다

03 자동차의 공해저감 장치를 열거한 것 중 틀린 것은?

① 촉매 변환장치
② 배기가스 재 순환장치
③ 2차 공기 공급장치
④ 감압장치

풀이 공해 저감장치에는 2차공기 공급장치, 촉매 변환장치, 배기가스 재순환장치, DPF 등이 있다.

01 ② 02 ③ 03 ④

04 가솔린 엔진의 노크 발생 원인이 아닌 것은?

① 압축비가 높을 때
② 실린더의 온도가 높을 때
③ 엔진에 과부하가 걸릴 때
④ 점화시기가 늦을 때

풀이 가솔린 기관의 노크 발생 원인
① 압축비가 높을 때
② 실린더의 온도가 높을 때
③ 엔진에 과부하가 걸릴 때
④ 점화시기가 빠를 때
⑤ 옥탄가가 낮은 연료 사용시

05 전자제어 디젤기관에서 출구제어방식 연료압력 조절밸브의 설명으로 맞는 것은?

① 듀티값이 높을수록 연료압은 낮아진다.
② 시동시에는 레일압력을 낮게한다.
③ 듀티값이 낮을수록 연료압은 낮아진다.
④ 저압펌프를 거친 후의 연료압력을 제어한다.

풀이 출구제어 방식의 연료압력 조절밸브는 듀티값이 높을수록 바이패스되는 연료가 많아져서 연료압은 낮아진다.

06 GDI 기관에서 고압 분사 인젝터의 특징이 아닌 것은?

① 고압의 연료를 차단하거나 분사하는 밸브 볼이 부착되어 있다.
② 엔진 회전수에 따라 분사압력이 다르다.
③ 주로 피크 홀드 분사방식을 사용한다.
④ 촉매 히팅이 필요할 땐 배기행정 때 분사한다.

풀이 ①, ②, ③항이 GDI 기관의 고압 인젝터에 대한 설명이고, GDI 기관에서 고압 분사 인젝터는 엔진의 부하에 따라 흡입행정과 압축행정에서 분사한다. 부분 부하시에는 압축행정 말기에 분사되고, 전 부하시에는 흡입행정 중에 분사한다.

07 내연기관에서 NOx의 발생 농도에 대한 설명으로 틀린 것은?

① 이론 공연비로 연료를 공급하면 NOx는 감소한다.
② 배기가스의 일부를 재순환 시키면 NOx는 감소한다.
③ 연소온도가 낮으면 NOx는 감소한다.
④ 냉각수온도가 낮은 편이 NOx가 감소한다.

풀이 일산화탄소(CO)와 탄화수소(HC)는 농후한 혼합비에서 생성되며, 질소산화물(NOx)은 이론 공연비로 연소하면 연소실 온도가 정상 작동되어 고온 고압이 될 때 많이 생성된다. 배기가스 재순환장치는 EGR 밸브를 이용하여 배기가스의 일부를 흡기계로 재순환시켜 연소실의 최고온도를 낮추어 질소산화물(NOx)의 발생을 감소시킨다.

04 ④ 05 ① 06 ④ 07 ①

08 점화장치의 점화 2차 파형에서 화살표 부분의 스파크라인 감쇄진동부가 없는 경우 고장분석을 맞게 표현한 것은?

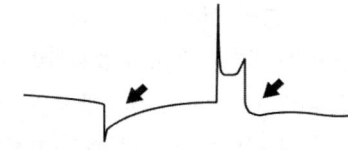

① 스파크라인의 케이블 불량이다.
② 점화플러그의 손상으로 누전된다.
③ 점화코일의 불량이다.
④ 점화플러그 간극이 크다.

풀이 스파크라인에 감쇄 진동부가 없다는 것은 점화코일이 불량인 경우이다.

09 전자제어식 LPG 엔진의 믹서 점검방법으로 틀린 것은?

① 메인듀티 솔레노이드 밸브, 슬로우 듀티 솔레노이드 밸브, 시동솔레노이드 밸브의 각 단자저항을 측정하여 저항이 규정값 내에 들어있으면 양호하다고 판정할 수 있다.
② 슬로우 듀티 솔레노이드 밸브는 단자에 배터리 전원을 인가했을 때 통로가 연결되고, 전원을 OFF 했을 때 차단되면 정상이라고 할 수 있다.
③ 시동솔레노이드 밸브는 단자에 배터리 전원을 OFF 하면 플런저는 작동을 멈추고, 슬로우 듀티 솔레노이드의 통로는 연결되면 정상이다.
④ 시동솔레노이드 밸브는 단자에 배터리 전원을 인가했을 때 플런저가 작동되면 정상이다.

풀이 ①, ②, ④항이 옳은 설명이고, 솔레노이드 밸브는 전원을 OFF하면 슬로우 듀티 솔레노이드의 통로가 연결되지 않아야 정상이다.

10 LPG 연료의 특성으로 틀린 것은?

① 발열량은 약 12,000kcal/kg 이다.
② 기화된 상태에서는 공기보다 비중이 작다.
③ 옥탄가가 높아 노킹을 잘 일으키지 않는다.
④ 노말 부탄과 프로판을 주성분으로 한 탄화수소의 혼합물이다.

풀이 LPG 연료의 특징
① 순수한 LPG는 무색, 무취, 무미이다.
② 액체 LPG는 물보다 가벼우나 기체 LPG는 공기보다 무겁다.
③ 노말 부탄과 프로판을 주성분으로 한 탄화수소의 혼합물이다.
④ LPG의 옥탄가가 가솔린보다 높다.
⑤ 공기와 혼합이 잘되고 노킹이 적다.
⑥ 발열량은 약 12,000kcal/kg 이다.
⑦ 액체 LPG는 기화할 때 약 250배 팽창한다.
⑧ LPG의 옥탄가가 가솔린보다 높다.
⑨ 연소범위가 좁아 다른 가스에 비해 안전하다.

08 ③ 09 ③ 10 ②

11 기관 성능곡선도에서 표시되는 것이 아닌 것은?

① 축 출력
② 연료 소비율
③ 주행 속도
④ 기관 회전 속도

 기관 성능곡선도

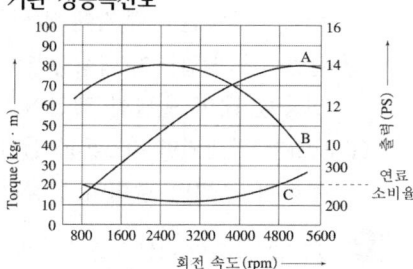

가로축은 기관 회전속도, 세로축은 축 출력, 연료 소비율, 회전력(토크)을 나타낸다.
A : 축 출력, B : 회전력(토크), C : 연료소비율 곡선이다.

12 기계식 디젤 기관에서 무부하시에 2,100rpm 이고, 전부하시에 1,900rpm일 때 속도 변동률은?

① 약 10.5%
② 약 11.5%
③ 약 12.5%
④ 약 13.5%

 조속기의 속도 변동률

$= \dfrac{\text{무부하 최고속도} - \text{전부하 최고속도}}{\text{전부하 최고속도}} \times 100(\%)$

$= \dfrac{2,100 - 1,900}{1,900} \times 100(\%)$

$= 10.53\%$

13 2행정 1사이클 기관의 효율을 향상시키기 위한 방법으로 틀린 것은?

① 잔류가스를 몰아내고 실린더 내부를 신기로 충만한다.
② 소기의 단락손실(blow by loss)을 최소로 한다.
③ 소기공급량을 최대로 하고 효과적인 소기를 행한다.
④ 고속회전을 위해 소기와 배기유동을 신속히 한다.

 ①, ②, ④항이 옳은 설명이고, 소기 공급량을 최대로 하면 신기도 빠져나가므로 효율이 저하한다.

14 실린더 내경 기준 값이 78mm인 기관에서 실린더가 마모되어 최대 값이 78.40mm로 측정 되었다면 실린더의 수정 값은?

① 78.00mm
② 78.25mm
③ 78.50mm
④ 78.75mm

보링값
= 최대 마모량+진원 절삭량(0.2mm)
∴ 0.4mm+0.2mm = 0.6mm
오버사이즈(O/S) 값이 0.25mm 간격으로 있으므로 0.6mm보다 큰 0.75mm를 선택한다.
∴ 수정값은 78.75mm

11 ③　12 ①　13 ③　14 ④

15. 피스톤의 평균속도가 20m/s이고, 기관 회전수가 3,000rpm인 기관의 피스톤 행정은 얼마인가?

① 0.1cm ② 0.2cm
③ 10cm   ④ 20cm

풀이 피스톤 평균속도

$$V = \frac{2 \cdot L \cdot N}{60} = \frac{L \cdot N}{30} \text{(m/s)}$$

여기서, V : 피스톤 평균속도(m/s)
L : 행정(m)
N : 회전수(rpm)

$$\therefore 행정(L) = \frac{30 \times V}{N} = \frac{30 \times 20}{3,000} = 0.2\text{m}$$
$$= 20\text{cm}$$

16. 자동차용 기관오일의 기본 역할을 설명한 것 중 거리가 먼 것은?

① 마찰을 감소시켜 동력손실을 줄인다.
② 연소가스의 blow-down 현상을 방지한다.
③ 마찰 운동부의 냉각작용을 한다.
④ 접촉부의 녹이나 부식을 방지한다.

풀이 윤활유의 6대 작용
① 감마작용 : 마찰을 감소시켜 동력 손실을 최소화
② 밀봉작용 : 오일막을 형성하여 기밀을 유지
③ 냉각작용 : 마찰로 인한 열을 흡수하여 냉각시킴
④ 세척작용 : 먼지, 카본 등 불순물을 흡수하여 오일을 세척
⑤ 방청작용 : 수분의 침입을 막아 부식과 침식을 예방
⑥ 응력 분산작용 : 동력 행정시 충격을 분산시켜 응력을 최소화

17. 디젤 노크(knock)에 대한 설명으로 틀린 것은?

① 착화지연기간이 길어 실린더에 분사된 연료가 일시에 연소하는 현상이다.
② 디젤 노크는 연소초기에 발생하나 가솔린 노크는 연소 후기에 발생한다.
③ 실린더내의 압력이 급상승하여 이상한 진동을 내며 원활한 회전이 어렵다.
④ 노크가 발생되면 피스톤과 실린더에 과부하가 걸리며 출력이 상승한다.

풀이 ①, ②, ③항이 디젤 노크이며, 노크가 발생되면 출력이 감소한다.

18. 디젤 기관에서 압축비를 높일 경우에 나타날 수 있는 것은?

① 착화지연 기간이 길어진다.
② 최고 연소압력이 낮아진다.
③ 열효율이 높아진다.
④ 출력이 떨어질 수 있다.

풀이 압축비가 증가하면 최고압력과 출력이 증가하며 열효율이 높아지고 착화지연기간이 짧아지나 노킹이 발생하기 쉽다.

15 ④ 16 ② 17 ④ 18 ③

19 공정 중에 발생하는 모든 작업, 검사, 운반, 저장, 정체 등이 도식화 된 것이며 또한 분석에 필요하다고 생각되는 소요시간, 운반거리 등의 정보가 기재된 것은?

① 작업분석(Operation Analysis)
② 다중활동분석표(Multiple Activity Chart)
③ 사무공정분석(Form Process Chart)
④ 유통공정도(Flow Process Chart)

유통공정도(Flow Process Chart) : 공정 중에 발생하는 모든 작업, 검사, 운반, 저장, 정체 등이 도식화 된 것이며, 또한 분석에 필요하다고 생각되는 소요시간, 운반거리 등의 정보가 기재된 것

20 검사의 분류 방법 중 검사가 행해지는 공정에 의한 분류에 속하는 것은?

① 관리 샘플링검사
② 로트별 샘플링검사
③ 전수검사
④ 출하검사

검사의 분류
1) 검사 항목에 의한 분류
   ① 수량검사
   ② 치수검사
   ③ 외관검사
   ④ 중량검사
   ⑤ 성능검사
2) 검사 판정대상에 의한 분류
   ① 전수검사
   ② 로트별(샘플링) 검사
   ③ 관리(스킵로드) 샘플링 검사
   ④ 무검사
3) 검사 공정에 의한 분류
   ① 수입검사
   ② 공정(중간)검사
   ③ 최종검사
   ④ 출하검사
4) 검사 장소에 의한 분류
   ① 정위치 검사
   ② 순회검사
   ③ 출장검사

21 단계여유(slack)의 표시로 옳은 것은?
(단, TE는 가장 이른 예정일, TL은 가장 늦은 예정일, TF는 총 여유시간, FF는 자유여유시간 이다.)

① TE − TL   ② TL − TE
③ FF − TF   ④ TE − TF

단계여유 = 가장 늦은 예정일 − 가장 이른 예정일 즉, TL − TE

22 다음 중 브레인 스토밍(Brain storming)과 가장 관계가 깊은 것은?

① 파레토도   ② 히스토그램
③ 회귀분석   ④ 특성요인도

특성 요인도(causes and effects diagram)
문제가 되는 결과(특성)와 이에 대응하는 원인(요인)과의 관계를 알기 쉽게 도표로 나타낸 것으로, 그 모양이 생선의 뼈와 같다고 하여 fishbone diagram 또는 이시가와 챠트라 하며 브레인 스토밍이라는 테크닉이 선행되어야 한다.

19 ④   20 ④   21 ②   22 ④

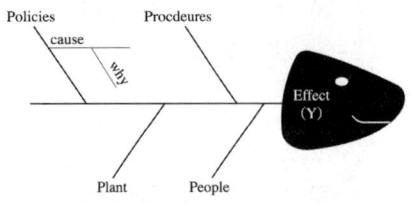

〈Fishbone Diagram〉

23 테일러(F.W. Taylor)에 의해 처음 도입된 방법으로 작업 시간을 직접 관측하여 표준시간을 설정하는 표준시간 설정기법은?

① PTS법　　② 실적자료법
③ 표준자료법　④ 스톱워치법

풀이 작업 측정기법의 종류
1) 직접측정법
 ① 스톱워치법 : 테일러(F.W. Taylor)에 의해 처음 도입된 방법으로, 표준화된 작업을 평균적 노동자에게 수행하게 하고 그 시간을 스톱워치로 측정하여 표준 작업시간을 설정하는 방법
 ② WF(Work Factor)법 : 각 신체부위마다 움직이는 거리, 취급중량, 작업자의 컨트롤여부 등과 같은 변수에 대해 각각 동작시간 표준치를 정하여 동작시간 표준을 적용하여 실질시간을 구하는 기법
 ③ WS(Work Sampling)법 : 통계적 추론을 이용하기 위하여 사람과 기계의 움직임을 순간적으로 관측하여 작업량을 측정하는 방법
2) 간접 측정법
 ① PTS(Predetermined Time Standard)법 : 모든 작업을 기본동작으로 분해하고, 각 기본 동작에 대하여 성질과 조건에 따라 미리 정해놓은 시간치를 적용하여 정미시간을 산정하는 방법

② 표준자료법 : 부분적으로 같은 작업요소의 발생이 많은 경우와 취급품의 크기, 중량, 재료 등 주로 물리적 성질에 따라 표준시간을 결정하는 방법
③ 실적자료법 : 과거의 실적자료에 근거하여 표준시간을 결정하는 방법

24 c 관리도에서 k = 20인 군의 총 부적합수 합계는 58이었다. 이 관리도의 UCL, LCL을 계산하면 약 얼마인가?

① UCL = 2.90, LCL = 고려하지 않음
② UCL = 5.90, LCL = 고려하지 않음
③ UCL = 6.92, LCL = 고려하지 않음
④ UCL = 8.01, LCL = 고려하지 않음

풀이 C 관리선의 계산
① $CL = \bar{c} = \dfrac{\Sigma c}{k} = \dfrac{58}{20} = 2.9$
② $UCL = \bar{c} + 3\sqrt{\bar{c}} = 2.9 + 3 \times \sqrt{2.9}$
  $= 2.9 + 3 \times 1.7029 = 2.9 + 5.109$
  $= 8.009$
③ $LCL = \bar{c} - 3\sqrt{\bar{c}} = 2.9 - 5.109$
  (음수는 고려하지 않음)

25 전자제어 현가장치에서 앤티 다이브(anti dive) 제어에 필요한 입력 센서로 적당한 것은?

① 브레이크 스위치와 차속 센서
② 차속 센서와 조향각 센서
③ 차고 센서와 뒤압력 센서
④ 앞·뒤차고 센서와 TPS

풀이 앤티 다이브 제어는 급 감속시 차체의 기울어짐을 방지하므로 차속센서와 브레이크 스위치가 입력 센서이다.

23 ④　24 ④　25 ①

26 바퀴정렬에서 캠버에 대한 설명으로 틀린 것은?

① 정면에서 보았을 때 차륜 중심선이 수직선에 대해 경사되어 있는 상태를 말한다.
② 정(+)의 캠버란 차륜 중심선의 위쪽이 안으로 기울어진 상태를 말한다.
③ 정(+)의 캠버는 직진성을 좋게 한다.
④ 부(-)의 캠버는 커브 주생시 선회력을 증가시킨다.

풀이 캠버 : 자동차를 앞에서 보았을 때 앞바퀴의 위쪽이 아래쪽보다 넓은 것. 이것을 정(+)의 캠버라 하고, 아래쪽이 넓은 것을 부(-)의 캠버라 한다. 정(+)의 캠버는 직진성을 좋게 하고, 부(-)의 캠버는 커브 주행시 선회력을 증가시킨다.

27 자동차의 중량 및 하중분포를 측정하는 조건으로 틀린 것은?

① 자동차는 공차 또는 적차 상태를 각각 측정한다.
② 연결자동차는 연결한 상태로 측정한다.
③ 공차상태의 중량 분포로서 적차 상태의 중량 분포를 산출하기가 어려울 때에는 공차 상태만 측정한다.
④ 측정단위는 kgf으로 한다.

풀이 ①, ②, ④항은 옳은 설명이고, 공차상태의 중량 분포로서 적차상태의 중량 분포를 산출하기가 어려울 때에는 공차상태와 적차상태를 각각 측정한다.

28 자동차 뒤 액슬축의 회전수가 1,200rpm 일 때 바퀴의 반경이 350mm이면 차의 속도는?

① 약 128km/h   ② 약 138km/h
③ 약 148km/h   ④ 약 158km/h

풀이 차속(V) = $\frac{\pi DN}{60} \times 3.6$ (km/h)

여기서, D : 타이어 직경(m)
N : 타이어(액슬축)회전수(rpm)

∴ 차속 = $\frac{3.14 \times 0.7 \times 1,200}{60} \times 3.6 =$ 158.2km/h

29 전자제어 브레이크(ABS) 시스템에 대한 설명으로 틀린 것은?

① 미끄러운 노면에서 급 제동시 페달의 진동이 느껴진다면 ABS 시스템을 반드시 점검토록 한다.
② 점화키를 켠 상태에서 ABS ECM은 항상 각부를 점검하고 있으며 고장 발생시 경고등을 점등시킨다.
③ 고장 발생시 진단기기를 이용하여 고장 내용을 알 수 있다.
④ 경고등 점등 시 ABS 시스템은 정상 작동하지 않지만 통상적인 브레이크 작동은 유지된다.

풀이 ②, ③, ④항이 ABS 시스템에 대한 옳은 설명이고, 미끄러운 노면에서 급 제동시 ABS가 작동하므로 페달에 진동이 느껴지면 ABS가 정상 작동하고 있는 것이다.

26 ② 27 ③ 28 ④ 29 ①

30 파워 스티어링 장치의 공기빼기 작업 초기에 시동을 하지 않고 스타트 모터를 구동하여 공기빼기 작업을 실시하는 이유는?

① 펌프가 작동하여야만 유압 라인의 공기가 빠지기 때문에
② 시동 상태에서는 공기가 분해되어 오일에 흡수되므로
③ 시동 상태에서는 오일의 순환에 의해 소음이 심하므로
④ 시동 상태에서는 오일 수준의 변동이 심하기 때문에

풀이 시동 상태에서는 공기가 분해되어 오일에 흡수되기 때문이다.

31 하이드로 마스터의 진공 계통을 이루는 주요 부품은?

① 체크 밸브, 마스터 실린더
② 체크 밸브, 파워 실린더, 릴레이 밸브, 파워 피스톤
③ 릴레이 밸브, 진공 펌프, 하이드로릭 피스톤
④ 진공 펌프, 오일 파이프, 파워 실린더

풀이 하이드로 마스터의 구조

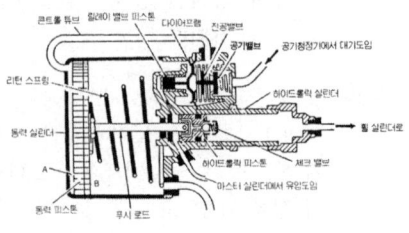

32 고속 주행 시 타이어의 스탠딩 웨이브(standing wave) 현상을 줄이는 방법으로 옳은 것은?

① 편평율이 큰 단면형상을 채택한다.
② 타이어 공기압을 적게 한다.
③ 접지부의 타이어의 두께를 크게 한다.
④ 노화된 타이어나 재생타이어를 사용하지 않는다.

풀이 스탠딩 웨이브(standing wave) 현상 방지방법
① 타이어 공기압을 높인다.
② 편평 타이어를 사용한다.
③ 레이디얼 타이어를 사용한다.
④ 신품 타이어를 사용한다.

33 동력 전달 장치에서 안전을 위한 점검 사항으로 볼 수 없는 것은?

① 변속기의 오일 누유
② 추진축 및 자재이음의 진동 여부
③ 변속 링키지의 이탈 여부
④ 변속기의 각인

풀이 ①, ②, ③항이 동력전달장치의 안전 점검사항이며, 변속기 각인은 안전과는 관련이 없다.

30 ② 31 ② 32 ④ 33 ④

34 타이어에 발생되는 힘의 성분 그림에서 항력에 해당하는 것은?

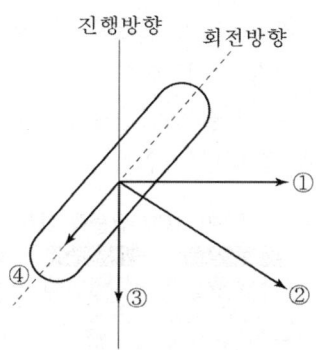

① ①
② ②
③ ③
④ ④

풀이 타이어가 회전하면서 받는 저항을 항력(drag force) 이라 하며, 타이어 회전(전동) 방향과 같은 방향의 성분이다.

참고 **타이어의 횡슬립**

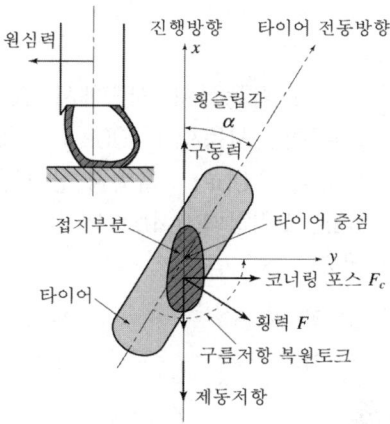

35 마찰클러치 점검 사항에 해당하지 않는 것은?

① 클러치 페달 레버의 길이
② 디스크 페이싱의 리벳 깊이
③ 클러치 디스크의 비틀림
④ 클러치 스프링의 장력

풀이 **마찰클러치 점검 사항**
① 클러치 스프링의 직각도, 자유고 및 장력
② 클러치 디스크의 비틀림(런 아웃)
③ 디스크 페이싱의 리벳 깊이

36 4륜 조향에 대한 장점으로 틀린 것은?

① 최대 조향각의 감소
② 최소 회전 반경의 감소
③ 선회 안정성의 증대
④ 고속주행 안정성의 증대

풀이 **4륜 조향의 장점**
① 최대 조향각의 증가
② 최소 회전반경의 감소
③ 선회 안정성의 증대
④ 고속에서 차선변경시 안정성의 증대

ANSWER 34 ④ 35 ① 36 ①

37 독립 현가장치 중 맥퍼슨 형식의 특징이 아닌 것은?

① 스프링 윗부분 중량이 크기 때문에 접지성이 불량
② 위시본 형에 비해 구조가 간단하다.
③ 부품수가 적으므로 마모나 손상이 적다.
④ 엔진룸의 유효 면적을 크게 할 수 있다.

풀이 독립현가 방식인 맥퍼슨 형식의 특징
① 조향너클과 쇽업쇼버가 일체로 된 형식이다.
② 위 컨트롤 암이 없어 구조가 간단하다.
③ 기구가 간단하여 고장이 적고 보수가 쉽다.
④ 엔진실 유효 체적을 넓게 할 수 있다.
⑤ 스프링 아랫부분의 중량이 작아 로드홀딩이 좋다.
⑥ 승용차용 전륜 현가장치로 많이 사용된다.

38 변속기의 기어 물림을 톱(top)으로 하였을 때는?

① 구동바퀴의 회전력이 가장 크게 된다.
② 구동바퀴의 회전력은 변함없다.
③ 구동바퀴의 회전력이 가장 작게 된다.
④ 총 감속비가 크게 된다.

풀이 변속기의 기어물림을 톱(top)으로 하면 구동바퀴의 회전력은 가장 작게 되고, 회전속도는 가장 빠르게 된다.

39 자동변속기 전자제어 모듈에서의 출력 요소가 아닌 것은?

① 자동변속기 컨트롤 릴레이
② 변속 솔레노이드 밸브
③ 록 업 클러치 솔레노이드
④ 인히비터 스위치

풀이 자동변속기 TCU 입출력 신호

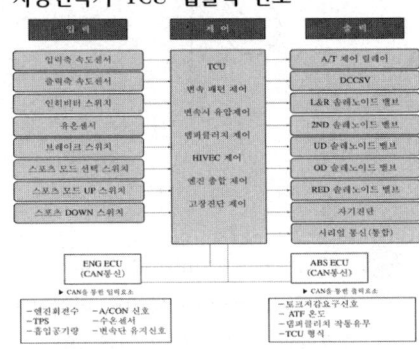

인히비터 스위치는 입력신호이다.

40 공기식 제동장치 차량에서 총 제동력 4,900N, 자동차 1,800kg, 브레이크 공기압력 7.0bar, 블록킹 한계압력 4.5bar, 초기압력 0.4bar인 상태의 제동률은?

① 약 23.6%   ② 약 36.7%
③ 약 44.7%   ④ 약 57.1%

풀이 제동률$(\eta) = \dfrac{(P_1-P_0)\times F}{(P_2-P_0)\times W}\times 100(\%)$

여기서, P_0 : 초기압력
P_1 : 공기압력
P_2 : 한계압력

∴ 제동률
$= \dfrac{(7.0-0.4)\times 4,900}{(4.5-0.4)\times 1,800\times 9.8}\times 100(\%)$
$= 44.7\%$

37 ① 38 ③ 39 ④ 40 ③

41 자동변속기 토크 컨버터에서 펌프가 4,000rpm으로 회전하고 속도비가 0.4 이고 토크비가 3.0일 때 토크 컨버터의 효율은?

① 1.2　　② 1.4
③ 1.6　　④ 1.8

풀이 토크 컨버터의 전달효율
① 토크비(t) = $\dfrac{\text{터빈회전력}(T_t)}{\text{펌프회전력}(T_p)}$
② 속도비(n) = $\dfrac{\text{터빈회전수}(N_t)}{\text{펌프회전수}(N_p)}$
③ 전달효율 η = 토크비(t)×속도비(n)
∴ 전달효율 $\eta = 3.0 \times 0.4 = 1.2$

42 자동 차동 제한장치(limited slip differential : LSD)의 특성에 대해 잘못 설명한 것은?

① 미끄러지기 쉬운 모래길이나 습지 등과 같은 노면에서 발진 및 주행이 용이하다.
② 악로 주행시 좌우 바퀴의 회전수가 균일하므로 안전하게 주행할 수 있다.
③ 미끄러운 노면에서 바퀴가 공회전 하지 않으므로 타이어의 수명이 길어진다.
④ 좌우 바퀴의 구동력 차이에 의해서 안정된 주행 성능을 얻을 수 없다.

풀이 차동 제한장치(LSD)의 장점
① 미끄러운 노면에서 발진 및 주행이 용이하다.
② 좌우 바퀴의 구동력 차이가 없으므로 안정된 주행성능을 얻을 수 있다.
③ 좌우 바퀴에 모두 동력이 전달되므로 수렁에서 탈출이 용이하다.
④ 요철 노면을 고속 주행시 후부 흔들림(fish tail motion)을 방지할 수 있다.
⑤ 타이어의 미끄러짐을 방지하므로 수명이 연장된다.
⑥ 악로 주행시 좌우 바퀴의 회전수가 균일하므로 안전하게 주행할 수 있다.

43 제동장치에서 디스크 브레이크의 설명으로 맞는 것은?

① 서보 브레이크 형식이다.
② 자기작동 브레이크 형식이다.
③ 배력식 브레이크 형식이다.
④ 자동 조정 브레이크 형식이다.

풀이 디스크 브레이크는 일반적으로 자기작동을 하지 않으므로 서보 작용이 없고, 배력장치가 없다. 그러나 라이닝 마모시 브레이크 간격은 일정하게 조정되는 자동 조정 브레이크 형식이다.

44 차량 편의장치의 정보 전달 체계에서 복합, 또는 다수의 뜻을 가지며 입력 신호 몇 개를 시간에 따라 한 개의 출력 신호로 하는 장치는?

① 드라이버(Driver)
② 멀티플렉서(Multiplexer)
③ 버퍼 회로(Buffer Circuit)
④ 캐릭터 제네레이터 (Character Generator)

풀이 멀티플렉서(Multiplexer, 다중 통신)란 1라인의 전선 구조로 다수의 신호를 전송, 통신하는 방식이다.

41 ①　42 ④　43 ④　44 ②

45 그림과 같이 전원 전압은 12[V]이고 10mA의 전류가 흐르는 회로에 정격 전압이 2[V]인 발광 다이오드를 설치하고자 할 때 직렬로 전류 제한용 저항은 얼마이어야 하는가?

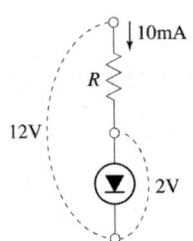

① 1MΩ　　② 1mΩ
③ 1kΩ　　④ 1Ω

풀이 다이오드에 걸리는 전압이 2[V]이므로, 저항 R에 걸리는 전압은 12V − 2V = 10[V] 이다. 오옴의 법칙 E = I×R 에서

∴ $R = \dfrac{E}{I} = \dfrac{10V}{10mA} = 1,000\,\Omega = 1k\Omega$

46 전자제어 기관에서 냉방장치가 작동시 아이들 업(idle up) 기능에 대한 설명으로 틀린 것은?

① 엔진의 공회전시 또는 급가속시 작동한다.
② 냉방장치 가동에 따른 과부하로 엔진이 정지하거나 부조하는 것을 방지한다.
③ ECU가 아이들 업 액추에이터를 작동시켜 엔진 회전수를 상승시킨다.
④ 컴프레서의 마그네틱 클러치가 작동하는 것과 상호 보완적으로 작동한다.

풀이 아이들 업(idle up) 장치는 냉방장치 가동에 따른 과부하로 엔진이 부조하거나 심하면 정지하는 것을 방지하기 위하여, ECU가 아이들 업 액추에이터를 작동시켜 엔진 회전수를 상승시키며, 마그네틱 클러치와 상호 보완적으로 작동한다. 즉, 마그네틱 클러치가 붙으면 엔진 회전수를 상승시킨다.

47 배터리의 급속 충전 시 주의할 점이 아닌 것은?

① 차에 설치 한 상태로 충전할 때에는 접지측의 케이블을 단자에서 떼어놓은 다음 충전기의 클립을 설치한다.
② 충전 전류는 축전지 용량의 절반정도가 좋다.
③ 충전 중 전해액의 온도가 45℃를 넘지 않도록 한다.
④ 충전 시간은 될 수 있는 한 길게 유지하여야 한다.

풀이 ①, ②, ③ 항이 옳은 설명이고, 급속 충전시 충전 시간은 될 수 있는 한 짧게 하는 것이 좋다.

48 직류 모터 중 전기자 코일과 계자 코일을 직·병렬로 접속해서 회전력이 크고 회전속도가 일정한 것은?

① 직권식 모터
② 분권식 모터
③ 복권식 모터
④ 페라이트 자석식 모터

풀이 전동기의 종류
① 직권 전동기 : 계자코일과 전기자코일이 직렬로 연결
② 분권 전동기 : 계자코일과 전기자코일이 병렬로 연결
③ 복권 전동기 : 계자코일과 전기자코일이 직·병렬로 연결

45 ③　46 ①　47 ④　48 ③

49. 4기통 디젤기관에 저항이 0.5Ω인 예열 플러그를 각 기통에 병렬로 연결하였다. 이 기관에 설치된 예열 플러그의 합성 저항은 몇 Ω 인가? (단, 기관의 전원은 24V 임)

① 약 0.13 ② 약 0.5
③ 약 2 ④ 약 12

 합성저항 $\frac{1}{R} = \frac{1}{R_1} + \frac{1}{R_2} + \cdots + \frac{1}{R_n}$,

∴ 합성저항 $\frac{1}{R} = \frac{1}{0.5} + \frac{1}{0.5} + \frac{1}{0.5} + \frac{1}{0.5}$
$= 2+2+2+2 = 8\,\Omega$

∴ $R = \frac{1}{8} = 0.125\,\Omega$

50. 충전장치 출력전류 측정 방법 중 틀린 것은?

① 배터리의 (-)단자를 분리시켰다가 전류계를 연결한 후 다시 (-)단자를 접속시킨다.
② 알터네이터의 B단자와 연결된 배선을 분리한 후 전류계의 한쪽끝은 B단자에 연결하고 다른 한쪽 끝은 B단자에 연결했던 배선에 접속시킨다.
③ 측정전류가 100A 이상이면 정상이다.
④ 최대 출력값을 측정하기 위해 변속레버를 중립상태로 하고 브레이크 페달을 밟은 상태에서 엔진 시동을 걸고 엔진rpm을 2,500~3,000으로 유지시킨다.

충전장치 출력전류 측정은 ①, ②, ④항이 옳은 방법이고, 출력전류는 발전기 및 배터리 상태에 따라 다르나 대략 신품 용량(13.5V - 120A)의 70% 이상이면 정상이다.
즉, 120A×0.7 = 84A 이상

51. 에탁스에서 감광식 룸 램프 제어의 타임 챠트에 대한 설명으로 옳은 것은?

① 도어 열림 시 룸 램프는 소등된다.
② 도어 닫힘 시 즉시 소등된다.
③ 감광 룸 램프는 이그니션 키와 상관없이 동작한다.
④ 감광 동작 중 이그니션 키를 ON하면 즉시 감광 동작은 정지된다.

도어 열림시 룸 램프는 점등되며, 도어 닫힘 시 룸 램프는 감광하면서 소등한다. 또한 감광식 룸 램프는 감광 동작 중 이그니션 키를 ON하면 즉시 감광 동작은 정지된다.

52. 점화 플러그 전극의 소염(quenching) 작용을 저감하는 방법으로 틀린 것은?

① 스파크 갭을 크게 한다.
② 중심전극의 지름을 작게 세화 한다.
③ 전극부에 홈(groove) 등을 마련하여 화염핵과의 접촉면적을 줄인다.
④ 냉형 플러그를 사용한다.

점화플러그 착화성능 향상방법
① 플러그의 전극 간극을 크게
② 플러그의 중심 전극을 가늘게
③ 플러그의 접지 전극을 U홈 또는 V홈으로

 49 ① 50 ③ 51 ④ 52 ④

53 서스펜션의 종류와 구동방식의 차이에 따라서 구성요소나 형태가 달라지는 부위는?

① 플로어 패널
② 쿼터 아웃 패널
③ 프런트 필러 패널
④ 사이드 실 아웃 패널

풀이 플로어 패널(floor panel)은 차량의 바닥재로서 서스펜션의 종류와 구동방식의 차이에 따라서 구성요소나 형태가 매우 달라지는 부분이다.

54 용해력이 약하고 증발이 빠른 시너를 사용했을 때나, 도료의 점도가 높아 도막의 표면에 미세한 요철이 발생한 현상을 무엇이라 하는가?

① 오렌지 필(orange-peel)
② 크레터링(cratering)
③ 핀 홀(pinhole)
④ 블리딩(bleeding)

풀이 **오렌지 필(orange-peel) 현상** : 건조된 도막이 마치 귤껍질 같이 굴곡이 생긴 결함
- 오렌지 필의 발생 원인
 ① 도료의 점도가 높음
 ② 시너의 용해력이 부족
 ③ 증발이 빠른 시너의 사용
 ④ 건(gun)의 속도가 빠르거나 너무 가까울 때 발생

55 재료의 응력 변형 선도에서 다음의 응력값 중 가장 작은 것은?

① 극한강도 응력
② 비례한도 내의 응력
③ 상항복점 응력
④ 하항복점 응력

풀이 응력 변형률 선도

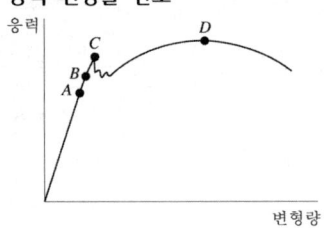

A : 비례한도
B : 탄성한도
C : 항복점
D : 극한(인장) 강도
※ 비례한도(탄성한계) 내에서 응력값이 가장 작다.

56 색의 3속성을 표기하는 방법은?

① L V/A
② H V/C
③ V C/C
④ K H/C

풀이 색을 3요소를 표시하는 방법(먼셀 표색계 : H V/C)
예) 빨강은 5R 4/14로 표기
5R은 색상, 4는 명도의 단계, 14는 채도의 단계를 표시

53 ① 54 ① 55 ② 56 ②

57 강판의 우그러짐을 수정하는데 사용하는 공구가 아닌 것은?

① 슬라이드 해머
② 핸드 훅
③ 스푼
④ 디스크 샌더

풀이 샌더(sander) : 패널 표면의 녹이나, 구 도막 등의 연마에 사용되는 것으로, 회전 운동 또는 왕복 운동을 함으로써 연마를 행하는 공구

58 가스 용접 시 표준 불꽃으로 용접 할 때 적당하지 않은 금속은?

① 마그네슘 합금강
② 연강
③ 주강
④ 황동

풀이 가스 용접법(산소 - 아세틸렌 용접)
① 표준불꽃(중성불꽃) : 연강, 주철, 구리, 알루미늄의 용접
② 탄화불꽃(아세틸렌 과잉불꽃) : 경강, 스테인레스강판
③ 산화불꽃(산소 과잉불꽃) : 황동용접

59 안료는 물이나 기름, 기타 용제에 대해 어떠한 반응을 일으키게 되는가?

① 물, 기름, 용제에 녹는다.
② 물, 기름, 용제에 녹지 않는다.
③ 물에는 녹지 않고 기름과 용제에는 녹는다.
④ 용제에 녹고, 물과 기름에는 녹지 않는다.

풀이 안료(顔料, pigment) : 물체에 색을 입힐 수 있는 색소로 물에서 녹는 염료와 달리 물이나 기름, 알코올 등에 녹지 않는 성질이 있다. 물, 기름, 합성수지액 등의 반죽을 사용해 녹을 방지하고 광택과 도막의 강도를 증가시키는 역할을 하며, 안료는 조성에 따라 무기안료와 유기안료로 구분한다.

60 원적외선 건조로 내에 도막이 건조되는 과정으로 맞는 것은?

① 외부로부터 건조된다.
② 내부로부터 건조된다.
③ 중간부터 건조된다.
④ 모두 동시에 건조된다.

풀이 원적외선 건조로 내의 도막은 내부로부터 건조된다.

57 ④ 58 ④ 59 ② 60 ②

자동차정비기능장 제54회 (2013.07.21 시행)

01 내연기관에서 행정체적에 해당하는 만큼의 표준 대기 상태의 건조공기질량과 운전 중 1사이클 당 실제로 실린더에 흡입된 공기질량과의 비를 무엇이라 하는가?

① 제동효율 ② 충진효율
③ 체적효율 ④ 이론효율

 충진효율 : 1사이클 당 흡입되는 표준 대기 상태의 건조 공기질량과 실제로 실린더에 흡입된 공기질량과의 비

02 디젤기관에서 분사펌프의 딜리버리 밸브의 기능으로 틀린 것은?

① 연료잔압 유지
② 연료분사량 증감
③ 역류방지
④ 후적방지

 딜리버리(delivery valve)의 기능
① 역류방지 ② 잔압유지 ③ 후적방지

03 가솔린 기관에서 노킹을 억제하기 위한 방법으로 틀린 것은?

① 높은 옥탄가의 연료를 사용한다.
② 압축비를 내린다.
③ 화염 전파거리를 단축한다.
④ 와류를 증가시켜 연소시간을 늘린다.

 가솔린 기관의 노킹 방지 대책
① 옥탄가가 높은 연료를 사용한다.
② 압축비를 낮춘다.
③ 화염전파 거리를 가능한 한 짧게 한다.
④ 혼합가스의 와류를 좋게 하여 연소시간을 짧게 한다.
⑤ 흡입공기 온도와 연소실 온도를 낮게 한다.
⑥ 퇴적된 카본을 제거한다.
⑦ 점화시기를 지각시킨다.

04 밸브 오버랩(valve overlap)은 무엇을 의미하는가?

① 흡·배기밸브가 동시에 열려 있는 시기
② 흡기밸브 열림과 분사가 동시에 일어나는 시기
③ 흡·배기밸브가 동시에 닫혀 있는 시기
④ 배기밸브 열림과 분사가 동시에 일어나는 시기

 밸브 오버랩(valve overlap)
배기행정 말기에 상사점 부근에서 흡·배기 밸브가 동시에 열려 있는 시기

01 ② 02 ② 03 ④ 04 ①

05 전자제어 연료 분사방식의 엔진에 사용되는 센서 중 부특성 서미스터(NTC) 소자를 이용한 센서는?

① 냉각수온센서, 산소센서
② 흡기온센서, 대기압센서
③ 대기압센서, 스로틀포지션센서
④ 냉각수온센서, 흡기온센서

풀이 흡기온도 센서, 수온 센서 등은 온도가 올라가면 저항값이 작아지는 부특성 서미스터이다.

06 연료탱크로부터 발생한 증발가스를 저장했다가 운전 중 흡입 부압을 이용해 흡기 매니폴드에 보내는 것은?

① 캐니스터
② 에어컨트롤 밸브
③ 인탱크 밸브
④ 에어 바이패스 솔레노이드 밸브

풀이 차콜 캐니스터(charcoal canister)는 연료탱크로부터 발생한 연료 증기를 활성탄에 흡착 저장 후, 운전 중 흡입 부압을 이용하여 PCSV를 통해 서지탱크로 유입시킨다.

07 LPG기관에서 피드백 믹서방식의 출력제어 장치와 거리가 먼 것은?

① 가스압력 측정 솔레노이드밸브
② 시동 솔레노이드밸브
③ 메인 듀티 솔레노이드밸브
④ 슬로 듀티 솔레노이드밸브

풀이 **LPG 솔레노이드 밸브의 역할**

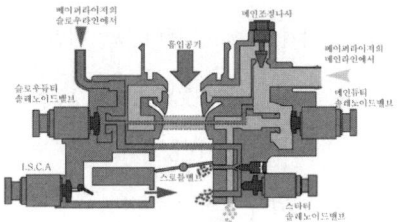

① 메인 듀티 솔레노이드 밸브 : 메인 연료 통로로 공급되는 연료는 운전상태에 따라 정확히 제어할 수 없으므로, 산소센서의 신호를 받아 엔진에서 요구하는 최적의 연료량을 ECU에서 메인 듀티 솔레노이드 밸브를 듀티 제어한다.
② 시동 솔레노이드 밸브(스타터 솔레노이드 밸브) : 냉간 시동시(냉각수온 15℃ 이하) 베이퍼라이저 1차실에서 연료를 공급받아 시동성을 좋게 한다.
③ 슬로 듀티 솔레노이드 밸브 : 엔진 공전시 메인 듀티 솔레노이드 밸브와 같이 메인 연료라인에 연료를 공급하며, ECU에 의해 듀티 제어된다. 타행 주행시는 시동 꺼짐을 방지할 목적으로 슬로 듀티 솔레노이드 밸브는 듀티 100%로 열리게 된다.
※ 가스압력 측정 솔레노이드 밸브는 없다.

05 ④ 06 ① 07 ①

08 오토 사이클에서 열효율을 40%로 하기 위해서는 압축비를 얼마로 하면 되는가? (단, 비열비 k = 1.4)

① 17.6　② 5.66
③ 3.58　④ 1.64

오토 사이클의 이론 열효율

이론 열효율(η_o) = $1 - \dfrac{1}{\epsilon^{k-1}} = 1 - \left(\dfrac{1}{\epsilon}\right)^{k-1}$

여기서, ϵ : 압축비, k : 비열비

∴ 이론 열효율(η_o) = $1 - \left(\dfrac{1}{\epsilon}\right)^{1.4-1} = 0.4$

∴ $\left(\dfrac{1}{\epsilon}\right)^{0.4} = 0.6$

∴ 압축비(ϵ) = 3.58

[다른풀이] 오토사이클 열효율의 계산
※ 압축비 3인 경우 : 35.5%
　〃　 4인 경우 : 42.5%
　〃　 5인 경우 : 47.5%
　〃　 6인 경우 : 51%
　〃　 7인 경우 : 54%
　〃　 8인 경우 : 56.5%
　〃　 9인 경우 : 58.5%

40%는 압축비 3과 4 사이이므로 압축비는 보기에서 3.58이 된다.

09 가솔린기관에서 실린더 냉각이 불충분하여 과열될 때 일어나는 현상으로 거리가 먼 것은?

① 충진 효율의 감소
② 프리 이그니션 발생
③ 연소향상으로 출력증가
④ 윤활작용이 불량

①, ②, ④항의 현상이 발생되며, 연소가 불량하여 출력이 감소한다.

10 전자제어 가솔린기관에서 직접분사방식(GDI)을 간접분사방식과 비교했을 때 단점은?

① 연료분사압력이 상대적으로 낮다.
② 희박혼합기 모드에서는 NOx의 발생량이 현저하게 증가한다.
③ 분사밸브의 작동전압이 너무 낮다.
④ 내부 냉각효과가 너무 낮다.

희박혼합기 모드에서는 연소온도가 높아 NOx의 발생량이 현저하게 증가하는 것이 단점이다.

11 실린더 내경과 행정이 각각 80mm 이고, 회전수가 500rpm일 때 4행정 기관의 실린더 내경을 85mm로 변경하면 증가된 도시마력은? (단, 실린더 수 4개, 도시평균 유효압력 13kgf/cm²)

① 약 150PS　② 약 180PS
③ 약 200PS　④ 약 250PS

지시(제동)마력 = $\dfrac{PALZN}{75 \times 60} = \dfrac{PVZN}{75 \times 60 \times 100}$

여기서, P : 지시(제동)평균 유효압력 (kgf/cm²)
A : 실린더 단면적(cm²)
L : 행정(m)
Z : 실린더 수
N : 엔진 회전수(rpm)
　(2행정기관 : N, 4행정기관 : N/2)
V : 배기량(cm³)

또한, 실린더 수가 없으면 1로 본다.

∴ 지시(도시)마력
= $\dfrac{13 \times 0.785 \times 8.5^2 \times 0.08 \times 4 \times 250}{75 \times 60}$
= 13.1 PS
"정답 없음"

08 ③　09 ③　10 ②　11 ①

12. 내연기관의 윤활장치에서 유압이 규정보다 낮은 원인이 아닌 것은?

① 오일팬의 오일 량 부족
② 오일점도 과대
③ 유압조절 밸브 스프링 장력 약화
④ 오일펌프의 마모

풀이 유압이 낮아지는 원인
① 유압조절밸브 스프링 장력이 약할 때
② 오일간극이 클 때
③ 오일의 점도가 낮을 때
④ 오일펌프 마모시
⑤ 오일량 부족시

13. 기관에서 압축 및 폭발 행정 시 피스톤과 실린더 사이로 탄화수소가 포함된 미연소 가스가 크랭크케이스 안으로 빠져나가는 현상은?

① 블로 – 바이(blow – by) 현상
② 블로 – 백(blow – back) 현상
③ 블로 – 다운(blow – down) 현상
④ 블로 – 업(blow – up) 현상

풀이 블로우 바이(blow by)란 압축 또는 폭발 행정시 미연소 가스(HC)가 피스톤과 실린더 사이에서 누출되는 현상을 말한다.

14. LPI(Liquified Petroleum Injection) 연료장치에서 멀티밸브 유닛 구성요소가 아닌 것은?

① 매뉴얼 밸브   ② 과류방지 밸브
③ 연료압력 조절기   ④ 리턴 밸브

풀이 LPI 연료장치에서 멀티밸브 유닛은 연료탱크에 장착되어 있으며, 매뉴얼 밸브, 연료 송출밸브, 과류방지 밸브, 리턴 밸브, 컷오프(연료차단) 솔레노이드 밸브 등으로 구성되어 있다.

15. 혼합기 또는 공기가 연소 전에 압축되는 정도를 나타내는 식은? (단, Vc : 연소실 체적, Vs : 행정 체적)

① $1+(Vc/Vs)$ ② $1+(Vs/Vc)$
③ $1-(Vc/Vs)$ ④ $1-(Vs/Vc)$

풀이 압축비 $= \dfrac{\text{실린더 체적}}{\text{연소실 체적}}$

$= \dfrac{\text{연소실 체적} + \text{행정 체적}}{\text{연소실 체적}}$

∴ 압축비 $= \dfrac{V_C + V_S}{V_C} = 1 + \dfrac{V_S}{V_C}$

16. 실린더 안지름과 행정에 따른 분류에서 회전력은 크고 측압이 작은 엔진은?

① 정방행정 엔진   ② 장행정 엔진
③ 단행정 엔진   ④ 2행정 엔진

풀이 장행정 기관과 단행정 기관의 특징

장행정 기관	단행정 기관
under square engine	over square engine
행정/내경 〉 1	행정/내경 〈 1
회전력은 크다	엔진 회전수 빠르게
측압이 적다	엔진 높이를 낮게

12 ② 13 ① 14 ③ 15 ② 16 ②

17 기관의 제동평균 유효압력이 8.13kg$_f$/cm², 기계효율이 85% 일 경우 도시평균 유효압력은?

① 13.37kg$_f$/cm²   ② 12.62kg$_f$/cm²
③ 10.48kg$_f$/cm²   ④ 9.56kg$_f$/cm²

풀이 기계효율(η_m) = $\dfrac{\text{제동평균 유효압력}}{\text{도시평균 유효압력}}$

∴ 도시평균 유효압력
  = 제동평균 유효압력/기계효율
  = 8.13 ÷ 0.85 = 9.56kg$_f$/cm²

18 가솔린기관 연료의 구비조건이 아닌 것은?

① 착화온도가 낮을 것
② 기화성이 좋을 것
③ 발열량이 클 것
④ 연소성이 좋을 것

풀이 가솔린 연료의 구비조건
① 단위 중량당 발열량이 클 것
② 휘발성이 좋을 것
③ 앤티 노크성이 클 것
④ 착화점이 높을 것
⑤ 연소 후 퇴적물 발생이 적을 것
⑥ 인화 및 폭발의 위험이 적고 가격이 저렴할 것

19 모집단으로부터 공간적, 시간적으로 간격을 일정하게 하여 샘플링하는 방식은?

① 단순랜덤 샘플링 (simple random sampling)
② 2단계 샘플링 (two-stage sampling)
③ 취락 샘플링(cluster sampling)
④ 계통 샘플링(systematic sampling)

풀이 샘플링의 방법
1) 랜덤 샘플링
   ① 단순 랜덤 샘플링
   ② 계통 샘플링 : 모집단으로부터 공간적, 시간적으로 간격을 일정하게 하여 샘플링하는 방식
   ③ 지그재그 샘플링
2) 층별 샘플링 : 모집단을 몇 개의 층으로 나누고, 각 층으로부터 각각 랜덤하게 시료를 뽑는 샘플링 방법
3) 취락 샘플링 : 모집단을 몇 개의 층으로 나누어 그 층 중에서 몇 개의 층을 랜덤 샘플링 하여 그 취한 층 안은 모두 측정 조사하는 방법
4) 2단계 샘플링

20 예방보전(Preventive Maintenance)의 효과가 아닌 것은?

① 기계의 수리비용이 감소한다.
② 생산시스템의 신뢰도가 향상된다.
③ 고장으로 인한 중단시간이 감소한다.
④ 잦은 정비로 인해 제조원단위가 증가한다.

풀이 ①, ②, ③항이 예방보전의 효과이며, 고장이 적어 제조원단가가 감소한다.

17 ④   18 ①   19 ④   20 ④

21 부적합수 관리도를 작성하기 위해 Σc = 559, Σn = 222를 구하였다. 시료의 크기가 부분군마다 일정하지 않기 때문에 u 관리도를 사용하기로 하였다. n = 10일 경우 u관리도의 UCL 값은 약 얼마인가?

① 4.023　② 2.518
③ 0.502　④ 0.252

풀이 u 관리선의 계산

① CL = $\bar{u} = \dfrac{\Sigma c}{\Sigma n} = \dfrac{559}{222} = 2.518$

② UCL = $\bar{u} + 3\sqrt{\dfrac{\bar{u}}{n}} = 2.518 + 3\sqrt{\dfrac{2.518}{10}}$
　　　= 4.023

③ LCL = $\bar{u} - 3\sqrt{\dfrac{\bar{u}}{n}} = 2.518 - 1.505$
　　　= 1.013

22 이항분포(Binomial distribution)의 특징에 대한 설명으로 옳은 것은?

① P = 0.01 일 때는 평균치에 대하여 좌·우 대칭이다.
② P ≤ 0.1 이고 nP = 0.1~10일 때는 포아송 분포에 근사한다.
③ 부적합품의 출현 갯수에 대한 표준편차는 D(x) = nP 이다.
④ P ≤ 0.5 이고 nP ≤ 5 일 때는 정규 분포에 근사한다.

풀이 용어 설명
① 베르누이 시행 : 1회 시행에서 시행 결과가 두개 중 한개만 나오는 경우
② 이항분포 : 베르누이 시행을 몇 번 반복하는 것
③ 포와송 분포 : 베르누이 시행을 아주 많이 시행하는 것

④ 초기하 분포(hypergeometric distribution) : 한정된 집단 내에서 표본추출할 때 되돌려 놓는 것 없이 추출하는 경우의 확률분포

＃ $P(X=k) = f(k;N,m,n) = \dfrac{\binom{m}{k}\binom{N-m}{n-k}}{\binom{N}{n}}$

23 작업방법 개선의 기본 4원칙을 표현한 것은?

① 층별 - 랜덤 - 재배열 - 표준화
② 배제 - 결합 - 랜덤 - 표준화
③ 층별 - 랜덤 - 표준화 - 단순화
④ 배제 - 결합 - 재배열 - 단순화

풀이 작업방법 개선을 위한 ECRS 원칙
① 불필요한 작업의 제거(Eliminate) : 이 작업은 제거할 수 없는가를 검토
② 작업의 결합(Combine) : 다른 작업과 결합할 수 없는가를 검토
③ 작업순서의 결합(Rearrange) : 작업순서는 바꿀수 없는가를 검토
④ 작업의 간소화(Simplify) : 이 작업은 간소화시킬 수 없는가를 검토

21 ①　22 ②　23 ④

24 제품공정도를 작성할 때 사용되는 요소(명칭)가 아닌 것은?

① 가공
② 검사
③ 정체
④ 여유

풀이 제품공정 분석기호

공정분류	기호명칭	기호	의미
가공	가공	○	원료, 재료, 부품 또는 제품의 형상 및 품질에 변화를 주는 과정
운반	운반	○ or ⇨	원료, 재료, 부품 또는 제품의 위치에 변화를 주는 과정
검사	수량검사	□	원료, 재료, 부품 또는 제품의 양 또는 개수를 측정하여 결과를 기준과 비교하는 과정
	품질검사	◇	원료, 재료, 부품 또는 제품의 품질특성을 시험하고 결과를 기준과 비교하는 과정
정체	저장	▽	원료, 재료, 부품 또는 제품을 계획에 따라 저장하는 과정
	지체	D	원료, 재료, 부품 또는 제품이 계획과는 달리 정체되어 있는 상태

품질검사 주로 하며 수량검사	수량검사 주로 하며 품질검사	가공을 주로하며 수량검사	가공을 주로하며 운반작업
작업중의 정체	공정 간에서 정체	정보기록	기록완선

25 자동차의 기관 토크가 14kg$_f$·m, 총 감속비 4.0, 전달 효율 0.9, 구동바퀴의 유효 반경 0.3m일 때 구동력은?

① 50.4kg$_f$
② 51.9kg$_f$
③ 168.0kg$_f$
④ 186.7kg$_f$

풀이 구동바퀴 회전력(T_w) = $T_e \times r_t \times r_f \times \eta$
여기서, T_e : 엔진회전력
r_t : 변속비
r_f : 종감속비
η : 전달효율
∴ 구동바퀴 회전력 = $14 \times 4 \times 0.9$
= 50.4m-kg$_f$
∴ 구동력 = $\dfrac{T}{r} = \dfrac{50.4}{0.3}$ = 168kg$_f$

26 하이드로 플래닝(hydro planing) 현상을 방지하기 위한 방법 중 틀린 것은?

① 마모가 적은 타이어를 사용한다.
② 타이어 공기압을 낮춘다.
③ 배수 효과가 좋은 타이어를 사용한다.
④ 주행 속도를 낮춘다.

풀이 하이드로 플래닝 현상의 방지방법
① 물 배출이 용이한 리브 패턴 타이어를 사용
② 트래드 마모가 적은 타이어를 사용
③ 카프(가로 홈)형으로 세이빙 가공한 것을 사용
④ 타이어 공기압을 높인다.
⑤ 차량의 속도를 감속한다.

24 ④ 25 ③ 26 ②

27 브레이크 페달을 놓았을 때 하이드로 백 릴레이 밸브의 작동에 대하여 맞는 것은?

① 공기 밸브가 먼저 닫힌 다음 진공 밸브가 열림
② 공기 밸브가 먼저 열린 다음 진공 밸브가 닫힘
③ 진공 밸브가 먼저 닫힌 다음 공기 밸브가 열림
④ 진공 밸브가 먼저 열린 다음 공기 밸브가 닫힘

> 브레이크를 밟았을 때 진공밸브는 닫히고, 공기밸브는 열린다.(VCAO)
> 따라서, 놓았을 때는 반대로 작용한다.

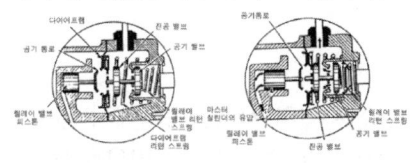

〈평상시〉   〈브레이크 작동시〉

28 동력계 암의 길이가 772mm, 기관의 회전수가 2,200rpm, 동력계 하중이 15kgf일 경우 제동마력은?

① 약 18.4PS   ② 약 24.5PS
③ 약 25.3PS   ④ 약 35.6PS

> 출력(제동마력) $= \dfrac{2\pi TN}{75 \times 60} = \dfrac{TN}{716}$
> 여기서, T : 엔진 회전력(kgf-m)
> N : 엔진 회전수(rpm)
> 회전력 $T = F \times L = 15\text{kgf} \times 0.772\text{m}$
> $= 11.58 \text{ kgf} \cdot \text{m}$
> ∴ 출력 $= \dfrac{11.58 \times 2,200}{716} = 35.58 \text{ps}$

29 클러치 디스크 페이싱의 요건으로 틀린 것은?

① 내열성이 우수해야 한다.
② 마찰 계수가 작아야 한다.
③ 열부하에 관계없이 마찰 계수가 일정해야 한다.
④ 표면 결합력이 커, 표면이 뜯겨 나가지 않아야 한다.

> 클러치 디스크 페이싱의 요건
> ① 마찰 계수가 커야 한다.
> ② 열부하에 관계없이 마찰 계수의 변화가 적어야 한다.
> ③ 내열성, 내마모성이 우수해야 한다.
> ④ 표면 결합력이 커, 표면이 뜯겨 나가지 않아야 한다.

30 자동차가 선회할 때 바깥쪽 바퀴의 최대 조향각이 30°, 안쪽 바퀴의 최대 조향각이 36°이고 축거가 2.4m 일 때 최소 회전 반경은?

① 4.8m, 적합   ② 4.8m, 부적합
③ 3.4m, 적합   ④ 3.4m, 부적합

> 최소 회전반경 $R = \dfrac{L}{\sin\alpha} + r$
> 여기서, α : 외측바퀴 회전각도(°)
> L : 축거(m)
> r : 타이어 중심과 킹핀과의 거리(m)
> ∴ 최소 회전반경 $R = \dfrac{2.4}{\sin 30°} = 4.8\text{m}$
> 안전기준에 관한 규칙에 의거 12m 이내이므로 적합하다.

27 ①   28 ④   29 ②   30 ①

31. 자동변속기 오일(ATF)이 많이 주입되었을 때 미치는 영향으로 거리가 먼 것은?

① 에어 브리더로부터 오일(ATF)이 밖으로 배출된다.
② 밸브 바디 내의 각종 유압 배출 구멍이 막혀 주행이 원활치 못하다.
③ 유압이 낮아져 변속 시점이 지연 된다.
④ 변속시 슬립이 발생된다.

풀이 자동변속기 오일이 적게 주입되면 유압이 낮아져 변속 시점이 지연 된다.

32. 전자제어 현가장치의 구성 요소가 아닌 것은?

① 차고 센서
② 감쇠력 변환 액추에이터
③ G 센서
④ 유온 센서

풀이 전자 현가장치의 구성

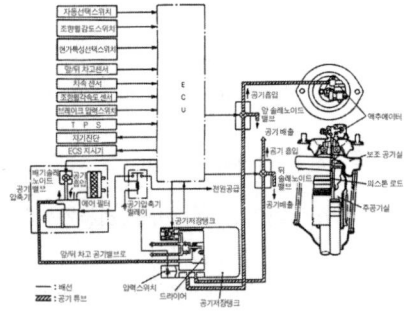

유온센서는 자동변속기 구성 요소이다.

33. 디스크 브레이크의 특징이 아닌 것은?

① 구조가 간단하여 패드 교환 등 점검, 정비가 용이하다.
② 물이나 진흙 등이 묻어도 원심력에 의해 잘 떨어져 나가므로 제동 효과의 회복이 빠르다.
③ 제동시 한쪽으로 쏠림 현상이 적어 방향 안정성이 좋다.
④ 드럼식에 비해 방열성이 우수하여 페이드(Fade)현상이 발생될 수 있다.

풀이 ①, ②, ③항이 디스크 브레이크의 특징이고, 디스크 브레이크는 방열성이 우수하여 페이드 현상이 잘 발생되지 않는다.

34. 전자제어 자동변속기에서 변속시 유압제어를 위한 신호의 설명으로 틀린 것은?

① 펄스 제네레이터 A : 변속기 유압 제어를 위해 킥 다운 드럼의 회전 속도를 검출
② 파워/이코노미 스위치 : 운전자의 요구에 가까운 변속 특성을 얻기 위해 ON/OFF 검출
③ 킥 다운 서보 스위치 : 변속시 유압 제어의 시기 제어를 위해 킥 다운 릴레이의 작동을 검출
④ 펄스 제네레이터 B : 출력축 기어의 회전수를 검출

풀이 킥다운 서보 스위치는 응답성 향상을 위해 킥다운 브레이크가 작동하기 직전까지는 높은 유압을 공급하여 작동시간을 짧게 하고, 그 이후에는 적당한 유압을 공급하여 킥다운 드럼이 고정될 때 까지 충격을 완화시켜 준다.

31 ③ 32 ④ 33 ④ 34 ③

35 싱크로 메시 기구에서 싱크로나이저 링의 내면에 둘레 방향으로 설치된 작은 나사의 기능은?

① 변속 레버의 조작에 의해 전후 방향으로 섭동하여 기어의 클러치 역할을 한다.
② 변속기어가 물릴 때 콘에 형성된 유막을 파괴시켜 마찰력을 발생하는 역할을 한다.
③ 싱크로나이저 키와 슬리브를 고정하여 기어의 물림이 빠지지 않게 하는 역할을 한다.
④ 싱크로나이저 슬리브가 전후로 이동할 때 싱크로나이저 키를 슬리브 안쪽에 압착시키는 역할을 한다.

풀이 싱크로나이저 링의 내면에 원주 방향으로 설치된 작은 나사는 변속기어가 물릴 때 콘에 형성된 유막을 파괴시켜 마찰력을 발생하는 역할을 한다.

36 종감속 장치에 사용되는 기어 중 하이포이드 기어의 특징으로 틀린 것은?

① 운전이 정숙하다.
② 구동 피니언과 링기어의 중심선이 일치하지 않는다.
③ 차체의 중심이 낮아져서 안정성 및 거주성이 향상된다.
④ 하중 부담 능력이 작다.

풀이 하이포이드(hypoid) 기어의 특징
① 링기어 지름의 10~20%를 중심 아래로 옵셋시킨다.
② 추진축의 높이가 낮아져 안전성이 증대된다.
③ 구동 피니언을 크게 할 수 있어 강도가 증가된다.
④ 기어의 물림률이 커 회전이 정숙하다.
⑤ 극압용 기어오일을 사용해야 한다.

37 부(-)의 킹핀 오프셋에 대한 설명으로 틀린 것은?

① 제동시 차륜이 안쪽으로부터 바깥쪽으로 벌어지도록 작용한다.
② 마찰계수가 큰 차륜이 안쪽으로 더 크게 조향되므로 자동차는 주행 차선을 그대로 유지한다.
③ 제동시 차륜이 안쪽으로 조향되는 특성을 나타낸다.
④ 차륜 중심선의 접지점이 킹핀 중심선의 연장선의 접지점보다 안쪽에 위치한 상태를 말한다.

풀이 부(-)의 킹핀 경사각
① 차륜 중심선의 접지점이 킹핀 중심선의 연장선의 접지점보다 안쪽에 위치한 상태를 말한다.
② 노면과 좌우 차륜과의 마찰계수가 서로 다른 경우 마찰 계수가 큰 차륜이 안쪽으로 더 크게 조향하므로 자동차는 주행 차선을 그대로 유지하게 한다.
③ 제동시 차륜이 안쪽으로 조향(토 인)되는 특성을 나타낸다.

35 ② 36 ④ 37 ①

38 전자제어 제동장치(ABS)에서 후륜에 대한 제어방법으로 노면과의 마찰계수가 낮은 측 차륜을 기준으로 브레이크 압력을 제어하는 것을 무엇이라 하는가?

① 감압 유지모드 제어
② 셀렉트 – 로(select low)제어
③ 증압 유지 모드 제어
④ 요우 – 모멘트 제어

풀이 셀렉트 로(select low)제어 : 브레이크 제동시 좌우 차륜의 감속도를 비교하여 노면과의 마찰계수가 낮은 측 차륜을 기준으로 좌우 차륜의 유압을 제어하는 방식

39 전자제어 동력조향장치의 구성 요소 중 조향각 센서에 대한 설명으로 옳은 것은?

① 기존 동력 조향 장치의 캐치 – 업(catch – up)현상을 보상하기 위한 센서
② 자동차의 속도를 검출하여 컨트롤 유닛에 입력하기 위한 센서
③ 차속과 조향각 신호를 기초로 하여 최적 상태의 유량을 제어하기 위한 센서
④ 스로틀 밸브의 열림 량을 감지하여 컨트롤 유닛에 입력하기 위한 센서

풀이 조향각 센서(조향핸들 각속도 센서) : 조향핸들의 각속도를 검출하여, 중속 이상에서 급조향시 발생되는 순간적인 걸림 현상(catch – up)을 방지하여 조향조작을 안정되게 한다.

40 공기식 브레이크 장치에서 공기 압축기의 고장으로 압축 공기가 존재하지 않는 경우 나타나는 현상은?

① 압축 공기가 없으면 엔진 시동이 어렵다.
② 로드 센싱 밸브에서 하중을 감지 못한다.
③ 주차 브레이크가 작동된다.
④ 풋 브레이크 밸브에 의해서 비상제동은 가능하다.

풀이 공기 압축기의 고장 등으로 압축공기의 압력이 저하하게 되면(약 $2.7 kg_f/cm^2$ 이하), 압력 조절밸브가 자동으로 실린더 내의 공기를 배출한다. 따라서 스프링의 힘으로 자동으로 브레이크가 작동하게 된다.

41 사이드 슬립 검사(side slip test)에 대한 설명으로 옳은 것은?

① 앞바퀴 차륜 정렬의 불평형으로 인한 주행 중 앞차축의 옆 방향 휨량을 검사한다.
② 답판 움직임은 토인(toe – in)의 경우 외측으로 토 아웃(toe – out)의 경우에는 내측으로 각각 이동한다.
③ 자동차가 직진하고 있을 때 캠버(camber) 각이 있으면 차륜은 서로 차량 내측을 향하는 특성이 있다.
④ 직진시 전륜은 항상 내측으로 진행하려 하므로 외측으로 진행하게 하는 토 아웃(toe – out)을 부여한다.

풀이 토인의 경우 바퀴가 안쪽으로 향하므로 답판은 외측으로 움직이고, 토 아웃의 경우에는 바퀴가 바깥쪽으로 향하므로 답판은 내측으로 각각 이동한다.

38 ② 39 ① 40 ③ 41 ②

42 조향 바퀴의 윤중의 합은 차량 중량 및 차량 총 중량의 각각에 대하여 얼마 이상이어야 하는가?

① 10% ② 20%
③ 30% ④ 40%

 조향바퀴의 윤중의 합은 차량중량 및 차량총중량 각각에 대하여 20% 이상이어야 한다.

43 자동차의 길이 방향으로 그은 직선(X축)을 중심으로 차체가 회전 하는 진동은?

① 바운싱 ② 피칭
③ 요잉   ④ 롤링

 스프링 윗질량 운동
① X축 : 롤링(세로축을 중심으로 하는 좌/우 회전운동)
② Y축 : 피칭(가로축을 중심으로 하는 전/후 회전운동)
③ Z축 : 요잉(수직축을 중심으로 앞뒤가 회전하는 운동)
④ 상하 : 바운싱(차체가 동시에 상하로 튕기는 운동)

44 트랜지스터식 점화장치는 트랜지스터의 어떤 작용을 이용하여 코일의 2차 전압을 유기시키는가?

① 스위칭 작용   ② 상호유도 작용
③ 자기유도 작용 ④ 전자유도 작용

 트랜지스터식 점화장치에서 트랜지스터(파워 TR)는 컴퓨터에서 신호를 받아 점화코일의 1차 전류를 단속하는 스위칭 작용을 이용하여 2차 전압을 유도한다.

45 자동차용 냉방장치에서 냉매 교환 및 충전 시의 진공 작업에 대한 설명 중 옳지 않은 것은?

① 시스템 내부의 공기와 수분을 제거하기 위한 작업이다.
② 시스템 내부의 압력을 낮게 함으로써 수분이 쉽게 기화되도록 한다.
③ 실리카겔 등의 흡수제로 수분을 제거한다.
④ 진공 펌프나 컴프레서를 이용한다.

 흡수제를 쓰면 회로 내에 흡수제가 남아 회로가 막힐 수 있으며 냉방장치의 고장원인이 된다.

46 전조등의 광도가 2,000 cd 인 경우, 전방 10m에서 조도는?

① 200 Lux   ② 20 Lux
③ 30 Lux   ④ 2,000 Lux

 조도(Lx) = $\dfrac{cd}{r^2}$

여기서, cd : 광도
r : 거리(m)

∴ 조도 = $\dfrac{2,000}{10^2}$ = 20Lux

42 ② 43 ④ 44 ① 45 ③ 46 ②

47 저항식 레벨 센터(포텐쇼미터) 유닛 방식의 연료계에서 계기의 지침과 연료 유닛의 뜨개에 대해 바르게 설명한 것은?

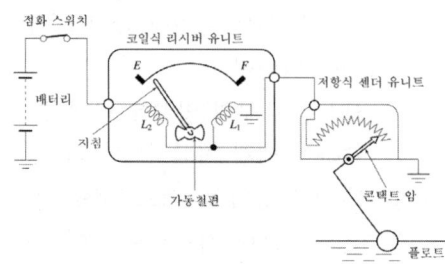

① 뜨개에 흐르는 전류가 많아지면 연료계기의 지침이 "E"에 위치한다.
② 연료가 줄어들면 센더 유닛의 저항은 작아진다.
③ 연료가 증가하면 센더 유닛에 흐르는 전류는 감소한다.
④ 센더 유닛의 저항이 낮아지면 연료계기의 지침이 "F"에 위치한다.

> **풀이** 밸런싱 코일식 연료계의 작동
> 연료가 적으면 플로트는 내려가 샌더 유닛의 저항이 커져 전류는 L_2, L_1을 거쳐 흐르므로 가동철편은 평형을 이뤄 "E"를 가리키고, 연료가 많으면 샌더 유닛의 저항은 작아져서 전류는 샌더측으로 흐르므로 L_1 전류는 작아지고 L_2 전류는 많이 흐르게 되므로 L_2가 만드는 자계의 방향으로 가동철편이 회전하여 지침은 "F"를 가리킨다.

48 차량바디 전장제어계통인 다중통신장치에서 BUS 시스템을 적용하는 목적으로 틀린 것은?

① 신속하고 정확한 정보를 수신 할 수 있다.
② 한꺼번에 많은 정보를 접할 수 있다.
③ 배선 또는 커넥터 등을 대폭 줄일 수 있다.
④ 차량의 전류 소모를 최대화 할 수 있다.

> **풀이** CAN BUS 시스템의 장점
> ① 신속하고 정확한 정보를 수신 할 수 있다.
> ② 한꺼번에 많은 정보를 접할 수 있다.
> ③ 배선 또는 커넥터 등을 대폭 줄일 수 있다
> ④ 차량의 전류 소모를 최소화 할 수 있다.
> ※ BUS란 데이터 전송라인을 의미한다.

49 교류 발전기의 3상 코일 결선에 대한 설명 중 틀린 것은?

① Y결선의 선간전압은 상전압의 크기가 같은 경우 상전압의 $\sqrt{3}$ 배이다.
② 델타결선의 경우 부하가 연결되었을 때에 선간전류는 상전류의 $\sqrt{3}$ 배이다.
③ 발전기의 크기가 같고, 코일의 감긴 수가 같을 때 델타결선 방식이 높은 전압을 발생한다.
④ 자동차용 교류 발전기는 Y결선을 많이 사용하고 있다.

> **풀이** ①, ②, ④항이 옳은 설명이고, 발전기의 크기가 같고, 코일의 감긴 수가 같을 때 Y결선 방식이 높은 전압을 발생한다.

47 ④ 48 ④ 49 ③

50 20°C에서 양호한 상태인 160AH 축전지는 40A의 전류를 얼마간 발생시킬 수 있는가?

① 15분 ② 40분
③ 60분 ④ 240분

풀이 축전지 용량(AH)
= 방전전류(A) × 방전시간(H)
∴ 방전시간(H) = $\frac{용량(AH)}{방전전류(A)} = \frac{160AH}{40A}$
= 4시간
즉, 240분이다.

51 반도체의 특징으로 틀린 것은?

① 내부 전력 손실이 적다.
② 고유 저항이 도체의 비하여 적다.
③ 온도가 상승하면 특성이 몹시 나빠진다.
④ 정격값을 넘으면 파괴되기 쉽다.

풀이 반도체의 특징
① 매우 소형이고, 가볍다.
② 예열시간을 요하지 않고 바로 작동한다.
③ 내부 전력손실이 적다.
④ 온도가 상승하면 특성이 몹시 나빠진다.
⑤ 정격값을 넘으면 파괴되기 쉽다.

52 기동전동기 무부하 시험 시 축전지 전압이 12 V일 때, 출력되는 전압은 얼마를 정상으로 판정하는가?

① 약 40% 이하 ② 약 30% 이하
③ 약 20% 이하 ④ 약 10% 이하

풀이 무부하 시험시 전압 강하 : 약 10% 이하
12V × 0.1 = 1.2V 이하(즉, 10.8V 이상)

53 도장 작업 후 시간이 경과함에 따라 도막의 광택이 없어지는 현상의 원인이 아닌 것은?

① 불충분한 건조에 광택 작업을 했다.
② 상도 베이스 도막이 너무 두껍다.
③ 상도 작업시 하도의 건조가 불충분하다.
④ 증발 속도가 늦은 속건성 시너를 과다 혼합했다.

풀이 광택이 흐려지는 원인
① 불충분한 건조에 광택 작업을 했다.
② 상도 베이스 도막이 너무 두껍다.
③ 상도 작업시 하도의 건조가 불충분하다.
④ 증발 속도가 늦은 지건성 시너를 과다 사용한 경우
⑤ 온도는 낮고 습도가 높은 경우
※ 속건성이란 증발 속도가 빠른 것을 말한다.

54 CO_2 가스 아크 용접이 전기 아크 용접을 할 때보다 장점이 아닌 것은?

① 용입이 깊으며 용접봉의 소모량이 적다.
② 용착 금속의 성질이 좋고 시공이 편리하다.
③ 아크가 거칠고 스패터가 많이 발생한다.
④ 용접 결함이 적고 용접봉이 녹는 소리가 일정하다.

풀이 CO_2 가스 아크용접의 특징
① 용입이 깊으며 용접봉의 소모량이 적다.
② 용착 금속의 성질이 좋고 시공이 편리하다.
③ 용접 결함이 적고 용접봉이 녹는 소리가 일정하다.
④ 스패터가 적고 안정된 아크를 얻을 수 있다.
⑤ 모든 용접자세로 용접이 되며 조작이 간단하다.
⑥ 저렴한 가스와 가는 와이어로 고속 용접하므로 능률이 높고 경제적이다.

50 ④ 51 ② 52 ④ 53 ④ 54 ③

55 모노코크 바디의 설명 중에서 잘못된 것은?
① 충격을 흡수할 수 있도록 일부러 약한 부위를 만들어 준다.
② 충격을 받으면 서스펜션 조립부가 상향으로 올라가는 변형을 일으킨다.
③ 충격흡수를 위해 두께를 바꾸거나 구멍을 만들어 준다.
④ 충격 흡수를 위해 사다리형 프레임을 보디와 별도로 사용한다.

[풀이] 모노코크 바디의 특징
① 차체 무게가 가볍다.
② 차체 바닥면이 낮아지므로 실내 공간이 넓다.
③ 일체 구조로 되어 있어 충격 흡수의 효과가 좋다.
④ 충격을 흡수할 수 있도록 일부러 약한 부위를 만들어 준다.
⑤ 충격흡수를 위해 두께를 바꾸거나 구멍을 만들어 준다.
⑥ 충격을 받으면 서스펜션 조립부가 상향으로 올라가는 변형을 일으킨다.

56 데이텀 라인은 무엇을 측정하기 위한 것인가?
① 프레임 각 부의 부속품 접속 위치
② 플레임의 일그러짐
③ 프레임 기준선에 의한 프레임의 높이
④ 프레임 사이드 멤버와 크로스 멤버의 위치

[풀이] 데이텀 게이지(데이텀 라인)는 프레임 기준선에 의한 프레임의 높이를 측정하여 언더바디의 상하 변형을 측정한다.

57 스프링 백(spring back)이란?
① 스프링에서 장력의 세기를 나타내는 척도
② 스프링의 피치를 나타낸다.
③ 판재를 구부릴 때 하중을 제거하면 탄성에 의해 처음의 상태처럼 돌아오는 것
④ 판재를 구부렸을 때 구부린 부분이 활 모양으로 되는 현상

[풀이] 스프링 백 현상
금속재료는 어느 정도 탄성을 가지고 있어서 판재를 구부릴 때 하중을 제거하면 탄성에 의해 처음의 상태처럼 돌아오는 현상

58 조색에 관한 설명이다. 맞는 것은?
① 펄이나 메탈릭을 조색 할 때는 정면과 측면을 비교한다.
② 조색을 할 때는 이른 아침이나 저녁이 좋다.
③ 조색을 할 때 형광등 밑에서 해도 아무런 문제가 없다
④ 작업 바닥과 벽은 유채색의 밝은 색이 좋다.

[풀이] 색상 비교방법
① 직사광선이 없는 그늘이나 밝은 곳에서 비교한다.
② 30cm 떨어진 곳에서 한다.
③ 광원을 바꾸어 색상을 비교한다.
④ 계속해서 응시하지 말고 가끔 다른 색을 보게 한다.
⑤ 동일한 재질에서 도장해보고 비교한다.
⑥ 펄이나 메탈릭을 조색 할 때는 정면과 측면을 비교한다.

55 ④ 56 ③ 57 ③ 58 ①

59 자동차 보수 도장에서 메탈릭과 펄(마이카) 도료의 가장 큰 차이점은?

① 불투명 및 반투명으로 인한 색상 및 명암 차이가 있다.
② 펄은 빛을 반사하고 투과 하지 못한다.
③ 펄은 코팅의 두께와는 관계없이 칼라가 같다.
④ 펄은 불투명하여 은폐력이 좋고 메탈릭은 반투명 하여 은폐력이 약하다.

풀이 자동차 도장의 종류
① 솔리드 : 단색을 의미하는 솔리드는 보디 외판 위에 칠해지는 기초 도장과 금속면을 밀착시키는 도료를 말한다.
② 메탈릭 : 메탈릭은 솔리드 컬러에 미세한 알루미늄 조각을 섞은 자동차 도장에 사용하는 도료의 한 종류이다. 알루미늄 조각은 빛을 받으면 반짝거릴 수 있는데, 알루미늄 조각을 보호하는 목적으로 메탈릭 컬러 위에 클리어가 뿌려진다.
③ 마이카 : 자동차 도장 중에 진주처럼 광택을 내는 것으로 펄 도료라고도 불리는 마이카는 미세한 입자이므로 도장면을 편평하게 하기 위해 클리어가 상부에 뿌려진다. 솔리드 컬러 중에 마이카라고 부르는 운모를 섞으면 복잡하고 부드러운 광택을 얻을 수 있다.

60 탈지용 용제의 구비조건으로 가장 거리가 먼 것은?

① 휘발성으로 금속표면에 잔존해서는 안된다.
② 인화성이 없어야 한다.
③ 금속면에 대하여 부식성이 있어야 한다.
④ 인체에 유해하지 않아야 한다.

풀이 용제의 구비조건
① 인체에 유해하지 않아야 한다.
② 인화성이 없어야 한다.
③ 금속면에 대하여 부식성이 없어야 한다.
④ 휘발성으로 금속표면에 잔존해서는 안된다.

59 ① 60 ③

자동차정비기능장 제55회 (2014.04.06 시행)

01 알루미늄으로 제작된 실린더헤드에 균열이 발생하였을 때 용접방법으로 가장 적합한 것은?

① 전기피복 아크용접
② 불활성 가스 아크용접
③ 산소-아세틸렌가스 용접
④ LPG 용접

 불활성 가스(Ar) 아크용접으로 하는 이유는 일반 용접시 알루미늄이 산소와 반응하여 산화하므로 불활성 가스로 산소를 차단하여 용접하여야 하기 때문이다.

02 V형 6실린더 기관에서 크랭크 핀의 각도는?

① 90°   ② 120°
③ 270°   ④ 360°

 크랭크축 위상차(핀의 각도) = $\frac{720°}{실린더 수}$

∴ 크랭크축 위상차 = $\frac{720}{6}$ = 120°

03 기관의 회전력이 14.32m-kg이고 3,000rpm으로 회전하고 있을 때 클러치에 전달되는 마력은?

① 약 30PS   ② 약 45PS
③ 약 55PS   ④ 약 60PS

 출력(제동마력) = $\frac{2\pi TN}{75 \times 60}$ = $\frac{TN}{716}$

여기서, T : 회전력(m-kgf)
N : 엔진 회전수(rpm)

∴ 출력(제동마력) = $\frac{14.32 \times 3,000}{716}$ = 60PS

04 크랭크축 저널의 지름이 50mm, 폭발압력이 60kgf/cm², 실린더 지름이 100mm일 때 실린더 벽의 두께가 15mm라면 실린더 벽의 허용 응력은?

① 약 166.7kgf/cm²
② 약 176.7kgf/cm²
③ 약 100kgf/cm²
④ 약 200kgf/cm²

 실린더 벽 두께(t) = $\frac{P \times d}{2 \times \sigma_a}$

여기서, P : 폭발압력(kgf/cm²)
d : 실린더 지름(mm),
σa : 허용응력(kgf/cm²)
t : 실린더 벽 두께(mm)

∴ σa = $\frac{P \times d}{2 \times t}$ = $\frac{60 \times 100}{2 \times 15}$
= 200 kgf/cm²

01 ② 02 ② 03 ④ 04 ④

05 산소센서의 고장 시 나타나는 현상으로 틀린 것은?

① 가속력, 출력이 부족하다.
② 규정이상의 CO 및 HC가 발생한다.
③ 연료소비율이 감소한다.
④ ECU에 고장코드가 저장된다.

풀이 산소 센서가 고장이면 ①, ②, ④ 항의 증상이 발생되고, 연료소비율이 증가한다.

06 디젤기관의 연료장치 노즐에서 분사되는 연료입자 크기에 대한 설명으로 옳은 것은?

① 노즐 오리피스의 지름이 크면 연료입자 크기는 작다.
② 배압이 높으면 연료입자 크기는 커진다.
③ 분사압력이 높으면 연료입자 크기는 커진다.
④ 공기온도가 낮아지면 연료입자 크기는 커진다.

풀이 분사압력을 높게 하면 연료의 입자를 가늘게 할 수 있으며, 노즐의 지름이 크면 연료의 입자가 커지며 배압과 연료입자와는 관련이 없다.

07 전자제어 가솔린 기관에서 피드백 제어가 해제되는 경우로 틀린 것은?

① 전 부하 출력 시
② 연료 차단 시
③ 희박 신호가 길게 계속될 때
④ 냉각 수온이 높을 때

풀이 피드백 제어를 해제하는 경우
① 냉각수 온도가 낮을 때
② 엔진 시동시
③ 엔진 시동후 분사량을 증가시킬 때
④ 전부하 출력시
⑤ 연료 차단시
⑥ 희박 또는 농후 신호가 길게 계속될 때

08 로터리 기관에서 로터가 1회전할 때 연소 작동은 몇 번 하는가?

① 1   ② 2
③ 3   ④ 4

풀이 로터리 기관의 작동원리

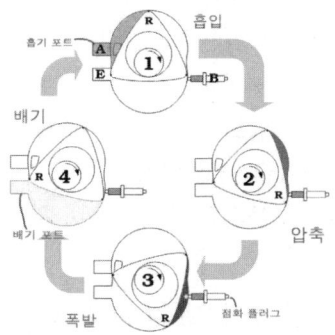

로터리 기관은 로터 세변이 각각의 작동실을 형성하여 연소하므로 로터 1회전으로 3회 연소한다.

09 기관의 고장진단에서 흡입다기관의 진공시험으로 판단할 수 없는 것은?

① 점화시기 조정 불량
② 밸브의 작동 불량
③ 압축압력의 누설
④ 연료 소비율

05 ③ 06 ④ 07 ④ 08 ③ 09 ④

진공도 시험에 의한 기관 분석
① 압축압력 누설(실린더 마모)
② 실린더 헤드 개스킷의 불량
③ 밸브 면과 시트와의 밀착 불량
④ 점화시기의 불량
⑤ 점화 플러그의 실화 상태
연료소비율은 알 수 없다.

10 과급장치에서 가변용량터보차저(VGT : variable geometry turbocharger)의 터보제어 솔레노이드 점검요령과 거리가 먼 것은?

① 가속 시 터보제어 솔레노이드 듀티 변화 여부를 확인한다.
② 가속 시 엔진회전수와 부스터압력센서의 변화를 관찰한다.
③ 가속 시 연료 분사량과 부스터 압력센서 변화를 관찰한다.
④ 가속 시 부스터 압력센서의 출력은 변화가 없어야 한다.

 ①, ②,③ 항이 옳은 설명이고, ECU는 각종 센서에서 입력되는 값과 흡입 공기량을 계산하여 솔레노이드 밸브를 PWM 방식으로 실제 제어값을 출력한다. 또한 가·감속시 부스터 압력센서의 출력 값은 변화되어야 한다.

11 LPI(liquefied petroleum injection) 연료장치에서 프로판과 부탄의 비율을 판단할 수 있게 하는 신호로 짝지어진 것은?

① 연료압력과 분사시간
② 흡기온도와 연료온도
③ 흡기유량과 엔진 회전수
④ 연료압력과 연료온도

 프로판과 부탄의 조성이 온도에 따라 압력이 변화하므로, 연료의 온도와 압력을 알면 프로판과 부탄의 조성비를 알 수 있다.

12 배기가스 재순환장치에서 EGR율(exhaust gas recirculation)을 나타낸 식은?

① EGR율 $= \dfrac{\text{EGR 가스유량}}{\text{흡입 공기량} + \text{EGR 가스유량}} \times 100\%$

② EGR율 $= \dfrac{\text{흡입공기량}}{\text{EGR 가스유량}} \times 100\%$

③ EGR율 $= \dfrac{\text{EGR 가스유량}}{\text{흡입 공기량} + \text{NOx 가스유량}} \times 100\%$

④ EGR율 $= \dfrac{\text{EGR 가스유량}}{\text{EGR 가스유량} - \text{흡입 공기량}} \times 100\%$

 EGR율이란 흡입공기량 중 EGR 가스 유량이 차지하는 비율로,
EGR율 $= \dfrac{\text{EGR 가스유량}}{\text{흡입 공기량} + \text{EGR 가스유량}} \times 100\%$
로 나타낸다.

13 기관의 냉각수인 부동액의 구비조건으로 틀린 것은?

① 비등점이 물보다 낮아야 한다.
② 물과 혼합이 잘 되어야 한다.
③ 냉각계통에 부식을 일으키지 않아야 한다.
④ 온도 변화에 따라 화학적 변화가 없어야 한다.

10 ④ 11 ④ 12 ① 13 ①

풀이 부동액의 구비조건
① 비등점이 높고, 응고점이 낮을 것
② 물과 쉽게 혼합할 것
③ 내부식성이 크고 팽창계수가 적을 것
④ 온도 변화에 따라 화학적 변화가 없어야 한다.
⑤ 침전물이 없을 것

14 마찰마력 20PS, 도시마력 100PS, 제동마력 80PS인 디젤기관의 기계효율은?

① 20%   ② 40%
③ 60%   ④ 80%

풀이 기계효율(η_m) = $\dfrac{제동마력}{지시마력} \times 100(\%)$

∴ 기계효율 = $\dfrac{80}{100} \times 100(\%) = 80\%$

15 전자제어 가솔린 분사장치에서 주로 연료 분사 보정량을 산출하기 위한 신호로 거리가 먼 것은?

① 냉각수 온도 신호
② 흡입 공기 온도 신호
③ 크랭크 각 센서 신호
④ 산소 센서 신호

풀이 ①, ②,④ 항이 연료분사 보정에 사용되는 센서이며, 크랭크각 센서는 기관 회전속도(크랭크축 위치)를 검출하는 센서이다.

16 경계윤활 영역에서 접촉면 중앙의 최고 압력 부위에 경계층이 항복을 일으켜 마찰계수가 급격히 증가하는 상태에 달하는 단계는?

① 제1영역
② 천이영역
③ 부분적 접촉
④ 완전접촉 융착

풀이 마찰면 사이에 유막이 존재하여 금속면이 완전하게 분리될 경우를 액상윤활 또는 완전윤활이라 하며, 경계윤활 영역에서 접촉면 중앙의 최고압력 부분에서 경계층이 항복을 일으켜서 마찰계수가 급격히 증가하는 상태에 달하는 단계를 천이영역 또는 불완전 윤활이라 한다.

17 기관에서 연소실의 성능향상을 위하여 설계할 때 유의사항으로 거리가 먼 것은?

① 체적효율의 향상
② 촉매효과의 향상
③ 열효율의 향상
④ 연소효율의 향상

풀이 ①, ③,④ 항이 옳은 설명이고, 촉매효과의 향상은 배기가스를 줄이는 효과가 있다.

18 디젤기관에서 가열플랜지(heating flange) 방식의 예열장치를 주로 사용하는 연소실 형식은?

① 직접분사식   ② 예연소실식
③ 공기실식   ④ 와류실식

14 ④ 15 ③ 16 ② 17 ② 18 ①

> **[풀이]** 직접분사실식은 부연소실이 없어 연소실 내에 예열장치를 설치할 수 없으므로, 흡기 통로에 가열 플랜지를 설치하여 예열한다.

19 근래 인간공학이 여러 분야에서 크게 기여하고 있다. 다음 중 어느 단계에서 인간공학적 지식이 고려됨으로서 기업에 가장 큰 이익을 줄 수 있는가?

① 제품의 개발단계
② 제품의 구매단계
③ 제품의 사용단계
④ 작업자의 채용단계

> **[풀이]** 제품의 개발단계에서 인간공학적 지식이 고려되어야 기업에 가장 큰 이익을 줄 수 있다.

20 다음 [표]를 참조하여 5개월 단순이동평균법으로 7월의 수요를 예측하면 몇 개인가?

[단위 : 개]

월	1	2	3	4	5	6
판매실적	48	50	53	60	64	68

① 55개   ② 57개
③ 58개   ④ 59개

> 이동 평균법 = $\frac{\Sigma 최근월 판매량}{월수}$
>
> $= \frac{50+53+60+64+68}{5} = 59$
>
> \# 5개월 이동평균법이므로 최근 5개월치만 더하여 계산한다.

21 도수분포표에서 도수가 최대인 계급의 대표값을 정확히 표현한 통계량은?

① 중위수
② 시료평균
③ 최빈수
④ 미드-레인지(Mid-range)

> **[풀이]** 용어 설명
> ① 중위수(median, Me) : 홀수인 경우 중앙에 위치한 데이터, 짝수인 경우 중앙에 위치한 두 데이터의 평균치
> ② 시료평균($\bar{x}$) : 시료의 평균을 말하며, 산술평균이라고도 한다. "엑스 바"라 읽는다.
> ③ 최빈수(모드, Mo) : 가장 빈도수가 높은 x축의 값으로, 일반적으로 중앙이 가장 높아 중심적 경향이 있다고 한다.
> ④ 미드-레인지(mid-range) : 한 조의 데이터 중 최대치와 최소치의 평균치

22 다음 중 두 관리도가 모두 포아송 분포를 따르는 것은?

① $\bar{x}$ 관리도, R 관리도
② c 관리도, u 관리도
③ np 관리도, p 관리도
④ c 관리도, p 관리도

> **[풀이]** 관리도의 분류
>
> | 데이터 | 관리도 | 분포 |
> |---|---|---|
> | 계수치(값) | Pn | 이항분포 |
> | | P | |
> | | C | 포아송 분포 |
> | | u | |
> | 계량치(값) | $\bar{x} - R$ | 정규분포 |
> | | $x - R$ | |
> | | x | |

19 ① 20 ④ 21 ③ 22 ②

23. 전수검사와 샘플링검사에 관한 설명으로 가장 올바른 것은?

① 파괴검사의 경우에는 전수검사를 적용한다.
② 전수검사가 일반적으로 샘플링검사보다 품질향상에 자극을 더 준다.
③ 검사항목이 많을 경우 전수검사보다 샘플링검사가 유리하다.
④ 샘플링검사는 부적합품이 섞여 들어가서는 안되는 경우에 적용한다.

[풀이] 샘플링 검사의 목적
① 검사비용 절감
② 품질향상의 자극
③ 판정기준과 비교하여 양호, 불량 또는 합격, 불합격의 판정
④ 검사항목이 많을 경우
⑤ 불완전한 전수검사에 비해 높은 신뢰성이 얻어질 때

24. 다음 중 반즈(Ralph M. Barnes)가 제시한 동작경제원칙에 해당되지 않는 것은?

① 표준작업의 원칙
② 신체의 사용에 관한 원칙
③ 작업장의 배치에 관한 원칙
④ 공구 및 설비의 디자인에 관한 원칙

[풀이] 동작경제의 3원칙
① 신체의 사용에 관한 원칙
② 작업장의 배치에 관한 원칙
③ 공구 및 설비의 디자인에 관한 원칙

25. 전자식 현가장치에서 안티 롤을 제어할 때 가장 밀접하게 관련된 센서는?

① 차고 센서
② 홀 센서
③ 압력 센서
④ 조향 각 센서

[풀이] 조향 휠 각속도 센서 신호를 기준으로 차체의 롤(roll)을 예측하여 안티 롤(Anti-roll)을 제어한다.

26. 위시본 형식의 현가장치에 대한 설명으로 틀린 것은?

① 바퀴에 발생하는 제동력은 현가 암(arm)이 지지한다.
② 스프링은 상하 방향의 하중만을 지지하는 구조이다.
③ 위시본 형식에서는 토션 바 스프링을 사용할 수 없다.
④ 바퀴에 발생하는 선회 구심력(cornering force)은 현가암(arm)이 지탱한다.

[풀이] ①, ②, ④ 항이 옳은 설명이고, 위시본 형식에서도 토션 바 스프링을 사용할 수 있다.

27. 자동차 검사에서 동일성 확인 사항으로 틀린 것은?

① 등록번호표 및 봉인상태 양호여부
② 등록증에 기재된 원동기 형식과 실차 형식의 동일여부
③ 등록증에 기재된 차대번호와 실 차대번호 동일여부
④ 등록증에 기재된 등록번호와 실 차대번호의 동일여부

[풀이] 등록번호란 차량번호로 차대번호와는 다르다.

23 ③ 24 ① 25 ④ 26 ③ 27 ④

28 동력조향장치에 사용되는 오일펌프의 종류가 아닌 것은?

① 베인형 ② 로터리형
③ 슬리퍼형 ④ 인티그럴형

풀이 ①, ②, ③ 항은 오일펌프의 종류이며, 인티그럴형은 일체형 동력 조향장치를 말한다.

29 자동변속기용 오일(ATF)의 구비조건으로 거리가 먼 것은?

① 기포발생이 없고, 방청성을 가질 것
② 저온 시에도 유동성이 좋을 것
③ 슬러지 발생이 없을 것
④ 온도변화에 대한 점도변화가 클 것

풀이 자동변속기용 오일(ATF)의 구비조건
① 기포발생이 없고, 방청성을 가질 것
② 저온 시에도 유동성이 좋을 것
③ 슬러지 발생이 없을 것
④ 온도변화에 대한 점도변화가 작을 것
⑤ 마찰계수가 적절할 것
⑥ 오일 실(oil seal) 재질에 악영향이 없을 것

30 그림의 유성기어장치에서 A=5 rpm이며, 댐퍼 클러치가 작동할 때 D와 B는 일체로 결합된다면 (C)의 회전속도는?

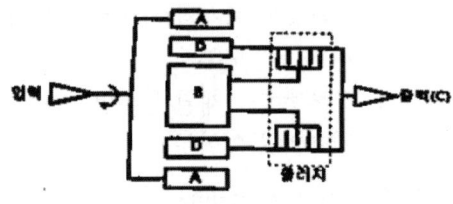

① 회전하지 않는다. ② 5rpm
③ 10rpm ④ 20rpm

풀이 선기어, 링기어 유성기어 캐리어 3요소 중 어느 2요소를 일체로 하면 직결상태가 된다. 따라서 입력속도와 출력속도는 같다.

31 ABS 시스템에서 주행 중 경고등이 점등되었을 때 차량에 나타나는 현상으로 옳은 것은?

① 제동 페달이 스폰지 현상으로 나타나며 제동 압력이 급격히 감소한다.
② 일반적인 브레이크 시스템으로 전환되므로 주행에 큰 문제는 없다.
③ 경고등이 점등되는 순간 브레이크 페달에서 진동이 수반되며 이를 킥-백(Kick-Back) 현상이라 한다.
④ 경고등이 점등되었으므로 편제동 현상이 나타난다.

풀이 ABS 경고등이 점등되면 ABS는 작동하지 않으나, 일반적인 브레이크로 전환되므로 주행에 큰 문제는 없다.

32 수동변속기 내부에서 기어 체결 시 기어의 이중 물림을 방지하는 것은?

① 싱크로나이저 콘(cone)
② 인터 록
③ 싱크로나이저 키
④ 시프트 포크

풀이 인터 록은 기어 체결 시 기어의 이중 물림을 방지한다.

28 ④ 29 ④ 30 ② 31 ② 32 ②

33 구동축과 피동축의 교차각이 커지더라도 구동축과 피동축이 원활하게 운동하여 앞바퀴 구동차량에 널리 사용되는 조인트는?

① 플렉시블 조인트   ② 등속 조인트
③ 요크 조인트   ④ 훅크 조인트

풀이 등속 자재이음은 구동축과 피동축의 접촉점이 축과 만나는 각의 2등분선상에 있게 하여 구동축과 피동축의교차각이 커지더라도 구동축과 피동축이 원활하게 운동하여 앞바퀴 구동차량에 널리 사용되는 조인트이다.

34 공기식 브레이크 장치에서 브레이크 라이닝 마찰 면에 그리스가 묻었을 때 나타나는 현상으로 가장 거리가 먼 것은?

① 제동이음 발생
② 주행 중 한쪽으로 차량 쏠림
③ 제동 시 핸들 떨림
④ 제동력 저하

풀이 ①, ③,④ 항은 제동시 발생할 수 있으며, ②번은 주행 중이므로 그리스가 묻어도 쏠림 현상이 나타나지 않는다.
공단 정답은 ③번으로 되어 있음.

35 브레이크를 밟았을 때 마스터 실린더의 푸시로드에 작용하는 힘이 150kgf, 피스톤 면적이 3cm²이면 마스터 실린더 내에 발생하는 유압은?

① 40kgf/cm²   ② 50kgf/cm²
③ 60kgf/cm²   ④ 70kgf/cm²

풀이 압력(P) = $\frac{W}{A}$

여기서, P : 압력(kgf/cm²)
W : 하중(kgf)
A : 단면적(cm²)
∴ 압력(P) = $\frac{150}{3}$ = 50kgf/cm²

36 사이드 슬립 테스터로 측정한 결과 왼쪽바퀴가 안쪽으로 8mm이고 오른쪽바퀴가 바깥쪽으로 10mm이였을 때 30km를 직진상태로 주행하였다면 바퀴 방향과 미끄럼 양은? (단, 오른쪽 왼쪽 기준은 운전석 기준)

① 안쪽으로 15m
② 바깥쪽으로 15m
③ 안쪽으로 30m
④ 바깥쪽으로 30m

풀이 사이드슬립 테스터 슬립량 계산법
① 사이드 슬립은 좌, 우 바퀴의 합성력이므로 좌, 우 바퀴의 슬립량을 더해서 둘로 나눈다.
② IN과 OUT은 부호를 반대로 한다.
즉, OUT 10mm − IN 8mm
= OUT 2mm
∴ OUT 2mm ÷ 2 = OUT 1mm
③ 1m 주행에 바깥쪽으로 1mm 벗어났으므로, 30km를 직진상태로 주행하면 바깥쪽으로 30m 미끄러지게 된다.

37 자동차의 중량이 1,275kgf, 가속 저항이 200 kgf, 회전부분 상당 중량은 자동차 중량의 5 %일 때 가속도는?

① 약 0.15m/s²   ② 약 1.25m/s²
③ 약 1.36m/s²   ④ 약 1.46m/s²

33 ②   34 ③   35 ②   36 ④   37 ④

풀이) $F = m \cdot a = \dfrac{W + \Delta W}{g} \cdot a$ 에서

$\therefore a = \dfrac{F}{m} = \dfrac{F \times g}{W + \Delta W} = \dfrac{200 \times 9.8}{1.05 \times 1,275}$

$= 1.464 \text{m/sec}^2$

38 구동력 조절장치와 VDC의 구성품 중 이동 전극과 고정 전극으로 구성되며 두 전극판의 전위차로 가속도의 크기를 검출하는 센서는?

① 악셀 포지션 센서
② 휠 스피드 센서
③ 조향 휠 센서
④ 횡 G 센서

풀이) 횡 G 센서는 이동 전극과 고정 전극으로 구성되며, 두 전극판의 전위차로 가속도의 크기를 검출하는 센서이다.

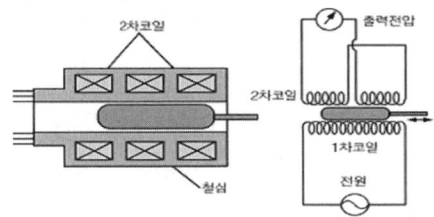

[횡 G 센서의 구조]

39 타이어 트레드의 내측이 외측에 비하여 과대 마모되는 원인으로 가장 옳은 것은?

① 공기압이 과대한 경우
② 공기압이 부족한 경우
③ 부(-) 캠버가 과다한 경우
④ 정(+) 캠버가 과다한 경우

풀이) 부(-)의 캠버가 과다하면 타이어가 안쪽으로 기울어져 타이어 내측이 외측에 비하여 과대 마모된다. 반대로 정(+)의 캠버가 과다하면 트레드의 외측이 마모되며, 공기압이 과대하면 중앙부분이, 부족하면 양끝부분이 마모하게 된다.

40 제동안전장치에서 감속브레이크의 장점으로 거리가 먼 것은?

① 풋 브레이크 장치에서의 라이닝, 드럼, 타이어의 마모가 감소된다.
② 수동변속기 차량이면 클러치의 사용횟수가 적어 클러치부품 관련 마모가 감소된다.
③ 빗길이나 빙판길에서의 제동 시 타이어의 미끄럼을 감소시킬 수 있다.
④ 감속브레이크만으로도 자동차를 정확하고 완전하게 제동할 수 있다.

풀이) ①, ②, ③ 항이 감속 브레이크의 장점이며, 감속 브레이크는 보조 브레이크로 주 브레이크인 풋 브레이크로 자동차를 정확하고 완전하게 제동할 수 있다.

41 앞바퀴에 발생하는 코너링 포스가 뒷바퀴보다 클 경우 조향 특성은?

① 오버 스티어링
② 언더 스티어링
③ 뉴트럴 스티어링
④ 리버스 스티어링

풀이) 코너링 포스가 크다는 것은 노면과의 점착력이 크다는 뜻이므로 점착력이 약한 뒤쪽이 원심력에 의해 밀려가게 되어 오버 스티어링 현상이 나타나게 된다.

38 ④ 39 ③ 40 ④ 41 ①

42. 운행자동차의 배기소음 및 경적음 관련 검사에 대한 설명으로 틀린 것은?

① 경음기의 검사에서 경음기의 음색은 반드시 연속음이어야 한다.
② 배기음 측정은 원동기 최고출력 회전수의 75% 회전수에서 측정한다.
③ 차량과의 간격이 동일하다면 소음기를 양손으로 잡고 측정하여도 무방하다.
④ 배기관이 2개 이상인 경우는 도로 중앙선에 가까운 배기관에서 측정한다.

[풀이] ①, ②, ③ 항의 방법으로 소음을 측정하며, 배기관이 2개 이상인 경우는 도로에서 가까운 배기관에서 측정한다.
\# 소음기를 양손으로 잡고 측정한다는 것은 소음측정기를 양손으로 잡고 측정한다는 의미이지만, 문제에서는 수검자가 소음기를 잡고 측정한다고 오해의 여지가 있다.

43. 자동변속기 차량에서 선택 레버를 N→D 또는 N→R로 변속했을 때 변속쇼크 및 작동지연이 발생할 경우 예상되는 고장 원인이 아닌 것은?

① 라인 압력 이상
② 댐퍼 클러치 불량
③ 오일펌프 불량
④ 밸브 바디 불량

[풀이] ①, ③, ④ 항이 변속 쇼크 및 작동지연이 발생될 수 있는 저속구간이며, 댐퍼 클러치는 고속구간에서 작동한다.

44. 운행 기록계의 취급 시 주의사항으로 틀린 것은?

① 기록침에 무리한 힘을 가하지 않는다.
② 기계는 반드시 운행 중에만 작동시켜야 한다.
③ 주행 중에는 표지부의 커버를 개폐하지 않는다.
④ 세차할 때에는 운행 기록계에 직접 물이 닿지 않게 한다.

[풀이] 기계는 점검·정비를 위해서 운행 전이라도 작동시킬 수 있다.

45. 배터리가 탈거된 상태에서 그림과 같이 CAN 통신라인을 점검할 때 화살표 부분이 차체와 접지되었다면 측정되는 저항값은?

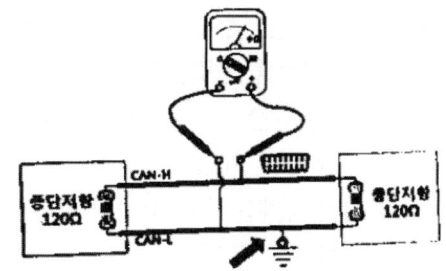

① 약 0Ω　　② 약 60Ω
③ 약 120Ω　　④ 약 240Ω

[풀이] 병렬접속이므로, 합성저항
$$\frac{1}{R} = \frac{1}{R_1} + \frac{1}{R_2} + \cdots + \frac{1}{R_n}$$
∴ 합성저항 $\frac{1}{R} = \frac{1}{120} + \frac{1}{120} = \frac{1}{60}$
∴ $R = 60\ \Omega$

ANSWER　42 ④　43 ②　44 ②　45 ②

46 스파크 플러그의 절연저항에 대한 설명으로 옳은 것은?

① 절연 저항 측정은 절연 저항계를 사용한다.
② 절연저항이 10MΩ 이상이면 불량으로 판단한다.
③ 절연저항 측정은 중심 전극과 고전압 커넥터(단자 너트)에서 측정한다.
④ 절연체 균열이 발생되어도 엔진부조와 무관하다.

풀이 절연저항 측정은 접지 전극과 고전압 단자에서 측정하며, 절연저항이 10MΩ 이상이면 정상으로 판단한다. 절연체에 균열이 발생되면 고전압 인가시 플래시 오버(flash over) 현상이 나타나 엔진부조가 발생한다.

47 납산 축전지의 충·방전 시 화학작용에 대한 설명으로 옳은 것은?

① 방전 중에는 양극판의 해면상납이 황산납으로 변한다.
② 방전 중에는 음극판의 황산납이 해면상납으로 변한다.
③ 충전 중에는 양극판의 황산납이 과산화납으로 변한다.
④ 충전 중에는 음극판의 과산화납이 해면상납으로 변한다.

풀이 충·방전시 화학작용
방전 중에는 양극판의 과산화납이 황산납으로, 음극판의 해면상납이 황산납으로 변하고, 전해액인 묽은 황산은 물로 변한다. 충전 중에는 양극판의 황산납이 과산화납으로, 음극판의 황산납이 해면상납으로 변하고, 전해액인 물은 묽은 황산으로 되돌아간다.

48 차량의 전파통신 부분에서 주파수의 계산식은? (단, F:주파수(Hz), λ:파장(m), C:속도(m/sec), T:주기)

① F = λ/C
② F = λ×C/T
③ F = C/λ
④ F = C×T

풀이 파장(λ) = $\frac{C}{F}$(m), ∴ F = C/λ

49 1.2W의 전구 4개가 병렬로 연결되어 있는 회로에서 전구 한 개가 단선되었다면 정상상태와 비교했을 때 전체회로의 전류와 저항의 변화는?

① 소모전류는 증가하고 저항 값은 감소한다.
② 소모전류와 저항 값 모두 감소한다.
③ 소모전류는 감소하고 저항 값은 증가한다.
④ 소모전류와 저항 값 모두 증가한다.

풀이 병렬회로에서 전구 한 개가 단선되면, 합성저항 값은 증가하고 소모전류는 감소하게 된다.

50 기동전동기에 설치되어 있는 마그넷 스위치의 구성요소가 아닌 것은?

① 플런저와 메인 접점
② 풀인 코일과 홀딩 코일
③ 계자 코일
④ 리턴 스프링

풀이 기동전동기의 마그넷 스위치는 플런저와 메인 접점, 풀인 코일과 홀딩 코일, 리턴 스프링으로 구성되어 있다.

46 ① 47 ③ 48 ③ 49 ③ 50 ③

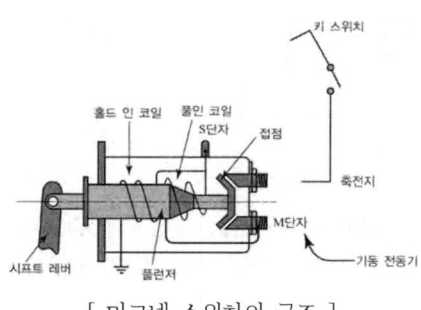

[마그넷 스위치의 구조]

51 아래 자동차 냉방 사이클에서 ( )의 부품에 대한 설명으로 옳은 것은?

압축기→콘덴서→( )→팽창밸브
→증발기→압축기

① 냉매 속에 들어 있는 수분을 흡수하고 냉매를 원활하게 공급할 수 있도록 냉매를 저장한다.
② 라디에이터 앞에 설치되어 고온고압의 기체상태의 냉매를 응축하여 고온고압의 액체상태의 냉매로 만든다.
③ 냉매를 증발기에 갑자기 팽창시켜 저온저압의 액체로 만든다.
④ 차내의 공기를 에버포레이트에 전달하며 냉각된 공기를 차내로 공급한다.

풀이 리시버 드라이어(receiver drier)의 역할
① 건조제와 스트레이너가 봉입되어 있어 수분이나 이물질을 제거
② 냉매를 저장하여 액체상태로 팽창밸브에 보내는 역할
③ 냉매의 온도 및 압력이 비정상적으로 높아질 때 압력판의 역할을 한다.

52 자동차 충전장치에서 IC 전압조정기의 특징으로 틀린 것은?

① 배선을 간소화할 수 있다.
② 내구성이 크다.
③ 내열성이 크다.
④ 컷 아웃 릴레이가 있어 전압 조정이 우수하다.

풀이 IC 전압조정기의 특징
① 집적회로를 이용하므로 TR식에 비해 크기가 매우 작다.
② 배선을 간소화 할 수 있다.
③ 내구성 및 내열성이 크다.
④ 신뢰도가 높고 경제성이 우수하다.
컷 아웃 릴레이는 직류발전기에 사용되는 장치이다.

53 상도 도료의 시너 용해성이 지나치게 강하여 단독도막 또는 중복도장 건조과정에서 발생하는 결함은?

① 흐름(sagging)
② 백화(blushing)
③ 주름(wrinkle)
④ 핀홀(pin hole)

풀이 도장 결함의 유형
① 흐름(sagging) : 과량의 도막을 일시에 올릴 때 불균일한 도막 유동에 의해 일부에서 도막이 아래로 처진 상태
② 백화(blushing) : 스프레이 도장후 일시적으로 또는 영구적으로 도막 상단에 나타나는 현상으로, 안개가 낀 것처럼 우유빛을 나타내고 광택이 없는 상태
③ 주름(wrinkle) : 시너 용해성이 지나치게 강하여 단독도막 또는 중복도장 건조과정에서 발생하는 결함으로, 도료를 두

51 ① 52 ④ 53 ③

껍게 도장하여 도막 표면에 심하게 주름이 생기는 현상
④ 핀홀(pin-hole) : 도막위에 바늘 구멍 크기의 작은 구멍들이 분포된 상태
⑤ 크레터링(cratering) : 도막 상에 기포가 생겼다가 제거되면서 그 부위의 소지를 노출시키듯이 도막이 패이면서 작은 반점이 형성
⑥ 오렌지 필(orange peel) : 건조된 도막 표면이 평평하고 매끄럽지 않게 귤껍질처럼 마무리 되는 도막 결함
⑦ 메탈릭 얼룩(metallic mark) : 도료를 도장했을 때 금속분이 균일하게 배열되지 않고 부분적으로 뭉쳐 얼룩져 보이는 현상
⑧ 크랙(crack) : 도막상에 불규칙한 선을 그어 놓은 듯이 갈라지면서 속이 패인 상태로 존재

54 전면충돌 등의 강한충격을 받을 경우 멤버 자체가 변하여 객실에 영향이 적게 가도록 하는 굴곡 형상을 무엇이라 하는가?
① 비딩 ② 스토퍼
③ 마운트 ④ 킥업

풀이 용어 설명
① 비딩(beading) : 판금작업에서 편평한 판재에 줄 모양의 돌기를 넣는 것. 변형이나 파손을 방지
② 스토퍼(stopper) : 명칭대로 정지시키는 것이다. 슬라이딩 해머에서 해머가 닿아서 멈추는 곳이 스토퍼이다.
③ 마운트(mount) : 자동차에서 엔진, 변속기 등 중량물을 설치할 수 있는 부분을 말한다.
④ 킥업(kick up) : 전면충돌 등의 강한 충격을 받을 경우 멤버 자체가 변하여 객실에 영향이 적게 하도록 굴곡을 두는 것

55 주로 하도도료에 사용되며 연마성을 좋게 하는 안료는?
① 무기 안료 ② 착색 안료
③ 체질 안료 ④ 방청 안료

풀이 체질안료(extender pigment) : 색상에는 영향을 주지 않고 색감의 진하고 연한 정도를 조정하거나 사용감, 광택 등을 조정하기 위해 사용한다. 하도 도료에 사용한다.

56 가공 후 시간이 경과함에 따라 자연히 균열이 발생되는 것을 무엇이라고 하는가?
① 자기 균열 ② 표면 경화
③ 시기 균열 ④ 가공 경화

풀이 용어 설명
① 자기 균열 : 가공에 의한 내부 응력의 변형과 표면 부식에 의해 저장 중에 균열을 일으키는 것
② 시기 균열 : 가공 후 시간이 경과함에 따라 자연히 균열이 발생되는 것을 시기균열이라 한다.
③ 표면 경화 : 재료의 표면만을 단단한 재질로 만들기 위한 열처리 방법
④ 가공 경화 : 금속 재료를 가공 변형시켜 원래보다 강하게 만드는 것

54 ④ 55 ③ 56 ③

57 메탈릭 색상 상도 도장 중 도막의 색상을 견본보다 밝게 나타나게 하는 방법은?

① 중복 도장을 실시한다.
② 여러 방향에서 반복 도장한다.
③ 스프레이건의 선단과 물체와의 거리를 멀게 한다.
④ 스프레이건의 운행 속도를 규정보다 느리게 한다.

풀이 색상을 밝게 나타나게 하는 방법
① 도료량을 적게 한다.
② 스프레이 건의 선단과 물체와의 거리를 멀게 한다.
③ 스프레이 건의 운행속도를 규정보다 빠르게 한다.
④ 에어압력을 높게 한다.
⑤ 패턴의 폭을 넓게 한다.
⑥ 작은 노즐 구경을 사용한다.

58 에어 스프레이건(air spray gun)의 작동순서로 옳은 것은?

① 방아쇠 – 공기 밸브 열림 – 도료 분무 – 도료 밸브 열림 – 공기 밸브 닫힘 – 도료 밸브 닫힘
② 방아쇠 – 도료 밸브 열림 – 도료 분무 – 공기 밸브 열림 – 도료 밸브 닫힘 – 공기 밸브 닫힘
③ 방아쇠 – 도료 밸브 열림 – 공기 밸브 열림 – 도료 분무 – 도료 밸브 닫힘 – 공기 밸브 닫힘
④ 방아쇠 – 공기 밸브 열림 – 도료 밸브 열림 – 도료 분무 – 도료 밸브 닫힘 – 공기 밸브 닫힘

풀이 에어 스프레이건(air spray gun)의 작동순서
방아쇠 – 공기 밸브 열림 – 도료 밸브 열림 – 도료 분무 – 도료 밸브 닫힘 – 공기 밸브 닫힘

59 용접 후 팽창과 수축으로 인해 발생한 결함으로 가장 옳은 것은?

① 치수상 결함   ② 성질상 결함
③ 화학적 결함   ④ 구조상 결함

풀이 용접 작업 후의 변형은 용착금속의 열에 의한 팽창과 수축과정에 의해 발생되며, 치수의 변형 및 단차가 발생된다.

60 프레임 센터링 게이지의 용도는?

① 프레임의 마운틴 포트 측정
② 프레임의 중심선 측정
③ 프레임 센터의 개구부 측정
④ 프레임 행거 측정

풀이 센터링 게이지는 언더 바디의 중심선을 측정하여 프레임의 이상 상태를 측정하는 게이지로, 상하(sag), 좌우(sway), 비틀림(twist) 변형을 측정할 수 있다.

57 ③   58 ④   59 ①   60 ②

자동차정비기능장 제56회
(2014.07.20 시행)

01 밸브 스프링의 서징 현상을 방지하는 방법으로 틀린 것은?
① 피치가 작은 스프링을 사용한다.
② 피치가 서로 다른 이중 스프링을 사용한다.
③ 원추형 스프링을 사용한다.
④ 스프링의 고유 진동수를 높인다.

풀이 밸브스프링 서징현상 방지법
① 2중 스프링, 부등피치 스프링, 원뿔형 스프링을 사용한다.
② 스프링 정수를 크게 한다.
③ 스프링의 고유 진동수를 높게 한다.

02 디젤기관의 노크를 방지하는 방법으로 틀린 것은?
① 냉각수의 온도를 내려서 연소실 온도를 낮춘다.
② 연료입자를 가능한 작게 한다.
③ 세탄가가 높은 연료를 사용한다.
④ 착화지연 기간 중에 분사량을 적게 한다.

풀이 디젤 노킹 방지법
① 세탄가가 높은 연료를 사용한다.
② 착화지연 기간을 짧게 한다.
③ 착화지연 기간 중에 분사량을 적게 한다.
④ 연료입자를 가능한 작게 한다.
⑤ 냉각수 온도를 높여 기관의 온도를 높인다.
⑥ 압축비, 압축압력, 흡기온도를 높인다.

03 디젤 기관에서 연소실의 종류에 해당되지 않는 것은?
① 예연소실식   ② 와류실식
③ 공기실식   ④ 축압실식

풀이 디젤 연소실의 분류
① 단실식 : 직접 분사실식
② 복실식 : 예연소실식, 와류실식, 공기실식

04 LPI(Liquified Petroleum Injection) 연료장치에서 인젝터에 장착된 아이싱 팁의 역할로 옳은 것은?
① 연료분사 후 발생되는 기화잠열을 없애기 위해
② 연료분사 후 역화에 의한 인젝터를 보호하기 위해
③ 연료분사 후 인젝터 후적을 방지하기 위해
④ 연료분사 후 발생되는 인젝터 과열을 방지하기 위해

풀이 LPI 기관 인젝터의 아이싱 팁은 연료공급을 인젝터 중앙으로 하지 않고 공급라인을 옆쪽에 설치하여 인젝터 내부로 연료가 흐르는 것을 최소화하여 연료분사 후 발생되는 기화잠열에 의한 수분 빙결현상을 방지하기 위하여 사용한다.

01 ① 02 ① 03 ④ 04 ①

05 4행정 자동차용 기관의 윤활방식으로 틀린 것은?

① 혼합식　　② 비산식
③ 비산 압력식　④ 전 압력식

윤활방식
(1) 2행정기관 윤활방식
　① 혼기 혼합식 : 가솔린과 오일을 9~25 : 1정도로 미리 혼합하여 윤활도 하면서 연소하는 형식
　② 분리 윤활식 : 주요 윤활부분을 오일펌프로 압송하여 윤활하는 방식
(2) 4행정기관 윤활방식
　① 비산식 : 커넥팅 로드의 오일 디퍼로 퍼올려 윤활하는 방식
　② 압송식 : 오일펌프로 각 윤활부분에 압송하여 윤활
　③ 비산압송식 : 비산식과 압송식을 함께 사용하는 방식

06 연소실 체적이 45cm³, 압축비가 7.3일 때 이 기관의 행정체적은 약 몇 cm³ 인가?

① 283.5　　② 293.5
③ 328.5　　④ 373.5

압축비(ε) = $\dfrac{V_t}{V_c}$ = $1+\dfrac{V_s}{V_c}$

여기서, V_t : 실린더체적
　　　　V_s : 행정체적(배기량)
　　　　V_c : 연소실체적

∴ 행정체적(Vs) = ($\varepsilon-1$)×Vc
　　　　　　　 = (7.3-1)×45
　　　　　　　 = 283.5cm³

07 실린더 지름이 80mm, 행정이 80mm, 기관의 회전수가 1,500rpm인 기관의 피스톤 평균속도는? (단, 크랭크 암과 커넥팅 로드의 비 λ = 3.6이다.)

① 3.5m/s　　② 4m/s
③ 4.5m/s　　④ 5m/s

피스톤 평균속도
$$V = \dfrac{2 \cdot L \cdot n}{60} = \dfrac{L \cdot n}{30}(m/s)$$

여기서, V : 피스톤 평균속도(m/s)
　　　　L : 행정(m)
　　　　n : 회전수(rpm)

∴ 평균속도(V) = $\dfrac{L \cdot n}{30}$ = $\dfrac{0.08 \times 1{,}500}{30}$
　　　　　　　 = 4m/s

08 디젤 기관에서 연료의 저위발열량이 13,000kcal/kg이고, 연료소비율이 135 g/PS-h 일 때 제동 열효율은?

① 약 30%　　② 약 36%
③ 약 42%　　④ 약 52%

제동 열효율(η b) = $\dfrac{632.3 \times PS}{CW} \times 100(\%)$

여기서, C : 연료의 저위발열량(kcal/kgf)
　　　　W : 연료 중량(kgf)
　　　　PS : 마력(주어지지 않으면 1마력)

∴ 제동 열효율(η b) = $\dfrac{632.3 \times 1}{13{,}000 \times 0.135} \times 100$
　　　　　　　　　　 = 36.02%

05 ①　06 ①　07 ②　08 ②

09 기관의 제동연료 소비율이 400g/kWh, 기관의 제동마력이 70kW, 연료의 저위발열량이 46,200kJ/kg, 기관의 냉각손실이 30% 일 때 냉각손실 열량은?

① 388,080kJ/h ② 488,080kJ/h
③ 588,080kJ/h ④ 688,280kJ/h

풀이 냉각손실 열량 = C×CF×PS×ηc
여기서, C : 연료의 저위 발열량(kJ/kgf)
　　　　CF : 제동 연료 소비율(kgf/kWh)
　　　　PS : 제동마력(kW)
　　　　ηc : 냉각효율
∴ 냉각손실 열량
　= 46,200×0.4×70×0.3
　= 388,080kJ/h

10 흡입 공기량의 계측방식에서 공기량을 직접 계측하는 센서의 형식으로 틀린 것은?

① 핫 필름식 ② 칼만 와류식
③ 핫 와이어식 ④ 맵 센서식

풀이 흡입공기량 계측방식
1) 직접 계측방식(mass flow type)
　① 체적 검출방식 : 베인, 칼만 와류식
　② 질량 검출방식 : 열선(Hot wire)식, 열막(Hot film)식
2) 간접 계측방식(speed density type)
　① MAP-n 방식 : 흡기다기관 절대압력과 엔진 회전수로 공기량을 간접 계측
　② α-n 방식 : 드로틀밸브 개도와 엔진 회전수로 공기량을 간접 계측(Mono-Jetronic)

11 전자제어 가솔린 기관에서 흡기계통의 부품으로 틀린 것은?

① 공기유량센서 ② 스로틀보디
③ 서지탱크 ④ 산소센서

풀이 산소센서는 배기관에 장착되어 있으며 배기가스 중의 산소 농도차에 따라 전압이 발생되면 이를 피드백하여 이론 공연비로 제어하기 위한 센서이다.

12 디젤 기관의 연소실 중 예연소실식과 비교하였을 때 직접분사실식의 특징을 설명한 것으로 옳은 것은?

① 열손실이 비교적 적다.
② 압축압력이 낮다.
③ 연소실 구조가 복잡하다.
④ 열효율이 낮고 연료소비율이 크다.

풀이 직접분사식 연소실의 장·단점
① 실린더 헤드의 구조가 간단하다.
② 압축압력이 높고, 열효율이 높다.
③ 엔진의 시동이 쉽고, 연료 소비율이 적다.
④ 연소실 표면적이 작기 때문에 열손실이 적다.
⑤ 사용 연료에 매우 민감하여 노크 발생이 쉽다.

13 촉매 변환기의 정화율이 가장 높은 공기와 연료의 혼합비는?

① 최대출력 혼합비
② 최소출력 혼합비
③ 이론 공기연료 혼합비
④ 희박 공기연료 혼합비

09 ① 10 ④ 11 ④ 12 ① 13 ③

> 촉매 변환기가 가장 좋은 정화성능을 발생시키는 공기와 연료의 혼합비는 14.7 : 1인 이론 공기연료 혼합비 (이론 공연비)이다.

14 전자제어 가솔린 기관에 대한 설명으로 ( )안에 적합한 내용은?

> 감속 시는 스로틀 밸브가 ( ) 때문에 흡기관 내 압력은 ( )지고 흡기밸브 및 그 주위의 부착연료는 기화가 촉진되며, 가속 시와는 반대로 공연비가 ( )해지므로 그 분량만큼 연료의 ( )이 필요하다.

① 열리기, 낮아, 농후, 감량
② 열리기, 높아, 희박, 증량
③ 닫히기, 낮아, 농후, 감량
④ 닫히기, 높아, 희박, 증량

> 감속하면 스로틀 밸브가 닫히기 때문에 흡기관 내 압력은 낮아지고(부압은 커짐), 공연비는 농후하게 되므로 연료의 감량이 필요하게 된다.

15 전자제어 가솔린 기관에서 인젝터 제어에 대한 내용으로 틀린 것은?

① 흡기온도, 냉각수 온도에 따라 기본분사량을 결정한다.
② 산소센서를 이용하여 연료 분사량을 피드백 제어한다.
③ ECU는 인젝터의 통전 시간을 결정한다.
④ 배터리 전압이 낮으면 인젝터 통전시간을 연장시킨다.

> 인젝터의 연료 분사량은 흡입공기량 및 엔진 회전수로 기본 연료분사 시간을 계산하며, 인젝터의 연료 분사량은 인젝터의 솔레노이드 코일에 흐르는 통전시간(개방시간)으로 결정된다. ECU는 인젝터의 통전 시간을 결정하며 산소센서를이용하여 연료 분사량을 피드백 제어한다. 또한 배터리 전압이 낮으면 ECU는 인젝터의 통전시간을 연장시킨다.

16 디젤 기관의 연소에 영향을 미치는 요소로 가장 거리가 먼 것은?

① 세탄가의 영향
② 옥탄가의 영향
③ 공기 유동의 영향
④ 분무의 영향(무화, 관통력)

> ①, ③,④ 항은 디젤 기관의 연소에 지대한 영향을 미치며, 옥탄가는 가솔린 기관에 영향을 준다.

17 자동차용 가솔린 연료의 구비 조건으로 거리가 먼 것은?

① 공기와 혼합이 잘될 것
② 연료 계통의 부품에 부식을 주지 않을 것
③ 적당한 휘발성이 있을 것
④ 블로-바이(blow-by) 가스가 적을 것

> **가솔린 연료의 구비조건**
> ① 단위 중량 또는 체적당의 발열량이 클 것
> ② 공기와 혼합이 잘될 것
> ③ 적당한 휘발성이 있을 것
> ④ 연소가 빠르고 완전연소 할 것
> ⑤ 연소 후에 유해 화합물이 남지 않을 것
> ⑥ 연료 계통의 부품에 부식을 주지 않을 것

14 ③ 15 ① 16 ② 17 ④

18 터보차저 기관의 특징으로 틀린 것은?

① 배기가스의 동력을 이용한다.
② 충진 효율의 증가로 연료소비율이 낮아진다.
③ 기관의 압축비를 높일 수 있어서 유리하다.
④ 같은 배기량으로 높은 출력을 얻을 수 있다.

 ①, ②, ④ 항이 터보차저 기관의 특징이며, 터보차저 기관은 연소실 내의 폭발압력이 증가하여 노킹이 발생하므로 이를 방지하기 위하여 압축비를 낮추어 주어야 한다.

19 np관리도에서 시료군 마다 시료수(n)는 100이고, 시료군의 수(k)는 20, Σnp = 77 이다. 이 때 np관리도의 관리상한선(UCL)을 구하면 약 얼마인가?

① 8.94   ② 3.85
③ 5.77   ④ 9.62

 ① Pn 관리선의 계산

① $CL = \bar{p}n = \dfrac{\Sigma pn}{k} = \dfrac{77}{20} = 3.85$

n=100이므로, $\bar{p}=0.0385$

② $UCL = \bar{p}n + 3\sqrt{\bar{p}n(1-\bar{p})}$
$= 3.85 + 3\sqrt{3.85(1-0.0385)}$
$= 3.85 + 3 \times \sqrt{3.7}$
$= 3.85 + 5.77 = 9.62$

③ $LCL = \bar{p}n - 3\sqrt{\bar{p}n(1-\bar{p})}$
$= 3.85 - 5.77$ (음수는 고려하지 않음)

20 그림의 OC곡선을 보고 가장 올바른 내용을 나타낸 것은?

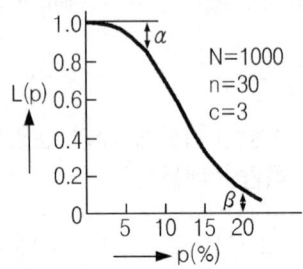

① α : 소비자 위험
② L(p) : 로트가 합격할 확률
③ β : 생산자 위험
④ 부적합품률 : 0.03

 OC 곡선(검사 특성 곡선)
① 가로축 p(%) : 로트의 불량확률
② 세로축 L(p) : 로트의 합격확률
③ α : 생산자 위험(생산자 입장에서는 좋은 품질의 로트가 α의 확률로 불합격 되는 것)
④ β : 소비자 위험(소비자 입장에서는 나쁜 품질의 로트가 β의 확률로 합격 되는 것)
⑤ 1-α : 제1종과오. 이상 원인이 존재하지 않음에도 불구하고 이상 원인이 있다고 찾는 것으로 덜렁이(촐랑이)의 과오라고도 불린다.
⑥ 1-β : 제2종과오. 이상 원인이 있음에도 불구하고 이상 원인이 없다고해서 그것을 찾지 않는 것으로 멍청한 과오라고도 한다.
⑦ N : 로트의 크기, n : 샘플의 크기, c : 합격판정개수

18 ③ 19 ④ 20 ②

21 미국의 마틴 마리에타사(Martin Marietta Corp.)에서 시작된 품질개선을 위한 동기부여 프로그램으로, 모든 작업자가 무결점을 목표로 설정하고, 처음부터 작업을 올바르게 수행함으로써 품질비용을 줄이기 위한 프로그램은 무엇인가?

① TPM 활동
② 6 시그마 운동
③ ZD 운동
④ ISO 9001 인증

풀이 ZD 운동 (Zero Defects)
미국의 마틴 마리에타사(Martin Marietta Corp.)에서 시작된 품질개선을 위한 동기부여 프로그램으로, 모든 작업자가 처음부터 결점을 제로로 하여 완전한 제품을 만들자는 운동으로, QC 기법을 제조면에만 한정하지 말고 일반 사무에까지 확대 적용해 전사적으로 결점이 없는 일을 하자는 것

22 다음 중 단속생산 시스템과 비교한 연속생산 시스템의 특징으로 옳은 것은?

① 단위당 생산원가가 낮다.
② 다품종 소량생산에 적합하다.
③ 생산방식은 주문생산방식이다.
④ 생산설비는 범용설비를 사용한다.

풀이 ②,③,④ 항은 단속생산 시스템의 특징이며, 단속생산 시스템은 연속생산 시스템에 비해 단위당 생산 원가가 높다.

23 일정 통제를 할 때 1일당 그 작업을 단축하는데 소요되는 비용의 증가를 의미하는 것은?

① 정상소요시간(Normal duration time)
② 비용견적(Cost estimation)
③ 비용구배(cost slope)
④ 총비용(Total cost)

풀이 비용구배(cost slope) : 정상점과 급속점을 연결한 기울기로, 일정 통제를 할 때 1일당 그 작업을 단축하는데 소요되는 비용의 증가를 의미한다.

24 MTM(Method Time Measurement)법에서 사용되는 1 TMU(Time Measurement Unit)는 몇 시간인가?

① $\frac{1}{100,000}$ 시간
② $\frac{1}{10,000}$ 시간
③ $\frac{6}{10,000}$ 시간
④ $\frac{36}{1,000}$ 시간

풀이 PTS법의 시간단위
1) WF법
① 1WFU = $\frac{1}{10,000}$ 분
② 1RU = $\frac{1}{1,000}$ 분
③ 1AU = $\frac{5}{1,000}$ 분
2) MTM법
① 1TMU = $\frac{1}{100,000}$ 시간

 21 ③ 22 ① 23 ③ 24 ①

25 ABS장치에서 모듈레이터의 구성 요소로 틀린 것은?

① 컨트롤 피스톤
② 어큐뮬레이터
③ 휠 속도 센서
④ 솔레노이드 밸브

[풀이] 하이드롤릭 유닛(유압 모듈레이터, hydraulic modulator)는 ECU의 신호에 따라 정상, 감압, 증압, 유지의 4가지 작동으로 각 휠 실린더에 작용하는 유압을 조절하며, 오일펌프, 솔레노이드 밸브, 어큐뮬레이터, 제어 피스톤, 프로포셔닝 밸브 등으로 구성되어 있다.

26 구동 바퀴의 반경이 0.4m인 자동차가 48km/h로 주행 시 바퀴의 회전력이 12kgf·m라면 구동력은 몇 kgf인가?
(단, 마찰계수는 무시함)

① 4.8   ② 10
③ 30   ④ 33

[풀이] 구동력 = $\dfrac{T}{r}$ = $\dfrac{12}{0.4}$ = 30kgf

27 진공식 분리형 제동 배력 장치(하이드로 마스터)의 릴레이 밸브 및 릴레이 밸브 피스톤에 대한 설명으로 틀린 것은?

① 릴레이 밸브 피스톤의 움직임에 의해 파워 피스톤의 좌우 챔버에 대기압을 도입하거나 차단하는 일을 한다.
② 에어 밸브와 진공 밸브는 1개의 축으로 연결되어 있다.
③ 릴레이 밸브 피스톤은 마스터 실린더에서 보내오는 유압을 받아 릴레이 밸브를 작동시킨다.
④ 릴레이 밸브 피스톤의 일단에는 통기 구멍이 있는 다이어프램이 있으며 그 중앙부에는 진공밸브와 밀접하여 밸브 시트가 설치되어 있다.

[풀이] ②, ③, ④ 항이 옳은 설명이고, 릴레이밸브 피스톤의 움직임에 의해 파워 피스톤의 좌우 챔버에 진공을 도입하거나 차단하는 역할을 한다.
[참고] 하이드로 마스터의 구조

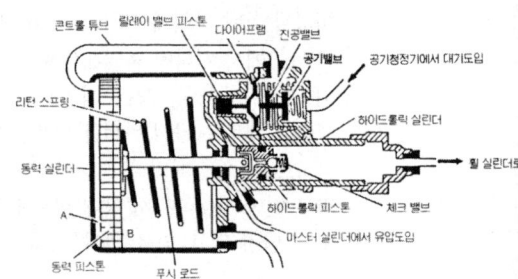

28 전자제어 조향장치의 구성요소가 아닌 것은?

① 유량 제어 밸브
② 조향 각 센서
③ 차속 센서
④ G 센서

[풀이] 조향각 센서와 차속 센서는 전자제어 조향장치의 입력요소이고 유량 제어밸브는 출력요소이다. G 센서는 전자제어 현가장치(ECS)의 입력요소이다.

25 ③　26 ③　27 ①　28 ④

29 전자제어 자동변속기에서 컨트롤 유닛의 입력요소로 틀린 것은?

① 스로틀 포지션 센서
② 유온 센서
③ 입·출력속도 센서
④ 록 업 솔레노이드

풀이　자동변속기 TCU 입·출력 신호

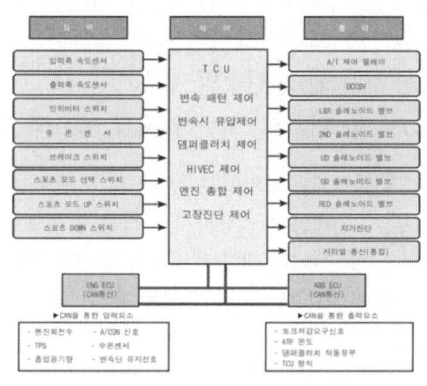

\# 록 업 솔레노이드 신호는 출력신호이다.

30 리어 차축의 액슬 하우징 형식으로 틀린 것은?

① 벤조형　　② 빌드업형
③ 전부동형　④ 스플릿형

풀이　액슬 하우징의 종류
　　① 벤조형
　　② 빌드업형
　　③ 스플릿형

31 변속기 입력축의 토크가 4.6kgf·m 이고 변속비(감속)가 1.5일 때 출력축의 토크는?

① 약 3.0kgf·m
② 약 4.5kgf·m
③ 약 6.9kgf·m
④ 약 7.9kgf·m

풀이　변속비 = $\dfrac{\text{엔진 회전속도}}{\text{출력축 회전속도}}$ = $\dfrac{\text{출력축 회전력}}{\text{입력축 회전력}}$

∴ 출력축 회전력
= 입력축 회전력 × 변속비
= 4.6 × 1.5 = 6.9kgf·m

32 그림과 같은 단순유성기어 장치를 이용할 때 어느 경우든 증속되는 경우는?

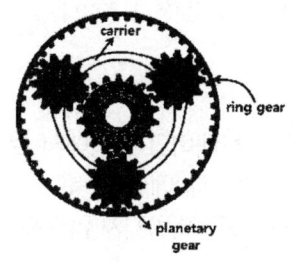

① 유성 캐리어를 구동시킨다.
② 선기어를 구동시킨다.
③ 유성 캐리어를 고정시킨다.
④ 선기어를 고정하고 링기어를 구동시킨다.

풀이　유성기어 캐리어의 잇수가 가장 크게 작용하므로, 유성기어 캐리어를 구동하면 어느 경우든 증속된다.

29 ④　30 ③　31 ③　32 ①

33 자동차용 타이어를 안전하게 사용하는 방법으로 틀린 것은?

① 정기적으로 앞·뒤, 좌·우 타이어를 서로 교환하여 사용한다.
② 하이드로플레이닝을 방지하기 위해 공기압을 낮추고 가능한 한 러그 패턴을 사용한다.
③ 타이어의 온도가 임계온도보다 높게 상승되지 않도록 하기 위해 급가속 운전을 하지 않는다.
④ 타이어의 마모를 방지하기 위하여 정기적으로 타이어 공기압을 점검하여 부족 시 보충한다.

풀이) ①, ③, ④ 항이 옳은 방법이고, 하이드로 플래닝을 방지하기 위해서는 타이어 공기압을 규정보다 높거나 규정값으로 하고, 리브 패턴의 타이어를 사용한다.

34 공기식 브레이크 장치에서 브레이크 드럼을 탈거할 때 에어 압력이 저하되어 주차 브레이크가 채워지지 않도록 하는 조치 방법은?

① 스프링 브레이크 실린더의 릴리즈 실린더 볼트를 풀어 놓고 작업한다.
② 철사 또는 고정 와이어를 이용하여 슈가 벌어지지 않게 고정한 후 작업한다.
③ 스프링 브레이크 실린더에 공급된 압축공기 파이프를 분리한다.
④ 로드 센싱 밸브의 입구와 출구의 압력 차이가 발생하지 않도록 압력을 유지한다.

풀이) 공기식 브레이크 장치에서 브레이크 드럼을 탈거할 때 에어 압력이 저하하면 주차 브레이크가 자동으로 채워질 수 있으므로 브레이크 실린더의 릴리즈 실린더 볼트를 풀어 놓고 작업한다.

35 제동 시 브레이크 페달이 점점 딱딱해지는 원인으로 옳은 것은?

① 마스터 실린더 1차 피스톤 컵의 누유
② 브레이크액의 부족
③ 휠 실린더의 누유
④ 마스터 실린더 체크 밸브의 고착

풀이) 페달이 딱딱하다는 것은 브레이크를 밟은 후 페달이 리턴하지 못하는 것이므로, 마스터 실린더 체크 밸브가 고착되어 바이패스 통로(port)가 막힌 것을 의미한다.

36 공기 현가장치에서 공기 저장탱크와 서지탱크를 연결하는 배관 도중에 설치되어 자동차의 높이를 일정하게 유지시키는 밸브는 어느 것인가?

① 레벨링 밸브　② 서브 밸브
③ 메인 밸브　④ 섭동 밸브

풀이) 레벨링 밸브는 공기 저장탱크와 서지탱크를 연결하는 배관 도중에 설치되어 주행 중 하중이 변화하면 압축공기를 공기스프링으로 공급하여 자동차의 높이를 일정하게 유지시키는 밸브이다.

33 ②　34 ①　35 ④　36 ①

37 디젤 차량의 매연측정 시 무부하 급가속 측정법으로 실시하는 이유에 대한 설명으로 틀린 것은?

① 무부하 공회전에서 급가속하여 일정시간을 지속하면 많은 흑연을 배출하기 때문이다.
② 연료 공급량이 증가될 때 공기 과잉률이 적게 되면 흑연의 발생이 많아지기 때문이다.
③ 급가속 때 분사펌프의 연료의 증량에 비해 엔진의 회전이 늦게 상승하기 때문에 연료의 연소반응이 나빠지기 때문이다.
④ 급가속 때 분사펌프의 콘트롤 랙(control rack)이 일정시간 경과 후 이동함으로 인해 다량의 연료를 분사하기 때문이다.

풀이 ①, ②,③ 항이 디젤 자동차를 무부하 급가속으로 매연을 측정하는 이유이며, 분사펌프의 콘트롤 랙은 페달과 연결되어 있으므로 급가속하면 바로 이동된다.

38 자동차 차륜 정렬에서 한쪽 바퀴가 차축 반대편 바퀴에 비해 뒤쪽에 있는 상태를 무엇이라 하는가?

① 협각
② 셋 백
③ 스러스트 각
④ 스크러브 레디우스

풀이 셋 백(set back) : 한쪽 바퀴가 차축 반대편 바퀴에 비해 뒤쪽에 있는 상태를 말한다.

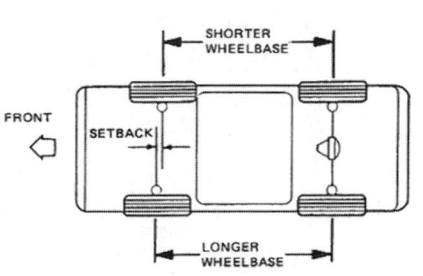

39 조향각을 일정하게 하고 차의 속도를 증가시켰을 때 선회 반경이 커지는 현상은?

① 뉴트럴 스티어링
② 오버 스티어링
③ 언더 스티어링
④ 리버스 스티어링

풀이 선회특성
① 언더 스티어 : 조향각을 일정하게 하고 선회시 선회반경이 커지는 현상
② 오버 스티어 : 조향각을 일정하게 하고 선회시 선회반경이 작아지는 현상
③ 뉴트럴 스티어 : 조향각만큼 정상 선회
④ 리버스 스티어 : 차속이 증가할수록 언더 스티어에서 오버 스티어로 되는 현상

40 토크 컨버터에서 토크 변환율이 최대가 될 때는?

① 터빈이 정지 상태에서 회전하려고 할 때
② 터빈이 펌프의 1/3 회전할 때
③ 터빈이 펌프의 1/2 회전할 때
④ 펌프와 터빈이 회전 속도가 거의 같아졌을 때

풀이 토크 컨버터에서 토크 변환율이 최대가 될 때

37 ④ 38 ② 39 ③ 40 ①

는 터빈이 정지 상태에서 회전하려고 할 때이다. 즉, 터빈이 정지하고 있을 때(스톨 토크) 스톨 토크비가 가장 크다.
[참고] 토크 컨버터 성능곡선

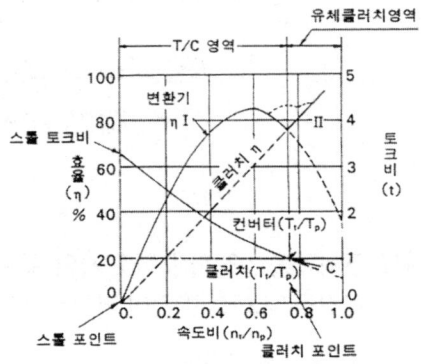

41 전자제어 현가장치(ECS)의 설명으로 틀린 것은?

① 스텝 모터가 고장이 나면 감쇠력 제어를 할 수 없다.
② 액셀 포지션 센서 신호는 급가속 시 앤티 스쿼트 제어에 주로 사용된다.
③ 인히비터 스위치 신호는 N→D, N→R 변환 시 진동을 억제하기 위한 차고 제어에 사용된다.
④ 에어 탱크는 압축 공기를 저장하는 장치이다.

풀이) ①, ②, ④ 항이 ECS에 대한 옳은 설명이고, 인히비터 스위치 신호는 변속단 설정 및 댐퍼 클러치 제어에 이용된다.

42 주행 중 급브레이크 또는 코너링 시에 발생되는 타이어 트레드 고무와 노면상의 미끄럼에 의한 소음은?

① 펌핑(pumping) 소음
② 트레드(tread) 충돌 소음
③ 카커스(carcass) 진동 소음
④ 스퀼(squeal) 소음

풀이) 차량 급브레이크시 브레이크 패드와 디스크와의 마찰에 의한 소음 또는 코너링시 타이어 트레드 고무와 노면상의 마찰에 의한 소음을 스퀼 소음이라 한다.
[참고] 브레이크 소음의 분류(주파수 범위에 따라)
① 저더(judder) : 수십~200Hz
② 그로운(groan) : 수십~500Hz
③ 스퀼(squeal) : 0.5kHz~20kHz

43 자동차의 주행저항에 해당되지 않는 것은?

① 구름 저항   ② 공기 저항
③ 등판 저항   ④ 구동 저항

풀이) 자동차의 전주행저항
① 구름저항(R_r) = $\mu r \cdot W$
② 공기저항(R_a) = $\mu a \cdot A \cdot v^2$
③ 등판저항(R_g, 구배저항)
   = $W \cdot \sin\theta \fallingdotseq W \cdot \tan\theta$
   = $\dfrac{W \cdot G}{100}$
④ 가속저항(R_{ac}) = $\dfrac{W + \Delta W}{g} \cdot a = m \cdot a$

41 ③ 42 ④ 43 ④

44 기동전동기에서 계자 철심의 역할은?

① 관성을 크게 하는 것이다.
② 전기자 코일을 절연한다.
③ 계자 코일이 감겨 있으며 자계를 형성한다.
④ 전기자 코일에 전류를 유출입 시킨다.

    기동전동기에서 계자철심은 계자 코일이 감겨 있으며, 키 "ON"시 자계를 형성한다.

45 보기의 자동차용 계기장치에서 작동원리가 유사하게 짝지어진 것은?

[보기]
(1) 기관 회전계 (2) 유압계
(3) 충전경고등 (4) 연료계
(5) 수온계   (6) 차량 속도계

① (3) - (5)
② (1) - (2) - (4)
③ (1) - (6)
④ (2) - (4) - (6)

    계기장치의 작동 형식
    ① 가동코일형(자석식) : 회전계, 속도계
    ② 밸런싱 코일식 : 연료계, 수온계, 유압계, 전류계

46 에어백 시스템의 클럭스프링에 관한 설명으로 틀린 것은?

① 정면 충돌을 감지하는 센서이다.
② 운전석 도어 모듈과 에어백 컨트롤 유닛 회로를 연결시켜 주는 일종의 배선이다.
③ 클럭 스프링을 취급함에 있어 감김이 멈출 때 과도한 힘을 가하지 않도록 한다.
④ 스티어링 휠과 스티어링 컬럼 사이에 장착된다.

    ②, ③, ④ 항이 클럭 스프링에 대한 옳은 설명이고, 충돌감지는 충격 센서(impact sensor)가 한다.

47 가솔린기관에서 점화플러그의 자기청정 온도로 옳은 것은?

① 약 100~150℃
② 약 200~350℃
③ 약 450~600℃
④ 약 900~1,000℃

    엔진 작동 중 점화플러그 전극부 온도가 너무 낮으면 카본이 생성되고 심하면 실화가 발생한다. 반대로 온도가 너무 높으면 조기점화가 발생되어 출력이 저하한다. 따라서 엔진 작동 중 전극부의 온도는 카본 등 퇴적물을 태우고 조기점화를 일으키지 않는 온도 범위(약 450~600℃)를 유지하여야 하며 이를 자기청정 온도라 한다.

48 자동차용 교류 발전기에서 Y결선 스테이터 코일에 대한 내용으로 틀린 것은?

① 각 코일의 한 끝은 공통점으로 접속하고 다른 쪽 끝을 각각 결선한 것이다.
② 선간전압은 각 상전압의 $\sqrt{3}$ 배가 된다.
③ 전류를 이용하기 위한 결선 방법이다.
④ 저속에서 발생 전압이 높다.

 44 ③ 45 ③ 46 ① 47 ③ 48 ③

풀이: 스테이터 코일의 Y결선은 ①, ②,④ 항의 내용과 전압을 이용하기 위한 결선방법이다.

49 축전기의 정전 용량을 설명한 내용으로 틀린 것은?

① 금속판의 면적에 비례한다.
② 가해지는 전압에 비례한다.
③ 금속판 사이 절연체의 절연도에 비례한다.
④ 금속판 사이의 거리에 비례한다.

풀이: 콘덴서의 정전용량
① 가해지는 전압에 비례한다.
② 금속판의 면적에 비례한다.
③ 금속판 사이의 절연도에 비례한다.
④ 금속판 사이의 거리에 반비례한다.

50 50m 떨어진 거리에서 자동차 전조등의 조도를 측정하였더니 8룩스(lux)가 나왔다면 광도는?

① 12,500cd ② 15,000cd
③ 20,000cd ④ 22,000cd

풀이: 조도 = $\frac{광도(cd)}{r^2}$ 이므로, 광도 = 조도×r2

∴ 광도 = 8×502 = 20,000cd

51 PNP형 트랜지스터의 작동 시점으로 옳은 것은?

① 베이스에 (+)전원이 인가될 때
② 베이스에 (−)전원이 인가될 때
③ 베이스가 개회로일 때
④ 베이스 (+)전원이 폐회로일 때

풀이: 이미터에 (+) 전원이, 베이스와 컬렉터에 (−)전원이 인가될 때 PNP 트랜지스터가 작동한다.

52 냉방장치에서 냉매 중의 수분이나 이물질을 제거하는 기능을 가진 부품은?

① 팽창 밸브(expansion valve)
② 콘덴서(condenser)
③ 리시버 드라이어(receiver drier)
④ 압축기(compressor)

풀이: 리시버 드라이어는 응축기에서 보내온 냉매 중에서 수분이나 이물질을 제거하고 냉매를 일시 저장하며, 액화하지 못한 냉매를 액화하여 항상 액체상태의 냉매를 팽창밸브로 보내는 기능을 한다.

53 스포트 용접의 3대 요소는?

① 용접 전류, 전극의 가압력, 통전 시간
② 전극의 가압력, 통전 시간, 전극봉 직경
③ 통전 시간, 통전 전압, 통전 전류
④ 용접 전류, 전극봉 직경, 통전 시간

풀이: 스포트 용접의 3요소 : 가압력, 용접전류, 통전시간

49 ④ 50 ③ 51 ② 52 ③ 53 ②

54 일체형 차체인 모노코크 바디의 특징이 아닌 것은?

① 일체형 구조이므로 중량이 가볍다.
② 단독 프레임이 없기 때문에 차고가 높다.
③ 차량 충돌 시 충격 흡수율이 좋고 안전성이 높다.
④ 충돌 사고 시 손상형태가 복잡하여 복원수리가 비교적 어렵다.

> 모노코크 바디의 특징
> ① 일체형 구조이므로 중량이 가볍다.
> ② 단독 프레임이 없기 때문에 차고를 낮게 하고, 무게중심을 낮출 수 있다.
> ③ 충격 흡수부위를 설치하여 차량 충돌시 충격 흡수율이 좋고 안전성이 높다.
> ④ 소음이나 진동의 영향을 받기 쉽다.
> ⑤ 충돌에 대한 손상 형태가 복잡하여 복원수리가 비교적 어렵다.

55 강판이 외력을 받았을 때 응력이 집중되는 부분으로 틀린 것은?

① 2중 강판 부분
② 구멍이 있는 부분
③ 단면적이 적은 부분
④ 곡면이 있는 부분

> 응력 집중 부위
> ① 구멍이 있는 부분
> ② 곡면이 있는 부분
> ③ 단면적이 작은 부분

56 모노코크 바디의 손상된 차체수정을 위한 기본고정 시 가장 적합한 위치는?

① 센터 필러 전후면
② 카울라인 상하면
③ 사이드 실 아래 플랜지면
④ 손상부위에 따라 다르다.

> 모노코크 바디의 손상된 차체수정을 위한 기본고정은 사이드 실 아래 플랜지면을 고정시킨다.

57 자동차 생산라인 도장에서 엔진 룸, 후드 내부, 트렁크 내부, 트렁크 룸 등 내부도장으로 가장 적합한 것은?

① 하이 솔리드 타입(상도)의 도료 사용
② 외부용 중도제(프라이머) 사용
③ 폴리에스테르 퍼티 사용
④ 엘포 도료로 하도용 사용

> 엔진 룸, 후드 내부, 트렁크 내부 등 내부도장은 도장의 최종 목적인 차량의 색상 및 광택을 위한 수단으로 하이 솔리드 타입의 상도 도료를 사용한다.

54 ② 55 ① 56 ③ 57 ①

58 바탕처리(탈지, 탈청, 오염물 제거 등)를 소홀히 함으로서 발생되는 결과로 틀린 것은?

① 크레터링(cratering)
② 부풀음(blistering)
③ 부착불량(peeling)
④ 오렌지 필(orange peel)

풀이 바탕처리(탈지, 탈청 오염물 제거 등)를 소홀히 하면, 도막 들뜸(lifting), 부풀음(blistering), 부착불량(peeling), 크레터링, 와이핑 자국 등이 발생할 수 있다.

59 도장 장비 중 공기 압력조절 및 부분적으로 오염물, 수분을 제거할 수 있어 스프레이건과 가까이 둔 것은?

① 에어 컴프레서
② 에어 드라이어
③ 에어 샌더
④ 에어 트랜스포머

풀이 에어 트랜스포머는 공기 압력조절이 가능하고, 압축 공기 중의 오염물과 수분을 제거하는 기능이 있으며 스프레이건 가까운 곳에 설치하는 것이 좋다.

60 메탈릭 색상의 조색에서 차체 색상보다 도료 색상이 어두워 원색 도료를 투입하고자 할 때 적당한 조색제는?

① 백색(화이트)
② 투명 백색(화이트)
③ 회색(그레이)
④ 알루미늄(실버)

풀이 메탈릭 칼라 조색시 밝게 하려면 메탈릭(알루미늄)이나 펄(마이카)을 추가한다.

58 ④ 59 ④ 60 ④

자동차정비기능장 제57회
(2015.04.04 시행)

01 증발가스 제어장치의 퍼지 컨트롤 솔레노이드 밸브(PCSV)의 작동을 설명한 것으로 틀린 것은?

① 일정시간 작동하다가 캐니스터에 포집된 증발가스가 없다고 ECU에서 판단되면 작동 중지 됨
② 퍼지 컨트롤 솔레노이드 밸브는 평상시 열려 있는 방식(NORMAL OPEN)의 밸브임
③ 공회전 상태에서도 연료 탱크 및 증발가스 라인의 압력을 줄이기 위해 작동은 되나 주로 공회전 이외의 영역에서 작동함
④ 엔진이 워밍업된 상태에서 작동함

풀이 ①, ③,④ 항이 퍼지 컨트롤 솔레노이드 밸브의 작동 설명으로, PCSV는 평상시 닫혀 있는 NC(Normal Close) 방식의 밸브이다.

02 자동차 센서 중에 부특성(NTC) 서미스터를 이용한 것은?

① 대기압 센서(BPS)
② 수온센서(WTS)
③ 공기유량센서(AFS)
④ 노크센서(Knock Sensor)

풀이 흡기온도 센서, 수온 센서 등은 온도가 올라가면 저항값이 작아지는 부특성 서미스터이고, 대기압 센서, 노크 센서 등은 압전소자를 이용한 것이다.

03 자동차용 라디에이터 구비조건으로 틀린 것은?

① 단위면적당 방열량이 작아야 한다.
② 소형 경량으로 튼튼한 구조이어야 한다.
③ 공기의 흐름저항이 적어야 한다.
④ 냉각수의 흐름이 원활해야 한다.

풀이 라디에이터의 구비조건
① 단위 면적당 방열량이 커야 한다.
② 소형 경량으로 튼튼한 구조이어야 한다.
③ 공기의 흐름저항이 적어야 한다.
④ 냉각수의 흐름이 원활해야 한다.

04 동일한 배기량의 가솔린기관과 비교한 디젤기관의 장점이 아닌 것은?

① 열효율이 높다.
② CO와 HC 배출물이 적다.
③ 출력당 중량이 적다.
④ 압축비가 높다.

풀이 디젤기관의 장점
① 압축비를 크게 할 수 있다.
② 점화장치가 없으므로 이에 따른 고장이 없다.

01 ② 02 ② 03 ① 04 ③

③ 경유의 인화점이 높으므로 저장이나 취급이 용이하다.
④ 넓은 회전속도에서 회전력이 크다.
⑤ 열효율이 높고 연료소비량이 적다.
⑥ 출력당 중량이 무겁다.
⑦ 연료의 값이 저렴하다.
⑧ 대형 엔진의 제작이 가능하다.
⑨ CO와 HC 배출물이 적다.

05 밸브 스프링의 서징 현상을 방지하는 대책이 아닌 것은?

① 부등피치의 원추형 코일스프링 사용
② 피치가 적은 스프링 사용
③ 이중 스프링 사용
④ 부등 피치 스프링 사용

풀이 밸브스프링 서징현상 방지법
① 2중 스프링, 부등피치 스프링, 원뿔형 스프링을 사용한다.
② 스프링 정수를 크게 한다.
③ 스프링의 고유 진동수를 높게 한다.

06 선택적 환원 촉매(SCR)에 대한 설명 중 틀린 것은?

① 요소수를 이용하여 촉매반응 시킨다.
② 암모니아 슬립현상이 일부 발생된다.
③ 배기가스 중 HC를 다량 제거한다.
④ 디젤 차량에 장착되어 있다.

풀이 선택적 환원촉매(Selective Catalytic Reduction)
디젤 차량의 배기가스 규제를 만족시키기 위해 선택적 촉매에 의한 감소 방식으로, 요소수(암모니아수)를 이용하여 촉매반응 시켜 배기가스 중의 질소산화물(NOx)을 저감시키는 방식

07 자동차 기관에서 오일에 의한 윤활작용에 대한 설명 중 틀린 것은?

① 구동 부위의 소착 및 마모 방지
② 마찰열의 냉각 및 고온 부분의 냉각
③ 부식의 발생방지 및 엔진의 신뢰성, 내구성 유지
④ 응력을 집중시켜 엔진효율 증대

풀이 윤활유의 6대 작용
① 감마작용 : 마찰을 감소시켜 동력 손실을 최소화
② 밀봉작용 : 오일막을 형성하여 기밀을 유지
③ 냉각작용 : 마찰로 인한 열을 흡수하여 냉각시킴
④ 세척작용 : 먼지, 카본 등 불순물을 흡수하여 오일을 세척
⑤ 방청작용 : 수분의 침입을 막아 부식과 침식을 예방
⑥ 응력 분산작용 : 동력 행정시 충격을 분산시켜 응력을 최소화

08 기관의 기계효율을 높이기 위한 방법이 아닌 것은?

① 각 부의 윤활을 잘 시켜 저항을 작게 한다.
② 엔진의 평형을 위해 플라이휠의 질량을 크게 한다.
③ 연료펌프, 순환펌프 등 각종 보조 장치의 구동저항을 줄인다.
④ 배기가스의 배출을 방해하는 저항을 줄인다.

풀이 기계효율을 향상시키기 위한 방법
① 플라이 휠 등 운동부분의 중량을 감소시킨다.

05 ② 06 ③ 07 ④ 08 ②

② 각 부의 윤활을 잘 시켜 저항을 작게 한다.
③ 연료펌프 등 각종 보조 장치의 구동저항을 줄인다.
④ 베어링 면적이 작은 베어링 사용
⑤ 피스톤 측압 발생을 감소시킨다.
⑥ 배기가스의 배출을 방해하는 저항을 줄인다.
기계효율을 향상시키려면 운동부분의 중량을 줄이거나, 저항을 감소시키거나, 배압을 감소시켜야 한다.

09 LPG 연료의 특성으로 틀린 것은?

① 발열량은 약 12000kcal/kg이다.
② 기화된 상태에서는 공기보다 비중이 작다.
③ 옥탄가가 높아 노킹을 잘 일으키지 않는다.
④ 노말 부탄과 프로판을 주성분으로 한 탄화수소의 혼합물이다.

풀이 LPG 연료의 특징
① 순수한 LPG는 무색, 무취, 무미이다.
② 액체 LPG는 물보다 가벼우나 기체 LPG는 공기보다 무겁다.
③ 노말 부탄과 프로판을 주성분으로 한 탄화수소의 혼합물이다.
④ LPG의 옥탄가가 가솔린보다 높다.
⑤ 공기와 혼합이 잘되고 노킹이 적다.
⑥ 발열량은 약 12,000kcal/kg이다.
⑦ 액체 LPG는 기화할 때 약 250배 팽창한다.
⑧ 연소범위가 좁아 다른 가스에 비해 안전하다.

10 자동차의 배기장치에 대한 설명으로 틀린 것은?

① 기통수가 1개인 기관에서는 실린더에 배기매니홀드 없이 직접 배기파이프를 부착한다.
② 배기파이프는 배기가스를 외부로 방출하는 강관이며 배기가스 열의 일부를 발산하는 역할도 한다.
③ 소음기를 부착하면 기관의 배압이 감소하고, 출력이 높아진다.
④ 배기관은 배기가스의 흐름에 저항을 주지 않아야 한다.

풀이 ①, ②, ④ 항이 옳은 설명이고, 소음기를 부착하면 기관의 배압이 증가하여 출력이 감소하게 된다.

11 S/B 비율(Stroke/Bore ratio)에 관한 내용으로 옳지 않은 것은?

① 스퀘어엔진은 S/B의 비율이 1인 형식이다.
② 일반적으로 같은 배기량에서는 단행정 기관이 장행정기관보다 더 큰 출력을 얻을 수 있다.
③ 실용적 측면에서는 장행정기관이 단행정 기관보다 우수하다.
④ 장행정기관을 오버스퀘어엔진 이라고도 한다.

풀이 ①, ②, ③ 항이 옳은 설명이고, 장행정기관을 언더스퀘어 엔진이라 한다.

09 ② 10 ③ 11 ④

12. 가솔린 기관에서 가솔린 130cm³을 완전 연소시키기 위하여 필요한 공기의 무게는 몇 kgf 인가? (단, 가솔린의 비중은 0.74, 혼합비는 15이다.)

① 1.023　　② 1.443
③ 1.525　　④ 1.334

풀이 필요 공기중량
= 연료중량×연료비중×공연비
= 0.13×0.74×15 = 1.443kgf

13. 자동차 기관의 회전속도가 4,500rpm이다. 연소지연 시간이 1/300초라고 하면 연소 지연시간 동안에 크랭크축의 회전각도는 몇 도 인가?

① 70°　　② 80°
③ 90°　　④ 100°

풀이 연소지연시간 동안 크랭크축 회전각도(α) = 6·N·T
여기서, N : 엔진 회전수[rpm]
T : 연소 지연시간[sec]
∴ 크랭크축 회전각도(α)
= 6·N·T
= 6×4,500×1/300 = 90°

14. 4행정 사이클 기관에서 실린더의 직경×행정이 60mm×80mm인 6기통 기관의 총배기량은?

① 약 1,357cc　　② 약 13,570cc
③ 약 4,800cc　　④ 약 48,000cc

풀이 총배기량(V) = $\frac{\pi}{4}D^2 LZ$ = 0.785D²·L·Z
여기서, D : 내경[cm]
L : 행정[cm]
Z : 실린더 수
∴ 총배기량(V) = 0.785×62×8×6
= 1,356.48cc

15. 오버 헤드 캠축 형식에서 실린더 헤드에 캠축이 두 개가 설치된 형식은?

① DOHC　　② OOHC
③ SOHC　　④ TOHC

풀이 오버 헤드 캠축 형식(OHC type)에서 실린더 헤드에 캠축이 두 개가 설치된 형식을 DOHC(Double Over Head Camshaft)라 한다.

16. 가솔린 기관에서 노킹이 일어날 때 연소상태의 설명으로 틀린 것은?

① 연소 속도와 노킹은 무관하다.
② 화염진행 중 말단부에서 순간적으로 급격히 연소한다.
③ 연소 중 압력파가 일어난다.
④ 평균유효압력이 감소한다.

풀이 ②~④ 항이 노킹이 일어날 때의 연소상태이며, 연소 속도가 빠르면 노킹은 감소한다.

17. 디젤기관의 연소과정 중 정압 연소기간으로 압력의 변화를 분사량의 가감으로 제어할 수 있는 기간은?

① 착화 지연기간　　② 화염 전파기간
③ 직접 연소기간　　④ 후기 연소기간

12 ②　13 ③　14 ①　15 ①　16 ①　17 ③

정압 연소기간이란 직접 연료분사와 동시에 연소하는 직접 연소기간으로 분사량을 가감하여 압력의 변화를 제어할 수 있다.

18 디젤기관의 연료분사펌프에 장착된 조속기의 기능은?

① 분사시기를 조정한다.
② 분사량을 조정한다.
③ 분사압력을 조정한다.
④ 착화성을 조정한다.

 조속기(governor, 거버너) : 기관의 회전속도나 부하 변동에 따라 자동으로 연료 분사량을 조절하여 엔진 속도를 제어하는 장치

19 관리도에서 측정한 값을 차례로 타점했을 때 점이 순차적으로 상승하거나 하강하는 것을 무엇이라 하는가?

① 런(run)
② 주기(cycle)
③ 경향(trend)
④ 산포(dispersion)

 관리도 용어 설명
① 산포(dispersion) : 자료가 퍼져있는 정도
② 런(run) : 관리도에서 점이 관리한계 내에 있고 중심선 한쪽에 연속해서 나타나는 점의 배열현상
③ 주기(cycle) : 점이 주기적으로 상하로 변동하여 파형을 나타내는 경우
④ 경향(trend) : 관리도에서 측정한 값을 차례로 타점했을 때 연속 7점 이상의 점이 점점 올라가거나 내려가는 상태

20 어떤 공장에서 작업을 하는데 있어서 소요되는 기간과 비용이 다음 표와 같을 때 비용구배는? (단, 활동시간의 단위는 일(日)로 계산한다.)

정상작업		특급작업	
기간	비용	기간	비용
15일	150만원	10일	200만원

① 50,000원
② 100,000원
③ 200,000원
④ 500,000원

 비용구배(cost slope)
$= \dfrac{\text{급속비용} - \text{정상비용}}{\text{정상공기} - \text{급속공기}}$
$= \dfrac{2,000,000 - 1,500,000}{15 - 10} = 100,000$원/일

21 생산보전(PM : Productive Maintenance)의 내용에 속하지 않는 것은?

① 보전예방
② 안전보전
③ 예방보전
④ 개량보전

 보전방식의 종류
① 예방보전(PM, Preventive Maintenance) : 설비의 건강상태를 유지하고 고장이 일어나지 않도록 열화를 방지하기 위한 일상보전, 열화를 측정하기 위한 정기검사 또는 설비진단, 열화를 조기에 복원시키기 위한 정비 등을 하는 것
② 사후보전(BM, Breakdown Maintenance) : 경제성을 고려하여 고정정지 또는 유해한 성능저하를 가져온 후에 수리하는 보전형식
③ 개량보전(CM, Corrective Maintenance) : 설비의 신뢰성, 보전성, 조작성, 안정성 등의 향상을 목적으로 설비의 재질이나 형상을 개량하는 보전방법

18 ② 19 ③ 20 ② 21 ②

④ 보전예방(MP, Maintenance Prevention) : 설비를 새로 계획, 설계하는 단계에서 보전정보나 새로운 기술을 도입하여 신뢰성, 보전성, 경제성, 조작성, 안전성 등을 고려함으로써 보전비용이나 열화 손실을 줄이는 활동

22 200개 들이 상자가 15개 있을 때 각 상자로부터 제품을 랜덤하게 10개씩 샘플링 할 경우, 이러한 샘플링 방법을 무엇이라 하는가?

① 층별 샘플링　　② 계통 샘플링
③ 취락 샘플링　　④ 2단계 샘플링

풀이 샘플링의 방법
1) 랜덤 샘플링
   ① 단순 랜덤 샘플링
   ② 계통 샘플링
   ③ 지그재그 샘플링
2) 층별 샘플링 : 모집단을 몇 개의 층으로 나누고, 각 층으로부터 각각 랜덤하게 시료를 뽑는 샘플링 방법
3) 취락 샘플링 : 모집단을 몇 개의 층으로 나누어 그 층 중에서 몇 개의 층을 랜덤 샘플링 하여 그 취한 층 안은 모두 측정 조사하는 방법
4) 2단계 샘플링

23 모든 작업을 기본동작으로 분해하고, 각 기본동작에 대하여 성질과 조건에 따라 미리 정해놓은 시간치를 적용하여 정미시간을 산정하는 방법은?

① PTS법
② Work Sampling법
③ 스톱워치법
④ 실적자료법

풀이 작업 측정기법의 종류
1) 직접측정법
   ① 스톱워치법 : 테일러(F. W. Taylor)에 의해 처음 도입된 방법으로, 표준화된 작업을 평균적 노동자에게 수행하게 하고 그 시간을 스톱워치로 측정하여 표준 작업시간을 설정하는 방법
   ② WF(Work Factor)법 : 각 신체부위마다 움직이는 거리, 취급중량, 작업자의 컨트롤여부 등과 같은 변수에 대해 각각 동작시간 표준치를 정하여 동작시간 표준을 적용하여 실질시간을 구하는 기법
   ③ WS(Work Sampling)법 : 통계적 추론을 이용하기 위하여 사람과 기계의 움직임을 순간적으로 관측하여 작업량을 측정하는 방법
2) 간접 측정법
   ① PTS(Predetermined Time Standard)법 : 모든 작업을 기본동작으로 분해하고, 각 기본 동작에 대하여 성질과 조건에 따라 미리 정해놓은 시간치를 적용하여 정미시간을 산정하는 방법
   ② 표준자료법 : 부분적으로 같은 작업 요소의 발생이 많은 경우와 취급품의 크기, 중량, 재료 등 주로 물리적 성질에 따라 표준시간을 결정하는 방법
   ③ 실적자료법 : 과거의 실적자료에 근거하여 표준시간을 결정하는 방법

24 품질특성을 나타내는 데이터 중 계수치 데이터에 속하는 것은?

① 무게　　　　② 길이
③ 인장강도　　④ 부적합품률

22 ①　23 ①　24 ④

25. VDC(vehicle dynamic control) 시스템의 제어 항목으로 가장 거리가 먼 것은?

① 엔진 토크 제어
② 파워스티어링 제어
③ 제동 제어
④ 변속단 제어

풀이 VDC 시스템 제어에는 ABS 제어, TCS 제어 등이 포함되어 있어 엔진 토크제어, 변속단 제어, 제동 제어 등을 수행한다.

26. 자동차의 길이, 너비 및 높이에 대한 측정 조건이 아닌 것은?

① 공차 상태
② 타이어 공기압력은 표준공기압 상태
③ 외개식의 창, 환기장치는 열린 상태
④ 직진 상태에서 수평면에 있는 상태

풀이 자동차의 길이, 너비 및 높이에 대한 측정에서 외개식의 창, 환기장치는 닫은 상태에서 측정한다.

27. 타이어 트레드 패턴 중 러그 패턴(lug pattern)에 대한 설명 중 가장 거리가 먼 것은?

① 제동성과 구동성이 좋다.
② 주행 특성이 원활하다.
③ 타이어 숄더(shoulder)부의 방열이 어렵다.
④ 고속 주행 시 편 마모가 발생될 수 있다.

풀이 **타이어의 트레드 패턴**

[리브 패턴] [러그 패턴] [리브러그 패턴] [블록 패턴]
타이어 트레드 패턴과 숄더부의 방열과는 관련이 없다.

28. 전자제어 동력 조향장치에서 갑자기 핸들의 조작력이 증가되는 원인 중 가장 거리가 먼 것은?

① 클러치 스위치 신호 불량
② 차속 신호 불량
③ 컨트롤 유닛 불량
④ 전원 측 전압 불량

풀이 클러치 스위치는 수동변속기 차량에서 시동을 걸 때 클러치의 단속여부를 감지하는 스위치이다. 즉, 동력조향장치와는 관련이 없다.

29. 스태빌라이저에 관한 설명으로 가장 거리가 먼 것은?

① 차체의 롤링 현상을 억제시킨다.
② 독립 현가장치에 주로 사용한다.
③ 차체의 피칭 현상을 방지한다.
④ 일종의 토션바 역할을 한다.

풀이 스태빌라이저는 독립현가장치에서 주로 사용하는 일종의 토션바로, 선회시 차체의 좌우 진동(롤링)을 방지하며 차체의 기울기를 감소시켜 차의 평형을 유지시켜 주는 기능을 한다.

25 ② 26 ③ 27 ③ 28 ① 29 ③

30 자동변속기에서 기계적으로 직결시켜 미끄럼에 의한 손실을 없게 하고 연비 향상을 도모하는 장치는?

① 킥 다운 장치
② 히스테리시스 장치
③ 펄스 제네레이터
④ 록 업 장치

 댐퍼 클러치(damper clutch, lock-up clutch)는 자동변속기에서 규정차속 이상이 되면 펌프와 터빈을 기계적으로 직결시켜 미끄럼에 의한 손실을 방지하고 연비향상과 정숙성을 도모하는 역할을 한다.

31 휠 얼라인먼트에 관한 설명으로 가장 거리가 먼 것은?

① 캐스터는 앞바퀴의 직진성, 복원력과 관련이 있다.
② 킹핀 경사각과 캠버 각을 합한 각도를 캠버라 하고 타이로드로 조정한다.
③ 토인은 캠버로 인해 타이어가 바깥쪽으로 향하는 성질을 교정해주기 때문에 바퀴의 직진 성능을 향상시킨다.
④ 킹핀 경사각과 캠버 각을 합한 각도를 인크루드 각(협각)이라 한다.

 ①,③ 항은 휠 얼라인먼트에 대한 옳은 설명이고, 킹핀 경사각과 캠버 각을 합한 각도를 인크루드 각(협각)이라 한다.

32 클러치 커버에서 릴리스 포크가 릴리스 베어링을 미는 힘이 150kgf일 때 포크를 밟는 힘은? (단, 포크 지지점에서 밟는점과 지지점에서 릴리스 베어링까지 레버비가 3:1)

① 38kgf   ② 50kgf
③ 75kgf   ④ 200kgf

 3 : 1 = 150 : F 이므로
∴ 클러치 조작하는 힘 $F = \frac{150}{3} = 50 kgf$

33 자동변속기에서 출력축에 설치되어 출력축의 회전 속도에 따른 유압을 형성시키는 밸브는?

① 시프트 밸브   ② 거버너 밸브
③ 스로틀 밸브   ④ 매뉴얼 밸브

거버너 밸브는 자동차의 주행속도(출력축 회전속도)에 비례하여 유압을 발생시키는 밸브이다.

34 동력 전달장치를 통하여 바퀴를 돌릴 경우 구동축이 그 반대 방향으로 돌아가려는 힘은?

① 코너링 포스   ② 휠 트램프
③ 윈드 업   ④ 리어 앤드 토크

리어 앤드 토크(rear and torque) : 엔진 출력이 구동바퀴를 돌리면 구동축에는 그 반대 방향으로 돌아가려고 하는 힘이 작용된다. 이 힘을 리어 앤드 토크라 한다.

30 ④ 31 ② 32 ② 33 ② 34 ④

35 진공식 분리형 제동 배력장치에서 파워 피스톤을 미는 힘이 12kgf이고 하이드로릭 피스톤의 지름이 3cm라고 한다면 발생유압은?

① 약 $0.7 kgf/cm^2$
② 약 $1.7 kgf/cm^2$
③ 약 $17 kgf/cm^2$
④ 약 $2.7 kgf/cm^2$

 압력(P) = $\dfrac{W}{A}$

여기서, P : 압력[kgf/cm^2]
　　　　W : 하중[kgf]
　　　　A : 단면적[cm^2]

∴ 압력(P) = $\dfrac{12}{\dfrac{\pi}{4} \times 3^2}$ = 1.698 kgf/cm^2

36 자동차의 검사 항목 중 정기 검사 항목이 아닌 것은?

① 조종 장치　② 주행 장치
③ 동일성 확인　④ 차체 및 차대

 조종장치는 신규 검사시에 한다.

37 브레이크 페달의 답력이 40kgf 일 때 브레이크 페달의 지렛대비가 5 : 1 이면 마스터 실린더에 작용하는 힘은 몇 kgf 인가?

① 100　② 200
③ 300　④ 400

 40×5 = F×1 ∴ F = 200kgf

38 자동차 긴급제동 신호장치의 작동 및 해제 기준에 대한 설명 중 틀린 것은?

① 긴급제동신호 발생 신호주기(5±1Hz)에 따라 제동등 또는 방향지시등이 점멸되어야 한다.
② 긴급제동 신호장치를 갖춘 자동차는 급제동시 모든 제동등 또는 방향지시등이 기준에 적합하도록 작동되어야 한다.
③ 승용자동차는 주 제동장치 작동시 제동감속도 $6.0 m/s^2$ 이상에서 작동하고 $2.5 m/s^2$ 미만으로 감속되기 이전에 해제되어야 한다.
④ 승합자동차는 주 제동장치 작동시 제동감속도 $4.0 m/s^2$ 이상에서 작동하고 $2.5 m/s^2$ 미만으로 감속되기 이전에 해제되어야 한다.

 자동차 안전기준에 관한 규칙 [별표 5의2] : 긴급제동 신호의 작동기준

순번	자동차구분	작동기준	신호주기
1	1) 승용자동차 2) 차량총중량 3.5톤이하 화물자동차 및 특수자동차	주제동장치 작동 시 제동감속도 $6.0 m/s^2$ 이상일 경우 발생되고, $2.5 m/s^2$ 미만으로 감속되기 이전에 소멸될 것	
2	1) 승용자동차 2) 차량총중량 3.5톤초과 화물자동차 및 특수자동차	주제동장치 작동 시 제동감속도 $4.0 m/s^2$ 이상에서 발생되고, $2.5 m/s^2$ 미만으로 감속되기 이전에 소멸될 것	4±1.0 Hz
3	바퀴잠김방지식 주제동장치 장착 자동차	제1호 또는 제2호의 기준에 따르거나, 바퀴잠김방지식 주제동장치가 최대사이클로 작동하는 경우에 발생되고, 최대사이클을 종료하였을 때 소멸될 것	

＃ 긴급제동신호 발생 신호주기(4±1Hz)에 따라 제동등 또는 방향지시등이 작동되어야 한다.

 35 ②　36 ①　37 ②　38 ①

39 공기 브레이크의 특징으로 옳지 않은 것은?

① 공기 압축기 구동에 따른 엔진의 출력 소모는 없다.
② 베이퍼록 발생 염려가 없다.
③ 페달을 밟는 양에 따라 제동력이 제어된다.
④ 자동차의 중량에 제한을 받지 않는다.

풀이 공기 브레이크의 특징
① 페달을 밟는 양에 따라 제동력이 제어된다.
② 브레이크 오일이 없어 베이퍼록 발생 염려가 없다.
③ 자동차의 중량에 제한이 없이 큰 제동력을 발생한다.
④ 다소 공기가 누설되어도 제동력의 저하가 작아 안전하다.
⑤ 공기 압축기 구동에 따른 엔진의 출력 소모가 발생된다.

40 전자제어 현가장치에서 제어 항목이 아닌 것은?

① 안티 롤 제어
② 안티 다이브 제어
③ 안티 피칭, 바운싱 제어
④ 안티 토크 제어

풀이 전자제어 현가장치의 자세제어
① 안티 롤링(anti-rolling) : 좌우방향 흔들림 제어
② 안티 피칭(anti-pitching) : 앞뒤방향 흔들림 제어
③ 안티 바운싱(anti-bouncing) : 상하방향 흔들림 제어
④ 안티 다이브(anti-dive) : nose down을 방지
⑤ 안티 스쿼트(anti-squat) : nose up을 방지
⑥ 안티 쉐이크(anti-shake) : 승객이나 화물 등의 적재나 하차시 차체의 흔들림을 제어
⑦ 차속감응 제어 : 고속 주행시 차체의 안정성을 위해감쇠력을 soft에서 hard로 변환

41 빈번한 브레이크 작동으로 마찰열이 축적되어 마찰계수가 떨어져 제동력이 감소되는 현상은?

① 베이퍼 록 현상
② 페이드 현상
③ 스펀지 현상
④ 스틱 현상

풀이 페이드(fade) 현상
빈번한 브레이크 작동으로 드럼과 라이닝(슈)에 마찰열이 축적되어 마찰계수가 떨어져 제동력이 감소하는 현상

42 4바퀴 조향장치(4 wheel steering)의 제어목적 중 가장 거리가 먼 것은?

① 미끄러운 도로를 주행할 때 안정성이 향상된다.
② 차체의 사이드슬립 각도를 '0'으로 하여 선회안정성을 증대한다.
③ 저속 운전영역에서 우수한 조향성능을 유지한다.
④ 가로방향 가속도와 요레이트의 위상지연을 최대화 한다.

39 ① 40 ④ 41 ② 42 ④

풀이 4륜 조향의 제어목적
① 미끄러운 도로를 주행할 때 안정성이 향상된다.
② 차체의 사이드슬립 각도를 '0'으로 하여 선회 안정성을 증대한다.
③ 저속 운전영역에서 우수한 조향성능을 유지한다.
④ 가로방향 가속도와 요레이트의 위상지연을 최소화 한다.

43 EBD(electronic brake-force distribution) 제어의 장점을 설명한 것 중 가장 거리가 먼 것은?
① 기계식 장치보다 빠른 응답성 제공
② P밸브(프로포셔닝 밸브) 삭제 가능
③ 차량 제동 조건 변화에 따른 이상적인 제동력 제공
④ 휠 스피드 센서의 전 차종 공용화

풀이 ①, ②,③ 항이 EBD 제어의 장점이며, 휠 스피드 센서를 전 차종 공용화 하기는 어렵다.

44 자동차 충전장치인 AC 발전기의 다이오드가 하는 일은?
① 전류를 조정하고 교류를 정류한다.
② 교류를 정류하고 역류를 방지한다.
③ 전압을 조정하고 교류를 정류한다.
④ 여자전류를 조정하고 역류를 방지한다.

풀이 AC 발전기의 실리콘 다이오드는 교류를 정류하고, 역류를 방지한다.

45 자동차 냉방장치 구성 중 컴프레서의 구동 특성에 관한 설명 중 옳지 않은 것은?
① 크랭크식 : 크랭크 축으로 상하 운동시키는 것으로 구조가 간단하며 효율이 높다.
② 사판식 : 축이 사판의 각도 변화에 따라 피스톤이 축 방향 작동하며 토크변동이 작다.
③ 스크롤식 : 부품 수가 적고 소형 경량이나 효율이 낮고 스크롤 가공이 어렵다.
④ 워블 플레이트식 : 로터축의 회전을 피스톤 왕복 운동으로 바꾼 것으로 중량이 가볍다.

풀이 스크롤식은 고정 스크롤과 가동 스크롤이 있으며, 가동 스크롤을 선회운동시켜 흡입, 압축을 하며 부품 수가 적고 소형 경량이고 효율이 높으나 가격이 다소 비싸다.

46 12V용 기동전동기가 전류 180A를 소비할 때 출력은 1.2kW이다. 효율(η)과 출력손실(P_L)을 구하면?
① 효율(η) = 55.6%, 출력손실(P_L) = 960W
② 효율(η) = 40.5%, 출력손실(P_L) = 740W
③ 효율(η) = 45.6%, 출력손실(P_L) = 820W
④ 효율(η) = 48.6%, 출력손실(P_L) = 850W

풀이 출력(P) = E · I = 12×180 = 2,160W

43 ② 44 ④ 45 ③ 46 ①

$$\therefore 효율(\eta) = \frac{1,200}{2,160} = 0.555 \text{ 즉, } 55.5\%$$

출력손실(P_L) = 2,160−1,200 = 960W

47 에어백 시스템에서 충돌 감지 센서의 출력신호가 전개일 때 전기적인 노이즈에 의한 오판 방지 목적으로 기계적 충돌 유무를 감지하는 센서의 명칭은?

① 가속도 센서
② 세이핑 센서
③ 버클 센서
④ 승객유무 감지센서

풀이 세이핑 센서(safing sensor)는 에어백 시스템에서 충돌 감지 센서의 출력신호가 전개일 때, 전기적인 노이즈에 의한 오작동을 방지할 목적으로 기계적인 충돌 유무를 감지하는 센서이다.

48 전기식 경음기는 전류의 어떠한 작용에 의해 진동판을 진동시키는가?

① 분류작용
② 발열작용
③ 자기작용
④ 화학작용

풀이 전기식 경음기 작동원리

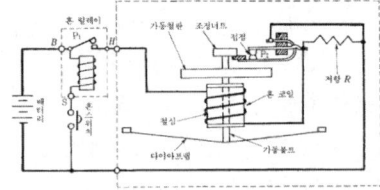

혼 스위치를 누르면 혼 릴레이 붙어 혼 코일에 전류가 흘러 자석이 되므로 접점이 떨어지고, 접점이 떨어지면 스프링 힘으로 다시 붙어 이상과 같은 자기작용 동작의 반복에 의해 다이어프램을 진동시켜 소리가 발생된다.

49 CAN(controller area network) 시스템에 대한 내용 중 거리가 먼 것은?

① 표준 프로토콜이므로 시장성이 뛰어나다.
② 메시지에는 우선 순위가 있다.
③ single master 통신을 한다.
④ 실시간 메시지 통신을 할 수 있다.

풀이 ①, ②,④ 항은 CAN 통신 시스템의 장점이며, CAN 통신 시스템은 multi master 통신을 한다.

50 방전 종지 전압에 대한 설명 중 틀린 것은?

① 방전 중의 방전 시간과 단자 전압과의 관계를 나타낸 것이다.
② 방전 중 단자 전압이 급격하게 강하하는 시점의 전압이다.
③ 방전 능력이 없어지는 시점의 전압이다.
④ 방전 종지 전압은 한 셀당 약 1.7~1.8V이다.

풀이 ①, ③,④ 항이 방전 종지 전압에 대한 설명이며, 방전 종지 전압이란 더 이상 방전해서는 안되는 시점의 전압을 말한다.

47 ② 48 ③ 49 ③ 50 ②

51 압력을 감지하는 센서에 해당하지 않는 것은?

① MAP 센서
② 에어컨 컴프레서 오일 센서
③ 연료탱크 압력 센서
④ 연료압력 센서

풀이 MAP 센서, 연료탱크 압력 센서, 연료압력 센서는 압력을 감지하는 센서이다.

52 점화플러그 간극이 규정보다 클 때 2차전압 출력 파형은?

① 피크 전압이 낮아진다.
② 점화시간이 길어진다.
③ 캠각(드웰각) 시간이 짧아진다.
④ 점화전압이 높아진다.

풀이 점화플러그 간극이 규정보다 크면 점화 요구전압이 높아지므로 2차 점화전압이 높아진다.

53 에어 트랜스포머에 대한 설명 중 가장 거리가 먼 것은?

① 압축 공기를 저장하여 에어 압력이 급속히 떨어지는 것을 방지한다.
② 압축 공기 중의 불순물을 여과하여 도장 결함을 방지한다.
③ 에어 압력을 항상 일정하게 유지해 주는 역할을 한다.
④ 에어 트랜스포머의 다이어프램의 시트가 파손되면 공기압력 조절이 곤란하다.

풀이 ②, ③, ④ 항이 에어 트랜스포머의 옳은 설명이고, 압축공기를 저장하지 않는다.

54 조색 작업 시 주의사항이 아닌 것은?

① 조색용 원색의 수를 최소화하여 선명한 색상을 만든다.
② 조색 작업 시 많이 소요되는 색과 밝은 색부터 혼합한다.
③ 계통이 다른 도료와의 혼용을 한다.
④ 적절한 양의 조색으로 낭비 요소를 제거한다.

풀이 조색 작업시 주의사항
① 조색시 근접 색상을 사용한다.
② 조색용 원색의 수를 최소화하여 선명한 색상을 만든다.
③ 먼저 색상을 맞추고 명도, 채도 순으로 조정한다.
④ 조색 작업시 많이 소요되는 색과 밝은 색부터 혼합한다.
⑤ 2액형 도료는 경화제 사용에 따라 색상 차이가 발생하므로 경화제를 혼합한 후에 색상을 확인, 조정한다.
⑥ 한번에 많은 양을 조색하지 말고 필요 양의 약 7할 정도 만든다.
⑦ 성분이 다른 도료와의 혼용을 피한다.

55 솔리드 색상 도료에 포함되지 않는 것은?

① 안료   ② 메탈릭
③ 수지   ④ 용제

풀이 솔리드 색상과 메탈릭 색상
1) 솔리드 색상 : 알미늄 입자 및 펄(운모입자)이 섞이지않고 마무리 도장에 투명도료를 사용하지 않는 단순색상으로 수지, 안료, 용제로 구성된다.
2) 메탈릭 색상 : 펄이나 알미늄 입자가 들어간 베이스 코트 색상을 말한다. (마무리 도장에 투명도료(클리어)를 사용해서 광택을 냄)

51 ②   52 ④   53 ①   54 ③   55 ②

56 자동차 강판의 탄소 함유량은 약 몇 % 정도 인가?

① 0.1~0.4% ② 0.5~0.8%
③ 1~4%   ④ 5~8%

풀이 자동차 강판의 탄소 함유량은 약 0.1~0.4% 정도이다.

57 전면부가 손상된 바디(body)의 점검 항목과 가장 거리가 먼 것은?

① 프론트 휠 하우스의 변형
② 엔진 후드의 정렬 상태
③ 도어의 정렬 상태
④ 웨더스트립의 외형 상태

풀이 전면부가 손상된 자동차의 바디 점검 항목은 ①, ②,③ 부분 등이며, 웨더 스트립(weather strip)이란 유리, 도어, 트렁크 후드 등의 테두리에 설치되어, 닫힐 때 본체와 닿는 면을 부드럽게 하며 이물질이나 소음을 차단하기 위한 고무를 말한다.

58 가스(산소-아세틸렌) 절단기를 사용하여 절단이 불가능한 금속은?

① 합금강   ② 구리
③ 순철   ④ 주강

풀이 아세틸렌은 구리와 화합하여 아세틸라이드를 발생시켜 열이나 충격에 쉽게 폭발할 위험이 있다.

59 도장 공정에서 오렌지 필(orange peel)의 발생 원인이 아닌 것은?

① 신나의 증발이 너무 느릴 때
② 건의 거리가 멀 때
③ 건의 운행속도가 빠를 때
④ 도료의 점도가 높을 때

풀이 오렌지 필의 발생 원인
① 도료의 점도가 높음
② 신나의 용해력이 부족
③ 신나의 증발이 너무 빠를 때
④ 건(gun)의 운행속도가 너무 빠를 때
⑤ 건의 거리가 너무 멀거나 가까울 때

60 엔진 룸과 차 실내의 경계로서 승객실의 전면부 강성 유지를 위해 설치하는 차체 구성 부위는?

① 대쉬 패널   ② 쿼터 패널
③ 센터 필러   ④ 사이드 패널

풀이 용어 설명
① 대쉬 패널(dash panel) : 엔진 룸과 차 실내의 경계로서 승객실의 전면부 강성 유지를 위해 설치한 패널
② 쿼터 패널(quarter panel) : 차체의 외부 패널 중 리어 도어 뒤의 사이드 패널을 말하며, 리어펜더라고도 한다.
③ 센터 필러(cente pillar) : 승용차의 좌우 중앙부에 설치되어 지붕을 받치고 도어를 유지하는 기둥을 말한다. 차량 앞에서부터 A필러, B필러(센터필러), C필러라 부른다.
④ 사이드 패널(side panel) : 앞뒤 도어 하단부에 있는 패널

56 ① 57 ④ 58 ② 59 ① 60 ①

자동차정비기능장 제58회

(2015.07.19 시행)

01 고체표면에서 상대운동을 할 때 충분한 유막이 형성되는 이상적인 마찰은?
① 혼성마찰 ② 경계마찰
③ 유체마찰 ④ 고체마찰

풀이) 고체표면에서 두 물체가 상대운동을 할 때 충분한 유막이 형성되어 오직 유체의 점성에 의한 이상적인 마찰을 유체마찰이라 한다.

02 다음 그림은 아이들(idle) 상태에서 급가속 후 나타난 MAP센서 출력파형이다. 각 구간별 설명으로 틀린 것은?

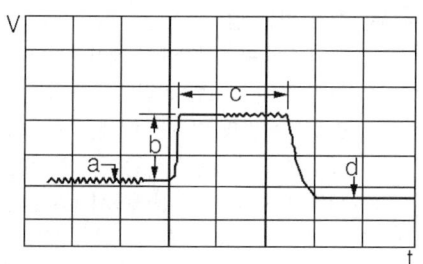

① a : 아이들(idle) 상태의 출력을 보여준다.
② b : 급가속시 스로틀 밸브가 빠르게 열리고 있다.
③ c : 스로틀 밸브가 전개(WOT) 부근에 있다.
④ d : 급가속에 의한 흡입공기량 변화로 진공도가 높아지기 때문에 전압이 낮아짐을 보여준다.

풀이) ①~③은 MAP센서 출력파형의 구간별 옳은 설명이고, d 구간은 급감속에 의해 진공도가 높아져서 전압이 낮아지는 것을 보여준다.

03 가솔린 기관의 이론열효율에 대한 압축비와 비열비의 관계로 옳은 것은?
① 압축비가 낮아지면 효율은 좋아진다.
② 비열비가 낮아지면 효율은 좋아진다.
③ 압축비와 비열비를 작게 하면 열효율이 좋아진다.
④ 압축비와 비열비를 크게 하면 열효율이 좋아진다.

풀이) 가솔린 기관의 이론 열효율$(\eta_o) = 1 - \dfrac{1}{\epsilon^{k-1}}$ 에서 분모인 압축비와 비열비가 커지면 열효율이 커지므로 열효율은 좋아진다.

04 공연비 피드백 제어에 대한 내용으로 틀린 것은?
① 삼원 촉매장치의 정화율을 높여준다.
② 입력센서의 정보가 연료분사에 영향을 주지 못한다.
③ 인젝터의 분사시간을 제어한다.
④ 산소센서 고장 시에는 피드백 제어를 하지 않는다.

ANSWER 01 ③ 02 ④ 03 ④ 04 ②

풀이 산소센서는 공연비를 ECU로 피드백 하여 인젝터의 통전(분사)시간을 제어함에 따라 공연비는 이론공연비에 가깝게 되어 삼원 촉매장치의 정화율을 높여준다. 산소센서가 고장 시에는 피드백 제어를 하지 않는다.

05 라디에이터 압력식 캡의 진공밸브가 열리는 시점으로 맞는 것은?

① 라디에이터 내의 압력이 대기압보다 높을 때
② 라디에이터 내의 압력이 대기압보다 낮을 때
③ 라디에이터 내의 압력이 규정치보다 높을 때
④ 보조탱크 내의 압력이 규정치보다 낮을 때

풀이 라디에이터 압력식 캡의 진공밸브는 라디에이터 내의 압력이 대기압보다 낮을 때 열린다. 압력 순환식의 경우 대기가, 밀봉 압력식의 경우 냉각수가 유입되어 라디에이터의 파손을 방지한다.

06 자동차용 LPG 연료가 갖추어야 할 조건으로 틀린 것은?

① 적당한 증기압을 가져야 한다.
② 불포화(올레핀계) 탄화수소를 함유하지 말아야 한다.
③ 가급적 불순물이 함유되지 말아야 한다.
④ 프로필렌, 부틸렌 등의 함유가 충분히 많아야 한다.

풀이 LPG 연료가 갖추어야 할 조건

① 적당한 증기압($1 \sim 20 kgf/cm^2$)을 가져야 한다.
② 불포화(올레핀계) 탄화수소를 함유하지 말아야 한다.
③ 가급적 불순물이 함유되지 말아야 한다.
④ 황화합물이 적어야 한다.
  # 프로필렌, 부틸렌 등 올레핀계(CnH_2n) 탄화수소는 함유하지 말아야 한다.

07 직렬형 6실린더 기관의 점화순서가 1-5-3-6-2-4에서 1번 실린더가 폭발행정 ATDC 30°에 위치할 때 2번 실린더의 행정과 피스톤 위치는?

① 배기행정, BTDC 30°
② 배기행정, BTDC 60°
③ 배기행정, BTDC 90°
④ 배기행정, BTDC 180°

풀이 행정 찾는 법

직렬 6실린더 기관에서 점화순서가 1-5-3-6-2-4이고, 1번 실린더가 폭발행정일 경우 6개 핀저널의 위치는 아래 그림과 같고, 이때 5번 실린더는 압축행정, 2번 실린더는 배기행정 중이다. 이 상태에서 1번 실린더가 폭발행정 ATDC 30°로 회전하게 되면 2번 실린더도 같이 회전하여 BTDC 90°에 위치하게 된다.

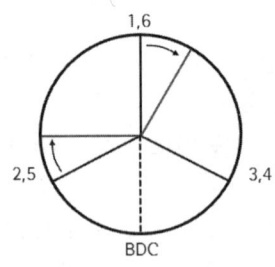

08 자동차에 사용되는 각종 전기·전자 소자 구성품에 대한 내용으로 틀린 것은?

① 인젝터는 솔레노이드밸브가 사용되며 통전되는 시간에 따라 분사량이 결정된다.
② 릴레이는 기본 전원을 연결했을 경우 주 회로에 연결되기 때문에 스위치 기능이 있는 에어컨 등에 주로 사용된다.
③ 트랜지스터는 NPN형과 PNP형이 있으며, 베이스에 전압이 인가된 경우에만 전류가 흐른다.
④ 다이오드에는 여러 종류가 있는데 어느 것이나 순방향으로 전원을 연결했을 경우에만 전류가 흐른다.

풀이 ①~③ 항은 옳은 설명이고, 제너 다이오드의 경우 어떤 전압에서는 역방향으로도 전류가 흐를 수 있다.

09 흡배기 밸브의 헤드 형상 중 고출력 엔진이나 경주용차에 사용되는 것으로 열을 받는 면적이 넓은 결점을 가지고 있는 것은?

① 플랫형(flat head type)
② 튤립형(tulip head type)
③ 서브형(serve head type)
④ 버섯형(mushroom head type)

풀이 밸브 헤드의 형상에 의한 분류
① 플랫형 : 밸브 헤드가 편평한 것으로, 값도 싸고 가장 많이 사용된다.
② 튤립형 : 고출력 엔진이나 경주용차에 사용되는 것으로 열을 받는 면적이 넓은 결점이 있다.
③ 개량 튤립형 : 튤립형의 결점을 보완한 것으로, 제작이 쉽고 많이 사용된다.
④ 버섯형 : 밸브 헤드가 볼록한 구형으로, 중심부 강도는 커지나 무게와 열을 받는 면적이 커지는 결점이 있다.

10 밸브의 지름이 100mm인 경우 밸브 간극은 얼마로 하는 것이 좋은가?

① 2.5mm ② 25mm
③ 1.5mm ④ 15mm

풀이 밸브의 양정(L) = $\frac{d}{4}$

여기서, L : 밸브 양정(간극)[mm]
d : 밸브 지름[mm]

∴ 밸브 간극(L) = $\frac{100}{4}$ = 25mm

11 배기밸브가 열리는 순간 실린더 내의 고온 고압상태의 연소가스가 순간적으로 외부로 방출되어 연소실 내의 압력과 대기압이 거의 같아지는 현상을 무엇이라 하는가?

① 링 플러터(ring flutter) 현상
② 밸브 오버랩(valve over lap) 현상
③ 블로바이(blow by) 현상
④ 블로다운(blow down) 현상

풀이 용어 설명
① 링 플러터 : 기관의 회전속도가 증가함에 따라 피스톤이 행정을 바꿀 때 피스톤 링의 떨림 현상을 말한다.
② 밸브 오버랩 : 배기행정 말기에 상사점 부근에서 흡·배기 밸브가 동시에 열려 있는 시기를 말한다.
③ 블로 바이 : 압축 또는 폭발 행정시 미연소 가스(HC)가 피스톤과 실린더 사이에서 누출되는 현상을 말한다.

08 ④ 09 ② 10 ② 11 ④

④ 블로 다운 : 폭발행정 말기에 배기밸브가 열리는 순간 피스톤이 하강하는데도 실린더 내의 고온 고압 상태의 연소가스가 순간적으로 외부로 방출되어 연소실 내의 압력과 대기압이 거의 같아지는 현상을 말한다.

12 디젤기관의 연소과정 중에서 디젤노크에 직접적인 영향을 미치는 기간은?

① 착화 지연기간
② 폭발 연소기간
③ 제어 연소기간
④ 후기 연소기간

풀이 착화지연 기간이 길어지면 분사된 연료에 착화늦음이 발생되어 디젤 노크를 발생시킨다.

13 저압 EGR(LP-EGR) 시스템의 특징으로 거리가 가장 먼 것은?

① 비교적 깨끗한 배기가스를 이용하는 것이다.
② emergency filter는 터보차저를 보호하는 역할을 한다.
③ DPF(diessel particulate filter) 전단의 배기가스 일부를 분리하여 터보차저 전단에 공급된다.
④ 터보차저의 효율이 개선된다.

풀이 **저압 EGR(LP-EGR) 시스템의 특징**
① DPF 후단의 비교적 깨끗한 배기가스를 이용하는 것이다.
② emergency filter는 터보차저를 보호하는 역할을 한다.
③ 고속 고회전에서도 EGR이 가능하다.

④ 터보차저의 효율이 개선된다.
⑤ 연비 향상을 극대화 시킬 수 있다.

14 코일의 기계적인 브러쉬 대신에 트랜지스터를 이용한 것으로 스파크가 발생되지 않아 가스 폭발 위험이 적은 형식으로 LPG 차량의 연료펌프에 사용되는 모터 형식은?

① 코어리스(Coreless) 모터
② BLDC(Brushless direct current) 모터
③ 초음파 모터
④ 인덕션(Induction) 모터

풀이 BLDC 모터는 기계적인 브러쉬 대신에 트랜지스터를 이용한 것으로, 스파크가 발생되지 않아 가스 폭발 위험이 적어 LPG 차량의 연료펌프에 사용하며 워터 펌프, 냉각팬 등을 전자식으로 안전하고 효율적으로 제어하기 위해 많이 사용한다.
[참고] 전기식 모터의 분류
(1) DC 모터
  ① DC 브러시 모터
  ② BLDC(Brushless direct current) 모터
(2) AC 모터
  ① 유도(Induction) 모터
  ② 동기(Synchronous) 모터
(3) 서보 모터
  ① 스테핑(Stepping) 모터
  ② 리니어(Linear) 모터

12 ① 13 ③ 14 ②

15 유압식 밸브 리프터의 특징이 아닌 것은?

① 밸브 간극의 조정이 필요하지 않다.
② 충격을 흡수하지 못하기 때문에 밸브 기구의 내구성이 저하된다.
③ 기계식에 비해 작동 소음이 적다.
④ 오일펌프나 오일회로에 고장이 생기면 작동이 불량하다.

풀이 유압식 밸브 리프터는 유압이 항상 밸브 리프터를 밀고 있으므로, 밸브간극은 항상 "0"을 유지하여 간극 조정이 필요하지 않고 작동 소음이 적다. 유압으로 작동하므로 오일펌프나 오일회로에 고장이 생기면 작동이 불량하게 된다.

16 3kW의 발전기를 가동하면 최소한 몇 PS의 출력을 내는 기관이 필요한가? (단, 기관의 효율은 100%로 한다.)

① 3.20PS   ② 4.08PS
③ 5.22PS   ④ 6.22PS

풀이 1kW = 1.36PS 이므로,
3kW×1.36 = 4.08PS

17 가솔린 기관의 제원이 실린더 내경 d = 55mm, 행정 S = 70mm, 연소실 체적 Vc = 21cm³인 기관이 이론 공기 표준 사이클인 오토 사이클로서 운전될 경우의 열효율은 약 몇 % 인가? (단, 비열비 k = 1.2이다.)

① 35.4   ② 31.2
③ 42.7   ④ 43.2

풀이 압축비(ε) $= \dfrac{V_t}{V_c} = 1 + \dfrac{V_s}{V_c}$

여기서, V_t : 실린더체적[cc]
V_s : 행정체적(배기량)[cc]
V_c : 연소실체적[cc]

∴ 압축비(ε) $= 1 + \dfrac{V_s}{V_c}$
$= 1 + \dfrac{0.785 \times 5.5^2 \times 7}{21} = 8.9$

이론 열효율 $\eta_o = 1 - \dfrac{1}{\varepsilon^{k-1}} = 1 - \left(\dfrac{1}{\varepsilon}\right)^{k-1}$ 이므로

∴ $\eta_o = 1 - \left(\dfrac{1}{8.9}\right)^{1.2-1} = 0.3541$

즉, 35.4%

18 다음 연료 중에서 착화온도가 가장 높은 것은?

① 가솔린   ② 경유
③ 중유   ④ 등유

풀이 가솔린 > 등유 > 경유 > 중유

19 도수분포표에서 알 수 있는 정보로 가장 거리가 먼 것은?

① 로트 분포의 모양
② 100 단위당 부적합 수
③ 로트의 평균 및 표준편차
④ 규격과의 비교를 통한 부적합품률의 추정

풀이 **도수분포표를 만드는 목적**
① 데이터의 흩어진 모양을 알고 싶을 때(분포의 모양)
② 많은 데이터로부터 평균치와 표준편차를 구할 때

15 ② 16 ② 17 ① 18 ① 19 ②

③ 원 데이터를 규격과 대조하고 싶을 때

20 TPM 활동 체제 구축을 위한 5가지 기둥과 가장 거리가 먼 것은?

① 설비초기 관리체제 구축 활동
② 설비효율화의 개별개선 활동
③ 운전과 보전의 스킬 업 훈련 활동
④ 설비 경제성 검토를 위한 설비투자분석 활동

풀이 TPM 활동 체제 구축을 위한 5가지 기둥
① 설비초기 관리체제 구축 활동
② 설비효율화의 개별개선 활동
③ 운전과 보전의 스킬 업 훈련 활동
④ 자주보전체제 구축 활동
⑤ 계획보전체제 구축 활동

21 자전거를 셀 방식으로 생산하는 공장에서, 자전거 1대당 소요공수가 14.5H이며, 1일 8H, 월 25일 작업을 한다면 작업자 1명당 월 생산 가능 대수는 몇 대인가? (단, 작업자의 생산 종합효율은 80%이다.)

① 10대   ② 11대
③ 13대   ④ 14 대

풀이 공수의 계산
① 작업부하 = 1대×14.5H = 14.5
② 월 작업능력 = 8H×25×0.8 = 160

∴ 생산 가능 대수 = $\dfrac{작업부하}{작업능력}$

= $\dfrac{160}{14.5}$ = 11대

22 ASME(American Society of Mechanical Engineers)에서 정의하고 있는 제품공정 분석표에서 사용되는 기호 중 "저장(Storage)"을 표현한 것은?

① ○   ② □
③ ▽   ④ ⇨

풀이 제품공정 분석기호

공정분류	기호명칭	기호	의미
가공	가공	○	원료, 재료, 부품 또는 제품의 형상 및 품질에 변화를 주는 과정
운반	운반	○ or ⇨	원료, 재료, 부품 또는 제품의 위치에 변화를 주는 과정
검사	수량검사	□	원료, 재료, 부품 또는 제품의 양 또는 개수를 측정하여 결과를 기준과 비교하는 과정
	품질검사	◇	원료, 재료, 부품 또는 제품의 품질특성을 시험하고 결과를 기준과 비교하는 과정
정체	저장	▽	원료, 재료, 부품 또는 제품을 계획에 따라 저장하는 과정
	지체	D	원료, 재료, 부품 또는 제품이 계획과는 달리 정체되어 있는 상태

품질검사 주로 하며 수량검사	수량검사 주로 하며 품질검사	가공을 주로하며 수량검사	가공을 주로하며 운반작업
작업중의 정체	공정 간에서 정체	정보기록	기록완선

23 로트에서 랜덤하게 시료를 추출하여 검사한 후 그 결과에 따라 로트의 합격, 불합격을 판정하는 검사방법을 무엇이라 하는가?

① 자주검사   ② 간접검사
③ 전수검사   ④ 샘플링검사

풀이 용어 설명
① 로트 : 같은 조건하에서 생산되거나 또는 생산되었다고 생각되는 제품의 집합. 품질이 균일할 것으로 판단되는 다수의 제

20 ④   21 ②   22 ③   23 ④

품으로 이루어진 하나의 제품 집단
② 자주검사 : 작업자 자신이 스스로 하는 검사
③ 전수검사 : 출하되는 모든 제품을 검사하는 방법
④ 샘플링 검사 : 로트에서 랜덤하게 시료를 추출하여 검사한 후 그 결과에 따라 로트의 합격, 불합격을 판정하는 검사방법
간접검사란 검사는 없다.

24 미리 정해진 일정단위 중에 포함된 부적합 수에 의거하여 공정을 관리할 때 사용되는 관리도는?

① c 관리도 ② P 관리도
③ X 관리도 ④ nP 관리도

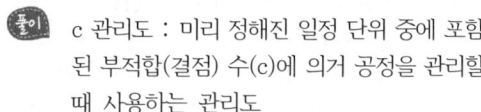 c 관리도 : 미리 정해진 일정 단위 중에 포함된 부적합(결점) 수(c)에 의거 공정을 관리할 때 사용하는 관리도

25 FR 방식의 차량에서 추진축의 설명으로 틀린 것은?

① 비틀림을 받으면서 고속 회전하므로 크롬 니켈, 크롬 몰리브덴강을 사용하고 있다.
② 뒤차축의 중심이 변화하여 추진축의 각도가 변화하면 축의 길이도 이에 대응하여 변화된다.
③ 두 개의 축이 어느 각도를 이룰 때 자재이음으로 십자형, 트러니언, 플렉시블, 등속 조인트 등이 있다.
④ 대형차에서는 축의 비틀림에 의한 진동이나 소음을 방지하기 위해 토션 댐퍼를 같이 둔다.

①, ②, ④항은 FR 방식 차량의 추진축에 대한 설명이고, 등속조인트는 FF 방식의 자동차에서 사용된다.

26 전자제어 현가장치에서 뒤 압력센서의 설명 중 틀린 것은?

① 뒤 쇽업소버 내의 공기 압력을 감지하는 센서이다.
② 압력 센서의 신호는 쇽업소버의 압력 변화에 따라 전압 값으로 나타난다.
③ 화물 적재량이 많을 경우 공기 압력이 규정값 이상이 되어 센서는 작동하지 않는다.
④ 뒤 압력 센서에는 급기밸브와 솔레노이드 밸브 어셈블리가 같이 설치되어 있다.

뒤 압력센서는 뒤쪽 쇽업소버 내의 공기 압력을 감지하는 센서로, 압력센서의 신호는 쇽업소버의 압력변화를 전압 값으로 나타낸다. 뒤 압력센서에는 급기밸브와 솔레노이드 밸브 어셈블리가 같이 설치되어 있으며, 승차 인원이나 화물 적재량이 많아 뒤쪽 쇽업소버의 공기 압력이 규정값 이상으로 높아지면 자세제어 시 뒤쪽의 제어를 금지한다.

27 튜브리스 타이어(tubeless tire)의 특징으로 거리가 먼 것은?

① 고속 주행하여도 발열이 적다.
② 펑크 수리가 간단하다.
③ 림이 변형되어도 공기가 새지 않는다.

24 ① 25 ③ 26 ③ 27 ③

④ 못 등에 찔려도 공기가 급격히 새지 않는다.

풀이 튜브리스 타이어의 특징
① 못 등에 찔려도 공기가 급격히 새지 않는다.
② 펑크 수리가 간단하고, 고속으로 주행하여도 발열이 적다.
③ 림이 변형되어 타이어와 밀착이 불량하면 공기가 새기 쉽다.
④ 유리조각 등에 의해 찢어지면 수리하기 어렵다.

28 마찰계수가 0.5인 포장도로에서 주행속도가 80km/h로 달리는 자동차에 브레이크를 작용했을 때 제동거리는 약 얼마인가?

① 25m ② 50m
③ 75m ④ 100m

풀이 마찰계수에 의한 제동거리(S) = $\dfrac{v^2}{2\mu g}$

여기서, v : 제동초속도[m/s]
μ : 노면과의 마찰계수
g : 중력가속도[9.8m/s²]

∴ S = $\dfrac{\left(\dfrac{80}{3.6}\right)^2}{2 \times 0.5 \times 9.8}$ = 50m

29 자동차의 안전기준에 관한 규칙으로 틀린 것은?

① 자동차의 높이는 3m를 초과할 수 없다.
② 최저 지상고는 공차상태에서 접지부분 외의 부분은 지면과의 사이에 12cm 이상의 간격이 있어야 한다.
③ 자동변속장치의 중립 위치는 전진 위치와 후진 위치사이에 있어야 한다.
④ 앞 방향으로 개폐되는 후드 걸쇠장치는 2차 잠금 또는 2개소 잠금이 가능한 구조이어야 한다.

풀이 자동차의 길이, 너비 및 높이는 각각 13m, 2.5m, 4m를 초과하여서는 안된다.

30 자동변속기의 유성기어 장치에서 선기어 잇수가 30, 링기어 잇수 60일 때 링기어의 회전수는?

(단, 선기어 고정, 캐리어 구동 50회전)
① 18rpm 증속 ② 33rpm 감속
③ 50rpm 감속 ④ 75rpm 증속

풀이 유성기어 회전수 계산하는 방법
① 캐리어 잇수 = 선기어 잇수 + 링기어 잇수
② 구동기어 잇수(Z_1) × 구동기어 회전수(N_1) = 피동기어 잇수(Z_2) × 피동기어 회전수(N_2)

∴ $N_2 = \dfrac{Z_1}{Z_2} \times N_1 = \dfrac{90}{60} \times 50$ = 75rpm 증속

31 차속 감응형 동력 조향시스템(EPS)에서 고속 주행 시 조향력 제어 방법으로 맞는 것은?

① 조향력을 가볍게 한다.
② 조향력을 무겁게 한다.
③ 고속 제어는 하지 않는다.
④ 조향력 제어를 순간적으로 정지한다.

풀이 파워 스티어링 장치는 저속에서는 가볍게, 고속에서는 적절히 무거운 조향이 되도록 한다.

28 ② 29 ① 30 ④ 31 ②

32 앞바퀴 정렬 중 캐스터에 대한 설명으로 틀린 것은?

① 킹핀 중심선의 연장이 노면과 교차하는 지점을 캐스터 점이라 한다.
② 캐스터 점과 타이어 접지면 중심과의 거리를 트레일이라 한다.
③ 캐스터는 주행 중 바퀴에 복원성을 준다.
④ 캐스터 점은 일반적으로 차륜 후방에 있다.

풀이 캐스터의 작용
① 주행 중 조향바퀴에 방향성(직진성)을 준다.
② 선회한 후 조행 핸들을 놓으면 직진방향으로 되돌아 오는 복원력이 발생된다.
③ 킹핀 중심선의 연장이 노면과 교차하는 지점을 캐스터 점이라 한다.
④ 캐스터 점과 타이어 접지면 중심과의 거리를 리드(lead) 또는 트레일(trail)이라 한다.
⑤ 캐스터 점은 일반적으로 차량 전방에 있다.

33 동력 조향장치에서 세이프티 체크 밸브(safety check valve)의 설명으로 틀린 것은?

① 세이프티 체크 밸브는 컨트롤 밸브에 설치되어 있다.
② 엔진의 정지, 오일펌프의 고장 등 유압이 발생할 수 없는 경우 조향 휠이 조작을 기계적으로 작동이 가능하게 해준다.
③ 세이프티 체크 밸브는 압력차에 의해 자동으로 열린다.
④ 세이프티 체크 밸브는 유압 계통이 정상일 경우 밸브 시트에서 열려 오일이 잘 통과하도록 되어 있다.

풀이 세이프티 체크 밸브는 컨트롤 밸브에 설치되어 있으며 동력 조향장치 작동 시에는 항상 닫혀 있다가 엔진의 정지, 오일펌프 등 유압계통에 고장이 발생하면 압력차에 의해 자동으로 열려 조향 휠의 조작이 기계적으로 가능하게 한다.

34 쇽업소버의 감쇠력 제어 작동 설명이 틀린 것은?

① 노면의 충격을 스프링이 흡수하고 쇽업소버는 스프링진동을 감쇠시킨다.
② 쇽업소버에는 작동유를 봉입한 실린더 피스톤 및 오리피스로 구성되어 있다.
③ 쇽업소버 내부의 오리피스를 통과하는 오일이 에너지를 흡수함으로 감쇠력이 생긴다.
④ 쇽업소버 내부의 오리피스의 지름을 작게 하면 감쇠력이 작게 된다.

풀이 ①~③항이 쇽업소버에 대한 옳은 설명이고, 쇽업소버 내부의 오리피스의 지름을 작게 하면 오일이 통과하는 속도가 늦게 되어 감쇠력은 크게 된다.

35 유체 클러치에서 와류에 의한 유체 충돌을 감소시키는 장치는?

① 클러치   ② 베인
③ 가이드 링   ④ 터빈 런너

풀이 유체 클러치에서 가이드 링은 유체의 흐름을 안내하여 오일의 와류 및 유체 충돌을 방지한다.

32 ④   33 ④   34 ④   35 ③

36 공차 상태의 승용자동차(차량총중량이 차량중량의 1.2배 이상)는 최대 안전 경사각도가 좌·우 각각 몇도 기울인 상태에서 전복되지 않아야 하는가?

① 좌 25도, 우 35도
② 좌·우 각각 35도
③ 좌·우 각각 25도
④ 좌 35도, 우 25도

풀이) 안전기준에 관한 규칙 제8조(최대안전 경사각도)
공차 상태의 승용자동차(차량총중량이 차량중량의 1.2배 이상)는 좌·우 각각 35도 기울인 상태에서 전복되지 않아야 한다.

37 압축공기식 브레이크에서 공기탱크의 압력을 일정하게 유지하고 공기탱크 내의 압력에 의해 압축기를 다시 가동시키는 역할의 밸브장치는?

① 드레인 밸브(drain valve)
② 언로더 밸브(unloader valve)
③ 체크 밸브(check valve)
④ 로드 센싱 밸브(load sensing valve)

풀이) 언로우더 밸브는 공기압력이 규정값 이상이 되면 (5~7kgf/cm²) 언로우더 밸브가 흡기 밸브를 밀어 압축기 작동을 정지시키고, 다시 닫히면 가동되어 압력조정기와 함께 공기 압축기가 과다하게 작동되는 것을 방지하고 공기탱크의 압력을 일정하게 유지하는 역할을 한다.

38 차량의 여유 구동력을 크게 하기 위한 방법 중 거리가 먼 것은?

① 주행저항을 적게 한다.
② 총감속비를 작게 한다.
③ 엔진 회전력을 크게 한다.
④ 구동바퀴의 유효 반지름을 작게 한다.

풀이) 여유 구동력을 크게 하기 위한 방법
① 엔진 회전력을 크게 한다.
② 총감속비를 크게 한다.
③ 구동바퀴의 유효 반지름을 작게 한다.
④ 주행저항을 적게 한다.

39 유압식 브레이크 회로에 잔압을 유지하게 하는 목적이 아닌 것은?

① 브레이크 작동 지연방지
② 회로 내에 공기 침입방지
③ 베이퍼록 발생방지
④ 제동압력 과다방지

풀이) 잔압을 두는 목적
① 브레이크 작동 신속
② 베이퍼 록 방지
③ 오일 누출 방지(공기 유입 방지)

40 ABS에서 슬립 상태를 판단하며 각종 솔레노이드 밸브에 대한 증압 및 감압 형태를 결정하는 부품은?

① 모터 및 펌프   ② ABS ECU
③ 하이드로릭 밸브   ④ EBD

풀이) ABS 주요 구성부품 및 역할
① ABS ECU(컨트롤 유닛) : 휠 스피드센서에 의해 4륜 각각의 차륜속도 및 감가

36 ② 37 ② 38 ② 39 ④ 40 ②

속도를 연산하여 차륜의 슬립상태를 판단하며 각종 솔레노이드 밸브에 대한 증압 및 감압형태를 결정한다.
② 휠 스피드 센서 : 톤휠의 회전에 의해 발생된 신호로 바퀴의 회전속도를 검출
③ 하이드롤릭 유닛 : ECU의 신호에 따라 정상, 감압, 증압, 유지의 4가지 작동으로 각 휠 실린더에 작용하는 유압을 조절하며, 오일펌프, 솔레노이드 밸브, 어큐뮬레이터, 제어 피스톤, 프로포셔닝 밸브 등이 설치
④ EBD : ABS 장치에서 초기 제동 시 전륜보다 후륜이 먼저 록킹(locking)되는 것을 방지하기 위해 후륜의 유압을 알맞게 제어하는 역할을 한다.

41 자동차의 전면 투영면적이 20% 증가될 때 공기저항의 증가 비율은? (단, 투영면적을 제외한 모든 조건을 동일하다.)

① 20% ② 40%
③ 60% ④ 80%

풀이 공기저항(R_a) = $\mu_a \cdot A \cdot v^2$
위 식에서 공기저항은 공기 저항계수, 전면 투영면적에 비례하고, 속도의 제곱에 비례한다. 따라서 전면 투영면적이 20% 증가될 때 공기저항은 20% 증가된다.

42 자동변속기 차량을 밀거나 끌어서 시동할 수 없는 이유로 가장 거리가 먼 것은?

① 토크 컨버터가 마찰열에 의해 파손을 가져오기 때문이다.
② 구동 바퀴로부터의 동력이 회전부분의 마찰을 가져오기 때문이다.
③ 충분한 윤활이 안되어 구동부품의 소결을 가져오기 때문이다.
④ 중량이 무겁고 또한 밀어서 시동을 걸 경우 배터리의 손상을 가져오기 때문이다.

풀이 시동이 걸리지 않은 상태에서 자동변속기 차량을 밀거나 끌면 윤활이 되지 않으므로 구동바퀴로 부터의 동력이 회전부분의 마찰을 일으켜 토크 컨버터 등 각부가 파손되거나 소결을 일으킨다.
배터리(축전지)와는 관련이 없다.

43 자동변속기의 스톨 테스트 결과 엔진 회전수가 규정보다 낮을 때의 결함 원인으로 가장 적절한 것은?

① 변속기 내의 유압라인 압력이 너무 낮다.
② 엔진 출력이 부족하다.
③ 클러치 및 브레이크가 미끄러진다.
④ 댐퍼 클러치가 미끄러진다.

풀이 **스톨 테스트**(stall test, 정지 회전력 시험)
"D", "R" 위치에서 엔진의 최대 회전속도를 측정하여 엔진과 변속기의 총합 상태를 측정하는 것을 말한다.
① "D" 레인지에서 높으면 1단 작동요소 불량
② "R" 레인지에서 높으면 후진 작동요소 불량
③ "D" 나 "R" 레인지에서 모두 높으면 라인 압력 불량
④ "D" 나 "R" 레인지에서 모두 낮으면 엔진 출력 부족 및 원웨이 클러치 불량

41 ① 42 ④ 43 ②

44 스파크 플러그의 절연저항에 대한 설명으로 옳은 것은?
① 절연저항 측정은 절연 저항계를 사용한다.
② 절연저항이 10MΩ 이상이면 불량으로 판단한다.
③ 절연저항 측정은 중심 전극과 고전압 커넥터(단자너트)에서 측정한다.
④ 절연체 균열이 발생되어도 엔진부조와 무관하다.

[풀이] 절연저항 측정은 접지 전극과 고전압 단자에서 측정하며, 절연저항이 10MΩ 이상이면 정상으로 판단한다. 절연체에 균열이 발생되면 고전압 인가 시 플래시 오버(flash over) 현상이 나타나 엔진부조가 발생한다.

45 자동차 네트워크 통신에서 게이트웨이 모듈의 설치 목적으로 틀린 것은?
① 네트워크 간 서로 다른 통신 속도 해결
② 서로 다른 프로토콜 중계
③ 시스템 요구에 맞는 네트워크 구성 후 필요한 정보 공유
④ 아날로그 신호를 디지털 신호로 변환

[풀이] ①~③ 항이 자동차 네트워크 통신에서 게이트웨이 모듈의 역할이며, 아날로그 신호를 디지털 신호로 변환하는 것은 A/D 컨버터가 한다.

46 할로겐 전조등에 관한 특징 중 틀린 것은?
① 색온도가 높아 밝은 적색광을 얻을 수 있다.
② 전구의 효율이 높아 밝기가 크다.
③ 교행용의 필라멘트 아래에 차광판이 있어서 눈부심이적다.
④ 할로겐 사이클로 흑화 현상이 없어 수명을 다할 때까지 밝기가 변하지 않는다.

[풀이] 할로겐 램프의 특징
① 할로겐 사이클로 흑화현상이 없어 밝기의 변화가 없다.
② 색의 온도가 높아 밝은 배광색을 얻을 수 있다.
③ 로우빔 필라멘트 아래에 차광판이 있어 눈부심이 적다.
④ 전구의 효율이 높아 밝기가 크다.
[참고] 할로겐 사이클
필라멘트에 전류가 흐르면 필라멘트가 증발되어 전구 내면에 침착되어 광도를 저하시킨다.(흑화현상) 이런 현상을 방지하기 위하여 비활성 기체인 할로겐 원소를 주입하면 증발된 텅스텐 필라멘트가 할로겐과 결합하여 떠돌아다니다가 텅스텐이 다시 필라멘트에 달라붙어 복원된다.

47 배터리의 외형표기에서 "55 D 26 R"의 의미로 옳은 것은?
① 55 = 성능랭크, D = 배터리의 길이, 26 = 높이 폭, R = 배터리의 극성위치
② 55 = 성능랭크, D = 배터리의 길이, 26 = 높이 폭, R = 배터리의 저항크기
③ 55 = 성능랭크, D = 높이 폭, 26 = 배터리의 길이, R = 배터리의 극성위치

44 ① 45 ④ 46 ① 47 ③

④ 55 = 성능랭크, D = 높이 폭,
26 = 배터리의 길이,
R = 배터리의 저항크기

풀이 배터리의 외형표기 : "55 D 26 R"
① 55 : 성능랭크와 시동성능으로, 숫자가 클수록 파워가 강하다.
② D : 배터리의 폭×높이로 사이즈를 나타낸다.(A~H)
③ 26 : 정면에서 보았을 때 배터리 긴 방향의 길이
④ R : 단자를 앞으로 놓고 보았을 때 (-)단자가 왼쪽이면 L, 오른쪽이면 R

48 절연저항이 2MΩ인 고압케이블에 12kV의 고전압이 인가될 때 누설 전류는?

① 0.6mA
② 6mA
③ 12mA
④ 24mA

풀이 오옴의 법칙 $I = \dfrac{E}{R}$

∴ $I = \dfrac{12,000}{2 \times 10^6} = 0.006A = 6mA$

49 발전기의 기전력에 대한 설명으로 틀린 것은?

① 로터 코일에 흐르는 전류가 클수록 기전력은 커진다.
② 로터 코일의 회전속도가 빠를수록 기전력은 작아진다.
③ 자극수가 적을수록 기전력은 작아진다.
④ 코일의 권수가 많을수록 기전력은 커진다.

풀이 전압을 높게 발생시키는 방법
① 엔진 회전을 빠르게 한다.
② 코일의 권수를 많게 한다.
③ 자극의 수를 많게 한다.
④ 자석의 세기를 세게(로터코일 전류를 많게) 한다.

50 에어백 장치의 각 기능을 설명한 것으로 틀린 것은?

① 프리텐셔너는 에어백 전개 시 안전벨트를 순간적으로 잡아 당겨서 운전자를 시트에 단단히 고정시킨다.
② 로드 리미트는 안전벨트에 일정 하중 이상이 가해질 경우 승객의 가슴부위 상해를 최소화 해주는 기능이다.
③ 클럭 스프링은 조향 휠의 에어백과 조향 컬럼 사이에 설치되어 있다.
④ 안전센서는 승객의 안전벨트 작용 여부를 감지하는 센서이다.

풀이 안전센서(safing sensor)는 충돌시 기계적으로 작동하는 센서로, 충돌 감지센서의 오작동을 감시한다.

51 자동차 에어컨 냉동 사이클 방식 중 TXV(thermal expansion valve) 방식에서는 팽창밸브에서 교축작용이 이루어진다. 이 팽창밸브에 해당하는 CCOT(clutch cycling orifice tube) 방식의 구성품은?

① 어큐물레이터(accumulator)
② 에버포레이터(evaporaror)
③ 컨덴서(condenser)

48 ② 49 ② 50 ④ 51 ④

④ 오리피스 튜브(orifice tube)

풀이 TXV(팽창밸브) 방식은 팽창밸브에서 교축 작용이 이루어지며, CCOT(오리피스 튜브) 방식에서는 오리피스 튜브에서 교축작용이 이루어진다.

52 그로울러 시험기로 시험할 수 없는 것은?

① 전기자의 저항시험
② 전기자의 단선시험
③ 전기자의 단락시험
④ 전기자의 접지시험

풀이 그로울러 시험기 시험 항목
① 전기자의 단선시험
② 전기자의 단락시험
③ 전기자의 접지시험

53 차체 패널 조립시의 설명으로 틀린 것은?

① 외장 패널을 부착할 때 간격과 단 차이를 맞춘다.
② 부착 조정을 위해 패널을 임의로 가공한다.
③ 패널을 부착할 때 흠집이 나지 않도록 한다.
④ 패널을 부착할 때 기준선을 중심으로 설치한다.

풀이 차체 패널 조립 시 주의사항
① 패널을 부착할 때 기준선을 중심으로 설치한다.
② 외장 패널을 부착할 때 간격과 단 차이를 맞춘다.
③ 패널을 부착할 때 흠집이 나지 않도록 한다.

④ 부착 조정을 위해 패널을 임의로 가공하지 않는다.

54 용접 패널에서 전단 가공의 종류가 아닌 것은?

① 스프링 백(spring back)
② 블랭킹(blanking)
③ 펀칭(punching)
④ 트리밍(trimming)

풀이 전단 가공(shearing)
쉐어링 머신이나 금형을 사용하여 외력으로 잘라내는 작업으로, 블랭킹, 펀칭, 전단, 트리밍, 셰이빙 등이 있다.
[참고] 스프링 백 현상
금속재료는 어느 정도 탄성을 가지고 있어서 판재를 구부릴 때 하중을 제거하면 탄성에 의해 처음의 상태처럼 돌아오는 현상

55 다음 중 차체에 작용하는 응력의 종류에서 거리가 가장 먼 것은?

① 전단 응력   ② 중력 응력
③ 비틀림 응력   ④ 압축 응력

풀이 자동차 차체에는 전단 응력, 압축 응력 비틀림 응력 등이 작용한다.
중력 응력이란 용어는 없다.

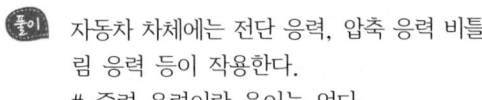

52 ① 53 ② 54 ① 55 ②

56 도어나 트렁크 리드가 닫혔을 때 본체와 닿는 면을 부드럽게 하기 위한 고무로서 개스킷 식으로 된 부품의 명칭은?

① 웨더 스트립(weather strip)
② 그릴(grille)
③ 몰딩(molding)
④ 트림(trim)

풀이 용어 설명
① 웨더 스트립(weather strip) : 유리, 도어, 트렁크 후드 등의 테두리에 설치되어, 닫힐 때 본체와 닿는 면을 부드럽게 하며 이물질이나 소음을 차단하기 위한 고무
② 그릴(grille) : 내·외부를 통하기 위한 작은 틈새로, 주로 라디에이터 그릴을 의미한다.
③ 몰딩(molding): 자동차 내부 및 외부의 밋밋한 부분에 칼라, 띠, 면 등을 사용하여 테두리 등에 부착한 장식물
④ 트림(trim) : 도어 트림을 말하며, 도어 내부의 안쪽에 보여지는 부분으로, 손잡이, 수납공간 역할 및 외부 노이즈 유입을 차단하며 측면 충돌시 승객의 안전을 확보하는 역할

57 상도 도료 도장시 보수용 도료의 칼라와 실차 칼라가 잘 맞지 않는 이유가 아닌 것은?

① 신차 라인과 보수 도장 작업장의 작업환경 및 도장 라인 시스템이 다르기 때문이다.
② 신차 라인에서 사용하는 도료 타입과 보수용 도료에서 사용하는 도료 타입이 다르기 때문이다.
③ 신차 라인에서 사용하는 도료도 생산 로트별로 칼라가 약간씩 다르게 나온다.
④ 신차 라인에서 나오는 자동차의 칼라는 동일한 칼라의 경우 자동차를 생산하는 공장에 관계없이 일정하다.

풀이 "잘 맞지 않는 이유가 아닌 것은" 이란 의미는 "잘 맞는 이유는" 이란 의미이다. 따라서, "신차 라인에서 나오는 자동차의 칼라는 동일한 칼라의 경우 자동차를 생산하는 공장에 관계없이 일정하다."가 정답이다.

58 건조 유형과 그에 맞는 도료를 연결한 것으로 옳지 않은 것은?

① 공기 건조형 - 에나멜 락카
② 소부 건조형 - 신차용 도료(아크릭 멜라민)
③ 용제 증발형 - NC 락카
④ 습기 경화형 - 칼라 코크

풀이 공기 건조와 용제 증발형이란 공기 중에서 산화되어 건조되는 형태로 락카계 도료가 이에 속하며, 소부 건조란 신차용 도료 건조에서 120°~180°의 높은 열에 의해 건조하는 방법으로 멜라민계, 아크릴계가 이에 속한다. 습기 상태에서 건조시키는 방법은 없다.

56 ①   57 ④   58 ④

59 스프레이 부스에 대한 설명으로 가장 거리가 먼 것은?

① 부스의 급기장치는 필요한 바람을 소정의 온·습도를 조정하고 먼지를 제거하는데 있다.
② 부스의 배기장치는 도료의 미스트를 배출하여 환경을 해치는 일이 없도록 한다.
③ 부스의 출입문은 바람이 약간 빨려들어 오는 것이 좋다.
④ 부스의 조도는 가능하면 1000 lux 이상 되어야 한다.

풀이 ①, ②, ④항이 스프레이 부스(spray booth)에 대한 옳은 설명이고, 스프레이 부스는 도장할 수 있는 장소로 외부공기를 필터하여 공급하고, 내부의 도료 분진을 필터하여 배기시키는 장치와 열처리까지 가능한 설비를 말한다.

60 도장 후 건조 도막을 얻기 위하여 급격히 가열시키면 어떤 현상이 발생하는가?

① 균열(cracking)
② 핀홀(pin hole)
③ 오렌지 필(orange peel)
④ 흐름(sagging)

풀이 도장 후 건조 도막을 얻기 위하여 급격히 가열시키면 외부의 온도가 높아 크리어 표면이 먼저 경화되면서 내부의 용제가 뚫고 올라와 핀홀이 발생한다.

59 ③ 60 ②

자동차정비기능장 제59회

(2016.04.02 시행)

01 디젤 자동차의 배기가스 후처리 장치인 DPF를 설명한 것 중 틀린 것은?

① 포집된 매연(PM)을 재생(연소)하기 위해 사후분사를 실시함
② 포집된 매연(PM)을 재생(연소)할 때의 온도는 대략 100°C 정도임
③ 포집된 매연(PM)의 재생(연소)여부를 판단하기 위해 DPF의 앞, 뒤 압력 센서의 신호를 받음
④ 배기관의 매연(PM)을 포집하고 재생(연소)하는 장치임

풀이 DPF(Diesel Particulate Filter) : 배기관의 입자상 물질(PM, 매연)을 포집하고 재생(연소)하는 장치로, 매연의 포집에 의해 저항이 증가하므로 제거하기 위해 연소시킨다. 포집된 매연(PM)를 재생(연소)할 때는 DPF의 앞, 뒤 압력 센서의 차압신호를 받으며, 포집된 매연(PM)를 재생(연소)하기 위해 사후 분사를 실시한다. 포집된 매연의 재생은 대략 200~250°C, 400~500km 주기마다 강제로 재생시킨다.

02 LPG 연료 차량의 장점에 대한 설명으로 틀린 것은?

① 연소실에 카본 퇴적이 적어 점화플러그의 수명이연장된다.
② 유황분이 많아 배기관이나 머플러의 손상이 적다.
③ 엔진오일의 수명이 길다.
④ 퍼콜레이션(percolation)이나 베이퍼록(vapor lock)현상이 없다.

풀이 LPG 기관의 특징
① 대기오염이 적고, 위생적이다.
② 연소효율이 좋고, 엔진이 정숙하다.
③ 오일의 오염이 적어 엔진 수명이 길다.
④ 이론 공연비에 가까운 값에서 완전 연소한다.
⑤ 가스상태이므로 증기폐쇄가 일어나지 않는다.
⑥ 옥탄가가 높고 노킹이 적어 점화시기를 앞당길 수 있다.
⑦ 연소실에 카본부착이 없어 점화플러그 수명이 길어진다.
⑧ 퍼콜레이션(percolation)이나 베이퍼 록(vapor lock) 현상이 없다.

03 자동차 흡입밸브의 지름을 32mm라고 할 때 밸브의 양정은 몇 mm정도가 적합한가? (단, 밸브 직경과 밸브 시트의 직경은 거의 같다.)

① 4　　② 8
③ 16　　④ 32

풀이 밸브의 양정(L) = $\dfrac{d}{4}$

여기서, L : 밸브 양정(간극)[mm]

01 ②　02 ②　03 ②

d : 밸브 지름[mm]

∴ 밸브 간극(L) = $\frac{32}{4}$ = 8mm

04 LPG기관 장치에서 베이퍼라이저에 대한 설명으로 틀린 것은?

① 연료가 1차실로 들어가면 1차압 조절기구에 의해 가압된다.
② 시동성을 좋게 하려고 슬로우 컷 솔레노이드가 있다.
③ 동결 방지를 위해 냉각수 통로가 있다.
④ 2차실 압력을 대기압에 가깝게 감압하는 작용을 한다.

풀이 ②, ③,④ 항이 옳은 설명이고, 연료가 1차실로 들어가면 1차압 조절기구에 의해 감압된다.

05 기관의 회전속도가 3000rpm 이고, 연소지연시간이 1/900초일 때, 연소지연시간 동안 크랭크축의 회전각도는?

① 30°
② 28°3333
③ 25°
④ 20°

풀이 연소지연시간 동안 크랭크축 회전각도(α)
= 6·N·T
여기서, N : 엔진 회전수[rpm]
T : 연소 지연시간[sec]
∴ 크랭크축 회전각도(α)
= 6·N·T
= 6×3000×1/900 = 20°

06 오버스퀘어 엔진의 장점이 아닌 것은?

① 피스톤 평균속도를 올리지 않고 회전속도를 높일 수 있다.
② 흡·배기밸브의 지름을 크게 할 수 있어 단위 실린더 체적당 흡입 효율을 높일 수 있다.
③ 직렬형인 경우 엔진의 높이를 낮게 할 수 있다.
④ 엔진의 길이가 짧고 진동이 작다.

풀이 오버스퀘어(단행정) 기관의 장점과 단점
① 피스톤 평균속도를 올리지 않고 회전속도를 높일 수 있어 출력을 크게 할 수 있다.
② 흡·배기밸브의 지름을 크게 할 수 있어 단위 실린더 체적당 흡입효율을 높일 수 있다.
③ 내경이 커서 피스톤이 과열되기 쉽고, 베어링 하중이 증가한다.
④ 내경에 비해 행정이 작으므로 기관의 높이를 낮게 할 수 있다.
⑤ 기관의 높이는 낮아지나, 길이가 길어진다.

07 가솔린기관의 배기가스 중 HC를 감소시키는 요인으로 틀린 것은?

① 점화전압 증가
② 이론 혼합비 연소
③ 실린더 벽면의 온도 상승
④ 압축비의 감소

풀이 ①, ②,③ 항이 HC를 감소시키는 요인이며, 압축비가 감소하면 연소가 불량하여 HC가 증가한다.

04 ① 05 ④ 06 ④ 07 ④

08 기관의 과열원인으로 틀린 것은?

① 라디에이터 압력 캡의 스프링 장력 부족
② 라디에이터 코어 막힘
③ 팬벨트 장력 부족이나 끊어짐
④ 수온조절기가 열린 상태로 고장

풀이 기관 과열의 원인
① 수온조절기가 닫힌 상태로 고장일 때
② 냉각수가 부족할 때
③ 팬 벨트 장력 부족이나 끊어짐
④ 라디에이터 코어 막힘
⑤ 라디에이터 압력 캡의 스프링 장력 부족

09 가솔린 기관에서 노킹을 억제하기 위한 방법으로 틀린 것은?

① 높은 옥탄가의 연료를 사용한다.
② 압축비를 내린다.
③ 화염 전파거리를 단축한다.
④ 와류를 증가시켜 연소시간을 늘린다.

풀이 가솔린 기관의 노킹 방지 대책
① 옥탄가가 높은 연료를 사용한다.
② 압축비를 낮춘다.
③ 화염전파 거리를 가능한 한 짧게 한다.
④ 혼합가스의 와류를 좋게 하여 연소시간을 짧게 한다.
⑤ 흡입공기 온도와 연소실 온도를 낮게 한다.
⑥ 퇴적된 카본을 제거한다.
⑦ 점화시기를 지각시킨다.

10 연료소비율이 250g/PS-h인 가솔린 기관의 열효율은? (단, 가솔린의 저위발열량은 10500kcal/kg이다.)

① 약 12% ② 약 24%
③ 약 30% ④ 약 34%

풀이 제동 열효율(η b) = $\dfrac{632.3 \times PS}{CW} \times 100(\%)$

여기서, C : 연료의 저위 발열량[kcal/kgf]
W : 연료 중량[kgf]
PS : 마력[ps] (주어지지 않으면 1마력)

∴ 제동 열효율(η b) = $\dfrac{632.3 \times 1}{10500 \times 0.25} \times 100$

= 24.08%

11 가솔린 기관용 윤활유의 구비조건으로 틀린 것은?

① 알맞은 점성을 가질 것
② 카본 생성이 적을 것
③ 열에 대한 저항력이 없을 것
④ 부식성이 없을 것

풀이 윤활유의 구비조건
① 비중이 적당할 것
② 적당한 점도를 가질 것
③ 응고점은 낮고, 인화점이 높을 것
④ 열과 산에 대하여 안정성이 있을 것
⑤ 카본 형성에 대한 저항력이 있을 것

08 ④ 09 ④ 10 ② 11 ③

12. 흡입하는 공기가 통과할 때 생기는 압력차에 의하여 메저링 플레이트가 밀려서 열리는 원리를 이용한 것은?
   ① 베인식 에어플로우미터
   ② 칼만 와류식 에어플로우미터
   ③ 핫 와이어식 에어플로우미터
   ④ 핫 필름식 에어플로우미터

   풀이) 베인식 에어플로우미터는 기관이 흡입하는 공기가 통과할 때 생기는 압력차에 의하여 메저링 플레이트가 밀려서 열리는 원리를 이용하여 흡입공기량을 계측하는 방식이다.

13. 가솔린 기관의 전자제어 연료분사장치에서 인젝터의 연료 분사량은 무엇에 의해 결정되는가?
   ① 인젝터의 솔레노이드 밸브에 가해지는 전압
   ② 인젝터의 솔레노이드 코일에 흐르는 통전시간
   ③ 인젝터에 작용하는 연료압력
   ④ 인젝터의 니들 밸브 행정

   풀이) 인젝터의 연료 분사량은 인젝터의 솔레노이드 코일에 흐르는 통전시간(개방시간)으로 결정된다.

14. 실린더 내 압력파형으로부터 얻어지는 정보가 아닌 것은?
   ① 최고압력   ② 착화지연
   ③ 압축압력 및 온도 ④ 배출가스 성분

   풀이) 실린더 내 압력파형으로 압축압력 및 온도, 최고압력, 착화지연 등을 알 수 있다.
   # 배출가스 성분은 배기가스 분석에서 알 수 있다.

15. 디젤기관의 인젝터에서 고압의 연료가 노즐에서 분사될 때의 3대 구비요건 중 거리가 먼 것은?
   ① 관통력   ② 희석도
   ③ 미립화   ④ 분포

   풀이) 연료 분무의 3대 조건 : 무화, 분포, 관통력

16. 로터리 기관을 왕복형 기관과 비교했을 때 특징이 아닌 것은?
   ① 부품 수가 적다.
   ② 출력이 같은 왕복형 기관에 비해 대형이고 무겁다.
   ③ 왕복운동 부분과 밸브기구가 없으므로 진동과 소음이 적다.
   ④ 캠에 의한 밸브기구가 없으므로 고속시 출력이 저하되는 일이 적다.

   풀이) **로터리 기관의 특징**
   ① 구조가 간단하고 소형 경량으로, 부품수가 적다.
   ② 단위 중량당 출력이 크다.
   ③ 왕복운동 부분이 없어 고속시 출력이 저하되는 일이 적다.
   ④ 밸브기구가 없고, 회전운동을 하므로 진동과 소음이 적다.
   ⑤ 질소산화물(NOx)의 생성이 적다.
   ⑥ 연료 소비율은 왕복형 기관에 비해 나쁘고, 로터의 수명이 짧다.

12 ① 13 ② 14 ④ 15 ② 16 ②

17 디젤 기관에서 과급기를 사용하는 이유로 틀린 것은?

① 체적효율 증대 ② 출력 증대
③ 냉각효율 증대 ④ 회전력 증대

풀이 과급기를 사용 이유
① 출력의 증대
② 체적효율의 향상
③ 열효율의 향상
④ 소형, 경량화

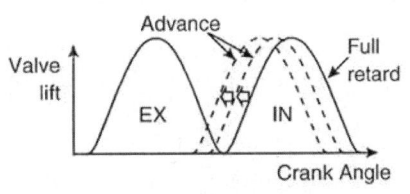

CVVT 시스템의 장점
① 유해 배기가스 저감
② 연비 향상
③ 성능 향상(토크와 출력)
④ 공회전 안정화

18 가변밸브 타이밍 제어장치의 장점이 아닌 것은?

① 밸브 오버랩을 변화시켜 충진 효율의 향상
② 흡기관 부압과 펌핑 로스를 줄여서 연비 향상
③ 밸브오버랩을 크게 하여 EGR이 증가되어 배기가스 저감
④ 고속회전 시에 흡기밸브를 지각시켜 엔진의 안정성 확보

풀이 가변밸브 타이밍 제어장치(CVVT, Continuously Variable Valve Timing)란 흡·배기밸브의 개폐시기를 운전 조건에 맞추어 가변 제어하는 장치로, 엔진 회전수가 느릴 때는 흡기밸브의 열림 시기를 늦춰 밸브 오버랩을 최소로 하고, 엔진 회전수가 빠를 때에는 흡기밸브의 열림 시기를 빠르게 하여(진각시켜) 밸브 오버랩을 크게 하는 것이다. 일반적으로 배기밸브는 엔진 설계시 가장 좋은 타이밍을 선정, 고정시켜 가변하지 않고 흡기밸브의 타이밍만을 가변제어한다. 흡·배기밸브의 타이밍을 모두 가변제어 하는 방식을 듀얼(Dual)-CVVT라 한다.

19 어떤 작업을 수행하는데 작업소요시간이 빠른 경우 5시간, 보통이면 8시간, 늦으면 12시간 걸린다고 예측 되었다면 3점 견적법에 의한 기대 시간치와 분산을 계산하면 약 얼마인가?

① $te = 8.0$, $\sigma^2 = 1.17$
② $te = 8.2$, $\sigma^2 = 1.36$
③ $te = 8.3$, $\sigma^2 = 1.17$
④ $te = 8.3$, $\sigma^2 = 1.36$

풀이 3점 견적법이란 작업 소요시간을 낙관시간치(to), 최상시간치(tm), 비관시간치(tp)의 3점으로 견적하고, 그 분포를 추정해서 기대 시간치와 분산을 구하는 방법
① 기대시간치(expected time, te)
$$= \frac{t_o + 4t_m + t_p}{6}$$
$$= \frac{5 + 4 \times 8 + 12}{6} = 8.167$$
② 분산(variance, $\sigma 2$) :
$$\left(\frac{t_p - t_o}{6}\right)^2 = \left(\frac{12-5}{6}\right)^2 = 1.36$$

17 ③ 18 ④ 19 ②

20 작업측정의 목적 중 틀린 것은?

① 작업개선 ② 표준시간 설정
③ 과업관리 ④ 요소작업 분할

풀이 작업측정의 목적
① 작업개선(유휴시간의 제거)
② 표준시간 설정
③ 과업관리(작업성과의 측정)

21 계수 규준형 샘플링 검사의 OC 곡선에서 좋은 로트를 합격시키는 확률을 뜻하는 것은? (단, α는 제1종과오, β는 제2종과오 이다)

① α ② β
③ $1-\alpha$ ④ $1-\beta$

풀이 OC 곡선(검사 특성 곡선)

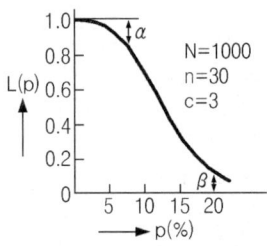

① 가로축 p(%) : 로트의 불량확률
② 세로축 L(p) : 로트의 합격확률
③ α : 생산자 위험(생산자 입장에서는 좋은 품질의 로트가 α의 확률로 불합격 되는 것)
④ β : 소비자 위험(소비자 입장에서는 나쁜 품질의 로트가 β의 확률로 합격 되는 것)
⑤ $1-\alpha$: 제1종과오. 이상 원인이 존재하지 않음에도 불구하고 이상 원인이 있다고 찾는 것으로덜렁이(촐랑이)의 과오라고도 불린다.
⑥ $1-\beta$: 제2종과오. 이상 원인이 있음에도 불구하고 이상 원인이 없다고 해서 그것을 찾지 않는 것으로 멍청한 과오라고도 한다.
⑦ N : 로트의 크기, n : 샘플의 크기, c : 합격판정개수

[참고] 제1종과오와 제2종과오(귀무가설과 대립가설)
① 기존의 현상은 우리가 알고 있는 사실과 일치한다.
② 기존의 현상은 우리가 알고 있는 사실과는 다르다.
제1종과오를 범할 확률(알파)이란 위의 귀무가설이 맞는데도 불구하고 틀리다고 결론을 내릴 확률이다. 즉, 예를 들면 기계는 정상인데도 고장났다고 결론을 내릴 확률이므로 그 비용은 생산자가 부담하므로 생산자 위험이라 한다. 제2종과오를 범할 확률(베타)이란 위의 귀무가설이 틀린데도 맞다고 결론을 내릴 확률이다. 예를 들면 기계는 고장인데도 정상이라고 결론을 내릴 확률이므로 불량품으로 인한 피해는 소비자가 부담하게 되므로 소비자 위험이라 한다.

22 일반적으로 품질코스트 가운데 가장 큰 비율을 차지하는 것은?

① 평가코스트 ② 실패코스트
③ 예방코스트 ④ 검사코스트

풀이 품질코스트 곡선

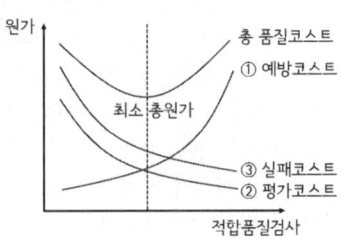

20 ④ 21 ③ 22 ②

23 계량값 관리도에 해당되는 것은?

① c 관리도
② u 관리도
③ R 관리도
④ np 관리도

풀이 관리도의 분류

데이터	관리도	분포
계수치(값)	Pn	이항분포
	P	
	C	포아송 분포
	u	
계량치(값)	$\bar{x}$ – R	정규분포
	x – R	
	x	

24 정규분포에 관한 설명 중 틀린 것은?

① 일반적으로 평균치가 중앙값보다 크다.
② 평균을 중심으로 좌우대칭의 분포이다.
③ 대체로 표준편차가 클수록 산포가 나쁘다고 본다.
④ 평균치가 0이고 표준편차가 1인 정규분포를 표준정규분포라 한다.

풀이 ②, ③, ④ 항이 옳은 설명이고, 일반적으로 중앙값(Mode, 최빈값)이 평균치보다 크다.

25 타이어에 발생되는 힘의 성분 그림에서 코너링포스에 해당하는 것은?

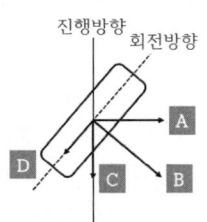

① A
② B
③ C
④ D

풀이 타이어에 발생되는 힘의 성분
① A : 코너링 포스(cornering force)
② B : 횡력(side force, drag force)
③ C : 제동저항
④ D : 전동저항

26 제동장치에서 탠덤 마스터 실린더의 사용 목적은?

① 브레이크 라이닝의 마모를 적게 한다.
② 브레이크 오일의 소모를 줄일 수 있다.
③ 브레이크 드럼의 마모를 적게 한다.
④ 앞·뒤 브레이크 제동을 분리시켜 안정을 얻게 한다.

풀이 탠덤(tandem) 마스터 실린더
유압 브레이크에서 앞·뒤바퀴의 브레이크 제동을 분리시켜 제동 안정성을 높이기 위해 사용한다.

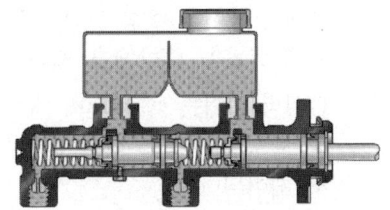

[탠덤 마스터 실린더의 구조]

27 유압식 브레이크에 비해 풀 에어 브레이크(full air brake)의 장점이 아닌 것은?

① 차량의 중량이 아무리 커도 사용이 가능하다.
② 공기가 조금 누설되어도 브레이크 성

ANSWER 23 ③   24 ①   25 ①   26 ④   27 ③

능이 현저하게 저하되지 않는다.
③ 브레이크 페달을 밟는 량이 커져도 제동력이 일정하므로 조작이 쉽다.
④ 트레일러를 견인하는 경우 그 연결이 간편하다.

풀이 공기 브레이크의 특징
① 차량 중량이 아무리 커도 사용할 수 있다.
② 브레이크 오일이 없어 베이퍼록 발생 염려가 없다.
③ 유압 브레이크는 페달 밟는 힘에 따라 제동력이 비례하나 공기 브레이크는 페달 밟는 양에 따라 제동력이 커지므로 조작하기 쉽다.
④ 공기가 조금 누설되어도 브레이크 성능이 현저하게 저하되지 않는다.
⑤ 트레일러를 견인하는 경우 그 연결이 간편하다.

28 유압식 전자제어 현가장치에서 감쇠력 제어 설명 중 거리가 가장 먼 것은?
① 감쇠력 제어는 주행 조건과 노면의 상태에 따라서 다단계로 제어된다.
② 감쇠력 제어는 쇽 업소버 내부의 콘트롤 로드를 스텝 모터가 회전시킴으로서 제어된다.
③ 감쇠력 제어는 low, normal, high, extra-high로 제어된다.
④ 감쇠력 제어는 모드 선택 스위치 선택에 따라서 오토 모드, 스포츠 모드 등으로 달라진다.

풀이 감쇠력 제어는 soft, medium, hard로 구분된다.

29 애커먼 장토식 조향원리에 대한 설명으로 틀린 것은?
① 조향방향과 조향각이 변화하여도 하중이 분포하는 면적은 거의 변화가 없다.
② 킹핀과 타이로드의 양단을 잇는 그 연장선이 후차축의 중심과 일치하여야 한다.
③ 좌・우 전륜의 회전축 연장선이 후차축의 연장선에서 만나서 모든 차륜이 동일점을 중심으로 선회하여야 한다.
④ 외측륜의 조향각이 내측륜의 조향각보다 커야 한다.

풀이 내측륜의 조향각이 외측륜의 조향각보다 크다.

30 코일스프링이 6개이고 클러치 스프링 장력이 450N인 클러치의 페이싱 한 면에 작용하는 마찰력은? (단, 정지마찰계수는 0.3이다)
① 135N ② 810N
③ 1080N ④ 2700N

풀이 마찰력 $P = \mu \cdot F \cdot n$
여기서, μ : 마찰계수
  F : 장력(N)
  n : 스프링 수
∴ 마찰력 $P = \mu \cdot F \cdot n = 0.3 \times 450 \times 6 = 810N$

28 ③ 29 ④ 30 ②

31. 타이어의 구조 중 카커스와 트레드 사이에서 두 층이 분리되는 현상을 방지하고 카커스의 손상을 방지하는 것은?

① 비드 ② 브레이커
③ 숄더 ④ 캡플라이

풀이) 브레이커(breaker)는 트레드와 카커스 사이에서 두 층이 분리되는 현상과 카커스의 손상을 방지하고, 노면에서의 완충작용을 한다.

32. 유압식 파워 스티어링 장착 차량의 점검에 대한 설명으로 틀린 것은?

① 파워 스티어링의 자유 유격은 스티어링 휠을 가볍게 움직여 휠이 이동하기 전의 유격을 점검한다.
② 타이로드 엔드의 회전 기동 토크는 타이로드와 너클이 연결된 상태에서 토크 렌치를 너트에 걸어 측정한다.
③ 파워스티어링 펌프의 누유 및 소음 상태를 점검한다.
④ 벨트 장력 점검은 규정된 지점에 일정한 힘으로 벨트를 누르면서 휨이 규정값 내에 있는지 측정한다.

풀이) ①, ③, ④ 항이 유압식 파워 스티어링 점검에 대한 옳은 설명이고, 타이로드 엔드의 회전 기동 토크는 타이로드와 너클을 분리한 상태에서 토크 렌치를 너트에 걸어 측정한다.

33. 승용차가 100km/h로 주행하기 위해 필요한 기관 소요 출력(PS)은? (단, 전 주행저항 80kgf, 동력 전달효율 75%이다.)

① 약 30 ② 약 40
③ 약 80 ④ 약 106

풀이) 전주행저항(R)을 이기고 일정한 속도(V)로 주행하는데 필요한 기관의 소요마력(PS)

소요마력(PS) = $\dfrac{R \times V}{75 \times 3.6}$

여기서, R : 전주행저항[kgf]
V : 차속[km/h]

전달효율을 적용하면,

소요마력(PS) = $\dfrac{R \times V}{75 \times 3.6 \times \eta}$

∴ 소요마력(PS) = $\dfrac{80 \times 100}{75 \times 3.6 \times 0.75}$
= 39.5ps

34. ( ) 안에 들어갈 내용으로 옳은 것은?

동기 치합식(키식) 수동변속기에서 동기화란 주축상에 회전하는 단기어(shift gear)의 콘부와 (A)의 접촉 마찰에 의해 (B)와(과) 단기어의 원주 속도가 같아져 (C)가(이) 쉽게 치합 되는 것을 말한다.

① A: 싱크로나이저 링, B: 클러치 허브, C: 클러치 슬리브
② A: 클러치 허브, B: 클러치 슬리브, C: 싱크로나이저 링
③ A: 클러치 허브, B: 싱크로나이저 링, C: 클러치 슬리브
④ A: 싱크로나이저 링, B: 클러치 슬리브, C: 클러치 허브

풀이 싱크로 메시 기구의 작동은 주축상에서 회전하는 단기어의 콘부와 싱크로나이저 링의 접촉마찰에 의해 클러치 허브와 단기어의 원주속도가 같아져, 클러치 슬리브가 쉽게 치합되도록 동기화 시킨다.

35 변속비가 3:1, 종 감속비가 5:1인 자동차의 기관 회전 속도가 1500rpm일 때 차량의 속도는?

(단, 구동바퀴의 지름은 0.8m이다.)

① 약 10km/h ② 약 15km/h
③ 약 20km/h ④ 약 25km/h

풀이 차속 = $\dfrac{\pi DN}{R_t \times R_f} \times \dfrac{60}{1000}$

여기서, D : 타이어 직경[m]
N : 엔진회전수[rpm]
Rt : 변속비
Rf : 종감속비

∴ 차속 = $\dfrac{3.14 \times 0.8 \times 1500}{3 \times 5} \times \dfrac{60}{1000}$

= 15.072km/h

36 동력 전달장치에서 안전을 위한 점검 사항으로 볼 수 없는 것은?

① 변속기의 오일 누유
② 추진축 및 자재이음의 진동 여부
③ 변속 링키지의 이탈 여부
④ 변속기의 각인

풀이 ①, ②, ③ 항이 동력전달장치의 안전을 위한 점검사항이며, 변속기 각인은 안전과는 관련이 없다.

37 조향 휠의 회전 조작력을 측정하는 방법의 설명으로 틀린 것은?

① 좌우로 선회하면서 조향력을 측정할 것
② 평탄한 노면에서 반경 12m 원주를 선회할 것
③ 선회속도는 10km/h로 할 것
④ 공차상태에서 표준공기압으로 할 것

풀이 "2003년 2월 해당항목 삭제"
시험 자동차는 적차상태, 타이어 공기압은 제작자가 정한 냉간시 팽창압력으로 조정되어야 한다.

38 에어 서스펜션 차량에서 하중의 변화에 따라 에어 스프링에 압축공기를 자동적으로 공급 또는 배출하는 밸브는?

① 레벨링 밸브
② 4-회로 프로텍션 밸브
③ 리프 스프링 밸브
④ 퀵 릴리스 밸브

풀이 레벨링 밸브는 에어 서스펜션 차량에서 공기 저장탱크와 서지탱크를 연결하는 배관 도중에 설치되어 주행 중 하중의 변화에 따라 에어스프링에 압축공기를 자동적으로 공급 또는 배출하여 자동차의 높이를 일정하게 유지시키는 밸브이다.

35 ② 36 ④ 37 ④ 38 ①

39 ABS 시스템에서 유압 계통의 교환 또는 수리 작업 후 회로 내의 공기빼기 작업과 관련된 내용 중 거리가 먼 것은?

① 공기빼기 작업을 할 때 모터의 과부하 방지를 위해 모터 작동 후 일정시간 대기 후 재 실시한다.
② 브레이크 오일이 부족하지 않도록 보충하며 실시한다.
③ 진단 장비를 연결하여 주행 중 공기 빼기를 실시한다.
④ 공기빼기 작업 순서는 마스터실린더에서 가장 먼 곳부터 가까운 곳으로 한다.

풀이) 공기빼기 작업은 반드시 정지한 상태에서 한다.

40 진공식 분리형 제동 배력장치와 관련된 부품의 설명으로 틀린 것은?

① 파워 실린더는 강판 프레스제로 한쪽 끝에는 엔드 플레이트가 설치된다.
② 파워 피스톤은 2장의 강판을 겹친 것으로 그 사이에 가죽 패킹을 끼워 실린더와의 기밀을 유지하도록 되어 있다.
③ 파워 피스톤과 릴레이밸브는 한 쪽 챔버의 압력차에 의해 움직인다.
④ 릴레이 밸브는 에어밸브와 진공밸브로 이루어져 있다.

풀이) 진공식 분리형 제동 배력장치(하이드로 마스터)는 릴레이밸브 피스톤의 움직임에 의해 파워 피스톤의 좌우 챔버에 진공을 도입하거나 차단하여 흡기다기관의 부압과 대기압과의 압력차로 제동 배력작용을 한다. [참고] 하이드로 마스터의 구조

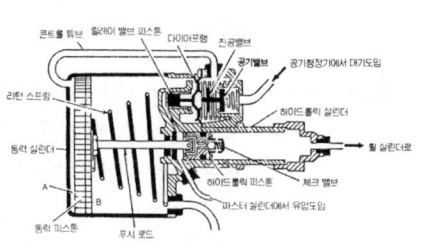

41 전자제어 자동변속기에서 변속 패턴 제어를 위한 주요 입력 신호는?

① 유온 센서, 브레이크스위치, 차속센서
② 스로틀포지션 센서, 차속센서, 입력축 속도 센서
③ 입력축 속도 센서, 인히비터 스위치, TDC 센서
④ 인히비터 스위치, 수온 센서, 크랭크각 센서

풀이) 전자제어 자동변속기에서 변속 패턴 제어를 위한 주요 입력 신호로는 스로틀 포지션 센서(TPS)와 입력축 속도센서, 출력축 속도센서(차속센서)이다.

42 유체 토크컨버터에 관한 두 정비사의 의견 중 옳은 것은?

KIM : 전부하 상태로 발진 시 최대토크가 발생하기 어렵다.
LEE : 기관의 토크충격과 회전진동은 동작유체에 의해 흡수 된다.

① 정비사 KIM이 옳다.
② 정비사 LEE가 옳다.
③ 둘 다 옳다.

39 ③ 40 ③ 41 ② 42 ②

④ 둘 다 틀리다.

풀이 유체 토크컨버터는 기관의 토크충격과 회전진동은 동작유체에 의해 흡수되며, 전부하 상태로 발진시에는 최대토크가 발생된다.

43 자동차 차륜 정렬에서 기하학적 중심선과 뒷바퀴가 정렬에서 벗어난 상태의 각도를 무엇이라고 하는가?

① 협각
② 셋 백
③ 스러스트 각
④ 스크러브 레디우스

풀이 스러스트 각 : 뒤차축의 중심선과 차량의 기하학적 중심선과 일치하지 않은 상태

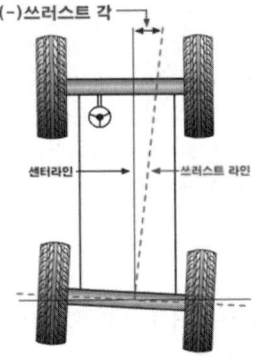

44 기동 모터 구동조건은 배터리 전원과 마그네틱 스위치 st전원인데 구동되기 위한 조건을 어떤 논리회로로 표시할 수 있는가?

① OR 회로
② NOT 회로
③ AND 회로
④ NAND 회로

풀이 배터리 전원도 ON되고, ST전원도 ON되어야 기동모터가 구동되므로 AND(논리적) 회로이다.

45 코일 저항값이 20°C 일 때 5Ω 이었다. 작동 시(80°C)의 저항은 몇 Ω 인가? (단, 구리선의 저항 온도 계수는 0.004이다.)

① 6.20
② 5.32
③ 5.24
④ 3.80

풀이 저항온도계수 : 온도 1℃ 상승하였을 때 저항값이 어느 정도 크게 되었는가의 비율을 표시하는 것
이것을 식으로 나타내면,
R2 = R1×[(1+α(t2-t1)]
∴ R2 = 5 × [(1+0.004(80-20))
     = 5 × 1.24 = 6.2Ω

46 배터리의 기전력과 전해액 비중, 전해액 온도와의 관계로 틀린 것은?

① 전해액의 온도가 상승하면 전해액 비중은 커진다.
② 전해액의 비중이 커질수록 기전력은 커진다.
③ 전해액의 온도가 상승하면 기전력은 커진다.
④ 전해액의 온도가 저하하면 전해액의 저항이 증가해 기전력은 작아진다.

풀이 전해액의 온도가 상승하면 황산의 체적이 팽창하므로 전해액의 비중은 낮아진다.

43 ③ 44 ③ 45 ① 46 ①

47 미등을 점등시킨 상태로 장시간 주차를 하면 배터리 방전이 된다. 이를 방지하기 위한 기능은?

① 발전방전 제어
② 발전전류 제어
③ 배터리 리저버
④ 배터리 세이버

풀이 미등을 점등시킨 상태로 장시간 주차를 하면 배터리가 방전이 된다. 이를 방지하기 위해 점화 키를 OFF하고 운전석 도어를 열었을 경우 미등을 자동으로 소등시켜 배터리를 보호하기 위한 기능을 배터리 세이버 제어라 한다.

48 자동차 에어컨 냉매의 구비 조건 중 거리가 먼 것은?

① 비등점이 적당히 낮을 것
② 응축 압력이 적당히 낮을 것
③ 증기의 비체적이 작을 것
④ 임계 온도가 충분히 높을 것

풀이 자동차 에어컨 냉매의 구비조건
① 비등점이 적당히 낮을 것
② 응축 압력이 적당히 낮을 것
③ 증기의 비체적이 클 것
④ 임계온도가 충분히 높을 것
⑤ 냉매의 증발잠열이 클 것
⑥ 인화성과 폭발성이 없을 것
⑦ 전기 절연성이 좋을 것

49 에어백 시스템에서 저항 측정 시 에어백모듈의 전개를 방지하기 위한 것은?

① 버스바
② 전압바
③ 전류바
④ 단락바

풀이 단락바(short bar, 자동쇼트 커넥터) : 에어백 ECU 탈거시 에어백 라인 중 High 선과 Low 선을 단락시켜 저항 측정 시 정전기나 임펄스(impulse)에 의해 인플레이터가 점화되어 에어백 모듈이 전개되는 것을 방지하기 위한 일종의 안전장치이다.

50 자동차 충전장치에서 AC 발전기 레귤레이터의 제너 다이오드는 어떤 상태에서 전류가 흐르게 되는가?

① 낮은 온도에서
② 낮은 전압에서
③ 브레이크 다운 전압에서
④ 브레이크 다운 전류에서

풀이 AC 발전기 레귤레이터의 제너 다이오드는 브레이크 다운 전압(제너 전압)에서 역방향으로도 전류가 흐른다.

51 서로 다른 저항이 병렬 접속되어 구성된 회로에 대한 내용 중 옳은 것은?

① 합성 저항은 각 저항의 합과 같다.
② 회로 내의 어느 저항에서나 똑같은 전류가 흐른다.
③ 회로 내의 어느 저항에서나 똑같은 전압이 가해진다.
④ 각 저항에 걸리는 전압의 합은 전원 전압과 같다

47 ④ 48 ③ 49 ④ 50 ③ 51 ③

> 풀이) 병렬 접속 시 합성저항 값은 회로에서 가장 작은 저항보다 더 작게 되며, 회로 내의 전류는 각 저항치에 반비례하여 흐르고, 회로 내의 어느 저항에서나 똑같은 전압이 가해지므로 각 저항에 걸리는 전압의 합은 저항의 병렬 개수만큼 전원전압보다 크게 된다.

52 그림의 회로에서 퓨즈의 용량으로 가장 적합한 것은? (단, 안전율은 1.7이다.)

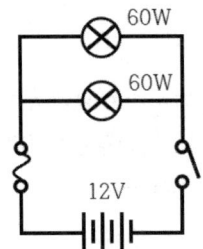

① 5A ② 10A
③ 15A ④ 30A

> 풀이) 총 소비전력은 60W+60W = 120W
> 전력 P = E×I, ∴ $I = \dfrac{P}{E} = \dfrac{120}{12}$ = 10A
> 안전율 1.7이므로, 10×1.7 = 17A
> 17A가 없으므로 가까운 15A로 한다.

53 판금 작업 후 차체에 남은 큰 요철부위를 메우기 위해 사용하는 도료는?

① 워시 프라이머
② 퍼티
③ 프라이머 서페이서
④ 베이스코트

> 풀이) 퍼티(putty)란 판금 작업 후 차체에 남은 큰 요철 부위를 메우기 위해 사용하는 도료이다.

54 차체 변형 교정 작업 시 주의할 사항이 아닌 것은?

① 고정 장치를 확실하게 고정한다.
② 인장 체인에 안전 고리를 걸고 작업한다.
③ 한번에 수정이 가능하도록 고압으로 인장한다.
④ 차체 인장 방향과 일직선에 서지 않는다.

> 풀이) 차체 변형 교정 작업시 주의할 사항
> ① 고정 장치를 확실하게 고정한다.
> ② 인장 체인에 안전 고리를 걸고 작업한다.
> ③ 차체 인장 방향과 일직선에 서지 않는다.
> ④ 당김 작업은 서서히 힘을 증가시키면서 단계적으로 실시한다.

55 칼라 조색 시 보색관계를 이용하지 않는 이유로 가장 적절한 것은?

① 조색제 숫자가 많아지기 때문에
② 도료 사용량이 많아지기 때문에
③ 칼라가 탁해지기 때문에
④ 칼라가 맑아지기 때문에

> 풀이) 보색관계에 있는 색을 혼합하면 색상이 탁해진다.

52 ③ 53 ② 54 ③ 55 ③

56 연마를 할 때 사용하는 보호구로 가장 거리가 먼 것은?

① 장갑   ② 보안경
③ 방독 마스크   ④ 방진 마스크

> 풀이: 방독 마스크는 독성이 있는 가스의 흡입을 막기 위해 특수 정화 필터가 있는 마스크이다.

57 도장 작업 후 세팅타임을 주지 않고 급격히 열처리를 하였을 때 나타날 수 있는 결함은?

① 물자국(water spot)
② 흐름(sagging)
③ 핀홀(pin hole)
④ 크레터링(cratering)

> 풀이: 도장 후 건조 도막을 얻기 위하여 세팅타임을 주지 않고 급격히 가열시키면 외부의 온도가 높아 크리어 표면이 먼저 경화되면서 내부의 용제가 뚫고 올라와 핀홀이 발생한다.

58 강을 변태점 이상의 적당한 온도로 가열한 후 급냉시켜 경도 또는 강도를 증가시키기 위한 열처리 방법은?

① 풀림   ② 불림
③ 뜨임   ④ 담금질

> 풀이: 담금질 : 강을 변태점 이상의 적당한 온도로 가열한 후 물이나 기름에서 급냉시켜 강도 또는 경도를 증가시키기 위한 열처리 방법으로, 소금물에서 냉각속도가 가장 빠르다.

59 스폿(점) 용접의 3단계로 옳은 것은?

① 가압 → 냉각고착 → 통전
② 냉각고착 → 가압 → 통전
③ 가압 → 통전 → 냉각고착
④ 통전 → 가압 → 냉각고착

> 풀이: 스폿(점) 용접
> 1) 스폿 용접의 3요소 : 가압력, 용접전류, 통전시간
> 2) 스폿 용접의 3단계 : 가압밀착시간, 통전 용압시간, 냉각고착시간

60 도장 작업 시 연마를 하는 가장 중요한 이유는?

① 도료의 화학적 결합을 위하여
② 도료의 소모량을 줄이기 위하여
③ 도장 작업 공정을 단축하기 위하여
④ 도막을 평활하게 하고 도료의 부착 증진을 위하여

> 풀이: 연마를 하는 이유는 도막을 평활하게 하고 차량에 미세 흠집을 내서 도료의 부착 증진을 돕기 위하여

56 ③   57 ③   58 ④   59 ③   60 ④

자동차정비기능장 제60회 (2016.07.10 시행)

01 실린더의 건식 라이너에 관한 설명과 사용 시 나타나는 특징으로 가장 거리가 먼 것은?

① 실린더 블록의 강성이 저하된다.
② 일체형의 실린더가 마모된 경우에 사용한다.
③ 가솔린 엔진에 많이 사용한다.
④ 실린더 블록의 구조가 복잡하다.

풀이 건식 라이너 방식의 특징
① 라이너가 냉각수와 직접 접촉하지 않는 방식
② 실린더 블록의 구조가 복잡하다.
③ 라이너 삽입시 2~3톤의 압력이 필요하다.
④ 라이너의 두께는 2~4mm 정도(습식 : 5~8mm)
⑤ 일체형의 실린더가 마모된 경우에 사용한다.
⑥ 가솔린 엔진에 많이 사용한다.

02 핫 필름 타입(Hot Film Type)의 에어플로센서에 대한 특징을 설명한 것으로 옳은 것은?

① 세라믹 기관을 층 저항으로 집적시켰다.
② 자기 청정기능의 열선이 있다.
③ 백금 선을 사용한다.
④ 와류에 의한 주파수를 검출하여 공기량을 측정한다.

풀이 핫 필름 타입의 에어플로센서는 열선식의 단점을 보완한 것으로, 백금 열선, 온도센서, 정밀 저항기 등을 세라믹 기판에 층 저항으로 집적시켰다.

03 LPG(액화석유가스)의 특성이 아닌 것은?

① 순수한 LPG는 무색, 무취, 무미이다.
② 액체 LPG는 물보다 가벼우나 기체 LPG는 공기보다 무겁다.
③ 액체 LPG는 기화할 때 약 250배 팽창한다.
④ 가솔린의 옥탄가가 LPG의 옥탄가보다 높다.

풀이 LPG 연료의 특징
① 순수한 LPG는 무색, 무취, 무미이다.
② 액체 LPG는 물보다 가벼우나 기체 LPG는 공기보다 무겁다.
③ 노말 부탄과 프로판을 주성분으로 한 탄화수소의 혼합물이다.
④ LPG의 옥탄가가 가솔린보다 높다.
⑤ 공기와 혼합이 잘되고 노킹이 적다.
⑥ 발열량은 약 12,000kcal/kg 이다.
⑦ 액체 LPG는 기화할 때 약 250배 팽창한다.
⑧ 연소범위가 좁아 다른 가스에 비해 안전하다.

ANSWER 01 ① 02 ① 03 ④

04 실린더 안지름이 80mm, 피스톤 행정이 80mm인 4실린더 기관에서 총배기량(cc)은?
① 1408 ② 1508
③ 1608 ④ 1708

총배기량(V) = $\frac{\pi}{4}D^2LZ$
= $0.785D^2 \cdot L \cdot Z$
여기서, D : 내경[cm]
L : 행정[cm]
Z : 실린더 수
∴ 총배기량(V) = $0.785 \times 8^2 \times 8 \times 4$
= 1,607.68cc

05 전자제어 가솔린기관에서 OBD(On Board Diagnose) 감시기능 중 틀린 것은?
① 촉매 고장 감시기능
② 실화 감시기능
③ 증발가스 누설 감시기능
④ 외기온도 감시기능

OBD-Ⅱ 진단 항목
① 촉매 열화 감지
② 실화 감지
③ 산소센서 오작동 감지
④ 연료계통 오작동 감지
⑤ 증발가스 누설 감지
⑥ 배기가스 재순환 장치 오작동 감지
⑦ 서모스타트 오작동 감지
⑧ 블로바이가스 오작동 감지
⑨ 에어컨 계통 냉매 누설 감지
⑩ 기타 부품 비정상 작동 감지

06 피스톤의 작동과는 관계없이 기관이 요구하는 연료량을 1/2로 나누어서 1사이클당 2회씩 분사하는 것으로서 인젝터 구동회로가 간단하며 분사량 조정이 쉬운 것은?
① 그룹 분사
② 비동기 분사
③ 순차 분사
④ 독립 분사

전자제어 엔진의 연료분사 방식
① 동기 분사(독립 분사, 순차 분사) : 크랭크각 센서의 호에 동기 되어 1개씩 독립적으로 분사
② 그룹 분사 : 점화순서에 따라 1,3번, 2,4번 그룹으로 나누어 분사
③ 동시 분사(비동기 분사) : 피스톤의 작동과는 관계없이 료량을 1/2로 나누어서 1사이클당 2회씩 분사

07 전자제어 가솔린기관의 연료 압력조절기는 무엇과 연계하여 연료압력을 조절하는가?
① 압축압력
② 흡기다기관 압력
③ 점화시기
④ 냉각수 온도

연료압력 조절기는 흡기 매니홀드의 부압에 의해 작동되며, 흡기다기관 내의 압력변화에 대응하여 연료 분사량을 일정하게 유지하기 위해 인젝터에 걸리는 연료 압력을 일정하게 (2.55kgf/cm2) 조절한다.

04 ③ 05 ④ 06 ② 07 ②

08 LPG기관에서 피드백 믹서 방식의 출력제어 장치와 거리가 먼 것은?

① 가스압력 측정 솔레노이드밸브
② 시동 솔레노이드밸브
③ 메인 듀티 솔레노이드밸브
④ 슬로 듀티 솔레노이드밸브

풀이 **LPG 솔레노이드 밸브의 역할**

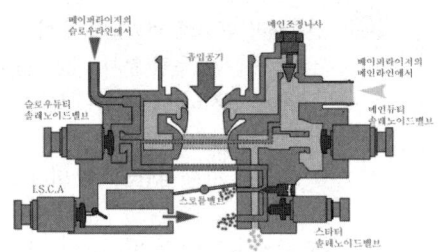

① 메인 듀티 솔레노이드 밸브 : 메인 연료 통로로 공급되는 연료는 운전상태에 따라 정확히 제어할 수 없으므로, 산소센서의 신호를 받아 엔진에서 요구하는 최적의 연료량을 ECU에서 메인 듀티 솔레노이드 밸브를 듀티 제어한다.
② 시동 솔레노이드 밸브(스타터 솔레노이드 밸브) : 냉간 시동시(냉각수온 15℃ 이하) 베이퍼라이저 1차실에서 연료를 공급받아 시동성을 좋게 한다.
③ 슬로 듀티 솔레노이드 밸브 : 엔진 공전시 메인 듀티 솔레노이드 밸브와 같이 메인 연료라인에 연료를 공급하며, ECU에 의해 듀티 제어된다. 타행 주행시는 시동 꺼짐을 방지할 목적으로 슬로 듀티 솔레노이드 밸브는 듀티 100%로 열리게 된다.
가스압력 측정 솔레노이드 밸브는 없다.

09 가솔린 엔진의 피스톤과 피스톤 링에 대한 설명으로 틀린 것은?

① 피스톤의 위쪽에 설치되는 2개의 피스톤 링은 연소가스의 누설을 방지하는 압축 링이다.
② 피스톤의 톱 랜드(top land)는 가스의 누설을 방지하기 위해 세컨드 랜드보다 지름이 크다.
③ 윤활을 하는 오일 링을 피스톤의 가장 아래쪽에 설치한다.
④ 피스톤의 스커트부는 피스톤 자세를 안정시키는 역할을 한다.

풀이 피스톤의 톱 랜드는 열 팽창을 고려하여 세컨드 랜드보다 지름이 작다.

10 디젤 기관에서 촉매의 변환율이 약 50%가 될 때의 온도이며, 촉매 활성화 온도를 뜻하는 것은?

① Light-on   ② Light-off
③ Light-up   ④ Light-down

풀이 촉매 활성화 온도(Light-off Temperature, LOT) 촉매가 제대로 배출가스를 정화하기 위해서는 일정 수준의 온도(약 350~400℃)로 올라가야 하며, 이 때의 온도를 촉매 활성화 온도라 한다.
이 온도 이상이 되면 촉매의 정화율은 99% 이상이 된다. 촉매 활성화 온도까지 도달하는 시간을 촉매 활성화 시간(Light-off Time)이라고 한다.

08 ① 09 ② 10 ②

11. LPI(Liquified Petroleum Injection) 기관에서 인젝터가 연료분사 후 기화잠열에 의한 수분 빙결 현상을 방지하기 위한 것은?

① 아이싱 팁
② 가스온도센서
③ 릴리프 밸브
④ 과류방지 밸브

풀이 LPI 기관 인젝터의 아이싱 팁은 연료공급을 인젝터 중앙으로 하지 않고 공급라인을 옆쪽에 설치하여 인젝터 내부로 연료가 흐르는 것을 최소화 하여 연료분사 후 기화잠열에 의한 수분 빙결현상을 방지하기 위하여 사용한다. 아이싱 팁은 재질의 차이를 이용하여 아이싱 결속력을 저감시켜 아이싱 생성을 방지한다.

12. 냉각장치에서 물의 끓는 온도를 높여 냉각효과 및 엔진의 효율을 증대하기 위한 부품은?

① 워터펌프
② 냉각수온센서
③ 압력식 캡
④ 오일쿨러

풀이 라디에이터 캡은 물의 끓는 온도를 높여 냉각효과 및 엔진의 효율을 증대하기 위하여 압력식 캡을 사용한다. 압력식 캡의 압력은 $0.2 \sim 0.9 kgf/cm^2$이며, 냉각수 비등점은 $112 \sim 119℃$ 정도이다.

13. 실린더 지름이 50mm, 피스톤의 평균속도가 20m/s인 기관에서 흡입가스의 평균속도가 50m/s 일 때, 흡입밸브의 유로 면적(cm^2)은?

① 약 7.9
② 약 8.6
③ 약 15.3
④ 약 21.6

풀이 밸브 지름(d) = $D\sqrt{\dfrac{S}{V}}$

여기서, D : 실린더 직경[mm]
　　　　S : 피스톤 평균속도[m/s]
　　　　V : 밸브를 통과하는 가스속도[m/s]

∴ d = $D\sqrt{\dfrac{S}{V}} = 50\sqrt{\dfrac{20}{50}}$
　　 = 31.6mm = 3.16cm

∴ 흡입밸브의 면적
　　 = $\dfrac{\pi}{4}d^2$ = 0.785×3.16^2 = $7.84cm^2$

[참고] 연속방정식 $A_1 \times v_1 = A_2 \times v_2$
여기서, A_1 : 실린더 단면적[cm^2]
　　　　v_1 : 피스톤 속도[m/s]
　　　　A_2 : 흡입밸브 단면적[cm^2]
　　　　v_2 : 흡입가스 속도[m/s]

∴ $D^2 \times v_1 = d^2 \times v_2$, ∴ $d^2 = \dfrac{D^2}{v_2} \times v_1$

∴ $d^2 = \dfrac{50^2}{50} \times 20 = 1,000$,

∴ d = 31.6mm = 3.16cm

∴ 흡입밸브의 면적 = $\dfrac{\pi}{4}d^2$ = 0.785×3.16^2
　　　　　　　　　 = $7.84cm^2$

14. 윤활유의 성질 중에서 가장 중요한 것은?

① 점도
② 비중
③ 밀도
④ 응고점

풀이 윤활유의 가장 중요한 성질은 점도이다.

ANSWER 11 ① 12 ③ 13 ① 14 ①

15 카르노 사이클(carnot cycle)에 대한 설명으로 틀린 것은?

① 비가역 사이클이다.
② 실제의 열기관이 이루는 사이클을 고려할 때 그 기본이 되는 이상적인 사이클이다.
③ 2개의 등온변화와 2개의 단열변화로 성립한다.
④ T-S 선도에서는 직사각형의 사이클이 된다.

풀이 카르노 사이클(carnot cycle)
① 실제의 열기관이 이루는 사이클을 고려할 때 그 기본이 되는 이상적인 사이클이다.
② 동작가스와 실린더 벽 사이에 열교환이 없는 가역 사이클이다.
③ 2개의 가역등온 변화(등온팽창, 등온압축)와 2개의 가역단열 변화(단열팽창, 단열압축)로 성립한다.
④ 실린더 내에는 잔류가스가 전혀 없고, 새로운 가스로만 충진된다.
⑤ T-S 선도에서는 직사각형의 사이클이 된다.
⑥ 이상 사이클로서 실제로는 외부에 일을 할 수 있는 기관으로 제작할 수 없다.
⑦ 다른 기관에 비해 열효율이 높기 때문에 상태 비교에 많이 이용된다.

16 기관에서 배기장치의 기능으로 틀린 것은?

① 배출가스의 강한 충격음을 완화시킨다.
② 배기가스가 유출되는 데 큰 저항을 주지 않도록 한다.
③ 배기가스가 차실내로 유입되지 않게 한다.
④ 소음기가 설치되어 배기가스의 유해물질을 저감시킨다.

풀이 소음기는 배기가스 배출시 발생되는 배기소음을 저감시키는 기능을 한다.

17 압축비가 8.5이고, 비열비가 1.4인 가솔린 기관의 열효율은 약 얼마인가?

① 58% ② 46%
③ 42% ④ 32%

풀이 오토 사이클의 이론 열효율

이론 열효율(η_o) = $1 - \frac{1}{\epsilon^{k-1}} = 1 - \left(\frac{1}{\epsilon}\right)^{k-1}$

여기서, ϵ : 압축비
κ : 비열비(공기의 비열비 1.4)

∴ $\eta_o = 1 - \left(\frac{1}{8.5}\right)^{1.4-1} = 0.575$ 즉, 57.5%

∴ 약 58%이다.
[참고] 압축비 6인 경우 : 51%
〃 7인 경우 : 54%
〃 8인 경우 : 56.5%
〃 9인 경우 : 58.5%

18 자동차 배출 가스는 그 배출원에 따라 3가지로 구분하는데 여기에 해당되지 않는 것은?

① 불활성 가스 ② 배기 가스
③ 블로바이 가스 ④ 연료증발 가스

풀이 배출가스 제어장치의 종류
① 블로바이가스 제어장치 : PCV 밸브, 브리더 호스
② 연료증발가스 제어장치 : PCSV, 차콜 캐니스터
③ 배기가스 제어장치 : O_2 센서, EGR 밸브, 삼원촉매

15 ① 16 ④ 17 ① 18 ①

19 표준시간 설정 시 미리 정해진 표를 활용하여 작업자의 동작에 대해 시간을 산정하는 시간연구법에 해당되는 것은?
① PTS법　　② 스톱워치법
③ 워크샘플링법　④ 실적자료법

풀이 작업 측정기법의 종류
1) 직접측정법
   ① 스톱워치법 : 테일러(F.W. Taylor)에 의해 처음 도입된 방법으로, 표준화된 작업을 평균적 노동자에게 수행하게 하고 그 시간을 스톱워치로 측정하여 표준 작업시간을 설정하는 방법
   ② WF(Work Factor)법 : 각 신체부위마다 움직이는 거리, 취급중량, 작업자의 컨트롤여부 등과 같은 변수에 대해 각각 동작시간 표준치를 정하여 동작시간 표준을 적용하여 실질시간을 구하는 기법
   ③ WS(Work Sampling)법 : 통계적 추론을 이용하기 위하여 사람과 기계의 움직임을 순간적으로 관측하여 작업량을 측정하는 방법
2) 간접 측정법
   ① PTS(Predetermined Time Standard)법 : 모든 작업을 기본동작으로 분해하고, 각 기본 동작에 대하여 성질과 조건에 따라 미리 정해놓은 시간치를 적용하여 정미시간을 산정하는 방법
   ② 표준자료법 : 부분적으로 같은 작업요소의 발생이 많은 경우와 취급품의 크기, 중량, 재료 등 주로 물리적 성질에 따라 표준시간을 결정하는 방법
   ③ 실적자료법 : 과거의 실적자료에 근거하여 표준시간을 결정하는 방법

20 다음은 관리도의 사용 절차를 나타낸 것이다. 관리도의 사용 절차를 순서대로 나열한 것은?

[다음]
㉠ 관리하여야 할 항목의 선정
㉡ 관리도의 선정
㉢ 관리하려는 제품이나 종류선정
㉣ 시료를 채취하고 측정하여 관리도를 작성

① ㉠→㉡→㉢→㉣
② ㉠→㉢→㉡→㉣
③ ㉢→㉠→㉡→㉣
④ ㉢→㉣→㉠→㉡

풀이 관리도의 사용 절차
① 관리하려는 제품이나 종류선정
② 관리하여야 할 항목의 선정
③ 관리항목에 대한 관리도의 선정
④ 시료를 채취하고 측정하여 관리도를 작성

21 이항분포(binomial distribution)에서 매회 A가 일어나는 확률이 일정한 값 P일 때, n회의 독립시행 중 사상 A가 x회 일어날 확률 P(x)를 구하는 식은? (단, N은 로트의 크기, n은 시료의 크기, P는 로트의 모부적합품률이다.)

① $P(x) = \dfrac{n!}{x!(n-x)!}$

② $P(x) = e^{-x} \cdot \dfrac{(nP)^x}{x!}$

③ $P(x) = \dfrac{\binom{NP}{x}\binom{N-NP}{n-x}}{\binom{N}{n}}$

19 ①　20 ③　21 ④

④ $P(x) = \binom{n}{x}P^x(1-P)^{n-x}$

풀이 이항분포 계산

$P(x) = \Sigma\binom{n}{x}P^x(1-P)^{n-x}$

22 다음 내용은 설비보전조직에 대한 설명이다. 어떤 조직의 형태에 대한 설명인가?

[다음]
보전 작업자는 조직상 각 제조부문의 감독자 밑에 둔다.
단점 : 생산우선에 의한 보전작업 경시, 보전기술 향상의 곤란성
장점 : 운전자와 일체감 및 현장감독의 용이성

① 집중보전 ② 지역보전
③ 부문보전 ④ 절충보전

풀이 보전조직의 종류
① 집중보전 : 한 사람의 관리자 밑에 공장의 모든 보전 요원을 두고 모든 보전활동을 집중적으로 관리하는 방식
② 지역보전 : 조직으로는 집중적이나 배치상으로는 지역으로 분산되는 방식
③ 부문보전 : 각 제조 부문의 감독자 밑에 공장의 보전 요원을 배치하는 방식
④ 절충보전 : 집중 보전에 지역보전 또는 부문 보전을 결합한 보전 방식

23 다음 표는 어느 자동차 영업소의 월별 판매실적을 나타낸 것이다. 5개월 단순이동평균법으로 6월의 수요를 예측하면 몇 대인가?

월	1	2	3	4	5
판매실적	100	110	120	130	140

① 120대 ② 130대
③ 140대 ④ 150대

풀이 이동 평균법
$= \dfrac{\Sigma 최근 월 판매량}{월 수}$
$= \dfrac{100+110+120+130+140}{5} = 120$

24 샘플링에 관한 설명으로 틀린 것은?
① 취락 샘플링에서는 취락 간의 차는 작게, 취락 내의 차는 크게 한다.
② 제조공정의 품질특성에 주기적인 변동이 있는 경우 계통 샘플링을 적용하는 것이 좋다.
③ 시간적 또는 공간적으로 일정 간격을 두고 샘플링하는 방법을 계통 샘플링이라고 한다.
④ 모집단을 몇 개의 층으로 나누어 각 층마다 랜덤하게 시료를 추출하는 것을 층별 샘플링이라고 한다.

풀이 샘플링의 방법
1) 랜덤 샘플링
   ① 단순 랜덤 샘플링
   ② 계통 샘플링 : 모집단으로부터 공간적, 시간적으로 간격을 일정하게 하여 샘플링하는 방식으로, 품질특성에 주기적인 변동이 예상되는 경우에는

22 ③ 23 ① 24 ②

사용하지 않는 것이 좋다.
③ 지그재그 샘플링
2) 층별 샘플링 : 모집단을 몇 개의 층으로 나누고, 각 층으로부터 각각 랜덤하게 시료를 뽑는 샘플링 방법
3) 취락 샘플링 : 모집단을 몇 개의 층으로 나누어 그 층 중에서 몇 개의 층을 랜덤 샘플링 하여 그 취한 층 안은 모두 측정 조사하는 방법으로, 취락 간의 차는 작게, 취락 내의 차는 크게 한다.
4) 2단계 샘플링

25 수동변속기에서 싱크로 메시 기구가 작용하는 시기는?

① 변속 기어를 뺄 때
② 변속 기어가 물릴 때
③ 클러치 페달을 놓을 때
④ 클러치 페달을 밟을 때

풀이) 싱크로메시 기구는 기어 변속시(물릴 때) 변속되는 두 기어의 속도를 동기시켜 변속하는 장치이다.

26 자동변속기 오일의 색깔이 흑색일 경우 예측되는 고장은?

① 클러치 디스크의 마모
② 불완전 연소에 의한 카본 혼입
③ 연료 및 냉각수 혼입
④ 농후한 혼합기 공급

풀이) 클러치 디스크가 마찰에 의해 마모되면 오일 색깔이 흑(갈)색을 띄게 된다.

27 공기식 브레이크 장치 구성 부품 중 로드 센싱 밸브의 작동에 영향을 미치는 요소가 아닌 것은?

① 로드 센싱 밸브의 장력스프링을 추가하여 장력이 증가한 경우
② 적재함 또는 특장 장치를 신규로 장착한 경우
③ 로드 센싱 밸브의 장력 스프링 사이 접촉면에 녹이 발생한 경우
④ 브레이크 챔버의 고착이 있는 경우

풀이) 브레이크 챔버의 고착은 브레이크가 작동하지 않거나 풀리지 않는 원인으로, 하중을 감지하는 로드 센싱 밸브에는 영향이 없다.

28 자동차가 54km/h로 달리다가 급가속하여 10초 후에 90km/h가 되었을 때 가속도(m/sec²)는?

① 0.5
② 1
③ 2
④ 3

풀이) 가속도(m/s^2)

$$= \frac{\text{나중속도} - \text{처음속도}}{\text{걸린시간}}$$

$$= \frac{\left(\frac{90-54}{3.6}\right)}{10} = 1m/s^2$$

25 ② 26 ① 27 ④ 28 ②

29 전자제어 유압식 파워 스티어링 장치에 대한 설명으로 틀린 것은?

① 유압 반력 제어방식에서 조향력의 변화량은 반력 압력의 제어에 의해 유압반력기구의 용량 범위에서 임의의 크기가 주어진다.
② 고속에서만 스티어링 휠의 조작을 가볍게 하여 운전자의 피로를 줄인다.
③ 차속 감응식은 차속에 따라 조향력을 변화시킨다.
④ 파워 스티어링의 조향력은 파워 실린더에 걸리는 압력에 의하여 결정된다.

풀이 전자제어 유압식 파워 스티어링 장치에서 스티어링 휠의 조작력은 저속에서는 가볍게 하고, 고속에서는 적절히 무겁게 하여 주행조건에 따른 최적의 조향력을 확보하도록 한다.

30 전자제어 제동장치(ABS)의 기능 설명 중 틀린 것은?

① 방향 안정성 확보
② 조향 안정성 확보
③ 제동거리 단축 가능
④ 부드러운 변속감 실현

풀이 ABS의 목적
① 제동거리 단축
② 방향 안정성 확보(stability) : spin 방지
③ 조향 안정성 확보(steerability)
④ 타이어 편마모 및 제동이음 방지

31 슬립각의 크기에 따른 조향특성을 설명한 것으로 옳은 것은?

① 후륜과 전륜의 슬립각이 같으면 언더 스티어링의 특성을 나타낸다.
② 후륜의 슬립각이 전륜의 슬립각보다 크면 언더 스티어링의 특성을 나타낸다.
③ 후륜의 슬립각이 전륜의 슬립각보다 크면 오버 스티어링의 특성을 나타낸다.
④ 후륜의 슬립각이 전륜의 슬립각보다 크면 중립 스티어링의 특성을 나타낸다.

풀이 후륜의 슬립각이 전륜의 슬립각보다 크면 후륜이 미끄러지므로 오버 스티어링의 특성을 나타낸다.

32 풀 타임(full time) 4륜 구동 방식에서 타이트 코너 브레이크 현상을 제거하는 방법은?

① 바퀴를 작게 한다.
② 타이어 공기압을 높여준다.
③ 앞, 뒤 바퀴에 구동력을 전달하는 부분에 중앙 차동 장치를 설치한다.
④ 프로펠러 샤프트에 유니버설 조인트를 2개 연속으로 장착한다.

풀이 타이트 코너 브레이크(tight corner brake) 현상
4륜 구동 차량에서 건조한 포장 노면을 급선회시 앞, 뒤 바퀴에 선회반경의 차이가 발생하여 앞바퀴는 브레이크가 걸린 느낌이, 뒤바퀴는 공전하는 느낌이 드는 현상
[방지법] 중앙 차동기어 장치를 설치하거나, 4륜 구동을 2륜 구동으로 변환한다.

29 ② 30 ④ 31 ③ 32 ③

33 기관의 회전력이 15.5kgf·m이고, 3200rpm으로 회전하고 있다면 클러치에 전달되는 마력(PS)은 약 얼마인가?

① 56.3 ② 61.3
③ 66.3 ④ 69.3

 전달 마력(PS) = $\dfrac{2\pi T n}{75 \times 60}$

여기서, T : 회전력[kgf·m]
　　　　n : 회전수[rpm]

∴ 전달마력 = $\dfrac{2 \times 3.14 \times 15.5 \times 3200}{75 \times 60}$

　　　　　= 69.2 PS

34 엔진룸의 유효면적을 넓게 확보할 수 있으며 부품수가 적고 정비성이 좋은 독립현가 방식은?

① 위시본형 ② 트레일 링크형
③ 맥퍼슨형 ④ 스윙 차축형

독립현가 방식인 맥퍼슨 형식의 특징
① 조향너클과 쇽업쇼버가 일체로 된 형식이다.
② 위 컨트롤 암이 없어 구조가 간단하다.
③ 기구가 간단하여 고장이 적고 보수가 쉽다.
④ 엔진실 유효 체적을 넓게 할 수 있다.
⑤ 스프링 아랫부분의 중량이 작아 로드홀딩이 좋다.
⑥ 승용차용 전륜 현가장치로 많이 사용된다.

35 주행 중 자동차 안정성 제어장치가 작동하지 않아도 되는 항목으로 가장 거리가 먼 것은?

① 자동차를 후진하는 경우
② 시동 시 자가 진단하는 경우
③ 운전자가 자동차 안정성 제어장치의 기능을 정지시킨 경우
④ 자동차의 속도가 시속 60킬로미터 미만인 경우

자동차의 안정성 제어장치의 기능을 일시 정지시키거나 자가 진단 또는 후진시에는 안정성 제어장치가 작동하지 않으나 자동차가 주행 중에는 안정성 제어장치가 작동하여야 한다.

36 자동변속기에서 변속 진행 중 토크와 회전속도의 변화를 매끄럽게 하기 위한 변속품질 제어가 아닌 것은?

① 록 업 클러치 제어
② 라인압력 제어
③ 변속 중 점화시기 제어
④ 피드백 학습 제어

자동변속기에서 변속 진행 중 점화시기 제어, 라인 압력 제어, 피드백 학습 제어를 통해 변속 토크와 회전속도의 변화를 매끄럽게 하여 변속 품질을 좋게 한다.

37 내경이 50mm인 마스터 실린더에 30N의 힘이 작용하였을 때 내경이 80mm인 휠 실린더에 작용하는 제동력은?

① 약 1.52N ② 약 34.6N
③ 약 76.8N ④ 약 168.6N

33 ④ 34 ③ 35 ④ 36 ① 37 ③

[풀이] $0.785 \times 50^2 : 30N = 0.785 \times 80^2 : F$

∴ $F = \dfrac{80^2 \times 30}{50^2} = 76.8 \ N$

[참고] 압력 = $\dfrac{하중}{단면적}$

∴ 마스터 실린더 압력

$= \dfrac{30}{0.785 \times 5^2}$

$= 1.528 \ N/cm^2$

마스터 실린더에 작용하는 압력과 휠 실린더에 작용하는 압력은 같다.

∴ 휠 실린더의 하중(제동력)

= 압력 × 단면적

= $1.528 \times 0.785 \times 8^2$

= $76.8 \ N$

38 스노우 타이어(snow tire)의 장점에 속하지 않는 것은?

① 눈길에서 제동성능이 우수하다.
② 눈길에서 구동력이 크다.
③ 체인을 탈 부착하여야 하는 번거로움이 없다.
④ 눈이 없는 포장노면에서도 주행 소음이 적다.

[풀이] **스노우 타이어(snow tire)의 특징**
① 눈길에서 체인없이도 주행할 수 있도록 제작
② 눈길에서 구동성능과 제동성능이 우수
③ 일반 타이어보다 트레드 폭이 10~20%, 깊이가 50~70% 정도 홈이 깊게 패여 있다.
④ 트레드 부가 50% 이상 마모시 체인을 같이 사용
⑤ 트레드 패턴이 깊어 일반노면 주행 시 소음이 발생

39 자동차가 선회운동을 할 때 구심력의 역할을 하는 것은?

① 코너링 포스
② 점착력
③ 복원력
④ 원심력

[풀이] **힘의 성분**
① 코너링 포스(cornering force)
② 횡력(side force, drag force)
③ 제동저항
④ 전동저항
[참고] 타이어의 횡슬립

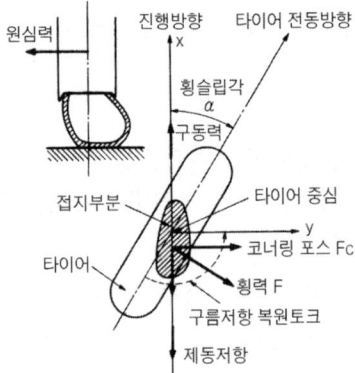

40 자동차의 점검 및 정비 또는 검사에 사용하는 기계 및 기구를 제작하는 사람은 정밀도 검사를 받아야 한다. 해당 기계 및 기구가 아닌 것은?

① 제동 시험기
② 전조등 시험기
③ 자동차용 리프터
④ 가스 누출 탐지기

[풀이] 정밀도 검사를 받아야 하는 기계 및 기구 : 전조등 시험기, 제동력 시험기, 속도계 시험기, 사이드 슬립 시험기, 가스 누출 감지기, 택시미터 주행 검사기 등

38 ④ 39 ① 40 ③

41. 전자제어 현가장치의 제어와 관련된 구성부품이 아닌 것은?

① 인히비터 스위치
② 액셀 포지션 센서
③ ECS 모드 선택 스위치
④ 클러치 스위치

풀이 클러치 스위치는 수동변속기 차량에서 시동을 걸기 위해서 클러치를 밟아야 시동이 걸리게 하는 안전장치이다.

42. 공기 배력식 유압 제동장치의 설명으로 틀린 것은?

① 파워 피스톤을 에어 컴프레서의 압축된 공기 압력과 대기압의 차이에 따라서 작동하여 유압을 발생시켜 휠 실린더에 전달하는 역할을 하는 것은 브레이크 부스터이다.
② 하이드로 에어팩은 공기탱크 등을 설치하여야 하므로 하이드로 백 장치에 비해 약간 복잡하다.
③ 하이드로 에어팩은 동력 실린더부, 릴레이 밸브부, 하이드로릭 실린더부로 구성되어 있다.
④ 하이드로 에어팩으로 작동되는 제동계통은 베이퍼 록이 일어나지 않아 공기빼기가 필요없다.

풀이 공기 배력식 하이드로 에어팩(hydro air pack)도 유압 제동장치의 일종으로 베이퍼 록 현상이 일어나므로 반드시 공기빼기 작업을 해주어야 한다.

43. 최고 속도 제한장치를 부착하지 않아도 되는 자동차는?

① 승합자동차
② 비상 구급 자동차
③ 차량총중량이 3.5톤을 초과하는 화물자동차
④ 저속전기자동차

풀이 자동차 및 자동차부품의 성능과 기준에 관한 규칙 제54조(속도계 및 주행거리계) : 최고속도 제한장치 설치 자동차
① 승합자동차
② 차량총중량이 3.5톤을 초과하는 화물자동차 및 특수자동차
③ 고압가스 운송용 화물자동차
④ 저속전기자동차

44. 점화장치에서 점화방식의 종류가 아닌 것은?

① 전자유도 방식   ② 자석식
③ 반도체식   ④ 콘덴서 방전식

풀이 점화장치의 분류
1) 축전지 점화식
   ① 접점 방식
   ② 트랜지스터 방식
   ③ 콘덴서 방전(CDI) 방식
   ④ 무배전기(DLI) 방식
2) 고압자석 점화식
   ① 유도자 회전형
   ② 자석 회전형
   ③ 플라이휠 자석형

41 ④ 42 ④ 43 ② 44 ①

45 시동 모터의 마그네틱 스위치를 시험하는 방법 중 옳은 것은?

① 풀인, 홀드인 시험 시 마그네틱 스위치의 M 터미널에서 커넥터를 분리시킨다.
② 풀인 시험 시 S 터미널과 바디 사이에 12V 배터리를 연결한다.
③ 홀드인 시험 시 S 터미널과 M 터미널 사이에 12V 배터리를 연결한다.
④ 정확한 시험을 위해 30초 이상 시험을 진행하여야 한다.

[풀이] 시동 모터의 마그네틱 스위치를 시험하는 방법에서 풀인, 홀드인 시험 시 마그네틱 스위치의 M 터미널에서 커넥터를 분리시키고 측정하여야 하며, 풀인 시험은 S 터미널과 M 터미널 사이에, 홀드인 시험은 S 터미널과 바디 사이를 통전 시험한다.

46 AC 발전기와 DC 발전기에서 기능이 동일한 부품으로 짝지어진 것 중 틀린 것은?

① 로터와 계자
② 스테이터와 전기자
③ 다이오드와 정류자
④ 슬립링과 계철

[풀이] 직류 발전기와 교류 발전기의 비교

항 목	직류발전기	교류발전기
유도전기발생	전기자	스테이터
계자형성	계자	로터
정류	정류자와 브러시	다이오드
역류방지	컷아웃 릴레이	다이오드
브러시접촉	정류자	슬립링

47 전조등의 광도가 2000cd 인 경우, 전방 10m에서 조도는?

① 200Lux   ② 20Lux
③ 30Lux   ④ 2000Lux

[풀이] 조도 = $\dfrac{광도(cd)}{r^2}$

여기서, r : 거리(m)

∴ 조도 = $\dfrac{2000}{10^2}$ = 20Lux

48 이모빌라이져 시스템의 구성품으로 틀린 것은?

① 트랜스 폰더
② 터치 센서
③ 안테나코일
④ 이모빌라이져 유닛

[풀이] 이모빌라이져 시스템의 구성품
① 이모빌라이져 컨트롤 유닛(ICU)
② 안테나코일(키 실린더)
③ 트랜스 폰더(키)

49 와이퍼 모터 중 직권코일과 분권코일 2개의 계자코일을 이용하여 고속과 저속 회전을 하는 와이퍼 모터는?

① 분권식 와이퍼 모터
② 복권식 와이퍼 모터
③ 페라이트 전자식 와이퍼 모터
④ 제3브러시식 와이퍼 모터

[풀이] 자동차 와이퍼 모터는 직권코일과 분권코일 2개의 계자코일을 이용하여 고속과 저속 회전을 하는 직류 복권식 와이퍼 모터를 사용한다.

45 ① 46 ④ 47 ② 48 ② 49 ②

50 배터리에 대한 설명 중 틀린 것은?
① 발전전류 제어 시스템에서는 배터리의 상태를 실시간으로 모니터링한다.
② 기동장치에 전기를 공급한다.
③ 주행 상태에 따르는 발전기의 출력과 부하와의 불균형을 조정한다.
④ 발전기 대신 전원을 소비하면 배터리의 비중이 올라간다.

풀이 발전기 대신 전원을 소비한다는 것은 배터리를 사용하는 것이므로 배터리 전압과 비중이 낮아진다.

51 내기 센서, 외기 센서, 일사 센서, 온도조절 스위치, 송풍기 스위치들은 어떤 시스템에 사용되는 것인가?
① 전자제어 서스펜션
② 자동 변속기
③ 엔진 제어
④ 공조 장치

풀이 내기 센서, 외기 센서, 일사 센서, 온도조절 스위치, 송풍기 스위치들은 에어컨 시스템(공조 장치)에 사용되는 장치들이다.

52 DLI 점화 장치의 특징에 해당되지 않는 것은?
① 고전압이 감소되어도 유효 에너지의 감소가 없기 때문에 실화가 적다.
② 정전압 제어 방식으로 엔진의 회전 속도에 관계없이 2차 전압이 안정된다.
③ 범위 제한이 없이 진각이 이루어지고 내구성이 크다.
④ 고압 배전부가 없기 때문에 누전의 염려가 없다.

풀이 무 배전기 점화장치(DLI)의 특징
① 고압 배전부가 없기 때문에 누전의 염려가 없다.
② 로터와 캡 사이의 고전압 에너지 손실이 없다.
③ 고전압이 감소되어도 유효 에너지의 감소가 없기 때문에 실화가 적다.
④ 범위 제한이 없이 진각이 이루어지고 내구성이 크다.
⑤ 전파방해가 없어 다른 전자제어 장치에도 유리하다.
⑥ 점화시기의 위치 결정을 위한 센서가 필요하다.

53 사고 차량의 인장작업을 위한 차체 고정에 대한 설명으로 옳은 것은?
① 차체 고정은 단일 방식만 있다.
② 고정용 클램프는 십자(+)형태로 연결한다.
③ 기본 고정은 사이드 실 아래의 플랜지 부위 네 곳에서 한다.
④ 사이드 실 하단의 플랜지가 없는 차체는 고정을 할 수 없다.

풀이 바디 고정작업
① 바디(차체) 고정은 기본고정과 추가고정이 있다.
② 고정용 클램프는 파이프 등으로 상호 병렬연결 상태로 연결한다.
③ 기본 고정은 라커 패널(사이드 실) 아래의 플랜지 네 곳에서 한다.
④ 라커 패널(사이드 실) 하부에 플랜지가 없으면 상부의 플랜지를 사용하여 고정한다.

50 ④ 51 ④ 52 ② 53 ③

54 퍼티의 사용 목적으로 가장 적합한 것은?
① 요철 부위를 평활하게 만들기 위해
② 부착력을 향상시키기 위해
③ 광택도를 높이기 위해
④ 녹 방지를 하기 위해

[풀이] 퍼티(putty) 작업의 목적 : 퍼티 작업은 재료 표면의 구멍을 메우거나 미세한 요철부분을 편평하게 하기 위해서 사용한다.

55 색상과 관련된 설명으로 틀린 것은?
① 보라색은 빨강색과 파랑색의 혼합색이다.
② 색광의 3원색은 빨강색, 파랑색, 노랑색이다.
③ 흰색은 빛을 모두 반사하여 생긴 색상이다.
④ 보색끼리 섞으면 백색이 된다.

[풀이] 보색관계에 있는 색을 혼합하면 무채색이 된다.

56 도장 하자 중 하나인 메탈릭 얼룩의 방지를 위해 조절해야 하는 것이 아닌 것은?
① 플래쉬오프 타임   ② 토출량
③ 도료량   ④ 점도

[풀이] 메탈릭 얼룩이란 도료를 도장했을 때 금속분이 균일하게 배열되지 않고 부분적으로 뭉쳐 얼룩져 보이는 현상이다.
[참고] 메탈릭 얼룩 방지 방법
① 적합한 시너를 사용하여 도료의 점도를 조절한다.
② 시너의 증발 속도에 따라 적정한 플레쉬오프 타임을 설정하여 작업한다.
③ 스프레이 건의 토출량을 작게 한다.
④ 스프레이건의 패턴 폭, 거리, 이동 속도 등을 일정하게 유지하여 작업한다.

57 CO_2 아크 용접에 대한 설명으로 틀린 것은?
① 용접 전류는 용입에 영향을 주는 요인이다.
② 아크 전압은 비드형상에 영향을 주는 요인이다.
③ 용접 전류는 와이어의 용융 속도에 영향을 주는 요인이다.
④ 와이어의 돌출 길이가 길수록 가스의 보호효과가 크고 노즐에 스패터가 부착되기 쉽다.

[풀이] 와이어의 돌출부가 너무 길면 와이어 끝이 좌우로 흔들리며, 비드가 아름답지 못하고 아크가 불안정하게 된다.

58 탄소강에서 적열취성의 성질을 가지게 하는 원소는?
① Mn   ② P
③ S   ④ Si

[풀이] 고온(적열)취성 : 900~1,000℃의 적열상태에서 취성이 발생하는 성질로, 황(S) 성분이 많은 강에서 나타나는 현상

54 ① 55 ④ 56 ③ 57 ④ 58 ③

59 자동차 보수도장용 우레탄 도료의 건조 방식은?

① 소부형　　② 산화 중합형
③ 자기 반응형　④ 용제 증발형

 우레탄 도료는 주제와 경화제를 혼합하여 상호 화학반응에 의해 건조 경화되는 자기 반응형이다.

60 자동차 바디 구성품이 아닌 것은?

① 펜더 에이프런　② 대쉬 패널
③ 사이드 멤버　　④ 쇼크 업소버

 쇼크 업소버는 자동차 현가장치 부품이다.

59 ③　60 ④

자동차정비기능장 제61회 (2017.03.05 시행)

01 GDI 기관에서 고압펌프 고장 시 시동과 관련하여 나타날 수 있는 현상은?

① 시동 불량
② 시동 직후 엔진 정지
③ 시동 및 공회전 정상 유지
④ 시동이 걸리나 엔진 부조가 발생

풀이 ▶ GDI 기관은 고압펌프가 고장 나도 저압펌프가 5bar로 연료를 공급하므로 시동이 가능하고 공회전도 정상적으로 유지하나 가속이 불량해진다.

02 가솔린기관의 점화장치에서 독립점화방식과 비교한 동시점화방식의 특징에 대한 설명으로 틀린 것은?

① 시스템 구성이 간단하다.
② 점화에너지의 손실이 감소된다.
③ 점화플러그의 전극소모가 빠르다.
④ 배기행정에서도 점화 불꽃이 발생한다.

풀이 ▶ **동시점화방식의 특징**
① 시스템 구성이 간단하고, 가격이 저렴하다.
② 방전횟수가 많고, 점화플러그의 전극소모가 빠르다.
③ 고압선이 있어 점화 2차 측정이 용이하다.
④ 배기행정에서도 점화 불꽃이 발생한다.
⑤ 독립점화방식에 비해 점화에너지의 손실이 크다.

03 디젤기관의 연소 과정 중 급격히 화염이 전파되는 초기연소 기간은?

① 착화지연 기간　② 직접연소 기간
③ 폭발연소 기간　④ 후기연소 기간

풀이 ▶ 디젤기관의 연소 과정 중 압력 상승률이 가장 높아 급격히 화염이 전파되는 구간은 폭발연소 기간이다.

04 4행정 사이클 기관의 구조가 스퀘어 스트로크 엔진(square stroke engine)이며, 실제 흡입 공기량이 1117.5cc 일 때 체적효율은 약 몇 %인가? (단, 실린더의 수는 4개이며, 행정은 78mm이다.)

① 65　② 70
③ 75　④ 80

풀이 ▶ 총배기량 $V = \dfrac{\pi}{4} D^2 LZN$
　　　　　　　$= 0.785 D^2 \cdot L \cdot Z \cdot N$
여기서, D : 내경[cm]
　　　　L : 행정[cm]
　　　　Z : 실린더 수
　　　　N : 엔진 회전수[rpm]
∴ 총배기량 $V = 0.785 \times 7.82 \times 7.8 \times 4$
　　　　　　　$= 1490 cc$
체적효율(η_v) = $\dfrac{실제 흡기량}{총배기량} \times 100(\%)$

∴ 체적효율 $= \dfrac{1117.5}{1490} \times 100(\%) = 75\%$

01 ③　02 ②　03 ③　04 ③

05 기관의 밸브간극 조정에 사용되는 측정 기구는?

① 딥스 게이지
② 다이얼 게이지
③ 시크니스 게이지
④ 버니어 캘리퍼스

풀이 기관의 밸브간극 조정은 시크니스 게이지와 드라이버를 사용하여 조정한다.

06 4기통 기관에서 실린더 배열 순서로 점화하지 않는 이유 중 틀린 것은?

① 기관의 발생 동력을 크게 한다.
② 인접 실린더의 진동을 억제한다.
③ 기관의 발생 동력을 균등하게 한다.
④ 크랭크축 회전에 무리가 없도록 한다.

풀이 점화시기를 정하는데 고려할 사항
① 연소가 일정한 간격으로 일어나게 한다.
② 혼합기가 각 실린더에 균일하게 분배되게 한다.
③ 인접한 실린더가 연이어 점화되지 않도록 한다.
④ 크랭크축에 비틀림 진동이 일어나지 않게 한다.
실린더 배열 순서로 점화하지 않는다고 발생 동력이 커지는 않는다.

07 디젤기관에서 연료 분사펌프의 분류로 틀린 것은?

① 분배식   ② 플런저식
③ 독립 펌프식   ④ 축압 분배식

풀이 연료 분사펌프의 분류
① 독립식
② 분배식
③ 축압 분배식(commom rail 방식)

08 가솔린엔진의 전부하 성능곡선도에서 탄성영역에 대한 설명으로 옳은 것은?

① 토크가 증가하는 회전속도에서 최대출력을 발생시키는 회전속도까지의 영역
② 연료소비율이 최저가 되는 회전속도에서 최대출력을 발생시키는 회전속도까지의 영역
③ 최대토크를 발생시키는 회전속도에서 최대출력을 발생시키는 회전속도까지의 영역
④ 최대토크를 발생시키는 회전속도에서 연료소비율이 최저가 되는 회전속도까지의 영역

풀이 전부하 성능곡선도에서 탄성영역이란 최대토크를 발생시키는 회전속도에서 최대출력을 발생시키는 회전속도까지의 영역을 의미한다.

09 인젝터 출력 파형의 설명으로 틀린 것은?

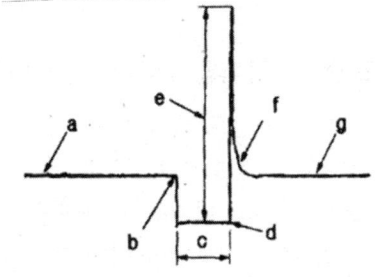

ANSWER 05 ③ 06 ① 07 ② 08 ③ 09 ④

① a : 전원전압
② b : TR on
③ c : 연료분사 시간
④ d : 코일감쇄 구간

> **풀이** 인젝터 파형 분석
> ① a : 전원전압
> ② b : TR on
> ③ c : 연료분사 시간
> ④ d : 접지전압
> ⑤ e : 역기전력(서지전압)
> ⑥ f : 코일감쇄 구간
> ⑦ g : 전원전압

10 삼원 촉매 변환기에 대한 설명으로 틀린 것은?

① 산화 및 환원작용을 한다.
② 약 400~800°C에서 최적의 효율을 보인다.
③ 촉매는 엔진에서 가급적 멀리 설치되어야 한다.
④ 담체에 백금(Pt), 파라듐(Pd), 로듐(Rh)이 도포되어 있다.

> **풀이** 삼원촉매 변환기는 엔진 배기가스의 온도에 의해 정상 작동온도로 빨리 도달하므로 가급적 엔진에 가깝게 설치되는 것이 좋다.

11 윤활 장치에서 유압이 낮아지는 원인은?

① 윤활유의 온도가 낮을 때
② 윤활유의 점도가 높을 때
③ 윤활 부분의 마멸량이 과대할 때
④ 유압 조절 밸브 스프링 장력이 클 때

> **풀이** 유압이 낮아지는 원인
> ① 유압조절밸브 스프링 장력이 약할 때
> ② 오일간극이 클 때(마멸량이 클 때)
> ③ 오일의 점도가 낮을 때
> ④ 오일펌프 마모시
> ⑤ 오일량 부족시

12 전자제어 가솔린기관의 연료계통에서 기관 정지 시 연료압력을 유지시키는 밸브는?

① 체크 밸브
② 니들 밸브
③ 릴리프 밸브
④ 딜리버리 밸브

> **풀이** 전자제어 가솔린기관에서 연료펌프의 첵밸브는 기관 정지 시 연료 출구를 막아 연료의 역류를 방지하며 잔압을 유지하여 고온에 의한 베이퍼 록을 방지하고, 재시동성을 향상시킨다.

13 기관의 연소에서 공연비란 무엇인가?

① 흡입공기량과 연료체적의 비
② 배기가스 중에 포함된 산소의 비
③ 배기가스 체적과 연료량의 비
④ 흡입공기량과 연료량의 중량비

> **풀이** 공연비란 연소에 필요한 흡입공기량과 연료량의 중량비(14.7g : 1g)를 의미한다.

10 ③ 11 ③ 12 ① 13 ④

14. 실린더 내경 7cm, 크랭크 축 회전반경 4.2cm, 실린더 수가 4개인 가솔린엔진의 총 배기량은 약 몇 cc인가?

① 약 646.5
② 약 1092.4
③ 약 1293.1
④ 약 1346.5

풀이 총배기량(V) = $\frac{\pi}{4}D^2LZ$
= $0.785D^2 \cdot L \cdot Z$
여기서, D : 내경[cm]
L : 행정[cm]
Z : 실린더 수
∴ 총배기량(V) = $0.785 \times 7^2 \times 8.4 \times 4$
= 1293.07cc

15. 가솔린엔진의 가변흡기장치(variable induction control system)에 대한 설명으로 옳은 것은?

① 엔진 회전수와 엔진 부하에 따라 밸브 오버랩을 변화시킨다.
② 엔진 회전수와 엔진 부하에 따라 흡기 다기관의 길이를 변화시킨다.
③ 엔진 고속회전 시 흡기다기관의 길이를 길게 하여 흡입저항을 줄인다.
④ 엔진 중속회전 시 흡기다기관의 길이를 짧게 하여 관성 과급효과를 얻는다.

풀이 가변흡기장치(variable induction control system)는 엔진 회전수와 엔진 부하에 따라 흡기다기관의 길이를 변화시켜 엔진의 성능을 향상시키는 방법으로, 엔진이 고속회전 시 흡기다기관의 길이를 짧게 하여 흡입저항을 줄이고, 중·저속 회전 시 흡기다기관의 길이를 길게 하여 관성 과급효과를 얻는다.

16. 산화 지르코니아 산소센서 점검에 관한 내용으로 틀린 것은?

① 엔진을 충분히 웜업 시킨 후 점검한다.
② 디지털 회로시험기를 사용하여 점검한다.
③ 엔진 회전수에 따른 저항값의 변화를 측정한다.
④ 히티드(heated) 산소센서의 경우 히터 전원 공급도 점검한다.

풀이 산화 지르코니아 산소센서는 엔진을 충분히 웜업 시킨 후 디지털 회로시험기를 사용하여 출력값(전압)을 측정하며, 히팅선이 내장된 히티드 산소센서의 경우 히터 전원 공급도 점검하여야 한다.

17. 내연기관에서의 열손실이 냉각손실은 30%, 배기 및 복사에 의한 열손실은 26%이다. 기계효율이 80%라면 정미효율은?

① 30.7%
② 35.2%
③ 40.8%
④ 45.7%

풀이 정미 열효율
= {100−(배기 및 복사손실+냉각손실)} × 기계효율
= {100−(26+30)} × 0.8 = 35.2%

18. LPI(Liquified Petroleum Injection) 연료장치의 구성품이 아닌 것은?

① 가스 온도 센서
② 과류 방지 밸브
③ 펌프 구동 드라이브
④ 메인 듀티 솔레노이드 밸브

14 ③ 15 ② 16 ③ 17 ② 18 ④

풀이 **LPI 기관의 구성품**
① 연료탱크(봄베)
② 연료펌프 드라이버
③ 멀티밸브 유닛 : 연료차단 솔레노이드밸브, 수동밸브, 릴리프밸브, 리턴밸브, 과류 방지밸브
④ 인젝터
⑤ 연료압력 레귤레이터 : 가스압력센서, 가스온도센서
메인 듀티 솔레노이드 밸브는 LPG 차량에서 사용되는 부품이다.

19 설비배치 및 개선의 목적을 설명한 내용으로 가장 관계가 먼 것은?
① 재공품의 증가
② 설비투자의 최소화
③ 이동거리의 감소
④ 작업자 부하 평준화

풀이 설비배치 및 개선을 하는 목적은 현재 생산과정 중에 있는 재공품을 감소시키기 위함이다.

20 워크 샘플링에 관한 설명 중 틀린 것은?
① 워크 샘플링은 일명 스냅리딩(Snap Reading)이라 불린다.
② 워크 샘플링은 스톱워치를 사용하여 관측대상을 순간적으로 관측하는 것이다.
③ 워크 샘플링은 영국의 통계학자 L.H.C. Tippet가 가동률 조사를 위해 창안한 것이다.
④ 워크 샘플링은 사람의 상태나 기계의 가동상태 및 작업의 종류 등을 순간적으로 관측하는 것이다.

풀이 스톱 워치법은 테일러(F.W. Taylor)에 의해 처음 도입된 방법으로, 표준화된 작업을 평균적 노동자에게 수행하게 하고 그 시간을 스톱워치로 측정하여 표준 작업시간을 설정하는 방법이다.

21 검사의 종류 중 검사공정에 의한 분류에 해당되지 않는 것은?
① 수입검사   ② 출하검사
③ 출장검사   ④ 공정검사

풀이 **검사의 분류**
1) 검사 항목에 의한 분류
  ① 수량검사
  ② 치수검사
  ③ 외관검사
  ④ 중량검사
  ⑤ 성능검사
2) 검사 판정대상에 의한 분류
  ① 전수검사
  ② 로트별(샘플링) 검사
  ③ 관리(스킵로드) 샘플링 검사
  ④ 무검사
3) 검사 공정에 의한 분류
  ① 수입검사
  ② 공정(중간)검사
  ③ 최종검사
  ④ 출하검사
4) 검사 장소에 의한 분류
  ① 정위치 검사
  ② 순회검사
  ③ 출장검사

19 ① 20 ② 21 ③

22 부적합품률이 20%인 공정에서 생산되는 제품을 매 시간 10개씩 샘플링 검사하여 공정을 관리하려고 한다. 이 때 측정되는 시료의 부적합품 수에 대한 기대값과 분산은 약 얼마인가?

① 기대값 : 1.6, 분산 : 1.3
② 기대값 : 1.6, 분산 : 1.6
③ 기대값 : 2.0, 분산 : 1.3
④ 기대값 : 2.0, 분산 : 1.6

풀이 이항분포의 기댓값 $E(X) = np$,
분산 $V(X) = np(1-p)$
여기서, n : 시행 횟수
　　　　p : 부적합품이 나올 확률
10개씩 샘플링 검사할 때 부적합품률이 20%이므로 적합 8개, 부적합 2개이다.
∴ 기댓값 $E(X) = np = 10 \times 0.2 = 2.0$
∴ 분산 $V(X) = np(1-p)$
　　　　　　 $= 10 \times 0.2(1-0.2) = 1.6$

23 3σ 법의 $\overline{X}$ 관리도에서 공정이 관리상태에 있는 데도 불구하고 관리상태가 아니라고 판정하는 제1종 과오는 약 몇 %인가?

① 0.27　　② 0.54
③ 1.0　　　④ 1.2

풀이 3σ 법에서 관리한계 안으로 들어올 확률이 전체의 99.73% 이고, 제1종 과오란 공정이 관리상태에 있는 데도 불구하고 관리상태가 아니라고 판정하는 생산자 과오이므로, 제1종 과오는 100%-99.73% = 0.27%

24 설비보전조직 중 지역보전(area maintenance)의 장·단점에 해당하지 않는 것은?

① 현장 왕복 시간이 증가한다.
② 조업요원과 지역보전요원과의 관계가 밀접해진다.
③ 보전요원이 현장에 있으므로 생산 본위가 되며 생산의욕을 가진다.
④ 같은 사람이 같은 설비를 담당하므로 설비를 잘 알며 충분한 서비스를 할 수 있다.

풀이 **지역보전의 특징**
① 조업요원과 지역요원이 같은 지역에 있으므로 현장 왕복 시간이 감소한다.
② 조업요원과 지역보전요원과의 관계가 밀접해진다.
③ 보전요원이 현장에 있으므로 생산 본위가 되며 생산의욕을 가진다.
④ 같은 사람이 같은 설비를 담당하므로 설비를 잘 알며 충분한 서비스를 할 수 있다.

25 하이드로 플래닝(hydro planning) 현상의 예방책으로 옳은 것은?

① 타이어 패턴은 가능한 한 러그형을 채택한다.
② 앞보다 뒤를 더 무겁게 적재하고 고속 주행한다.
③ 공기압을 규정값으로 하고, 주행 속도를 감소시킨다.
④ 타이어 접지면적을 넓히기 위해 압력을 규정값보다 낮춘다.

풀이 하이드로 플래닝 현상을 방지하기 위해서는 타이어 공기압을 규정보다 높거나 규정값으

22 ④　23 ①　24 ①　25 ③

로 하고, 주행속도를 감소시키며 리브 패턴의 타이어를 사용한다.

26 사이드슬립 시험기로 측정한 결과 왼쪽바퀴가 바깥쪽으로 6mm/m이고, 오른쪽바퀴는 안쪽으로 8mm/m이었을 때 슬립량은?

① 안쪽으로 1mm/m
② 안쪽으로 2mm/m
③ 바깥쪽으로 1mm/m
④ 바깥쪽으로 2mm/m

풀이 사이드슬립 테스터 슬립량 계산법
① 사이드 슬립은 좌, 우 바퀴의 합성력이므로 좌, 우 바퀴의 슬립량을 더해서 둘로 나눈다.
② IN과 OUT은 부호를 반대로 한다.
즉, IN 8mm − OUT 6mm = IN 2mm
∴ IN 2mm ÷ 2 = IN 1mm

27 질량 1200kg의 자동차가 주행속도 60km/h에서 제동 정차하였다. 제동감속도가 $6m/s^2$일 때 브레이크 일과 브레이크 출력은?

① 약 166665Nm, 약 60kW
② 약 196000Nm, 약 25kW
③ 약 333300Nm, 약 75kW
④ 약 369630Nm, 약 100kW

풀이 계산과정 상세설명
① 자동차 중량(W)
 = 1200kg × $9.8m/s^2$ (W=m·g)
 = 11760kg·m/s^2 = 11760N
② 제동력(F) = 질량 × 감속도
 ∴ 1200kg × $6m/s^2$

 = 7200kg·m/s^2 = 7200N
③ 제동거리(S) = $\dfrac{V^2}{254} \times \dfrac{W+\varDelta W}{F}$
 = $\dfrac{60^2}{254.016} \times \dfrac{11760}{7200}$
 = 23.148m
④ 감속도(a) = $\dfrac{나중속도-처음속도}{걸린 시간}$
 ∴ 걸린 시간 = $\dfrac{0-\left(\dfrac{60}{3.6}\right)}{6}$ = 2.777sec
⑤ 브레이크 일 = 힘 × 거리
 = 7200 × 23.148
 = 166665N·m
⑥ 브레이크 출력 = $\dfrac{166665}{2.777}$ ≒ 60000W
 = 60kW

회전부분 상당중량($\varDelta W$)은 주어지지 않았으므로 생략하였고, 일반적인 계산식은 254로 대입하나 오차가 생겨 원래수치인 254.016으로 대입하였음

28 조향각을 일정하게 유지하고 차의 주행 속도를 증가시켰을 때 선회 반경이 커지는 현상은?

① 오버 스티어링
② 언더 스티어링
③ 뉴트럴 스티어링
④ 리버스 스티어링

풀이 선회특성
① 언더 스티어 : 조향각을 일정하게 하고 선회시 선회반경이 커지는 현상
② 오버 스티어 : 조향각을 일정하게 하고 선회시 선회반경이 작아지는 현상
③ 뉴트럴 스티어 : 조향각만큼 정상 선회
④ 리버스 스티어 : 차속이 증가할수록 언더 스티어에서 오버 스티어로 되는 현상

26 ① 27 ① 28 ②

29 전자제어 제동장치(ABS)에서 제동력이 최대가 되는 슬립률은 일반적으로 약 몇 %인가?

① 15~20% ② 35~40%
③ 55~60% ④ 75~80%

풀이 휠 슬립 곡선도

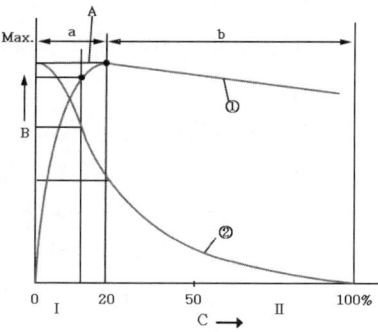

① 제동 효과(제동력)
② 횡력 계수
A : ABS 조정 범위
B : 제동압력계수
C : 슬립율
a : 안전 슬립 범위
b : 불안전 슬립 범위
Ⅰ : 구르는 바퀴
Ⅱ : 잠긴 바퀴
15~20% 부분인 A지점이 제동력이 최대가 되는 슬립율 구간이다.

30 자동차의 주행저항에 해당되지 않는 것은?

① 구름저항 ② 등판저항
③ 공기저항 ④ 구동저항

풀이 자동차의 전주행저항
① 구름저항(R_r) = $\mu r \cdot W$
② 공기저항(R_a) = $\mu a \cdot A \cdot v^2$
③ 등판저항(R_g, 구배저항)
  = $W \cdot \sin\theta \fallingdotseq W \cdot \tan\theta$
  = $\dfrac{WG}{100}$
④ 가속저항(R_{ac}) = $\dfrac{W+\Delta W}{g} \times a = m \times a$

31 공기식 제동장치 차량에서 총 제동력 4900N, 자동차 질량 1800kg, 브레이크 공기압력 7.0bar, 블로킹 한계압력 4.5bar, 초기압력 0.4bar인 경우의 제동률은?

① 약 23.6% ② 약 44.7%
③ 약 53.9% ④ 약 60.4%

풀이 제동률(η) = $\dfrac{(P_1 - P_0) \times F}{(P_2 - P_0) \times W} \times 100(\%)$

여기서, F : 총 제동력[N]
W : 자동차질량[kg]
P_0 : 초기압력
P_1 : 공기압력
P_2 : 한계압력

∴ 제동률 = $\dfrac{(7.0-0.4) \times 4900}{(4.5-0.4) \times 1800 \times 9.8} \times 100(\%)$
= 44.7%

32 앞 현가장치에서 차축식과 비교한 독립현가식의 특징으로 틀린 것은?

① 승차감이 좋다.
② 타이어와 노면의 접지성이 좋다.
③ 유연한 섀시 스프링을 사용할 수 있다.
④ 차륜의 상하 운동에 의한 휠 얼라인먼트의 변화가 적다.

풀이 독립 현가장치의 특징
① 차량의 높이를 낮게 할 수 있어 안전성이 좋다.

29 ① 30 ④ 31 ② 32 ④

② 바퀴가 시미를 잘 일으키지 않고 로드 홀딩이 좋다.
③ 스프링 정수가 적은 스프링을 사용할 수 있다.
④ 스프링 아래 질량이 적어 승차감이 우수하다.
⑤ 일체 차축 현가에 비해 구조가 복잡하다.
⑥ 주행 시 바퀴의 움직임에 따라 얼라인먼트나 윤거가 변화하므로 타이어 마모가 크다.

33 자동차 및 자동차부품의 성능과 기준에 관한 규칙에 따른 주제동장치의 급제동정지거리 및 조작력 기준에서 최고속도 80km/h 이상의 자동차 제동속도는?

① 25km/h
② 35km/h
③ 50km/h
④ 당해 자동차의 최고속도

풀이 자동차 및 자동차부품의 성능과 기준에 관한 규칙 제15조(제동장치)
[별표3] 주제동장치의 급제동 정지거리 및 조작력 기준
최고속도가 80km/h 이상 자동차의 제동초속도는 50km/h, 급제동 정지거리는 22m 이하이다.

34 거버너 방식의 자동변속기 차량에서 거버너 압력은?

① 자동차의 주행 속도에 비례한다.
② 자동차의 주행 속도에 반비례한다.
③ 스로틀 밸브 열림 각도에 비례한다.
④ 스로틀 밸브 열림 각도에 반비례한다.

풀이 거버너 밸브는 자동차의 주행속도(출력축 회전속도)에 비례하여 유압을 발생시키는 밸브이다.

35 자동변속기와 비교 시 무단변속기(CVT)의 장점으로 옳은 것은?

① 변속 충격이 전혀 없어 승차감이 향상된다.
② 변속 시 엔진 토크를 감소시켜 연비가 향상된다.
③ 자동차 주행속도와 상관없이 엔진을 최저연비 상태로 제어할 수 있다.
④ 엔진을 최대 출력 상태로 지속적으로 제어할 수 있어 가속성이 우수하다.

풀이 **무단변속기의 특징**
① 운전 중 용이하게 감속비를 변화시킬 수 있다.
② 가속성능을 향상시킬 수 있다.
③ 변속패턴에 따라 운전하여 연비가 향상된다.
④ 파워트레인 통합제어의 기초가 된다.
무단변속기는 연속적으로 변속하므로 변속단이 없고, 변속 시 변속 충격이 발생되지 않아 승차감이 좋다.

33 ③ 34 ① 35 ①

36 전자제어 제동장치(ABS)에 대한 설명으로 틀린 것은?

① 고장 발생 시 전자제어 진단기기를 이용하여 고장 내용을 알 수 있다.
② 경고등 점등 시 ABS 시스템은 정상 작동하지 않지만, 통상적인 브레이크 작동은 유지된다.
③ 미끄러운 노면에서 급제동 시 페달의 진동이 느껴진다면 ABS 시스템을 반드시 점검토록 한다.
④ 주행 중 ABS 제어모듈은 항상 각 부를 모니터링하고 있으며, 고장 발생 시 경고등을 점등시킨다.

[풀이] 미끄러운 노면에서 급제동 시 ABS가 작동하므로 페달에 진동이 느껴지면 ABS가 정상 작동하고 있는 것이다.

37 전동식 동력조향장치의 제어방법 및 특성에 대한 설명으로 틀린 것은?

① 주차 또는 저속주행 시에는 조향력이 가볍게 제어된다.
② 전동모터의 구동력은 조향 휠을 조작하는 토크에 비례한다.
③ 전동모터에 가해지는 전류의 세기는 엔진 회전수에 비례한다.
④ 시스템 고장 시 계기판에 경고등이 켜지도록 경고등 제어를 한다.

[풀이] **전동식 전자제어 동력조향장치(MDPS)의 특징**
① 오일을 사용하지 않아 오일 누유 및 오일 교환이 필요 없는 친환경 시스템이다.
② 엔진 부하가 감소하여 연비 향상에 도움이 된다.
③ 조립 부품수가 감소되어 조립성이 향상된다.
④ 유압식에 비해 간단하며 가격 및 작업성이 좋다.
⑤ 전동기를 운전 조건에 맞추어 제어함으로써 차량속도별 정확한 조향력 제어가 가능하다.
⑥ 속도감응형 파워 스티어링의 기능 구현이 가능하다.
전동식 동력조향장치(MDPS)는 차속에 따라 제어하며, MDPS ECU에서 전동모터에 가해지는 전류에 의해 토크를 발생하여 조타력을 보조한다.

38 자동변속기에서 토크 컨버터의 토크 변환율이 최대가 될 때는?

① 터빈이 펌프의 1/3 회전할 때
② 터빈이 펌프의 1/2 회전할 때
③ 터빈이 정지 상태에서 회전하려고 할 때
④ 펌프와 터빈의 회전속도가 거의 같아졌을 때

[풀이] 토크 컨버터에서 토크 변환율이 최대가 될 때는 터빈이 정지 상태에서 회전하려고 할 때이다. 즉, 터빈이 정지하고 있을 때(스톨 토크) 스톨 토크비가 가장 크다.
[참고] 토크 컨버터 성능곡선

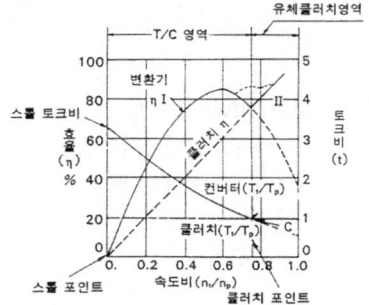

39 입력축, 부축, 출력축으로 구성된 수동 변속기에서 변속비에 대한 설명으로 옳은 것은?

① 부축기어 잇수 / 입력축기어 잇수
② 출력축 회전속도 / 엔진 회전속도
③ 변속비가 1보다 작을 때는 감속이 된다.
④ 변속비가 1일 때 구동축과 피동축의 회전속도는 같다.

풀이
변속비 = $\dfrac{\text{입력축기어 잇수}}{\text{부축기어 잇수}}$
      = $\dfrac{\text{엔진 회전속도}}{\text{출력축 회전속도}}$

※ 변속비가 1보다 작으면 증속이 되고, 변속비가 1이면 구동축과 피동축의 회전속도는 같다.

40 휠 얼라인먼트 요소 중 캠버에 대한 설명으로 틀린 것은?

① 부(-)의 캠버는 선회 시 코너링 포스를 증가시킨다.
② 캠버는 핸들의 복원력을 좋게 하고 차축의 휨을 방지한다.
③ 정(+)의 캠버란 차륜 중심선의 위쪽이 안으로 기울어진 상태를 말한다.
④ 정면에서 보았을 때 차륜 중심선이 수직선에 대해 경사되어 있는 상태를 말한다.

풀이 캠버의 정의 및 효과
① 앞바퀴를 정면에서 보았을 때 바퀴 중심선이 수직선에 대해 바깥쪽으로 경사되어 있는 상태를 정(+)의 캠버라 하고, 안 쪽으로 기울어진 상태를 부(-)의 캠버라 한다.

② 정(+)의 캠버는 핸들의 조작을 가볍게 하고, 차축의 휨을 방지하며 복원력을 좋게 한다.
③ 부(-)의 캠버는 선회 시 코너링 포스를 증가시킨다.

41 자동차 드라이브 라인 중 등속 조인트의 종류가 아닌 것은?

① 트랙터형(tractor type)
② 파르빌레형(parville type)
③ 벤딕스 와이스형(bendix weiss type)
④ 훅 조인트형(hooks joint type)

풀이 등속 조인트의 종류
① 트랙터형(tractor type)
② 파르빌레형(parville type)
③ 벤딕스 와이스형(bendix weiss type)
④ 제파형(zeppa type)
※ 훅 조인트는 후륜구동 자동차의 부등속 조인트이다.

42 공기식 전자제어 현가장치(ECS)에서 사용되는 센서 종류와 관계가 없는 것은?

① 차고센서
② 차속센서
③ 오일 압력센서
④ 조향 휠 각도센서

풀이 ECS 입력신호
① 차속 센서 : 자동차의 속도를 검출
② 차고 센서 : 자동차의 차고를 검출
③ 조향각 센서 : 조향 휠의 회전방향을 검출
④ G 센서 : 자동차의 가감속을 검출
⑤ 도어 스위치 : 도어의 열림 여부 검출

39 ④ 40 ③ 41 ④ 42 ③

⑥ 스로틀 포지션 센서 : 급 가·감속 상태를 검출
⑦ 브레이크 압력 스위치 신호 : 차고조절을 위해 제동 여부를 검출

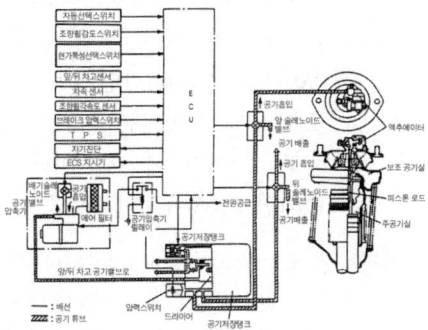

[공기식 전자제어 현가장치의 구성]

43 에어백 시스템에서 제어 모듈의 주요 기능이 아닌 것은?

① 고장 발생 시 자기 진단 기능
② 고장 발생 시 경고등 점등 기능
③ 충돌 시 긴급 제동 시스템 작동 기능
④ 축전지 파손에 대비한 비상전원 확보 기능

풀이 에어백 제어모듈의 주요 기능
① 에어백 작동시(충돌시)의 축전지 고장에 대비한 비상 전원기능(전원용 충전 콘덴서) : 에너지 저장기능
② 축전지 전압저하에 대비한 전압상승 기능
③ 안전성과 신뢰성 제고를 위한 자기진단 기능

44 무보수(MF) 축전지의 특징이 아닌 것은?

① 자기 방전이 적다.
② 장시간 보존할 수 있다.
③ 증류수를 보충할 필요가 없다.
④ 격자의 재질을 납과 고안티몬 합금으로 개선하였다.

풀이 무보수(MF) 축전지의 특징
① 자기 방전이 적다.
② 장시간 보존할 수 있다.
③ 증류수를 보충할 필요가 없다.
④ 격자의 재질은 내식성의 특수 합금이다.

45 전기회로에서 접촉 저항을 감소시키는 방법 중 틀린 것은?

① 단자에 도금을 한다.
② 접촉 압력을 증가시킨다.
③ 접촉 면적을 감소시킨다.
④ 접촉 부위의 이물질을 제거한다.

풀이 접촉 저항을 감소시키는 방법
① 접촉 부위의 이물질을 제거한다.
② 접촉 압력을 크게 한다.
③ 접촉 면적을 크게 한다.
④ 접촉부분을 납땜하거나 단자에 도금을 한다.

ANSWER 43 ③ 44 ④ 45 ③

46 기동전동기의 정류자에 대한 설명으로 틀린 것은?

① 정류자편은 각각 절연하여 원형으로 결합한 것이다.
② 정류자편 사이에는 1mm 정도의 두꺼운 운모판이 삽입되어 있다.
③ 원심력에 의해 튀어나오지 않도록 V형 운모와 V형 클램프 링으로 고정되어 있다.
④ 운모판은 브러시와의 접촉 불량을 방지하기 위해 정류자편의 표면보다 높게 설치되어 있다.

[풀이] 운모판은 정류자편의 표면보다 낮게 설치되어 있다. 이를 운모의 언더 컷(under cut)이라 한다.

47 차량 출동 시 피해 경감기술 및 장치를 나열한 것이다. 거리가 먼 것은?

① 탑승자 보호 기술
② 보행자 피해 경감 장치
③ 충돌 시 충격 흡수 차체 구조
④ 충돌 시 도어 록(door lock) 해제 장치

[풀이] ①~③항은 차량 출동 시 피해 경감기술이고, 충돌 시 도어 록 해제는 사고 후 승차자의 안전 탈출을 위한 장치이다.

48 차내 통신 시스템 중 플렉스레이(Flex Ray) 배선에서의 전압수준으로 틀린 것은?

① BP(Bus Plus)라인 데이터 미전송 시 전압은 2.5V이다.
② BM(Bus Minus)라인 데이터 미전송 시 전압은 2.5V이다.
③ BP(Bus Plus)라인에서 값이 1인 비트(Bit)가 전송 시 전압은 3.0V에서 3.5V로 상승하고, 0인 비트(Bit)가 전송되면 1.5V에서 2.0V로 하강한다.
④ BM(Bus Minus)라인에서 값이 1인 비트(Bit)가 전송되면 전압은 3.5V에서 5.0V로 상승하고, 0인 비트(Bit)가 전송되면 2.5V에서 1.5V로 하강한다.

[풀이] 플렉스레이(Flex Ray)에서의 데이터 전송은 2개의 채널을 통해 이루어지며 2개의 채널은 각각 2개의 배선을 이용한다.(Bus Plus, Bus Minus 라인) 2개의 배선에서 데이터 미전송 시 전압은 2.5V이다.
BP 라인에서 값이 1인 비트(Bit)가 전송되면 전압은 3.0V~3.5V로 상승하고, 0인 비트(Bit)가 전송되면 1.5V~2.0V로 하강한다.
BM 라인에서 값이 1인 비트(Bit)가 전송되면 전압은 1.5V~2.0V로 하강하고, 0인 비트(Bit)가 전송되면 3.0V~3.5V로 상승한다.

49 기전력이 2V이고 내부저항이 1Ω인 축전지 15개를 직렬로 연결하고, 끝단에 5Ω의 외부저항을 접속했을 때 회로에 흐르는 전류는?

① 1A   ② 1.5A
③ 2A   ④ 2.5A

[풀이] 합성저항 $R = R_1 + R_2 + \cdots + R_n$
∴ 합성저항 $R = 1\Omega \times 15 + 5\Omega = 20\Omega$
기전력 $E = 2V \times 15 = 30V$
오옴의 법칙 $I = \dfrac{E}{R}$
∴ $I = \dfrac{30}{20} = 1.5A$

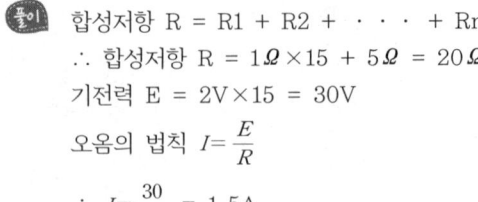

46 ④ 47 ④ 48 ④ 49 ②

50 계기장치에서 미터(meter)의 고장현상별 점검 내용으로 틀린 것은?

① 지침 고정 – 미터부의 공급전원 점검
② 지시값 상이 – 입력신호선의 접촉 불량 점검
③ 지침 떨림 – 센더(sender)부의 전원전압 점검
④ 지침 고정 – 센더(sender)부의 입력신호선 단선 점검

풀이) 지침의 떨림은 계기장치의 스프링이나 센더부의 접촉불량을 점검하고, 센더부의 전원전압이 불량하면 지침이 고정된다.

51 냉동사이클 중에서 냉매의 압력이 가장 낮을 때는?

① 응축기를 지난 후
② 압축기를 지난 후
③ 팽창밸브를 지난 후
④ 리시버 드라이어를 지난 후

풀이) 냉매의 순환 사이클(팽창밸브 형식)

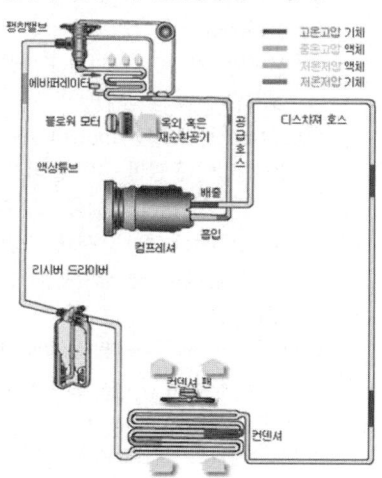

팽창밸브를 지난 후 냉매의 압력이 가장 낮은 저온저압의 기체로 되어 압축기로 들어간다.

52 교류 발전기 조정기에 대한 설명으로 맞는 것은?

① 트랜지스터만 제어하면 된다.
② 전류 조정기만 제어하면 된다.
③ 전압 조정기만 제어하면 된다.
④ 컷 아웃 릴레이만 제어하면 된다.

풀이) 교류 발전기는 전압 조정기만 제어하면 된다.

53 저항 용접의 종류가 아닌 것은?

① 스폿 용접   ② 프로젝션 용접
③ 미그 용접   ④ 심 용접

풀이) 전기 저항 용접(압접)
① 점(spot) 용접
② 심(seam) 용접
③ 프로젝션(projection) 용접
④ 맞대기(butt) 용접

54 자동차 보수용 상도 도료에 대한 설명으로 틀린 것은?

① 자동차 보수도장에는 일반적으로 저온 건조형 또는 자연 건조형 도료가 사용된다.
② 자동차 보수용 도료의 품질은 모든 면에서 신차 도료보다 못하다.
③ 자동차 보수도장용으로 우레탄 도료가 있다.

50 ③   51 ③   52 ③   53 ③

④ 자동차 보수도장용으로 수용성 도료가 있다.

> 풀이 자동차 보수용 도료의 품질은 모든 면에서 신차 도료와 성능이 같거나 동등 이상이다.

55 퍼티와 경화제에 대한 설명으로 틀린 것은?
① 경화제의 양에 관계없이 건조속도가 일정하다.
② 경화제는 인체에 해롭기 때문에 취급에 주의한다.
③ 주제와 경화제의 혼합이 충분하지 않을 때는 결함이 발생한다.
④ 주제와 경화제는 100 : 1~3 정도의 무게비로 혼합하는 것이 바람직하다.

> 풀이 경화제의 양이 너무 많으면 건조속도가 느려 건조시간이 오래 걸린다.

56 조색의 기본원칙으로 틀린 것은?
① 도료를 혼합하면 명도 또는 채도가 낮아진다.
② 보색 관계에 있는 색을 혼합하면 회색이 된다.
③ 색상환에서 주변 색을 혼합하면 채도가 낮아진다.
④ 혼합하는 색이 많으면 많을수록 회색에 접근하게 된다.

> 풀이 가까운 색(주변 색)을 혼합하면 채도가 높아진다.

57 도막 결함 중 흐름현상의 원인이 아닌 것은?
① 하절기에 동절기 경화제를 사용했을 때
② 지건성 희석제를 과량 사용했을 때
③ 한번에 너무 두껍게 도장했을 때
④ 프레쉬 타임을 적게 주었을 때

> 풀이 흐름(sagging) 현상의 원인
> ① 한번에 너무 두껍게 도장했을 때
> ② 지건성 희석제를 과량 사용했을 때
> ③ 프레쉬 타임을 적게 주었을 때
> ④ 도료의 점도가 너무 낮을 때
> ⑤ 불규칙적으로 건을 사용했을 때

58 바디 패널의 프레스 라인 부위를 수정할 때 사용하는 수공구로 가장 적절한 것은?
① 해머, 스크래퍼
② 해머, 판금 정
③ 돌리, 주걱
④ 돌리, 정반

> 풀이 판금 작업용 수공구
> ① 해머(hammer) : 단단한 물체를 두들겨 고르게 펴는 작업에 사용하는 공구
> ② 돌리(dolly) : 각종 해머의 밑받침 역할을 하는 것으로, 패널의 표면을 편평하고 매끄럽게 하는 공구
> ③ 보디 스푼(body spoon) : 돌리 만으로는 작업이 곤란한 손이 들어가지 않는 좁은 곳에서 돌리의 대용으로 사용
> ④ 치즐(chisel, 정) : 재료의 절단, 갈아내기 등에 사용하는 끝부분이 일자로 되어 있는 공구
> ⑤ 판금 정 : 잘못된 리벳을 잘라내거나 두꺼운 판재의 굽힘부를 정확하게 꺾기작업 하는데 사용하는 공구
> # 바디 패널의 프레스 라인 부위의 수정은 해머와 판금 정으로 한다.

54 ② 55 ① 56 ③ 57 ① 58 ②

59 자동차 차체의 구성품 중 알루미늄 합금을 사용하지 않는 것은?

① 후드 ② 도어 트림
③ 휀더 ④ 트렁크

풀이 도어 트림이란 도어의 안쪽 마감 부품을 뜻하며, 평판의 하드보드에 천을 씌우거나 수지로 성형하여 제작한다.

60 자동차의 차체 제작 성형은 철금속의 어떤 성질을 이용한 것인가?

① 가공 경화 ② 소성
③ 가단성   ④ 탄성

풀이 용어 설명
① 가공 경화(work hardening) : 금속재료가 상온 가공에 의해 강도와 경도가 커지고, 연신율이 감소하는 성질
② 소성 : 외력에 의해 변형이 생긴 후 돌아오지 않는 성질
③ 탄성 : 외력을 가했을 때 변형이 생겼다가 외력을 제거하면 돌아오는 성질
③ 연성 : 늘어나는 성질
④ 전성 : 금속에 압력, 타격을 가해 얇게 만들 수 있는 성질
⑤ 인성 : 끈기가 있고 질긴 성질
⑥ 취성 : 금속재료가 잘 부서지고 깨지는 성질
⑦ 가단성(malleability) : 전성과 같다.

풀이 차체의 제작성형은 철판을 필요한 크기로 자르고, 프레스 기계로 일정한 성형의 철판 조각(panel)으로 만드는 소성변형을 이용한다.

59 ② 60 ②

자동차정비기능장 제62회
(2017.07.08 시행)

01 엔진의 냉각수 내에 기포가 발생되어 워터펌프를 손상시킬 수 있는 현상은?

① 베이퍼 록(vapor lock)
② 헤지테이션(hesitation)
③ 캐비테이션(cavitation)
④ 퍼컬레이션(percolation)

▶풀이 캐비테이션(cavitation)이란 공동(空洞)현상으로 냉각수가 비등점이 낮아져 냉각수 내에 기포가 발생되는 현상을 말한다. 공동현상이 발생되면 물펌프의 임펠러 및 펌프 몸체가 손상될 수 있다.

02 일반적으로 윤활에서 마찰계수 f, 점성계수 μ, 축의 회전수 n, 베어링의 하중을 p라고 할 때 마찰계수 f와의 관계로 옳은 것은?

① 마찰계수 f는 하중 p와 회전수 n에 비례하고 점성계수 μ에 반비례한다.
② 마찰계수 f는 점성계수 μ에 비례하고 하중 p와 회전수 n에 반비례한다.
③ 마찰계수 f는 점성계수 μ와 회전수 n에 비례하고 하중 p에 반비례한다.
④ 마찰계수 f는 점성계수 μ와 하중 p에 비례하고 회전수 n에 반비례한다.

▶풀이 윤활유의 점도가 높거나, 축의 회전수가 빠르면 마찰계수 f가 커지므로 점성계수 μ와 회전수 n에 비례하고, 하중이 커지면 마찰계수 f는 작아지므로 하중 p에 반비례한다.

03 크랭크축이 정적 및 동적 평형을 이루어야 하는 이유는?

① 고속회전을 하기 때문이다.
② 회전 관성을 줄이기 위해서이다.
③ 평면 베어링을 사용하기 때문이다.
④ 열전도성을 향상시키기 위해서이다.

▶풀이 크랭크축은 고속회전을 하므로 정적 및 동적으로 평형이 잡혀 있어야 한다.

04 디젤 엔진의 압축비를 높일 경우에 나타날 수 있는 것은?

① 열효율이 높아진다.
② 출력이 떨어질 수 있다.
③ 최고 연소압력이 낮아진다.
④ 착화지연 기간이 길어진다.

▶풀이 압축비가 증가하면 최고압력과 출력이 증가하며 열효율이 높아지고 착화지연기간이 짧아지나 노킹이 발생하기 쉽다.

01 ③ 02 ③ 03 ① 04 ①

05 전자제어 가솔린 연료분사 엔진의 특성으로 틀린 것은?

① 유해 배기가스가 감소한다.
② 압축압력이 상승하여 토크가 증가한다.
③ 기화기식 엔진에 비해 연비를 향상시킬 수 있다.
④ 급격한 부하 변동에도 연료공급이 신속히 이루어진다.

풀이 전자제어 연료분사기관의 특징
① 유해 배기가스의 저감
② 연료 소비율 향상
③ 주행 성능 및 저온 시동성 향상

06 가솔린 엔진의 차콜 캐니스터에서 흡착하는 유해가스 성분은?

① HC   ② CO
③ SOx   ④ NOx

풀이 차콜 캐니스터(charcoal canister)는 연료 탱크로부터 발생한 연료 증기를 활성탄에 흡착 저장 후, 운전 중 흡입 부압을 이용하여 PCSV를 통해 서지탱크로 유입시키는 배출가스 제어장치로, 캐니스터에 흡착되는 유해가스는 연소되지 않은 미연 탄화수소(HC)이다.

07 가솔린 엔진에서 옥탄가가 85이면 퍼포먼스 수는?

① 약 45   ② 약 55
③ 약 65   ④ 약 75

풀이 퍼포먼스 수(Performance Number)

$$= \frac{2800}{128-ON}$$

여기서, PN : 퍼포먼스 수
ON : 옥탄가

$$\therefore PN = \frac{2800}{128-ON} = \frac{2800}{128-85} = 65.11$$

08 4행정 사이클 V6 엔진의 지름이 75mm, 행정이 93mm이고, 실제로 엔진에 흡입된 공기량이 1805cc 라면 체적 효율은 몇 %인가?

① 약 53   ② 약 63
③ 약 73   ④ 약 83

풀이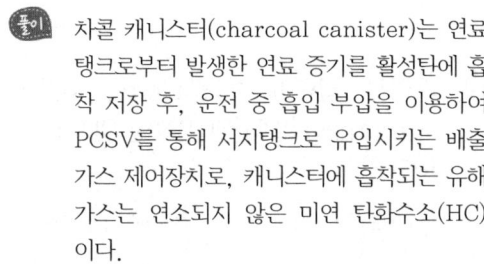

체적효율(η_v) = $\frac{실제 흡입 공기량}{배기량} \times 100(\%)$

배기량(V) = $\frac{\pi}{4}D^2 \cdot L \cdot Z$
        = $0.785D^2 \cdot L \cdot Z$

여기서, D : 내경[cm]
        L : 행정[cm]
        Z : 실린더 수

$\therefore$ 배기량(V) = $\frac{\pi}{4} \times 7.5^2 \times 9.3 \times 6$
                = 2465cc

$\therefore$ 체적효율(η_v) = $\frac{1805}{2465} \times 100(\%) = 73\%$

09 디젤엔진에서 분사펌프의 주요기능 중 틀린 것은?

① 분사량 제어   ② 분사율 제어
③ 분포도 제어   ④ 분사시기 제어

풀이 디젤엔진 분사펌프의 주요기능
① 분사량 제어
② 분사율 제어
③ 분사시기 제어

05 ②   06 ①   07 ③   08 ③   09 ③

분포도 제어는 할 수 없다.

10 가솔린 엔진의 노크 발생 원인이 아닌 것은?
① 압축비가 높을 때
② 점화시기가 늦을 때
③ 실린더의 온도가 높을 때
④ 엔진에 과부하가 걸릴 때

[풀이] 가솔린 엔진의 노크 발생 원인
① 압축비, 실린더 온도가 높을 때
② 제동 평균 유효압력이 높을 때
③ 점화시기가 빠를 때
④ 화염전파가 늦어질 때
⑤ 엔진에 과부하가 걸릴 때

11 싱글 CVVT 엔진에서 오일압력 컨트롤 밸브 제어선이 단선되었을 때 나타날 수 있는 현상은?
① 시동 및 공회전 유지 가능
② 시동 직후 엔진 정지
③ 공회전 부조 발생
④ 시동 안 됨

[풀이] 가변밸브 타이밍 제어장치(CVVT, Continuously Variable Valve Timing)란 흡·배기 밸브의 개폐시기를 운전 조건에 맞추어 가변 제어하는 장치로, 엔진 회전수가 느릴 때는 흡기밸브의 열림 시기를 늦춰 밸브 오버랩을 최소로 하고, 엔진 회전수가 빠를 때에는 흡기밸브의 열림 시기를 빠르게 하여(진각시켜) 밸브 오버랩을 크게 하는 것이다. 일반적으로 배기밸브는 엔진 설계 시 가장 좋은 타이밍을 선정, 고정시켜 가변하지 않고 주로 흡기밸브의 타이밍만을 가변 제어하는 싱글 CVVT 엔진이다. 따라서, 싱글 CVVT 엔진에서 오일압력 컨트롤 밸브 제어선이 단선되어도 흡기밸브가 가변되지 않고 고정되는 것이므로 시동 및 공회전 유지는 가능하다.

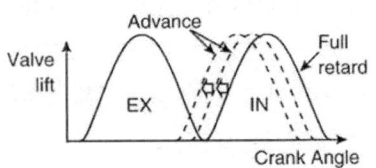

[흡기밸브의 진각]

12 비중 0.85인 가솔린 0.5kg을 완전 연소시키는데 필요한 공기량은? (단, 공연비는 14.5:1이다.)
① 4.15kg   ② 5.17kg
③ 6.16kg   ④ 7.25kg

[풀이] 필요 공기중량
= 연료중량 × 연료비중 × 공연비
= 0.5kg × 0.85 × 14.5 = 6.16kg

13 게이지 압력이 15kgf/cm², 대기압이 710mmHg 일 때 절대압력은 몇 kgf/cm²인가?
① 약 13.634   ② 약 14.965
③ 약 15.965   ④ 약 16.634

[풀이] 대기압이 760mmHg일 때 1.033kgf/cm²이므로 710mmHg는 0.965kgf/cm²에 해당한다.
절대압력 = 게이지 압력 + 대기압이므로
∴ 절대압력 = 15 + 0.965
          = 15.965kgf/cm²

10 ② 11 ① 12 ④ 13 ③

14. LPI(Liquefied Petroleum Injection) 연료장치에서 펌프 구동 드라이버의 역할로 옳은 것은?

① 연료압력을 일정하게 유지한다.
② 연료온도를 상승시켜 증기압을 형성한다.
③ 연료펌프 속도를 항상 일정하게 유지한다.
④ 제어모듈의 신호를 받아 연료펌프의 회전수를 어한다.

풀이) LPI 연료장치에서 연료펌프 구동 드라이버는 엔진 상황에 따라 제어모듈의 신호를 받아 연료펌프의 회전수를 5단계로 제어한다.
[참고] 연료펌프 작동 변화

구분	1단	2단	3단	4단	5단
듀티(%)	15	35	50	65	85
펌프 속도(rpm)	500	1000	1500	2000	2800

15. 여과기로 흡입되는 공기가 회전운동을 하면서 입자가 큰 먼지나 이물질을 분리시키는 형식은?

① 건식 여과기   ② 습식 여과기
③ 원심식 여과기 ④ 유조식 여과기

풀이) 여과기의 종류
① 건식 여과기 : 일반 공기 중에서 여과지를 통과하여 흡기 등을 깨끗하게 하는 여과기
② 습식 여과기 : 여과지에 오일 등을 묻혀 먼지가 달라붙게 하여 여과하는 방식
③ 오일배스(oil bath) 여과기 : 크랭크 케이스 내의 오일 흡입구에 장착되어 오일 속의 불순물을 여과하는 방식이다.
④ 원심식 여과기 : 먼지가 많은 곳에서 사용되는 여과기로 흡입공기는 회전운동을 하면서 입자가 큰 먼지나 이물질을 분리시키는 형식

16. 전자제어 가솔린 연료분사장치의 인젝터를 실차에서 점검 시 점검요소가 아닌 것은?

① 저항 점검
② 작동음 점검
③ 연료누설 점검
④ 분사시기 점검

풀이) 전자제어 가솔린 연료분사장치의 인젝터를 실차에서 점검 시 인젝터의 저항은 멀티미터로, 작동음은 청진기, 연료누설은 관능검사로 점검한다. 인젝터 분사시기는 오실로스코프 시험기로 점검한다.

17. 엔진의 행정 및 내경의 비에 따른 엔진의 분류 중 피스톤 평균속도를 높이지 않고 고속을 얻을 수 있으며 행정이 내경보다 작은 엔진은?

① 스퀘어 엔진
② 언더 스퀘어 엔진
③ 오버 스퀘어 엔진
④ 클로즈 스퀘어 엔진

풀이) 오버 스퀘어(ovedr square, 단행정) 엔진이란 피스톤 평균속도를 높이지 않고 고속을 얻을 수 있으며 행정이 내경보다 작은 엔진을 말한다.

14 ④ 15 ③ 16 ④ 17 ③

18. MAP 센서 방식 엔진에서 공회전 중 흡기 다기관의 공기 누설이 소량으로 발생될 때 나타날 수 있는 현상은?

① 냉각수 온도 하강
② 엔진 회전수 하강
③ 엔진 회전수 상승
④ 엔진 회전수 고정

풀이 MAP 센서는 흡기다기관의 부압에 따라 절대압력이 변화하므로 흡기다기관의 공기 누설이 소량 발생되면 절대압력이 증가하여 엔진 회전수가 상승할 수 있다.

19. 검사특성곡선(OC Curve)에 관한 설명으로 틀린 것은? (단, N : 로트의 크기, n : 시료의 크기, c : 합격판정개수이다.)

① N, n이 일정할 때 c가 커지면 나쁜 로트의 합격률은 높아진다.
② N, c가 일정할 때 n이 커지면 좋은 로트의 합격률은 낮아진다.
③ N/n/c의 비율이 일정하게 증가하거나 감소하는 퍼센트 샘플링 검사 시 좋은 로트의 합격률은 영향이 없다.
④ 일반적으로 로트의 크기 N이 시료 n에 비해 10배 이상 크다면, 로트의 크기를 증가시켜도 나쁜 로트의 합격률은 크게 변화하지 않는다.

풀이 OC 곡선은 로트의 크기(N)보다는 시료의 크기(n)과 합격판정개수(c)에 크게 영향을 받으므로 시료의 크기와 합격판정개수가 증가하거나 감소하면 좋은 로트의 합격률 역시 증가하거나 감소한다.

20. 다음 그림의 AOA(Activity-on-Arc) 네트워크에서 E작업을 시작하려면 어떤 작업들이 완료되어야 하는가?

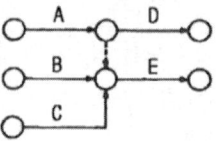

① B
② A, B
③ B, C
④ A, B, C

풀이 AOA 네트워크(계획공정도)에서 E작업을 완료하기 위해서는 선행 작업인 A, B, C가 모두 완료되어야만 한다.

21. 표준시간을 내경법으로 구하는 수식으로 맞는 것은?

① 표준시간 = 정미시간+여유시간
② 표준시간 = 정미시간×(1+여유율)
③ 표준시간 = 정미시간×$\left(\dfrac{1}{1-여유율}\right)$
④ 표준시간 = 정미시간×$\left(\dfrac{1}{1+여유율}\right)$

풀이 **표준시간과 여유율**
1) 외경법 : 여유율 설정이 정미작업시간에 대한 비율로 표시
　① 표준시간 = 정미시간+여유시간(정미시간×여유율)
　　　　　　 = 정미시간×(1+여유율)
　② 여유율(%) = $\dfrac{여유시간}{정미시간}\times 100$
2) 내경법 : 여유율 설정이 실동시간(정미시간+여유시간)에 대한 비율로 주어진다.
　① 표준시간 = 정미시간×$\left(\dfrac{1}{1-여유율}\right)$
　② 여유율(%)

18 ③　19 ③　20 ④　21 ③

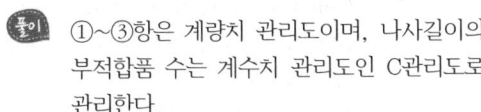

22 품질특성에서 X관리도로 관리하기에 가장 거리가 먼 것은?

① 볼펜의 길이
② 알코올 농도
③ 1일 전력소비량
④ 나사길이의 부적합품 수

풀이 ①~③항은 계량치 관리도이며, 나사길이의 부적합품 수는 계수치 관리도인 C관리도로 관리한다.

23 다음 데이터로부터 통계량을 계산한 것 중 틀린 것은?

[다음]
21.5, 23.7, 24.3, 27.2, 29.1

① 범위(R) = 7.6
② 제곱합(S) = 7.59
③ 중앙값(Me) = 24.3
④ 시료분산(s2) = 8.988

풀이 데이터의 기초 정리
① 범위(R) : 최대값과 최소값 사이
  (29.1−21.5=7.6)
② 중앙값(Me) : 데이터를 크기순으로 나열했을 때 데이터의 가운데 값, 짝수면 두 데이터 합의 평균값(24.3)
③ 모드 : 도수표에서 도수가 최대인 곳의

대표치
④ 산술평균 : 측정횟수의 합을 측정 횟수로 나눈 값
산술(표준)평균
$$= \frac{21.5+23.7+24.3+27.2+29.1}{5}$$
$$= 25.16$$

⑤ 편차 제곱합(S) : $\sum_{i=1}^{n}(x_i - \bar{x})^2$
$(25.16-21.5)^2 + ... + (25.16-29.1)^2$
$= 35.952$

⑥ 시료분산(S2) : $\frac{제곱합}{n-1}$
$$\frac{(25.16-21.5)^2 + ... + (25.16-29.1)^2}{5-1}$$
$= 8.988$

24 브레인스토밍(Brainstorming)과 가장 관계가 깊은 것은?

① 특성요인도   ② 파레토도
③ 히스토그램   ④ 회귀분석

풀이 **특성 요인도**(causes and effects diagram) 문제가 되는 결과(특성)와 이에 대응하는 원인(요인)과의 관계를 알기 쉽게 도표로 나타낸 것으로, 그 모양이 생선의 뼈와 같다고 하여 fishbone diagram 또는 이시가와 챠트라 하며 브레인 스토밍이라는 테크닉이 선행되어야 한다.

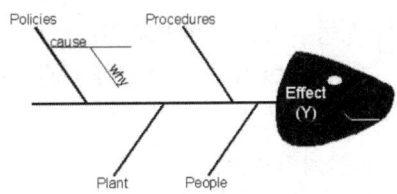

[Fishbone Diagram]

22 ④   23 ②   24 ①

25 토크 컨버터의 클러치 포인트 속도비로 옳은 것은?

① 터빈 속도가 펌프 속도의 약 5/10에 도달했을 때
② 펌프 속도가 터빈 속도의 약 5/10에 도달했을 때
③ 터빈 속도가 펌프 속도의 약 8/10에 도달했을 때
④ 펌프 속도가 터빈 속도의 약 8/10에 도달했을 때

풀이 터빈 속도가 펌프 속도의 약 8/10에 도달했을 때, 즉, 성능곡선에서 속도비 0.8인 지점이 토크 컨버터가 유체 클러치로 작동하는 클러치 포인트이다.
[참고] 토크 컨버터 성능곡선

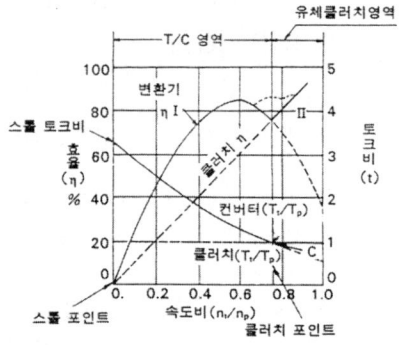

26 자동 차동 제한장치(Limited Slip Differential)의 특성에 대해 잘못 설명한 것은?

① 거친 노면에서 가속성 및 직진성이 향상된다.
② 미끄러지기 쉬운 노면에서 발진 및 주행이 용이하다.
③ 구동륜의 슬립이 적으므로 타이어의 수명이 연장된다.
④ 노면의 마찰계수에 따라 슬립되는 바퀴의 구동력을 크게 한다.

풀이 차동 제한장치(LSD)의 장점
① 미끄러운 노면에서 발진 및 주행이 용이하다.
② 좌우 바퀴의 구동력 차이가 없으므로 안정된 주행성능을 얻을 수 있다.
③ 좌우 바퀴에 모두 동력이 전달되므로 수렁에서 탈출이 용이하다.
④ 요철 노면을 고속 주행 시 후부 흔들림(fish tail motion)을 방지할 수 있다.
⑤ 타이어의 미끄러짐을 방지하므로 수명이 연장된다.
⑥ 악로 주행 시 좌우 바퀴의 회전수가 균일하므로 안전하게 주행할 수 있다.
LSD는 차동장치에 의해 바퀴가 슬립되는 것을 제한하는 장치이다. 슬립되는 바퀴에 구동력을 크게 해주지는 않는다.

27 휠 얼라인먼트를 통해 얻을 수 있는 효과가 아닌 것은?

① 조향 휠을 저속에서는 가볍게, 고속에서는 무겁게 한다.
② 조향 휠의 조작을 작은 힘으로 쉽게 할 수 있게 한다.
③ 자동차 바퀴의 직진성 및 복원성을 준다.
④ 자동차 타이어의 마모를 최소로 한다.

풀이 전자제어 동력 조향장치는 조향 휠을 저속에서는 가볍게, 고속에서는 적절하게 무겁게 한다.
②~④항은 휠 얼라인먼트를 통해 얻을 수 있는 효과이다.

25 ③ 26 ④ 27 ①

28 가변 풀리 방식의 CVT벨트 중 금속벨트와 비교 시 고무벨트의 특징으로 옳은 것은?

① 작동 소음이 크다.
② 동력전달 시 진동을 차단한다.
③ 동력전달 시 회전속도의 제한이 없다.
④ 내구성이 우수하여 큰 토크를 전달할 수 있다.

풀이 고무벨트 방식의 CVT는 동력전달 시 진동을 차단할 수 있는 장점이 있으나, 벨트의 슬립 및 내구성이 작고, 토크 전달 용량이 작아 배기량이 큰 자동차용으로는 적합하지 않다.

29 요 레이트 센서 취급 시 주의해야 할 사항이 아닌 것은?

① 충격에 민감하므로 취급 시 주의한다.
② 조립 시 센서의 방향성에 주의한다.
③ 센서 교환 후 센서 보정(옵셋)을 실시한다.
④ 센서 교환 시 제어모듈도 같이 교환한다.

풀이 요 레이트 센서는 차량의 회전 각속도를 감지하는 센서로 취급 및 교환 시 ①~③항에 주의한다. # 센서 교환 시 제어모듈까지 교환하지 않는다.
[참고] 요 레이트(Yaw Rate) 센서 취급 시 주의사항
① 충격에 민감하므로 취급 시 주의한다.
② 임펙트 렌치를 사용하지 않는다.
③ 센서 체결 및 탈거 시 키를 OFF 한다.
④ 차량 조립 시 센서의 방향성에 주의한다.
⑤ 장착위치를 임의로 변경하지 않는다.
⑥ 센서 교환 후 센서 보정(옵셋)을 실시한다.

30 선 기어 잇수가 20개, 링 기어 잇수가 40개의 유성기어에서 선 기어를 고정하고 링 기어가 75회전 하였다면 캐리어의 회전수는?

① 30회전   ② 50회전
③ 90회전   ④ 120회전

풀이 유성기어 회전수 계산하는 방법
① 캐리어 잇수 = 선기어 잇수 + 링기어 잇수
② 구동기어 잇수(Z_1) × 구동기어 회전수(N_1)
　 = 피동기어 잇수(Z_2) × 피동기어 회전수(N_2)

$$\therefore N_2 = \frac{Z_1}{Z_2} \times N_1 = \frac{40}{20+40} \times 75$$
$$= 50 \text{rpm 감속}$$

31 타이어 공기 압력의 변화에 의한 이상 마모 종류가 아닌 것은?

① 중앙 마모
② 궤도 마모
③ 편심 마모
④ 숄더(shoulder) 마모

풀이 편심 마모는 휠 얼라인먼트 및 구조적인 결함으로 인한 마모이며, 숄더 마모는 숄더의 전체 또는 일부가 원주방향으로 마모된 것으로 부적절한 공기압이 원인이다.

32 다음 중 VDC(Vehicle Dynamic Control) 또는 ESP(Electronic Stability Program)의 제어에 해당하는 것은?

① 안티 스쿼트(Anti squat) 제어
② 안티 다이브(Anti dive) 제어

28 ②　29 ④　30 ②　31 ③　32 ③

③ 요 모멘트(Yaw moment) 제어
④ 노즈 다운(Nose down) 제어

 요 모멘트 제어는 VDC 또는 ESP 제어이며, 안티 스쿼트, 안티 다이브, 노즈 다운은 ECS 제어이다.

33 공기 현가장치에서 공기 저장탱크와 서지탱크를 연결하는 배관 사이에 설치되어 자동차의 높이를 일정하게 유지시키는 밸브는?

① 서브 밸브　　② 메인 밸브
③ 체크 밸브　　④ 레벨링 밸브

 레벨링 밸브는 공기 저장탱크와 서지탱크를 연결하는 배관 도중에 설치되어 주행 중 하중이 변화하면 압축공기를 공기스프링으로 공급하여 자동차의 높이를 일정하게 유지시키는 밸브이다.

34 자동차 경음기 소음 측정방법에 대한 설명 중 틀린 것은?

① 암소음 크기의 측정 시 순간적인 충격음 등은 암소음으로 취급하지 않는다.
② 경음기 소음 측정 시 2개의 경음기가 연동하여 음을 발하는 경우 연동상태에서 측정한다.
③ 엔진을 가동시키지 않은 정차상태에서 경음기를 5초 동안 작동시켜 소음크기의 최대치를 측정한다.
④ 소음측정은 2회 이상 실시하여 측정값의 차이가 5dB을 초과할 때에는 각각의 측정값은 무효로 한다.

경음기 소음 측정방법
① 엔진을 가동시키지 않은 정차상태에서 경음기를 5초 동안 작동시켜 소음크기의 최대치를 측정한다.
② 경음기 소음 측정 시 2개의 경음기가 연동하여 음을 발하는 경우 연동상태에서 측정한다.
③ 소음측정은 2회 이상 실시하여 측정값의 차이가 2dB을 초과할 때에는 각각의 측정값은 무효로 한다.
④ 암소음 크기의 측정 시 순간적인 충격음 등은 암소음으로 취급하지 않는다.
⑤ 자동차로 인한 소음과 암소음의 측정값의 차이가 3dB 이상 10dB 미만인 경우 보정값을 뺀 값을 최종 측정값으로 한다.

35 구동 바퀴가 차체를 전진시키는 힘(구동력)을 구하는 공식으로 옳은 것은? (단, F : 구동력, T : 축의 회전력, r : 바퀴의 반지름이다.)

① $F = T \times r$　　② $F = T \times r \times 2$
③ $F = \dfrac{T}{r}$　　④ $F = \dfrac{T}{r \times 2}$

구동력 $F = \dfrac{T}{r}$

여기서, F : 구동력[kgf]
　　　　T : 축의 회전력[m-kgf]
　　　　r : 바퀴의 반지름[m]

33 ④　34 ④　35 ③

36 자동차의 무게중심 높이가 0.9m, 오른쪽 안전폭이 1.0m, 왼쪽 안전폭이 1.2m의 자동차에서 좌우 최대 안전 경사각도는 각각 얼마인가?

① 오른쪽 : 약 48°, 왼쪽 : 약 53°
② 오른쪽 : 약 53°, 왼쪽 : 약 48°
③ 오른쪽 : 약 42°, 왼쪽 : 약 37°
④ 오른쪽 : 약 37°, 왼쪽 : 약 42°

풀이 최대 안전 경사각도

① 우측안전 경사각도 $\tan\beta = \dfrac{B_r}{H}$

$(\therefore \beta = \tan^{-1}\dfrac{B_r}{H})$

② 좌측안전 경사각도 $\tan\beta = \dfrac{B_l}{H}$

$(\therefore \beta = \tan^{-1}\dfrac{B_l}{H})$

여기서, H : 무게중심 높이
B_r : 오른쪽 안전폭
B_l : 왼쪽 안전폭

∴ 우측 안전 경사각도

$\beta = \tan^{-1}\dfrac{B_r}{H}$

$= \tan^{-1}\dfrac{1.0}{0.9} = 48.01°$

∴ 좌측 안전 경사각도

$\beta = \tan^{-1}\dfrac{B_l}{H}$

$= \tan^{-1}\dfrac{1.2}{0.9} = 53.13°$

37 전동식 동력 조향장치의 특징이 아닌 것은?

① 모듈화가 용이하다.
② 엔진 정지 시에도 조향 조작력 증대가 가능하다.
③ 유압식 조향장치에 비해 조향 휠의 복원력이 우수하다.
④ 오일 및 유압 관련 장치가 없어 다운 사이징의 시스템 구현이 가능하다.

풀이 전동식 전자제어 동력조향장치(MDPS)의 특징
① 오일 누유 및 교환이 필요 없는 친환경 시스템이다.
② 오일 및 유압 관련 장치가 없어 다운 사이징의 시스템 구현이 가능하다.
③ 엔진 부하가 감소하여 연비 향상에 도움이 된다.
④ 모듈화가 용이하다.
⑤ 유압식에 비해 간단하며 가격 및 작업성이 좋다.
조향 휠의 복원력은 휠 얼라인먼트와 관련 있다.

38 자동차가 선회 시 일정한 조향각도로 회전하려 해도 선회 반지름이 작아지는 현상은?

① 언더 스티어링
② 오버 스티어링
③ 카운터 스티어링
④ 뉴트럴 스티어링

풀이 선회특성
① 언더 스티어 : 조향각을 일정하게 하고 선회 시 선회반경이 커지는 현상
② 오버 스티어 : 조향각을 일정하게 하고 선회 시 선회반경이 작아지는 현상
③ 뉴트럴 스티어 : 조향각만큼 정상 선회
④ 리버스 스티어 : 차속이 증가할수록 언더 스티어에서 오버 스티어로 되는 현상

36 ① 37 ③ 38 ②

39 드럼 브레이크에서 전·후진 시 2개의 슈가 모두 리딩 슈로 작동하는 브레이크는?

① 심플렉스(simplex) 브레이크
② 듀플렉스(duplex) 브레이크
③ 유니 서보(uni servo) 브레이크
④ 듀어 서보(duo servo) 브레이크

풀이 드럼 브레이크에서 전·후진 시 2개의 슈가 모두 리딩 슈로 자기작동 작용을 하는 브레이크를 듀어 서보 브레이크라 한다.

40 제동장치에서 에어 마스터(air master)의 배력작용에 활용되는 압력차는?

① 압축공기와 흡기다기관의 압력차
② 압축공기와 대기압의 압력차
③ 압축공기와 유압의 압력차
④ 대기압과 유압의 압력차

풀이 배력식 브레이크의 종류
① 진공식 배력장치 : 대기압과 흡기다기관의 압력차
  ㉠ 일체형 : 브레이크 부스터 또는 마스터 백(vac)
  ㉡ 분리형 : 하이드로 백(hydro-vac) 또는 하이드로 마스터(hydro-master)라 한다.
② 압축공기식 배력장치 : 압축공기와 대기압의 압력차 에어 마스터(air master) 또는 하이드로 에어 팩(hydro air pack)이라 한다.

41 전자제어 현가장치에서 안티 스쿼트(Anti squat) 제어 개시 시 전·후륜 공기 스프링의 급기 및 배기의 상태로 옳은 것은?

① 전륜 - 배기, 후륜 - 배기
② 전륜 - 급기, 후륜 - 배기
③ 전륜 - 배기, 후륜 - 급기
④ 전륜 - 급기, 후륜 - 급기

풀이 안티 스쿼트란 급가속 시 nose up을 방지하는 제어로, 전륜 공기스프링은 배기를, 후륜 공기스프링은 내려가지 못하도록 급기를 하여 제어를 한다.

42 구동력 조절장치(Traction Control System)에서 엔진의 출력을 저하시키는 방법으로 틀린 것은?

① 연료 분사 제어
② 점화 시기 제어
③ 구동륜 제동 제어
④ 스로틀 밸브 제어

풀이 구동력 조절장치(TCS)에서 엔진의 출력을 저하시키는 방법에는 연료 분사량 저감 또는 cut, 점화시기 지연, 스로틀 밸브의 개폐에 의해 엔진의 토크를 조정한다.

43 수동변속기 내의 록킹 볼이 하는 역할이 아닌 것은?

① 기어가 빠지는 것을 방지한다.
② 시프트 포크를 알맞은 위치에 고정한다.
③ 시프트 레일을 알맞은 위치에 고정한다.
④ 기어가 2중으로 치합 되는 것을 방지한다.

39 ④ 40 ② 41 ③ 42 ③ 43 ④

록킹 볼(locking ball)의 역할
① 기어의 빠짐을 방지
② 시프트 레일을 알맞은 위치에 고정
③ 시프트 포크를 알맞은 위치에 고정
기어의 2중 치합 방지는 인터 록(inter lock)이 한다.

 모듈의 양 끝단에는 약 120Ω의 종단저항이 설치되어 있다.

46 전조등 회로에서 단선식과 비교한 복선식에 대한 설명으로 틀린 것은?

① 접속 불량이 잘 발생하지 않는다.
② 점검 및 정비가 비교적 간편하다.
③ 큰 전류가 흐르는 회로에 주로 사용한다.
④ 접지 쪽에도 전선을 사용하여 차체에 접지한다.

 단선식의 특징
① 부하의 한끝을 전선 없이 차체에 접지하는 방식이다.
② 점검 및 정비가 비교적 간편하다.
③ 작은 전류가 흐르는 회로에 주로 사용한다.
④ 접속 불량이 발생되기 쉽다.

44 점화장치에서 자기인덕턴스가 0.5H인 점화코일의 전류가 0.01초 동안에 4A로 변화하였을 때 코일에 유도되는 기전력(V)은?

① 80   ② 120
③ 200   ④ 300

 역기전력(E) $= -L\dfrac{di}{dt}$

여기서, L : 자기 인덕턴스[H]
   di : 전류 변화[A]
   dt : 시간 변화[sec]

∴ 역기전력(E) $= -L\dfrac{di}{dt} = 0.5 \times \dfrac{4}{0.01}$
   $= 200V$

\# 여기서, "−"는 역기전력을 의미

47 에어컨의 구성부품 중 응축기에서 보내온 냉매를 일시 저장하고, 항상 액체상태의 냉매를 팽창 밸브로 보내는 역할을 하는 것은?

① 컴프레서(compressor)
② 이바퍼레이터(evaporator)
③ 익스팬션 밸브(expansion valve)
④ 리시버 드라이어(receiver dryer)

 리시버 드라이어는 응축기에서 보내온 냉매 중에서 수분이나 이물질을 제거하고 냉매를 일시 저장하며, 액화하지 못한 냉매를 액화하여 항상 액체상태의 냉매를 팽창밸브로 보내는 역할을 한다.

45 CAN(Controller Area Network) 통신장치에 관한 설명으로 틀린 것은?

① 모듈 양 끝단에 약 60Ω의 종단저항이 설치되어 있다.
② 고속 CAN은 주행안전에 관련된 제어용으로 주로 사용된다.
③ 트위스트 페어 와이어를 이용하여 데이터를 전송한다.
④ 저속 CAN은 각종 실내 편의 장치 등의 제어용으로 사용된다.

44 ③   45 ①   46 ②   47 ④

48 배터리 센서에 대한 설명으로 틀린 것은?

① 배터리 센서는 배터리 (−)쪽에 주로 장착된다.
② 배터리의 충전상태를 감지하여 시동모터를 직접 제어한다.
③ 배터리 센서의 신호는 주로 LIN통신을 사용한다.
④ 배터리액 온도, 전압, 전류를 내부소자와 맵핑값을 이용해 검출한다.

풀이 배터리 센서는 배터리의 충전상태를 감지하여 발전기를 제어하고, 시동모터를 제어하지는 않는다.

49 기동전동기에 대한 설명으로 옳은 것은?

① 플레밍의 오른손 법칙을 이용한다.
② 교류 직권 전동기를 주로 사용한다.
③ 전기자 코일 결선은 중권식을 많이 사용한다.
④ 회전속도가 빨라질수록 흐르는 전류는 감소한다.

풀이 기동전동기는 플레밍의 왼손 법칙을 이용하며, 직류 직권 전동기를 주로 사용한다. 전기자 코일의 권선은 파권식을 많이 사용하며 회전속도가 빨라질수록 흐르는 전류는 감소하고 회전력은 작아진다.

50 OBD II 진단에서 DTC가 보기와 같이 나타날 때 P가 의미하는 것은?

[보기] P0437

① PWM   ② PROM
③ Protocol   ④ Power train

풀이 DTC 코드에서 P는 Power train을 의미한다.

51 차량의 BCM(Body Control Module)에 입력되는 요소로 거리가 먼 것은?

① 도어스위치 열림 상태
② 시트벨트 미착용 상태
③ 후드 및 트렁크 열림 상태
④ 파워오일 압력스위치 작동상태

풀이 BCM(Body Control Module)에 입력되는 요소
① 도어스위치 열림 상태
② 시트벨트 미착용 상태
③ 후드 및 트렁크 열림 상태
④ 열선스위치 작동 상태
⑤ 주차브레이크 작동 상태
⑥ IG 스위치 삽입 상태

52 사이리스터(SCR)에서 전류의 순방향 흐름으로 맞는 것은?

① 캐소드에서 애노드로
② 애노드에서 캐소드로
③ 캐소드에서 게이트로
④ 게이트에서 캐소드로

풀이 사이리스터(thyristor, SCR)는 PNPN접합으로, 게이트에 일정 전류를 흘려주면 애노드에서 캐소드로 순방향 전류가 흐른다.

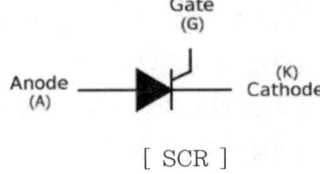

[SCR]

48 ② 49 ④ 50 ④ 51 ④ 52 ②

53 일반적인 CO_2 가스 아크 용접의 특징으로 가장 거리가 먼 것은?

① 전류 밀도가 높아 용입이 깊다.
② 용착금속의 기계적 성질이 우수하다.
③ 용접속도가 느리며, 비철금속 등의 박판용접에 적합하다.
④ 가스 아크용접이므로 용융지의 상태를 확인하면서 용접할 수 있다.

풀이 CO_2 가스 아크용접의 특징
① 전류밀도가 높아 용입이 깊다.
② 용착금속의 기계적 성질이 좋다.
③ 가스 아크용접이므로 용융지의 상태를 확인하면서 용접할 수 있다.
④ 스패터가 적고 안정된 아크를 얻을 수 있다.
⑤ 용접 결함이 적고 용접봉이 녹는 소리가 일정하다.
⑥ 모든 용접자세로 용접이 되며 조작이 간단하다.
⑦ 저렴한 가스와 가는 와이어로 고속 용접하므로 능률이 높고 경제적이다.

54 차량의 도막에 광택을 내기 위한 공구로 옳은 것은?

① 앵글 그라인더 ② 오비탈 샌더
③ 벨트 샌더   ④ 폴리셔

풀이 용어 설명
① 그라인더(grinder) : 연삭숫돌을 사용하여 그 회전운동으로 가공물의 표면을 연마하는 공구
② 샌더(sander) : 패널 표면의 녹이나, 구도막 등의 연마에 사용되는 것으로, 회전운동 또는 왕복 운동을 함으로써 연마를 행하는 공구
③ 폴리셔(polisher) : 차량의 도막에 광택을 내기 위한 공구

55 자동차 차체의 인장작업에 필요한 공구나 장비가 아닌 것은?

① 체인   ② 클램프
③ 에어 톱   ④ 유압 바디 잭

풀이 에어 톱은 절단작업에 사용되는 공구이다.

56 2액형 우레탄 도료에 대한 설명으로 틀린 것은?

① 주제와 경화제가 분리되어 있다.
② 래커 도료에 비하여 내구성이 우수하다.
③ 주제와 경화제를 혼합하면 도료가 경화된다.
④ 주제와 경화제를 혼합한 후 즉시 밀봉하면 추후 재사용이 가능하다.

풀이 주제와 경화제를 혼합하면 화학반응이 발생되어 밀봉하여도 재사용이 불가능하다.

53 ③ 54 ④ 55 ③ 56 ④

57 여러 장의 패널이 서로 겹쳐서 용접된 형태로 프레임과 차체가 하나로 되어 있는 자동차 구조는?

① 플랫 폼 바디
② 모노코크 바디
③ 스페이스 프레임 바디
④ 페리미터 프레임 바디

풀이 모노코크(monocoque, 일체형) 바디란 독립적인 프레임이 없이 여러 장의 패널이 서로 겹쳐서 용접된 형태로 프레임과 차체를 하나의 상자 형태로 만든 일체형 자동차 구조이다.

58 솔리드 색상 조색에서 혼합하는 도료의 종류가 많아질수록 채도는 어떻게 변화하는가?

① 채도가 낮아진다.
② 채도가 높아진다.
③ 채도의 변함이 없다.
④ 채도는 혼합도료 수와 관계없다.

풀이 채도가 높은 색은 3원색이며, 혼합하는 도료의 수가 많아지면 채도는 낮아진다.

59 광택 작업으로 수정할 수 없는 도장 결함은?

① 오렌지 필
② 광택 소실
③ 메탈릭 얼룩
④ 미세한 연마 자국

풀이 메탈릭 얼룩(metallic mark) 이란 도료를 도장했을 때 금속분이 균일하게 배열되지 않고 부분적으로 뭉쳐 얼룩져 보이는 현상으로 광택 작업으로 수정을 할 수 없다.

60 자동차의 사이드 부위에 외력으로 인한 손상이 발생하였을 때 점검이 필요한 부위가 아닌 것은?

① 센터필러
② 사이드 실
③ 루프 사이드 레일
④ 라디에이터 서포트 패널

풀이 라디에이터 서포트 패널(radiator support panel)은 슈라우드 패널이라고도 하며 차량 내부에 있으므로 사이드 부위에 외력으로 인한 손상이 발생하였을 때 점검이 필요한 부위가 아니다.

57 ② 58 ① 59 ③ 60 ④

자동차정비기능장 제63회 (2018.03.31 시행)

01 행정 체적이 800cc, 크랭크축 회전수 1000rpm, 체적효율 80%, 2행정 사이클 기관의 흡기중량 유량은 몇 g/s인가? (단, 흡기의 비중량은 $1.25kg/m^3$이다.)

① 11.67 ② 13.33
③ 16.67 ④ 20.33

풀이 분당 총배기량 = 행정체적 × 엔진회전수
= 800 × 1,000
= 800,000cc

단위시간(초)당 총배기량
$= \frac{800,000}{60}$
= 13.333cc/sec = 13.33 l/sec
$1m^3$ = 1,000 l 이므로,
13.33 l = $0.01333m^3$
흡기중량 = 총배기량 × 비중량
= $0.01333m^3$/sec × $1.25kg/m^3$
= 0.01666kg/sec
= 16.66g/sec

체적효율(η_v) = $\frac{실제 흡기량}{총배기량} \times 100(\%)$

∴ 실제 흡기중량 = 총배기량 × 체적효율
= 16.66 × 0.8
= 13.328g/sec

02 실린더 지름과 행정이 70×70mm이고, 회전속도가 3000rpm인 기관의 밸브 지름은 약 몇 mm인가? (단, 밸브를 통과하는 가스의 속도는 50m/sec이다.)

① 12.2 ② 26.2
③ 32.5 ④ 46.5

풀이 피스톤 평균속도(S) = $\frac{2LN}{60}$

$= \frac{2 \times 0.07 \times 3,000}{60}$ = 7m/s

밸브 지름(d) = $D\sqrt{\frac{S}{V}}$

여기서, D : 실린더 직경[mm]
S : 피스톤 평균속도[m/s]
V : 밸브를 통과하는 가스속도[m/s]

∴ d = $D\sqrt{\frac{S}{V}}$ = $70\sqrt{\frac{7}{50}}$ = 26.19mm

03 연소실의 구비조건으로 틀린 것은?

① 체적당 표면적을 크게 한다.
② 가열되기 쉬운 돌출부를 두지 않는다.
③ 밸브의 면적을 크게 하여 체적효율을 높인다.
④ 화염전파에 소요되는 시간을 가능한 짧게 한다.

풀이 연소실의 구비조건
① 화염전파에 소요되는 시간을 가능한 짧게 한다.

01 ② 02 ② 03 ①

② 밸브의 면적을 크게 하여 충진효율을 높인다.
③ 연소실 내에 강한 와류가 일어나게 한다.
④ 가열되기 쉬운 돌출부를 두지 않는다.
⑤ 연소실의 체적당 표면적을 작게 한다.
⑥ 연소실이 작고, 옥탄가가 높아야 한다.

04 행정체적이나 회전속도에 변화를 주지 않고 엔진의 흡기효율을 높이기 위한 방법은?

① 과급기 설치
② EGR 밸브 설치
③ 공기여과기 설치
④ 흡기관의 진공도 이용

풀이) 과급기(turbo charger)를 설치하면 행정체적이나 회전속도에 변화를 주지 않고 기관의 흡기 효율을 높일 수 있다.

05 평균유효압력을 높이는 방법으로 틀린 것은?

① 압축비를 높인다.
② 충진 효율을 높인다.
③ 실린더 수를 늘린다.
④ 열량이 높은 연료를 사용한다.

풀이) 평균유효압력을 높이는 방법
① 열량이 높은 연료를 사용한다.
② 압축비를 높인다.
③ 충진 효율을 높인다.

06 자동차엔진의 흡·배기 밸브 장치에서 밸브 오버랩에 대한 설명으로 틀린 것은?

① 밸브 개폐를 돕기 위해
② 내부 EGR을 이용하기 위해
③ 흡입효율을 증대시키기 위해
④ 배기효율을 증대시키기 위해

풀이) 밸브 오버랩(valve overlap)이란 배기행정 말기에 상사점 부근에서 흡·배기밸브가 동시에 열려있는 시기로 흡입효율과 배기효율을 높이고, EGR을 이용할 수 있다.

07 피스톤의 구비조건이 아닌 것은?

① 내열성이 양호한 재질일 것
② 열적부하가 작고 방열이 잘될 것
③ 열전도가 잘되고 열팽창이 클 것
④ 내마멸성이 좋고 마찰계수가 작을 것

풀이) 피스톤의 구비조건
① 무게가 가벼울 것
② 내마모성이 클 것
③ 고온에서 강도와 경도가 크고 마찰계수가 적을 것
④ 열팽창율이 적고, 열전도율이 좋을 것
⑤ 열적부하가 작고 방열이 잘될 것

04 ① 05 ③ 06 ① 07 ③

08 엔진의 실린더 내 압축압력에 대한 설명으로 틀린 것은?

① 엔진 공회전 상태에서 측정한다.
② 압축압력이 낮을 시 습식시험을 추가로 실시한다.
③ 가솔린엔진에 비해 디젤엔진의 압축압력이 높다.
④ 엔진 회전속도의 변화에 따라 압축압력은 변화한다.

풀이 압축압력 시험은 시동을 끄고 측정한다.
[참고] 압축압력 측정 방법
① 기관을 정상 작동온도로 한다.
② 모든 점화플러그를 뺀다.
③ 압축압력 게이지를 측정할 실린더에 꼽고 기관을 크랭킹 한다.
④ 압축압력 게이지를 읽고, 결과에 따라 습식시험을 한다.
⑤ 엔진오일을 10cc 정도 넣고 습식시험을 한다.

09 자동차용 윤활유에 물리적 또는 화학적 성질을 강화하여 윤활성을 향상시키기 위해 사용하는 첨가제가 갖추어야 할 조건이 아닌 것은?

① 휘발성이 낮을 것
② 물에 대한 안정성이 우수할 것
③ 첨가제 상호간 빠른 반응으로 침전될 것
④ 윤활유에 대한 첨가제의 용해도가 충분할 것

풀이 첨가제 상호간에는 반응하지 않고, 침전물을 생성하지 않아야 한다.

10 가솔린 엔진의 제원이 실린더 내경 D=55mm, 행정 S=70mm, 연소실체적 Vc=21cm³인 엔진이 이론 공기 표준 사이클인 오토사이클로서 운전될 경우 열효율은 약 몇 %인가? (단 비열비 k =1.2이다.)

① 31.2   ② 35.4
③ 42.7   ④ 43.2

풀이 압축비(ε) = $\dfrac{V_t}{V_c}$ = $1 + \dfrac{V_s}{V_c}$

여기서, V_t : 실린더체적[cc]
V_s : 행정체적(배기량)[cc]
V_c : 연소실체적[cc]

$\therefore$ 압축비(ε)
$= 1 + \dfrac{V_s}{V_c}$
$= 1 + \dfrac{0.785 \times 5.5^2 \times 7}{21} = 8.9$

이론 열효율 $\eta_o = 1 - \dfrac{1}{\varepsilon^{k-1}} = 1 - \left(\dfrac{1}{\varepsilon}\right)^{k-1}$ 이므로

$\therefore \eta_o = 1 - \left(\dfrac{1}{8.9}\right)^{1.2-1} = 0.3541$
즉, 35.4%

11 유체 커플링식 냉각 팬에 대한 설명으로 틀린 것은?

① 라디에이터 앞쪽에 설치
② 물 펌프축과 일체로 회전
③ 라디에이터 통풍을 도와줌
④ 기관의 과냉 및 소음방지를 위해 일정 회전수 이상 시 슬립 발생

풀이 냉각팬은 라디에이터 뒤쪽에 설치한다.

08 ①   09 ③   10 ②   11 ①

12. 믹서 방식의 LPG엔진과 비교한 LPI엔진의 장점으로 틀린 것은?
   ① 연료의 보관성 향상
   ② 역화 발생 문제 개선
   ③ 겨울철 냉간 시동성 향상
   ④ 정밀한 공연비 제어로 연비 향상

   풀이 LPI 기관의 장점
   ① 겨울철 냉간 시동성이 향상된다.
   ② 역화 발생이 현저히 감소된다.
   ③ 주기적인 타르 배출이 불필요하다.
   ④ 정밀한 제어로 배기가스 규제에 유리하다.
   ⑤ LPG 연료를 고압액상(5~15bar)으로 분사한다.

13. 경유를 사용하는 자동차에서 배출되는 오염물질과 가장 거리가 먼 것은?
   ① 매연   ② 알데히드
   ③ 입자상물질   ④ 질소산화물

   풀이 경유를 사용하는 디젤 자동차에서 주로 배출되는 오염물질로는 매연, 입자상물질, 질소산화물 등이 있다.

14. 디젤 연료의 특성 중 세탄가에 대한 설명으로 틀린 것은?
   ① 세탄가가 높을수록 시동성이 개선된다.
   ② 세탄가가 낮을 경우 착화지연이 짧아진다.
   ③ 세탄가가 높을수록 연소 소음이 개선된다.
   ④ 세탄가가 낮을 경우 연료소비량이 늘어난다.

   풀이 세탄가란 디젤 연료의 착화성을 표시하는 값으로, 세탄가가 높으면 착화성이 좋아 시동성이 향상된다. 세탄가가 낮을 경우 착화지연이 발생한다.

15. 전자제어 가솔린 엔진에서 연료 분사량을 산출하기 위한 신호가 아닌 것은?
   ① 노크 센서 신호
   ② 크랭크각 센서 신호
   ③ 흡입 공기량 센서 신호
   ④ 냉각수 온도 센서 신호

   풀이 연료의 기본 분사량은 기관 회전수(CKPS)와 흡입 공기량으로 결정하며, 냉각수 온도에 따라 분사량을 보정한다.

16. 전자제어 가솔린엔진의 연료압력조절기 내의 압력이 일정 압력 이상일 경우에 대한 설명으로 맞는 것은?
   ① 인젝터의 분사압력을 낮추어 준다.
   ② 흡기 다기관의 압력을 낮추어 준다.
   ③ 연료펌프의 공급압력을 낮추어 공급시킨다.
   ④ 연료를 연료탱크로 되돌려 보내 압력을 조정한다.

   풀이 연료압력조절기는 흡기다기관의 진공도(부압)에 연동하여 과잉의 연료를 연료탱크로 되돌려 보내 연료압력을 일정하게 유지하도록 조절한다.

12 ① 13 ② 14 ② 15 ① 16 ④

17 증발가스 제어장치의 퍼지 컨트롤 솔레노이드 밸브 (PCSV)의 작동을 설명한 것으로 틀린 것은?

① 엔진이 워밍업(Warming up) 된 상태에서 작동함
② 퍼지 컨트롤 솔레노이드 밸브는 평상시 열려있는 방식(Normal Open)의 밸브임
③ 일정시간 작동하다가 캐니스터에 포집된 증발가스가 없다고 ECU에서 판단되면 작동 중지됨
④ 공회전 상태에서도 연료 탱크 및 증발가스 라인의압력을 줄이기 위해 작동은 되나 주로 공회전 이외의 영역에서 작동함

퍼지 컨트롤 솔레노이드 밸브(PCSV)는 평상시 닫혀 있는 NC(Normal Close) 방식의 밸브이다.

18 전자제어 엔진에서 워밍업 후 공회전 상태에서 지르코니아 산소센서의 정상적인 파형의 설명으로 맞는 것은?

① 전압이 약 0mV로 고정된다.
② 전압이 약 500mV로 고정된다.
③ 전압이 약 450mV~650mV 사이에서 반복적으로 표출된다.
④ 전압이 약 100mV~900mV 사이에서 반복적으로 표출된다.

전자제어 엔진에서 워밍업 후 공회전 상태에서 지르코니아 산소센서의 정상적인 파형 전압은 약 100mV~900mV 사이에서 반복적으로 표출된다.

19 어떤 회사의 매출액이 80,000원, 고정비가 15,000원, 변동비가 40,000일 때 손익분기점 매출액은 얼마인가?

① 25,000원 ② 30,000원
③ 40,000원 ④ 55,000원

손익분기점(BEP, Break Even Point)

$$BEP = \frac{F}{1-\left(\frac{V}{S}\right)} = \frac{15,000}{1-\left(\frac{40,000}{80,000}\right)}$$
$$= 30,000$$

여기서, F : 고정비, V : 변동비, S : 매출액

손익분기점(BEP, Break Even Point) : 총수익과 총비용이 같아 수익이 0이 되는 지점의 판매량(판매액)을 말한다.
손익분기점 판매량 = 고정비/공헌이익 손익분기점 판매액 = 고정비/공헌이익율

20 다음 데이터의 제곱합(sum of squares)은 약 얼마인가?

[데이터]
18.8 19.1 18.8 18.2 18.4
18.3 19.0 18.6 19.2

① 0.129 ② 0.338
③ 0.359 ④ 0.029

편차 제곱합(S) : $\sum_{i=1}^{n}(x_i - \overline{x})^2$

$(18.71-18.2)^2 + ... + (18.71-19.2)^2$
$= 1.0289$

제곱합이 아닌 편차 제곱합을 의미하며, 정답이 없다.

21 전수검사와 샘플링검사에 관한 설명으로 맞는 것은?
① 파괴검사의 경우에는 전수검사를 적용한다.
② 검사항목이 많을 경우 전수검사보다 샘플링검사가 유리하다.
③ 샘플링검사는 부적합품이 섞여 들어가서는 안되는 경우에 적용한다.
④ 생산자에게 품질향상의 자극을 주고 싶을 경우 전수검사가 샘플링 검사보다 더 효과적이다.

풀이 샘플링 검사의 목적
① 검사비용 절감
② 품질향상의 자극
③ 판정기준과 비교하여 양호, 불량 또는 합격, 불합격의 판정
④ 검사항목이 많을 경우
⑤ 불완전한 전수검사에 비해 높은 신뢰성이 얻어질 때

22 직물, 금속, 유리 등의 일정 단위 중 나타나는 흠의 수, 핀홀 수 등 부적합수에 관한 관리도를 작성하려면 가장 적합한 관리도는?
① c 관리도　　② np 관리도
③ p 관리도　　④ $\bar{x}-R$ 관리도

풀이 c 관리도 : 미리 정해진 일정 단위 중에 포함된 부적합(결점) 수(c)에 의거 공정을 관리할 때 사용하는 관리도

23 Ralph M. Barnes 교수가 제시한 동작 경제의 원칙 중 작업장 배치에 관한 원칙 (Arrangement of the workplace)에 해당되지 않는 것은?
① 가급적이면 낙하식 운반방법을 이용한다.
② 모든 공구나 재료는 지정된 위치에 있도록 한다.
③ 적절한 조명을 하여 작업자가 잘 보면서 작업할 수 있도록 한다.
④ 가급적 용이하고 자연스런 리듬을 타고 일할 수 있도록 작업을 구성하여야 한다.

풀이 동작경제의 3원칙
1) 신체의 사용에 관한 원칙
① 두손의 동작은 같이 시작하고 같이 끝나도록 한다.
② 휴식시간을 제외하고는 양손이 같이 쉬지 않도록 한다.
③ 두팔의 동작은 서로 반대방향으로 대칭적으로 움직인다.
④ 손과 신체의 동작은 작업을 원만하게 처리할 수 있는 범위 내에서 가장 낮은 동작 등급을 사용하도록 한다.
⑤ 가능한 한 관성을 이용하여 작업을 하도록 하되, 작업자가 관성을 억제하여야 하는 경우에는 발생되는관성을 최소한도로 줄인다.
⑥ 손의 동작은 스무스하고 연속적인 동작이 되도록 하며 방향이 갑자기 크게 바뀌는 모양의 직선운동은 피하도록 한다.
⑦ 탄도(ballistic) 동작은 구속되거나 제한된 동작보다 더 빠르고 용이하며 정확하다.
⑧ 가능하다면 쉽고도 자연스러운 리듬이 작업동작에 생기도록 작업을 배치한다.

21 ②　22 ①　23 ④

⑨ 눈의 초점을 모아야 작업을 할 수 있는 경우는 가능하면 없애고, 불가피한 경우에는 눈의 초점이 모아지는 서로 다른 두 작업 지점간의 거리를 짧게 한다.

2) 작업장의 배치에 관한 원칙
① 모든 공구나 재료는 지정된 위치에 있도록 한다.
② 공구, 재료 및 제어장치는 사용위치에 가까이 두도록 한다.
③ 중력이송원리를 이용한 부품상자나 용기를 이용하여 부품을 제품 사용위치에 가까이 보낼 수 있도록 한다.
④ 가급적이면 낙하식 운반방법을 이용한다.
⑤ 공구나 재료는 작업동작이 원활하게 수행되도록 위치를 정해준다.
⑥ 충분한 조명을 하여 작업자가 잘 볼 수 있도록 한다.
⑦ 작업대와 의자 높이는 작업 중 앉거나 서기에 모두 용이해야 한다.
⑧ 작업자가 좋은 자세를 취할 수 있도록 의자는 높이 뿐만 아니라 디자인도 좋아야 한다.

3) 공구 및 설비의 디자인에 관한 원칙
① 치공구나 족답장치를 효과적으로 사용할 수 있는 작업에서는 이러한 장치를 활용하여 양손이 다른 일을 할 수 있도록 한다.
② 공구의 기능을 결합하여서 사용하도록 한다.
③ 공구와 자재는 가능한 한 사용하기 쉽도록 미리 위치를 잡아준다.
④ 각 손가락에 서로 다른 작업을 할 때에는 작업량을 각 손가락의 능력에 맞게 분배해야 한다.
⑤ 레버, 핸들 그리고 제어장치는 작업자가 몸의 자세를 크게 바꾸지 않더라도 조작하기 쉽도록 배열한다.

24 국제표준화의 의의를 지적한 설명 중 직접적인 효과로 보기 어려운 것은?

① 국제간 규격통일로 상호 이익도모
② KS 표시품 수출 시 상대국에서 품질 인증
③ 개발도상국에 대한 기술개방의 촉진을 유도
④ 국가 간의 규격상이로 인한 무역방벽의 제거

 KS(Korea Industrial Standards)는 우리나라 국가표준이다.

25 엔진의 회전수가 3500rpm일 때 3단의 변속비가 2, 0이라면 자동차의 변속기 출력축회전수는?

① 580rpm ② 1166rpm
③ 1750rpm ④ 2333rpm

 변속비 = $\dfrac{엔진회전수}{출력축회전수}$

∴ 출력축 회전수 = $\dfrac{엔진회전수}{변속비}$

= $\dfrac{3,500}{2.0}$ = 1,750rpm

26 유체 클러치의 3요소가 아닌 것은?

① 펌프 임펠러   ② 가이드 링
③ 터빈 러너   ④ 스테이터

 유체 클러치의 3요소
① 펌프 임펠러 ② 터빈 러너 ③ 가이드 링

24 ②   25 ③   26 ④

27 전자제어 자동변속기에서 변속레버의 위치를 판정하기 위한 입력신호는?

① 공회전 스위치
② 인히비터 스위치
③ 스로틀 포지션센서
④ 오버드라이브 스위치

풀이 인히비터(inhibitor) 스위치는 "P" 또는 "N" 레인지 이외에서는 시동이 걸리지 않도록 하는 스위치로, 변속 레버의 위치를 판정하기 위한 입력신호이다.

28 가변 직경 풀리 방식의 무단변속기에 대한 설명으로 옳은 것은?

① 롤러, 전·후진 전환기구, 벨트 풀리부 및 변속기구 등으로 구성된다.
② 각각의 풀리는 안쪽지름이 크고, 바깥쪽 지름이 작다.
③ 가속 또는 고부하 시 입력축 풀리의 홈 폭을 넓게 하여 유효반지름을 작게 한다.
④ 후륜 구동용 변속기에 주로 사용된다.

풀이 정답이 없다.

29 자동차 뒤 액슬축의 회전수가 1200rpm일 때 바퀴의 반경이 350mm이면 차의 속도는?

① 약 128km/h   ② 약 138km/h
③ 약 148km/h   ④ 약 158km/h

풀이 차속(km/h) $= \dfrac{\pi DN}{60} \times 3.6$

∴ 차속 $= \dfrac{3.14 \times 0.7 \times 1,200}{60} \times 3.6$

$= 158.2 \text{km/h}$

30 휠 얼라이먼트의 역할이 아닌 것은?

① 조향방향의 안전성을 준다.
② 조향핸들의 복원성을 준다.
③ 조향바퀴의 직진성을 준다.
④ 조향바퀴의 마모를 최대로 한다.

풀이 앞바퀴 정렬(wheel alignment)의 역할
① 조향 핸들의 조작력을 가볍게 한다.
② 조향 핸들에 복원성을 준다.
③ 조향 바퀴에 직진성을 준다.
④ 조향 조작이 확실하고 안정성을 준다.
⑤ 타이어의 마모를 최소화 한다.

31 자동차가 선회 시 정상 선회 반경보다 선회 반경이 커지는 현상은?

① 뉴트럴 스티어링
② 토 아웃
③ 언더 스티어링
④ 오버 스티어링

풀이 선회특성
① 언더 스티어 : 조향각을 일정하게 하고 선회시 선회반경이 커지는 현상
② 오버 스티어 : 조향각을 일정하게 하고 선회시 선회반경이 작아지는 현상
③ 뉴트럴 스티어 : 조향각만큼 정상 선회
④ 리버스 스티어 : 차속이 증가할수록 언더 스티어에서 오버 스티어로 되는 현상

27 ② 28 ② 29 ④ 30 ④ 31 ③

32. 위시본식 평행 사변형 현가장치에서 장애물에 의해 바퀴가 들어 올려 지면 바퀴 정렬의 변화는?

① 캠버는 변화가 없다.
② 더욱 부의 캠버가 된다.
③ 더욱 정의 캠버가 된다.
④ 더욱 정의 캐스터가 된다.

풀이) 평행사변형 형식은 장애물에 의해 바퀴가 들어 올려 지면 바퀴가 끌어 당겨져 윤거가 변화하나, 캠버는 변화가 없다.

33. 공기식 전자제어 현가장치의 구성에서 입력 요소가 아닌 것은?

① 차고센서
② G 센서
③ 도어 스위치
④ 에어 컴프레서 릴레이

풀이) ECS 입력신호
① 차속 센서 : 자동차의 속도를 검출
② 차고 센서 : 자동차의 차고를 검출
③ 조향각 센서 : 조향 휠의 회전방향을 검출
④ G 센서 : 자동차의 가감속을 검출
⑤ 도어 스위치 : 도어의 열림 여부 검출
⑥ 스로틀 포지션 센서 : 급 가·감속 상태를 검출
⑦ 브레이크 압력 스위치 신호 : 차고조절을 위해 제동 여부를 검출

34. 유압식 전자제어 조향장치에 대한 설명으로 틀린 것은?

① 차속에 따라 유량을 제어한다.
② 스로틀 위치 센서는 차속센서의 고장 판단을 위해 필요하다.
③ 조향 어시스트력은 저속에서는 강하게, 고속에서는 약하게 작용한다.
④ 유량은 솔레노이드 밸브의 ON 또는 OFF제어로 한다.

풀이) 조향 어시스트력을 발생시키는 유압은 차속에 따라 파워스티어링의 컨트롤 밸브로 공급되는 유량을 증가하거나, 감소시키는 방식으로 제어한다.

35. 타이어 트레드 패턴 중 러그 패턴에 대한 설명으로 틀린 것은?

① 제동성과 구동성이 좋다.
② 타이어 숄더부의 방열이 잘된다.
③ 회전저항이 적어 고속 주행에 적합하다.
④ 전·후진 방향에 대한 견인력이 우수하다.

풀이) **타이어의 트레드 패턴**

[리브 패턴] [러그 패턴] [리브러그 패턴] [블록 패턴]
회전저항이 적어 고속 주행에 적합한 트레드 패턴은 리브(rib type) 패턴이다.

32 ① 33 ④ 34 ④ 35 ③

36 브레이크 페달의 행정이 크게 되는 원인으로 가장 거리가 먼 것은?

① 브레이크 액 베이퍼록 발생
② 디스크 브레이크 패드 마모
③ 브레이크 라인 공기 혼입
④ 브레이크 드럼, 라이닝 마멸

풀이: 디스크 브레이크 패드가 마모되어도 자동조정 장치의 작동으로 페달 행정에는 변화가 없다.

37 공기식 브레이크 장치 구성 부품 중 운전자가 브레이크 페달을 밟는 정도에 따라 공급되는 공기량이 조절되는 것은?

① 브레이크 밸브 ② 브레이크 드럼
③ 로드 센싱 밸브 ④ 퀵 릴리스 밸브

풀이: 브레이크 밸브는 페달을 밟는 정도에 따라 공급되는 공기량이 조절되어 제동력을 발생시킨다.

38 친환경자동차의 회생제동 시스템에 대한 설명으로 틀린 것은?

① 회생제동 시스템 고장 시 제동력에는 문제가 없다.
② 감속 제동 시 소멸되는 운동에너지를 전기에너지로 변환시킨다.
③ 회생 제동량은 차량의 속도, 배터리의 충전량 등에 의해서 결정된다.
④ 가속 및 감속이 반복되는 시가지 주행 시 연비 저하를 가져온다.

풀이: 친환경자동차의 회생제동 시스템은 제동 및 감속 시 회생제동을 통해 고전압 배터리를 충전시킨다. 따라서, 연비 향상의 효과가 있다.

39 VDC 장착 차량에서 우 회전 중 오버스티어 발생 시 제어방법으로 옳은 것은?

① 전륜 외측 차륜에 제동을 가해 반시계 방향의 요 모멘트를 발생시킨다.
② 전륜 내측 차륜에 제동을 가해 반시계 방향의 요 모멘트를 발생시킨다.
③ 후륜 외측 차륜에 제동을 가해 반시계 방향의 요 모멘트를 발생시킨다.
④ 후륜 내측 차륜에 제동을 가해 반시계 방향의 요 모멘트를 발생시킨다.

풀이: VDC 장착 차량에서 우 회전 중 오버스티어가 발생되면, 전륜 외측 차륜에 제동을 가해 반시계 방향의 요 모멘트를 발생시켜 차량이 정상 선회하도록 한다.

40 TCS (Traction Control System)에서 슬립율 (Slip Rate)이란?

① 슬립율 = $\dfrac{\text{차체속도}}{\text{차륜속도}} \times 100$
② 슬립율 = $\dfrac{\text{차체속도}}{\text{차륜속도} + \text{차체속도}} \times 100$
③ 슬립율 = $\dfrac{\text{차체속도}}{\text{차륜속도} - \text{차체속도}} \times 100$
④ 슬립율 = 차륜속도 - 차체속도 × 100

풀이: TCS 슬립율 = $\dfrac{\text{차체속도}}{\text{차륜속도} - \text{차체속도}} \times 100(\%)$

36 ② 37 ① 38 ④ 39 ① 40 ③

41. 자동차 검사에서 제동력 시험 방법의 내용으로 틀린 것은?

① 자동차는 공차 상태로 1인이 승차하여 측정한다.
② 자동차의 바퀴에 이물질이 묻었는지 오염여부를 점검한다.
③ 자동차의 브레이크 마스터 백 보호를 위하여 시동을 끄고 측정한다.
④ 자동차는 검차기와 수직방향의 직진상태로 진입하여야 한다.

풀이 제동력 시험 방법
① 바퀴의 흙이나 먼지, 물 등의 이물질을 제거한다.
② 타이어의 공기압은 표준 공기압으로 한다.
③ 적절히 예비운전이 되어 있는지 확인한다.
④ 자동차는 검차기와 수직방향의 직진상태로 진입하여야 한다.
⑤ 자동차는 공차 상태로 1인이 승차하여 측정한다.
⑥ 자동차의 시동을 걸고 측정한다.

42. 하이브리드(Hybrid) 자동차의 모터가 40kW일 때 이것은 마력(PS)으로 약 얼마인가?

① 32   ② 36
③ 41   ④ 54

풀이 1kW = 1.36PS 이므로,
40×1.36 = 54.4PS

43. 자동차의 안전기준에서 속도계 및 주행 거리계에 속하지 않는 것은?

① 속도계   ② 기관 회전계
③ 구간 거리계   ④ 적산 거리계

풀이 구간 거리계는 일정 구간 별 주행거리를, 적산 거리계는 출고 후 총 주행거리를 나타낸다. 기관 회전계는 엔진 회전수를 표시하는 장치이다.

44. 55W 전구 2개가 병렬로 연결된 전조등 회로에 흐르는 총 전류는? (단, 12V 60Ah인 축전기가 설치되어 있다.)

① 약 3.75A   ② 약 4.55A
③ 약 7.56A   ④ 약 9.16A

풀이 총 소비전력은 55W+55W=110W

$P = E \cdot I$, $\therefore I = \dfrac{P}{E} = \dfrac{110}{12} = 9.167A$

45. 기동 전동기의 전기자 철심에 발생하는 맴돌이 전류에 관한 설명으로 틀린 것은?

① 맴돌이 전류 손실을 줄이기 위하여 전기자 철심을 성층철심으로 만든다.
② 맴돌이 전류가 발생하면 열이 발생하여 기동 전동기의 효율이 떨어진다.
③ 맴돌이 전류에 따른 손실을 방지하기 위하여 철심을 얇은 규소강판으로 만든다.
④ 전기자가 회전하면 전기자 철심에는 플레밍의 왼손 법칙에 의해 기전력이 유기되고 맴돌이 전류가 발생한다.

풀이 맴돌이 전류란 자기장의 변화에 대응하여 발

41 ③   42 ④   43 ②   44 ④   45 ④

생되는 유도 전류로, 전기자에 전류가 흐르면 플레밍의 오른손 법칙에 의해 전기자 철심에 맴돌이 전류가 발생한다. 따라서, 전기자 철심은 자력선을 잘 통과시키고 맴돌이 전류를 감소시키기 위해 얇은 철판(규소 강판)을 각각 절연하여 겹쳐서 만든다.

46 교류발전기에 대한 설명으로 틀린 것은?

① 컷아웃 릴레이를 필요로 하지 않는다.
② 브러시는 출력전류를 직류로 정류하는 데 사용된다.
③ 스테이터 코일은 발전기의 출력 전류를 발생시킨다.
④ 로터는 스테이터 내에서 회전하며 기전력을 유기시킨다.

[풀이] 브러시는 로터에 전류를 공급하여 계자를 형성하기 위해 사용된다.

47 엔진 회전계의 종류가 아닌 것은?

① 자석식
② 발전기식
③ 펄스(pulse)식
④ 부르돈 튜브(bourdon tube)식

[풀이] 엔진 회전계에는 자석식, 발전기식, 전자 펄스식 등이 있다.

48 방향지시등 회로에서 점멸이 느린 경우의 고장원인이 아닌 것은?

① 전구의 접지가 불량하다.
② 축전지 용량이 저하되었다.
③ 플래셔 유닛에 결함이 있다.
④ 전구의 용량이 규정보다 크다.

[풀이] ①~③항은 방향지시등의 점멸이 느려지게 되는 원인이며, 전구의 용량이 크면 점멸이 빨라진다.

49 자동온도 조절장치(FATC)의 센서 중에서 포토다이오드를 이용하여 전류로 컨트롤 하는 센서는?

① 수온 센서
② 일사 센서
③ 핀써모 센서
④ 내·외기온도 센서

[풀이] 전자동 에어컨(FATC)에서 일사 센서는 포토 센서라고도 하며, 포토다이오드를 이용하여 태양의 일사량을 감지하고 전류를 컨트롤하여 토출온도와 풍량을 조절하는 센서이다.

50 자동차의 CAN통신 중에서 저속CAN (B-CAN)의 설명으로 틀린 것은?

① 차체의 전장 부품에 주로 허용한다.
② 통신 라인에 약 60Ω의 저항 2개가 설치된다.
③ 최대(CAN-H)와 최저(CAN-L)의 꼬인 2선으로 구성된다.
④ 최대(CAN-H)와 최저(CAN-L)의 전압 차이가 5V일 때 '1'로 인식한다.

[풀이] 모듈의 양 끝단에는 약 120Ω의 종단저항이 설치되어 있다.

46 ② 47 ④ 48 ④ 49 ② 50 ④

51 스마트키 시스템의 구성부품으로 틀린 것은?

① 시트 위치 기억 장치
② PIC(personal IC card) ECU
③ PIC(personal IC card) 안테나
④ 메카트로닉스 스티어링 록(MSL : mechatronics steering lock) 장치

풀이 스마트키(PIC) 시스템의 구성부품
① PIC(personal IC card) ECU
② PIC(personal IC card) FOB
③ PIC(personal IC card) 안테나
④ 도어 핸들
⑤ 메카트로닉스 스티어링 록(MSL : mechatronics steering lock) 장치

52 하이브리드 자동차의 저전압 직류 변환장치(LDC)에 대한 설명으로 맞는 것은?

① 하이브리드 구동 모터를 제어한다.
② 일반 자동차의 발전기와 같은 역할을 한다.
③ 시동 OFF시 고전압 배터리의 출력을 보조한다.
④ 시동 모터 제어를 위해 안정적인 전원을 공급한다.

풀이 하이브리드 자동차의 LDC는 고전압 DC 전기를 저전압 DC 12V로 바꿔 일반 자동차의 발전기와 같은 역할을 한다.

53 산소와 아세틸렌을 1:1로 혼합하여 연소시킬 때 생성되는 불꽃은?

① 산화 불꽃
② 표준 불꽃
③ 탄화 불꽃
④ 제3의 불꽃

풀이 산소와 아세틸렌을 1:1로 혼합하여 연소시킬 때 생성되는 불꽃을 표준 불꽃이라 한다. 산화불꽃은 산소 과잉불꽃을, 탄화불꽃은 아세틸렌 과잉불꽃을 의미한다.

54 손상된 차체 내부 파손의 대표적인 변형 형태가 아닌 것은?

① 스웨이 변형
② 새그 변형
③ 꼬임 변형
④ 인장 변형

풀이 내부 파손의 형태
① 스웨이(sway) 변형 : 센터라인을 중심으로 좌측 또는 우측으로 변형된 것
② 새그(sag) 변형 : 데이텀 라인 차원에서 수평으로 정렬이 되지 않고 휘어진 것으로, 위로 휘어진 것을 킥 업(kick up), 아래로 휘어진 것을 킥 다운(kick down) 변형이라 한다.
③ 꼬임(twist) 변형 : 데이텀 라인에서 평행하지 않은 상태
④ 붕괴(collapse) 변형 : 사이드 멤버 한쪽 면 또는 전체 면이 붕괴된 형태로, 한쪽 면 또는 전체면의 길이가 짧아진 형태의 변형
⑤ 다이아몬드(sdiamond) 변형 : 차체의 한쪽면이 전면이나 후면으로 밀려난 형태

55 승용차에서 엔진소음을 객실로 전달되는 것을 막아주는 패널은?

① 플로어 패널
② 대쉬 패널
③ 프런트 서포터
④ 사이드 패널

풀이 대쉬 패널은 엔진룸과 실내 사이에 위치하여 엔진 소리가 실내로 유입되는 소음을 막아주기 위한 패널이다.

ANSWER 51 ① 52 ② 53 ② 54 ④ 55 ②

56 자동차 차체수리에서 효과적인 차체 프레임 수정 작업을 위한 3가지 기본 요소로 옳은 것은?

① 인장, 전단, 타출
② 압축, 전단, 인장
③ 고정, 계측, 인장
④ 교환, 인출, 압축

> 차체프레임 수정작업의 3요소 : 고정, 계측, 인장

57 특수 안료에 속하지 않는 것은?

① 아산화 동　② 산화 안티몬
③ 크레이　　④ 산화 수은

> 특수 안료
> 1) 독성 안료 : 아산화동, 산화수은으로 바닥의 굴, 멍게, 해초 등이 붙지 못하도록 선저의 도료로 이용
> 2) 방화 안료 : 산화안티몬

58 도료의 건조에 관한 일반적인 설명으로 틀린 것은?

① 습도는 건조와 무관하다.
② 온도가 낮으면 건조가 느리다.
③ 통풍상태는 적절한 건조에 영향을 준다.
④ 급격한 온도 상승으로 불량이 발생할 수 있다.

> 습도는 온도가 올라가면 감소하고, 온도가 내려가면 습도는 높아진다. 따라서, 습도는 건조에 많은 영향을 미친다.

59 자동차 보수도장 후 색상이 틀린 요인이 아닌 것은?

① 도료의 점도, 도막 두께의 차이
② 전기, 유류 등 사용 부스의 차이
③ 스프레이건의 토출량, 패턴의 차이
④ 래커, 우레탄 등 사용 도료의 차이

> 이색(異色) 현상의 요인
> ① 래커, 우레탄, 에나멜 등의 사용 도료에 의한 차이
> ② 스프레이건의 토출량, 패턴, 노즐 규격 등의 차이
> ③ 작업 기술, 도료의 점도, 도막 두께의 차이
> ④ 기상조건, 건조 방식 등 작업환경의 차이

60 자동차 보수도장 작업 후 하도와 상도 도막 사이에 이물질이나 수분이 남아서 생긴 틈으로 인해 도막이 부풀어 오르는 결함은?

① 핀홀　　② 블리스터
③ 흐름　　④ 오렌지 필

> 블리스터(Blister, 부풀음)란 보수도장 작업 후 하도와 상도 도막 사이에 이물질이나 수분이 남아서 생긴 틈으로 인해 도막이 부풀어 오르는 결함을 말한다.

56 ③　57 ③　58 ①　59 ②　60 ②

제1회 자동차정비장 CBT 기출복원 문제

• 기출복원 문제란? CBT시행에 따라 저자께서 수검자들의 도움으로 최대한 유형에 가깝게 복원한 문제입니다

01 가솔린 기관에서 연료 분사장치를 사용할 때의 장점에 해당되지 않는 것은?
① 체적효율이 증대된다.
② 소기에 의한 연료 손실이 없다.
③ 역화의 염려가 없다.
④ 증기 폐쇄가 발생시 연료 분사량이 정확하다.

02 다음 그림은 아이들(idle) 상태에서 급가속 후 나타난 MAP센서 출력파형이다. 각 구간별 설명으로 틀린 것은?

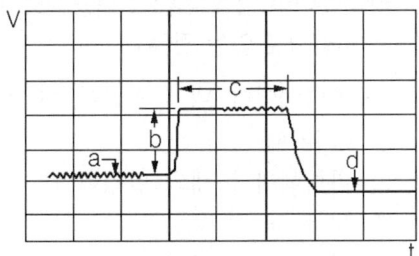

① a : 아이들(idle) 상태의 출력을 보여준다.
② b : 급가속시 스로틀 밸브가 빠르게 열리고 있다.
③ c : 스로틀 밸브가 전개(WOT) 부근에 있다.
④ d : 급가속에 의한 흡입공기량 변화로 진공도가 높아지기 때문에 전압이 낮아짐을 보여준다.

03 다음 중 압축비가 가장 높은 기관은?
① 디젤기관   ② 소구기관
③ 가솔린기관 ④ LPG기관

04 압축비가 9:1 인 오토사이클 기관의 열효율은? (단, k=1.4이다.)
① 약 35%   ② 약 45%
③ 약 58%   ④ 약 66%

05 기관의 기계효율을 높이기 위한 방법이 아닌 것은?
① 각 부의 윤활을 잘 시켜 저항을 작게 한다.
② 엔진의 평형을 위해 플라이휠의 질량을 크게 한다.
③ 연료펌프, 순환펌프 등 각종 보조 장치의 구동저항을 줄인다.
④ 배기가스의 배출을 방해하는 저항을 줄인다.

ANSWER 01 ④ 02 ④ 03 ① 04 ③ 05 ②

06 알루미늄으로 제작된 실린더 헤드가 균열이 생겼다면 다음 중 어떤 용접이 가장 적당한가?
① 전기피복 아크용접
② 불활성 가스 아크용접
③ 산소-아세틸렌가스 용접
④ LPG 용접

07 밸브 스프링의 서징 현상을 방지하는 방법으로 틀린 것은?
① 피치가 작은 스프링을 사용한다.
② 피치가 서로 다른 이중 스프링을 사용한다.
③ 원추형 스프링을 사용한다.
④ 스프링의 고유 진동수를 높인다.

08 기관의 회전속도가 3000rpm 이고, 연소지연시간이 1/900초일 때, 연소지연시간 동안 크랭크축의 회전각도는?
① 30°　　② 28°
③ 25°　　④ 20°

09 피스톤과 커넥팅로드를 연결하는 피스톤 핀의 고정방법이 아닌 것은?
① 고정식　　② 반 부동식
③ 3/4부동식　　④ 전 부동식

10 하이브리드 차량에서 화재발생 시 조치해야 할 사항이 아닌 것은?
① 화재 진압을 위해 적절한 소화기를 사용한다.
② 차량의 시동키를 off하여 전기 동력 시스템 작동을 차단시킨다.
③ 메인 릴레이(+)를 작동시켜 고전압 배터리 (+)전원을 인가한다.
④ 화재 초기 상태라면 트렁크를 열고 신속히 세이프티 플러그를 탈거한다.

11 윤활유의 성질 중에서 가장 중요한 것은?
① 점도　　② 비중
③ 밀도　　④ 응고점

12 라디에이터 압력식 캡의 진공밸브가 열리는 시점으로 맞는 것은?
① 라디에이터 내의 압력이 대기압보다 높을 때
② 라디에이터 내의 압력이 대기압보다 낮을 때
③ 라디에이터 내의 압력이 규정치보다 높을 때
④ 보조탱크 내의 압력이 규정치보다 낮을 때

06 ② 07 ① 08 ④ 09 ③ 10 ③ 11 ① 12 ②

13. 가솔린 기관에서 가솔린 200cc를 완전 연소시키기 위하여 몇 kgf의 공기가 필요한가? (단, 가솔린 비중은 0.73이고 혼합비는 15 : 1이다.)
   ① 2.19kgf ② 3.04kgf
   ③ 1.46kgf ④ 1.86kgf

14. 디젤기관에서 분사펌프의 딜리버리 밸브의 기능으로 틀린 것은?
   ① 연료 잔압 유지
   ② 연료분사량 증감
   ③ 역류방지
   ④ 후적방지

15. 전자제어 연료 분사장치에서 인젝터의 솔레노이드 코일에 전류가 통하는 시간으로 결정되는 것은?
   ① 응답성 ② 분사량
   ③ 분사 압력 ④ 흡인력

17. 기관에서 배기장치의 기능으로 틀린 것은?
   ① 배출가스의 강한 충격음을 완화시킨다.
   ② 배기가스가 유출되는 데 큰 저항을 주지 않도록 한다.
   ③ 배기가스가 차실내로 유입되지 않게 한다.
   ④ 소음기가 설치되어 배기가스의 유해물질을 저감시킨다.

17. 증발가스 제어장치의 퍼지 컨트롤 솔레노이드 밸브(PCSV)의 작동을 설명한 것으로 틀린 것은?
   ① 엔진이 워밍업(Warming up) 된 상태에서 작동함
   ② 퍼지 컨트롤 솔레노이드 밸브는 평상시 열려있는 방식(Normal Open)의 밸브임
   ③ 일정시간 작동하다가 캐니스터에 포집된 증발가스가 없다고 ECU에서 판단되면 작동 중지됨
   ④ 공회전 상태에서도 연료 탱크 및 증발가스 라인의 압력을 줄이기 위해 작동은 되나 주로 공회전 이외의 영역에서 작동함

18. 전자제어 가솔린 기관에서 연소시 1회에 필요한 연료의 질량을 결정하는 요소가 아닌 것은?
   ① 기관 회전속도
   ② 흡기공기의 질량
   ③ 목표 공연비
   ④ 기관의 압축압력

19. 일반적으로 품질코스트 가운데 가장 큰 비율을 차지하는 것은?
   ① 평가코스트 ② 실패코스트
   ③ 예방코스트 ④ 검사코스트

13 ① 14 ② 15 ② 16 ④ 17 ② 18 ④ 19 ②

20 브레인스토밍(Brainstorming)과 가장 관계가 깊은 것은?
① 특성요인도 ② 파레토도
③ 히스토그램 ④ 회귀분석

21 관리도에서 측정한 값을 차례로 타점했을 때 점이 순차적으로 상승하거나 하강하는 것을 무엇이라 하는가?
① 런(run)
② 주기(cycle)
③ 경향(trend)
④ 산포(dispersion)

22 c 관리도에서 k=20인 총부적합(결점)수 합계는 58이었다. 이 관리도의 UCL, LCL 을 구하면 약 얼마인가?
① UCL=6.92, LCL=0
② UCL=4.90, LCL=고려하지 않음
③ UCL=6.92, LCL=고려하지 않음
④ UCL=8.01, LCL=고려하지 않음

23 일정 통제를 할 때 1일당 그 작업을 단축하는데 소요되는 비용의 증가를 의미하는 것은?
① 비용구배(Cost slope)
② 정상소요시간(Normal duration time)
③ 비용견적(Cost estimation)
④ 총비용(Total cost)

24 모든 작업을 기본동작으로 분해하고, 각 기본 동작에 대하여 성질과 조건에 따라 미리 정해놓은 시간치를 적용하여 정미시간을 산정하는 방법은?
① PTS법 ② WS법
③ 스톱워치법 ④ 실적자료법

25 ABS 컨트롤 유닛의 휠 스피드 센서에 대한 고장 감지 사항과 관계가 없는 것은?
① key 스위치 ON부터 주행까지 항상 감시한다.
② ABS가 작동될 때만 감시한다.
③ 전압과 주파수에 대한 감시도 한다.
④ 휠 스피드 센서가 고장이 나면 즉시 경고등을 점멸한다.

26 공기식 제동장치 차량에서 총 제동력 4900N, 자동차 질량 1800kg, 브레이크 공기압력 7.0bar, 블록킹 한계압력 4.5bar, 초기압력 0.4bar인 경우의 제동률은?
① 약 23.6% ② 약 44.7%
③ 약 53.9% ④ 약 60.4%

20 ① 21 ③ 22 ④ 23 ① 24 ① 25 ② 26 ②

27 엔진의 출력이 100PS이고 클러치판과 압력판 사이의 마찰계수가 0.3, 그리고 클러치판의 평균 반경이 40cm, 엔진의 회전수가 3,000rpm일 때 클러치가 미끄러지지 않으려면 스프링 장력의 총합은 얼마 이상이어야 하는가?

① 약 50kgf
② 약 100kgf
③ 약 150kgf
④ 약 200kgf

28 수동변속기에서 싱크로메시 기구가 작용하는 시기는?

① 변속 기어를 뺄 때
② 변속 기어가 물릴 때
③ 클러치 페달을 놓을 때
④ 클러치 페달을 밟을 때

29 자동차의 중량 및 하중분포를 측정하는 조건으로 틀린 것은?

① 자동차는 공차 또는 적차 상태를 각각 측정한다.
② 연결자동차는 연결한 상태로 측정한다.
③ 공차상태의 중량분포로서 적차상태의 중량분포를 산출하기가 어려울 때에는 공차상태만 측정한다.
④ 측정단위는 kgf으로 한다.

30 자동변속기 차량을 밀거나 끌어서 시동할 수 없는 이유로 가장 거리가 먼 것은?

① 토크 컨버터가 마찰열에 의해 파손을 가져오기 때문이다.
② 구동 바퀴로부터의 동력이 회전부분의 마찰을 가져오기 때문이다.
③ 충분한 윤활이 안되어 구동부품의 소결을 가져오기 때문이다.
④ 중량이 무겁고 또한 밀어서 시동을 걸 경우 배터리의 손상을 가져오기 때문이다.

31 독립현가 방식인 맥퍼슨 형식의 특징과 관계없는 것은?

① 기관실의 유효 체적을 넓게 할 수 있다.
② 기구가 간단하여 고장이 적고 보수가 쉽다.
③ 스프링 아래 질량이 적기 때문에 로드 홀딩이 양호하다.
④ 바퀴가 들어 올려지면 캠버가 부의 캠버로 변한다.

32 그림과 같은 단순유성기어 장치를 이용할 때 어느 경우든 증속되는 경우는?

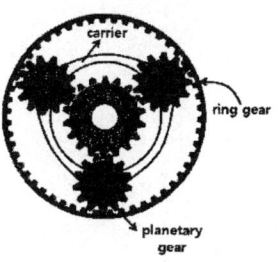

ANSWER 27 ④ 28 ② 29 ③ 30 ④ 31 ④ 32 ①

① 유성 캐리어를 구동시킨다.
② 선기어를 구동시킨다.
③ 유성 캐리어를 고정시킨다.
④ 선기어를 고정하고 링기어를 구동시킨다.

33 공기식 전자제어 현가장치의 구성에서 입력 요소가 아닌 것은?

① 차고센서
② G 센서
③ 도어 스위치
④ 에어 컴프레서 릴레이

34 애커먼 장토식 조향원리에 대한 설명으로 틀린 것은?

① 조향방향과 조향각이 변화하여도 하중이 분포하는 면적은 거의 변화가 없다.
② 킹핀과 타이로드의 양단을 잇는 그 연장선이 후차축의 중심과 일치하여야 한다.
③ 좌우 전륜의 회전축 연장선이 후차축의 연장선에서 만나서 모든 차륜이 동일점을 중심으로 선회하여야 한다.
④ 외측륜의 조향각이 내측륜의 조향각보다 커야 한다.

35 4바퀴 조향장치(4 wheel steering)의 제어목적 중 가장 거리가 먼 것은?

① 미끄러운 도로를 주행할 때 안정성이 향상된다.
② 차체의 사이드슬립 각도를 '0'으로 하여 선회 안정성을 증대한다.
③ 저속 운전영역에서 우수한 조향성능을 유지한다.
④ 가로방향 가속도와 요레이트의 위상지연을 최대화한다.

36 전자제어 조향장치(EPS)에 대한 설명으로 적합하지 않은 것은?

① 전자제어 조향장치(EPS)에는 차속센서, 솔레노이드가 사용된다.
② 전자제어식 EPS는 차속센서의 조향시 조향력을 유지하기 위한 신호로 스로틀위치센서(TPS)가 이용되기도 한다.
③ 차속감응식의 경우 저속에서는 가볍게, 고속에서는 무겁게 조향할 수 있는 특성이 있다.
④ 전동 전자제어식에서는 속도에 따라 솔레노이드 밸브에 흐르는 전압을 듀티비로 제어한다.

33 ④ 34 ④ 35 ④ 36 ④

37 캠버에 관한 설명 중 틀린 것은?
① 정면에서 보았을 때 차륜 중심선이 수직선에 대해 경사되어 있는 상태를 말한다.
② 정(+)의 캠버란 차륜 중심선의 위쪽이 안으로 기울어진 상태를 말한다.
③ 정(+)의 캠버는 직진성을 좋게 한다.
④ 부(-)의 캠버는 커브 주행시 선회력을 증가 시킨다.

38 하이드로 마스터의 진공계통을 이루는 주요 부품은?
① 체크밸브, 하이드로릭 실린더
② 체크밸브, 파워실린더, 릴레이밸브, 파워피스톤
③ 릴레이밸브, 진공펌프, 하이드로릭 실린더
④ 진공펌프, 오일파이프, 파워실린더

39 그림과 같은 브레이크 장치가 있다. 피스톤의 면적이 $3cm^2$일 때 푸시로드에 가해주는 힘(kgf)과 유압(kgf/cm^2)은?

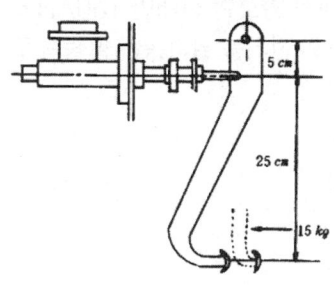

① 푸시로드에 45kgf 힘, 유압은 $45kgf/cm^2$
② 푸시로드에 70kgf 힘, 유압은 $45kgf/cm^2$
③ 푸시로드에 90kgf 힘, 유압은 $30kgf/cm^2$
④ 푸시로드에 105kgf 힘, 유압은 $30kgf/cm^2$

40 하이브리드 자동차 고전압 배터리의 사용 가능 에너지를 표시하는 것은?
① SOC(State of Charge)
② PRA(Power Relay Assembly)
③ LDC(Low DC-DC Converter)
④ BMS(Battery Management System)

41 전자력에 대한 설명으로 틀린 것은?
① 전자력은 자계의 세기에 비례한다.
② 전자력은 자력에 의해 도체가 움직이는 힘이다.
③ 전자력은 도체의 길이, 전류의 크기에 비례한다.
④ 전자력은 자계방향과 전류의 방향이 평행일 때 가장 크다.

42 하이브리드 전기 자동차와 일반 자동차와의 차이점에 대한 설명 중 틀린 것은?
① 하이브리드 차량은 주행 또는 정지 시 엔진의 시동을 끄는 기능을 수반한다.
② 하이브리드 차량은 정상적인 상태일 때 항상 엔진 기동 전동기를 이용하여 시동을 건다.
③ 차량의 출발이나 가속 시 하이브리드 모터를 이용하여 엔진의 동력을 보조

하는 기능을 수반한다.
④ 차량 감속 시 하이브리드 모터가 발전기로 전환되어 고전압 배터리를 충전하게 된다.

43 고전압 전기자동차의 파워릴레이 어셈블리(PRA) 장치에 포함되지 않는 부품은?

① 메인 릴레이(+, -)
② 전류센서
③ 승온히터 센서
④ 프리차지 릴레이

44 연료전지의 장점에 해당되지 않는 것은?

① 상온에서 화학반응을 하므로 위험성이 적다.
② 에너지 밀도가 매우 크다.
③ 연료를 공급하여 연속적으로 전력을 얻을 수 있으므로 충전이 필요 없다.
④ 출력밀도가 크다.

45 길이가 10,000cm, 단면적이 0.01cm²인 어떤 도선의 저항을 20℃에서 측정하였더니 2.5Ω이었다. 이 때 도선의 고유저항은?

① $2.4 \times 10^{-6} \Omega \cdot cm$
② $2.5 \times 10^{-6} \Omega \cdot cm$
③ $2.6 \times 10^{-5} \Omega \cdot cm$
④ $2.7 \times 10^{-5} \Omega \cdot cm$

46 자동차에 사용되는 각종 전기·전자 소자 구성품에 대한 내용으로 틀린 것은?

① 인젝터는 솔레노이드밸브가 사용되며 통전되는 시간에 따라 분사량이 결정된다.
② 릴레이는 기본 전원을 연결했을 경우 주 회로에 연결되기 때문에 스위치 기능이 있는 에어컨 등에 주로 사용된다.
③ 트랜지스터는 NPN형과 PNP형이 있으며, 베이스에 전압이 인가된 경우에만 전류가 흐른다.
④ 다이오드에는 여러 종류가 있는데 어느 것이나 순방향으로 전원을 연결했을 경우에만 전류가 흐른다.

47 자속밀도 0.8Wb/m2의 평균자속 내에 길이 0.5m의 도체를 직각으로 두고 이것을 30m/s의 속도로 운동시키면 이 도체에는 몇 V의 기전력이 발생하겠는가?

① 8V ② 12V
③ 16V ④ 18V

48 20℃에서 양호한 상태인 160AH 축전지는 40A의 전기를 얼마동안 발생시킬 수 있는가?

① 4분 ② 15분
③ 60분 ④ 240분

43 ③ 44 ④ 45 ② 46 ④ 47 ② 48 ④

49 기동전동기의 동력전달방식에 속하지 않는 것은?
① 피니언 섭동식 ② 벤딕스식
③ 전기자 섭동식 ④ 스프래그식

50 스파크 플러그의 절연저항에 대한 설명으로 옳은 것은?
① 절연저항 측정은 절연 저항계를 사용한다.
② 절연저항이 10MΩ 이상이면 불량으로 판단한다.
③ 절연저항 측정은 중심 전극과 고전압 커넥터(단자 너트)에서 측정한다.
④ 절연체 균열이 발생되어도 엔진부조와 무관하다.

51 전기식 경음기는 전류의 어떠한 작용에 의해 진동판을 진동시키는가?
① 분류작용 ② 발열작용
③ 자기작용 ④ 화학작용

52 자동차에서 50m 떨어진 거리에서 조도를 측정하였더니 8 Lux 가 나왔다. 자동차의 전조등에서 광원의 광도는 얼마인가?
① 12,500cd ② 15,000cd
③ 20,000cd ④ 22,000cd

53 자동차 냉방장치에서 차량의 앞쪽 정면에 설치되어 고온, 고압, 기체상태의 냉매가 응축점에서 냉각되어 액체 상태로 되게 하는 것은?
① 콘덴서
② 리시버 드라이어
③ 증발기
④ 블로워 유니트

54 모노코크 바디의 설명 중에서 잘못된 것은?
① 충격을 흡수할 수 있도록 일부러 약한 부위를 만들어 준다.
② 충격을 받으면 서스펜션 조립부가 상향으로 올라가는 변형을 일으킨다.
③ 충격흡수를 위해 두께를 바꾸거나 구멍을 만들어 준다.
④ 충격 흡수를 위해 사다리형 프레임을 보디와 별도로 사용한다.

55 차체에서 화이트 보디(white body)를 구성하는 부품 중 틀린 것은?
① 사이드 보디
② 도어(앞, 뒤 문짝)
③ 범퍼
④ 엔진 후드, 트렁크 리드

49 ④ 50 ① 51 ③ 52 ③ 53 ① 54 ④ 55 ③

56 트렁크 리드의 구성 요소가 아닌 것은?
① 트렁크 리드 힌지 ② 토션 바
③ 트렁크 리드 로크 ④ 패키지 트레이

57 전면충돌 등의 강한 충격을 받을 경우 멤버 자체가 변하여 객실에 영향이 적게 하도록 굴곡을 두는 것을 무엇이라 하는가?
① 비딩   ② 스토퍼
③ 마운트   ④ 킥업

58 솔리드 색상 조색에서 혼합하는 도료의 종류가 많아질수록 채도는 어떻게 변화하는가?
① 채도가 낮아진다.
② 채도가 높아진다.
③ 채도의 변함이 없다.
④ 채도는 혼합도료 수와 관계없다.

59 전기 스포트 용접 과정에 속하지 않는 것은?
① 가압 밀착시간 ② 통전 융압시간
③ 냉각 고착시간 ④ 전극 접촉시간

60 솔리드 칼라 도료에 포함되지 않는 것은?
① 안료   ② 메탈릭
③ 수지   ④ 용제

56 ④ 57 ④ 58 ① 59 ④ 60 ②

제2회 자동차정비기능장 CBT 기출복원 문제

• 기출복원 문제란? CBT시행에 따라 저자께서 수검자들의 도움으로 최대한 유형에 가깝게 복원한 문제입니다

01. 자동차의 중량 및 하중분포를 측정하는 조건으로 틀린 것은?
① 자동차는 공차 또는 적차 상태를 각각 측정한다.
② 연결자동차는 연결한 상태로 측정한다.
③ 공차상태의 중량 분포로서 적차 상태의 중량 분포를 산출하기가 어려울 때에는 공차 상태만 측정한다.
④ 측정단위는 kgf으로 한다.

02. 기관이 고속에서 회전력의 저하를 가져오는 이유는?
① 관성에 의해서 점화시기가 너무 진각되기 때문이다.
② 충전 효율이 너무 높기 때문이다.
③ 체적효율이 낮아지기 때문이다.
④ 혼합비가 너무 농후하기 때문이다.

03. 오버스퀘어 엔진의 장점이 아닌 것은?
① 피스톤 평균속도를 올리지 않고 회전속도를 높일 수 있다.
② 흡·배기밸브의 지름을 크게 할 수 있단위 실린더 체적당 흡입 효율을 높일 수 있다.
③ 직렬형인 경우 엔진의 높이를 낮게 할 수 있다.
④ 엔진의 길이가 짧고 진동이 작다.

04. 연소실 체적이 45cm^3, 압축비가 7.3일 때 이 기관의 행정체적은 몇 cm^3 인가?
① 283.5   ② 293.5
③ 328.5   ④ 338.5

05. 헤드개스킷이 파손될 때 일어나는 현상 중 해당되지 않는 것은?
① 냉각수에 기포가 생긴다.
② 방열기의 상부에 기름이 뜬다.
③ 압축압력이 저하되어 시동이 잘 안된다.
④ 연소실에 카본이 잘 부착되지 않는다.

06. 실린더 지름이 50mm, 피스톤의 평균속도가 20m/s인 기관에서 흡입가스의 평균속도가 50m/s 일 때, 흡입밸브의 유로 면적(cm^2)은?
① 약 7.9   ② 약 8.6
③ 약 15.3 ④ 약 21.6

01 ③   02 ③   03 ④   04 ①   05 ④   06 ①

07 직렬형 6실린더 기관의 점화순서가 1-5-3-6-2-4에서 1번 실린더가 폭발행정 ATDC 30°에 위치할 때 2번 실린더의 행정과 피스톤 위치는?

① 배기행정, BTDC 30°
② 배기행정, BTDC 60°
③ 배기행정, BTDC 90°
④ 배기행정, BTDC 180°

08 기관의 과열원인으로 틀린 것은?

① 라디에이터 압력 캡의 스프링 장력 부족
② 라디에이터 코어 막힘
③ 팬벨트 장력 부족이나 끊어짐
④ 수온조절기가 열린 상태로 고장

09 자동차용 윤활유에 물리적 또는 화학적 성질을 강화하여 윤활성을 향상시키기 위해 사용하는 첨가제가 갖추어야 할 조건이 아닌 것은?

① 휘발성이 낮을 것
② 물에 대한 안정성이 우수할 것
③ 첨가제 상호간 빠른 반응으로 침전될 것
④ 윤활유에 대한 첨가제의 용해도가 충분할 것

10 핫 필름 타입(Hot Film Type)의 에어플로센서에 대한 특징을 설명한 것으로 옳은 것은?

① 세라믹 기관을 층 저항으로 집적시켰다.
② 자기 청정기능의 열선이 있다.
③ 백금 선을 사용한다.
④ 와류에 의한 주파수를 검출하여 공기량을 측정한다.

11 디젤기관의 연소과정 중에서 디젤노크에 직접적인 영향을 미치는 기간은?

① 착화 지연기간
② 폭발적 연소기간
③ 제어 연소기간
④ 후기 연소기간

12 비중 0.85인 가솔린 0.5kg을 완전 연소시키는데 필요한 공기량은? (단, 공연비는 14.5:1이다.)

① 4.15kg ② 5.17kg
③ 6.16kg ④ 7.25kg

13 다음 중 행정체적이나 회전속도에 변화를 주지 않고 기관의 흡기 효율을 높이기 위한 방법은?

① 여과기 설치
② 과급기 설치
③ 흡기관의 진공도 이용
④ EGR 밸브 설치

07 ③ 08 ④ 09 ③ 10 ① 11 ① 12 ④ 13 ②

14. 자동차 배출 가스는 그 배출원에 따라 3가지로 구분하는데 여기에 해당되지 않는 것은?
   ① 불활성 가스
   ② 배기 가스
   ③ 블로바이 가스
   ④ 연료증발 가스

15. 전자제어 가솔린 연료분사 엔진의 특성으로 틀린 것은?
   ① 유해 배기가스가 감소한다.
   ② 압축압력이 상승하여 토크가 증가한다.
   ③ 기화기식 엔진에 비해 연비를 향상시킬 수 있다.
   ④ 급격한 부하 변동에도 연료공급이 신속히 이루어진다.

16. 전자제어 연료 분사방식의 엔진에 사용되는 센서 중 부특성 서미스터(NTC) 소자를 이용한 센서는?
   ① 냉각수온센서, 산소센서
   ② 흡기온센서, 대기압센서
   ③ 대기압센서, 스로틀포지션센서
   ④ 냉각수온센서, 흡기온센서

17. 커먼레일 기관의 크랭킹시 레일압력조절 밸브의 공급 전원이 0V일 때 나타나는 현상은?
   ① 시동 안 됨
   ② 가속 불량
   ③ 매연과다 발생
   ④ 아이들(idle) 부조

18. 도수분포표에서 도수가 최대인 곳의 대표치를 말하는 것은?
   ① 중위수   ② 비대칭도
   ③ 모드(mode)   ④ 첨도

19. 그림과 같은 계획공정도(Network)에서 주공정은? (단, 화살표 아래의 숫자는 활동시간을 나타낸 것이다.)

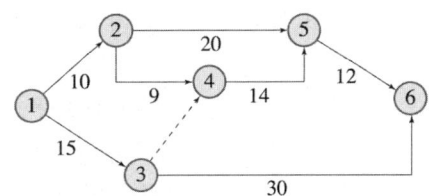

   ① ① - ③ - ⑥
   ② ① - ② - ⑤ - ⑥
   ③ ① - ② - ④ - ⑤ - ⑥
   ④ ① - ③ - ④ - ⑤ - ⑥

20. 미리 정해진 일정단위 중에 포함된 부적합 수에 의거하여 공정을 관리할 때 사용되는 관리도는?
   ① c 관리도   ② P 관리도
   ③ X 관리도   ④ nP 관리도

14 ① 15 ② 16 ④ 17 ① 18 ③ 19 ① 20 ①

21 표준시간을 내경법으로 구하는 수식으로 맞는 것은?

① 표준시간 = 정미시간+여유시간
② 표준시간 = 정미시간×(1+여유율)
③ 표준시간 = 정미시간×$\left(\dfrac{1}{1-여유율}\right)$
④ 표준시간 = 정미시간×$\left(\dfrac{1}{1+여유율}\right)$

22 다음 내용은 설비보전조직에 대한 설명이다. 어떤 조직의 형태에 대한 설명인가?

[다음]
보전 작업자는 조직상 각 제조부문의 감독자 밑에 둔다.
단점 : 생산우선에 의한 보전작업 경시, 보전기술 향상의 곤란성
장점 : 운전자와 일체감 및 현장감독의 용이성

① 집중보전   ② 지역보전
③ 부문보전   ④ 절충보전

23 다음 데이터로부터 통계량을 계산한 것 중 틀린 것은?

[다음]
21.5, 23.7, 24.3, 27.2, 29.1

① 범위(R) = 7.6
② 제곱합(S) = 7.59
③ 중앙값(Me) = 24.3
④ 시료분산(s2) = 8.988

24 하이브리드 자동차 용어 (KS R 0121)에서 충전시켜 다시 쓸 수 있는 전지를 의미하는 것은?

① 1차 전지   ② 2차 전지
③ 3차 전지   ④ 4차 전지

25 하이브리드자동차용 슈퍼 커패시터의 용도에 대한 설명으로 옳은 것은?

① 정속 주행 시 안정된 전기에너지를 공급할 수 있다.
② 배터리를 대신하여 항상 탑재되는 중요 장치이다
③ 축적된 에너지는 발진이나 가속 시 이용하기 좋다.
④ 주로 등화장치에 전기에너지를 공급하는 장치이다.

26 주행 중인 하이브리드 자동차에서 제동 및 감속 시 충전불량 현상이 발생하였을 때 점검이 필요한 곳은?

① 회생제동 장치
② LDC 제어 장치
③ 발진 제어 장치
④ 12V용 충전 장치

21 ③   22 ③   23 ②   24 ②   25 ③   26 ①

27 차체 전장품이 증가하면서 도입된 LAN(local area network)시스템의 장점으로 틀린 것은?

① 설계 변경에 대한 대응이 용이하다.
② 스위치, 액추에이터 근처에 ECU를 설치할 수 있다.
③ 전기기기의 사용 커넥터 수와 접속 부위의 감소로 신뢰성이 향상되었다.
④ 자동차 전체 ECU를 통합시켜 크기는 증대되었으나 비용은 감소되었다.

28 전기자동차의 EPCU(Electric Power Control Unit)는 전력을 제어하는 통합형 모듈로, 고전압 배터리 전원을 받아 구동모터를 제어한다. 다음 중 EPCU에 속하지 않는 것은?

① VCU(Vehicle Control Unit)
② MCU(Motor Control Unit)
③ TCU(Transmission Control Unit)
④ LDC(Low DC-DC Converter)

29 연료전지의 효율(η)을 구하는 식은?

① 효율(η) $= \dfrac{1\,\text{mol의 연료가 생성하는 전기에너지}}{\text{생성 엔트로피}}$

② 효율(η) $= \dfrac{1\,\text{mol의 연료가 생성하는 전기에너지}}{\text{생성 엔탈피}}$

③ 효율(η) $= \dfrac{10\,\text{mol의 연료가 생성하는 전기에너지}}{\text{생성 엔트로피}}$

④ 효율(η) $= \dfrac{10\,\text{mol의 연료가 생성하는 전기에너지}}{\text{생성 엔탈피}}$

30 다음 그림과 같은 유성기어 장치에서 A=5rpm 이며, 댐퍼 클러치 작동일 때 D와 B는 일체로 결합된다. 이 때 C의 회전속도는?

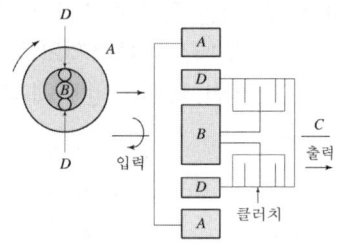

① 회전하지 않는다.
② 5rpm
③ 10rpm
④ 20rpm

31 자동변속기와 비교 시 무단변속기(CVT)의 장점으로 옳은 것은?

① 변속 충격이 전혀 없어 승차감이 향상된다.
② 변속 시 엔진 토크를 감소시켜 연비가 향상된다.
③ 자동차 주행속도와 상관없이 엔진을 최저연비 상태로 제어할 수 있다.
④ 엔진을 최대 출력 상태로 지속적으로 제어할 수 있어 가속성이 우수하다.

27 ④ 28 ③ 29 ② 30 ② 31 ①

32 변속기의 기어물림은 톱(top)으로 하였을 때는?
① 구동바퀴의 회전력이 가장 크게 된다.
② 구동바퀴의 회전력은 변함없다.
③ 구동바퀴의 회전력이 가장 작게 된다.
④ 총 감속비가 크게 된다.

33 장력 300N인 코일 스프링이 6개 설치된 클러치가 있다. 이 클러치의 정지 마찰계수가 0.3이면, 페이싱 한 면에 작용하는 마찰력은?
① 90N
② 540N
③ 600N
④ 1,080N

34 드가르봉식 쇽업쇼버의 특징이 아닌 것은?
① 구조가 복잡하고 피스톤이 1개이다.
② 실린더 내부의 압력이 약 30kgf/cm² 걸려있기 때문에 분해하는 것은 위험하다.
③ 실린더가 하나로 되어 있기 때문에 방열효과가 좋다.
④ 오랫동안 작동을 반복해도 감쇠효과가 저하되지 않는다.

35 전자제어 현가장치(ECS) 장착 자동차에서 차고센서가 감지하는 곳은?
① 지면과 액슬
② 프레임과 지면
③ 차체와 지면
④ 로워암과 차체

36 자동차의 축간거리가 2.4m, 바깥쪽 바퀴의 조향각이 30°, 안쪽 바퀴의 조향각이 33° 일 때 최소 회전반경은? (단, 바퀴의 접지면 중심과 킹핀 중심과의 거리는 15cm)
① 4.95m
② 6.30m
③ 6.80m
④ 7.30m

37 동력조향장치의 세프티 첵 밸브(safety check valve)에 대한 역할이다. 잘못된 것은?
① 세프티 첵 밸브는 컨트롤 밸브에 설치되어 있다.
② 세프티 첵 밸브는 엔진의 정지, 오일펌프의 고장 등 유압이 발생할 수 없는 경우 기계적으로 작동이 가능하게 해 준다.
③ 세프티 첵 밸브는 압력차에 의해 자동으로 열린다.
④ 세프티 첵 밸브는 유압계통이 정상일 경우 밸브 시트에서 열려 오일이 잘 통과하도록 되어 있다.

38 자동차 마스터 실린더의 푸시로드에 작용하는 힘이 150kgf, 피스톤 면적이 3cm²이면 마스터 실린더 내에 발생하는 유압은?
① 40kgf/cm²
② 50kgf/cm²
③ 60kgf/cm²
④ 70kgf/cm²

32 ③ 33 ② 34 ① 35 ④ 36 ① 37 ④ 38 ②

39 제동장치에 사용되는 배력장치의 크기를 결정하는 요소는?
① 진공탱크의 크기와 진공탱크의 재질
② 진공탱크의 크기와 진공의 크기
③ 진공의 크기와 진공탱크의 재질
④ 진공탱크의 형상과 압력의 크기

40 EBD(electronic brake-force distribution) 제어의 장점을 설명한 것 중 가장 거리가 먼 것은?
① 기계식 장치보다 빠른 응답성 제공
② P밸브(프로포셔닝 밸브) 삭제 가능
③ 차량 제동 조건 변화에 따른 이상적인 제동력 제공
④ 휠 스피드 센서의 전 차종 공용화

41 차량이 주행 중 ABS 작동조건에 해당되지 않음에도 불구하고 ABS 작동 진동(맥동)음이 발생되었을 때 예상할 수 있는 고장 원인으로 적합한 것은?
① 제동등 스위치 커넥터 접촉 불량
② 하이드로릭 유니트 내부 밸브 릴레이 불량
③ 휠 스피드센서 에어갭 불량(과다)
④ 차속센서(Vehicle Speed Sensor) 불량

42 타이어 트레드 패턴(tread pattern)의 필요성에 대한 설명으로 틀린 것은?
① 공기 누설을 방지한다.
② 타이어 내부에서 발생한 열을 발산한다.
③ 트레드에 발생한 파손이나 손상 등의 확산을 방지한다.
④ 사이드 슬립(side slip)이나 전진 방향의 미끄럼을 방지한다.

43 쌩반도체의 특징이 아닌 것은?
① 내부 전력손실이 적다.
② 고유저항이 도체에 비하여 적다.
③ 온도가 상승하면 특성이 몹시 나빠진다.
④ 정격값을 넘으면 파괴되기 쉽다.

44 OBD Ⅱ 진단에서 DTC가 보기와 같이 나타날 때 P가 의미하는 것은?

[보기] P0437

① PWM   ② PROM
③ Protocol   ④ Power train

45 총 배기량은 1,500cc이고 회전 저항이 6kgf-m인 기관의 플라이 휠 링기어 잇수가 120이다. 기동전동기 피니언 잇수가 12이면 필요로 하는 최소 회전력은 몇 kgf-m 인가?
① 0.6   ② 1.0
③ 3.47   ④ 25

39 ② 40 ④ 41 ③ 42 ① 43 ② 44 ④ 45 ①

46 가솔린 기관의 점화장치 중 DLI 시스템에 대한 특징으로 거리가 먼 것은?

① 전파 잡음에 유리하다.
② 고속이 되어도 발생 전압이 거의 일정하다.
③ 점화시기의 위치 결정을 위한 센서가 필요하다.
④ 점화코일이 성능은 떨어지나 간단한 구조이다.

47 트랜지스터 전압 조정기는 기존의 접점식에 비해 여러 가지 장점이 있다. 이 중에서 틀린 것은?

① 스위칭 타임이 짧아 제어 공차가 적다.
② 전자식 온도 보상이 가능하므로 제어 공차가 적다.
③ 스위칭 전류가 크기 때문에 레귤레이터의 이용 범위가 넓다.
④ 충격과 진동에 약하다.

48 전자 열선식 방향지시등(플래셔 유닛)의 작동 설명으로 틀린 것은?

① 램프에 흐르는 전류를 일정한 주기로 단속하여 램프를 점멸시킨다.
② 열선이 가열되어 늘어나면 유닛 접점이 열린다.
③ 열에 의한 열선의 신축작용을 이용한 것이다.
④ 램프에 흐르는 전류를 매분당 60회 이상 120회 이하의 주기로 단속한다.

49 20,000cd의 전조등(광원)으로부터 10m 떨어진 위치에서의 밝기는 몇 룩스(lux)인가?

① 2,000   ② 200
③ 20   ④ 20,000

50 에어백 시스템의 클럭스프링에 관한 설명으로 틀린 것은?

① 정면 충돌을 감지하는 센서이다.
② 운전석 도어 모듈과 에어백 컨트롤 유닛 회로를 연결시켜 주는 일종의 배선이다.
③ 클럭 스프링을 취급함에 있어 감김이 멈출 때 과도한 힘을 가하지 않도록 한다.
④ 스티어링 휠과 스티어링 컬럼 사이에 장착된다.

51 자동차 에어컨 냉방 사이클에 냉매가 흐르는 순서가 맞는 것은? (단, 어큐뮬레이터 오리피스 튜브 방식이다.)

① 압축기-응축기-증발기-어큐뮬레이터-오리피스 튜브
② 압축기-응축기-오리피스 튜브-증발기-어큐뮬레이터
③ 압축기-오리피스 튜브-응축기-어큐뮬레이터-증발기
④ 압축기-오리피스 튜브-어큐뮬레이터-증발기-응축기

46 ④   47 ④   48 ②   49 ②   50 ①   51 ②

52 차량용 냉방장치에서 냉매 교환 및 충전 시의 진공 작업에 대한 설명 중 옳지 않은 것은?

① 시스템 내부의 공기와 수분을 제거하기 위한 작업이다.
② 시스템 내부의 압력을 낮게 함으로써 수분이 쉽게 기화되도록 한다.
③ 실리카겔 등의 흡수제로 수분을 제거한다.
④ 진공펌프나 컴프레서를 이용한다.

53 4기통 디젤기관에 저항이 0.5Ω인 예열 플러그를 각 기통에 병렬로 연결하였다. 이 기관에 설치된 예열 플러그의 합성저항은 몇 Ω인가? (단, 기관의 전원은 24V임)

① 0.13 ② 0.5
③ 2   ④ 12

54 프레임 센터링 게이지란?

① 프레임의 마운틴 포트 측정
② 프레임의 중심선 측정
③ 프레임 센터의 개구부 측정
④ 프레임 행거 측정

55 바디 고정 작업에 대한 설명으로 맞는 것은?

① 바디 고정에는 기본 고정만 있다.
② 고정용 클램프는 열십(+)자 형태로 연결한다.
③ 기본 고정은 라커 패널 아래의 플랜지 네 곳에서 한다.
④ 라커 패널 아래의 플랜지가 없는 자동차는 고정할 수 없다.

56 재료의 인장강도와 허용응력과의 비율은 무엇이라 하는가?

① 변형률   ② 반력
③ 안전율   ④ 전단력

57 재료의 응력 변형 선도에서 다음의 응력값 중 가장 작은 것은?

① 극한강도 응력
② 비례한도 내의 응력
③ 상항복점 응력
④ 하항복점 응력

58 색의 3요소가 아닌 것은?

① 보색   ② 색상
③ 명도   ④ 채도

52 ③ 53 ① 54 ② 55 ③ 56 ③ 57 ③ 58 ②

59 원적외선 건조로 내에 도막이 건조되는 과정으로 맞는 것은?

① 외부로부터 건조된다.
② 내부로부터 건조된다.
③ 중간으로부터 건조된다.
④ 모두 동시에 건조된다.

60 메탈릭 색상의 조색에서 차체 색상보다 도료 색상이 어두워 원색도료를 투입하고자 한다. 적당한 조색제는?

① 백색
② 투명 백색
③ 회색
④ 알루미늄(실버)

59 ② 60 ④

제3회 자동차정비기능장 CBT 기출복원 문제

• **기출복원 문제란?** CBT시행에 따라 저자께서 수검자들의 도움으로 최대한 유형에 가깝게 복원한 문제입니다

01 실린더의 건식 라이너에 관한 설명과 사용 시 나타나는 특징으로 가장 거리가 먼 것은?

① 실린더 블록의 강성이 저하된다.
② 일체형의 실린더가 마모된 경우에 사용한다.
③ 가솔린 엔진에 많이 사용한다.
④ 실린더 블록의 구조가 복잡하다.

02 내연기관의 기계효율 향상을 위한 대책이 아닌 것은?

① 베어링 면적이 작은 베어링 사용
② 피스톤 측압 발생 증대
③ 운동부분 중량 감소
④ 배기저항 감소

03 4행정 사이클 6실린더 기관의 실린더 안지름이 200mm, 실린더 벽 두께가 1.2mm, 실린더 벽의 허용 응력이 2,100kgf/cm² 일 때 이 기관의 최대 허용 폭발 압력은?

① 15.1kgf/cm²
② 18.3kgf/cm²
③ 21.2kgf/cm²
④ 25.2kgf/cm²

04 4행정 6실린더 기관의 점화순서가 1-5-3-6-2-4일 때 3번 기통이 배기행정 중간에 있으면 5번 기통은 무슨 행정을 하는가?

① 흡입 초
② 폭발 말
③ 압축 말
④ 압축 초

05 가솔린 기관의 제원이 실린더 내경 d = 55mm, 행정 S = 70mm, 연소실 체적 Vc = 21cm³인 기관이 이론 공기 표준 사이클인 오토 사이클로서 운전될 경우의 열효율은 약 몇 %인가? (단, 비열비 k = 1.2이다.)

① 35.4
② 31.2
③ 42.7
④ 43.2

06 기관의 비출력을 높이기 위한 방법 중의 하나로서 실린더 내에 흡입되는 공기량을 증가시키는 방법이 최근 많이 사용되고 있는데 다음 중에서 관계가 없는 것은?

① 터보챠저 장착
② 슈퍼챠저 장착
③ DOHC방식 채용
④ 다점분사방식 채용(MPI)

01 ① 02 ② 03 ④ 04 ① 05 ① 06 ④

07 자동차 기관에서 오일에 의한 윤활작용에 대한 설명 중 틀린 것은?
① 구동 부위의 소착 및 마모 방지
② 마찰열의 냉각 및 고온 부분의 냉각
③ 부식의 발생방지 및 엔진의 신뢰성, 내구성 유지
④ 응력을 집중시켜 엔진효율 증대

08 연료의 휘발성을 표시하는 방법으로 틀린 것은?
① ASTM 증류법　② 리드 증기압
③ 기체/액체 비율　④ 퍼포먼스 수

09 유체커플링 방식 냉각 팬에 가장 많이 사용하는 작동유는?
① 실리콘 오일
② 냉동 오일
③ 기어 오일
④ 자동변속기 오일

10 조속기를 설치한 기관에서 회전수 2,000 rpm으로 유지하려 한다. 무부하시 2,100rpm이고, 전 부하시 1,900rpm이면, 조속기의 속도 처짐(속도 변화율)은 몇 %인가?
① 10.5%　② 11.5%
③ 12.5%　④ 13.5%

11 흡기계통으로 유입되는 공기를 가열하는 방법이 아닌 것은?
① 배기열의 일부를 이용하여 흡기 매니폴드의 온도를 상승시킨다.
② 예열플러그를 사용하여 흡입공기를 가열한다.
③ 흡기 매니폴드 주위에 물재킷을 만들어 온수를 순환한다.
④ 배기가스를 직접 흡기 매니폴드의 일부로 유도하여 이용한다.

12 연료탱크로부터 발생한 증발가스를 저장했다가 운전 중 흡입 부압을 이용해 흡기 매니폴드에 보내는 것은?
① 캐니스터
② 에어컨트롤 밸브
③ 인탱크 밸브
④ 에어 바이패스 솔레노이드 밸브

13 피스톤의 작동과는 관계없이 기관이 요구하는 연료량을 1/2로 나누어서 1사이클당 2회씩 분사하는 것으로서 인젝터 구동회로가 간단하며 분사량 조정이 쉬운 것은?
① 그룹 분사　② 비동기 분사
③ 순차 분사　④ 독립 분사

07 ④　08 ④　09 ①　10 ①　11 ②　12 ①　13 ②

14 흡입 공기통로에 발열 저항체를 설치하여 공기량에 따라 발열 저항체의 온도를 일정하게 유지하도록 공급전류를 변화시켜 그 전류값으로 공기량을 계측하는 방식은?

① 칼만 맴돌이식 에어플로미터
② 베인 플레이트식 에어플로미터
③ 핫 와이어식 에어플로미터
④ 흡입 부압 에어플로미터

15 전자제어 가솔린 기관에 대한 설명으로 ( )안에 적합한 내용은?

감속 시는 스로틀 밸브가 ( ) 때문에 흡기관 내 압력은 ( )지고 흡기 밸브 및 그 주위의 부착연료는 기화가 촉진되며, 가속 시와는 반대로 공연비가 ( )해지므로 그 분량만큼 연료의 ( )이 필요하다.

① 열리기, 낮아, 농후, 감량
② 열리기, 높아, 희박, 증량
③ 닫히기, 낮아, 농후, 감량
④ 닫히기, 높아, 희박, 증량

16 커먼레일 기관에 장착된 가변용량 터보 차저(VGT : variable geometry turbocharger)장치의 터보제어 솔레노이드 점검 요령과 거리가 먼 것은?

① 터보제어 솔레노이드 듀티 변화를 관찰한다.
② 엔진회전수와 부스터 압력센서의 변화를 관찰한다.
③ 연료 분사량과 부스터 압력센서 변화를 관찰한다.
④ 가속시 부스터 압력센서 출력 변화는 없어야 한다.

17 생산보전(PM : Productive Maintenance)의 내용에 속하지 않는 것은?

① 사후보전 ② 안전보전
③ 예방보전 ④ 개량보전

18 어떤 측정법으로 동일 시료를 무한 횟수 측정하였을 때 데이터의 분포의 평균치와 참값과의 차를 무엇이라 하는가?

① 신뢰성 ② 정확성
③ 정밀도 ④ 오차

19 여유시간이 5분, 정미시간이 40분일 경우 내경법으로 여유율을 구하면 약 몇 %인가?

① 6.33%   ② 9.05%
③ 11.11% ④ 12.50%

20 다음의 데이터를 보고 편차 제곱합(S)을 구하면? (단, 소숫점 3자리까지 구하시오.)

[Data]
18.8, 19.1, 18.8, 18.2, 18.4,
18.3, 19.0, 18.6, 19.2

14 ③ 15 ③ 16 ④ 17 ② 18 ② 19 ③ 20 ②

① 0.338 ② 1.029
③ 0.114 ④ 1.014

21 다음 표는 어느 자동차 영업소의 월별 판매실적을 나타낸 것이다. 5개월 단순이동평균법으로 6월의 수요를 예측하면 몇 대인가?

월	1	2	3	4	5
판매실적	100	110	120	130	140

① 120대 ② 130대
③ 140대 ④ 150대

22 어떤 공장에서 작업을 하는데 있어서 소요되는 기간과 비용이 다음 [표]와 같을 때 비용 구배는 얼마인가? (단, 활동시간의 단위는 일(日)로 계산한다.)

정상작업		특급작업	
기간	비용	기간	비용
15일	150만원	10일	200만원

① 50,000원 ② 100,000원
③ 200,000원 ④ 300,000원

23 자동변속기 전자제어 시스템 중 퍼지(fuzzy) 제어 시스템에서 퍼지 제어를 거부하는 조건을 설명한 것으로 틀린 것은?

① 정상온도 작동 D 레인지의 경우
② 홀드모드가 ON일 경우
③ 오일온도가 일정 이하인 경우
④ N에서 D로 제어 중일 경우

24 하중이 2ton이고 압축 스프링 변형량이 2cm일 때 스프링 상수는?

① 100kgf/mm ② 120kgf/mm
③ 150kgf/mm ④ 200kgf/mm

25 클러치 디스크의 페이싱이 마모되면 클러치 페달의 유격은 어떻게 변화하는가?

① 커진다.
② 작아진다.
③ 변화없다.
④ 증가하거나 작아진다.

26 토크 컨버터가 유체 클러치로서 작용할 때 가장 적당한 것은?

① 터빈의 속도가 펌프 속도의 5/10에 도달했을 때
② 펌프 속도가 터빈 속도의 5/10에 도달했을 때
③ 터빈의 속도가 펌프 속도의 8/10에 도달했을 때
④ 펌프 속도가 터빈 속도의 8/10에 도달했을 때

21 ① 22 ② 23 ① 24 ② 25 ② 26 ③

27 공기식 전자제어 현가장치(ECS)에서 사용되는 센서 종류와 관계가 없는 것은?
   ① 차고센서
   ② 차속센서
   ③ 오일 압력센서
   ④ 조향 휠 각도센서

28 사이드 슬립 검사(side slip test)에 대한 설명으로 옳은 것은?
   ① 앞바퀴 차륜 정렬의 불평형으로 인한 주행 중 앞차축의 옆 방향 휨량을 검사한다.
   ② 답판 움직임은 토인(toe-in)의 경우 외측으로 토 아웃(toe-out)의 경우에는 내측으로 각각 이동한다.
   ③ 자동차가 직진하고 있을 때 캠버(camber) 각이 있으면 차륜은 서로 차량 내측을 향하는 특성이 있다.
   ④ 직진시 전륜은 항상 내측으로 진행하려하므로 외측으로 진행하게 하는 토 아웃(toe-out)을 부여한다.

29 조향장치의 구비조건으로 부적당한 것은?
   ① 조작이 가볍고 원활해야 한다.
   ② 회전반경이 커야 한다.
   ③ 주행 중 노면의 충격이 조향장치에 영향을 미치지 말아야 한다.
   ④ 조향 중 차체나 섀시 각 부에 무리한 힘이 작용되지 않아야 한다.

30 전자제어 조향장치(Electric Power Steering)의 구성 요소 중 조향각 센서에 대한 설명으로 옳은 것은?
   ① 기존 동력 조향장치의 캐치 업(catch up) 현상을 보상하기 위한 센서
   ② 자동차의 속도를 검출하여 컨트롤 유닛에 입력하기 위한 센서
   ③ 차속과 조향각 신호를 기초로 하여 최적 상태의 유량을 제어하기 위한 센서
   ④ 스로틀 밸브의 열림량을 감지하여 컨트롤 유닛에 입력하기 위한 센서

31 부(-)의 킹핀 오프셋에 관한 설명 중 틀린 것은?
   ① 제동시 차륜이 안쪽으로부터 바깥쪽으로 벌어지도록 작용한다.
   ② 노면과 좌우 차륜간의 마찰계수가 서로 다른 경우 마찰계수가 큰 차륜이 안쪽으로 더 크게 조향되므로 자동차는 주행차선을 그대로 유지하게 된다.
   ③ 제동시 차륜이 안쪽으로 조향되는 특성을 나타낸다.
   ④ 차륜 중심선의 접지점이 킹핀 중심선의 연장선의 접지점보다 안쪽에 위치한 상태를 말한다.

27 ③ 28 ② 29 ② 30 ① 31 ①

32. 제동장치에서 탠덤 마스터 실린더의 사용 목적은?
   ① 브레이크 라이닝의 마모를 적게 한다.
   ② 브레이크 오일의 소모를 줄일 수 있다.
   ③ 브레이크 드럼의 마모를 적게 한다.
   ④ 앞·뒤 브레이크 제동을 분리시켜 안정을 얻게 한다.

33. 하이브리드 자동차에 사용되는 모터의 작동원리는?
   ① 렌츠의 법칙
   ② 플레밍의 왼손 법칙
   ③ 플레밍의 오른손 법칙
   ④ 앙페르의 오른나사 법칙

34. 전자제어 제동장치(ABS)에 대한 설명으로 틀린 것은?
   ① 고장 발생 시 전자제어 진단기기를 이용하여 고장 내용을 알 수 있다.
   ② 경고등 점등 시 ABS 시스템은 정상 작동하지 않지만, 통상적인 브레이크 작동은 유지된다.
   ③ 미끄러운 노면에서 급제동 시 페달의 진동이 느껴진다면 ABS 시스템을 반드시 점검토록 한다.
   ④ 주행 중 ABS 제어모듈은 항상 각 부를 모니터링하고 있으며, 고장 발생 시 경고등을 점등시킨다.

35. 자동차의 바퀴잠김 방지식 제동장치(ABS)의 기능 설명 중 틀린 것은?
   ① 방향 안정성 확보
   ② 조향 안정성 확보
   ③ 제동거리 단축 가능
   ④ 주행성능 향상

36. 종감속 장치에서 구동피니언의 잇수가 6, 링기어의 잇수가 30일 때, 왼쪽 바퀴가 180rpm이면 오른쪽 바퀴는? (단, 추진축은 1,000rpm이다.)
   ① 180rpm   ② 200rpm
   ③ 220rpm   ④ 400rpm

37. 레이디얼 타이어 호칭에서 195/60 R 14에서 60은 무엇을 표시하는가?
   ① 타이어 폭   ② 속도
   ③ 하중지수   ④ 편평비

38. 마일드(mild) 하이브리드 자동차의 HSG(Hybrid Starter Generator)의 기능으로 틀린 것은?
   ① 기관의 시동
   ② 전력의 발전
   ③ 가속 시 기관의 회전토크 지원
   ④ 전기에너지를 이용한 장거리 주행

32 ④   33 ②   34 ③   35 ④   36 ④   37 ④   38 ④

39 하이브리드 자동차의 오토스톱(Auto Stop) 기능이 미작동하는 조건과 관계없는 것은?

① 고전압 배터리의 온도가 규정 온도보다 높은 경우
② 엔진냉각수 온도가 규정 온도보다 낮은 경우
③ 무단변속기 오일 온도가 규정 온도보다 낮은 경우
④ 에어컨이 작동 중인 경우

40 고전원 전기장치 절연 안전성에 대한 기준으로 틀린 것은?

① 고전원 전기장치 보호기구의 노출 도전부는 전기적 샤시와 배선, 용접 또는 볼트 등의 방법으로 전기적으로 접속되어야 한다.
② 노출 도전부와 전기적 샤시 사이의 저항은 1Ω 미만이어야 한다.
③ 직류회로 및 교류회로가 독립적으로 구성된 경우 절연저항은 각각 100Ω /V(DC), 500Ω /V(AC) 이상이어야 한다.
④ 직류회로 및 교류회로가 전기적으로 조합되어 있는 경우 절연저항은 500Ω /V 이상이어야 한다.

41 전기자동차에서 MCU(Motor Control Unit)에 대한 설명으로 잘못된 것은?

① EPCU 내부에 MCU가 있다.
② MCU가 인버터 기능을 한다.
③ 모터 구동에 고전압 배터리 직류를 사용한다.
④ 감속 또는 회생제동 시 발생한 에너지로 고전압 배터리를 충전시킨다.

42 수소 연료전지 전기차에서 연료탱크의 고압을 낮은 압력으로 낮추어 스택으로 공급하는 장치는?

① 고압 레귤레이터
② 연료 공급밸브
③ 릴리프 밸브
④ 드레인 밸브

43 저항을 병렬 연결하여 구성된 회로를 점검한 내용으로 맞는 것은?

① 합성저항은 각 저항의 합과 같다.
② 회로 내의 어느 저항에서나 똑같은 전류가 흐른다.
③ 회로 내의 어느 저항에서나 똑같은 전압이 흐른다.
④ 각 저항에 걸리는 전압의 합은 전원전압과 같다.

44 전기·전자회로에서 기본 논리회로가 아닌 것은?

① AND 회로   ② NAND 회로
③ OR 회로   ④ NNOT 회로

39 ④ 40 ② 41 ③ 42 ① 43 ③ 44 ④

45 차량의 전파통신 부분에서 주파수를 계산할 수 있는 식을 바르게 표시한 것은? (단, F : 주파수(Hz), λ : 파장(m), C : 속도(m/s), T : 주기)

① F = λ/C
② F = λ×C/T
③ F = C/λ
④ F = C×T

46 직류 직권 전동기에 대한 설명으로 옳은 것은?

① 토크는 전기자 코일에 흐르는 전류와 여자 코일에 흐르는 전류에 반비례한다.
② 전기자 코일에 흐르는 전류의 제곱에 비례한다.
③ 전기자 전류(부하)의 변화에 따라 회전속도는 큰 변화가 없다.
④ 직권식 모터의 토크는 전기자 전류에만 비례한다.

47 완전 충전되어 있는 축전지의 전해액은 다음 어느 것에 해당하는가?

① H_2SO_4
② H_2O
③ $PbSO_4$
④ PbO_2

48 어떤 기관의 회전속도가 3,000rpm이고, 연소지연 시간이 1/900초일 때 연소지연 시간 동안의 크랭크축의 회전 각도는?

① 30°
② 28°
③ 25°
④ 20°

49 자동차용 교류 발전기에서 스테이터 코일의 Y결선에 대한 내용으로 틀린 것은?

① 각 코일의 한 끝은 공통점으로 접속하고 다른 쪽 끝을 각각 결선할 것이다.
② 선간 전압은 각 상전압의 $\sqrt{3}$ 배가 된다.
③ 전류를 이용하기 위한 결선 방법이다.
④ 저속에서 발생전압이 높다.

50 계기장치에서 미터(meter)의 고장현상별 점검 내용으로 틀린 것은?

① 지침 고정 - 미터부의 공급전원 점검
② 지시값 상이 - 입력신호선의 접촉 불량 점검
③ 지침 떨림 - 센더(sender)부의 전원전압 점검
④ 지침 고정 - 센더(sender)부의 입력신호선 단선 점검

51 종합 편의 및 안전장치에서 차속신호를 받아 작동하는 기능은?

① 감광식 룸 램프 제어기능
② 파워 윈도 제어기능
③ 도어록 제어기능
④ 엔진오일 경고 제어기능

45 ③ 46 ② 47 ① 48 ④ 49 ③ 50 ③ 51 ③

52 자동차용 냉방장치에서 냉매를 팽창밸브로 통과시킬 때의 상태가 아닌 것은?
① 온도가 강하한다.
② 압력은 강하한다.
③ 엔탈피는 일정하다.
④ 엔트로피는 감소한다.

53 다음은 냉매 취급시의 안전 및 주의사항이다. 적당하지 않는 것은?
① 냉매를 다룰 때는 장갑 및 보안경을 착용한다.
② 냉매를 빨리 충진시키기 위하여 R-134a 용기를 60℃ 정도로 가열한다.
③ 냉매의 교환은 맑고 건조한 날에 행한다.
④ 냉매의 교환은 넓고 개방된 장소에서 행한다.

54 승용차에서 센터필라(center pillar)가 없는 보디 구조를 지닌 것은?
① 세단(4인승)　② 쿠페
③ 리무진　　　　④ 스테이션 왜건

55 강판이 외력을 받았을 때 응력이 집중되는 부분이 아닌 것은?
① 2중 강판 부분
② 구멍이 있는 부분
③ 단면적이 작은 부분
④ 곡면이 있는 부분

56 모노코크 바디의 손상된 차체수정을 위한 기본고정 시 가장 적합한 위치는?
① 센터 필러 전후면
② 카울라인 상하면
③ 사이드 실 아래 플랜지면
④ 손상부위에 따라 다르다.

57 점 용접 3단계의 순서로 맞는 것은?
① 가압 → 냉각고착 → 통전
② 냉각고착 → 가압 → 통전
③ 가압 → 통전 → 냉각고착
④ 통전 → 가압 → 냉각고착

58 칼라 조색 시 보색관계를 이용하지 않는 이유로 가장 적절한 것은?
① 조색제 숫자가 많아지기 때문에
② 도료 사용량이 많아지기 때문에
③ 칼라가 탁해지기 때문에
④ 칼라가 맑아지기 때문에

ANSWER
52 ④　53 ②　54 ②　55 ①　56 ③　57 ③　58 ③

59 우레탄 도료에 대한 설명 중 잘못된 것은?

① 경화제와 주제가 분리되어 있는 2액형 도료이다.
② 신차 라인에서 적용되는 도료에 비하여 가격이 저렴하고 도장 품질도 다소 떨어지는 제품이다.
③ 래커 도료에 비하여 취급하기는 까다로우나 내구성 등 여러가지 물성이 래커에 비하여 우수하다.
④ 주제와 경화제를 혼합한 후 일정 시간이 지나도록 사용하지 않으면 반응이 일어나 점도가 상승되어 사용이 불가능해질 수 있다.

60 에어 스프레이건(air spray gun)의 작동순서로 옳은 것은?

① 방아쇠 – 공기 밸브 열림 – 도료 분무 – 도료 밸브 열림 – 공기 밸브 닫힘 – 도료 밸브 닫힘
② 방아쇠 – 도료 밸브 열림 – 도료 분무 – 공기 밸브 열림 – 도료 밸브 닫힘 – 공기 밸브 닫힘
③ 방아쇠 – 도료 밸브 열림 – 공기 밸브 열림 – 도료 분무 – 도료 밸브 닫힘 – 공기 밸브 닫힘
④ 방아쇠 – 공기 밸브 열림 – 도료 밸브 열림 – 도료 분무 – 도료 밸브 닫힘 – 공기 밸브 닫힘

59 ② 60 ④

제4회 자동차정비기능장 CBT 기출복원 문제

• 기출복원 문제란? CBT시행에 따라 저자께서 수검자들의 도움으로 최대한 유형에 가깝게 복원한 문제입니다

01 고속 디젤기관에 가장 적합한 사이클은?
① 사바테 사이클
② 정압사이클
③ 정적사이클
④ 디젤사이클

02 가솔린 엔진의 피스톤과 피스톤 링에 대한 설명으로 틀린 것은?
① 피스톤의 위쪽에 설치되는 2개의 피스톤 링은 연소가스의 누설을 방지하는 압축 링이다.
② 피스톤의 톱 랜드(top land)는 가스의 누설을 방지하기 위해 세컨드 랜드보다 지름이 크다.
③ 윤활을 하는 오일 링을 피스톤의 가장 아래쪽에 설치한다.
④ 피스톤의 스커트부는 피스톤 자세를 안정시키는 역할을 한다.

03 자동차용 기관오일의 기본적인 역할을 설명한 것 중 틀린 것은?
① 마찰을 감소시켜 동력손실을 줄인다.
② 연소가스의 blow-down 현상을 방지한다.
③ 마찰 운동부의 냉각작용을 한다.
④ 접촉부의 녹이나 부식을 방지한다.

04 전자제어 가솔린기관에서 직접분사방식(GDI)을 간접분사방식과 비교했을 때 단점은?
① 연료분사압력이 상대적으로 낮다.
② 희박혼합기 모드에서는 NOx의 발생량이 현저하게 증가한다.
③ 분사밸브의 작동전압이 너무 낮다.
④ 내부 냉각효과가 너무 낮다.

05 전자제어 가솔린기관에서 연료펌프 내에 설치되어 기관이 정지하면 곧바로 닫혀 압력회로의 압력을 일정시간 동안 유지시키는 밸브는?
① 체크 밸브
② 니들 밸브
③ 릴리프 밸브
④ 딜리버리 밸브

06 기관 실린더 벽의 유막이 끊어져 피스톤이나 실린더 벽에 상처를 일으키는 현상을 무엇이라고 하는가?
① 플러터(flutter) 현상
② 스틱(stick) 현상
③ 프리 이그니션(pre ignition) 현상
④ 스카프(scuff) 현상

01 ① 02 ② 03 ② 04 ② 05 ① 06 ④

07 전자제어 가솔린 기관에서 피드백 제어가 해제되는 경우가 아닌 것은?
① 전부하 출력시
② 연료 차단시
③ 희박 신호가 길게 계속될 때
④ 냉각 수온이 높을 때

08 가솔린 분사장치의 공기량 계측방식에서 칼만와류식은 어느 계측방식에 속하는가?
① 기계적 체적 유량 계측 방식
② 베인식 질량 유량 계측 방식
③ 초음파식 체적 유량 계측 방식
④ 열선식 질량 유량 계측방식

09 LPG 연료의 특성으로 틀린 것은?
① 발열량은 약 12000kcal/kg이다.
② 기화된 상태에서는 공기보다 비중이 작다.
③ 옥탄가가 높아 노킹을 잘 일으키지 않는다.
④ 노말 부탄과 프로판을 주성분으로 한 탄화수소의 혼합물이다.

10 기관에 과급기를 설치하는 가장 주된 목적은?
① 압축압력을 높여 착화지연시간을 길게 하기 위하여
② 기관회전수를 높이기 위해서
③ 연소 소비량을 많게 하기 위해서
④ 공기밀도를 증가시켜 출력을 향상시키기 위해서

11 그림은 엔진이 정상적인 난기 상태에서 정화장치(촉매) 앞, 뒤에 설치된 산소센서 출력이다. 설명 중 옳은 것은?

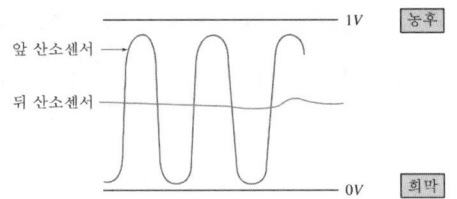

① 정화장치(촉매) 고장이다.
② 뒤쪽에 설치된 산소센서 고장이다.
③ 정화장치(촉매)가 정상적인 작용을 하고 있다.
④ 앞쪽 산소센서가 정상적으로 동작할 때 뒤쪽 산소센서는 동작을 멈춘다.

12 피스톤 재질로서 가장 거리가 먼 것은?
① 화이트메탈
② 구리계의 Y합금
③ 특수 주철
④ 규소계의 Lo-Ex 합금

13 라디에이터의 온도조절기에서 왁스실에 왁스를 넣어 온도가 높아지면 팽창축을 올려 열리는 식의 온도조절기는?
① 벨로우즈형   ② 펠릿형
③ 바이패스형   ④ 바이메탈형

07 ④ 08 ③ 09 ② 10 ④ 11 ③ 12 ① 13 ②

14 디젤 자동차의 배기가스 후처리 장치인 DPF(diesel particulate filter)를 설명한 것 중 틀린 것은?

① 포집된 매연(PM)을 재생(연소)하기 위해 사후분사를 실시함
② 포집된 매연(PM)을 재생(연소)할 때의 온도는 대략 100°C 정도임
③ 포집된 매연(PM)의 재생(연소)여부를 판단하기 위해 DPF의 앞, 뒤 압력 센서의 신호를 받음
④ 배기관의 매연(PM)을 포집하고 재생(연소)하는 장치임

15 전자제어 가솔린 분사장치에서 주로 연료 분사 보정량을 산출하기 위한 신호로 거리가 먼 것은?

① 냉각수 온도 신호
② 흡입 공기 온도 신호
③ 크랭크 각 센서 신호
④ 산소 센서 신호

16 로터리 기관을 왕복형 기관과 비교했을 때 특징이 아닌 것은?

① 부품 수가 적다.
② 출력이 같은 왕복형 기관에 비해 대형이고 무겁다.
③ 왕복운동 부분과 밸브기구가 없으므로 진동과 소음이 적다.
④ 캠에 의한 밸브기구가 없으므로 고속 시 출력이 저하되는 일이 적다.

17 축의 완성지름, 철사의 인장강도, 아스피린 순도와 같은 데이터를 관리하는 가장 대표적인 관리도는?

① c 관리도   ② nP 관리도
③ u 관리도   ④ $\bar{x}$-R 관리도

18 더미활동(dummy activity)에 대한 설명 중 가장 적합한 것은?

① 가장 긴 작업시간이 예상되는 공정을 말한다.
② 공정의 시작에서 그 단계에 이르는 공정별 소요시간들 중 가장 큰 값이다.
③ 실제활동은 아니며, 활동의 선행조건을 네트워크에 명확히 표현하기 위한 활동이다.
④ 각 활동별 소요시간이 베타분포를 따른다고 가정할 때의 활동이다.

19 어떤 회사의 매출액이 80,000원, 고정비가 15,000원, 변동비가 40,000일 때 손익분기점 매출액은 얼마인가?

① 25,000원   ② 30,000원
③ 40,000원   ④ 55,000원

20 로트에서 랜덤하게 시료를 추출하여 검사한 후 그 결과에 따라 로트의 합격, 불합격을 판정하는 검사방법을 무엇이라 하는가?

① 자주검사   ② 간접검사
③ 전수검사   ④ 샘플링검사

14 ② 15 ③ 16 ② 17 ④ 18 ③ 19 ② 20 ④

21 방법시간측정법(MTM : Methods Time Measurement) 에서 사용되는 1TMU(Time Measurement Unit)는 몇 시간인가?

① $\dfrac{1}{100,000}$ 시간　② $\dfrac{1}{10,000}$ 시간
③ $\dfrac{6}{10,000}$ 시간　④ $\dfrac{35}{1,000}$ 시간

22 ASME(American Society of Mechanical Engineers)에서 정의하고 있는 제품공정 분석표에서 사용되는 기호 중 "저장(Storage)"을 표현한 것은?

① ○　　　　　② □
③ ▽　　　　　④ ⇨

23 자동변속기에서 규정 차속 이상이 되면 펌프 임펠러와 터빈 런너를 기계적으로 직결시켜 미끄럼에 의한 손실을 없게 하고 연비 향상과 정숙성을 도모하는 장치는?

① 킥다운(kick down) 장치
② 히스테리시스 장치
③ 펄스 제너레이션 장치
④ 록업(Lock up) 장치

24 위시본식 평행 사변형 현가장치에서 장애물에 의해 바퀴가 들어 올려 지면 바퀴 정렬의 변화는?

① 캠버는 변화가 없다.
② 더욱 부의 캠버가 된다.
③ 더욱 정의 캠버가 된다.
④ 더욱 정의 캐스터가 된다.

25 전자제어 제동장치(ABS)에서 휠 스피드 센서 (마그네틱 방식)의 파형에 관한 설명으로 틀린 것은?

① 각 바퀴의 회전속도를 검출하여 컴퓨터로 입력시킨다.
② 파형으로 휠 스피드 신호 측정시 주기적으로 빠지는 경우는 대개 톤 휠이 손상된 경우이다.
③ 일반적으로 에어갭은 적으면 적을수록 유리하다.
④ 차량의 속도가 증가하면 주파수도 증가하고 P-P 전압도 상승한다.

26 암의 길이가 713mm인 프로니 동력계에서 제동하중이 170kgf이었다. 측정 축의 회전수가 1,500rpm일 경우 기관의 제동마력은 몇 PS인가?

① 138PS　② 200PS
③ 237PS　④ 254PS

21 ① 22 ③ 23 ④ 24 ① 25 ③ 26 ④

27 전자제어 동력 조향장치에서 갑자기 핸들의 조작력이 증가되는 원인 중 가장 거리가 먼 것은?

① 클러치 스위치 신호 불량
② 차속 신호 불량
③ 컨트롤 유닛 불량
④ 전원 측 전압 불량

28 조향각을 일정하게 유지하고 차의 주행 속도를 증가시켰을 때 선회 반경이 커지는 현상은?

① 오버 스티어링
② 언더 스티어링
③ 뉴트럴 스티어링
④ 리버스 스티어링

29 제동장치에서 마스터 백은 무엇을 이용하여 브레이크에 배력작용을 하게 한 것인가?

① 배기가스 압력 이용
② 대기 압력만 이용
③ 흡기 다기관의 압력만 이용
④ 대기압과 흡기 다기관의 압력차 이용

30 드럼 브레이크에서 전·후진 시 2개의 슈가 모두 리딩 슈로 작동하는 브레이크는?

① 심플렉스(simplex) 브레이크
② 듀플렉스(duplex) 브레이크
③ 유니 서보(uni servo) 브레이크
④ 듀어 서보(duo servo) 브레이크

31 풀 타임(full time) 4륜 구동 방식에서 타이트 코너 브레이크 현상을 제거하는 방법은?

① 바퀴를 작게 한다.
② 타이어 공기압을 높여준다.
③ 앞, 뒤 바퀴에 구동력을 전달하는 부분에 중앙 차동 장치를 설치한다.
④ 프로펠러 샤프트에 유니버설 조인트를 2개 연속으로 장착한다.

33 공기 현가장치에서 공기 저장탱크와 서지탱크를 연결하는 배관 사이에 설치되어 자동차의 높이를 일정하게 유지시키는 밸브는?

① 서브 밸브   ② 메인 밸브
③ 체크 밸브   ④ 레벨링 밸브

33 기관의 회전력이 15.5kgf·m이고, 3200rpm으로 회전하고 있다면 클러치에 전달되는 마력(PS)은 약 얼마인가?

① 56.3   ② 61.3
③ 66.3   ④ 69.3

34 유체클러치의 펌프와 터빈사이의 관계로 틀린 것은?

① 펌프는 크랭크축에 연결되고 터빈은 변속기 입력축에 연결된다.
② 전달효율은 최대 98% 정도이다.
③ 미끄럼 값은 약 2~3% 정도이다.
④ 회전력 변화율은 3 : 1 정도이다.

27 ① 28 ② 29 ④ 30 ④ 31 ③ 32 ④ 33 ④ 34 ④

35 ABS 시스템에서 스피드 센서에 의해 4륜 각각의 차륜 속도 및 차륜 감가속도를 연산하여 차륜의 슬립 상태를 판단하며 각종 솔레노이드 밸브에 대한 증압 및 감압 형태를 결정하는 부품은?

① 모터 및 펌프(MOTOR & PUMP)
② ABS ECU
③ 하이드롤릭 밸브
④ EBD

36 자동차의 중량이 1,275kgf, 가속 저항이 200kgf, 회전부분 상당 중량은 자동차 중량의 5%일 때 가속도는?

① 약 $0.15m/s^2$
② 약 $1.25m/s^2$
③ 약 $1.36m/s^2$
④ 약 $1.46m/s^2$

37 암소음이 80dB인 장소에서 자동차 배기 소음이 85dB이었을 때 배기 소음의 최종 측정값은?

① 80dB
② 82dB
③ 83dB
④ 85dB

38 고전압 배터리에 사용되는 배터리 셀의 형상이 아닌 것은?

① 각형
② 구형
③ 원통형
④ 파우치형

39 하이브리드자동차의 전원 제어 시스템에 대한 두 정비사의 의견 중 옳은 것은?

- 정비사 KIM : 인버터는 열을 발생하므로 냉각이 중요하다.
- 정비사 LEE : 컨버터는 고전압의 전원을 12볼트로 변환하는 역할을 한다.

① 정비사 KIM만 옳다.
② 정비사 LEE만 옳다.
③ 두 정비사 모두 틀리다.
④ 두 정비사 모두 옳다.

40 전기차 전력 제어장치(EPCU)의 통합제어 모듈 내부 구성 부품이 아닌 것은?

① VCU
② LDC
③ OBC
④ MCU

41 직·병렬형 하드타입 하이브리드 자동차에서 엔진 시동기능과 공전 상태에서 충전 기능을 하는 장치는?

① MCU(Motor Control Unit)
② PRA(Power Relay Assembly)
③ LDC(Low DC-DC Converter)
④ HSG(Hybrid Starter Generator)

35 ② 36 ④ 37 ③ 38 ② 39 ④ 40 ③ 41 ④

42. 수소탱크 밸브에 적용된 부품이 아닌 것은?
   ① 수소를 공급라인으로 연결하는 솔레노이드 밸브
   ② 수소를 차단하는 매뉴얼 밸브
   ③ 탱크 내부의 압력을 감지하는 압력센서
   ④ 탱크 내부의 온도를 감지하는 온도센서

43. 하이브리드 시스템에 대한 설명 중 틀린 것은?
   ① 직렬형 하이브리드는 소프트타입과 하드타입이 있다.
   ② 소프트타입은 순수 EV(전기차) 주행모드가 없다.
   ③ 하드타입은 소프트타입에 비해 연비가 향상된다.
   ④ 플러그-인 타입은 외부 전원을 이용하여 배터리를 충전한다.

44. 자동차의 전조등에 45W의 전구 2개가 병렬 연결되어 있다. 축전지가 12V 80AH일 때 회로에 흐르는 총 전류는?
   ① 3A   ② 3.75A
   ③ 7.5A ④ 16A

45. 배터리의 외형표기에서 "55 D 26 R"의 의미로 옳은 것은?
   ① 55 = 성능랭크, D = 배터리의 길이, 26 = 높이 폭, R = 배터리의 극성위치
   ② 55 = 성능랭크, D = 배터리의 길이, 26 = 높이 폭, R = 배터리의 저항크기
   ③ 55 = 성능랭크, D = 높이 폭, 26 = 배터리의 길이, R = 배터리의 극성위치
   ④ 55 = 성능랭크, D = 높이 폭, 26 = 배터리의 길이, R = 배터리의 저항크기

46. 파워TR 내부의 TR3와 화살표에 표기된 저항이 어떤 작용을 하는가?

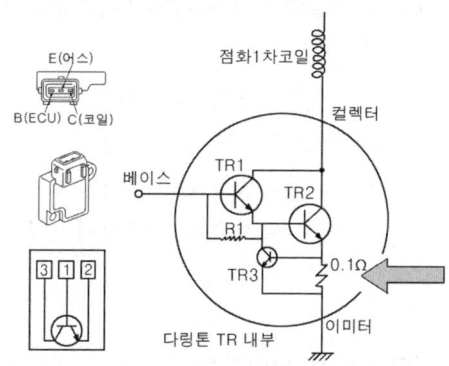

   ① TR의 열화를 방지한다.
   ② 1차코일에 흐르는 전류를 제한한다.
   ③ 1차코일에서 발생하는 유도전압을 제한한다.
   ④ 베이스와 이미터에 흐르는 전류를 제한한다.

47. 기동 전동기에 전류는 많이 흐르지만 작동하지 않을 경우의 원인이 아닌 것은?
① 전기자 코일이 접지되었을 때
② 계자코일이 단락되었을 때
③ 전기자 축 베어링이 고착되었을 때
④ 전기자 코일 또는 계자코일이 개회로 되었을 때

48. 절연저항이 2MΩ인 고압케이블에 12kV의 고전압이 인가될 때 누설 전류는?
① 0.6mA   ② 6mA
③ 12mA   ④ 24mA

49. 점화플러그의 열값에 대한 설명이 옳은 것은?
① 열값이 크면 냉형이다.
② 열값이 크면 열형이다.
③ 냉형은 냉각효과가 적다.
④ 냉형은 저속회전 엔진에 사용한다.

50. 자동차 편의장치(ETACS, ISU)는 어떠한 기능을 작동시키기 위해서 각종 신호를 입력받아 상황을 판단한 후 출력제어를 한다. 다음 중 에탁스 입력요소 중 옳지 않은 것은?
① 열선 스위치
② 감광식 룸램프
③ 차속센서
④ 와셔 스위치

51. 전조등의 감광장치가 아닌 것은?
① 저항을 쓰는 방법
② 이중 필라멘트를 쓰는 방법
③ 부등을 쓰는 방법
④ 굵은 배선을 쓰는 방법

52. 응축기 냉각핀이 막혀 공기 흐름이 막혔을 경우 저·고압측 압력변화가 정상일 때와 비교해서 맞는 것은?
① 저압측 압력이 떨어진다.
② 저압측 압력은 상승되고 고압측 압력은 떨어진다.
③ 저·고압측 모두 압력이 상승된다.
④ 저·고압측 모두 압력이 떨어진다.

53. 전자제어 기관에서 냉방장치가 작동시 아이들 업(idle up) 기능에 대한 설명으로 틀린 것은?
① 엔진의 공회전시 또는 급가속시 작동한다.
② 냉방장치 가동에 따른 과부하로 엔진이 정지하거나 부조하는 것을 방지한다.
③ ECU가 아이들 업 액추에이터를 작동시켜 엔진 회전수를 상승시킨다.
④ 컴프레서의 마그네틱 클러치를 차단하는 것과 상호 보완적으로 작용한다.

ANSWER 47 ④ 48 ② 49 ① 50 ② 51 ④ 52 ③ 53 ①

54 데이텀 게이지는 무엇을 측정하는 게이지 인가?

① 프레임 각 부의 부속품 접속 위치
② 프레임의 일그러짐
③ 프레임 기준선에 의한 프레임의 높이
④ 프레임 사이드 멤버와 크로스 멤버의 위치

55 도장 작업시에 페인트 도막을 너무 두껍게 올렸을 때 나타날 수 있는 도장 문제점이 아닌 것은?

① 오렌지 필
② 주름 현상
③ 백화 현상
④ 핀홀 또는 솔벤트 퍼핑

56 강판의 우그러짐을 수정하는데 사용하는 공구가 아닌 것은?

① 슬라이드 해머
② 핸드 훅
③ 스푼
④ 디스크 샌더

57 저항 용접의 종류가 아닌 것은?

① 스폿 용접
② 프로젝션 용접
③ 미그 용접
④ 심 용접

58 탄소강에서 적열취성(red shortness)의 성질을 가지게 하는 원소는?

① Mn
② P
③ S
④ Si

59 기본적으로 도료를 구성하는 3가지 요소가 아닌 것은?

① 수지(樹脂)
② 광택(光澤)
③ 안료(顔料)
④ 용제(溶劑)

60 주로 하도 도료에 사용되며 연마성을 좋게 한 안료는?

① 무기안료
② 착색안료
③ 체질안료
④ 방청안료

54 ③ 55 ③ 56 ④ 57 ③ 58 ③ 59 ② 60 ③

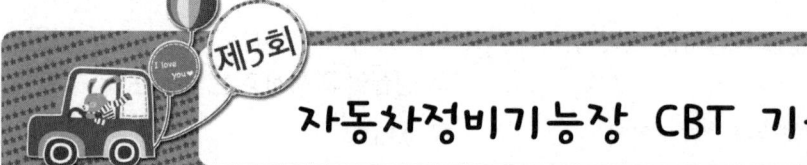

제5회 자동차정비기능장 CBT 기출복원 문제

• 기출복원 문제란? CBT시행에 따라 저자께서 수검자들의 도움으로 최대한 유형에 가깝게 복원한 문제입니다.

01 S/B 비율(Stroke/Bore ratio)에 관한 내용으로 옳지 않은 것은?

① 스퀘어엔진은 S/B의 비율이 1인 형식이다.
② 일반적으로 같은 배기량에서는 단행정 기관이 장행정 기관보다 더 큰 출력을 얻을 수 있다.
③ 실용적 측면에서는 장행정기관이 단행정 기관보다 우수하다.
④ 장행정기관을 오버스퀘어엔진 이라고도 한다.

02 가솔린 연료의 옥탄가를 나타낸 것은?

① 이소옥탄 ÷ (이소옥탄 + 노멀헵탄)
② 노멀헵탄 ÷ (이소옥탄 + 노멀헵탄)
③ 이소옥탄 ÷ (세탄 + α메틸나프탈린)
④ 세탄 ÷ (세탄 + α메틸나프탈린)

03 API 분류에서 고부하 및 가혹한 조건의 디젤 기관에서 쓰는 윤활유는?

① DL   ② DM
③ DC   ④ DS

04 전자제어식 LPG 엔진의 믹서를 점검하는 방법을 설명한 것이다. 틀린 것은?

① 메인 듀티 솔레노이드 밸브, 슬로우 듀티 솔레노이드 밸브, 시동 솔레노이드 밸브의 각 단자저항을 측정하여 저항이 규정값 내에 들어있으면 양호하다고 판정할 수 있다.
② 슬로우 듀티 솔레노이드 밸브는 단자에 배터리 전원을 인가했을 때 통로가 연결되고, 전원을 OFF했을 때 차단되면 정상이라고 할 수 있다.
③ 시동 솔레노이드 밸브는 단자에 배터리 전원을 OFF하면 플런저는 작동을 멈추고, 슬로우 듀티 솔레노이드의 통로가 연결되면 정상이다.
④ 시동 솔레노이드 밸브는 단자에 배터리 전원을 인가했을 때 플런저가 작동되면 정상이다.

05 전자제어 가솔린기관에서 OBD(On Board Diagnose) 감시기능 중 틀린 것은?

① 촉매 고장 감시기능
② 실화 감시기능
③ 증발가스 누설 감시기능
④ 외기온도 감시기능

01 ④ 02 ① 03 ④ 04 ③ 05 ④

06 실린더 내경 기준 값이 78mm인 기관에서 실린더가 마모되어 최대 값이 78.40mm로 측정 되었다면 실린더의 수정 값은?
① 78.00mm ② 78.25mm
③ 78.50mm ④ 78.75mm

07 4행정 사이클 기관에서 실린더의 직경×행정이 60mm×80mm인 6기통 기관의 총배기량은?
① 약 1,357cc ② 약 13,570cc
③ 약 4,800cc ④ 약 48,000cc

08 플라이휠의 무게와 가장 관계가 깊은 것은?
① 진동댐퍼
② 회전수와 실린더 수
③ 압축비
④ 기동모터의 출력

09 가솔린기관에서 가변 흡기장치의 설명으로 적합하지 않은 것은?
① 흡기밸브의 열림과 닫힘 시기를 조절하여 밸브 오버랩을 증가시킨다.
② 엔진회전수와 엔진부하에 따라 흡기다기관의 길이를 변화시킨다.
③ 엔진이 저속 회전시 흡기다기관의 길이를 길게 하여 관성 과급효과를 본다.
④ 엔진이 고속 회전시 흡기다기관의 길이를 짧게 하여 흡입저항을 줄인다.

10 자동차의 배기장치에 대한 설명으로 틀린 것은?
① 기통수가 1개인 기관에서는 실린더에 배기매니홀드 없이 직접 배기파이프를 부착한다.
② 배기파이프는 배기가스를 외부로 방출하는 강관이며 배기가스 열의 일부를 발산하는 역할도 한다.
③ 소음기를 부착하면 기관의 배압이 감소하고, 출력이 높아진다.
④ 배기관은 배기가스의 흐름에 저항을 주지 않아야 한다.

11 전자제어 가솔린에서 속도-밀도 방식의 공기유량 센서가 직접 계측하는 것은?
① 흡기관의 압력
② 흡기관의 유속
③ 흡기공기의 질량유량
④ 흡입공기의 체적유량

12 MAP 센서 방식의 전자제어 연료분사장치 기관에서 분사밸브의 분사시간 I_t(ms)를 구하는 공식으로 맞는 것은? (단, 기본분사시간 P_t, 기본분사시간 수정계수 c, 분사밸브의 무효분사시간 V_t)
① $I_t = P_t \times c + V_t$ ② $I_t = P_t + c + V_t$
③ $I_t = c \times V_t + P_t$ ④ $I_t = P_t \times V_t + c$

06 ④ 07 ① 08 ② 09 ① 10 ③ 11 ① 12 ①

13. 노즐에서 분사되는 연료의 입자 크기에 관한 설명 중 알맞는 것은?
   ① 노즐 오리피스의 지름이 크면 연료의 입자 크기는 작다.
   ② 배압이 높으면 연료의 입자 크기는 커진다.
   ③ 분사압력이 높으면 연료의 입자 크기는 커진다.
   ④ 공기온도가 낮아지면 연료의 입자 크기는 커진다.

14. 전자제어 가솔린 분사장치의 인젝터에 대한 설명으로 틀린 것은?
   ① 인젝터 점검은 작동음, 인젝터 저항, 연료 분사량, 연료 분무형태 등을 점검한다.
   ② 인젝터는 ECU(ECM)에 의하여 제어되는 솔레노이드를 가진 연료분사 노즐이다.
   ③ 흡입공기량 및 엔진 회전수로부터 기본 연료분사 시간을 계산한다.
   ④ 크랭크각 센서, TDC 센서 등으로부터 보정 연료 분사 시간을 산출한다.

15. 유압식 밸브 리프터의 특징이 아닌 것은?
   ① 밸브 간극의 조정이 필요하지 않다.
   ② 충격을 흡수하지 못하기 때문에 밸브 기구의 내구성이 저하된다.
   ③ 기계식에 비해 작동 소음이 적다.
   ④ 오일펌프나 오일회로에 고장이 생기면 작동이 불량하다.

16. 어느 기관의 냉각수 규정량이 16ℓ였다. 사용 중에 주입된 냉각수량이 12ℓ였다면 라디에이터의 코어 막힘률은 몇 %인가?
   ① 40   ② 12
   ③ 16   ④ 25

17. "무결점 운동"으로 불리는 것으로 미국의 항공사인 마틴사에서 시작된 품질개선을 위한 동기부여 프로그램은 무엇인가?
   ① ZD   ② 6시그마
   ③ TPM   ④ ISO 9001

18. 다음 중 검사를 판정의 대상에 의한 분류가 아닌 것은?
   ① 관리 샘플링검사
   ② 로트별 샘플링검사
   ③ 전수검사
   ④ 출하검사

19. 과거의 자료를 수리적으로 분석하여 일정함 결함을 도출한 후 가까운 장래의 매출액, 생산량 등을 예측하는 방법을 무엇이라 하는가?
   ① 델파이법   ② 전문가 패널법
   ③ 시장조사법   ④ 시간열 분석법

13 ④ 14 ④ 15 ② 16 ④ 17 ① 18 ④ 19 ④

20 표는 어느 회사의 월별 판매실적을 나타낸 것이다. 5개월 이동 평균법으로 6월의 수요를 예측하면?

월	1	2	3	4	5
판매실적	100	110	120	130	140

① 150 ② 140
③ 130 ④ 120

21 자전거를 셀 방식으로 생산하는 공장에서, 자전거 1대당 소요공수가 14.5H 이며, 1일 8H, 월 25일 작업을 한다면 작업자 1명당 월 생산 가능 대수는 몇 대인가? (단, 작업자의 생산 종합효율은 80%이다.)

① 10대 ② 11대
③ 13대 ④ 14대

22 서블릭(therblig)기호는 어떤 분석에 주로 이용 되는가?

① 연합작업 분석 ② 공정 분석
③ 동작 분석 ④ 작업 분석

23 수동변속기에서 동기물림식의 장점이 아닌 것은?

① 변속 소음이 거의 없고 변속이 용이하다.
② 변속기 기어 수명이 길다.
③ 기어 치형이 헬리컬형이므로 하중 부담능력이 크다.
④ 변속시 특별히 가속시키거나, 더블 클러치를 조작할 필요가 있다.

25 공기식 브레이크 장치에서 브레이크 드럼을 탈거할 때 에어 압력이 저하되어 주차 브레이크가 채워지지 않도록 하는 조치 방법은?

① 스프링 브레이크 실린더의 릴리즈 실린더 볼트를 풀어 놓고 작업한다.
② 철사 또는 고정 와이어를 이용하여 슈가 벌어지지 않게 고정한 후 작업한다.
③ 스프링 브레이크 실린더에 공급된 압축공기 파이프를 분리한다.
④ 로드 센싱 밸브의 입구와 출구의 압력 차이가 발생하지 않도록 압력을 유지한다.

25 ABS에서 시동을 껐다가 다시 켤 때 ABS 경고등이 계속 점등되는 경우 예상 원인으로 틀린 것은?

① ECU 내부 고장
② 솔레노이드 불량
③ 하이드로릭 펌프 전원 불량
④ 휠 실린더 리턴 불량

26 자동차의 무게중심 높이가 0.9m, 오른쪽 안전폭이 1.0m, 왼쪽 안전폭이 1.2m의 자동차에서 좌우 최대 안전 경사각도는 각각 얼마인가?

① 오른쪽 : 약 48°, 왼쪽 : 약 53°
② 오른쪽 : 약 53°, 왼쪽 : 약 48°
③ 오른쪽 : 약 42°, 왼쪽 : 약 37°
④ 오른쪽 : 약 37°, 왼쪽 : 약 42°

20 ④ 21 ② 22 ③ 23 ④ 24 ① 25 ④ 26 ①

27 제동장치 베이퍼록 현상의 원인이 아닌 것은?

① 공기 브레이크의 과도한 사용
② 드럼과 라이닝의 끌림에 의한 가열
③ 긴 비탈길에서 브레이크의 사용 빈도가 많은 운전
④ 오일의 변질에 의한 비등점 저하

28 자동차가 54km/h로 달리다가 급가속하여 10초 후에 90km/h가 되었을 때 가속도(m/sec²)는?

① 0.5 ② 1
③ 2   ④ 3

29 동력 전달장치에서 종감속 장치의 기능이 아닌 것은?

① 회전 토크를 증가시켜 전달한다.
② 회전 속도를 감소시킨다
③ 좌·우 구동륜의 회전 속도를 차등 조절한다.
④ 필요에 따라 동력 전달 방향 변환시킨다.

30 자동변속기에서 토크 컨버터의 토크 변환율이 최대가 될 때는?

① 터빈이 펌프의 1/3 회전할 때
② 터빈이 펌프의 1/2 회전할 때
③ 터빈이 정지 상태에서 회전하려고 할 때
④ 펌프와 터빈의 회전속도가 거의 같아졌을 때

31 판스프링에서 아이(eye)의 중심거리를 무엇이라 하는가?

① 새클(shackle)   ② 스팬(span)
③ 캠버(camber)   ④ 닙(nip)

32 클러치 커버에서 릴리스 포크가 릴리스 베어링을 미는 힘이 150kgf일 때 포크를 밟는 힘은? (단, 포크 지지점에서 밟는점과 지지점에서 릴리스 베어링까지 레버비가 3:1)

① 38kgf   ② 50kgf
③ 75kgf   ④ 200kgf

33 전자제어 현가장치에서 조향각 센서의 설명으로 틀린 것은?

① 조향각 센서는 광단속기 타잎의 센서이다.
② 조향각 센서는 조향 휠과 컬럼 샤프트에 설치되어 있다.
③ 조향각 센서 고장 시 핸들은 무거워진다.
④ 조향각 센서는 광단속기와 디스크로 구성된다.

34 차속 감응형 동력조향 시스템(EPS)에서 고속 주행 시 조향력 제어 방법으로 맞는 것은?

① 조향력을 가볍게 한다.
② 조향력을 무겁게 한다.
③ 고속 제어는 하지 않는다.
④ 조향력 제어를 순간적으로 정지한다.

27 ① 28 ② 29 ③ 30 ③ 31 ② 32 ② 33 ③ 34 ②

35. 자동차 차륜 정렬에서 기하학적 중심선과 뒷바퀴가 정렬에서 벗어난 상태의 각도를 무엇이라고 하는가?

① 협각
② 셋 백
③ 스러스트 각
④ 스크러브 레디우스

36. 내경이 50mm인 마스터 실린더에 30N의 힘이 작용하였을 때 내경이 80mm인 휠 실린더에 작용하는 제동력은?

① 약 1.52N   ② 약 34.6N
③ 약 76.8N   ④ 약 168.6N

37. 플렉스레이(FlexRay) 데이터 버스의 특징으로 거리가 먼 것은?

① 데이터 전송은 2개의 채널을 통해 이루어진다.
② 실시간 능력은 해당 구성에 따라 가능하다.
③ 데이터를 2채널로 동시에 전송한다.
④ 데이터 전송은 비동기방식이다.

38. 하이브리드 자동차의 특징이 아닌 것은?

① 회생제동
② 2개의 동력원으로 주행
③ 저전압 배터리와 고전압 배터리 사용
④ 고전압 배터리 충전을 위해 LDC(저전압 직류변환장치)를 사용

39. 하드 타입 하이브리드 구동모터의 주요 기능으로 틀린 것은?

① 출발 시 전기모드 주행
② 가속 시 구동력 증대
③ 감속 시 배터리 충전
④ 변속 시 동력 차단

40. 다음 중 연료전지에 대한 설명이 잘못 된 것은?

① 연료전지는 연료극, 공기극, 전해질로 구성된다.
② 전극은 일종의 촉매 역할을 한다.
③ 전해질은 이온을 전달시켜 주는 매개체 역할을 한다.
④ 연료극과 공기극간 전압은 약 3.75V 이다.

41. 하이브리드 차량 정비 시 고전압 차단을 위해 안전 플러그(세이프티 플러그)를 제거한 후 고전압 부품을 취급하기 전 일정시간 이상 대기시간을 갖는 이유로 가장 적절한 것은?

① 고전압 배터리 내의 셀의 안정화
② 제어모듈 내부의 메모리 공간의 확보
③ 저전압(12V) 배터리에 서지 전압 차단
④ 인버터 내 콘덴서에 충전되어 있는 고전압 방전

35 ③ 36 ③ 37 ④ 38 ④ 39 ④ 40 ④ 41 ④

42. 전기자동차의 전력변환에 OBC, MCU, LDC 등을 사용한다. 전력변환 방식이 맞는 것은?

① OBC : 교류→직류, MCU : 직류→교류, LDC : 직류→직류
② OBC : 교류→직류, MCU : 직류→직류, LDC : 직류→교류
③ OBC : 직류→교류, MCU : 직류→교류, LDC : 직류→직류
④ OBC : 직류→교류, MCU : 직류→직류, LDC : 직류→교류

43. AC 발전기의 발생전압을 조정하는 방식에 대한 설명으로 틀린 것은?

① 컷아웃 릴레이는 발전기 정지시 또는 충전전압이 낮을 때 역전류를 방지하는 조정방식이다.
② 접점식 조정기는 접점 방식에 의해 발생전압에 따라 충전 경고등 점등, 로터 코일의 여자전류 등을 조정하는 방식이다.
③ 트랜지스터식 조정기는 접점대신 트랜지스터의 스위칭 작용을 이용하여 로터 전류의 평균값을 변화시켜 전압을 제어하는 방식이다.
④ IC 조정기는 작동이 안정되고 신뢰성이 높으며 초소형이기 때문에 발전기 내부에 내장시켜 외부 배선이 없는 장점이 있다.

44. 저항식 레벨 센터(포텐쇼미터) 유닛 방식의 연료계에서 계기의 지침과 연료 유닛의 뜨개에 대해 바르게 설명한 것은?

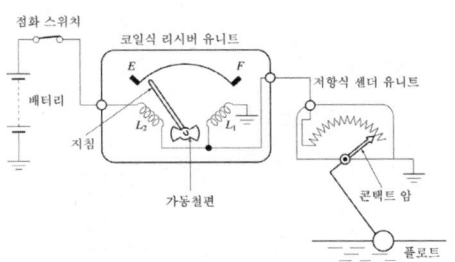

① 뜨개에 흐르는 전류가 많아지면 연료 계기의 지침이 "E"에 위치한다.
② 연료가 줄어들면 센더 유닛의 저항은 작아진다.
③ 연료가 증가하면 센더 유닛에 흐르는 전류는 감소한다.
④ 센더 유닛의 저항이 낮아지면 연료계기의 지침이 "F"에 위치한다.

45. 점화코일의 1차코일 저항값이 20°C일 때 5Ω이었다. 작동시(80°C)의 저항은?
(단, 구리선의 저항온도계수는 0.004이다.)

① 6.20Ω   ② 5.32Ω
③ 5.24Ω   ④ 3.80Ω

46. 점화 지연시간이 1/800초인 연료를 사용하여 최고 폭발압력을 ATDC 5°에서 발생시키기 위해 TDC 몇도 전방에서 점화를 해야 하는가? (단, 기관은 2,500rpm이다.)

① 13.7°   ② 17.9°
③ 18.7°   ④ 21.7°

42 ① 43 ② 44 ④ 45 ① 46 ①

47 배터리가 탈거된 상태에서 그림과 같이 CAN 통신라인을 점검할 때 화살표 부분이 차체와 접지되었다면 측정되는 저항값은?

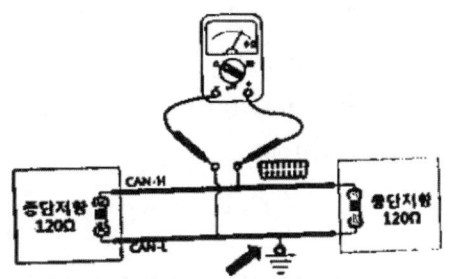

① 약 0Ω
② 약 60Ω
③ 약 120Ω
④ 약 240Ω

48 4극 발전기를 1,800rpm로 운전할 경우 이 발전기의 주파수(f)는 몇 Hz인가?

① 120
② 450
③ 60
④ 50

49 광도가 200cd일 때 거리가 5m인 곳의 조도는 몇 Lux 인가?

① 200
② 40
③ 8
④ 5

50 아래 자동차 냉방 사이클에서 ( )의 부품에 대한 설명으로 옳은 것은?

압축기 → 콘덴서 → ( ) → 팽창밸브 → 증발기 → 압축기

① 냉매 속에 들어 있는 수분을 흡수하고 냉매를 원활하게 공급할 수 있도록 냉매를 저장한다.
② 라디에이터 앞에 설치되어 고온고압의 기체상태의 냉매를 응축하여 고온고압의 액체상태의 냉매로 만든다.
③ 냉매를 증발기에 갑자기 팽창시켜 저온저압의 액체로 만든다.
④ 차내의 공기를 에버포레이트에 전달하며 냉각된 공기를 차내로 공급한다.

51 냉방장치에서 자동차 실내의 냉방효과는 어떤 경우에 나타나는가?

① 증발기에서 흡입 열량이 있을 때
② 응축기에서 방출 열량이 있을 때
③ 공급 에너지에 열량의 비가 발생될 때
④ 압축기에서 공급되는 에너지가 있을 때

52 다음 그림에서 기동 전동기의 구성품 설명으로 틀린 것은?

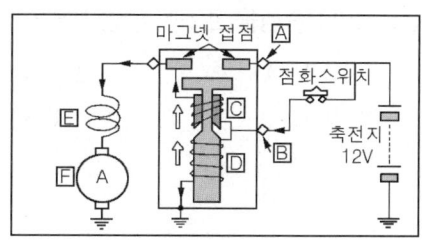

① "C"는 풀인(full in) 코일이다.
② "D"는 홀드인(hold in) 코일이다.
③ "E"는 리턴 스프링이다.
④ "F"는 전기자(armature) 이다.

47 ② 48 ③ 49 ③ 50 ① 51 ① 52 ③

53 레인 센서 방식의 와이퍼 제어 시스템에서 앞 유리의 빗물 양을 감지하기 위한 반도체 소자는?

① 정전압다이오드, 포토다이오드
② 정전류다이오드, 발광다이오드
③ 발광다이오드, 포토다이오드
④ 포토다이오드, 정류다이오드

54 CO_2 가스 아크 용접 조건의 설명으로 잘못된 것은?

① 용접 전류는 용입량을 결정하는 요인이다.
② 아크 전압은 비드 형상을 결정하는 요인이다.
③ 와이어의 용융 속도는 아크전류에 정비례하여 증가한다.
④ 와이어의 돌출 길이가 길수록 가스의 보호 효과가 크고 노즐에 스패터(spatter)가 부착되기 쉽다.

55 색의 3속성을 표기하는 방법은?

① L V/A   ② H V/C
③ V C/C   ④ K H/C

56 도어나 트렁크 리드가 닫혔을 때 본체와 닿는 면을 부드럽게 하기 위한 고무로서 개스킷 식으로 된 부품의 명칭은?

① 웨더 스트립(weather strip)
② 그릴(grille)
③ 몰딩(molding)
④ 트림(trim)

57 보수 도장의 상도 도료에 대한 설명으로 가장 거리가 먼 것은?

① 모든 메탈릭 칼라는 투명 작업을 필요로 한다.
② 펄 칼라인 경우도 투명 작업이 필요하다.
③ 최근 펄 칼라의 경우는 2코트뿐만 아니라 3코트 도장 시스템으로도 적용되고 있다.
④ 모든 솔리드 칼라는 투명으로 도장하지 않는 싱글 스테이지로만 적용이 가능하다.

58 프레임 파손이나, 변형의 원인이라고 볼 수 없는 것은?

① 추돌
② 굴러 떨어진 사고
③ 극단적인 굽음 모멘트 발생
④ 장기간의 하중

53 ③　54 ④　55 ②　56 ①　57 ④　58 ④

59 자동차 보수 도장에서 메탈릭과 펄(마이카) 도료의 가장 큰 차이점은?

① 불투명 및 반투명으로 인한 색상 및 명암 차이가 있다.
② 펄은 빛을 반사하고 투과하지 못한다.
③ 메탈릭은 입자 크기와는 관계없이 컬러가 같다.
④ 펄은 불투명하여 은폐력이 좋고 메탈릭은 반투명하여 은폐력이 약하다.

60 자동차의 차체 제작 성형은 철금속의 어떤 성질을 이용한 것인가?

① 가공 경화 ② 소성
③ 가단성 ④ 탄성

59 ① 60 ②

제6회 자동차정비기능장 CBT 기출복원 문제

• **기출복원 문제란?** CBT시행에 따라 저자께서 수검자들의 도움으로 최대한 유형에 가깝게 복원한 문제입니다

01 다음 중 정적 사이클에 속하는 기관은?
① 디젤기관　② 가솔린기관
③ 소구기관　④ 복합기관

02 기관의 피스톤 행정이 300mm이고 피스톤의 평균속도가 5m/s일 때 이 기관의 회전수는 몇 rpm인가?
① 500rpm　② 1,000rpm
③ 1,500rpm　④ 2,000rpm

04 플라이휠에 관한 설명 중 옳은 것은?
① 플라이휠의 무게는 회전속도와 크랭크축의 길이와 밀접한 관계가 있다.
② 플라이휠은 밸브의 개폐시기와 기관의 회전속도를 증가시킨다.
③ 폭발행정 때 에너지를 저장하여 다른 행정 때 회전을 원활하게 바꾸어 준다.
④ 플라이휠의 구조는 중심부는 두껍게 하고 외부는 얇게 하여 전체적으로 가볍게 만든다.

04 터보차저 기관의 특징으로 틀린 것은?
① 배기가스의 동력을 이용한다.
② 충전효율의 증가로 연료소비율이 낮아진다.
③ 기관의 압축비를 늘릴 수 있어 유리하다.
④ 같은 배기량으로 높은 출력을 얻을 수 있다.

05 전자제어 디젤기관에서 출구제어방식 연료압력 조절밸브의 설명으로 맞는 것은?
① 듀티값이 높을수록 연료압은 낮아진다.
② 시동시에는 레일압력을 낮게한다.
③ 듀티값이 낮을수록 연료압은 낮아진다.
④ 저압펌프를 거친 후의 연료압력을 제어한다.

06 GDI 기관에서 고압 분사 인젝터의 특징이 아닌 것은?
① 고압의 연료를 차단하거나 분사하는 밸브 볼이부착되어 있다.
② 엔진 회전수에 따라 분사압력이 다르다.
③ 주로 피크 홀드 분사방식을 사용한다.
④ 촉매 히팅이 필요할 땐 배기행정 때 분사한다.

01 ②　02 ①　03 ③　04 ③　05 ③　06 ④

07 4행정 사이클 기관의 구조가 스퀘어 스트로크 엔진 (square stroke engine)이며, 실제 흡입 공기량이 1,117.5cc일 때 체적효율은 몇 %인가? (단, 실린더의 수는 4개이며, 행정은 78mm이다.)
① 80 ② 75
③ 70 ④ 65

08 항공기의 냉각방법에 실용화된 것으로 에틸렌 글리콜 (ethylene glycol)과 같은 비등점이 높은 액체를 사용하여 액체의 온도를 물냉각보다 훨씬 높여서 방열효과를 높인 냉각 방법은?
① 증발 냉각 방법
② 특수 고체 냉각 방법
③ 밀폐형 강제순환 냉각 방법
④ 특수 액체 냉각 방법

09 흡배기 밸브의 헤드 형상 중 고출력 엔진이나 경주용차에 사용되는 것으로 열을 받는 면적이 넓은 결점을 가지고 있는 것은?
① 플랫형(flat head type)
② 튤립형(tulip head type)
③ 서브형(serve head type)
④ 버섯형(mushroom head type)

10 자동차용 가솔린 연료의 구비 조건으로 거리가 먼 것은?
① 공기와 혼합이 잘될 것
② 연료 계통의 부품에 부식을 주지 않을 것
③ 적당한 휘발성이 있을 것
④ 블로-바이(blow-by) 가스가 적을 것

11 LPI(Liquified Petroleum Injection) 기관에서 인젝터가 연료분사 후 기화잠열에 의한 수분 빙결 현상을 방지하기 위한 것은?
① 아이싱 팁 ② 가스온도센서
③ 릴리프 밸브 ④ 과류방지 밸브

12 기관에서 산소센서를 설치하는 목적으로 가장 알맞은 것은?
① 정확한 공연비 제어를 위해서
② 일시적인 인젝터의 작동 차단을 위해서
③ 연소실의 불완전 연소를 해소하기 위해서
④ 연료펌프의 작동압의 정확한 조정을 위해서

13 자동차용 윤활유의 첨가제로 옳지 않은 것은?
① 유성 향상제 ② 청정 분산제
③ 점도 강하제 ④ 산화 방지제

07 ② 08 ④ 09 ② 10 ④ 11 ① 12 ① 13 ③

14. 기관에서 압축 및 폭발 행정시 피스톤과 실린더벽 사이로 탄화수소(HC)가 다량 포함된 미연소가스가 누출되는 현상을 무엇이라고 하는가?

① 블로바이(blow-by) 현상
② 블로백(blow-back) 현상
③ 블로다운(blow-down) 현상
④ 블로업(blow-up) 현상

15. 배기가스 재순환장치에서 EGR율(exhaust gas recirculation)을 나타낸 식은?

① EGR율 $= \dfrac{\text{EGR 가스유량}}{\text{흡입 공기량}+\text{EGR 가스유량}} \times 100\%$

② EGR율 $= \dfrac{\text{흡입공기량}}{\text{EGR 가스유량}} \times 100\%$

③ EGR율 $= \dfrac{\text{EGR 가스유량}}{\text{흡입 공기량}+\text{NOx 가스유량}} \times 100\%$

④ EGR율 $= \dfrac{\text{EGR 가스유량}}{\text{EGR 가스유량}-\text{흡입 공기량}} \times 100\%$

16. 전자제어 가솔린기관에서 엔진 컴퓨터(ECU)로 입력되는 센서가 아닌 것은?

① 공기흐름 센서
② 산소 센서
③ 스로틀 포지션 센서
④ 퍼지컨트롤 센서

17. 다음 중 데이터를 그 내용이나 원인 등 분류 항목별로 나누어 크기의 순서대로 나열하여 나타낸 그림을 무엇이라 하는가?

① 히스토그램(histogram)
② 파레토도(pareto diagram)
③ 특성요인도(causes and effects diagram)
④ 체크시트(check sheet)

18. T.Q.C (Total Quality Control)란?

① 시스템적 사고방법을 사용하지 않는 품질관리 기법이다.
② 아프터 서비스를 통한 품질을 보증하는 방법이다.
③ 전사적인 품질정보의 교환으로 품질향상을 기도하는 기법이다.
④ QC부의 정보분석 결과를 생산부에 피드백하는 것이다.

19. 어떤 작업을 수행하는데 작업소요시간이 빠른 경우 5시간, 보통이면 8시간, 늦으면 12시간 걸린다고 예측되었다면 3점 견적법에 의한 기대 시간치와 분산을 계산하면 약 얼마인가?

① te = 8.0, σ^2 = 1.17
② te = 8.2, σ^2 = 1.36
③ te = 8.3, σ^2 = 1.17
④ te = 8.3, σ^2 = 1.36

14 ① 15 ① 16 ④ 17 ② 18 ③ 19 ②

20 다음은 관리도의 사용 절차를 나타낸 것이다. 관리도의 사용 절차를 순서대로 나열한 것은?

[다음]
㉠ 관리하여야 할 항목의 선정
㉡ 관리도의 선정
㉢ 관리하려는 제품이나 종류 선정
㉣ 시료를 채취하고 측정하여 관리도를 작성

① ㉠→㉡→㉢→㉣
② ㉠→㉢→㉣→㉡
③ ㉢→㉠→㉡→㉣
④ ㉢→㉣→㉠→㉡

21 제품공정도를 작성할 때 사용되는 요소(명칭)가 아닌 것은?
① 가공　　② 검사
③ 정체　　④ 여유

22 다음 중 반즈(Ralph M. Barnes)가 제시한 동작경제의 원칙에 해당되지 않는 것은?
① 표준작업의 원칙
② 신체의 사용에 관한 원칙
③ 작업장의 배치에 관한 원칙
④ 공구 및 설비의 디자인에 관한 원칙

23 종감속 장치에 사용되는 기어 중 하이포이드 기어의 특징으로 틀린 것은?
① 운전이 정숙하다.
② 구동 피니언과 링기어의 중심선이 일치하지 않는다.
③ 차체의 중심이 낮아져서 안전상 및 거주성이 향상된다.
④ 하중 부담 능력이 작다.

24 공기 브레이크에서 유압식 브레이크의 마스터 실린더와 같은 기능을 하는 것은?
① 브레이크 밸브　　② 브레이크 챔버
③ 퀵릴리즈 밸브　　④ 릴레이 밸브

25 자동차의 진동에 대한 설명 중 틀린 것은?
① 바운싱(bouncing) : 상하운동
② 롤링(rolling) : 좌우운동
③ 피칭(pitching) : 앞뒤운동
④ 요잉(yawing) : 차체 앞부분 진동

26 브레이크 페달이 점점 딱딱해져서 주행 불능 상태가 되었을 때 어떤 고장인가?
① 마스터 실린더 피스톤 컵의 고장이다.
② 브레이크 오일의 양이 적어졌다.
③ 슈 리턴 스프링의 장력이 강력해졌다.
④ 마스터 실린더 바이패스 통로가 막혔다.

20 ③　21 ④　22 ①　23 ④　24 ①　25 ④　26 ④

27. 전자제어 자동변속기에서 파워(power) 모드를 선택했을 때 변속기의 작동을 바르게 설명한 것은?
   ① 오버 드라이브를 조기 작동시킨다.
   ② 출발시 2단 출발하도록 한다.
   ③ 변속시점이 고정되어 진다.
   ④ 변속시점을 지연시켜 바퀴의 구동력을 증대시킨다.

28. 릴리스 레버의 상호간의 차이가 너무 심할 때 일어나는 현상은?
   ① 클러치 판이 빨리 마모된다.
   ② 클러치 페달 유격이 많아진다.
   ③ 클러치 단속이 잘 안된다.
   ④ 클러치가 미끄러진다.

29. 전자제어 현가장치에서 차고센서에 대한 설명으로 틀린 것은?
   ① 레버로 연결된 로드와 센서 보디로 구성되어 있다.
   ② 레버의 회전량이 센서로 전달된다.
   ③ 액슬과 바퀴의 중심점 위치 변화를 감지한다.
   ④ 검출방식에는 초음파 방식과 광단속기 방식이 있다.

30. 선 기어 잇수가 20개, 링 기어 잇수가 40개의 유성기어에서 선 기어를 고정하고 링 기어가 75회전하였다면 캐리어의 회전수는?
   ① 30회전   ② 50회전
   ③ 90회전   ④ 120회전

31. 1998년에 출고된 휘발유 승용차의 운행차 배출가스 허용 기준과 측정 방법은?
   ① CO 1.4% 이하 HC 260ppm 이하, 무부하 급가속시 측정
   ② CO 1.2% 이하 HC 220ppm 이하, 공전시 측정
   ③ CO 4.5% 이하 HC 1,200ppm 이하, 공전시 측정
   ④ CO 2.0% 이하 HC 800ppm 이하, 무부하 급가속시 측정

32. 디스크 브레이크의 특성을 드럼 브레이크와 비교하여 설명한 것 중 디스크 브레이크의 장점이 아닌 것은?
   ① 페이드(fade) 현상이 적다.
   ② 자기작동 작용(서보 작용)을 한다.
   ③ 편 제동 현상이 없다.
   ④ 패드(pad) 교환이 용이하다.

27 ④ 28 ③ 29 ③ 30 ② 31 ② 32 ②

33. 작동유(오일)의 운동에너지를 직선운동의 기계적 일로 변환시켜 주는 액추에이터는?
   ① 유압 실린더   ② 유압 모터
   ③ 유압 터빈   ④ 축압기

34. 앞바퀴에 수직방향으로 작용하는 하중에 의한 앞차축의 휨을 방지하고 조향핸들의 조작을 가볍게 하기 위하여 시행하는 앞바퀴의 정렬방식은?
   ① 캐스터   ② 토인
   ③ 캠버   ④ 킹핀 경사각

35. 주행 중 자동차 안정성 제어장치가 작동하지 않아도 되는 항목으로 가장 거리가 먼 것은?
   ① 자동차를 후진하는 경우
   ② 시동 시 자가 진단하는 경우
   ③ 운전자가 자동차 안정성 제어장치의 기능을 정지시킨 경우
   ④ 자동차의 속도가 시속 60킬로미터 미만인 경우

36. 동력 전달장치에서 안전을 위한 점검 사항으로 볼 수 없는 것은?
   ① 변속기의 오일 누유
   ② 추진축 및 자재이음의 진동 여부
   ③ 변속 링키지의 이탈 여부
   ④ 변속기의 각인

37. 수소 연료전지 전기차의 주행 특성이 틀린 것은?
   ① 차량에 부하가 적을 경우, 스택에서 생산된 전기로 모터를 구동한다.
   ② 차량에 부하가 클 경우, 스택의 전기 생산량을 높여 모터에 공급되는 전압을 높인다.
   ③ 차량에 부하가 없을 경우, 회생제동으로 생산된 전기를 스택에 저장하여 연비를 향상시킨다.
   ④ 차량에 부하가 없을 경우, 스택으로 공급되는 연료를 차단하여 스택을 정지시킨다.

38. 다음 중 리튬이온 배터리의 소재가 아닌 것은?
   ① 양극   ② 음극
   ③ 분리판   ④ 전해액

39. 자동차 관련 용어 정의에서 틀린 것은? (단, 자동차 및 자동차부품의 성능과 기준에 관한 규칙에 의한다.)
   ① 자율주행시스템이란 운전자 또는 승객의 조작 없이 주변 상황과 도로 정보 등을 스스로 인지하고 판단하여 자동차를 운행할 수 있게 하는 자동화 장비, 소프트웨어 및 이와 관련한 일체의 장치
   ② 자동차안정성제어장치란 자동차의 주행 중 급제동 시 제동감속도에 따라 자동으로 경고를 주는 장치
   ③ 비상자동제동장치란 주행 중 전방 충

33 ① 34 ③ 35 ④ 36 ④ 37 ③ 38 ③ 39 ②

돌 상황을 감지하여 충돌을 완화하거나 회피할 목적으로자동차를 감속 또는 정지시키기 위하여 자동으로 제동장치를 작동시키는 장치
④ 차로이탈경고장치란 자동차가 주행하는 차로를 운전자의 의도와는 무관하게 벗어나는 것을운전자에게 경고하는 장치

40 도로 차량-하이브리드 자동차 용어(KS R 0121)의 동력 전달 구조에 따른 분류에서 다음이 설명하는 것은?

> 하이브리드 자동차의 두 개의 동력원이 공통으로 사용되는 동력 전달 장치를 거쳐 각각 독립적으로 구동축을 구동시키는 방식의 구조를 갖는 하이브리드 자동차

① 직렬형　　② 병렬형
③ 동력분기형　④ 복합형

41 하이브리드 자동차에서 모터 내부의 로터 위치 및 회전수를 감지하는 것은?

① 레졸버　　② 커패시터
③ 액티브 센서　④ 스피드센서

42 하이브리드 자동차의 모터 컨트롤 유닛(MCU) 취급 시 유의사항이 아닌 것은?

① 충격이 가해지지 않도록 주의한다.
② 손으로 만지거나 전기 케이블을 임의로 탈착하지 않는다.
③ 시동키 2단(IG ON) 또는 엔진 시동상태에서는 만지지 않는다.
④ 컨트롤 유닛이 자기보정을 하기 때문에 AC 3상 케이블의 각 상간 연결의 방향을 신경 쓸 필요 없다.

43 이모빌라이져 시스템의 구성품으로 틀린 것은?

① 트랜스 폰더
② 터치 센서
③ 안테나코일
④ 이모빌라이져 유닛

44 그림과 같이 12V의 축전지에 24W의 전구 2개를 접속하였을 때 전류계에 흐르는 전류는?

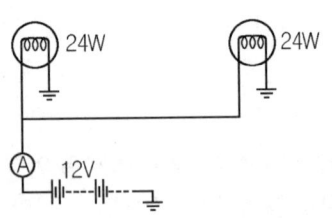

① 2A　　② 3A
③ 4A　　④ 6A

40 ② 41 ① 42 ④ 43 ② 44 ③

45 압력을 감지하는 센서에 해당하지 않는 것은?

① MAP 센서
② 에어컨 컴프레서 오일 센서
③ 연료탱크 압력 센서
④ 연료압력 센서

46 자동차 냉방장치에서 저·고압측 압력이 정상치보다 높을 때의 결함 원인으로 가장 거리가 먼 것은?

① 냉매 과충진
② 응축기 팬 작동 안 됨
③ 응축기 핀튜브 막힘
④ 팽창밸브 막힘

47 에탁스에서 감광식 룸 램프 제어의 타임 챠트에 대한 설명으로 옳은 것은?

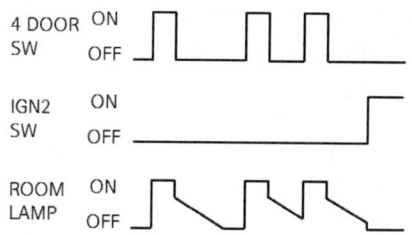

① 도어 열림 시 룸 램프는 소등된다.
② 도어 닫힘 시 즉시 소등된다.
③ 감광 룸 램프는 이그니션 키와 상관없이 동작한다.
④ 감광 동작 중 이그니션 키를 ON하면 즉시 감광 동작은 정지된다.

48 자동차 에어컨 냉매의 구비 조건 중 거리가 먼 것은?

① 비등점이 적당히 낮을 것
② 응축 압력이 적당히 낮을 것
③ 증기의 비체적이 작을 것
④ 임계 온도가 충분히 높을 것

49 기동전동기에 대한 설명으로 옳은 것은?

① 플레밍의 오른손 법칙을 이용한다.
② 교류 직권 전동기를 주로 사용한다.
③ 전기자 코일 결선은 중권식을 많이 사용한다.
④ 회전속도가 빨라질수록 흐르는 전류는 감소한다.

50 그림은 ECU가 발전기 전류를 제어하는 회로도이다. (그림에서 엔진 가동시 ECU B20번 단자에서는 크랭크각 센서 1주기에서 FR신호를 입력 받는다.) 회로 설명 중 거리가 먼 것은?

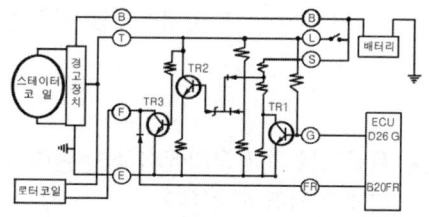

① TR3가 동작할 땐 발전중이다.
② TR2가 동작되면 TR3가 동작한다.
③ TR1이 동작할 때 TR2는 동작하지 않는다.
④ ECU D26 단자가 접지되지 않으면 TR1이 동작한다.

51. 점화장치에서 DLI(Distributor-less Ignition : 무배전기 점화장치)의 특징을 설명한 것 중 옳은 것은?
① 배전기식 보다는 성능 면에서 떨어진다.
② 2차 전압의 손실을 최소화할 수 있다.
③ 점화코일의 개수를 줄일 수 있다.
④ 고속형 기관에는 불리하다.

52. 자동차용 MF배터리(납산) 특징에 대한 설명으로 적합하지 않은 것은?
① 충전 상태 점검창이 녹색이면 충전이 필요한 상태, 백색이면 방전 상태, 적색이면 완전 충전 상태를 나타낸다.
② 극판의 재질로 납과 저 안티몬 합금 또는 납과 칼슘 합금을 사용함으로써 국부전지를 형성하지 않아 정비가 불필요하다.
③ 증류수를 보충할 필요가 없고 자기방전이 적기때문에 장기간 보관할 수 있다.
④ 화학반응 시 생긴 수소 및 산소가스를 물로 환원하여 다시 보충되며 벤트 플러그는 밀봉 촉매마개를 사용한다.

53. 자동차용 계기장치에서 작동원리가 유사하게 짝지어 진 것은?

[보기]
(1)기관 회전계   (2)유압계
(3)충전 경고등   (4)연료계
(5)수온계   (6)차량 속도계

① (3)-(5)   ② (1)-(2)-(4)
③ (1)-(6)   ④ (2)-(4)-(6)

54. 조색 작업 시 주의사항이 아닌 것은?
① 조색용 원색의 수를 최소화하여 선명한 색상을 만든다.
② 조색 작업 시 많이 소요되는 색과 밝은 색부터 혼합한다.
③ 계통이 다른 도료와의 혼용을 한다.
④ 적절한 양의 조색으로 낭비 요소를 제거한다.

55. 측정 장비에 의한 파손 분석요소 중 차량의 전후 축 방향에서 가상적인 중심축은?
① 레벨   ② 데이텀
③ 치수   ④ 센터라인

56. 모재에 (+)극을, 용접봉에 (-)극을 연결하는 아크 용접은?
① 역극성   ② 정극성
③ 용극성   ④ 용융성

51 ② 52 ① 53 ③ 54 ③ 55 ④ 56 ②

57 CO_2 아크 용접에 대한 설명으로 틀린 것은?
① 용접 전류는 용입에 영향을 주는 요인이다.
② 아크 전압은 비드형상에 영향을 주는 요인이다.
③ 용접 전류는 와이어의 용융 속도에 영향을 주는 요인이다.
④ 와이어의 돌출 길이가 길수록 가스의 보호효과가 크고 노즐에 스패터가 부착되기 쉽다.

58 도료 중 요철부위의 메꿈 역할과 맨 철판에 대한 부착기능 및 연마에 의한 표면 조정을 위해 도장하는 도료는?
① 퍼티
② 프라이머
③ 서페이서
④ 우레탄

59 바디 패널의 프레스 라인 부위를 수정할 때 사용하는 수공구로 가장 적절한 것은?
① 해머, 스크래퍼
② 해머, 판금 정
③ 돌리, 주걱
④ 돌리, 정반

60 도장 작업 시 연마를 하는 가장 중요한 이유는?
① 도료의 화학적 결합을 위하여
② 도료의 소모량을 줄이기 위하여
③ 도장 작업 공정을 단축하기 위하여
④ 도막을 평활하게 하고 도료의 부착 증진을 위하여

57 ④ 58 ① 59 ② 60 ④

저자 프로필

김형진 (前) 서울특별시 북부기술교육원
김승수 서울특별시 북부기술교육원

자동차정비기능장 필기

초 판	인쇄	2014년 1월 10일
초 판	발행	2014년 1월 15일
개정 1판	발행	2025년 1월 20일

지은이 | 김형진·김승수
발행인 | 조규백
발행처 | 도서출판 구민사
  (07293) 서울특별시 영등포구 문래북로 116 604호(문래동 3가, 트리플렉스)
전　화 | (02) 701-7421
팩　스 | (02) 3273-9642
홈페이지 | www.kuhminsa.co.kr

신고번호 | 제2012-000055호(1980년 2월 4일)
I S B N | 979-11-6875-455-3　　　[13550]

값 40,000원

※ 낙장 및 파본은 구입하신 서점에서 바꿔드립니다.
※ 본서를 허락없이 부분 또는 전부를 무단복제, 게재행위는 저작권법에 저촉됩니다.